Härdler/Gonschorek (Hrsg.)
Betriebswirtschaftslehre für Ingenieure

Herausgeber:

Prof. Dr. habil. Jürgen Härdler
Prof. Dr. Torsten Gonschorek

Autoren:

Kapitel 1, 2, 4
Prof. Dr. habil. Jürgen Härdler (ehemals Westsächsische Hochschule Zwickau)
Prof. Dr. Torsten Gonschorek (Hochschule für Technik und Wirtschaft Dresden)

Kapitel 3
Prof. Dr. Angela Walter (Westsächsische Hochschule Zwickau)

Kapitel 5
Prof. Dr. habil. Jürgen Härdler (ehemals Westsächsische Hochschule Zwickau)
Prof. Dr.-Ing. Ingo Gestring (Hochschule für Technik und Wirtschaft Dresden)

Kapitel 6
Prof. Dr. Matthias Schwarz (Westsächsische Hochschule Zwickau)

Kapitel 7
Prof. Dr. Angelika Büchner (Westsächsische Hochschule Zwickau)

Kapitel 8
Prof. Dr. habil. Dietmar Gonschorek (ehemals Westsächsische Hochschule Zwickau)
Prof. Dr. Torsten Gonschorek (Hochschule für Technik und Wirtschaft Dresden)

Kapitel 9
Prof. Dr. Joachim Gruber (Westsächsische Hochschule Zwickau)

Kapitel 10
Prof. Dr. Dieter Brenzke (ehemals Westsächsische Hochschule Zwickau)
Prof. Dr. Romy Mietke (Westsächsische Hochschule Zwickau)

Kapitel 11
Prof. Dr. Herbert Strunz (Westsächsische Hochschule Zwickau)
Prof. Dr. Monique Dorsch (Westsächsische Hochschule Zwickau)

Kapitel 12
Prof. Dr. Torsten Munkelt (Hochschule für Technik und Wirtschaft Dresden)
Prof. Dr. Sven Völker (Hochschule Ulm)

Kapitel 13
Prof. Dr. habil. Bernd Zirkler (Westsächsische Hochschule Zwickau)
Robin Jung

Jürgen Härdler
Torsten Gonschorek (Hrsg.)

Betriebswirtschaftslehre für Ingenieure

Lehr- und Praxisbuch

6., neu bearbeitete Auflage

mit 174 Bildern, 52 Tabellen und zahlreichen Übungsaufgaben

Fachbuchverlag Leipzig
im Carl Hanser Verlag

MIX
Papier aus verantwortungsvollen Quellen
FSC® C014889
FSC www.fsc.org

Bibliografische Information der Deutschen Nationalbibliothek
Die Deutsche Nationalbibliothek verzeichnet diese Publikation in der Deutschen Nationalbibliografie; detaillierte bibliografische Daten sind im Internet über http://dnb.d-nb.de abrufbar.

ISBN 978-3-446-44364-8
E-Book-ISBN 978-3-446-44106-4

www.hanser-fachbuch.de
Lektorat: Ute Eckardt
Herstellung: Katrin Wulst
Satz: Kösel Media GmbH, Krugzell
Coverrealisierung: Stephan Rönigk
Druck und Bindung: Friedrich Pustet, Regensburg
Printed in Germany

Vorwort zur sechsten Auflage

Als vor vierzehn Jahren die erste Auflage dieses als Kompendium gestaltete Lehrbuch auf dem Büchermarkt erschien, erahnten weder der Herausgeber noch seine neun Mitautoren, dass nunmehr schon mehrere Generationen von Studenten dieses Werk als begleitendes Instrumentarium für ihr Studium benutzen würden.

Diese sechste Auflage folgt deshalb ebenfalls dem in der ersten Auflage erfolgreich fixierten Grundkonzept, nämlich der Untergliederung des betriebswirtschaftlichen Lehrinhaltes in 13 Kapitel. Auch am Zielansatz hat sich nichts geändert, das heißt, auch diese Auflage richtet sich primär an Studierende, für die die Betriebswirtschaftslehre eher begleitender Lehrstoff verkörpert: Also Studenten der ingenieurtechnischen und naturwissenschaftlichen Fakultäten! Für Studenten der Wirtschaftswissenschaften verkörpert es dagegen mit seinen zahlreichen Praxisbeispielen und Übungsaufgaben ein willkommenes Instrument für den Einstieg in das umfangreiche Forderungsspektrum der Allgemeinen Betriebswirtschaftslehre.

Selbstverständlich wurden auch in dieser 6. Auflage sowohl den vielfältigen Veränderungen in Theorie und Praxis als auch dem enorm gestiegenen Leistungsanspruch an unsere derzeit Studierenden entsprochen. Dies verdeutlicht sich nicht nur darin, dass für diese Auflage gleich vier neue junge Mitautoren gewonnen wurden, sondern dass auch wiederum die konstruktiven Hinweise unserer Rezensoren folgerichtig berücksichtigt wurden.

Die gewollten Veränderungen beziehen sich konkret auf den deutlich erweiterten Seitenumfang der Kapitel „Anlagen- und Materialwirtschaft“ sowie auf das „Rechnungswesen“ und auf die „Unternehmensführung“. Das bisherige Kapitel „Computergestützte Arbeit in Unternehmen und ausgewählten Funktionsbereichen“ wurde in „Betriebliche Informationssysteme“ umbenannt und zudem dem aktuellen Begriffsvokabular angepasst. Außerdem gab es eine deutliche Anreicherung in der Darstellung ausgewählter Geschäftsprozesse in ERP-Systemen. Auch im Kapitel „Controlling“ gab es, durch den Wechsel des Mitautors, zahlreiche inhaltliche und methodischdidaktische Veränderungen, allesamt zum Vorteil der Studierenden. Es versteht sich von selbst, dass auch alle mit statistischem Zahlenmaterial unterlegten Tabellen auf dem neuesten Stand des „Statistischen Bundesamtes“ basieren.

Großer Wert wurde zudem auch auf die Aktualisierung der kapitelbezogenen Übungs- und Fallbeispiele gelegt, um sie möglichst nahe an der Unternehmenswirklichkeit widerzuspiegeln. Gleiches gilt auch für die jeweiligen Literatur- und Quellenangaben, die sich in der Regel an Autoren der letzten fünf Jahre orientieren. Aber auch für den Praktiker in der Unternehmung ist es eine gegenwartsnahe Fundgrube im Sinne eines schnell handhabbaren Nachschlagewerkes!

Liebe Leser!

Wie Sie bereits dem Einband dieses Buches entnehmen konnten, gibt es dieses Mal gleich zwei Herausgeber. Dies ist der Tatsache geschuldet, dass sich der bisherige Herausgeber mit dieser Ausgabe endgültig aus der Verantwortung entpflichtet und diese in die bewährten Hände eines jüngeren Hochschullehrers überträgt.

Herzlichen Dank für Ihr bisheriges langjähriges Vertrauen. Ich bitte Sie, dieses auch auf meinen Nachfolger und seine Mitautoren zu übertragen.

Zwickau/Dresden, Dezember 2015 Jürgen Härdler/Torsten Gonschorek

Inhalt

1 Grundlagen der Betriebswirtschaftslehre

1.1 Studienziele

Dieses Kapitel soll dem Leser ermöglichen

- den Begriff der Betriebswirtschaftslehre einschließlich darin enthaltener Einzelerkenntnisse klar zu definieren;
- eine treffsichere Einordnung der Betriebswirtschaftslehre in das allgemeine Wissenschaftssystem unter Beachtung definierter Merkmalskriterien des allgemein gültigen Wissenschaftsbegriffes vorzunehmen;
- die wesentlichen Methoden der betriebswirtschaftlichen Erkenntnisgewinnung einschließlich ihrer Differenzierungsmerkmale zu erkennen;
- den Begriff des Wirtschaftens zu definieren und die tragenden Ausprägungsmerkmale des ökonomischen Prinzips zu unterbreiten;
- die unterschiedlichen Kennzahlen des betrieblichen Wirtschaftens zu nennen, zu berechnen und betriebswirtschaftlich zu interpretieren;
- die Begriffspaare betrieblicher Stromgrößen einschließlich der Zuordnung definierter Geschäftsfälle zu diesen Einzelgrößen zu erläutern;
- das betriebliche Ziel- und Wertesystem mit seinen Begrifflichkeiten zu kennen und die Zielbeziehungen sowie die grundlegenden Elemente zu erläutern.

1.2 Begriff und Teilbereiche der Betriebswirtschaftslehre

Unter dem Begriff der **Betriebswirtschaftslehre** versteht man eine beschreibende und entscheidungsorientierte Teildisziplin der Wirtschaftswissenschaften, die – in Umkehrung zur Volkswirtschaftslehre – die Strukturen und Prozesse einzelner Betriebe bzw. Haushalte untersucht und auf Grund der dabei erkannten Regel- und Gesetzmäßigkeiten Empfehlungen für zielorientierte, wirtschaftliche Verhaltensweisen ableitet. ■

Als Nachsatz zu dieser Definition muss noch angeführt werden, dass die übergeordneten gesamtwirtschaftlichen Zusammenhänge (z. B. die Preisbildung der Produktionsfaktoren) nur insoweit Berücksichtigung finden, wie sie aus dem Blickwinkel der einzelnen Unternehmen von Wichtigkeit sind.

Hinterfragt man den Begriffsinhalt näher, so lassen sich folgende **Einzelerkenntnisse** darstellen:

a) Das Attribut **„beschreibend"** verdeutlicht zunächst nur eine völlig wertfreie Zustandserfassung betrieblicher Sachtatbestände einschließlich der Darstellung ihrer wesentlichen Zusammenhänge.

b) Mit dem Attribut **„entscheidungsorientiert"** soll zum Ausdruck gebracht werden, dass ein Nutzen der bloßen Beschreibungsaufgabe erst dann gegeben ist, wenn die daraus abgeleiteten Leitungsentscheidungen der Erfüllung definierter betrieblicher Formalziele dienen.

c) Das Attribut **„einzeln"** verkörpert die strenge einzelwirtschaftliche Betrachtung der Betriebe - auch Froschperspektive genannt.

d) Die Attribute **„zielorientiert und wirtschaftlich"** dokumentieren die primäre Gestaltungsaufgabe der Betriebswirtschaftslehre.

e) Trotz einzelwirtschaftlicher Betrachtungsweise der Betriebs- und Volkswirtschaftslehre bestehen vielfältige **Schnittstellen** zwischen beiden Wissenschaftsdisziplinen.

Will die Betriebswirtschaftslehre ihrem angesprochenen Zielansatz gerecht werden, nämlich Empfehlungen für zielgerichtete Verhaltensweisen in den Betrieben auszusprechen, dann kann dies auf folgende Art und Weise geschehen:

1. Sie untersucht Sachtatbestände, die für alle Wirtschaftseinheiten zutreffend sind, und kommt dabei zu einem allgemein gültigen Aussagensystem.

2. Sie untersucht betriebliche Sachtatbestände unter Einbeziehung der wirtschaftlichen Spezifika einzelner Wirtschaftszweige und kommt damit nur zu speziellen Aussagen von geringerem Abstraktionswert.

Das Ergebnis beider Vorgehensweisen (vgl. auch Wollenberg 2004) ist im ersten Fall der Teilbereich der **„Allgemeinen Betriebswirtschaftslehre"** und im zweiten der Begriff der **„Speziellen (Besonderen) Betriebswirtschaftslehre"**. Vervollständigt wird die Untergliederung der Betriebswirtschaftslehre durch einen dritten Teilbereich, die **„Betriebswirtschaftlichen Verfahrenstechniken"**, auch Betriebstechniken genannt, mit deren Hilfe (Werkzeuge) die erforderliche Datenaufbereitung und -verarbeitung, i. w. S. auch die Erkenntnisgewinnung erfolgt. Abschließend zu diesem Problem soll noch vermerkt werden, dass alle drei genannten Teilbereiche einander bedingen und sich zum Teil überschneiden.

Als Beispiel soll an dieser Stelle die **Beschaffungsfunktion** eines Unternehmens genannt werden, die als Funktionslehre einerseits die Gesamtheit aller Produktionsfaktoren beansprucht und andererseits selbst in allen Wirtschaftszweigen vorkommt.

Neben dieser institutionellen Untergliederung der Betriebswirtschaftslehre gibt es in der wissenschaftlichen Literatur auch andere wie z. B. die **funktionelle** und die **genetische** Gliederungsmöglichkeit. Während die zuletzt genannte eine Unterteilung der Betriebswirtschaftslehre nach den betrieblichen Hauptfunktionen vollzieht, dokumentiert die genetische die zeitliche Untergliederung des Betriebes von seiner Gründung bis zur Insolvenz bzw. Liquidation. Die Abbildung 1.1 verkörpert eine Zusammenfassung aller Möglichkeiten der Gliederung der Betriebswirtschaftslehre, vorrangig jedoch aus der Sicht der institutionellen Gliederung betrachtet.

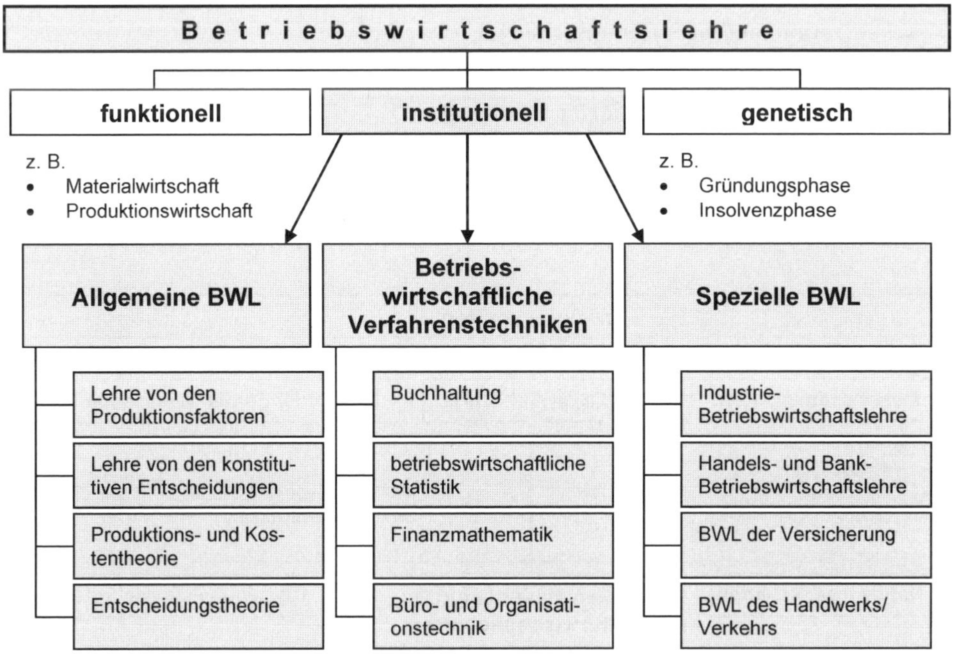

Abbildung 1.1 Teilbereiche und Erkenntnisse der Betriebswirtschaftslehre

Die nachfolgenden Kapitelausführungen beziehen sich in ihrer Ergebnisdarstellung sowohl auf den Aussagestatus der allgemeinen Betriebswirtschaftslehre als auch auf die Industriebetriebslehre, jedoch in einem funktionellen Darstellungsablauf – beginnend bei der Beschaffungs- und endend bei der Absatzfunktion.

1.3 Einordnung der Betriebswirtschaftslehre in das Wissenschaftssystem

Geht man von der bisher noch nicht bewiesenen Tatsache aus, dass die Betriebs- und Volkswirtschaftslehre immanente Bestandteile der Wirtschaftswissenschaften verkörpern, so stellt sich an dieser Stelle sofort die Frage nach der weitergehenden Einordnung der Betriebswirtschaftslehre in das System der Wissenschaften.

Unter **Wissenschaft** versteht man in Anlehnung an die in der Literatur unterbreiteten Begriffsdarstellungen (z. B. www.duden.de) eine „ein begründetes, geordnetes, für gesichert erachtetes Wissen hervorbringende forschende Tätigkeit in einem bestimmten Bereich“.

Nach dieser Aussage ist damit jede Wissenschaft durch drei **Merkmale** strukturiert:

1. Eine Wissenschaft ist durch ein klar abgegrenztes **Gegenstandsgebiet** (Erkenntnisobjekt) gekennzeichnet.
2. Eine Wissenschaft hat ein klar definiertes statisches (zeitpunktbezogen) oder dynamisches (zeitraumbezogen) **Erkenntnisziel.**
3. Eine Wissenschaft stellt ihre durch spezifische Forschungsmethoden gewonnenen Erkenntnisse in **systematisierter Ordnung** dar.

In Anlehnung an verschiedene Autoren wie z.B. Wöhe 2013 und Olfert/Rahn 2013 lässt sich folgender Einordnungspfad der Betriebswirtschaftslehre in das allgemeine Wissenschaftssystem ableiten (Abbildung 1.2).

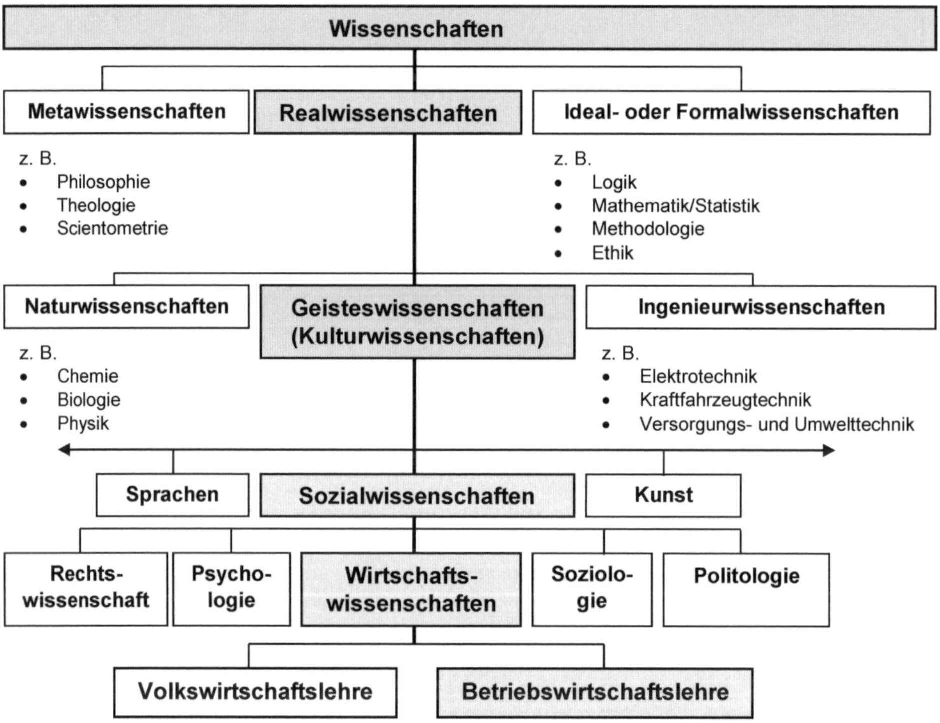

Abbildung 1.2 Betriebswirtschaftslehre im Wissenschaftssystem

Erläuternd zu dieser Abbildung ist noch Folgendes festzustellen:

1. Während Erkenntnisse aus den **Ideal- bzw. Formalwissenschaften** nur aus dem menschlichen Denkprozess abgeleitet werden, sind die Erkenntnisse aus den **Realwissenschaften** dagegen objektiver Natur, d.h., sie sind unabhängig von menschlichen Denkprozessen in der objektiven Realität vorhanden.

2. Abgegrenztes Gegenstandsgebiet der **Natur- und Ingenieurwissenschaften** sind physische, mittels Sinneswahrnehmungen erfassbare Objekte, demgegenüber besitzen **Geistes- oder Kulturwissenschaften** psychische, also vom Menschen geschaffene Gegenstände.

3. Unter den **Sozialwissenschaften** versteht man den zusammenfassenden Oberbegriff für solche Einzelwissenschaften, die sich mit dem Menschen als sozialem Wesen beschäftigen.

4. Das abgegrenzte Untersuchungsobjekt der **Wirtschaftswissenschaften** ist dagegen das wirtschaftliche Handeln des Menschen in der Wirtschaft, als Summe aller Aktivitäten, die der bewussten Bedürfnisbefriedigung mittels Wirtschaftsgütern dienen.

1.4 Methoden und Modelle der betriebswirtschaftlichen Erkenntnisgewinnung

Will die Betriebswirtschaftslehre als Einzelwissenschaft zu den Wissenschaften gerechnet werden, dann muss sie im Ergebnis ihres Erkenntnisprozesses systematisiertes Wissen sowohl in der Form **gesicherter Erkenntnisse** als auch in **Theorien und Hypothesen** ableiten. Dieses Wissen kann einerseits eine reine Erkenntnis des Seienden (Erkenntnisziel der theoretischen Betriebswirtschaftslehre) und andererseits anwendungsorientiertes Wissen (Erkenntnisziel der angewandten Betriebswirtschaftslehre) sein. Die wichtigsten Basis-Methoden der zielgerichteten Erkenntnisableitung betriebswirtschaftlicher Prozesse und Strukturen sind in Abbildung 1.3 dargestellt.

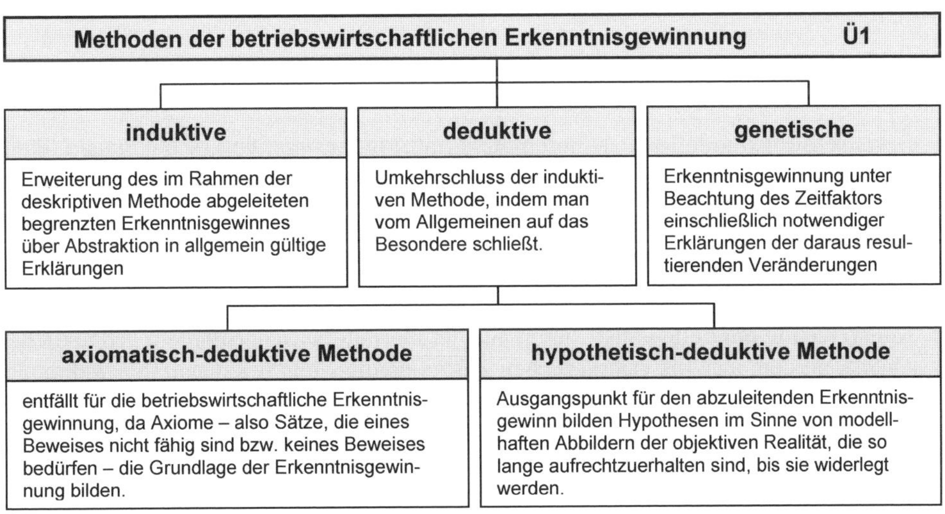

Abbildung 1.3 Methoden der betriebswirtschaftlichen Erkenntnisgewinnung

Beispiel: Ökonomische Steuerreform

Auf viele Unternehmen kommt derzeit ein neuer „Kostendruck" zu, dem nun entgegnet werden soll. Die Frage lautet: **Was ist zu tun, um die negativen Auswirkungen der zusätzlichen Steuerbelastung so gering wie möglich zu halten?** Zunächst ist ein Zahlengerüst zu ermitteln oder ein angenommenes Zahlengerüst zu postulieren (dieses wird/kann/muss später variiert werden, um das Modell verallgemeinern zu können). Dann sind die Zielgrößen (Steuerbelastung in Form von Geldabfluss) und Gewinn zu berechnen. Anschließend ist zu fragen, wie die Zielgrößen durch andere Maßnahmen zu beeinflussen sind. Dieses „Herumprobieren" ist typisch für die induktive Methode. Ergebnis einer solchen Untersuchung ist dann ein Modell in Gestalt eines Wenn-dann-Beziehungsgeflechts, das als Handlungsanleitung genutzt werden kann.

Besteht nun ein solches Modell, so kann es daraufhin untersucht werden, inwieweit es auf andere Fragestellungen angewandt werden kann. Stellt sich diese Anwendbarkeit auf allgemein gültige Weise heraus, können – ausgehend vom ursprünglichen Modell – Varianten des Modells entwickelt werden. Dies ist eine typisch deduktive Vorgehensweise. ■

Weiterhin werden aber auch noch andere Methoden in der wissenschaftlichen Literatur genannt (vgl. Jung 2010) wie die **verstehende, experimentelle** und **heuristische** Methode.

Wie das angeführte Beispiel zeigt, dienen zur betriebswirtschaftlichen Entscheidungsvorbereitung nicht nur die abstrakten Methoden, sondern auch zeitlich und räumlich spezifizierte Modelle, die in vereinfachter Art und Weise die komplex wirtschaftliche Realität reproduzieren. Dabei ist zu beachten, dass die im Ergebnis der Modellauswertung abgeleiteten Erkenntnisse ebenfalls Hypothesen verkörpern, die an der Wahrheit gemessen werden müssen, und die dann entweder verifiziert (bestätigt) oder falsifiziert (widerlegt) werden.

Folgende Modellformen können nach der Art ihres Untersuchungszweckes unterschieden werden (vgl. Gabler Wirtschaftslexikon, Stichwort Modell):

a) **Beschreibungsmodelle** modellieren auf Erfahrung basierende Erscheinungen, ohne dass diese analysiert und erklärt werden (Beispiel: Buchführung).

b) **Reduktivmodelle** reduzieren einen in der objektiven Realität beobachteten Gesamtzusammenhang auf einen vereinfachten Teilzusammenhang, indem man die unwesentlichen Faktoren gedanklich isoliert.

c) **Konstruktionsmodelle** konstruieren aus definierten Basisbegriffen ein gedankliches Modell, an dem sich die erforderlichen Zusammenhänge und Kausalitäten widerspiegeln.

d) **Erklärungsmodelle** erklären verbal und/oder bildlich die Ursachen betrieblicher Prozessabläufe einschließlich der zu Grunde liegenden Gesetzmäßigkeiten (Beispiel: Produktions- und Kostentheorie).

e) **Entscheidungsmodelle** suchen nach Mitteln zur optimalen Zielrealisierung, d. h., mehrere Variable werden innerhalb definierter Restriktionen zu einer extremwertgestalteten Zielfunktion zusammengefasst.

Neben der Strukturierung der Modelle nach der Spezifik ihres Untersuchungszweckes gibt es aber auch noch Modelle, strukturiert nach der Art ihrer voraussichtlichen **Ergebnisstruktur** (vgl. Jung 2010). Als solche sind zu nennen:

- deterministische und stochastische Modelle
- statische und dynamische Modelle
- analytische und Simulationsmodelle

1.5 Betriebswirtschaftliche Grundbegriffe

1.5.1 Wirtschaft, Wirtschaften, Ökonomisches Prinzip

Unter dem Begriff **Wirtschaft** versteht man allgemein alle Institutionen und Handlungen - im Sinne der Arbeitsteilung und des Tausches - die bewusst der menschlichen Bedürfnisbefriedigung mittels Gütern und/oder Dienstleistungen dienen.

Als wirtschaftliche Institutionen fungieren dabei die auf differenzierte Zwecke ausgerichteten **Einzelwirtschaften**, auch Wirtschaftseinheiten genannt, und die Volkswirtschaft als Gesamtheit aller Institutionen eines Staates. Die Einzelwirtschaften lassen sich weiter in **Produktions**- und **Konsumtionswirtschaften** unterteilen. Die zuerst genannte Kategorie (auch als Betriebe bezeichnet) übernimmt dabei den produzierenden Part der Bedürfnisbefriedigung, also die Leistungserstellung und -verwertung der **Wirtschaftsgüter**, als ein anderer Begriff für die in der Definition angesprochenen Güter und Dienstleistungen. Unter der Konsumtionswirtschaft versteht man dagegen den konsumierenden Zweck der Institutionen, d.h. den Verbrauch der in den Betrieben hergestellten Wirtschaftsgüter. Wenn bei diesen konsumierenden Institutionen (Haushalten) produziert wird, dann erfolgt dies ausschließlich für den Eigenbedarf. Die öffentlichen Haushalte nehmen zwar eine Zwitterstellung ein, denn sie gehören, wenn sie bedürfnisbefriedigende Handlungen vollziehen, zu den Produktionswirtschaften. In Verbindung mit dem Wirtschaftsbegriff stehen noch zwei andere Kategorien, nämlich das **Wirtschaftssubjekt** und das **Wirtschaftsobjekt.** Während die Subjekte die schon angesprochenen Institutionen im Sinne der privaten und öffentlichen Haushalte und Betriebe beinhalten, versteht man unter den Objekten die von den Subjekten eingesetzten Mittel wie z.B. Material, Personal und Sachanlagen.

Unter dem Begriff des **Wirtschaftens** versteht man dagegen den Inbegriff aller planvollen menschlichen Handlungen (Produktion von Sachgütern und/oder Erstellungen von Leistungen und Diensten) mit dem Ziel, die an den Bedürfnissen der Menschen gemessene Knappheit der Güter zu verringern.

Kurz gesagt, ist „Wirtschaften" **Disponieren über knappe Güter**, soweit diese verfüg- und übertragbare Gegenstände von Märkten sind.

Demgegenüber gibt es auch die Kategorie der **freien Güter**. Das sind solche Güter, die keine Mangelerscheinung auslösen und damit nicht zu den Wirtschaftsgütern gehören.

Wirtschaftsgüter lassen sich unter verschiedensten Aspekten nach folgenden Begriffspaaren differenzieren:

1. Input- und Outputgüter
2. Produktions- und Konsumtionsgüter
3. Verbrauchs- und Gebrauchsgüter
4. materielle und immaterielle Güter
5. Real- und Nominalgüter

Während das Unterscheidungsmerkmal des zuerst genannten Paares die unterschiedliche Stellung im Produktionsprozess darstellt, orientiert sich die zweite Differenzierung am Aspekt der indirekten und direkten Bedürfnisbefriedigung. Das Unterscheidungsmerkmal des dritten Begriffspaares ist der einzelne oder wiederholte wirtschaftliche Gebrauch. Die immateriellen Güter, also alle Dienstleistungen und Rechte (z. B. Rechte auf Geld) besitzen im Gegensatz zu den materiellen keine wirkliche Substanz. Die Differenzierung zwischen Real- und Nominalgütern besitzt nur für die Geldwirtschaft substanzielle Bedeutung.

Die in der Begriffserklärung zum „Wirtschaften" fixierte Zielstellung kann nur erreicht werden, wenn das Wirtschaften in bewusster und zielorientierter Form menschlichen, alternativen Handelns zum Tragen kommt. Dieses rationale Handeln nennt man das „ökonomische Prinzip" oder Rationalprinzip. Es kann theoretisch betrachtet in drei Ausprägungen (vgl. Oehlrich 2013 und Wöhe 2013) angewandt werden, nämlich als

Minimumprinzip (Sparsamkeitsprinzip)

Frage: Wie kann man ein gegebenes Ziel (Ertrag) mit einem möglichst geringen Mitteleinsatz (Aufwand) erreichen? ■

Maximumprinzip (Ergiebigkeitsprinzip)

Frage: Wie kann man mit vorgegebenem Mitteleinsatz (Aufwand) ein maximales Ziel (Ertrag) erreichen? ■

Extremumprinzip (Optimumprinzip)

Frage: Wie kann man den Mitteleinsatz (Aufwand) mit dem Ziel (Ertrag) so abstimmen, dass ein möglichst extrem hoher Ertragsüberschuss erzielt wird? ■

Der Vollständigkeit halber muss an dieser Stelle auch gesagt werden, dass es auch noch andere Ansätze als diesen – auch als produktivitäts-orientierten Ansatz der Betriebswirtschaftslehre bezeichneten – Systemansatz des Wirtschaftens gibt. Als weitere grundlegende Ansätze gelten der **entscheidungs**-, der **system**- und der **verhaltensorientierte Ansatz** der Betriebswirtschaftslehre.

In der Abbildung 1.4 wird das inhaltliche Zusammenspiel der vorangestellten Kategorien noch einmal verdeutlicht:

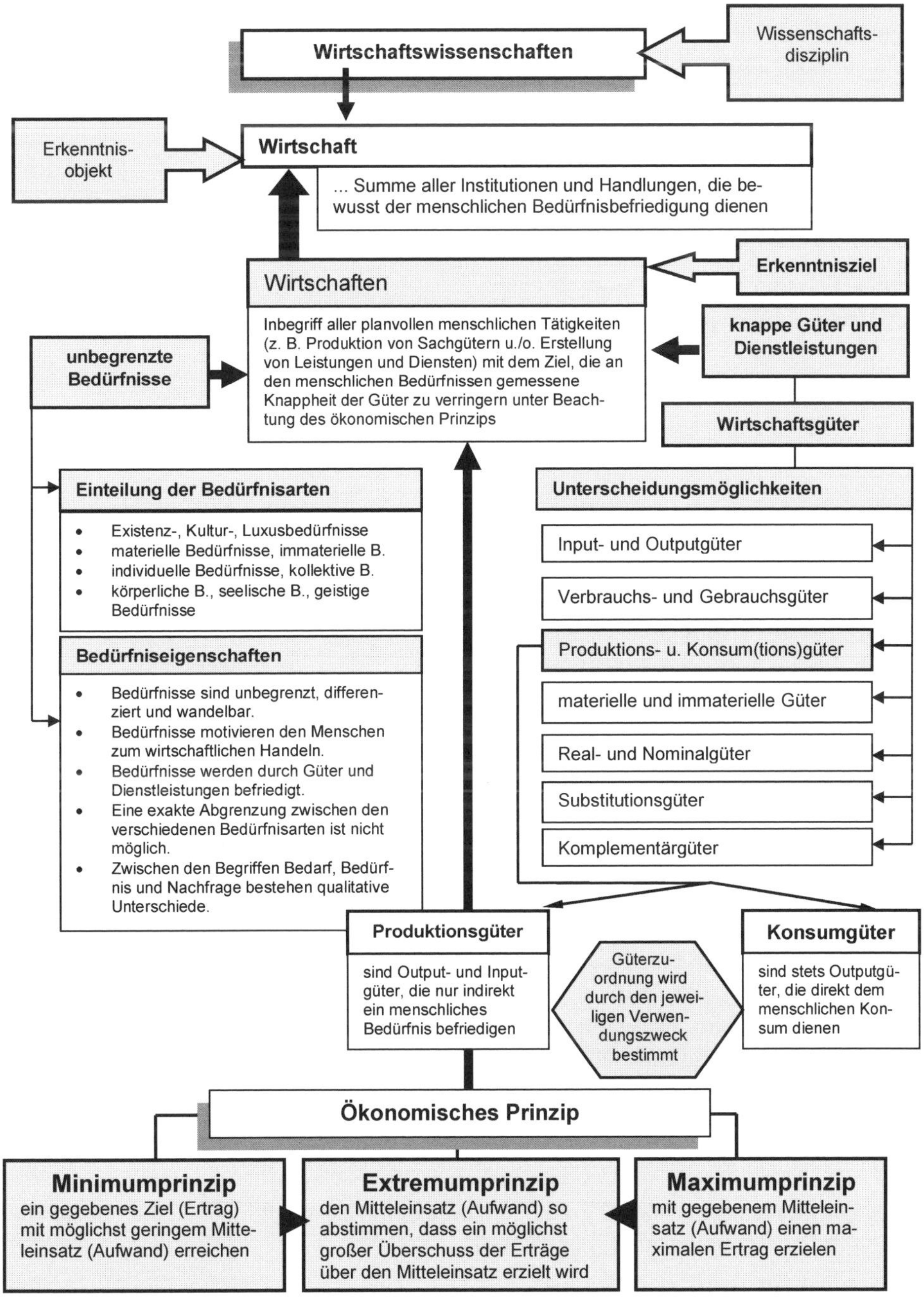

Abbildung 1.4 Wirtschaft, Wirtschaften und ökonomisches Prinzip

1.5.2 Kennzahlen betrieblichen Wirtschaftens

Die im Folgenden aufgeführten Kennzahlen des betrieblichen Wirtschaftens werden in der Literatur auch als Erfolgsziele eines Unternehmens bezeichnet. Sie gelten damit als Maßstäbe für die erfolgreiche Anwendung des schon vorher erläuterten Rationalprinzips. Als solche Kennzahlen gelten:

- Produktivität
- Wirtschaftlichkeit
- Rentabilität
- Liquidität

1.5.2.1 Produktivität

Die **Produktivität**, oft auch als technische Wirtschaftlichkeit bezeichnet, verkörpert das mengenmäßige Verhältnis von Ausbringungsmenge - im Sinne der Produktionsleistung - zur Einsatzmenge an Produktionsfaktoren eines Betriebes. ■

Da die Einsatzmengen an volks- und betriebswirtschaftlichen Produktionsfaktoren oft einer unterschiedlichen Dimensionierung unterliegen (z. B. Bodenfläche in Hektar, Arbeitskräfte in Stunden oder Kapitaleinsatz in €), werden in der praktischen Umsetzung **Teilproduktivitäten** (**Ü2**) gebildet wie z. B.:

- Bodenproduktivität $= \dfrac{\text{Erträge}}{\text{Bodenfläche}}$
- Arbeitsproduktivität $= \dfrac{\text{Leistung}}{\text{Arbeitskraft bzw. Arbeitsstunde}}$
- Kapitalproduktivität $= \dfrac{\text{Leistung}}{\text{Kapitaleinsatz}}$

Jung 2010 weist darauf hin, dass die „Problematik der Bildung von Teilproduktivitäten in der Zurechenbarkeit der Outputs auf die jeweilige Bezugsgröße liegt". Damit kann geschlussfolgert werden, dass eine veränderte Ausbringungsmenge nicht unbedingt mit einer veränderten Faktoreinsatzmenge korreliert. Ein isolierter Teilproduktivitätsvergleich ist nach Luger 2004 deshalb nur unter zwei Prämissen sinnvoll, wenn

1. „die Relation der Einsatzfaktormengen bei Veränderung der Ausbringungsmenge gleich bleibt oder
2. die Einsatzmenge der nicht in die Berechnung einbezogenen Einsatzfaktoren sich parallel zur Ausbringungsmenge entwickelt".

Für den Regelfall der Berechnung gilt jedoch, dass die genannten Teilproduktivitäten nicht als isolierte Berechnungsgrößen darzustellen sind.

Das nachfolgende Beispiel dokumentiert die Berechnung der unter b) und c) genannten Teilproduktivitäten.

Beispiel

In einem Betrieb A wurden 1200 Stück einer Ware von 400 Mitarbeitern bei einer Kostenbelastung von 64 000 € hergestellt. In einem Betrieb B dagegen fertigen 500 Mitarbeiter 1500 Stück der Ware bei Kosten in Höhe von 75 000 €.

Zu berechnen sind für beide Betriebe

a) die Arbeitsproduktivität *(Ap)*

b) die Kapitalproduktivität *(Kp)*

$$\text{Produktivität} = \frac{\text{Ausbringungsmenge}}{\text{Faktoreinsatzmenge}}$$

Betrieb A

$$Ap = \frac{1200\text{ Stück}}{400\text{ MA}} = 3\text{ Stück/MA}$$

$$Kp = \frac{1200\text{ Stück}}{64000\text{ MA}} = 0{,}01875\text{ Stück/€}$$

Betrieb B

$$Ap = \frac{1500\text{ Stück}}{500\text{ MA}} = 3\text{ Stück/MA}$$

$$Kp = \frac{1500\text{ Stück}}{75000\text{ €}} = 0{,}02\text{ Stück/€}$$

■

Abschließend zu dieser Kennzahl muss noch festgestellt werden, dass es einen klar definierten **Produktivitätsmaßstab** wie bei den nachfolgenden Kennzahlen nicht gibt. Ein ermittelter Quotient muss deshalb sowohl einem innerbetrieblichen als auch einem branchenorientierten und funktionalen Leistungsvergleich (**Benchmarking** – siehe Abschnitt 11.5.2) unterzogen werden.

1.5.2.2 Wirtschaftlichkeit

Um dem vorher angesprochenen Negativaspekt der unterschiedlichen Dimensionierung der Out- und Inputs zu entgehen, werden diese mit Geldeinheiten bewertet und damit als Ertrag und Aufwand bzw. als Leistung und Kosten ausgedrückt. In Erweiterung des Beispiels zur Produktivität gilt:

Annahme: Der Stückerlös für ein Produkt des Betriebes A beträgt 48 €.

Fragen:

Wie hoch ist jeweils die wertmäßige Wirtschaftlichkeit im Betrieb A?

$$\text{Wirtschaftlichkeit} = \frac{\text{wertmäßiger Faktorertrag}}{\text{wertmäßiger Faktoreinsatz}}$$

$$\text{Betrieb A: Wirtschaftlichkeit} = \frac{1200\ \text{Stück} \cdot 48\ \text{€/Stück}}{64000\ \text{€}} = 0{,}9$$

Wie hoch muss Betrieb B seinen Stückerlös ansetzen, um den ausgewiesenen Koeffizienten von 0,9 wie Betrieb A zu erreichen?

$$\frac{1500 \cdot x}{75000} = 0{,}9;\ x = 45\ \text{€/Stück}$$

Die **Wirtschaftlichkeit**, auch als Effizienz bezeichnet, verkörpert damit das wertmäßige und somit dimensionslose Verhältnis von in Geld bewerteten Out- und Inputs.

Als **Wirtschaftlichkeitsmaßstab** gilt dabei ein Quotient gleich oder größer als 1. Nach Luger 2004 lassen sich zwei Unterformen der Wirtschaftlichkeitsmessung darstellen:

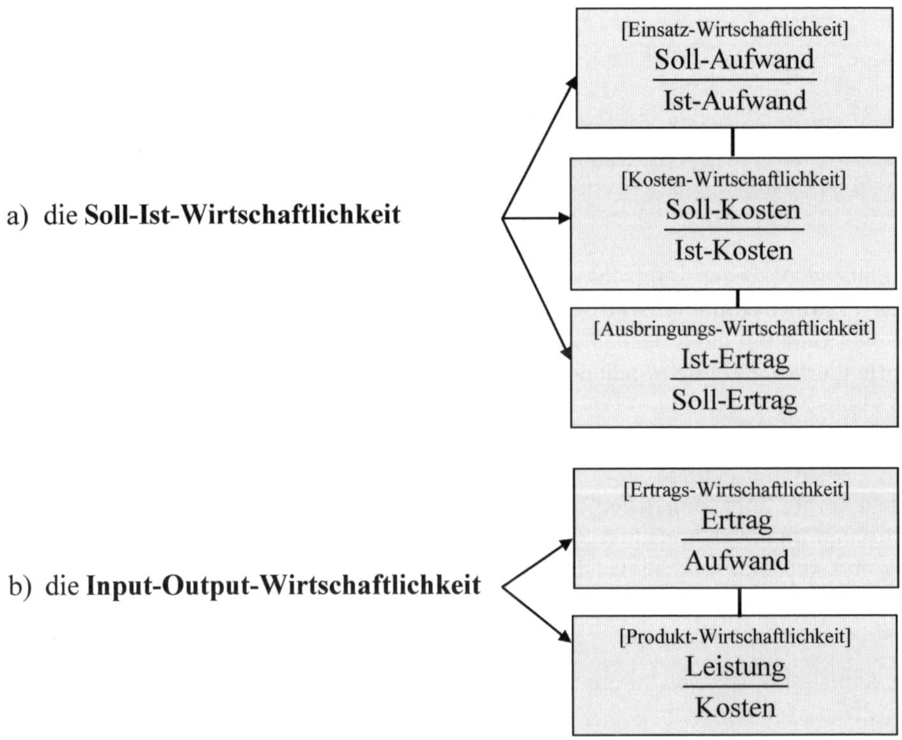

Abbildung 1.5 Unterformen der Wirtschaftlichkeitsmessung

Die unter a) genannte Variante der Wirtschaftlichkeitsmessung erscheint besser für die Ableitung von gesicherten Leitungsentscheidungen geeignet, weil

- sich alle drei Kennzahlen jeweils nur auf ein und denselben Input- und Outputwert beziehen,

- sich aus der Gegenüberstellung von Soll- und Istwerten treffsichere Differenzursachen ableiten lassen,
- sich die Kosten- und Aufwandswirtschaftlichkeit – bezogen auf eine positive Entwicklung – immer auf einen hohen Quotienten und die Ausbringungs-Wirtschaftlichkeit bei demselben Sachverhalt auf einen möglichst niedrigen Quotienten bezieht.

Als Besonderheiten erfordern jedoch die beiden erstgenannten Kennzahlen immer eine gleiche Ausbringungsmenge. Demgegenüber gebietet die Ausbringungs-Wirtschaftlichkeit die Beachtung einer gleichen Aufwandshöhe. In jedem Fall ist bei den Unterformen zu überprüfen, ob die Effizienzsteigerung nur aus einer Produktivitäts- oder nur aus einer Preisveränderung oder aus beiden resultiert. Ergibt sich eine Steigerung nur aus einer reinen Preiserhöhung, sollte diese Steigerung betriebswirtschaftlich kritisch hinterfragt werden.

Bei der Input-Output-Wirtschaftlichkeit ist die Produkt-Wirtschaftlichkeit aussagefähiger, denn sie negiert betriebs- und periodenfremde sowie außerordentliche Ertrags- und Aufwandsinhalte (siehe Abschnitt 10.4.2).

Zur Verdeutlichung der angesprochenen Probleme dient das nachfolgende Beispiel:

Beispiel: Messung der Wirtschaftlichkeit

Sachverhalt

Zu den messbaren Ergebnissen ökonomischen Handelns zählt die Wirtschaftlichkeit als Ausdruck des wertmäßigen Verhältnisses von in Geld bewertetem Ertrag zu Aufwand bzw. bewerteter Leistung zu Kosten.

Ausgangsdaten

Die technologische und technische Gestaltung des Produktionsprozesses eines Unternehmens gestattet die Herstellung von 2000 Nieten aus 20 kg Ausgangsmaterial. Der Wert des Materials beläuft sich auf 1 €/kg. Der Wert einer Niete beträgt 0,01 €.

Aufgabenstellungen

a) Berechnen Sie den Quotienten der Wirtschaftlichkeit beim Einsatz von 20 kg Material zur Herstellung von 2000 Nieten!

b) Erhöhen Sie die Wirtschaftlichkeit der Nietenherstellung durch folgende Mengen- und Preisveränderungen:
   - Erhöhung der Anzahl der Nieten von 2000 auf 2100
   - Verminderung der Menge des eingesetzten Materials von 20 kg auf 19 kg
   - Preiserhöhung der Nieten um 10 % auf 0,011 €/Niete sowie
   - eine Preissenkung des Materials auf 0,90 €/kg!

c) Beweisen Sie, dass der Quotient aus Leistung zu Kosten für die Messung der betrieblichen Wirtschaftlichkeit aussagefähiger ist als der Quotient Ertrag zu Aufwand!

d) Begründen Sie, warum die Messung der Wirtschaftlichkeit auf der Basis eines SOLL-IST-Kostenvergleichs in der Regel einen Quotienten < 1 zeigt!

e) Welche weiteren Maßnahmen sehen Sie als Ingenieur, um die im Punkt b) berechneten Quotienten weiter zu verbessern?

Lösungen

zu a) $$\text{Wirtschaftlichkeit} = \frac{\text{wertmäßiger Faktorertrag}}{\text{wertmäßiger Faktoreinsatz}} = \frac{2000\ \text{Nieten} \cdot 0{,}01\ \text{€/Niete}}{20\ \text{kg} \cdot 1\ \text{€/kg}} = 1$$

zu b)

- $$\text{Wirtschaftlichkeit} = \frac{2100\ \text{Nieten} \cdot 0{,}01\ \text{€/Niete}}{20\ \text{kg} \cdot \text{€/kg}} = 1{,}05$$
- $$\text{Wirtschaftlichkeit} = \frac{2000\ \text{Nieten} \cdot 0{,}01\ \text{€/Niete}}{19\ \text{kg} \cdot 1\ \text{€/kg}} = 1{,}05$$
- $$\text{Wirtschaftlichkeit} = \frac{2000\ \text{Nieten} \cdot 0{,}011\ \text{€/Niete}}{20\ \text{kg} \cdot 1\ \text{€/kg}} = 1{,}1$$
- $$\text{Wirtschaftlichkeit} = \frac{2000\ \text{Nieten} \cdot 0{,}01\ \text{€/Niete}}{20\ \text{kg} \cdot 0{,}90\ \text{€/kg}} = 1{,}11$$

zu c)

Der Quotient aus Leistung und Kosten ist aussagefähiger, denn er eliminiert betriebsfremde, außerordentliche und periodenfremde Aufwandspositionen.

zu d)

Weil die Soll-Kosten geplante Kosten unter optimalen Produktionsverhältnissen verkörpern, die in der Regel schwer einzuhalten sind.

zu e)

Gestaltung einer besseren Materialverwertung durch den Einsatz optimaler Zuschnittstechnologien,

Senkung der Materialkostenpreise durch günstigeren Materialeinkauf,

Gewährleistung der notwendigen Funktionen eines Produktes unter einem möglichst niedrigen Kostenansatz durch Anwendung von Wertanalysen (value analysis),

Höhere Kapazitätsauslastung der Kostenstellen durch die Anwendung ausfallmindernder Instandhaltungsstrategien u. Ä. ■

1.5.2.3 Rentabilität

Umgangssprachlich wird der Rentabilitätsbegriff oft mit dem Gewinn eines Betriebes gleichgesetzt. Dies ist nur zum Teil richtig.

Aus betriebswirtschaftlicher Sicht versteht man unter der **Rentabilität** das prozentuale Verhältnis von Gewinn zu eingesetztem Kapital, also die Kapitalverzinsung innerhalb einer Abrechnungsperiode. ■

In dieser Definition erfolgt keine genaue Unterscheidung des Kapitals im Sinne von Eigen-, Gesamt- und Fremdkapital. Vollzieht man diese Präzisierung, so ergeben sich drei **Teilrentabilitäten** (**Ü3**):

a) die Eigenkapitalrentabilität $= \frac{\text{Gewinn}}{\text{Eigenkapital}} \cdot 100\,\%$

b) die Gesamtkapitalrentabilität $= \frac{\text{Gewinn} + \text{Fremdkapitalzins}}{\text{Gesamtkapital}} \cdot 100\,\%$

c) die Fremdkapitalrentabilität $= \frac{\text{Fremdkapitalzins}}{\text{Fremdkapital}} \cdot 100\,\%$

Beispiel

Berechnen Sie die prozentuale Rentabilität (Eigen- und Gesamtkapitalrentabilität) eines Unternehmens, wenn Ihnen folgende **Ausgangsdaten** bekannt sind:

Eigenkapital:	200 000 €
Umsatzerlöse:	500 000 €/Jahr
Einzelkosten:	150 000 €/Jahr
Fremdkapital:	50 % vom Eigenkapital
Gemeinkosten:	333 000 €/Jahr
Fremdkapitalzins:	4 %

Lösung

Eigenkapitalrentabilität $= \frac{G}{EK} \cdot 100\,\% = \frac{17000 \cdot 100\,\%}{200000} = 8{,}5\,\%$

Gesamtkapitalrentabilität $= \frac{G + FKZ}{EK + FK} \cdot 100\,\% = \frac{(17000 + 4000) \cdot 100\,\%}{200000 + 100000} = 7\,\%$

■

Bei der Berechnung der Eigen- und Gesamtkapitalrentabilität entsteht bei Unternehmensvergleichen durch die praxisübliche Integration des Bilanzgewinns in die Berechnung ein Dissens. Dieser wird dadurch hervorgerufen, dass einerseits unterschiedliche Bewertungsansätze und -differenzen und andererseits die Abgeltung bzw. Nichtabgeltung der unternehmerischen Leitungstätigkeit in die Berechung einbezogen werden. Vergleicht man also eine Personen- mit einer Kapitalgesellschaft, so ist bei der zuerst genannten Gesellschaftsform der nicht in Ansatz gebrachte „Unternehmerlohn" abzuziehen. Die korrigierten Formeln lauten dann:

Eigenkapitalrentabilität $= \frac{\text{Gewinn} - \text{Unternehmerlohn}}{\text{Eigenkapital}} \cdot 100\,\%$

Gesamtkapitalrentabilität $= \frac{\text{Gewinn} - \text{Unternehmerlohn} + \text{Fremdkapitalzins}}{\text{Gesamtkapital}} \cdot 100\,\%$

Anzumerken wäre an dieser Stelle noch die Tatsache, dass es eine einseitige Begrenzung der Rentabilität auf den Kapitalbezug nicht gibt. So kann z. B. auch ein Quotient aus

$$\frac{\text{Gewinn} - \text{Unternehmerlohn}}{\text{Umsatz}} \cdot 100\,\%$$

gebildet werden. Diese Kennziffer heißt dann **Umsatzrentabilität**. Multipliziert man diese mit einer anderen, auch den Umsatz integrierenden Kennzahl wie den **Kapitalumschlag** (Umsatz/Kapital), so erhält man daraus ebenfalls die Kapitalrentabilität, in diesem Zusammenhang auch als **Return on Investment** (RoI) bezeichnet. Der Kapitalumschlag ist umso höher, je öfter sich das eingesetzte Kapital über den Umsatz des Unternehmens vollzieht. Übrigens, die Rentabilitätsbetrachtung ist nicht nur für privatrechtliche Betriebe von Relevanz, sondern auch für öffentlich-rechtliche Betriebe wird sie - bedingt durch deren zunehmenden erwerbswirtschaftlichen Zielansatz - immer mehr zum Wertmaß des wirtschaftlichen Handelns.

1.5.2.4 Liquidität

Liquidität ist die Fähigkeit eines Unternehmens, seinen Zahlungsverpflichtungen gegenüber Gläubigern jederzeit fristgerecht und betragsgenau nachzukommen, unabhängig von der konkreten betrieblichen Zielstellung. ■

Als allgemeine **Liquiditätsbedingung** gilt:

$$\textbf{Anfangsbestand an Zahlungsmitteln} + \sum \textbf{Einzahlungen} \geq \sum \textbf{Auszahlungen}$$

Diese Bedingung zu erfüllen, geschieht am besten durch das Aufstellen eines Finanzplanes (vgl. 8.5.1) oder mittels der Berechnung und Beachtung definierter **Liquiditätskennzahlen** (**Ü4**), auch -grade genannt. Da im Abschnitt 8.2.4 sowohl auf die unterschiedlichen Liquiditätsgrade als auch auf deren Wertmaßstäbe näher eingegangen wird, soll an dieser Stelle nur festgestellt werden:

Die Liquidität ist nicht die oberste Zielstellung eines Betriebes, jedoch eine unbedingt notwendige Existenzbedingung. Insofern gilt es, eine optimale Liquidität, die weder zu Rentabilitätsproblemen (Überliquidität) noch zu Zahlungsschwierigkeiten (Unterliquidität) führt, zu erreichen. ■

Eine bessere Aussage zum Liquiditätsstatus eines Betriebes als die mit den Liquiditätsgraden - auch als statische oder relative Liquidität bezeichnete Größe - ist die **dynamische Liquidität**. Bei ihr erfolgt eine zukunftsorientierte Gegenüberstellung, indem sowohl alle vorgesehenen Ausgaben als auch die geplanten Einnahmen mit in die Berechnung einbezogen werden.

Wird der Status der Liquidität nicht erreicht, kommt es zur **Zahlungsunfähigkeit** bzw. Illiquidität. Dies stellt einen Insolvenzantragsgrund dar (vgl. hierzu §17 Insolvenzordnung - InsO).

1.5.3 Begriffspaare betrieblicher Stromgrößen

In den bisherigen Ausführungen, besonders in dem Abschnitt 1.5.1 bei der Darlegung der Ausprägungsformen des ökonomischen Prinzips, aber auch im Abschnitt 1.5.2.2 bei der Darstellung der Kennzahlen der Wirtschaftlichkeitsmessung werden wiederholt zwei Begriffspaare (**Ertrag und Aufwand** bzw. **Leistung und Kosten**) verwendet, ohne dass diese näher interpretiert werden. Dies soll an dieser Stelle erfolgen, ohne den Begriffserläuterungen des Rechnungswesens (vgl. Abschnitt 10.3.2.1 und 10.4.2) vorzugreifen. Neben den dort bei der Abhandlung der Bilanz aufgeführten **Bestandsgrößen**, also Größen, die das zeitpunktbezogene (Bilanzstichtag) und in Geld- oder Naturaleinheiten ausgedrückte Vermögen und damit Kapital eines Betriebes dokumentieren, gibt es auch noch Güter- und Geldströme und daraus resultierende zeitraumbezogene **Stromgrößen**. Während der Güterstrom den Fluss der Wirtschaftsgüter in bzw. durch den Betrieb vom Beschaffungs- zum Absatzmarkt verkörpert, vollzieht sich der Geldstrom, der als gleichzeitiges Bindeglied zwischen dem Betrieb und den Geld- und Finanzmärkten fungiert, in umgekehrter Richtung. Betrachtet man die genannten Leistungs- und Zahlungsvorgänge etwas genauer, so ergeben sich aus diesen vier weitere **Begriffspaare** als Stromgrößen (siehe Abbildung 1.6).

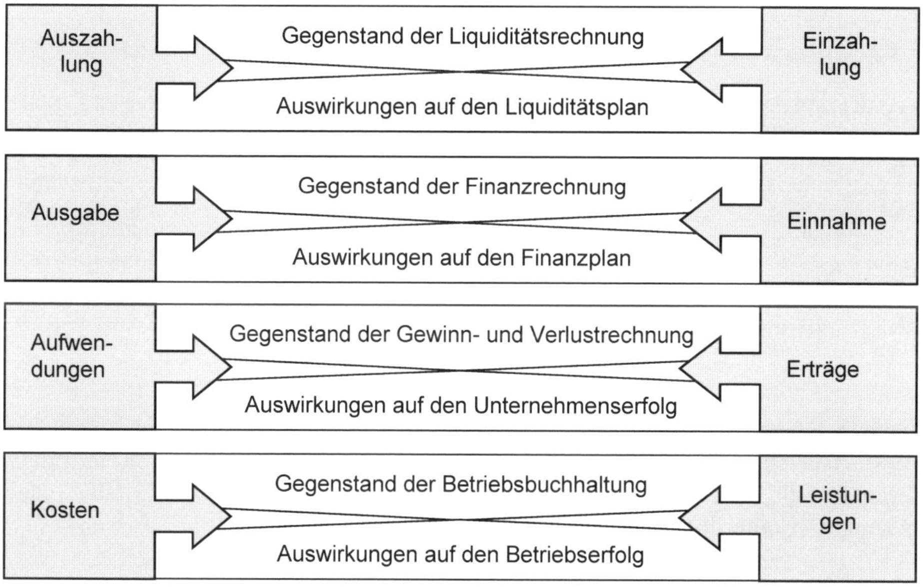

Abbildung 1.6 Begriffspaare als Stromgrößen

Sowohl in der Theorie als auch in der Praxis werden die in den Begriffspaaren aufgeführten Einzelbegriffe unterschiedlich definiert und voneinander abgegrenzt. Eine genaue Definition ist jedoch eine unabdingbare Voraussetzung sowohl für die exakte Berechnung der im vorhergehenden Abschnitt angeführten Kennzahlen betrieblichen Wirtschaftens als auch für das Grundverständnis des im Kapitel 10 erläuterten Rechnungswesens.

1.5.3.1 Definitionen der Einzelgrößen

Als Definitionen für die einzelnen Stromgrößen gelten:

Als **Auszahlungen** oder **Einzahlungen** versteht man den tatsächlichen Abfluss oder äußeren Zufluss von liquiden Zahlungsmitteln (Bar- und/oder Buchgeld) in einer definierten Periode. ■

Als **Ausgabe** bezeichnet man den Gegenwert aller in einer definierten Periode beschafften Wirtschaftsgüter - deshalb wird diese Größe auch oft als Beschaffungswert tituliert - sowie private Entnahmen. Ausgaben führen in der Regel zur Senkung des Geldvermögens. ■

Als **Einnahmen** benennt man dagegen den erzielten Gegenwert aller in einer definierten Periode verkauften Güter und Dienstleistungen, unabhängig von deren Erstellungstermin, sowie private Einlagen. Einnahmen führen in der Regel zur Erhöhung des Geldvermögens. ■

Der **Aufwand** verkörpert den entstandenen Wertverzehr aller in einer definierten Periode verbrauchten Güter und Dienstleistungen. Aufwendungen führen in der Regel zur Senkung des Reinvermögens (Gewinn). ■

Der **Ertrag** - bestehend aus Betriebsertrag und neutralem Ertrag - dokumentiert den der Unternehmung zuzurechnenden Wertzugang in einer definierten Periode. Erträge führen in der Regel zur Erhöhung des Reineinkommens. ■

Kosten beinhalten im Gegensatz zu den Aufwendungen nur den Wertverzehr an Gütern und Dienstleistungen einschließlich zu zahlender öffentlicher Abgaben in einer definierten Periode, der zur Erbringung betrieblicher, aus dem Hauptprozess resultierender Leistungen erforderlich ist. ■

Leistungen - als Gegenpart zu den Kosten - dokumentieren das marktbewertete Ergebnis der betrieblichen Haupttätigkeit in einer definierten Periode. ■

1.5.3.2 Abgrenzungsmerkmale

Will man den zweiten genannten Aspekt vollziehen und die fixierten Stromgrößen auf ihre Unterschiede und eventuelle begriffliche Gemeinsamkeiten hin untersuchen, so bedarf dies der Beachtung unterschiedlicher inhaltlicher und zeitlicher Merkmale dieser Größen. Nicht immer gilt deshalb die These, dass

Auszahlung ≠ Ausgabe ≠ Aufwand ≠ Kosten
Einzahlung ≠ Einnahme ≠ Ertrag ≠ Leistung

ist.

Jung (2010) dokumentiert die begrifflichen Abgrenzungen an folgenden Schemen:

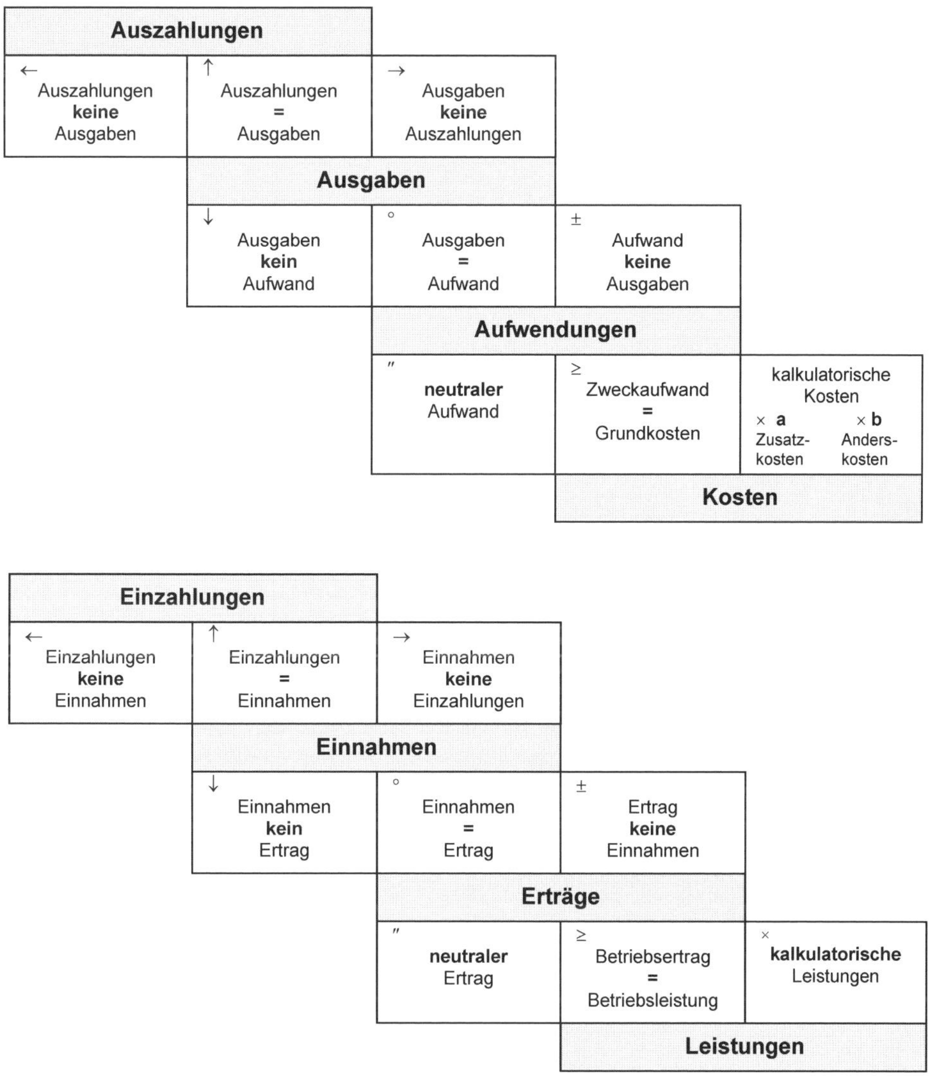

Abbildung 1.7 Abgrenzungsmerkmale zwischen Stromgrößen

Für die unter den Nummern angegebenen Sachverhalte gelten folgende **Beispiele:**

Betrachtungsebene: Auszahlung – Ausgabe

1. Rückzahlung eines in einer früheren Periode aufgenommenen Darlehens oder einer Geldausleihe
2. Gehalts- bzw. Zinszahlung oder Materialeinkauf gegen Barzahlung
3. Materialeinkauf auf ein in einer späteren Periode bezogenes Zahlungsziel

Erkenntnisse:

- Zwischen den Stromgrößen Auszahlung und Ausgabe besteht ein inhaltlicher Konsens darin, dass in der Regel für alle beschafften Wirtschaftsgüter sofortige, spätere oder sogar frühere (z. B. Anzahlungen für Wirtschaftsgüter) Auszahlungen als geldliche Gegenleistungen erfolgen.
- Eine über eine definierte Abrechnungsperiode (z. B. Monat, Quartal, Jahr) hinausgehende inhaltliche Übereinstimmung ist nicht möglich (vgl. Beispiel 1 und 3).
- Es gibt sogar geschäftliche Aktivitäten, die nie Ausgabe (z. B. Zahlung von Umsatzsteuer) bzw. nie Auszahlung (z. B. Schenkung von Wirtschaftsgütern oder Entgegennahme unentgeltlicher Dienstleistungen) werden.

Betrachtungsebene: Ausgabe – Aufwand

4. Ausgaben für den Erwerb nicht planmäßig abschreibbarer Grundstücke
5. Erwerb, Bezahlung und Verbrauch/materielle Abnutzung von Material bzw. Sachanlagen in der gleichen Periode
6. Nutzung einer geschenkten Büro-, Betriebs- und Geschäftsausstattung

Erkenntnisse:

- Die Ausgaben mit Aufwandscharakter wären eigentlich noch dahingehend zu differenzieren, dass es neben dem gleichen Periodenbezug (Beispiel 5) auch noch Ausgaben bzw. Aufwendungen der Periode mit früheren oder späteren Aufwendungen bzw. Ausgaben gibt.

Betrachtungsebene: Aufwand – Kosten

7. Spenden für mildtätige, wissenschaftliche oder politische Zwecke
8. Lohn- und Materialverbrauch
9. a) Verrechnung von kalkulatorischem Unternehmerlohn

   b) Verrechnung von kalkulatorischen Wagnissen

Weil im Abschnitt 10.4.2 auf die exakte Abgrenzung der beiden Begriffe Aufwand und Kosten eingegangen wird, soll an dieser Stelle auf die Darstellung weiterer Erkenntnisse verzichtet werden. Da im Betrachtungskomplex der Stromgrößen Einzahlung – Einnahme – Ertrag – Leistung die annähernd gleichen inhaltlichen und zeitlichen Abgrenzungsmerkmale gelten wie bei vorangestellten Ausführungen, werden in diesem Zusammenhang nur Beispiele für die Abgrenzung dieser Stromgrößen kommentarlos aufgeführt.

Betrachtungsebene: Einzahlung – Einnahme

1. Private Einlagen
2. Vollzug einer Dienstleistung gegen sofortige Barzahlung
3. Verkauf von Fertigerzeugnissen gegen ein auf eine spätere Periode bezogenes Zahlungsziel

Betrachtungsebene: Einnahme – Ertrag

4. Grundstücksverkauf
5. Produktion und Verkauf von Produkten in der gleichen Periode

   Hinweis: Auch in diesem Zusammenhang gilt es, die Einnahmen bzw. Erträge zu beachten, die zu früheren bzw. späteren Erträgen sowie zu früheren oder späteren Einnahmen führen.
6. Eigenleistungen
7. Erträge aus Wertpapierverkäufen
8. Absatzleistungen im Sinne von Erlösen aus dem Verkauf von Erzeugnissen
9. Die kalkulatorischen Leistungen entsprechen betragsmäßig den kalkulatorischen Zusatzkosten sowie den Anderskosten, soweit diese vom Aufwand abweichen.

Beispiel zur Abgrenzung der Stromgrößen

Sachverhalt

In einem Unternehmen der Werkzeugmaschinenbranche treten im ersten Quartal des Geschäftsjahres folgende Geschäftsvorfälle auf:

■ Werkstoffeinkauf auf Ziel	16 000 €
■ Warenverkauf (bar)	19 000 €
■ Aufnahme eines Darlehens zu Gunsten des Bankkontos	14 000 €
■ Privatentnahme (bar)	17 000 €
■ Erwerb eines PKW gegen Barzahlung	28 000 €

Aufgabenstellungen

1. Ordnen Sie die im Sachverhalt genannten Geschäftsvorfälle den Ihnen bekannten Stromgrößen zu!
2. Begründen Sie die einzelnen Zuordnungsentscheidungen anhand der den jeweiligen Stromgrößen innewohnenden Spezifika (z. B. Zahlungsab- oder -zufluss in einer definierten Rechnungsperiode, Verminderung des Geldvermögens, Zunahme des Reinvermögens u. a.)!

Lösungen

zu 1.

Stromgrößen Geschäftsvorfälle	Auszahlung	Ausgabe	Aufwand	Kosten	Leistung	Ertrag	Einnahme	Einzahlung
1 Werkstoffeinkauf auf Ziel	nein	ja	nein	nein				
2 Warenverkauf (bar)					ja	ja	ja	ja
3 Aufnahme eines Darlehens zugunsten des Bankkontos					nein	nein	nein	ja
4 Privatentnahme (bar)	ja	ja	ja	nein				
5 Erwerb eines PKW gegen Barzahlung	ja	ja	nein	nein				

zu 2.

Begründung Geschäftsvorfall 1

- ist keine Auszahlung, da kein definiertes Zahlungsziel angegeben wird
- ist Ausgabe, da Verbindlichkeiten zur Senkung des Geldvermögens führen
- ist kein Aufwand, da sich Bestände an Sachvermögen mit den Verbindlichkeiten ausgleichen
- sind keine Kosten, da kein Werteverzehr im inneren Leistungsprozess erfolgt

Begründung Geschäftsvorfall 2

- ist Leistung, da Umsatzerträge vorliegen
- ist Ertrag, da Bestände an Zahlungsmitteln zur Erhöhung des Reinvermögens führen
- ist Einnahme, da Bestände an Zahlungsmitteln zunehmen
- ist Einzahlung, da tatsächlicher Zahlungsmittelzufluss innerhalb der Rechnungsperiode

Begründung Geschäftsvorfall 3

- ist keine Leistung, da kein Umsatzertrag gegeben ist
- ist kein Ertrag, da keine Erhöhung des Reinvermögens vorliegt
- ist keine Einnahme, da erhöhten Zahlungsmitteln (Buchgeld) auch erhöhte Verbindlichkeiten gegenüberstehen
- ist Einzahlung, da tatsächlicher Zahlungsmittelzufluss erfolgt

Begründung Geschäftsvorfall 4

- ist Auszahlung, da Zahlungsmittelabfluss innerhalb der Rechnungsperiode erfolgt
- ist Ausgabe, da sich das Geldvermögen vermindert
- ist Aufwand, da sich das Reinvermögen vermindert
- sind nicht Kosten, da kein Werteverzehr im inneren Leistungsprozess erfolgt

Begründung Geschäftsvorfall 5

- ist Auszahlung, da Zahlungsmittelabfluss innerhalb der Rechnungsperiode erfolgt
- ist Ausgabe, da Bestände an Zahlungsmitteln sinken
- ist kein Aufwand, da sich Zahlungsmittelabfluss und Erhöhung der Bestände an Sachanlagen egalisieren
- sind nicht Kosten, da kein Werteverzehr im inneren Leistungsprozess erfolgt

1.6 Betriebliches Zielsystem

Bereits aus den vorhergehenden Abschnitten zur Begriffsinterpretation der Betriebswirtschaftslehre (vgl. 1.2), aber auch bei der Darstellung der Kennzahlen betrieblichen Wirtschaftens (vgl. 1.5.2) wurde ersichtlich, dass zu gestaltende betriebswirtschaftliche Sachtatbestände einer klar definierten strategischen und geschäftsspezifischen Ziel(vor)stellung bedürfen. Geht man von der allgemein gültigen Zieldefinition aus, so verkörpern bekanntlich Ziele einen **gewünschten anzustrebenden Sollzustand eines definierten Sachverhaltes**. Bezogen auf das Unternehmen als den Betriebstyp der Marktwirtschaft heißt das: Sicherung der Unternehmensexistenz auf dem Markt durch langfristige Gewinnmaximierung. Diese oberste Zielstellung kann in der Betriebspraxis nicht getrennt von gleichzeitig wirkenden Restriktionen (im Sinne von Nebenzielen) gesehen werden. Beachtet und integriert man diese, so spricht man von einem unternehmensorientierten Zielsystem oder einer Zielkonzeption. Dieses System wird in der Realität nicht autokratisch, sondern von vielen Unternehmensträgern (Stakeholdern, z.B. Gesellschafter, Manager, Arbeitnehmer, Gewerkschaften, Banken) in einem oft kompromissbehafteten siebenstufigen **Zielbildungsprozess** erarbeitet. Dieser reicht von der **Zielsuche, -operationalisierung, -analyse** und **-ordnung** über die **Realisierbarkeitsprüfung** und **Zielentscheidung** bis hin zur **Zielüberprüfung** und gegebenenfalls erforderlichen **Zielrevision**.

Erfolgreiches unternehmerisches Handeln bedarf einer klar definierten **Zielkonzeption** sowie eines daraus abgeleiteten soliden Geschäftsmodells, in deren Ergebnis Entscheidungen zwischen mehreren Alternativen bei Vermeidung von möglichen Zielkonflikten abzuleiten sind.

1.6.1 Zielinhalte

Das genannte Zielsystem, als ein Bündel von miteinander in Beziehung stehenden Einzelzielen, wird in der Literatur (vgl. auch Welge/Al-Laham 2012) nach unterschiedlichsten Aspekten systematisiert. Während Olfert/Rahn 2013, von einer grundsätzlichen Unterscheidung in „**monetäre**“ und „**nicht monetäre Zielvorstellungen**“ spricht, systematisiert Schierenbeck/Wöhle 2015, Zielsysteme nach drei Zielkategorien, nämlich in „**Leistungs-, Finanz-** und **Erfolgsziele**“. Jung 2010 und Wöhe 2013 unterteilen dagegen Zielinhalte in **Formal-** und **Sachziele** (vgl. Abbildung 1.8).

Formalziele *Nach welchen Regel soll produziert werden?*	**Sachziele** Was soll produziert werden?
Festlegung von • Umsatzzielen • Kostenzielen • Gewinnzielen • Rentabilitätszielen • Liquiditätszielen	Festlegung von • Arten • Mengen • Qualitäten • Orten • Zeitpunkten der Produktion

Abbildung 1.8 Formalziele und Sachziele (Quelle: Wöhe 2013, 70)

Unter **Formalzielen**, oft auch als Erfolgsziele bezeichnet, versteht man alle übergeordneten Unternehmungsziele, die mittels Sachzielen vollzogen werden. ■

Formalziele dokumentieren damit das Quantum des anzustrebenden Unternehmungserfolges, ausgedrückt im Begriff des Gewinns, der Rentabilität und des Unternehmenswertes. Wie schon im Abschnitt 1.5.2.3 angesprochen, bedarf der im Zähler dieser Kennzahl integrierte absolute Gewinnbegriff einer berechnungstechnischen Relativierung, das heißt, je nach Analyseziel sind entweder der **pagatorische, der kalkulatorische** oder der reine **Kapitalgewinn** als Rechengröße einzubeziehen.

Sachziele verkörpern solche Zielansätze, die sich unmittelbar auf konkrete betriebliche Handlungen innerhalb des betrieblichen Produktionsprozesses beziehen. ■

1.6.2 Zielbeziehungen und Zielränge

Die zuvor nach unterschiedlichen Zielkategorien bzw. -inhalten vorsystematisierten Einzelziele (oft auch als Zielarten bezeichnet) eines Zielsystems stehen näher betrachtet sowohl in einem definierten Beziehungszusammenhang als auch in einem hierarchischen Beziehungsgefüge. Bei dem zuerst genannten Aspekt spricht man von **Zielbeziehungen** (vgl. Vahs/Schäfer-Kunz 2012), im zweiten Fall von **Zielrängen**. Zielbeziehungen lassen sich weiter unterscheiden in:

- **komplementäre Ziele** (Zielidentität), wenn die Erreichung von Z_1 die Erfüllung von Z_2 fördert

  Beispiel: Schaffung menschenwürdiger Arbeitsplätze und langfristige Gewinnmaximierung

- **konkurrierende** (konfliktäre) **Ziele,** wenn Z_1 umso besser erfüllt ist, je schlechter Z_2 realisiert wird

  Beispiel: Schaffung menschenwürdiger Arbeitsplätze und kurzfristige Gewinnmaximierung

- **antinome Ziele,** wenn die Realisation von Z_1 die Realisation von Z_2 ausschließt und umgekehrt

  Beispiel: Senkung des Energieverbrauchs einer Maschine bei gleichzeitiger Erhöhung des Erzeugnisausstoßes

- **indifferente** (neutrale) **Ziele,** wenn die Erfüllung von Z_1 das Ausmaß der Erfüllung von Z_2 weder beeinträchtigt noch fördert

  Beispiel: Verbesserung des Kantinenessens und Senkung Betriebsstoffkosten

Beispiel:

Welche **Zielbeziehungen** liegen in folgenden Fällen vor:

a) Senkung der Selbstkosten und Reduzierung des Werbeaufwandes

   Zielbeziehung: komplementär

b) Erhöhung der Löhne und Gehälter und kurzfristige Gewinnmaximierung

   Zielbeziehung: konkurrierend

c) Erhöhung des Umsatzes und Senkung der Produktionszahlen

   Zielbeziehung: antinom

Der Gesichtspunkt Zielränge beinhaltet dagegen eine Differenzierung der Unternehmungsziele in:

- **Oberziele**
  - in der Regel nicht sofort erreichbar
  - nicht operational formulierbar

  Beispiel: Gewinnmaximierung
- **Zwischenziele** (Subziele)
  - in der Regel operational

  Beispiel: Umsatzsteigerung um 2 Mio. €; Kostensenkung um 1 Mio. €
- **Unterziele**
  - jedes Unterziel ist operational

  Beispiel: Werbeetaterhöhung auf 300 000 €

Der in diesem Kontext verwendete Begriff der „Operationalisierung" beinhaltet dabei den Aspekt der Quantifizierung der Ziele in Bezug auf Zielbetrag, -zeitraum, -restriktionen einschließlich notwendiger Finanz- und Sachmittel.

Die Oberziele werden in der Regel vom **Topmanagement** unter Beachtung des zugrunde liegenden Unternehmensleitbildes als einem Instrument der unternehmenspolitischen Rahmenplanung sowie der Unternehmungskultur abgeleitet. Mittel- und Unterziele sind dagegen Arbeitsgegenstand des **Middle und Lower Managements**. Weiterhin lassen sich einzelne Zielarten auch noch nach anderen Aspekten wie z. B. nach dem Ausmaß der **Zielerreichung** und nach dem **Zeitbezug** unterteilen (vgl. Wöhe 2013).

In Abbildung 1.9 werden abschließend die in diesem Punkt angesprochenen Kategorien noch einmal im Gesamtkonzept dargestellt.

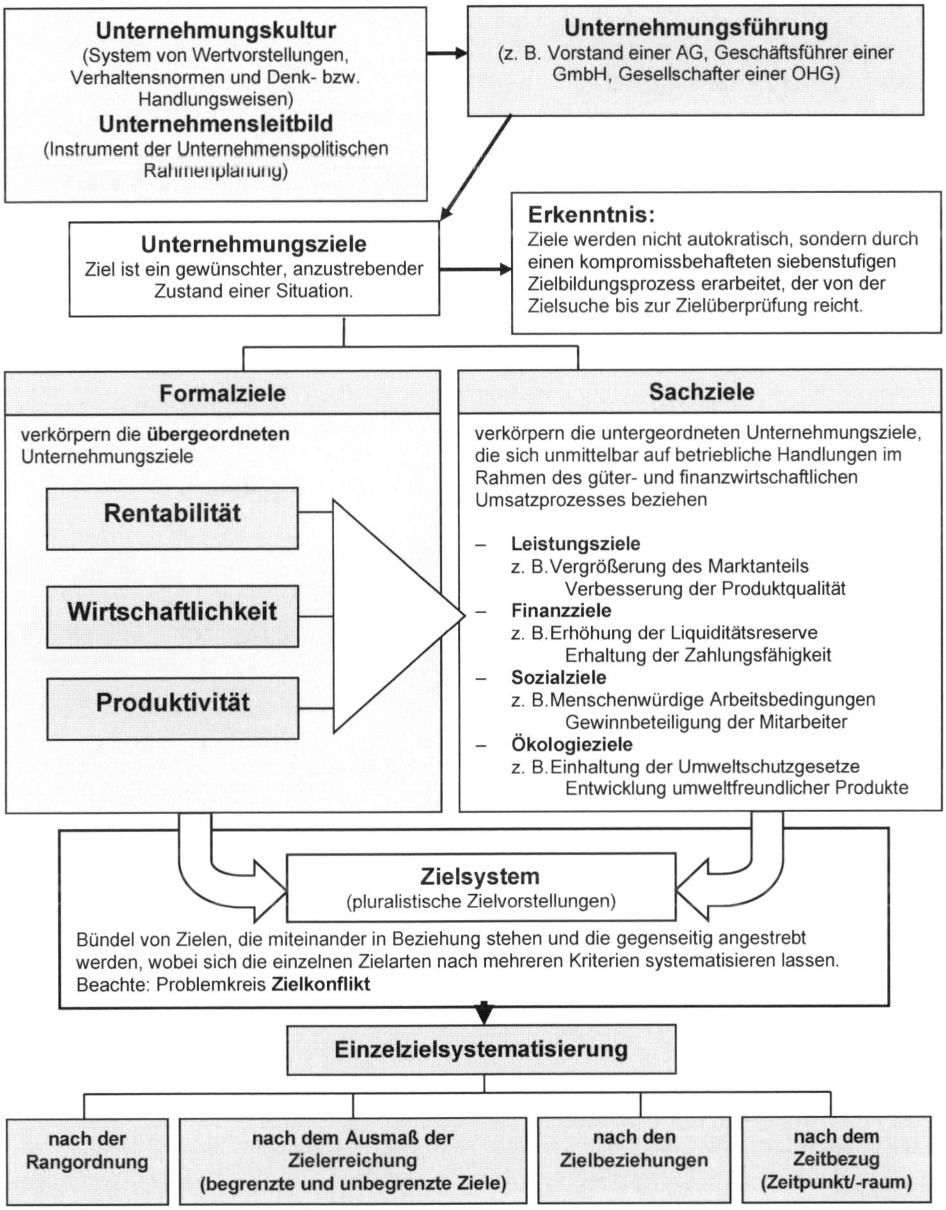

Abbildung 1.9 Zielkategorien der Unternehmung

1.6.3 Elemente des Ziel- und Wertesystems

1.6.3.1 Unternehmensleitbild

Das Ziel- und Wertesystem eines Unternehmens basiert auf dem Unternehmensleitbild, das aus dem Dreiklang Werte - Vision - Mission besteht (vgl. Abbildung 1.10). Das Unternehmensleitbild gibt dem Unternehmen für die Zukunft eine Richtung und schafft eine Orientierung sowie Identifikation in und mit dem Unternehmen. Insbesondere für die Mitarbeiter eines Unternehmens ist ein Leitbild Grundlage für deren Motivation und Engagement und somit sinnstiftend.

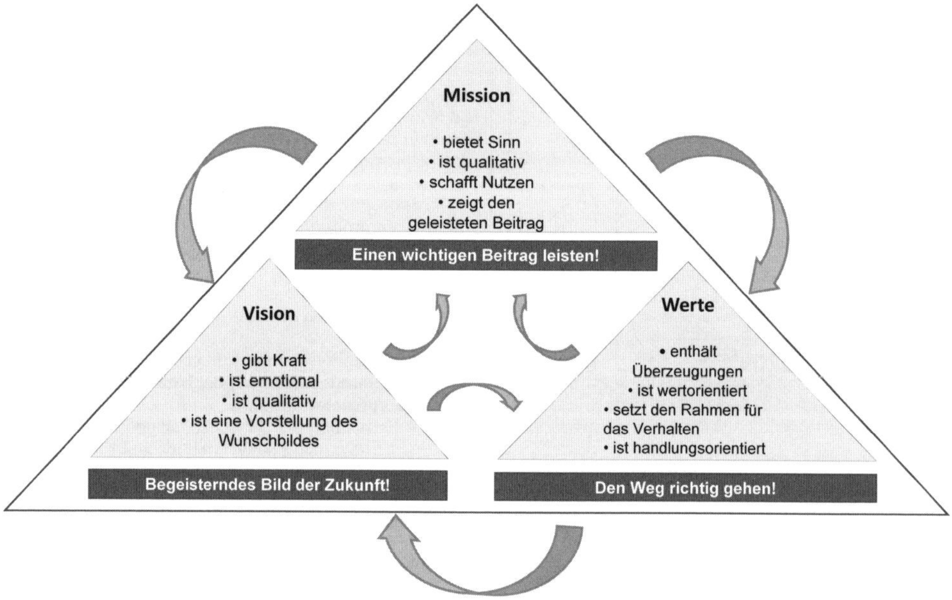

Abbildung 1.10 Leitbild - Dreiklang aus Werte - Vision - Mission
(Quelle: Weissman et al. 2012, 26)

„Ein **Leitbild** umschreibt Unternehmenszweck und -ziele sowie Verhaltensgrundsätze nach innen und außen. Es zeigt auf, wie Zukunftsziele erreicht werden können. Als Grundlage spiegelt es die Unternehmenskultur und Werthaltungen wider.“ (Weissman 2011, 39)

Die Werthaltungen selbst sind Gegenstand vielfältiger Diskussionen in Literatur und Praxis, da Wirtschaften in der Marktwirtschaft sich stets im Spannungsfeld zwischen Moral und Ökonomie bewegt. Die Frage ist, ob Unternehmen mit ihrem Handeln einer moralischen und gesellschaftlichen Verantwortung gerecht werden sollen und müssen. Dies ist Gegenstand der **Unternehmensethik**. (vgl. Dillerup/Stoi 2013; Wöhe 2013)

Unternehmenswerte sind die grundlegenden Überzeugungen, Normen und Verhaltensweisen in einem Unternehmen, die als wünschenswert anerkannt sind. Sie bestimmen das Denken und Handeln der Mitarbeiter und geben ihnen Orientierung. (vgl. Dillerup/Stoi 2013, 66 ff.) ■

Die gelebten Unternehmenswerte sind die Grundlage für die Ableitung der Vision des Unternehmens.

Die **Unternehmensvision** ist die generelle unternehmerische Leitidee, die zwar szenarische, aber dennoch realistische und glaubwürdige Aussagen hinsichtlich einer anzustrebenden und im Prinzip erreichbaren Zukunft formuliert. (vgl. Vahs/Schäfer-Kunz 2012; Dillerup/Stoi 2013, 109 ff.) ■

Erfolgreiche Unternehmensvisionen sollten dabei folgende Anforderungen erfüllen (vgl. Dillerup/Stoi 2013, 110):

- *richtungsweisend*, d. h. zukunftsorientiert und verbindlich
- *anspornend*, d. h. fordern und begeisternd
- *plausibel*, d. h. realistisch und kompetent
- *prägnant*, d. h. verständlich und kommunizierbar

Ergänzt wird die Unternehmensvision durch die Mission des Unternehmens, die die Frage beantwortet, was der Welt fehlen würde, wenn es das Unternehmen und seine Leistungen nicht gäbe.

Die **Unternehmensmission** beschreibt den Tätigkeitszweck eines Unternehmens. Es wird zum Ausdruck gebracht, welchen Kundennutzen sowie gesellschaftlichen Beitrag das Unternehmen schafft. ■

Ein Beispiel für eine umfangreiche Formulierung eines Unternehmensleitbildes, bestehend aus Werten – Vision – Mission findet sich bei dem mittelständischen Unternehmen UVEX (vgl. http://www.uvex-group.com/de-de/unternehmen/philosophie).

1.6.3.2 Unternehmenskultur

Die Unternehmenswerte finden ihren Ausdruck auch in der Unternehmenskultur. Diese bildet ebenfalls die Grundlage für die Ableitung des Ziel- und Wertesystems.

Empirische Studien zeigen einen Zusammenhang zwischen Unternehmenserfolg und Unternehmenskultur (vgl. Baetge et al. 2007).

Unternehmenskultur ist die Gesamtheit der in einem Unternehmen vorherrschenden Wertvorstellungen, Traditionen, Überlieferungen, Mythen und Denkhaltungen, welche das Verhalten der Mitarbeiter prägen. (Dillerup/Stoi 2013, 129)

Die Unternehmenskultur kann nach *Schein* durch 3 Ebenen beschrieben werden. (vgl. Schein 2004, 3 ff.):

- **Grundannahmen** betreffen die Werte, Überzeugungen und Einstellungen gegenüber Menschen, Gesellschaft und Umwelt. Sie stellen die Selbstverständlichkeiten im Unternehmen dar und sind unbewusst und von außen nicht beobachtbar. Sie sind die Grundlage für die folgenden Ebenen.
- **Normen und Standards** sind Verhaltensrichtlinien, die wünschenswertes Verhalten der Mitarbeiter eines Unternehmens definieren. Zum Teil sind sie unbewusst und nicht kodifiziert.
- **Symbole bzw. Artefakte** sind die sichtbaren Elemente einer Unternehmenskultur aus denen auf die darunterliegenden Ebenen geschlossen werden kann. Es sind die beobacht- und wahrnehmbaren Verhaltensweisen, Sitten und Gebräuche in einem Unternehmen sowie das Erscheinungsbild des Unternehmens und seiner Mitarbeiter.

Eine Unternehmenskultur bildet sich evolutionär, d. h. über eine längere Zeit, heraus. Dem entsprechend ist ein Kulturwandel nicht kurzfristig umsetzbar, sondern ebenfalls ein langfristiger Prozess.

1.6.3.3 Shareholder- versus Stakeholderorientierung

Ein Unternehmen steht stets im Spannungsverhältnis vielfältiger und sich teils widersprechender **Ansprüche von verschiedenen Interessengruppen**. (vgl. Abbildung 1.11)

Anspruchsgruppen eines Unternehmens und ihre Interessen (Auswahl)		
Interne	Eigentümer	Einkommen, Gewinn, Wertsteigerung des Kapitals
	Management	Einkommen, Arbeitsplatz, Sicherheit, Macht, Prestige
	Mitarbeiter	Einkommen, Arbeitsplatz, Sicherheit, zwischenmenschliche Kontakte
	Aufsichtsrat	Kontrolle, Information, strategische Ausrichtung des Unternehmens
	Betriebsrat	Kontrolle, Mitbestimmung, Interessenvertretung, Wiederwahl
Externe (Auswahl)	FK-Geber	Sicherheit für Kapitalbereitstellung, gute Verzinsung, Vermögenszuwachs
	Lieferanten	Stabile Liefermöglichkeiten, günstige Konditionen, Zahlungsfähigkeit
	Kunden	Gute Qualität u. Quantität, Service, günstige Konditionen etc.
	Konkurrenten	Einhaltung fairer Grundsätze und Spielregeln, Kooperation
	Staat und Gesellschaft	Steuern, Sicherung der Arbeitsplätze, Sozialleistungen, positive Beiträge zur Infrastruktur, Einhaltung von Recht und Normen, Teilnahme an politischer Willensbildung, Kultursponsoring etc.

Abbildung 1.11 Interessengruppen und ihre Ansprüche (Quelle: Thommen/Achleitner 2012)

Die Unternehmensleitung, selbst Anspruchsgruppe, steht vor der Herausforderung eine Ordnung bzw. Hierarchie zwischen den Ansprüchen zu schaffen bzw. einen Ausgleich zwischen den Interessengruppen herbeizuführen. Welche Ansprüche zu priorisieren sind, haben kapitalmarktorientierte Publikumsgesellschaften eindeutig beantwortet. Sie wenden seit den 1990er Jahren wertorientierte Kennzahlensysteme als Instrument einer **wertorientierten Unternehmensführung** an. Bei diesen Unternehmen stehen die Interessen der Eigenkapitalgeber im Vordergrund und somit eine an der Entwicklung des ökonomischen Unternehmenswertes ausgerichtete Unternehmensführung, die ihren Ausdruck im Shareholder-Value-Konzept (vgl. Rappaport 1986) gefunden hat. Über diese stark einseitige Investorenorientierung wird in Literatur und Praxis intensiv diskutiert, ob sie mit unternehmensethischen Grundsätzen vereinbar ist.

Der **Shareholder-Ansatz** räumt den Eigenkapitalgebern (Shareholder) eine Vorrangstellung gegenüber den anderen Anspruchsgruppen ein. Die Eigenkapitalgeber sind Träger der Leitungskompetenz und des Unternehmensrisikos. ■

Die Kritiker der Shareholderorientierung argumentieren, dass die alleinige Ausrichtung des Unternehmens an der Schaffung des Unternehmenswertes die Interessen der anderen Interessengruppen am Unternehmen (Stakeholder) vernachlässigt. Sie favorisieren deshalb den Stakeholder-Ansatz, bei dem die Interessen aller Stakeholder im Rahmen eines pluralistischen Zielsystems im Unternehmen Berücksichtigung finden müssen.

Der **Stakeholder-Ansatz** räumt allen Anspruchsgruppen die gleichen Partizipationsrechte ein. Zwischen den verschiedenen Ansprüchen soll es zu einem fairen Interessenausgleich. ■

Im Gegensatz zu den kapitalmarktorientierten Unternehmen folgen mittelständische Unternehmen eher dem Stakeholder-Ansatz. Die Gründe liegen in einem hohen Verantwortungsbewusstsein der Unternehmen gegenüber ihren Mitarbeitern sowie dem regionalen Umfeld.

■ 1.7 Kontrollfragen

1. Wie würden Sie die Attribute „beschreibend“ und „wirtschaftlich“ bzw. „entscheidungsorientiert“ innerhalb der Definition der Betriebswirtschaftslehre näher erläutern? (Abschn. 1.2)
2. Was bedeutet im Rahmen der Definition die These, dass die Betriebswirtschaftslehre in Umkehrung zur Volkswirtschaftslehre einzelwirtschaftlich orientiert ist? (Abschn. 1.2)
3. Worin bestehen die prinzipiellen Unterschiede zwischen der institutionellen, der funktionellen und der genetischen Untergliederung der Betriebswirtschaftslehre? (Abschn. 1.2)

4. Durch welche klar definierten vier Merkmale ist der Begriff der Wissenschaft gekennzeichnet? (Abschn. 1.3)
5. Stimmt die Behauptung, dass die Betriebswirtschaftslehre zum Einordnungspfad der Idealwissenschaften gehört? (Abschn. 1.3)
6. Worin unterscheiden sich die Erkenntnisziele der theoretischen und der angewandten Betriebswirtschaftslehre und wieso ist die axiomatisch-deduktive Methode für die betriebswirtschaftliche Erkenntnisgewinnung nicht anwendbar? (Abschn. 1.4)
7. Durch welchen Begriff würden Sie den folgenden Nachsatz ersetzen: „Summe aller Aktivitäten, die der bewussten Bedürfnisbefriedigung mittels Wirtschaftsgütern dienen"? (Abschn. 1.5.1)
8. Durch welche Kriterien unterscheiden sich die Kategorien der Wirtschaftsgüter von den freien Gütern und zu welcher Unterkategorie der Wirtschaftsgüter gehören alle Dienstleistungen und Rechte? (Abschn. 1.5.1)
9. Wieso bezeichnet man das ökonomische Prinzip auch als den produktivitätsorientierten Ansatz der Betriebswirtschaftslehre und welcher Unterschied ergibt sich daraus im Vergleich zum entscheidungsorientierten Ansatz? (Abschn. 1.5.1)
10. Warum wird die Produktivität auch als technische Wirtschaftlichkeit bezeichnet und wie bezeichnet man die Teilproduktivität, bei der der Ertrag durch die Bodenfläche dividiert wird? (Abschn. 1.5.2)
11. Zu welchen Unterformen der Wirtschaftlichkeitsmessung gehören die Kosten- und die Produktwirtschaftlichkeit? (Abschn. 1.5.2)
12. Wieso entsteht bei der praxisüblichen Berechnung der Eigen- und der Gesamtrentabilität bei Unternehmungsvergleichen eine objektiv resultierende Ergebnisdifferenz? (Abschn. 1.5.2)
13. Hinterfragen Sie die These, dass die Liquidität nicht die oberste betriebliche Zielstellung verkörpert, wohl aber eine unbedingte Existenzbedingung! (Abschn. 1.5.2)
14. Worin besteht der inhaltliche Unterschied zwischen den Bestands- und Stromgrößen in einer Unternehmung und welches Abhängigkeitsverhältnis besteht zwischen beiden? (Abschn. 1.5.3)
15. Wie bezeichnet man das marktbewertete Ergebnis der betrieblichen Haupttätigkeit und durch welchen weiteren Bestandteil unterscheidet sich dieser Begriff zur Stromgröße der Einnahme? (Abschn. 1.5.3)
16. Zu welchen Stromgrößen gehören Instandhaltungsaufwendungen an nicht der produktiven Nutzung unterliegenden Mietshäusern der Unternehmung sowie die Entgegennahme der Umsatzsteuer von Kunden? (Abschn. 1.5.3)

1.8 Übungsaufgaben

Ü1 Methoden der betriebswirtschaftlichen Erkenntnisgewinnung

a) Sachverhalt

Ein Studierender untersucht bei „Tenneco-Automotive" im Bereich der Anlagenwirtschaft einen betriebswirtschaftlichen Sachverhalt und kommt dabei

- zum Erkenntnisgewinn einschließlich notwendiger Erklärungen unter Integration des Zeitfaktors,
- zum Erkenntnisgewinn durch reine Informationssammlung und -ordnung im Untersuchungsbetrieb,
- zum Erkenntnisgewinn durch Abstraktion spezifischer Erkenntnis in allgemein gültige Erklärungen und
- zum Erkenntnisgewinn unter Zuhilfenahme von Axiomen.

b) Aufgabenstellungen

1. Welche Methoden der betriebswirtschaftlichen Erkenntnisgewinnung werden jeweils durch den Studierenden angewandt?
2. Kennzeichnen und begründen Sie aus den oben angeführten Methoden die Methode, die für die betriebswirtschaftliche Erkenntnisgewinnung nicht geeignet ist!

Ü2 Kennzahlen betrieblichen Wirtschaftens (Produktivität)

a) Sachverhalt

Im Betrieb A werden 1440 Stück einer Ware von 200 Mitarbeitern bei einer Kostenbelastung von 32 000 € hergestellt. Im Betrieb B fertigen 250 Mitarbeiter 1800 Stück der Ware bei Kosten in Höhe von 36 000 €. Der Stückerlös für ein Produkt aus Betrieb A beträgt 19,20 €.

b) Aufgabenstellungen

1. Berechnen Sie für beide Betriebe
   - die Arbeitsproduktivität
   - die Kapitalproduktivität
   - nach der allgemein gültigen Produktivitätsformel: $\frac{\text{Ausbringunsgmenge}}{\text{Faktoreinsatzmenge}}$
2. Wie hoch ist jeweils die wertmäßige Wirtschaftlichkeit im Betrieb A?
3. Wie hoch muss Betrieb B seinen Stückerlös ansetzen, um eine Wirtschaftlichkeit von 0,85 zu erreichen?

Ü3 Kennzahlen betrieblichen Wirtschaftens (Rentabilität)

a) Ausgangsdaten

Eigenkapital	120 000 €
Umsatzerlöse	600 000 €/Jahr
Einzelkosten	300 000 €/Jahr
Fremdkapital	125 % vom Eigenkapital
Gemeinkosten	285 600 €/Jahr
Fremdkapitalzins	4,8 % (nur bei Gesamtkapitalrentabilität einbeziehen)

b) Aufgabenstellung

Berechnen und interpretieren Sie die prozentuale Rentabilität (Eigen- und Gesamtkapitalrentabilität) eines Unternehmens unter Beachtung der o. g. Ausgangsdaten.

Ü4 Kennzahlen betrieblichen Wirtschaftens (Liquidität)

a) Ausgangsdaten

Kassenbestand	2000 €
Bestände Endprodukte	12 000 €
Postgiroguthaben	4000 €
kurzfristige Verbindlichkeiten	8000 €
Guthaben bei Kreditinstituten	6000 €
kurzfristige Forderungen	1200 €
Bestände Roh-, Hilfs- und Betriebsstoffe	4000 €

b) Aufgabenstellung

Berechnen und interpretieren Sie auf der Basis nachfolgend genannter Liquiditätskennzahlen

$$\text{Liquidität 1. Grades} = \frac{\text{Zahlungsmittel (Bargeld, Buchgeld, Geldersatzmittel)}}{\text{sofort fällige} + \text{kurzfristige Verbindlichkeiten}}$$

$$\text{Liquidität 2. Grades} = \frac{\text{Zahlungsmittel} + \text{kurzfristige Forderungen}}{\text{sofort fällige} + \text{kurzfristige Verbindlichkeiten}}$$

$$\text{Liquidität 3. Grades} = \frac{\text{Zahlungsmittel} + \text{kurzfristige Ford.} + \text{Vorräte}}{\text{sofort fällige} + \text{kurzfristige Verbindlichkeiten}}$$

und unter Beachtung der o. g. Daten die Liquidität 1. Grades und 2. Grades!

1.9 Literatur- und Quellenverzeichnis

Baetge, J./Schewe, G./Schulz, R./Solmecke, H.: Unternehmenskultur und Unternehmenserfolg: Stand der empirischen Forschung und Konsequenzen für die Entwicklung eines Messkonzeptes in: JfB (Zeitschrift), Vol. 57, S. 183 - 219

Balderjahn, I./Specht, G.: Einführung in die Betriebswirtschaftslehre. 6. Aufl., Stuttgart: Schäffer-Poeschel Verlag, 2011

Bestmann, U.: Kompendium der Betriebswirtschaftslehre. 10. Aufl., München, Wien: Oldenbourg Verlag, 2014

Brockhaus-Enzyklopädie. 21. Aufl., Band 30. Mannheim: Verlag Brockhaus, 2006

Busse von Colbe, W./Coenenberg, A./Kajüter, P./Linnhoff, U.: Betriebswirtschaft für Führungskräfte. 4. Aufl., Stuttgart: Schäffer-Poeschel Verlag, 2011

Dillerup, R./Stoi, R.: Unternehmensführung. 4. Aufl., München: Vahlen 2013

Domschke, W./Scholl, A.: Grundlagen der Betriebswirtschaftslehre. 4. Aufl., Berlin, Heidelberg, New York: Springer Verlag, 2008

Hering, E.: Taschenbuch für Wirtschaftsingenieure. 3. Aufl., Leipzig: Fachbuchverlag, 2013

Jung, H.: Allgemeine Betriebswirtschaftslehre. 12. Aufl. München; Wien: Oldenbourg Verlag, 2010

Junge, P.: Betriebswirtschaftslehre für Ingenieure. Wiesbaden: Gabler Verlag, 2012

Luger, A. E./Geisbüsch, H.-G./Neumann, J. M.: Allgemeine Betriebswirtschaftslehre. München, Wien: Hanser Verlag, 2004

Müller, A.; Uecker, P.; Zehbold, C.: Controlling. 2. Aufl. Leipzig: Fachbuchverlag, 2006

Oehlrich, M.: Betriebswirtschaftslehre. 3. Aufl. München: Verlag Franz Vahlen, 2013

Olfert, K./Rahn, H.-J.: Einführung in die Betriebswirtschaftslehre. 11. Aufl., Ludwigshafen: Kiehl Verlag, 2013

Rappaport, A.: Creating Shareholder Value, The New Standard for Business Performance. New York/London 1986

Schein, E. H.: Organizational Culture and Leadership. 2. Aufl., San Francisco 1992

Schierenbeck, H./Wöhle, C. B.: Grundzüge der Betriebswirtschaftslehre. 18. Aufl., München; Wien: Oldenbourg Verlag, 2015

Thommen, J.-P./Achleitner, A.-K.: Allgemeine Betriebswirtschaftslehre, 7. Aufl. Wiesbaden: Gabler Verlag, 2012

Töpfer, A.: Betriebswirtschaftslehre. 2. Aufl., Berlin, Heidelberg, New York: Springer Verlag, 2007

Vahs, D./Schäfer-Kunz, J.: Einführung in die Betriebswirtschaftslehre. 6. Aufl., Stuttgart: Schäffer-Poeschel Verlag, 2012

Weber, W./Kabst, R./Baum, M.: Einführung in die Betriebswirtschaftslehre. 9. Aufl., Wiesbaden: Gabler Verlag, 2014

Weissman, A. (2011): Die großen Strategien für den Mittelstand. 2. Aufl., Frankfurt/M.: Campus Verlag 2011

Weissman, A./Artmann, A./Augsten, T.: Strategieentwicklung und -implementierung, Seminarpräsentation, Friedrichshafen, 3. bis 5. Januar 2012

Wöhe, G.: Einführung in die Allgemeine Betriebswirtschaftslehre. 25., überarbeitete Aufl. München: Verlag Vahlen, 2013

Wollenberg, K. (Hrsg.): Taschenbuch der Betriebswirtschaft. 2. Aufl., Leipzig: Fachbuchverlag, 2004

2 Betrieb und Unternehmung

2.1 Studienziele

Dieses Kapitel soll dem Leser ermöglichen

- die unterscheidenden Merkmale zwischen den Begriffen Betrieb, Unternehmen und Unternehmung und Firma aufzuzeigen und zu interpretieren;
- die Vielfalt der Gliederungsmöglichkeiten, nach denen Unternehmungen mittels definierter Merkmale typisiert werden können, kennen zu lernen und betriebswirtschaftlich exakt auszuwerten;
- zu erkennen, dass das Grundmodell einer Unternehmung intern komplexe Prozesse und Strukturen beinhaltet und extern vielfältigen Verflechtungsbeziehungen mit der Umwelt unterliegt;
- die Basistypen von privatrechtlichen und öffentlich-rechtlichen Betrieben zu unterscheiden sowie die Hauptmerkmale ausgewählter Rechtsformen von den Gründungs- bis zu den Auflösungsmodalitäten herauszuarbeiten einschließlich der vorrangigen Interpretation handels- und steuerrechtlicher Besonderheiten;
- den Begriff von Unternehmensverbindungen unter dem Aspekt praxismöglicher Bindungsintensitäten zu deuten und die Kernaussagen ihrer Unterformen zu interpretieren.

2.2 Begriffsbestimmungen Betrieb, Unternehmen und Unternehmung

Wie bereits im Abschnitt 1.5.1 bei der Darstellung betriebswirtschaftlicher Grundbegriffe angesprochen, umfasst der Begriff der Wirtschaft alle Institutionen, die bewusst der menschlichen Bedürfnisbefriedigung mittels Wirtschaftsgütern dienen. In diesem Zusammenhang wurde darüber hinaus festgestellt, dass als wirtschaftliche Institutionen auf differenzierte Zwecke und Ziele ausgerichtete Einzelwirtschaften fungieren. Zu diesen gehört bekanntlich neben der Konsumtions- auch die Produktionswirtschaft, im umgangssprachlichen Gebrauch auch als Betrieb bezeichnet.

Ein **Betrieb** ist eine Stätte, in der Güter und Dienstleistungen für den Bedarf Dritter im Rahmen der Arbeitsteilung produziert und anschließend am Markt verwertet werden. ■

Aus dieser Definition darf jedoch nicht geschlussfolgert werden, dass ein Betrieb zur Realisierung seiner Grundsatzaufgabe nicht auch konsumieren darf, weil er sonst zu der Konsumtionswirtschaft gehören würde.

Außer dem Begriff Betrieb als dem Gegenstandsgebiet der Betriebswirtschaftslehre werden in der Theorie und Praxis auch noch andere Synonyme wie z. B. **Unternehmung** und **Unternehmen**, aber auch **Fabrik, Firma, Werk** bzw. **Geschäft** verwendet. Dies ist unexakt und bedarf einer näheren Hinterfragung. Nach Gutenberg gilt der Betrieb als Oberbegriff für alle Produktionswirtschaften, egal ob in markt- oder planwirtschaftlich gestalteten Wirtschaftssystemen. Damit ist klar, dass ein Betrieb von **systemindifferenten Bestimmungsfaktoren** geprägt wird. Als solche gelten:

a) die Kombination von betrieblichen Produktionsfaktoren,

b) das Prinzip der Wirtschaftlichkeit und

c) das Prinzip des finanziellen Gleichgewichts.

Der Fachausdruck **Unternehmung** gilt nach den oben angesprochenen Autoren dagegen als das primäre Erscheinungsbild eines Betriebes in der Marktwirtschaft. Dabei wird geschlussfolgert, dass nur in diesem Wirtschaftssystem die für die Unternehmungen notwendigen konstitutiven Merkmale (auch **systemdifferente Bestimmungsfaktoren der Marktwirtschaft** genannt) wie

a) das Autonomieprinzip,

b) das erwerbswirtschaftliche Prinzip und

c) das Prinzip des Privateigentums

gewährleistet sind.

Damit ist sicher, dass der Unternehmungsbegriff inhaltlich umfassender ist als der Begriff des Betriebes.

Schlussfolgernd kann somit postuliert werden, dass jede Unternehmung zugleich Betrieb ist, aber nicht jeder Betrieb eine Unternehmung verkörpert! ■

Interessant in diesem Kontext ist auch die Auffassung von Kosiol, der zunächst die gleiche Meinung in Bezug auf die Primärstellung von Unternehmungen in der Marktwirtschaft wie der vorgenannte Autor vertritt, jedoch später resümiert, dass das erwerbswirtschaftliche Prinzip und das Prinzip an Privateigentum nicht zu den bestimmenden Merkmalen einer Unternehmung gehören. Nimmt man diese These auf, so ergeben sich wirtschaftliche Gebilde, die zwar Betriebe, aber keine privaten Unternehmungen sind. Kosiol bezeichnet sie als **öffentliche Unternehmen**. Abschließend zu dieser Begriffsproblematik gilt es noch, den Begriff der **öffentlichen Betriebe und Verwaltungen** zu klären. Diese Wirtschaftseinheiten haben auch in der Marktwirtschaft ihre Existenzberechtigung, spielen aber gegenüber den Unternehmungen eine untergeordnete Rolle. Im Planwirtschaftssystem übernehmen sie dagegen den Aufgabenpart der marktwirtschaftlichen Unternehmungen, allerdings dann mit den systemdifferenten Bestimmungsfaktoren der **Planwirtschaft**. Als solche gelten nach Wöhe 2013:

a) das Organprinzip,

b) das Prinzip der Planerfüllung,

c) das Prinzip des Gemeineigentums.

Öffentliche Betriebe und Verwaltungen (oft auch als „Non-Profit-Organisationen" bezeichnet) gelten nach Schierenbeck/Wöhle 2015, schlechthin als „Organe der Gesamtwirtschaft, die vom Staat getragen werden und die den gesellschaftlichen Bedarf nach Wirtschaftsgütern kollektiv oder auch über den Markt befriedigen".

Im letzteren Fall sind sie mit den Unternehmungen vergleichbar. Die Abbildung 2.1 dokumentiert in Anlehnung an den oben genannten Autor den Gesamtzusammenhang die bestimmenden Merkmale der vorangestellten Begriffe:

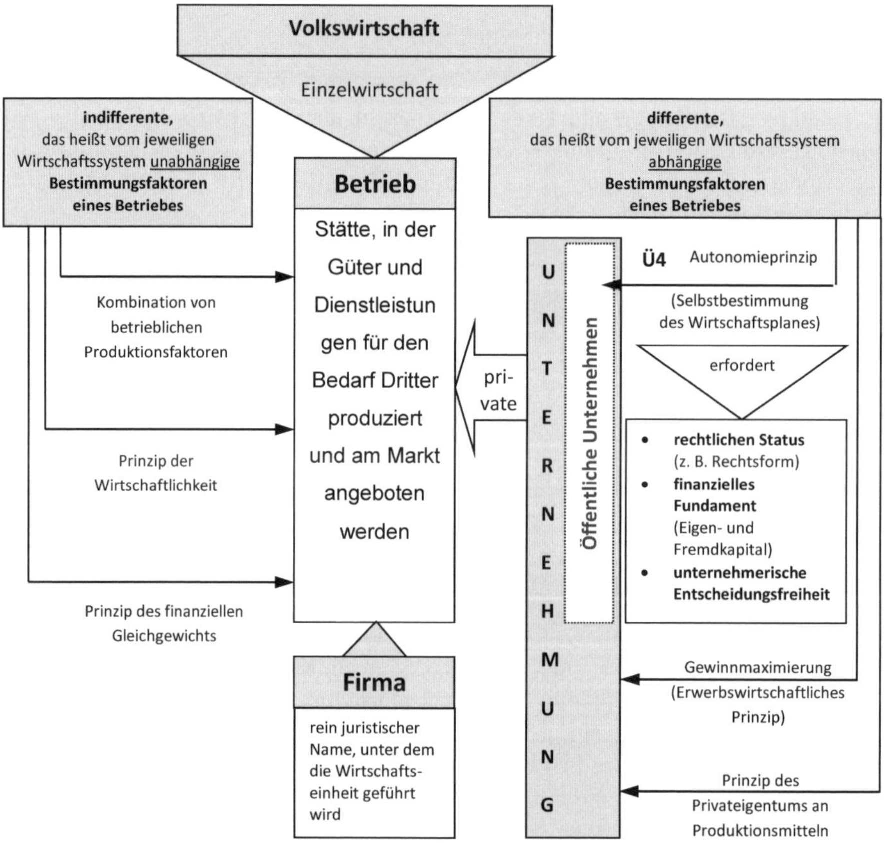

Abbildung 2.1 Begriffsbestimmungen Betrieb, Unternehmen, Unternehmung, Firma

Zu den weiter genannten Synonymbegriffen für den Begriff Betrieb ist festzustellen, dass dieser Bezugskontext zum Teil falsch ist, verkörpern diese Kategorien in Anlehnung an Wöhe 2013 doch lediglich differenzierte Denkansätze für den Betriebsbegriff. So entspricht

- der Begriff des Werkes oder der Fabrik nur dem **technischen**,

- das Geschäft nur dem **kaufmännischen** und
- die Firma nur dem **juristischen**

Aspekt eines Betriebes. Da, wie schon eingangs vermerkt, nur die Unternehmung alle für das Funktionieren des Marktwirtschaftssystems erforderlichen Merkmale erfüllt, wird bei der Darstellung weiterer Inhalte wie z.B. der Betriebstypologie und den Betriebszielen sowie beim Grundmodell des Betriebes nur noch der Begriff der Unternehmung bzw. des Unternehmens verwendet. Diese Tatsache erscheint auf Grund der an anderer Stelle postulierten Logik (**jede Unternehmung ist zugleich Betrieb**) legitim.

2.3 Typologie von Unternehmen

Wie schon im vorhergehenden Absatz angeführt, beziehen sich die folgenden Erörterungen auf die Unternehmen als dem primären Betriebstyp der Marktwirtschaft. Da diese Unternehmen in der Wirtschaftspraxis vielfältige Gestaltungsformen annehmen und sich damit quantitativ und qualitativ unterscheiden, müssen sie nach definierten Wesenskriterien (z.B. For-Profit oder Not-for-Profit) systematisiert, d.h. typisiert werden. Bestmann 2014 begründet die **Vorteilhaftigkeit** einer Typisierung unter **drei Aspekten**:

1. „Die Typisierung trägt, indem sie strukturiert, zur Schaffung einer allgemein besseren Übersicht bei.
2. Die Typisierung hilft, das Erfahrungsobjekt nach verschiedenen Gesichtspunkten zu analysieren.
3. Die Typisierung unterstützt die Bemühungen der Praxis, Lösungen für anstehende Probleme zu finden."

Da die Vielfalt der Gesichtspunkte und damit die Gliederungsmöglichkeiten, nach denen Unternehmen typisiert werden können (vgl. Wöhe 2013, Schierenbeck/Wöhle 2015, Bestmann 2004) sehr groß ist, sollen an dieser Stelle nur die wichtigsten Merkmale genannt werden. Als solche gelten:

a) Typologie nach **Wirtschaftszweigen**

b) Typologie nach der **Leistungsart**

c) Typologie nach dem **dominanten Elementarfaktor**

d) Typologie nach der **Größenklasse**

e) Typologie nach der **Standortcharakteristika**

f) Typologie nach der **Rechtsform**

g) Typologie nach den **Unternehmungsverbindungen**

Zu a) Die Typisierung nach diesem Aspekt in **Industrie-, Handels-, Versicherungs-, Verkehrs-**, **Bank-** und **sonstigen Dienstleistungsunternehmen** ist sehr allgemein und bezieht sich vorrangig auf Differenzierungen im Beschaffungs-, Finanzierungs- und Buchführungssektor. Zur Erweiterung des vorher genannten Aussagewertes ist es deshalb gut, wenn die genannten Branchen tiefer, wie in Tabelle 2.1 dargestellt, nach **Hauptwirt-**

schaftszweigen untergliedert werden. In dieser Tabelle erfolgt die Aufspaltung der Unternehmen auf die einzelnen Abschnitte nach der Unternehmens- und Beschäftigtenanzahl.

Tabelle 2.1 Unternehmensregister – Unternehmen, Beschäftigte und Umsatz 2012 (Quelle: Statistisches Bundesamt, www.destatis.de, Stand: 31. 05. 2014)

Wirtschaftsabschnitt[1]		Unternehmen[2] insgesamt	Beschäftigte (sozialversicherungspflichtig)	Umsatz[3]
		Anzahl		in 1000 Euro
B	Bergbau und Gewinnung von Steinen und Erden	2355	59333	16200968
C	Verarbeitendes Gewerbe	252803	6730383	1983479494
D	Energieversorgung	60473	249412	581875787
E	Wasserversorgung, Abwasser- und Abfallentsorgung und Beseitigung von Umweltverschmutzungen	12555	231466	47919044
F	Baugewerbe	392624	1565010	243478117
G	Handel; Instandhaltung und Reparatur von Kraftfahrzeugen	670272	4226899	1817215969
H	Verkehr und Lagerei	121962	1484455	262471310
I	Gastgewerbe	248900	868061	73167313
J	Information und Kommunikation	130758	897672	218156502
K	Erbringung von Finanz- und Versicherungsdienstleistungen	70151	1001004	134033493
L	Grundstücks- und Wohnungswesen	324562	242693	116155567
M	Erbringung von freiberuflichen, wissenschaftlichen und technischen Dienstleistungen	515188	1642364	291648401
N	Erbringung von sonstigen wirtschaftliche Dienstleistungen	203354	2011526	169376211
P	Erziehung und Unterricht	76566	913881	12693688
Q	Gesundheits- und Sozialwesen	237659	3683154	59015414
R	Kunst, Unterhaltung, Erholung	104852	234125	31533746
S	Erbringung von sonstigen Dienstleistungen	238398	865374	31533746
	Insgesamt	**3663432**	**26906812**	**6096394008**

[1] Klassifikation der Wirtschaftszweige, Ausgabe 2008 (WZ 2008)

[2] Unternehmen mit steuerbaren Umsatz aus Lieferungen Leistungen und/oder mit sozialversichungspflichtigen Beschäftigten 2012

[3] Umsatz für Organkreismitglieder geschätzt

Wertet man die in Tabelle 2.1 aufgeführten Zahlen etwa näher aus, so ergeben sich folgende **Analyseergebnisse:**

1. Von den insgesamt rund **3,67** Millionen Unternehmen in Deutschland sind **19,7** % (720 810) Unternehmen im Sachleistungs- und **80,3** % (2 942 622) im Dienstleistungssektor angesiedelt.
2. Innerhalb der unter 1. genannten Merkmalsausprägungen (B – F) und (G – S) verkörpern die unter B (**0,06** %) und K (**1,91** %) sowie F (**10,71** %) und G (**18,30** %) genannten Zweige die jeweiligen Minimal- bzw. Maximalwerte.
3. Die meisten sozialversicherungspflichtigen Beschäftigten – innerhalb der Gesamtsumme von rund **26,9** Millionen Beschäftigen – befinden sich mit **6,73** Mio. (**25,01** %) im Wirtschaftsabschnitt „Verarbeitendes Gewerbe, die wenigsten dagegen mit **0,22** % (**59 333**) im Abschnitt „Bergbau".
4. Die **3,67** Millionen Unternehmen erwirtschaften einen Gesamtumsatz von rund **6,1** Billionen Euro, wobei der Wirtschaftsabschnitt „Verarbeitendes Gewerbe" mit rund **1,98** Billionen Euro (**32,5** %) den umsatzstärksten Zweig verkörpert!

Ein Blick auf die nächste Tabelle 2.2 verdeutlicht eine Aufsplittung der in der vorangestellten Tabelle 2.1 aufgelisteten Beschäftigungszahlen nach differenzierten Umsatzgrößen- und Beschäftigungsgrößenzahlen (Tabelle 2.2).

Tabelle 2.2 Unternehmen 2012 in Deutschland nach Beschäftigten- und Umsatzgrößenklassen (Quelle: Institut für Mittelstandsforschung Bonn, www.ifm-bonn.org, – Stand: 31. 05. 2014)

Umsatz	insgesamt	Sozialversicherungspflichtig Beschäftige von … bis …				
		0 bis 9	10 bis 49	50 bis 249	250 bis 499	500 und mehr
bis 1 Mio.	3 303 668	3 191 049	99 607	11 266	1126	620
über 1 Mio. – 2 Mio.	154 533	87 234	65 028	1999	144	148
über 2 Mio. – 10 Mio.	152 994	45 152	87 607	19 005	768	462
über 10 Mio. – 25 Mio.	28 895	4047	9205	14 098	1035	510
über 25 Mio. – 50 Mio.	11 165	1017	1840	6604	1220	484
über 50 Mio.	12 157	746	1117	3931	2952	3411
Insgesamt	**3 663 432**	**3 329 245**	**264 404**	**56 903**	**7245**	**5635**

Aus dieser Tabelle ist jeweils ersichtlich, dass mit deutlichem Abstand die meisten der rund 3,67 Millionen Unternehmen, nämlich exakt **99,5** %, kleinere und mittlere Unternehmen (**KMU**) mit **1 bis 249 Beschäftigten** und einem **Umsatz bis 50 Mio.** Euro sind. Demgegenüber stehen jedoch insgesamt mehr als **16 000** große Unternehmen, die ihrerseits jedoch knapp **65** % des Umsatzes und gut **46** % aller sozialversicherungspflichtigen Beschäftigten auf sich vereinen.

Zu b) Bei der Typisierung der Unternehmen nach der Leistungsart wird grundlegend unterschieden in

- Sachleistungsunternehmen und
- Dienstleistungsunternehmen.

Während zu den zuerst genannten Unternehmen vorrangig alle Industrie- und Handwerksbetriebe (z.B. Betriebe der Chemie- und Möbelindustrie, des Maschinenbaus bzw. Schlosser- und Elektroinstallateure) gehören, zählen zu den Dienstleistungsunternehmen die schon unter a) angeführten Unternehmen wie die Handels-, Bank-, Versicherungs- und Verkehrsbetriebe. Auf eine weitere Untergliederung der Sachleistungsbetriebe, z.B. in Rohstoffgewinnungsbetriebe, wird an dieser Stelle verzichtet.

Zu c) Die Typisierung nach diesem Wesensmerkmal unterscheidet die Unternehmen nach der vorherrschenden Priorität der betrieblichen Elementarfaktoren in **lohn**-, **anlagen**- und **materialintensive** Betriebe.

Zu d) Die Typisierung der Unternehmen nach der Größenklasse ist nicht unproblematisch, weil diese meist nur auf der Basis der Beschäftigtenanzahl (vgl. Tabelle 2.2) erfolgt. Aussagefähiger wird diese Typisierung dann, wenn noch weitere Faktoren wie z.B. die **Umsatzhöhe pro Geschäftsjahr** oder die **Bilanzsumme** mit in die Betrachtung einbezogen werden. Man spricht dann von einem **mehrdimensionalen Typisierungsmaßstab**. Ein Beispiel für den zuletzt genannten Aspekt liefert die Umschreibung der **Größenklassen von Kapitalgesellschaften** nach **§ 267 Absatz 1 – 4 HGB**. Dort wird die Zuordnung zu einer Größenklasse so vorgenommen, dass mindestens zwei von drei der in Tabelle 2.3 integrierten Merkmale erfüllt sein müssen:

Tabelle 2.3 Umschreibung der Größenklassen von Kapitalgesellschaften

Größenklassen Merkmale	Größenklasse		
	Kleine	Mittelgroße	Große
Bilanzsumme	≤ 4 840 000 €	Wenn mindestens zwei Merkmale der kleinen Größenklasse überschritten und jeweils mindestens zwei Merkmale der großen Klasse nicht überschritten werden	> 19 250 000 €
Umsatzerlöse	≤ 9 680 000 €		> 38 500 000 €
Arbeitnehmerzahl	50 im Jahresdurchschnitt		250 im Jahresdurchschnitt

Zu e) Diese Typisierung von Unternehmen nach dem Standort zählt zu den konstituierten Entscheidungen. Als solche gelten alle Entscheidungen, die primär bei der Unternehmensgründung anfallen (z.B. Rechts- und Kooperationsform, Unternehmensgegenstand usw.) und die mit weit reichenden Konsequenzen verbunden sind.

Der Standort eines Unternehmens kann nach vielfältigen Orientierungsaspekten bestimmt werden. Nach Olfert/Rahn 2013, sind dies: die **Arbeits-**, **Abgaben-**, **Verkehrs-**, **Energie-**, **Umwelt-**, **Absatz-** und **Auslandsorientierung**. Als effizienter Standort gilt dabei derjenige, wo die höchste Kapitalrendite erzielt wird (vgl. Abschnitt 1.5.2.3).

Auf eine weitere Interpretation der Unternehmensstypologie nach der Rechtsform und den Unternehmensverbindungen wird an dieser Stelle verzichtet. Beide Aspekte werden im Rahmen der konstitutiven Unternehmensentscheidungen noch näher dargestellt.

2.4 Grundmodell der Unternehmung

Geht man von den im Abschnitt 2.2 dargestellten Begriffsbestimmungen zum Betrieb bzw. der Unternehmung aus, so ist unschwer zu erkennen, dass die mit der Leistungserstellung und -verwertung einhergehenden **Prozesse und Strukturen** eines Unternehmens sehr komplex sind. Aus dieser Tatsache und den permanent parallel dazu verlaufenden Prozessveränderungen einschließlich der Verflechtung mit der Umwelt in einem definierten Zeitraum resultieren die Schwierigkeiten, die Unternehmenswirklichkeit realitätsnah darzustellen. Um dies trotzdem zu ermöglichen, bedient man sich – wie bereits in 1.4 dargestellt – modellhafter Abbildungen. Bei diesen Darstellungen wird zunächst davon ausgegangen, dass jedes Unternehmen vielfältige externe Verflechtungen mit seiner Umwelt in Form des **Beschaffungs**-, **Absatz**- und **Kapitalmarktes**, aber auch mit dem **Staat** besitzt. Unternehmensintern werden die im Beschaffungsmarkt erworbenen, auch als Elementarfaktoren bezeichneten Inputgrößen wie **tätige Arbeit, Anlagengüter** und **Material** durch die dispositive Arbeitsleistung (auch als leitende Arbeit bezeichnet) zu den betrieblichen Produktionsfaktoren (vgl. Abbildung 6.2) verknüpft. Im folgenden Prozess werden sie zu Outputs im Sinne von Fertigerzeugnissen oder unfertigen Erzeugnissen bzw. Leistungen umgewandelt. Diese gilt es danach auf dem Absatzmarkt effektivitätsorientiert zu realisieren.

Die dabei erzielten Absatzerlöse fließen dann in das Unternehmen zurück und stärken damit – nach Abführung der **Abgaben** durch Steuern, Gebühren, Beiträgen und eventuellen Strafabgaben an definierte Gebietskörperschaften – wiederum deren Finanzkraft. Die in diesem Wertumlaufmodell des Unternehmens durch den angeführten Transformationsprozess ausgelösten Güter- und Finanzbewegungen (auch als Güter- und Geldstrom bezeichnet) führen letztendlich zu den im Abschnitt 1.5.3 aufgezeigten Begriffspaaren betrieblicher Stromgrößen wie zum Beispiel Ertrag und Aufwand oder Ausgabe und Einnahme. In der Abbildung 2.2 werden die genannten externen und internen Kausalitäten eines Unternehmens noch einmal zusammengefasst dargestellt.

Unterstellt man, dass es sich bei der Abbildung 2.2 um ein produktionswirtschaftlich orientiertes Unternehmen handelt, so lassen sich folgende zusammenfassende **Erkenntnisse** ableiten:

1. Jedes Unternehmen als eine fremdbedarfsdeckende Wirtschaftseinheit wird von sechs **systemindifferenten** und **-differenten Bestimmungsfaktoren** beeinflusst.
2. Jedes Unternehmen korrespondiert mit anderen Wirtschaftseinheiten über den **Beschaffungs**- und **Absatzmarkt**.
3. Jedes Unternehmen erhält Einzahlungen und vollzieht Auszahlungen sowohl aus dem **Geld**- und **Kapitalmarkt** als auch mit differenzierten **Gebietskörperschaften**.

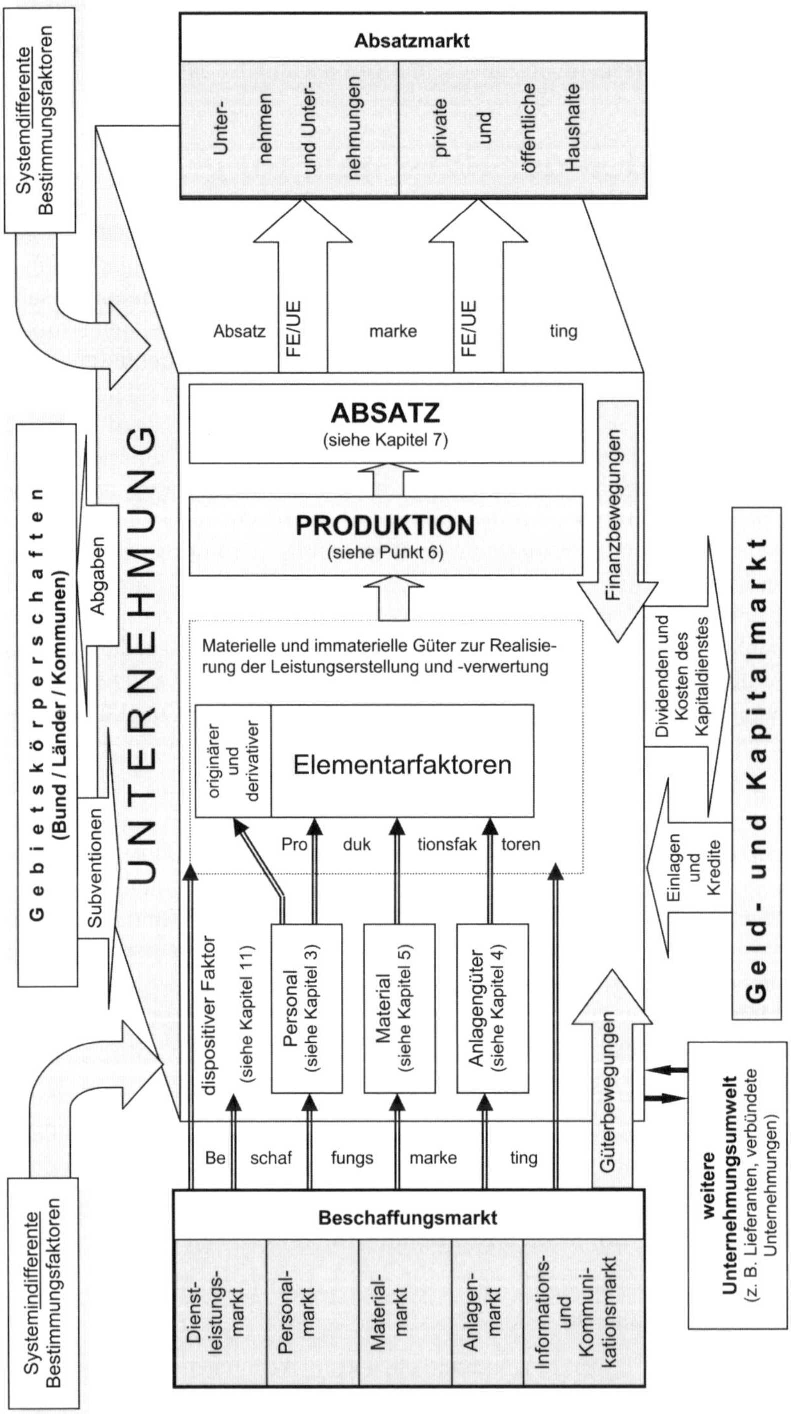

Abbildung 2.2 Verflechtungsbeziehungen zwischen Unternehmen und Umwelt

4. Jedes Unternehmen verkörpert ein **Umwandlungssystem** von Inputgütern, d. h. Güter niederer in Güter höherer Ordnung.
5. Jedes Unternehmen besitzt einen **Realgüterfluss** mit einem gegensätzlich gerichteten **Nominalgüterfluss** als Ausdruck der Güter- und Finanzbewegungen.
6. Jedes Unternehmen ist ein **soziotechnisches System** im Sinne eines „Mensch-Maschine-Systems".
7. Jedes Unternehmen besitzt zur zielorientierten Realisierung ihres Aufgabenspektrums mindestens vier klassische, sowohl miteinander korrespondierende als auch in gegenseitiger Abhängigkeit stehende **Hauptfunktionsbereiche** (Beschaffung, Produktion, Absatz und Management).
8. Jedes Unternehmen beinhaltet darüber hinaus noch eine Reihe von weiteren prozessbezogenen, jedoch funktionsübergreifenden **Funktionsbereichen** wie den Finanz-, Controlling- und Informationsbereich, aber auch das Rechnungswesen.

Da in den Kapiteln 3 bis 11 die einzelnen Funktionsbereiche eines Unternehmens näher dargestellt werden, wird an dieser Stelle auf eine weitere (detailliertere) Interpretation verzichtet. Zu erwähnen ist jedoch, dass der in einem Unternehmen ablaufende Prozess nach unterschiedlichen Dimensionen dargestellt werden kann. So verwendet Bestmann 2014 z. B. eine Unterscheidung nach Aktionsobjekten (Real- sowie Nominalgüterprozess und Informationsprozess) und nach Aktionsphasen (Input-, Throughput- und Outputgüter).

2.5 Rechtsformen von Betrieben

2.5.1 Vorbemerkung

Bereits aus der Überschrift zu diesem Gliederungspunkt ist ersichtlich, dass bei den nachfolgenden Bemerkungen nicht nur wie bisher auf die Unternehmung Bezug genommen werden darf, sondern auf den der Unternehmung übergeordneten Begriff des Betriebes. Dies hat seine vorrangige Ursache darin, dass in diesen Oberbegriff auch die öffentlich-rechtlichen Betriebe einzuordnen sind. Der Rechtsformbegriff ist in der Literatur meist unter der Kapitelüberschrift der „**Konstitutiven Entscheidungen des Betriebes**" angesiedelt. Als solche gelten bekanntlich alle langfristigen Entscheidungen wie die Wahl des Standortes, der Rechtsform und der Unternehmungsverbindungen mit grundlegender Bedeutung für die Arbeitsweise und Grundstruktur eines Betriebes. Unter dem Begriff einer Grundstruktur wird dabei der rechtliche Handlungsrahmen des Betriebes hinsichtlich seiner Außen- und Innenverhältnisse verstanden. Die juristische Basis dieser Rechtsbeziehungen ist im **Gesellschaftsrecht** (vgl. Beck-Texte 2014) fixiert. Dieses ist kein kodifiziertes – also nur in einem Gesetzbuch subsumiertes – Recht, sondern eine Zusammenfassung einer Vielzahl von Einzelgesetzen (z. B. **BGB, HGB, GmbHG, AktG, GenG, PartGG, UmwG, MitbestG** u. a.). Zu erwähnen wäre noch die Tatsache, dass das Gesellschaftsrecht ein sog. „**dispositives Recht**" (ius dispositivum) verkörpert, d. h., den Firmengründern soll eine weitgehende Wahlfreiheit bezüglich der Gestaltung ihrer Innen- und Außenverhältnisse gewährt werden. Dies soll jedoch nicht heißen, dass damit die Wahl einer Rechtsform absolut keinen Einschränkungen im Sinne des „zwingenden Rechts“ (ius cogens) unterliegt. **Einschränkungen** als besonderer Aspekt der Schutzwürdigkeit potenzieller Geschäftspartner beziehen sich besonders auf

- eine definierte **Mindestzahl** von Gründern (z. B. OHG, KG, eG, Einmanngesellschaft),
- ein definiertes **Mindestkapital** bei Gründung (z. B. GmbH, AG),
- einen definierten **Betriebszweck** (z. B. VVaG, Partenreedereien, Bergrechtliche Gewerkschaften, Genossenschaften),
- definierte **Eigentumsverhältnisse** (z. B. öffentliche Betriebe in privatrechtlicher Form können nur als öffentliche Gesellschaften und öffentliche Genossenschaften gestaltet werden),
- eine definierte **Rechtsfähigkeit** (z. B. öffentlich-rechtliche Anstalten und Körperschaften als spezielle Rechtsformen des öffentlichen Rechts).

Abschließend muss noch festgestellt werden, dass auch ohne eine bestätigte Rechtsform durch Eintragung in das Handelsregister die Aufnahme einer Betriebstätigkeit vorab gegeben ist, jedoch ist mit diesem konkludenten (folgerichtigen) Handeln die spätere Rechtsform bereits vorbestimmt (präjudiziert).

2.5.2 Überblick über die Rechtsformen

Eine grundlegende Einteilung der in der Wirtschaft vorkommenden Rechtsformen von Betrieben kann anhand folgender **Systematisierungsmerkmale** vorgenommen werden:

a) **Quantum des Erwerbsstrebens** (erwerbs-, gemein- oder gemischtwirtschaftliches Prinzip als Zielstellung),

b) **Kapitalträgerart** (private oder/und öffentliche Hand),

c) **Rechtsfähigkeit** (keine eigene Rechtspersönlichkeit oder juristische Person) und

d) **Rechtsbereich** (Privat- oder/und öffentliches Recht).

Unter Berücksichtigung der Priorität der vorgenannten Systematisierungskriterien ergibt sich zunächst für die **privatrechtlichen Betriebe** folgende grundlegende **Einteilung** (Abbildung 2.3).

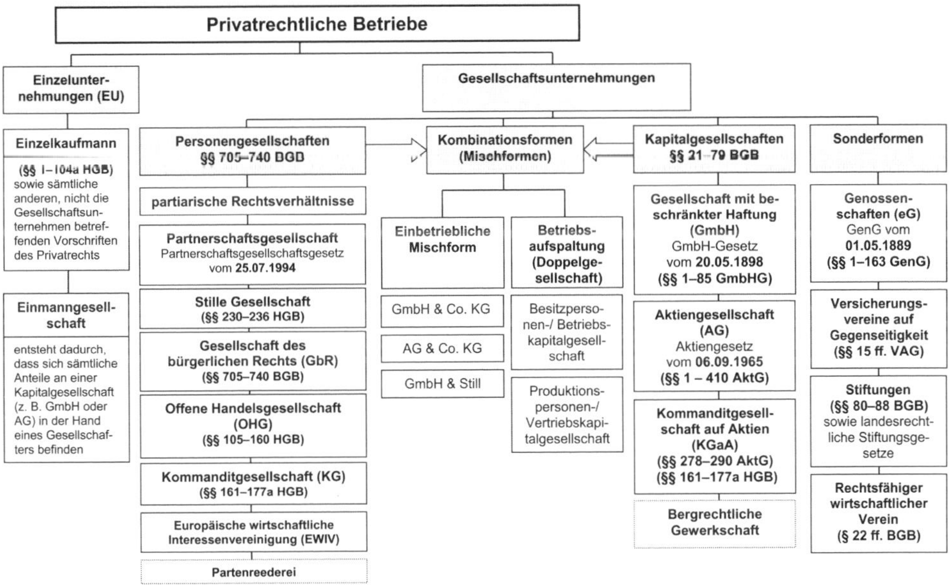

Abbildung 2.3 Systematisierung der Rechtsformen (Überblick über privatrechtliche Betriebe)

2.5.3 Grundtypen von privatrechtlichen Betrieben

2.5.3.1 Einzelunternehmen

Ein Einzelunternehmen im Sinne eines Einzelkaufmanns gilt als die originäre Grundform aller Unternehmen überhaupt. Sie ist auch heute noch die häufigste (knapp 64 % aller Unternehmen besaßen lt. Statistischem Bundesamt diese Rechtsform, Stand 31.05.2014), besonders bei kleinen- und mittleren Unternehmen vorkommende, rechtlich am einfachsten zu bildende Unternehmensform.

Ein **Einzelunternehmen** ist i. d. R. ein Gewerbebetrieb, in dem die Geschäftsführung das Haftungsrisiko, das Kapitalvolumen sowie die Gewinn- und Verlustverteilung nur von einer geschäftsfähigen Person, dem Einzelunternehmer oder -kaufmann auch Inhaber genannt, ausgeübt, übernommen, aufgebracht und zugerechnet werden kann. ■

Als **Gewerbebetrieb** gilt nach **§ 15 EStG** Absatz 2 bekanntlich „jede selbstständige nachhaltige Betätigung, die mit der Absicht, Gewinn zu erzielen, unternommen wird und die sich als Beteiligung am allgemeinen wirtschaftlichen Verkehr darstellt, …, wenn die Betätigung weder als Ausübung von Land- und Forstwirtschaft, freier Beruf oder als andere selbstständige Arbeit anzusehen ist."

Unter dem Attribut der **Geschäftsfähigkeit** versteht man dagegen laut **§§ 104 ff. BGB** die abgestufte Fähigkeit, rechtsgeschäftliche Willenserklärungen abzugeben und entgegenzunehmen. Um das Haftungsrisiko bei dieser Rechtsform zu mindern, können auch von Einzelunternehmern **Einmann-Gesellschaften** in Form einer Einmann-GmbH oder AG bzw. als Einmann-GmbH & Co. KG gegründet werden.

2.5.3.2 Gesellschaftsunternehmungen

Der Begriff Gesellschaftsunternehmung verkörpert laut Abbildung 2.3 zunächst nur einen Oberbegriff für alle unter diesem Dach zusammengefassten **Personen- und Kapitalgesellschaften** einschließlich deren **Kombinationen** sowie definierter **Sonderformen von Gesellschaftsunternehmungen**. Wie der Name schon ausdrückt, beinhalten Gesellschaften Unternehmensformen mit mehreren Personen (auch Gesellschafter genannt). Ohne an dieser Stelle schon auf detaillierte Vor- und Nachteile der jeweiligen Unterformen der Personen- und Kapitalgesellschaften einzugehen, lassen sich die kennzeichnenden **Merkmale** dieser Rechtsformen wie folgt darstellen:

Personengesellschaften

- Personengesellschaften unterliegen einer **strengen Bindung** zwischen der Gesellschaft und den Inhabern und dokumentieren damit **keine eigene Rechtspersönlichkeit.**
- Personengesellschaften gebieten die **aktive** und **kreativ-persönliche Mitarbeit** der Gesellschafter im Rahmen der Geschäftsführung.
- Personengesellschaften verkörpern den **höchsten**, auch das Privatvermögen betreffenden **Haftungsanspruch** an die Eigentümer seitens der Gläubiger.

Kapitalgesellschaften

- Kapitalgesellschaften unterliegen in der Regel einer **strengen Trennung** zwischen Kapitaleigentümern und den Personen (Organen) der Geschäftsführung.
- Kapitalgesellschaften verkörpern eine **eigene Rechtspersönlichkeit** im Sinne einer juristischen Person.
- Kapitalgesellschaften haften in der Regel nur bis zur Höhe ihres eingebrachten und erwirtschafteten **Geschäftsvermögens**.
- Kapitalgesellschaften bedingen die Beachtung **definierter Form-** und **Handlungsvorschriften** besonders bei der Gründung, aber auch bei der Haftung, Besteuerung sowie bei den Auflösungsmodalitäten.

Kombinationsformen

In der Wirtschaftspraxis werden Kombinationsformen zwischen Personen- und Kapitalgesellschaften vorrangig deshalb gebildet, weil man die **Vorteile** beider Gesellschaftstypen (**z. B. günstigere Besteuerung durch Wegfall der Körperschaftsteuer** bei Personengesellschaften **bzw. Haftungsbeschränkung** bei Kapitalgesellschaften) miteinander verbinden will, ohne deren jeweiligen **Nachteile** in Anspruch nehmen zu müssen. Bei der **einbetrieblichen Mischform** stellt besonders bei mittelständischen Unternehmen die **GmbH & Co. KG** die favorisierte Rechtsform dar. Die Bevorzugung ergibt sich aus der gewollten Haftungsbeschränkung der sonst als Vollhafter fungierenden Komplementäre. Diese bilden eine GmbH und die anderen Gesellschafter verkörpern Kommanditisten, also Teilhafter. Mit diesem Typ von Gesellschafter verlieren sie im Insolvenzfall höchstens den

Maximalwert ihrer Einlage. Die strenge Trennung von Komplementär(en) und Kommanditist(en) ergibt auch die Bezeichnung der **GmbH & Co. KG im weiteren Sinne**. Sind dagegen die Gesellschafter der GmbH (also die Komplementäre der KG) zugleich auch Kommanditisten, so ergibt sich die Titulierung einer **GmbH & Co. KG im engeren Sinne**. In jedem Fall übernimmt die „Komplementär-GmbH" sowohl die Geschäftsführung in dieser Unternehmung als auch deren Vertretungsmacht gegenüber der Unternehmungsumwelt.

In der nachfolgenden Abbildung 2.4 wird der potenzielle Unterschied zwischen den beiden Begriffsauffassungen dargestellt.

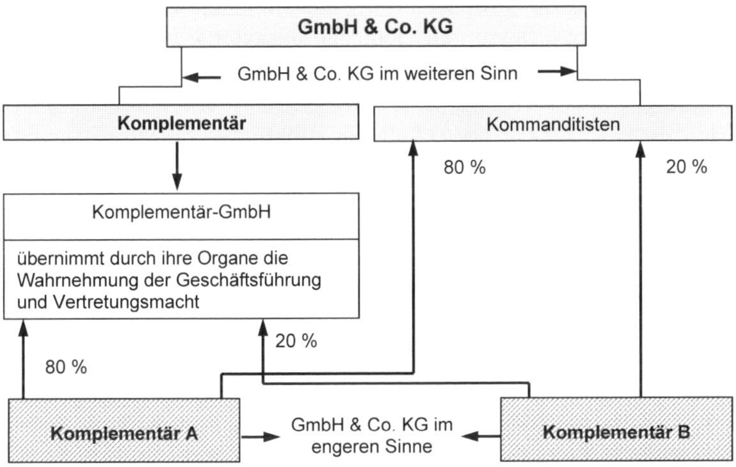

Abbildung 2.4 Aufbau einer GmbH & Co. KG in enger und erweiterter Auffassung

Möglich ist in diesem Kontext auch die Bildung einer **Einmann-GmbH & Co. KG**. Dies ist dann der Fall, wenn eine einzelne Person zugleich als GmbH-Gesellschafter und Kommanditist fungiert. In der Literatur (vgl. Bestmann 2014) wird noch eine weitere Spielart dieser Rechtskonstruktion genannt, die sogenannte dreistufige GmbH & Co. KG. Bei dieser übernimmt nicht die GmbH den Part des Komplementärs, sondern wiederum eine GmbH & Co. KG. Zusammengefasst besitzt die genannte Rechtsform folgende **Vorteile:**

a) **Risikobeschränkung** durch Haftungsbeschränkung der Komplementäre auf das von ihnen eingebrachte Mindeststammkapital von 25 000 €.

b) **Nachfolgeerleichterung**, das heißt, dass beim Fehlen eines kompetenten Komplementärnachfolgers nicht die sofortige Auflösung der KG erfolgt, sondern bedingt durch den juristischen Status der GmbH als Komplementär deren Geschäftsführer durchaus ersetzbar sind.

c) **Gewinnbesteuerung**, das heißt, die erzielten Gewinne werden in die jeweils steuerlich günstigere Rechtsform verschoben.

Die Nachteile, wie z.B. der erhöhte Aufwand der doppelten Rechnungslegung, werden durch die datenverarbeitungsgerechte Gestaltung des Rechnungswesens leicht kompensiert. Bei der **AG & Co. KG** ist der Komplementär keine GmbH, sondern eine AG. In Bezug auf die Vor- und Nachteile gelten deshalb die gleichen Aussagen wie bei der GmbH & Co. KG. Bei der **GmbH & Still** beteiligen sich die Gesellschafter der GmbH nicht nur mit ihren Stammeinlagen, sondern auch mit stillen Einlagen am Gesellschaftskapital.

Die zweite prinzipielle Möglichkeit, Mischformen zu etablieren, sind **Betriebsaufspaltungen**, oft auch als Doppelgesellschaften bezeichnet. Das Grundprinzip dieser Gesellschaftskonstruktion besteht darin, dass eine bisher einheitliche Unternehmung in zwei rechtlich selbstständige Gesellschaften aufgeteilt wird. Dabei wird ein Unternehmen in der Rechtsform einer Personen- und das andere in der Rechtsform einer Kapitalgesellschaft geführt. Bei der in der Abbildung 2.3 zuerst genannten Doppelgesellschaft in der Form einer **Besitzpersonen- und Betriebskapitalgesellschaft** bleibt in der Regel das Anlagevermögen (Maschinen, Gebäude, Grundstücke) im Besitz der Personengesellschaft, welche dieses an die Kapitalgesellschaft verpachtet. Die risikobehafteten Funktionsbereiche wie die Produktion und der Absatz werden dagegen in die Kapitalgesellschaft ausgelagert. Besteht eine weitreichende Identität zwischen den an beiden Gesellschaften tätigen Gesellschaftern, so fallen alle Gewinne nur den Kapitalgesellschaften zu. Aus der angeführten Gesellschaftergleichheit mindern die Geschäftsführergehälter und die bezahlten Pachtzinsen den zu versteuernden Gewinn. Die „Gewinne" der Personengesellschaft sind dagegen in der Regel nur die Pachteinnahmen. Die zweite Form der Doppelgesellschaft, bestehend aus einer **Produktionspersonen- und Vertriebskapitalgesellschaft**, entsteht dagegen dadurch, dass die zuerst genannte Gesellschaft nur die Anlagenverwaltungs- und Produktionsfunktion übernimmt, die risikobehaftetere Absatzfunktion wird in die Kapitalgesellschaft ausgegliedert. Die hergestellten Erzeugnisse werden nun zu festen und niedrigeren Verrechnungspreisen, als dies beim Direktvertrieb der Fall wäre, an die als reine Vertriebsgesellschaft fungierende Gesellschaft verkauft. Alle aus dem Vertrieb sich ergebenden Risiken trägt somit die Kapitalgesellschaft.

Sonderformen

Da die Sonderformen von Gesellschaftsunternehmungen im nachfolgenden Abschnitt 2.5.3.3 bei der Darstellung der Hauptmerkmale ausgewählter privatrechtlicher Rechtsformen keine Berücksichtigung finden, sollen die vier wichtigsten Vertreter dieser Spezies bereits in diesem Abschnitt dargestellt werden, insbesondere die eingetragene **Genossenschaft (eG)**.

Laut **§ 1 des GenG** definiert sich eine eG als Gesellschaft von nicht geschlossener Mitgliederzahl, deren Zweck darauf gerichtet ist, den Erwerb oder die Wirtschaft ihrer Mitglieder durch gemeinschaftlichen Geschäftsbetrieb zu fördern.

Die wesentlichen Rechtsmerkmale einer Genossenschaft als einer Sonderform des rechtsfähigen wirtschaftlichen Vereins sind in der Tabelle 2.4 dargestellt.

Tabelle 2.4 Merkmale der Genossenschaft

Rechtsform Hauptmerkmale	Genossenschaft (eG)
Rechtsgrundlage	▪ Genossenschaftsgesetz (GenG) in der **Neufassung von 2006, zuletzt geändert 2014**
Zielstellung	▪ Förderung des Erwerbs oder der Wirtschaft ihrer Mitglieder oder deren soziale oder kulturelle Belange mittels **gemeinwirtschaftlichen** Geschäftsbetriebes
Gründungs- modalitäten	▪ Laut **§ 4 GenG** mindestens **3** natürliche und/oder juristische Gründer (Genossen). ▪ Gesellschaft von nicht geschlossener Mitgliederzahl ▪ Eintragung in das zuständige Genossenschaftsregister
Gesellschafts- vertrag (Statut)	▪ in schriftlicher Form (**§ 5 GenG**) ▪ Als **Mindestinhalt** gelten die Mustervorschriften lt. **§§ 6 und 7 GenG**, insbesondere zur maximalen und minimalen Einlagenhöhe (Geschäftsanteil), zum Erwerb der Geschäftsanteile und zur Zahlung einer Nachschusspflicht. ▪ Satzungsänderungen bedürfen der ¾-Mehrheit aller Genossen.
Firmenart	▪ keine Personen-, sondern nur Sachfirma ▪ Zusatz **e. G.** oder **eG** ist zwingend vorgeschrieben.
Rechts- persönlichkeit	▪ Als wirtschaftlicher Verein verkörpert die e. G. eine **juristische Person**.
Mindestkapital und Kapital- bezeichnung	▪ kein vorgeschriebenes Mindestkapital ▪ Summe der Einlagen verkörpert das Grundkapital. ▪ Pflichteinlage bestimmt sich nach **§§ 7, Nr. 1 und 50 GenG**
Haftung	▪ Für die Verbindlichkeiten der e. G. haftet nur das Vermögen der **Genossenschaft** gegenüber den Gläubigern. ▪ Durch vereinbarte **Nachschusspflicht** sind auch höhere beschränkte oder unbeschränkte Haftungssummen möglich. ▪ Bei nicht voll eingezahlten Geschäftsanteilen haften die Genossen über den Fehlbetrag auch mit ihrem **Privatvermögen**.
Gewinn- und Verlustanteil	▪ laut Satzung normalerweise im Verhältnis der Geschäftsguthaben zum Grundkapital (**§ 19 GenG**) ▪ Sind Geschäftsanteile nicht voll eingezahlt, werden die Gewinne bis zur vereinbarten Höhe zugeschrieben, die Verluste dementsprechend abgezogen.
Leitungsorgane	▪ Vorstand (**§§ 9 und 24 GenG**) - mindestens 2 Personen ▪ Aufsichtsrat (**§ 36 GenG**) - mindestens 3 Personen ▪ Generalversammlung (**§§ 43 ff. GenG**)

Tabelle 2.4 *(Fortsetzung)*

Rechtsform Hauptmerkmale	Genossenschaft (eG)
Auflösungs- modalitäten	▪ durch Kündigung ▪ durch Beschluss der Generalversammlung (**§ 78 GenG**) ▪ durch Zeitablauf (**§ 79 GenG**) ▪ durch Insolvenzeröffnung (**§ 81a GenG**)
Besonderheiten	▪ vor Eintragung ins Genossenschaftsregister besitzt die Körperschaft den Status einer „Vorgründungsgesellschaft" bzw. „Vor-Genossenschaft" ▪ Mitglieder besitzen Herrschafts- und Vermögensrechte ▪ Zwischen Vorstand und AR gilt personelle Inkompatibilität

Zusammenfassend lässt sich feststellen, dass die Bedeutung der Genossenschaften entweder im Zusammenschluss von wirtschaftlich schwachen Marktteilnehmern (z. B. Handwerkern) oder in der Verbesserung der Wettbewerbssituation gegenüber Großunternehmen begründet ist. Je nach dem Zweck der Bildung gibt es **Bezugs-, Absatz-, Produktiv-, Kredit-, Verkehrs- und Wohnungsgenossenschaften.**

Im Jahr 2014 verzeichneten die deutschen Genossenschaften rund 21,9 Millionen Mitglieder (vgl. Stappel, M.: Die deutschen Genossenschaften 2014. Wiesbaden: DG Verlag 2014)

Ein **Versicherungsverein auf Gegenseitigkeit** (VVaG) ist als private Personenvereinigung eine juristische Person mit dem Zweck der Befriedigung von Versicherungsbedürfnissen (Versicherungsschutz) für seine Mitglieder. ▪

Diese sind damit Versicherungsnehmer und -geber zugleich. Die rechtliche Grundlage bildet das **Versicherungsaufsichtsgesetz** (VAG). Die Gründung eines VVaG erfolgt durch einen notariell beglaubigten Gesellschaftsvertrag. Seinen Rechtsstatus erhält der VVaG zum einen durch Eintragung in das Handelsregister und zum anderen durch Erlaubnis der zuständigen Aufsichtsbehörde. Als Leitungsorgane fungieren in Anlehnung an die Aktiengesellschaft als oberstes Organ die Hauptversammlung, der Aufsichtsrat und der mit der Geschäftsführung beauftragte Vorstand. Aus Beiträgen resultierende Überschüsse oder Fehlbeträge können nicht verteilt werden, sondern sie werden zu Beitragsrückerstattungen oder -erhöhungen bzw. zur Eigenkapitalverstärkung verwendet. Da die Beiträge von jedem Versicherten gleich groß sein müssen, gilt der **Grundsatz der absoluten Gleichbehandlung**. Beispiele sind die Vereinigte Postversicherung VVaG und der Debeka Krankenversicherungsverein a. G.

Privatrechtliche Stiftungen sind keine Personenvereinigungen, sondern juristische Personen, die von einem oder mehreren Stiftern (private oder juristische Personen) mit einem Kapitalstock ausgestattet werden und die einem definierten, meist sozialen Zweck gewidmet sind. ▪

Rechtsgrundlage für die **Stiftung des Privatrechts** (z.B. Carl-Zeiss-Stiftung) sind die **§§80 – 89 des BGB** und diverse **landesrechtliche Stiftungsgesetze**.

Die Gründung erfolgt durch ein Stiftungsgeschäft mit Regelungen über den Stiftungszweck, der Vermögenszuwendung sowie dem Namen und Sitz und Organisation mittels einer Satzung. Der Rechtsstatus der Stiftung erfolgt durch eine staatliche Genehmigung entsprechend den Verwaltungsverfahrensgesetzen der jeweiligen Bundesländer. Die Geschäftsführung obliegt einem berufenen Vorstand.

Der **eingetragene Verein (e.V.)** ist die Grundform aller Körperschaften. Laut allgemeiner Begriffsauffassung versteht man unter diesem eine freiwillige auf Dauer angelegte Vereinigung von natürlichen und/oder juristischen Personen zur Realisierung eines definierten Zweckes. ■

Vereine können laut **BGB** (§§**21 – 79**) als nichtwirtschaftliche (§**21**) und wirtschaftliche Vereine (§**22**) geführt werden. **Ein wirtschaftlicher Verein** dokumentiert nach dem angeführten Paragraphen ein auf einen wirtschaftlichen Geschäftsbetrieb ausgerichtetes Ziel (Zweck). Die Rechtsfähigkeit erlangt diese Personenvereinigung durch staatliche Verleihung. Die Gründung bedarf einer schriftlichen Vereinssatzung. Die Geschäftsführung und die Vertretungsmacht obliegt gleichfalls einem berufenen Vorstand (§**26**), der von der Mitgliederversammlung gewählt wird. Für die Verbindlichkeiten des Vereins haftet nur das Vereinsvermögen (§§**31/31a**), nicht jedoch das einzelne Mitglied. Die Auflösung erfolgt durch ¾-Mehrheit im Rahmen der erschienenen Mitglieder der Versammlung (§§**41ff. BGB**).

2.5.3.3 Hauptmerkmale ausgewählter privatrechtlicher Rechtsformen

In diesem Abschnitt werden nun die in der Praxis am häufigsten vorkommenden und in der Abbildung 2.4 bereits aufgeführten privatrechtlichen Rechtsformen von Betrieben anhand ihrer primären Hauptmerkmale näher aufgezeigt.

Als primäre **10 Hauptmerkmale** (vgl. auch Oehlrich 2013) für die tabellarische Gegenüberstellung der einzelnen Rechtsformen wurden gewählt:

a) Rechtsgrundlage
b) Gründungsmodalitäten
c) Firmenart/Rechtspersönlichkeit
d) Mindestkapital/Kapitalbezeichnung
e) Haftung
f) Gewinn-/Verlustbeteiligung sowie Entnahmerechte
g) Leitungsbefugnis/-organe
h) Kapitalaufbringung/Finanzierungspotenzial
i) Steuerbelastung
j) Auflösungsmodalitäten

Bevor in den nachfolgenden Abbildungen vorrangig die handels-, aber auch steuerrechtlichen Merkmale textlich dargelegt werden, sei an dieser Stelle nochmals auf folgende **Feststellung** hingewiesen:

1. Die fixierten Erläuterungen basieren auf dem derzeit geltenden Handels- und Steuerrecht.
2. Da die juristische Rechtsgrundlage für die Rechtsformausgestaltung das **Gesellschaftsrecht** mit seinen zahlreichen dispositiven Bestimmungen ist, sind Abweichungen bezüglich der Gestaltung der Geschäftsführungen und Vertretungsmacht jederzeit möglich.

Einzelunternehmung

Die nachfolgende Abbildung verdeutlicht zunächst die Hauptmerkmale einer **Einzelunternehmung**.

Tabelle 2.5 Hauptmerkmale der Einzelunternehmung

Rechtsform Hauptmerkmale	Einzelunternehmung (e. K.)
Rechtsgrundlage	▪ **HGB §§ 1 – 104a**
Gründungs- modalitäten	▪ **eine** natürliche **geschäftsfähige** (**§§ 104 ff. BGB**) Person (Einzelkaufmann oder Inhaber) ▪ Gründung erfolgt formlos, d. h. ohne Gesellschaftsvertrag und notarielle Beurkundung ▪ Eintragung in die **Abteilung A** des Handelsregisters mit deklaratorischer (rechtsbezeugender) Wirkung (**§ 29 HGB**)
Firmenart/Rechts- persönlichkeit	▪ **Personenfirma** (z. B. Jürgen Neumann e. K.) (**§ 18 HGB**) ▪ **Laut HGB § 19** muss die Bezeichnung **e. K.** oder **e. Kfm.** oder **e. Kfr.** als Zusatz angehangen werden. ▪ Firma dokumentiert **keine** eigene Rechtspersönlichkeit, jedoch **relative Rechtsfähigkeit** mit **differenzierten** handels- und steuerrechtlichen Auswirkungen.
Mindestkapital/ Kapitalbezeichnung	▪ **keine** vorgeschriebene Mindesthöhe ▪ **Kapitaleinlage**
Haftung	▪ Der Unternehmer haftet **persönlich unbeschränkt** für die gesamten Verbindlichkeiten der Firma, d. h., es gibt **keine Trennung** zwischen Geschäfts- und Privatvermögen.
Gewinn- und Verlustbeteiligung	▪ einerseits **freie** Verfügbarkeit über den erwirtschafteten Gewinn, andererseits auch **voller** Verlustzuspruch
Leitungsbefugnis	▪ Da Identität zwischen natürlicher Person und Firma, besitzt der Einzelunternehmer die **alleinige** Geschäftsführerbefugnis und Vertretungsmacht (Außenverhältnis). ▪ Vertretungsmacht kann auch durch vom Eigentümer bestellte Vertreter (**Prokurist oder Handlungsbevollmächtigte**) realisiert werden. ▪ Eventueller stiller Gesellschafter besitzt keine Leitungsbefugnis, sondern nur Kontrollrecht (**§ 233 HGB**).

Tabelle 2.5 *(Fortsetzung)*

Rechtsform Hauptmerkmale	Einzelunternehmung (e.K.)
Kapitalaufbringung/ Finanzierungspotenzial	▪ Privatvermögen, Selbstfinanzierung durch **Gewinn-Thesaurierung**, Aufnahme stiller Gesellschafter ▪ **hohe** Kreditwürdigkeit aufgrund der **unbeschränkten** Haftung
Steuern	▪ Die durch die Einzelunternehmung erwirtschafteten Gewinne unterliegen **nur beim Eigentümer** der Einkommensteuer, wobei sich der Steuersatz nach der Höhe der persönlichen Gesamteinkünfte richtet. ▪ Die Firma selbst unterliegt differenzierten Substanz-, Verkehrs- und Verbrauchssteuern.
Auflösungsmodalitäten	▪ Tod des Inhabers ▪ Liquidation (freiwillige Selbstaufgabe) ▪ Insolvenz der Firma (**§ 32 HGB**)
Besonderheiten	▪ keine Publizitätspflicht (Ausnahme: Großunternehmen) ▪ Untersuchungs- und Rügepflicht (**§ 377 HGB**)

Personengesellschaften

Bevor in der nächsten Abbildung auf die Hauptmerkmale der offenen Handelsgesellschaft und Kommanditgesellschaft eingegangen wird, sollen an dieser Stelle zunächst einige Bemerkungen zur **Gesellschaft des bürgerlichen Rechts (GbR)** vorausgeschickt werden. Diese auch auf Grund ihrer Rechtsgrundlage (**§§ 705 – 740 BGB**) als BGB-Gesellschaft betitelte Rechtsform gilt als die Basiskonstruktion der Personengesellschaften, aber auch als die bevorzugte Rechtsform aller nicht gewerblichen Personenvereinigungen.

Die GbR (vgl. **§ 705 BGB**) verkörpert als **nichtjuristische Person** eine Gesellschaft (Innen- oder Außengesellschaft), in der sich die Gesellschafter laut Gesellschaftsvertrag gegenseitig verpflichten, die Erreichung eines gemeinsamen Zweckes in der durch den Vertrag bestimmten Weise zu fördern, insbesondere die vereinbarten Beiträge zu leisten. ▪

Die GbR dokumentiert nach dem Handelsrecht mangels eines kaufmännischen Gewerbes **keine Firma** und wird damit auch nicht in das **Handelsregister** eingetragen. In der Regel charakterisieren die Namen der Gesellschafter die Firma.

Wie unter dem ersten Aspekt der Besonderheiten schon angesprochen, kann abweichend von der unbeschränkten Haftung aller Gesellschaften ein Passus mit den Gläubigern vereinbart werden, der die Haftung auf eine vorher festgelegte Summe beschränkt. Der Name der GbR ist dann um den Nachsatz mbH zu erweitern (**GbRmbH**). Diese Haftungsbeschränkung muss mangels Eintragung in das Handelsregister bei jeder ökonomischen Transaktion gegenüber dem Geschäftspartner deutlich gemacht werden. Bei der typischen GbR gelten die Gesellschafter als Mitunternehmer, bei der atypischen dagegen primär als

Finanzgeber. Als typische und atypische Anwendungsfälle von BGB-Gesellschaften gelten die **Arbeitsgemeinschaften** im Baugewerbe (ARGE), die **Sozietäten** bei Freiberuflern (z.B. Ärzte, Notare und Rechtsanwälte), **Bankkonsortien** als typische und die **Bauherrengemeinschaften** als atypische Form.

Währenddem die GbR eine nicht selten vorkommende Rechtsform für gewerbliche Kleinbetriebe, aber vor allem für nicht gewerbliche Personenvereinigungen verkörpert, so dokumentiert die **offene Handelsgesellschaft (OHG)** demgegenüber eine weit verbreitete Rechtskonstruktion für gewerbliche Mittelbetriebe.

Die OHG - die umgangssprachlich oft auch als kaufmännische GbR bezeichnet wird - ist nach **§ 105 HGB** eine Gesellschaft, deren Zweck auf den Betrieb eines Handelsgewerbes unter gemeinschaftlicher Firma gerichtet ist, wobei bei keinem der Gesellschafter die Haftung gegenüber den Gesellschaftsgläubigern beschränkt ist. ■

In den auf den nachfolgenden Seiten dargestellten Tabelle 2.6 und Tabelle 2.7 werden die spezifischen Hauptmerkmale einer GbR und OHG von ihren Gründungsmodalitäten bis zu ihren Besonderheiten dargestellt:

Tabelle 2.6 Hauptmerkmale der Gesellschaft des bürgerlichen Rechts

Rechtsform Hauptmerkmale	Gesellschaft des bürgerlichen Rechts (GbR)
Rechtsgrundlage	▪ **BGB §§ 705 – 740**
Gründungsmodalitäten	▪ mindestens **zwei** Personen ▪ Abschluss eines gewöhnlich formlosen **Gesellschaftsvertrages (§ 705 BGB)**
Mindestkapital/ Kapitalbezeichnung	▪ **nicht** festgelegte Mindesthöhe ▪ Einlagen der Gesellschafter müssen **gleich hoch** sein (**§ 706 Absatz 1 BGB**). ▪ Einlagen können Geld- und/oder Sach- bzw. Dienstleistungen sein (**§ 706 Absatz 2/3**). ▪ Laut **§ 718/719 BGB** werden alle Einlagen der Gesellschafter und die durch die Geschäftsführung erworbenen Gegenstände Gesellschaftsvermögen (**Gesamthandvermögen).** ▪ Einlagen werden als **Beiträge** bezeichnet.
Haftung	▪ Die Gesellschafter haften in der Regel **persönlich unbeschränkt** und **direkt** sowie **gesamtschuldnerisch (§ 421 BGB)** auf Grund der fehlenden Einrede der Haftungsbeschränkung, Vorausklage und Haftungsteilung. ▪ Beachte: unterschiedliche **Individual- bzw. Kollektivfassung** zu den Schuld- und Haftungsfragen der GbR

Tabelle 2.6 *(Fortsetzung)*

Rechtsform Hauptmerkmale	Gesellschaft des bürgerlichen Rechts (GbR)
Gewinn- und Verlustbeteiligung	▪ Wenn nicht im Vertrag anders geregelt, nach **gleichen Anteilen** (§ 722 BGB). ▪ Verteilung der Gewinne/Verluste ist jedoch erst nach **Auflösung** der GbR bzw. zum **Ende** des Geschäftsjahres möglich. **(§ 721 BGB)**
Leitungsbefugnis	▪ Geschäftsführung und Vertretungsmacht obliegt in der Regel **allen Gesellschaftern** (§ 709 BGB). ▪ Es gilt das Prinzip der **Einstimmigkeit** und **Gesamtvertretung (§ 714 BGB).** ▪ **Übertragung** der Geschäftsführung auf einen oder mehrere Gesellschafter ist – wenn im Gesellschaftsvertrag verankert – möglich (§ 710 BGB).
Steuern	▪ Da GbR kein primäres Steuersubjekt verkörpert, unterliegt sie grundsätzlich keiner **gesonderten** Besteuerung.
Auflösungsmodalitäten	▪ nach Ablauf der Zielstellung **(§ 726 BGB)** ▪ nach Tod **(§ 727 BGB)** oder Insolvenzeröffnung **(§ 728 BGB)** eines Gesellschafters ▪ Kündigung eines Gesellschafters bei unbefristeter Zeitdauer der Gesellschaft (§ 723 BGB)
Besonderheiten	▪ Eine **Haftungsbeschränkung** auf das Gesellschaftsvermögen muss gegenüber den Gläubigern **kenntlich** gemacht werden. ▪ Es gibt **typische und atypische** Formen von GbR-Gesellschaften. ▪ keine Eintragung ins Handelsregister. ▪ Jeder Gesellschafter hat auch nach erfolgtem Ausschluss aus der Geschäftsführung Kontrollrecht **(§ 716 BGB).**

Tabelle 2.7 Hauptmerkmale der offenen Handelsgesellschaft

Rechtsform Hauptmerkmale	Offene Handelsgesellschaft (OHG)	
Rechtsgrundlage	▪ **BGB §§ 705 – 740**	▪ **HGB §§ 105 – 160**
Gründungsmodalitäten	▪ mindestens **zwei** natürliche oder juristische Personen ▪ Gründung erfolgt durch **formfreien**, meist schriftlichen Gesellschaftsvertrag **(§ 109 HGB).** ▪ Laut **§ 123 HGB** beginnt die Außenwirksamkeit der Gesellschaft zu Dritten mit der Eintragung ins Handelsregister bzw. vor Eintragung mit dem **Zeitpunkt** des **Gesellschaftsbeginns.**	

Tabelle 2.7 *(Fortsetzung)*

Rechtsform Hauptmerkmale	Offene Handelsgesellschaft (OHG)
Firmenart/ Rechts- persönlichkeit	▪ **Personenfirma** (z. B. Naumann & Schürer OHG) ▪ Laut **§ 19 HGB muss** die Firma die Bezeichnung „Offene Handelsgesellschaft“ oder eine allgemein verständliche Abkürzung (**OHG**) beinhalten. ▪ Obwohl **keine** juristische Person, kann die OHG unter ihrer Firma Rechte und Sachen erwerben bzw. Verbindlichkeiten eingehen, klagen und verklagt werden (**§ 124 HGB**).
Mindestkapital/ Kapitalbezeich- nung	▪ keine **vorgeschriebene** Mindesthöhe ▪ häufig von **§ 706 BGB** abweichend **unterschiedliche** Einlagenhöhen der Gesellschafter ▪ **Kapitalanteile**
Haftung	▪ Alle Gesellschafter haften lt. **§§ 128/129 HGB und § 421 BGB** für Verbindlichkeiten der Gesellschaft **persönlich unbeschränkt** und **unmittelbar** (direkt) sowie **solidarisch** (gesamtschuldnerisch).
Gewinn- und Verlustbeteiligung Ü1	▪ Bei Nichtfestlegung im Gesellschaftsvertrag gilt laut **§§ 120/121 HGB** folgender prinzipieller Ablauf: ▪ 4 % Verzinsung der zu Beginn des Geschäftsjahres eingebrachten Kapitalanteile (Vordividende) ▪ Zinsmäßige Berücksichtigung von Privatentnahmen (§ 122 HGB) und -einlagen der Gesellschafter während des Geschäftsjahres ▪ Verteilung des Restgewinns nach **Köpfen** ▪ Die geschäftsführenden Gesellschafter erhalten i. d. R. ein ebenfalls den Restgewinn minderndes Arbeitsentgelt. ▪ Die **Verlustverteilung** erfolgt ebenfalls nach Köpfen.
Leitungsbefugnis	▪ Laut **§§ 114/115 HGB** ist jeder Gesellschafter zur Geschäftsführung – im Sinne von Handlungen, die der gewöhnliche Betrieb des Handelsgewerbes mit sich bringt (§ 116 HGB) – **berechtigt** und **verpflichtet** (Prinzip der Einzelgeschäftsführung). ▪ **Abweichungen** von **§ 114 HGB** in Form von Entziehungen (**§ 117 HGB**) der Befugnis oder der Realisierung von Gesamtbeschlüssen (**§ 116 HGB**) bei außergewöhnlichen Geschäftshandlungen oder groben Pflichtverletzungen sind möglich. ▪ Laut **§ 125 HGB** ist auch jeder Gesellschafter zur **Alleinvertretungsmacht** berechtigt, die aber vertraglich eingeschränkt oder ausgeschlossen werden kann.
Kapitalaufbrin- gung/Finanzie- rungspotenzial	▪ Kapitalaufbringung wie Einzelunternehmung ▪ höhere Kreditwürdigkeit der Gesellschaft als Einzelunternehmen aufgrund der unbeschränkten Haftung der Gesellschafter bzw. durch das Wirken der **Solidarhaftung**

Tabelle 2.7 *(Fortsetzung)*

Rechtsform Hauptmerkmale	Offene Handelsgesellschaft (OHG)
Steuern	▪ Da die Gesellschaft kein selbstständiges Steuerobjekt verkörpert, unterliegt sie auch **nicht** der Körperschaftsteuer. ▪ **Einkommensteuerpflicht** liegt damit nur bei den Gesellschaftern **(§ 15 Abs. 1Nr. 2 EStG)** ▪ Firma selbst ist gewerbe- und umsatzsteuerpflichtig **(2 Abs. 1 GewStG, § 15 Abs. 3 Nr. 2 EStG sowie § 2 UStG)**
Auflösungsmodalitäten	Laut **§ 131 HGB** durch folgende Gründe: ▪ Zeitablauf ▪ Liquidation durch Gesellschaftsbeschluss ▪ Insolvenzeröffnung (**§ 32 HGB**) ▪ gerichtliche Entscheidung (**133 HGB**) ▪ Kündigung eines Gesellschafters mindestens sechs Monate vor Geschäftsjahresabschluss (**§ 132 HGB**).
Besonderheiten	▪ Laut **§§ 112/113 HGB** unterliegen die Gesellschafter einem ausdrücklichen **Wettbewerbsverbot**. ▪ Gesellschafter besitzen definierte **Kontrollrechte** sowie permanente Einsicht in die **Geschäftsbücher** (**§ 118 HGB**)

Zur Verdeutlichung des auf der Vorseite angeführten Procedere zur Gewinn- und Verlustbeteiligung einer OHG soll folgendes Beispiel dienen:

Beispiel:

Sachverhalt

Eine OHG erzielt in einem Geschäftsjahr einen Reingewinn von 350 800 €. Beteiligungsverhältnis der drei Gesellschafter A, B und C:

A = 800 000 €, B = 600 000 €, C = 400 000 €. Privatentnahme von A am 18.10. 40 000 €, Einlage von C am 06.08. 60 000 €.

Nach dem Gesellschaftsvertrag werden die Kapitalanteile mit 5 % verzinst. Privatentnahmen und Einlagen sind mit 5 % zinsmäßig zu berücksichtigen. Der Restgewinn ist im Verhältnis 5 : 5 : 3 zu verteilen.

Aufgabenstellungen

1. Berechnen Sie die Gewinn- und die neuen Kapitalanteile der Gesellschafter.
2. Welche Eigenkapitalrentabilitäten ergeben sich für die Gesellschafter?

(Annahme: Monat = 30 Kalendertage, Jahr = 360 Tage)

Lösungen

Gesellschafter	Kapitalanteil	5 % Vordividende	Kopfanteil	Gesamtgewinn	neuer Kapitalanteil	Eigenkapitalrentabilität (%)
A	800 000 - 40 000 760 000	40 000 - 400 39 600	100 000	139 600	899 600	18,37
B	600 000	30 000	100 000	130 000	730 000	21,67
C	400 000 + 60 000 460 000	20 000 + 1200 21 200	60 000	81 200	541 200	17,65
A + B + C	1 820 000	90 800	260 000	350 800	2 170 800	

zu 1.

Gesellschafter A: Privatentnahme am 18.10. - 5 % von 40 000 € = 2000 €

Abzuziehende Vordividende = $2000 \cdot \frac{72}{360} = 400$ €

Gesellschafter C: Privateinlage am 06.08. - 5 % von 60 000 € = 3000 €

Zusätzlich Vordividende = $3000 \cdot \frac{144}{360} = 1200$ €

zu 2.

Eigenkapitalrentabilitäten:

A $R_{EK} = \frac{139600}{760000} \cdot 100\,\% = 18{,}37\,\%$

B $R_{EK} = \frac{130000}{600000} \cdot 100\,\% = 21{,}67\,\%$

C $R_{EK} = \frac{81200}{460000} \cdot 100\,\% = 17{,}65\,\%$

Um den Nachteil der vollen persönlichen Haftung aller Gesellschafter und der daraus resultierenden Beschränkung der Gesellschafteranzahl zu entgehen, wurde eine weiterentwickelte Rechtskonstruktion der OHG geschaffen, die **Kommanditgesellschaft (KG).**

Definitiv lässt sich die Kommanditgesellschaft nach **§ 161 HGB** wie folgt interpretieren:

Die KG ist eine Gesellschaft, deren Zweck auf den Betrieb eines Handelsgewerbes unter gemeinschaftlicher Firma gerichtet ist, wobei bei einem oder einigen der Gesellschafter die Haftung gegenüber den Gläubigern auf den Betrag einer bestimmten Vermögenslage beschränkt ist (Kommanditisten), während bei den anderen, den Komplementären, keine Beschränkung der Haftung erfolgt.

Die Rechtsgrundlage dieser ebenfalls nicht juristischen Person bilden die Paragraphen der OHG und subsidiär die **§§ 161 – 177a HGB**. Als grundsätzliche **Besonderheiten** aus diesen unterstützenden Vorschriften – primär bezüglich der **Kommanditisten** – wären zu nennen:

- Jeder Kommanditist ist verpflichtet, die vertraglich fixierten **Beiträge** fristgemäß bis zur festgelegten Höhe der Kapitaleinlage zu leisten.
- Beim Kommanditisten **beschränkt** sich die Haftung i. d. R. auf die im Handelsregister fixierte Kommanditeinlage (**§§ 171/172 HGB**).
- Für den **noch nicht** geleisteten Teil seiner Kapitaleinlage haftet der Kommanditist gegenüber den Gesellschaftsgläubigern jedoch auch mit seinem **Privatvermögen**.
- Die Gewinn- und Verlustbeteiligung erfolgt nach dem gleichen Procedere wie bei der OHG (vgl. **§ 121 HGB**), jedoch wird der Restgewinn bzw. Restverlust in einem **angemessenen Verhältnis** (Ü2) zwischen Komplementären und Kommanditisten verteilt (**§ 167/168 HGB**).
- Ist die Kommanditeinlage noch **nicht voll eingezahlt**, wird der Gewinn des Kommanditisten so lange einbehalten, bis die vertraglich verankerte Kapitaleinlage erreicht ist (**§ 169 HGB**).
- Kommanditisten sind **lt. §§ 164 und 170 HGB** von der Geschäftsführung und Vertretungsmacht **ausgeschlossen**, besitzen jedoch nach **§ 166 HGB Kontrollrecht** bezüglich der abschriftlichen Mitteilung des Jahresabschlusses.
- Die Gewinnanteile der Kommanditisten werden bei der Ermittlung der Einkommensteuer in der Einkunftsart „**Einkünfte aus Gewerbebetrieb**" erfasst.
- Der Kommanditist unterliegt keinem **Wettbewerbsverbot** (**§ 165 HGB**).
- Der Tod eines Kommanditisten löst die Gesellschaft nicht auf, sondern wird mit den Erben fortgesetzt (**§ 177 HGB**).
- Nach **§ 132 HGB** besitzt der Kommanditist ebenfalls ein **Kündigungsrecht** auf den Schluss des Geschäftsjahres mit einer mindestens sechsmonatigen Kündigungsfrist.

Die KG ist vorrangig die Rechtsform familienorientierter gewerblicher Klein- und Mittelbetriebe mit relativ großer Kreditwürdigkeit. Da das Aufnahmequantum von Kommanditisten quasi unbegrenzt ist, verkörpert sie einen Übergang zur Kapitalgesellschaft in Form einer GmbH.

Abschließend sollen noch einmal mit Bezug auf die vorangestellten Darlegungen die primären **Unterschiede** zwischen den – wie Einzelunternehmer oder OHG-Gesellschafter zu betrachtenden – **Komplementären** und den **Kommanditisten** der KG dargestellt werden.

Tabelle 2.8 Unterschiede und Gemeinsamkeiten zwischen Komplementär und Kommanditist

Gesellschafter Merkmale	Komplementär	Kommanditist
Leitungsbefugnis im Sinne der Geschäftsführung und Vertretungsmacht	ja	nein
Haftung	unbeschränkt mit Geschäfts- und Privatvermögen	nur Kapitaleinlage
Kündigungsrecht	ja	ja
Wettbewerbsverbot	ja	nein
Kontrollrecht	laufend	eingeschränkt
Firmenname	ja	nein
Restgewinnverteilung	höher	niedriger
Tod der Gesellschafter	Auflösung	Fortsetzung durch Erben

Am Ende zu diesem Kontext wird noch auf eine der OHG nachgebildete spezielle Gesellschaftsform für die Angehörigen der freien Berufe zum Zweck der gemeinschaftlichen Berufsausübung, die **Partnerschaftsgesellschaft** (PartG) hingewiesen. Die juristische Grundlage dieser rechtsfähigen Personengesellschaft ist das Partnerschaftsgesellschaftsgesetz (**PartGG**) in Verbindung mit den Vorschriften der §§ 105 ff. HGB und 705 ff. BGB. Nach **§ 1 Abs. 1 und 2** dieses Gesetzes müssen die Gesellschafter natürliche Personen der freien Berufe sein, ohne dass hierfür ein Handelsgewerbe mit den dazu erforderlichen kaufmännischen Regularien betrieben werden muss. Als freie Berufe im Sinne dieses Gesetzes gelten u. a. Ärzte, Heilpraktiker, Wirtschafts- und Steuerprüfer, Dolmetscher, Künstler sowie Zahn- und Tierärzte.

Als hervorzuhebende Merkmale einer **Partnerschaft** sind zu nennen.

a) Laut **§ 3 PartGG** bedarf die Gründung der Gesellschaft eines Partnerschaftsvertrages in **Schriftform** mit Angabe der Vor- und Zunamen, der ausgeübten Berufe und Wohnorte der Partner sowie Sitz und Gegenstand der Partnerschaft.

b) Der Name der Partnerschaft muss den Namen **mindestens eines Partners** sowie den **Zusatz** „und Partner", „Partnerschaft" oder „Partnerschaftsgesellschaft" einschließlich der Berufsbezeichnungen **aller** vertretenen Berufe enthalten (**§ 2 PartGG**).

c) Durch den Vertrag verpflichten sich die Gesellschafter zur Leistung der fixierten Beiträge im Sinne persönlicher Arbeitseinsätze und/oder Bar- bzw. Sachleistungen.

d) Die Anmeldung der Partnerschaft hat laut **§ 4 PartGG** im **Partnerschaftsregister** sowie unter den gleichen Anmeldungsmodalitäten der **§§ 106, Absatz 1 und 108 des HGB** zu erfolgen.

e) Laut **§ 8 Abs. 1** haften für die Verbindlichkeiten der Partnerschaft gegenüber den Gläubigern neben dem Gesellschaftskapital **auch** die Partner als **Gesamtschuldner**. Allerdings kann bei beruflichen Fehlern eine Haftungsbeschränkung erfolgen.

Beispiel:

In einer A+B-Physiotherapie-PartG fügt der Gesellschafter A einem Patienten einen Körperschaden in Höhe von 5000 € zu. Der Patient kann einen Schadenersatzanspruch nur gegen die PartG oder auch gegen den Gesellschafter A persönlich geltend machen, nicht jedoch gegen den anderen Gesellschafter (dies könnte er jedoch in einer GbR oder OHG). ▪

f) Die Finanzierung und die steuerlichen Modalitäten einer PartG entsprechen weitgehend denen der **GbR** (vgl. Tabelle 2.6).

Wie aus der Abbildung 2.3 ersichtlich, gehören neben den bisher ausführlicher dargestellten Rechtsformen auch die „**Stille Gesellschaft**" und die „**Europäische wirtschaftliche Interessenvereinigung**" noch zu den Personengesellschaften.

Die **stille Gesellschaft** beinhaltet eine vertragliche Vereinigung zwischen **einem** Eigentümer eines bestehenden Handelsgeschäftes in beliebiger Rechtsform als Kreditnehmer und **einem** nach außen nicht in Erscheinung tretenden stillen Gesellschafter als Kreditgeber, dessen dispositive Geld- oder Sacheinlage Eigenkapitalbestandteil des Geschäftsinhabers wird. ▪

Die Rechtsgrundlage dieser stets zweigliedrigen Gesellschaft bilden die **§§ 230 – 236 HGB**. Die Gründung erfolgt ebenfalls mittels eines formfreien Gesellschaftsvertrages, der im engeren Sinne betrachtet aber eher einen Darlehensvertrag verkörpert. Da die Gesellschaft nach außen nicht in Erscheinung tritt (z. B. keine Eintragung ins Handelsregister, keine eigene Firmenbezeichnung), gilt sie als **reine Innengesellschaft**. Zu beachten sind seitens des **stillen Gesellschafters** folgende hervorzuhebenden Aspekte:

a) Der stille Gesellschafter besitzt bei einer **typischen** stillen Gesellschaft im Gegensatz zur atypischen Form **keine Leitungsbefugnis**, sondern nur Informations- und Kontrollrechte (**§§ 230, 233 HGB**).

b) Der stille Gesellschafter ist **zwingend** am Unternehmungsgewinn, mindestens jedoch **angemessen** in Form einer festen Grundverzinsung der Einlage und einer gekoppelten prozentualen Beteiligung am Restgewinn zu beteiligen (**§§ 231/232 HGB**).

c) Der stille Gesellschafter ist auch am Verlust der Unternehmung **angemessen** zu beteiligen, höchstens bis zum Betrag seiner Einlage adäquat dem Gewinnanspruch. Allerdings kann diese Verlustbeteiligung vertraglich ausgeschlossen werden (**§ 231 HGB**).

d) Der stille Gesellschafter kann im Falle der **Unternehmungsinsolvenz** den Teil seiner Einlage, der den auf ihn anfallenden Verlustanteil übersteigt, als **Insolvenzgläubiger** geltend machen (**§ 236 HGB**).

Die stille Gesellschaft kann durch vertraglichen **Zeitablauf**, **Kündigung** oder **Tod** des natürlichen Gesellschaftsinhabers aufgelöst werden (**§ 234 HGB**).

Wie vorher unter a) angesprochen, gibt es zwei Arten von stillen Gesellschaften, nämlich die **typische** und die **atypische**. Während die zuerst genannte in ihrer rechtlichen Ausgestaltung allein auf den handelsrechtlichen Vorschriften beruht, lässt die atypische Form gesetzliche – allerdings im Gesellschaftsvertrag zu verankernde – Abweichungen zu. Damit entspricht sie in etwa den Modalitäten einer BGB-Gesellschaft.

Die hervorzuhebenden **Unterschiede** zwischen einer **typischen** und **atypischen** stillen Gesellschaft sind:

1. Stiller Gesellschafter besitzt **keine** Leitungsbefugnis ↔ stiller Gesellschafter besitzt Leitungsbefugnis in Form **einer** erweiterten rechtsgeschäftlichen Mitbestimmung, z. B. als Bevollmächtigter oder Prokurist.
2. Stiller Gesellschafter erhält **nur** das Recht auf abschriftliche Bilanzeinsicht ↔ stiller Gesellschafter genießt **erweiterte** Einsichtsrechte.
3. Stiller Gesellschafter ist **nur** am Gewinn zwingend beteiligt ↔ stiller Gesellschafter besitzt darüber hinaus Anteilsrechte am **gesamten** Firmenvermögen, also auch den stillen Reserven.

Vergleicht man die vorangestellten Unterschiede aber auch Gemeinsamkeiten, so ist erkennbar, dass zwischen beiden Formen keine grundlegenden gesellschaftsrechtlichen Differenzen, sondern eher nur steuerrechtliche Unterscheidungsmerkmale bestehen.

Die in Abbildung 2.4 unter der Rubrik der Personengesellschaften an erster Stelle genannte „Rechtsform" der **partiarischen Rechtsverhältnisse** verkörpert nach Bestmann 2014 einen Grenzfall zur BGB-Gesellschaft. Diese Feststellung resultiert aus der Tatsache, dass diese Rechtsverhältnisse (z. B. das partiarische Darlehen) bereits einen Übergang von reinen Schuld- zu Beteiligungsverhältnissen dokumentieren, indem **keine festen Verzinsungen**, sondern nur **Gewinnbeteiligungen** vertraglich vereinbart werden.

Kapitalgesellschaften

Die **Gesellschaft mit beschränkter Haftung** (GmbH) ist wohl die bekannteste und beliebteste Rechtsform, weil sie einerseits eine für jeden gesetzlich zulässigen Zweck (**§ 1 GmbHG**) von mindestens einer Person zu errichtende sowie andererseits eine relativ einfach zu gründende und zu finanzierende Rechtsform für familiäre Klein-, Mittel- und Großbetriebe ist.

Definitiv lässt sich eine **GmbH** in Anlehnung an die §§ 5, 13 und 14 GmbHG wie folgt charakterisieren:

> Die **GmbH** ist eine Kapitalgesellschaft mit eigener Rechtspersönlichkeit, deren Gesellschafter als natürliche und juristische Personen mit Stammeinlagen auf das in Geschäftsanteile zerlegte Stammkapital (gezeichnetes Kapital) von mindestens 25 000 € beteiligt sind, ohne persönlich für die Verbindlichkeiten der Gesellschaft zu haften. ■

Analog der Darstellung der anderen Rechtsformen zeichnet sich die genannte Kapitalgesellschaft durch folgende **Hauptmerkmale** aus (Tabelle 2.9).

Tabelle 2.9 Hauptmerkmale der Gesellschaft mit beschränkter Haftung

Rechtsform Hauptmerkmale	Gesellschaft mit beschränkter Haftung (GmbH)
Rechtsgrundlagen	▪ **GmbHG §§ 1 – 85 vom 20.04.1898 zuletzt geändert 2013**
Gründungs- modalitäten	▪ lt. **§ 1 GmbHG** durch **eine** (Ein-Mann-GmbH) oder **mehrere** Personen ▪ Gründung erfolgt durch einen zwingend erforderlichen, notariell beurkundeten und von allen Gesellschaftern unterzeichneten schriftlichen Gesellschaftsvertrag (**§ 2 GmbHG**) mit den in **§ 3 GmbHG** definierten vier Inhalten.
Firmenart/ Rechtspersön- lichkeit Ü3	▪ **Personen-, Fantasie- oder Sachfirma** (z. B. Bosch GmbH oder Sächsische Maschinenwerke GmbH) mit der Bezeichnung „Gesellschaft mit beschränkter Haftung" (**§ 4 GmbHG**) oder eine allgemein verbindliche Abkürzung dieser Bezeichnung als Zusatz (z. B. GmbH oder mbH). ▪ Die Gesellschaft entsteht als juristische Person erst durch die **Eintragung** in das Handelsregister (**§ 11 Abs. 1, 7 und 8 GmbHG**). ▪ Die Anmeldung im Handelsregister darf erst erfolgen, wenn auf jede Stammeinlage, soweit nicht Sacheinlagen vereinbart sind, ein Viertel eingezahlt ist (**§ 7 Absatz 2**). ▪ Insgesamt muss auf das Stammkapital **mindestens** so viel eingezahlt sein, dass der **Gesamtbetrag** der eingezahlten Geldeinlagen zuzüglich der Gesamtsumme für Sacheinlagen die Hälfte des Mindeststammkapitals, also **12 500 €** erreicht.
Mindestkapital/ Kapitalbezeich- nung (vgl. auch Abschnitt 8.3.1.3)	▪ Laut **§ 5 Absatz 1 GmbHG** beträgt der **Mindestbetrag** des Stammkapitals der Gesellschaft **25 000 €.** ▪ Der Nennbetrag jedes Geschäftsanteils muss auf **volle Euro** lauten, wobei ein Gesellschafter bei Errichtung der Gesellschaft mehrere Geschäftsanteile übernehmen kann **(§ 5 Abs. 2 GmbHG).** ▪ Die Höhe der Nennbeträge der einzelnen Geschäftsanteile kann verschieden bestimmt werden. **(§ 5 Abs. 3 GmbHG).**
Haftung	▪ Da die Haftung der Gesellschaft als juristische Person auf das **Geschäftsvermögen beschränkt** ist, haften in der Regel die Gesellschafter auch nur **begrenzt** bis zur Höhe ihrer **zugesagten Stammeinlagen**. ▪ **Vor** Eintragung ins Handelsregister haften laut **§ 11 Absatz 2** die Gesellschafter für die Verbindlichkeiten der Gesellschaft **persönlich** und **solidarisch**. ▪ In der Satzung kann festgelegt werden, dass die Gesellschafter über den Betrag ihrer Stammeinlagen hinaus in Form von **beschränkten (§ 28)** und **unbeschränkten (§ 27) Nachschüssen** „haften" **(§ 26 GmbHG).**
Gewinn- und Verlustbeteiligung	▪ Die laut **§ 29 GmbHG** gesetzlich vorgeschriebene Gewinn- und Verlustverteilung erfolgt – wenn im Gesellschaftsvertrag kein anderer Verteilungsmaßstab vorgesehen ist – nach dem **Verhältnis der Geschäftsanteile**.

Tabelle 2.9 *(Fortsetzung)*

Rechtsform Hauptmerkmale	Gesellschaft mit beschränkter Haftung (GmbH)
Leitungsbefugnis	▪ Die GmbH ist als juristische Person zwar rechtsfähig, die **Leitungsbefugnis** obliegt jedoch ihren **Organen**, die in ihrem Namen im Geschäftsverkehr handeln (Prinzip der **Fremdorganschaft,** vgl. Busse v. Colbe u. a. 2011). Als Organe gelten: ▪ ein oder mehrere **Geschäftsführer** (**Gesellschafter oder Gesellschaftsfremde**) im Sinne natürlicher und unbeschränkt geschäftsfähiger Personen (**§ 6 Absatz 1 und 2 GmbHG; §§ 104 ff. BGB**). ▪ die **Gesellschaftsversammlung (§ 48),** deren Aufgabenspektrum im **§ 46 Punkte 1 – 8** festgelegt ist und deren Beschlüsse durch einfache Stimmenmehrheit erfolgt (**§ 47 GmbHG**), wobei jedem Euro eines Geschäftsanteils **eine** Stimme gewährt wird. ▪ Die Bildung eines Aufsichtsrates zur Überwachung der Geschäftsführung ist **fakultativ.** Dabei gelten nach **§ 52 GmbHG** im Wesentlichen die Vorschriften des Aktienrechts.
Kapitalaufbringung/ Finanzierungs-Potenzial	▪ Die **Kreditwürdigkeit** der Gesellschaft und damit die Fremdkapitalzuführung hängt bei geringem Eigenkapitalvolumen vor allem von der Bereitschaft der Gesellschafter ab, bei Gesellschaftskrediten auch mit ihrem **Privatvermögen** zu haften.
Steuern	▪ Da die Gesellschaft als juristische Person ein selbstständiges Steuerobjekt verkörpert, unterliegt sie der **Körperschaftsteuer (§ 1 Abs. 1 Nr. 1 KStG).** ▪ Gesellschaft ist auch gewerbesteuerpflichtig (GewStG). Des Weiteren unterliegt sie mehreren anderen Einzelsteuern, wie z. B. der Umsatzsteuer **(§ 2 Abs. 2 Satz 1 Nr. 2 UStG).**
Auflösungs-Modalitäten	Laut **§ 60 GmbHG** sind u. a. folgende primäre Auflösungsgründe denkbar: ▪ **Zeitablauf** laut Gesellschaftsvertrag ▪ **Gesellschaftsbeschluss** mit ¾-Mehrheit der abgegebenen Stimmen ▪ **gerichtliches Urteil (§ 61)** ▪ **Auflösung durch eine Verwaltungsbehörde** ▪ Eröffnung des **Insolvenzverfahrens (§ 65)**
Besonderheiten	▪ Laut **§§ 325 ff. HGB** unterliegt die Gesellschaft der **Publizitätspflicht,** wobei der Umfang der Rechnungslegung größenklassenabhängig ist (**§ 267 HGB**) – **siehe Tabelle 2.3.**

Nach Einführung des Gesetzes zur Modernisierung des GmbH-Rechts und der Bekämpfung von Missbräuchen (MoMiG) vom 23.10.2008 gibt es eine Spezialform der GmbH, die **haftungsbeschränkte Unternehmergesellschaft (UG).** Nach dem Wortlaut des **§ 5a Abs. 1 GmbHG** verkörpert diese eine Gesellschaft, die auch mit einem Stammkapital gegründet werden kann, das den Betrag des nach **§ 5 Abs. 1 GmbHG** geforderten Mindeststammkapital unterschreitet. Damit entspricht sie in etwa der englischen Rechtsform „Privat Limited Company“.

In letzter Zeit hat auch noch eine weitere Ausprägung einer GmbH Einzug gehalten, die **gemeinnützige Gesellschaft mit beschränkter Haftung (gGmbH)**. Deren Zielsetzung besteht, wie der Name schon sagt, nicht in der Gewinnmaximierung, sondern in der Verfolgung eines gemeinnützigen Zweckes (z.B. Krankenhäuser, Theater, Vereine u.ä.). Im Geschäftsalltag gelten jedoch die gleichen Modalitäten wie bei der GmbH.

Die zweite grundlegende Form deutscher Kapitalgesellschaften ist die **Aktiengesellschaft** (**AG**). Diese Rechtsform basiert auf der Grundidee, den permanent steigenden Finanzbedarf der **Großunternehmen** relativ leicht über den Kapitalmarkt zu gewährleisten. Die Realisierung dieses Anspruches erfordert sowohl eine relativ **lockere** Bindung der Gesellschafter an die Unternehmung als auch eine **starke** Haftungsbeschränkung wie z.B. den Ausschluss von Nachschüssen. Resultierend aus dem zuerst genannten Aspekt, ergibt sich jedoch die Tatsache umfangreicher und zum Teil komplizierter Gründungs-, Prüfungs- und Publizitätsmodalitäten. Darüber hinaus sichert ein größeres Rechtsvolumen als bei der GmbH in Form des Aktiengesetzes mit 277 Paragraphen den **Aktionärs**- und **Gläubigerschutz**. Definitiv lässt sich die Aktiengesellschaft in Anlehnung an die **§§ 1, 2 und 7** des AktG wie folgt beschreiben:

Die **AG** ist als Formkaufmann eine Handelsgesellschaft mit eigener Rechtspersönlichkeit, die von einer oder mehreren Gesellschaftern (Aktionären) gegründet wird, wobei diese mit Einlagen auf das in Inhaber- oder Namensaktien zerlegte Grundkapital von mindestens 50 000 Euro beteiligt sind, ohne persönlich für die Verbindlichkeiten der Gesellschaft gegenüber den Gläubigern zu haften. ■

Die wesentlichsten **Hauptmerkmale** der AG werden analog den vorangestellten Rechtsformen in Tabelle 2.10 verdeutlicht.

Tabelle 2.10 Hauptmerkmale der Aktiengesellschaft

Rechtsform Hauptmerkmale	Aktiengesellschaft (AG)
Rechtsgrundlage	▪ **§§ 1 – 277 AktG vom 06.09.1965 zuletzt geändert 2013**
Gründungs-modalitäten	▪ Laut **§ 2 AktG** mindestens **eine** oder **mehrere** natürliche bzw. juristische Personen, die alle ersten Aktien gegen Einlagen übernehmen. ▪ Der Inhalt des nach dem Grundsatz der Satzungsstrenge (**§ 23 Abs. 5**) erstellten Gesellschaftsvertrages ergibt sich aus **§ 23 AktG, Abs. 2 Punkte 1 – 3** und bedarf einer **notariellen** Beurkundung. ▪ Werden Sacheinlagen oder Sachübernahmen bei Gründung eingebracht, so können dies laut **§ 27 AktG Absatz 2** nur Vermögensgegenstände sein, deren **wirtschaftlicher Wert** feststellbar ist.

Tabelle 2.10 *(Fortsetzung)*

Rechtsform Hauptmerkmale	Aktiengesellschaft (AG)
	▪ Die Gründer haben laut **§ 30 Abs. 1 AktG** den **ersten Aufsichtsrat** und den **ersten Abschlussprüfer** für das erste Voll- oder Rumpfgeschäftsjahr notariell zu bestellen. Der erste Aufsichtsrat bestellt dann den **ersten Vorstand.** ▪ Laut **§ 32 Abs. 1 AktG** bedarf die Gründung eines schriftlichen **Gründungsberichtes** und der Eintragung das Handelsregister (**§ 41 Abs. 1 AktG**).
Firmenart/Rechtspersönlichkeit	▪ **Sach, Personal- oder Fantasiefirma** ▪ Laut **§ 4 AktG muss** die Firma die Bezeichnung „Aktiengesellschaft" oder eine allgemein verständliche Abkürzung (AG) enthalten (z. B. G. U. B. Ingenieur AG oder Krauß Event AG). ▪ Mit der Eintragung ins **Handelsregister** Abteilung B erlangt die AG ihre juristische Rechtsfähigkeit.
Mindestkapital/ Kapitalbeteiligung (vgl. auch Abschnitt 8.3.1.3)	▪ Der Mindestnennbetrag des Grundkapitals zum Gründungszeitpunkt beträgt **50 000 € (§ 7 AktG)**. ▪ Der Mindestbetrag einer **Nennbetragsaktie** muss laut **§ 8 Absatz 2** mindestens **1 Euro** betragen; höhere Aktiennennbeträge müssen auf **volle Euro** lauten. ▪ **Stückaktien** lauten auf keinen Nennbetrag (nennwertlose Aktien), sondern bringen einen angegebenen **Bruchteil** am Grundkapital zum Ausdruck. ▪ Laut **§ 36a Abs. 1 AktG** muss bei Bareinlagen der eingeforderte Betrag **mindestens ein Viertel** des geringsten Ausgabebetrages zuzüglich des **Agios** betragen.
Haftung	▪ Für die Verbindlichkeiten der Gesellschaft gegenüber den Gläubigern haftet i. d. R. **nur** das Gesellschaftsvermögen (**§ 1 Abs. 1 Satz 2 AktG**) und nicht das Privatvermögen der Aktionäre. ▪ Sind Aktien **nicht** voll eingezahlt, so haften die Aktionäre für den Fehlbetrag auch mit ihrem **Privatvermögen** (Problem: **Kaduzierung § 64 Abs. 3 AktG**). ▪ **Nachschusspflicht** bei Verlusten ist **ausgeschlossen.** ▪ **Vor** Eintragung ins Handelsregister (Vorab-AG) haften die Gesellschafter **persönlich** bzw. als **Gesamtschuldner**.
Gewinn- und Verlustbeteiligung	▪ Laut **§ 60 Abs. 1 AktG** bestimmen sie die Gewinn- und Verlustanteile eines Aktionärs in der Regel aus ihren **Anteilen** am Grundkapital. ▪ Bemessungsgrundlage für die **Dividende** ist der Gewinn der Handelsbilanz.

Tabelle 2.10 *(Fortsetzung)*

Rechtsform Hauptmerkmale	Aktiengesellschaft (AG)
Leitungsbefugnis	Nach dem Prinzip der **Fremdorganschaft** besitzt die AG folgende Leitungsorgane: ▪ den Vorstand als **leitendes** Organ **(§§ 76 ff. AktG)** ▪ der Aufsichtsrat als **überwachendes** Organ **(§§ 95 ff. AktG)** ▪ die Hauptversammlung als **beschließendes** Organ **(§§ 118 ff. AktG).**
Kapitalaufbringung/ Finanzierungs-Potenzial	▪ Durch große Stückelung des Grundkapitals besteht eine sehr gute Möglichkeit der **Eigenkapitalbeschaffung über den Kapitalmarkt**. ▪ **Fremdkapital** kann ebenfalls **über den Kapitalmarkt** aufgenommen werden (z. B. Schuldverschreibungen, vgl. Kap. 8.3.2.3).
Steuern	(Siehe Ausführungen zur GmbH.)
Auflösungs-Modalitäten	Laut **§§ 262 ff. AktG** sind u. a. folgende vorrangige **Auflösungsgründe** genannt: ▪ **Zeitablauf** laut Satzung ▪ **Hauptversammlungsbeschluss** mit ¾-Mehrheit des bei der Beschlussfassung vertretenen Grundkapitals ▪ Eröffnung des **Insolvenzverfahrens** ▪ schwerer Satzungsmangel **(§ 144a FGG)**

In der Abbildung 2.5 sollen als abschließende Bemerkung zu dieser Rechtsform sowohl die **Aufgabeninhalte** der jeweiligen Leitungsorgane (Vorstand, Aufsichtsrat, Hauptversammlung) als auch deren **Wechselbeziehungen** zueinander noch einmal in Kurzform dargestellt werden.

An dieser Stelle sei abschließend der Hinweis erlaubt, dass es seit 2004 auch eine supranationale, europäische AG-Rechtsform gibt, die Europa-AG, auch **Europäische Aktiengesellschaft (SE)** genannt. Die Etablierung dieser Körperschaft in Deutschland fußt auf dem seit dem 29.12.2004 in Kraft getretenen Gesetz zur Einführung der Europäischen Gesellschaft (**SEEG**). Z. B. firmiert der Allianz-Konzern als Allianz SE.

Eine dritte Möglichkeit, eine Kapitalgesellschaft zu gründen, ist die **Kommanditgesellschaft auf Aktien** (**KGaA**). Diese Rechtsform (**vgl. §§ 278 ff. AktG**) beinhaltet sowohl Merkmalsausprägungen der Kommandit- als auch der Aktiengesellschaft. Auf Grund dieser Tatsache wird die KGaA auch oft unter der Rubrik der Mischformen angesiedelt (vgl. z. B. Jung 2010). Laut **§ 278 Abs. 1 und 2 AktG** lässt sich diese relativ kompliziert zu bildende Rechtsform wie folgt definieren:

Die **KGaA** ist eine Gesellschaft mit eigener Rechtspersönlichkeit, bei der mindestens ein Gesellschafter, der das Unternehmen leitet, den Gläubigern gegenüber persönlich haftet (**Komplementär**) und in der die übrigen an dem in Aktien zerlegten Grundkapital beteiligt sind, ohne persönlich für die Gesellschaftsverbindlichkeiten mit ihrem Privatvermögen zu haften (**Kommanditaktionäre**). ▪

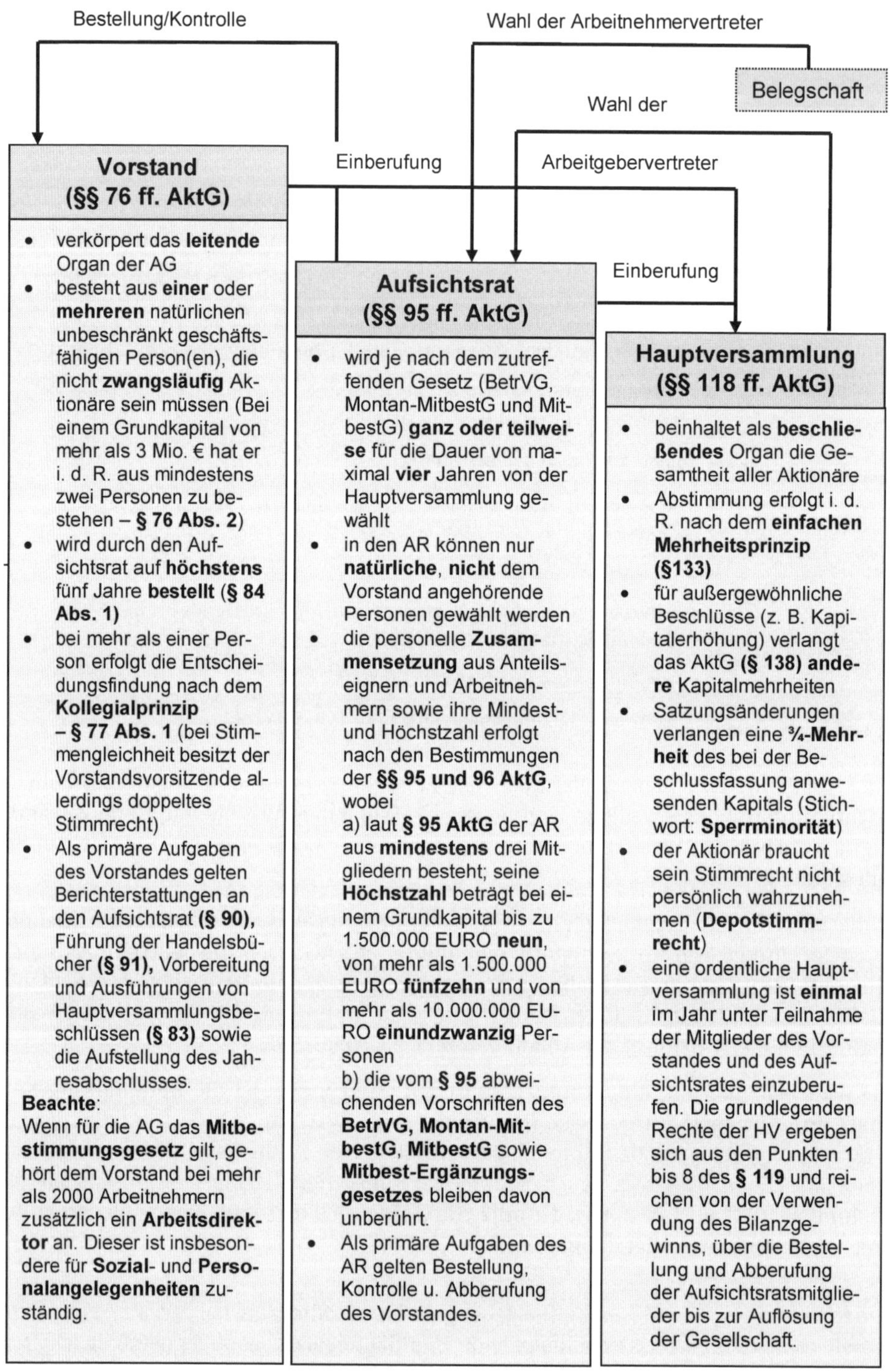

Abbildung 2.5 Organe der Aktiengesellschaft

Obwohl für die KGaA primär die Vorschriften der Aktiengesellschaft (**§§ 1 bis 277**) gelten, sind trotzdem einige **Besonderheiten** hinsichtlich ihrer Hauptmerkmale zu beachten:

1. Die Gründung der KGaA erfolgt durch Feststellung der notariell zu beurkundenden Satzung durch einen oder mehrere Gründer, wobei einer von diesen der persönlich haftende Gesellschafter sein muss (**§§ 278 Abs. 1 und 280 Abs. 1 u. 2 AktG**).
2. Die KGaA muss als Firma laut **§ 279 Abs. 1 AktG** die Bezeichnung „**Kommanditgesellschaft auf Aktien**" bzw. eine allgemein verständliche Abkürzung dieser Bezeichnung enthalten.
3. Die Leitung (Geschäftsführung und Vertretung) der Gesellschaft obliegt laut **§ 283 AktG nur den Komplementären** und entspricht damit dem AG-Vorstand.
4. In der Hauptversammlung, die das vorrangige Willensorgan der Kommanditaktionäre verkörpert, besitzen laut **§ 285 Abs. 1** die Komplementäre nur ein Stimmrecht für ihre Aktien, wobei sie bei bestimmten Beschlussfassungen, wie z. B. die Wahl und Abberufung des Aufsichtsrates ihr Stimmrecht nicht ausüben dürfen.

Die Vorteile der KGaA liegen in der relativ einfachen Möglichkeit der Kapitalbeschaffung durch **Aktienemission**. Vorteilhaft ist auch die starke persönliche Bindung der voll haftenden Geschäftsleitung. Als nicht zu unterschätzender Nachteil sind die oft divergierenden Vorstellungen über die Gewinnverwendung (Kommanditaktionäre streben in der Regel eine hohe Dividende an) anzusehen.

In der nachfolgenden Abbildung werden abschließend die voran erörterten Rechtsformen noch einmal in zusammengefasster Form dargestellt. Dabei wird klar, dass die Einzelunternehmen mit rund **63,84 %** zahlenmäßig die größte Klientel verkörpern.

Tabelle 2.11 Anzahl von Unternehmen nach zusammengefassten Rechtsformen (Quelle: Statistisches Bundesamt, www.destatis.de – Stand: 31. 05. 2014)

Rechtsformen	insgesamt
Einzelunternehmer	2338778
Personengesellschaften (z. B. OHG, KG)	451500
Kapitalgesellschaften (GmbH, AG)	656975
Sonstige Rechtsformen	216179
Insgesamt	**3663432**

Abschließend zu diesem Problemkreis insgesamt soll nicht unerwähnt bleiben, dass vielfältige unternehmungsinterne und -externe Aspekte dazu führen können, die originäre Rechtsform zu ändern. Primäre, vorrangig handels-, aber auch steuerrechtliche **Wechselmotive** sind:

a) Begrenzung der **Haftungstiefe**

b) Beschneidung oder Erweiterung der **Leitungsbefugnis**

c) Erhöhung der **Eigenkapitalbasis** und damit Verbesserung der **Kreditwürdigkeit**

d) Verringerung der **Steuerbelastung**

e) Einschränkung der **Publizitätspflicht**

Während die Konsequenzen des Rechtsformwechsels auf den laufenden Geschäftsbetrieb als relativ unbedeutend anzusehen sind, resultieren aus den Änderungen vorrangig außerhalb einer Rechtsformgruppe vor allem zusätzliche, meist einmalige Steueraufwendungen primär im Bereich der **Gewinn- und Verkehrssteuern**.

Die Rechtsgrundlagen für den Rechtsformwechsel sind handelsrechtlich im **Umwandlungsgesetz** (UmwG) und steuerrechtlich im **Umwandlungssteuergesetz** (UmwStG) fixiert. Mit dieser Rechtsbasis existiert ein Umwandlungsrecht, das einerseits handelsrechtlich ein einfacheres Handling gewährleistet und steuerrechtlich eine Übertragung der Wirtschaftsgüter ohne Auflösung der stillen Reserven und damit den eventuellen Ausweis von Umwandlungsgewinnen garantiert. Ist dieser zuletzt angeführte Aspekt nicht möglich, wie z. B. beim Wechsel von einer Kapital- in eine Personengesellschaft (in diesem Kontext müssen laut UmwStG alle stillen Reserven in der Bilanz der weiterführenden Rechtsform aufgedeckt und somit versteuert werden), bleibt nur der Weg einer Liquidation und anschließender Neugründung.

Laut **§ 1 Absatz 1 UmwG** sind folgende **Arten** der Umwandlung möglich:

1. durch Verschmelzung (**§§ 2 – 122 L**)
2. durch Spaltung (Auf- und Abspaltung sowie Ausgliederung, **§§ 123 – 177**)
3. durch Vermögensübertragung (**§§ 178 – 189**)
4. durch Formwechsel (**§§ 190 – 304**)

Egal, welche Umwandlungsart letztendlich vollzogen wird, grundsätzlich gilt folgendes **Umwandlungsprocedere:**

a) Erarbeitung eines **Verschmelzungs**- bzw. **Spaltungsvertrages** oder **Umwandlungsbeschlusses** (vgl. z. B. **§ 4, § 126 oder § 194**)

b) Erstattung eines schriftlichen **Umwandlungs- und Prüfungsberichts** laut **§§ 8, 127 und 192 bzw. § 12**

c) Anmeldung und Eintragung in das für die umgewandelte Rechtsform zuständige **Register**, wie z. B. das Handels-, Partnerschafts-, Genossenschafts- oder Vereinsregister (für die Verschmelzung gelten für die Anmeldung und Eintragung z. B. die **§§ 16 und 20**)

d) Ableitung von zustimmenden **Beschlüssen** über die unterbreiteten **Vertragswerke** (z. B. **§ 13 Abs. 1**) einschließlich der **Befristung** und des **Ausschlusses** von Klagen (vgl. **§ 14 Abs. 1 u. 2**) gegen den Beschluss

Der vorangestellte Handlungsrahmen ist deshalb so umfangreich, weil den Gläubigern der an der Umwandlung beteiligten Rechtsträger ein großer Schutz gewährleistet werden soll. Zu beachten ist weiterhin, dass nur die gesetzlich festgelegten Umwandlungsfälle (bei der Verschmelzung gelten die Modalitäten des **§ 3 Abs. 1 – 4**) vom Umwandlungsrecht bevorzugt sind. In allen anderen Fällen ist schon der an anderer Stelle angesprochene Weg der Liquidation mit anschließender Neugründung zu vollziehen.

2

2.5.4 Grundtypen von öffentlich-rechtlichen Betrieben

2.5.4.1 Vorbemerkungen

Auch für die Wirtschaftsbetriebe der öffentlichen Hand (Bund, Länder, Gemeinden) gibt es nur für diesen Sektor zutreffende Rechtsformen. Aufbauend auf den im Abschnitt 2.5.2 fixierten Systematisierungsmerkmalen, lassen sich öffentlich-rechtliche Betriebe in zwei grundlegende **Gruppen** (vgl. Abbildung 2.6) einteilen, nämlich in

a) **Betriebe ohne eigene Rechtspersönlichkeit** (in der Abbildung als rechtlich unselbstständige Betriebe bezeichnet) und in

b) **Betriebe mit eigener Rechtspersönlichkeit** (in der Abbildung als rechtlich selbstständige Betriebe bezeichnet).

2.5.4.2 Betriebe ohne eigene Rechtspersönlichkeit

Zu dieser Rubrik gehören die **reinen** und die **verselbstständigten Regiebetriebe**. Während die zuerst genannten organisatorisch **nicht** aus der sie tragenden Verwaltung (z.B. Kommune) ausgegliedert wurden und von Beamten geleitet werden, sind die zweitgenannten aus der Trägerverwaltung ausgegliedert und unterliegen damit einer partiellen Selbstständigkeit. Ein weiteres Unterscheidungsmerkmal besteht darin, dass im ersten Fall die Einnahmen und Ausgaben umfassend nach dem **Bruttoprinzip** in der kameralistischen Buchführung des Trägers vollzogen werden. Demgegenüber realisieren die verselbstständigten Betriebe eine **eigene** kaufmännische Rechnungslegung, wobei nur das Ergebnis in den Haushalt des öffentlichen Trägers eingestellt wird (**Nettoprinzip**).

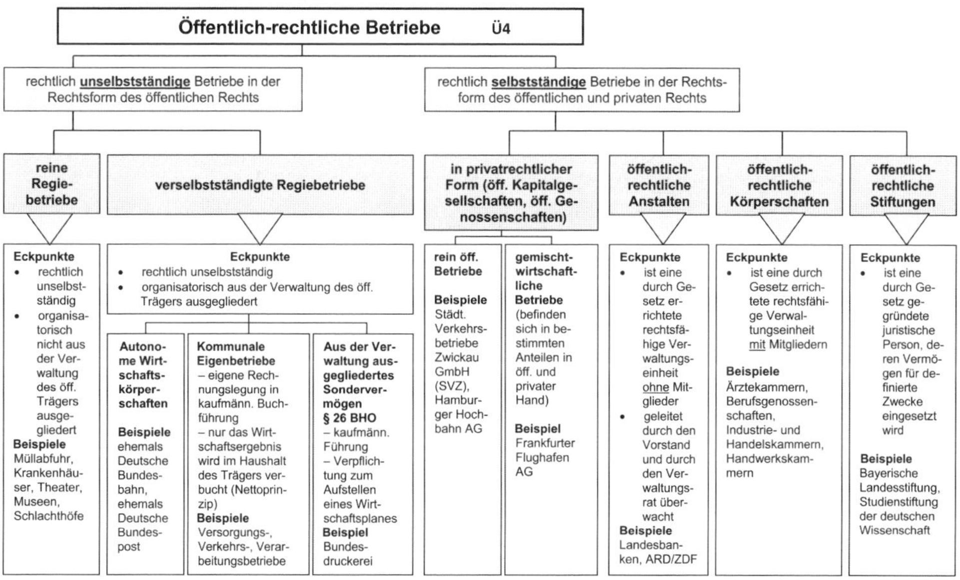

Abbildung 2.6 Systematisierung der Rechtsformen (Überblick über öffentlich-rechtliche Betriebe)

2.5.4.3 Betriebe mit eigener Rechtspersönlichkeit

Vielfach sind die im Vorigen genannten Betriebe – bedingt durch ihre Inflexibilität und zum Teil gemeinwirtschaftliche Zielstellung – nur ungenügend geeignet für die Realisierung der Kennzahlen betrieblichen Wirtschaftens (vgl. 1.5.2), besonders der Effizienz und Rentabilität. Um diesem Erfordernis zu entsprechen, werden auch öffentliche Wirtschaftseinheiten mit dem Status einer eigenen Rechtspersönlichkeit ausgestattet. Zu diesen gehören:

a) Öffentlich-rechtliche Anstalten

b) Öffentlich-rechtliche Körperschaften

c) Öffentlich-rechtliche Stiftungen

All diese Rechtsformen werden durch **Gesetz** mit spezifischen Satzungsmodalitäten errichtet (z. B. Anstalten bedürfen keiner Mitglieder, Körperschaften dagegen bedürfen dieser). Geleitet werden die genannten öffentlichen Rechtsformen in der Regel durch einen Vorstand, der durch einen Verwaltungsrat überwacht wird.

Öffentliche Wirtschaftsbetriebe in privatrechtlicher Form dürfen nur in beschränkt haftenden Rechtsformen wie z. B. als öffentliche Kapitalgesellschaften und öffentliche Genossenschaften gestaltet werden. Der Unterschied zu den privatrechtlichen Betrieben besteht in dreierlei Sicht, nämlich in der Kapitalträgerart, in dem vorwiegend geltenden Rechtsbereich und in der Berufung der Mitglieder des Verwaltungsrates. Die Differenzierung in **rein und gemischt wirtschaftliche** Betriebe ist dem unterschiedlichen Beteiligungsverhältnis am Gesellschaftskapital gestundet. Im ersten Teil besteht ein 100%iger Besitzstand der öffentlichen Hand, im zweiten Fall eine Teils-teils-Beteiligung zwischen privater und öffentlicher Hand.

2.6 Unternehmungsverbindungen

2.6.1 Begriffsbestimmungen und Ziele

Eine Unternehmungsverbindung, oft auch als Unternehmungszusammenschluss bezeichnet, entsteht in Anlehnung an Wöhe 2013, durch eine Verkettung von bisher rechtlich und wirtschaftlich selbstständigen Betrieben zu größeren Institutionen, „ohne dass dadurch die rechtliche Selbstständigkeit und die Autonomie der einzelnen Unternehmen im Bereich wirtschaftlicher Entscheidungen aufgehoben werden muss“.

Als grundlegende **Ziele** von Unternehmungsverbindungen gelten nach Jung 2010:

- Erhöhung der **Wirtschaftlichkeit** (vgl. 1.5.2.2)
- Verbesserung der **Produktionsverhältnisse**
- Stärkung der **Wettbewerbsfähigkeit**
- Verteilung und Minderung von **Risiken**
- Bildung von **Organisationen**
- Nutzung steuerlicher **Vergünstigungen**

Die aus diesen Grundsatzzielen resultierenden Detailziele wirken sich auf die vier Funktionsbereiche eines Unternehmens unterschiedlich aus. Während im Beschaffungsbereich vor allem die **Sicherung der Materialversorgung** zu günstigsten Konditionen im Mittelpunkt der Betrachtung steht, fungiert im Bereich der Leistungserstellung die **Verbesserung** der **Produktionsverhältnisse,** wie z.B. kontinuierlichere Anlagenauslastung, Ausnutzung von kostenbezogenen Degressionseffekten, an erster Stelle. Im Funktionsbereich der Leistungsverwertung ist es vor allem die **Verbesserung** der **Marktstellung**, die bis zur Monopolmacht führen kann, die angestrebt wird. Aber auch der Ausgleich eines branchenspezifischen Risikos durch anorganische, also branchenfremde Zusammenschlüsse sowie eine gemeinsame Werbung kann angestrebt werden. Im Finanzierungssektor ist es vorrangig die Realisierung **hoher Kapitalsummen**, die zur Verwirklichung gemeinsamer Investitionsobjekte notwendig sind, die kleinere Unternehmen zum Zusammenschluss motivieren, aber auch die gemeinsame Erschließung neuer internationaler Absatzmärkte im Zeichen der Globalisierung kann eine solche Zielstellung sein.

2.6.2 Systematisierung von Unternehmungsverbindungen

Unternehmungsverbindungen können nach verschiedenen Aspekten betrachtet und damit systematisiert dargestellt werden. Die in der Theorie und Praxis am häufigsten praktizierte Einteilung ist die nach der verbleibenden **wirtschaftlichen** und **rechtlichen Selbstständigkeit** der zusammengeschlossenen Betriebe. Je nach Grad der Bindungsintensität ist dabei in

- **kooperative** und
- **konzentrative**

Zusammenschlüsse zu unterscheiden.

Ein **kooperativer Zusammenschluss** liegt dann vor, wenn die rechtliche und die nicht der vertraglichen Zusammenarbeit unterworfene wirtschaftliche Selbständigkeit der Unternehmungen erhalten bleibt. ■

Als solche **Kooperationsformen** gelten:

- Joint Ventures
- Verbände
- Kartelle/Syndikat (in Deutschland grundsätzlich verboten)
- Interessengemeinschaften
- Konsortien
- Arbeitsgemeinschaften
- Strategische Allianzen
- Spin-off/Venture Management
- virtuelle Unternehmen

Unter einem **virtuellen Unternehmen** (VU), das oft auch als virtuelle Organisation bezeichnet wird, versteht man eine horizontale und/oder vertikale Kooperationsform rechtlich unabhängiger Unternehmen, Institutionen und/oder Einzelpersonen, die eine Leistung gegenüber Dritten auf der Grundlage eines gemeinsamen Geschäftsverständnisses erbringen. Im Prozess der Zusammenarbeit wird dabei auf die Institutionalisierung zentraler Funktionen verzichtet und der erforderliche Koordinierungsaspekt durch gemeinsame Nutzung der individuellen Informations- und Kommunikationssysteme realisiert (vgl. auch Kemmner/Gillesen 1999).

Ein **konzentrativer Zusammenschluss** ist dagegen, wenn mindestens die wirtschaftliche Selbstständigkeit eines zusammenschließenden Teilnehmers aufgehoben wird, unabhängig davon, ob die rechtliche Selbstständigkeit erhalten bleibt oder nicht. ■

Hier gelten als mögliche **Konzentrationsoptionen:**

- verbundene Unternehmen, dargestellt als
  - in Mehrheitsbesitz stehende Unternehmen und Unternehmen mit Mehrheitsbeteiligung,
  - abhängige und herrschende Unternehmen,
  - Konzernunternehmen,
  - wechselseitige Beteiligungen,
  - Unternehmensverträge.
- verschmolzene Unternehmen, im Sinne eines vollständigen Zusammenschlusses mehrerer Unternehmen mit dem Verlust der wirtschaftlichen und rechtlichen Selbstständigkeit mindestens eines Unternehmens.

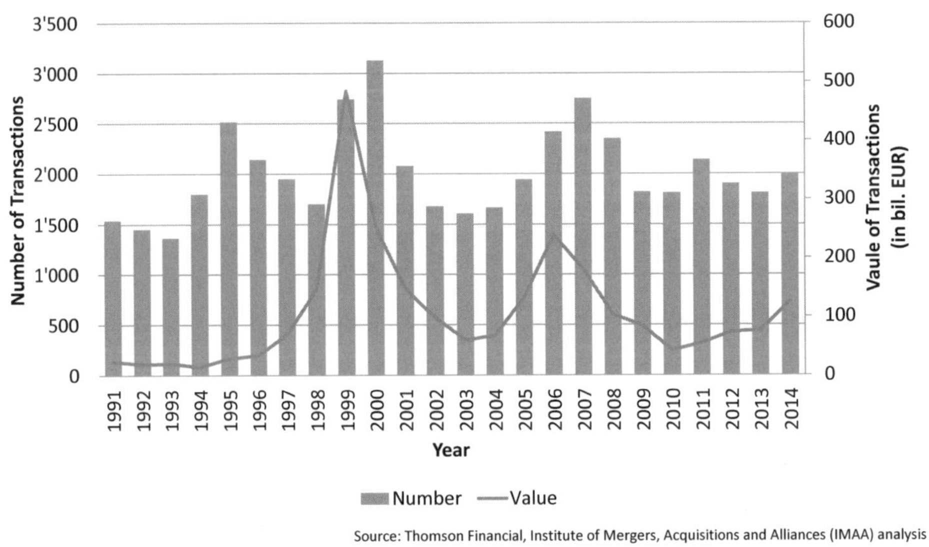

Abbildung 2.7 Angekündigte Unternehmenszusammenschlüsse (Mergers & Aquisitions) in Deutschland von 1991 bis 2014 (Quelle: © IMAA 2015)

Ergänzend zu diesem Sachverhalt sollte noch erwähnt werden, dass im Rahmen der zunehmenden Globalisierung wirtschaftlicher Transaktionen sich auch in Deutschland die Aktivitäten von zahlreichen Unternehmenszusammenschlüssen seit 1990 tendenziell erhöht haben. Allerdings hängt die Durchführung eines Unternehmenszusammenschlusses sehr stark von der konjunturellen Lage ab. Die Abbildung 2.7 gibt einen Überblick über die Entwicklung der Unternehmensübernahmen von 1991 bis 2014.

2.7 Kontrollfragen

1. Worin bestehen die qualitativen Unterscheidungsmerkmale zwischen den Begriffen Betrieb, Unternehmung und Firma? (Abschn. 2.2)
2. Begründen Sie die Maxime, dass jede Unternehmung zugleich Betrieb ist, aber im Umkehrschluss nicht jeder Betrieb eine Unternehmung verkörpert! (Abschn. 2.2)
3. Anhand welcher sieben Merkmale begründet sich die Notwendigkeit der Typologie von Unternehmungen? (Abschn. 2.3)
4. Wieso ist die Typisierung der Unternehmungen nach der nur reinen Größenklasse problematisch und durch welche Integrationsfaktoren lässt sich diese Aussageunsicherheit relativieren? (Abschn. 2.3)
5. Deuten Sie näher die Feststellung, dass u. a. jede Unternehmung sowohl ein güterwirtschaftliches Umwandlungssystem als auch ein soziotechnisches System verkörpert! (Abschn. 2.4)
6. Warum bezeichnet man die juristische Basis der Wahl einer definierten Rechtsform, das Gesellschaftsrecht, einerseits als nicht kodifiziertes und andererseits auch als dispositives Recht? (Abschn. 2.5.1)
7. Worin besteht der inhaltliche Unterschied zwischen einer GmbH & Co. KG im weiteren und engeren Betrachtungsfeld? (Abschn. 2.5.3)
8. Erläutern Sie anhand der Gesellschaftskonstruktion einer selbst gewählten Besitzpersonen- und Betriebskapitalgesellschaft das Wirkprinzip von Betriebsaufspaltungen! (Abschn. 2.5.3)
9. Weshalb dokumentiert die Einzelunternehmung als Firma keine eigene Rechtspersönlichkeit, jedoch aber eine relative Rechtsfähigkeit? (Abschn. 2.5.3)
10. Welche Haftungsmodalitäten resultieren aus der These: „Den Gesellschaftern fehlt die Einrede der Haftungsbeschränkung, Vorausklage und Haftungsteilung“? (Abschn. 2.5.3)
11. Was versteht man unter den Begriffen der Vordividende sowie Restgewinnverteilung bzw. Gewinn- und Verlustverteilung nach Köpfen? (Abschn. 2.5.3)
12. Wie erklären Sie sich die qualitativen Unterschiede zwischen einer typischen und atypischen stillen Gesellschaft? (Abschn. 2.5.3)
13. Interpretieren Sie die Begriffe der beschränkten und unbeschränkten Nachschusspflicht einer GmbH! (Abschn. 2.5.3)

14. Wie ist das Prinzip der Fremdorganschaft im Rahmen der Betrachtung der Leitungsbefugnis von Kapitalgesellschaften zu deuten? (Abschn. 2.5.3)
15. Durch welche primäre Gemeinsamkeiten, aber auch qualitativen Unterschiede sind die reinen und verselbstständigten öffentlich-rechtlichen Regiebetriebe gekennzeichnet? (Abschn. 2.5.4.2)
16. Stimmt die Behauptung, dass Berufsgenossenschaften zu den öffentlich-rechtlichen Anstalten und ARD bzw. ZDF zu den öffentlich-rechtlichen Körperschaften gehören? (Abschn. 2.5.4.3)
17. Welches sind die grundlegenden Unterschiede zwischen einem kooperativen und einem konzentrativen Zusammenschluss von Unternehmen? (Abschn. 2.6.2)

2.8 Übungsaufgaben

Ü1 Gewinn- und Verlustbeteiligung an einer OHG

a) **Ausgangsdaten**

- Eine OHG erzielte im Geschäftsjahr 2014 einen Reingewinn von 420 000 €. Als weitere Zusatzdaten gelten:
- Die Gesellschaft besteht aus zwei natürlichen Personen, im Weiteren Gesellschafter A + B genannt.
- Die Beteiligungsverhältnisse von A + B am Gesellschaftskapital betragen 760 000 zu 520 000 €.
- A entnimmt am 20.10.14 50 000 €.
- B entnimmt am 30.03.14 60 000 € und vollzieht am 30.06.14 eine Einlage von 10 000 €.
- Die Entnahmen und Einlagen werden laut Gesellschaftsvertrag mit 6 % verzinst.
- Die Restgewinnverteilung erfolgt laut § 121 HGB.
- Laut Gesellschaftsvertrag erhält B einen Arbeitsanteil für die Geschäftsführung von 15 100 €.

b) **Aufgabenstellungen**

1. Berechnen Sie tabellarisch die Gewinn- und neuen Kapitalanteile der Gesellschafter A und B!
2. Welche prozentualen Eigenkapitalrentabilitäten ergeben sich für die Gesellschafter auf der Basis der neuen Kapitalanteile?
3. Übertragen Sie Ihre unter 1. gewonnenen Ergebnisinformationen sowohl in das Schema einer kontenförmigen Gewinn- und Verlustrechnung als auch auf die Kapital- und Privatkonten der Gesellschafter.

4. Nennen Sie die beiden Buchungssätze, mit denen
   - der Gewinnanteil von A aus der GuV auf das adäquate Kapitalkonto gebucht wird und
   - das Saldo des Privatkontos B auf das adäquate Kapitalkonto übertragen wird.

Ü2 Gewinn- und Verlustbeteiligung an einer KG

a) Ausgangsdaten

Übernehmen Sie die für die OHG fixierten Ausgangsdaten jetzt für die Ermittlung der Gewinn- und Verlustbeteiligung einer KG! Als zusätzliche Modalitäten gelten:

- Gesellschafter A spielt den Part des Komplementärs und B übernimmt die Rolle des Kommanditisten.
- A erhält einen Arbeitsanteil von 15 100 €.
- Die Restgewinnverteilung erfolgt laut § 168 HGB in einem angemessenen Verhältnis von 3 : 1.

b) Aufgabenstellungen

1. Berechnen Sie die Gewinn- und neuen Kapitalanteile des Komplementärs und des Kommanditisten!
2. Berechnen Sie die Eigenkapitalrentabilitäten des Komplementärs und des Kommanditisten.
3. Übertragen Sie den unter 1. fixierten Anfangs- und Endkapitalanteil der Gesellschafter in die Bilanz der KG unter dem Forderungsanspruch des § 167 HGB.

Ü3 Rechtspersönlichkeit und Mindestkapital einer GmbH

a) Ausgangsdaten

Fünf Personen möchten eine Gesellschaft mit beschränkter Haftung gründen. Als Ausgangsdaten gelten:

- Drei Gesellschafter verpflichten sich zu einer geldlichen Stammeinlage von 6000, 4000 und 2000 €, wovon jeder ¼ bei Gründung einzahlt.
- Zwei Gesellschafter verpflichten sich zu Sacheinlagen von je 9000 und 4000 €.

b) Aufgabenstellungen

1. Ist eine Gründung laut § 5 Absatz 1 GmbHG unter den genannten Prämissen prinzipiell möglich?
2. Kann unter den fixierten Aspekten eine Anmeldung im Handelsregister laut § 7 GmbHG erfolgen?
3. Erläutern Sie die möglichen Konsequenzen einer Nichteintragung!

Ü4 Öffentlich-rechtliche Betriebe

a) Ausgangsdaten

Ein Student formuliert in einer Projektarbeit folgende Thesen:

- Öffentlich-rechtliche und privatrechtliche Betriebe unterscheiden sich primär durch ihre divergierenden Kapitalträgerarten und Zielsetzungen!
- Öffentlich-rechtliche Betriebe können niemals in privatrechtlicher Rechtsform gestaltet werden!
- Reine und verselbstständigte Regiebetriebe gelten als rechtlich unselbstständige Betriebe!
- Das ZDF dokumentiert eine öffentlich-rechtliche Körperschaft. Diese verkörpert eine durch Gesetz errichtete rechtsfähige Verwaltungseinheit ohne Mitglieder!
- Ärztekammern und Berufsgenossenschaften sind öffentlich-rechtliche Anstalten, als solche gelten alle nicht durch Gesetz errichtete rechtsfähige Verwaltungseinheiten mit Mitgliedern!
- Kommunale Eigenbetriebe vollziehen eine eigene, nach dem Prinzip der Doppik gestaltete Rechnungslegung, wobei nur das Wirtschaftsergebnis im Haushalt des öffentlichen Trägers verbucht wird!

b) Aufgabenstellung

Überprüfen Sie die aufgelisteten Thesen auf ihre Richtigkeit und korrigieren Sie mögliche Falschaussagen!

2.9 Literatur- und Quellenverzeichnis

Beck-Texte: Bürgerliches Gesetzbuch. 75. Aufl. München: Deutscher Taschenbuch Verlag, 2015

Beck-Texte: Gesellschaftsrecht. 14. Aufl. München: Deutscher Taschenbuch Verlag, 2014

Beck-Texte: Handelsgesetzbuch. 57. Aufl. München: Deutscher Taschenbuch Verlag, 2015

Beck-Texte: Steuergesetze. 13. Aufl. München: Deutscher Taschenbuch Verlag, 2014

Bestmann, U.: Kompendium der Betriebswirtschaftslehre. 10. Aufl. München, Wien: Oldenbourg Verlag, 2014

Busse v. Colbe, W./Coenenberg, A./Kajüter, P./Linnhoff, U.: Betriebswirtschaft für Führungskräfte. 4. Aufl. Stuttgart: Schäffer-Poeschel Verlag, 2011

Habersack, M.: Europäisches Gesellschaftsrecht. 4. Aufl. München: Beck Verlag, 2011

Jung, H.: Allgemeine Betriebswirtschaftslehre. 12. Aufl. München, Wien: Oldenbourg Verlag, 2010

Junge, P.: Betriebswirtschaftslehre für Ingenieure. Wiesbaden: Gabler Verlag, 2012

Kemmner, G.-A./Gillesen, A.: Virtuelle Unternehmen. Heidelberg: Physica Verlag, 1999

Luger, A.: Allgemeine Betriebswirtschaftslehre. 5. Aufl. München; Wien: Hanser Verlag, 2004

Müller, A./Uecker, P./Zehbold, C.: Controlling. 2. Aufl. Leipzig: Fachbuchverlag, 2006

Oehlrich, M.: Betriebswirtschaftslehre. 3. Aufl. München: Verlag Franz Vahlen, 2013

Olfert, K./Rahn, H.-J.: Einführung in die Betriebswirtschaftslehre. 11. Aufl. Ludwigshafen: Kiehl Verlag, 2013

Schierenbeck, H./Wöhle, C. B.: Grundzüge der Betriebswirtschaftslehre. 18. Aufl. München, Wien: Oldenbourg Verlag, 2015

Steven, M.: Betriebswirtschaftslehre für Ingenieure. 4. Aufl. München: Oldenbourg Verlag, 2012

Thommen, J.-P./Achleitner, A.-K.: Allgemeine Betriebswirtschaftslehre, 7. Aufl. Wiesbaden: Gabler Verlag, 2012

Vahs, D./Schäfer-Kunz, J.: Einführung in die Betriebswirtschaftslehre. 6. Aufl. Stuttgart: Schäffer-Poeschel Verlag, 2012

Welge, M./Al-Laham, A.: Strategisches Management. 6. Aufl. Wiesbaden: Gabler Verlag, 2012

Wöhe, G.: Einführung in die Allgemeine Betriebswirtschaftslehre. 25. überarbeitete Aufl. München: Verlag Vahlen, 2013

Wollenberg, K.: Taschenbuch der Betriebswirtschaftslehre. 2. Aufl., Leipzig: Fachbuchverlag, 2004

3 Personalwirtschaft

3.1 Studienziele

Dieses Kapitel soll dem Leser ermöglichen

- die Zusammenhänge zwischen ökonomischen und sozialen Zielen in Unternehmen zu erkennen;
- die Bedeutung von Grundmodellen des arbeitenden Menschen für die Gestaltung der Personalarbeit zu ermessen;
- Grundkenntnisse der Personalplanung, des Personaleinsatzes, der Personalentwicklung, der Personalführung und der Entgeltgestaltung zu erlangen;
- Verständnis zu entwickeln für personalwirtschaftliche Fragestellungen, um als Führungskraft (oder Spezialist in einer Arbeitsgruppe) personalbezogene Probleme und Aufgaben in der Praxis handhaben zu können.

3.2 Einführung

3.2.1 Begriffe

Als **Personal** wird die Gesamtheit der in einem Unternehmen arbeitenden Menschen bezeichnet, die auf der Grundlage eines Arbeitsvertrages eine Arbeitsleistung gegen Entgelt erbringt (vgl. Oechsler 2006). Dazu gehören die Mitarbeiter im gewerblichen und im kaufmännischen Bereich ebenso wie alle Führungskräfte auf verschiedenen Hierarchieebenen im Unternehmen.

Zum Begriff **Personalwirtschaft** wie auch zu anderen personalwirtschaftlichen Grundbegriffen gibt es in Literatur und Praxis keine einheitlichen Auffassungen. An Stelle von Personalwirtschaft werden auch die Begriffe Personalwesen, Personalpolitik, Personalmanagement oder Human Resource Management zur Kennzeichnung des Aufgabenbereiches, der sich mit Personalfragen im Unternehmen beschäftigt, verwendet (vgl. Hentze 2001). Mit der Wahl des Begriffes können bestimmte Aspekte der Personalarbeit betont werden.

Als **Personalwesen** wird häufig die organisatorische Einheit (Personalabteilung) im Unternehmen bezeichnet, die sich ausschließlich mit personalbezogenen Aufgaben beschäftigt. Der Begriff **Personalpolitik** wird verwendet, wenn das Treffen von Grundsatzentscheidungen im Personalbereich betont werden soll. Die Bezeichnung **Personalmanagement** verdeutlicht, dass Personalarbeit integrativer Bestandteil des gesamten Managementprozesses ist. Bei dem in den 80er-Jahren an der Harvard Graduate School of Business entwickelten Konzept des **Human Resource Management** handelt es sich um ein Konzept, das bisher getrennt betrachtete personalwirtschaftliche Aufgabenfelder systematisch zusammenfasst und deren Integration in Strategie- und Strukturentscheidungen des Unternehmens analysiert. Die bereichsbezogene Perspektive personalwirtschaftlicher Aspekte wird zugunsten einer General-Management-Perspektive aufgegeben (vgl. Scholz 2011).

In diesem Beitrag wird der Begriff **Personalwirtschaft** verwendet, um zu betonen, dass es sich um eine betriebswirtschaftliche Teildisziplin mit den klassischen Funktionsbereichen Planung, Realisierung und Kontrolle handelt. Gleichzeitig unterscheidet sich Personalwirtschaft aber auch wesentlich von anderen betriebswirtschaftlichen Teildisziplinen, weil der Gegenstand das Leistungsverhalten der Mitarbeiter und Führungskräfte ist. Im Mittelpunkt der Personalwirtschaft steht die Gestaltung des Verhaltens von Individuen, die im Unternehmen auch eigene Ziele verfolgen.

3.2.2 Ökonomische und soziale Ziele

Zentrale Zielgrößen personalwirtschaftlicher Strategien und Maßnahmen sind ökonomische und soziale **Effizienzkriterien**. Ökonomische Effizienz im Personalbereich bedeutet die Erfüllung des Sachleistungsprogramms des Unternehmens durch den Einsatz von Mitarbeitern nach dem Prinzip der sparsamen Verwendung knapper Mittel. Soziale Effizienz hat die Erfüllung unterschiedlichster Mitarbeiterinteressen zum Inhalt. Dazu gehören beispielsweise gute Entlohnung, angenehme Arbeitsbedingungen, individuelle Entwicklungsmöglichkeiten und Schutz vor berufsbedingten Krankheiten. Dieses Prinzip wird durch eine möglichst hohe Arbeitsproduktivität verwirklicht, die ihrerseits den Beitrag der Personalwirtschaft zu ökonomischen Zielgrößen wie Gewinn oder Rentabilität des Unternehmens bringt (vgl. Kupsch/Marr 1991).

Arbeitsproduktivität ergibt sich aus dem Verhältnis der erzielten Güter- oder Leistungsmengen (O) zur eingesetzten Arbeitsmenge (A). Diese Kennzahl gibt an, wie viele Einheiten der Ausbringungsmenge eine Einheit der eingesetzten Arbeit erbringt:

Arbeitsproduktivität: $P_a = O/A$

O = erzielte Güter- oder Leistungsmenge; A = eingesetzte Arbeitsmenge

Für die erzielte Leistungsmenge und die eingesetzte Arbeitsmenge können Mengen- oder Wertgrößen eingesetzt werden.

Beispiel für Mengenverhältnis: $$P_a = \frac{\text{Stahl in t}}{\text{Arbeitszeit in h}}$$

Beispiel für Wertverhältnis: $$P_a = \frac{\text{Wertschöpfung in €}}{\text{Arbeitsvergütung in €}}$$

Die Erhöhung der Arbeitsproduktivität kann über eine Steigerung der Ausbringungsmenge bei unverändertem Faktoreinsatz oder durch Verringerung der Einsatzmenge bei vorgegebener Ausbringungsmenge erreicht werden.

Ein uneingeschränktes Bemühen um Maximierung der Arbeitsproduktivität beispielsweise über zusätzliche Belastungen oder Kürzung der Sozialleistungen mit dem Ziel der Kostenreduzierung entspricht nicht den Interessen der Mitarbeiter. Andererseits kann nicht davon ausgegangen werden, dass die Interessen der Arbeitnehmer einer Erhöhung der Arbeitsproduktivität grundsätzlich entgegenstehen, weil im Unternehmen vielfältige Zusammenhänge zwischen dem Ausmaß der Arbeitsproduktivität und beispielsweise der Sicherheit der Arbeitsplätze oder der Höhe des Entgelts bestehen. In Abhängigkeit von der Situation können sich die Interessen des Unternehmens und die der Arbeitnehmer komplementär oder konkurrierend verhalten (Vgl. Kupsch/Marr 1991).

3.3 Grundlagen der Personalwirtschaft

3.3.1 Herausforderungen und Aufgaben

Bei der Bestimmung der Aufgaben der Personalwirtschaft ergibt sich das Problem, dass der direkte Zusammenhang zwischen den personalwirtschaftlichen Aufgaben und der Erreichung des Sachzieles des Unternehmens nicht immer unmittelbar gegeben ist. Vielmehr überlagert die Personalwirtschaft die güterbezogenen Funktionsbereiche wie Beschaffung, Produktion oder Vertrieb.

Die **Aufgabe** der Personalwirtschaft besteht in der Erhaltung und Entwicklung der menschlichen Leistungspotenziale in allen Struktureinheiten eines Unternehmens (vgl. Kupsch/Marr 1991, 775).

Deshalb ist es erforderlich, die Bestimmungsgrößen des Leistungsverhaltens der Mitarbeiter sowie deren Zusammenhänge zu erkennen und positiv zu gestalten. Zu diesen Bestimmungsgrößen des Arbeitsverhaltens gehören u. a. die Entgelthöhe, die Art der Arbeitsaufgabe, das Verhalten des Vorgesetzten und das soziale Umfeld. Aus diesen grundlegenden Aufgaben der Personalwirtschaft ergeben sich die in Tabelle 3.1 dargestellten zentralen **Gestaltungsfelder** der Personalwirtschaft. Sowohl die Abgrenzung der Aufgabenbereiche der Personalwirtschaft wie auch das Setzen von Schwerpunkten innerhalb dieser Aufgabenbereiche richten sich nach dem jeweils zu Grunde gelegten Modell des Menschen (Abschn. 3.3.2).

Tabelle 3.1 Wesentliche Aufgaben- und Gestaltungsfelder der Personalwirtschaft

Personalwirtschaft					
Personal-bedarfsplanung	**Personal-beschaffung**	**Personal-einsatz**	**Personal-entwicklung**	**Personal-führung**	**Entgelt-gestaltung**

Analog zu anderen betrieblichen Bereichen könnte angenommen werden, Personalarbeit wird vorrangig von Mitarbeitern des Personalbereiches im Unternehmen geleistet. Aufgaben wie Personaleinsatz und Personalführung liegen jedoch weitgehend im Verantwortungsbereich der Führungskräfte einer Fachabteilung. Betriebliche Personalarbeit wird demnach nicht nur von der Personalabteilung geleistet, sondern auch von jeder **Führungs-**

kraft im Unternehmen (vgl. Berthel/Becker 2010). Unter den Bedingungen des Wandels nimmt der von Führungskräften zu erfüllende Anteil personalwirtschaftlicher Aufgaben weiter zu bzw. erhält eine höhere Bedeutung.

Unabhängig davon, wer Personalarbeit im Unternehmen realisiert, muss sich auch die Personalwirtschaft unterschiedlichen Herausforderungen stellen. Vor allem die Markt-, Technologie-, Organisations- und Wertedynamik sind auf Personalarbeit wirkende Faktoren, die aber gleichzeitig von ihr beeinflusst werden können (Scholz 2000, 7). Ausgehend von dieser wechselseitigen Verflechtung der Personalarbeit und der internationalen Entwicklungen ist es notwendig, personalwirtschaftlichen Aktivitäten im Unternehmen folgende **Gestaltungsmaximen** zu Grunde zu legen (vgl. Scholz 2000):

- Ausrichtung personalwirtschaftlicher Aktivitäten auf ökonomische Zielgrößen (Erfolgsorientierung);
- Möglichkeit der kurzfristigen Anpassung an Unvorhergesehenes (Flexibilität);
- Gewährung von Freiraum gegenüber Mitarbeitern (Individualisierung);
- Orientierung an den Wünschen der Empfänger personalwirtschaftlicher Leistungen (Kundenorientierung);
- Integration der Personalarbeit in das Qualitätsmanagement (Qualitätsorientierung);
- Motivation der Mitarbeiter zur Unterstützung von Veränderungen (Akzeptanzsicherung).

Beispiele für die Umsetzung dieser Maximen im Personalbereich sind die termingerechte Bereitstellung von Personaldaten, eine kurzfristige Besetzung offener Stellen und die schnelle Bereitstellung von gewünschten Weiterbildungsveranstaltungen.

3.3.2 Theoretische Grundlagen

Um das Arbeitsverhalten im Unternehmen beschreiben, erklären und gestalten zu können, ist es notwendig, von einem möglichst realistischen Grundmodell des arbeitenden Menschen auszugehen (Kupsch/Marr 1991). Solche Grundmodelle enthalten Hypothesen über die Bestimmungsgrößen menschlichen Verhaltens. Im historischen Zeitablauf hat es eine ständige Entwicklung der Sichtweise auf den arbeitenden Menschen gegeben. Als Meilensteine dieser Entwicklung sollen drei **Grundmodelle** charakterisiert werden:

1. das mechanistische Grundmodell (Scientific Management)
2. das Modell der Human-Relations-Bewegung und
3. das verhaltenswissenschaftliche Modell.

Zu 1. Das mechanistische Grundmodell

F.W. Taylor (1865 - 1915) formulierte zu Beginn des 20. Jahrhunderts als Erster explizit Vorstellungen über die Bestimmungsgrößen menschlichen Verhaltens im Unternehmen. Er charakterisiert den arbeitenden Menschen lediglich als Gehilfen (Instrument) für die Bedienung von Maschinen. Das Ziel Taylors war es, durch die Anwendung einer effizienten

Arbeitsmethodik die Optimierung der Produktivität zu erreichen. Er konzentrierte sich dabei auf folgende **Problemkreise** (Kupsch/Marr 1991):

- Festlegung von Arbeitsmethoden,
- Entwicklung eines Systems von Leistungsnormen und Entlohnungsregeln,
- optimale Gestaltung des Arbeitsplatzes und
- Entwicklung organisatorischer Regeln zur Festlegung von Arbeitsprioritäten durch speziell ausgebildete Vorgesetzte (Funktionsmeister).

Problemlösungs- und Entscheidungsprozesse werden ausgeklammert. Das von Taylor entwickelte Konzept löste eine weltweite **Produktivitätssteigerung**, die Verkürzung der Arbeitszeit und Lohnerhöhungen aus. Die Ergebnisse und Annahmen Taylors setzte Henry Ford im Rahmen der Rationalisierung des industriellen Fertigungsprozesses bei Massenfertigung in der Automobilindustrie um (Modell T). Trotz dieser Fortschritte ist dieser Ansatz vom gegenwärtigen Erkenntnisstand aus zu kritisieren, insbesondere weil die Leistungsfähigkeit des arbeitenden Menschen bei starker Spezialisierung nicht zur Entfaltung kommt und der **Mensch** als soziales Wesen vernachlässigt wird (Hentze 2001).

Zu 2. Das Grundmodell der Human-Relations-Bewegung

Eine Gegenströmung zum mechanistischen Grundmodell entstand aus der Human-Relations-Bewegung. Die Bedeutung sozialer Faktoren wurde erstmals im Verlauf der sog. **Hawthorn-Experimente** erkannt. Ein wesentliches Ergebnis dieser mehrjährigen Forschungsarbeiten in den Zwanzigerjahren des vergangenen Jahrhunderts war die Erkenntnis, dass die Arbeitsleistung nicht nur eine Funktion objektiver Arbeitsbedingungen ist und Menschen in Unternehmen nicht als isolierte Individuen handeln, sondern ihr Verhalten stark von sozialen Beziehungen zwischen Mitarbeitern und Vorgesetzten bzw. zwischen Mitarbeitern untereinander beeinflusst wird (Kupsch/Marr 1991).

Ebenso problematisch wie die Annahme über den direkten Zusammenhang zwischen Lohn und Leistung im mechanistischen Konzept erwies sich die These der Human-Relations-Bewegung über eine einseitige Beziehung zwischen den sozialen Beziehungen am Arbeitsplatz und der Arbeitsleistung. Die sozialen Motive der Mitarbeiter wurden überbetont und die strukturellen und technischen Faktoren vernachlässigt (Hentze 2001, 35).

Zu 3. Das verhaltenswissenschaftliche Grundmodell

Im Mittelpunkt dieses Modells steht das **Entscheidungsverhalten** des Menschen (Abbildung 3.1). Das Arbeitsverhalten wird als Ergebnis bewusster Entscheidungen des arbeitenden Menschen aufgefasst (Kupsch/Marr 1991).

Zwei Entscheidungen können in Abbildung 3.1 hervorgehoben werden: die grundsätzliche Entscheidung für die **Mitgliedschaft** im Unternehmen (bzw. zum Austritt) und die Entscheidung über die **Rollenkonformität**. Für den Mitarbeiter ist die Wahl einer Entscheidungsalternative kein einmaliges Problem. Es stellt sich ständig neu, wenn Veränderungen in seiner sozialen Umwelt oder in seinem Wertesystem auftreten.

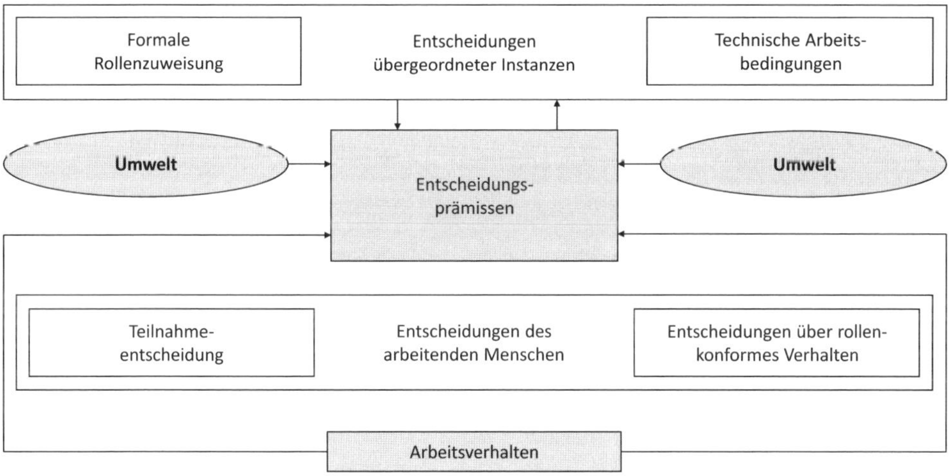

Abbildung 3.1 Bestimmungsgrößen des Arbeitsverhaltens (Kupsch/Marr 1991, 735)

Verhaltensorientierung in der Personalwirtschaft bedeutet nicht, Mitarbeiterinteressen über Unternehmensinteressen zu stellen. Allerdings bedeutet Verhaltensorientierung Abkehr von technokratischen Ablaufmechanismen im Sinne von Taylor. Unternehmen wollen Motivation und Engagement der Mitarbeiter und Führungskräfte als Potenzial verstehen und durch ihre Aktivitäten in allen Bereichen nutzbar machen (Scholz 2000).

3.3.3 Organisationsformen

Es existiert eine Fülle von Organisationsformen, die in der Literatur diskutiert und in der Praxis realisiert werden (Scholz 2000, 193). Die Strukturierung der Personalfunktion hängt wesentlich davon ab, welches Gewicht dieser Funktion im Unternehmen beigemessen wird. Die steigende Bedeutung des Personalfaktors als Grundlage für den Erfolg des Unternehmens hat zu einer Veränderung der Aufgabenstellungen geführt. Es erfolgte der Übergang von der reinen Personalverwaltung, wie z. B. Lohnbuchhaltung, hin zu gestaltenden Funktionen, wie z. B. Personalentwicklung (Jung 2011). Hinsichtlich einer geeigneten Organisationsform der Personalwirtschaft sind zwei grundsätzliche **Fragen** zu beantworten:

1. Wie ist die Personalfunktion selbst strukturiert? und
2. Wie ist die personalwirtschaftliche Teilfunktion in die Hierarchie des Unternehmens eingeordnet?

Zu 1. Struktur des Personalbereiches

Bei aller Vielfalt möglicher Organisationsformen werden als klassische Grundformen funktionsbezogene und objektbezogene Organisation unterschieden (Jung 2011). Bei **funktionsbezogener Organisation** erfolgt die Zusammenfassung gleichartiger personalwirtschaftlicher Teilaufgaben in einzelnen Bereichen bzw. Abteilungen, z. B. Personalbeschaffung oder Personalentwicklung. Bei **objektbezogener Organisation** ist der Personalbereich, bezogen auf verschiedene Abteilungen, betriebliche Bereiche oder Mitarbeitergruppen, strukturiert. Vorteile und Grenzen dieser beiden Organisationsformen verdeutlicht Tabelle 3.2.

Tabelle 3.2 Bewertung unterschiedlicher Organisationsformen des Personalbereiches

	Funktionsbezogene Organisationsform des Personalbereiches	Objektbezogene Organisationsform des Personalbereiches
Vorteile	▪ Spezialisierung möglich ▪ hohes Erfahrungsniveau ▪ hohe Fachkompetenz ▪ einheitliche Regelungen	▪ kundenorientierte Personalarbeit ▪ sachgerechte und individuelle Betreuung
Grenzen	▪ unterschiedliche Ansprechpartner für die Mitarbeiter ▪ keine Kundenorientierung	▪ hoher Koordinationsaufwand ▪ hohe Anforderungen an Mitarbeiter des Personalbereiches

In der betrieblichen Praxis existieren häufig gemischte Organisationsformen, um die Nachteile der vorher beschriebenen Organisationsformen zu vermeiden bzw. ihre jeweiligen Vorteile nutzen zu können oder weil sich der Personalbereich in dieser Form historisch so herausgebildet hat (Abbildung 3.2).

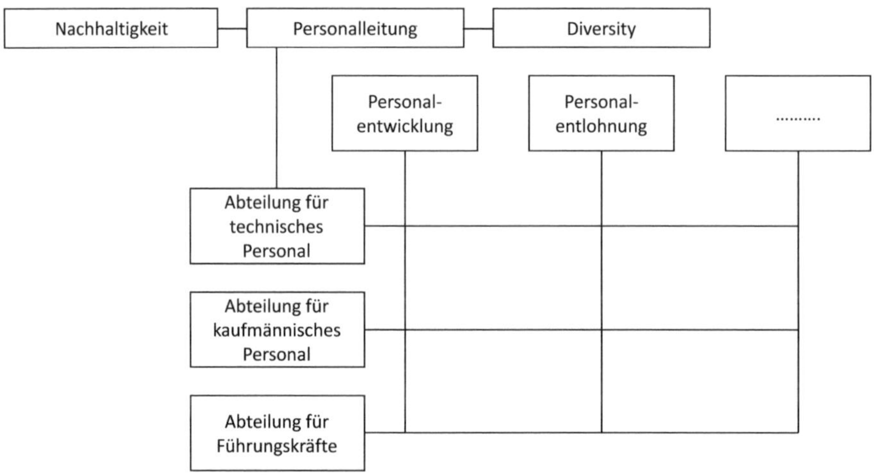

Abbildung 3.2 Funktionale Objektorganisation der Personalabteilung (vgl. Scholz 2011)

Um einer zu starken Zentralisierung der Personalfunktion zu begegnen, wurde das **Referentenmodell** entwickelt. Das bedeutet, dass ein Personalreferent für spezifische personalwirtschaftliche Aufgaben in einem bestimmten Bereich zuständig ist. Dieser Bereich kann nach Werken und Abteilungen, nach betrieblichen Funktionen oder nach Berufsgruppen abgegrenzt sein. In Großunternehmen wird beispielsweise die Gruppe der oberen Führungskräfte von Personalreferenten betreut. Das Referentenmodell ist auch dort zu finden, wo dezentralisiert tätige Geschäftseinheiten zu klein sind, um eine eigene Personalabteilung zu schaffen. Der Referent ist dann eine Art Außenstelle des zentralen Personalbereichs. An ihn werden besonders hohe Anforderungen gestellt. Moderne Formen des Referentenmodells, die Dezentralisierung von Personalaktivitäten mit der Zentralisierung von Managementkompetenz verbinden, werden auch als **Beratungs-Center** bezeichnet (Scholz 2011).

Im Zusammenhang mit den zunehmenden Forderungen nach mehr Kundenorientierung und Erhöhung der Konzentration auf Wertschöpfungsaktivitäten im Personalbereich kann die Personalabteilung auch als Cost-Center, Profit-Center oder Wertschöpfungs-Center gestaltet sein (Scholz 2011). Einen Überblick über kundenorientierte Strukturmodelle gibt Abbildung 3.3.

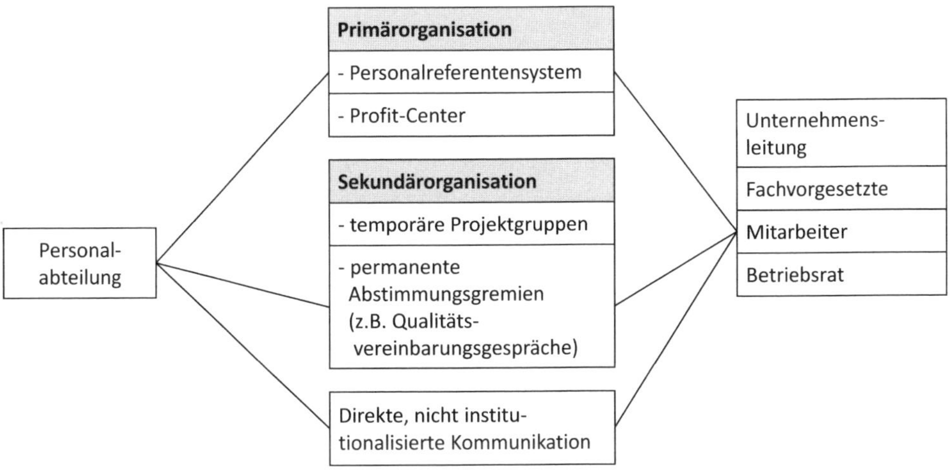

Abbildung 3.3 Kundenorientierte Organisationsmodelle (Bertram 1996, 167)

Zu 2. Einordnung der Personalwirtschaft in die Unternehmenshierarchie

Die Einordnung des Personalbereiches in den Unternehmensaufbau hängt von der Unternehmensgröße und der Bedeutung dieses Bereiches im Unternehmen ab. In kleinen und teilweise auch in mittelständischen Unternehmen existieren häufig keine speziellen Personalabteilungen. Personalwirtschaftliche Grundsatzentscheidungen werden von der Geschäftsleitung getroffen und die personalbezogenen administrativen Aufgaben dem Verwaltungsbereich übertragen (Kupsch/Marr 1991). Bei großen Unternehmen ist es zweckmäßig, eine eigene Personalabteilung zu schaffen, die tendenziell auf höheren hierarchischen Ebenen eingeordnet werden sollte. Dies gilt insbesondere für personalintensive Unternehmen und für solche mit vorwiegend hoch qualifizierten Mitarbeitern. Wichtig ist die Einordnung auf oberen Hierarchieebenen, weil die Verwirklichung eines personalpolitischen Konzeptes alle Funktionsbereiche im Unternehmen betrifft und deshalb von der Unternehmensleitung unterstützt werden muss (Kupsch/Marr 1991).

Die Personalabteilung gerät in vielen Unternehmen heute unter Druck und es ist eine gegenläufige Entwicklung zu verzeichnen. Aus Kostenüberlegungen heraus werden Personalabteilungen reduziert, gesplittet oder ganz abgeschafft (vgl. Scholz 2000). Die Personalverantwortung wird auch in größeren Unternehmen von der zentralen Personalabteilung hin zu Führungskräften verlagert (**Dezentralisierung** der Personalarbeit). Anfallende Massenarbeiten werden von einer kleinen Verwaltungsstelle oder von externen Dienstleistern (**Outsourcing** der Personalarbeit – vgl. Abschnitt 11.5.5) erledigt. Strategische Personalarbeit wird von der Unternehmens- oder Geschäftsleitung übernommen. Vorteile liegen in der flacheren Hierarchie und kürzeren Entscheidungswegen. Mit der Abschaffung der Personalabteilungen sind auch nachteilige Wirkungen verbunden. Gehen personalpolitische Aufgaben auf dezentrale Einheiten über, so ist beispielsweise der Personalbedarf weder quantitativ noch qualitativ von einer zentralen Instanz zu bestimmen, ebenso wenig wie die Personalentwicklung und der Personaleinsatz. Das kann bedeuten, dass die unternehmensweite Einheitlichkeit bei der Gestaltung personalwirtschaftlicher Aufgaben verloren geht (Scholz 2000).

3.4 Gestaltungsfelder der Personalwirtschaft

3.4.1 Personalbedarfsplanung

Die Personalbereitstellung wäre problemlos, wenn Mitarbeiter und Führungskräfte zu beliebigen Zeitpunkten in beliebiger Menge mit jeder gerade gewünschten Qualifikation beschaffbar wären. Diese Bedingung ist jedoch für die meisten Unternehmungen nie oder nur selten erfüllt. Außerdem beanspruchen die Suche nach Personal, der Beschaffungsprozess selbst, aber auch Ausbildung und Weiterbildung erhebliche Zeit.

Planungsaspekte spielen deshalb in allen der in Abbildung 3.1 dargestellten personalwirtschaftlichen Aufgabenfelder eine wichtige Rolle. Zwischen Personalplanung und anderen Planungsfeldern im Unternehmen bestehen enge Wechselbeziehungen. So determinieren Absatz- und Produktionsplanung beispielsweise Art und Anzahl des künftigen Personals. Weitere **Informationsgrundlagen** für die Personalplanung sind Reorganisationsvorhaben des Unternehmens sowie gesetzliche und arbeitsmarktbezogene Veränderungen (Kupsch/Marr 1991). Umgekehrt beeinflusst der Personalbereich künftige Personalkosten, die in der Finanzplanung zu berücksichtigen sind (Oechsler 2006). Ausgangspunkt und Kernstück jeder Personalplanung ist die Planung des Personalbedarfs.

Die **Personalbedarfsplanung** ist diejenige Funktion, die festlegt, welche Mitarbeiter zu welchem Zeitpunkt, an welchem Ort, in welcher Anzahl und mit welcher Qualifikation benötigt werden (Oechsler 2006, 110), um das Leistungsprogramm des Unternehmens erfüllen zu können.

Neben **externen** Einflussfaktoren auf den Personalbedarf (z. B. Marktdynamik, Technologieentwicklung) gehören zu **unternehmensinternen** Faktoren für einen kurzfristigen Planungszeitraum (vgl. Hentze 2001, 177):

- die produzierte bzw. abgesetzte Menge,
- der Technisierungsgrad,

- das Fertigungsprogramm und die Fertigungstiefe,
- die Arbeitsorganisation,
- die Betriebsgröße und
- die Arbeitsproduktivität.

Werden diese Faktoren der Personalbedarfsplanung zu Grunde gelegt, müssen sie im Zusammenhang gesehen und langfristig verfolgt werden.

3

3.4.1.1 Arten des Personalbedarfs

Als wichtige Arten des Personalbedarfs sind zunächst Bruttopersonalbedarf und Nettopersonalbedarf zu unterscheiden.

Als **Bruttopersonalbedarf** wird der gesamte Personalbedarf zum Zeitpunkt t_x unabhängig vom Personalbestand bezeichnet. Der Bruttopersonalbedarf umfasst Einsatz- und Reservepersonalbedarf.

Der **Nettopersonalbedarf** umfasst das zu beschaffende Personalpotenzial bis zum Zeitpunkt t_x in Abhängigkeit vom Personalbestand in t_0 und seiner Änderung im Zeitraum t_0 bis t_x. ■

Der Nettopersonalbedarf betrifft diejenigen Stellen im Unternehmen, die sich mit der vorhandenen Belegschaft nicht besetzen lassen, und ist deshalb Grundlage für Maßnahmen der Personalbeschaffung (Abschn. 3.4.2) oder der Personalentwicklung (Abschn. 3.4.4). Einen **Algorithmus** für die Ableitung des Nettopersonalbedarfs aus dem Bruttobedarf enthält Abbildung 3.4.

Bruttopersonalbedarf in t_x (abgeleitet aus anderen organisatorischen Teilplänen)

- Personalbestand in t_0

+ Personalabgänge im Zeitraum t_0 bis t_x

- sichere Abgänge (z. B. Pensionierungen)

- statistisch ermittelbare Werte (Fluktuation)

- Auswirkungen getroffener Entscheidungen (Beförderungen, Versetzungen)

- bereits feststehende Personalzugänge im Zeitraum t_0 bis t_x

---

= zu beschaffendes Arbeitspotenzial bis zum Zeitpunkt t_x (Nettopersonalbedarf)

Abbildung 3.4 Ableitung des Nettopersonalbedarfs (Kupsch/Marr 1991, 779)

Beispiel:

Sachverhalt

Ein Werk eines mittelständischen Unternehmens hat zum 01.01.2013 einen Bruttopersonalbedarf von 103 Mitarbeitern. Der Personalbestand zum 01.01.2012 besteht aus 97 Mitarbeitern. Bekannt ist, dass zum Ende des Jahres 2012 in diesem Werk 5 Mitarbeiter pensioniert und 3 Mitarbeiter in ein anderes Werk versetzt werden. Im Durchschnitt verlassen pro Jahr 5 Mitarbeiter auf eigenen Wunsch das Werk (Fluktuation). Mit zwei künftigen Mitarbeitern wurde ein Arbeitsvertrag per 31.12.2012 abgeschlossen.

Aufgabenstellung

Wie hoch ist der Nettopersonalbedarf bzw. das zu beschaffende Arbeitspotenzial zum 01.01.2013?

Lösung

t_0 = 01.01.2012 t_x = 01.01.2013

Bruttopersonalbedarf in t_x: 103 MA

Personalbestand in t_0: 97 MA

Nettopersonalbedarf = 103 MA - 97 MA + 5 MA + 3 MA + 5 MA - 2 MA
= 17 MA

Der **quantitative** Personalbedarf bezieht sich auf die Zahl der Personen bzw. die Anzahl der Stellen, die für die Erfüllung der Aufgaben notwendig sind. Werden die erforderlichen Qualifikationen in die Überlegungen einbezogen, wird von **qualitativem** Personalbedarf gesprochen, der im Rahmen der **Arbeitsanalyse** (vgl. Oechsler 2006) ermittelt werden kann. Grundlage für die Bestimmung des qualitativen Personalbedarfs ist das Anforderungsprofil (Scholz 2000, 309).

Anforderungsprofile enthalten die Anforderungshöhen einzelner Anforderungsarten eines Arbeitsplatzes, denen für eine sach- und zielgerechte Aufgabenerfüllung entsprechende individuelle Fähigkeiten, Kenntnisse und Erfahrungen gegenüberstehen müssen.

Vorschläge zur inhaltlichen Ausgestaltung von Anforderungsprofilen kommen aus der Arbeitswissenschaft. Die meisten Anforderungsklassifikationen im deutschsprachigen Raum basieren auf dem der Arbeitsbewertung zu Grunde liegenden **Genfer Schema** (vgl. Gehle 1950) und dessen Erweiterungen (Tabelle 3.3).

Tabelle 3.3 Vorschläge für Obermerkmale von Anforderungen (Scholz 2000, 310)

Genfer Schema	REFA-Schema	Beispiele	Datenermittlung
Können	Kenntnisse	Ausbildung, Erfahrung	in Klassen beschreibbar
	Geschicklichkeit	Handfertigkeit, Körpergewandtheit	
Verantwortung		Für die eigene Arbeit, Arbeit anderer, Sicherheit	in Klassen beschreibbar bzw. Konsequenzen abschätzbar
Belastung	Geistige Belastung	Aufmerksamkeit, Denkfähigkeit	Dauer, Art und Häufigkeit messbar bzw. beschreibbar
	Muskelmäßige Belastung	dynamische, statische, einseitige Arbeit	
Umgebungseinflüsse		Klima, Staub, Lärm, Hitze	messbar und zählbar
		Nässe, Schmutz, Dämpfe	in Klassen beschreibbar
		Erkältungsgefahr, Unfallgefahr	allgemein beschreibbar

Für die Bewertung von **Bürotätigkeiten** kann dieser Merkmalskatalog erweitert werden zum Beispiel um solche Anforderungsarten wie Umgangs- und Ausdrucksgewandtheit, Disponieren und Konzentration (Kupsch/Marr 1991).

Für die Klassifikation der Anforderungen an Führungskräfte reichen die der Analyse aufgabenbezogener Tätigkeiten zugrunde liegenden Schemata nicht aus. Hinzu kommen Anforderungen, die sich aus der Führungsrolle ergeben. Auf der Basis der Analyse der Tätigkeit von Führungskräften wurden unterschiedliche Anforderungskataloge entwickelt. Das Arbeitsverhalten des Vorgesetzten wird von folgenden **Basisanforderungen** beeinflusst (vgl. Sonntag 1996):

- Vorgabe von Zielen und Strategien unter großer Unsicherheit,
- Zuordnung knapper Ressourcen,
- Überblick bewahren und frühzeitig Probleme erkennen,
- Gewinnung von Informationen, Kooperation und Unterstützung,
- Gewinnung und Motivation von Mitarbeitern,
- Kontakte aufbauen und Konflikte lösen.

Im Zusammenhang mit Internationalisierungstendenzen steigen die Anforderungen an die **interkulturelle Kompetenz** von Mitarbeitern und Führungskräften. Mobilitätsbereitschaft und Sprachkenntnisse sind unbedingt notwendig, reichen allein jedoch nicht aus (Sonntag 1996). Zusätzliche Anforderungen beziehen sich u. a. auf die Fähigkeit, mit Menschen anderer Kulturkreise erfolgreich zusammenzuarbeiten.

3.4.1.2 Verfahren der Personalbedarfsplanung

Eindeutige Verfahren für die Bestimmung des Personalbedarfs gibt es nicht (Kupsch/Marr 1991, 782). In Abhängigkeit davon, ob es um gegenwärtige oder künftige Zeitpunkte, um quantitative oder qualitative Planungsaspekte, um das gesamte Unternehmen oder um die Ermittlung des Personalbedarfs für einzelne betriebliche Bereiche bzw. Arbeitsplätze geht, kann über die Anwendung unterschiedlicher Verfahren der Personalbedarf ermittelt werden.

Die **Verfahren der Personalbedarfsermittlung** unterscheiden sich u. a. hinsichtlich der Wahl der Bezugsgrößen, der zu Grunde liegenden mathematischen Verfahren und hinsichtlich ihrer Eignung für unterschiedliche Planungshorizonte, betriebliche Bereiche und Betriebsgrößen (Tabelle 3.4). ■

Die **Stellenplanmethode** (auch als Stellenmethode bezeichnet) und die **Kennzahlenmethode** werden im Folgenden anhand von Beispielen erläutert.

a) Stellenplanmethode

Der **Stellenplan** beinhaltet alle Stellen und deren Bezeichnungen pro Abteilung, Filiale oder Geschäftsstelle. Der gegenwärtige Stellenplan wird ausgehend von Informationen über geplante Veränderungen (beispielsweise Investitionen, Rationalisierung) ergänzt bzw. erweitert. Das Ergebnis ist ein nach Bereichen und Abteilungen gegliederter künftiger Stellenplan, der den Sollbestand der Belegschaft für den Planungszeitraum angibt. Bei dieser Methode ist es wichtig, **stichtagsbezogene** Veränderungen im Stellengefüge aufzuzeichnen. Ein Beispiel für die Auswirkungen bekannter Veränderungen auf das Stellengefüge innerhalb verschiedener betrieblicher Bereiche beinhaltet Tabelle 3.5.

Tabelle 3.4 Verfahren der Personalbedarfsbestimmung (vgl. RKW 1996, 90)

Methode	Bezugsgrößen	Umrechnungsmethode	Eignung
Schätz-Verfahren	unbestimmt (Erfahrung, Vorhaben und Maßnahmen anderer Unternehmenspläne u. a.)	Schätzung, systematische Schätzung, Expertenbefragung, Delphi-Methode	geeignet für kleinere und mittlere Betriebe zur kurz- und mittelfristigen Bedarfsermittlung
globale Bedarfsprognosen	Entwicklung bestimmter Größen in der Vergangenheit wie Beschäftigtenzahl und Umsatz	Trendextrapolation, Trendanalogie, Regressionsrechnung, Korrelationsrechnung	geeignet für Mittel-/Großbetriebe mit kontinuierlicher Absatz- und Produktionsentwicklung
Kennzahlen-Methode	Entwicklung der Arbeitsproduktivität bzw. anderer Kennzahlen	Trendextrapolation, Trendanalogie, Regressionsrechnung, inner- und außerbetriebliche Quervergleiche	geeignet für Betriebe aller Größenklassen zur Ermittlung des Personalbedarfs für bestimmte Betriebsteile

Methode	Bezugsgrößen	Umrechnungsmethode	Eignung
Verfahren der Personalbemessung	Zeitbedarf pro Arbeitseinheit Zeiteinheit	Schätzungen, Arbeitsanalysen, Zeitmessungen, Tätigkeitsvergleiche, Quervergleiche	für Betriebe geeignet, in denen im Rahmen der Arbeitsvorbereitung REFA bzw. MTM angewendet wird
Stellenplanmethode	gegenwärtige und künftige Organisationsstruktur	Stellenbeschreibungen, Arbeitsvorgänge	für alle Betriebe geeignet zur kurz- und mittelfristigen Planung
Analyse des Reservebedarfs	effektive und nominale Arbeitszeit	Analyse von Fehlzeiten, Fluktuationen, Prognose der tariflichen Arbeitszeit	für alle Betriebe kurz-, mittel- und langfristig geeignet

Tabelle 3.5 Beispiel für die stichtagsbezogene Anwendung der Stellenplanmethode (vgl. Bröckermann 2009, 36)

	Materialbeschaffung	Fertigung	Vertrieb	Gesamt
Stellenbestand 01.01.	013	193	025	231
Einführung Produkt A		+ 005	+ 001	+ 006
Neue Vertriebsniederlassung			+ 002	+ 002
Neues Fertigungsverfahren		- 010		- 010
Zentralisierung der Beschaffung	- 002			- 002
Stellenbestand 31.12.	011	188	028	227

b) Kennzahlenmethode

Dieses Verfahren basiert auf der Entwicklung von Kennzahlen, die die Beziehung zwischen Personalbedarf und einer oder mehrerer Bezugsgrößen zum Ausdruck bringen. Es dabei von folgendem **Grundprinzip** ausgegangen (vgl. Scholz 2000):

$$\text{Personalbedarf} = \frac{\text{Arbeitsmenge}}{\text{Leistungsfähigkeit/Mitarbeiter}}$$

Daraus lassen sich verschiedene einfache oder komplexe **Kennzahlenmodelle** ableiten. **Einfache Modelle** werden in der betrieblichen Praxis beispielsweise im Vertrieb und in Verbindung mit Umsatzzahlen angewendet. Der Personalbedarf wird wie folgt ermittelt:

$$\text{Personalbedarf} = \text{Umsatz in d (geplant)} \cdot \frac{\text{Anzahl der Vertriebsmitarbeiter (alt)}}{\text{Umsatz in € (alt)}}$$

Im Zusammenhang mit der Kennzahlenmethode ist auch auf die Beziehung zwischen einer Ertragsgröße und der **Arbeitsproduktivität** hinzuweisen. Der geplante Ertrag (z. B. Wertschöpfung) kann dafür in das Verhältnis zur geplanten Arbeitsproduktivität gesetzt und daraus der Personalbedarf errechnet werden.

Beispiel:

Sachverhalt

In der Fertigungsabteilung eines Werkzeugmaschinenherstellers sind für das Jahr 2012 folgende Daten bekannt:

- Wertschöpfung: 2,4 Mio. €
- Gesamtzahl der Arbeitsstunden im Jahr: 800 000
- Arbeitsproduktivität: 3,0

Aufgabenstellung

Wie lautet die Prognose hinsichtlich der erforderlichen Zahl der Arbeitsstunden für das Jahr 2013, wenn die geplante Arbeitsproduktivität 10 % über der aus dem Jahr 2012 liegt und eine Wertschöpfung von 2,6 Mio. € geplant ist?

Lösung

Geplante Wertschöpfung: 2,6 Mio. €

Geplante Arbeitsproduktivität: 3,3 (= 3,0 + 10 %)

$$\text{Arbeitsproduktivität} = \frac{\text{Wertschöpfung}}{\text{Arbeitsstunden}}$$

$$\text{Arbeitsstunden} = \frac{\text{geplante Wertschöpfung}}{\text{geplante Arbeitsproduktivität}} = \frac{2{,}6\ \text{Mio.}}{3{,}3} = 787879$$

Erforderliche Arbeitsstunden im Jahr 2013: 787 879

In Abhängigkeit von Leistungsart und Branche können andere Kennzahlen gebildet werden, z. B. **Relationen** zwischen

- Gesamtbelegschaft und Anzahl der Mitarbeiter im Personalbereich,
- umbautem Raum je Arbeitsstunde und Anzahl der Mitarbeiter auf der Baustelle (Baukonzern),
- gefahrenen Transportkilometern und Anzahl der Mitarbeiter im Fuhrpark (Spedition),
- Flugzeuggröße und Personalbedarf (Fluggesellschaft).

Die Bestimmung des Personalbedarfs über einfache Kennzahlen ist nur dann sinnvoll, wenn Leistungsprogramm, Produktivität und Bedarfsdeterminanten für den Zeitraum der Bedarfsermittlung konstant bleiben und der Wertschöpfungsprozess effizient organisiert ist.

Sollen mehrere Einflussfaktoren auf den Personalbedarf berücksichtigt werden, können **multivariate Methoden** zur Berechnung herangezogen werden. Diese analysieren und prognostizieren den Personalbedarf als mathematisch-statistische Funktion mehrerer Einflussfaktoren. Diese Verknüpfung zahlreicher Variablen auf Grund empirischer Ergebnisse oder theoretischer Überlegungen erfolgt mit Hilfe von Korrelations- und Regressionsrechnungen.

Probleme bei der Anwendung komplexer mathematisch-statistischer Verfahren entstehen bei der Ermittlung **realistischer Bezugsgrößen**. Die Informationen über Veränderung der internen und externen Einflussfaktoren auf den Personalbedarf werden infolge des Wandels zunehmend unsicherer. Unternehmen sind deshalb gezwungen, die Personalplanung insgesamt **strategisch** auszurichten. Als Techniken zur Beschreibung unsicherer Zukunftsentwicklungen eignen sich besonders solche Methoden wie **Szenario-Technik**, **Delphi-Methode**, **Relevanzbaum-Technik** oder **Cross-Impact-Matrix** (Scholz 2000). (Ü2)

3.4.2 Personalbeschaffung und -auswahl

3.4.2.1 Prozess der Personalbeschaffung

Die **Personalbeschaffung** dient der Beschaffung des in der Personalbedarfsermittlung festgestellten qualitativen und quantitativen Nettopersonalbedarfs unter Berücksichtigung von Bedarfszeitpunkt und Bedarfsort (Kupsch/Marr 1991). ■

Eine Grundlage für die Personalbeschaffung sind Informationen über bestehenden Personalbedarf ab einem Zeitpunkt oder für einen Zeitraum. Aus mittel- bis langfristiger Sicht ist die Beschaffung personeller Kapazitäten als permanenter Prozess zu gestalten, der in mehreren Phasen abläuft. Innerhalb der einzelnen Prozessphasen sind die in Abbildung 3.5 genannten **Aufgabenkomplexe** zu erfüllen.

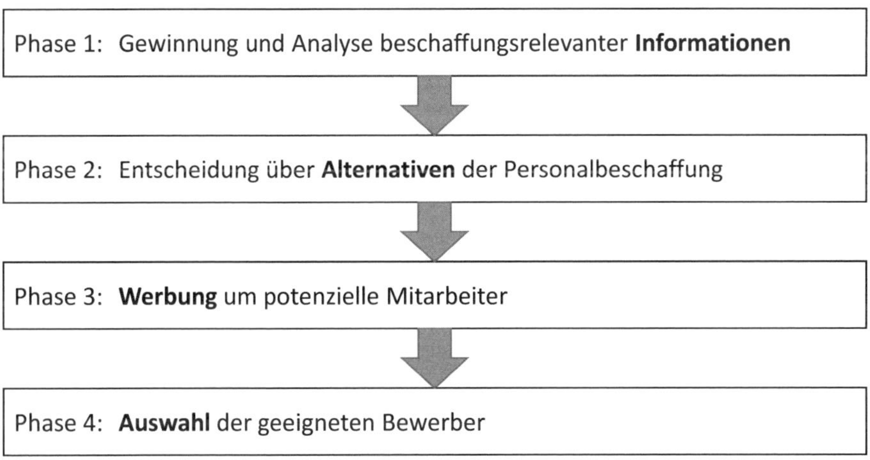

Abbildung 3.5 Prozess der Personalbeschaffung

Phase 1: Gewinnung und Analyse beschaffungsrelevanter Informationen

Voraussetzung für eine schnelle und permanente Besetzung frei werdender oder neu geschaffener Stellen sind Informationen über die Entwicklungen auf dem internen (innerbetrieblichen) und externen (außerbetrieblichen) **Arbeitsmarkt.** Die innerbetriebliche Arbeitsmarktforschung konzentriert sich auf die Erhebung ökonomischer und sozialer Daten der beschäftigten Mitarbeiter und Führungskräfte. Gegenstand der außerbetrieblichen Arbeitsmarktforschung sind bspw. konjunkturelle und saisonale Schwankungen des Arbeitsmarktes, die Veränderung der Bevölkerungs- und Beschäftigtenstruktur sowie die Konkurrenzsituation auf dem Arbeitsmarkt.

Phase 2: Entscheidung über Alternativen der Personalbeschaffung

Alternativen der Personalbeschaffung sind interne und externe Beschaffungsmöglichkeiten. Interne Möglichkeiten zielen darauf ab, personelle Kapazitäten mit Hilfe bereits im Unternehmen beschäftigter Mitarbeiter zu schaffen. Externe Möglichkeiten sind auf den gesamten Arbeitsmarkt außerhalb des Unternehmens gerichtet. In welchem Umfang Personal extern oder intern beschafft werden kann, hängt von der Höhe und der Dauer des Bedarfs sowie von der Strategie der Aus- und Weiterbildung im Unternehmen ab. Im Abschnitt 3.4.2.2 werden die einzelnen Maßnahmen näher erläutert.

Phase 3: Werbung um potenzielle Mitarbeiter

Die Personalwerbung dient nicht nur der Vermittlung von Informationen über zu besetzende Arbeitsplätze, sondern beispielsweise auch der Veröffentlichung von Daten über Größe und Geschäftsvolumen des Unternehmens, Führungsstil, Arbeitszeitregelung, Sozialleistungen sowie über Ausbildungsmethoden und Traineeprogramme. Das klassische Instrument der Personalwerbung ist die **Stellenanzeige** in Zeitungen und Fachzeitschriften. Zunehmend gewinnt das Internet als Kommunikationsmedium zwischen Arbeitgebern und Stellensuchenden an Bedeutung. Die Zahl der Online-Stellenbörsen wächst, und die etablierten **elektronischen Stellenmärkte** melden steigende Zugriffszahlen.

Phase 4: Auswahl der geeigneten Bewerber

Die Anzahl der eingehenden Bewerbungen auf ausgeschriebene Stellen hängt von der Qualität der Personalwerbung und der Situation auf dem Arbeitsmarkt ab. Mit steigender Zahl der Bewerbungen wächst der Aufwand für die Auswahl geeigneter Mitarbeiter. Die Kosten der Personalauswahl setzen sich aus aktuellen und potenziellen **Kosten** zusammen. Die aktuellen Kosten entstehen bei der Durchführung des Auswahlvorganges und schließen auch die Gehälter für die mit der Auswahl beauftragten Personen ein. Potenzielle Kosten ergeben sich bei falschen Auswahlentscheidungen (Kupsch/Marr 1991).

3.4.2.2 Alternativen der Personalbeschaffung

Bei der Beschaffung personeller Kapazität ist grundsätzlich zwischen internen und externen Beschaffungsmöglichkeiten zu unterscheiden. Interne Beschaffung personeller Kapazitäten kann z. B. erfolgen durch

- Vereinbarung von Mehrarbeit (z. B. durch Überstunden),
- Aufgabenumverteilung (z. B. durch Versetzung) oder durch
- Erhöhung des Qualifikationsniveaus (z. B. durch Weiterbildung).

Während die Vereinbarung von Überstunden eher eine quantitative Maßnahme ist, kann durch Erhöhung des Qualifikationsniveaus auch der qualitative Aspekt der Personalbeschaffung erfüllt werden. Die interne Personalbeschaffung erlangt zunehmende Bedeutung. Wird ein Arbeitsplatz frei, so ist zunächst die Möglichkeit einer internen Besetzung zu prüfen.

Die Möglichkeiten der **externen Personalbeschaffung** können in eher passive und eher aktive Maßnahmen unterteilt werden (Tabelle 3.6).

Tabelle 3.6 Maßnahmen der externen Personalbeschaffung (Scholz 2000, 458)

Eher passive Maßnahmen der externen Personalbeschaffung	Eher aktive Maßnahmen der externen Personalbeschaffung
▪ Eigenbewerbung	▪ Personalberater und -vermittler
▪ Bewerberkartei	▪ Stellenanzeigen
▪ Arbeitsvermittlung der Bundesagentur für Arbeit	▪ Personalbeschaffung via Internet
▪ Personalleasing	▪ College-Recruiting
	▪ Kontakte von Betriebsangehörigen

Besteht der Personalbedarf zeitlich befristet, kann auf die Möglichkeit der Personalbeschaffung über Personalleasing zurückgegriffen werden. Unter **Personalleasing** ist die gewerbsmäßige Überlassung von Arbeitnehmern zu verstehen. Dabei besteht ein Dreiecksverhältnis zwischen Verleiher (Leasingfirma), Entleiher (Unternehmen, in dem Personalbedarf besteht) und Leiharbeitnehmer.

Eine wichtige Möglichkeit der externen Beschaffung hoch qualifizierter Mitarbeiter und Führungskräfte ist die Kooperation mit Ausbildungseinrichtungen. Ein gezieltes frühzeitiges Ansprechen potenzieller Mitarbeiter ergibt sich durch eine Zusammenarbeit mit Universitäten und Fachhochschulen (**College-Recruiting**), die in folgenden Formen realisiert werden kann:

- Bereitstellen von Praktikantenstellen,
- Zusammenarbeit bei Diplomarbeiten,
- gemeinsame Bearbeitung von Projekten,
- Vorträge von Unternehmensvertretern an der Hochschule und
- Unterstützung von Exkursionen in Unternehmen.

Mit der Nutzung des **Internets** ergibt sich für die Personalbeschaffung eine Reihe von Vorteilen. Unternehmen können kostengünstiger und gezielter nach Bewerbern suchen. Stellensuchende haben ständig Zugriff auf aktuelle Stellenangebote. Allerdings stehen diesen Vorteilen auch Grenzen gegenüber, so erfordert der Zugriff auf eine Jobbörse die entsprechenden technischen Voraussetzungen beim Bewerber, und beim Unternehmen kann es zu einer Fülle von Bewerbungen kommen, die bearbeitet werden müssen. Eine Gegenüberstellung von Vor- und Nachteilen der **Jobbörsen** enthält Tabelle 3.7.

Tabelle 3.7 Vor- und Nachteile von Jobbörsen (Scholz 2000, 462)

Vorteile für Unternehmen	Nachteile für Unternehmen
▪ Präsentation der Stellenanzeige bis Stellenbesetzung möglich ▪ weltweite Veröffentlichung der Stellenanzeige möglich ▪ höhere Erfolgschancen ▪ Kostenersparnis ▪ Erschließung neuer Bewerbergruppen ▪ direkte Kontaktaufnahme mit Bewerber möglich	▪ neben Jobangebot im Internet muss zur Zeit noch parallel in Printmedien eine Stelle angeboten werden ▪ Gefahr einer Flut von Bewerbungen ▪ unklare Erfolgsaussichten
Vorteile für Bewerber	**Nachteile für Bewerber**
▪ nahezu kostenloser Zugriff auf Stellenanzeigen rund um die Uhr und weltweit ▪ Zeitersparnis durch einfache und komfortable Suchroutinen ▪ gezielte Recherchen möglich ▪ direkte Kontaktaufnahme möglich ▪ ständig aktuelle Angebote abrufbar	▪ eingeschränktes Angebot bezüglich bestimmter Berufsgruppen (vor allem Informatik-Bereich) ▪ zunehmende Informationsflut ▪ bestimmte technische Voraussetzungen sind notwendig

3.4.2.3 Ablauf und Instrumente der Personalauswahl

Während bei der Beurteilung interner Bewerber auf Erfahrungen und Personalbeurteilungen zurückgegriffen werden kann, besteht insbesondere bei der Auswahl externer Bewerber die Notwendigkeit systematisch vorzugehen.

Systematisches Vorgehen heißt, den **Übereinstimmungsgrad** von definierten **Arbeitsanforderungen** an dem zu besetzenden Arbeitsplatz und den **Fähigkeiten** unterschiedlicher Bewerber festzustellen. ▪

Das Ziel ist dabei zu prognostizieren, inwieweit der künftige Stelleninhaber den Erwartungen des Unternehmens hinsichtlich des **Leistungsverhaltens** gerecht werden wird (vgl. Kupsch/Marr 1991). Ideal wäre eine vollständige Übereinstimmung zwischen Anforderungen des Arbeitsplatzes und Fähigkeitsmerkmalen der Person.

Der Prozess zur Auswahl geeigneter Mitarbeiter besteht aus einer variierbaren Abfolge von **Prüfmethoden** (Abbildung 3.6).

Zu den Bewerbungsunterlagen gehören insbesondere Lebenslauf, Zeugnisse und Referenzen. Die Analyse der Bewerbungsunterlagen dient lediglich der Vorauswahl und kann nur erste Informationen über den Bewerber geben, beispielsweise über Schul- und Berufsleistungen, soziale Aspekte, Interessen und Leistungsbereitschaft.

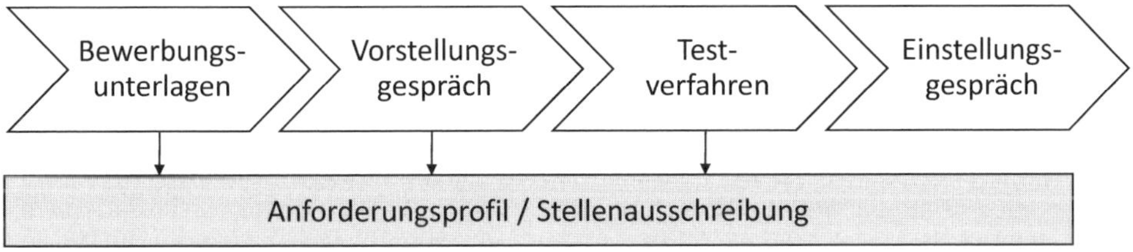

Abbildung 3.6 Ablauf der Personalauswahl

Das Vorstellungsgespräch, an dem auch Vertreter der künftigen Fachabteilung teilnehmen sollten, dient der Sammlung von Informationen über Motivations- und Verhaltensaspekte des Bewerbers. Außerdem eröffnet es die Möglichkeit, den künftigen Mitarbeiter über das Unternehmen und den künftigen Aufgabenbereich zu informieren und so gegenseitige Erwartungen offen zu legen. Um große Bewertungsdifferenzen bei der Mitarbeiterauswahl zu vermeiden, ist das Einstellungsgespräch als standardisiertes Interview zu führen (Kupsch/Marr 1991), d. h., die Gesprächsthemen und/oder Fragen werden vorher festgelegt. Der Erfolg des Gesprächs hängt dann wesentlich davon ab, inwiefern die für die künftige Arbeitsaufgabe relevanten Kriterien und Themen im Vorstellungsgespräch angesprochen und das Antwortverhalten der Bewerber vergleichbar gemacht werden kann.

Bei der Personalauswahl spielen zunehmend **Testverfahren** eine Rolle. Dabei kann zwischen Leistungstests, Intelligenztests sowie Charakter- und Persönlichkeitstests unterschieden werden (Oechsler 2006). Der Bewerber wird beispielsweise mit standardisierten Arbeitssituationen oder sonstigen Testverfahren konfrontiert, die möglichst in Beziehung zum künftigen Aufgabenbereich stehen. Dabei wird angenommen, dass sein Handeln in diesen Situationen repräsentativ für sein künftiges Arbeitsverhalten ist. Die Aussagefähigkeit von Einstellungstests ist umstritten (Kupsch/Marr 1991).

Eine kombinierte Anwendung unterschiedlicher Testverfahren erfolgt im **Assessment-Center**, das insbesondere in großen Unternehmen zur Auswahl von Führungsnachwuchskräften eingesetzt wird. Das Grundprinzip besteht darin, dass mehrere Gruppen von maximal zwölf Bewerbern gebildet werden, die von vier bis sechs Beobachtern nach festgelegten Bewertungskriterien in unterschiedlichen Prüfungssituationen beurteilt werden. Das Gesamturteil über jeden Kandidaten kommt in einer abschließenden Beobachterkonferenz durch gemeinsame Diskussion zustande.

Nachdem die Auswahlentscheidung getroffen wurde, wird mit den einzustellenden Mitarbeitern ein **Einstellungsgespräch** geführt. Dieses Gespräch bildet den Abschluss des Auswahlprozesses und dient dazu, dem neuen Mitarbeiter grundlegende Informationen hinsichtlich der Arbeitsaufnahme zu vermitteln bzw. damit in Zusammenhang stehende Fragen zu klären.

3.4.3 Personaleinsatz

3.4.3.1 Gegenstand und Informationsgrundlagen

Gegenstand der Personaleinsatzentscheidungen ist die Zuordnung der im Unternehmen verfügbaren Mitarbeiter auf vorhandene Stellen, entsprechend den Erfordernissen des Leistungsprozesses sowie den Interessen der Mitarbeiter (Kupsch/Marr 1991). ■

Um diese Entscheidung zielorientiert treffen zu können, sind detaillierte Informationen über die an den Arbeitsplätzen zu erfüllenden **Anforderungen** sowie über die Fähigkeiten und Motive der Mitarbeiter erforderlich (Abbildung 3.7).

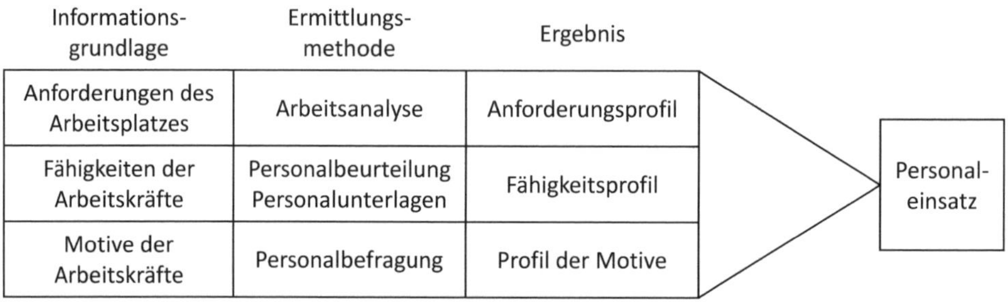

Abbildung 3.7 Informationsgrundlagen des Personaleinsatzes (in Anlehnung an Jung 2011)

Die notwendige Abstimmung aller drei Einflussgrößen erfordert entsprechende **Methoden** zur Ermittlung der benötigten Informationen. Für die Ermittlung der Arbeitsanforderungen kann die bereits genannte Methode der Arbeitsanalyse herangezogen werden, für die Ermittlung der Fähigkeiten der Mitarbeiter eignen sich Personalbeurteilung und Leistungsbewertung. Die Einsatzwünsche der Mitarbeiter lassen sich durch Mitarbeiterbefragung zumindest ansatzweise ermitteln (Kupsch/Marr 1991).

Die Bedeutung des Personaleinsatzes steigt, weil industrielle Leistungsprozesse in immer kürzeren Zeitabständen dem technischen und organisatorischen Wandel unterworfen sind und daraus eine Änderung von Arbeitsinhalten und Anforderungen resultiert. Mittel- bis langfristig richten sich deshalb die Entscheidungen des Personaleinsatzes auch auf die Verringerung der Differenz zwischen Anforderungen und Fähigkeiten durch Gestaltung des gesamten Arbeitssystems und/oder durch Maßnahmen der Personalentwicklung und Personalbeschaffung.

3.4.3.2 Aufgaben des Personaleinsatzes

Während es aus **kurzfristiger** Sicht bei der qualitativen Zuordnung um eine möglichst vollständige Übereinstimmung von Stellenanforderungen und Mitarbeiterfähigkeiten unter möglichst weit gehender Berücksichtigung der Interessen der Mitarbeiter geht, steht im Mittelpunkt der quantitativen Zuordnung der termingenaue Einsatz einer dem Mengenbedarf entsprechenden Zahl von Mitarbeitern. **Langfristig** geht es um die wechselseitige Anpassung von Arbeitsanforderungen und Mitarbeiterfähigkeiten (Jung 2011, 201). ■

Tabelle 3.8 Aufgaben des Personaleinsatzes (vgl. Jung 2011, 232)

	qualitativ	quantitativ
kurzfristig	Zuordnung durch den Vergleich von Anforderungsprofil und Fähigkeitsprofil der beschäftigten Mitarbeiter (Abschn. 3.4.3.3)	Zuordnung durch Erstellung von Schicht- und Einsatzplänen (Abschn. 3.4.3.3)
langfristig	Anpassung der ▪ Arbeitsplatzanforderungen durch Maßnahmen der **Arbeitsstrukturierung** ▪ Fähigkeiten der Mitarbeiter durch Maßnahmen der Personalentwicklung (Abschn. 3.4.4)	Anpassung durch ▪ Maßnahmen der Personalbeschaffung (Abschn. 3.4.2) ▪ Maßnahmen der Personalfreistellung

Gegenstand der **Arbeitsstrukturierung** (Tabelle 3.8) sind die Arbeitsaufgabe und die Bedingungen, unter denen die Arbeit verrichtet wird (Kupsch/Marr 1991). Der extremen Stellenspezialisierung im Sinne von Taylor steht heute die Generalisierung durch Erweiterung des Aufgabenfeldes entgegen. Ziel ist dabei, durch die Aufhebung tayloristischer Prinzipien der Trennung von Denken und Handeln abwechslungsreichere und interessantere Tätigkeiten zu schaffen. Möglichkeiten, dieses Ziel zu erreichen, sind solche Konzepte der Arbeitsorganisation wie **Jobrotation**, **Jobenrichment**, **Jobenlargement** und die Bildung **teilautonomer Arbeitsgruppen** (Abbildung 3.8).

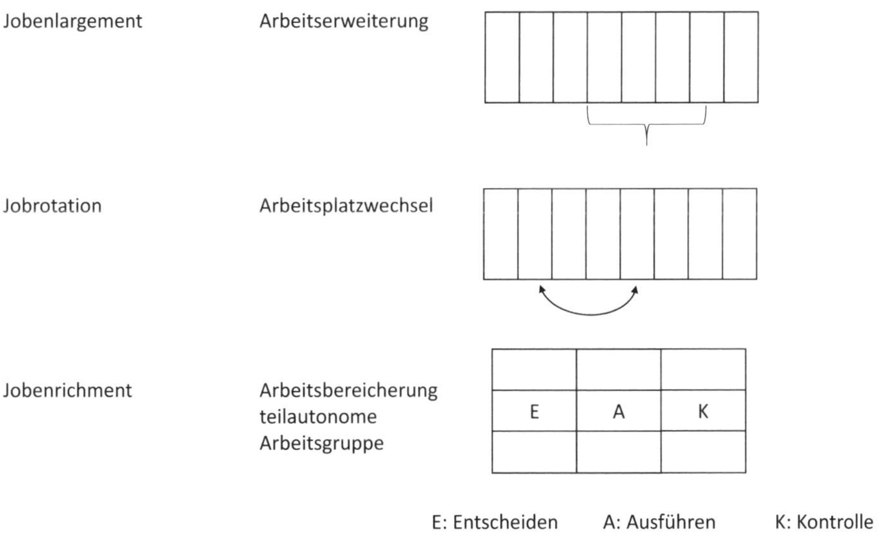

Abbildung 3.8 Neue Formen der Arbeitsorganisation (Oechsler 2006, 251)

3.4.3.3 Verfahren zur Handhabung des Zuordnungsproblems

Für die Lösung des kurzfristigen Zuordnungsproblems von Stellen und Stelleninhabern können unterschiedliche **Verfahren** eingesetzt werden:

a) Verfahren zur Handhabung des quantitativen Zuordnungsproblems

Quantitative Zuordnungsprobleme ergeben sich aus der Notwendigkeit zur Aufrechterhaltung eines kontinuierlichen Fertigungsablaufs. Dabei sind unvermeidliche Personalausfälle durch Urlaub, Krankheit, Unfall oder andere Fehlzeiten ebenso zu beachten wie kurzfristig entstehende Arbeitsspitzenbelastungen. Ein typisches Anwendungsgebiet der quantitativen Zuordnung ist die Erarbeitung eines **Schichtwechselplanes**, der einen kontinuierlichen Arbeitsablauf bei Minimierung der personellen Besetzung der Arbeitsplätze sicherstellt. Mit Hilfe der linearen Optimierung oder von Modellen der Netzplantechnik kann die Berechnung von Schicht- oder Einsatzplänen unterstützt werden (vgl. Kupsch/Marr 1991).

b) Verfahren zur Handhabung des qualitativen Zuordnungsproblems

Charakteristisch für die Verfahren der qualitativen Zuordnung ist die Gegenüberstellung der Anforderungen der Arbeitsplätze und der individuellen Kenntnisse und Fähigkeiten der Mitarbeiter (Jung 2011) mit dem Ziel, eine möglichst hohe Übereinstimmung zu erreichen. Als **Verfahren** können unterschieden werden (Kupsch/Marr 1991):

- kosten- und gewinnorientierte Verfahren,
- Modelle zur Maximierung der Eignungskoeffizienten und
- die Methode des Profilvergleichs.

Bei **kosten- und gewinnorientierten Verfahren** wird versucht, mit Hilfe von monetären Kriterien wie Kosten, Erlös und Gewinn eine Personalzuordnung vorzunehmen. Die **Modelle zur Maximierung der Eignungskoeffizienten** gehören in die Klasse der mit linearer Optimierung lösbaren Aufgaben. Der Eignungskoeffizient bringt den Grad der Übereinstimmung von Arbeitsanforderungen und Fähigkeiten eines Mitarbeiters zum Ausdruck.

Bei der Methode des **Profilvergleichs** werden die Anforderungen des Arbeitsplatzes und die Fähigkeiten des Mitarbeiters für jeweils identische und möglichst gut bewertbare Merkmale in Form eines Anforderungs- und Fähigkeitsprofils erhoben und einander gegenübergestellt (Abbildung 3.9). Bei der Festlegung der Anforderungsarten für Mitarbeiter im gewerblichen Bereich kann vom Genfer Schema und dessen Erweiterungen (vgl. Tabelle 3.3, Abschn. 3.4.1.1) ausgegangen werden. Das Anforderungsprofil für die Auswahl von Führungskräften wird aus den Aufgaben der zu besetzenden Stelle abgeleitet. Das **Ziel** des Profilvergleichs ist eine möglichst weit gehende Übereinstimmung von Anforderungs- und Fähigkeitshöhen. Das Ergebnis bestimmt den **Eignungsgrad** des Mitarbeiters für diesen Arbeitsplatz und enthält wichtige Informationen über notwendige Weiterbildungsmaßnahmen.

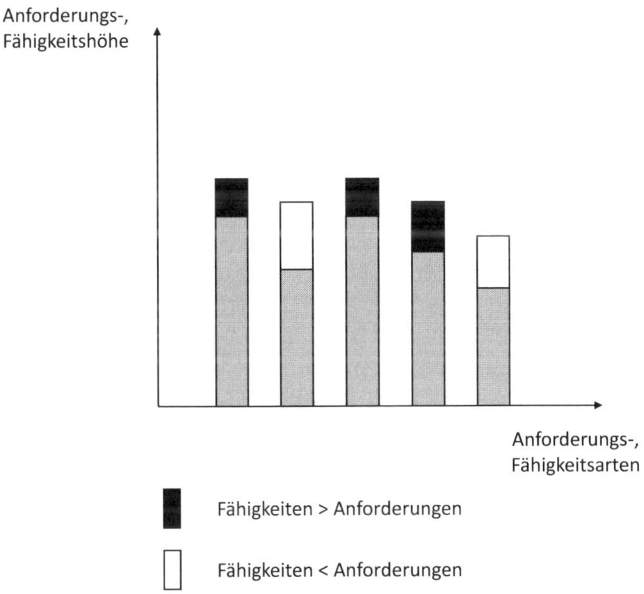

Abbildung 3.9 Grafische Darstellung des Profilvergleichs (in Anlehnung an Jung 2011, 190)

3.4.4 Personalentwicklung

3.4.4.1 Inhalt und Ziele der Personalentwicklung

Der Einsatz komplexer Fertigungs-, Informations- und Kommunikationstechniken, die Veränderung betrieblicher Strukturen sowie die fortschreitende Internationalisierung der Geschäftstätigkeit stellen neue Anforderungen an Führungskräfte und Mitarbeiter. Daraus resultiert die Notwendigkeit zur permanenten Entwicklung der Leistungsfähigkeit und -bereitschaft der Beschäftigten im Unternehmen.

Personalentwicklung ist eine Form der Beeinflussung des Verhaltens der Mitarbeiter und Führungskräfte über die Erweiterung bestehender oder die Vermittlung neuer Qualifikationen, die zur Wahrnehmung der gegenwärtigen und künftigen Aufgaben im Unternehmen erforderlich sind (Jung 2011). ■

Qualifikation ist die Summe der Kenntnisse, Fähigkeiten, Fertigkeiten sowie Erfahrungen und Wertorientierungen, über die eine Person verfügt (Staehle 1999, 164). Als grundsätzliche **Ziele** der Personalentwicklung lassen sich nennen (vgl. RKW 1996):

- Verbesserung der Leistungsbereitschaft und -fähigkeit der Beschäftigten,
- Erkennen und Förderung betrieblicher Qualifikationspotenziale,
- Sicherung des Bedarfs an Führungs- und Führungsnachwuchskräften,

- Verbesserung des Organisationsklimas und
- Verbesserung der Wirtschaftlichkeit und Funktionalität der ablaufenden Prozesse durch Unterstützung der Organisationsentwicklung.

Sollen diese Ziele erreicht werden, kann Personalentwicklung nicht nur auf die Verbesserung der fachlichen Qualifikationen gerichtet werden, sondern muss die Förderung der **Handlungskompetenz** der Mitarbeiter und Führungskräfte einschließen. Handlungskompetenz ergibt sich aus Fach-, Methoden-, Sozial- und Persönlichkeitskompetenz (Sonntag 1996). Unter **fachlicher Kompetenz** werden berufsspezifische Fertigkeiten und Fachkenntnisse verstanden, beispielsweise Kenntnisse über die Funktionsweise speicherprogrammierbarer Steuerungen oder Kenntnisse über arbeitsrechtliche Konsequenzen bei außerordentlicher Kündigung. Mit **methodischer Kompetenz** sind situations- und fachübergreifende, flexibel einsetzbare Fähigkeiten gemeint. Dazu gehören u.a. Fähigkeiten zur Moderation, zur Präsentation, zur Gesprächsführung und zur Projektsteuerung. **Soziale Kompetenz** umfasst beispielsweise Fähigkeiten zu Kommunikation und Kooperation mit Mitarbeitern, Kollegen und Vorgesetzten sowie die Fähigkeit, andere zu motivieren. Diese Komponente ist eine wesentliche Voraussetzung, um in Teams unterschiedlicher sozialer Struktur gruppenorientiert zu arbeiten. **Persönlichkeitskompetenz** schließt die persönlichkeitsbezogenen Dispositionen eines Menschen, die sich in Einstellungen, Werthaltungen und Motiven äußern, ein. Dazu gehören Kreativität und Initiative ebenso wie Intuition und ethische Grundprinzipien. Bei der konkreten Aufgabenbewältigung durch die Mitarbeiter überlagern und beeinflussen sich diese Kompetenzbereiche wechselseitig (Sonntag 1996).

3.4.4.2 Prozess der Personalentwicklung

Personalentwicklung sollte als permanenter **Prozess** gestaltet werden, der mit der Ermittlung des Entwicklungsbedarfs beginnt (vgl. RKW 1996). Je konkreter die Bedarfsermittlung erfolgt, umso zielgerichteter können Entwicklungsmaßnahmen geplant und umgesetzt werden. Fragen der Erfolgsermittlung realisierter Maßnahmen (Evaluation) werden bedeutsam, wenn Personalentwicklung als Investition in das Humanpotenzial verstanden wird (Abbildung 3.10). Der Prozess der Personalentwicklung kann in folgende drei Phasen gegliedert werden:

Phase 1: Bedarfs- und Potenzialanalyse

Ausgehend von den Entwicklungszielen, sind zunächst der quantitative und der qualitative Entwicklungsbedarf zu spezifizieren. Grundlage dafür bilden Informationen über gegenwärtige und künftige **Anforderungen**, das **Kompetenzniveau**, das vorhandene **Entwicklungspotenzial** sowie über die **Entwicklungswünsche** der beschäftigten Mitarbeiter und Führungskräfte. Instrumente für die Beschaffung dieser Daten sind u.a. Strategie- und Strukturpläne, Selbst- und Fremdeinschätzungen der Mitarbeiter, moderierte Gruppendiskussionen oder das Assessment Center. Entwicklungswünsche können beispielsweise in Zielvereinbarungsgesprächen und Mitarbeiterbefragungen (durch Interviews oder Fragebogen) ermittelt werden.

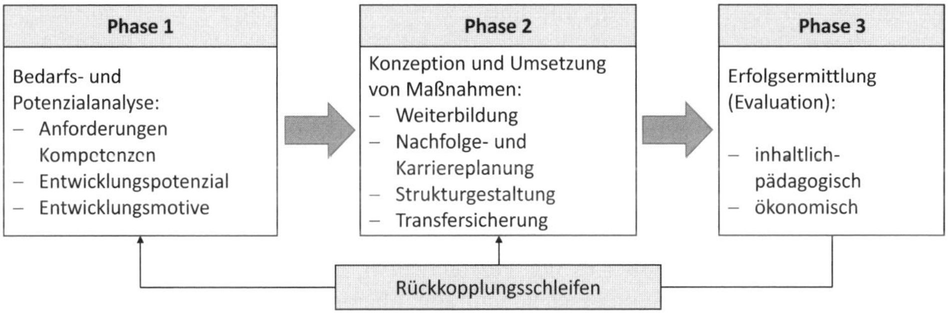

Abbildung 3.10 Prozess der Personalentwicklung

Phase 2: Durchführung der Entwicklungsmaßnahmen

Maßnahmen der betrieblichen **Weiterbildung** sind Formen organisierten Lernens, die der Aneignung von Handlungskompetenz dienen (Pawlowsky/Bäumer 1996). Es ist jener Teil der beruflichen Weiterbildung, der vom Unternehmen durchgeführt und finanziert wird. Lernmethoden können danach unterschieden werden, ob sie am Arbeitsplatz oder außerhalb des Arbeitsplatzes stattfinden (Tabelle 3.9).

Tabelle 3.9 Lernmethoden am Arbeitsplatz und außerhalb des Arbeitsplatzes

Lernmethoden am Arbeitsplatz (training on the job)	Lernmethoden außerhalb des Arbeitsplatzes (training off the job)
▪ Traineeprogramme	▪ Vorlesung/Vortrag
▪ Einsatz als Assistent	▪ Dialog/Gruppenarbeit
▪ Leitung von Projektgruppen und Workshops	▪ Fallstudien
▪ Übernahme von Sonderaufgaben	▪ Rollenspiele
▪ Einsatz im Ausland	▪ Planspiele
▪ Coaching/Mentoring	▪ Computer-Simulationen

Nachfolge- und Karriereplanung ist die gedankliche Vorwegnahme einer Stellenfolge sowohl aus der Sicht der Unternehmung als auch aus der Sicht des Mitarbeiters. Damit können improvisierte und zufällige Beförderungs- und Versetzungsentscheidungen bei freien oder neu zu schaffenden Stellen abgelöst werden. Karriereplanung ist insofern ein Instrument der Personalentwicklung, als jeder Stellenwechsel den Mitarbeiter mit neuen Anforderungen konfrontiert, auf die er sich vorbereiten muss. Im positiven Fall bietet die neue Position erweiterte Handlungsspielräume, die zur Entwicklung seiner Qualifikationen beitragen können.

Die **Strukturgestaltung** bezieht sich als Instrument der Personalentwicklung primär auf den Arbeitsinhalt und die Handlungsspielräume von Tätigkeiten.
Aber auch die Arbeitsbedingungen (Arbeitszeit) und das Arbeitsumfeld (Arbeitsraum/Arbeit in Gruppen) können sich positiv oder negativ im Sinne von Personalentwicklung auswirken. Jeder Arbeitsplatz ist zumindest ein Ort, an dem Erfahrungen gesammelt wer-

den können. Ob er auch als Lern- und Entwicklungsfeld zu sehen ist, hängt von seiner Ausgestaltung, der (Eingangs)Qualifikation und der Motivation des Arbeitsplatzinhabers ab.

Phase 3: Erfolgsermittlung (Evaluation)

Maßnahmen der betrieblichen Weiterbildung bzw. der Personalentwicklung insgesamt müssen sich an ihrem tatsächlichen Beitrag zum Unternehmenserfolg messen lassen (vgl. Pawlowsky/Bäumer 1996). Damit ist die Frage nach der Erfolgsermittlung aufgeworfen, die die dritte Phase des Prozesses der Personalentwicklung bildet. Die Verfahren zur Erfolgsermittlung lassen sich unterscheiden in inhaltlich-pädagogische und ökonomische. Während sich die **inhaltlich-pädagogische** Erfolgsermittlung auf das Lernfeld bezieht, steht im Mittelpunkt der **ökonomischen** Evaluation die Frage nach der Umsetzung des Gelernten am Arbeitsplatz und damit die Wirkung der Entwicklungsmaßnahme auf das Leistungsverhalten der Mitarbeiter und Führungskräfte. Die Ergebnisse der Erfolgsermittlung bilden die Basis für erneute Bedarfs- und Potenzialanalysen.

Nur wenn Personalentwicklung zur Führungsaufgabe jedes **Vorgesetzten** wird, können Mitarbeiter ihren Fähigkeiten sowie ihrem Leistungsvermögen und Leistungspotenzial entsprechend eingesetzt und gefördert werden.

3.4.5 Personalführung

3.4.5.1 Führung und Führungserfolg

Personalführung stellt einen Teilbereich der Unternehmensführung dar und bezieht sich auf das unmittelbare **Mitarbeiter-Vorgesetzten-Verhältnis** (Macharzina/Wolf 2008).

> Führung ist die Beeinflussung der Einstellungen und des Verhaltens von Personen sowie der Interaktion in und zwischen Gruppen, mit dem Zweck, bestimmte Ziele zu erreichen (vgl. Staehle 1999). ■

Konkret können solche Ziele beispielsweise in der Erhöhung des Umsatzes, der Verbesserung des Betriebsklimas oder in der Betonung bestimmter Qualitätsstandards bestehen. Ausgehend von den Kriterien ökonomische und soziale Effizienz, beinhaltet auch die Personalführung zwei Aspekte: Zum einen geht es um die positive Beeinflussung des Leistungsverhaltens der Mitarbeiter zur Erfüllung des **Sachziels** und zum anderen um die Förderung der **sozialen Ziele** der Mitarbeiter (vgl. Kupsch/Marr 1991). Idealerweise sollte ein Vorgesetzter beide Funktionen wahrnehmen, das heißt, die ihm unterstellten Mitarbeiter sowohl auf die Zielerreichung orientieren als auch um ein gutes Arbeitsklima bemüht sein. Die Fragen, warum, wie und unter welchen Gegebenheiten bestimmte Personen in der Lage sind, das Verhalten anderer Gruppenmitglieder zielgerichtet zu beeinflussen, ist Gegenstand verschiedener **führungstheoretischer Ansätze**. Diese Ansätze versuchen zu erklären, warum eine Person ein erfolgreicher Führer wird oder was Führungserfolg ist bzw. wodurch dieser beeinflusst wird. Situationstheoretische Ansätze gehen davon aus, dass Führungserfolg wesentlich beeinflusst werden kann von der Führungskraft, von der Gruppe und von der Situation (Abbildung 3.11).

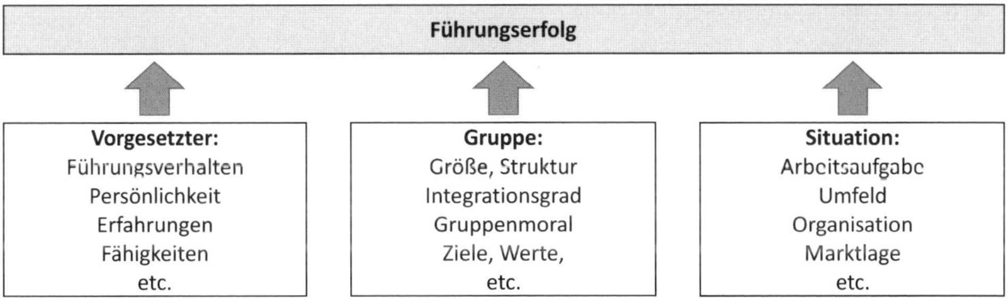

Abbildung 3.11 Determinanten des Führungserfolgs (vgl. Jung 2011)

3.4.5.2 Führung von Arbeitsgruppen

Unter den Bedingungen des Wandels erlangen Fragen der Schaffung und Aufrechterhaltung einer **Arbeitsgruppe als Leistungsgemeinschaft** zentrale Bedeutung.

Das Interesse von Unternehmen an **Gruppen- bzw. Teamkonzepten** resultiert aus der Annahme, dass mit ihrer Einführung gleichzeitig soziale und ökonomische Ziele erreicht werden können (Antoni 1992). ■

Arbeit in Gruppen oder Teams kann zu einer Leistungssteigerung im Sinne einer Outputerhöhung und gleichzeitig zur Erhöhung der Zufriedenheit der Gruppenmitglieder führen. Die traditionelle Gruppenform ist die permanente Arbeitsgruppe. Daneben entwickelten sich verschiedene andere **Gruppenformen**, die sich hinsichtlich ihrer organisatorischen Verankerung sowie ihrer Stabilität unterscheiden (Tabelle 3.10):

Tabelle 3.10 Gruppenformen im Unternehmen (Scholz 2000, 616)

Bezug zur Arbeitsorganisation	Stabilität des Bestandes	
	kontinuierlich-terminiert	temporär-flexibel
integrierter Bestandteil	teilautonome Arbeitsgruppe	virtuelle Büros und Abteilungen
parallel	Projektgruppen	Qualitätszirkel Lernstatt

Im gewerblichen Bereich ist Gruppenarbeit eine Möglichkeit, **Fertigungsteams** zu schaffen, die für jeweils einen bestimmten Systemabschnitt bzw. für eine betriebliche Funktion zuständig sind. In den Fertigungsteams werden die verbleibenden manuellen Tätigkeiten um Steuerungs-, Überwachungs-, Wartungs- und Reparaturaufgaben sowie um Prüffunktionen erweitert (RKW 1990). Aufgaben wie Arbeitseinteilung, Feinsteuerung von Arbeitsaufträgen, Qualitätskontrollen, Material- und Werkzeugbereitstellung oder die Schicht- und Urlaubseinteilung übernimmt die Gruppe (Faust et al. 1995). **Ziele** dieser bewussten Funktionserweiterung sind:

- Erhöhung der Anlagenverfügbarkeit,
- Verbesserung der Qualität,
- Erhöhung der Flexibilität und
- Erhöhung der Selbstorganisation der Gruppe.

Diese Ziele sind nur erreichbar, wenn der **Gruppenleiter** zum Moderator, Motivator und Koordinator der Gruppe wird. Er hat die Aufgabe, der Gruppe mehr Handlungsspielraum und Verantwortung für die eigenständige Lösung der Arbeitsaufgaben zu übertragen und bei auftretenden Problemen auch kreative Lösungen der Gruppe zu unterstützen. Gleichzeitig hat der Gruppenleiter die Gesamtverantwortung für Kosten, Qualität, Durchlaufzeit, Stückzahl und Bestände (Faust et al. 1995).

Führung von Gruppen stellt deshalb vor allem eine Herausforderung an die im Abschnitt 3.4.4.1 beschriebenen **Handlungskompetenzen** des Team- oder Gruppenleiters dar. Das Führungsverhalten und die Akzeptanz eines vom Management eingesetzten Vorgesetzten beeinflussen erheblich den Zusammenhalt und die Zusammenarbeit eines Fertigungsteams. Der Gruppenleiter hat folgende Möglichkeiten, den Zusammenhalt der Gruppe zu unterstützen (vgl. Scholz 2000):

- Förderung eines offenen und respektvollen Arbeitsklimas,
- Bewusstmachen und Abbau von Spannungen, die durch Konflikte entstehen,
- Schutz der Gruppenmitglieder vor persönlichen Angriffen,
- Förderung einer ausgewogenen Kommunikation,
- Überwachung der Einhaltung von Verhaltens- und Kommunikationsregeln sowie
- Einbeziehen von Außenseitern.

Insgesamt ist die Frage der Leistungsfähigkeit von Gruppen kompliziert und widersprüchlich. Deshalb stellt sich die Einführung von Gruppenarbeit als langwieriger Prozess dar.

3.4.6 Entgeltgestaltung

3.4.6.1 Kriterien zur Bestimmung der Entgelthöhe

Entscheidungen über die innerbetriebliche Lohn- und Gehaltsstruktur sind vor dem Hintergrund der Diskussion über „gerechte" Entlohnung zu sehen. Eine objektive Antwort auf die Frage nach dem gerechten Lohn lässt sich nicht geben, weil eine verursachungsgerechte Zuordnung der betrieblichen Wertschöpfung auf die beteiligten Gruppen nicht möglich ist. Außerdem beurteilt der Mitarbeiter die Entgelthöhe auf der Grundlage seiner Erfahrungen und Wertvorstellungen.

An Stelle von objektiven Maßstäben können aber verschiedene **Kriterien zur Bestimmung der Entgelthöhe** herangezogen werden. Solche Kriterien sind die Marktgerechtigkeit, die Anforderungsgerechtigkeit, die Leistungsgerechtigkeit und die soziale Gerechtigkeit (vgl. Kupsch/Marr 1991).

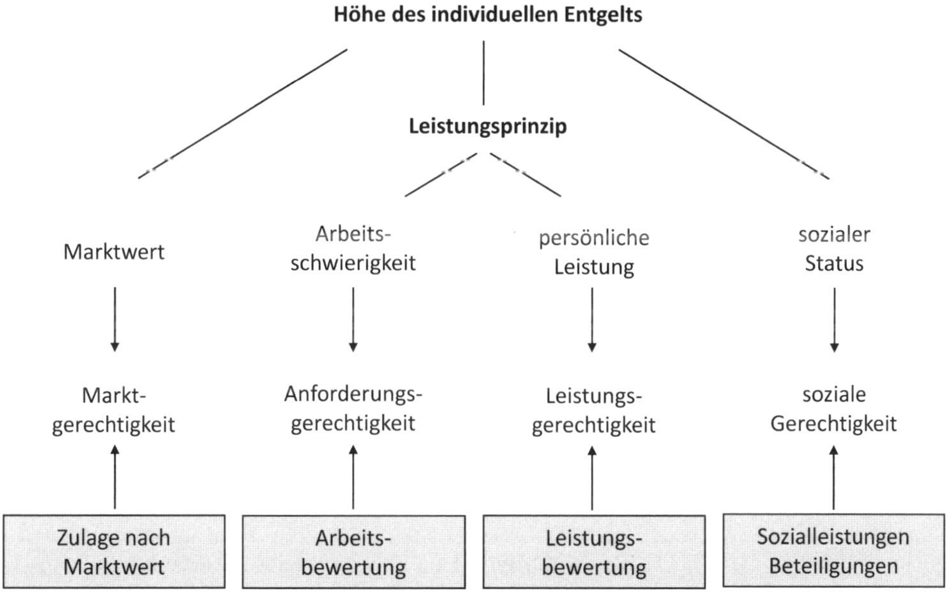

Abbildung 3.12 Kriterien und Instrumente zur Bestimmung der Entgelthöhe (in Anlehnung an Kupsch/Marr 1991, 817)

Die Aufgabe der **Arbeitsbewertung** (Abbildung 3.12) besteht darin, eine vergleichende Bewertung der Arbeitsplätze im Unternehmen hinsichtlich der Arbeitsschwierigkeit vorzunehmen. Diese Bewertung erfolgt unabhängig vom Stelleninhaber auf der Basis einer Normalleistung. Dabei wird in zwei **Schritten** vorgegangen:

1. Qualitative Analyse der zu bewertenden Arbeitsbeiträge (Ermittlung der Anforderungsarten)

2. Bewertung (Ergebnis: Arbeitswert oder Einordnung der betreffenden Arbeit in eine Schwierigkeitsrangordnung oder Schwierigkeitsgruppe)

Für die Durchführung der Analyse und Bewertung von Arbeitstätigkeiten sind die in Tabelle 3.11 genannten **Verfahren der Arbeitsbewertung** geeignet. Diese Verfahren unterscheiden sich hinsichtlich der Art der Bewertung und hinsichtlich der Quantifizierung des Urteils über die Arbeitsschwierigkeit.

Erfolgt eine Gesamtbeurteilung aller Anforderungsarten, handelt es sich um **summarische** Arbeitsbewertung. Eine getrennte Analyse der einzelnen Anforderungsarten und die Zusammenfassung der Teilschwierigkeiten zu einem Arbeitswert ist das Kennzeichen der **analytischen** Arbeitsbewertung. ■

Die Schwierigkeit eines Arbeitsplatzes kann durch Reihung oder Stufung festgelegt werden. Bei der **Reihung** werden die Arbeitsplätze entsprechend ihrer Arbeitsschwierigkeit oder bezüglich eines Beurteilungsmerkmales in eine mit dem höchsten Schwierigkeitsgrad beginnende Rangordnung gebracht. Die **Stufung** dagegen legt Anforderungsklassen fest, die unterschiedliche Schwierigkeitsbereiche repräsentieren. ▪

Tabelle 3.11 Verfahren der Arbeitsbewertung (vgl. Oechsler 2006, 335)

Art der Bewertung / Art der Quantifizierung	summarisch	analytisch
Reihung	**Rangfolgeverfahren** Alle Gesamtanforderungen werden als Ganzes verglichen und in eine Rangfolge gebracht.	**Rangreihenverfahren** Die Einzelkriterien der Gesamtanforderungen werden verglichen und einer Rangreihe zugeordnet.
Stufung	**Katalogverfahren/ Lohngruppenverfahren** Alle Gesamtanforderungen werden als Ganzes mit Richtbeispielen verglichen und zugeordnet (Classification).	**Wertzahlverfahren** Die Einzelkriterien der Gesamtanforderungen werden nach einem gewichteten Schema (Wertzahlen) bewertet.

Über die **Leistungsbewertung** (Abbildung 3.12) wird es möglich, neben der Schwierigkeit einer Arbeit auch das Verhältnis der persönlichen Leistung zur Normalleistung im Lohn zum Ausdruck zu bringen. Die Differenzierung des Entgeltes nach der Leistung kann erfolgen

a) direkt durch die Wahl der Lohnform (Abschn. 3.4.6.2) oder

b) durch eine Bewertung der Leistung.

Durch die Lohnform nicht erfasste Leistungsunterschiede können durch eine Leistungsbewertung in Form von Zulagen in die Entgelthöhe einfließen. Gegenstand der Bewertung der Leistung können das beobachtbare Leistungsverhalten und das festgestellte Leistungsergebnis sein. Die Beurteilung erfolgt nach einem ähnlichen System wie bei der Arbeitsbewertung, aber eben nicht bezogen auf die Schwierigkeit des Arbeitsplatzes, sondern bezogen auf die individuelle Leistung des Stelleninhabers.

Die an den Prinzipien Anforderungs- und Leistungsgerechtigkeit orientierte Entgeltgestaltung wird ergänzt durch freiwillige, gesetzlich vorgeschriebene oder vertraglich vereinbarte soziale Leistungen des Arbeitgebers an die Mitarbeiter (Prinzip der **Sozialgerechtigkeit,** Abbildung 3.12). Eine Möglichkeit, die Gewährung sozialer Leistungen zu flexibilisieren, sind Cafeteria-Systeme (Kupsch/Marr 1991). Ähnlich der Menüwahl in der Cafeteria kann sich der Mitarbeiter innerhalb seines Einkommensrahmens aus einer vorgegebenen Palette sozialer Leistungen entsprechend seinen Präferenzen ein Paket zusammenstellen.

Eine zweite Möglichkeit, das Prinzip der Sozialgerechtigkeit zu verwirklichen, ist die Gewährung von Mitarbeiterbeteiligungen (Abbildung 3.12), die als Beteiligung am Erfolg oder am Kapital des Unternehmens gestaltet sein können. Unter Erfolgsbeteiligung ist die vom Arbeitgeber den Belegschaftsmitgliedern vertraglich zugesicherte Beteiligung an einer wirtschaftlichen Erfolgsgröße des Unternehmens zu verstehen, die zusätzlich zum vereinbarten Entgelt gewährt wird (Kupsch/Marr 1991). Als Beteiligungsgrundlagen kommen Leistungs-, Ertrags- oder Gewinngrößen in Betracht. Unter den gegenwärtigen Marktbedingungen ist vor allem die Gewinnbeteiligung sinnvoll, weil Mitarbeiter erst dann beteiligt werden, wenn für das Unternehmen durch den Verkauf der Produkte und Leistungen ein Gewinn realisiert werden konnte.

3.4.6.2 Lohnformen

Um die individuelle Leistung im Entgelt zu honorieren, stehen die klassischen **Lohnformen** Zeitlohn, Stück- oder Akkordlohn und Prämienlohn zur Verfügung (Abbildung 3.13).

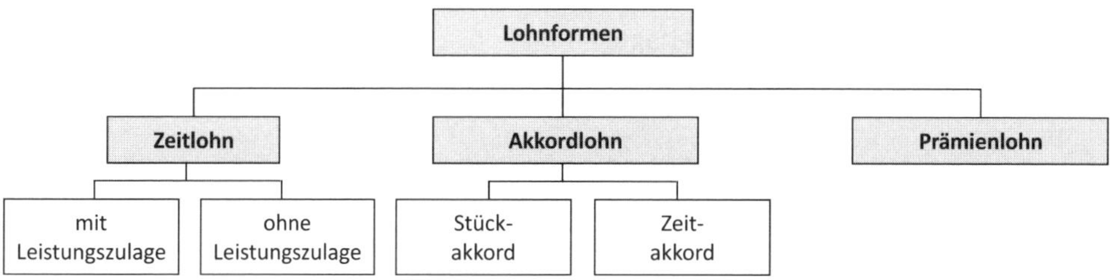

Abbildung 3.13 Systematisierung der Lohnformen

Beim **Zeitlohn** verläuft der Verdienst des Mitarbeiters proportional zur Arbeitszeit, d. h., der Lohnsatz pro Zeiteinheit ist konstant. Der Lohnsatz stellt das geldliche Äquivalent für die als Mengen- oder Zeitgröße ausgedrückte Maßeinheit der Arbeitsleistung dar (Kupsch/Marr 1991). Als Bezugsleistung wird üblicherweise die von REFA (Verband für Arbeitsstudien) definierte Normalleistung gewählt.

Unter **Normalleistung** versteht man eine Leistung, die bei gegebener Arbeitsmethode von einem geeigneten Arbeiter nach normaler Einarbeitung und bei normalem Kräfteeinsatz ohne Gesundheitsschädigung auf Dauer und im Mittel der täglichen Arbeitszeit erreichbar ist (Oechsler 2006). ■

Trotz der dabei auftretenden Kontrollproblematik ist der Zeitlohn die im gewerblichen Bereich verbreitetste Lohnform.

Zeitlohn (D) = Lohn pro Zeiteinheit (D/h) × Anzahl der Zeiteinheiten (h)

Als Zeiteinheit können z. B. die Stunde oder der Tag zugrunde gelegt werden. Um einen direkten Leistungsanreiz zu schaffen, wird der Zeitlohn häufig mit einer Leistungszulage kombiniert. Bewertungskriterien für die Leistungszulage können z. B. die Belastbarkeit, das Führungsverhalten, die Zielerreichung und die Erfahrung sein (Jung 2011). Diese

Form der Entlohnung kann gewählt werden, wenn die Voraussetzungen für Akkord- oder Prämienlohn nicht erfüllt sind.

Beim **Akkordlohn** dient als Maßstab für das Entgelt die Leistungsmenge. Die Ermittlung des Lohnsatzes pro Mengeneinheit basiert auf der Vorstellung eines Normallohnes für eine Zeiteinheit (Akkordrichtsatz). Folgende **Voraussetzungen** müssen erfüllt sein, wenn der Akkordlohn eingesetzt werden soll (vgl. Hentze 2005):

1. Arbeiten sind akkordfähig, wenn die anzuwendenden Arbeitsmethoden im Voraus bekannt sind und das Arbeitsergebnis mengenmäßig erfasst werden kann.
2. Akkordreif ist eine Arbeit, wenn der Arbeitsplatz, der Arbeitsvorgang und der Arbeitsablauf so gestaltet sind, dass ein ausreichend geeigneter und eingearbeiteter Mitarbeiter die Arbeit störungsfrei durchführen kann.

Der **Akkordlohn** tritt in den beiden Formen Zeitakkord und Geldakkord auf.

Zeitakkord = Stck./h × Vorgabezeit/Stck. × Minutenfaktor

Geldakkord = Stck./h × Geldfaktor

Der Minutenfaktor bei Zeitakkord errechnet sich aus dem Akkordrichtsatz dividiert durch 60 Minuten:

Minutenfaktor = Akkordrichtsatz : 60 min

Der Akkordrichtsatz ergibt sich aus der Summe eines Mindestlohnes (z. B. aus dem Tarifvertrag) und einem Akkordzuschlag:

Akkordrichtsatz = tariflicher Mindestlohn + Akkordzuschlag

Der Geldfaktor bei Geldakkord kann errechnet werden, indem der Akkordrichtsatz durch die vorgegebene Stückzahl dividiert oder indem die Vorgabezeit mit dem Minutenfaktor multipliziert wird:

Geldfaktor = Akkordrichtsatz : Stückzahl (vorgegeben) oder

= Vorgabezeit × Minutenfaktor

Beispiel:

Sachverhalt

Ein Mitarbeiter im Fertigungsbereich erhält einen tariflichen Mindestlohn von 14,50 €/h. Es ist ein Akkordzuschlag von 20 % vereinbart. Die Vorgabezeit je Stück beträgt 10 Minuten. Der Mitarbeiter stellt in einer Stunde 7 Stück her.

Aufgabenstellung

Welchen Stundenverdienst erhält der Mitarbeiter?

Lösung

Akkordrichtsatz	= 14,50 €/h + 20 %
	= 14,50 €/h + 2,90 D/h = 17,40 €/h
Minutenfaktor	= 17,40 €/h : 60 = 0,29 €/min
Geldfaktor	= 10 min/Stück × 0,29 €/min = 2,90 €/Stück
Zeitakkord	= 7 Stück/h × 10 min/Stück × 0,30 €/min
	= 20,30 €/h
Geldakkord	= 7 Stück/h × 2,90 €/Stück = 20,30 €/h
	Der Mitarbeiter verdient in der Stunde 20,30 €.

Ein **Prämienlohn** liegt vor, wenn zu einem vereinbarten Grundlohn (z. B. Tariflohn) planmäßig und regelmäßig ein zusätzliches Entgelt in Form einer Prämie gewährt wird.

Prämienlohn (€) = Grundlohn (€/h) + Prämie

Während beim Akkordlohn der gesamte Lohn leistungsbezogen ist, wird beim Prämienlohn nur die Prämie durch die Mehrleistung bestimmt. Der Prämienlohn ist somit eine anforderungs- und leistungsabhängige Lohnform. Die Prämienarten lassen sich nach der Bezugsgröße in folgende **Gruppen** einteilen (vgl. Hentze 2005):

- Mengenleistungsprämien,
- Qualitätsprämien,
- Ersparnisprämien,
- Nutzungsgradprämien,
- Terminprämien.

In Abhängigkeit von der Zahl der beteiligten Personen werden auch **Einzel- und Gruppenprämien** unterschieden. Der Unterschied zwischen einer Prämie und der o. g. Leistungszulage bei Zeitlohn besteht darin, dass die Prämie an objektiv messbare Bezugsgrößen gebunden ist, während die Leistungszulage subjektiv ermittelt wird.

3.5 Entwicklungstendenzen der Personalwirtschaft

Im Zusammenhang mit den bereits im Abschnitt 3.3.1 genannten Herausforderungen an die Personalwirtschaft lassen sich folgende **Trends** identifizieren:

Personalarbeit wird zum E-Business

Informations- und Kommunikationstechnologien revolutionierten in den letzten Jahren unterschiedliche personalwirtschaftliche Aufgabenfelder in Unternehmen. Wenn sich dieser Trend fortsetzt und Personalabteilungen weiter kräftig in den Einsatz von Informationstechnologien investieren, wird Personalarbeit zum **E-Business**.

Begonnen hat diese Entwicklung bereits in den 70er-Jahren zunächst mit dem Einsatz von Software für die Lohn- und Gehaltsabrechung. Bis zum gegenwärtigen Zeitpunkt wurde ein breites Angebot an **personalwirtschaftlicher Standardsoftware** entwickelt, das von Unternehmen neben dem Einsatz für die Verwaltung personalbezogener Daten u. a. für die Gestaltung von Personalinformationssystemen, Aus- und Weiterbildungssystemen, Organisationssystemen oder Karriereplanungssystemen genutzt wird (vgl. Scholz 2000). Außerdem können weitere Programme zur Dienstplanorganisation und zur Zeugniserstellung sowie Datenbanken zu Arbeitsrechtsfragen im Unternehmen genutzt werden. Als Standardsoftware werden inzwischen auch integrierte Gesamtlösungen für das Personalmanagement (z. B. PeopleSoft, PAISY) und funktionsübergreifend (z. B. SAP, BAAN) angeboten und eingesetzt.

Personalwirtschaftliche Software kann die eher gut strukturierbaren Aufgabenfelder der Personalwirtschaft unterstützen. Einen grundsätzlichen **Wandel** personalwirtschaftlicher Prozesse und Strukturen bewirkte aber erst die verstärkte Nutzung des World Wide Web für die Personalarbeit, insbesondere für die Aufgabenfelder Personalbeschaffung und -entwicklung. So ermöglichen, wie im Punkt 3.4.2.2 beschrieben, elektronische Jobbörsen und der eigene Web-Auftritt von Unternehmen, z. B. Stellenangebote weltweit und kostengünstig zu veröffentlichen, erfordern aber gleichzeitig die professionelle Bearbeitung eingehender Online-Bewerbungen (**E-Recruiting**). Der Einsatz von Computern und Web-Technologien eröffnet auch neue Chancen für die Gestaltung von Lernprozessen (**E-Learning**) im Rahmen der Personalentwicklung. Für den Betrieb eines E-Learning-Systems sind Plattform (Lernportal) und Content (Inhalt) erforderlich. Die Plattform als Basiskomponente des E-Learning kann in Form netzbasierter Softwaresysteme zum Aufbau multimedialer Lernumgebungen in das Intra- oder Internet implementiert werden (Koring/Walter/Teich 2002). Als Content können Informationsinhalte und Präsentationsformen von Lernarrangements bezeichnet werden. Die Palette möglicher Contents reicht von **Computer Based Training** (CBT) und **Web Based Training** (WBT) über Spiele bis hin zu Lernmodulen, die beispielsweise Übungen, Fallstudien, Einsendeaufgaben oder Tests enthalten sowie Lexikonfunktionen bieten.

Gleichzeitig unterstützen Informations- und Kommunikationstechnologien den Trend Personalarbeit zu **dezentralisieren**, um so eine größere Nähe der Personalfunktion zu den wertschöpfenden Aktivitäten zu gewährleisten. Dezentralisierung heißt in diesem Zusammenhang, Mitarbeiter und Führungskräfte übernehmen selbst stärker als bisher personalwirtschaftliche Aufgaben. Ein Tool zur effizienten und selbständigen Gestaltung dieser Aufgaben am Arbeitsplatz der Mitarbeiter und Führungskräfte sind **Mitarbeiterportale** als personalisierte Kommunikations- und Interaktionsplattformen (vgl. Semmer/Heinrich 2002, 34).

Nachhaltigkeit

Nachhaltiges Personalmanagement verfolgt zwei Ziele: eine hohe Leistungs- und Ergebnisorientierung und eine hohe Mitarbeiterorientierung. Die Zukunftsfähigkeit und die Ausrichtung an langfristigen Zielen stehen dabei im Vordergrund. Unter den sich schnell wandelnden Rahmenbedingungen geeignete Mitarbeiter zu finden, befähigen, motivieren, fördern und fordern sowie sie beschäftigungsfähig zu halten, sind die Herausforderungen an das Personalmanagement. Im Mittelpunkt steht das Vertrauen als Voraussetzung und Ergebnis eines nachhaltigen Personalmanagements. Um diese Grundlage gruppieren sich sechs Nachhaltigkeitskriterien: Partizipation, Wertschöpfungsorientierung, Strategieorientierung, Kompetenzorientierung, Anspruchsgruppenorientierung und Flexibilität (vgl. Zaugg 2009). Je besser es gelingt, diese Kriterien in der Unternehmensstrategie und der Unternehmenskultur zu verankern, umso nachhaltiger wirken sie (Tabelle 3.12).

Internationalisierung

Der Trend zu länderübergreifenden **Unternehmenskooperationen und -fusionen**, aber auch die Gründung von Filialen und Niederlassungen im Ausland, wird sich in den nächsten Jahren fortsetzen bzw. verstärken. Damit steigt der Bedarf an Fach- und Führungskräften, die qualifiziert und motiviert sind, Aufgaben im Rahmen der internationalen Geschäftstätigkeit zu übernehmen. Für diese Bedarfsdeckung stehen grundsätzlich zwei Möglichkeiten zur Verfügung. Entweder es werden gezielte Personalentwicklungsmaßnahmen getroffen oder es muss bereits bei der Personalbeschaffung und -auswahl ein **internationales Anforderungsprofil** zugrunde gelegt werden (Jung 2011). Auch innerhalb der anderen personalwirtschaftlichen Aufgabenfelder wie Personaleinsatz, Personalführung und Entgeltgestaltung sind die internationalen bzw. interkulturellen Aspekte zu berücksichtigen, um als Unternehmen im globalen Wettbewerb erfolgreich bleiben zu können.

Tabelle 3.12 Nachhaltigkeitstools der Personalarbeit (vgl. Scholz 2011, 588)

Bereiche der Personalarbeit	Nachhaltigkeitstools
Personalstrategie	Unternehmenswerte
Personalauswahl	Arbeitsplatzverantwortung
Compensation und Benefits	Demografie
Personalführung	Work Life Balance
Personalentwicklung	Mitarbeiterbindung
Change Management	Chancengleichheit und Diversity
Kommunikation und Information	Gesundheitsförderung

3.6 Kontrollfragen

1. Was ist die Aufgabe der Personalwirtschaft im Unternehmen und was sind die Bestimmungsgrößen des Leistungsverhaltens der Mitarbeiter? (Abschn. 3.3.1)
2. Welche Gestaltungsmaximen sollten personalwirtschaftlichen Aktivitäten vor dem Hintergrund der gegenwärtigen Herausforderungen zugrunde gelegt werden? (Abschn. 3.3.1)
3. Welche Vor- und Nachteile bietet eine objektbezogene gegenüber einer funktionsbezogenen Organisationsform des Personalbereiches? (Abschn. 3.3.3)
4. Was wird im Rahmen der Personalbedarfsplanung festgelegt und welche Arten des Personalbedarfs können unterschieden werden? (Abschn. 3.4.1)
5. Welche Unterschiede bestehen zwischen einem Anforderungs- und einem Fähigkeitsprofil? (Abschn. 3.4.1)
6. Welche Phasen der Personalbeschaffung werden unterschieden und worin bestehen die wesentlichsten Aufgaben innerhalb dieser Phasen? (Abschn. 3.4.2)
7. In welchen Formen kann eine Zusammenarbeit zwischen Unternehmen und Hochschulen bei der Personalbeschaffung erfolgen? (Abschn. 3.4.2)
8. Welche internen und externen Möglichkeiten der Personalbeschaffung stehen Unternehmen zur Verfügung? (Abschn. 3.4.2)
9. Welche Vor- und Nachteile bringen Internet-Jobbörsen für Unternehmen mit sich? (Abschn. 3.4.2)
10. Nennen und erläutern Sie die Prozessphasen bei der Personalauswahl. (Abschn. 3.4.2)
11. Welche Informationsgrundlagen sind für den Personaleinsatz relevant? (Abschn. 3.4.3)
12. In welche Phasen kann der Prozess der Personalentwicklung gegliedert werden, wenn dabei systematisch vorgegangen werden soll? (Abschn. 3.4.4)
13. Welche Bedeutung hat die Bedarfs- und Potenzialanalyse im Rahmen der Personalentwicklung? (Abschn. 3.4.4)
14. Welche Methoden sind am Arbeitsplatz geeignet, um das Qualifikationsniveau bei Führungskräften zu erhöhen? (Abschn. 3.4.4)
15. Wie kann der Gruppenleiter den Zusammenhalt der Arbeitsgruppe fördern? (Abschn. 3.4.5)
16. Welche Kriterien können zur Bestimmung der Entgelthöhe herangezogen werden? (Abschn. 3.4.6)
17. Welche inhaltlichen Komponenten verbergen sich unter den Begriffen E-Recruiting, E-Learning sowie CBT und WBT? (Abschn. 3.5)
18. Welche Ansatzpunkte der Flexibilisierung gibt es hinsichtlich der Arbeitsorganisation? (Abschn. 3.5)

3.7 Übungsaufgaben

Ü1 Bestimmung des Personalbedarfs

a) Ausgangsdaten

Infolge einer Reorganisationsmaßnahme hat der Geschäftsbereich A eines Unternehmens zum 01.07.2015 einen Bruttopersonalbedarf von 83 Mitarbeitern. Bekannt ist, dass zum 01.06.2015 sieben Mitarbeiter in einen anderen Geschäftsbereich versetzt werden und drei Mitarbeiter des Geschäftsbereiches A zum 31.04.2015 um Aufhebung ihres Arbeitsvertrages gebeten haben. Zum 01.05.2015 werden zwei Mitarbeiter ihren Wehrdienst antreten und mit einem künftigen Mitarbeiter wurde ein Arbeitsvertrag zum 01.06.2015 abgeschlossen. Der Personalbestand zum 01.04.2015 umfasst 93 Mitarbeiter.

b) Aufgabenstellungen

1. Wie hoch ist der Nettopersonalbedarf bzw. das zu beschaffende Arbeitspotenzial zum 01.07.2015?
2. Welche Informationen sind erforderlich, wenn das benötigte Arbeitspotenzial über die Neueinstellung von Mitarbeitern beschafft werden soll?

Ü2 Berechnung des Personalbedarfs mit Hilfe der Kennzahlenmethode

a) Ausgangsdaten

In der Montageabteilung eines Kopiergeräteherstellers sind für das Jahr 2014 folgende Daten bekannt:

- Wertschöpfung: 950 000 Mio. €
- Gesamtzahl der Arbeitstunden im Jahr: 413 043
- Arbeitsproduktivität: 2,3

b) Aufgabenstellung

Wie lautet die Prognose hinsichtlich der erforderlichen Zahl der Arbeitsstunden für das Jahr 2015, wenn die geplante Arbeitsproduktivität 8 % über der aus dem Jahr 2014 liegt und eine Wertschöpfung von 1,1 Mio. € geplant ist?

Ü3 Fallstudie zur Personalentwicklung

a) Ausgangssituation

Stellen Sie sich vor, Sie seien für die Aus- und Weiterbildung der Beschäftigten eines Unternehmens zuständig. Am Donnerstag informiert Sie ein Gruppenleiter, am kommenden Montag werde eine neue Maschine für die Fertigung geliefert. Er nehme an, die für die Bedienung der Maschine vorgesehenen Mitarbeiter Müller, Maier und Schmidt seien der neuen Aufgabe nicht gewachsen.

b) Aufgabenstellungen

1. Beschreiben Sie, was alles schief gegangen ist.

2. Welche Vorwürfe müssten Sie gegen sich gelten lassen?
3. Was könnten Sie jetzt noch tun, um die Problemsituation zu entschärfen?

Ü4 Entlohnung

a) Ausgangsdaten

Ein Mitarbeiter im Fertigungsbereich erhält einen tariflichen Mindestlohn von 17,50 €/h. Es ist ein Akkordzuschlag von 10 % vereinbart. Die Vorgabezeit je Stück beträgt 3 Minuten. Der Mitarbeiter stellt in einer Stunde 23 Stück her.

b) Aufgabenstellungen

1. Wie hoch sind Zeitakkord und Geldakkord dieses Mitarbeiters?
2. Wie würde sich der Stundenverdienst des Mitarbeiters ändern, wenn er 19 Stück pro Stunde herstellen würde?
3. Welche Voraussetzungen müssen erfüllt sein, um Akkordentlohnung anwenden zu können?

3.8 Literatur- und Quellenverzeichnis

Antoni, C.: Gruppenarbeit - Ein Königsweg zu menschengerechter Arbeit und höherer Produktivität? In: Mannheimer Beiträge zur Wirtschafts- und Organisationspsychologie, Nr. 1/1992, S. 86 - 100

Bartscher, T./Huber, A.: Praktische Personalwirtschaft. 2. Aufl., Wiesbaden: Gabler, 2007

Batscher, T./Stöckl, J./Träger, T.: Personalmanagement. Grundlagen, Handlungsfelder, Praxis. München: Pearson 2012

Berthel, J.: Personal-Management. 8. Aufl. Stuttgart: Schäffer-Poeschel, 2007

Berthel, J./Becker, F. G.: Personalmanagement: Grundzüge für Konzeptionen betrieblicher Personalarbeit. 9. Aufl. Stuttgart: Schäffer-Poeschel, 2010

Bertram, C.: Qualität in der Personalabteilung. München, Mering: Hampp, 1996

Bröckermann, R.: Personalwirtschaft. Lehr- und Übungsbuch für Human Resource Management. 5. Aufl., Stuttgart: Schäffer-Poeschel Verlag, 2009

Eisele, D./Doyé, T.: Praxisorientierte Personalwirtschaftslehre. 7. Aufl. Stuttgart: W. Kohlhammer, 2010

Faust, M./Jauch, P./Brünnecke, K./Deutschmann, C.: Dezentralisierung von Unternehmen. 2. Aufl., München, Mering: Hampp, 1995

Gehle, F.: Internationale Tagung über Arbeitsbewertung in Genf. In: REFA-Nachrichten 3 (2/1950), S. 32 - 34

Hentze, J.: Personalwirtschaftslehre. Bd. 1, 7. Aufl., Bern: Haupt, 2001

Hentze, J.: Personalwirtschaftslehre. Bd. 2, 7. Aufl., Bern: Haupt, 2005

Jung, H.: Personalwirtschaft. 9. Aufl., München, Wien: Oldenbourg, 2011

Jung, H.: Allgemeine Betriebswirtschaftslehre. 10. Aufl., München, Wien: Oldenbourg, 2006

Koring, B./Walter, A./Teich, T.: Einsatzmöglichkeiten von E-Learning in Netzwerken. In: Freitag, M./Winkler, I. (Hrsg.): Kooperationsentwicklung in zwischenbetrieblichen Netzwerken. Strukturierung, Koordination und Kompetenzen. Würzburg: Deutscher Wissenschaftsverlag (2002)

Kupsch, P. U./Marr, R.: Personalwirtschaft. In: Heinen, E.: Industriebetriebslehre. 9. Aufl., Wiesbaden: Gabler, 1991

Macharzina, K./Wolf, J.: Unternehmensführung. Das internationale Managementwissen. Konzepte – Methoden – Praxis. 6. Aufl., Wiesbaden: Gabler, 2008

Marggraf, C. (Hrsg.): Soziale Kompetenz und Innovation. Frankfurt a. M.: Lang, 1995

Marr, R. (Hrsg.): Arbeitszeitmanagement. 3. Aufl., Berlin: Schmidt, 2001

Oechsler, W. A.: Personal und Arbeit. Grundlagen des Human Resource Management und der Arbeitgeber-Arbeitnehmer-Beziehungen. 8. Aufl., München, Wien: Oldenbourg, 2006

Pawlowsky, P./Bäumer, J.: Betriebliche Weiterbildung. München: Beck, 1996

RKW (Rationalisierungs-Kuratorium der Deutschen Wirtschaft). RKW-Handbuch: Praxis der Personalplanung. 3. Aufl., Neuwied-Darmstadt: Luchterhand, 1996

Rosenstiel, L. v./Regnet, E./Domsch, M. (Hrsg.): Führung von Mitarbeitern. 6. Aufl., Stuttgart: Schäffer-Poeschel, 2009

Sattes, I./Brodbeck, H./Lang, C./Domeisen, H. (Hrsg.): Erfolg in kleinen und mittleren Unternehmen. Stuttgart: Teubner, 1995

Scholz, C.: Grundzüge des Personalmanagements. München: Franz Vahlen, 2011

Scholz, C.: Personalmanagement. 5. Aufl., München: Vahlen, 2000

Semmer, F./Heinrich, F.: Leitfaden zur Einführung von Mitarbeiterportalen. In: Personalwirtschaft, Heft 3/2002, S. 26 – 34.

Sonntag, K.-H.: Lernen im Unternehmen. München: Beck, 1996

Staehle, W.: Management. 9. Aufl., München: Vahlen, 2010

Steven, M.: Betriebswirtschaftslehre für Ingenieure. 4. Aufl. München: Oldenbourg Verlag, 2012

Wald, P. M.: Neue Herausforderungen im Personalmanagement. Best Practices – Reorganisation – Outsourcing. Wiesbaden: Gabler, 2005

Wollenberg, K. (Hrsg.): Taschenbuch der Betriebswirtschaft. 2. Aufl., Leipzig: Fachbuchverlag, 2004

Zaugg, R.: Nachhaltiges Personalmanagement: eine neue Perspektive und empirische Exploration des Human Ressource Managements. Wiesbaden: Gabler, 2009

4 Anlagenwirtschaft

4.1 Studienziele

Dieses Kapitel soll dem Leser ermöglichen

- den abgegrenzten produktionstheoretischen Anlagenbegriff einschließlich der Interpretation der daraus abgeleiteten Anlagenmerkmale, -arten und -zeitkategorien zu deuten;
- die Bewertungsgrundsätze der Anlagenbewertung inklusive der Methoden der planmäßigen Abschreibung von Anlagengütern zu erkennen;
- sowohl die Interdependenzen zwischen den anlagenspezifischen Aufgabenfeldern als auch deren Wechselbeziehungen zu anderen Unternehmensbereichen zu beschreiben;
- die Bedarfsarten der Anlagendisposition aufzuzeigen;
- die grundlegenden Investitionsarten und den Investitionsentscheidungsprozess zu kennen sowie die Investitionsrechenverfahren anzuwenden;
- die Grundsatzaufgaben der Instandhaltung von Sachanlagen einschließlich der Beschreibung grundlegender Instandhaltungsmaßnahmen zu nennen;
- die Motive und planungsspezifischen Arbeitsschritte der Anlagenentwicklung aufzuzeigen sowie die Ursachen der Anlagenausmusterung implizit deren Arten aufzuzählen und zu interpretieren.

4.2 Einführung

4.2.1 Definition der Anlagenwirtschaft und ihre Kausalitäten zu anderen Unternehmensbereichen

Eine weitere Voraussetzung für die effiziente Realisierung von Wirtschaftsgütern ist neben dem Personal der Elementarfaktor **Sachanlage**. Diese Eingrenzung gegenüber dem bilanztheoretischen Anlagenbegriff – der das gesamte Anlagenvermögen, also auch die immateriellen und finanziellen Vermögensgegenstände umfasst – ist notwendig, um den Gegenstand der Anlagenwirtschaft unmissverständlich zu definieren.

Die Anlagenwirtschaft befasst sich demnach nur mit den unter dem Buchstaben A, römisch II, arabisch 1–4 (**vgl. § 266, Absatz 2 HGB**) fixierten materiellen Bilanzpositionen, die auch als produktionstheoretischer Anlagenbegriff bezeichnet werden. Als Definition lässt sich die **Anlagenwirtschaft** wie folgt formulieren:

Anlagenwirtschaft beinhaltet alle zur Realisierung definierter Unternehmensziele notwendigen Kerntätigkeiten, beginnend bei der Anlagendisposition über die Anlagenbeschaffung, Anlageninstandhaltung, Anlagenentwicklung bis zur Anlagenaussonderung einschließlich der damit verbundenen internen Planungs- und Steuerungsaktivitäten. ■

Mit dem Inhalt dieser Definition avanciert die Anlagenwirtschaft analog der im folgenden Kapitel (vgl. 5.2.1) dargestellten „Erweiterten und Integrierten Materialwirtschaft" auch zu einem **ganzheitlichen anlagenbezogenen Beschaffungs- und Versorgungssystem**. Sowohl an den Hochschulen als auch in der Praxis wird dieser Erkenntnis aus unterschiedlichen Gründen (Schweitzer 1994) nicht bzw. nur zum Teil entsprochen! Häufig werden die anlagenwirtschaftlichen Teilfunktionen durch verschiedene Fachgebiete bzw. betriebliche Ressorts (z. B. Produktions-, Material- und Personalwirtschaft bzw. Finanzierung/Investitionen oder Rechnungswesen) vollzogen. Dies führt sowohl in der Theorie als auch in der Praxis zu erheblichen **Kompetenz- und Reibungsverlusten** besonders zum Nachteil einer umfassenden theoretischen Durchdringung anlagenwirtschaftlicher Problemfelder und daraus abzuleitender Synergieeffekte. Sowohl innerhalb der anlagenwirtschaftlichen Teilfunktionen als auch zwischen diesen und den anderen Unternehmensbereichen gibt es eine Vielzahl von technischen und ökonomischen Wechselwirkungen.

Männel 1990 hat diese Kausalitäten untersucht und dargestellt. Auszugsweise aus diesen Darlegungen werden in der Tabelle 4.1 nur die Interdependenzen zwischen den **anlagenwirtschaftlichen Aufgabenfeldern** und dem Unternehmensbereich **Produktion** aufgezeigt.

Tabelle 4.1 Wechselwirkungen zwischen den anlagenbezogenen Aufgabenfeldern und dem Unternehmensbereich Produktion

		Unternehmensbereich Produktion
Teilgebiete der Anlagenwirtschaft	Anlagenplanung	Planung bedienerfreundlicher und zugleich präziser arbeitender Produktionsmittel
	Anlagenbereitstellung	rasche Bereitstellung ermöglicht frühzeitigen Beginn der Produktion
	Anlagenanordnung	günstige Anlagenanordnung verkürzt die Durchlaufzeit der Werkstücke
	Anlagennutzung	bessere Nutzung der Anlagenkapazität steigert das Produktionsvolumen
	Anlageninstandhaltung	schnelle Durchführung von Instandhaltungsmaßnahmen erfordert nur kurze Produktionsunterbrechungen
	Anlagenverbesserung	konstruktive Verbesserungen erhöhen die Betriebsbereitschaft (Zuverlässigkeit)
	Anlagenausmusterung und -verwertung	Nutzung ausgemusterter Altanlagen für andere fertigungswirtschaftliche Aufgaben
	Anlagenersatz	Art der Ersatzanlage beeinflusst die Wahl des Fertigungsverfahrens

Bei den dargestellten Wechselbeziehungen gilt es in Anlehnung an den o.g. Autor folgende ausgewählte **Aspekte** zu beachten:

- Die im Rahmen der **Anlagenplanung** fixierten quantitativen und qualitativen Parameter (z.B. das festgelegte Anlagenzeitgerüst und das technische Leistungsvermögen) determinieren die Instandhaltbarkeit und den Instandhaltungsbedarf.
- Die **Anlagenbereitstellung** darf nicht nur den Fremdbezug von Anlagengütern in ihre Betrachtung einbeziehen, sondern muss auch Gesichtspunkte des Anlageneigenbaus, des vorübergehenden Mietens und der Altanlagenverwertung beachten.
- Eine prozessorientierte **Anlagenanordnung** vermindert zwar primär die Nebennutzungszeit zu Gunsten der Hauptnutzungszeit, führt aber bei störungsbedingten Brachzeiten zu enormen Folgekosten.
- Die Qualität der angewandten **Instandhaltungsstrategie** beeinflusst nicht unerheblich den technischen und wirtschaftlichen Ersatzzeitpunkt.
- Die potenziellen Maßnahmen der **Anlagenverbesserung** erhöhen die Produktivität und Zuverlässigkeit der Maschinen und Anlagen.
- Die **Anlagenausmusterung** determiniert den Beschaffungsbedarf an Neuanlagen und Ersatzteilen.
- Die **Anlagenersatzentscheidungen** bestimmen maßgeblich die inhaltlichen und zeitlichen Aktivitäten der Anlagenplanung.

4.2.2 Oberziel und Grundsatzaufgaben

Das definierte **Oberziel** der Anlagenwirtschaft besteht - in Analogie zu den anderen betrieblichen Elementarfaktoren - in der stabilen, effizienten, rentablen und ökologischen Ver- und Entsorgung des Unternehmens mit Sachanlagen und anlagenbezogenen Dienstleistungen. ■

Aus dieser Zielstellung leiten sich entsprechend der Bedeutung der Anlagenwirtschaft - resultierend aus dem permanent steigenden Automatisierungsniveau der Produktion - eine Reihe von **Grundsatzaufgaben** ab. Als solche wären zu nennen:

- Bestimmung des **Anlagenbedarfes** und **-bestandes** unter Anwendung eines anforderungsgerechten und aussagefähigen Methodeninstrumentariums.
- **Bedarfs**- und **Bestandsabstimmung** durch Abgleich der Anlagenkapazität an den Anlagenbedarf.
- Gewährleistung einer wirtschaftlichen und produktiven **Anlagennutzung** durch eine sinnvolle Zuordnung der Aufgabeninhalte an das installierte Leistungsvermögen des Potenzialfaktors Anlagengut.
- Effektive externe und interne **Anlagenbeschaffung** zur Beseitigung von vorrangig kapazitiven Unterdeckungen.

- Gestaltung einer rationellen **Anlageninstandhaltung** zur Absicherung einer hohen Verfügbarkeit der Anlagengüter.
- Rentabilitätsbezogene **Anlagenausmusterung** und -**verwertung** durch unternehmensinterne und -externe Aktivitäten.
- Gewährleistung eines umfassenden **Anlagenmanagements**, beginnend bei der Anlagenverwaltung/Statistik über die Anlagenbuchhaltung bis hin zum Anlagencontrolling.

4.2.3 Betriebswirtschaftliche Ergebniswirksamkeit

Betrachtet man die in der nachfolgenden Abbildung 4.1 dargestellte **Aufwandsstruktur** im verarbeitenden Gewerbe Deutschlands, so erkennt man unschwer den herausragenden Anteil des Materialaufwandes (56,2 %) einschließlich der zum Material dazugehörenden Handelsware (11,7 %) auf die betriebswirtschaftliche Ergebniswirksamkeit (Anteil am Bruttoproduktionswert) der in diesem Wirtschaftssektor integrierten Unternehmen. Aber auch der mit der Beschaffung, Finanzierung, Nutzung, Instandhaltung, Verbesserung und Ausmusterung von Anlagen verbundene Aufwand ist nicht zu unterschätzen. Dieser beträgt als „sonstiger Kostenblock" insgesamt 23,5 %.

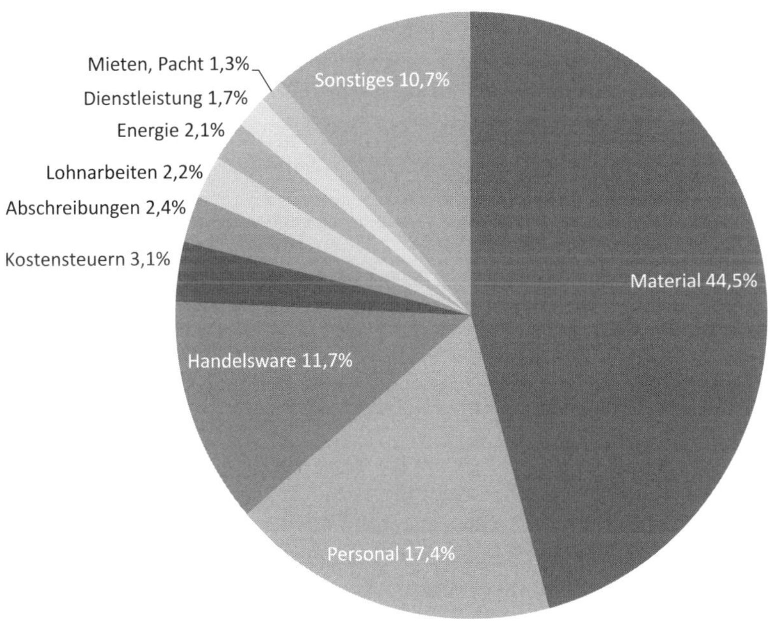

Abbildung 4.1 Material-, Personal- und Anlagenkosten in % im verarbeitenden Gewerbe Deutschlands (Quelle: Statistisches Bundesamt, www.destatis.de – Strukturdaten 2012, Stand: 04.06.2014)

Würde man diesen Prozentsatz der sonstigen Kosten im verarbeitenden Gewerbe von annährend 24% etwas detaillierter untersuchen, so wäre der Anteil der Anlagenkosten an den allgemeinen Betriebskosten sicher der größte Kostenblock. In Anlehnung an Männel 1990 lassen sich diese Anlagenkosten wie folgt differenzieren (Abbildung 4.2):

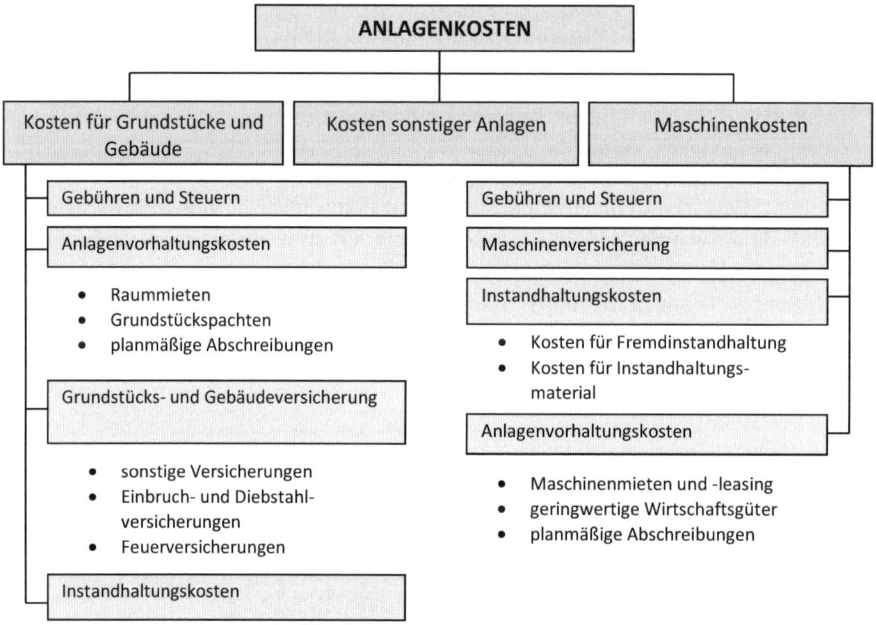

Abbildung 4.2 Differenzierung der Anlagenkosten im Kostenartenplan

4.3 Grundlagen der Anlagenwirtschaft

4.3.1 Anlagenbegriff und Anlagenmerkmale

Wie schon eingangs vermerkt, verkörpern die unter dem Oberbegriff der Sachanlagen zusammengefassten **Anlagengüter** den Beschaffungs- und Versorgungsgegenstand der Anlagenwirtschaft. Diese Anlagengüter zeichnen sich im Gegensatz zum Anlagenbegriff im weiteren Sinne vorrangig dadurch aus, dass sie bis auf die Grundstücke und Bauten keinen länger- bzw. langfristigen Nutzungszeitraum beanspruchen, sondern nur einen mittelfristigen. Im betriebswirtschaftlichen Umgang werden sie oft auch unter den synonymen Oberbegriffen der **Betriebsmittel** oder **Arbeitsmittel** dargestellt.

Zusammengefasst unterscheidet man folgende **Arten** von Anlagengütern (siehe Abbildung 4.3):

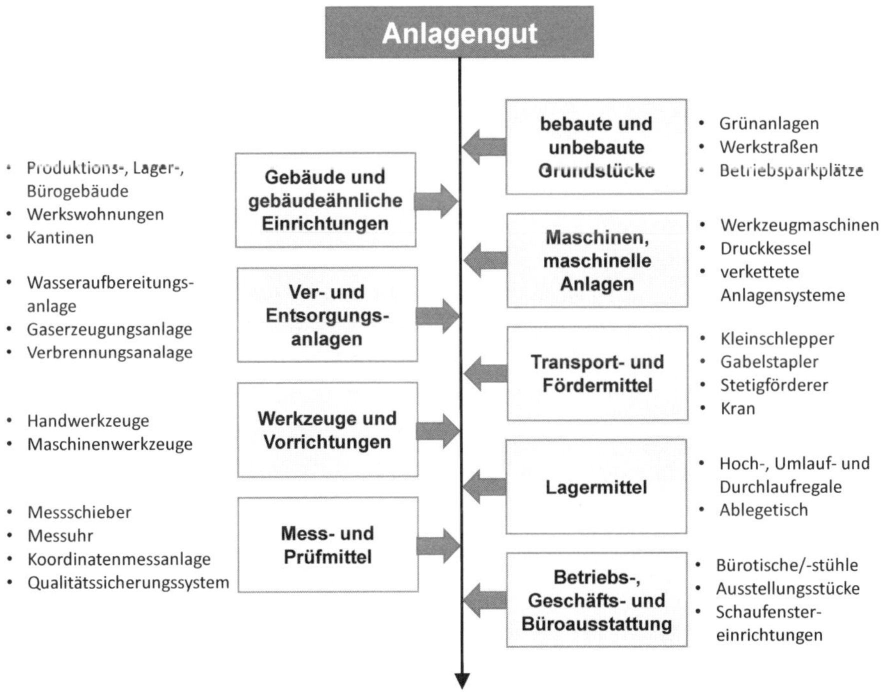

Abbildung 4.3 Arten von Anlagengütern

Betrachtet man die einzelnen Bestandteile des Begriffes Anlagengut etwas näher, so lassen sich folgende **Anlagenmerkmale** erkennen:

- Anlagen entstehen unter Verwendung finanzieller Mittel durch Investitionen.
- Anlagen verbrauchen sich nicht in einem Produktionszyklus, sondern übertragen ihre Nutzleistung über längere Zeiträume.
- Anlagen binden das in sie investierte Kapital über längere Zeiträume.
- Anlagen verlieren durch differenzierte Wertminderungen an Anschaffungswert.
- Anlagen übertragen ihren Wert nur sukzessive in jene Erzeugnisse, für deren Herstellung sie eingesetzt wurden.
- Anlagen verkörpern durch ihre „verdienten" Abschreibungsgegenwerte einen nicht unerheblichen unternehmerischen Finanzierungs- und Liquiditätsfaktor.

Hinterfragt man die unter den Punkten 2 – 5 aufgelisteten Sachverhalte, so stellt sich sofort die Frage nach dem Bezug der Abnutzbarkeit eines Anlagengutes. Für die in der vorangestellten Abbildung aufgeführten Arten von Anlagengütern gilt folgende **Differenzierung** (siehe Tabelle 4.2).

Tabelle 4.2 Differenzierung der Anlagengüter

Abnutzbare Anlagengüter	Nicht abnutzbare Anlagengüter
▪ Gebäude	▪ Grundstücke
▪ Technische Anlagen und Maschinen	
▪ Fahrzeuge	
▪ Betriebs-, Geschäfts- und Büroausstattungen	

Die getroffene Unterscheidung ist deshalb sehr wichtig, weil nach handels- und steuerrechtlichen Vorschriften (vgl. § 253 Abs. 1 und 3, § 255 Abs. 1 und 2 HGB sowie §§ 6 und 7 EStG) diese Anlagengüter am Geschäftsjahresende mit **Wertminderungen** im Inventar und in der Bilanz dargestellt werden müssen. Das Erfordernis der Wertminderung ergibt sich objektiv aus

- dem physischen Verschleiß der Anlagengüter resultierend aus ihrer produktiven Nutzung, aber auch aus
- dem Wirken des technischen Fortschritts und der sich daraus ergebenden wirtschaftlichen Entwertung.

Der konkrete wertmäßige Ansatz der Anlagengüter und damit auch der Sachanlagen sowie die Ermittlung der Zeitwerte durch Beachtung der zulässigen Abschreibungen erfolgt im Abschnitt 4.3.3 und im Kapitel Rechnungswesen unter 10.3.4.6.

4.3.2 Anlagenarten und Anlagenzeitgerüst

Wie schon im Abschnitt 4.2.1 hervorgehoben, befasst sich die Anlagenwirtschaft nur mit den Bilanzpositionen der Sachanlagen – in ihrer Summe auch Anlagenpark genannt. Unterstellt man, dass die Grundstücke in den Unternehmen gesondert behandelt werden, so verbleiben als Betrachtungsgegenstand nur die in der Tabelle 4.2 aufgeführten **abnutzbaren Anlagengüter**. Diese werden in den Literaturquellen (z. B. REFA 1985 Bd. 2) nach unterschiedlichsten Aspekten klassifiziert. In Anlehnung an Schweitzer 1994, 339 ergibt sich unter Integration nur der wichtigsten Kriterien folgende **Gliederung** (Abbildung 4.4).

Will man eine ansprechende zeitliche Ausnutzung des Anlagenparks eines Unternehmens gewährleisten, so bedarf dies der Ermittlung des zur anforderungsgerechten Erfüllung einer Arbeitsaufgabe notwendigen **Anlagenzeitgerüstes**. Dieses beinhaltet sowohl eine **quantitative** als auch eine **qualitative** Komponente. Aus der quantitativen Seite des Zeitgerüstes resultieren folgende **Zeitkategorien:**

ABNUTZBARE ANLAGENGÜTER

Verwendung

- Anlagen der Fertigung
- Anlagen der Beschaffung
- Anlagen der Produktion
- Anlagen des Absatzes
- Anlagen der Verwaltung

Lebensdauer

- langlebig
- kurzlebig

Zweck

- Bearbeitungsmaschinen
- Verarbeitungsmaschinen
- Fertigungsmaschinen
- Ein- und Mehrzweckmaschinen
- Transportanlagen

Mobilität

- unbewegliche
- bewegliche

Branche

- Anlagen der Stromerzeugung
- Anlagen der Stahlerzeugung
- Anlagen der Papiererzeugung

Nutzungsmöglichkeiten

- Anlagenteil
- Einzelanlagen
- Anlageneinheit
- Anlagenkomplexe

Technologie

- Anlagen der mechanischen Fertigung
- Anlagen der Prozessfertigung

Abbildung 4.4 Gliederung der abnutzbaren Anlagengüter

Absolute Bereitschaftszeit
ist die Kalenderzeit einer Planungsperiode (8760 h/Jahr, 730 h/Monat, 168 h/Woche und 24 h/Tag). ■

Betriebliche Bereitschaftszeit
ist die Zeit, während der in der Produktion gearbeitet wird, sie wird deshalb auch als Betriebs- oder Betriebsmittelzeit bezeichnet. ■

Stillstandszeit
ist die Zeit der Kalenderzeit, die innerhalb eines fixierten Planungszeitraumes (z. B. Jahr oder Monat) aus gesetzlichen oder betriebsinternen Aspekten nicht zur Verfügung steht. ■

Nutzungszeit
ist die Zeit der unmittelbaren Bearbeitung, Einwirk- und Lastlaufzeit (Hauptnutzungszeit) der Anlagengüter und die Zeit für Vorbereitungs- und Abschlussarbeiten (Nebennutzungszeit). ■

Brachzeit
ist jene Zeitdauer innerhalb der Betriebszeit, durch die ein Anlagengut infolge von arbeitsablauf-, störungs- und arbeitnehmerbedingten Zeiten nicht genutzt werden kann. ■

Die qualitative Seite umfasst das technische Leistungsvermögen eines Anlagengutes einschließlich seiner ergonomischen Gestaltung. Nach REFA 1985, Bd. 2, 343 sind folgende **Kategorien des Leistungsvermögens** zu unterscheiden:

- „**Geometrisches Leistungsvermögen** (zum Beispiel Spitzenweite und -höhe einer Drehmaschine oder Format bei einer Druckmaschine),
- **physikalisches Leistungsvermögen** (zum Beispiel Drehzahlbereich von Werkzeugmaschinen oder maximaler Umformdruck bei Schmiedepressen),
- **ausstattungsmäßiges Leistungsvermögen** (zum Beispiel Vorschubautomatik bei Werkzeugmaschinen, Sortiereinrichtung bei Druckmaschinen oder Bildschirm bei einer EDV-Anlage) und
- **genauigkeitsmäßiges Leistungsvermögen** (zum Beispiel Bohrgenauigkeit eines Lehrenbohrwerkes oder Ausleuchtung der Ränder bei Tageslichtschreibern),
- **ergonomische Gestaltung** (zum Beispiel Anpassung an die Körpermaße und Körperkräfte des Menschen, niedriger Lärm, geringe Schwingungen)."

4.3.3 Bewertung und Abschreibung von Anlagengütern

Unter Bewertung versteht man bekanntlich ein Verfahren mit dem Ziel, den Wert von Gütern zu fixieren. Bei diesem Vorgang gilt es nach § 252 Abs. 1 HGB eine Reihe von **Bewertungsgrundsätzen** für die Bilanzpositionen des Anlagevermögens zu beachten wie

- Wertansätze in der Eröffnungsbilanz des Geschäftsjahres müssen mit denen der Schlussbilanz des vorhergehenden Geschäftsjahres übereinstimmen.
- Vermögensgegenstände und Schulden sind zum Abschlussstichtag einzeln zu bewerten.
- Vermögensgegenstände sind vorsichtig zu bewerten, das heißt, grundsätzlich stets mit dem niedrigeren Wert (Niederstwertprinzip).
- Die auf den vorhergehenden Jahresabschluss angewandten Bewertungsmethoden sollen beibehalten werden.

4

Da es bei den Anlagengütern und damit auch bei den Sachanlagen – wie schon erwähnt – einen Unterschied zwischen abnutzbaren und nicht abnutzbaren gibt, sind für diese auch unterschiedliche **Wertansätze** zu beachten.

Abnutzbare Anlagengüter sind

- zum Bilanzstichtag zu ihren fortgeführten Anschaffungskosten (Herstellungskosten) zu bewerten, also zu den Anschaffungskosten (Herstellungskosten) abzüglich planmäßiger Abschreibung.
- Außerplanmäßige Abschreibungen sind zusätzlich im Falle einer dauernden Wertminderung vorzunehmen, also bei Schadensfällen, Wertverfall durch technischen Fortschritt u. a.

Gemäß § 253 (3) HGB besteht Abschreibungspflicht (Strenges Niederstwertprinzip). ■

Nicht abnutzbare Anlagengüter, d. h. Vermögensgegenstände des Anlagevermögens, deren Nutzungsdauer zeitlich nicht beschränkt ist, z. B. Grundstücke, sind mit ihren Anschaffungskosten zu bewerten. Bei voraussichtlich dauernder Wertminderung sind außerplanmäßige Abschreibungen vorzunehmen. Die Bewertung erfolgt dann mit niedrigeren beizulegenden Wert am Abschlussstichtag. (§ 253 Abs. 3 HGB) ■

Da auf die **Wertmaßstäbe** als Basis der Bewertung von Sachanlagen im Sinne der Anschaffungs- und Herstellungskosten bzw. Tageswerte im Abschnitt 10.3.4.6 näher eingegangen wird, sollen an dieser Stelle nur einige Bemerkungen zu den anzuwendenden **Methoden der planmäßigen Abschreibung (Ü1)** getätigt werden (siehe Abbildung 4.5).

Neben den planmäßigen Abschreibungen besteht unter bestimmten Voraussetzungen auch die Möglichkeit außerplanmäßige Abschreibungen vorzunehmen (vgl. 10.3.4.6).

Abschreibungsmethoden der planmäßigen Abschreibung

Lineare (gleich bleibende) Abschreibung

Merkmale:

- Abschreibung erfolgt stets mit einem über die Nutzungsdauer gleich bleibenden Prozentsatz von den Anschaffungs- oder Herstellungskosten.
- Anlagengut ist am Ende der Nutzungsdauer voll abgeschrieben.
- Diese Abschreibungsmethode ist steuerlich bei allen abnutzbaren Anlagegütern erlaubt.

Formeln: $a = \frac{A}{n}$ $\quad a = \frac{A - R_n}{n}$

Degressive Abschreibung (geometrisch/arithmetisch)

Merkmale:

- Abschreibung wird nur im ersten Jahr von den Anschaffungs- oder Herstellungskosten des Anlagengutes berechnet.
- In den folgenden Jahren wird dagegen mit einem gleich bleibenden Prozentsatz vom jeweiligen Restbuchwert abgeschrieben:

$$p = 100\left(1 - \sqrt[n]{\frac{R_n}{A}}\right)$$

- Da Buchwert von Jahr zu Jahr kleiner wird, ergeben sich fallende Abschreibungsbeträge.
- Anlagengut ist am Ende der Nutzungsdauer nicht voll abgeschrieben.
- Diese Abschreibungsmethode ist steuerrechtlich nur bei beweglichen abnutzbaren Anlagegütern möglich, wobei der Abschreibungssatz das Zweieinhalbfache des linearen Satzes, höchstens jedoch 25 % betragen darf. (§ 7 [2] EStG)
- Darüber hinaus ist die degressive Abschreibung auch noch in arithmetischer Form möglich. Dafür gelten folgende Formeln:

$$D = \frac{2A}{n(n+1)} \qquad D = \frac{2(A - R_n)}{n(n+1)} \qquad a_1 = D \cdot n$$

Progressive Abschreibung
(Umkehrvariante der degressiven Abschreibung – steuerrechtlich unzulässig)

Abschreibung nach Leistungseinheiten

Merkmale:

- erfolgt bei Anlagengütern, deren Leistung in der Regel erheblich schwankt und deren Verschleiß damit sehr differenziert.
- Bemessungsgrundlage für die Abschreibungsrechnung bildet die voraussichtliche Gesamtleistung des Anlagengutes.
- Der Jahresabschreibungsbetrag ergibt sich aus der Multiplikation der jährlichen Leistung mit dem AfA-Betrag.
- Diese Abschreibungsmethode ist steuerrechtlich zulässig, wenn die Leistungsinanspruchnahme nachweisbar ist.

Formel: $a = \frac{A}{L_G} \cdot L_p$

Abbildung 4.5 Methoden und Merkmale planmäßiger Abschreibung

Legende:

a Abschreibungsbetrag
A Anschaffungskosten
n Zahl der Jahre der Nutzung (betriebsgewöhnliche Nutzungsdauer)
R_n Restwert am Ende der Nutzungsdauer
D Degressionsbetrag
p Abschreibungsprozentsatz
L_G Gesamtleistungsvorrat des Anlagengutes
L_p in der Periode verbrauchter Leistungsvorrat

Beispiel:

Sachverhalt

Eine Unternehmung investiert in einen Pulverspritzgussautomaten 360 000 €. Die betriebsgewöhnliche Nutzungsdauer beträgt laut AfA-Tabelle 12 Jahre.

Aufgabenstellungen:

a) Berechnen Sie zunächst für den vorher genannten Sachverhalt den linearen Abschreibungssatz und -betrag.

b) Ermitteln Sie tabellarisch (Spalte 2) die jährlichen Abschreibungsbeträge und Restbuchwerte sowie den Restwert am Ende der Nutzungsdauer nach der linearen Abschreibungsmethode.

c) Berechnen Sie nach der beigestellten Formel zunächst den für die Anwendung der geometrisch-degressiven Abschreibungsmethode erforderlichen Abschreibungsprozentsatz (2 Stellen nach dem Komma). Welche Veränderung hätte sich laut § 7 Abs. 2 EStG mit erweitertem Hinweis auf § 52 Abs. 21 a für bewegliche Wirtschaftsgüter des Anlagevermögens für den Zeitraum vom 01.01.2009 bis zum 31.12.2010 ergeben?

d) Ermitteln Sie dann ebenfalls tabellarisch (Spalte 3) die jährlichen Abschreibungsbeträge und Restbuchwerte (jeweils 3 Stellen nach dem Komma) für die geometrisch-degressive Abschreibung unter dem Aspekt, dass der Restwert zum Nutzungsdauerende 40 000 € betragen soll.

e) Welche Wechselform ist steuerrechtlich laut § 7 Abs. 3 EStG erlaubt und wann ist allgemein der günstigste Wechselzeitpunkt gegeben?

f) Geben Sie für das konkrete Beispiel eine rechnerisch begründete Wechselempfehlung ab.

Lösungen:

zu a)

$$\text{linearer Abschreibungssatz} = \frac{100}{n} = \frac{100}{12} = 8{,}33\,\%$$

$$\text{linearer Abschreibungsbetrag} = \frac{A}{n} = \frac{360000\text{ €}}{12\text{ Jahre}} = 30000\text{ €/Jahr}$$

zu b/d)

		geometrisch-degressive Abschreibung
1	2	3
Anschaffungswert	360000	360000,00
AfA: 1. Jahr	30000	60228
Rest(buch)wert	330000	299772,00
AfA: 2. Jahr	30000	50151,855
Rest(buch)wert	300000	249620,15
AfA: 3. Jahr	30000	41761,451
Rest(buch)wert	270000	207858,70
AfA: 4. Jahr	30000	34774,76
Rest(buch)wert	240000	173083,94
AfA: 5. Jahr	30000	28956,943
Rest(buch)wert	210000	144127,00
AfA: 6. Jahr	30000	24112,447
Rest(buch)wert	180000	120014,56
AfA: 7. Jahr	30000	20078,435
Rest(buch)wert	150000	99936,13
AfA: 8. Jahr	30000	16719,314
Rest(buch)wert	120000	83216,816
AfA: 9. Jahr	30000	13922,173
Rest(buch)wert	90000	69294,643
AfA: 10. Jahr	30000	11592,993
Rest(buch)wert	60000	57701,65
AfA: 11. Jahr	30000	9653,486
Rest(buch)wert	30000	48048,164
AfA: 12. Jahr	30000	8038,457
Restwert 12. Jahr	0	40009,707

zu c) Formel der geometrisch-degressiven Abschreibung:

$$p = 100\left(1 - \sqrt[n]{\frac{R_n}{A}}\right) = 16{,}73\,\%$$

Anmerkung zu § 7 Abs. 2 EStG: Die AfA in fallenden Jahresbeträgen darf zu einem unveränderlichen Prozentsatz vom jeweiligen Buchwert erfolgen, der höchstens das Zweieinhalbfache des bei der Absetzung für Abnutzung in gleichen Jahresbeträgen in Betracht kommenden Prozentsatzes beträgt und 25 Prozent nicht übersteigt.

Diese Regelung gilt nur für Anlagegüter, die nach dem 31.12.2008 und vor dem 01.01.2011 angeschafft oder hergestellt wurden.

zu e)

Wechselform: Wechsel von der degressiven Abschreibung zur linearen Abschreibung ist erlaubt!

Wechselzeitpunkt: Wenn der AfA-Betrag bei linearer Restabschreibung größer ist als bei fortgeführter degressiver AfA!

zu f)

Rechnerische Beweisführung: $i = n - \frac{100}{p} + 1 = 12 - \frac{100}{16{,}73} + 1 = 7{,}022$

Fortgeführter degressiver AfA-Betrag:

$= 99936{,}13 \cdot 16{,}73 = 16719{,}314$

AfA-Betrag bei linearer Restabschreibung:

$= 99936{,}13 : 5 = 19987{,}226$

19 987,226 € > 16 719,314 €

Der Wechsel sollte im 8. Nutzungsjahr erfolgen.

■

Laut **§ 6 (2) EStG** sollte außerdem beachtet werden, dass abnutzbare bewegliche Wirtschaftsgüter des Anlagevermögens, die einer selbständigen Nutzung fähig sind, auch in voller Höhe als Betriebsausgaben abgesetzt werden können, wenn die Anschaffungskosten/Herstellungskosten, vermindert um einen darin enthaltenen Vorsteuerbetrag, 410 € nicht übersteigen.

4.3.4 Teilfunktionen der Anlagenwirtschaft (Übersicht)

Die Realisierung des fixierten Oberzieles und der daraus resultierenden Grundsatzaufgaben bedarf einer gut funktionierenden Organisation der Anlagenwirtschaft. Entsprechend der **Logik**, dass Anlagengüter

beschafft,

installiert,

genutzt,

instand gehalten, verbessert und ausgesondert

werden müssen, lässt sich die prinzipielle inhaltliche Strukturierung der Anlagenwirtschaft in folgende **Teilfunktionen** – auch als Aufgabenfelder bezeichnet – untergliedern (siehe Abbildung 4.6).

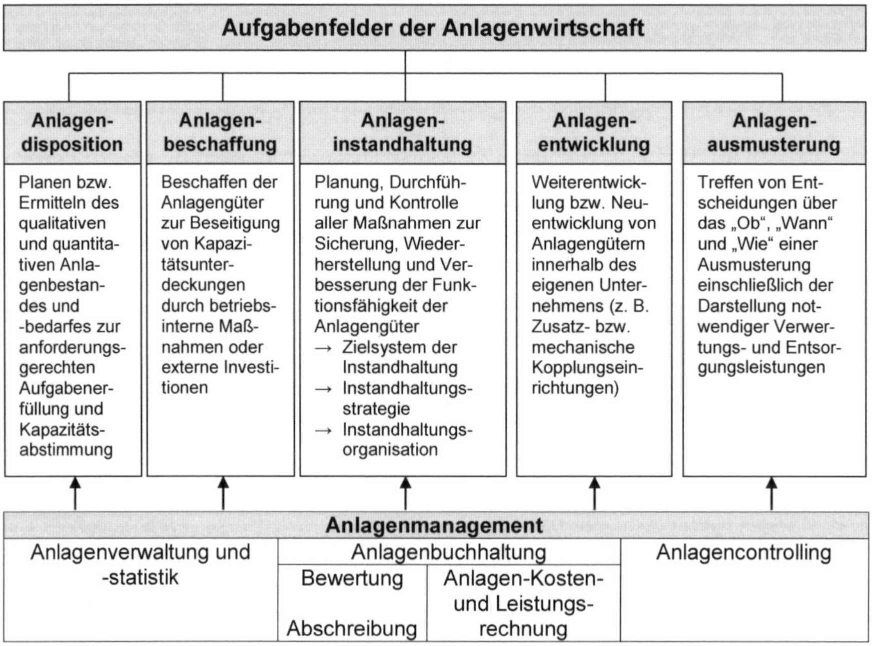

Abbildung 4.6 Teilfunktionen der Anlagenwirtschaft

Ohne den Ausführungen des Abschnittes 11.3.1.5 zur Gestaltung von Aufbau- und Ablauforganisationen in den Unternehmen vorzugreifen, sind vor allem bei der Ausformung der konkreten **Aufbauorganisation** von Anlagenwirtschaften zur Umsetzung der genannten Kerntätigkeiten folgende **Fragestellungen** zu beantworten:

1. Sollen die Aufgabeninhalte der Anlagenwirtschaft **zentral**, d. h. in einem betrieblichen Ressort, oder **dezentral** im Unternehmen organisiert werden?
2. Auf welcher **Ebene** der unternehmerischen Leitungshierarchie soll die Anlagenwirtschaft als eigenständiges Ressort angesiedelt werden (z. B. Direktorat, Hauptabteilung)?
3. Wie viele **interne Strukturebenen** darf die Anlagenwirtschaft beinhalten und gebieten diese neben den erforderlichen Linieninstanzen auch noch Stabsstellen?
4. Erscheint es sinnvoll, auch bei zentraler Organisationsstruktur definierte Teilaufgaben aus der Anlagenwirtschaft **auszugliedern** und sie von externen und internen **Dienstleistern** realisieren zu lassen?

4.4 Anlagendisposition

4.4.1 Begriff und Zielstellung

Unter dem Begriff der **Anlagendisposition** versteht man das Abstimmen des Anlagenbedarfes mit der Anlagenkapazität mit dem Ziel, eine optimale Bedarfsdeckung zu erreichen.

Das Ergebnis dieser Bedarfs- und Bestandsabstimmung führt bei einer Bedarfsunterdeckung zur Anlagenbeschaffung (vgl. Kap. 4.5) und bei einer Bedarfsüberdeckung zur Anlagenausmusterung (vgl. Kap. 4.8).

4

4.4.2 Anlagenbedarfsrechnung

Der **Anlagenbedarf** beinhaltet die Kapazität, die zur Realisierung definierter Arbeitsinhalte quantitativ und qualitativ benötigt wird. Da die Bestimmungsmerkmale der Attribute quantitativ und qualitativ schon im Abschnitt 4.3.2 beim Anlagenzeitgerüst erläutert wurden, soll an dieser Stelle nur etwas zu den Bedarfsarten und zu den Bedarfs-Berechnungsmethoden gesagt werden.

Der Anlagenbedarf lässt sich in folgende **Bedarfsarten** untergliedern (siehe Abbildung 4.7).

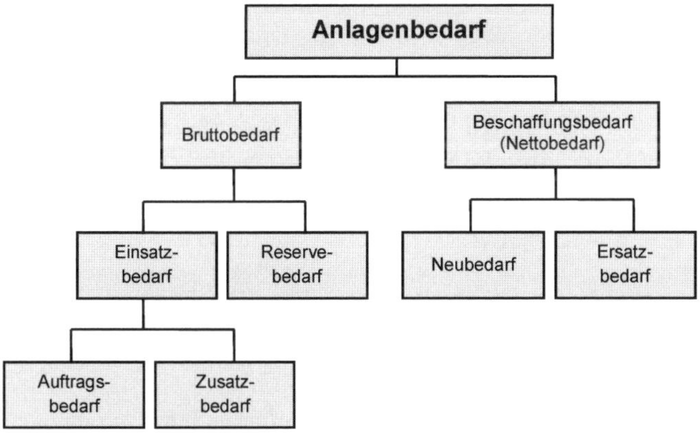

Abbildung 4.7 Gliederung des Anlagenbedarfes (siehe REFA, Bd. 2, 1985, 379)

Laut der angeführten Literaturquelle gelten für die einzelnen Kategorien folgende **Bestimmungsfaktoren** in wörtlicher Wiedergabe:

Bruttobedarf
ist der gesamt Bedarf an Anlagengütern, der in einer Periode zur Erfüllung der vorgesehenen Aufgaben erforderlich ist.

Einsatzbedarf
ist der Bedarf an Anlagengütern, der zur Durchführung von Aufträgen und von zusätzlichen Aufgaben erforderlich ist. ■

Reservebedarf
ist der Bedarf, der auf Grund längerfristiger technischer Störungen der Anlagengüter und auf Grund anderer längerfristiger Unterbrechung des Anlageneinsatzes erforderlich ist. ■

Auftragsbedarf
ist der Bedarf an Anlagengütern, der zur Durchführung von Aufträgen erforderlich ist. ■

Zusatzbedarf
ist der Bedarf, der zur Erfüllung von zusätzlichen Aufgaben erforderlich ist. Als solche gelten Aufgaben, die nicht im Einzelnen vorherbestimmt werden können. ■

Beschaffungsbedarf
oder auch Nettobedarf ergibt sich aus der Differenz zwischen dem Bruttobedarf und dem theoretischen Anlagengutbestand zu einem bestimmten Termin. ■

Neubedarf
ist der Bedarf, der zur Erfüllung solcher Aufgaben erforderlich ist, die ihrer Art nach neu sind oder die gegenüber ihrem bisherigen Umfang deutlich erweitert wurden. ■

Ersatzbedarf
ist der Bedarf, der sich durch den Verschleiß von Anlagengütern (im Besonderen von Werkzeugen und Vorrichtungen) und durch technische Veralterung ergibt. ■

Das konkrete **Methodenspektrum** zur Bestimmung des quantitativen Anlagenbedarfs orientiert sich analog der Bedarfsbestimmung an Material (vgl. 5.4.2.1 – Abbildung 5.8) und Personal. Das heißt, es gibt **deterministische** bzw. **stochastische** Verfahren der Bedarfsermittlung sowie die subjektive **Bedarfsschätzung**. Auf eine nähere Betrachtung der mit den beiden zuletzt genannten Verfahren verbundenen Arbeitsschritte und Formelansätze wird in diesem Zusammenhang verzichtet.

Für die **deterministische** Berechnung der Kategorien des Anlagenbedarfes sind jedoch zwei **Voraussetzungen** zu beachten:

1. Die Berechnung kann nur erfolgen, wenn das **inhaltliche und zeitliche Aufgabenspektrum** bekannt ist, das von einem Anlagengut in einer definierten Periode zu realisieren ist.

2. Bekannt sein müssen auch die in den Arbeitsplänen verankerten vorausberechneten **Sollzeiten zur Aufgabenrealisierung**

In Anlehnung an REFA, Bd. 2, 1985 gilt für die Berechnung des Anlagenbedarfes folgende **Arbeitsschrittfolge (Ü2)** (siehe Abbildung 4.8):

1. Anlagengutbestandsdaten eingeben
2. theoretischen (q_{AT}) und realen (q_{AR}) Kapazitätsbestand eines Anlagengutes berechnen
3. Planungs- und Auftragsdaten sowie Daten für zusätzliche Nutzung eingeben
4. zeitlichen Auftragsbedarf (C_{BA}) berechnen
5. zeitlichen Zusatzbedarf (C_{BZ}) berechnen
6. zeitlichen (C_{BE}) und zahlenmäßigen Einsatzbedarf (n_{BE}) berechnen
7. zeitlichen (C_{BV}) und zahlenmäßigen Verfügbarkeitsbedarf (n_{BV}) berechnen
8. zahlenmäßigen Reservebedarf (n_{BRes}) berechnen
9. zahlenmäßigen Bruttobedarf (n_{BBr}) berechnen

Abbildung 4.8 Vorgehen bei der deterministischen Berechnung des Anlagenbedarfes

Die formelmäßigen Ansätze der in den einzelnen Arbeitsschritten genannten Bedarfs- und Bestandskategorien lauten:

$$q_{AT} = ES \cdot (A \cdot S) \cdot AP \quad \text{und} \quad q_{AR} = q_{AT} \cdot p_A^*$$

$$C_{BA} = \sum_{i=1}^{n} T_{bA_i} \quad \text{und} \quad C_{BZ} = C_{BA} \cdot \frac{Z_{AZ}^*}{100\,\%}$$

$$C_{BE} = C_{BA} + C_{BZ} \quad \text{und} \quad C_{BV} = \frac{C_{BE}}{\left(1 - \frac{G_{AUbr}^*\,\%}{100\,\%}\right)}$$

$$n_{BE} = \frac{C_{BE}}{q_{AT} \cdot \frac{ZG_A^*\,\%}{100\,\%}} \quad \text{und} \quad n_{BV} = \frac{C_{BV}}{q_{AT} \cdot \frac{ZG_A^*\,\%}{100\,\%}}$$

$$n_{BRes} = n_{BE} \cdot \left(\frac{1}{p_A^*} - 1\right) \quad \text{und} \quad n_{BBr} = \frac{C_{BE}}{\left(q_{AR} \cdot \frac{ZG_A^*\,\%}{100\,\%}\right)}$$

$$p_A^* = \left(1 - \frac{G_{A\,Aus}^*}{100\,\%}\right) \cdot \left(1 - \frac{G_{A\,Ubr}^*}{100\,\%}\right)$$

$$T_{bA} = t_{rA} + m \cdot t_{eA}$$

Legende:

ES = theoretische Einsatzzeit eines Anlagengutes

A = Minutenfaktor/Stunde

S = Anzahl der Schichten/Arbeitstag

AP = Anzahl Arbeitstage/Periode

p_A^* = Planungsfaktor einer Anlagengutgruppe

T_{bA} = Belegungszeit

Z_{AZ}^* = Zuschlagsprozentsatz für zusätzliche Nutzung der Anlagengutgruppe

$G_{A\,Ubr}^*$ = Unterbrechungsgrad der Anlagengutgruppe

$G_{A\,Aus}^*$ = Ausfallgrad der Anlagengutgruppe

ZG_A^* = durchschnittlicher Zeitgrad der Anlagengutgruppe

t_{rA} = Anlagengutrüstzeit

t_{eA} = Anlagengutzeit/Einheit

m = Auftragsmenge

4.4.3 Anlagenbestandsrechnung

Der **Anlagenbestand** ist die quantitative und qualitative Kapazität an Anlagengütern, die zur Realisierung von Arbeitsinhalten zur Verfügung steht.

Als Analogie zu den Bedarfskategorien gelten auch laut REFA (REFA, Bd. 2, 1985) folgende **Bestandsarten** für ein Anlagengut:

Theoretischer Anlagenbestand
ist der Kapazitätsbestand eines Anlagengutes, der sich aus der Summe der theoretischen Einsatzzeiten je Schicht in den für das Anlagengut betrieblich festgesetzten Schichten einer Periode ergibt. ■

Technisch verfügbarer Anlagenbestand
ist der Kapazitätsbestand eines Anlagengutes, der sich aus der Summe der Zeiten, in denen das Anlagengut während seiner theoretischen Einsatzzeit betriebsbereit zur Verfügung steht, ergibt. ■

Ausfallbestand
ist der nicht einsetzbare Kapazitätsbestand, der sich infolge technischer Ausfälle eines Anlagengutes aus der Summe der Ausfallzeiten je Periode ergibt. ■

Realer Anlagenbestand
ist der Kapazitätsbestand, der sich aus der Summe der Zeiten innerhalb der theoretischen Einsatzzeit, in welcher das Anlagengut bei voller Auslastung im Einsatz ist, ergibt. Er verkörpert die Differenz zwischen dem theoretischen und dem nicht einsetzbaren Anlagenbestand.

Unterbrechungsbestand
verkörpert den während der Betriebszeit nicht einsetzbaren Kapazitätsbestand eines Anlagengutes. Er ergibt sich aus der Summe der Unterbrechungszeiten je Periode.

Nicht einsetzbarer Anlagenbestand
dokumentiert die Summe von Ausfallbestand und Unterbrechungsbestand eines Anlagengutes. Er besteht demnach aus den Zeiten, in denen das Anlagengut während seiner theoretischen Einsatzzeit außer Einsatz ist oder in denen der Betrieb während seiner theoretischen Einsatzzeit ruht.

4.4.4 Anlagenabstimmung

Die Abstimmung und damit die eigentliche Disposition von Anlagenbedarf und -bestand erfolgt, wie schon eingangs vermerkt, mit der Zielstellung, eine **Deckung** zwischen beiden Komponenten zu erreichen. Gelingt dies nicht, kommt es entweder zu **Anlagenbeschaffungen** oder **Anlagenausmusterungen**. Die Abbildung 4.9 verkörpert die analogen Bedarfs- und Bestandskategorien in ihrem direkten **Sachzusammenhang:**

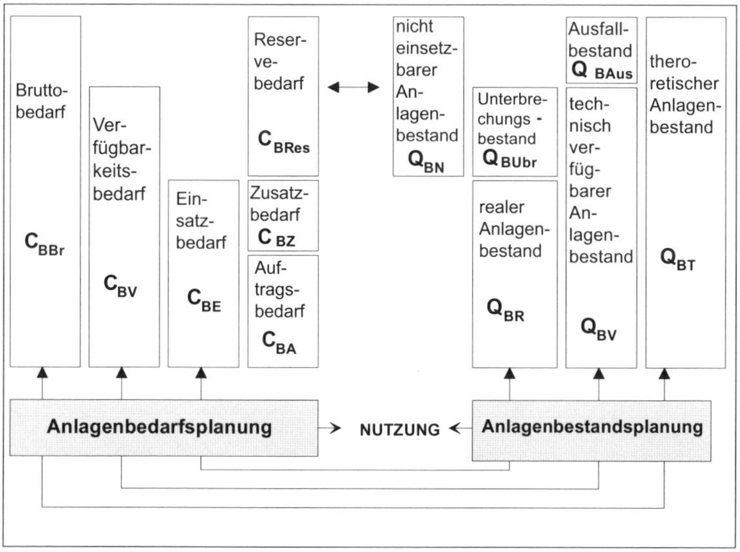

Abbildung 4.9 Abstimmung zwischen Anlagenbedarf und -bestand nach REFA, Bd. 2, 1985, 381

4.5 Anlagenbeschaffung (Investition)

4.5.1 Begriff und Ziele

Unter dem Begriff der **Anlagenbeschaffung** oder -bereitstellung versteht man im engeren Sinne betrachtet alle Tätigkeiten, die mit der effizienten und rentablen Versorgung der Unternehmung mit Anlagengütern mittels unterschiedlicher Beschaffungsformen wie Kauf, Eigenfertigung, Leasing oder Miete verbunden sind. ■

Im praxisorientierten Sprachgebrauch (vgl. Ermschel et al. 2013 sowie Kruschwitz 2014) wird meist der Beschaffungsbegriff mit dem Begriff der **Investition** gleichgesetzt. Geht man von diesem aus, so verkörpern im weiteren Sinne Investitionen eine differenzierte Bindung von Kapital an Vermögen unter Beachtung leistungs- und finanzwirtschaftlicher Aspekte mit dem Resultat meist längerfristiger Folgewirkungen. Im engeren Sinne bezieht sich dieser Begriff jedoch vorrangig nur auf die Umwandlung liquider Mittel in Sachanlagen mit produktionswirtschaftlicher Nutzung. Man nennt diese Investitionsart dann **Realinvestitionen**. Da Investitionen die Verwendung vorher beschaffter finanzieller Mittel dokumentieren und damit den Anlass für eine Finanzierung darstellen, gelten die analogen Ziele der Finanzierung auch für Investitionen. Als solche **Investitionsziele** sind zu nennen (vgl. Olfert 2012):

- **A Liquidität**
- **B Sicherheit**
- **C Rentabilität**
- **D Unabhängigkeit**

Da die unter C und A genannten Kategorien schon in den Abschnitten 1.5.2.3 und 1.5.2.4 erläutert wurden, wird an dieser Stelle auf eine nähere Darstellung verzichtet. Das Investitionsziel der **Sicherheit** bezieht sich auf den Erwartungswert der Gewinnerzielung, denn Investitionen sind auch mit hohen Risiken verbunden, die bei großen Verlusten bis zur Illiquidität und damit Insolvenz der Unternehmung führen können. Deshalb ist es erforderlich, im Rahmen des Vollzugs der Arbeitsstufen der Investitionseinzelplanung eine Bewertung der Investitionsalternativen mit möglichst großer Datensicherheit zu vollziehen. Unter dem Begriff der **Unabhängigkeit** versteht man dagegen die Zielsetzung, wenn Unternehmensentscheidungen nicht durch Dritte beeinflusst werden.

4.5.2 Investitionsarten

Eine Systematisierung der den Oberbegriff verkörpernden **Investitionsarten** ist nur dann möglich, wenn man diese nach vorher bestimmten Aspekten wie

a) Investitions-**Verwendung**

b) Investitions-**Zweck**

c) Investitions-**Motiv**

strukturiert.

In Anlehnung an Olfert 2012 lassen sich die in Abbildung 4.10 dargestellten **Investitionsarten** unterscheiden.

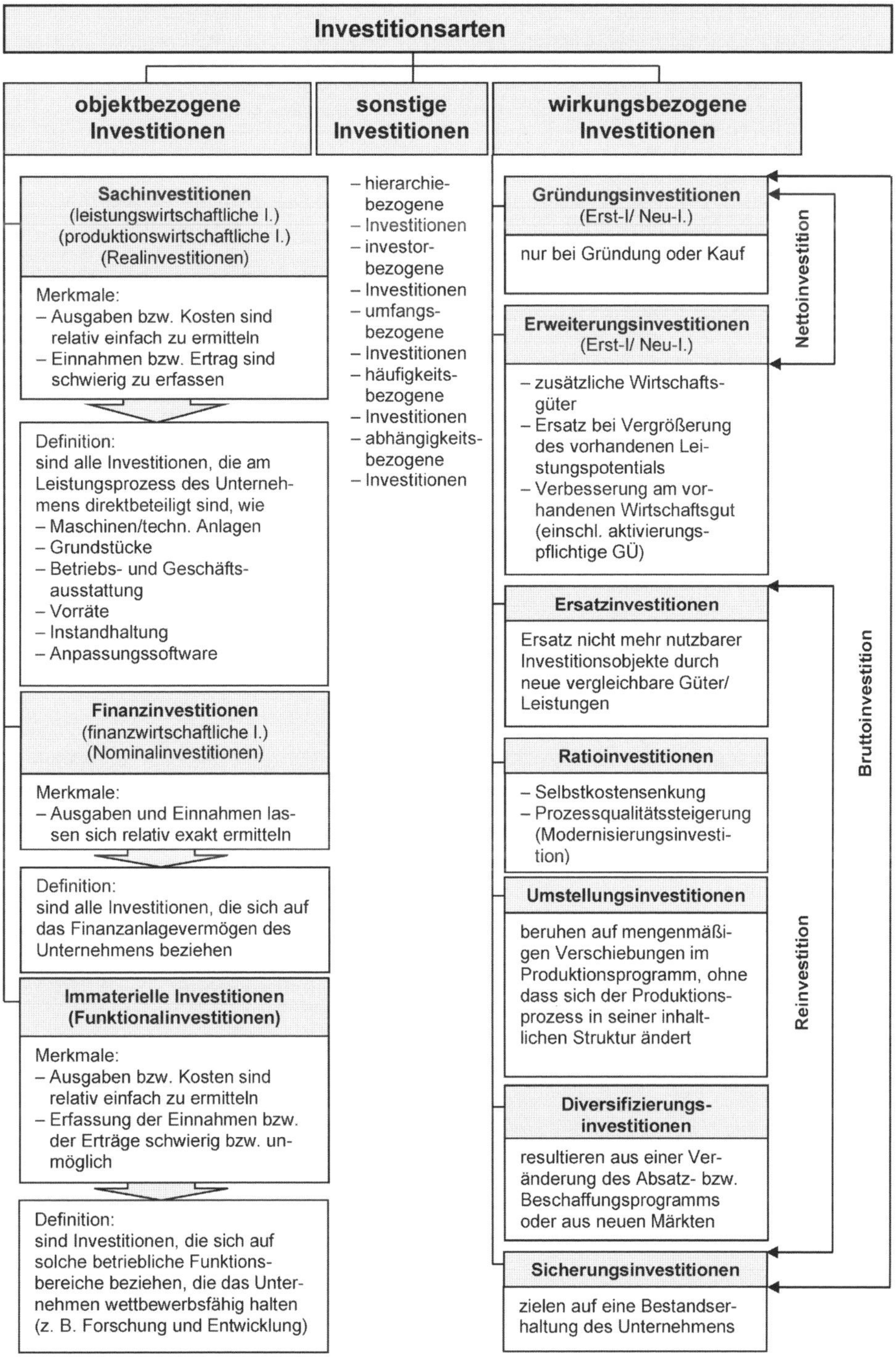

Abbildung 4.10 Einteilung der Investitionsarten

Neben dieser Einteilung sind aber auch noch weitere Unterteilungen möglich wie z. B. **unabhängige** und **abhängige** Investitionen (vgl. Schweitzer 1994). Während die Ersteren keine Kausalität zu schon vorhandenen bzw. zu beschaffenden Sachanlagen verkörpern, erfordern die abhängigen diese Komplementärbeziehung. Darüberhinaus (vgl. Bleis 2011 und Ermschel et al. 2013) wird sogar eine noch andere Kategorisierung vorgenommen. So wird z. B. bei Bleis von Sach- und Finanzanlageninvestitionen, aber auch von Errichtungs- und laufenden Investitionen gesprochen, während Ermschel dagegen eine grundlegende Unterscheidung in bilanzierte und nicht bilanzierte Investitionen vornimmt.

4.5.3 Investitionsplanung

Da mit einer Investition von Anlagengütern meistens weit reichende Konsequenzen in Bezug auf Fixkostenerhöhung, Fertigungsprogrammfestlegung und Innovationsfortschritt verbunden sind, bedarf die Investitionsplanung sowohl als **Einzel**- als auch als Gesamtplanung einer vorrangigen Beachtung. Der Planungsprozess von **Einzelinvestitionen** sollte in Anlehnung an das bekannte Phasenschema von Olfert (2012) nach den in der Abbildung 4.11 dargestellten prinzipiellen **Arbeitsstufen** gestaltet werden.

Die Planung der Summe aller Einzelinvestitionen, die in ihrer Gesamtheit das Investitionsprogramm einer Unternehmung verkörpert, dokumentiert sich in dem **Gesamt- oder Investitionsplan**. Dieser Plan resultiert bzw. korrespondiert vor allem aus/mit dem Absatz-, Produktions-, Kosten- und Finanzplan des Unternehmens (vgl. Abbildung 11.3) unter Beachtung einer Vielzahl weiterer technischer, rechtlicher und sozialer Beschaffungsaspekte (z. B. Umwelt- und Instandhaltungsverträglichkeit, Betriebssicherheit usw.).

Bei diesem Planungsprozess ergibt sich ebenfalls nach Olfert 2012 das in Abbildung 4.12 aufgeführte **Ablaufprocedere**.

Abschließend zu diesem Problem muss noch vermerkt werden, dass ein Investitionsplan durch den Vollzug einer **Simultan- oder Sukzessivplanung** erarbeitet werden kann. Beim erstgenannten Planungsaspekt werden alle Einnahmen und Ausgaben, die aus sämtlichen Investitionen resultieren, gleichzeitig einer Vorteilhaftigkeitsprüfung unterzogen und somit der optimale Investitionsplan erstellt. Im zweiten Fall resultiert der Investitionsplan aus den Modalitäten des Absatz- und Produktionsplanes (siehe Abschnitt 11.3.1.3).

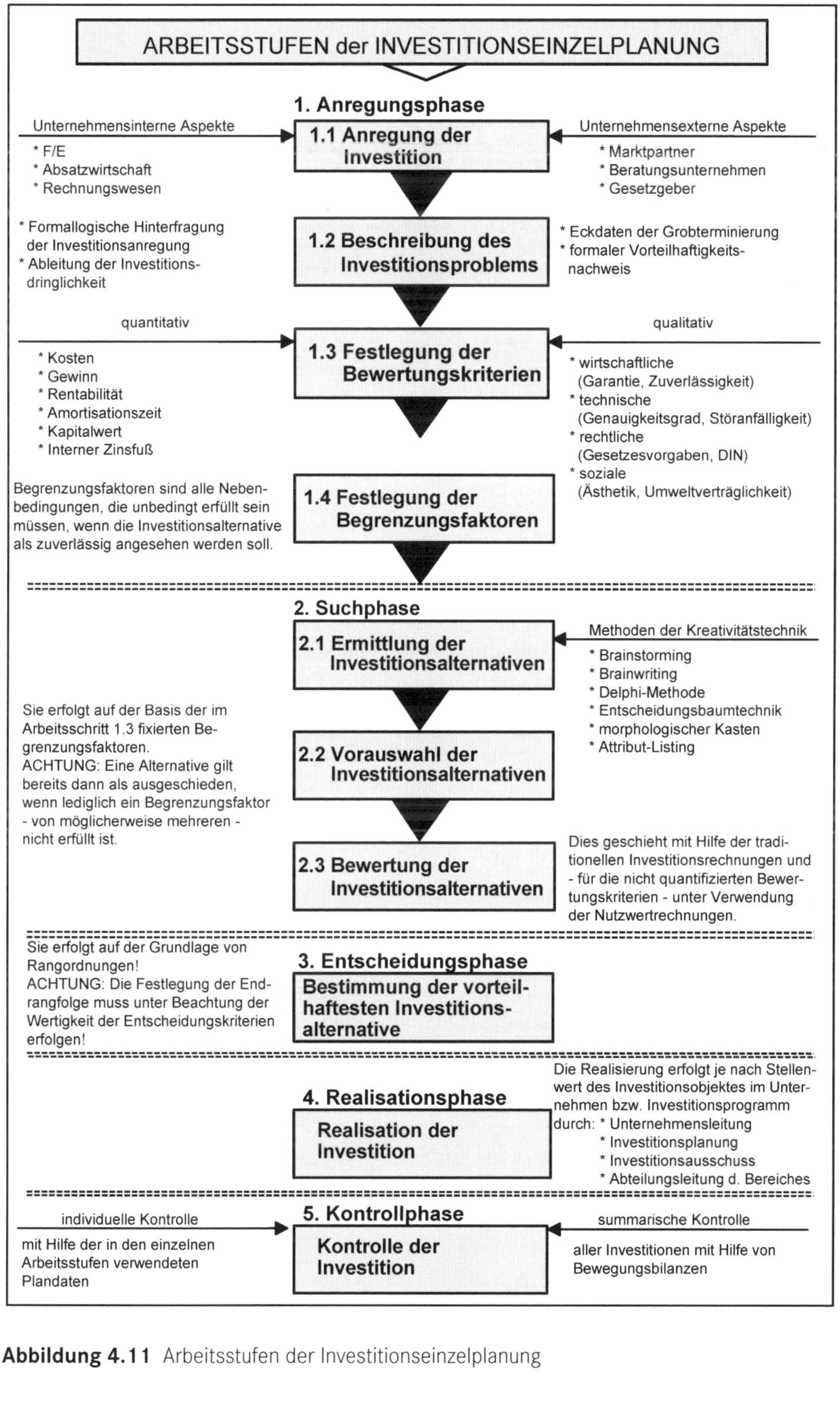

Abbildung 4.11 Arbeitsstufen der Investitionseinzelplanung

Feststellung der gewünschten Investitionen	durch Annahme der Investitionsanträge
Ermittlung des Investitionsbedarfes	im Rahmen der Investitionsplanung
Beurteilung der gewünschten Investitionen	im Rahmen der Investitionsplanung
Ermittlung des Kapitalbedarfes	im Rahmen der Finanzplanung
Ermittlung der Finanzierungsmöglichkeiten	durch Analyse des Geld-/ Kapitalmarktes
Festlegung des Investitionsprogrammes	im Rahmen der Investitionsplanung

Abbildung 4.12 Ablaufprocedere der Investitionsgesamtplanung

4.5.4 Investitionsentscheidungen

Da Investitionen i.d.R. mit großem Kapitaleinsatz und einer langen Kapitalbindung verbunden sind, bedürfen sie einer gewissenhaften Investitionsentscheidung. Aus der genannten Langfristigkeit der Kapitalbindung, aber auch aus der verlustfreien Irreversibilität von Investitionsentscheidungen resultiert ein drittes Entscheidungsmerkmal, nämlich die **Risikoentscheidung unter Unsicherheit**.

Interessant und besonders wichtig für den späteren Erfolg von Investitionsrechnungen als Vorbereitungselement effizienter und zieladäquater Investitionsentscheidungen ist die Kenntnis der **Wahlhandlungen** bezüglich der

a) Ungewissheit/Datensicherheit und

b) des Entscheidungstyps.

Die Abbildung 4.13 klassifiziert die Investitionsentscheidungen nach den unter a) und b) genannten Gesichtspunkten.

Darüber hinaus (vgl. Kruschwitz 2014) erfolgt auch eine Klassifizierung der Investitionsentscheidungen nach Einzel- oder Programmentscheidung bzw. erstere nach Wahl- oder Investitionsdauerentscheidung.

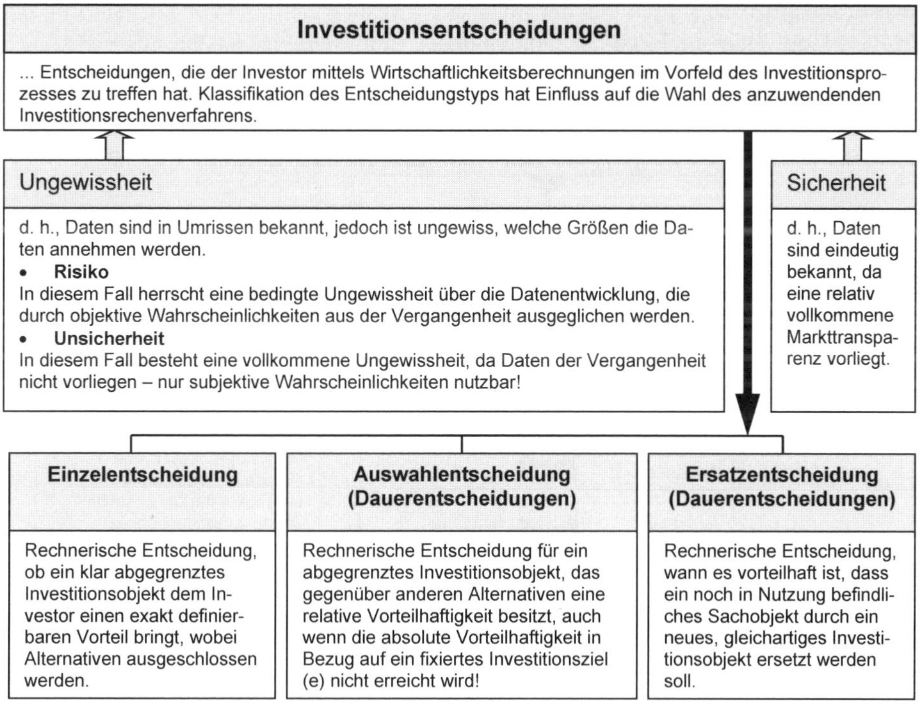

Abbildung 4.13 Klassifikation von Investitionsentscheidungen

4.5.5 Verfahren der Investitionsrechnung für Sachinvestitionen

4.5.5.1 Auszahlungs- und Einzahlungsbegriffe der Investitionsperiode

Die nach entsprechenden Aspekten untergliederten Investitionsaspekte (vgl. Abschnitt 4.5.2) werden bekanntlich im Rahmen von **Investitionsprozessen** beschafft. Betrachtet man die Investition dabei als Einnahme-Ausgabe-Reihe, so vollziehen sich zwischen dem Beginn und dem Ende einer Investitionsperiode die in Abbildung 4.14 dargestellten **Auszahlungs- und Einzahlungsbegriffe** und daraus abgeleitete Erkenntnisse.

Aus der Abbildung lassen sich folgende **Erkenntnisse** ableiten:

- Die mehr oder weniger exakte Ermittlung der Ausgaben und Einnahmen über alle Nutzungsperioden ist eine entscheidende Voraussetzung für den potenziellen Aussagewert von Investitionsrechnungen.
- Bei den Zahlungsströmen können zwei Arten von grundlegenden Wertebewegungen unterschieden werden:
- bestandsabhängige Zahlungsströme (Anschaffungskosten + Desinvestition)
- nutzungsabhängige Zahlungsströme (laufende Ausgaben + laufende Einnahmen aus Absatzerlösen)

- Investitionsprozesse sollten aus der Sicht des Investors Beiträge zur Realisierung der Erfolgs-, Liquiditäts- und Risikokomponente des Unternehmens leisten.

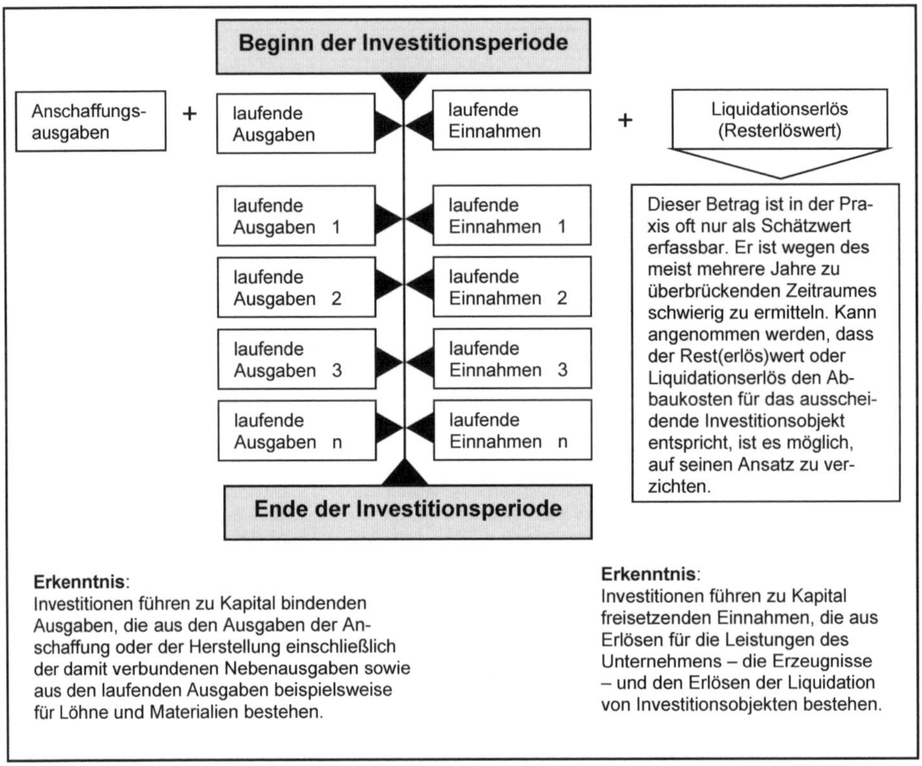

Abbildung 4.14 Auszahlungs- und Einzahlungsbegriffe der Investitionsperiode

4.5.5.2 Verfahren der Investitionsrechnung im Überblick

Wie aus der obigen Darstellung ersichtlich, werden Investitionsentscheidungen primär durch quantifizierbare Rechengrößen beeinflusst. In Theorie (vgl. Bleis 2011, Olfert 2012, Ermschel/Möbius/Wengert 2013, Hering 2013 und Kruschwitz 2014) und Praxis haben sich zur Beurteilung von Investitionsvorhaben eine Reihe von **Verfahren** der Investitionsrechnung herauskristallisiert. In der nachfolgenden Abbildung 4.15 werden diese überblicksmäßig dargestellt einschließlich ihrer primären **Merkmale**.

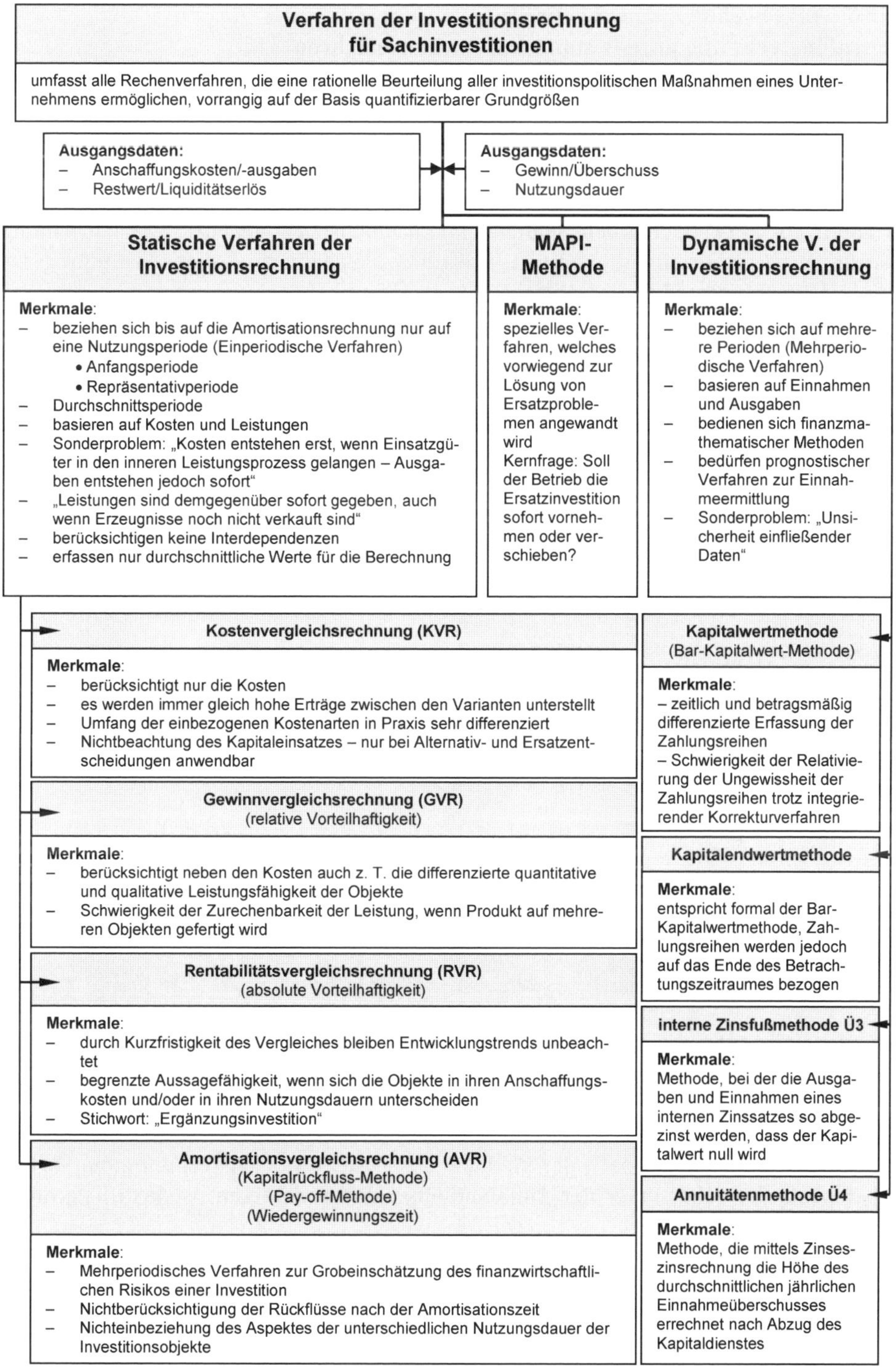

Abbildung 4.15 Verfahren der Investitionsrechnung von Sachinvestitionen

4.5.5.3 Ausgewählte Rechenbeispiele

Investitionsrechnung mittels statischer Rechenverfahren

Sachverhalt

Ein wichtiges Hilfsmittel, das eine rationelle Beurteilung investitionspolitischer Maßnahmen ermöglicht, verkörpert die Investitionsrechnung in statischer Form. Der gewünschte Beurteilungseffekt richtet sich letztendlich nach der eingangs fixierten Zielstellung der Verfahren, also entweder der Beurteilung einer Einzelentscheidung oder der Entscheidung über die jeweilige Vorteilhaftigkeit von Investitionsalternativen oder der Ermittlung des optimalen Ersatzzeitpunktes.

Ausgangsdaten

Daten	Investitionsalternative	
	I_1	I_2
Anschaffungskosten (€)	300 000	150 000
Nutzungsdauer (Jahre)	10	10
Kapazität (LE/Jahr)	17 000	15 000
Auslastung (LE/Jahr)	10 000	10 000
Rest(erlös)wert (€)	20 000	0
Zinssatz (%)	7	7
Materialeinzelkosten (€/Jahr)	50 000	55 000
Energiekosten (€/Jahr)	3500	2500
Instandhaltungskosten für Mindestmaßnahmen (€/Jahr)	16 000	12 000
Fertigungslohn einschl. Lohnnebenkosten (€/Jahr)	20 000	35 000
Sondereinzelkosten der Fertigung (€/Jahr)	2500	3000
Gehälter einschl. Nebenkosten (€/Jahr)	15 000	15 000

Aufgabenstellungen

1. Ermitteln Sie auf der Grundlage der vorliegenden Ausgangsdaten die Vorteilhaftigkeit der Investitionsalternativen nach der Methode der **Kostenvergleichsrechnung**.
2. Ermitteln Sie ebenfalls nach der Methode der Kostenvergleichsrechnung die Vorteilhaftigkeit, jetzt aber unter der Annahme eines **differenzierten Auslastungsgrades** (I_1 = 12 500)

   Die Berechnung soll dabei auf den folgenden Voraussetzungen beruhen:

   - Die mittels der alternativen Investitionsobjekte zu fertigenden Erzeugnisse sind ähnlich oder gleich.
   - Die Preise der zu fertigenden Erzeugnisse sind in ihrer Höhe absatzunabhängig.

3. Definieren Sie den Begriff der „**kritischen Menge**“ und ermitteln Sie diese rechnerisch und grafisch für den unter 1. genannten Sachverhalt.

   Wie kann die Formel zur Bestimmung der kritischen Menge, bezogen auf die grafische Lösung, betriebswirtschaftlich interpretiert werden?

4. Ermitteln Sie weiterhin tabellarisch für den unter 1. angeführten Sachverhalt die Vorteilhaftigkeit beider Alternativen, jetzt unter der Maßgabe der Berechnung des **geeignetsten Ersatzzeitpunktes** für beide Varianten, wobei folgende Unterstellungen bzw. Zusatzdaten gelten:

   - I_1 entspricht dem „neuen Investitionsobjekt“
   - I_2 entspricht dem „alten Investitionsobjekt“
   - angenommener Ersatzzeitpunkt: Ende 8. Nutzungsjahr
   - altes Investitionsobjekt könnte in Zahlung gegeben werden
   - Resterlöswert (alt) am Ende der Nutzungsdauer = 2000 €
   - Resterlöswert (alt) am Ende des 8. Nutzungsjahres = 5000 €

4

5. Ermitteln Sie unter Berücksichtigung der Ausgangsdaten nun die relative Vorteilhaftigkeit der Investitionsobjekte für alle drei Entscheidungstypen nach der tabellarischen Methode der **Gewinnvergleichsrechnung**, wenn folgende Bedingungen/**Zusatzdaten** gelten:

   - bei der Berechnung der Einzel-, Alternativ- und Ersatzentscheidung gelten die Preise:

     für I_1 = 15,10 €/EE

     für I_2 = 14,30 €/EE

6. Berechnen Sie nun für die unter 1. und 5. fixierten Sachverhalte und Zusatzdaten die **kritische Auslastung** beider alternativen Investitionsobjekte auf der Basis der Ihnen bekannten Gewinnfunktionen. Interpretieren Sie das Ergebnis.

7. Ermitteln Sie weiterhin die absolute Vorteilhaftigkeit mittels der **Rentabilitätsvergleichsrechnung** für alle drei Entscheidungstypen unter den in den Punkten 4. und 5. angeführten Sachverhalten und Zusatzdaten. Außerdem gilt bei der Einzelentscheidung eine Mindestrentabilität von 7 Prozent.

8. Berechnen Sie abschließend mittels der **Amortisationsvergleichsrechnung** die Vorteilhaftigkeit von Investitionen auf der Grundlage der ersten beiden Entscheidungstypen, basierend auf den unter 1. und 5. ermittelten Ausgangsdaten.

   Die vom Unternehmen geforderte Amortisationszeit beträgt 6 Jahre.

   Überlegen Sie darüber hinaus, inwieweit die errechneten Amortisationszeiten Auskunft über die wirtschaftliche Vorteilhaftigkeit von Investitionen geben.

Lösungen:

zu 1.

Entscheidungsregel $K_{I_1} >=< K_{I_2}$

Das heißt, bei leistungsgleichen Alternativobjekten ist die Anlage vorzuziehen, die die **niedrigsten** jährlichen Kosten aufweist.

Damit gilt: $K_{I_1} = K_{v_1} + K_{f_1} >=< K_{I_2} = K_{v_2} + K_{f_2}$

Unter Zugrundelegung der Ausgangsdaten und nachfolgender Daten des Kostenvergleichs

	I_1	I_2
Fixe Kosten		
▪ Abschreibungen (€/Jahr)	28 000	15 000
▪ Zinsen (€/Jahr)	11 200	5250
▪ Raumkosten (€/Jahr)	–	–
▪ Instandhaltungskosten für Mindestmaßnahmen (€/Jahr)	16 000	12 000
▪ Gehälter einschl. Sozialleistungen		
▪ Sonstige fixe Kosten	15 000	15 000
	–	–
▪ Summe Fixkosten pro Jahr	70 200	47 250
	I_1	I_2
Variable Kosten		
▪ Löhne einschl. Lohnnebenkosten	20 000	35 000
▪ Materialeinzelkosten	50 000	55 000
▪ Energiekosten	3500	2500
▪ Werkzeugkosten	2500	3000
▪ Sonstige variable Kosten	–	–
Summe variable Kosten pro Jahr	76 000	95 500

einschließlich notwendiger Nebenrechnungen für die **Abschreibungen** und **Zinsen**

- Abschreibungsbetrag $b_{I_1} = \frac{(A - RW)}{n} = \frac{300\,000 - 20\,000}{10} = \underline{\underline{28\,000\text{ €/Jahr}}}$

- Abschreibungsbetrag

$$b_{I_2} = \frac{A}{n} = \frac{150\,000}{10} = \underline{\underline{15\,000\text{ €/Jahr}}}$$

- Zinsen

$$Z_{I_1} = \frac{(A + RW)}{2} \cdot i = \frac{(300\,000 + 20\,000)}{2} \cdot 0{,}07 = \underline{\underline{11\,200\text{ €/Jahr}}}$$

- Zinsen

$$Z_{I_2} = \frac{A}{2} \cdot i = \frac{150\,000}{2} \cdot 0{,}07 = \underline{\underline{5250\ €/\text{Jahr}}}$$

ergibt sich folgendes Resultat:

K_{I_1} (146 200) > K_{I_2} (142 750) → I_2 ist günstiger!

zu 2.

Entscheidungsregel: $k_{I_1} >=< k_{I_2}$

Das heißt, bei Investitionsalternativen mit unterschiedlichen Leistungsmengen sind die Stückkosten also die Kosten einer Investitionsalternative/Jahr durch die Leistungsmenge/Jahr zu Grunde zu legen.

Damit gilt:

$$k_{I_1} = \frac{146\,200\ €/\text{Jahr}}{12\,500\ \text{Stück/Jahr}} = \underline{\underline{11{,}696\ €/\text{Stück}}}$$

$$k_{I_2} = \frac{142\,750\ €/\text{Jahr}}{10\,000\ \text{Stück/Jahr}} = \underline{\underline{14{,}275\ €/\text{Stück}}}$$

$k_{I_1} < k_{I_2}$ → I_1 ist günstiger!

zu 3.

Definition „kritische Menge“: Die kritische Menge ist die Leistungsmenge, bei der die Kosten beider Investitionsalternativen gleich sind.

Formelansatz:

(variable Kosten/Stück der Anlage 1 • x) + Fixkosten p. a. der Anlage 1

=

(variable Kosten/Stück der Anlage 2 • x) + Fixkosten p. a. der Anlage 2

Damit gilt rechnerisch:

$$\frac{76\,000\ \text{Stück}}{10\,000\ \text{Stück/a}} \cdot x + 70\,200\ €/\text{a} = \frac{95\,500\ \text{Stück}}{10\,000\ \text{Stück/a}} \cdot x + 47\,250\ €/\text{a}$$

$$1{,}95\ x = 22\,950$$

$$x = 11\,769{,}23\ \text{Stück/a}$$

Probe:

$$7{,}60 \cdot 11\,769{,}23 + 70\,200 = 9{,}55 \cdot 11\,769{,}23 + 47\,250$$

$$159\,646{,}14\ €/\text{a} = 159\,646{,}14\ €/\text{a}$$

Für die grafische Darstellung gilt:

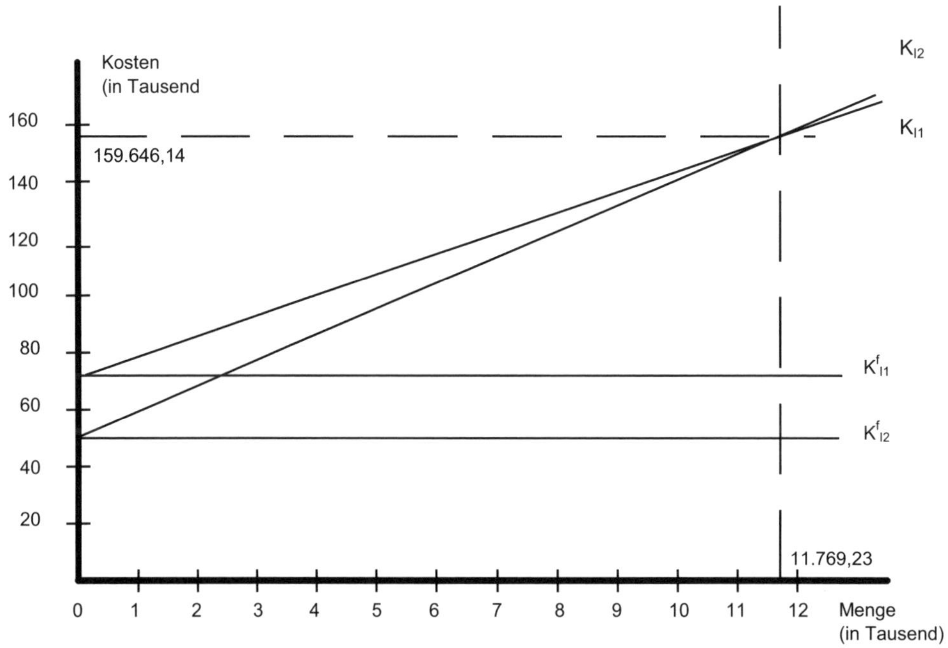

Betriebswirtschaftliche Interpretation:

- Bei einer fiktiven Produktionsmenge von 11 769,23 Stück/Jahr wären die Gesamtkosten beider Alternativen gleich (siehe Probe und Schnittpunkt).
- Bei $x > 11\,769{,}23$ Stück/Jahr ist die Alternative I_1 immer günstiger, da geringere Gesamtkosten (z. B. $x = 12\,600$ Stück/Jahr; $K_{I1} = 165\,960$ €/Jahr; $K_{I2} = 167\,500$ €/Jahr), obwohl I_1 einen um 150 000 € höheren Anschaffungswert besitzt (Kapitalknappheit ausgeschlossen!).
- Bei $x < 11\,769{,}23$ Stück/Jahr ist die Alternative I_2 immer günstiger (z. B. 10 800 Stück/Jahr; $K_{I1} = 152\,280$ €/Jahr; $K_{I2} = 150\,390$ €/Jahr).
- Zu überprüfen wäre weiterhin, ob die kritische Menge in beiden Fällen innerhalb des Kapazitätslimits liegt!
- Unterstellt wird in diesem Zusammenhang auch, dass die Stückzahl der kritischen Menge am Markt realisierbar ist!

zu 4.

Entscheidungsregel der Ersatzentscheidung: $K_{I_N} >=< K_{I_A}$

Tabellarischer Kostenvergleich:

		neues Investitionsobjekt (I_1)	Altes Investitionsobjekt (I_2)
Anschaffungskosten	(€)	300 000	150 000
Restwert	(€)	20 000	0
Nutzungsdauer	(Jahre)	10	10
Auslastung	(Stück/ Jahr)	10 000	10 000
Zinssatz	(%)	7	7
Restnutzungsdauer	(Jahre)		2
Resterlöswert Ende des 8. Jahres	(€)		5000
Resterlöswert Ende des 10. Jahres	(€)		2000
Abschreibungen	(€/Jahr)	28 000	-
Verringerung des Liquidationswertes[1)]	(€/Jahr)	-	1500
Zinsen[2)]	(€/Jahr)	11 200	245
Raumkosten	(€/Jahr)	-	-
Instandhaltungskosten	(€/Jahr)	16 000	12 000
Gehälter	(€/Jahr)	15 000	15 000
Sonstige fixe Kosten	(€/Jahr)	-	-
fixe Kosten	(€/Jahr)	70 200	28 745
Löhne	(€/Jahr)	20 000	35 000
Materialkosten	(€/Jahr)	50 000	55 000
Energiekosten	(€/Jahr)	3500	2500
Werkzeugkosten	(€/Jahr)	2500	3000
sonstige variable Kosten	(€/Jahr)	-	-
variable Kosten	(€/Jahr)	76 000	95 500
gesamte Kosten	(€/Jahr)	146 200 > 124 245	
Kostendifferenz (N - A)	(€/Jahr)	+ 21 955	

Nebenrechnungen zum Index 1) und 2):

Achtung:

Die Berechnung erfolgt unter der Annahme, dass beim Kostenvergleich lediglich die Betriebskosten der alten Investition den Betriebs- und Kapitalkosten der neuen Investition gegenübergestellt werden.

Wenn es jedoch für das alte Objekt einen Resterlöswert (Verkaufswert zum Ersatzzeitpunkt) gibt, so ist dieser in Form der durchschnittlichen Verringerung des Erlöses zu berücksichtigen!

$$1)\quad l = \frac{L_{AV} - L_{EV}}{v} = \frac{5000 - 2000}{2} = 1500\,€$$

Der analoge Sachverhalt bezieht sich auch auf die kalkulatorischen Zinsen, da diese bei einer Weiternutzung des Objektes berechtigterweise angesetzt werden müssten!

$$2)\quad Z = \frac{L_{AV} + L_{EV}}{2} \cdot i = \frac{5000 + 2000}{2} \cdot 0{,}07 = \underline{\underline{245\,€}}$$

Legende:

L_{AV} = Resterlöswert zum Ersatzzeitpunkt

L_{EV} = Resterlöswert zum Nutzungsdauerende

Auswertung:

Die Kostendifferenz von 21 955 € lässt erkennen, dass es noch nicht vorteilhaft ist, das alte Objekt zum Ende des 8. Nutzungsjahres zu ersetzen!

zu 5.

Entscheidungsregel der Einzelentscheidung: $G_{I_1} \geq 0$

Tabellarische Grundstruktur:

		€
Erträge	(€/Jahr)	151 000
fixe Kosten	(€/Jahr)	70 200
variable Kosten	(€/Jahr)	76 000
gesamte Kosten	(€/Jahr)	146 200
Gewinn	(€/Jahr)	+ 4800

Fazit: $G_{I_1} > 0$, Investition unter diesen Konditionen (Preis 15,10 €/EE und 10 000 LE/Jahr) effizient!

Entscheidungsregel der Alternativentscheidung: $G_{I_1} >=< G_{I_2}$

Tabellarische Grundstruktur:

	Investitionsobjekt I	Investitionsobjekt II
Leistung	10 000	10 000
Erträge	151 000	143 000
fixe Kosten	70 200	47 250
variable Kosten	76 000	95 500
gesamte Kosten	146 200	142 750
Gewinn	+ 4800	+ 250
Gewinndifferenz I - II	+ 4550	

Fazit: $G_{I_1} > G_{I_2}$

Investitionsalternative I_1 besser, obwohl Kostenvergleichsrechnung eine andere Entscheidung ausgewiesen hat!

Beachte:

- Wenn beide Alternativen einer gleichen oder ungleichen Auslastung unterliegen, darf nur die Gewinnvergleichsrechnung pro Periode angewandt werden.
- Die Gewinnvergleichsrechnung pro Leistungseinheit kann nur erfolgen, wenn die Auslastung beider Vergleichsobjekte gleich hoch ist!

Entscheidungsregel der Ersatzentscheidung: $G_{I_N} >=< G_{I_A}$

		Neues Investitionsobjekt (I_1)	Altes Investitionsobjekt (I_2)
Anschaffungskosten	(€)		
Restwert	(€)		
Nutzungsdauer	(Jahre)		
Auslastung	(Stück/Jahr)	110 000	110 000
Zinssatz	(%)		
Restnutzungsdauer	Jahre)		2
Resterlöswert zu Beginn der Rest-ND	(€)		115 000
Resterlöswert am Ende der Rest-ND	(€)		112 000
Erträge	(€/Jahr)	151 000	143 000
fixe Kosten	(€/Jahr)	170 200	128 745
variable Kosten	(€/Jahr)	176 000	195 500
gesamte Kosten	(€/Jahr)	146 200	124 245
Gewinn	(€/Jahr)	144 800	118 755
Gewinndifferenz (A - N)	(€/Jahr)	+ 13 955	

Erkenntnis:

Es lohnt sich nicht, das alte Investitionsobjekt auszusondern und durch ein neues zu ersetzen, da das alte noch einen um 13 955 € höheren Gewinn erwirtschaftet! Das Ergebnis von 4. wird bestätigt.

zu 6. **Kritische Auslastung**

ist die Menge, bei welcher die durch die alternativen Investitionsobjekte erwirtschafteten Gewinne gleich hoch sind.

Formelansatz: $p_{I_1} \cdot x - k_{v_{I_1}} \cdot x - K_{f_{I_1}} = p_{I_2} \cdot x - k_{v_{I2}} \cdot x - K_{f I_2}$

$$15{,}10x - 7{,}60x - 70\,200 = 14{,}30x - 9{,}55x - 47\,250$$

$$7{,}5x - 70\,200 = 4{,}75x - 47\,250$$

$$2{,}75x = 22\,950$$

$$x = 8345 \text{ Stück/a}$$

Probe:

$$(15{,}1 \cdot 8345) - (7{,}6 \cdot 8345) - 70\,200 = (14{,}3 \cdot 8345) - (9{,}55 \cdot 8345) - 47\,250$$

$$-7612{,}5 = -7612{,}5$$

Interpretation:

- Die kritische Auslastung beider Objekte liegt bei 8345 Stück/Jahr.
- Bei weniger als 8345 Stück/Jahr ist das Investitionsobjekt I_2 vorteilhafter, bei mehr als die errechnete Menge ist Objekt I_1 vorzuziehen!

Legende: p = Preis/EE

x = Stückzahl/Jahr

k_v = variable Kosten/Stück

K_f = Fixkosten/Jahr

zu 7. Entscheidungsregel der Einzelentscheidung: $R_{I_1} \geq R_{min}$

	Euro
Erträge	151 000
Abschreibungen	28 000
Zinsen	–
übrige fixe Kosten	31 000
fixe Kosten	59 000
variable Kosten	76 000
gesamte Kosten	135 000
Gewinn	+ 16 000

Achtung:

- Der **durchschnittliche Gewinn** ist als zusätzlicher, durch die Investition verursachter Gewinn zu verstehen, der nicht durch kalkulatorische Zinsen gemindert sein darf, da sich ansonsten statt der durchschnittlichen jährlichen Verzinsung lediglich die über den kalkulatorischen Zins hinausgehende Verzinsung ergeben würde.
- Für den ebenfalls für die Berechnung notwendigen durchschnittlichen Kapitaleinsatz werden bei abnutzbaren Anlagegütern die halben, um den Restwert geminderten Anschaffungswerte angesetzt.

Damit gilt:

$$R = \frac{G \cdot 100}{\varnothing\ Kapitalwert}\,\% = \frac{16\,000\ €/\text{Jahr} \cdot 100}{140\,000\ €}\,\% = 11{,}42\,\%$$

Fazit: R_{I_1} (11,42 %) > R_{min} (7 %) → Investition wäre vorteilhaft, da eine um 4,42 % höhere Rendite erreicht wird.

Entscheidungsregel der Alternativentscheidung: $R_{I_1} >=< R_{I_2}$

Tabellarische Grundstruktur:

		Investitionsobjekt I_1	Investitionsobjekt I_2
Anschaffungskosten	€	300 000	150 000
Restwert	€	20 000	0
Nutzungsdauer	Jahre	10	10
Auslastung	Stück/Jahr	10 000	10 000
Zinssatz	%	7	7
Erträge		151 000	143 000
Abschreibungen		28 000	15 000
Zinsen		–	–
übrige fixe Kosten		31 000	27 000
fixe Kosten		59 000	42 000
variable Kosten		76 000	95 500
gesamte Kosten		135 000	137 500
Gewinn		+ 16 000	+ 5500

$$R_{I_2} = \frac{G \cdot 100}{\varnothing\ Kapitalwert}\,\% = \frac{5500\ €/\text{Jahr} \cdot 100}{75\,000\ €}\,\% = 7{,}33\,\%$$

Investition I_1 ist absolut vorteilhafter.

Als Entscheidungsmaßstab für die Ersatzentscheidung gilt der Prozentsatz der **zusätzlichen Kostenersparnis** unter der Voraussetzung konstanter Erträge (vgl. Olfert 2012):

$$R = \frac{K_A - K_N}{D_N} \cdot 100\,\% \qquad R = \frac{124\,245 - 146\,200}{140\,000} \cdot 100\,\% = \underline{\underline{-\,15{,}68\,\%}}$$

Erkenntnis:

Da der Rentabilitätswert negativ ist, sollte das alte Investitionsobjekt nicht ersetzt werden.

zu 8. Entscheidungsregel der Einzelentscheidung auf der Basis der Messung der Amortisationszeit:

$$AZ_{I_1} \leq AZ_{\max}$$

Damit gilt:

$$\text{Amortisationszeit} = \frac{\text{Kapitaleinsatz}}{\text{zusätzlicher Gewinn} + \text{zusätzliche Abschreibungen}}$$

	Investitionsobjekt I_1	Investitionsobjekt I_2
Anschaffungskosten	300 000	150 000
Restwert	20 000	0
Abschreibungen	28 000	15 000
Gewinn	4800	250
Rückfluss	32 800	15 250

$$AZ_{I_1} = \frac{300\,000\,(€)}{32\,800\,(€/\text{Jahr})} = \underline{\underline{9{,}15 \text{ Jahre}}}$$

Auswertung:

Investition ist nicht vorteilhaft, da die errechnete Amortisationszeit größer ist als die laut Aufgabenstellung zugelassene.

Entscheidungsregel der Alternativentscheidung: $AZ_{I_1} >=< AZ_{I_2}$

$$AZ_{I_2} = \frac{150\,000\text{ €/Jahr}}{15\,250\text{ €/Jahr}} = \underline{\underline{9{,}84 \text{ Jahre}}}$$

Auswertung:

Das Investitionsobjekt I_1 ist dem Investitionsobjekt I_2 vorzuziehen, da es eine um 0,69 Jahre kürzere Amortisationszeit aufweist.

Investitionsrechnung mittels der Kapitalwertmethode

Sachverhalt

Ein wichtiges Kriterium für die Wahl eines normalen, dynamischen oder sparsamen Investitionsbudgets ist die Kenntnis der aufwands- und ertragsmäßigen Wirkungen des eingesetzten Investitionskapitals nicht nur im Budgetjahr, sondern auch in den Folgejahren und damit im Investitionsprogramm eines Unternehmens.

Dieser zeitraumbezogene Nutzeffektsnachweis kann mit statischen Methoden nicht mehr erbracht werden, da sie sich einerseits nur auf eine bestimmte Berechnungsperiode (Anfangs- oder Repräsentationsperiode) beziehen und andererseits den unterschiedlichen zeitlichen Anfall der Ein- und Auszahlungen und damit notwendige Zinsrechnungen nicht mit berücksichtigen. Bezogen auf die Gewinnvergleichsrechnung z. B. heißt das, dass Gewinne bei gleichem arithmetischen Mittel trotzdem nicht vergleichbar sind, da erzielte/erzielbare Gewinne aus einer Investitionsmaßnahme für ein Unternehmen umso positiver zu bewerten sind, je früher sie höchstmöglich erzielt werden.

Diesem Sachverhalt tragen die dynamischen Investitionsrechnungsverfahren Rechnung, indem sie auf Einnahmen und Ausgaben und nicht auf Aufwendungen und Erträge basieren, indem sie darüber hinaus eine Bezugnahme auf alle Nutzungsperioden garantieren und indem sie sich durch den Einsatz finanzmathematischer Methoden der Zinsrechnung bedienen.

Ausgangsdaten

Daten		Investitionsalternative	
		I_1	I_2
Anschaffungskosten	(€)	300 000	150 000
Nutzungsdauer	(Jahre)	10	10
Liquidationserlös	(€)	20 000	0
Zinssatz	(%)	7	7
Einnahmen	(€/Jahr)		
1. Jahr	(€)	650 000	900 000
2. Jahr	(€)	750 000	500 000
3. Jahr	(€)	600 000	600 000
4. Jahr	(€)	500 000	750 000
5. Jahr	(€)	900 000	650 000
Ausgaben	(€/Jahr)		
1. Jahr	(€)	600 000	700 000
2. Jahr	(€)	700 000	400 000
3. Jahr	(€)	300 000	300 000
4. Jahr	(€)	400 000	700 000
5. Jahr	(€)	700 000	600 000

Aufgabenstellungen

1. Definieren Sie den Begriff „**Kapitalwert**" und formulieren Sie den **Grundsatz** der Kapitalwertmethode.
2. Beurteilen Sie mittels der rechnerischen und tabellarischen **Kapitalwertmethode** die Vorteilhaftigkeit einer Einzelentscheidung (I_1) auf der Basis der fixierten Ausgangsdaten ohne Berücksichtigung eines Liquidationserlöses und bei jährlich unterschiedlichen Einnahmeüberschüssen. Interpretieren Sie das Ergebnis.
3. Welcher **Kapitalwert** würde sich ergeben, wenn bei dem unter 2. genannten Sachverhalt der **Liquidationserlös** zu berücksichtigen wäre? Bestimmen Sie den Formelansatz!
4. Berechnen Sie den **Kapitalwert** nun auf der Basis der Tabellenwerte für den vorangestellten Sachverhalt, jetzt aber unter der Annahme, dass die **jährlichen Einnahmenüberschüsse gleich bleibend** (z. B. 140 000 €) wären. Welche Sonderformel der Kapitalwertbestimmung gilt?
5. Ermitteln Sie nun tabellarisch und mittels Zinstabelle die **Kapitalwerte** für die im Ausgangstableau angeführten Investitionsobjekte unter der Prämisse, dass der Anschaffungswert von I_2 gleich dem Wert von I_1 wäre. Leiten Sie anhand der zutreffenden Entscheidungsregel Ihre Vorteilhaftigkeitsentscheidung ab!
6. Ermitteln Sie nun die Kapitalwerte auf der Basis des im Datentableau **tatsächlich** ausgewiesenen Anschaffungswertes für I_2. Erweitern Sie die Entscheidungstabelle um den

Differenzbetrag. Dieser soll in einer fiktiven oder realen Ergänzungsinvestition in die Entscheidung einbezogen werden. Als **angenommene** Einzahlungsüberschüsse dieser Investition für die einzelnen Jahre gelten:

- 1. Jahr 15 000 €
- 2. Jahr 13 000 €
- 3. Jahr 18 000 €
- 4. Jahr 21 000 €
- 5. Jahr 14 000 €

Lösungen

zu 1. **Definition** Kapitalwert

Der Kapitalwert einer Investition dokumentiert die Differenz zwischen der Summe der Barwerte der investitionsresultierenden Einnahmenüberschüsse und der Investitionsausgabe zum Zeitpunkt t_0.

Formel (in Anlehnung an Olfert 2012): $C_0 = C_e - C_a$

C_0 = Kapitalwert

C_e = abgezinste Einnahmen (einschließlich Liquidationserlös)

C_a = abgezinste Ausgaben (einschließlich Anschaffungswert)

Grundansatz der Kapitalwertmethode:

- Die Kapitalwertmethode verkörpert ein Verfahren der Investitionsrechnung, bei dem der Kapitalwert zum Beginn der Nutzungsdauer von Investitionsobjekten als Maßstab der Vorteilhaftigkeit dient.
- Wie aus Abbildung 4.15 ersichtlich, benutzt dieses Verfahren Zahlungsreihen als Rechengrößen.
- Die Struktur der Zahlungsvorgänge wird dahingehend beachtet, indem die in einem Zeitraum anfallenden Einnahmen und Ausgaben mittels der Zinseszinsrechnung auf einen gemeinsamen Zeitpunkt (t_0) bezogen werden.
- Der gemeinsame Vergleichsmaßstab kann durch zwei Möglichkeiten erreicht werden:
  1. Festlegung eines einheitlichen Bezugszeitpunktes t_0: Zahlungen „abzinsen"; Kapitalwert
  2. Festlegung eines einheitlichen Bezugszeitpunktes t_n: Zahlungen „aufzinsen"; Endwert.
- Die dynamischen Verfahren basieren auf vereinfachenden Annahmen:
  1. Der gesamte Zeitraum t beinhaltet gleich große Perioden $t_0 \dots t_1 \dots t_n$
  2. Die Zahlungen fallen jeweils am Ende einer Periode an.
  3. Soll- und Habenzinsen werden als gleich groß betrachtet.

zu 2. **Entscheidungsregel bei Einzelentscheidung**: $C_0 \geq 0$

Rechnerischer Lösungsansatz (bei jährlich unterschiedlichen Überschüssen und ohne Liquidationserlös):

Formel (nach Olfert 2012):

$$C_0 = \frac{e_1 - a_1}{q} + \frac{e_2 - a_2}{q^2} + \dots + \frac{e_n - a_n}{q^n} - a_0$$

Legende:

C_0 = Kapitalwert (€)

e = Einnahmen in den Nutzungsjahren 1 … n (€/Jahr)

a = Ausgaben in den Nutzungsjahren 1 … n (€/Jahr)

a_0 = Anschaffungswert (€)

q = Aufzinsungsfaktor (%) $(1+i)^n$ $i = \frac{\text{Prozentsatz}}{100}$

Beachte:

$$\frac{1}{q^n} = \frac{1}{(1+i)^n} = \text{Abzinsungsfaktor}$$

$$C_0 = \frac{650\,000 - 600\,000}{(1+0{,}07)} + \frac{750\,000 - 700\,000}{(1+0{,}07)^2} + \frac{600\,000 - 300\,000}{(1+0{,}07)^3} + \frac{500\,000 - 400\,000}{(1+0{,}07)^4} + \frac{900\,000 - 700\,000}{(1+0{,}07)^5} - 300\,000$$

$$C_0 = \frac{50\,000}{1{,}07} + \frac{50\,000}{1{,}1449} + \frac{300\,000}{1{,}2250} + \frac{100\,000}{1{,}33107} + \frac{200\,000}{1{,}4025} - 300\,000$$
$$= \underline{\underline{+\,254\,196{,}47\ €}}$$

Tabellarischer Lösungsansatz

Jahre	Einnahmen	Ausgaben	Überschüsse	Abzinsungsfaktor	Barwerte
1	650000	600000	350000	0,935	246750
2	750000	700000	350000	0,873	243650
3	600000	300000	300000	0,816	244800
4	500000	400000	100000	0,763	276300
5	900000	700000	200000	0,713	142600
Summe					554100
- Anschaffungswert					300000
= Kapitalwert (Differenz der Summe der Barwerte der künftigen EZÜ und der Investitionsausgabe t_0)					+254100

Beachte: Die Berechnung des Abzinsungsfaktors (Diskontierungsfaktor) erfolgte bei der tabellarischen Berechnung mittels Tabellenwerk (Auszug nachstehend).

Jahre	Zinssatz							
n	1%	2%	3%	4%	5%	6%	7%	...
1	0,990	0,980	0,971	0,962	0,952	0,943	0,935	...
2	0,980	0,961	0,943	0,925	0,907	0,890	0,873	...
3	0,971	0,942	0,915	0,889	0,864	0,840	0,816	...
4	0,961	0,924	0,888	0,855	0,823	0,792	0,763	...
5	0,951	0,906	0,863	0,822	0,784	0,747	0,713	...
...	...	...	...	...	...	...	...	...

Zwischen dem rechnerischen (z. B. 46 728,97) und dem tabellarischen Wert (z. B. 46 750) können zum Teil größere Differenzen auftreten, deshalb ist der geforderte Genauigkeitsanspruch zu beachten.

Interpretation:

- Im vorliegenden Beispiel liegt ein **positiver Kapitalwert** vor, d. h., dass ein Investitionsobjekt über die investitionsbedingten Ausgaben und die erwartete Verzinsung hinaus einen Investitionsgewinn in Höhe des positiven Kapitalwertes erwirtschaftet.
- Ergibt sich ein **Kapitalwert von null**, dann decken die Einnahmen lediglich die investitionsbedingten Ausgaben und die erwartete Verzinsung. Obwohl ein Investitionsgewinn nicht gegeben ist, kann die Investition immer noch als positiv beurteilt werden – es sei denn, es stünde eine Investitionsalternative zur Auswahl, die einen höheren Kapitalwert aufweist.
- Ein **negativer Kapitalwert** deutet darauf hin, dass die Investition unvorteilhaft ist.

zu 3. **Kapitalwert bei Berücksichtigung von Liquidationserlösen**

Formel: $C_0 = \frac{e_1 - a_1}{q} + \cdots + \frac{e_n - a_n}{q^n} + \frac{L}{q^n} - a_0$

L = Liquidationserlös (€)

$$554\,196{,}47 + \frac{L}{q^n}\left(\frac{20\,000}{1{,}4025} = 14\,260{,}24\right) - 300\,000 = \underline{\underline{268\,456\text{ €}}}$$

Tabellarischer Lösungsansatz (Ergebnis der Barwerte - siehe 2.)

Jahre	Einnahmen	Ausgaben	Überschüsse	Abzinsungsfaktor	Barwerte
1	650000	600000	150000	0,935	46750
2	750000	700000	150000	0,873	43650
3	600000	300000	300000	0,816	244800
4	500000	400000	100000	0,763	76300
5	900000	700000	200000	0,713	142600
L			120000	0,713	14260
Summe					568360
- Anschaffungswert					300000
= Kapitalwert					+ 268360

zu 4. **Kapitalwert bei gleichbleibenden Periodenüberschüssen**

$$C_0 = ü \cdot \frac{q^n - 1}{q^n\,(q-1)} + \frac{L}{q^n} - a_0 \qquad \frac{q^n - 1}{q^n\,(q-1)} = \text{Barwertfaktor}$$

$ü$ = Einnahmenüberschüsse (€/Jahr)

Damit gilt, bezogen auf den Sachverhalt von 3.:

$$(140\,000 \cdot 4{,}100) + 14\,260{,}24 - 300\,000 = \underline{\underline{288\,260\ €}}$$

zu 5. **Entscheidungsregel bei Alternativentscheidung:** $C_{0_{I_1}} >=< C_{0_{I_2}}$

Jahre	Abzinsungsfaktor	Investitionsobjekt 1		Investitionsobjekt 2			
		Überschuss	Barwert	Einnahmen	Ausgaben	Überschüsse	Barwert
1	0,935	150000	146750	900000	700000	200000	187000
2	0,873	150000	143650	500000	400000	100000	87300
3	0,816	300000	244800	600000	300000	300000	244800
4	0,763	100000	176300	750000	700000	150000	38150
5	0,713	200000	142600	650000	600000	150000	35650
+ L	0,713	120000	14260	–		–	
= Summe			568360				592900
- Anschaffungswert			300000				300000
= Kapitalwert			+ 268360				+ 292900

$$C_{0_{I1}}\ (268\,360\ €) < C_{0_{I2}}\ (292\,900\ €) \quad \rightarrow \quad \text{Alternative } I_2 \text{ günstiger}$$

zu 6.

	Investitionsobjekt 1		Investitionsobjekt 2		Ergänzungsinvestition
	Überschüsse	Barwert	Überschüsse	Barwert	Barwert
= Summe	720 000	568 360	700 000	592 900	66 067
- Anschaffungswert		300 000		150 000	150 000
= Kapitalwert	+ 268 360		+ 442 900		- 83 933

Aussage:

$$C_{0_{I1}}\ (268\,360\ €) < C_{0_{I2}}\ (442\,900\ €) \quad \rightarrow \quad \text{Alternative } I_2 \text{ günstiger}$$

Unter Einbeziehung einer Ergänzungsinvestition gilt:

$$C_{0_{I1}}\ (268\,360\ €) < C_{0_{I2}}\ (442\,900\ €) + C_{0_{IE}}\ (-\,83\,933\ €)$$

Trotz eines negativen Kapitalwerts aus der Ergänzungsinvestition spricht die Summe aus $C_{0_{I2}} + C_{0_{IE}}$ mit + 358 967 € für diese Alternativvariante gegenüber I_1.

4.6 Anlageninstandhaltung

4.6.1 Begriff und Grundsatzaufgaben

Die **Instandhaltung** beinhaltet im weiteren Sinne laut **DIN 31051** in der aktuellen Fassung 2012-09 die „Kombination aller technischen und administrativen Maßnahmen sowie Maßnahmen des Managements während des Lebenszyklus einer Betrachtungseinheit zur Erhaltung des funktionsfähigen Zustandes oder der Rückführung in diesen, so dass sie die geforderte Funktion erfüllen kann."

Dieser zielorientierte traditionelle Begriff kann im umgangssprachlichen Gebrauch mehrdeutig interpretiert werden. Zum einen verkörpert er das **Handlungsspektrum** aller Instandhaltungsmaßnahmen, um die Zuverlässigkeit und Zeitverfügbarkeit der Anlagengüter zu bewahren oder wiederherzustellen. Zum anderen kennzeichnet er aber auch das betriebliche **Subsystem** „Instandhaltung". Währenddem man unter den Maßnahmen der Instandhaltung die **Wartung**, **Inspektion**, **Instandsetzung** und **Verbesserung** versteht, definiert die DIN eine „**Betrachtungseinheit**" als „jedes Teil, Bauelement, Gerät, Teilsystem, jede Funktionseinheit, jedes Betriebsmittel oder System, das für sich allein betrachtet werden kann."

Die genannten Grundmaßnahmen müssen laut der eingangs genannten DIN die „Berücksichtigung aller inner- und außerbetrieblichen Forderungen, die Abstimmung der Instandhaltungs- mit den Unternehmenszielen sowie die Integration definierter Instandhaltungsstrategien einschließen."

In der nachfolgenden Abbildung 4.16 wird der o.g. markante Definitionsinhalt bildlich dargestellt:

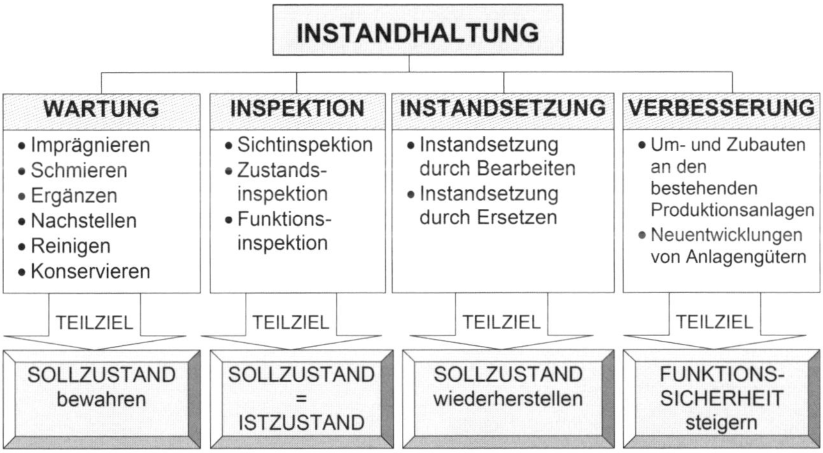

Abbildung 4.16 Grundmaßnahmen der Instandhaltung einschließlich deren Teilziele

4.6.2 Grundmaßnahmen der Instandhaltung

4.6.2.1 Wartung

Unter der Instandhaltungsmaßnahme **Wartung** versteht man im weitesten Sinne alle Pflegetätigkeiten wie Reinigung, Schmierung, Konservierung, Imprägnierung sowie die Tätigkeiten des Nachstellens, Auswechselns und Ergänzens mit dem Zielansatz der Verzögerung des Abbaus des vorhandenen **Abnutzungsvorrats.** ■

Unter letzterem versteht man lt. **DIN 31051** den „Vorrat der möglichen Funktionserfüllungen unter festgelegten Bedingungen, der einer Betrachtungseinheit aufgrund der Herstellung, Instandsetzung oder Verbesserung innewohnt."

Die nachfolgende Abbildung 4.17 verdeutlicht ein Beispiel für den Abbau des Abnutzungsvorrats durch solche chemische und/oder physikalische Vorgänge wie Kavitation, Reibung, Korrosion, Alterung oder Bruch.

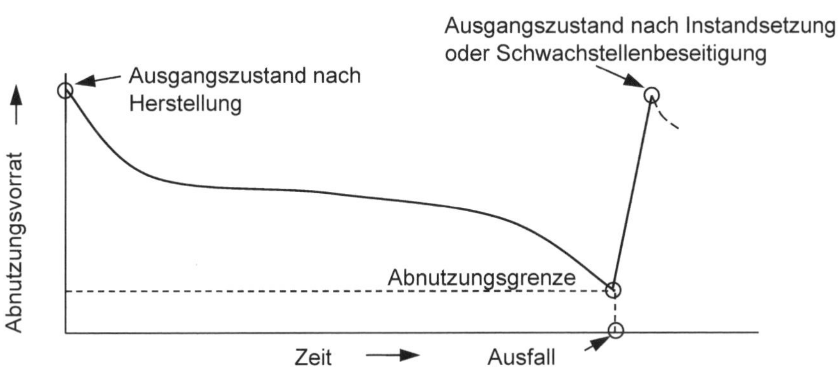

Abbildung 4.17 Abbau des Abnutzungsvorrates und seine Erstellung durch Instandsetzung

Bevor die einzelnen Teilaktivitäten der Wartung als primäre Teilaspekte der präventiven Instandhaltung näher erläutert werden, muss gesagt werden, dass diese jeweils binär gestaltet werden können, das heißt, entweder im Betriebszustand oder im Stillstand. (siehe Abbildung 4.18).

Abbildung 4.18 Binäre Realisierungsbedingungen der Wartung

Die wesentlichen Begriffsinterpretationen und damit Aufgabeninhalte der **Wartungstätigkeiten** werden im Folgenden kurz dargestellt:

Reinigung heißt Entfernung von Fremd-, Hilfsstoffen durch manuelle und maschinelle Tätigkeiten wie Schruppen, Scheuern, Saugen u. Ä. ■

Unter **Schmierung** versteht man das Zuführen von anforderungsgerechten Schmierstoffen zu definierten Schmier- bzw. Reibstellen mit dem Ziel der Senkung des Verschleißes und der Energieverluste auf der Grundlage eines Schmierplanes. ■

Konservierung verkörpert Schutzmaßnahmen gegen Fremdeinflüsse mit dem Ziel des Haltbarmachens von Betrachtungseinheiten. ■

Beseitigung einer toleranzüberschreitenden Abweichung mittels technischer Hilfsmittel. ■

Ersetzen bzw. Nach- und Auffüllen von Hilfsstoffen und Kleinteilen mit einfachen Werkzeugen und Vorrichtungen oft in Verbindung mit der Schmierung. ■

Um die in der Instandhaltungsmaßnahme „Wartung" integrierten Tätigkeiten zweckentsprechend und wirtschaftlich durchführen zu können, bedarf es der Erarbeitung eines rechnergestützten **Wartungsplanes**. Dieser sollte sowohl Angaben über Ort, Termin, zu beachtende Merkmalswerte als auch die gesetzlichen Auflagen nach UVV/TÜV bei der Konzipierung der Wartungstätigkeiten enthalten. Abschließend sollte noch gesagt werden, dass einige der genannten Tätigkeiten wie Reinigung, Schmierung und Konservierung auch von instandhaltungsfremden Betriebsbereichen wie z. B. der Fertigung durchgeführt werden bzw. direkt von Fremdfirmen.

4.6.2.2 Inspektion

Die **Inspektion** als zweitgenannte Instandhaltungsmaßnahme beinhaltet Maßnahmen zur Feststellung und Beurteilung des Istzustandes einer Betrachtungseinheit einschließlich der Bestimmung der Ursachen der Abnutzung und dem Ableiten der notwendigen Konsequenzen für eine zukünftige Nutzung. ■

Auch dieser Maßnahmekomplex ist in Analogie zur Wartung binären Durchführungsbedingungen unterworfen und bedarf ebenfalls eines Inspektionsplanes mit Zusatzangaben zu den zu verwendenden Methoden und Geräten.

Wesentliche Arten der Inspektionsdurchführung sind:

Sichtinspektion beinhaltet eine einfache, äußere Prüfung der Betrachtungseinheit in Bezug auf ihren Nutzungsvorrat/Mängel ohne technische Hilfsmittel. ■

Zustandsinspektion beinhaltet die Aufspürung verborgener Mängel wie Risse, Verschleißstellen u. ä. mittels technischer Hilfsmittel, dabei sind die Messergebnisse (Istdaten) mit den Solldaten und zulässigen Toleranzgrenzen zu vergleichen. ■

Funktionsinspektion beinhaltet Maßnahmen, die vom Bedienungspersonal vor oder während der Produktion durchgeführt werden, wobei die festgelegten Funktionsabweichungen oft zusätzliche Fehlersuchen bedingen (vgl. auch Kolerus 2014). ■

Für den Begriff der „Inspektion" wird ein qualifizierteres Managementkonzept verwendet, die **Risk Based Inspection** (RBI). Der Ansatzpunkt dieser Methode ist der sonst meist vernachlässigte Aspekt der Beachtung der **Zuverlässigkeit** der technischen Anlagen. So sind in der Praxis häufig Daten über Ausfallursachen in Form von Instandsetzungsberichten vorhanden, jedoch werden diese nicht systematisiert erfasst und einer differenzierten Ursachenauswertung unterzogen. Die Integration von Ausfallhäufigkeiten muss dabei in starkem Zusammenhang mit der wirtschaftlichen Auswirkung des Ausfalls betrachtet werden, d. h., Anlagenteile mit geringen wirtschaftlichen Konsequenzen aber hoher Ausfallhäufigkeit werden unter Umständen intensiver betrachtet als Anlagen mit geringer Ausfallhäufigkeit aber hoher wirtschaftlicher Tragweite.

4.6.2.3 Instandsetzung

Die **Instandsetzung** – auch Reparatur genannt – beinhaltet alle geplanten und ungeplanten Maßnahmen, die zur Rückführung einer Betrachtungseinheit in den funktionsfähigen Sollzustand mit Ausnahme von Verbesserungen. Dabei kann die Instandsetzung entweder durch Ausbessern (Reparatur) oder/und durch Teileaustausch vorgenommen werden. ■

Nach Warnecke 1992 lassen sich die in Abbildung 4.19 genannten **Teilmaßnahmen** und **Durchführungsmodi** der Instandsetzung unterscheiden.

Abbildung 4.19 Teilmaßnahmen der Instandsetzung und Durchführungsmodi

4.6.2.4 Verbesserung

Als vierte Instandhaltungsmaßnahme gilt die **Verbesserung**, diese verkörpert eine Kombination aller technischen und administrativen Maßnahmen der Instandhaltung sowie Maßnahmen des Managements zur Steigerung der Funktionssicherheit einer Betrachtungseinheit, ohne die von ihr geforderte Funktion zu ändern. ■

Die im Rahmen dieser Verbesserungsmaßnahmen durch die Instandhaltung einzuleitenden Arbeitsschritte sind deckungsgleich mit denen der Anlagenentwicklung (vgl. Abschnitt 4.7).

Zur optimalen Kombination der vorher erläuterten Instandhaltungsmaßnahmen und ihrer Untermaßnahmen verwendet man in der Praxis definierte Spielregeln, so genannte Instandhaltungsstrategien (IHS).

Als **Instandhaltungsstrategien** gelten Grundsätze, mit denen festgelegt wird, welche Instandhaltungstätigkeiten zu welchen Zeitpunkten an welchen Betrachtungseinheiten mit welchem Aufwand vorgenommen werden sollen einschließlich der erforderlichen Planungs-, Steuerungs- und Kontrolltätigkeiten. ■

Entsprechend dem in der Definition enthaltenen Aussagewert lässt sich dieser Oberbegriff in folgende **Strategietypen** weiter unterteilen (siehe Abbildung 4.20).

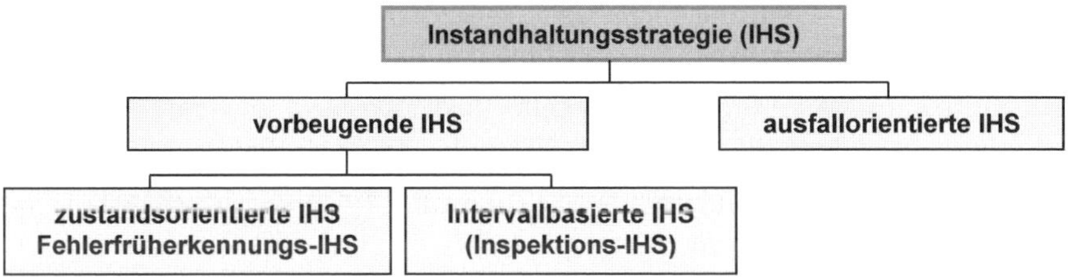

Abbildung 4.20 Einteilung der Instandhaltungsstrategien

4

Darüber hinaus (vgl. Schenk 2010) werden die Strategien auch als reaktive, präventiv periodisch vorbeugende, präventiv zustandsabhängige und präventiv vorausschauende Instandhaltung bezeichnet. Vor dem Hintergrund der zunehmenden Priorität des **Unternehmenswertes** als Steuerungsmaxime in Unternehmen steht auch die traditionelle Instandhaltung vor der Aufgabe, sich dem geänderten Rollenverständnis zu stellen und sich stärker als Teil der gesamten Wertschöpfungskette einer Unternehmung zu sehen. Damit ist die Instandhaltung von morgen als eine Art „key"-Ressort anzusehen; welches annähernd gleichberechtigt mit den anderen betrieblichen Abteilungen in die Wertschöpfungsprozesse eingebettet ist. Um diesem Forderungsanspruch zu genügen, bedarf es jedoch sowohl einer qualitativ veränderten Aufgabenstruktur (vgl. Reichel 2009) der Instandhaltung als auch der Anwendung moderner Managementmethoden.

Als solche sind u. a. zu nennen:

- Total Productive Maintenance (TPM) – vgl. May/Schimek 2015
- Risk Based Maintenance (RBM)
- Total Productive Equipment Maintenance (TPEM)
- Reliability Centered Maintenance (RCM)
- Life Cycle Costing (LCC)
- Dezentrale Anlagen- und Prozessverantwortung (DAPV)
- Performance Based Maintenance (PBM) – vgl. Biedermann 1999

Total Productive Management

Bei diesem modernen Managementkonzept, das man auch als **Total Productive Manufacturing** bezeichnet, besteht die Grundidee in der Vermeidung jeglicher anlagenspezifischer Betriebsstörungen und den daraus resultierenden Verlusten und Folgekosten. Dieses Ziel soll durch die Realisierung der **8-Säulen-Arbeitsschritte** von TPM erreicht werden. Zu diesen gehören:

Schritt 1: **Kontinuierliche Verbesserung:** Anwendungsbezogene Eliminierung der 6 Verlustarten.

Schritt 2: **Autonome Instandhaltung:** Der Anlagenbediener soll Inspektions-, Reinigungs- und Schmierarbeiten im ersten und in weiteren Schritten auch kleine Wartungsarbeiten selbstständig durchführen.

Schritt 3: **Geplante Instandhaltung:** Sicherstellung der 100%igen Verfügbarkeit der Anlagen sowie Ausweisen von Kaizen-Aktionen durch die Instandhaltung.

Schritt 4: **Training und Ausbildung:** Mitarbeiter bedarfsgerecht zu qualifizieren zur Verbesserung der Bedienungs- und Instandhaltungsqualifikationen.

Schritt 5: **Anlaufüberwachung:** Eine nahezu senkrechte Anlaufkurve bei neuen Produkten und Anlagen zu realisieren.

Schritt 6: **Qualitätsmanagement:** Realisierung des „Null-Qualitätsdefekte"-Ziels bei Produkten und Anlagen.

Schritt 7: **TPM in administrativen Bereichen:** Verluste und Verschwendungen in nicht direkt produzierenden Abteilungen eliminieren.

Schritt 8: **Arbeitssicherheit, Umwelt- und Gesundheitsschutz:** Die Umsetzung der Null-Unfälle Forderung im Unternehmen.

Als nachweislicher Ausweis für die nachhaltige Effizienz dieses Managementkonzeptes gelten eine Reihe von Kennzahlen, allen voran die **OEE (Overall Equipment Effectiveness)**. Zur Prämierung von nachahmungswerten TPM-Implementierungen wurde in Deutschland der Wettbewerb „TPM-Fabrik des Jahres" geschaffen.

Reliability Centered Maintenance

Die Grundidee dieses auch als **zuverlässigkeitsorientierte Instandhaltung** bezeichneten Managementkonzept vereint alle in der Abbildung 4.20 aufgeführten Strategien uns schließt darüber hinaus weitergehende Erfassungsdaten, wie z. B. Gebäude- und Wetterdaten, für die Bewertung des Anlagenzustandes und den daraus resultierenden Instandhaltungsmaßnahmen ein. Als Zielgrößen dienen dabei verschiedene Aspekte, bspw. eine anzustrebende Kostenersparnis, abzusichernde Anlagenverfügbarkeit oder maximale Anlagensicherheit. Zusammengefasst besteht das oberste Ziel dieses Konzeptes darin, das tatsächlich vorhandene Instandhaltungsbudget zielorientiert auf die primären Anlagengüter eines Unternehmens zu verteilen.

4.7 Anlagenentwicklung

4.7.1 Begriff und Motive

Unter dieser auch mit dem synonymen Begriff der **Anlagenverbesserung** bezeichneten anlagenspezifischen Teilfunktion versteht man alle Maßnahmen, die sich mit der laufenden Anpassung bestehender Anlagengüter an sich permanent verändernden Rahmenbedingungen der Produktion durch z. B. Zu- und Umbauten, Ergänzungen, Verbesserungen bzw. der prinzipiellen Neuentwicklung von Anlagengütern im eigenen Unternehmen befassen.

Vom Tätigkeitsinhalt und organisatorisch könnte man diese anlagenspezifische Teilfunktion auch der betrieblichen Instandhaltung zuordnen. De facto ist dies in vielen Fällen auch der Fall. Durch den Aufgabeninhalt der potenziellen Neuentwicklung von Anlagengütern sind diese beiden Teilfunktionen jedoch logisch nicht subsumierbar. Der besondere Stellenwert der Weiter- und Neuentwicklung von Anlagengütern ergibt sich aus dem Nichtangebot der benötigten Investitionsgüter auf dem Markt bzw. aus gesetzlichen Forderungen. Nach REFA (REFA, Bd. 2, 1985) sind dafür folgende beispielhafte Motive zu nennen:

a) „Es handelt sich um Sonderanfertigungen, deren Herstellung im eigenen Betrieb wirtschaftlicher ist;

b) die benötigten Betriebsmittel betreffen neue oder spezielle Verfahren, für die das Know-how bei den Herstellern nicht ausreicht;

c) es handelt sich um prinzipiell neue Erfindungen, und die entsprechenden Projekte sollen aus Konkurrenzgründen bis zur Serienreife des neuen Erzeugnisses geheim bleiben."

4.7.2 Planungsspezifische Arbeitsschritte

Da die für eine Neuentwicklung erforderlichen Planungs- und Steuerungsaufgaben denen der grundsätzlichen Erzeugnisentwicklung entsprechen, wird an dieser Stelle darauf nicht näher eingegangen. Als prinzipielle **Arbeitsschritte** sind jedoch zu fixieren:

1. Erarbeitung eines **Pflichtenheftes**, in dem alle quantitativen und qualitativen Neuentwicklungserfordernisse aufgeführt werden
2. Fixierung von Prioritäten des **Anforderungsspektrums**
3. Einbeziehung des **Entwicklers und Herstellers** in die Vertragsvereinbarungen zur Negierung von strittigen Haftungsmodalitäten bezüglich der Haftung für Sachmängel, Nachbesserung und Mängelbeseitigung
4. Vermerke zur Integration allgemein gültiger **Regelwerke** der Technik
5. Entwicklung möglichst baukastenorientierter **Konzepte** unter Einbeziehung von Methoden der Kreativitätstechnik sowie unter Beachtung definierter Einflussgrößen wie „Verknüpfungsbedingungen, Kompatibilität der Elemente, Einsatzbedingungen und -verhältnisse" (REFA, Bd. 2, 1985).

4.8 Anlagenausmusterung

4.8.1 Begriff und Ursachen

Diese auch allgemein als **Anlagenaussonderung** oder -ausscheidung bzw. -verwertung oder -freistellung benannte anlagenwirtschaftliche Teilfunktion verkörpert alle internen und externen Maßnahmen zur Verminderung des kapazitiven, zeitlichen und zahlungsmäßigen Anlagenbestandes bei Bedarfsüberdeckung.

Die in der Definition vollzogene Synonymbetrachtung der Begriffe ist wissenschaftlich unexakt, denn als **Ausmusterung** bezeichnet man das geplante willentliche Ausscheiden von Anlagengütern aus ihrer bisherigen Funktion sowie ihre Überführung in eine andere Verwendung. Demgegenüber verkörpert der Begriff **Anlagenausscheidung** den generellen Fall der Nichtweiterverwendung eines Anlagengutes, wobei in diesem Zusammenhang keinerlei Rückschlüsse auf die Ursachen des Ausscheidens gegeben werden. Der Begriff der Verwertung ist die logisch-zeitliche Konsequenz der Anlagenausmusterung, denn die noch mit einem bestimmten technischen Nutzungspotenzial versehenen Anlagengüter sollen ja im weiteren Sinne dem volkswirtschaftlichen Leistungspotenzial erhalten bleiben. Das Ausmustern selbst kann situativ oder konstruktiv sein.

Die **Ursachen** der Anlagenausmusterung, also der geplanten willentlichen und gewollten Verminderung des Anlagenbestandes, können sehr vielfältig sein. Im Wesentlichen sind folgende vier **Gründe** zu nennen:

- fortschreitender Verschleiß und daraus resultierende überproportionale Betriebskosten der Anlagengüter
- Veränderung der technologischen Rahmenbedingungen des Unternehmens und damit auch der Anlagenstruktur aufgrund neuer Marktanforderungen bezüglich der hergestellten Produkte
- Geänderte rechtliche Rahmenbedingungen bei der Nutzung der Produktionsanlagen
- von der Investitionsgüterindustrie werden leistungsfähigere und damit nachhaltig effizientere Anlagen angeboten

4.8.2 Arten der Ausmusterung

Die Maßnahmen der Ausmusterung, besser die nachfolgenden **Arten** der Anlagenverwertung, lassen sich wie folgt klassifizieren (siehe Abbildung 4.21).

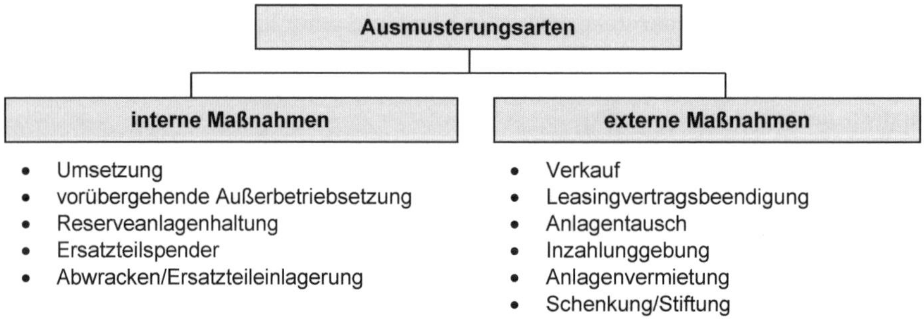

Abbildung 4.21 Ausmusterungsarten

Die internen und externen Maßnahmen sind in der Regel nicht nur mit Einnahmen verbunden, sondern auch mit Ausgaben, die je nach ihrer Zurechenbarkeit auf das Aussonderungsobjekt in **Einzelkosten** (z.B. Demontage- bzw. Abrisskosten, Sanierungs-, Umbau- und Modernisierungskosten, Abtransport- bzw. Vernichtungskosten oder Rekultivierungsaufwendungen) und in **Gemeinkosten** (z.B. Planungs- und Verwertungsaufwendungen, ...) unterschieden werden können.

4.9 Kontrollfragen

1. Worin besteht der Unterschied zwischen den bilanz- und produktionstheoretischen Anlagenbegriffen? (Abschn. 4.2.1)
2. Wie definiert sich das anlagenspezifische Oberziel und welche sieben primären Grundsatzaufgaben lassen sich daraus ableiten? (Abschn. 4.2.2)
3. Welche quantitativen Aspekte unterscheiden die Begriffe der absoluten und betrieblichen Bereitschaftszeit und der Nutzungs- und Brachzeit? (Abschn. 4.3.2)
4. Wieso ist die Differenzierung der Anlagen in abnutzbare und nicht abnutzbare Anlagengüter für den Wertansatz in der Bilanz von Bedeutung? (Abschn. 4.3.3)
5. Worin unterscheiden sich die Bedarfsarten des Brutto- und Nettobedarfs an Anlagengütern? (Abschn. 4.4.2)
6. Warum darf bei der Anlagendisposition der Einsatzbedarf nicht direkt dem technisch verfügbaren Anlagenbestand gegenübergestellt werden? (Abschn. 4.4.4)
7. Welcher Dissens besteht inhaltlich zwischen den Attributen einer unabhängigen und einer abhängigen Investition? (Abschn. 4.5.2)
8. Aus welchen Hauptbestandteilen bestehen die Kapital bindenden Ausgaben und Kapital freisetzenden Einnahmen? (Abschn. 4.5.5)
9. Welche differenzierenden Merkmale kennzeichnen die statischen und dynamischen Investitionsrechnungen? (Abschn. 4.5.5)
10. Was versteht man unter dem Begriff des Kapitalwertes? (Abschn. 4.5.5)
11. Welche Instandhaltungsmaßnahmen verbinden Sie mit den Zielen „Sollzustand bewahren“, „Istzustand = Sollzustand“, „Sollzustand wiederherstellen“ und „Funktionssicherheit steigern“? (Abschn. 4.6.1)
12. Was versteht man unter den binären Realisierungsbedingungen der Wartung? (Abschn. 4.6.2)
13. Durch welche qualitativen Attribute unterscheiden sich die drei Inspektionsarten Sicht-, Zustands- und Funktionsinspektion voneinander? (Abschn. 4.6.2)
14. Worin besteht die Grundidee der Managementmethode „Reliability Centered Maintenance“? (Abschn. 4.6.2)
15. Wieso ist der Begriff Anlagenentwicklung mit dem Begriff der Anlageninstandhaltung logisch nicht subsumierbar? (Abschn. 4.7.1)
16. Welche Kostendetails verbergen sich unter den Oberbegriffen „Einzel- und Gemeinkosten“ der Anlagenausmusterung? (Abschn. 4.8.1)

4.10 Übungsaufgaben

Ü1 Methoden der planmäßigen Abschreibung

a) Ausgangsdaten

Eine Unternehmung investiert in eine maschinelle Anlage 42 000 €. Die betriebsgewöhnliche Nutzungsdauer lt. AfA-Tabellen beträgt für diese Anlage 6 Jahre. Bei geometrisch-degressiver Abschreibung soll von einem Restwert von 12 000 € ausgegangen werden.

b) Aufgabenstellungen

Berechnen Sie tabellarisch

- die jährlichen Abschreibungswerte bei linearer Abschreibung,
- die jährlichen Abschreibungswerte bei arithmetisch-degressiver Abschreibung sowie
- die jährlichen Abschreibungswerte bei geometrisch-degressiver Abschreibung.

Formeln:

$$a = \frac{A}{n};\ D = \frac{2A}{n(n+1)};a_1 = D \cdot n; p = 100 \cdot \left(1 - \sqrt[n]{\frac{R_n}{A}}\right); i = n - \frac{100}{p} + 1$$

- Wann ergibt sich der optimale Wechselzeitpunkt von geometrisch-degressiver Abschreibung auf die lineare Abschreibungsform? Geben Sie für das Beispiel das Nutzungsjahr an.

Ü2 Berechnung der Bedarfsarten eines Anlagengutes

a) Ausgangsdaten

$$\text{ES} = \frac{8{,}0\,h}{Schicht \cdot A};\quad \text{S} = \frac{2\,Schichten}{d};\quad \text{A} = \frac{60\text{ min}}{h}$$

$$\text{AP} = \frac{21\,d}{mon};\quad G^*_{A\,Aus} = 7{,}2\,\%;\quad G^*_{A\,Ubr} = 8{,}1\,\%$$

$$ZG^*_A = 121\,\%,\quad Z^*_{AZ} = 6{,}6\,\%$$

Weitere Planungs- und Auftragsdaten

lfd. Nr.	Auftrags-nummer	Auftragsmenge m in Stück/Auftrag	Anlagengutrüstzeit t_{rA} in min/Auftrag	Anlagengutzeit/Einheit t_{eA} in min/Stck.
1	7219	410	81	38
2	8112	390	73	44
3	5213	190	62	36
4	6114	330	57	57

b) Aufgabenstellungen

Berechnen Sie nach den Ihnen bekannten Formeln

- den theoretischen und realen Kapazitätsbestand eines Anlagengutes,
- den zeitlichen Auftrags und Zusatzbedarf,
- den zeitlichen und zahlenmäßigen Einsatz- und Verfügbarkeitsbedarf
- den zahlenmäßigen Reserve- und Bruttobedarf.

Ü3 Investitionsrechnung mittels der internen Zinsfußmethode

a) Ausgangsdaten

Daten		Investitionsalternative	
		I_1	I_2
Anschaffungskosten	(€)	300 000	150 000
Nutzungsdauer	(Jahre)	10	10
Liquidationserlös	(€)	20 000	0
Zinssatz	(%)	7	7
Einnahmen	(€/Jahr)		
1. Jahr	(€)	650 000	900 000
2. Jahr	(€)	750 000	500 000
3. Jahr	(€)	600 000	600 000
4. Jahr	(€)	500 000	750 000
5. Jahr	(€)	900 000	650 000
Ausgaben	(€/Jahr)		
1. Jahr	(€)	600 000	700 000
2. Jahr	(€)	700 000	400 000
3. Jahr	(€)	300 000	300 000
4. Jahr	(€)	400 000	700 000
5. Jahr	(€)	700 000	600 000

b) Aufgabenstellungen

Überlegen Sie, auf welchem Grundansatz diese Methode fußt und was man unter dem „internen Zinssatz“ versteht. Wie lauten der Formelansatz und die Näherungslösung zur Berechnung des internen Zinssatzes?

Ermitteln Sie für das Investitionsobjekt I_1 als Einzelentscheidung die Vorteilhaftigkeit (tabellarisch-rechnerisch und tabellarisch-grafisch) dieser Investitionsmaßnahme, wenn das Unternehmen einen Mindestverzinsungsanspruch von i_{min} = 16 % erwartet. Als Versuchszinssätze gelten 7 % und 30 %.

Ü4 Investitionsrechnung mittels der Annuitätenmethode

a) Ausgangsdaten

Daten		Investitionsalternative	
		I_1	I_2
Anschaffungskosten	(€)	300 000	150 000
Nutzungsdauer	(Jahre)	10	10
Liquidationserlös	(€)	20 000	0
Zinssatz	(%)	7	7
Einnahmen	(€/Jahr)		
1. Jahr	(€)	650 000	900 000
2. Jahr	(€)	750 000	500 000
3. Jahr	(€)	600 000	600 000
4. Jahr	(€)	500 000	750 000
5. Jahr	(€)	900 000	650 000
Ausgaben	(€/Jahr)		
1. Jahr	(€)	600 000	700 000
2. Jahr	(€)	700 000	400 000
3. Jahr	(€)	300 000	300 000
4. Jahr	(€)	400 000	700 000
5. Jahr	(€)	700 000	600 000

b) Aufgabenstellungen

Definieren Sie den Begriff der Annuität und überlegen Sie, auf welchem Formelansatz sowie Lösungsweg diese Berechnungsmethode basiert.

Ermitteln Sie für das Objekt I_1 als Einzelentscheidung die Vorteilhaftigkeit mittels der Annuitätenmethode unter Beachtung der gültigen Entscheidungsregel.

4.11 Literatur- und Quellenverzeichnis

Biedermann, H./ÖVIA (Hrsg.): Performance Based Maintenance. Köln: TÜV Rheinland, 1999

Bleis, Ch.: Grundlagen Investition und Finanzierung. 3. Aufl., München: Oldenbourg, 2011

Ermschel, U./Möbius, Ch./Wengert, H.: Investition und Finanzierung. 3. Aufl. Berlin, Heidelberg: Springer Gabler, 2013

Hering, E. (Hrsg.): Taschenbuch für Wirtschaftsingenieure. 3. Aufl., Leipzig: Hanser, 2013

Hirth, H.: Grundzüge der Finanzierung und Investition. 3. Aufl., München: Oldenbourg, 2011

Horváth, P.: Controlling. 12. Aufl., München: Vahlen, 2011

Kolerus, J.: Zustandsüberwachung von Maschinen. 6. Aufl., Renningen: Expertverlag, 2014

Kruschwitz, L.: Investitionsrechnung. 14. Aufl., München: Oldenbourg, 2014

Kruschwitz, L./Husmann, S.: Finanzierung und Investition. 7. Aufl., München: Oldenbourg Verlag, 2012

Männel, W.: Schriften zur Betriebswirtschaftslehre. Kongress Anlagenwirtschaft '90. Lauf an der Pegnitz: Gesellschaft für angewandte Betriebswirtschaft, 1990

Männel, W.: Integrierte Anlagenwirtschaft. Köln: TÜV Rheinland, 1988

Matyas, K.: Instanthaltungslogistik. 5. Aufl., München: Hanser, 2013

May, C./Schimek, P.: Total Productive Management. 3. Aufl., Ansbach: CETPM Publishing, 2015

Müller, A./Uecker, P./Zehbold, C.: Controlling. 2. Aufl., Leipzig: Fachbuchverlag, 2006

Olfert, K.: Investition. 12. Aufl., Ludwigshafen: Kiehl, 2012

REFA: Methodenlehre der Planung und Steuerung, Bd. 2 und 3. München: Hanser, 1985

Reichel, J.: Betriebliche Instandhaltung. Berlin, Heidelberg: Springer Verlag, 2009

Schenk, M. (Hrsg.): Instandhaltung technischer Systeme. Berlin, Heidelberg: Springer Verlag, 2010

Schmolke, S./Deitermann, M.: Industrielles Rechnungswesen. 43. Aufl. Darmstadt: Winklers Verlag, 2014

Schweitzer, M.: Industriebetriebslehre. 2. Aufl., München: Vahlen, 1994

Strunz, M.: Instandhaltung – Grundlagen, Strategien, Werkstätten. Berlin, Heidelberg: Springer Verlag, 2012

Warnecke, H.-J.: Handbuch Instandhaltung, Bd. 1. Köln: TÜV Rheinland, 1992

5 Materialwirtschaft

5.1 Studienziele

Dieses Kapitel soll dem Leser ermöglichen

- die Begriffsauffassungen zwischen den unterschiedlichen betrieblichen Materialwirtschaftskonzepten zu erkennen;
- den Materialbegriff einschließlich der ihm immanenten zehn Materialklassen zu definieren;
- den Begriff und die Grundsatzaufgaben der Materialdisposition zu erklären sowie die drei primären dispositionsspezifischen Teilfunktionen schnittstellenbezogen zu interpretieren;
- den Beschaffungsbegriff i. e. S. und die daraus resultierenden Kerninhalte zu beschreiben und unter dem Denkansatz moderner Managementkonzepte zu interpretieren;
- die Notwendigkeit der betrieblichen Materiallagerung zu begründen und über die wichtigsten Aktivitäten der vorbereitenden und realisierenden Aufgabenfelder zu informieren;
- die inhaltsbezogene Einordnung der Entsorgungsaufgabe in den materialwirtschaftlichen Kontext zu beweisen.

5.2 Einführung in die Materialwirtschaft

5.2.1 Begriffsauffassungen zur Materialwirtschaft

Ein Inputfaktor für den in einem Betrieb zu vollziehenden güterwirtschaftlichen Prozess ist der Produktionsfaktor **Material**.

Das strukturelle Subsystem, welches sich mit dem materialwirtschaftlichen Beschaffungs- und Bewirtschaftungsprozess von der Bedarfsermittlung bis zur Entsorgung beschäftigt, ist die betriebliche **Materialwirtschaft**.

Die Aufgabe der **Materialwirtschaft** ist es, die Versorgung der Produktion mit Material sicherzustellen. Dieses erfolgt unter den Gesichtspunkten des richtigen Produktes zur richtigen Zeit, in der richtigen Menge in der erforderlichen Qualität. Es ist die Wirtschaftlichkeit der Versorgung zu optimieren, damit ein materialwirtschaftliches Optimum erreicht wird. ■

Des Weiteren wird in eine enge, erweiterte und integrierte Begriffsauslegung der Materialwirtschaft unterschieden. Währenddem die **enge** Auffassung das materialspezifische Aufgabenfeld des Disponierens, Einkaufens, Einlagerns und Transportierens bis hin zum Wareneingangslager bzw. ersten Bedarfsträger umfasst, dehnt der **erweiterte** Begriff das Tätigkeitsfeld des Transportierens auf alle Bedarfs- und Vorratsstellen aus, hinzu kommt noch die Teilfunktion des Verteilens. Diese beinhaltet alle materialbezogenen Handlungen (z.B. Verpackung, Kommissionierung, Auftragsbearbeitung und Transport), von der Fertigstellung der Erzeugnisse bis hin zur Übergabe an den Kunden. Damit dokumentiert diese Begriffsdarstellung erstmalig das ganzheitliche materialwirtschaftliche Beschaffungs- und Versorgungssystem vom Lieferanten bis zum Kunden. Die **integrierte** Begriffsinterpretation fußt auf der Erkenntnis, dass man dem Erfordernis eines ganzheitlichen kreativ-gestaltenden Prozessmanagements der unternehmerischen Teilfunktionen nur dann entspricht, wenn man dem reinen physischen inner- und außerbetrieblichen Materialtransport noch das Aufgabenspektrum der mengenmäßigen und terminlichen Materialsteuerung hinzufügt einschließlich der effizienten Materialentsorgung. Die Abbildung 5.1 zeigt die gemeinsamen, aber auch unterscheidenden materialwirtschaftlichen Teilfunktionen der drei genannten Begriffsauffassungen.

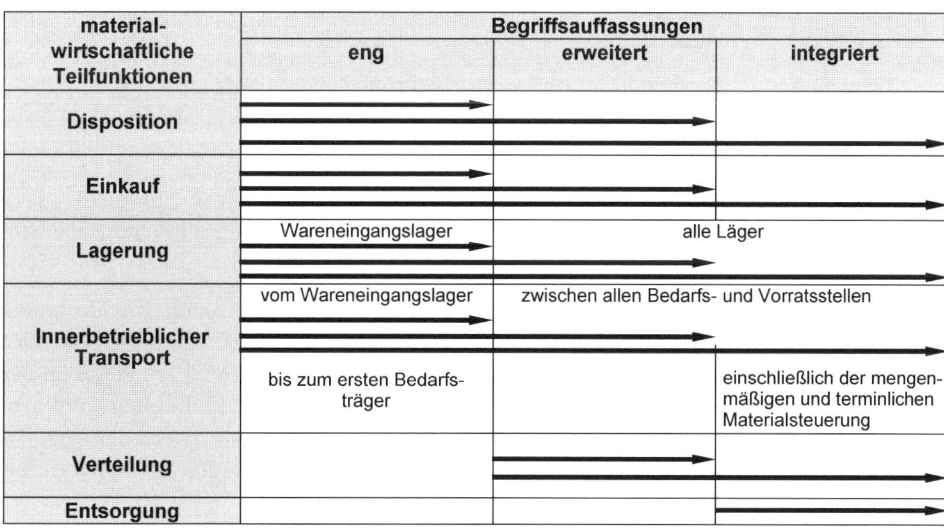

Abbildung 5.1 Funktionsinhalte differenzierter Begriffsauffassungen der Materialwirtschaft

Die Materialwirtschaft wird in der Praxis auch oft mit dem Begriff der **Materiallogistik** gleichgesetzt. Nach Pepels 2010 umfasst die Logistik (vgl. Ihme 2006) „die integrierte Abwicklung und Kontrolle des gesamten Material- und Informationsflusses vom Lieferanten bis zum Kunden." Wird im Rahmen dieser Logistikkette eine unternehmensübergreifende Handlung vollzogen, so entsteht eine integrative Sichtweise, das **Supply-Chain-Management** (vgl. Wieland/Wallenburg 2011).

5.2.2 Ziele und Grundsatzaufgaben

Jede Unternehmung besitzt als oberste Handlungsmaxime sowohl übergeordnete (Formalziele) als auch aus diesen abgeleitete strukturierte und auf konkrete betriebliche Handlungen abzielende Sachziele (vgl. Abschn. 1.6.2). Bezogen auf die Materialwirtschaft als betriebliche Querschnittsfunktion besteht, deren sachliches **Oberziel** darin, das Unternehmen sicher und effizient mit den benötigten materialspezifischen Beschaffungsobjekten strategisch und operativ zu versorgen und diese gegebenenfalls auch ökologisch rationell zu entsorgen.

Da dieses Oberziel nicht sofort zu erreichen ist, bedarf es der Untersetzung durch definierte **Zwischen**- und **Unterziele**, wie zum Beispiel:

- Ausnutzung aller materialspezifischen **Kostensenkungs- und Leistungssteigerungspotenziale**, besonders im Aufgabenfeld des Einkaufs (z.B. niedrige Einstandspreise), des Lagerns und der Entsorgung (z.B. durch gezielte Abfallvermeidung und/oder effiziente Abfallverwertung),
- Gewährleistung einer anforderungsgerechten **Qualitätssicherung**, besonders im Aktivitätenfeld des Lagerns (z.B. durch optimale Lagergutpflege), innerbetrieblichen Transports und der Verteilung,
- Absicherung einer optimalen in- und externen **Lieferbereitschaft** als Maßstab für die Materialverfügbarkeit, besonders im Handlungsspektrum der Disposition (z.B. lückenlose Bedarfs- und Bestandsermittlung) und des Einkaufs (z.B. Reduzierung von Lieferantenabhängigkeiten),
- Gestaltung einer geringen **Kapitalbindung**, besonders durch einen schnellen Lagerumschlag sowie einen störungsfreien Materialfluss.

In den letzten Jahren wurde gerade in Großunternehmen durch ein intensives Bestandsmanagement die Kapitalbindung massiv gesenkt. Dazu werden Methoden des Lean Production Managementes, aufbauend auf dem Toyota Produktions, genutzt. Ein Potential der Bestandssenkung von 30% ist in vielen Unternehmen umsetzbar (vgl. Kemner 2009). In einer Wirtschaftskrise, wie der Finanzkrise von 2009, kann Materialwirtschaft durch die Senkung der Beschaffungskosten einen umfangreichen Anteil zur Liquidität eines Unternehmens beitragen.

Die Realisierung der angesprochenen Teilziele bedarf sowohl der komplexen Beachtung der in Klammern angeführten Anforderungen als auch einer auf die Gesamteffizienz der Unternehmungen bezogene Handlungsweise. Erfolgt dies nicht, so ergeben sich vielfältige **Zielkonflikte**, wie

- hohe terminliche, mengenmäßige und logistische Liefersicherheit gegen niedrige Materialeinstandspreise,
- Global Sourcing gegen Local Content (vgl. Härdler 1999),
- niedrige Lagerbestände an Einsatzmaterial gegen hohe Liefersicherheit,
- hohe Materialqualität gegen niedrige Materialeinzel- und -gemeinkosten.

Die Überwindung der beispielhaft angeführten Zielkonflikte gebietet die Realisierung einer Vektoroptimierung, d.h., von den möglichen Maximum- oder Minimumzielstellungen wird eine Zielstellung als Optimierungskriterium und die anderen als Restriktionen angenommen.

5

Ist das materialwirtschaftliche Optimum benannt, so lässt sich daraus unter Beachtung aktueller Marktbedingungen und **Managementkonzepte** (z.B. Outsourcing des gesamten C-Teile-Managements, e-Commerce, Supply-Chain-Management, Target-Costing, Total-Cost-of-Ownership-Konzept (TCO) u.a.) die **Grundsatzaufgabe** der Materialwirtschaft ableiten. Diese besteht in der Schaffung materialwirtschaftlicher Erfolgspotenziale für die Unternehmung. Die Verwirklichung dieser Maxime erfordert die konsequente Synthese einer primären **technisch-organisatorischen** und einer sekundären **ökonomischen Aufgabenkomponente** einschließlich der Verwirklichung der darin enthaltenen Unteraufgaben der Materialsicherung und Wertorientierung.

5.2.3 Betriebswirtschaftliche Ergebniswirksamkeit der Materialwirtschaft

Die betriebswirtschaftliche Ergebniswirksamkeit lässt sich aus einem dreiseitigen Blickwinkel interpretieren, nämlich aus der Sicht des direkten, des indirekten und des nicht quantifizierbaren Erfolgsnachweises für das Unternehmen.

Das **direkte Erfolgspotenzial** dokumentiert sich im Anteil der Materialkosten an den Selbstkosten eines Erzeugnisses. Dieser Kostenblock ist dabei zu unterscheiden in:

- Materialeinzelkosten: das heißt, Kosten, die für die Beschaffung der unterschiedlichen Beschaffungsgegenstände einschließlich der dazu erforderlichen Bezugskosten (z.B. Transport- und Transportversicherungskosten) anfallen.
- Materialgemeinkosten: das heißt, Kosten, die bei der Aufgabenerfüllung aller materialwirtschaftlichen Teilfunktionen nicht lokalisiert im Sinne von Bestell-, Lagerhaltungs-, Bewegungs- und Verteilkosten anfallen.

Die Materialeinzelkosten betragen in industriellen Unternehmen zwischen 40% und teilweise mehr als 60% der Umsatzerlöse. So hatte z.B. Volkswagen im Jahr 2013 Umsatz von 197 Mrd. Euro bei einem Materialaufwand von 127 Mrd. Euro. Somit beträgt der Materialaufwand 64 % der Umsatzerlöse. Die Materialgemeinkosten liegen bei vielen Branchen bei ca. 6 % bis 10 %.

Die **indirekte quantifizierbare Ergebniswirksamkeit** der Materialwirtschaft auf den Unternehmenserfolg macht sich u. a. in solchen Aspekten bemerkbar wie:

a) geringe Materialbestände einschl. eiserner Reserve durch langfristige und auf gegenseitigem Vertrauen sowie Respekt basierenden Lieferantenbeziehungen,

b) geringere Nettoeinstandspreise durch gezielte Einflussnahme auf die mit den Lieferanten vereinbarten Einkaufskonditionen,

c) erhöhte Barverkaufspreise und stabile Umsätze durch Einflussnahme auf die Produktqualität und den Lieferservice.

Der **nicht quantifizierbare Erfolgsnachweis** zeigt sich vorrangig in dem verbesserten bzw. verschlechterten Imagepotenzial des Unternehmens gegenüber seiner Umwelt.

5.3 Grundlagen der Materialwirtschaft

5.3.1 Materialbegriff und Materialklassen

Der Materialbegriff stammt aus dem lateinischen Wortschatz (Materia) und bedeutet so viel wie **Ur- oder Grundstoff**.

> Als **Material** werden alle Gegenstände der Materialwirtschaft bezeichnet, die zur Gütererzeugung erforderlich sind wie Werk-, Hilfs- und Betriebsstoffe, Zulieferteile, Handelswaren, Dienstleistungen, sonstige Materialien, Investitionsgüter und Entsorgungsobjekte bzw. -leistungen und die dabei „ihre ursprüngliche Form, ihre selbstständige Funktion und die Möglichkeit zu anderweitiger Verwendung verlieren." (REFA 1985) ■

Die in dieser Definition aufgeführten materialwirtschaftlichen Beschaffungsobjekte lassen sich dabei in den angeführten Oberbegriff nach **Materialklassen** systematisieren und intern definieren (vgl. Abbildung 5.2).

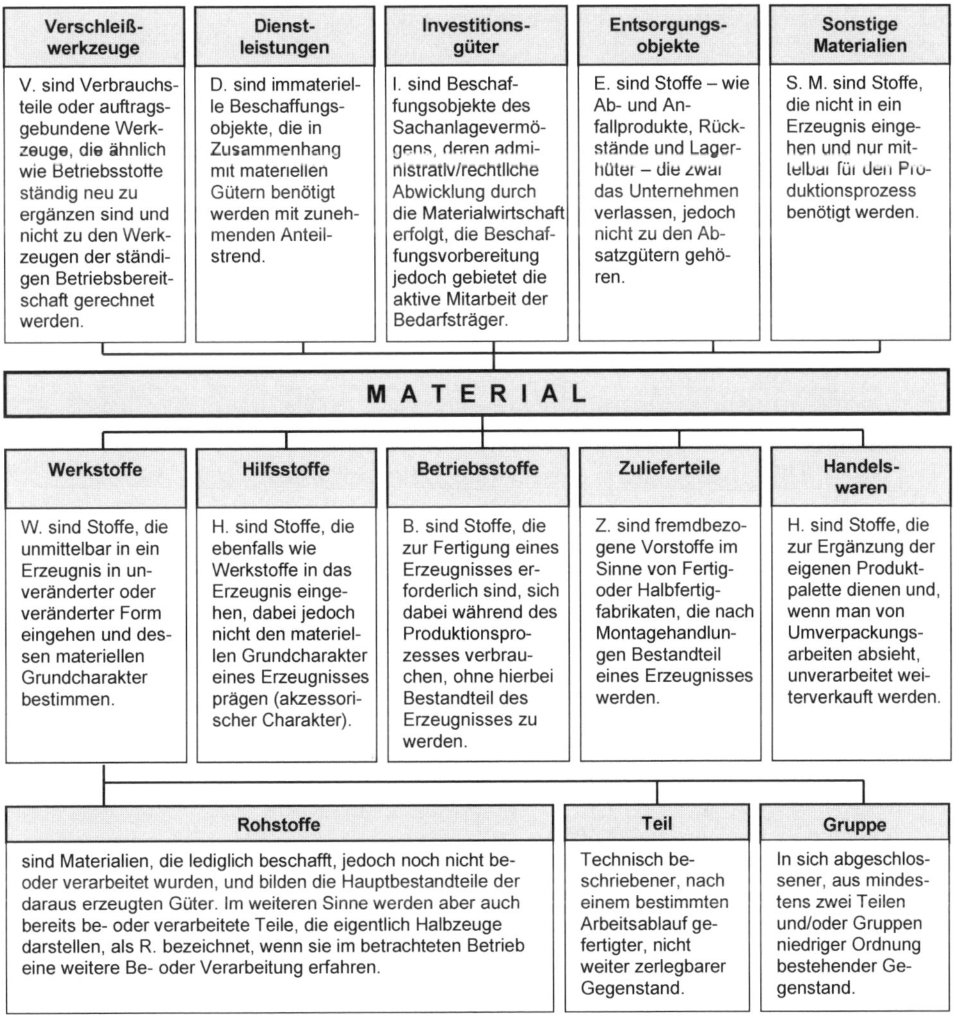

Abbildung 5.2 Beschaffungsobjekte der Materialwirtschaft

Die Tabelle 5.1 dokumentiert das Zusammenspiel ausgewählter Materialklassen am Beispiel eines Schalldämpfers.

Tabelle 5.1 Einordnung der Materialklassen bei einem Schalldämpfer

Materialklasse	Einsatz bei Fertigung eines Schalldämpfers
Werkstoff	Coil/Blech/Rohr/Basaltwolle/Keramikvlies/Flach- und Rundstahl
Hilfsstoff	Farbe/Schweißgase/Schweißspray/Schweißdraht
Zulieferteile	Katalysatoren/Innenrohre/Aus- und Eingangsrohre/Pressteile/Gummihalter
Verschleißteile	Stromdüsen/Schweißbrenner
Handelsware	Schrauben/Rohrschellen bei Ersatzteilbedarf

5.3.2 Bewertung und Abschreibung des Materials

Laut Bilanzgliederungsschema (vgl. § 266 Abs. 2 HGB) gehören die Roh-, Hilfs- und Betriebsstoffe zur Vermögensgruppe der Vorräte innerhalb des Umlaufvermögens einer Bilanz. Unter dem Begriff Bewertung versteht man die Bezifferung einer Vermögensposition mit einem Geldbetrag.

Die **Anschaffungs- oder Herstellkosten** bilden stets die absolute Wertobergrenze nach § 253 Abs. 1 HGB. Für die Materialbewertung gilt das **strenge Niederstwertprinzip**, d. h., dass von zwei am Bilanzstichtag möglichen Wertansätzen, dem Tageswert und den Anschaffungs- oder Herstellungskosten, stets der niedrigere Wert nach § 253 Abs. 3 HGB in das Inventar und damit in die Schlussbilanz eingesetzt werden muss. Damit gilt:

- *AK/HK > TW* → Bewertung zum Tageswert
- *AK/HK < TW* → Bewertung zu Anschaffungs-/Herstellkosten

Beispiel:

Zum Bilanzstichtag (31.12.) beträgt der Vorrat an einer definierten Lagersorte lt. Inventur 5000 kg. 5,00 € je kg = 25 000 €.

Fall 1: Tageswert der Lagersorte zum 31.12. beträgt 6,00 € je kg

Ergebnis: Wertansatz 25 000 €

Fall 2: Tageswert der Lagersorte zum 31.12. beträgt 4,50 € je kg

Ergebnis: Wertansatz 22 500 €

Fazit:

- Nicht realisierte Gewinne dürfen aus Gründen der Vorsicht nicht ausgewiesen werden.
- Nicht realisierte Verluste (Fall 2) müssen dagegen ausgewiesen werden.

Für die Bewertung am jeweiligen Abschlussstichtag sind damit folgende **Wertarten** heranzuziehen:

1. Anschaffungs- oder Herstellungskosten
2. Börsen- oder Marktpreis
3. Stichtagswert
4. Zukunftswert

Auf eine eingehende Begriffsinterpretation der einzelnen Wertarten wird an dieser Stelle verzichtet und auf Abschnitt 10.3.4.6 verwiesen.

Dem eigentlichen Bewertungsvorgang geht eine auf den Bilanzstichtag bezogene körperliche Erfassung der Materialien (Inventur) voraus. Laut § 252 Abs. 1 Punkt 3 HGB sind die Vermögensgegenstände zum Abschlussstichtag einzeln zu bewerten. Es gilt der Grundsatz der **Einzelbewertung**. Da die Roh-, Hilfs- und Betriebsstoffe i.d.R. zu unterschiedlichen Zeitpunkten und damit auch zu differierenden Preisen angeschafft wurden, ist eine Einzelbewertung in der Praxis kaum realisierbar. Der Gesetzgeber lässt deshalb für „gleichartige“ oder „annähernd gleichwertige“ bewegliche Vermögensgegenstände eine **Sammel- oder Gruppenbewertung** in Form einer Durchschnitts- oder Verbrauchsfolgebewertung zu. (vgl. Abbildung 5.3)

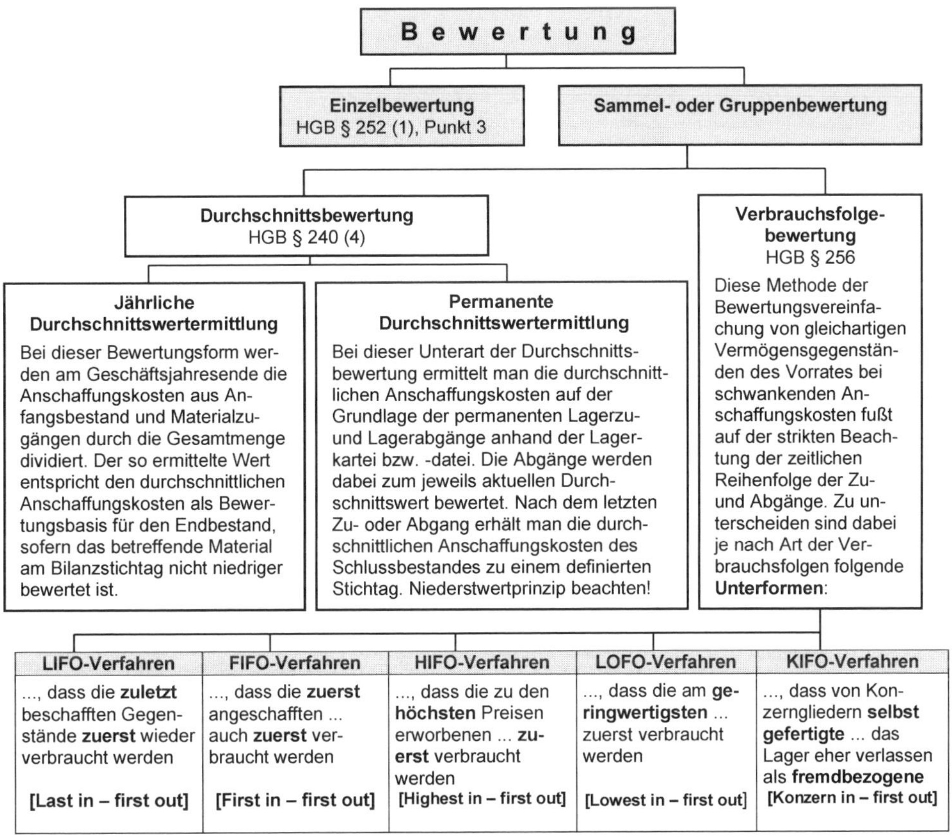

Abbildung 5.3 Bewertungsverfahren von Material

Beispiel zur jährlichen Durchschnittsbewertung:

Sachverhalt

Ein Unternehmen der Automobilindustrie hat einen Anfangsbestand von 4000 ME und am 16.02., 16.07. und 16.12. des Jahres folgende Zugangsmengen: 2400 ME, 3200 ME, 1200 ME. Die Anschaffungskosten je Mengeneinheit betragen 5,00 €, 7,00 €, 8,00 € und 9,00 €.

Aufgabenstellungen

1. Welchen Betrag weisen die durchschnittlichen Anschaffungskosten aus?
2. Welcher Bilanzansatz der Materialien ergibt sich bei einem Tageswert zum 31.12. von 7,50 € und einem Schlussbestand von 10 000 ME?
3. Wie lautet der Bilanzansatz bei einem Tageswert zum 31.12. von 6 €?

Lösungen

zu 1.

	Menge	Anschaffungskosten je Einheit (€)	Gesamtwert (€)
01. 01. Anfangsbestand	4000	5,00	20 000
16. 02. Zugang	2400	7,00	16 800
16. 07. Zugang	3200	8,00	25 600
16. 12. Zugang	1200	9,00	10 800
	10 800		73 200

Die durchschnittlichen Anschaffungskosten betragen 6,78 €.

zu 2. Inventarmenge = Wert je Einheit = Bilanzansatz

$10000 \cdot 6{,}78 = 67800$ €

zu 3. $10000 \cdot 6{,}00 = 60000$ €

■

Zur Abschreibungsproblematik ist zu bemerken, dass vom Gesetzgeber (vgl. § 253 Abs. 3 und 4 HGB) zwar keine planmäßigen Abschreibungen für Vermögensgegenstände des Umlaufvermögens vorgesehen sind, da dieses dem Unternehmen in der Regel nicht dauernd zur Verfügung steht, doch sind zum Bilanzstichtag ggf. **außerplanmäßige Abschreibungen** vorzunehmen.

5.3.3 Ausgewählte Maßnahmen der Materialrationalisierung

Unter dem Begriff der Rationalisierung versteht man das gesamte Handlungsspektrum eines Unternehmens, das zu einer Kostensenkung oder/und Leistungssteigerung führt. Bezogen auf den materialwirtschaftlichen Kontext sind dies folgende Maßnahmen:

- Materialstandardisierung
- Portfolioanalyse
- Materialnummerung
- Preisstrukturanalyse
- ABC-Analyse

- Wertanalyse
- XYZ-Analyse
- LMN-Analyse

5.3.3.1 Material- und Mengenstandardisierung

Unter dem Begriff der **Materialstandardisierung** versteht man ganz allgemein die Vereinheitlichung von Materialien in Bezug auf definierte **Eigenschaften** (z. B. Größe, Form, Qualität) oder **Mengen** (Mengenstandardisierung), ohne dass das Produktionsergebnis negativ beeinflusst wird.

Die Ziele und Aufgaben der Normung lassen sich durch Normenfunktionen widerspiegeln. Zu beachten ist, dass die Normung auf unterschiedlichen Normungsebenen realisiert wird. Die beiden höchsten Normungsebenen verkörpern die internationale (ISO und IEC) und europäische (CEN, CENELEC, ETSI) Normung. Für Deutschland gelten die **nationale Normung** (DIN, AFNOR und BSI) und auf der untersten Ebene die **Werksnormung**, deren Inhalt beispielhaft in Abbildung 5.4 dargestellt wird.

	WERKSTOFFBLATT		.... – Norm 30 00 50
.... – NUMMER	:	7.22	
BEZEICHNUNG	:	warmgewalzter Rundstahl, Nach DIN 1013	
WERKSTOFF	:	X5 CrNi 18 10, nach DIN 17 440	
WERKSTOFFNUMMER	:	1.4301	
BRUCHDEHNUNG	:	min. 45 % (A 5)	
ANLIEFERFORM	:	in Stäben von 4000 mm	
BEMERKUNGEN	:	--	
LIEFERANTEN VERZEICHNIS			
LIEFERANTEN:			
Krupp Stahl AG, 101			
Thyssen Edelstahlwerke AG, 169			
Thyssen Schulte GmbH, 173			

Abbildung 5.4 Abgeleitete Werksnorm eines Automobil-Zulieferbetriebes

Der Begriff **Mengenstandardisierung** verkörpert dagegen eine Normierung des **Materialverbrauchs**. In einem ersten Arbeitsschritt erfolgt zunächst die Ermittlung des Prognose-Materialbedarfes. Dieser Bedarfszahl wird dann in einem zweiten Schritt der tatsächliche Verbrauch gegenübergestellt und das Ergebnis im Sinne einer positiven oder negativen Abweichungsanalyse interpretiert.

Eine typische Materialstandardisierung ist die Gleichteilestrategie im Automobilbau. Diese ist auch unter dem Namen **Baukastenstrategie** bekannt. In den verschiedenen Baureihen eines Automobilherstellers werden identische Teile verwendet. Die Baukastenstrategie findet sowohl innerhalb einer Produktlinie statt, als auch produktlinienübergreifend in einigen Unternehmen sogar markenübergreifend statt. Es werden bis zu 80 % identische Teile in unterschiedlichen Fahrzeugen einer Produktlinie verbaut (vgl. Hahn und Kaufmann 2002).

5.3.3.2 Materialnummerung (DIN 6763)

Im Regelfall tragen alle Materialien eine Handelsbezeichnung. Für das materialwirtschaftliche Tagesgeschäft, besonders im Einkaufs- und Lagerbereich, ist diese Identifizierung auf Grund mangelnder Eindeutigkeit, der Nichterkennung von Materialmerkmalen und der schlechten Datenverarbeitungsfähigkeit nicht bzw. nur bedingt geeignet.

Die logische Schlussfolgerung aus den genannten Gesichtspunkten ist die Erarbeitung und Anwendung von **Nummerungssystemen**.

Dieser Begriff beinhaltet nach Wiendahl 2010 „eine nach bestimmten Aspekten gegliederte Zusammenfassung von Nummern und Nummernteilen eines Anwendungsgebietes, einschließlich der Erläuterung ihres Aufbaus". ■

Als grundlegende Nummerungssysteme sind zu unterscheiden:

a) der rein identifizierende Nummernschlüssel und

b) der identifizierende und klassifizierende Nummernschlüssel. (vgl. Abbildung 5.5)

Während der erste nur eine bloße Unterscheidung der Materialsorten zulässt, vermittelt der zweite auch über die reine Identifizierung hinausgehende Informationen (z. B. Materialklasse, -gruppe, -sorte und -stoff, Lagerstandort, Einkaufsstelle usw.).

Zu beachten ist in diesem Zusammenhang, dass bei der Anwendung von Nummernschlüsseln ohne Prüfziffern die Gefahr besteht, dass besonders im Rahmen der Einkaufsmodalitäten fehlerhafte Informationsbeziehungen zwischen Abnehmer und Lieferanten entstehen. Schuld hierfür sind vor allen Hör-, Lese- und Eingabefehler.

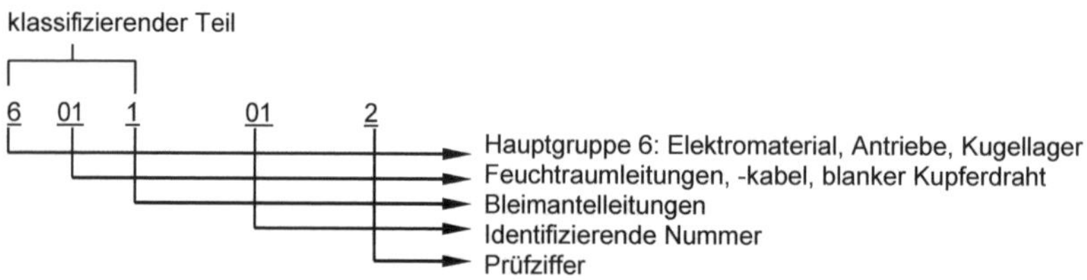

Abbildung 5.5 Beispiel identifizierender und klassifizierender Nummernschlüssel

Aus diesem Tatbestand heraus wurden Verfahren zur Bildung und Selbstprüfung von **Prüfziffern** erarbeitet. Als das wohl heute noch gängigste unter diesen Verfahren gilt das Verfahren „Modulus 11".

5.3.3.3 ABC-Analyse

Diese Rationalisierungsmethode lässt sich in den Unternehmungen überall dort anwenden, wo **Mengen-Wert-Kausalitäten** bestehen.

Der **Grundgedanke** dieses Analyseverfahrens besteht auf den materialwirtschaftlichen Aspekt bezogen darin, die wesentlichen Materialien von den unwesentlichen zu unterscheiden.

Der Aspekt der Wesentlichkeit von Materialien oder Lieferanten – man könnte auch sagen: ihre wirtschaftliche Bedeutung – kann an verschiedenen Bezugsgrößen (z.B. Umsatzerlöse, Einkaufs- und Lagerwert) gemessen werden. In der Regel werden drei, in Sonderfällen fünf Gruppen zur „Wesentlichkeits-Klassifizierung" gebildet:

1. wenige A-Materialien bzw. A-Lieferanten mit großer wirtschaftlicher Bedeutung → **A-Materialien/Lieferanten**
2. einige B-Materialien bzw. B-Lieferanten mit mittlerer wirtschaftlicher Bedeutung → **B-Materialien/Lieferanten**
3. viele C-Materialien bzw. C-Lieferanten mit geringer wirtschaftlicher Bedeutung → **C-Materialien/Lieferanten**

Erkenntnisse in der Theorie, aber auch Untersuchungen in der Praxis haben folgende verallgemeinerungsfähige Wertgrenzenabstufungen (vgl. Koether 2010) erbracht, die jedoch immer unter dem Blickwinkel des gültigen Maßstabes der jeweiligen Branche zu korrigieren sind:

- A 5-10% aller Artikel 70-85% des Wertes
- B 10-15% aller Artikel 10-15% des Wertes
- C 70-80% aller Artikel 5-10% des Wertes

Eine eindeutige Festlegung der Grenzwerte erfolgt in der Literatur nicht. Das Verhältnis der Wert- zu den Materialpositionsanteilen kann auch mit Hilfe von **Konzentrationskurven (Lorenzkurven)** grafisch dargestellt werden. Dabei ist zu beachten, dass der Kurvenverlauf um so flacher (z.B. bei einfachen Industriegütern) ist, je näher die Branche am Konsumenten ist. Als Grund dafür gilt die Erkenntnis, dass zufallsbedingte Nachfragen auch ein relativ breites Angebotssortiment erfordern.

Die Erstellung einer ABC-Analyse erfolgt in vier **Arbeitsschritten (Ü1)**:

1. Berechnung des wertmäßigen Einkaufsvolumens aus dem Produkt von Jahresbedarfsmenge und Einstandspreis je Materialart,
2. Festlegung der nicht chronologischen Rangfolge entsprechend dem ermittelten Einkaufsvolumen,
3. Sortieren der Materialarten nach Rang und Berechnung der kumulierten Einkaufsvolumina und Jahresbedarfsmengen,
4. Klassifizierung der Materialarten einschließlich Auswertung.

5.3.3.4 XYZ-Analyse

Eine weitere Möglichkeit Materialien zu klassifizieren, und zwar nicht nach ihrem Wesentlichkeitsfaktor, sondern entsprechend ihrem **Verbrauchsverhalten,** ergibt sich aus der Anwendung der XYZ-Analyse, auch RSU-Analyse genannt. Zwischen dem Verbrauchsverhalten (konstant, trendförmig, saisonal oder unregelmäßig) und der Materialarteneingruppierung besteht folgender Zusammenhang (Koether 2010):

1. Verbrauch ist konstant bei nur gelegentlichen Schwankungen; hohe Vorhersagegenauigkeit → **X-Teil - (R)**
2. Verbrauch unterliegt stärkeren Schwankungen, ist trendmäßig steigend oder fallend oder unterliegt saisonalen Schwankungen, saisonal im Sinne von regelmäßig wiederkehrenden Abweichungen von der Grundrichtung; mittlere Vorhersagegenauigkeit → **Y-Teil - (S)**
3. Verbrauch verläuft völlig unregelmäßig; niedrige Vorhersagegenauigkeit → **Z-Teil - (U)**

Die ältere Bezeichnung RSU steht für R = regelmäßiger, S = saisonaler und U = unregelmäßiger Verbrauch.

Als Maßstab für das Modell des stochastischen Verbrauchsverhaltens einer Materialsorte gilt der **Schwankungskoeffizient**, der nach Hartmann 2002 wie folgt zu berechnen ist:

$$SQ_i = \frac{n \cdot SQ_{i-1} + SF \cdot \left| 1 - \frac{T_i}{V_i} \right|}{n+1}$$

Formelzeichenerläuterung:

SQ_{i-1} bis zur i-ten Periode fortgeschriebener SQ-Wert
n Intervalle innerhalb einer Periode (zumeist „1")
SF Sicherheitsfaktor
T tatsächlicher Verbrauch
V Vorhersagewert
i laufende Periode

Der so ermittelte Schwankungskoeffizient als Ausdruck des Verbrauchsverhaltens in der laufenden Periode ist nach jedem Rechnerlauf neu zu berechnen. Das Zeitintervall von einem Monat zwischen zwei Berechnungen gilt dabei als gebräuchlicher Praxiswert. Der Quotient T_i/V_i verkörpert somit das Verbrauchsverhalten einer Materialsorte in der laufenden Periode. Der absolute Betrag aus der Differenz des Quotienten zu 1 wird mit einem Sicherheitsfaktor multipliziert, der in Kausalität zu dem angepeilten Servicegrad steht.

Als **Wertgrenzen** gelten i. d. R. folgende Richtgrößen:

- $SQ \leq 1$ (X-Teil
- $SQ > 1 \leq 5$ (Y-Teil
- $SQ > 5$ (Z-Teil

Liegen Vergangenheitswerte des Verbrauches vor, so kann über die Division der Standardabweichung durch den Mittelwert der Zahlenreihe ein Variatonskoeffizient berechnet werden. Dieser Variationskoeffizient, eine „relative Standardabweichung", kann ebenfalls für eine Einteilung in XYZ Artikel herangezogen werden.

Arnolds, Heege und Tussing (2010) geben die Verteilung in industriellen Unternehmen mit:

- X-Artikel: 50 - 60 %
- Y-Artikel: 10 - 20 %
- Z-Artikel: 20 - 30 %

an. Im Handel verschiebt sich der Anteil der X-Artikeln hin zu den Y-Artikeln.

Der Aussagewert der unter 5.3.3.3 und 5.3.3.4 genannten Verfahren kann durch ihre **Kombination** beträchtlich erhöht werden. Dazu findet eine Klassifikation der Materialien in AX, AY, AZ usw. statt. AX-Teile weisen eine hohe Wertigkeit mit einer hohen Vorhersagegenaugkeit und einen in der Regel konstanten Verbrauch auf. Diese Materialien sind demnach sehr gut für Versorgungskonzepte wie die bestandsoptimerte Just-in-time (JIT)-Anlieferung geeignet. Weitere Möglichkeiten der Materialklassifikation ist die **LMN-Analyse** (vgl. Disselkamp 2004 einer Einteilung nach der physischen Größe von Materialien, Die **ELA**-Analyse bezeichnet eine enpassorientierte Logistikanalyse, die **STU**-Analyse (Kemmner 2012) differenziert zwischen den Bedarfsverursachern. S-Teile haben nur einen dominierenden Bedarfsverursacher, U-Teile haben mehrere verschiedene Bedarfsverursacher im Unternehmen.

5.4 Materialdisposition

5.4.1 Begriff und Grundsatzaufgaben

Mit Bezugnahme auf die materialwirtschaftliche Grundsatzaufgabe versteht man unter dem Begriff der Materialdisposition alle Tätigkeiten, die notwendig sind, um das Unternehmen in der erforderlichen **Art** und **Menge** sowie zum richtigen **Zeitpunkt** mit Material zu versorgen. Dabei heißt Versorgung nicht Versorgung um jeden Preis, sondern Materialbereitstellung unter Beachtung eines **Optimierungsaspektes** zwischen den konkurrierenden Zielen einer höchstmöglichen Lieferbereitschaft und geringen Kapitalbindungs- sowie Materialkosten.

Aus dem oben genannten Begriff der Materialdisposition lassen sich folgende **Grundsatzaufgaben** ableiten:

1. Vollzug der Nettobedarfsrechnung,
2. Zusammenfassung des ermittelten Bestellbedarfs zu wirtschaftlichen Bestellmengen,
3. Entscheidung über den differenzierten Einsatz notwendiger Bestandsstrategien zur mengenmäßigen Lagerbestandsergänzung,

4. Dispositionsstufenauflösung des Materialbedarfs für neue Fertigungsaufträge und Festlegung des erforderlichen Lieferbereitschaftsgrades,
5. Festlegung und Überwachung der lieferantenseitigen Anlieferzyklen sowie permanente Präzisierung der Abrufmodalitäten.

Zieht man Erkenntnisse aus den genannten Grundsatzaufgaben, so lassen sich eine Vielzahl von materialwirtschaftsinternen und -externen **Informations- und Handlungsschnittstellen** der Disposition innerhalb eines Unternehmens (vgl. Härdler 1999) erkennen, z. B.:

- Konstruktion, Arbeitsvorbereitung, Qualitätsmanagement,
- technisch-kaufmännische Produktionsplanung,
- Lager, Transport und
- Einkauf.

5.4.2 Teilfunktionen der Materialdisposition

Die in den Grundsatzaufgaben fixierten Inhalte lassen sich durch drei **Teilfunktionen** realisieren:

1. Bedarfsrechnung
2. Bestandsrechnung
3. Bestellrechnung

Während das Ergebnis der Bedarfsrechnung die Ermittlung des Bruttobedarfs ist, besteht das Resultat der Bestandsrechnung im Ausweis des erforderlichen mengen- und terminbezogenen Nettobedarfs. Das Fazit der Bestellrechnung ist die Bedarfsmeldung.

5.4.2.1 Materialbedarfsrechnung

Der Anwendung der eigentlichen Verfahren der Bedarfsermittlung vorangestellt sind zunächst die Definition Bedarf und die aus ihr abgeleiteten Bedarfsarten. Unter **Bedarf** versteht man die art-, mengen- und termingerechte Kennzeichnung des Materials, welches zur Erstellung von Erzeugnissen zu einem bestimmten Termin benötigt wird. Damit gilt:

Bedarf gleich Menge zum Termin ■

Bei den **Bedarfsarten** sind zwei grundsätzliche Begriffinterpretationen möglich, nach

a) dem Ursprung und der Dispositionsebene des Materials und nach
b) der Berücksichtigung der Lagerbestände.

Je nach Interpretationsstandpunkt ergeben sich Bedarfsarten nach Abbildung 5.6.

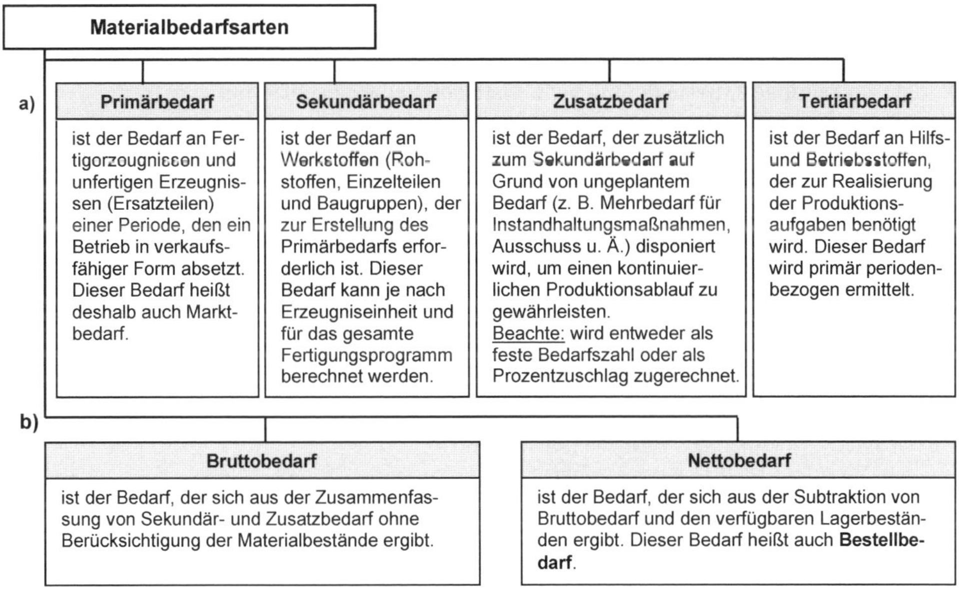

Abbildung 5.6 Materialbedarfsarten

Betrachtet man die beiden Bedarfsarten „Brutto- und Nettobedarf" aus der Sicht ihrer Berechnung, so kommt man zu folgendem **Ermittlungsschema (Ü2)** (Abbildung 5.7):

1. Sekundärbedarf	Multiplikation von Primärbedarf mit den im Erzeugnis enthaltenen Einzelteilen und Baugruppen
2. + Zusatzbedarf	• ausschussbedingter Mehrverbrauch • Mehrbedarf für Instandhaltungsmaßnahmen • Nebenbedarf für Sonderzwecke
3. = Bruttobedarf	
Voraussetzung für die Berechnung des zweiten Bedarfsbegriffes ist die Integration einer Reihe von definierten Bestandsarten wie:	
4. – (IST-)Lagerbestand	ist der Bestand, der sich körperlich zum Planungszeitraum (Dispositionsstichtag) im Lager befindet (Lagerstufe 1).
5. + Vormerkbestand	umfasst die Bestandsmengen, die bereits für angenommene Aufträge (Kunden- und Fertigungsaufträge) vorgemerkt und damit nicht mehr verfügbar sind (Reservierungsbestand).
6. – Bestellbestand	ist der Bestand an bereits erteilten, aber noch nicht gelieferten Bestellungen (offene Bestellungen).
7. – Werkstattbestand	umfasst die Bestandsmenge, die das Lager zur Weiterverarbeitung verlassen hat und die sich zum Dispositionsstichtag in der Produktionssphäre (Werkstatt) befindet (Lagerstufe 2).
Das Endergebnis ist der Nettobedarf, der sich wie folgt interpretieren lässt:	
8. = Nettobedarf (Bestellbedarf)	Bestellungen werden erst notwendig, wenn der Bruttobedarf durch den verfügbaren Bestand nicht mehr gedeckt ist, d. h., wenn eine **Unterdeckung** auftritt. Eine **Unterdeckung** ist demnach identisch mit einem **positiven Nettobedarf**. Eine **Überdeckung** in einer Periode wird zur Deckung des Bedarfs in der nächsten Periode vorgetragen **(negativer Nettobedarf)**.

Abbildung 5.7 Berechnungsschema Nettobedarf

Die konkrete Ermittlung der beiden Primärkategorien Brutto- und Nettobedarf erfolgt durch drei prinzipielle **Verfahren**:

- die programmgesteuerte oder deterministische Bedarfsermittlung,
- die verbrauchsgesteuerte oder stochastische Bedarfsermittlung und
- die subjektive Bedarfsschätzung.

Welches Verfahren für welche Materialsorte letztendlich angewandt wird, ergibt sich aus dem Ergebnis der Materialklassifizierung, also aus dem Wesentlichkeitsfaktor bzw. aus der Vorhersagegenauigkeit.

Die angeführten Verfahren der Bedarfsermittlung (vgl. auch Wollenberg 2004) werden in der Abbildung 5.8 nach Härdler 1999, 91 näher dargestellt.

Zur programmorientierten Bedarfsermittlung

Grundlage dieses Verfahrens ist ein **Produktionsprogramm**. Ein solches Programm wird vorrangig für A- und B-Erzeugnisse auf der Grundlage des Absatzplanes erstellt. Programme können entweder auf Kunden- oder auf Lageraufträgen bzw. auf beiden beruhen.

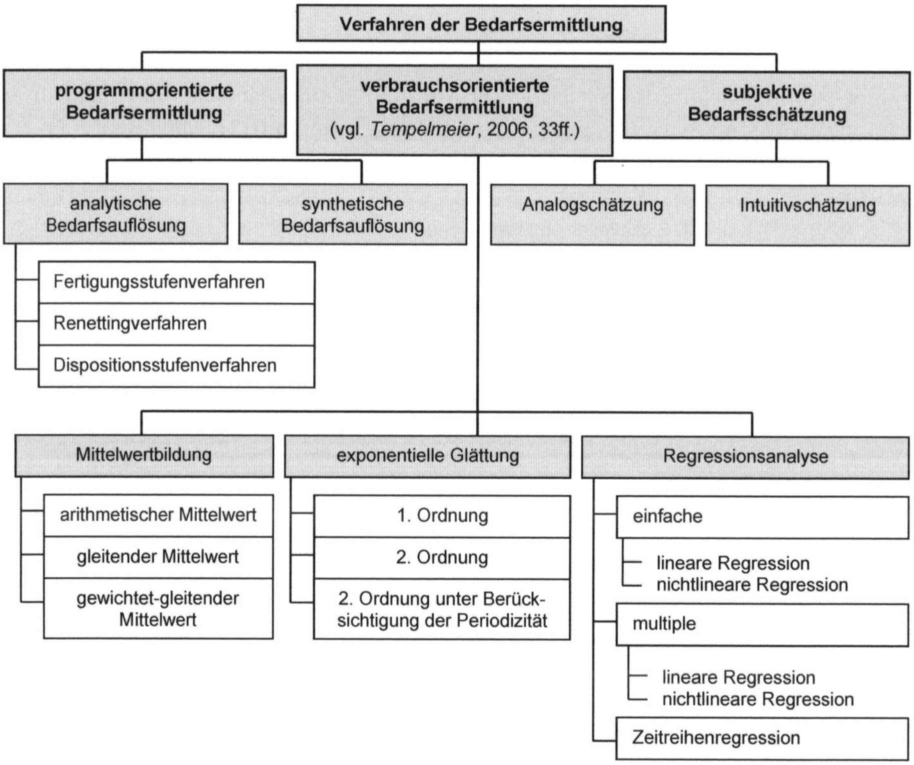

Abbildung 5.8 Detailübersicht der Bedarfsermittlungsverfahren

Der so ermittelte Primär- oder Marktbedarf bildet die Grundlage für die Berechnung des **Sekundärbedarfs**. Dieser ergibt sich aus der Multiplikation

Bedarf an Enderzeugnissen (Primärbedarf) × Bestandteile des jeweiligen Erzeugnisses (Materialbedarf an Bauteilen oder -gruppen je Erzeugniseinheit) ■

Beispiel:

Ein einfach strukturiertes Erzeugnis EE1, von dem in der Betrachtungsperiode 8000 Mengeneinheiten (ME) benötigt werden, besitzt folgende schematisierte Struktur (Abbildung 5.9):

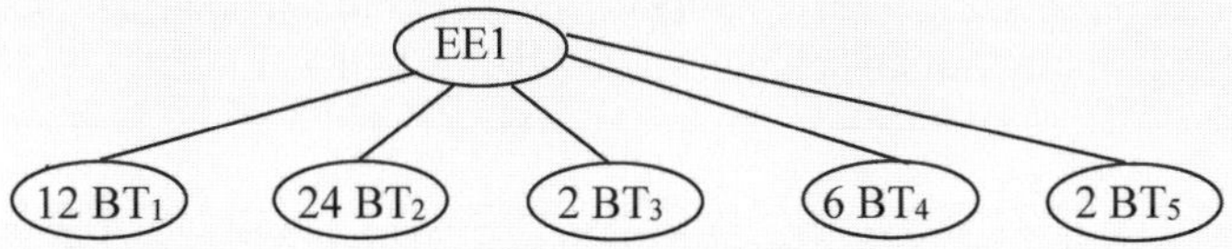

Abbildung 5.9 Struktur des Erzeugnisses EE1

Unter Anwendung der fixierten Formel ergibt sich für die einzelnen Teile folgender Sekundärbedarf:

BT_1: Anzahl 12 × 8000 ME = 96 000 ME

BT_2: Anzahl 24 × 8000 ME = 192 000 ME

BT_3: Anzahl 2 × 8000 ME = 16 000 ME

BT_4: Anzahl 6 × 8000 ME = 48 000 ME

BT_5: Anzahl 2 × 8000 ME = 16 000 ME ■

Ohne an dieser Stelle auf die Ausführungen zur Gestaltung von Programmen näher einzugehen – dies ist dem Abschnitt 6 vorbehalten –, müssen jedoch in diesem Zusammenhang einige Bemerkungen zur Auflösung eines Erzeugnisses in seine Baugruppen und -teile gemacht werden.

Bekannt ist, dass – neben der **Konstruktionsstückliste** und dem fertigungsorientierten **Arbeitsplan** – die **Gesamt-Stückliste** (vgl. Olfert/Rahn 2008) den dritten wichtigen Informationsträger zur Darstellung der Bestandteile eines Erzeugnisses verkörpert.

Eine **Stückliste** ist ein Verzeichnis aller Baugruppen, Bauteile, Roh-, Hilfs- und Betriebsstoffe sowie Zukaufteile eines Erzeugnisses unter Angabe verschiedener Daten (z. B. Qualitäts- und Mengenangaben, Bezeichnung der Beschaffungsgegenstände u. Ä.). ■

Die Abbildung 5.10 dokumentiert drei wesentliche **Arten** von Stücklisten.

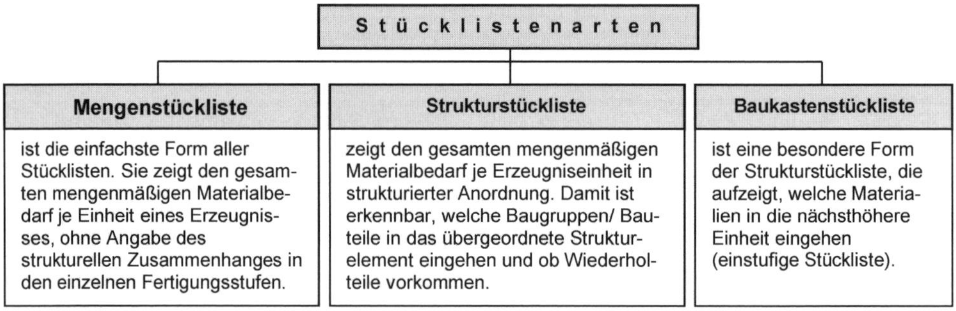

Abbildung 5.10 Arten von Stücklisten

Die in der vorangestellten Abbildung aufgeführten Sachverhalte der einzelnen Stücklisten sollen anhand des folgenden Demonstrationsbeispiels näher dargestellt werden:

Beispiel:

Sachverhalt

Bei der programmorientierten Bedarfsermittlung wird der Sekundärbedarf und damit der Brutto- und Nettobedarf durch die Multiplikation von Primärbedarf mit den Bestandteilen des jeweiligen Erzeugnisses berechnet. Die Kenntnis der Bestandteile eines Erzeugnisses ergibt sich aus der Stückliste.

Ausgangsdaten

Vom Erzeugnis E1 liegt folgende schematisierte Erzeugnisstruktur vor (Abbildung 5.11):

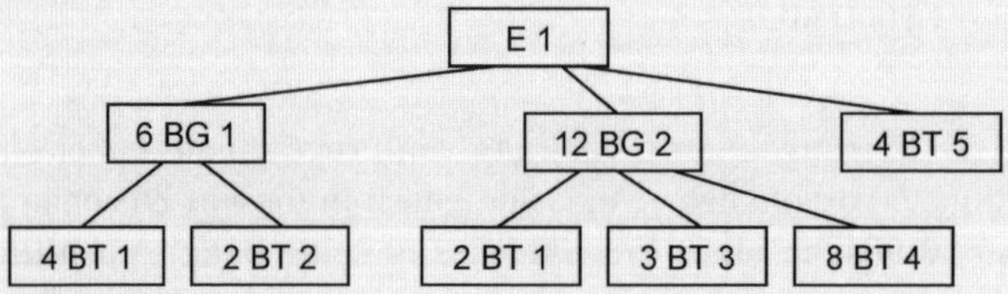

Abbildung 5.11 Erzeugnisstruktur E 1

Aufgabenstellung

Erstellen Sie aus der angegebenen Erzeugnisstruktur

1. die Mengenstückliste,
2. die Strukturstückliste,
3. die Baukastenstücklisten für E 1 und BG 2.

Lösung

zu 1.

Mengenstückliste von E 1

E 1

Bezeichnung	Menge
BG 1	6
BG 2	12
BT 1	48
BT 2	12
BT 3	36
BT 4	96
BT 5	4

zu 2.

Strukturstückliste von E 1

E 1

Stufe	Bezeichnung	Menge
1	BG 1	6
2	BT 1	4
2	BT 2	2
1	BG 2	12
2	BT 1	2
2	BT 3	3
2	BT 4	8
1	BT 5	4

zu 3.

Baukastenstückliste von E 1

E 1

Bezeichnung	Menge
BG 1	6
BG 2	12
BT 5	4

Baukastenstückliste von BG 2

BG 2

Bezeichnung	Menge
BT 1	2
BT 3	3
BT 4	8

■

Wie aus der Abbildung 5.8 ersichtlich, besitzt die programmorientierte (auch manchmal als gesteuerte bezeichnet) Bedarfsermittlung zwei Untermethoden:

- analytische Bedarfsauflösung,
- synthetische Bedarfsauflösung.

Erläuterung der analytischen Methode

Bei dieser Methode, die vorrangig bei großen Kundenaufträgen und damit bei lagerloser Fertigung angewandt wird, wird durch Auflösung nur der Struktur- und Baukastenstückliste eines Erzeugnisses von **oben nach unten** der Sekundärbedarf für alle Baugruppen und -teile einschließlich Zukaufteile ermittelt. Danach wird der Nettobedarf unter Berücksichtigung des verfügbaren Lagerbestandes durch Anwendung der **Untervarianten** nach Abbildung 5.12 berechnet.

Analytische Bedarfsauflösung

Fertigungsstufenverfahren

Grundanliegen:
Bei dieser Variante werden die Erzeugnisbestandteile in der Reihenfolge der Fertigungsebenen bzw. Baustufen aufgelöst.
Beachte:
- nur anwendbar, wenn sich in der aufzulösenden Erzeugnisstruktur keine Wiederholteile befinden
- Bei der Erzeugnisgliederung nach Bedarfsermittlungsebenen ist von der niedrigsten Ebenennummer aufsteigend auszugehen.
- Das Ergebnis sind zeitversetzte (also realistische) Bedarfe.

Renettingverfahren

Grundanliegen:
Dieses praxisunübliche Verfahren ist – im Gegensatz zum vorherigen Verfahren – in der Lage, einen Mehrbedarf in verschiedenen Fertigungsebenen und Erzeugnissen zu berücksichtigen.
Beachte:
- Renetting ist aus dem engl. „net“ abgeleitet.
- Die Vorsilbe „re“ drückt aus, dass der abgesetzte Bestand aus der Vorstufe zur Nettobedarfsermittlung der nachfolgenden Auflösungsstufe wieder hinzuaddiert wird.
- Von dem so ermittelten Gesamtbedarf wird der periodengerechte Gesamtbestand subtrahiert.

Dispositionsstufenverfahren

Grundanliegen:
Diese in der Praxis überwiegend verwendete Auflösungsvariante ist ebenfalls bei Mehrfachbedarf in Erzeugnissen und verschiedenen Fertigungsstufen bzw. Bedarfsermittlungsebenen anwendbar.
Beachte:
- Um Mehrfachauflösungen wie bei den voraus erläuterten Verfahren zu vermeiden, werden bei dieser Variante alle gleichen Erzeugnisbestandteile der Verwendungsstufe zugeordnet, auf der sie zuletzt vorkommen.
- Die letzte Verwendungsstufe bezeichnet man als Dispositionsstufe.
- Das Ergebnis sind nicht zeitversetzte Bedarfe mit dem Nachteil höherer Lagerzeiten und damit Kapitalbindungskosten.

Abbildung 5.12 Verfahren der analytischen Bedarfsauflösung

Erläuterung der synthetischen Methode

Bei dieser Methode – die vorrangig bei lagerloser Einzel-, Kleinserien- und Variantenfertigung angewandt wird – bildet der Teileverwendungsnachweis die Berechnungsbasis. In Teileverwendungsnachweisen wird – im Gegensatz zur Stückliste, die die Erzeugnisstruktur beschreibt – festgestellt, in welchen Erzeugnissen die einzelnen Baugruppen und -teile enthalten sind. Dabei wird der Bedarf in umgekehrter Reihenfolge, also von **unten nach oben,** ermittelt.

Zur verbrauchsorientierten Bedarfsermittlung

Wenn die programmorientierte Bedarfsermittlung aus **technisch-organisatorischen** Aspekten (z. B. bei unplanmäßig hoher Ausschussquote, gehäuften ungeplanten Entnahmen bzw. bei Planungsunsicherheit) oder aus **wirtschaftlichen** Gesichtspunkten (z. B. bei Einzel- oder Kleinserienfertigung) nicht anwendbar ist, dann ist die verbrauchsorientierte Bedarfsermittlung eine gute Alternative. Die verschiedenen Berechnungsmethoden dieser Bedarfsermittlung wurden schon in der Abbildung 5.8 genannt. Verfahren der Mittelwertbildung wie der exponentiellen Glättung und der Regressionsanalyse sind auch als Prognosemodelle bekannt.

Zur subjektiven Bedarfsschätzung

Sind Materialpositionen von geringem Wert mit gleichzeitig niedrigen Materialbewirtschaftungskosten oder liegen materialspezifische Sonderfälle (z. B. Modeartikel) vor, für die keine Verbrauchsstatistiken geführt wurden, erweist sich die subjektive Bedarfsschätzung als zweckmäßig.

Dabei sind folgende **Schätzmöglichkeiten** anwendbar:

- **Analogschätzung**
  wird angewandt, wenn von Verbräuchen ähnlicher Materialien geschlussfolgert werden kann.
- **Intuitivschätzung**
  wird angewandt, indem die Bedarfsprognosen aus Expertenmeinungen abgeleitet werden.

5.4.2.2 Materialbestandsrechnung

Wie aus Abschnitt 5.4.2.1 ersichtlich, liefern die verschiedenen Methoden der Bedarfsermittlung bzw. -schätzung als Ergebnisgröße den Bruttobedarf. Dieser gibt im Regelfall jedoch noch keine Aussage über die tatsächlich zu beschaffenden terminierten Materialmengen.

Beispiel:

Ein Unternehmen benötigt zur Komplettierung seiner Motorenfertigung am 17. Oktober 8000 Kurbelwellen. Der Ist-Lagerbestand beträgt am 10. Oktober 4200, wovon 2200 für den 12. Oktober reserviert sind. Am 1. Oktober wurden darüber hinaus 2300 Kurbelwellen bei einem Lieferanten bestellt, die am 13. Oktober eintreffen werden.

Demnach sind nicht 8000 Kurbelwellen, sondern 8000 - 4200 + 2200 - 2300 = 3700 Kurbelwellen einzukaufen. ■

Aus diesem Beispiel ergibt sich, dass der Bruttobedarfsgröße der verfügbare Lagerbestand entgegengestellt werden muss. Bei dieser Abstimmung ist seitens des Bestandes nicht nur der körperlich vorhandene Lagerbestand zu berücksichtigen, sondern auch die anderen Bestandsarten wie Vormerk-, Bestell- und Werkstattbestand. Zusammenfassend kann also festgestellt werden, dass das Ziel der Bestandsrechnung darin besteht, durch Ermittlung des disponiblen Bestandes den **Nettobedarf** zu berechnen und in Form einer Bedarfsmeldung dem Einkauf zu übergeben. Das Vorgehen der Abstimmung zwischen Bruttobedarf und verfügbarem Bestand kann verschiedenartig gestaltet sein. Die Begriffsbezeichnung der Abstimmung, also der Disposition, ist den Verfahren der Bedarfsermittlung angelehnt (bedarfs- und verbrauchsgesteuert). Die verbrauchsgesteuerte Disposition kann ihrerseits - je nach Veranlassungsaspekt - in eine **bestands- oder termingesteuerte** weiter unterteilt werden.

In der Praxis wird die dispositive Teilfunktion „Materialbestandsrechnung" als einheitliche **Mengen- und Wertrechnung** realisiert, wobei die Mengenrechnung als Grundlage für die Disposition und die Wertrechnung als Basis für die Betriebsabrechnung dient. Die Bestandsrechnung selbst vollzieht sich in drei **Phasen:**

- Material-Bestandsplanung,
- Material-Bestandsführung,
- Material-Bestandskontrolle.

Materialbestandsplanung

Die Aufgabe der Bestandsplanung besteht in der Festlegung der zu bevorratenden Lagersorten in der erforderlichen **Art**, **Menge** und **Zeit**.

Dabei muss vermieden werden, dass

- zu geringe Bestände den unternehmerischen Leistungsprozess gefährden,
- zu hohe Bestände die Wirtschaftlichkeit und Liquidität des Unternehmens negativ beeinflussen.

Gefragt ist also ein Bestandsmanagement (vgl. Kemmner 2011/2012 – dort werden Best-Practice-Kriterien für eine leistungsfähige Disposition aufgezeigt und diskutiert), welches das zu lagernde Sortiment und die notwendigen Bestandshöhen optimiert. Zur Realisierung dieser Forderung bedient man sich bei der verbrauchsgesteuerten Disposition klar definierter **Bestands- oder Lagerhaltungsstrategien** (Lagerhaltungsmodelle) bezüglich der Gestaltung

- des maximalen Lagerbestandes (Höchstbestand),
- des zeitlichen Beschaffungsintervalls,
- der erforderlichen Beschaffungsmengen und
- des notwendigen Sicherheitsbestandes.

Unter einer **Bestandsstrategie** versteht man ein Lagerbewirtschaftungssystem, auf dessen Basis Entscheidungen über das **Wann** (Bestellzeitpunkt) und **Wieviel** (Bestellmenge) der einzulagernden Lagersorten herbeigeführt werden können. ■

Die gebräuchlichsten Modelle unterscheiden sich vor allem in der Differenzierung der beiden wichtigsten **Gestaltungsparameter**, dem

- Beschaffungsintervall und der
- Beschaffungsmenge.

Im Rahmen der Optimierung solcher Lagerbewirtschaftungssysteme sind bei den Lagerkennzahlen eine Reihe von **Merkmalsausprägungen** zu beachten. Für das Beschaffungsintervall gilt (nach Müller-Hagedorn, 16 f.):

1. es wird bestellt, wenn der Lagerbestand niedriger ist als eine Bestellgrenze oder ihr gleich ist (Symbol s);
2. es wird alle T Zeiteinheiten bestellt;
3. es wird bestellt, wenn sowohl der Fall 1 als auch der Fall 2 gegeben sind (also alle T Zeiteinheiten, jedoch nur dann, wenn der Lagerbestand die festgelegte Bestellgrenze unterschritten hat).

Für die **Bestellmenge** gelten folgende Ausprägungen:

- es wird jeweils eine Menge *Q* bestellt, die als optimale Bestellmenge bezeichnet wird;
- es wird eine solche Menge bestellt, dass der zum Zeitpunkt der Bestellung vorhandene Lagerbestand und die zu bestellende Menge die Höchstlagermenge *S* ergeben.

Aus der Kombination dieser fünf Ausprägungsmöglichkeiten lassen sich sechs prinzipielle **Strategieformen (Ü3)** ableiten (siehe Härdler 1999).

Die Frage, welche Modelle letztendlich bei der Lagerbewirtschaftung Anwendung finden, ist vorrangig abhängig von der Lagersorte, den Lager-, Kapitalbindungs- und Bezugsnebenkosten, der Preisstaffelung über die Lieferlosgrößen, der Lieferzeit, der Haltbarkeit und den Verbrauchscharakteristika. Bei Auftragsmaterialien, die bedarfsgesteuert beschafft und gelagert werden, wird besonders die *s,Q*-Strategie angewandt, bei Vorratsmaterialien dagegen die *s,S*-Strategie.

Aus der Festlegung der im Unternehmen angewandten Strategieform ergibt sich damit logischerweise auch die Art der **Bestandsergänzung** und damit der Dispositionssteuerung. Unter diesem Terminus versteht man bekanntlich den Veranlassungsgrund einer Disposition. Veranlasst eine bestimmte **Bestandshöhe** oder ein definierter **Termin** die Disposition, so liegt eine verbrauchsgesteuerte Materialdisposition vor. Ist dagegen der benötigte **Bedarf** im Sinne eines Kundenauftrages oder das **Produktionsprogramm** die Steuergröße, so resultiert daraus die bedarfsgesteuerte Disposition.

Verbrauchsorientierte Disposition

Diese relativ einfache Form der Dispositionssteuerung führt zu häufigen Mengen- und Terminunsicherheiten, die nur durch die Berücksichtigung von Sicherheitsbeständen egalisiert werden können. Zwei **Unterarten** sind möglich:

- Bestellpunktverfahren,
- Bestellrhythmusverfahren.

Erläuterungen zum Bestellpunktverfahren

Das Grundprinzip dieses Verfahrens wird aus der Abbildung 5.13 ersichtlich.

Bei diesem am meisten praktizierten Verfahren signalisiert eine vorher errechnete Bestandshöhe (auch Meldebestand oder Bestellpunkt genannt) eine Bestellauslösung. Diese Größe verkörpert ein Bestandsvolumen, das ausreicht, um die Bedarfe während der **Wiederbeschaffungszeit** abzudecken einschließlich eines garantierten **Sicherheitsbestandes**. Die notwendigen Bestandsüberprüfungen erfolgen unmittelbar nach jeder Entnahme.

Die **Wiederbeschaffungszeit** ist in ihren drei Phasen dabei die Zeitspanne vom Erkennen des Bedarfs über alle Bearbeitungsphasen der Disposition und des Einkaufes (Vorlaufphase), der Lieferzeit (Realisierungsphase) und des Transportes bis hin zur Warenannahme und der Einlagerung (Nachlaufphase).

Unter **Sicherheitsbestand** (eiserner Bestand, Mindestbestand, Reserve) versteht man einen Puffer, der erforderlich ist, um bei Verbrauchs- oder Lieferterminüberschreitungen die Materialverfügbarkeit abzusichern.

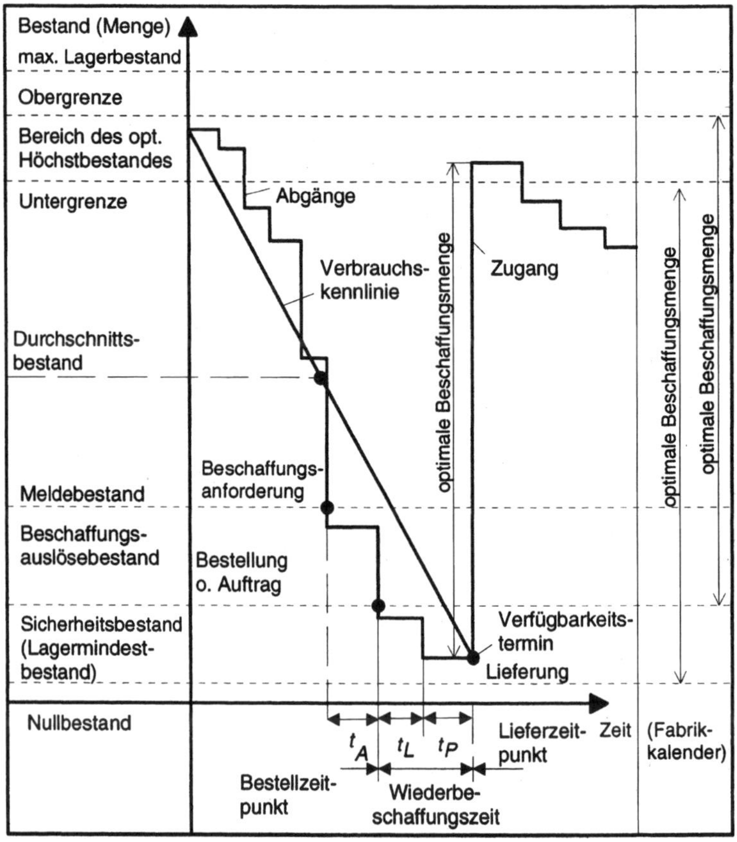

Abbildung 5.13 Modellansatz des Bestellpunktverfahrens (in Anlehnung an REFA 1985, 131 f.)

Beim Bestellpunktverfahren sind zwei weitere **Subverfahren** zu beachten:

- Verfahren der sofortigen Lagerergänzung,
- Verfahren der langfristigen Lagerergänzung.

Das **Verfahren der sofortigen Lagerergänzung** wird bei Lagersorten angewandt, wo die

Wiederbeschaffungszeit < Lagerzeit

ist. Unter Lagerzeit versteht man dabei die Zeitdifferenz zwischen zwei aufeinander folgenden Lieferungen. Die Ergänzungsberechnung erfolgt durch die Lagerkennzahl des **Meldebestandes**.

$$B_M = (T_W \cdot P) + B_S$$

Legende:

B_M Meldebestand
T_W Wiederbeschaffungszeit (t_A + t_L + t_P) (in ZE)
P Bedarf pro Periode (in ME/ZE)
B_S Sicherheitsbestand (in ME)

Das **Verfahren der langfristigen Lagerergänzung** wird dann angewandt, wenn die

Wiederbeschaffungszeit > Lagerzeit

ist. Das heißt, dass zwischen der Bestellauslösung und dem Liefereingang noch weitere Materialentnahmen stattfinden. Dies hätte zur Folge, dass jede nachfolgende Entnahme zu einer neuen Bestellung führt, ohne dass die schon vorher ausgelöste Bestellung berücksichtigt wird. Damit ergibt sich die Notwendigkeit der Berücksichtigung dieser offenen Bestellungen, auch Eindeckung genannt.

Die Ergänzungsrechnung erfolgt nun durch einen präzisierten Meldebestand, den **Eindeckungs-Meldebestand**.

$$B_E = B_L + B_B$$

Legende:

B_E Eindeckungs-Meldebestand
B_L Lagerbestand
B_B Bestellbestand

Erläuterungen zum Bestellrhythmusverfahren

Das Procedere dieses Dispositionsverfahrens (**Ü4**) wird dadurch charakterisiert, dass die Bestandsermittlung nicht wie beim Bestellpunktverfahren nach jeder Entnahme erfolgt, sondern in fixierten, **gleich langen Zeitabschnitten** (Kontrollrhythmen). Steuerungsfaktor für die Bestellauslösung ist somit direkt die Zeitspanne der Kontrollen. Ist die Zeitspanne sehr lang, so können die Bestände den Meldepunkt erreichen bzw. unterschreiten, ohne dass eine Bestellauslösung erfolgt. Daraus resultiert die Gefahr von Fehlmengen und den sich daraus ergebenden **Fehlmengenkosten**, auch Stock-out-Costs genannt. Als logische Konsequenz aus dem genannten Sachverhalt ergibt sich die Tatsache, dass der Meldebestand nicht nur für die Wiederbeschaffungszeit ausreichen muss, sondern auch für den Zeitraum bis zur nächsten Kontrolle (Überprüfung). Somit ist der Bedarf während der Kontrollspanne mit zu berücksichtigen. In Erweiterung der Meldebestandsformel für das Bestellpunktverfahren gilt:

$$B_M = (T_W + T_K) \cdot P + B_S$$

Legende:

T_K Zeitspanne zwischen zwei Kontrollen (Kontrollspanne), um festzustellen, ob eine Nachbestellung erforderlich ist.

Dieses Verfahren findet vor allem dort Anwendung, wo ein konstanter Lieferrhythmus durch den Lieferanten oder ein konstanter Fertigungsrhythmus beim materialwirtschaftlichen Abnehmer gegeben ist.

Bedarfsorientierte Disposition

Wie schon eingangs angesprochen, kann der Veranlassungsgrund einer Bestandsergänzung und damit Dispositionssteuerung nicht eine definierte Bestandshöhe oder ein Dispositionstermin sein, sondern auch der ermittelte, aus Kundenaufträgen und/oder dem Produktionsprogramm abgeleitete Bedarfswert. Dieser Wert bildet die materialwirtschaftliche Planungsgrundlage im erweiterten Sinne des Materialentnahmeplanes. Im Lager erfolgt dann eine Verfügbarkeitskontrolle, d. h. eine Abstimmung (Disposition) zwischen den Bedarfs- und Bestandswerten. Die Aufgabe der bedarfsbedingten Bestandsergänzung besteht nun darin, die **Lagerreichweite** zu ermitteln und eine Ergänzung dann einzuleiten, wenn der verfügbare Lagerbestand nicht mehr ausreicht, den ermittelten Bedarf zu decken. Unter diesem Denkansatz lassen sich zwei Zeitkategorien, die **Ist- und** die **Solleindeckungszeit**, berechnen, die beide die jeweilige Lagerreichweite zeitlich repräsentieren. Währenddem die zuerst genannte Zeitkategorie die Zeitspanne dokumentiert, für die der verfügbare Lagerbestand (tatsächlicher Lagerbestand – Vormerkbestand) einen zu erwartenden Bedarf abdeckt, verkörpert die genannte Solleindeckungszeit dagegen den Zeitraum, bis zu dem der verfügbare Lagerbestand plus Bestellbestand ausreichen soll, einen berechneten Bedarf abzudecken. Bei der Isteindeckungszeit bleiben damit die offenen Bestellungen unbeachtet. Aus der Umrechnung der Isteindeckungszeit auf den jeweils geltenden Fabrikkalender ergibt sich der **Isteindeckungstermin**.

Materialbestandsführung

Die zweite Phase der Materialbestandsrechnung ist die Bestandsführung. Diese hat die erstrangige Aufgabe, aktuelle Unterlagen über die mengen- und wertmäßigen Bestände zu erstellen. Damit ergibt sich das Erfordernis, sowohl für die Aktivität der Disposition als auch für die Kostenrechnung und den Bilanzabschluss den mengenmäßigen Verbrauch pro Material und Periode zu ermitteln. Hierfür stehen die verschiedenen Verfahren der Verbrauchsmengenermittlung zur Verfügung (vgl. Härdler 1999).

So viel zur mengenmäßigen Bestandsermittlung. Die wertmäßige Bestands- und Verbrauchsberechnung erfolgt dadurch, dass die ermittelten Mengen mit einem Preis multipliziert werden.

Materialbestandskontrolle

Die letzte Phase der Materialbestandsrechnung ist die Materialbestandskontrolle. In ihr sind folgende **Handlungen** zu vollziehen:

- Eingangsüberwachung im Sinne der Eingangsmöglichkeiten und des Eingangsablaufes,
- Entnahmeüberwachung im Sinne der Entnahmemöglichkeiten und des Entnahmeablaufes,
- Verfügbarkeitsüberwachung im Sinne der Verfügbarkeitsplanung und der Verfügbarkeitskontrolle.

5.4.2.3 Materialbestellrechnung

Hat man im Ergebnis der beiden vorangestellten Aktivitäten den Nettobedarf disponiert, so stellt dieser meist nur ein rein technisch-organisatorisches Bestellvolumen dar. Werden zwei weitere mit dem Materialeinkauf verbundene Kostenkomponenten, wie z.B. die **Beschaffungs- und Lagerhaltungskosten**, in die Betrachtung integriert, so ergibt sich die wirtschaftliche oder **optimale Bestellmenge**. Sie liegt dort, wo beide Kostenbestandteile die gleiche „Höhe" aufweisen, dies ist im Minimum der Gesamtkostenkurve der Fall. Grafisch ergibt das die Darstellung nach Abbildung 5.14.

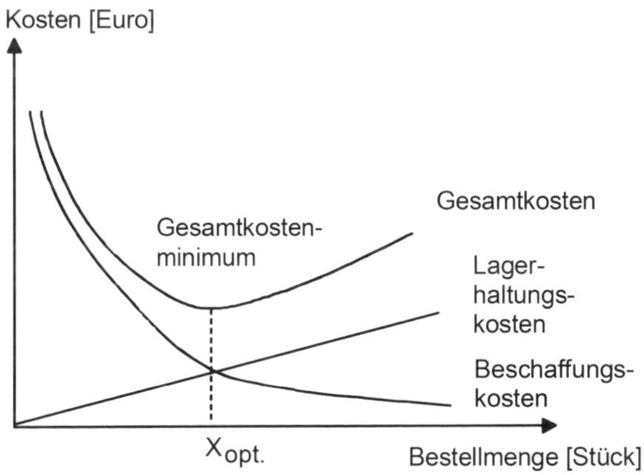

Abbildung 5.14 Optimale Bestellmenge
Legende:

K_G = Gesamtkosten eines Beschaffungsvorganges
M = Periodenbedarf
E = Einstandspreis
K_B = ixkosten je Bestellung
n = Bestellhäufigkeit
$X/2$ = Durchschnittsbestand
p = Zinssatz für das während eines Jahres durchschnittlich gebundene Kapital
L_S = Lagerkostensatz für die während eines Jahres auftretenden Kosten des Lagers
L_{HS} = Lagerhaltungskostensatz

Die angesprochenen Beschaffungskosten, oft auch als Gesamtkosten der Beschaffung bezeichnet, lassen sich nach Kopsidis 2002 und Wöhe 2010 weiter in die **unmittelbaren, mittelbaren Beschaffungskosten** sowie Lagerhaltungskosten untergliedern. Während die zuerst genannten alle bestellmengenabhängigen Kosten umfassen, dokumentieren die mittelbaren Beschaffungskosten alle unternehmensinternen **Bestellkosten** wie

- Dispositionskosten; dies sind die Kosten für Bedarfs-, Bestands- und Bestellrechnung;
- Einkaufskosten, welche anfallen für alle Arbeiten von der Bezugsquellenfindung bis zum Vertragsabschluss, und den
- Zugangskosten vom Wareneingang, von der Warenprüfung, Verbuchung, eventuell von der Bearbeitung von Beanstandungen, vom Rückversand der Mehrwegverpackungen sowie von der Rechnungsprüfung und Bezahlung.

Die Lagerhaltungskosten verkörpern dagegen das Produkt aus dem durchschnittlichen Lagerbestandswert und dem Lagerhaltungskostensatz.

Fasst man alle genannten Einzelkomponenten zusammen, so lässt sich die **Gleichung der Gesamtkosten eines Beschaffungsvorganges** wie folgt konstruieren:

$$K_G = M \cdot E + K_B \cdot n + \frac{X}{2}\left(E + \frac{K_B}{X}\right) \cdot \frac{p + L_S}{100}$$

Das aus dieser Formel zu ermittelnde Minimum der Gesamtkosten (vgl. Olfert/Rahn 2011 und Thommen 2009) erzielt man, indem man die erste Ableitung der Gesamtkostenfunktion nach der Bestellmenge X vornimmt und diese gleich Null setzt. Die nachstehende Formel zur Berechnung der optimalen Bestellmenge ergibt sich durch nachfolgendes Auflösen der ersten Ableitung nach X. Die Erläuterung der Symbole ist in der Abbildung 5.14 enthalten.

$$X_{opt.} = \pm \sqrt{\frac{200 \cdot K_B \cdot M}{E \cdot L_{HS}}}$$

Setzt man für $X = \frac{M}{n}$ ein und löst die Gleichung nach n auf, so erhält man aus dieser Formel die korrespondierende Größe der **optimalen Bestellhäufigkeit**:

$$n_{opt.} = \sqrt{\frac{M \cdot E \cdot L_{HS}}{200 \cdot K_B}}$$

Beispiel:

Sachverhalt

Bei der Ermittlung der optimalen Bestellmenge liegt ein Optimierungsproblem vor, das durch die entgegengesetzt wirkenden Tendenzen der Bestellkosten und der Lagerkosten je Mengeneinheit hervorgerufen wird. Eine optimale Lösung ist dann gegeben, wenn die Summe aus Bestell- und Lagerkosten je ME ein Minimum erreicht; diese Lösung wird als optimale Bestellmenge bezeichnet.

Ausgangsdaten

Der Einkaufsabteilung eines Unternehmens liegen für die Beschaffung einer Materialposition folgende Daten vor:

- Bestellkosten = 150 €
- Mengenmäßiger Lagerhöchstbestand = 12 500 Stück
- Jahresbedarf = 13 200 Stück
- Einstandspreis = 11 €/Stück
- Zinssatz für im Lager gebundenes Material = 9 %
- Kosten der Lagerung = 11 000 €

Aufgabenstellungen

1. Berechnen Sie die optimale Bestellmenge nach der klassischen Losgrößenformel.
2. Wie hoch ist die optimale Bestellhäufigkeit?

Lösungen

zu 1.

$$L_S = \frac{K_L \cdot 100 \cdot 2}{B_L \cdot E} = \frac{11\,000 \cdot 100 \cdot 2}{12\,500 \cdot 11} = 16\,(\%) \quad L_{HS} = p + L_S = 9 + 16 = 25\,(\%)$$

$$X_{opt.} = \sqrt{\frac{200 \cdot K_B \cdot M}{E \cdot L_{HS}}} = \sqrt{\frac{200 \cdot 150 \cdot 13\,200}{11 \cdot 25}} = 1200\,(ME)$$

zu 2.

$$n_{opt.} = \sqrt{\frac{M \cdot E \cdot L_{HS}}{200 \cdot K_B}} = \sqrt{\frac{13\,200 \cdot 11 \cdot 25}{200 \cdot 150}} = 11 \text{ (Bestellungen)}$$

■

Zu beachten ist, dass die Anwendung der Andler'schen Formel an bestimmte Voraussetzungen gebunden ist (vgl. Oeldorf/Olfert 2008). Voraussetzungen für die Andler'schen Formel sind z.B. ein über das Jahr konstanter Verbrauch, keine Gewährung von Mengenrabatten und eine keine Restriktionen (z.B. Lagerfähigkeit oder Größe des Lagers) vorliegen.

Sind diese nicht zu erfüllen, so müssen **heuristische Modellansätze** wie

a) die gleitende wirtschaftliche Bestellmengen-Heuristik,

b) die Kostenausgleichs-Heuristik,

c) der Wagner-Within-Algorithmus,

d) die Selim-Heuristik,

e) die Groff-Heuristik,

f) die Silver-Meal-Heuristik und

g) die Part-Period-Heuristik

angewandt werden. Kemmner 2010/2011 weist in seinen Untersuchungen aber darauf hin, dass die Verfahren von idealen Randbedingungen ausgehen und in der Praxis vorsichtig angewendet werden müssen.

5.5 Materialbeschaffung

5.5.1 Begriff und Grundsatzaufgabe

Die **Materialbeschaffung** - auch Einkauf oder Erwerb genannt - umfasst alle strategischen, steuernden und operativen Tätigkeiten, die darauf gerichtet sind, eine wirtschaftliche, termin- und qualitätsgerechte Versorgung des Betriebes mit Beschaffungsobjekten, die dieser selbst nicht herstellt, zu gewährleisten. ■

Die Beschaffungshandlung kann dabei nach als Kauf, Leasing/Miete, Leihe, Tausch oder Selbsterstellung erfolgen. Zur Realisierung der in der Definition enthaltenen Grundsatzaufgabe gilt es drei **Aufgabenkomplexe** zu verwirklichen:

- Einkaufsvorbereitung,
- Einkaufsabwicklung,
- Einkaufscontrolling.

5.5.2 Aufgabenkomplexe des Einkaufs

5.5.2.1 Bestellvorbereitender Aufgabenkomplex

Dem eigentlichen Vollzug des Einkaufs vorgelagert ist der bestellvorbereitende, vorwiegend auf strategische Handlungen ausgerichtete Aufgabenkomplex. Eine dieser strategischen Aktivitäten ist die **Beschaffungsmarktforschung**. Unter dieser versteht man das aktive und systematische Gewinnen und Aufbereiten von auf das unternehmensspezifische Einkaufsspektrum ausgerichteten Beschaffungsmarktinformationen einschließlich der Ableitung von Prognosen für zukünftige Entwicklungen. Zur Gewinnung von Informationen bedient man sich in der Praxis verschiedener **Methoden** der Beschaffungsmarktforschung. Diese sind - auf Grund der Beschaffungsmarktspezifik (vgl. Koppelmann 2004) - nicht mit den Methoden der Absatzmarktforschung gleichzusetzen. Der Spezifik spezieller Aufgaben- und Zielstellung entsprechend, können darüber hinaus auch noch andere Methoden der Informationsgewinnung eingesetzt werden, wie z.B. die Produktmarkt-, Risiko-, Konditions- und Lieferantenanalyse. In Abbildung 5.15 sind exemplarisch der Zielansatz und die wesentlichsten Bewertungskriterien der **Materialmarkt- und Lieferantenanalyse** aufgeführt.

	Materialmarktanalyse	Lieferantenanalyse
Ziel	Untersuchung des Beschaffungsmarkts bezogen auf ausgewählte Marktpositionen.	Umfängliche Beurteilung der Lieferanten hinsichtl. qualitativer, technischer, logistischer und kommerzieller Parameter.
Wesentliche Bewertungskriterien	• technische Funktion, Eigenschaften • Konkurrenzdruck am Markt • Substitutionsmöglichkeiten (alternative Rohstoffe oder Herstellung) • Risiken und Möglichkeiten der Risikodeckung durch Lieferanten • Entwicklungstendenzen (z. B. Preisverfall in der Elektronik, technische Änderungen) • Konditionsgestaltung durch derzeitige und potenzielle Lieferanten • Qualitäts- und Logistikniveau • Kapazitäten, Auslastung, Konjunktur • wirtschaftliche Stabilität der Lieferanten • Verhalten konkurrierender Einkaufsorganisationen	• Interesse des Lieferanten an Zusammenarbeit, Bedeutung des einkaufenden Unternehmens für den Lieferanten, Vertrauensverhältnis, Kommunikation • Eigentümer, Beteiligungen, Bonität, wirtschaftliche Stabilität, Unternehmensstrategie • technischer Entwicklungsstand gemessen an Bestlösungen • Produktionstechnik, Mitarbeiterqualifikation, Betriebsorganisation • Lieferzeit, Liefertreue, Beratung, Zuverlässigkeit, Service, Kundenorientiertheit • Preis- und Konditionsgestaltung, Kostenstrukturen • Qualitätssicherungssystem, Qualitätsphilosophie, Reklamationshäufigkeit

Abbildung 5.15 Wesentliche Bewertungskriterien der Materialmarkt- und Lieferantenanalyse (siehe Härdler 1999, 146)

Egal welche der genannten Methoden der Marktforschung man letztlich anwendet, immer sind die nachfolgenden **Arbeitsschrittfolgen** zu realisieren:

1. Selektion der Beschaffungsobjekte anhand solcher Auswahlkriterien wie Materialart, Bedarfsstruktur, Beschaffungswert und -risiko usw.,
2. Informationsbeschaffung wie Primärmaterial sowie interne und externe Informationsquellen usw.,
3. Informationsanalyse und -aufbereitung wie Datensammlungen, Grafiken und Tabellen,
4. Informationsauswertung und Ableitung unternehmerischer, strategischer und operativer Entscheidungen.

Die geforderte „gezielte Beeinflussung" des Beschaffungsmarktes, also des Lieferanten (siehe Hatje 2005), kann u.a. durch **Lieferantenkontakte** im Sinne von Einkäufer-, aber auch Vertreterbesuchen oder Audits vorgenommen werden. Diese dienen gerade bei schwierigen Verhandlungen der Förderung des partnerschaftlichen Verständnisses und der Klärung zahlreicher Detailfragen. Niemals jedoch darf der Einkäufer dabei seine kritische Distanz gegenüber den Vertretern des Lieferanten preisgeben. Es ist angeraten, die Verhandlungen z.B. mittels einer Checkliste formallogisch und auf den persönlichen Bedarf modifiziert vorzubereiten. Dabei gilt nachfolgender allgemeingültiger **Vorbereitungsgrundsatz:**

„Je besser die **Vorbereitung**, desto sicherer, gelassener und überzeugter ist das eigene Auftreten."

Eine weitere Aktivität innerhalb dieses Aufgabenkomplexes ist die **Beschaffungsplanung**. Bei dieser stehen zwei **Hauptaufgaben** im Mittelpunkt:

- anforderungsgerechte Optimierung der Beschaffungsvorgänge wie Genehmigungsverfahren, Arbeitsabläufe, Termine, Verantwortlichkeiten und
- Vorgabe von Einkaufsstrategien als Rahmenbedingungen für die operative Einkaufstätigkeit.

In der Abbildung 5.16 werden zum zuletzt genannten Gesichtspunkt einige aktuelle **Einkaufsstrategien** einschließlich ihrer Kurzcharakteristiken dargestellt.

Einkaufsstrategie	Kurzcharakteristik
Forward Sourcing	• materialwirtschaftliche Unterstützung einer simultanen Produkt- und Prozessentwicklung (Simultaneous Engineering) zur Verkürzung von Entwicklungszeiten (Time-to-Market),
Make-or-Buy	• Gegenüberstellung von Eigen- und Fremderstellung von Produkten/Leistungen zur Ermittlung der in der Gesamtbilanz wirtschaftlichsten Variante. Die Kosten der Eigenerstellung sollten dabei nach der Prozesskostenrechnung (Activity Based Costing) ermittelt werden.
Global Sourcing	• weltweite Nutzung von Beschaffungsmärkten zur Erzielung von Kostenvorteilen, die längerfristig Einsparpotenziale mit hoher Ergebniswirksamkeit gegenüber lokalen Kostenstrukturen erschließen können.
C-Teile-Management	• Vereinfachung von Beschaffungsvorgängen von Teilen mit geringem Ergebniseinfluss (C-Teile) z. B. durch **Third-Party-Buying**, Purchasing-Card-Systems, Outsourcing, E-Commerce, Nutzung des neuen Business-to-Business-Tools von SAP

Abbildung 5.16 Kurzcharakteristik moderner Einkaufsstrategien

Neben der Festlegung der anzuwendenden Einkaufsstrategie gehören als strategisches Handlungsspektrum auch die Aufgaben der **Beschaffungsvollzugsplanung** wie die Fixierung der Beschaffungsprinzipien und -wege zu diesem Komplex.

Beschaffungsprinzipien

Einem Unternehmen bieten sich drei **Prinzipien** der Materialbeschaffung an:

1. **Einzelbeschaffung im Bedarfsfall**

   Bei diesem Verfahren besteht eine enge Kausalität zwischen dem Bedarf und dem Verbrauch, d. h., eine Beschaffung wird erst bei einem konkreten Auftrag ausgelöst. Damit erübrigen sich i. d. R. Lagerhaltungsaktivitäten, bis auf solche Materialien, „die bei einer langen Produktionsdauer sukzessiv in Teilmengen an die Verbrauchsorte abgegeben werden" (Grochla 1992). Der Vorteil dieses Materialbereitstellungsprinzips besteht in der Verringerung der Lagerhaltungs- und Kapitalbindungskosten. Als Nachteile müssen die höheren Materialeinstandspreise und Transportkosten auf Grund kleinerer Bezugsmengen genannt werden.

2. **Vorratsbeschaffung**

   Im Umkehrschluss zur Einzelbeschaffung besteht bei diesem Verfahren keine Übereinstimmung von Beschaffungs- und Verbrauchsmengen, da die benötigten Materialien verbrauchsorientiert oder spekulativ beschafft werden. Ergibt sich ein Bedarf, so stehen sie sofort zur Verfügung. Die Vorteile liegen - bedingt durch den Bezug größerer Beschaffungsmengen - in den niedrigen Bestell- und Bewegungskosten. Als Nachteile sind die hohen Kapitalbindungs- und Lagerhaltungskosten zu nennen.

3. **Einsatzsynchrone Anlieferung**

   Die einsatzsynchrone Anlieferung versucht die Vorteile der vorangestellten Prinzipien zu kombinieren, ohne deren Nachteile in Anspruch zu nehmen. Im Klartext heißt das, dass einerseits nur eine solche Warenbereitstellung erfolgt, wie es der Fertigungsablauf erfordert, andererseits werden aber Rahmenlieferverträge über große Beschaffungsmengen abgeschlossen.

Beschaffungswege

Bei der Wahl der Beschaffungswege gibt es zwei prinzipielle Möglichkeiten:

1. **den direkten Beschaffungsweg**

   Der direkte Beschaffungsweg bietet sich vor allem beim Einkauf von hochwertigen Materialien (A-Teile) oder Investitionen an. Durch eine kürzere Beschaffungskette können hierbei oftmals günstigere Einkaufskonditionen sowie eine fundierte Beratungs- und Serviceleistung realisiert werden. Auch eine direktere Einflussnahme auf die Erzeugnisgestaltung beim Hersteller bis zur kooperativen Produktoptimierung ist möglich. Der unmittelbare Einfluss auf den Prozess beim Hersteller kann die Wiederbeschaffungszeit erheblich verkürzen oder weitergehende Kulanz- bzw. Serviceregelungen ermöglichen.

2. **den indirekten Beschaffungsweg**

   Beim indirekten Beschaffungsweg ist zwischen dem Lieferanten und dem beschaffenden Unternehmen mindestens ein Handelsorgan zwischengeschaltet. Häufig ist der Einstandspreis durch die Aufwendungen beim Händler höher als bei der direkten Beschaffung. Jedoch kann auf Grund großer Mengenabnahmen und einer effizient organisierten Logistik der Händler Preisvorteile erzielen, die dem beschaffenden Unternehmen partiell weitergereicht werden und somit einen günstigeren Einstandspreis ermöglichen.

Zu beachten ist, dass die Auswahlentscheidung über den richtigen Beschaffungsweg unternehmensspezifisch zu treffen ist unter der Integration solcher **Entscheidungsparameter** wie Marterialart, -menge und -qualität sowie Preisvorteile, Lieferfristen u. Ä.

5.5.2.2 Bestelldurchführender Aufgabenkomplex

In diesem Aufgabenkomplex werden alle Handlungen vollzogen, die letztendlich zum Kernpunkt des Einkaufs - der Bestellung - führen einschließlich daraus abgeleiteter Rechte und Forderungen. Insgesamt lassen sich die **10 Arbeitsschritte** in den drei Phasen der **Vertragsanbahnung**, des **Vertragsabschlusses** und der **Vertragsabwicklung** unterscheiden. In der Abbildung 5.17 werden die Einzelaktivitäten der Arbeitsschritte in Anstrichen aufgeführt, wobei nennenswerte Besonderheiten anschließend erläutert werden.

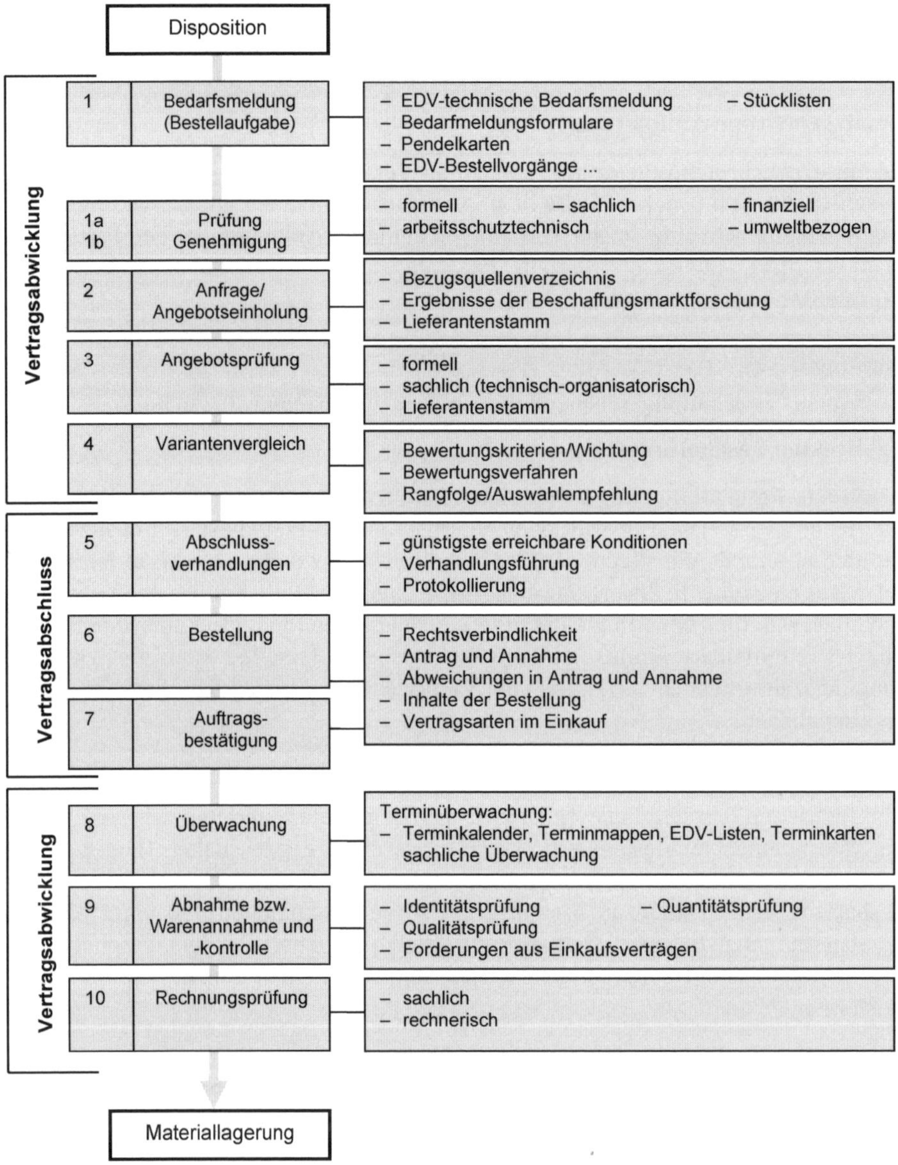

Abbildung 5.17 Phasen und Arbeitsschritte der Einkaufsabwicklung

Besonderheiten zu den Einzelaktivitäten

Teilarbeitsschritt 1:

Das **Bedarfsmeldeformular** ist dort anzuwenden, wo z. B. ein sporadischer, auftragsbezogener Bedarfsfall (z. B. Büromaterial-, Dienstleistungs- und Investitionsbedarf, kaum oder nicht wiederholende Sonderausstattungen usw.) vorliegt.

Teilarbeitsschritte 1a und 1b:

Bei diesem Arbeitsschritt gilt die Maxime, dass der Einkauf jede Bedarfsmeldung auf ihre formelle und sachliche Richtigkeit unter Beachtung klar definierter **Genehmigungsebenen** und **-prozeduren** zu überprüfen hat.

Teilarbeitsschritt 2:

- Anfragen und Angebote können bei geringwertigen Materialien zur Aufwandsreduktion mündlich erfolgen. Bei wertintensiveren Geschäften allerdings sollte schon aus **Nachweisgründen** nicht auf die Schriftform verzichtet werden.
- In der Regel sollten nicht weniger als **drei Angebote** eingeholt werden.
- Als **Anfragemodalitäten** gelten:
  a) Bedarfsanforderer bei Anfragen bis 1500 €
  b) Bedarfsanforderer bei Anfragen > 1500 € bis 5100 € unter Erstellung eines spezifizierten Leistungsverzeichnisses und Bestell-Begleitformulares
  c) Einkauf bei Anfragen > 5100 €

Die genannten Wertgrenzen sind nicht fix sondern durch jedes Unternehmen individuell anzupassen.

Teilarbeitsschritt 3:

- Gegenstand der **sachlichen Angebotsprüfung** ist die fachliche Hinterfragung technisch erklärungsbedürftiger Beschaffungsobjekte.
- Aufgabe der **kommerziellen Prüfung** ist die Absicherung der Vergleichbarkeit der Angebote unter Beachtung des Grundsatzes: Vergleichbar ist nur das, was auch vergleichbar ist!

Teilarbeitsschritt 4:

Bei der **Auswahlentscheidung** über die Angebote sollten nicht nur die vergleichbaren Netto-Einstandspreise Berücksichtigung finden, sondern auch schwer bzw. nicht quantifizierbare Kriterien wie:

- über die Mindestanforderungen hinausgehende Funktionalitäten,
- erweiterte Nebenleistungen (Schulung, Ersatzteilpaket, Finanzierung, Serviceleistungen, Kulanz usw.).

Teilarbeitsschritt 5:

Dieser Arbeitsschritt ist nur notwendig, wenn sich vor der eigentlichen Bestellung noch Unklarheiten ergeben oder Angebotsverbesserungen zu erwarten sind.

Teilarbeitsschritte 6 und 7:

Eine Bestellung kann sowohl Antrag als auch Annahme sein, wobei bei der Bestellerteilung folgender **Bestellgrundsatz** gilt:

5

Stimmen Antrag und Annahme überein, so ist ein Kaufvertrag zustande gekommen.

Beispiel:

Variante I:

Das Angebot des Lieferanten (Antrag) wird durch die gleich lautende Bestellung des Kunden angenommen. Eine eventuelle Auftragsbestätigung hat in diesem Fall nur formellen Charakter, da der Vertrag bereits mit der Bestellung zu Stande gekommen ist.

Variante II:

Die Bestellung des Kunden (Antrag) wird durch die gleich lautende Auftragsbestätigung des Lieferanten angenommen. In diesem Falle entsteht das Vertragsverhältnis erst mit der Auftragsbestätigung. ■

Teilarbeitsschritt 8:

Bei terminsensiblen bzw. funktionell kritischen Lieferungen muss eine terminliche und erforderlichenfalls auch sachliche Überwachung nach dem **Grundsatz** durchgeführt werden:

Die Lieferungen sollten auf Grund der Liquiditäts- und Kostennachteile nicht zu früh, aber auch auf Grund der möglichen Fertigungsstörungen nicht zu spät eintreffen! ■

Teilarbeitsschritt 9:

- **Identitätsprüfung:** Durch Vergleich von Vertrag, Lieferschein und Ware ist festzustellen, ob die gelieferte Ware dem Vertrag entspricht.
- **Quantitätsprüfung:** Sie erfolgt z. B. durch Zählen, Messen, Wiegen.
- **Qualitätsprüfung:** Sie kann als Voll- oder Stichprobenprüfung durchgeführt werden und dient der Prüfung auf Einhaltung qualitativer Parameter.

Teilarbeitsschritt 10:

- Der Prüfungsvorgang vollzieht sich in zwei Stufen (Abbildung 5.18):

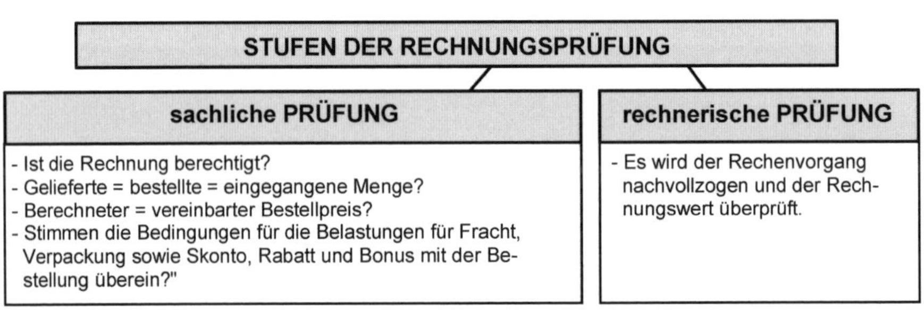

Abbildung 5.18 Stufen der Rechnungsprüfung (in Anlehnung an IHK-Material, Industriefachwirt)

5.5.2.3 Bestellnachbereitender Aufgabenkomplex

Unter diesem auch als Einkaufscontrolling bezeichneten letzten Aufgabenkomplex des Einkaufes werden die strategisch orientierten Aufgaben der mittel- und langfristigen Steuerung der Einkaufsprozesse verstanden.

Er umfasst die beständige Analyse von Lieferanten- und Einkaufsleistung (Soll-Ist-Vergleiche), die Ableitung von Erkenntnissen für die Einkaufsplanung (Anforderungen, Ziele, Kennzahlen, Rahmenbedingungen) und das Berichtswesen. ■

Als wesentliche **Aufgaben** des Einkaufscontrollings gelten:

1. die Fortschrittsverfolgung der Materialeinzelkosten bei Materialien mit wesentlichem Ergebniseinfluss und
2. die Untersuchung der Entwicklung der Materialbewirtschaftungskosten.

Beim unter 1. genannten Sachverhalt sind die **Angebotspreise** sowie alle anderen Modalitäten der Lieferanten kritisch mittels Preisstruktur- und Wertanalysen bzw. durch eine offene Kalkulation zu analysieren. Als Kennzahl dient dazu die Materialeinsatzquote als der Quotient aus der Summe der Materialeinstandspreise zur Umsatzsumme.

Beim zweiten Aufgabenschwerpunkt gilt es, besonders die **Personal- und Sachgemeinkosten** in der Materialwirtschaft sowie die hierauf basierenden Gemeinkostenzuschlagssätze zu untersuchen. Als Messgrößen sowohl der Einkaufsleistung als auch des Verwaltungsaufwandes können folgende **Kennzahlen** angewandt werden:

1. $\text{Bestellkostensatz} = \dfrac{\sum \text{Bestellkosten}}{\sum \text{Bestellungen}}$

2. $\text{Anfragerate} = \dfrac{\sum \text{angefragter Positionen}}{\sum \text{bestellter Positionen}}$

3. $\text{Terminverzugsquote} = \dfrac{\sum \text{Verzugslieferungen}}{\sum \text{Lieferungen}}$

4. $\text{Nachbearbeitungsquote} = \dfrac{\sum \text{Nachbearbeitungen}}{\sum \text{Bestellungen}}$

5. $\text{Eilbestellungsquote} = \dfrac{\sum \text{Eilbestellungen}}{\sum \text{Bestellungen}}$

Als weitere Methoden besonders zur Messung und Kontrolle der Einkaufsleistung können das **Performance-Measurement** und das **Balanced-Scorecard-Concept** (vgl. Wollenberg 2004) angesehen werden. Zu beachten ist, dass unter dem Einkaufscontrolling nicht nur die kostenbezogene Steuerung der Einkaufsprozesse verstanden werden darf, sondern auch die Lieferantenbewertung bezüglich der qualitativen und logistischen Leistung ist ein ganz wesentliches Instrument zur Steuerung der Lieferströme.

Abschließend besteht die Aufgabe des Controllings (vgl. Hug 2005) darin, die Ergebnisse der Materialwirtschaft gegenüber der Geschäftsführung im Sinne des „**Self-Controllings**" beispielsweise im Rahmen eines Managementinformationssystems darzustellen.

5.6 Materiallagerung

5.6.1 Begriffsbestimmungen

Die Kerntätigkeit der Materiallagerung resultiert aus den zeitindifferenten Bewegungsrhythmen des Materialflusses (vgl. Martin 2011) in und zwischen den Unternehmen. Aus diesem Tatbestand entstehen **Disparitäten** zwischen den Material abgebenden und annehmenden Unternehmensbereichen. Um diese Bruchstellen innerhalb des betrieblichen Ablaufes zu minimieren, wurde als Ausgleichsmittel die Lagerung geschaffen. Die Stauungsorte selbst heißen **Lager**, die gestauten Materialien **Lagergüter**. Eine eindeutige Begriffsinterpretation der Lagerung ist, besonders aus praxisorientierter Sicht, sehr schwierig.

Nach Oeldorf/Olfert 2008 umfasst die **Lagerung** alle Vorgänge, beginnend bei der Aktivität des Materialeinganges, fortfahrend über die des Materiallagerns, bis hin zur Materialentnahme.

Leitet man die Quintessenz aus dem Lagerbegriff ab, so erkennt man, dass auch im Zeitalter der „Just-in-time"-Fertigung und der daraus resultierenden vernetzten prozessnahen Logistik auf eine betriebliche Vorratshaltung nicht verzichtet werden kann, denn nur in ganz wenigen Fällen lässt sich eine Synchronität aller bonitären Bewegungsrhythmen in einem Unternehmen erreichen.

5.6.2 Lagerhauptfunktionen und Lagerstufen

Geht man von der eingangs angesprochenen Zielstellung der Lagerung aus, nämlich von der Bruchstellenminimierung des betrieblichen Materialflusses, so ergeben sich daraus die nachfolgend in Anlehnung an Kopsidis 2002 dargestellten **Lagerhauptfunktionen** (Abbildung 5.19).

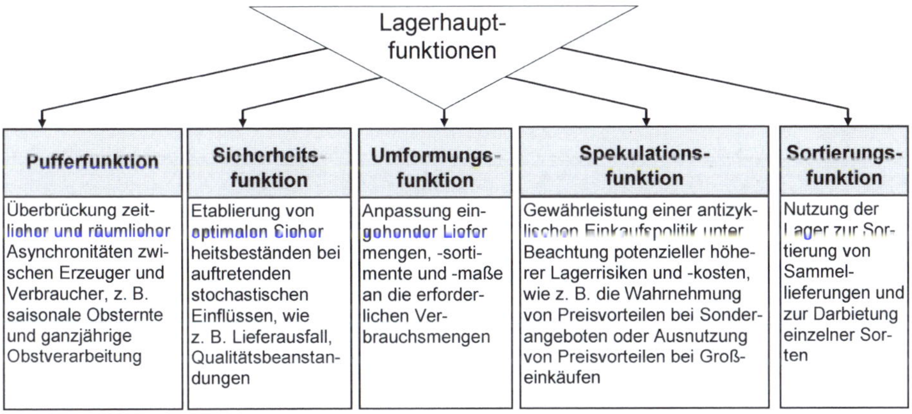

Abbildung 5.19 Lagerhauptfunktionen

Betrachtet man den Materialfluss in seiner logisch zeitlichen Abfolge durch die drei Hauptfunktionen einer Unternehmung, so ergeben sich drei **Lagerstufen** einschließlich der daraus abzuleitenden Lagerbezeichnungen:

- **Lagerstufe 1:** bezeichnet alle Lager, die sich zeitlich zwischen der Beschaffung und der Fertigung befinden. Benannt werden diese Lager als Wareneingangs-, Beschaffungs- oder Kaufteilelager. Sie dienen vorrangig zur Realisierung der Puffer-, Sicherheits- und Spekulationsfunktion.
- **Lagerstufe 2:** beinhaltet alle Lager, die sich zwischen den Prozessstufen der Produktion befinden. Bezeichnet werden diese Lager als Parallel-, Fertigungs-, Zwischen- oder Halbfabrikatelager. Vorrangig vollziehen sie die Puffer- und Veredelungsfunktion.
- **Lagerstufe 3:** beinhaltet alle Lager, die zeitlich nach der Produktionsphase liegen. Sie werden deshalb auch als Absatz-, Fertigwaren-, Halbfabrikate-, Handelswaren- oder Versandlager tituliert. Sie können zur Verwirklichung aller oben angeführten Lagerhauptfunktionen dienen.

In der Theorie werden die Handelswarenlager und die Lager, die der Lagerung von Verwaltungs- und Büromaterial dienen, den **Lagerstufen 4 und 5** zugeordnet.

5.6.3 Lagerarten und Lagertypen

Betrachtet man die vorangestellt fixierten Lagerbezeichnungen auch aus der Sicht weiterer **Lagermerkmale**, wie z.B.

- Lagerbauart und -technik,
- Lagerbesitzer und -standort,
- Lagergut und -technologie
- Funktionsbereiche innerhalb der Unternehmung,

so entstehen,

a) wenn man **nur eines** der angeführten Merkmale betrachtet, der Begriff der **Lagerart** (Abbildung 5.20);

Beispiel:

Lagerart

Merkmal: **Funktionsbereiche** → **Beschaffungslager**
(Lager für RHB-Stoffe, Fertigwaren, Werkzeuge, Büromaterial usw.)

→ **Fertigungslager** (Werkstattlager)
(Zwischenlager zwischen den Arbeitsprozessen)

→ **Absatzlager** (Vertriebslager)
(bis vor Enderzeugnislager auch Vertriebslager genannt, für alle Enderzeugnisse)

oder

Merkmal: **Lagertechnik** → **Flachlager**
(auch Bodenlager, ohne Einrichtungen; Ware liegt am Boden, z. B. Kies)

→ **Blocklager**
(durch stapelfähige Behälter oder Waren mit Verpackungen)

→ **Regallager**
(einfaches Fachregal, Palettenlager, Schieberegale, Hochregal usw.)

Abbildung 5.20 Beispiele Lagerart

und

b) wenn man **mindestens zwei** der Merkmale gleichzeitig betrachtet, der Begriff des **Lagertyps** (Abbildung 5.21).

Beispiel:

Merkmal: **Bauart** und Merkmal: **Lagergut**

Bauart ↓ **Freilager**
(offenes Lager, nicht eingezäunt)

Lagergut ↓ **Stangenlager**
(Langgutlager für jede Art von Stangen)

Lagertyp: **Freilager für Stangen**

Abbildung 5.21 Beispiel Lagertyp

5.6.4 Aufgabenkomplexe der Lagerung

5.6.4.1 Vorbereitender Aufgabenkomplex

In diesem vorbereitenden Aufgabenkomplex der Lagerung gilt es folgende **Handlungen** zu vollziehen:

1. Planung des Lagerstandortes und der Lagerkapazität,
2. Planung der Lagergestaltung,
3. Planung des innerbetrieblichen Transports.

Für die Bestimmung des optimalen **Lagerstandortes** zeichnen meist mehrere Einflussgrößen verantwortlich. Nach Hartmann 2002 sind dies u. a.:

- „Grundstücksverhältnisse (Eigenschaften des Bodens, ...),
- Verkehrslage (Ein- und Ausfahrtmöglichkeiten, ...),
- Gas-, Wasser- und Stromversorgung,
- Umweltbedingungen (Abgase, ...) und
- Entsorgung (Lagerung und Abtransport von Produktionsabfällen)."

Voraussetzung für die konkrete Berechnung der notwendigen **Lagerkapazität** sind die

- Planung der Lagerbauart,
- Planung der Lagereinrichtungen, Transport und
- Planung der Lagerordnung.

Die Planung des erstgenannten Aspektes wird primär durch folgende, nicht näher zu erläuternde Größen wie:

a) **Materialeigenschaften** (z. B. Lagergut-Querschnitt, ...) und

b) **Erfordernis der Materialflussgeradlinigkeit**

bestimmt.

Unter dem zweitgenannten Gesichtspunkt versteht man dagegen das gesamte Rüstzeug, mit dessen Hilfe das Material einschließlich des Transports gelagert wird. Die **Lagereinrichtungen** lassen sich dabei nach zwei prinzipiellen Unterscheidungsmerkmalen einteilen:

a) feste Lagereinrichtungen,

b) bewegliche Lagereinrichtungen.

Die Abbildung 5.22 gibt einen Überblick über die konkreten Behältnisse der festen und beweglichen Lagereinrichtungen.

Bei der Planung der Lagereinrichtungen gilt übrigens folgender **Idealgrundsatz:**

Liefereinheit = Transporteinheit = Lagereinheit = Entnahmeeinheit

Da die Materialbereitstellungsorte z. T. sehr weit auseinander liegen können, ergibt sich die Notwendigkeit des innerbetrieblichen Transports.

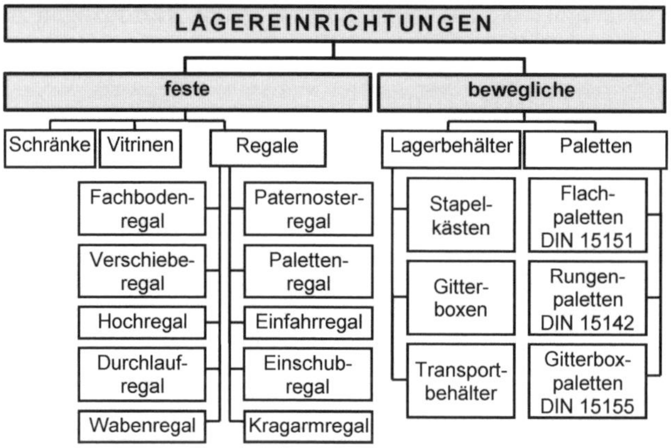

Abbildung 5.22 Einteilung und Behältnisse von Lagereinrichtungen

Weil die mit diesen Aktivitäten verbundenen Aufwendungen einen nicht unwesentlichen betrieblichen Kostenfaktor verkörpern, sollten innerbetriebliche Transporte, wenn man sie nicht gänzlich ausschließen kann, auf ein Minimum beschränkt werden. Das kann erreicht werden durch:

a) kurze Transportroutengestaltung,

b) anforderungsgerechten Transportmitteleinsatz.

Währenddem der erste Aspekt durch Anwendung mathematischer Optimierungsmodelle erreicht werden kann, können bei der Realisierung des unter b) genannten Sachverhaltes folgende **Transportmittel** nach der klassischen Einteilung Anwendung finden (Abbildung 5.23).

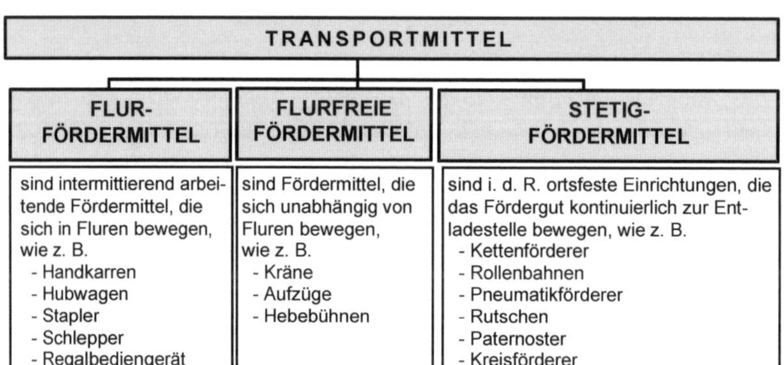

Abbildung 5.23 Einteilung der Transportmittel

Schließlich versteht man unter einer Planung der Lagerordnung alle Aktivitäten, die der Zuordnung des Lagergutes zum Lagerraum dienen.

Grundsätzlich bestehen zwei Möglichkeiten der Zuordnung:

a) Festplatzsystem (Magazinierprinzip) und

b) Freiplatzsystem (Lokalisierungsprinzip).

Ohne auf vorteil- bzw. nachteilbezogene Details der genannten Systeme näher einzugehen, besteht der Grundgedanke des **Festplatzsystems** in der ständigen Zuordnung einer Materialposition zu einem festen Stammplatz. Demgegenüber beinhaltet das **Freiplatzsystem** das Prinzip, dass jeder freie Stellplatz zur Materiallagerung genutzt werden kann.

5.6.4.2 Durchführender Aufgabenkomplex

Aus den Erörterungen des vorbereitenden Aufgabenkomplexes wird bereits ersichtlich, dass die Hauptaufgabe der Lagerung in der Bildung und Verwaltung von Lagerbeständen besteht. Die konkrete Realisierung dieser Aufgabe erfordert deshalb einen **durchführenden Aufgabenkomplex**, der sich aus

a) einer technischen Teilaufgabe und

b) einer betriebswirtschaftlichen Teilaufgabe

zusammensetzt. Die primären Unteraufgaben der technischen Teilaufgabe sind in der Abbildung 5.24 zusammenfassend dargestellt, wobei die ersten beiden Unteraufgaben bereits im Arbeitsschritt 9 des Einkaufs erläutert wurden.

Die herausragende Unteraufgabe der **betriebswirtschaftlichen Teilaufgabe** ist die Lagerbuchhaltung im Sinne der rechnerischen Erfassung aller Materialbewegungen und -bestände im Lager. Die notwendigen Informationen werden dabei mittels der **Materialrechnung** als eine vorrangige Hilfsrechnung des Rechnungswesens gewonnen. Diese untergliedert sich in eine Verbrauchsrechnung und in eine Bestandsrechnung. Im Rahmen der Verbrauchsrechnung werden die Zu- und Abgänge der einzelnen Materialarten laufend mengen- und wertmäßig erfasst und aufgezeichnet. Da auf die einzelnen Verfahren der Verbrauchsmengenermittlung im Rahmen der Materialbestandsführung (siehe Abschnitt 5.4.2.2) und der Materialbewertung schon an anderer Stelle eingegangen wurde, soll in diesem Zusammenhang nur noch etwas zum Begriff **Inventur**, zu den Inventurarten, die zur Realisierung des Inventurverfahrens benötigt werden, und zur Lagerstatistik gesagt werden. Eine Inventur erfolgt bei materiellen Gegenständen (z. B. Bargeld, Waren) durch Zählen, Messen, Wiegen, bei immateriellen Vermögensteilen (z. B. Forderungen) durch eine buchmäßige Bestandsaufnahme. Bei den Inventurarten kann man eine Unterscheidung nach dem Zeitpunkt oder nach dem Umfang der Bestandsaufnahme vornehmen. Aus der ersten Unterscheidung resultieren die Inventurarten der Stichtags- bzw. vor- oder nachgelagerten und permanenten Inventur, im zweiten Fall die Arten der Voll- und Stichprobeninventur (vgl. Härdler 1999). Die **Lagerstatistik** hat nach Kopsidis 2002 die Aufgabe, „die Zahlen der Lagerbuchhaltung (Urmaterial) übersichtlich zusammenzustellen, rechnerisch zu bearbeiten und in einer geeigneten Form darzustellen".

Als die geeignete Form der Datenaufbereitung und -auswertung für den Vollzug der Lagerstatistik gelten **Kennzahlen** des Lagers und des Transports.

Technische Teilaufgabe

Unteraufgaben

1 Warenannahme und Identitätsprüfung

2 Quantitäts- und Qualitätsprüfung

3 Aus- und Umpacken

- Vor Einlagerung der Materialien erfolgt deren Auspacken auf tragende, um- und abschließende Ladehilfsmittel
- Nach DIN 30781 verkörpert ein Ladehilfsmittel einen Ladungsträger zur Zusammenfassung von Gütern zu einer Ladeeinheit.

4 Transport

- Der Transport zum Lagerort kann erfolgen durch
  a) Bereichstransporteure mit abgegrenztem Arbeitsbereich,
  b) Transporte nach festen Fahrplänen,
  c) Steuerung über schriftliche Transportaufträge
  d) Funk-/Infrarotkommunikation

5 Einlagerung

- Voraussetzung für die körperliche Einlagerung ist die vorherige Identifizierung und Positionierung des Lagergutes.
- Unter Identifizierung versteht man die Untergliederung und Verschlüsselung einzelner Materialien nach spezifischen Aspekten wie Güterart, Materialklasse, Lagerort u. Ä.
- Unter der Positionierung der Materialien versteht man die Zuordnung der Materialien zum Lagerplatz. Dies kann je nach angewandtem Lagerplatzsystem nach einer festen Lagerplatzzuordnung oder freien (chaotischen) Lagerplatzzuordnung erfolgen.

6 Kommissionierung

- Unter Kommissionierung versteht man „die Entnahme von Teilmengen oder das Sammeln von unterschiedlichen Artikeln, um für die Produktion oder den Kunden eine bedarfsorientierte Zusammenstellung liefern zu können" (*Bichler* 1997, 158).
- Zum Kommissionieren gehört „auch das Suchen und Auffinden der Lagerplätze, die Entnahme, der Transport und die Abgabe der verlangten Güter an einem vorbestimmten Ort (Materialausgabe, Packerei, Arbeitslager u. Ä." (Schulte 1996, 263).

7 Warenausgang

- Die Zuführung der kommissionierten Artikel an den Übergabeort kann nach zwei Organisationsmöglichkeiten erfolgen:
  a) das Holsystem
  b) das Bringsystem
- Beim an bestimmte Anwendungsvoraussetzungen (z. B. kurze Wegstrecke) gebundenen Holsystem holen die beauftragten Mitarbeiter das benötigte Material selbstständig aus dem Lager.
- Beim ebenfalls an bestimmte Voraussetzungen (siehe *Eichner* 1995, 45) gebundenen Bringsystem wird das benötigte Material termin- und mengengerecht auf der Basis der Fertigungsaufträge angefordert.

8 Verpackung

- Nach *DIN 55405* versteht man unter Verpackung den allgemeinen Begriff für die Gesamtheit der von der Verpackungswirtschaft eingesetzten Mittel und Verfahren zur Erfüllung der Verpackungsaufgabe. Sie ist im engeren Sinne der Oberbegriff für die Gesamtheit der Packmittel und Packhilfsmittel.
- Nach der gleichen Norm ist ein Packmittel ein Erzeugnis aus Packstoff, das dazu bestimmt ist, das Packgut zu umhüllen oder zusammenzuhalten, damit es versand-, lager- und verkaufsfähig wird.
- Ein Packhilfsmittel ist dagegen ein Sammelbegriff für Hilfsmittel, die zusammen mit Packmitteln zum Verpacken, wie z. B. Verschließen einer Packung/eines Packstückes, dienen.

Abbildung 5.24 Unteraufgaben der technischen Teilaufgabe der Lagerung

Die Abbildung 5.25 dokumentiert nach Baum 1996, 86 eine Darstellung ausgewählter **Lager- und Transportkennzahlen (Ü5)** mit teilweisen Berechnungsquotienten:

Ausgewählte Lager- und Transportkennzahlen	
Lagerkennzahlen	**Transportkennzahlen**
Sicherheitskoeffizient = $\frac{\text{Sicherheitsbestand}}{\varnothing \text{ Lagerbestand}} \times 100$	Nutzungsgrad der Transportmittel = $\frac{\text{transportierte Menge}}{\text{Transportkapazität}} \times 100$
Höhennutzungsgrad = $\frac{\text{Genutzte Lagerhöhe}}{\text{Vorhandene Lagerhöhe}}$	Einsatzgrad = $\frac{\text{Einsatzzeit}}{\text{Arbeitszeit}} \times 100$
Durchschnittliche Verweildauer (Tage) bzw. Durchschnittliche Reichweite (Tage) bzw. Durchschnittliche Eindecktage (Tage) = $\frac{\text{Durchschnittlicher Bestand}}{\text{Verbrauch je Zeiteinheit (Tag)}}$	Ausfallgrad = $\frac{\text{Stillstandszeit}}{\text{Einsatzzeit}} \times 100$
Lagernutzungsgrad = $\frac{\text{Belegte Lagerfläche}}{\text{Gesamtlagerfläche}} \times 100$	Transportflexibilität = $\frac{\text{Anzahl erfüllter Transportsonderanforderungen}}{\text{Gesamtzahl aller Transportsonderanforderungen}}$
Lagerquote = $\frac{\text{Lagerbestand im } \varnothing}{\text{Umsatz}} \times 100$	Durchschnittliche Transportweite = $\frac{\text{Summe aller Transportleistungen pro Periode}}{\text{Gesamtaufkommen pro Periode}}$
Vorräte zum Umlaufvermögen = $\frac{\text{Lagerbestand im } \varnothing}{\text{Umlaufvermögen ges.}} \times 100$	
Personalanteile = $\frac{\text{Personalkosten Lager}}{\text{Personalkosten ges.}} \times 100$	
Lagerhaltungskostensatz = $\frac{\text{Lagerkosten ges.}}{\text{Lagerbestandswert}} \times 100$	

Abbildung 5.25 Lager- und Transportkennzahlen

Durch Anwendung strategischer **Analyse-, Management- und Benchmarkingsysteme** (vgl. auch 11.5.2) werden im Vergleich mit anderen Unternehmen der Branche die eigenen Schwachstellen im Lager- und Transportbereich aufgezeigt und damit entsprechende Gegenmaßnahmen möglich.

5.7 Materialentsorgung

5.7.1 Begriffsbestimmungen

Der Entsorgungsbegriff wird in der Fachliteratur (vgl. Hartmann 2002, Bichler 2010, Oeldorf/Olfert 2008) wie auch im umgangssprachlichen Gebrauch sehr unterschiedlich interpretiert. Egal, zu welchem Standpunkt man gelangt, die formallogische Zuordnung dieses Komplexes zur Materialwirtschaft ist neuerdings unbestritten, denn es gilt laut der Arbeitsgruppe Entsorgung der **Grundsatz:**

„Wer beschafft, ist auch für die Entsorgung zuständig!"

Diese Maxime vereint damit die im Rahmen des integrierten Materialwirtschaftskonzeptes geforderte Komplexität von Versorgungs- und Entsorgungsfunktion. Laut **Kreislaufwirtschaftsgesetz** (KrWG) beinhaltet die Entsorgung zunächst nur die Verwertung und Beseitigung von Abfällen.

Unter **Abfällen** (vgl. auch Kranet 2005), auch Müll oder Reststoffe genannt, versteht man alle Stoffe oder Gegenstände, deren sich ihr Besitzer entledigt, entledigen will oder entledigen muss. Abfälle zur Verwertung sind Abfälle, die verwertet werden; Abfälle, die nicht verwertet werden, sind Abfälle zur Beseitigung."

Neben dem Kreislaufwirtschaftsgesetz ist in Europa die Richtlinie 2008/98EG vom 19.1.2008 über Abfälle maßgebend.

Gasförmige und flüssige Abfälle liegen nicht im Geltungsbereich des Kreislaufwirtschaftsgesetzes, sondern werden durch andere gesetzliche Normen interpretiert, wie z.B. das Wasserhaushaltgesetz (WHG) und Bundesimmissionsschutzgesetz (BImSchG).

In Anlehnung an Stark 2009 und Arnolds/Heege/Röh/Tussing 2010 lassen sich Abfälle bezogen auf ihren **Entstehungsort** unterteilen in:

a) Abfälle im Ergebnis der Produktion,

b) Abfälle als Resultat logistischer Prozesse,

c) Abfälle durch Güternutzung.

Zu a) Abfälle im Ergebnis der Produktion

In Anlehnung an die zuletzt genannte Quelle lässt sich in Abhängigkeit von den Entstehungsgründen von Abfällen im Rahmen der Produktion eine **Abfallklassifikation** nach Abbildung 5.26 darstellen:

Entstehungsgründe	➔	**Abfallklassifikation**
Rückstände an Roh-, Hilfs- und Betriebsstoffen, die für den ursprünglichen Verwendungszweck unbrauchbar geworden sind	➔	**Materialabfall**
ungängige und überzählige Materialvorräte	➔	**Lagerhüter**
Zwischen-/Endprodukte mit Fehlern unterschiedlicher Art und Güte, die ebenfalls für den ursprünglichen Verwendungszweck unbrauchbar geworden sind	➔	**Fertigungsausschuss**
unverkäufliche End- und Zwischenprodukte mit fehlender (anderweitiger) Verwendungsmöglichkeit (Überschussproduktion)	➔	**nicht absetzbare Endprodukte**
vom Produzenten zurückgenommene Altprodukte, wie z. B. Altautos, Elektronikschrott u. a.	➔	**ausgediente Endprodukte**

Abbildung 5.26 Abfallklassifikation

Zu b) Abfälle als Resultat logistischer Prozesse

Als Abfälle im Ergebnis des Vollzuges der Transport-, Lagerungs- und Umschlagsprozesse in den Unternehmen gelten die als **Pack- und Packhilfsmittel** deklarierten Positionen wie Dosen, Fässer usw.

Zu c) Abfälle durch Güternutzung

Auch während der produktiven und nichtproduktiven Nutzungsphase unterliegen die Positionen des Anlage- und Umlaufvermögens einer materiellen, moralischen oder außerordentlichen Abnutzung während ihres Lebenszyklus und werden damit zu Abfällen. Nach Rinschede/Wehking 1995, 36 f. sind hierfür besonders technische Gründe (z. B. unzureichende Erfüllung sicherheitstechnischer Anforderungen), wirtschaftliche Gründe (z. B. hoher Wiederverkaufswert), psychologische Gründe (z. B. Modetrends) und juristische Gründe (z. B. sicherheitsbegründete Instandsetzungsverbote) verantwortlich.

5.7.2 Teilaufgaben

Gemäß dem KrWG hat die Entsorgung drei prinzipielle **Teilaufgaben** zu vollziehen:

- Vermeidung/Verminderung,
- Verwertung,
- Beseitigung.

5.7.2.1 Abfallvermeidung

Dieser Teilaufgabe der Abfallentsorgung gebührt aus ökonomischen und ökologischen Gründen die absolute **Priorität**. Denn es gilt:

Jeder Abfall ist dann am ökonomischsten, wenn er gar nicht entsteht! ■

Das Handlungsspektrum der Abfallvermeidung lässt sich in eine quantitative und eine qualitative Teilkomponente untergliedern. Die quantitative Vermeidung verkörpert dabei das Prinzip der Senkung der Abfallmengen durch die Anwendung differenzierter Strategien der Abfallvermeidung (vgl. Arnolds 2001/2010). Die qualitative Vermeidung verkörpert dagegen die Substitution von solchen Einsatzmaterialien, die in Bezug auf ihre spätere Entsorgung eine umweltverträglichere und kostengünstigere Materialalternative darstellen. Dabei gilt der **Grundsatz:**

Alternativmaterialien sollten dann eingesetzt werden, wenn die Gebrauchsfähigkeit eines Einsatzmaterials kleiner ist als seine späteren Kosten der Entsorgung. ■

5.7.2.2 Abfallverwertung

Sind Abfälle tatsächlich entstanden, so müssen sie verwertet oder beseitigt werden. Der Teilaufgabe der Verwertung vorgeschaltet sind die Aktivitäten der **Abfallvorbehandlung**, also solche Aktivitäten wie das Erfassen, Sammeln, Aufbereiten und Lagern von Abfällen.

Der Vollzug dieser Handlungen ist jedoch an spezielle Aufbereitungsmaßnahmen wie z. B. die Klärung, Zentrifugierung, Nachsortierung, Bündelung und Pressung gebunden, die ihrerseits wieder bestimmte Verwertungsvoraussetzungen erfordern (vgl. Grommes, 75 ff.). Diese Wiedergewinnung von Stoffen oder Energien, also das „Recyceln", verursacht zunächst auch Kosten. Als solche gelten

- „**Einmalige Kosten:** Investitionskosten für Entwicklung und Errichtung der notwendigen Anlagen (entweder für Vorbehandlungsprozesse oder den Recyclingprozess selbst, außerdem Beschaffung der entsprechenden Erfassungs- und Transportbehältnisse, der Sammelpunkte etc.).
- **Laufende Kosten:** Personal- und Sachkosten für vorbereitende Maßnahmen (Sammlung, Lagerung, Sortierung u. a.) sowie für den Betrieb von Recyclinganlagen."

Ein **Wirtschaftlichkeitsvergleich** zwischen den angeführten Kosten des Recyclings, d. h. Ersatz des Primärstoffes durch Sekundärstoffe, und den Kosten der Produktion mit Primärstoff und Entsorgung von entstandenem Abfall lässt sich nach Strebel in Adam 1983 wie folgt ableiten:

$$K^SM + K^SF + A^S \quad < \quad K^PM + K^PF + A^P - E$$

Legende:

K^SM:	Kosten für Sekundärrohstoffe (von der Rückstandserfassung bis zum Rückstandseinsatz)	A^S:	Entsorgungskosten bei Einsatz von Sekundärstoffen
K^PM:	Kosten der Primärstoffe bis zum Produktionseinsatz	A^P:	Entsorgungskosten bei Einsatz von Primärstoffen
K^SF:	Fertigungskosten bei Einsatz von Sekundärstoffen	E:	Erlös aus Verkauf von Abfällen zur Verwertung
K^PF:	Fertigungskosten bei Einsatz von Primärstoffen		

Beispiel:

Auf einer Fräsmaschine (FBE 3000) sollen Gussteile bearbeitet werden. Dafür ist der Kühlschmierstoff „Kompakt W3CF" zur Gewährleistung der Kühlung und Schmierung notwendig. Als Ausgangsdaten sind für ein Jahr gegeben:

- Kosten für den Sekundärrohstoff = 205 € (AfA Handfraktometer 75 €, Systemreiniger SR-X1 32 D, Stabilisierungsmittel Z22 26 €, Lohnkostenanteil 72 €)
- Kosten des Primärstoffes = 352 € (Materialeinstandspreis 295 €, Gemeinkostenanteil 57 €)
- Fertigungskosten beim Einsatz von Primär- und Sekundärstoffen sind gleich
- Entsorgungskosten bei Einsatz von Sekundärrohstoffen = 43 €
- Entsorgungskosten bei Einsatz von Primärstoffen = 412 €
- Erlöse aus dem Verkauf des alten Kühlschmierstoffes können nicht erzielt werden

Berechnung der effizienteren Alternative:

$$K^SM + K^SF + A^S < K^PM + K^PF + A^P - E$$

$$205\,€ + 0 + 43\,€ < 352\,€ + 0 + 412\,€ - 0$$

$$248\,€ < 764\,€$$

Der Recyclingvariante ist in diesem konkreten Fall der Vorzug zu geben. Die Differenz der Produktionskosten beträgt 516 €.

Unter dem Begriff der **Sekundär(roh)stoffe** als dem Ergebnis des Recyclings versteht man dabei Stoffe, die – im Gegensatz zu Primärrohstoffen – bereits in einem Produktionsprozess genutzt wurden und die nach den schon fixierten Maßnahmen der Abfallvorbehandlung einschließlich der dazu erforderlichen Aufbereitungshandlungen wieder als Einsatzstoffe zur Verfügung stehen.

5.7.2.3 Abfallbeseitigung

Gemäß dem Umweltbundeamt kommen folgende Verfahren bei der Entsorgung zur Anwendung:

- Erfassung und Transport von Abfällen (Art der Bereitstellung)
- Thermische Behandlung (Abfallverbrennungsanlagen zur Energienutzung)
- Mechanisch-biologische Behandlung (Aufteilung von Restabfällen)
- Chemisch-physikalische Behandlung (Stoffumwandlung von in der Regel flüssigen und gefährlichen Abfällen)
- Bioabfallbehandlung (Kompostierung und Vergärung)
- Deponierung und Lagerung (als letzte abfallwirtschaftliche Option)

Die Beseitigung selbst kann in Eigen- oder Fremdregie realisiert werden. Wird dem Letzteren entsprochen, so ist zu beachten, dass grundsätzlich der gewerbliche Abfallerzeuger/-besitzer für den Vollzug der ordnungsgemäßen und umweltverträglichen Beseitigung selbst verantwortlich ist.

Zur Vermeidung von Umweltkatastrophen durch die Ablagerung z. B. toxischer Abfälle auf normalen Hausmülldeponien ergibt sich das Erfordernis einer lückenlosen **Nachweisführung** des Abfallweges von der Entstehung bis zur Endablagerung. Genaueres regelt Teil 2, Abschnitt 4 des KrWG.

5.7.3 Umweltrelevante Rechtsvorschriften

Abschließend zu dieser materialwirtschaftlichen Teilfunktion sollen an dieser Stelle einige das Kreislaufwirtschafts- und Abfallgesetz begleitende umweltrelevante **Gesetze und Verordnungen** einschließlich ihrer Grundsatzinhalte primär für die materialwirtschaftliche Kerntätigkeit der Entsorgung aufgeführt werden (Abbildung 5.27).

Gesetz	Zwecksetzung
Gesetz zur Ordnung des Wasserhaushalts (Wasserhaushaltsgesetz – WHG) - ursprüngliche Fassung: 27.07.1957 (BGBl. I S. 110, 1386) - Neubekanntmachung: 19.08.2002 - letzte Neufassung: 31.07.2009 - letzte Änderung: 24.02.2012	„Zweck dieses Gesetzes ist es, durch eine nachhaltige Gewässerbewirtschaftung die Gewässer als Bestandteil des Naturhaushalts, als Lebensgrundlage des Menschen, als Lebensraum für Tiere und Pflanzen sowie als nutzbares Gut zu schützen."
Gesetz über das Inverkehrbringen, die Rücknahme und die umweltverträgliche Entsorgung von Elektro- und Elektronikgeräten (Elektro- u. Elektronikgerätegesetz – ElektroG) - ursprüngliche Fassung: 16.03.2005 (BGBl. I S. 762) - letzte Änderung: 24.02.2012	„Zweck dieses Gesetzes ist die Verringerung von Schadstoffen in der Elektronik sowie die Vermeidung und Reduzierung von Elektronikschrott durch Wiederverwendung. Die Grenzwerte für Schadstoffe gelten seit dem 1. Juli 2006 und umfassen Blei, Quecksilber, Cadmium, Polybromierte Biphenyle (PBB), Polybromierte Diephenylether (PBDE) und Chrom-VI-Verbindungen."
Gesetz zum Schutz vor schädlichen Umwelteinwirkungen durch Luftverunreinigungen, Geräusche, Erschütterungen und ähnlichen Vorgängen (Bundes-Immissionsschutzgesetz – BImSchG) - ursprüngliche Fassung: 15.03.1974 (BGBl. I S. 721, 1193) - letzte Neufassung: 26.09.2002 - letzte Änderung: 24.02.2012	„Zweck dieses Gesetzes ist die Abwehr bestehender oder bevorstehender Gefahren durch die Begrenzung vorrangig industrieller Emissionen in Form von Luftverunreinigungen, Geräuschen, Erschütterungen und ähnlichen Vorgängen."

Abbildung 5.27 Umweltrelevante Rechtsvorschriften

Zu den wichtigsten **Verordnungen** bezüglich der Abfallwirtschaft gehören die VO über die Vermeidung und Verwertung von Verpackungsabfällen (VerpackV), die Altölverordnung (AltölV) sowie die Altfahrzeug- und Batterieverordnung.

5.8 Neue Managementkonzepte in der Materialwirtschaft

Die Globalisierung und der gestiegene Wettbewerbsdruck machen auch ein Umdenken in der Materialwirtschaft notwendig. Getragen durch die innovativen Möglichkeiten der modernen Informations- und Kommunikationstechnologie (I&K) rücken bei den vorbereitenden und begleitenden Instrumentarien der Materialwirtschaft besonders strategische Analysemethoden, wie z. B. die **SWOT-Analyse** (vgl. Wege/Al-Laham 2011) oder **Portfolioanalyse** einschließlich ihrer Unterformen wie das Beschaffungsmarkt-Unternehmensstärke-Portfolio (BUP) und Beschaffungsmarktattraktivitäts-Wettbewerbsvorteils-Portfolio (BWP) in den Mittelpunkt des Interesses. Sie sollen das Management unterstützen, die Materialwirtschaft und ihr Tätigkeitsspektrum strategisch neu zu positionieren. Hinzu kommen **die Angebots-, Produktlebenszyklus- oder Erfahrungskurvenanalyse**, die vorrangig einen taktisch/operativen Fokus haben. Das **Target-Costing synonym Design-to-Cost-Konzept** (vgl. Tamm 2007), versucht die Kosten eines Produktes schon in der Produktentwicklungsphase zu senken. Die Materialwirtschaft arbeitet hierbei mit anderen Unternehmensbereichen, speziell mit der Abteilung Forschung und Entwicklung, eng zusammen und muss die technischen wie auch ökonomischen Neuerungen des Marktes adaptieren. Eine Erweiterung erfährt diese Zusammenarbeit noch beim **Advanced Purchasing synonym Forward Sourcing** oder **Early Supplier Involvment**. Hierbei werden wichtige Lieferanten in die Produktentwicklung integriert (vgl. Rückert/Kemmner 2001).

In der Disposition erleichtern **Enterprise-Resource-Planning-Systeme** (ERP) sowie das **Advanced Planning and Scheduling System** (APS) und das **Material Requirement Planning** (MRP) die Arbeit bzw. ermöglichen erst die Anwendung komplexer Optimierungsmethoden, wie z.B. die Groff-Heuristik in der Bestellrechnung. Damit wird es bei entsprechenden organisatorischen Voraussetzungen möglich sein, ein integriertes Bestandsmanagement zu etablieren und die Schnittstelle zwischen Disposition, Vertrieb und Produktion zu optimieren.

Bei der Kernfunktion des Einkaufs ist zumindest in großen Unternehmen eine organisatorischen Trennung des strategischen von dem operativen Aufgabenkomplex vorhanden. Dies bedeutet, dass die Teilfunktionen Beschaffungsmarketing, Lieferantenmanagement und Sourcingpolitik in der Organisationseinheit „strategischen Einkauf" konzentriert ist. Damit verbunden sind auch wesentlich höhere Anforderungen an die hier tätigen Beschaffungsmanager. Um die Leistungen des Einkaufs der Zukunft bewerten zu können, wird das **Performance Measurement** und **Einkaufscontrolling** weiter an Bedeutung gewinnen. Das **Global Sourcing** wird mit der Verbesserung der I&K-Technologie und der logistischen Systeme zu einem entscheidenden Wettbewerbsfaktor. Die operativen Aufgaben und damit der klassische Einkauf werden für A-Teile langfristig von der Disposition übernommen. Speziell der C-Teile-Bedarf wird zunehmend über **Third Party Companies** elektronisch mittels **Purchasing Cards** oder **E-Commerce** abgewickelt.

5

Die Materiallagerung und -verteilung entwickelt sich zu einem **integrierten Logistikmanagement**. Dabei besteht die Chance alle innerbetrieblichen Material- und Informationsfluss-Schnittstellen zu beseitigen. Hierbei spielen ERP-Systeme eine entscheidende Rolle. Zusätzlich werden besonders weltweit tätige Unternehmen die Vorteile von **virtuellen Lagern** nutzen können. **Vendor Managed Inventory** (VMI) ist ein Managementkonzept, bei dem ein Lieferant die gesamte Bestandsverantwortung über die von ihm bezogenen Beschaffungsobjekte im Lager des Abnehmers übernimmt.

Im Rahmen des durchführenden Aufgabenkomplexes der Lagerung bzw. Verteilung sind als moderne Gestaltungskonzepte aber auch das **Cross Docking** (CD), **Roll Cage Sequencing** (RCS), **Direct Store Delivery** (DSD) sowie das **Tracking and Tracing** (T&T) zu nennen.

Kernfunktionsübergreifende Trends zeichnen sich vor allem im Bereich der zwischenbetrieblichen Kooperation ab. So implementiert das **Supply Chain Management** (SCM) ein vertikales Netzwerk vom Rohstofflieferanten bis zum Kunden. Dieses Konzept versucht vorrangig die logistischen Schnittstellenprobleme einer integrierten Wertschöpfungskette zu lösen. Daneben ist natürlich auch die strategische Ausrichtung und die Aufgabenverteilung Gegenstand des SCM. **Strategische Allianzen** (vgl. Arnold 2007) als horizontale Kooperation stellen einen wesentlichen Wettbewerbsfaktor dar. Derartige Einkaufsgemeinschaften können Bündelungs- und Prozessvorteile aufweisen, wobei allerdings kartellrechtliche Belange zu beachten sind. Gerade in Hinblick auf steigende Energiekosten können Einkaufskooperationen sinnvoll am Markt agieren. In großen Unternehmen wird der Einkauf nicht mehr als eine isolierte Abteilung betrachtet. Vielmehr wird der Einkauf durch crossfunktionale Teams geprägt. In diesen Einkaufsteams sind neben dem Einkäufer Mitarbeiter der Abteilungen Forschung und Entwicklung, Logistik, Produktion, Qualitätsmanagement und Controlling vertreten. Durch die starke Spezialisierung gerade bei strategischen Einkaufsgütern kann somit eine fundierte Entscheidung unter Mitwirkung von mehreren Fachleuten getroffen werden. Als Motor vieler oben genannter Entwicklungen gilt die I&K-Technologie. Speziell dem **Internet** kommt ein hohes Integrationspotential zu. Die Performance der ERP-Systeme mit Internetzugang in Verbindung mit einer **Data-Warehouse-Technologie** können die Möglichkeit eröffnen, vertikale und horizontale Kooperationen verstärkt automatisiert zu regeln. Die Idee der Industrie 4.0 wird auch in der Materialwirtschaft umgesetzt werden. Ein weiteres Anwendungsgebiet der Internetnutzung stellen digitale Marktplätze oder Auktionen dar. Neben der reinen Fokussierung auf die typischen Zielfunktionen Kosten, Zeit und Qualität wird das Thema Nachhaltigkeit in seiner ökologischen und sozielen Dimension eine stärkere Beachtung finden. Durch das gestiegene Umweltbewusstsein und schärfere Gesetze wird sich die Kernfunktion Entsorgung grundlegend ändern. Die Beschaffung, Nutzung und Entsorgung von Ressourcen muss auch unter ökologischen Gesichtspunkten betrachtet werden. Kreislaufsysteme stellen hierzu einen wichtigen ökologischen und wirtschaftlichen Ansatz dar. Als organisatorische Hilfsmittel werden **Umweltmanagementsysteme** (UMS) eingesetzt, die die Verwaltung der Ressourcen steuern. Da die Umweltproblematik schon bei der Beschaffung eine wichtige Rolle spielt, ist es sinnvoll, dass UMS in den strategischen Einkauf einzubinden. Durch die Integration der Produktions- und Recyclingplanung und -steuerung (PRPS) entstehen recyclingorientierte ERP-Systeme. Im Bereich der sozialen Dimension wird der Einkauf im Bereich des Global Sourcing sich verstärkt an internationalen Arbeitsnormen wie dem SA 8000 orientieren. Dort sind grundlegende Arbeitsnormen geregelt.

5.9 Kontrollfragen

1. Worin bestehen die unterschiedlichen, aber auch gemeinsamen Aufgabeninhalte zwischen den Konzepten der integrierten Materialwirtschaft und der Materiallogistik bzw. dem Supply-Chain-Management? (Abschn. 5.2.1)
2. Welche zum Teil gegensätzlichen Zielkriterien beinhaltet das materialwirtschaftliche Optimierungsproblem und welche Negativfolgen ergeben sich bei seiner Nichtbeachtung? (Abschn. 5.2.2)
3. Durch welche qualitativen Merkmale unterscheiden sich einerseits die Materialklassen Werk-, Hilfs- und Betriebsstoffe sowie andererseits die Zulieferteile, Handelswaren und Verschleißwerkzeuge? (Abschn. 5.3.1)
4. Wieso gilt bei der Materialbewertung das strenge Niederstwertprinzip und der Grundsatz der Einzelbewertung? (Abschn. 5.3.2)
5. Worin bestehen die qualitativen Unterschiede zwischen dem HIFO- und LOFO-Verfahren innerhalb der Verbrauchsfolgebewertung? (Abschn. 5.3.2)
6. Welches materialwirtschaftliche Handlungsspektrum verbirgt sich unter dem Maßnahmekomplex der Materialrationalisierung? (Abschn. 5.3.3)
7. Worin besteht der qualitative Unterschied der Klassifizierung der Materialien mittels der ABC-, XYZ-sowie LMN-Analyse? (Abschn. 5.3.3)

8. Welche unternehmensinternen und -externen Informations- und Handlungsschnittstellen ergeben sich aus der Umsetzung der prinzipiellen materialwirtschaftlichen Dispositionsaufgaben? (Abschn. 5.4.1)
9. Nach welchen acht Basisschritten ermittelt man die Kategorie des Nettobedarfs und wie nennt man die Bedarfsart, die sich aus der Multiplikation von Primärbedarf und Materialbedarf an BG/BT je Erzeugniseinheit ergibt? (Abschn. 5.4.2)
10. Worin besteht das Grundprinzip der Bedarfsauslösung nach dem Dispositionsstufen- und dem Renettingverfahren? (Abschn. 5.4.2)
11. Durchdenken Sie die These, dass eine Bestellmengenerhöhung auch zu einer Erhöhung der Kapitalbindungskosten führt bei gleichzeitiger Senkung der Beschaffungskosten. (Abschn. 5.4.2)
12. Durch welche Gegensätze sind die Handlungen der Beschaffungsmarktforschung und der unsystematischen Markterkundung gekennzeichnet? (Abschn. 5.5.2)
13. Warum bezeichnet man die Bestellung als das Kernstück des bestelldurchführenden Aufgabenkomplexes? (Abschn. 5.5.2)
14. Woraus ergeben sich die Schwierigkeiten einer eindeutigen Fixierung des Lagerbegriffes und wie wird dieser normiert definiert? (Abschn. 5.6.1)
15. Wie heißt der Idealgrundsatz bei der Planung der Lagereinrichtungen? (Abschn. 5.6.4)
16. Wie heißen die beiden den Abfallterminus charakterisierenden Attribute lt. KrWG? (Abschn. 5.7.1)
17. Begründen Sie die These der absoluten Priorität der Abfallvermeidung/-verminderung gegenüber den anderen Teilaufgaben der Entsorgung. (Abschn. 5.7.2)
18. Welche Mangementkonzepte kommen in der Materialwirtschaft zum Einsatz? (Abschn. 5.8)
19. Vor welchen Aufgaben steht die Materialwirtschaft in der Zukunft? (Absch. 5.8)

5.10 Übungsaufgaben

Ü1 ABC-Analyse

a) Ausgangsdaten

Ein Unternehmen weist folgenden Jahresbedarf an 10 unterschiedlichen Materialpositionen auf:

Materialnummer	Jahresbedarf (Stück)	Einstandspreis (€/Stück)
1	2000	11,25
2	12500	0,12
3	3000	2,50
4	15000	0,10
5	1500	5,00
6	200	300,00
7	30000	0,05
8	150000	0,01
9	100	450,00
10	50000	0,03

b) Aufgabenstellungen

- Klassifizieren Sie die Materialien anhand einer ABC-Analyse nach ihrer wertmäßigen Rangfolge unter Beachtung folgender Wertgrenzen:

  A-Teile: 70 %

  B-Teile: 25 %

  C-Teile: 5 %

- Ordnen Sie folgende materialwirtschaftlichen Aktivitäten den klassifizierten Wertgruppen zu:

Materialwirtschaftliche Aktivität	gilt für Wertgruppe
Anwendung von Markt-, Preis- und Kostenstrukturanalysen	
Festlegung kleiner Bestellmengen	
Großzügige Festlegung von Sicherheitsbeständen	
Anwendung exakter Dispositionsverfahren	

Ü2 Materialbedarfsrechnung

a) Ausgangsdaten

Erzeugnisstruktur (Abbildung 5.28):

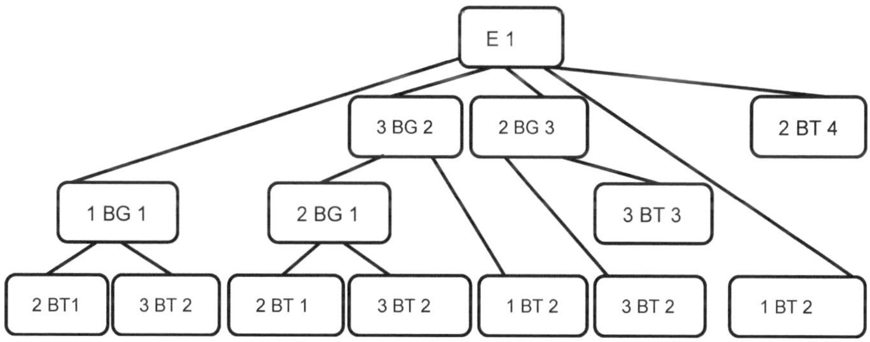

Abbildung 5.28 Erzeugnisstruktur

Primärbedarf des Produktes/Periode:

Periode	12	13	14	15	16	17	18	19
Bedarf (ME)	19	17	15	12	8	6	14	16

Zwischen den Dispositionsstufen liegt **jeweils 1 Periode Produktionszeit**, die als **Vorlaufverschiebung** zu berücksichtigen ist.

Als **Zusatzbedarf** sind in der 9., 10. und 12. Periode **30, 50** und **80 ME** BT 2 bereitzustellen.

Der **Lagerbestand** an BT 2 beträgt in der 9. Periode **800 ME**.

In der 10. Periode sind **40 ME** für bereits angenommene Kundenaufträge vorgemerkt.

An **offenen Bestellungen** an BT 2 werden **500 ME** in der 11. Periode erwartet.

In der 13. Periode befinden sich zum Dispositionsstichtag **200 ME** bereits in der Produktionssphäre **(Werkstattbestand)**; eine eventuelle Bestellung wird jedoch noch in der gleichen Periode realisiert.

b) Aufgabenstellungen

- Ermitteln Sie für die schon nach dem Dispositionsstufenverfahren aufgelöste Erzeugnisstruktur eines Produktes für das **Bauteil BT 2** den Mengenbedarf sowie die Nettobedarfe zwischen der 9. und 14. Periode.
- Wie viele Bestellungen sind entsprechend den errechneten Nettobedarfen auszulösen?
- An welchen Fabriktag müsste die 1. Bestellung ausgelöst werden, wenn der Beginn der 8. Periode der 699. Fabriktag wäre, die Wiederbeschaffungszeit 5 Arbeitstage beträgt und 1 Periode gleich 10 Arbeitstagen entspricht?

5

Ü3 Strategieformen

a) Ausgangsdaten

Nachfrageentwicklung im Betrachtungszeitraum

Tage	1	2	3	4	5	6	7	8	9	10	11	12	13	14	15	16	17	18	19	20
Nachfrage	5	10	5	10	5	10	10	10	10	5	10	5	10	0	0	10	10	5	10	5

- Anfangsbestand zum Betrachtungsbeginn: 50 Mengeneinheiten
- feste Losgröße Q = 30 Einheiten
- Grundbestand (Lagerhöchstbestand) S = 80 Einheiten
- Zahl der Zeiteinheiten = 5 Tage
- Bestellpunkt s = 15 Einheiten
- Sonderkonditionen: Wenn das Lager leer ist, erfolgt keine Auftragsannahme, der Lagerzugang erfolgt noch am Bestelltag.

b) Aufgabenstellung

Entwickeln Sie für die Q,T- und die S,T-Lagerhaltungspolitik das entsprechende Ablaufdiagramm und interpretieren Sie das Ergebnis.

Ü4 Bestellpunkt- und Bestellrhythmusverfahren

a) Ausgangsdaten

T_W = 2 Wochen (10 Arbeitstage)

P = 60 Stück/Woche

verfügbarer Bestand bei der ersten Kontrolle = 140 Stück

t_K = wöchentlich (alle 5 Arbeitstage)

b) Aufgabenstellungen

- Ermitteln Sie rechnerisch den Meldebestand und den Bestellzeitpunkt nach dem Bestellpunktverfahren ohne Berücksichtigung eines Sicherheitsbestandes.
- Berechnen Sie rechnerisch den Meldebestand und den Bestellzeitpunkt nach dem Bestellrhythmusverfahren ebenfalls ohne Berücksichtigung des Sicherheitsbestandes.

Ü5 Lager- und Transportkennzahlen

a) Ausgangsdaten

Geg.:

- Warenanfangsbestand 14 500 (in 1000 €)
- Warenendbestand 25 500 (in 1000 €)
- davon Sicherheitsbestand 6000 (in 1000 €)

- Tagesverbrauch 2500 (in 1000 €)
- tägliche Einsatzzeit der Transportmittel 14 h
- tägliche Arbeitszeit 20 h

b) Aufgabenstellung

Berechnen Sie folgende Lager- und Transportkennzahlen:

- ∅ Lagerbestand – Sicherheitskoeffizient
- ∅ Eindecktage – Einsatzgrad der Transportmittel

5.11 Literatur- und Quellenverzeichnis

Appelfeller, W./Buchholz, W.: Supplier Relationship Management. 2. Aufl., Wiesbaden: Gabler, 2011

Arbeitsgruppe Entsorgung BME-Arbeitskreis Essen: Abfallwirtschaft – Eine Aufgabe der Materialwirtschaft. (Ein Handbuch zum Thema Beschaffung und Entsorgung). Frankfurt am Main: BME, 1987

Arnold, U.: Praxishandbuch innovative Beschaffung. Weinheim: Wiley, 2007

Arnolds, H./Heege, F./Tussing, W.: Materialwirtschaft und Einkauf. 10. Aufl., Wiesbaden: Gabler Verlag, 2010

Baum, H.: Untersuchungen zur effizienten Gestaltung der Lagerwirtschaft im Umformtechnischen Zentrum GmbH Zwickau. Diplomarbeit, Hochschule für Technik und Wirtschaft Zwickau (FH), 1996

Bichler, K.: Beschaffungs- und Lagerwirtschaft. 9. Aufl., Wiesbaden: Gabler Verlag, 2010

Binner, H. F.: Unternehmensübergreifendes Logistikmanagement. München: Hanser, 2002

DIN 6763: Nummerung: Allgemeine Begriffe. 1985

DIN 30781: Transportkette. 1989

DIN 55405: Begriffe für das Verpackungswesen. 2006

Disselkamp, M./Schüller, R.: Lieferantenrating. Wiesbaden: Gabler-Verlag, 2004

Eichner, W.: Lagerwirtschaft. Wiesbaden: Gabler, 2001

Gleißner, H./Möller, K.: Fallstudien Logistik. Wiesbaden: Gabler/GWV Fachverlage, 2009

Grochla, E.: Grundlagen der Materialwirtschaft. 3. Aufl., Wiesbaden: Gabler, 1992

Grommes, T.: Betrieb und Abfall – Abfallwirtschaft in kleinen und mittelständischen Betrieben. Berlin, Offenbach: VDE, 1994

Hahn, D./Kaufmann, L.: Handbuch industrielles Beschaffungsmanagement. 2. Aufl., Wiesbaden: Gabler, 2002

Hartmann, H.: Materialwirtschaft. 8. Aufl., Gernsbach: Deutscher Betriebswirte Verlag, 2002

Hartmann, H.: Wie kalkuliert ihr Lieferant? 2. Aufl., Gernsbach: Dt. Betriebswirte-Verlag, 2010

Härdler, J.: Material-Management: Grundlagen – Instrumentarien – Teilfunktionen. München, Wien: Hanser, 1999

Hatje, H.-H./Kemmner, G.-A.: Lieferantenentwicklung bei MontBlanc – Gemeinsam strukturiert an der „Best Practice" arbeiten. In: Potenziale 13 (2005)3

HGB: Handelsgesetzbuch. 53. Aufl., München: Deutscher Taschenbuch Verlag, 2012

Hirschsteiner, G.: Einkaufs- und Beschaffungsmanagement. 2. Aufl., Ludwigshafen: Kiehl, 2006

Hug, W.: Einkaufs-Controlling. Wiesbaden: Gabler, 2005

Ihme, J.: Logistik im Automobilbau. München: Hanser, 2006

Kemmner, G.-A.: Best Practice-Regeln für das Produkt-Portfoliomanagement. In: Potenziale Herzogenrath 20 (2012), S. 8 – 10

Kemmner, G.-A.: Bestände kurzfristig und nachhaltig senken. In: AWF-Kompaktseminar, Raunheim, 19./20. April 2012

Kemmner, G.-A.: Best Practice-Regeln für eine leistungsfähige Disposition. In: Potenziale Herzogenrath 19 (2011)2, S. 8 - 13; 19 (2011)3, S. 6 - 7; 19 (2011)4, S. 9 - 14

Kemmner, G.-A.: 11 Regeln für eine leistungsfähige Absatzprognose. In: productivity Management 16 (2011), S. 29 - 31; 16(2011), S. 54 - 56

Koether, R.: Taschenbuch der Logistik. 4. Aufl., Leipzig: Fachbuchverlag, 2010

Koppelmann, U.: Beschaffungsmarketing. 4. Aufl., Berlin: Springer Verlag, 2004

Kopsidis, R.: Materialwirtschaft. 3. Aufl., München, Wien: Hanser, 2002

Kortus-Schuttes, D./Ferfer, U.: Logistik und Marketing in der Supply Chain. Wiesbaden: Gabler, 2005

Kranert, M.: Neuorientierung der Abfallwirtschaft. München, 2006

KrwWG: Kreislaufwirtschaftsgesetz in der Fassung vom 24. Februar 2012, zuzüglich neuerer Rechtsverordnungen und Verwaltungsvorschriften)

Martin, H.: Transport- und Lagerlogistik. 8. Aufl., Vieweg Verlag, 2011

Möhrstädt, D.: Electronic procurement planen - einführen - nutzen. Stuttgart: Schäffer-Poeschel, 2001

Müller-Hagedorn, L.: Betriebswirtschaftstheorie II. Studienbrief, FernUniversität Hagen

Oeldorf, G./Olfert, K.: Materialwirtschaft. 12. Aufl., Ludwigshafen: Kiehl, 2008

Olfert, K./Rahn, H.-J.: Lexikon der Betriebswirtschaftslehre. 7. Aufl., Ludwigshafen: Kiehl Verlag, 2011

Pepels, W.: ABWL. 4. Aufl., Stuttgart: UTB, 2010

REFA: Methodenlehre der Planung und Steuerung. Teil 2, 4. Aufl., München: Hanser, 1985

Rinschede; A./Wehking, K.-H.: Entsorgungslogistik, Band 3, Kreislaufwirtschaft. Berlin: Erich Schmidt Verlag, 1995

Rückert, E./Kemmner, G.-A.: Entwickeln im World Wide Office. In: Automobil-Entwicklung, Mai 2001

Sommerer, G.: Logistik-Kürzel. 2. Aufl., Sternenfels: Wissenschaft & Praxis, 2008

Stark, S.: Der Abfallbegriff im europäischen und deutschen Umweltrecht. Frankfurt a. M.: Peter Lang Verlag, 2009

Statistisches Jahrbuch für die Bundesrepublik Deutschland und das Ausland. Stuttgart: Metzler-Poeschel, 2009

Strebel; H.: Recycling in einer umweltorientierten Materialwirtschaft in: Adam D. (Hrsg.): Umweltmanagement in der Produktion, Wiesbaden: Gabler, 1993

Swot-Analyse. http://www.themanagement.de/MD/Swot.htm

Tamm, A.: Kritische Analyse des Target Costing. In: Controlling 2007, Heft 10

Tempelmeier, H.: Materiallogistik. 7. Aufl., Berlin, Heidelberg, New York: Springer Verlag, 2008

Thommen, J.-P./Achleitner, A.-K.: Allgemeine Betriebswirtschaftslehre. 6. Aufl., Wiesbaden: Gabler Verlag, 2009

Umweltbundesamt: http://www.umweltbundesamt.de/themen/abfall-ressourcen/entsorgung, 2015

Wannenwetsch, H.: Erfolgreiche Verhandlungsführung in Einkauf und Logistik. 3. Aufl., Berlin, Heidelberg, New York: Springer Verlag, 2009

Welge, M./Al-Laham, A.: Strategisches Management. 6. Aufl., Wiesbaden: Gabler Verlag, 2011

Wieland, A./Wallenburg, C. M.: Supply-Chain-Management in stürmischen Zeiten. Berlin: TU-Universitätsverlag, 2011

Wiendahl, H.-P.: Betriebsorganisation für Ingenieure. 7. Aufl., München, Wien: Hanser, 2010

Wollenberg, K. (Hrsg.): Taschenbuch der Betriebswirtschaft. 2. Aufl., Leipzig: Fachbuchverlag, 2004

6 Produktionswirtschaft

6.1 Studienziele

Dieses Kapitel soll dem Leser ermöglichen

- das Erkenntnisobjekt (Gegenstand) der Produktionswirtschaft gegenüber anderen Leistungs- und Informationsbereichen des Unternehmens und im Rahmen der Betriebswirtschaftslehre abzugrenzen,
- ein Produktionssystem auf der Basis seiner systembildenden Bestandteile und grundlegenden Eigenschaften zu beschreiben,
- primäre produktionswirtschaftliche Ziele zu nennen und zu erläutern sowie hinsichtlich ihres Beitrages für eine erfolgreiche Unternehmensentwicklung zu werten,
- ausgewählte industrielle Produktionstypen zu erläutern und deren Anwendung zu beurteilen,
- den Gestaltungsrahmen des Produktionsmanagements zu begründen und typische Managementaufgaben darin einzuordnen sowie
- die wichtigsten Aufgaben der operativen Produktionsplanung und -steuerung zu nennen und in ihren Zusammenhängen zu erläutern.

6.2 Einführung

Im umgangssprachlichen Sinne bedeutet produzieren: Material wird be- und verarbeitet. **Ergebnisse der Produktion** sind:

- **Endprodukte**, die für den Markt bestimmt sind,
- **Zwischenprodukte**, die weitere Produktionsstufen durchlaufen, sowie
- ungewollte, häufig die Umwelt belastende **Nebenprodukte**.

Kunden erwarten die kurzfristige Erfüllung ihrer veränderlichen differenzierten Bedürfnisse. Es muss demzufolge unter hohem Wettbewerbsdruck qualitäts-, mengen- und zeitgerecht sowie flexibel und kostengünstig produziert werden. Dabei ist mit den natürlichen Ressourcen schonend umzugehen.

Diese wenigen Überlegungen verdeutlichen, dass die Produktion einen komplexen technisch-organisatorischen, ökonomischen, sozialen und umweltbezogenen Problemkreis umfasst.

Hierin sind z. B. die Anwendung neuer Produktionskonzepte, der wirtschaftliche Einsatz von Investitionen in automatisierte Produktionsanlagen, neue Formen der Arbeitsorganisation, Fragen der Entwicklung des Produktionspersonals, die Termin- und Kapazitätsplanung sowie die Kontrolle des Produktionsfortschrittes u. a. m. eingeschlossen.

Produktion bietet also für Ingenieure und Betriebswirtschaftler gleichermaßen ein umfangreiches Betätigungsfeld. Die zielbezogene Gestaltung der Produktion erfordert prozessgerechte unternehmerische Entscheidungen. Der Handlungsrahmen dieser Entscheidungen reicht dabei vom Tagesgeschäft bis hin zu Grundsatzfragen der Entwicklung der Produktion. Das vorliegende Kapitel wird Sie in wesentliche **Grundlagen der Produktion** einführen.

6.3 Grundlagen

6.3.1 Produktionsbegriff

Der Begriff **„Produktion"**, synonym auch als Leistungserstellung, Erzeugung oder Fabrikation bezeichnet, hat in Theorie und Praxis bisher vielfältige Abgrenzungen erfahren. Charakteristisch ist eine **weite** wie auch eine **enge** Begriffsauffassung.

In weitem Sinne ist unter Produktion der zielgerichtete Einsatz von Sachgütern und Dienstleistungen (Input, Produktionsfaktoren) und deren Transformation in andere, meist höherwertige Sachgüter und Dienstleistungen (Output, Prozessergebnisse, Leistungen) zu verstehen. In allgemeiner Begriffsauffassung ist Produktion ein Transformations-(Kombinations-)Prozess von Produktionsfaktoren.

Produktion in engem Sinne, auch als Fertigung bezeichnet, umfasst die vorwiegend industrielle Be- und Verarbeitung sowie die Montage und Demontage von Sachgütern.

Sowohl gegen eine zu weite als auch gegen eine zu enge Fassung dieses Begriffes gibt es **Einwände:**

Einer weiten Fassung des Begriffes „Produktion" folgend ist jede betriebliche Faktorkombination, wie z. B. auch die Beschaffung (vgl. Kapitel 3, 4 und 5), der Absatz und die Finanzierung von Sachgütern und Dienstleistungen der Leistungserstellung zuzuordnen. Dies widerspricht jedoch der üblichen Arbeitsteilung in Unternehmen, denn Absatz und Finanzierung sind i. d. R. relativ eigenständige Problemkreise außerhalb der Produktion.

Eine zu enge Fassung des Produktionsbegriffes birgt dagegen die Gefahr in sich, die Erörterung wichtiger produktionsvorbereitender Prozesse, wie z. B. die Entwicklung künftiger Tätigkeitsfelder, die Entwicklung neuer Produkte sowie die Auswahl und Planung perspektivischer Produktionsstandorte zu vernachlässigen. Gerade diese Prozesse beeinflussen jedoch die Wettbewerbsfähigkeit der Fertigung entscheidend. Produktionsvorbereitende Prozesse können daher in Hinblick auf eine ganzheitliche prozessorientierte Gestaltung der Produktion nicht ausgeklammert werden.

Für eine Reihe produktionsnaher Problemkreise, wie z. B. Forschung und Entwicklung, Materialwirtschaft und Instandhaltung, ist eine eindeutige Abgrenzung zur Produktion schwierig. In Theorie und Praxis werden diese Probleme teils im Rahmen der Produktion, teils in einem eigenständigen Rahmen diskutiert. Für beide Abgrenzungsformen gibt es berechtigte Argumente und daher keine einheitliche Sichtweise für die Zuordnung dieser Problemfelder.

Anknüpfend an eine relativ weite Begriffsauffassung und die bisherigen Überlegungen zusammenfassend werden zur Kategorie „Produktion“ folgende **Abgrenzungen** vorgenommen:

- Produktion ist ein Faktorkombinationsprozess. Sie ist die Phase des betrieblichen Geschehens zwischen Beschaffung und Absatz.
- Als Produktion werden jene Faktorkombinationsprozesse bezeichnet, die der unmittelbaren Vorbereitung und Durchführung der Leistungserstellung dienen.
- Produktion ist ein Werte schaffender Prozess.

6

6.3.2 Produktionssysteme

6.3.2.1 Bestandteile von Produktionssystemen

Aus systemtheoretischer Sicht kann ein **Produktionssystem** vereinfacht als Regelkreis, bestehend aus dem physischen Leistungserstellungssystem und dem Führungssystem, aufgefasst werden (vgl. Abbildung 6.1).

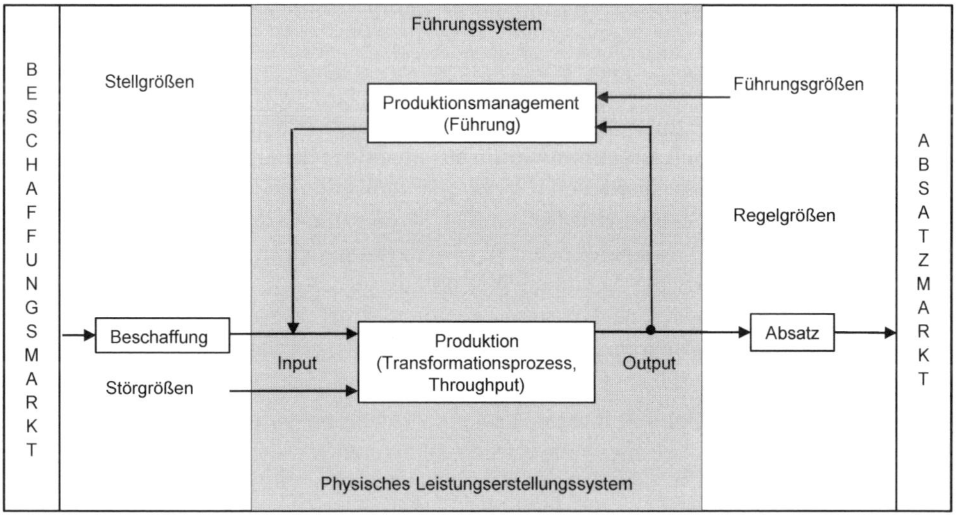

Abbildung 6.1 Grundstruktur des Produktionssystems

Das physische Leistungserstellungssystem und das Führungssystem als Hauptbestandteile von Produktionssystemen sollen im Folgenden weiterführend charakterisiert werden:

Physisches Leistungserstellungssystem

Es umfasst die Bestandteile Output, Input und Throughput.

Der Begriff „Output" bezeichnet die beabsichtigten und die ungewollten Ergebnisse des Produktionsprozesses. ■

Beabsichtigte Ergebnisse der Produktion sind die für den Absatzmarkt bestimmten Sachgüter und Dienstleistungen (synonym Produkte, Leistungen, Erzeugnisse, Ausstoß oder Ausbringung). Der so gebildete absatzorientierte Begriff „Output" ist jedoch bei der Analyse innerbetrieblicher Leistungsprozesse zu erweitern bzw. zu relativieren. So ist das Produktionsergebnis eines definierten Produktionsteilsystems zugleich Input der folgenden Produktionsstufe.

Analoges gilt für die Untersuchung von Zulieferer-Abnehmer-Beziehungen. Das Produktionsergebnis des Lieferanten ist Produktionsfaktor des Abnehmers.

Die Gesamtheit aller Leistungen eines produzierenden Unternehmens, differenziert nach Qualitäten, Mengen, Terminen und Leistungsorten, stellt das **Produktionsprogramm** dar.

Ungewollte Ergebnisse der Produktion sind verwertbare (z. B. Leergut und Materialabfälle) und nicht verwertbare Rückstände (z. B. Lärm, Staub, nicht nutzbare Gase, Abwässer, Schlämme u. a.).

Input der Produktion sind die für die Leistungserstellung benötigten Sachgüter und Dienstleistungen. Sie werden als **Produktionsfaktoren** bezeichnet und bestimmen mit ihrem Verbrauch bzw. Gebrauch die mit der Produktion anfallenden Kosten. ■

In der Betriebswirtschaftslehre sind verschiedene Systematisierungsansätze für Produktionsfaktoren existent. Die meisten Gliederungen basieren jedoch auf dem Gutenberg'schen System, wonach grundhaft **Elementarfaktoren** (ausführende Arbeit, Betriebsmittel und Werkstoffe) und **dispositive Faktoren** (Planung, Organisation und Kontrolle bzw. Betriebs- und Geschäftsführung) unterschieden werden (vgl. Gutenberg 1983). Ein auf dem Gutenberg'schen Ansatz fußendes, jedoch erweitertes System betriebswirtschaftlicher Produktionsfaktoren zeigt die Abbildung 6.2. Aus dieser ist u. a. ersichtlich, dass sowohl Elementarfaktoren als auch Zusatzfaktoren nach **Repetierfaktoren** (Verbrauchsfaktoren) und **Potenzialfaktoren** (Gebrauchsfaktoren) unterschieden werden können.

Repetierfaktoren werden mit ihrem Einsatz in Produktionsvorgängen verbraucht und müssen daher ständig neu beschafft werden. Sie gehen physisch in das Produktionsergebnis ein (outputorientierte Repetierfaktoren) bzw. ermöglichen mit ihrem Einsatz Produktionsvorgänge (prozessorientierte Repetierfaktoren). ■

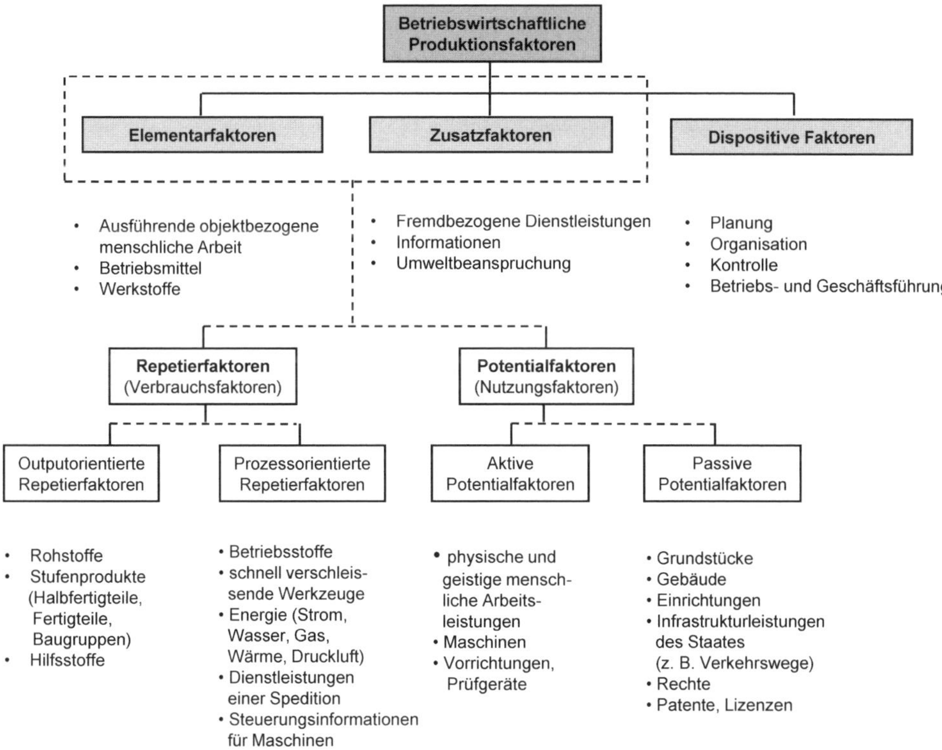

Abbildung 6.2 Erweiterte Systematik betriebswirtschaftlicher Produktionsfaktoren (in Anlehnung an Busse von Colbe/Laßmann 1983)

Potenzialfaktoren stellen dagegen ihr Nutzungspotenzial längerfristig, meist über mehrere zeitliche Perioden (Jahre) zur Verfügung. Der Einsatz der Potenzialfaktoren erfolgt über die Abgabe von Werkverrichtungen (aktive Potenzialfaktoren) und die Nutzung passiver Faktoren, wie z. B. Gebäude, Grundstücke, Verkehrswege u. a. (vgl. hierzu Abbildung 6.2). ■

In der Systematik der Produktionsfaktoren nehmen die so genannten **Zusatzfaktoren** eine Sonderstellung ein. Diese Sonderstellung ist dadurch charakterisiert, dass für diese Faktoren im Gegensatz zu vielen Elementarfaktoren häufig keine eindeutigen Mengengrößen definiert werden können. Darüber hinaus erfahren eine Reihe von Zusatzfaktoren einen Bedeutungszuwachs. So werden im Ergebnis der Konzentration auf Kerngeschäfte in verstärktem Maße Dienstleistungen fremdbezogen. Der Einsatz des Zusatzfaktors „Informationen" in Planungs- und Steuerungssystemen ersetzt zunehmend Bestände und führt somit zur Senkung von Kapitalbindungs- und Lagerhaltungskosten.

Die Vereinigung der Elementar- und Zusatzfaktoren zu produktiven Kombinationen erfolgt durch die Wirkung der dispositiven Faktoren, d. h. über die planerischen, organisatorischen und kontrollierenden Tätigkeiten des Produktionsmanagements.

Der Begriff **„Throughput"** bezeichnet die Produktion als Prozess (synonym Transformation, Leistungserstellung, Erzeugung, Faktorkombination), d. h. als technologisch determinierte Kombination von Produktionsfaktoren mit dem Ziel der Erstellung von Sachgütern und Dienstleistungen (vgl. Abbildung 2.2). ■

Er wird durch eine definierte Folge von Arbeitsgängen, d. h. eine Folge von Verrichtungen der Potenzialfaktoren an outputorientierten Repetierfaktoren konkretisiert.

Automatisierte Produktion ist in hohem Maße technologisch bestimmt und programmabhängig. In diesen Produktionssystemen nimmt der unmittelbare Einfluss des Menschen auf die Produktion in Form von objektbezogener ausführender Arbeit tendenziell ab. Objektbezogene ausführende Arbeit wird in steigendem Umfang durch informationstechnische Steuerungssysteme ersetzt. Gleichzeitig nimmt hierbei der Umfang geistiger Arbeit (z. B. Programmierung, Überwachung, Entscheidungsvorbereitung) zu.

Führungssystem

Das Produktionsmanagement in Verbindung mit einem wirksamen Produktionscontrolling bildet das Führungssystem des in Abbildung 6.1 dargestellten Produktionssystems.

Bereits mit dem Produktionsbegriff wurde deutlich, dass die physische Leistungserstellung der Zielorientierung bedarf.

Die zielorientierten dispositiven Arbeitsleistungen – Planung, Organisation und Kontrolle – einschließlich hierbei zu treffender Entscheidungen in Bezug auf die Leistungserstellung werden mit dem Begriff **„Produktionsmanagement"** erfasst. Neben diesen gestalterischen Tätigkeiten bezeichnet dieser Begriff zugleich auch den Personenkreis, der Verantwortung für die Führungsaufgaben trägt – die Führungskräfte bzw. das Management.

Mit Blick auf den in Abbildung 6.1 dargestellten Regelkreis sind folgende grundsätzlichen planerischen und steuernden **Aufgaben des Produktionsmanagements** ableitbar (vgl. u. a. Käschel/Teich 2004, Zäpfel 2001):

- Festlegung von produktionswirtschaftlichen Zielen aus Unternehmenszielen (Führungsgrößen); Bestimmung von Handlungsalternativen zur Gestaltung der Produktion in Bezug auf Produktionsprogramm, Produktionsfaktoren und Produktionsprozess
- Vereinbarung von detaillierten, operationalen Zielen und Aufgaben zum Vollzug der Produktion mit und durch Produktionsteams (Stellgrößen)
- Feststellung der Produktionsergebnisse durch entsprechende Rückmeldeinformationen (Regelgrößen); Analyse der durch Störungen (z. B. Maschinenausfall, Lieferverzögerungen, erhöhter Krankenstand u. a.) verursachten Abweichungen der Ist-Daten von den Soll-Daten
- Initiierung von Maßnahmen zur Sicherung der planmäßigen Durchführung der Produktion bei Abweichungen zwischen Soll- und Istgrößen

Wegen der Komplexität dieser Aufgaben bedarf das Produktionsmanagement der umfassenden Informationsversorgung.

Das **Produktionscontrolling** als Subsystem des Führungssystems der Produktion hat die planerischen, steuernden und kontrollierenden Aktivitäten des Produktionsmanagements auf Basis prozessgerechter Informationen zu koordinieren bzw. aufeinander abzustimmen.

Produktionscontrolling ist somit eine Service-Funktion für das Produktionsmanagement.

6.3.2.2 Grundlegende Eigenschaften von Produktionssystemen

Die zielorientierte Gestaltung der Produktion schließt Entscheidungen darüber ein, welche qualitativen und quantitativen Eigenschaften Produktionssysteme besitzen sollen. Diese Entscheidungen werden von vielen Faktoren, vor allem jedoch vom Markt beeinflusst. Angestrebte Eigenschaften von Produktionssystemen bringen daher Entwicklungserfordernisse im Sinne von Gestaltungszielen zum Ausdruck. Ihre Verwirklichung ist eine wichtige Aufgabe des Produktionsmanagements. Zu den grundlegenden **Eigenschaften von Produktionssystemen** gehören, wie in Abbildung 6.3 dargestellt:

- Kapazität
- Flexibilität
- Stabilität und
- Zuverlässigkeit

Zur qualitativen und quantitativen Erfassung grundlegender Eigenschaften von Produktionssystemen können in Abhängigkeit von zu lösenden Aufgaben und Produktionsbedingungen unterschiedliche **Messpunkte** und **Bezugsbasen** gewählt werden. So ist es z. B. in der Praxis üblich, Kapazität (Ü1) am Output und am Input eines Produktionssystems zu messen.

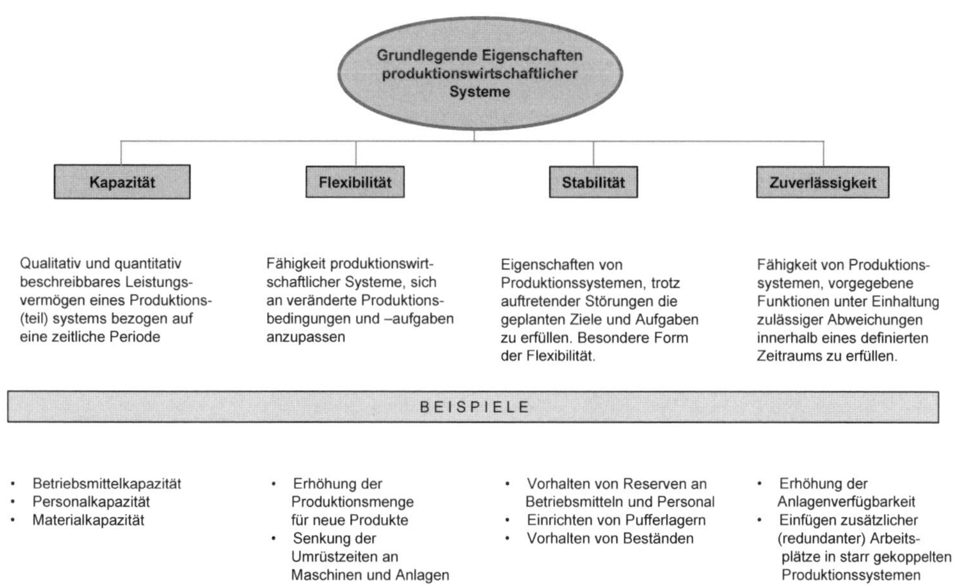

Abbildung 6.3 Grundlegende Eigenschaften von Produktionssystemen

Flexibilität, Stabilität und Zuverlässigkeit sind dagegen input-, throughput- und outputbezogen erfassbar. **Bezugsbasis** für die Erfassung qualitativer und quantitativer Eigenschaften eines Produktionssystems kann u.a. der **Arbeitsplatz, die Arbeitsplatzgruppe oder der gesamte Fertigungsbereich** sein. Zwischen Kapazität, Flexibilität, Stabilität und Zuverlässigkeit bestehen vielfältige, bei Gestaltungsaufgaben zu beachtende **Zusammenhänge**. Zum Beispiel erfordert die Erhöhung der Flexibilität, wie die Steigerung der Produktionsmenge entsprechend der Marktnachfrage, den Einsatz von Kapazitätsreserven. Die Gewährleistung von Stabilität im Produktionssystem (z.B. die Aufholung durch verspätete Zulieferungen verursachter Produktionsrückstände) erfordert dagegen schnelle, sichere und kostengünstige Anpassungsvorgänge (z.B. Überstundenarbeit, Feiertagsarbeit), also einen erweiterten Umfang an Flexibilität.

Schließlich unterstützt eine hohe Zuverlässigkeit von Produktionssystemen, z.B. gemessen an Fehlerfreiheit, Verfügbarkeit oder Funktionsgüte der Betriebsmittel, die Ausprägung von Flexibilität. Geringe Zuverlässigkeit erfordert dagegen zusätzliche Flexibilität von Produktionssystemen zur Erfüllung produktionswirtschaftlicher Ziele.

Da die definierte Ausprägung von Kapazität, Flexibilität, Stabilität und Zuverlässigkeit i.d.R. erhebliche materielle, personelle und finanzielle Ressourcen bindet, müssen sich die entsprechenden gestalterischen Aufgaben an Kosten-Nutzen-Relationen orientieren.

6.3.2.3 Präzisierter Gegenstand der Produktionswirtschaft

Die bisher gewonnenen Erkenntnisse zum Produktionsbegriff und zu Produktionssystemen zusammenfassend, wird der **Gegenstand** (das Erkenntnisobjekt) der Produktionswirtschaft wie folgt abgegrenzt:

Gegenstand der Produktionswirtschaft ist die Gestaltung des Transformations-(Kombinations-)Prozesses von Sachgütern und Dienstleistungen in andere, meist höherwertige Sachgüter und Dienstleistungen (Produktionsfaktoren und absetzbare Produkte) sowie die hiermit verbundenen Entscheidungen (Führungsaspekt) zur Erreichung vorwiegend ökonomischer, technischer, sozialer und umweltbezogener Ziele. ■

Das heißt, das Erkenntnisobjekt ist das **Wirtschaften im Produktionsbetrieb** bzw. die wirtschaftliche Gestaltung des Produktionsprozesses in Wechselbeziehung zu relevanten betrieblichen Umfeldern sowie vor- und nachgelagerten Prozessen.

Produktionswirtschaftliche Problemstellungen gehören sowohl zum Untersuchungsbereich der Allgemeinen (funktionsorientierten) wie auch der Speziellen (institutionellen) Betriebswirtschaftslehre (vgl. Abschnitt 1.2).

Innerhalb der Allgemeinen Betriebswirtschaftslehre werden strukturgleiche oder ähnliche produktionswirtschaftliche Fragen wirtschaftszweigübergreifend untersucht.

Die Spezielle Betriebswirtschaftslehre behandelt hingegen Probleme aus der Sicht eines Wirtschaftszweiges.

Funktions- und Institutionsbezogene Orientierung der Produktionswirtschaft im Rahmen der Betriebswirtschaftslehre ergänzen einander.

Im Folgenden werden produktionswirtschaftliche Fragen vorwiegend aus der Sicht von Industriebetrieben behandelt.

6.3.3 Produktionswirtschaftliche Ziele

Ziele entstehen im Spannungsfeld verschiedener Interessengruppen eines Unternehmens. Zu den wichtigsten zielbildenden Interessengruppen gehören vor allem: **Fremd- und Eigenkapitalgeber, Kunden, Lieferanten, Management, Mitarbeiter/-innen und Staat.**

Betriebliche Ziele reflektieren somit neben Markterfordernissen auch Machteinflüsse der am Zielbildungs- und -durchsetzungsprozess beteiligten Gruppen.

In der Regel verfolgen Unternehmen nicht ein einzelnes Ziel, sondern ein Bündel miteinander verbundener Ziele. Diese geordnete Gesamtheit von Zielen wird als **Zielsystem** (vgl. Kapitel 1.6) bezeichnet.

Unter der Voraussetzung, dass die **Erhaltung und erfolgreiche Weiterentwicklung eines Unternehmens** den einflussreichsten Interessengruppen nicht widerspricht, kann diese Zielgröße als **Oberziel** aufgefasst werden. Die Erhaltung bzw. Schaffung einer wettbewerbsfähigen Produktion ist dann als zusammengefasster Beitrag zur erfolgreichen Unternehmensentwicklung aus der Sicht der Leistungserstellung zu interpretieren. Dieses produktionswirtschaftliche Gesamtziel bedarf jedoch der Operationalisierung.

Im Ergebnis eines schrittweise durchzuführenden Zielbildungsprozesses entsteht schließlich ein konkretes und detailliertes produktionswirtschaftliches Zielsystem.

In Literatur und Praxis sind verschiedene **Systematiken** produktionswirtschaftlicher Zielsysteme bekannt. Eine Möglichkeit, produktionswirtschaftliche Ziele nach inhaltlichen Kriterien zu differenzieren, zeigt Tabelle 6.1.

Das Beispiel zeigt die Unterscheidung von **sach- und leistungsbezogenen, wertbezogenen, flexibilitätsorientierten, sozialen** sowie **umweltbezogenen** Zielgrößen. Sach- und Leistungsziele sowie Wertziele sind erfahrungsgemäß auf Dauer nur erreichbar, wenn zugleich die Forderungen der Kunden nach hohem Lieferservice, die Interessen der Beschäftigten hinsichtlich Arbeitsplatzsicherheit und Arbeitszufriedenheit, aber auch die gesellschaftlichen Erfordernisse zur Erhaltung der Umwelt Berücksichtigung finden.

Abschließend sei nochmals darauf verwiesen, dass die in Tabelle 6.1 vorgestellte Systematik nur eine Möglichkeit darstellt, produktionswirtschaftliche Ziele zu gliedern. Weitere Ansätze sind denkbar. Wegen der Vielfalt wirtschaftlicher Probleme ist es nicht möglich, ein allgemein gültiges produktionswirtschaftliches Zielsystem zu begründen.

6

Tabelle 6.1 Beispiel eines produktionswirtschaftlichen Zielsystems

	Zielkategorie		Beispiele
Produktionswirtschaftliche Ziele	**Sach- und Leistungsziele**	**Mengenziele**	▪ Verbesserung der Produktivität ▪ Erhöhung der Produktionsmenge für Exporte ▪ Erhöhung des Produktionsvolumens für Ersatzteile
		Qualitätsziele	▪ Senkung von Reklamationen ▪ Senkung von Ausschuss und Nacharbeit
		Zeitziele	▪ Senkung der Produktionsdurchlaufzeit ▪ Verkürzung der Produktentwicklungszeit ▪ Verkürzung der Liefertermine ▪ Erhöhung der Maschinenauslastung
	Wertziele		▪ Erhöhung der Deckungsbeiträge ▪ Senkung der Produktionskosten ▪ Erweiterung von Investitionsvolumina ▪ Verbesserung der Wirtschaftlichkeit
	Flexibilitätsziele		▪ Einführung eines flexiblen Arbeitszeitmodells ▪ Verbesserung der Lieferflexibilität ▪ Vergrößerung der Variantenvielfalt an Produkten durch prozessflexible Produktionsanlagen
	Sozialziele		▪ Qualifizierung des Produktionspersonals durch Fortbildung ▪ Ausbau von Sozialeinrichtungen ▪ Anreicherung von Arbeitsinhalten an Arbeitsplätzen
	Umweltziele		▪ Erhöhung der Einsatzquote wiederaufbereiteter Werkstoffe ▪ Senkung von Lärm- und Schwingungspegeln sowie Staubemissionen

6.3.4 Ausgewählte Produktionstypen

6.3.4.1 Grundsätzliches zur Typenbildung

Die Typenbildung (synonym Typologie, Typisierung) von Produktionssystemen ist eine wissenschaftliche Methode zur zweckorientierten Ordnung dieser Systeme auf der Grundlage produktionswirtschaftlich relevanter Merkmale. **Ziel** der Typenbildung ist es, **produktionswirtschaftlich fundierte Aussagen** über **Produktionssysteme** zu gewinnen.

So können aus der Typenbildung weitere produktionswirtschaftliche **Aufgaben** abgeleitet werden, wie z. B.:

- die produktionstypabhängige Formulierung von Aufgaben des Produktionsmanagements,
- die Entwicklung und Anwendung von Modellen der Produktionsprogrammplanung,
- die Konzipierung der Maschinenbelegungsplanung oder
- der Entwurf einer Materialflusssteuerung.

Ergebnis der Typenbildung ist der **Produktionstyp (Ü2)** als vereinfachtes Abbild eines Produktionssystems. Bei der Typenbildung werden **elementare** und **kombinierte** Produktionstypen unterschieden.

Elementare Produktionstypen sind an Elementen bzw. Bestandteilen eines Produktionssystems orientiert.

Es können folglich outputorientierte (produkt- und produktionsprogrammorientierte), inputorientierte (produktionsfaktorbezogene) und throughputorientierte (prozessorientierte) Produktionstypen definiert werden. Das Element eines Produktionssystems ist mithin das produktionstypprägende Merkmal.

Reale Produktionssysteme können wegen ihrer hohen Komplexität hinreichend genau nur durch **kombinierte Produktionstypen** beschrieben werden. Das heißt, diese Produktionssysteme werden durch eine Menge relevanter Merkmale bzw. Merkmalskombinationen abgebildet. Die Auswahl der für die Abbildung eines Produktionssystems verwendeten Merkmale ist vom Untersuchungsziel abhängig.

Für industrielle Produktionstypen besitzen neben weiteren Merkmalen vor allem die Merkmale **„Fertigungsart“** und **„Fertigungsprinzip“** großen Einfluss auf die Organisation der Produktion. Die Fertigungsart bezeichnet die Wiederholhäufigkeit der Produktion. Nach diesem Merkmal kann zwischen geringer (Einzel- und Kleinserienfertigung), mittlerer (Serienfertigung) und großer (Großserien- und Massenfertigung) Wiederholungshäufigkeit unterschieden werden.

Das Fertigungsprinzip bezeichnet die räumliche Anordnung der Arbeitsplätze bzw. Betriebsmittel. Hiernach können Arbeitsplätze bzw. Betriebsmittel entweder nach artgleichen Verrichtungen (wie z. B. Drehen, Bohren, Schleifen) oder nach produktabhängigen Prozessfolgen angeordnet werden. Im Fertigungsprinzip wird somit der Einfluss des technologischen Verfahrensablaufes auf das Layout der Produktion sichtbar. Unter Einbeziehung von Fertigungsart und -prinzip und weiterer Merkmale werden im Folgenden ausgewählte praxisrelevante Produktionstypen diskutiert.

Hier ist zu beachten, dass in Unternehmen gleichzeitig verschiedene Produktionstypen angewendet werden können. So kann zum Beispiel die Endmontage von Produkten nach dem Fließprinzip, die Eigenfertigung von Einzelteilen dagegen nach dem Werkstattprinzip organisiert sein.

6.3.4.2 Verrichtungsorientierte Produktionstypen

Die Werkstattfertigung ist die wichtigste Erscheinungsform einer verrichtungsorientierten Produktion (vgl. Abbildung 6.4).

Bei der **Werkstattfertigung** sind Arbeitsplätze und Betriebsmittel nach artgleichen Verrichtungen bzw. Funktionen räumlich und oft auch administrativ zusammengestellt. ■

Durch die verrichtungsorientierte Gruppierung von Arbeitsplätzen bzw. Betriebsmitteln entsteht eine Werkstatt, die in der Metallverarbeitung häufig nach dem technologischen Verfahren bezeichnet wird (z. B. Dreherei, Schleiferei, Fräserei). Eine Werkstatt kann dabei ein Meisterbereich, z. B. der Meisterbereich „Dreherei“, sein.

Wechselnde Produktsortimente durchlaufen zu ihrer Bearbeitung die einzelnen Werkstätten in unterschiedlichen Materialflüssen.

Wesentliche **Vorteile** der Werkstattfertigung bestehen in der großen Flexibilität, sich auf wechselnde Produkte und Produktionsmengen einstellen zu können. Innerhalb der verschiedenen Werkstattbereiche sind Arbeitsaufträge gut steuerbar; zu Arbeitsplätzen und Personal ist eine gute Übersicht gegeben. Kapazitätsreserven an Betriebsmitteln sowie ein hoch qualifiziertes, disponibel einsetzbares Produktionspersonal gewährleisten einen Ausgleich von Auftragsspitzen und erleichtern die Beseitigung von Störungen.

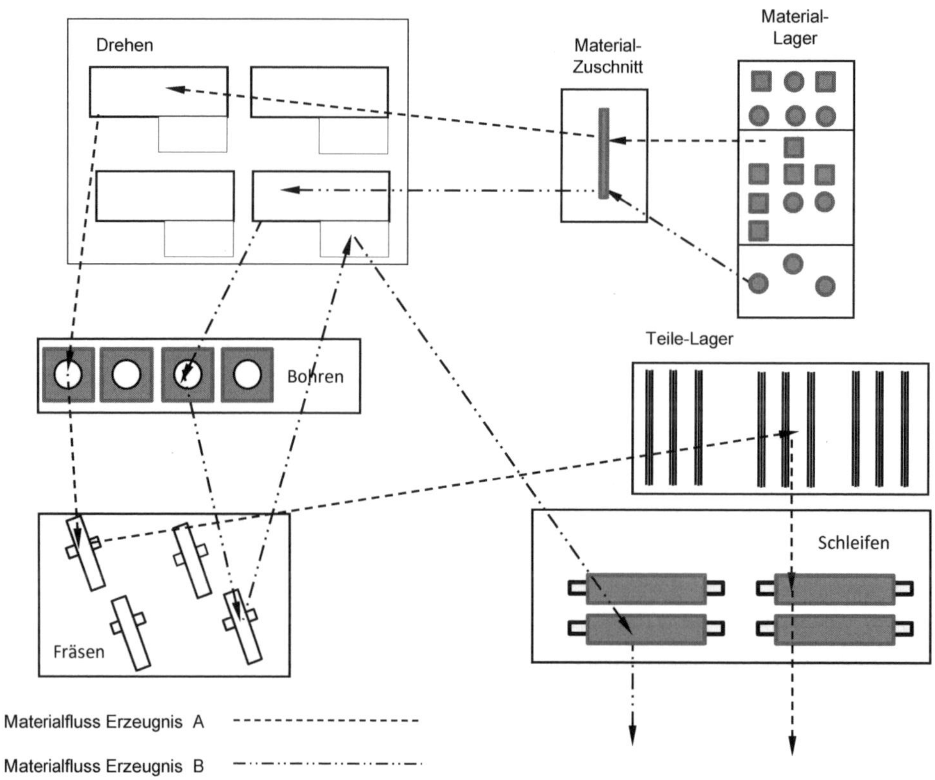

Abbildung 6.4 Layout einer Werkstattfertigung – Beispiel

Nachteile der Werkstattfertigung sind vor allem lange und um Planwerte häufig weit streuende Durchlaufzeiten der Produkte durch die Produktion in Verbindung mit hohen Beständen an Umlaufvermögen. Wesentliche Ursache langer Produktionsdurchläufe ist ein hoher Anteil an Transport- sowie Liege- und Wartezeiten der Werkstücke (ca. 80%-90%) an der Durchlaufzeit. Hieraus resultieren als weitere Nachteile eine niedrige Produktivität und hohe Kapitalbindung. Vielfältige, miteinander verflochtene Raum-, Zeit-, Mengen- und Reihenfolgeprobleme kennzeichnen Planungs- und Steuerungsaufgaben, die auch durch den Einsatz moderner Informationstechnik nur schwer beherrschbar sind. Aufgrund ihrer Nachteile sollte bei der Strukturierung von Produktionssystemen Werkstattfertigung nur bei gegebenen Anwendungsbedingungen (ständig wechselnde Produktionssortimente, relativ geringe Produktionsstückzahlen) angewendet werden.

Die Werkstattfertigung ist dennoch trotz ihrer Nachteile für die **kundenorientierte Einzel- und Kleinserienfertigung** eine wirtschaftliche Organisationsform der Produktion.

6.3.4.3 Prozessfolgeorientierte Produktionstypen

Zu den prozessfolgeorientierten Produktionstypen gehören differenzierte Produktionskonzepte der **Fließfertigung** und der **Gruppenfertigung**. Während bei Fließfertigung i.d.R. nur gleiche Prozessfolgen zugelassen sind, können mit den Produktionskonzepten der Gruppenfertigung in Grenzen variierbare Bearbeitungsfolgen realisiert werden.

6

Die klassische Fließfertigung umfasst Produktionskonzepte, in denen stark spezialisierte Arbeitsplätze bzw. Betriebsmittel in der Reihenfolge der Bearbeitung eines Produkts (z.B. Enderzeugnis, Baugruppe oder Einzelteil) räumlich angeordnet sind. ■

Das Produkt durchläuft eine lückenlose oder nur durch Pufferlager unterbrochene Folge von Arbeitsgängen. Die Prozessfolgen der Fließfertigung sind dabei räumlich und zeitlich aufeinander abgestimmt (vgl. Abbildung 6.5).

Je nach Art der räumlichen und zeitlichen Abstimmung werden Fließfertigungen ohne Zeitzwang von jenen mit Zeitzwang unterschieden (vgl. u.a. Jacobs/Dürr 2002).

Die Fließfertigung **ohne Zeitzwang** ist durch zeitlich entkoppelte aufeinander folgende Arbeitsplätze bzw. Betriebsmittel gekennzeichnet. Beispiele für (hier nicht näher dargestellte) Fließfertigungen ohne Zeitzwang sind die Reihenfertigung und die Materialflusssteuerung nach dem KANBAN-System.

Bei Fließfertigung **mit Zeitzwang** erfolgt der Materialfluss von Arbeitsplatz zu Arbeitsplatz zeitlich gekoppelt durch selbsttätige Fördereinrichtungen. Die Bewegung dieser Fördereinrichtungen kann dabei kontinuierlich oder im definierten Zeittakt erfolgen. Eine wichtige planerische Aufgabe besteht hier in der Bestimmung und Optimierung der Taktzeit.

Typische Beispiele für Fließfertigungen mit Zeitzwang sind Fließproduktionen in der chemischen Industrie (z.B. Gaserzeugung und -weiterleitung) sowie klassische Fließbänder und Transferstraßen im Fahrzeugbau.

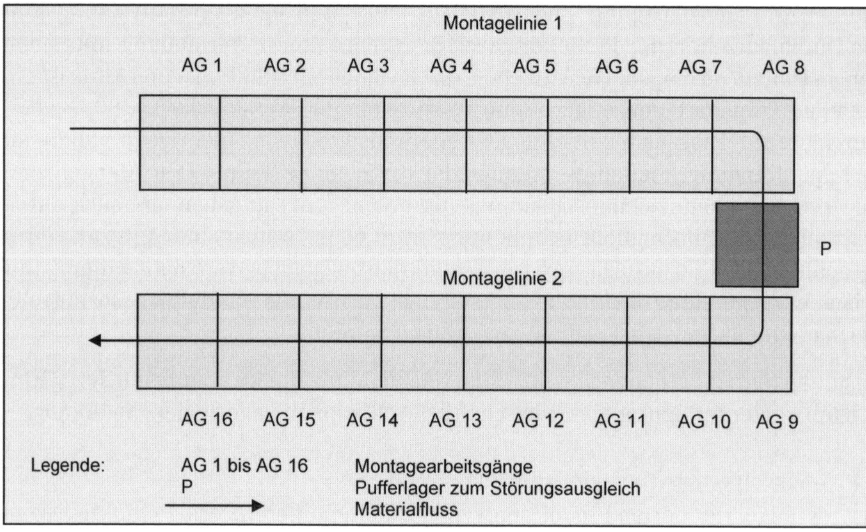

Abbildung 6.5 Layout einer Fließfertigung – Beispiel

Im Vergleich zur Werkstattfertigung ergeben sich durch Fließfertigung insbesondere folgende **Vorteile:**

Der Einsatz spezialisierter Arbeitsplätze und Betriebsmittel führt zu hoher Produktivität und damit zu geringen Produktionsstückkosten. Relativ geringe Transportwege und Wegfall von umfangreichen Zwischenlagern verkürzen stark die Durchlaufzeit und senken die Kapitalbindung an Umlaufvermögen. Schließlich wird durch einen linearisierten Materialfluss eine größere Übersicht über das Produktionsgeschehen bei vereinfachter Planung und Steuerung der Produktion erreicht.

Dem gegenüber stehen u. a. als wesentliche **Nachteile** der Fließfertigung: höhere Kosten der Produktionsvorbereitung für spezialisierte Fertigungseinrichtungen, relativ geringe Flexibilität in Verbindung mit hohen Umstellungskosten bei Produktwechsel, hohe Störanfälligkeit des Produktionssystems bei starr verketteten Arbeitsplätzen, hohe Fixkosten spezialisierter Produktionskapazitäten und Monotonie der Arbeit. Fließfertigung ist für eine stetige Produktion standardisierter Produkte in relativ großen Stückzahlen (Großserien- und Massenfertigung) wirtschaftlich durchführbar. Vorgenannte Nachteile müssen in modernen Fließfertigungen relativiert werden. So ist es heute möglich, eine variantenreiche Massenproduktion nach dem Fließprinzip zu organisieren. Dieses Produktionskonzept wird als **Mass Customization** bezeichnet (vgl. Hanisch 2006).

Hohe Produktvielfalt in Käufermärkten führte und führt somit tendenziell zu einer Abkehr von reiner Massenproduktion in vielen Branchen der Wirtschaft. Es entstand hieraus das Erfordernis, einerseits flexibel zu produzieren, andererseits auf die Vorteile des Fließprinzips nicht zu verzichten. Darüber hinaus ist die mit wachsender Produktvielfalt einhergehende Komplexität der Produktion als Quelle von Fehlern zu senken. Unternehmer, Gewerkschaften und Arbeitnehmer fordern schließlich eine humane, schöpferische Arbeitsumwelt.

Neuere Organisationsformen der Produktion, die weitgehend diesen Erfordernissen entsprechen, sind neben der bereits erwähnten Mass Customization die am **Gruppenfertigungsprinzip** orientierten Produktionskonzepte.

Somit ist die Gruppenfertigung eine Mischform aus Werkstatt- und Fließfertigung, die darauf abzielt, die Produktivitäts- und Kostenvorteile der Fließfertigung mit den Flexibilitätsvorteilen der Werkstattfertigung zu verbinden.

Nach dem Kriterium **„Ähnlichkeit der technologischen Prozessfolgen"** werden die zu fertigenden Produkte (Enderzeugnisse, Baugruppen oder Einzelteile) in Gruppen, auch **Produkt- oder Teilefamilien** genannt, zusammengefasst. Für die so gruppierten Produkte wird eine am Fließprinzip orientierte Produktion, charakterisiert durch in projektierten Grenzen variable Prozessabläufe, durchgeführt. Im Vergleich zur Werkstatt- und Fließfertigung weisen die Produktionskonzepte der Gruppenfertigung vor allem folgende **Vor- und Nachteile** auf (vgl. Abbildung 6.6).

Produktionskonzepte der Gruppenfertigung sind wirtschaftlich für mittlere, zwischen Einzel- und Massenfertigung liegende Produktstückzahlen anwendbar.

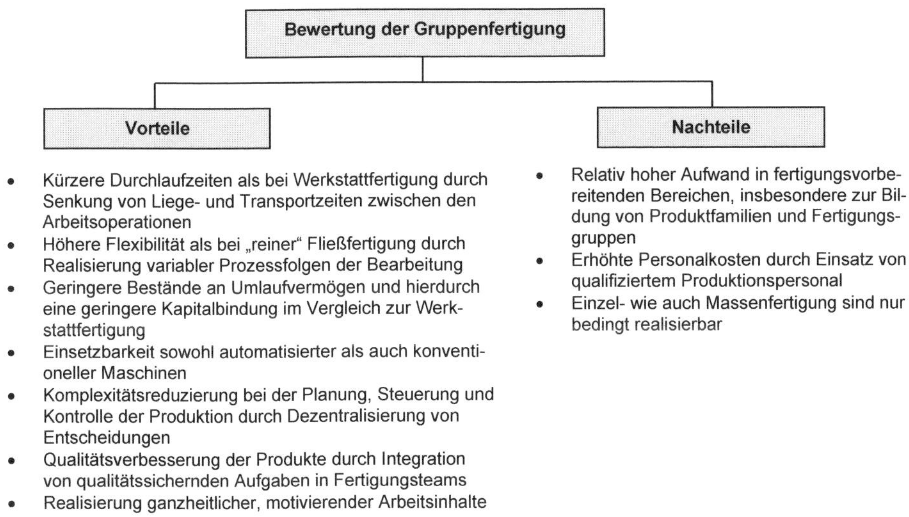

Abbildung 6.6 Bewertung der Gruppenfertigung

Flexible Fertigungs- und Montagezellen, flexible Fertigungssysteme, flexible Fertigungs- und Montageinseln und Fertigungssegmente sind Beispiele für konkrete, am Prinzip der Gruppenfertigung orientierte Produktionskonzepte.

Sie sind insbesondere durch folgende Merkmale gekennzeichnet:

- **Komplettbearbeitung** der Produkte
- **Dezentralisierung** von Planungs-, Steuerungs- und Kontrollaufgaben und deren Zuordnung zu Fertigungsteams
- Gestaltung **ganzheitlicher Arbeitsinhalte** der Fertigungsteams

Auf eine umfassende Erörterung der angeführten Konzepte der Gruppenfertigung wird verzichtet. Es wird auf die produktionswirtschaftliche Fachliteratur verwiesen (vgl. u.a. Corsten 2004, Wildemann 1997).

Abbildung 6.7 zeigt als exemplarisches Beispiel der Gruppenfertigung eine **Montagezelle zur Fertigung von Gleichlaufgelenkwellen** für PKW.

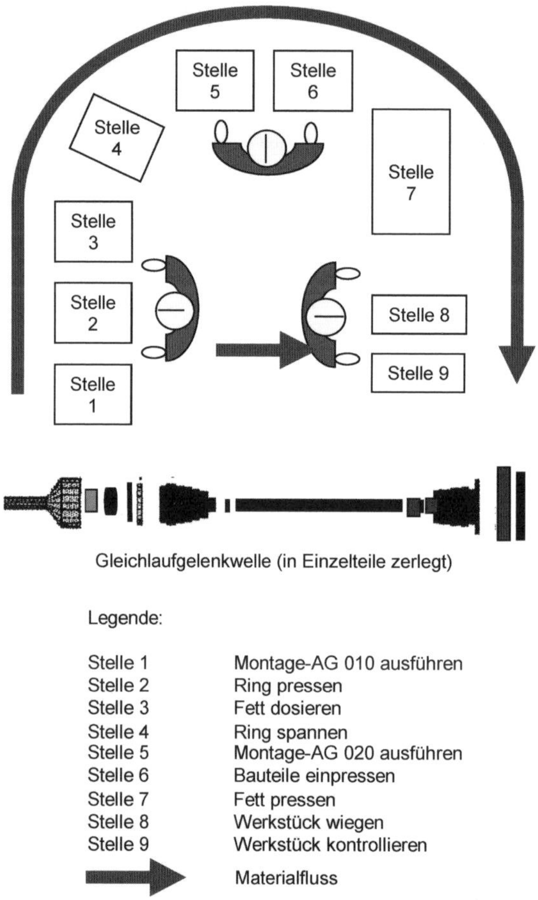

Abbildung 6.7
Montagezelle für Gleichlaufgelenkwelle

Eine Gruppe von drei Montagekräften fertigt in der abgebildeten Montagezelle ein Sortiment von Gelenkwellen. Der Materialfluss folgt einer U-Form. Die kompakte, griffgünstige Anordnung der Betriebsmittel gewährleistet kurze Wege für Transport- und Handhabungsvorgänge. Auf die einzelnen Betriebsmittel wird entsprechend der variablen Prozessfolgen wahlweise zugegriffen. Es ist als Gruppenarbeit in Form von Mehrstellenarbeit organisiert.

6.3.4.4 Sonderformen der Produktion

Die Ortsgebundenheit der Produkte und die hieraus resultierende notwendige Mobilität der Produktionsfaktoren führen zu den Sonderformen der Produktion

- **Werkbankfertigung** (synonym Punktfertigung, Einzelplatzfertigung) und
- **Baustellenfertigung**.

Beide Sonderformen der Produktion besitzen für die Industrie nur eingeschränkte, oft branchenbezogene Bedeutung.

Die Werkbankfertigung ist eine Organisationsform der Produktion, die durch Einzelarbeit gekennzeichnet ist. ■

Einzelarbeit wird vorrangig durch handwerkliche Tätigkeiten oder durch die vollständige Bearbeitung eines Produktes auf einer Maschine (ohne Arbeitsplatzwechsel) geleistet. Das Produkt wird überwiegend einzeln oder in Kleinserien hergestellt.

Werkbankfertigung wird typischerweise u.a. in betrieblichen Instandhaltungsbereichen sowie im Werkzeug- und Vorrichtungsbau durchgeführt.

Die Baustellenfertigung kennzeichnet eine Organisationsform der Produktion für sperrige und/oder schwergewichtige Produkte in vorwiegender Einzelfertigung. ■

Die Produkteigenschaften (z.B. Stahlbauteile, Großbehälter, Gebäude, Großpressen) lassen den Transport des Werkstückes nicht zu bzw. gestalten ihn problematisch, so dass Arbeitskräfte und Betriebsmittel räumlich und zeitlich abgestimmt an das herzustellende Produkt herangeführt werden müssen.

Eine Vorfertigung von Bauteilen erfolgt häufig in Werkstätten, die sich in unmittelbarer Nähe der Baustelle befinden und den Einsatz ortsfester Maschinen und Geräte erfordern. Baustellenfertigung ist häufig durch Materialflüsse mit relativ geringen Fließgeschwindigkeiten (z.B. Rohstoffe, vorgefertigte Bauteile) charakterisiert.

Großbehälterbau, Schiffbau, Industrieanlagenbau, Lokomotivbau und Stahlhochbau sind typische Anwendungsbeispiele für Baustellenfertigung.

6.4 Produktionswirtschaftlicher Handlungsrahmen

6.4.1 Begründung des Handlungsrahmens

Die Schaffung bzw. Erhaltung einer wettbewerbsfähigen Produktion als globales Ziel des Produktionsmanagements kann nur in wechselseitiger Verbindung von langfristig-konzeptioneller Führungsarbeit und deren Verwirklichung im Tagesgeschäft erreicht werden. Bereits aus dieser ersten Überlegung wird deutlich, dass erfolgreiches Produktionsmana-

6

gement einen relativ weiten, inhaltliche, organisatorische und zeitliche **Abgrenzungsaspekte** einschließenden Handlungsrahmen erfordert.

Inhaltliche Aspekte führen zur Abgrenzung von Managementaufgaben, insbesondere hinsichtlich ihrer Art, Komplexität, Intensität und Detailliertheit.

Organisatorische Aspekte sind hilfreich, Produktionsaufgaben nach Funktion, Hierarchie und Verantwortung zu unterscheiden.

Zeitliche Aspekte erfassen schließlich den Planungshorizont bzw. die Reichweite (Wirkungsdauer) von Aufgaben und Entscheidungen. Hiernach können langfristige, mittelfristige und kurzfristige Managementaufgaben unterschieden werden.

Diese Aspekte werden nun bei der Formulierung von Differenzierungskriterien berücksichtigt, die den Handlungsrahmen des Produktionsmanagement begründen (vgl. Abbildung 6.8).

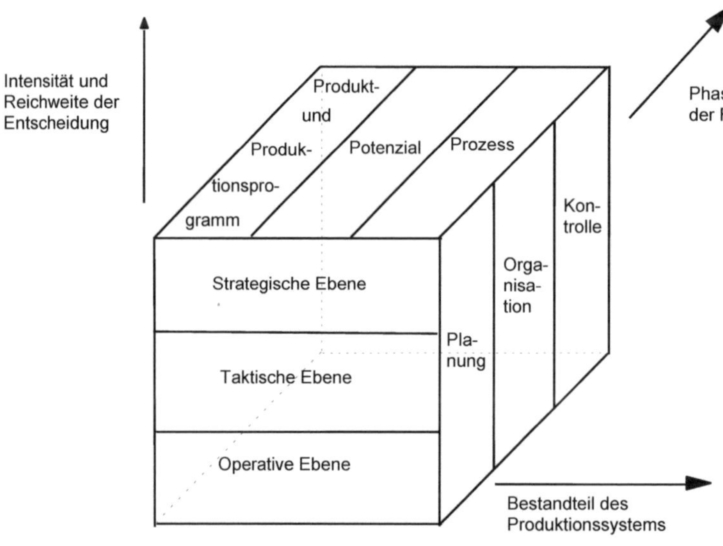

Abbildung 6.8 Handlungsrahmen des Produktionsmanagements

In Theorie und Praxis werden zunehmend die in Abbildung 6.8 dargestellten Kriterien für die differenzierte Darstellung von Aufgaben des Produktionsmanagements akzeptiert (vgl. u. a. Corsten 2004, Zäpfel 2000):

- **Intensität und Reichweite der Entscheidungen**

  Hiernach werden strategische, taktische und operative Aufgaben und Entscheidungsfelder differenziert.

- **Bestandteil des physischen Produktionssystems**

  Nach diesem Kriterium werden sachlich Aufgaben der Produkt- und Produktionsprogrammgestaltung (Output), der Leistungspotenzial- bzw. Produktionsfaktorgestaltung (Input) und der Prozessgestaltung (Throughput) unterschieden.

- **Phase der Führung**

  Diese Sichtweise betont einen konkreten Abschnitt der Führungstätigkeit und führt demzufolge zur Unterscheidung von vorwiegend planerischen, organisierenden und kontrollierenden Aufgaben.

Durch kombinatorische Verknüpfung der in der Abbildung 6.8 verwendeten Differenzierungskriterien können typische Aufgaben des Produktionsmanagements dreidimensional grob beschrieben und konkrete Aufgabenkomplexe gedanklich in den Handlungsrahmen eingeordnet werden. So werden in Theorie und Praxis produktionswirtschaftliche Aufgaben häufig in der **ersten** (obersten) **Gliederungsebene** nach dem Kriterium „Intensität und Reichweite der Entscheidungen", in der **zweiten nachgeordneten Ebene** nach dem Kriterium „Bestandteil des Produktionssystems" und schließlich in der **dritten Ebene** nach dem Kriterium „Phase der Führung" unterschieden. Für viele Überlegungen ist jedoch bereits eine zweidimensionale Aufgabendarstellung (erste und zweite Gliederungsebene) ausreichend, da aus dem Inhalt der Managementtätigkeiten i.d.R. hervorgeht, ob es sich um vorwiegend planerische, organisatorische oder kontrollierende Aufgaben handelt.

Beispiele für typische, diesem Gliederungsprinzip entsprechende produktionswirtschaftliche Aufgabenkomplexe sind: die **strategische Produkt- und Programmplanung**, die **taktische Potenzialorganisation** und die **operative Prozesskontrolle**.

6

Obwohl der vorgestellte Handlungsrahmen eine nützliche Orientierungshilfe ist, existieren wegen der Vielfalt praktischer Fragestellungen dennoch Verständnisprobleme bei der Abgrenzung von Aufgaben des Produktionsmanagements. Diese Probleme resultieren vor allem aus

- in Theorie und Praxis bestehenden, durchaus begründeten differenzierten Sichtweisen und Bündelungen von produktionswirtschaftlichen Aufgaben (vgl. hierzu auch Abschnitt 6.3.1.) und
- der nicht einheitlichen Bemessung des Planungshorizonts.

Zusammenfassend sei angemerkt, dass die nachhaltige Gestaltung einer wettbewerbsfähigen Produktion nur gelingt, wenn vom Management **horizontale und vertikale Zusammenhänge** bei der Erfüllung produktionswirtschaftlicher Aufgaben hinreichend berücksichtigt werden (vgl. Abbildung 6.9).

So sind in jeder Managementebene **horizontal** funktionale Beziehungen zwischen Produkt und Produktprogrammgestaltung, Potenzialgestaltung und Prozessgestaltung zu beachten bzw. herzustellen.

In **vertikaler** Richtung sind wechselseitige Kommunikationswege (von „oben" nach „unten" und umgekehrt) zur Sicherung des Zusammenhanges verschiedener Planungsebenen sicherzustellen. Dieses Prinzip wird als Gegenstromverfahren bezeichnet.

Das heißt, Entscheidungen des strategischen Managements grenzen den Handlungsrahmen des taktischen Managements ab. Taktische Entscheidungen wiederum geben dem operativen Management Orientierung. ■

Die Ergebnisse des operativen Produktionsmanagements bemessen schließlich die Spielräume für weiteres qualifiziertes taktisches und strategisches Planen. ■

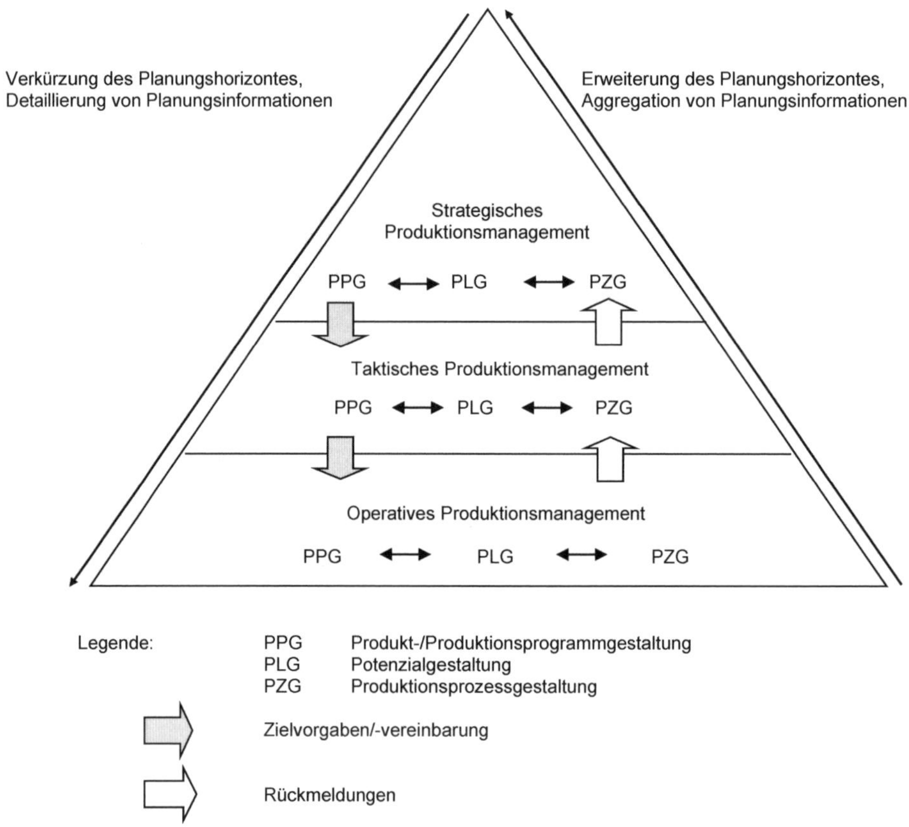

Abbildung 6.9 Zusammenhänge zwischen strategischem, taktischem und operativem Produktionsmanagement

Gegebenenfalls müssen bei nicht vorhersehbaren Ergebnissen der Produktionsdurchführung längerfristige Planungen korrigiert werden (z. B. bei Konjunktureinbrüchen, Streiks, Havarien, Engpässen bei Materiallieferungen).

6.4.2 Strategisches Produktionsmanagement

Strategisches Produktionsmanagement umfasst Grundsatzplanungen mit langfristiger Wirkung zur Schaffung von Voraussetzungen für die künftige Produktion. ■

Im Mittelpunkt des strategischen Produktionsmanagements steht der Aufbau bzw. die Erhaltung von Erfolgspotenzialen für eine wettbewerbsfähige Produktion.

Erfolg oder Misserfolg strategischen Handelns beeinflusst die Unternehmensentwicklung nachhaltig, da aus getroffenen Entscheidungen i. d. R. eine hohe Kapitalbindung bzw. ein umfangreicher Ressourceneinsatz sowie lange Vorbereitungs- und Realisierungszeiten resultieren. Strategische Entscheidungen sind demzufolge schwer korrigierbar. Sie erfordern deshalb eine sorgfältige betriebswirtschaftliche Fundierung. Der **Planungshorizont** des strategischen Produktionsmanagements umfasst oft mehr als fünf Jahre.

Beispiele für strategische Aufgaben des Produktionsmanagements sind u. a.:

- die Bestimmung von künftigen Geschäfts- bzw. Produktfeldern unter Beachtung zu erwartender Marktentwicklungen
- Orientierungen und grundsätzliche Vorgehensweisen für die Entwicklung vorhandener und neuer Produktionsstandorte
- langfristige Festlegungen zur Entwicklung des betrieblichen Leistungsvermögens nach Qualität und Quantität
- Entwicklung von Zielen und Vorgehensweisen zum Einsatz neuer Technologien
- Erarbeitung von Konzepten zum langfristigen Rohstoff- und Energieeinsatz

6.4.3 Taktisches Produktionsmanagement

Taktische Entscheidungen des Produktionsmanagements führen zu einer inhaltlichen **Konkretisierung strategischer Produktionspläne.**

Vom taktischen Produktionsmanagement ist somit die konkrete Ausgestaltung des Produkt- und Produktionssystems durch mittelfristig realisierbare Maßnahmen, Vorhaben bzw. Aktivitäten der Anpassung, Änderung und/oder Neustrukturierung durchzuführen.

Der **Planungshorizont** des taktischen Produktionsmanagements kann einen Zeitraum von **mehr als einem Jahr bis hin zu etwa fünf Jahren** umfassen.

Typische **Aufgaben** des taktischen Produktionsmanagements sind u. a.:

- die Entwicklung und Einführung neuer Produkte in die Produktion
- die Entwicklung und der Einsatz neuer technologischer Verfahren
- die Bestimmung des Produktionsprogrammes nach Breite und Tiefe in Verbindung mit Make-or-buy-Entscheidungen (vgl. 5.5.2.1)
- die fabrikplanerische Ausgestaltung konkreter Produktionsstandorte
- die Festlegung von Bezugswegen für Material in Verbindung mit der Auswahl von Lieferanten

6.4.4 Operatives Produktionsmanagement

Die **Hauptaufgabe** des operativen Produktionsmanagements besteht darin, orientiert an detaillierten, in hohem Maße quantifizierten Produktionszielen die planmäßige Durchführung der Produktion durch das wirtschaftliche Zusammenwirken bereitgestellter Produktionsfaktoren zu gewährleisten.

Hierzu bedarf es disponierender, steuernder und kontrollierender Führungsaktivitäten, einschließlich von Maßnahmen zur Beseitigung eingetretener Prozessstörungen.

Vom operativen Produktionsmanagement sind somit vorwiegend Anpassungs- und Vollzugsentscheidungen im Rahmen gegebener Produktionsbedingungen zu treffen.

Ausgehend von Tagesaufgaben, reicht der **Planungshorizont** bis etwa zu **einem Jahr**. Die global formulierte Aufgabe des operativen Produktionsmanagements – Planung und Steuerung der Produktion – erfordert die Erfüllung folgender zwei miteinander zusammenhängender **Aufgabenkomplexe**:

1. Planerische Erarbeitung detaillierter Vorgaben für die Produktionsdurchführung und
2. Steuerung im Sinne des Veranlassens, Überwachens (Kontrollierens) und Sicherns des Produktionsvollzugs.

Hieraus entstehen für das operative Produktionsmanagement die im folgenden Abschnitt 6.5 dargestellten Einzelaufgaben:

6.5 Grundstruktur eines Produktionsplanungs- und -steuerungssystems (PPS-System)

Die systematische Zerlegung der im vorangegangenen Abschnitt formulierten globalen **Aufgaben der operativen Planung und Steuerung der Produktion** führt zur Grundstruktur eines Systems, das kurz als **PPS-System** bezeichnet wird (vgl. Becker/Luczak, 2003). Die in Abbildung 6.10 gezeigte Struktur eines PPS-Systems wurde softwareunabhängig formuliert.

Zur praktischen Lösung der Aufgaben der Planung und Steuerung der Produktion wird jedoch eine Vielzahl rechnergestützter Systeme eingesetzt (vgl. Fandel/Francois/Gubitz 2011).

Die Mehrzahl der Systemlösungen in der Praxis ist an einem so genannten **„sukzessiven Planungsansatz"** orientiert. Das heißt, ausgehend von einem definierten Primärbedarf, werden die (relativ) in sich geschlossenen, vereinfachten Teilaufgaben der Planung und Steuerung der Produktion schrittweise in festgelegter Reihenfolge gelöst. Diese Vorgehensweise dient einerseits der Komplexitätsreduzierung. Andererseits birgt dieses Vorgehen auch Gefahren in sich, indem sich Planungsschritte verselbständigen können und notwendige Rückkopplungen nicht erfolgen. Ein alternatives Vorgehen bietet der sog. „simultane Planungsansatz". Hier werden PPS-Aufgaben teilweise simultan gelöst. Dieser Ansatz führt jedoch zu hoher Komplexität der Planungs- und Steuerungsaufgaben und stellt hohe Anforderungen an die Rechentechnik und die Qualität der Daten (vgl. hierzu auch 6.6). neuere PPS-Systeme, wie sogenannte APS-Systeme (Advanced-Planning and-Scheduling-Systeme) lassen zumindest teilweilweise die simultane Planung von Ressourcen und Terminen zu.

Beginnend mit der operativen Produktionsplanung (vgl. Abbildung 6.10, oberer Teil) wird im Folgenden die Aufgabenstruktur des PPS-Systems nach dem Sukzessiv-Modell zusammengefasst erläutert.

Es ist für das Verständnis realer PPS-Systeme hilfreich, wenn man sich die logische Abfolge der in Abbildung 6.10 gezeigten Teilaufgaben der Planung und Steuerung der Produktion in ihren Zusammenhängen erschließt (vgl. auch Corsten 2004, 520).

Im Ergebnis der Primärbedarfsplanung liegt das **Produktionsprogramm** vor. Das operative Produktionsprogramm gibt an, welche Produkte in welchen Mengen, bezogen auf konkrete Leistungsorte und -termine, in einem kurzfristigen Planungszeitraum (z. B. Monat, Quartal, Jahr) produziert werden sollen.

Der mit dem Produktionsprogramm definierte Primärbedarf kann Endprodukte, verkaufsfähige Baugruppen und Teile, Handelswaren und Ersatzteile enthalten.

Als Entscheidungshilfen zur Bestimmung des Produktionsprogrammes können u. a. Standardmodelle der linearen Optimierung genutzt werden.

Der Primärbedarf ist Ausgangspunkt der **Materialbedarfsplanung**. Unter Verwendung programmorientierter, verbrauchsorientierter und/oder subjektiv schätzender Bedarfsermittlungsverfahren (vgl. Punkt 5.4.2.1) werden die zur Realisierung des Primärbedarfs notwendigen Materialbedarfsgrößen, differenziert nach Sekundär-, Tertiär- und Zusatzbedarfen sowie Brutto- und Nettobedarfsgrößen abgeleitet.

In Unternehmen besitzt i. d. R. die Planung des Sekundärbedarfs wegen der hohen Wertintensität der Materialpositionen, hoher Genauigkeitsanforderungen an das Planungsverfahren und hiermit verbundener hoher Planungskosten besondere Bedeutung. Der Brutto-Sekundärbedarf wird mengen- und terminbezogen ermittelt, indem der Primärbedarf über Stücklisten aufgelöst und um die Materialbereitstellungszeit in Richtung früher Termine zeitlich verschoben wird (Vorlaufverschiebung). Hiervon ausgehend wird unter Berücksichtigung von Lagerbeständen und ggf. ausstehender Bestellungen der Netto-Sekundärbedarf als Grundlage für die Produktion und die Beschaffung abgeleitet (vgl. 5.4.2.1).

Unter Berücksichtigung von Entscheidungen zu Eigenfertigung und Fremdbezug (auch Make-or-Buy genannt – vgl. ebenfalls 5.5.2.1) werden für die Netto-Materialbedarfsgrößen im Rahmen der **Auftragsplanung** Produktionsaufträge und Bestellaufträge gebildet.

Ein **Produktionsauftrag** ist die Menge gleichartiger Produkte (Endprodukte, Baugruppen, Komponenten oder Einzelteile), die ohne Unterbrechung in Eigenfertigung hergestellt wird.

Analog hierzu umfasst ein **Bestellauftrag** die Menge gleichartiger Produkte, die mit einem Bestellvorgang beschafft wird.

■

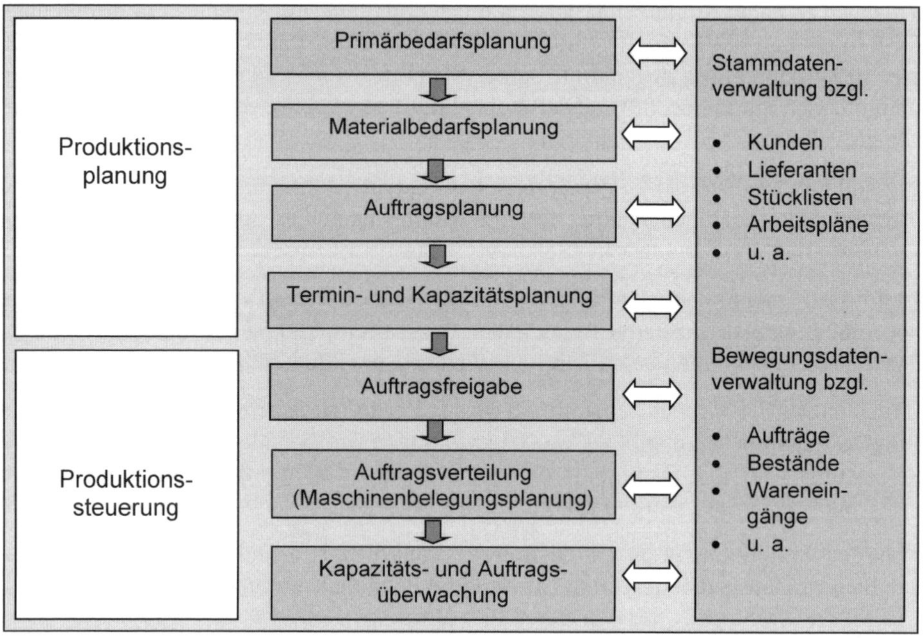

Abbildung 6.10 Grundstruktur eines PPS-Systems

Für die Auftragsplanung werden an konkrete Praxisbedingungen angepasste Verfahren zur Bestimmung wirtschaftlicher Produktions- bzw. Bestellmengen genutzt (vgl. hierzu die umfangreiche Fachliteratur, so z.B. Günther/Tempelmeier 2011; Domschke/Scholl/Voß 2013).

Die **Termin- und Kapazitätsplanung** schließt die operative Produktionsplanung ab. Hier erfolgt die zeitliche Zuordnung der Produktionsaufträge zu den zur Verfügung stehenden Kapazitätseinheiten im Sinne einer Grobplanung (Planungshorizont häufig im Monats- bzw. Quartalsraster, häufig aggregierte Kapazitätseinheiten als Planungsgrundlage). Ergebnis der Termin- und Kapazitätsplanung sind festgelegte Start- und Endtermine der Produktionsaufträge. Die Realisierbarkeit dieser Termine wird kapazitiv überprüft und ggf. herbeigeführt.

Durchlaufterminierung und Kapazitätsterminierung sind konzeptionelle, hier nicht näher dargestellte Teilschritte der Termin- und Kapazitätsplanung. Ihre Anwendung setzt die Kenntnis zeitbezogener technologischer Ablaufstrukturen voraus.

Für die Termin- und Kapazitätsplanung hat in der Praxis die Netzplantechnik als integriertes Verfahren zur Struktur-, Zeit-, Kapazitäts- und Kostenplanung breite Anwendung gefunden.

Nachdem die Produktionsplanung durchgeführt ist, sind die Fertigungsaufträge auszuführen. Hierzu bedarf es vom Produktionsmanagement steuernder Aktivitäten (vgl. Abbildung 6.9, unterer Teil).

Als erster Arbeitsschritt sind **Entscheidungen über die Freigabe der Produktionsaufträge zur Produktionsdurchführung** zu treffen. Voraussetzung für die Auftragsfreigabe ist die Bereitstellung aller zur Produktion benötigten Produktionsfaktoren, die im Rahmen der **Verfügbarkeitsprüfung** festgestellt wird. Diese Überprüfung betrifft im Einzelnen:

- Material, Teile oder Baugruppen entspr. Stücklisten und Arbeitsplänen,
- die Einsatzfähigkeit der Betriebsmittel,
- die Verfügbarkeit des Produktionspersonals,
- die Vollständigkeit auftragsbegleitender Informationen; z. B. in Form von Zeichnungen, Arbeitsplänen, Arbeitsunterweisungen, NC-Programmen usw.

Sofern die Verfügbarkeitskontrolle mit einem positiven Ergebnis abschließt, werden die Fertigungsaufträge zur Produktionsdurchführung freigegeben. Im Rahmen der **Auftragsverteilung (Maschinenbelegungsplanung)** erfolgt dann für einen Planungszeitraum bis zu ca. zwei Wochen die schicht- bzw. tagesgenaue Zuordnung der grobterminierten Produktionsaufträge zu den einzelnen Kapazitätseinheiten (Maschinen- oder Handarbeitsplätze). Diese Arbeitsplatzbelegungsplanung umfasst demnach eine Feinterminierung in Verbindung mit einer Reihenfolgeplanung.

Die **Kapazitäts- und Auftragsüberwachung** (synonym Produktionskontrolle) ist schließlich der letzte Aufgabenkomplex der Produktionssteuerung. Hierin sind alle Aufgaben eingeschlossen, die den Produktionsvollzug begleiten bzw. nach Beenden der Fertigung zu realisieren sind. Das betrifft einerseits die Überwachung und Sicherung des geplanten Produktionsfortschritts nach Mengen, Terminen, Qualität und Kosten. Andererseits ist die Verfügbarkeit der Produktionskapazitäten zu überwachen und zu gewährleisten.

Eine wirksame Kapazitäts- und Auftragsüberwachung kann nur auf der Grundlage eines prozessnahen Soll-Ist-Vergleichs von Produktionsdaten erfolgen. Diesem Erfordernis wird durch den zunehmenden Einsatz betrieblicher **automatisierter Betriebsdatenerfassungssysteme (BDE-Systeme)** entsprochen.

Werden im Ergebnis des Einwirkens von Störungen bei der Kapazitäts- und Auftragsüberwachung Abweichungen der Ist-Daten von Plan-Produktionsdaten festgestellt, sind vom Produktionsmanagement geeignete Anpassungsmaßnahmen zur Sicherung des geplanten Produktionsvollzugs durchzusetzen.

6.6 Entwicklungstendenzen

Unter den Rahmenbedingungen von Käufermärkten soll, ohne Anspruch auf Vollständigkeit, auf wesentliche produktionswirtschaftliche Entwicklungstendenzen thesenhaft aufmerksam gemacht werden:

- In einer wachsenden Anzahl von Unternehmen ist festzustellen, dass Strategieelemente aus Kostenführerschaft und Differenzierungsstrategie in produktionswirtschaftlichen Zielen verankert sind. Zielgrößen, die diese Situation reflektieren, sind insbesondere: Produktivitätsziele, Qualitätsziele, Zeitziele, Kosten-, Wirtschaftlichkeits- und Rentabilitätsziele sowie Flexibilitätsziele. Darüber hinaus erhalten durch **verschärfte gesetzliche Regelungen** sowie zunehmende **Sensibilität der Kunden** Umweltziele erhöhte Bedeutung für das Produktionsmanagement.

- Vor dem Hintergrund eines verstärkten Wettbewerbsdruckes ist auch künftig eine zunehmende Orientierung der Eigenfertigung auf **Kerngeschäfte**, d. h. auf Produkte und Geschäftsprozesse, aus denen Wettbewerbsvorteile zu erzielen sind, zu erwarten (vgl. u. a. Wildemann 2008).
- Zur Senkung von Prozesskomplexität in Verbindung mit flexibilitätserhöhenden Maßnahmen forcieren viele Unternehmen die Einführung von **dezentralen Produktionskonzepten**, d. h. die Implementierung von Fertigungszellen, Fertigungs- und Montageinseln, flexiblen Fertigungssystemen sowie die Fertigungssegmentierung. Die Einführung dieser Konzepte schließt neue Formen der Arbeitsorganisation, insbesondere die **Gruppenarbeit** ein (vgl. Zäpfel 2000).
- Moderne Qualitätssicherungssysteme der Produktion sind prozessbezogen, ganzheitlich und unternehmensübergreifend im Sinne des **Total Quality Management** orientiert. In ihnen ist die Einheit von Produkt- und Prozessqualitätssicherung verwirklicht (vgl. u. a. Hummel/Malorny 2011).
- Neuere PPS-Konzepte ersetzen die bisher sukzessiv durchgeführten Planungsschritte der Materialbedarfs- und Kapazitätsplanung durch eine simultane **Multiressourcenplanung**. Ein Beispiel sind die bereits kurz charakterisierten **APS-Systeme**. Sie können zu verbesserter Qualität der Planungsergebnisse führen, stellen aber auch erhöhte Anforderungen an die Datengenerierung. Darüber hinaus haben dezentrale, am aktuellen Bedarf orientierte Materialflusssteuerungen (wie das **Just-in-Time**- und das **KANBAN-Konzept**) eine weite Verbreitung erfahren.
- Die zunehmende Digitalisierung und Vernetzung der industriellen Wertschöpfung mündet schließlich in einen grundlegenden Trend. Er wird mit Begriffen wie **Industrie 4.0**, Smart Factory, Cyber-Physische Systeme (CPS) oder Internet der Dinge umschrieben. Das Internet zieht in Produktion und Logistik ein. Intelligente Produkte, Maschinen und Einrichtungen tauschen im Rahmen von CPS-Systemen Informationen miteinander aus und steuern Prozesse. Die Produktion wird grundlegend verändert. Dieser skizzierte Entwicklungstrend, der bereits eingesetzt hat, trägt revolutionären Charakter. Flexibilität und Nachhaltigkeit der Produktion sind wesentliche Ziele von Industrie 4.0; Ressourceneffizienz ist hierfür ein wesentlicher Treiber (vgl. u. a. Bauernhansl, u. a. 2014, Sendler 2013).

6.7 Kontrollfragen

1. Welche Gefahr birgt eine zu enge Fassung des Begriffes „Produktion“ in sich? (Abschn. 6.3.1)
2. Erläutern Sie stichpunktartig die Bestandteile des physischen Leistungserstellungssystems! (Abschn. 6.3.2)
3. Erläutern Sie das Zusammenwirken von Bestandteilen eines Produktionssystems in Form eines Regelkreises! (Abschn. 6.3.2.1)
4. Skizzieren Sie die Rolle menschlicher Arbeit bei automatisierter Produktion! (Abschn. 6.3.2)

5. Erläutern Sie die zweifache inhaltliche Belegung des Begriffes „Produktionsmanagement“! (Abschn. 6.3.2)
6. Nennen Sie Produktionsfaktoren, auf die sich üblicherweise die inputbezogene Kapazitätsmessung bezieht! (Abschn. 6.3.2)
7. Erläutern Sie stichpunktartig Zusammenhänge zwischen Kapazität und Flexibilität! (Abschn. 6.3.2)
8. Welche Teilziele umfasst das Produktionsprogramm als zusammengefasstes Sach- und Leistungsziel? (Abschn. 6.3.3)
9. Nennen Sie konkrete Beispiele für produktionswirtschaftliche Ziele, an denen Arbeitnehmerinteressen sichtbar werden! (Abschn. 6.3.3)
10. Nennen Sie Beispiele für inputorientierte (elementare) Produktionstypen! (Abschn. 6.3.4)
11. Welche wesentlichen Voraussetzungen bestehen für die wirtschaftliche Anwendung des Produktionstyps „Werkstattfertigung“? (Abschn. 6.3.4)
12. Welche Nachteile charakterisieren die Werkstattfertigung? (Abschn. 6.3.4.2)
13. Nach welchen Kriterien werden im Rahmen der Gruppenfertigung „Teile- bzw. Produktfamilien“ gebildet? (Abschn. 6.3.4)
14. Nennen Sie Beispiele für konkrete, am Gruppenprinzip orientierte Produktionskonzepte! (Abschn. 6.3.4)
15. Welche Konzepte der Gruppenfertigung werden anhand vorwiegend organisationsbezogener Merkmale charakterisiert? (Abschn. 6.3.4)
16. Welche Produktionstypen enthalten ortsfeste Werkstücke? Worin liegen Gründe für die Ortsgebundenheit der Werkstücke? (Abschn. 6.3.4)
17. Welche Gestaltungsziele werden mit den Konzepten der Gruppenfertigung angestrebt? (Abschn. 6.3.4)
18. Welche Kriterien bestimmen den Handlungsrahmen des Produktionsmanagements? (Abschn. 6.4.1)
19. Was wird mit der wechselseitigen Kommunikation – von „oben“ nach „unten“ und von „unten“ nach „oben“ – im Produktionsmanagement bezweckt? (Abschn. 6.4.1)
20. Worin bestehen wesentliche Unterschiede zwischen strategischem und taktischem Produktionsmanagement? (Abschn. 6.4.2)
21. Nennen Sie planerische und steuernde Aufgaben in PPS-Systemen! (Abschn. 6.5)
22. Erläutern Sie Planungsschritte zur Ermittlung des Netto-Sekundärbedarfs im Rahmen der Materialbedarfsplanung! (Abschn. 6.5)
23. Welche inhaltlichen Bestandteile hat die Maschinenbelegungsplanung im Rahmen der Produktionssteuerung? (Abschn. 6.5)
24. Welcher Modellansatz liegt einem APS-System zugrunde? (Abschn. 6.5/6.6)

6.8 Übungsaufgaben

Ü1 Grundlegende Eigenschaften von Produktionssystemen

Kapazität

a) Ausgangsdaten

Nachstehende Abbildung 6.11 zeigt das Kapazitätsbelastungsdiagramm eines Fertigungsbereiches für 13 Kalenderwochen (KW).

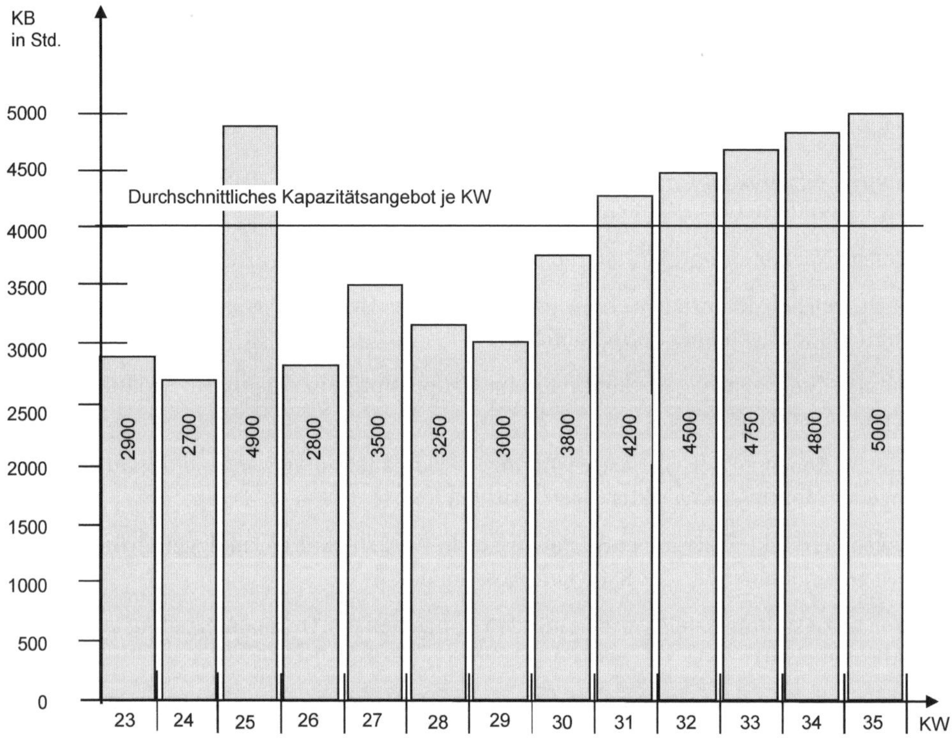

Abbildung 6.11 Kapazitätsbelastungsdiagramm

b) Aufgabenstellungen

- Berechnen Sie den prozentualen Kapazitätsauslastungsgrad als Quotient aus Kapazitätsbedarf und Kapazitätsangebot für KW 25 und für den gesamten Planungszeitraum!
- Schlagen Sie kurzfristig realisierbare Maßnahmen zur Beseitigung der Kapazitätsspitze in KW 25 vor!
- Erarbeiten Sie Entscheidungsvorschläge für den Fall, dass sich die ab KW 32 entwickelnde Kapazitätsbelastung auch für einen Planungshorizont von drei Jahren abzeichnet!

Ü2 Produktionstypen

a) Ausgangssituation

Ein mittelständisches Unternehmen ist auf die Produktion von Getriebewellen für Erntemaschinen spezialisiert. Das Produktionsprogramm umfasst ca. 500 verschiedene Wellen, die gemeinsame geometrische Formelemente ausweisen und einen ähnlichen technologischen Ablauf der spanenden Formgebung besitzen.

Die für diese Produktion typischen spanenden Fertigungsverfahren, wie Ablängen, Drehen, Fräsen, Stoßen und Rundschleifen, sollen in Eigenfertigung durchgeführt werden. Es werden zwischen Kleinserien- und Großserienfertigung liegende Stückzahlen erreicht.

b) Aufgabenstellung

Schlagen Sie für die skizzierten Produktionsbedingungen ein Produktions-Layout (Produktionstyp) vor und begründen Sie Ihre Entscheidung.

6.9 Literatur- und Quellenverzeichnis

6

Bloech, J./Bogaschewsky, R./Buscher, U./Daub, A./Goetze, U./Roland, F.: Einführung in die Produktion. 6. Aufl. Heidelberg: Physica, 2008

Blohm, H./Beer, Th./Seidenberg, U./Silber, H.: Produktionswirtschaft. 4. Aufl., Herne: nwb, 2008

Bauernhansl, Th./ten Hompel, M./Vogel-Heuser, B.: Industrie 4.0 in Produktion, Automatisierung und Logistik, Berlin, Heidelberg, New York: Springer, 2014

Corsten, H. (Hrsg.): Handbuch Produktionsmanagement. Wiesbaden: Olden-bourg Verlag, 1994

Corsten, H./Gössinger, R.: Produktionswirtschaft. 12. Aufl. München: Oldenbourg Verlag, 2009

Corsten, H.: Übungsbuch zur Produktionswirtschaft. 5. Aufl. München, 2013

Domschke, W./Scholl, A./Voß, St.: Produktionsplanung. 2. Aufl. Berlin, Heidelberg, New York: Springer, 2013

Ebel, B.: Produktionswirtschaft. 9. Aufl. Ludwigshafen: Kiehl, 2009

Fandel,G./Francois, P./Gubitz, K.-M.: PPS- und integrierte betriebliche Soft-waresysteme. 2. Aufl. Berlin, Heidelberg, New York: Springer, 2011

Günther, H.-O./Tempelmeier, H.: Produktion und Logistik, 9. Aufl. Berlin, Heidelberg, New York: Springer, 2011

Hanisch, S.: Das Konzept der Mass Customization. Saarbrücken: Vdm Verlag, 2006

Hansmann, K.-W.: Industrielles Management. 8. Aufl. München, Wien: Oldenbourg, 2006

Käschel, J./Teich, T.: Produktionswirtschaft – Band 1: Grundlagen, Produktionsplanung und -steuerung. Chemnitz: Verlag der Gesellschaft für Unternehmensrechnung und Controlling, 2004

Nebl, Th.: Produktionswirtschaft. 7. Aufl., München: Oldenbourg Verlag, 2011

Vahrenkamp, R.: Produktionsmanagement. 6. überarbeitete Aufl. München: Oldenbourg, 2008

Sendler, U.: Industrie 4.0, Berlin, Heidelberg, New York: Springer, 2013

Wenzel, R./Fischer, G./Metze, G./Nieß, P.: Industriebetriebslehre – Das Management des Produktionsbetriebs. Leipzig: Fachbuchverlag, 2001

Wildemann, H.: Die modulare Fabrik – Kundennahe Produktion durch Fertigungssegmentierung. 5. Aufl. München: TCW Transfer-Centrum, 1998

Wildemann, H.: Fertigungsstrategien – Reorganisationskonzepte für eine schlanke Produktion und Zulieferung. 3. Aufl. München: TCW Transfer-Centrum, 1997

Wildemann, H.: Das Just-in-Time-Konzept. 5. Aufl. München: TCW Transfer-Centrum, 2000

Wildemann, H.: Make or Buy & Insourcing. München: TCW Transfer-Centrum, 2008

Zäpfel, G.: Grundzüge des Produktions- und Logistikmanagements. 2. Aufl. München, Wien: Oldenbourg, 2001

Zäpfel, G.: Taktisches Produktionsmanagement. 2. Aufl. München, Wien: Oldenbourg, 2000

Zäpfel, G.: Strategisches Produktionsmanagement. 2. Aufl. München, Wien: Oldenbourg, 2000

7 Marketing

7.1 Studienziele

Dieses Kapitel soll dem Leser ermöglichen

- sich ein komprimiertes, praxisbezogenes Grundlagenwissen auf dem Gebiet des Marketings anzueignen,
- das existenzielle Erfordernis einer marktorientierten Unternehmensführung zu erkennen,
- die Marketingziele, deren Einordnung in den Marketingprozess und das betriebliche Zielsystem zu erläutern,
- die verschiedenen Anwendungsbereiche/Einsatzbereiche des Marketings und deren Besonderheiten zu beschreiben,
- mögliche Marktbearbeitungsstrategien zu beurteilen,
- sich fundamentale Kenntnisse zur Marktforschung, Datenerhebung und Basiswissen zu den vier Marketinginstrumenten Produkt- und Programmpolitik, Kommunikationspolitik, Kontrahierungspolitik, Distributionspolitik anzueignen und
- auf wichtige Trends im Marketing hinzuweisen.

7.2 Einführung

Mit dem Übergang vom Verkäufermarkt (Nachfrageüberhang, Angebotsdefizit) zum Käufermarkt (Angebotsüberhang, Nachfragedefizit) kam es in den Unternehmen zu einer Umorientierung in der Unternehmensführung, verbunden mit einer drastischen Einstellungsänderung gegenüber den Nachfragern. Ihre Wünsche und Bedürfnisse stehen im Mittelpunkt der Unternehmenstätigkeit, bestimmen, welche Produkte zu produzieren sind. Die Nachfrager sind die Größe, an denen sich die Unternehmenstätigkeit zu orientieren hat. Dabei sind die Aktivitäten aller Unternehmensbereiche, stellvertretend seien der Einkauf, die Produktion und der Verkauf genannt, auf den Kunden auszurichten und zu koordinieren, denn der Kunde entscheidet mit seiner Wahl, ob er ein Produkt kauft oder nicht kauft, über den wirtschaftlichen Erfolg oder Misserfolg eines Unternehmens. Er vergleicht die angebotenen Produkte und kauft die Produkte, die ihm den größten Nutzen bringen. Der Kunde mit seinen Bedürfnissen steht daher im Zentrum der Unternehmensführung, bildet die Existenzgrundlage des Unternehmens und seines Erfolgs.

Ziel sind zufriedene Kunden. Mittels **Kundenzufriedenheit** und **Kundenbindung** sollen Unternehmens- und Marketingziele erfüllt werden.

Der Grundgedanke des Marketings besteht in der **Kundenorientierung** als wesentliches Element der Unternehmensführung. Marktorientiert und kundenorientiert zu denken und ein Unternehmen marktorientiert zu führen, ist zu einer Grundaufgabe der Unternehmensführung geworden.

Das erfordert die Koordinierung der Aktivitäten der unterschiedlichen Unternehmensbereiche nach den Markterfordernissen. Das ist insofern schwierig, da es zu Interessenskonflikten zwischen den einzelnen Bereichen bzw. Abteilungen im Unternehmen kommen kann, die aber im Interesse des Unternehmens überwunden werden müssen.

Marketing wird in der Theorie als auch in der Praxis unterschiedlich definiert. Es existiert kein einheitliches Vorstellungsbild. Ursachen für diese unterschiedlichen Betrachtungsweisen des Marketings liegen im Wandel der Märkte und in sich ständig ändernden Rahmenbedingungen für das Marketing. So hat sich das Marketing künftig noch stärker an gesellschaftlichen, ökologischen und rechtlichen Anforderungen zu orientieren. Marketing hat nicht nur individuelle Kundenbedürfnisse, sondern auch Interessen weiterer Anspruchsgruppen wie von Kapitalgebern, Absatzmittlern und der allgemeinen Öffentlichkeit zu berücksichtigen.

Marketing kommt aus dem angelsächsischen Sprachraum. Eine etwas veraltete und inhaltlich begrenzte Begriffsauffassung vom Marketing ist, Marketing mit Absatz bzw. Verkauf/Vertrieb der hergestellten Güter eines Unternehmens gleichzusetzen (Esch/Herrmann/Sattler 2011).

Marketing beinhaltet sicherlich die unmittelbare Verkaufstätigkeit, umfasst aber mehr Aktivitäten als nur das direkte Verkaufen. Modernes Marketing geht über die klassische Absatzpolitik hinaus, die sich nur mit dem Einsatz absatzpolitischer Instrumente beschäftigt.

Marketing hat sich zu einer **unternehmerischen Grundaufgabe**, zu einer **unternehmerischen Denkhaltung** entwickelt, die die Art der Unternehmensführung, ihre strikte Orientierung an Markterfordernissen, an Kundenbedürfnissen beinhaltet. Es ist also nach einer umfassenderen Definition des Marketingbegriffs zu suchen.

Meffert umschreibt beispielsweise Marketing wie folgt: „Marketing ist die bewusst marktorientierte Führung des gesamten Unternehmens oder marktorientiertes Entscheidungsverhalten in der Unternehmung“ (Meffert 2005).

Für Nieschlag/Dichtl/Hörschgen ist Marketing ein Konzept marktorientierter Unternehmensführung. Marketing ist die Verwirklichung einer optimalen Unternehmen-Umfeld-Kopplung durch konsequente Ausrichtung aller unmittelbar und mittelbar den Markt berührenden Entscheidungen an dessen Erfordernissen (Marketing als Maxime). Die Grundhaltung der konsequenten Marktausrichtung erfolgt mit Hilfe gezielter Maßnahmen auf strategischer und operativer Ebene (Marketing als Mittel), wobei die zielorientierte Ausgestaltung des Mitteleinsat-zes auf Basis einer systematischen Entscheidungsfindung erfolgt (Marketing als Methode) (Nieschlag/Dichtl/Hörschgen 2002).

Die Definition der American Marketing Association (AMA) zählt als international weit verbreitet und repräsentiert ein erweitertes Marketingverständnis.

„Marketing is the activity, set of institutions, and processes for creating, communicating, delivering, and exchanging offerings that have value for customers, clients, partners, and society at large" (vgl. AMA 2007).

Erkenntnisse:

Marketing als unternehmerische Grundaufgabe stellt ein existenzielles Erfordernis für die Unternehmen dar. Sämtliche Aktivitäten der unterschiedlichen Unternehmensbereiche sind koordiniert, gezielt auf die Interessen des Kunden abzustimmen und einzusetzen. Unter Marketing wird einerseits ein betrieblicher Funktionsbereich verstanden, andererseits berührt Marketing die Gesamtheit der Unternehmensbereiche, ist Aufgabe für alle Funktionsbereiche und hat sich zu einer unternehmensbezogenen Denkhaltung entwickelt. Insofern ist Marketing durch einen gewissen Doppelcharakter geprägt. ■

■ 7.3 Marketingziele und der Marketingprozess

7.3.1 Definition und Planung der Marketingziele

Marketingziele determinieren anzustrebende künftige Sollzustände (marktspezifische Zielpositionen), die mit dem Verfolgen von Marketingstrategien und dem Einsatz der Marketinginstrumente realisiert werden sollen (vgl. Becker 2013). ■

Die Planung von Marketingzielen erfolgt unter Beachtung künftiger Marktbedingungen und vorhandener Ressourcen eines Unternehmens. Abbildung 7.1 verdeutlicht die Vorgehensweise bei der **Zielplanung** und die systematische Vorgehensweise im **Marketing-Managementprozess**.

Eine detaillierte unternehmensinterne und -externe Analyse stellt den Ausgangspunkt für die Planung von Marketingzielen dar. In der Darstellung wird auf mögliche Analysegebiete verwiesen. Zur Erreichung der Marketingziele werden Marketingstrategien entwickelt, die den Rahmen für den Einsatz der Marketinginstrumente bilden. Die der Realisierungsphase nachgeordnete Kontrollphase (Marketingcontrolling) dient der Überprüfung der eingesetzten Maßnahmen auf ihre Wirkung hin. Sie hat auch die Aufgabe, veränderte Marktbedingungen zu erfassen und eine Anpassung der Marketingziele und Marketingmaßnahmen an diese geänderten Bedingungen zu sichern.

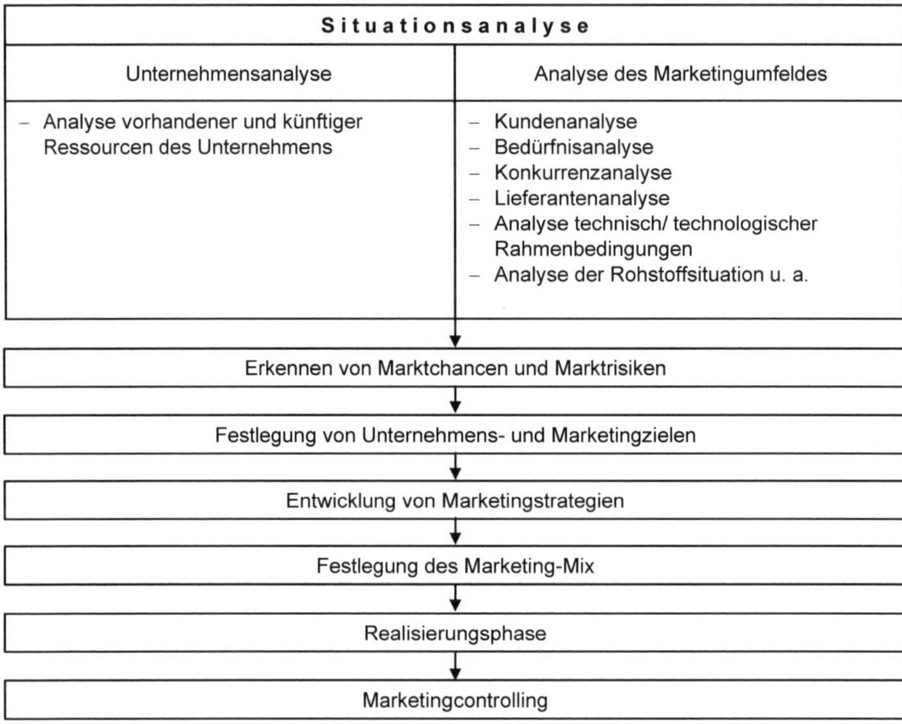

Abbildung 7.1 Marketing-Managementprozess

Man unterscheidet zwei Grundkategorien von Marketingzielen: **quantitative** (marktökonomische) und **qualitative** (marktpsychologische) Ziele (Tabelle 7.1).

Tabelle 7.1 Marketingziele

Marketingziele	
Quantitative Ziele	**Qualitative Ziele**
▪ Absatzsteigerung	▪ Erhöhung der Kundenzufriedenheit
▪ Umsatzsteigerung	▪ Erhöhung der Produktbekanntheit
▪ Marktanteilserhöhung	▪ Produktinformation
▪ Deckungsbeitrag	▪ Änderung der Einstellung zu Produkten
▪ Senkung der Marketingkosten	

Damit Marketingziele ihre Funktion erfüllen, müssen sie konkretisiert (operationalisiert) werden.

Das bedeutet, Ziele sind nach fünf **Dimensionen** zu spezifizieren:

- Zielsubstanz (was soll erreicht werden?)
- Zielausmaß (in welchem Umfang?)

- Zielperiode (in welcher Zeit ist das Ziel zu erfüllen?)
- Zielraum (in welchem Markt?)
- Zielsegment (in welchem Marktsegment?)

Ferner sind bei der Formulierung Beziehungen zwischen den Zielen zu beachten:

- Komplementäre Zielbeziehungen (Zielharmonie)
- Konkurrierende Zielbeziehungen (Zielkonflikt)
- Indifferente Zielbeziehungen (Zielneutralität).

Beispiele für konkretisierte, operational formulierte Marketingziele für einen Maschinenhersteller:

- Erhöhung des Umsatzes bei Drehmaschinen um 3,5 % gegenüber dem Vorjahr innerhalb der nächsten 12 Monate im Inland.
- Senkung der Marketingkosten um 1 % bei Beibehaltung des Vorjahresumsatzes bei Fräsmaschinen in den nächsten 12 Monaten im Inland.

In der Unternehmenspraxis ist die operationale Formulierung von Marketingzielen mit Problemen verbunden. Im Zusammenhang mit der gestiegenen gesellschaftlichen Verantwortung der Unternehmen – Corporate Social Responsibility (CSR) – sind neben den bereits angeführten quantitativen und qualitativen Marketingzielen auch Nachhaltigkeitsziele in Form von ökologischen Marketingzielen und soziale Marketingziele in das betriebliche Zielsystem zu integrieren. Es geht um die Reduzierung von negativen Auswirkungen durch Produktherstellung, -nutzung und -entsorgung auf die ökologische Umwelt und die Sicherung sozialverträglicher Arbeitsbedingungen (vgl. Meffert/Burmann/Kirchgeorg 2015).

7.3.2 Einordnung der Marketingziele in das betriebliche Zielsystem

Marketingziele sind trotz ihrer zentralen Funktion in marktorientierten Unternehmen keine autonomen Ziele, sondern werden aus den übergeordneten **Unternehmenszielen** (vgl. auch Abschnitt 1.6) abgeleitet und sind den Bereichszielen zuzuordnen.

Unternehmensziele stehen über den Marketingzielen, die zu deren Erfüllen beitragen.

Aus der Abbildung 7.2 ist ersichtlich, dass Marketingziele in das betriebliche Zielsystem (vgl. Punkt 1.6) einzuordnen und Zielbeziehungen (z. B. Unabhängigkeit, Übereinstimmung, Widerspruch) zu beachten sind.

Anzumerken ist, dass sich Marketingziele mit Unternehmenszielen teilweise inhaltlich überschneiden und identisch sein können.

Erkenntnisse:

Marketingziele sind keine unabhängigen Ziele, sie werden aus Unternehmenszielen abgeleitet und durch den gezielten Einsatz von Marketinginstrumenten realisiert. Man unterscheidet zwischen quantitativen und qualitativen Marketingzielen.

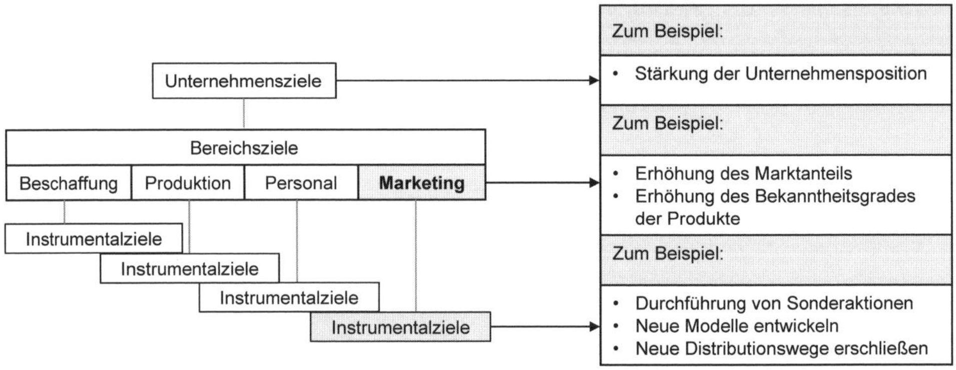

Abbildung 7.2 Einordnung der Marketingziele in das betriebliche Zielsystem (vereinfachte Darstellung)

7.4 Marketinginstrumentarium im Überblick

7.4.1 Definition Marketinginstrumente

Marketinginstrumente sind im Wesentlichen Werkzeuge, marktbeeinflussende Instrumente bzw. Maßnahmebündel, die Unternehmen einsetzen, um Märkte zu bearbeiten und zu gestalten.

Es werden Informations- und Aktionsinstrumente unterschieden.

7.4.2 Informationsinstrumente

Die **Marktforschung** bietet mit ihren verschiedenen Methoden die Informationsinstrumente. Die Anwendung von Marktforschungsmethoden ist für ein erfolgreiches Marketing von fundamentaler Bedeutung. Erst der Einsatz derartiger Methoden, einschließlich der Auswertung und Interpretation der erhobenen Informationen, gestatten eine marktorientierte Unternehmensführung. Sie ermöglichen das Erforschen der Bedürfnisse und das Erkennen von Trends.

7.4.3 Aktionsinstrumente

Die Aktionsinstrumente beinhalten Maßnahmebündel. Diese wirken auf die Märkte und beeinflussen die Marktpartner. Bei den Aktionsinstrumenten werden vier Bereiche unterschieden:

Die Produkt- und Programmpolitik (**Produkt-Mix**) beschäftigt sich mit der Gestaltung der Produkte, die Kommunikationspolitik (**Kommunikations-Mix**) beinhaltet die bewusste Gestaltung der Informationsbeziehungen zwischen Unternehmen und Markt, die Kontrahierungspolitik (**Kontrahierungs-Mix**) hat die Gestaltung der Transaktionsbedingungen zum Gegenstand und die Distributionspolitik (**Distributions-Mix**) beinhaltet Maßnahmen zum Vertrieb der Produkte.

Da diese Instrumente von den Unternehmen immer kombiniert eingesetzt werden, wird vom **Marketing-Mix** gesprochen.

Marketing-Mix ist die qualitative, quantitative und zeitliche Kombination der Aktionsinstrumente. Der Marketing-Mix eines Unternehmens ist produkt- und branchenabhängig.

So hat die Werbung bei einem Konsumgüterhersteller eine größere Bedeutung als bei einem Investitionsgüterhersteller, der dem persönlichen Verkauf und produktbegleitenden Maßnahmen (Kundendienst und Garantieleistungen) mehr Aufmerksamkeit widmet. Abbildung 7.3 verdeutlicht den Einsatz der Marketinginstrumente.

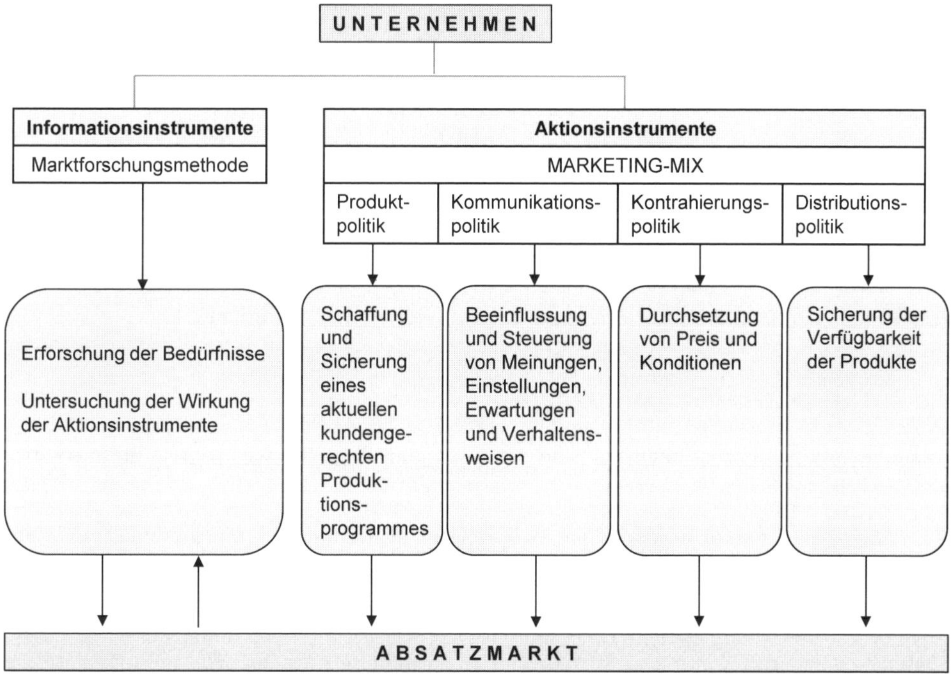

Abbildung 7.3 Das Marketinginstrumentarium

Neben diesen Informations- und Aktionsinstrumenten werden zur Sicherung einer marktorientierten Unternehmensführung **Managementinstrumente** eingesetzt. Dazu zählen die Marketingplanung, die Marketingorganisation und das Marketingcontrolling, einschließlich der zielorientierten Führung der Mitarbeiter (internes Marketing).

Erkenntnisse:

Unternehmen bearbeiten und gestalten die Märkte durch den Einsatz von Marketinginstrumenten. Zum Einsatz kommen Informations-, Aktions- und Managementinstrumente.

7.5 Einsatzbereiche des Marketings

7.5.1 Konsumgütermarketing

Das **Konsumgütermarketing** richtet sich an private Endverbraucher. Sie kaufen Güter und Dienstleistungen für ihren persönlichen Konsum.

Gekauft werden Sachgüter (Verbrauchsgüter, Gebrauchsgüter) und konsumtive Dienstleistungen (Friseur, Kosmetik).

Den anbietenden Unternehmen steht eine große Anzahl von Kunden gegenüber. Die angebotenen Produkte werden meist über den Handel (Großhandel, Einzelhandel) verkauft. Die herstellenden Unternehmen haben keinen direkten Kontakt zum Endverbraucher, sie haben einen anonymen Markt vor sich. Großen Stellenwert haben händlerorientierte Maßnahmen seitens der Hersteller. Es dominiert Massenumwerbung (TV-Werbung), Massenmarketing.

Da der Konsumgütermarkt ein anonymer und zugleich großer Markt ist, der sich aus vielen Nachfragern zusammensetzt, sind im Rahmen der Marktforschung große Datenmengen zu erheben und auszuwerten. Es werden dafür Marktforschungsinstitute (z.B. Gfk Nürnberg, AC. Nielsen, TNS EMNID) oder andere Dienstleister mit Marktforschungsaufgaben von Herstellern beauftragt (**Auftragsmarktforschung**).

Durch zunehmenden Wettbewerb sind Preiskämpfe in diesem Bereich typisch. Die Kaufentscheidungen der Konsumenten sind vorwiegend spontan, es handelt sich im Gegensatz zum Industriegütermarketing vorrangig um Individualentscheidungen.

7.5.2 Industriegütermarketing

Anstelle von Industriegütermarketing ist auch der Begriff Investitionsgütermarketing gebräuchlich.

Das **Industriegütermarketing** richtet sich an Organisationen, an Unternehmen und öffentliche Verwaltungen. Diese kaufen Sachgüter und investive Dienstleistungen, um Güter und Dienstleistungen zu erbringen. Das Spektrum der zu kaufenden Produkte ist sehr umfangreich und vielseitig. Es umfasst Betriebs- und Rohstoffe, Halbfabrikate, Einzelaggregate, Systeme (Büro- und Kommunikationssysteme), komplette Anlagen (Wasseraufbereitungsanlage, Stahlwerk) einschließlich Beratungsleistungen, z.B. von Unternehmensberatungen.

Der Verkauf der Produkte und Dienstleistungen erfolgt vorwiegend direkt an die Abnehmer (**Direktabsatz**). Der Handel hat daher im Investitionsgüterbereich im Vergleich zum Konsumgütermarkt eine geringere Bedeutung. Es bestehen enge Kontakte zum Kunden. Die Anzahl der Abnehmer in diesem Markt ist geringer als im Konsumgütermarkt. Daraus resultiert eine größere **Markttransparenz**. Die notwendige Marktforschung wird unter Beachtung der geringeren Anzahl von Nachfragern meist selbst durch die Investitionsgüteranbieter realisiert (**Eigenmarktforschung**).

Große Bedeutung kommen dem persönlichen Verkauf und dem Kundendienst zu, da es sich bei Investitionsgütern oft um komplizierte, erklärungsbedürftige und wertintensive Produkte handelt. Den Abnehmern werden individuelle Lösungen für ihre Probleme angeboten. Es dominieren Einzel- und Auftragsfertigung. Im Vergleich zum Massenmarketing im Konsumgüterbereich herrscht **Individualmarketing**. Die Produktentwicklung wird in vielen Fällen in Zusammenarbeit mit dem Abnehmer durchgeführt.

Die Kaufentscheidungsprozesse dauern länger, sind risikoreich und mit zum Teil lang andauernden Verhandlungen zwischen Anbieter und Nachfrager verbunden (individuelle Preis- und Rabattgestaltung). Die Beziehungen zwischen den Marktpartnern sind üblicherweise langfristig und relativ stabil. Die Kaufentscheidungen werden von mehreren Personen, von Einkaufsgremien (buying-center = Gruppe von Entscheidungsträgern) gefällt. Es liegt eine **Gruppenentscheidung** vor. Den an der Kaufentscheidung beteiligten Personen werden seitens der Unternehmen einzuhaltende Kriterien vorgegeben. So ist ein bestimmter Preis nicht zu überschreiten, Lieferanten sind nach bestimmten Kriterien auszuwählen und es sind beispielsweise mehrere Angebote einzuholen. Es handelt sich um formalisierte Kaufprozesse.

7.5.3 Dienstleistungsmarketing

Besonderheiten des **Dienstleistungsmarketing** ergeben sich aus dem Charakter von Dienstleistungen. Dienstleistungen tragen immateriellen Charakter, sind nicht lager- und transportfähig. Dienstleistungen können nicht auf Vorrat produziert werden und erfordern in vielen Fällen eine Beteiligung des Nachfragers bei der Erstellung der Dienstleistung. In Verbindung mit der fehlenden Lager- und Transportfähigkeit ergeben sich bei Nachfrageschwankungen Anpassungsprobleme für den Dienstleistungsanbieter. Dienstleistungen erfordern einen hohen personellen Einsatz und stellen hohe Anforderungen an die Qualifikation und Motivation der Mitarbeiter. Die Bandbreite der Dienstleister ist groß (z. B. Banken, Versicherungen, Hotels, Transportunternehmen, Reisebüros, Unternehmensberatungen, Handwerksbetriebe). Dienstleistungen sind auf Grund ihres immateriellen Charakters für den Kunden nicht „greifbar“. Da die Qualität von Dienstleistungen für den Kunden schwer einschätzbar ist, spielt das Image des Dienstleisters eine große Rolle. Im Einzelnen interessiert Seriosität, Vertrauen und Glaubwürdigkeit des Dienstleisters. Unter Beachtung der Besonderheiten von Dienstleistungen stehen Marketinginstrumente, die vertrauensbildend wirken und die Kompetenz des Dienstleisters dokumentieren, im Zentrum der Marketingtätigkeit. Hierzu zählen die Öffentlichkeitsarbeit, die Werbung, der persönliche Verkauf und die Personalpolitik, als ein spezielles Marketinginstrument im Dienstleistungsmarketing (vgl. Meffert/Bruhn 2009).

Anmerkung:

Bei der vorgenommenen Gliederung der Anwendungsbereiche des Marketings ist darauf hinzuweisen, dass diese Systematisierung nicht ganz überschneidungsfrei ist. Es fällt auf, dass natürlich auch im Konsumgütermarketing und Industriegütermarketing Dienstleistungen angeboten werden und viele Beratungsleistungen erst einen erfolgreichen Einsatz der Produkte beim Kunden ermöglichen und sichern. Dem Dienstleistungsmarketing werden Dienstleistungsbetriebe mit selbstständigem, dominierendem Dienstleistungsangebot zugeordnet, bei denen die Erbringung von Dienstleistungen die wesentliche Unternehmensaufgabe ist. Unter diesem Aspekt ist die gewählte Systematisierung zu sehen.

■

Auf einen weiteren Anwendungsbereich des Marketings soll nur begrenzt hingewiesen werden, und zwar der **Non-Profit-Bereich**.

Dieser Anwendungsbereich des Marketings ist relativ neu. Seitdem sich Organisationen auch in diesem Bereich im Wettbewerb untereinander befinden und zur Verfügung stehende Mittel für diese Organisationen immer knapper werden, gewinnt der Einsatz von marktbeeinflussenden Instrumenten auch in diesem Bereich an Bedeutung. Mittels Marketings sollen erfolgreicher die Ideen und Wertvorstellungen dieser Organisationen verwirklicht werden. Zu diesem neuen Anwendungsbereich des Marketings zählen öffentliche Institutionen wie der Bund, Länder und Kommunen, Schulen, Museen, Theater, Parteien, Verbände und Krankenhäuser.

Erkenntnisse:
Die Untergliederung in die verschiedenen Einsatz- bzw. Anwendungsbereiche des Marketings ist empfehlenswert, da sich jeweils andere Schwerpunkte für das Marketing in den Sektoren ergeben. ■

7.6 Marketingstrategien

7.6.1 Begriff Marketingstrategie

Marketingstrategien stellen bestimmte zeitlich festgelegte Verhaltensweisen auf dem Markt dar, mit denen Unternehmen erfolgreich sein wollen (vgl. Weis 2012). Eine Marketingstrategie ist im Wesentlichen ein langfristiger Verhaltensplan, in dessen Zentrum das Bemühen steht, im Markt das Richtige zu tun. Strategien bilden den Rahmen für den Einsatz der Instrumente des Marketing, um Marketingziele schrittweise zu erreichen. ■

Je nach Sichtweise sind unterschiedliche Marketingstrategien zu unterscheiden (vgl. Weis 2012). Eine umfassende strategische Unternehmensführung erfordert ein mehrdimensionales Strategiekonzept, ein System von verschiedenen Marketingstrategien mit unterschiedlichen Ausprägungsformen (vgl. Becker 2013).

Einen besonderen Stellenwert haben **Marktbearbeitungsstrategien**. Je nachdem, ob der Gesamtmarkt oder nur Marktsegmente eines Marktes von Unternehmen bearbeitet werden, unterscheidet man

- die undifferenzierte Marktbearbeitung/Marketingstrategie,
- die differenzierte Marktbearbeitung/Marketingstrategie und
- die konzentrierte Marktbearbeitung/Marketingstrategie.

7.6.2 Undifferenzierte Marktbearbeitung

Charakteristisch für eine undifferenzierte Marktbearbeitung ist, dass der Gesamtmarkt mittels einer Strategie bearbeitet wird. Es wird ein Produkt und ein Marketingprogramm entwickelt, dass möglichst viele Kunden anspricht. Das Unternehmen ignoriert bewusst Unterschiede im Markt. Das Unternehmen konzentriert sich nicht auf Unterschiede, sondern auf das Gemeinsame der Kundenbedürfnisse. Eine derartige Strategie wird meist aus ökonomischen Gründen heraus verfolgt.

Die Abbildung 7.4 charakterisiert das Prinzip der undifferenzierten Marktbearbeitung.

Abbildung 7.4 Prinzipdarstellung der undifferenzierten Marktbearbeitung

Die **Vorteile** dieser Strategie liegen in einem begrenzten Ressourcenaufwand, bedingt durch die enge Produktpalette, und es sind keine differenzierten Werbemaßnahmen notwendig.

Beispiele:

- Automobilbranche: T-Modell von Ford, Käfer von VW
- Körperpflegebereich: Nivea-Creme

■

7.6.3 Differenzierte Marktbearbeitung

Bei dieser Strategie wird der Gesamtmarkt in Segmente geteilt. Für die Segmente (unterschiedliche Kundengruppen) werden unterschiedliche Produkte entwickelt und diese Segmente werden mit unterschiedlichen marketingpolitischen Programmen angesprochen. Das Unternehmen kann sämtliche Segmente eines Marktes oder nur eine bestimmte Anzahl von Segmenten des Marktes bearbeiten.

Durch das Einstellen des Unternehmens auf die Bedürfnisse der verschiedenen Segmente eines Marktes und die gezielte Ansprache der Segmente wird unterstellt, dass die Wahrscheinlichkeit des Kaufes der Produkte so am größten ist. Das Unternehmen hofft bei dieser Strategie auf einen möglichst hohen Umsatz durch das Anbieten verschiedener Produkte im Markt. Abbildung 7.5 soll das Prinzip der differenzierten Marktbearbeitung verdeutlichen.

Diese Strategie ist mit hohem Ressourceneinsatz verbunden. Die Entwicklung, Herstellung unterschiedlicher Produkte und die zielgruppengerechte Ansprache der Segmente mit unterschiedlichen Marketingprogrammen sind mit enormen Kosten verbunden, abgesehen von den Marktforschungsaufwendungen für die einzelnen Segmente. Eine derartige aufwendige Marktbearbeitung kommt daher nur für große Unternehmen in Frage.

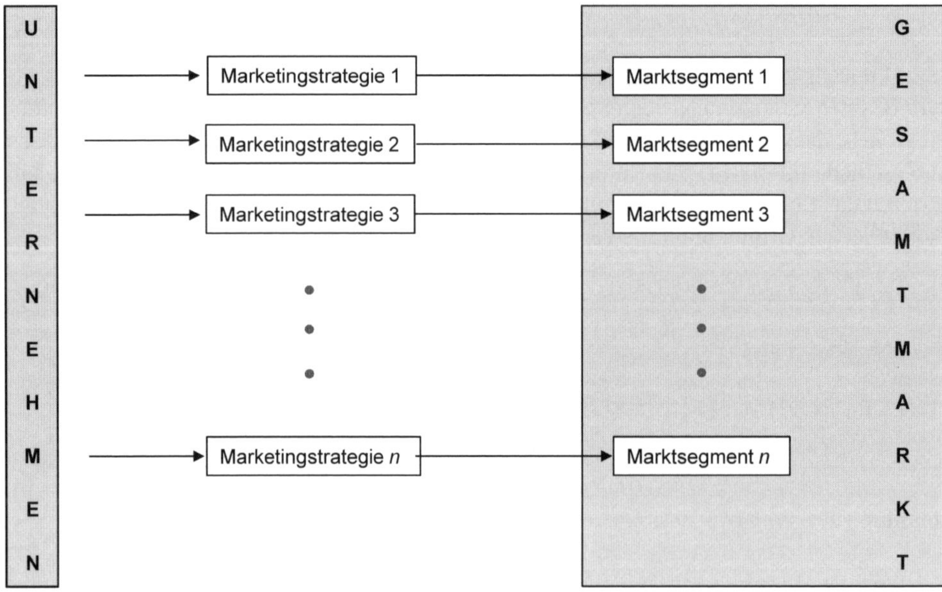

Abbildung 7.5 Prinzipdarstellung der differenzierten Marktbearbeitung

Beispiel:
Die Automobilindustrie mit einer Vielzahl verschiedener Pkw-Klassen (Kleinwagen, Mittelklasse, Oberklasse u.a.) für unterschiedliche Zielgruppen und differenzierter werblicher Ansprache der Segmente. ■

7.6.4 Konzentrierte Marktbearbeitung

Bei der konzentrierten Marktbearbeitung (Nischenmarketing) wird bewusst auf wenige Segmente (z.B. ein, zwei Segmente) orientiert. Das Unternehmen bearbeitet also nicht den Gesamtmarkt, sondern nur einen oder einige wenige Teilmärkte. Die konzentrierte Marktbearbeitung stellt insofern einen Sonderfall der differenzierten Marktbearbeitung dar. Das ausgewählte Segment bzw. die Segmente werden mit einer auf das Segment bzw. die Segmente abgestimmten Strategie bearbeitet. Abbildung 7.6 verdeutlicht das Prinzip der konzentrierten Marktbearbeitung.

Abbildung 7.6 Prinzipdarstellung der konzentrierten Marktbearbeitung

Beispiel:

Spezialmaschinenbau

Herstellung von Zigarettenmaschinen, Abfüllmaschinen für Getränke, PC für die Industrie (raue Umgebung)

■

Ziel dieser Strategie ist das Erreichen eines hohen Marktanteils in dem ausgewählten Segment bzw. Segmenten. Der benötigte Ressourcenaufwand bei der Produktentwicklung und Vermarktung der Produkte ist bei dieser Strategie im Verhältnis zur differenzierten Marktbearbeitung geringer. Diese Strategie ist daher für kleinere und mittlere Unternehmen geeignet. Es muss aber darauf hingewiesen werden, dass dieses Konzentrieren auf ein oder wenige Segmente mit Risiken verbunden ist. Die Risiken liegen in einer extremen Abhängigkeit des wirtschaftlichen Erfolges des Unternehmens von der Entwicklung eines oder weniger Segmente.

Konjunkturelle Einbrüche in den bearbeiteten Segmenten können die Existenz des Unternehmens bedrohen. Ein ständiges Beobachten und Analysieren des Teilmarktes bzw. der Teilmärkte ist daher erforderlich.

Die differenzierte und konzentrierte Marktbearbeitung erfordern die Aufteilung des Marktes in Segmente, in verschiedene Käufergruppen, und die zielgruppenspezifische Bearbeitung dieser Segmente. Diese Segmente/Zielgruppen sind intern (innerhalb eines Segmentes) homogen, extern (im Vergleich mit anderen Segmenten) heterogen.

Überlegungen zur Marktsegmentierung sind deshalb die Grundlage für eine erfolgreiche Bearbeitung der Märkte.

Unter **Marktsegmentierung** wird

- die Aufteilung heterogener Gesamtmärkte in homogene Teilmärkte (Segmente, Käufergruppen, Käuferklassen, Käufertypen) mittels bestimmter Merkmale der Käufer verstanden und
- die gezielte Bearbeitung eines oder mehrerer Segmente mit Hilfe segmentspezifischer Marketingprogramme verstanden (vgl. Diller 2001, Freter 2008).

■

Durch die vorgenommene Aufteilung des Marktes in homogene Teilmärkte wird unterstellt, dass sich diese Teilmärkte, Käufergruppen besser erfassen und bearbeiten lassen.

Die Segmentbildung erfolgt unter Anwendung von **Abgrenzungskriterien** (Segmentierungskriterien). Generell ist zwischen der Segmentierung von Konsumenten und von Unternehmen zu unterscheiden. Tabelle 7.2 verdeutlicht eine Zielgruppensegmentierung am Beispiel Wohnmobile.

Tabelle 7.2 Zielgruppensegmentierung am Beispiel Wohnmobile (Automobilindustrie April 1998, 43. Jahrgang, 20)

	Zielgruppe I „Die Ökos"	Zielgruppe II „Die Funnies"	Zielgruppe III „Die jungen Alten"
Charakteristik	Junge Familien/junge Paare Akademische Ausbildung Ökologische Einstellung Individualisten	junge Singles/Paare Sportler genussorientiert	Paare über 50 Sportlich und kulturell interessiert Individualisten
Zweck des Wohnmobils	Ungebunden, freier Urlaub → Jahresurlaub Flexibilität	kurzfristig flexibel Urlaub machen können → Kurzurlaub	Jugendtraum Erfüllung/ Verknüpfung mit Hobby Flexibler Komfort Zeit haben
Anforderungen an ein Wohnmobil	Funktionalität Material Preisstabilität Sicherheit Kinderfreundlichkeit	Design/Mode vielseitig praktisch	Multipler Nutzen i. d. Fam. „4 Schlafplätze" Qualität/Komfort Zeitloses/edles Design Sicherheit
Typische Kauforte	Keine Präferenz, aber Gezielte Vorbereitung	Fachhandel Fachmarkt	Kfz-Handel Fachhandel (Fachmarkt)
Lifestyle Ausrichtung	Liberal-intellektuell	aufstiegsorientiert	Konservativ-technokratisch
Größe der Zielgruppe	3,78 Mio. Personen 1,66 Mio. Männer 2,12 Mio. Frauen	11,11 Mio. Personen 6,54 Mio. Männer 4,57 Mio. Frauen	2,84 Mio. Personen 1,17 Mio. Männer 1,67 Mio. Frauen

Erkenntnisse:

Unter Marketingstrategien werden langfristige Verhaltensweisen von Unternehmen verstanden. Durch den Einsatz von Marketingstrategien soll abgesichert werden, dass das Unternehmen zielgerichtet im Markt agiert. Es existieren unterschiedliche Marketingstrategien. Je nachdem ob der Gesamtmarkt als Ganzes oder Teilmärkte bearbeitet werden, unterscheidet man die undifferenzierte, die differenzierte und die konzentrierte Marktbearbeitung. Der Ressourcenaufwand und das Risiko ist bei den Strategien unterschiedlich. Die Wahl der Strategie hängt von der Kapitalkraft, der Größe des Unternehmens, vom Verhalten der Wettbewerber und der Möglichkeit der Segmentierung eines Gesamtmarktes ab. Grundvoraussetzung für die Erfassung von Marktsegmenten ist, dass die Käufer ein unterschiedliches Kaufverhalten aufweisen und unterschiedlich auf den Einsatz von Marketinginstrumenten reagieren. Ist diese Voraussetzung nicht gegeben, so ist eine Marktsegmentierung nicht sinnvoll. ■

7.7 Marktforschung

7.7.1 Grundlagen Marktforschung

Unter **Marktforschung** wird die systematische Erhebung, Analyse und Interpretation von Informationen über Gegebenheiten und Entwicklungen auf Märkten verstanden, um relevante Informationen für Marketingentscheidungen bereitzustellen (vgl. Weis/ Steinmetz 2012).

Hauptaufgabe der Marktforschung ist die zeitgerechte Beschaffung und Bereitstellung von Informationen für Entscheidungsträger unter Berücksichtigung finanzieller, personeller und rechtlicher Restriktionen (vgl. Fantapié Altobelli 2011).

Marktforschung dient im Wesentlichen

- der Identifizierung von Chancen und Risiken für das Unternehmen,
- der Planung von Marketingmaßnahmen,
- der Überprüfung ihrer Wirkungen,
- der Vorbereitung von Marketingentscheidungen

und Marktforschung soll das Risiko von Marketingentscheidungen reduzieren.

Der **Prozess der Marktforschung** kann in verschiedene Arbeitsetappen (vgl. 5.5.2.1) untergliedert werden. Bevor mit unmittelbaren Marktforschungsuntersuchungen begonnen werden kann, sind in der Regel planerische Vorüberlegungen zur Durchführung der Informationsgewinnung notwendig. In einer nicht unmittelbar zum Marktforschungsprozess gehörenden Etappe werden Marketingentscheidungen vorbereitet und getroffen. Abbildung 7.7 zeigt einen idealtypischen Ablauf des Marktforschungsprozesses. Die Vorgehensweise ist in der Marketingpraxis von der konkreten Problem- bzw. Aufgabenstellung abhängig.

7.7.2 Erhebungsarten

7.7.2.1 Sekundärerhebung

Unter **Erhebungsart** wird die prinzipielle Vorgehensweise bei der Erhebung von Informationen verstanden.

Es wird zwischen der Sekundärerhebung bzw. Sekundärforschung (desk-research) und der Primärerhebung bzw. Primärforschung (fieldresearch) unterschieden.

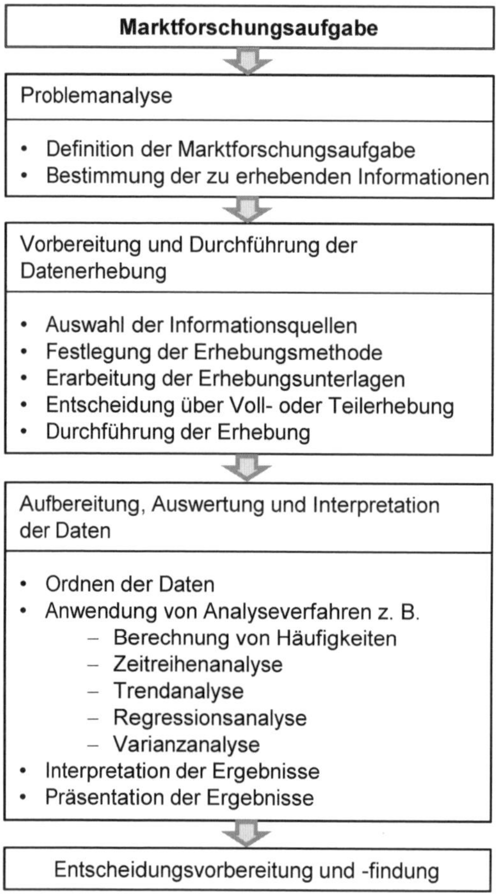

Abbildung 7.7
Idealtypischer Verlauf des Marktforschungsprozesses

Unter **Sekundärerhebung** versteht man die Sammlung und Auswertung von Daten, die zu einem früheren Zeitpunkt erhoben wurden. ■

Das genutzte Datenmaterial kann auch für ursprünglich andere Zwecke erhoben worden sein, beispielsweise für amtliche Statistiken. Es kann sich aber auch um Informationen aus früheren Primärerhebungen handeln. Im Rahmen der Sekundärerhebung können unternehmensexterne und unternehmensinterne **Datenquellen** genutzt werden.

Typische externe Quellen:

- Veröffentlichungen internationaler Behörden und Organisationen
- amtliche Statistiken des Bundes, der Länder, der Gemeinden und Städte
- Veröffentlichungen von Industrie-, Handels-, Handwerkskammern und Verbänden (z. B. Industrie-, Branchen- und Verbraucherverbände)
- Veröffentlichungen wirtschaftswissenschaftlicher Institute und von Marktforschungsinstituten

- Fachbücher und -zeitschriften
- Unternehmensveröffentlichungen (z. B. Preislisten, Kataloge, Prospekte) und andere Firmenveröffentlichungen
- Datenbanken
- Internet

Typische interne Quellen:

- Unterlagen der Kostenrechnung
- betriebliche Statistiken (z. B. Umsatzstatistik, Vertriebsstatistik, Kundenstatistik, Anfragen- und Angebotsstatistik, Reklamationsstatistik, Außendienststatistiken)
- frühere Primärerhebungen, beispielsweise Marktforschungsstudien (Kundenzufriedenheitsanalysen, Imageanalysen)
- Marketinginformationssysteme

Wertung der Sekundärerhebung:

Die Sekundärerhebung nimmt in der Praxis aufgrund spezifischer Vorteile eine exponierte Stellung ein. Sie zählt als zeitsparender und kostengünstiger als die Primärerhebung, da im Wesentlichen auf vorhandenes bzw. leicht beschaffbares Datenmaterial zurückgegriffen werden kann. Grundsätzlich sollte bei der Lösung von Marktforschungsaufgaben mit der Sekundärerhebung begonnen werden.

7.7.2.2 Primärerhebung

Unter **Primärerhebung** wird die direkte, ursprüngliche Gewinnung von Informationen verstanden. Es werden neue, bisher noch nicht existierende Daten zu einem spezifischen Untersuchungszweck erhoben. ■

Als Informationsquellen können, analog zur Sekundärerhebung, interne und betriebsexterne Quellen genutzt werden.

Unternehmensinterne Quellen: Mitarbeiter, Außendienst.

Unternehmensexterne Quellen: Zielgruppen, Kunden, Absatzmittler (Großhandel, Einzelhandel), Konkurrenz, Experten.

Die zu erhebenden Informationen können durch **Befragung** und **Beobachtung** (= Erhebungsmethoden) gewonnen werden.

Wertung der Primärerhebung:

Die Primärerhebung ist im Vergleich zur Sekundärerhebung in der Regel kosten- und zeitaufwendiger. Durch die problembezogene Erhebung der Daten sind diese im Vergleich zu Sekundärinformationen aktueller, anwendungsbezogener und zeichnen sich durch Exklusivität aus.

7.7.3 Erhebungsmethoden

7.7.3.1 Befragung

Die **Befragung**, auch als Umfrage bezeichnet, ist die am häufigsten angewendete Erhebungsmethode.

Unter einer **Befragung** versteht man eine Erhebungsmethode, bei der man durch Antworten (verbal, schriftlich usw.) Informationen von Personen über den Befragungsgegenstand erhalten will. ■

Nach der Kommunikationsform unterscheidet man folgende vier **Grundformen:**

- die schriftliche Befragung
- die mündliche Befragung (face-to-face-interview)
- die telefonische Befragung (voice-to-voice-interview)
- die Online-Befragung

Unternehmen nutzen Umfragen, um sich bei ihren Zielgruppen über deren Produktkenntnisse, Bedürfnisse, Präferenzen, Einstellungen und Zufriedenheit zu informieren.

Merkmale der schriftlichen Befragung

- kein Interviewer notwendig, Fragebogen ersetzt den Interviewer
- kostengünstig
- Unkontrollierbarkeit der Erhebungssituation
- geringe Rücklaufquote (20 - 30 %)
- relativ lange Erhebungsdauer

Merkmale der mündlichen Befragung (face-to-face)

- Interviewereinsatz
- kostenintensiv
- Fragen können erklärt werden
- relativ hohe Antwortquote
- Gefahr des Interviewereinflusses

Merkmale der telefonischen Befragung

- schnell
- Dauer höchstens 20 Minuten
- meist computergestützt (Computer Assisted Telefon Interviewing - CATI)
- Problem: eindeutige Legitimation des Interviewers

Merkmale der Online-Befragung

- kein Interviewereinfluss
- geringe Durchführungskosten
- im Wesentlichen eine schriftliche Befragung, der Fragebogen wird über das Internet verschickt
- die Rücklaufquote/Akzeptanz wird als niedrig eingeschätzt (abhängig vom Thema der Befragung)
- schnelle Durchführung der Befragung
- vielfältige Darstellungsmöglichkeiten, Animationen sind möglich
- internationale Erreichbarkeit
- anonyme, sterile Atmosphäre

7.7.3.2 Beobachtung

Die **Beobachtung** ist eine Erhebungsmethode zur planmäßigen Erfassung (Registrierung) wahrnehmbarer Sachverhalte oder Vorgänge durch Personen bzw. Geräte (vgl. Diller 2001).

Im Unterschied zur Befragung ist die **Beobachtung** unabhängig von der Auskunftsbereitschaft einer Person.

Die in der Praxis eingesetzten Beobachtungsverfahren sind sehr vielfältig. In der Marketingpraxis kommen beispielsweise folgende **Beobachtungsverfahren** zum Einsatz (vgl. Berekoven/Eckert/Ellenrieder 2006):

- einfache Zählverfahren (besonders in der Handelsforschung zur Bestimmung von Standorten von Einkaufsstätten; Erfassung der Anzahl von Besuchern an Messeständen)
- Kundenlaufstudien
- Einkaufsverhaltensbeobachtung
- Handhabungsbeobachtungen

Beide Erhebungsmethoden, die Befragung und die Beobachtung, sind unter Berücksichtigung des Untersuchungsgegenstandes auszuwählen. Die Beobachtung ist empfehlenswert, wenn man das konkrete Verhalten von Konsumenten untersuchen will. Sind Ursachen und Motive von Verhaltensweisen zu untersuchen, ist die Befragung die geeignetere Erhebungsmethode.

Großen Stellenwert in der Marketingpraxis nehmen Panelerhebungen ein. Sie werden der Tracking-Forschung zugeordnet (vgl. Berekoven/Eckert/Ellenrieder 2006). Es handelt sich um eine Sonderform der Erhebung. Unter **Panelerhebungen** werden Untersuchungen verstanden, die bei einem bestimmten gleich bleibenden Kreis von Auskunftsquellen (z. B. Personen, Einkaufsstätten, Unternehmen) in regelmäßigen zeitlichen Abständen wiederholt zum gleichen Untersuchungsgegenstand durchgeführt werden. Zum Einsatz kann sowohl die Befragung als auch die Beobachtung kommen. Damit können Bewegungen bzw. Veränderungen im Zeitablauf bei gleichen Auskunftsquellen erfasst werden. Nach dem Erhebungskreis unterscheidet man beispielsweise Handels- und Haushaltpanel.

Erkenntnisse:
Die Marktforschung bietet mit ihren Methoden die für das Marketing notwendigen Informationsinstrumente. Hauptaufgabe der Marktforschung ist die Beschaffung und Bereitstellung von Informationen. ■

7.8 Produkt- und Programmpolitik

7.8.1 Grundlagen der Produkt- und Programmpolitik

Aufgabe der Produkt- und Programmpolitik ist die Schaffung und Sicherung eines aktuellen **kundengerechten Produktprogrammes**. Das erfordert die

- kontinuierliche Überwachung des Produktprogrammes eines Unternehmens (unter Anwendung von Produkt- und Programmanalysen, Kunden- und Händlerbefragungen und Konkurrenzbeobachtungen erfolgt eine ständige Analyse des Angebotes),
- Entwicklung und Einführung neuer Produkte (**Produktinnovationen**),
- Überarbeitung bestehender Produkte (**Produktvariation**),
- Herausnahme veralteter Produkte aus dem Produktprogramm eines Unternehmens (**Produktelimination**) und
- Planung und Realisierung produktbegleitender Maßnahmen wie den **Kundendienst** und Garantieleistungen.

Die Zunahme des Qualitätswettbewerbes in der Wirtschaft verstärkt insgesamt die Bedeutung dieses Marketinginstrumentes. Es dient besonders der Sicherung des langfristigen Erfolgspotenzials eines Unternehmens (vgl. Meffert 2015).

Wichtige **produktpolitische Ziele** sind:

Steigerung von Gewinn und Umsatz, Marktanteilssteigerungen, Kosteneinsparungen, Kapazitätsauslastung, Qualitätsverbesserungen, Verbesserung des Images u.a.

Im Zentrum der Produktpolitik steht die **Produktgestaltung**. Diese umfasst drei Ebenen:

- die Gestaltung der Produktqualität (z.B. konstruktive, ästhetische Gestaltung),
- die Packungsgestaltung und
- die Markierung der Produkte.

Ein **Produkt** ist alles, was einer Person angeboten werden kann, um ein Bedürfnis oder einen Wunsch zu befriedigen (vgl. Kotler/Keller/Bliemel 2007).

Damit wird deutlich, dass der Produktbegriff umfassend und weit zu sehen ist.

7.8.2 Produktinnovation

Der Prozess der Produktinnovation beinhaltet die Entwicklung und Einführung neuer Produkte.

Produktinnovationen bieten den Unternehmen enorme Wachstumschancen, bergen andererseits Risiken für das Unternehmen und benötigen für ihre erfolgreiche Planung und Realisierung hohe Ressourcen. In der Praxis sind in diesem Zusammenhang folgende **Feststellungen** zu treffen:

- viele neue Produktideen erweisen sich als Flop,
- meist handelt es sich bei den Produktinnovationen nicht um „wirklich neue Produkte", sondern um Nachahmungen von bereits am Markt befindlichen Produkten,
- das Vermarkten der neuen Produkte stößt besonders in mittelständischen Unternehmen auf Grenzen. Sie besitzen oft nicht das nötige Know-how zur erfolgreichen Vermarktung neuer Produkte.

Unter einer **Innovation** wird eine fortschrittliche Problemlösung durch ein neues Produkt, das auch eine Dienstleistung sein kann, verstanden. Produktinnovationen sind durch unterschiedliche Innovationsstärken gekennzeichnet (vgl. Hüttel 1998).

Man unterscheidet:

- echte Innovationen (Erstinnovationen)
- quasineue Produkte (Produktmodifikationen) und
- Imitationen (me-too-Produkte)

Die Entwicklung und Einführung neuer Produkte vollzieht sich in einem mehrphasigen Prozess. In Abbildung 7.8 ist ein allgemeiner, idealtypischer Ablauf des Produktinnovationsprozesses dargestellt. Dieser allgemeine Ablauf gilt sowohl für originäre und abgeleitete Innovationen als auch für Imitationen. Die Prozesse werden sich jedoch hinsichtlich Dauer und Risiko der zu treffenden Entscheidungen unterscheiden. (Ü1)

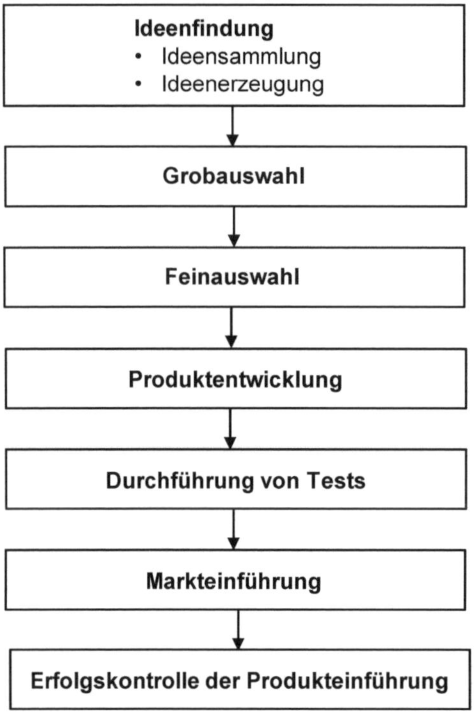

Abbildung 7.8
Produktinnovationsprozess

7.8.3 Produktvariation

Unter **Produktvariation** wird die Veränderung bestimmter Eigenschaften bereits auf dem Markt eingeführter Produkte im Zeitablauf verstanden (vgl. Weis 2012, Esch/Herrmann/Sattler 2011).

Das veränderte Produkt ersetzt das ursprüngliche Produkt.

Ziele der Produktvariation sind (vgl. Meffert/Burmann/Kirchgeorg 2015):

Absicherung der Marktposition, Umsatz- und Gewinnwachstum, Spezialisierung auf bestimmte Zielgruppen zur Durchsetzung höherer Preise, Anpassung an geänderte Verbraucherbedürfnisse, bessere Kapazitätsauslastung und Rationalisierung der Fertigung u. a.

Beispiel:

Die Produktvariation wird in Form der Modellpflege im Automobilbau erfolgreich praktiziert. Variiert werden beispielsweise funktionelle, physische Eigenschaften (Motoren) und ästhetische Eigenschaften (Lackierung, Karosserie).

7.8.4 Produktelimination

Unter **Produktelimination** wird die Streichung/Herausnahme von Produkten aus dem Programm eines Unternehmens verstanden (häufig wird auch der Begriff „Programmbereinigung" verwendet). ■

Bei der Eliminierung einzelner Produkte sind die Auswirkungen auf das Produktprogramm zu berücksichtigen. Es sind Verbundbeziehungen zu anderen Produkten des Unternehmens zu beachten, bspw. Produktions- und Nachfrageverbund. Die Gründe für eine Produkteliminierung können unterschiedlich sein. Zum Beispiel: sinkender Umsatz, sinkender Deckungsbeitrag, Änderung der Kundenwünsche, Änderung gesetzlicher Rahmenbedingungen, negativer Einfluss des Produktes auf das Image des Unternehmens, Störungen im Produktionsablauf, neue strategische Ausrichtung des Unternehmens.

Um fundierte Eliminierungsentscheidungen treffen zu können, sind Analysen einzelner Produkte, aber auch des gesamten Produktprogrammes eines Unternehmens erforderlich (z.B. Umsatzstrukturanalysen, Deckungsbeitragsanalysen, Kundenstrukturanalysen und Altersstrukturanalysen).

7.8.5 Kundendienst

Der Kundendienst (oder Servicepolitik) hat als Wettbewerbsinstrument an Bedeutung gewonnen. Er ermöglicht eine **Differenzierung** und **Individualisierung** ansonsten identischer Produkte. In vielen Branchen haben sich diese produktbegleitenden Leistungen (Produktnebenleistungen) zu einem zentralen Kaufentscheidungskriterium entwickelt, z.B. im Industriegüterbereich, aber auch zunehmend bei Konsumgütern.

Bei dem **Kundendienst** handelt es sich um eine Dienstleistung, die neben der Hauptleistung, z.B. dem Produkt, einem Kunden bzw. potenziellen Kunden, angeboten wird. Kundendienst tritt also nur in Verbindung mit einer Ware oder Problemlösung auf (Weis 2012).

Der Kundendienst ist in den einzelnen Branchen unterschiedlich ausgeprägt. Dazu zählen je nach Branche Installations-, Reparatur-, Beratungsleistungen und die Ersatzteilversorgung.

Wichtige Kundendienstziele sind:

- Schaffung von Präferenzen beim Kunden
- Kundenbindung
- Imageverbesserung
- Erreichen von Wettbewerbsvorteilen gegenüber der Konkurrenz
- Erhöhung der Kundenzufriedenheit

Kundendienstleistungen können untergliedert werden in technische und kaufmännische Leistungen (Weis 2012), in Pre-sales- und After-sales-Leistungen, in kostenpflichtige und kostenfreie Serviceleistungen u.a.

Erkenntnisse:

Der Produkt-Mix nimmt eine zentrale Stellung im Marketing-Mix eines Unternehmens ein. Besonders die Produktinnovation und produktbegleitende Maßnahmen bieten den Unternehmen neue Chancen. ■

7.9 Kommunikationspolitik

7.9.1 Grundlagen der Kommunikationspolitik

Die **Kommunikationspolitik** umfasst die systematische Planung, Gestaltung, Koordination und Kontrolle aller Kommunikationsmaßnahmen des Unternehmens um die Kommunikationsziele zu erreichen. ■

Im Zentrum der Marktkommunikation (= Kommunikationspolitik, die auf den Absatzmarkt gerichtet ist) steht die **Beeinflussung**. Durch Nutzung von Medien sollen Botschaften an tatsächliche, potenzielle Kunden und andere Marktteilnehmer übermittelt werden mit dem Ziel der Beeinflussung. Ziel dieser Kommunikation ist der Versuch, Meinungen, Einstellungen, Erwartungen und Verhaltensweisen zu beeinflussen und zu steuern, um Unternehmens- und Marketingziele, speziell kommunikationspolitische Ziele, durchzusetzen (vgl. Bruhn 2010, 3).

Zur Erfüllung kommunikationspolitischer Ziele stehen den Unternehmen mehrere Kommunikationsinstrumente (oft wird auch von Erscheinungsformen der Kommunikationspolitik gesprochen) zur Verfügung (vgl. Tabelle 7.3). Neben den Basisinstrumenten Werbung, Verkaufsförderung und Öffentlichkeitsarbeit haben sich eine Reihe neuer Instrumente in der Marketingpraxis bewährt, die hier nur genannt werden können (vgl. Esch/Herrmann/Sattler 2011, 270; Eckardt/Hardiman 2011; Scharf/Schubert/Hehn 2012).

Anmerkung:

Der persönliche Verkauf wird der Distributionspolitik zugeordnet.

Tabelle 7.3 Kommunikationsinstrumente

Kommunikationsinstrumente	
▪ Werbung ▪ Verkaufsförderung ▪ Öffentlichkeitsarbeit ▪ Sponsoring ▪ Guerilla-Marketing	▪ Event-Marketing ▪ Product Placement ▪ Direktkommunikation ▪ Virale Marketing ▪ Mund-zu-Mund-Kommunikation ▪ Mobile Marketing ▪ Ambush-Marketing u. a.

Kommunikationsziele (vgl. 1.6) werden aus den übergeordneten Unternehmens- und Marketingzielen abgeleitet. Man unterscheidet psychografische und ökonomische Ziele (vgl. Tabelle 7.4).

Tabelle 7.4 Kommunikationsziele

Psychografische Kommunikationsziele	Ökonomische Kommunikationsziele
▪ Aktivierung von Bedürfnissen ▪ Nachfrage wecken ▪ Information über das Produkt und das Unternehmen ▪ Bekanntheitsgrad des Unternehmens und/oder von Produktion erhöhen und ▪ Imageaufbau u. a.	▪ Umsatzsteigerung ▪ Umsatzerhaltung und ▪ Marktanteilssteigerung u. a.

Der Kommunikationsprozess und seine wichtigen Elemente können mit der bekannten **Kommunikationsformel** von Lasswell beschrieben werden:

- WER (Sender: z. B. Unternehmen, Werbeagentur)
- SAGT WAS (Botschaft)
- ÜBER WELCHEN KANAL (Medien)
- ZU WEM (Empfänger, Zielgruppe)
- MIT WELCHER WIRKUNG? (Reaktion der Empfänger auf die Botschaft).

Damit erfordern Kommunikationsprozesse einen **Sender**, erfordern **Medien**, die die **Botschaft** an die bestimmten **Empfänger** übermitteln. Die Aufgabe des Senders ist erfüllt, wenn der Empfänger auf die Botschaft wie gewünscht reagiert, zum Beispiel seine Meinung über das Produkt ändert oder ein bestimmtes Produkt eines Unternehmens kauft.

7.9.2 Klassische Werbung

Unter **klassischer Werbung** wird ein kommunikativer Beeinflussungsprozess mithilfe von Massenkommunikationsmitteln in verschiedenen Medien verstanden, der das Ziel hat, beim Adressaten marktrelevante Einstellungen und Verhaltensweisen im Sinne der Unternehmensziele zu verändern (vgl. Meffert/Burmann/Kirchgeorg 2015). ▪

Es werden unterschiedliche Arten der Werbung unterschieden (vgl. Weis 2012). Im Industriegütermarketing dominiert die Direktwerbung. Bei dieser Art der Werbung ist die Werbebotschaft (z. B. Werbebrief, mailing) „direkt" an ausgewählte Zielpersonen gerichtet und individuell gestaltet.

Die bereits angeführte Kommunikationsformel von Laswell lässt erkennen, welche Entscheidungen bei der Planung von Werbemaßnahmen erforderlich sind. Plant ein Unternehmen eine Werbekampagne, so muss das Unternehmen in deren Vorbereitung einige Probleme lösen und entsprechende Festlegungen treffen (Abbildung 7.9), die in ihrer Gesamtheit zu sehen sind und daher nicht einzeln, unabhängig voneinander abzuarbeiten sind.

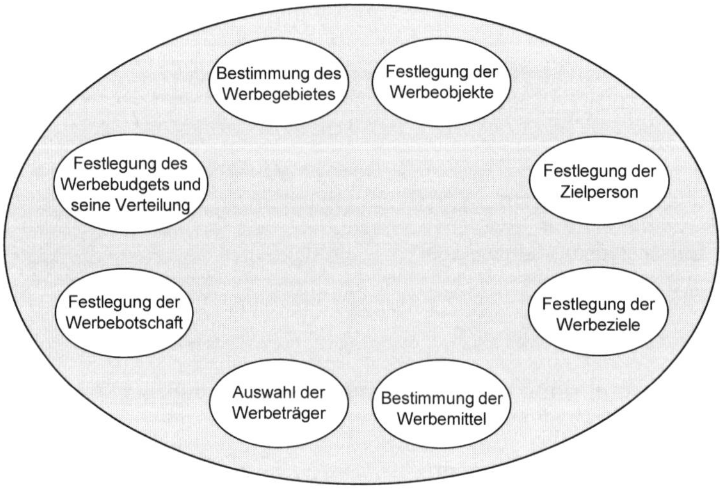

Abbildung 7.9 Festlegungen im Prozess der Werbeplanung

7.9.3 Verkaufsförderung (sales promotion)

Die Verkaufsförderung wird in der Literatur nicht einheitlich definiert. Im Wesentlichen handelt es sich um einen Sammelbegriff für „Aktionen“, für absatzstimulierende Maßnahmen.

„**Verkaufsförderung** (VKF) bedeutet die Analyse, Planung, Durchführung und Kontrolle zeitlich befristeter Maßnahmen mit Aktionscharakter, die eingesetzt werden, um auf nachgelagerten Vertriebsstufen (Verkaufspersonal, Handel, Nachfrager) durch zusätzliche Anreize die Kommunikations- und Vertriebsziel eines Unternehmens zu erreichen“ (vgl. Meffert(Burmann/Kirchgeorg 2015). ■

Mit Verkaufsförderung soll **kurzfristig** und **unmittelbar** der Absatz von Produkten und Dienstleistungen stimuliert werden.

Der Stellenwert der Verkaufsförderung ist in den letzten Jahren gestiegen.

Im Unterschied zur klassischen Werbung spricht die Verkaufsförderung drei verschiedene Ebenen bzw. Zielgruppen an. Je nach dem Adressatenkreis unterscheidet man, wie in der o. a. Definition bereits angedeutet, folgende **Aktionsfelder:**

- die verkaufspersonalorientierte bzw. außendienstgerichtete Verkaufsförderung (staff promotions):
  Schulungen des Außendienstes, Verkaufswettbewerbe, Verkaufshilfen für den Außendienstmitarbeiter, z. B. Verkaufshandbücher, Muster, Videos, CD-ROM u. a.

- die handelsorientierte Verkaufsförderung (trade promotions):
  Händlerschulungen, Funktionsrabatte, Werbekostenzuschüsse, Ausgestaltung der Verkaufsräume des Handels, Displays, Incentives (Geschenke für Händler und deren Verkaufspersonal) u. a.
- die konsumentenorientierte bzw. verbrauchergerichtete Verkaufsförderung (consumer promotions):
  Verteilung von Proben, Preisausschreiben, Sonderangebote, Gutscheine, Verkostungen u. a.

7.9.4 Öffentlichkeitsarbeit (public relations)

Die **Öffentlichkeitsarbeit** umfasst sämtliche Maßnahmen eines Unternehmens, bei ausgewählten internen und externen Zielgruppen um Verständnis und Vertrauen zu werben.

Im Unterschied zur Werbung und Verkaufsförderung zielt die PR nicht unmittelbar auf die Beeinflussung solcher relevanter Größen wie Umsatz und Marktanteil. In erster Linie besteht die Aufgabe der PR darin, bei ausgewählten Zielgruppen Verständnis, Vertrauen und Akzeptanz für das Unternehmen zu gewinnen, zu erhalten und zu verbessern. Aus dieser Aufgabe lassen sich folgende inhaltlichen Schwerpunkte für die Öffentlichkeitsarbeit ableiten:

- Information über Unternehmensaktivitäten und Krisen (Krisen-PR)
- Kontaktpflege mit ausgewählten Zielgruppen
- Dokumentation gesellschaftlicher Verantwortung
- Stellungnahme zu öffentlichen Streitpunkten

Zu den **betriebsinternen Zielgruppen** der PR zählen z. B. Mitarbeiter des Unternehmens, Eigentümer, Gesellschafter, Betriebsrat. Zu den **betriebsexternen Zielgruppen** zählen z. B. aktuelle und potenzielle Kunden, Lieferanten, Handel, Medien, Meinungsführer, Vereine, Verbände, Gewerkschaften, Bürgerinitiativen, Banken, Aktionäre und Wettbewerber. Die im Rahmen der PR einzusetzenden Maßnahmen richten sich nach der anzusprechenden Zielgruppe.

Ausgewählte **interne PR-Maßnahmen:** Betriebsversammlungen, Mitarbeitergespräche, Hauszeitschriften, Informationstafeln u. a.

Auf dem Gebiet der **externen PR** kommen beispielsweise folgende **Maßnahmen** zum Einsatz: Pressearbeit, Durchführung von Informationsveranstaltungen u. a.

Erkenntnisse:

Erfolgreiches Marketing erfordert Kommunikation mit den verschiedenen Marktpartnern. Unternehmen können in den Kommunikationsprozess professionelle Dienstleister (Werbeagenturen) einbeziehen. Dem Unternehmen steht eine Vielzahl von Kommunikationsinstrumenten zur Verfügung. Sie unterscheiden sich hinsichtlich ihrer speziellen Zielstellungen und der angesprochenen Zielgruppen.

7.10 Kontrahierungspolitik

7.10.1 Grundlagen der Kontrahierungspolitik

Die **Kontrahierungspolitik** beinhaltet alle Entscheidungen über das Entgelt des Leistungsangebotes, über mögliche Rabatte und über Lieferungs-, Zahlungs- und Kreditbedingungen.

Die Kontrahierungspolitik (vgl. Abbildung 7.10) ist damit der Teil der Marketingpolitik, der die Gestaltung der Bedingungen, die Teil des Kaufvertrages werden, beinhaltet. Der bedeutendste Teilbereich der Kontrahierungspolitik ist die **Preispolitik.**

Abbildung 7.10 Aufgabenbereiche der Kontrahierungspolitik

Ursachen für den Bedeutungszuwachs der Kontrahierungspolitik liegen

- im gestiegenen Preisbewusstsein sowohl bei privaten Konsumenten als auch bei Organisationen,
- in Überkapazitäten, die zu einem verstärkten Preisdruck führen, und
- in der aggressiven Preispolitik ausländischer Anbieter.

7.10.2 Preispolitik

Weis (2012) versteht unter **Preispolitik** alle Entscheidungen des Unternehmens, Einfluss auf die Preise zu nehmen und diese durchzusetzen.

Die Festlegung der Höhe des Entgeltes und die Durchsetzung dieses Preises am Markt ist Aufgabe der Preispolitik.

Der **Preis** eines Produktes ist die monetäre Gegenleistung (Entgelt) des Käufers für eine bestimmte Menge des Gutes.

Wichtige **Entscheidungen**, die im Rahmen der Preispolitik eines Unternehmens zu fällen sind, betreffen u. a. (vgl. Weis 2012)

- die Preislage (obere, untere, mittlere), in der ein Unternehmen agieren und seine Produkte anbieten will,
- die Preise von neu einzuführenden Produkten,
- die Preisänderungen von Produkten und Produktgruppen des bestehenden Leistungsprogrammes,
- die Differenzierung der Preise eines Produktes (es werden unterschiedliche Preise für gleiche Produkte in den verschiedenen Marktsegmenten verlangt) sowie
- die Preise für die Produkte/Leistungen in den einzelnen Stufen (Hersteller, Großhandel, Einzelhandel, Verbraucher) des Distributionsprozesses.

Preispolitische Ziele sind beispielsweise:

- Gewinnung von Marktanteilen
- Ausschalten von Mitbewerbern, Abschrecken von Mitbewerbern
- Verbesserung der Gewinnsituation
- Verbesserung der Umsatzsituation
- Erreichung eines bestimmten Images für das/die Produkt/e
- Erschließung neuer Märkte

Bei der Festlegung des Entgeltes geht es nicht um die Festlegung objektiv gerechter Preise, sondern um Preise, die den preispolitischen Zielstellungen des Unternehmens entsprechen und zur Erfüllung dieser Ziele beitragen. Neben den preispolitischen Zielstellungen des Unternehmens sind weitere preisbestimmende Faktoren zu beachten.

In Abbildung 7.11 sind die **Determinanten** der Preispolitik zusammengefasst.

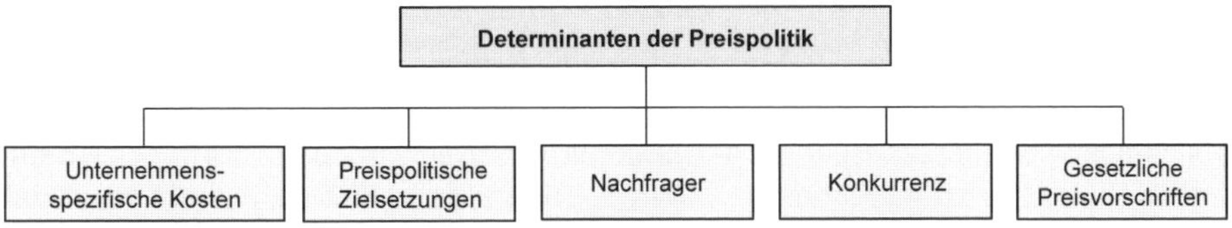

Abbildung 7.11 Determinanten der Preispolitik (vgl. Weis 2012)

In der Praxis werden unterschiedliche **Preisbildungsverfahren** angewendet. Im Rahmen der **kostenorientierten Preisbildung** (vgl. Abschn. 10.4.5.4) wird der Preis ermittelt, den ein Unternehmen auf Grund seiner betriebsindividuellen Kostensituation erreichen muss.

Auf der Grundlage der Selbstkosten wird der Verkaufspreis ermittelt, indem zu den ermittelten Selbstkosten ein Gewinnaufschlag addiert wird:

Selbstkosten

+ Gewinn

= Barverkaufspreis

+ Kundenskonto

= Zielverkaufspreis

+ Kundenrabatt

= Netto-Verkaufspreis

+ Mehrwertsteuer

= Brutto-Verkaufspreis

Diese Art der Preisbildung wird auch als progressive Preisermittlung bezeichnet. Zu beachten ist, dass ein so ermittelter Preis nicht dem Marktpreis entsprechen muss.

Bei der **marktorientierten Preisbildung** ist nicht die betriebsindividuelle Kostensituation der Ausgangspunkt, sondern ein Marktpreis, der auf seine „Auskömmlichkeit" hin für das Unternehmen überprüft wird. Im Prinzip wird bei dieser Preisbildung kein Preis ermittelt, sondern es wird von einem Preis (z.B. Konkurrenzpreis; Preis, der sich aus der Preisbereitschaft der Nachfrager ergibt) ausgegangen. Bei diesem Preis wird nach Abzug der Kosten der verbliebene Gewinn mit den Gewinnvorstellungen des Unternehmens verglichen. Da es sich im Prinzip um eine „Rückrechnung" handelt, wird diese Preisbildung auch als **retrograde Preisbildung** bezeichnet.

7.10.3 Konditionenpolitik

Zur Konditionenpolitik zählen die Rabattpolitik, die Lieferungs- und Zahlungsbedingungen und die Absatzfinanzierungspolitik (Kreditpolitik) (vgl. Abbildung 7.10).

Rabatte und die Lieferungs- und Zahlungsbedingungen führen zu **Preismodifizierungen**. Mit der Absatzfinanzierungspolitik beeinflusst ein Unternehmen das Nachfrageverhalten der Abnehmer. Diese dient besonders der Erhöhung der Kaufkraft der Nachfrager. Kreditpolitische Mittel nehmen im Marketing von Investitionsgüteranbietern, bedingt durch das hohe Auftragsvolumen und die z.T. lange Zeitdauer der Realisierung der Aufträge, eine zentrale Stellung ein.

Erkenntnisse:

Die Kontrahierungspolitik mit dem Schwerpunkt Preispolitik ist ein weiterer Bestandteil des Marketing-Mix eines Unternehmens. Hauptaufgabe der Preispolitik ist die Bestimmung eines Preises gemäß den preispolitischen Zielsetzungen des Unternehmens und die Durchsetzung des Preises/der Preise am Markt. Preise können kosten- und marktorientiert ermittelt werden.

7.11 Distributionspolitik

7.11.1 Grundlagen der Distributionspolitik

Mit dem Begriff Distribution wird der Vertrieb der Produkte eines Unternehmens bezeichnet.

Die **Distributionspolitik** beschäftigt sich mit allen Entscheidungen und deren Realisierung, die im Zusammenhang mit dem Weg eines Produktes oder einer Leistung vom Produzenten zum Endverbraucher oder -verwender gefällt werden müssen (vgl. Weis 2012).

Wesentliche **Ziele** der Distributionspolitik sind:

- Erreichung eines bestimmten Distributionsgrades

  (Mit dem Distributionsgrad wird das Niveau bzw. der Umfang, in welchem das Produkt für die Endverbraucher erhältlich ist, beschrieben. Hoher Distributionsgrad heißt, das Produkt muss in vielen Verkaufsstellen in ausreichender Menge angeboten werden.)
- Erhöhung des Umsatzes
- Sicherung eines bestimmten Niveaus der Lieferbereitschaft (beispielsweise Lieferung in 24 h)
- Steigerung des Marktanteils
- Senkung der Vertriebskosten u. a.

Unter Beachtung der zu erfüllenden Aufgaben werden zwei **Aufgabenbereiche** der Distributionspolitik unterschieden:

1. Die **Absatzwegepolitik**

   Diese umfasst Entscheidungen zur Wahl der Absatzwege, zur Gestaltung der eigenen Verkaufsorgane eines Unternehmens und der zu integrierenden fremden Distributionsorgane in den Absatzweg unter Berücksichtigung, ob werkseigener, werksgebundener oder ausgegliederter Vertrieb realisiert werden soll.
2. Die **physische Distribution** (Distributionslogistik)

   Diese umfasst im Wesentlichen Entscheidungen zur Lagerhaltung, zum Transport, zur Transportverpackung und zur Gestaltung informeller Prozesse (Auftragsabwicklung).

7.11.2 Absatzwege

Absatzwege (Vertriebswege, Absatzkanäle, marketing channel) beschreiben den Weg eines Produktes vom Hersteller bis zum Verbraucher/Verwender. Sie umfassen die rechtlichen, ökonomischen und kommunikativ-sozialen Beziehungen aller am Verteilungs- bzw. Distributionsprozess beteiligten Personen und Institutionen (Meffert/Burmann/Kirchgeorg 2015).

Distributionsorgane sind Bestandteile bzw. Komponenten von Absatzwegen. Sie sind die Leistungsträger der Distribution. Bei den Distributionsorganen unterscheidet man unternehmenseigene und unternehmensfremde Organe.

Unternehmenseigene Leistungsträger u. a.:

- Geschäftsführung/Mitglieder der Geschäftsführung
- Verkaufs-/Vertriebsabteilung
- Niederlassungen
- Reisende (Außendienstmitarbeiter, Vertriebsingenieure)

Bei den unternehmensfremden Leistungsträgern handelt es sich um wirtschaftlich und rechtlich selbstständige Organe, z. B. den Handelsvertreter und die Handelsbetriebe (Groß- und Einzelhandel).

Prinzipiell unterscheidet man direkte und indirekte **Absatzwege** (Abbildung 7.12).

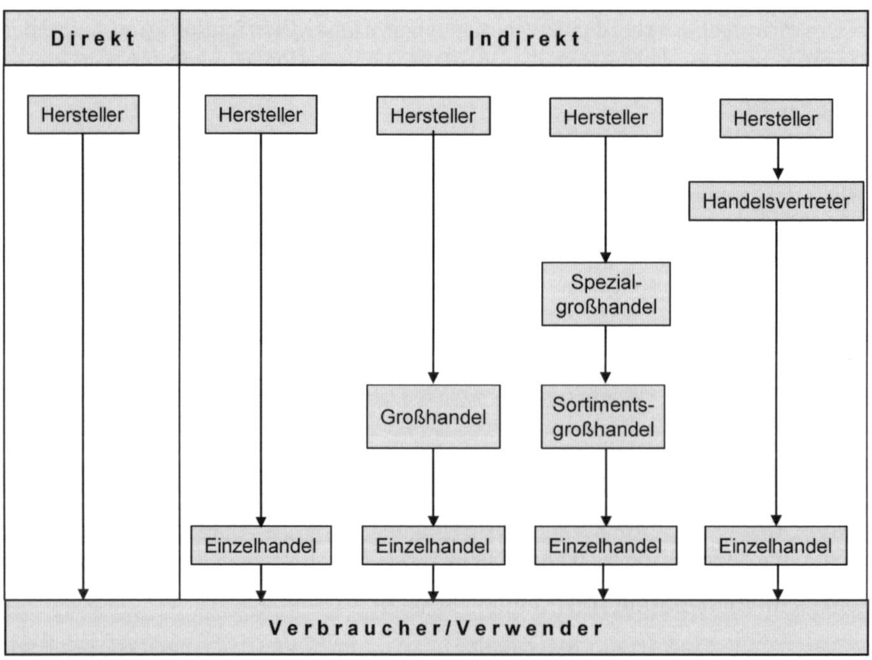

Abbildung 7.12 Absatzwege

Direkter Absatzweg:

Der Absatz erfolgt durch unternehmenseigene Distributionsorgane. Es werden keine fremden Distributionsorgane (Handel) in den Absatzweg integriert. Es besteht unmittelbarer Kontakt zwischen Hersteller und Verbraucher/Verwender. Der Hersteller muss sämtliche Absatzfunktionen realisieren (kostenaufwendig!). Durch Anwendung des Electronic Commerce (Einsatz elektronischer Medien, z. B. Internet, Online-Dienste) ergeben sich neue Perspektiven für den Direktvertrieb und den After-Sales-Service.

Indirekter Absatzweg:

Der Absatz erfolgt unter Einschaltung unternehmensfremder Distributionsorgane (Handel) (vgl. 5.5.2.1). Diese übernehmen beim Absatz bestimmte Funktionen und entlasten dadurch den Hersteller von Absatzfunktionen und Kosten.

Bei der Auswahl von Absatzwegen sind besonders produktbezogene, unternehmensbezogene und marktbezogene Faktoren zu beachten.

So sprechen folgende Faktoren für direkten Absatz:

- eine begrenzte Anzahl von Abnehmern
- starke räumliche Konzentration der Abnehmer
- hohe Erklärungsbedürftigkeit der Produkte beim Kauf
- technisch komplizierte Produkte
- starke Kundendienstbedürftigkeit
- konstante Nachfrage

Direktabsatz wird daher vorwiegend bei Industriegütern angewendet. Der indirekte Absatz wird auf Grund der großen Anzahl von Nachfragern/Abnehmern bei Konsumgütern dominieren.

Veränderungen im Kundenverhalten, interne Unternehmensentwicklungen, verschärfter Wettbewerb und eine zunehmende internationale Disribution haben in den letzten Jahren zur **Mehrkanaldistribution** (es wird auch von Mehrwegabsatz, Mehrkanalvertrieb, multipler Distribution oder engl. Multi Channnel Distribution gesprochen) geführt. Mehrwegabsatz ist durch die gleichzeitige parallele Nutzung verschiedener Absatzwege gekennzeichnet. Der Hauptgrund für Mehrwegabsatz ist das Streben der Unternehmen nach Ausschöpfung des Marktpotenzials. Unterschiedliche Kundengruppen sollen mit unterschiedlichen Distributionskanälen erreicht werden. Der Grundsatz lautet: „Wir müssen dort sein, wo der Kunde uns erwartet". Mehrkanalvertrieb erfolgt z. B. bei dem Sportartikelhersteller Adidas über die parallele Nutzung folgender Absatzwege: Direktvertrieb via Internet, indirekter Absatz über Onlinehändler (z. B. Amazon), indirekter Absatz über Szene-Händler, Direktabsatz durch eigene Filialen, indirekter Absatz über traditionelle Händler u. a. (vgl. Meffert/Burmann/Kirchgeorg 2015).

Ziel ist immer die Schaffung von effizienten Absatzwegen. Das erfordert den Einsatz von entsprechenden Wirtschaftlichkeitsbetrachtungen.

7.11.3 Physische Distribution (Marketinglogistik)

Unter physischer Distribution wird der körperliche Transfer von Produkten vom Hersteller zum Verwender, Verbraucher verstanden.

Aufgabe der Distributionslogistik ist

- das richtige Produkt
- in der richtigen Menge
- am richtigen Ort
- zur rechten Zeit
- im rechten Zustand

zu minimalen Kosten (Logistikkosten) dem Kunden zur Verfügung zu stellen. Die physische Distribution umfasst damit alle Aktivitäten (z.B. Lagerhaltung, Transport und Auftragsabwicklung), die notwendig sind, um die Produkte vom Punkt der Fertigstellung im Unternehmen bis zum letzten Glied im Absatzweg zu bringen.

Distributionslogistische Leistungen der Unternehmen, die sich im Niveau des Lieferservice der Unternehmen dokumentieren, haben sich zu einem wichtigen Wettbewerbsinstrument entwickelt. Schnelle Warenlieferungen verschaffen Unternehmen in Käufermärkten zusätzliche Wettbewerbsvorteile, aber mit der Konsequenz steigender Logistikkosten.

Auch die mit der Globalisierung der Märkte verbundene Vergrößerung der Absatzgebiete der Unternehmen, die mit erhöhten Transportleistungen verbunden sind, führen insgesamt zu einer Zunahme der Logistikkosten.

7.11.4 Persönlicher Verkauf (personal selling)

Im Wesentlichen besteht die Hauptaufgabe des persönlichen Verkaufs in der Durchführung von Verkaufsgesprächen mit dem Ziel eines Kaufabschlusses. Der persönliche Verkauf ist das kommunikative Element der Distributionspolitik. Er tritt in vielen Erscheinungsformen auf:

- Verkaufsbesuche bei Kunden (Außendienstbesuche)
- Verkauf/Präsentation auf Messen
- Beratung von Vertragshändlern
- Bearbeitung von Kundenanfragen
- Telefonverkauf u. a.

Neben der Erzielung von Kaufabschlüssen hat der persönliche Verkauf weitere Aufgaben zu erfüllen:

- **Informationsgewinnung/Markterkundungsaufgabe**
  Im Rahmen von Kundengesprächen sind Informationen über den Bedarf der tatsächlichen, potenziellen Kunden und Informationen zu Produktverbesserungen zu gewinnen u. a.
- **Verkaufsberatende Aufgabe**
  Beratung des Kunden zum Einsatz der Produkte u. a.

- **Imagebildung**
  Die Außendienstmitarbeiter sind oftmals die einzigen Personen eines Unternehmens, die unmittelbaren Kontakt mit den Kunden haben. Sie tragen mit ihrem Auftreten in Verkaufsverhandlungen zur Imagebildung des Unternehmens bei.
- **Kundenpflege**
- **Neukundengewinnung**

Unter Beachtung dieser Aufgaben stellt der persönliche Verkauf das „Aushängeschild" des Unternehmens dar und zählt zu den **kostenintensivsten Marketingmitteln**. So kalkulieren Unternehmen mit durchschnittlich zwischen 150 und 250 € pro Kundenbesuch eines Außendienstmitarbeiters, einige sogar mit 500 €.

Das Verkaufsmanagement umfasst die Planung, Steuerung und Kontrolle des persönlichen Verkaufs.

Wichtige Maßnahmen des Verkaufsmanagements sind u.a. die Schaffung effizienter Organisationsstrukturen im Verkauf, die Verkaufsbezirksaufteilung, die Planung des Verkaufsbudgets und die Routenplanung.

Erkenntnisse:
Absatzwege beschreiben den Weg eines Produktes vom Hersteller zum Verwender bzw. Verbraucher. Neben den Entscheidungen zur Gestaltung der Absatzwege sind auch Entscheidungen im Logistikbereich zu treffen.

7.12 Trends

Folgende allgemeine Entwicklungen sind im Marketingumfeld festzustellen und im Marketing der Unternehmen entsprechend zu berücksichtigen:

- Konsumenten werden zunehmend kritischer, konsumerfahrener und können sich auf Grund der vielfältigen Informationsmöglichkeiten (z.B. Internet) besser über das Angebot informieren. Der Konsument kann gezielt seine Informationsquellen aussuchen.
- Die Bedürfnisse und Verhaltensweisen der Konsumenten ändern sich ständig. Der Konsument wird unberechenbarer. Das erschwert die Marktsegmentierung und erfordert neue moderne Segmentierungsansätze, bspw. die Segmentierung von Sinus Milieus.
- Die Nachfrager (private Konsumenten und Organisationen) werden preisbewusster.
- Es werden höhere Anforderungen an Zuverlässigkeit, Qualität, Umweltfreundlichkeit, Design und technologischen Fortschritt der Produkte gestellt (bei Konsum- und Investitionsgütern). Produktbegleitende Maßnahmen (z.B. Kundendienst) und Lieferservice werden als Wettbewerbsinstrument weiterhin an Bedeutung gewinnen.
- Die Zielgruppe der Konsumenten („Generation 50 plus") erfährt einen Bedeutungszuwachs (relativ hohes frei verfügbares Einkommen und zahlenmäßige Zunahme dieses Segmentes).

- Das Internet bietet den Unternehmen neue Perspektiven für das Marketing. Es ergeben sich vielfältige Möglichkeiten zur Erweiterung und Ergänzung des Marketing-Mix, angefangen von einer einfachen Internetpräsenz bis zur Nutzung von social media (vgl. Eckardt/Hardiman 2011).
- Zunehmende Bedeutung des online-marketing
- In der betrieblichen Praxis wird das Customer Relationship Management an Bedeutung gewinnen.

7.13 Kontrollfragen

1. Charakterisieren Sie die Marketingdenkweise! (Abschn. 7.2)
2. Was sind Marketingziele? (Abschn. 7.3.1)
3. Charakterisieren Sie den Marketingprozess! (Abschn. 7.3.1)
4. Charakterisieren Sie den Sektor Industriegütermarketing! (Abschn. 7.5.2)
5. Was wird unter Marketingstrategie verstanden? (Abschn. 7.6.1)
6. Charakterisieren Sie die differenzierte Marktbearbeitung! (Abschn. 7.6.3)
7. Was ist ein Segment? (Abschn. 7.6.3)
8. In welchen Etappen läuft der Marktforschungsprozess ab? (Abschn. 7.7.1)
9. Werten Sie die Sekundärerhebung! (Abschn. 7.7.2.)
10. Welche Erhebungsmethoden kommen im Rahmen der Primärerhebung zum Einsatz? (Abschn. 7.7.2.)
11. Was ist ein Produkt? (Abschn. 7.8.1)
12. Begründen Sie den exponierten Stellenwert von Produktinnovationen! (Abschn. 7.8.2)
13. Was wird unter Produktvariation verstanden? (Abschn. 7.8.3)
14. Worin besteht das Hauptziel der Kommunikationspolitik eines Unternehmens? (Abschn. 7.9.1)
15. Was wird unter direkten Absatzweg verstanden und unter welchen Bedingungen ist dieser sinnvoll? (Abschn. 7.11.2)
16. Welche Aufgaben hat der persönliche Verkauf zu erfüllen? (Abschn. 7.11.4)

7.14 Übungsaufgabe

Ü1 Produktinnovation

a) **Sachverhalt**

Der Produktinnovationsprozess stellt einen mehrphasigen Prozess dar. Im Wesentlichen umfasst dieser (vgl. dazu Abbildung 7.8):

- die Gewinnung von Produktideen,
- deren Bewertung und Auswahl,
- die Entwicklung der ausgewählten Produkte und
- die Einführung des neuen Produktes am Markt.

In der Phase Feinauswahl sind jene Produktideen herauszufinden, die für das Unternehmen am erfolgversprechendsten sind. Dies erfordert die Anwendung von Wirtschaftlichkeitsanalysen. Ein mögliches einfaches Verfahren zur Beurteilung der Wirtschaftlichkeit einer Neuproduktkonzeption stellt die Break-even-Analyse dar.

Anmerkung: Die Break-even-Menge ist diejenige Absatzmenge, die zur Deckung aller Kosten, die mit der Entwicklung des Produktes und dessen Absatzes anfallen, notwendig ist.

b) **Ausgangsdaten**

Für eine Neuproduktplanung sind folgende Planungswerte bekannt:

Fixkosten: 150 000 €

Variable Kosten: 14 €/Stück

Marktpreis: 30 €/Stück

Erwartete Absatzmenge: 15 000 Stück

c) **Aufgabenstellung**

Kann das Projekt weiter verfolgt werden?

Wenden Sie für die Entscheidungsfindung die Break-even-Analyse an!

7.15 Literatur- und Quellenverzeichnis

Automobil-Industrie: April 1998, 43. Jahrgang, Würzburg, Vogel

Backhaus, K./Voeth, M.: Industriegütermarketing. 10. Aufl., München: Verlag Vahlen, 2014

Backhaus, K./Erichson, B./Plinke, W./Weiber, R.: Multivariate Analysemethoden. 13. Aufl., Berlin, Heidelberg, New York, Tokyo: Springer Verlag, 2011

Becker, J.: Marketing-Konzeption. 10. Aufl., München: Verlag Franz Vahlen, 2013

Berekoven, L./Eckert, W./Ellenrieder, P.: Marktforschung. 11. Aufl., Wiesbaden: Gabler, 2006

Bruhn, M.: Kommunikationspolitik. 6. Aufl., München: Verlag Franz Vahlen, 2010

Büchner, A.: Studienbriefreihe der Fern-Fachhochschule Hamburg, Allgemeine Betriebswirtschaftslehre II, 3 Studienbriefe, 2007

Diller, H.: Vahlens Großes Marketinglexikon. München: Verlag C. H. Beck, 2001

Eckardt, G. H./Hardiman, M.: Marketing. Grundlagen und Praxis, 2. Aufl., Göttingen: GHS, 2011

Esch, F. R./Herrmann, A./Sattler, H.: Marketing. Eine managementorientierte Einführung. 4. Aufl., München: Verlag Franz Vahlen, 2013

Fantapié Altobelli, C.: Marktforschung Methoden – Anwendungen – Praxisbeispiele , 2.Auflage, UVK Verlagsgesellschaft, Konstanz und München 2011

Freiling, J./Köhler, R.: Marketingorganisation Die Basis einer marktorientierten Unternehmenssteuerung, Verlag W. Kohlhammer 2014

Freter, H.: Markt- und Kundensegmentierung, kundenorientierte Markterfassung und -bearbeitung. 2. Aufl., Stuttgart: Verlag W. Kohlhammer, 2008

Godefroid, O./Pförtsch, W.: Business-to-Business-Marketing. 4. Aufl., Ludwigshafen: Kiehl Verlag, 2009

Heinemann, G.: Cross-Channel – Management, Integrationserfordernisse im Multi-Channel-Handel, Gabler, 2011

Homburg, Ch.: Grundlagen des Marketingmanagement. 3. Aufl., Berlin/Heidelberg: Springer Verlag, 2012

Hüttel, K.: Produktpolitik. 3. Aufl., Ludwigshafen: Kiehl Verlag, 1998

Kastin; K.: Marktforschung mit einfachen Mitteln. 3. Aufl., München: DTV, 2008

Kloss, I.: Werbung. 5. Aufl. München: Verlag Franz Vahlen, 2012

Kotler, P./Keller, K./Bliemel, F.: Marketing-Management. 12. Aufl., Pearson Studium, 2007

Kroeber-Riel, W./Esch, F.: Strategie und Technik der Werbung. 7. Aufl., Stuttgart: Verlag W. Kohlhammer, 2011

Meffert, H.: Marketing, Grundlagen marktorientierter Unternehmensführung, Konzepte – Instrumente – Praxisbeispiele. 9. Aufl., Wiesbaden: Gabler, 2005

Meffert, H./Bruhn, M.: Dienstleistungsmarketing. Grundlagen – Konzepte – Methoden. Wiesbaden: Gabler, 2009

Meffert, H./Burmann, C./Kirchgeorg, M.: Marketing. Grundlagen marktorientierter Unternehmensführung. 12.. Aufl., Wiesbaden: Gabler, 2015

Nieschlag, R:/Dichtl, E./Hörschgen, H.: Marketing. 19. Aufl., Duncker & Humblot, 2002

Pepels, W.: Handbuch des Marketing. 6. Aufl., München: Oldenbourg Verlag, 2012

Scharf,A./Schubert, B./Hehn, P.: Marketing, Einführung in Theorie und Praxis, Schäffer-Poeschel Verlag Stuttgart, 2012

Schulte, C.: Logistik, Wege zur Optimierung der Supply Chain. 6. Aufl., München: Verlag Franz Vahlen, 2013

Schweiger, G./Schrattenecker, G.: Werbung. Stuttgart: Lucius & Lucius, 2005

Simon, H./Fassnacht, M.: Preismanagement. 3. Aufl., Wiesbaden: Gabler, 2009

Specht, G./Fritz, W.: Distributionsmanagement. 4. Aufl., Verlag W. Kohlhammer, 2005

Weis, C.: Marketing. 16. Aufl. Ludwigshafen: Kiehl Verlag, 2012

Weis, C.: Verkaufsmanagement. 6. Aufl. Ludwigshafen: Kiehl Verlag, 2005

Weis, C./Steinmetz, P.: Marktforschung. Ludwigshafen: Kiehl Verlag, 2012

Werani, T.: Business-to-Business-Marketing , Ein wertbasierter Ansatz,Verlag W. Kohlhammer 2012,

Winkelmann, P.: Marketing und Vertrieb. München, Wien: Oldenbourg, 2013

Wolf, V.: E-Marketing. München, Wien: Oldenbourg, 2007

AMA 2007, http://www.marketingpower.com

8 Finanzwirtschaft

8.1 Studienziele

Dieses Kapitel soll dem Leser ermöglichen

- die betriebliche Finanzwirtschaft als systemimmanenten Bestandteil der Betriebswirtschaft zu verstehen;
- die differenzierten Finanzierungsarten zu unterscheiden und zu charakterisieren;
- die beiden klassischen Finanzierungsregeln kennen zu lernen und einzuschätzen;
- den Zusammenhang von Cashflow und Jahresüberschuss herzustellen;
- die differenzierten Möglichkeiten der Einlagen- und Beteiligungsfinanzierung für unterschiedliche Unternehmensformen zu erkennen;
- die Potenzen emissionsfähiger Unternehmen für die Eigenkapitalstärkung aufzuzeigen;
- Alternativen der langfristigen und kurzfristigen Fremdfinanzierung von Unternehmen zu erkennen und nach Wirtschaftlichkeitskriterien zu vergleichen;
- grundlegende Aufgaben der finanziellen Führung zu verstehen.

8.2 Einführung in die Finanzwirtschaft

8.2.1 Zusammenhang von Investition und Finanzierung

Sie haben in den vorangegangenen Kapiteln vielfältige betriebliche Aufgaben kennen gelernt, die finanzielle Voraussetzungen oder finanzielle Auswirkungen haben. Als zwei Seiten eines einheitlichen Prozesses sind zusammenzuführen

- die Beschaffung der finanziellen Mittel (Kapitalbeschaffung) und
- die Verwendung der finanziellen Mittel (Kapitalverwendung).

Die Beschaffung bzw. Aufbringung finanzieller Mittel kennzeichnet die **Finanzierung**, die Verwendung finanzieller Mittel die **Investition**.

Investition und Finanzierung stehen in einem engen Zusammenhang. Investitionen sind nur dann realisierbar, wenn eine Finanzierung „darstellbar" ist. Andererseits erfordern freie finanzielle Mittel eine ertragbringende, investive Verwendung.

Finanzierung und Investition sind den zwei Seiten der Handelsbilanz zuordenbar (vgl. Abschnitt 10.3.4). Während die Bestandsgrößen der Finanzierung auf der Passivseite der Bilanz dargestellt werden, enthält die Aktivseite die Ergebnisse der Investitionen als Bestandsgrößen.

Den Investitionsprozess haben Sie im Kapitel 4 kennen gelernt. Der Finanzierung wendet sich das aktuelle Kapitel zu.

8.2.2 Finanzwirtschaftliche Ziele

Finanzwirtschaftliche Ziele sind Bezug nehmend auf die allgemeinen Unternehmensziele (vgl. Abschnitt 1.6)

- die Maximierung des Ergebnisses oder der Rentabilität,
- die Sicherung der Liquidität,
- die nachhaltige Sicherheit, ggf. auch Unabhängigkeit des Unternehmens.

Dabei gelten folgende **Zusammenhänge:**

- Als Ergebnis finden Gewinngrößen und/oder Cashflow-Größen (vgl. Abschn. 8.4) Anwendung. Dabei ergibt sich der Gewinn als Differenz der Erlöse und Kosten bzw. der Erträge und Aufwendungen, der Cashflow als Differenz der Einzahlungen und Auszahlungen.
- Die Rentabilität stellt den Quotienten einer Ergebnisgröße (Gewinn und/oder Cashflow) und einer Bezugsgröße, wie Kapitaleinsatz und Umsatz, dar.
- Die Sicherung der Liquidität beinhaltet das existenzielle Postulat der ständigen Zahlungsfähigkeit.

Moderne Zielkonzeptionen betonen die Sicht der Kapitaleigner (Shareholder) auf Steigerung des Unternehmenswertes (Shareholder Value). Viele börsennotierte Unternehmen, z. B. Daimler oder RWE, nutzen wertorientierte Konzepte. Danach steigt der Unternehmenswert, wenn das finanzielle Ergebnis höher ist als die Kosten für das Eigen- und Fremdkapital. Anderenfalls findet eine Wertvernichtung statt. (Weiterführende Literatur zur wertorientierten Unternehmensführung u. a. Coenenberg/Salfeld 2007.)

8.2.3 Finanzierungsarten

Finanzierungsarten entstehen durch Strukturierung der Finanzierung nach praktisch relevanten Kriterien.

Für die Systematisierung sind folgende Kriterien bedeutend:

- Herkunft des Kapitals (Außenfinanzierung und Innenfinanzierung)
- Rechtsstellung der Kapitalgeber (Eigenfinanzierung und Fremdfinanzierung)

- Dauer der Finanzierung (unbefristet, langfristig, mittelfristig, kurzfristig)
- Häufigkeit der Finanzierung (laufend, einmalig, gelegentlich)
- Anlass der Finanzierung (Unternehmensgründung, Unternehmenserweiterung, Fusion, Umwandlung, Sanierung)

Die Abbildung 8.1 zeigt das Ergebnis der Strukturierung nach der Herkunft des Kapitals, die auch der weiteren Gliederung im Buch zu Grunde liegt.

Bei der **Außenfinanzierung** handelt es sich um die Finanzierung aus außerbetrieblichen Quellen.

Von außen kommen Einlagen und Beteiligungen sowie Kredite.

- Einlagen und Beteiligungen stellen dabei das Gründungs- oder Erweiterungskapital dar, das betriebliche Eigentümer im Allgemeinen unbefristet bereitstellen.
- Kreditfinanzierung führt hingegen zu Gläubigerkapital. Es wird zeitlich befristet gegen Zahlung von Zinsen genutzt.

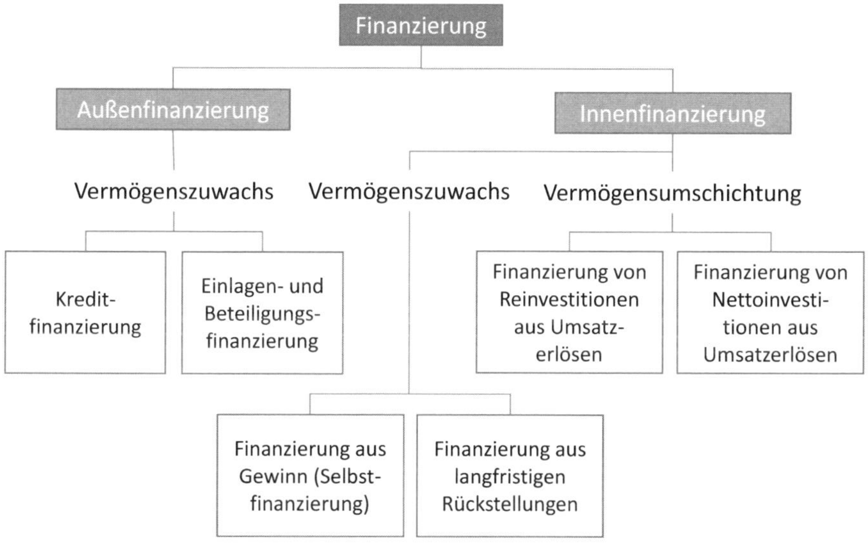

Abbildung 8.1 Gliederung der Finanzierung nach der Herkunft des Kapitals

Bei der **Innenfinanzierung** handelt es sich um eine Finanzierung aus innerbetrieblichen Quellen, vorwiegend aus dem Umsatzprozess.

Anzumerken ist, dass die erwirtschafteten Mittel dennoch von außen kommen, die Quellen dafür aber innerhalb des Unternehmens liegen.

8

Beispiel:

Ein Unternehmen weist folgende Struktur der Erträge und Aufwendungen auf:

Umsatzerlöse	1 000 000 €
Abschreibungen	100 000 €
Personalaufwand	250 000 €
Materialaufwand	500 000 €
Pensionsaufwand	50 000 €

Als Differenz der Umsatzerträge und der Aufwendungen entsteht ein Gewinn von 100 000 €. Das erklärt die Finanzierung aus Gewinn, die sog. **Selbstfinanzierung**. Mit ihr ist ein Vermögenszuwachs verbunden.

Die Material- und die Lohnaufwendungen müssen zur Fortführung des Leistungsprozesses durch die Umsatzerlöse ersetzt werden. In diesem Maße erfolgt die **Finanzierung von Reinvestition aus Umsatzerlösen**. Sie führt ausschließlich zu einer Vermögensumschichtung.

Die Abschreibungen haben eine Sonderstellung. Sie sind Aufwand, der nicht zu Auszahlungen in der gleichen Periode führt. Der über die Umsatzerlöse zurückfließende Betrag kann zwischenzeitlich investiv eingesetzt werden. Das charakterisiert die **Finanzierung von Nettoinvestitionen aus Umsatzerlösen** – begrifflich auch Finanzierung aus Abschreibungen genannt. Sie führt vorwiegend zu einer Vermögensumschichtung.

Unternehmen können im Interesse der Altersversorgung Pensionsaufwendungen – bei steuerlicher Anerkennung – planen. Der Rückfluss dieser Mittel über die Umsatzerlöse führt zu keinen Auszahlungen in der gleichen Periode. Über die Einstellung in die Rückstellungen werden die vereinbarten Ansprüche künftiger Zeiträume gesichert. Bis dahin können die Mittel als Finanzierungsart genutzt werden. Das erklärt an diesem Beispiel die Finanzierung aus langfristigen Rückstellungen. Sie führt zu einem Vermögenszuwachs. ■

Aus der Rechtsstellung der Kapitalgeber resultiert die Trennung von **Eigenkapital und Fremdkapital**.

- Eigenkapital entsteht durch die Einlagen- und Beteiligungsfinanzierung und durch die Selbstfinanzierung.
- Fremdkapital entsteht durch die Kreditfinanzierung und durch die Finanzierung aus Rückstellungen.

Finanzierungen aus Vermögensumschichtungen sind hierbei nicht eindeutig zuordenbar.

8.2.4 Liquidität

Liquidität erklärt die Fähigkeit eines Unternehmens, die fälligen Verbindlichkeiten unter der Voraussetzung des reibungslosen Ablaufs des Betriebsprozesses zu begleichen, d. h. alle Zahlungsverpflichtungen

- betragsgenau und
- zeitgenau (fristgerecht) zu erfüllen.

Die Liquidität (siehe auch 1.5.2.4) ist eine **Existenzbedingung** des Unternehmens und gehört deshalb zu den finanzwirtschaftlichen Oberzielen. Allgemein gilt, dass unter Einbeziehung des Anfangsbestandes an Zahlungsmitteln (AB an ZM) die Einzahlungen und ggf. eine freie Kreditlinie (Kr-Linie) ausreichend sein müssen, um die fälligen Auszahlungen jederzeit tätigen zu können.

$$\text{AB an ZM} + \text{Einzahlungen} - \text{Auszahlungen} + \text{freie Kreditlinie} \geq 0$$

Der oben definierte Liquiditätsbegriff wird begrifflich auch als **relative Liquidität** bezeichnet.

Der Liquiditätsbegriff wird aber noch in einem anderen Sinne verwendet, und zwar als **absolute Liquidität** oder als güterwirtschaftliche Liquidität.

Die **absolute Liquidität** kennzeichnet die Liquidierbarkeit der Wirtschaftsgüter (Olfert 2013).

8

Jedes betriebliche Vermögensgut hat einen bestimmten zeitlichen Abstand zum Geldzustand. Fertige oder halbfertige Erzeugnisse sind z. B. schneller liquidierbar als Materialvorräte oder gar Betriebsmittel. Praktische Bedeutung hat dieser Zusammenhang für

- das Schaffen einer **Liquiditätsreserve** (dafür sind nur schnell liquidierbare Vermögensgüter geeignet) und
- das Beibringen von **Kreditsicherheiten** (dafür kommen nur Vermögensgüter in Frage, die durch die Kreditgeber verwertbar, also liquidierbar sind).

Dem betrieblichen Nachweis der Zahlungsfähigkeit dienen verschiedene Kennziffern und Kennziffernrelationen. Unter Bezugnahme auf die Positionen der Handelsbilanz werden **Liquiditätsgrade** berechnet.

$$\text{Liquidität 1. Grades (Barliquidität)} = \frac{\text{ZM}}{\text{kurzfristige Verbindlichkeiten}} * 100(\%)$$

$$\text{Liquidität 2. Grades (Quick Ratio)} = \frac{\text{ZM+kurzfristige Forderungen}}{\text{kurzfristige Verbindlichkeiten}} * 100(\%)$$

$$\text{Liquidität 3. Grades (Bankers Rule)} = \frac{\text{ZM+kurzfristige Ford.+Vorräte}}{\text{kurzfristige Verbindlichkeiten}} * 100(\%)$$

Während im Nenner stets die Verbindlichkeiten erfasst werden, die in einer definierten Zeit, z.B. innerhalb von 3 Monaten, zu Auszahlungen führen (z.B. Verbindlichkeiten aus Lieferungen und Leistungen, kurzfristige Bankverbindlichkeiten, aber auch kurzfristige Rückstellungen), werden in den Zähler die Zahlungsmittel (ZM) und die liquidierbaren Mittel des Umlaufvermögens (mit abnehmender Liquidierbarkeit) eingestellt.

Als **Orientierungen** gelten:

- Die Liquidität 2. Grades sollte möglichst 100 % betragen.
- Die Liquidität 3. Grades als favorisierte Kennzahl von Banken sollte wesentlich höher als 100 % sein; in der Literatur und in der Praxis finden sich Richtwerte von 130 bis 200 %.

Beispiel:

Eine Kapitalgesellschaft weist folgende Strukturbilanz auf (Angaben in 1000 €):

Aktiva			Passiva		
	$t = 1$	$t = 0$		$t = 1$	$t = 0$
Anlagevermögen	1000	800	gezeichnetes Kapital	200	200
			Rücklagen	300	300
			Jahresüberschuss	50	0
Umlaufvermögen			Rückstellungen	150	200
Vorräte	250	300	(kurzfristige)		
Forderungen	250	300	Verbindlichkeiten		
Zahlungsmittel	250	100	kurzfristige	300	200
			langfristige	750	600
Bilanzsumme	1750	1500		1750	1500

Die Liquiditätsgrade können für das Berichtsjahr ($t = 1$) und das Vorjahr ($t = 0$) ermittelt werden, wodurch Entwicklungstendenzen erkennbar werden.

	$t = 1$	$t = 0$
Liquidität 1. Grades	$\frac{250}{300+150} \cdot 100 = 55{,}56\,\%$	$\frac{100}{200+200} \cdot 100 = 25{,}00\,\%$
Liquidität 2. Grades	$\frac{250+250}{300+150} \cdot 100 = 111{,}11\,\%$	$\frac{100+300}{200+200} \cdot 100 = 100{,}00\,\%$
Liquidität 3. Grades	$\frac{250+250+250}{300+150} \cdot 100 = 166{,}67\,\%$	$\frac{100+300+300}{200+200} \cdot 100 = 175{,}00\,\%$

■

Die **Aussagekraft dieser bilanzbezogenen Kennziffern** ist dadurch begrenzt, dass

- aus Vergangenheitsdaten Wertungen für Gegenwart und Zukunft abgeleitet werden,
- keine Kenntnisse über die genaue Fälligkeit der Forderungen und Verbindlichkeiten vorliegen und
- verschiedene bilanzielle Wahlrechte (vgl. Abschnitt 10.3.4) Einfluss haben können.

Genaue Ergebnisse sind zu erzielen, wenn auf der Grundlage der Stromgrößen Einzahlungen und Auszahlungen betrags- und zeitgenau eine **Liquiditätsplanung** vorgenommen wird. Damit wird der betriebliche **Cashflow** ermittelt.

Der **Cashflow** bezeichnet den Überschuss der Einzahlungen über die Auszahlungen für eine definierte Periode. ■

In der Praxis ist die Kenntnis des **Zusammenhangs von Jahresüberschuss** (JÜ) und **Cashflow** (CF) erforderlich. (Ü1) Wesentlich ist zu erkennen, dass der Jahresüberschuss

- einerseits durch Aufwendungen reduziert wird, die nicht zu Auszahlungen führen (z. B. Abschreibungen, Rückstellungsaufwendungen),
- andererseits durch Erträge gebildet wird, denen in der Periode keine Einzahlungen gegenüberstehen (z. B. Zielverkäufe, Bestandserhöhungen)

Der Praktiker rechnet vereinfacht:

Cashflow = Jahresüberschuss + Abschreibungen ± Veränderung der Rückstellungen

8

8.2.5 Finanzierungsregeln

Finanzierungsregeln sind Grundregeln zur Gestaltung der Kapitalstruktur und deren Beziehungen zur Vermögensstruktur als Bedingungen des finanziellen Gleichgewichts. ■

Unter Bezugnahme auf die Bilanz werden folgende Regeln unterschieden (Ü2):

- die horizontalen Finanzierungsregeln und
- die vertikale Kapitalstrukturregel.

Die **horizontalen Finanzierungsregeln** (auch „goldene Finanzierungsregel“, „goldene Bilanzregel“ genannt) besagen, dass die Fristigkeit des Kapitals der Umschlagsdauer des damit finanzierten Vermögens entsprechen soll. ■

Erkenntnis:

Langfristig gebundene Vermögensgüter (wie das Anlagevermögen und Mindestvorräte) sind langfristig (durch Eigenkapital und langfristiges Fremdkapital) zu finanzieren.

$$\text{Goldene Bilanzregel} = \frac{\text{Langfristiges Vermögen}}{\text{Langfristiges Kapital}} \cdot 100 \leq 100$$

Die **vertikale Kapitalstrukturregel** bezieht sich auf die Zusammensetzung des Kapitals. Maßgröße ist der **Verschuldungsgrad (V).**

$$\text{Verschuldungsgrad} = \frac{\text{Fremdkapital}}{\text{Eigenkapital}}$$

Die klassische 1:1-Regel sagt aus, dass nur so viel Fremdkapital aufgenommen werden sollte, wie Eigenmittel eingesetzt werden; später erfolgte eine Reduzierung dieser Forderung auf 2:1 bzw. 3:1.

Viele mittelständische Unternehmen Deutschlands weisen einen Verschuldungsgrad von 4 bis 5 auf, was ein Beleg für die Eigenkapitalschwäche im Mittelstand ist.

Erkenntnis:

Eine angemessene Beteiligung mit Eigenkapital ist für die Stabilität von Unternehmen und für die Begleitung durch Fremdkapitalgeber bedeutend.

Der Verschuldungsgrad verdient noch weiter gehende Überlegungen. Eine interessante Beziehung bietet der sog. **Leverageeffekt**, der den Zusammenhang von Eigenkapitalrentabilität (r_{EK}), Gesamtkapitalrentabilität vor Abzug von Fremdkapitalzinsen (r_{GK}), Fremdkapitalzinssatz (i) und Verschuldungsgrad (V) aufzeigt.

$$r_{EK} = r_{GK} + (r_{GK} - i) \cdot \frac{FK}{EK}$$

Folgender Zusammenhang gilt: Wenn die Gesamtkapitalrentabilität (vor Abzug der Fremdkapitalzinsen) höher ist als der Fremdkapitalzins, steigt mit zunehmender Verschuldung die Eigenkapitalrentabilität. Vergleichen Sie empirische Berechnungen dazu in der Literatur (Wöhe et al. 2013).

Beispiel:

Ein Unternehmen plant eine Investition von 500 000 € mit einem Bruttogewinn (vor Abzug der Fremdkapitalzinsen) von 60 000 €. Mit folgender Finanzierung der Investition wird gerechnet:

200 000 € Eigenkapital

300 000 € Fremdkapital mit 8 % Zinssatz p. a.

Unter Anwendung der genannten Formel ergibt sich der folgende Berechnungsweg:

$$r_{EK} = \frac{60\,000}{500\,000} + \left(\frac{60\,000}{500\,000} - 0{,}08\right) \cdot \frac{300\,000}{200\,000}$$

$$r_{EK} = 0{,}12 + (0{,}12 - 0{,}08) \cdot 1{,}5$$

$$r_{EK} = 0{,}12 + 0{,}06$$

$$r_{EK} = 0{,}18$$

Die Eigenkapitalrentabilität von 18 % setzt sich zusammen aus 12 % Gesamtkapitalrentabilität und 6 % Leverageeffekt.

Für den Fall, dass eine höhere Verschuldung eingegangen wird, erhöht sich unter den gegebenen Bedingungen die Eigenkapitalrentabilität. Wenn z. B. eine Finanzierungsstruktur von 100 000 € Eigenkapital und 400 000 € Fremdkapital gewählt wird, erhöht sich der Leverageeffekt auf 16 %, die Eigenkapitalrentabilität auf 28 %.

$$r_{EK} = \frac{60\,000}{500\,000} + \left(\frac{60\,000}{500\,000} - 0{,}08\right) \cdot \frac{400\,000}{100\,000}$$

$$r_{EK} = 0{,}12 + 0{,}16 = 0{,}28$$

Bei positiver Differenz von Gesamtkapitalrentabilität (vor Abzug der Fremdkapitalzinsen) und Zinssatz für das Fremdkapital erhöht sich demnach mit steigender Verzinsung die Eigenkapitalrentabilität. Ist die Differenz negativ, wirkt der Hebeleffekt in die entgegengesetzte Richtung.

■

8.3 Außenfinanzierung

8.3.1 Einlagen- und Beteiligungsfinanzierung

8.3.1.1 Wesen und Einteilung

Einlagen- und Beteiligungsfinanzierung bedeuten Zuführung von Eigenkapital aus außerbetrieblichen Quellen.

■

Einlagen und Beteiligungen können in Form von Geld, Sachen (materielle Gegenstände) oder Rechten (Lizenzen, Patente) vorgenommen werden. Besonders in der Startphase von Unternehmen ist diese Finanzierungsart für das Aufkommen von Eigenkapital dominierend.

Die Potenzen der **Einlagen- und Beteiligungsfinanzierung** werden maßgeblich von der Rechtsform der Unternehmen bestimmt. Sie haben sich im Kapitel 2 einen Überblick zu den unterschiedlichen Rechtsformen verschafft, der im Weiteren themenbezogen untersetzt wird.

8.3.1.2 Einlagen- und Beteiligungsfinanzierung bei Personenunternehmen

Einzelunternehmen

Die Möglichkeiten des Einzelunternehmers, Einlagen vorzunehmen, hängt maßgeblich von seinem persönlichen Vermögen ab. Sie sind mithin begrenzter als die anderer Rechtsformen. Eigenkapitalähnliche **Erweiterungen** sind möglich durch

- die Aufnahme stiller Gesellschafter und/oder
- die Nutzung von Eigenkapitalhilfen (Förderkredite, z. B. ERP-Kapital für Gründung der KfW).

Diese Möglichkeiten zur Erweiterung des Eigenkapitals ergeben sich auch bei den nachfolgenden Unternehmensformen.

Offene Handelsgesellschaft (OHG) (vgl. Tabelle 2.7)

Durch die Zusammenführung mehrerer unbeschränkt haftender Gesellschafter ergeben sich für die OHG bessere Potenzen der Einlagen- und Beteiligungsfinanzierung als beim Einzelkaufmann. Infolge der Befugnisse aller Gesellschafter zur Geschäftsführung sind aber der Erweiterung des Gesellschafterkreises enge Grenzen gesetzt.

Kommanditgesellschaft (KG) (vgl. 2.5.3.3)

Die KG hat hinsichtlich der Einlagenfinanzierung der **Komplementäre** ähnliche Potenzen wie die OHG. Durch die mögliche Einbeziehung eines größeren Kreises von **Kommanditisten** heben sich die finanziellen Gesamtmöglichkeiten der KG deutlich von den anderen Personenunternehmen ab.

Stille Gesellschaft (vgl. 2.5.3.3)

Die stille Gesellschaft ist keine Handelsgesellschaft, sondern eine reine Innengesellschaft. Sie dient der kapitalseitigen Stärkung der Einlagenfinanzierung anderer Unternehmensformen. Die Potenzen hängen wesentlich von der Vertragsgestaltung ab, wie

- der Vertragslaufzeit,
- den Vereinbarungen der Gewinnbeteiligung,
- dem möglichen Verlustausschluss und
- der möglichen Beteiligungen am entstehenden Unternehmenswert (so genannte atypische stille Beteiligungen).

8.3.1.3 Beteiligungsfinanzierung bei Kapitalgesellschaften

Kapitalgesellschaften sind Gesellschaften, bei denen die Haftung der Gesellschafter auf den Nennwert der Beteiligung beschränkt ist.

Gesellschaft mit beschränkter Haftung (GmbH) (vgl. Tabelle 2.9)

Für die GmbH gelten folgende Regelungen (§ 5 und § 7 GmbHG):

- Der Mindestbetrag des Stammkapitals beträgt 25 000 €.
- Der Nennbetrag jedes Geschäftsanteils (Stammeinlage) muss auf volle Euro lauten.

- Die Höhe der Nennbeträge der einzelnen Geschäftsanteile kann unterschiedlich sein. Die Summe der Nennbeträge muss mit dem Stammkapital übereinstimmen.
- Zum Zeitpunkt der Anmeldung zur Eintragung ins Handelsregister muss jeder Gesellschafter wenigstens ein Viertel seiner Stammeinlage eingezahlt haben; zusammen muss die Hälfte des Mindeststammkapitels, also 12 500 €, eingezahlt sein.
- Sollen Sacheinlagen geleistet werden, so müssen der Gegenstand der Sacheinlage und der Betrag der Stammeinlage, auf den sich die Sachanlage bezieht, im Gesellschaftsvertrag verdeutlicht werden. Zum Zeitpunkt der Handelsregistereintragung muss die Sacheinlage erfolgt sein.

Zur Erleichterung von Unternehmensgründungen, auch im Wettbewerb mit ausländischen Rechtsformen, sind GmbH-Gründungen mit geringerem Stammkapital als 25 000 € möglich. Dafür gelten spezifische Regelungen (§ 5a Unternehmergesellschaft).

Aus der Möglichkeit nach **anteiliger Einzahlung auf die Stammeinlage** ergeben sich Pflichten für die Gesellschafter zum Ausgleich der ausstehenden Beträge. Im Falle nicht fristgerechter Einzahlungen auf die eingeforderten Beträge besteht ein umfangreicher Katalog rechtlicher und wirtschaftlicher Konsequenzen (vgl. §§ 20 - 25 GmbHG).

Nach dem GmbHG besteht die Möglichkeit, eine **Nachschusspflicht** im Gesellschaftervertrag zu vereinbaren, die

- auf einen bestimmten Betrag beschränkt ist (beschränkte Nachschusspflicht) oder
- betraglich nicht begrenzt wird (unbeschränkte Nachschusspflicht).

Für den Fall von Versäumnissen bei den Einzahlungen für geforderte Nachschüsse sind wie oben rechtliche und wirtschaftliche Konsequenzen zu beachten (§ 27 und § 28 GmbHG).

Von der Rechtskonstruktion her gesehen hat die GmbH als Kapitalgesellschaft **keine hervorgehobene Stellung bei der Beteiligungsfinanzierung**. Da es auch GmbHs mit nur einem Gesellschafter gibt und das Stammkapital oft nur 25 000 Euro beträgt, ergeben sich praktisch wiederholt eigenkapitalseitige Bedingungen, die hinter denen eines Einzelkaufmannes zurückstehen.

Aktiengesellschaft (AG) (vgl. Tabelle 2.10)

Die AG stellt die Rechtsform mit den besten Potenzialen der Beteiligungsfinanzierung dar. Voraussetzungen dafür sind

- die Zerlegung des gezeichneten Kapitals (Grundkapitals) in Anteilspapiere (Aktien) und
- die Zuführung der Aktien zu einem organisierten Handel (der Börse).

Anzumerken ist, dass die Mehrzahl der deutschen Aktiengesellschaften nicht am organisierten Börsenhandel teilnehmen und damit die Möglichkeiten einer verstärkten Beteiligungsfinanzierung (noch) nicht nutzen.

Für die AG gelten folgende Regelungen (§§ 6 – 12 AktG):

- Der **Mindestnennbetrag** des Grundkapitals beträgt 50 000 Euro.
- Die Aktien können entweder als Nennbetragsaktien oder als Stückaktien begründet werden.
- **Nennbetragsaktien** müssen auf mindestens einen Euro lauten; höhere Aktiennennwerte müssen auf volle Euro lauten.
- **Stückaktien** lauten auf keinen Nennbetrag, sondern bringen einen Anteil am Grundkapital zum Ausdruck.
- Aktien sind z. T. mit unterschiedlichen Rechten ausgestattet. Aktien gleicher Rechte bilden eine **Aktiengattung**.

Der Normaltyp der Aktie ist die **Stammaktie**. Stammaktionäre besitzen die grundlegenden Vermögens- und Gesellschaftsrechte, wie Stimmrecht in der Hauptversammlung, Gewinnanteilsrecht und Bezugsrecht auf junge Aktien. Der Umfang der Rechte richtet sich nach dem Anteil am Grundkapital.

Vorzugsaktien zeichnen sich durch zusätzliche Rechte aus, wobei praktisch der höhere Dividendenanspruch dominiert. Vorzugsaktien können als Aktien ohne Stimmrecht ausgegeben werden (§ 12 AktG).

Namensaktien lauten auf den Namen des Aktionärs. Sie setzen das Bestehen eines Aktienbuches voraus, in dem die Eigentümer adressiert nachgewiesen werden. Jeder Aktienverkauf geht mit dem Umtragen im Aktienbuch einher. Das war der Grund, weshalb Namensaktien lange Zeit für den Aktienhandel als ungeeignet angesehen wurden. Mit der Führung eines elektronischen Aktienbuches hat sich das grundlegend verändert. Die Mehrzahl der im DAX vereinigten großen deutschen AGs hat auf Namensaktien umgestellt.

Inhaberaktien lauten nur auf den Namen der Gesellschaft. Ihre Übertragung erfolgt ausschließlich nach den Regeln des Kapitalmarktes.

Der **Zugang zum organisierten Kapitalmarkt** verlangt von den AGs die Ausrichtung der Unternehmenspolitik auf die Interessen potenzieller Kapitalanleger. Das Engagement hängt maßgeblich davon ab, welche Erwartungen potenzielle Kapitalgeber an

- die Dividendenentwicklung und
- die Entwicklung des Unternehmenswertes

haben. Die Erwartungen werden über Kennziffern zum inneren Wert einer Aktie zum Ausdruck gebracht, z. B. durch den Bilanzkurs und das Kurs-Gewinn-Verhältnis (KGV):

$$\text{Bilanzkurs} = \frac{\text{bilanzielles Eigenkapital}}{\text{Grundkapital}} \cdot 100 (\%)$$

$$\text{KGV} = \frac{\text{Börsenkurs}}{\text{Gewinn je Aktie}} \cdot 100 (\%)$$

An der **Börse** treffen die Marktteilnehmer aufeinander. Die Zulassung von AGs zur Börse unterliegt definierten Regelungen z.B. zur Prospektpflicht und -haftung, zu Publikationspflichten, Rechnungslegungsvorschriften, zum Anteil an Streubesitz u.a. (vgl. www.deutsche-boerse.com).

Die strengsten Zulassungsbedingungen hat der **Regulierte Markt**, in dem 2007 die beiden Marktsegmente Amtlicher Markt und Geregelter Markt zusammengeführt wurden. Als weiteres Segment mit geringeren Zulassungsvoraussetzungen besteht der **Freiverkehr**.

Die in der Abbildung 8.2 dargestellte Indexfamilie der Deutschen Börse gibt einen Überblick zur Struktur börsennotierter deutscher Aktiengesellschaften des Regulierten Marktes.

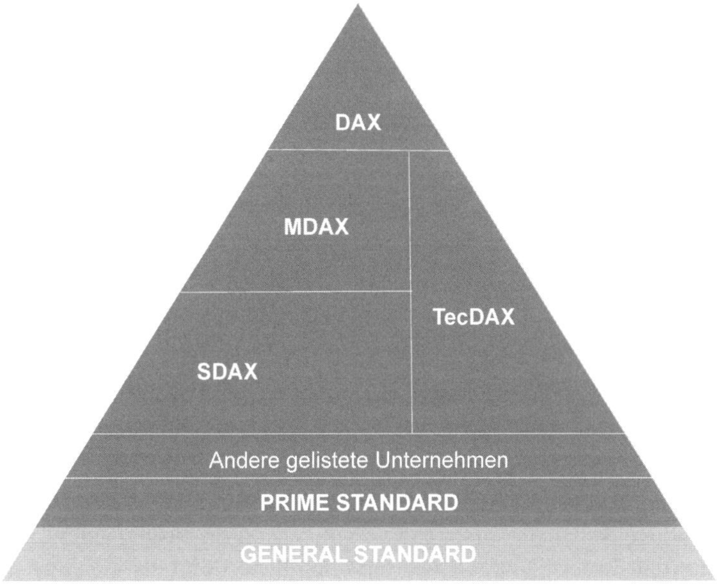

Abbildung 8.2 Indexfamilie der Deutschen Börse (www.deutsche-boerse.com)

Der **DAX** enthält als Leitindex der Deutschen Börse 30 ausgewählte große Unternehmen unterschiedlicher Branchen. Der **MDAX** umfasst als Midcap-DAX die folgenden 50 nächstgrößeren Unternehmen traditioneller Branchen, analog der **SDAX** als Smallcap-DAX weitere 50. Der **TecDAX** enthält die 30 größten Technologieunternehmen außerhalb des DAX. Alle DAX-Segmente unterliegen den strengen Anforderungen des Prime Standard. Für die AGs im General Standard gelten die Mindestanforderungen des Regulierten Marktes.

Der Börsenhandel wird in Deutschland als Parketthandel und Computerhandel (XETRA-Handel) durchgeführt.

8.3.2 Kreditfinanzierung

8.3.2.1 Wesen und Einteilung

Kreditfinanzierung bedeutet Zuführung von Gläubigerkapital. Dabei entsteht ein schuldrechtliches Verhältnis des Kreditnehmers zum Kreditgeber. ■

Für die mittelständische Wirtschaft in Deutschland ist die Kreditfinanzierung die dominierende Säule der Unternehmensfinanzierung. Die Abbildung 8.3 nimmt eine Systematisierung der potenziellen Kreditgeber und ihrer hauptsächlichen Produkte vor.

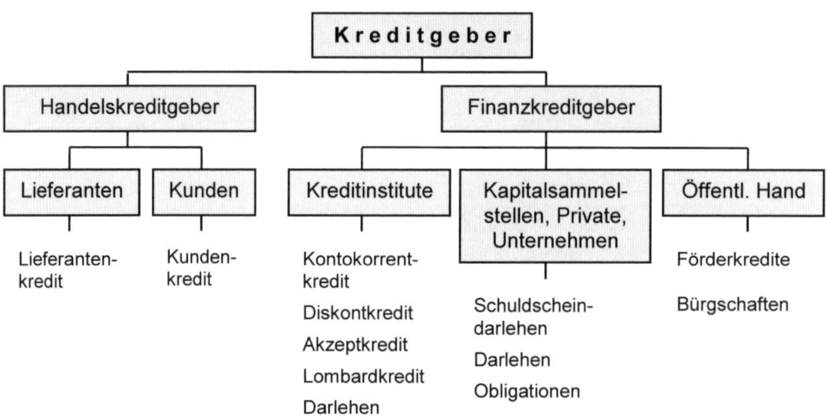

Abbildung 8.3 Träger und Produkte der Kreditfinanzierung

Die Abbildung macht deutlich, dass neben den traditionellen Kreditinstituten auch Kapitalsammelstellen, Private und Unternehmen sowie die öffentliche Hand als Kreditgeber fungieren. Auch treten Unternehmen in bedeutendem Umfange als Handelskreditgeber auf.

8.3.2.2 Kreditbesicherung

Jeder Kreditgeber ist daran interessiert, das Ausfallrisiko für den gewährten Kredit zu minimieren. Dem dienen

- die Kreditwürdigkeitsprüfungen und
- das Beibringen von Kreditsicherheiten.

Durch die neuen Eigenkapitalrichtlinien für Kreditinstitute (Basel II und Basel III) hat die Kreditbesicherung weiter an Bedeutung gewonnen.

Kreditwürdigkeitsprüfungen sollen den Nachweis erbringen, dass der Kapitalnehmer aus persönlicher und aus wirtschaftlicher Sicht die Gewähr für einen stabilen Kapitaldienst bietet. ■

Bei der **persönlichen Kreditwürdigkeit** des Antragstellers werden geprüft

- die rechtlichen Verhältnisse (Geschäftsfähigkeit, Vertretungsbefugnis, Güterstand) und
- die unternehmerische Kompetenz (Sachkompetenz, Sozialkompetenz).

Die **wirtschaftliche Kreditwürdigkeit** bezieht sich auf die konkreten wirtschaftlichen Verhältnisse, dokumentiert durch Finanzanalysen und -pläne, Auftragsübersichten usw.

Kreditsicherheiten sollen den Kapitalgeber für den Fall nachhaltiger Zahlungsprobleme in die Lage versetzen, Befriedigung aus der Verwertung der Sicherheit zu erhalten. ■

Die nutzbaren Sicherheiten lassen sich unterscheiden in

- **Personalsicherheiten**, wie die Bürgschaft und die Garantie, und
- **Realsicherheiten** (Sachsicherheiten), wie der Eigentumsvorbehalt, die Sicherungsübereignung, die Forderungsabtretung sowie die beweglichen und unbeweglichen Pfandrechte.

Verschaffen Sie sich im Selbststudium einen Überblick zu den einzelnen Sicherheiten (vgl. Busse 2009, Olfert 2013)

8.3.2.3 Langfristige Kreditfinanzierung

Bezug nehmend auf die Positionen der Abbildung 8.3 sind die Darlehen, die Schuldscheindarlehen und die Obligationen Elemente der langfristigen Kreditfinanzierung. Für mittelständische Unternehmen stehen die langfristigen Bankdarlehen im Mittelpunkt des Interesses.

8

Langfristige Bankdarlehen

Das **langfristige Bankdarlehen** entsteht durch die Bereitstellung von Gläubigerkapital auf der Grundlage eines Kreditvertrages. ■

Der **Kreditvertrag** enthält vielfältige gesetzlich fixierte (§ 492 BGB) und kaufmännische Bestandteile. Dazu gehören Angaben

- zum Darlehensnehmer,
- zur Darlehensform,
- zum Verwendungszweck des Darlehens,
- zum Auszahlungsbetrag,
- zur Laufzeit,
- zur Art und Weise der Rückzahlung,
- zum Nominalzins und Effektivzins,
- zum Gesamtbetrag der Zahlungen bezogen auf die gesamte Darlehenslaufzeit,

- zu den Kreditsicherheiten und
- zur Vertragsbeendigung sowie Kündigung.

Beispiel:

Ein Kreditnehmer nimmt folgendes Darlehen in Anspruch:

Darlehensnennbetrag	300 000 €
Laufzeit	4 Jahre mit nachschüssigem, jährlichem Kapitaldienst
Zinssatz	8 % p. a.
Damnum/Disagio	4 %
Bearbeitungsgebühren	2 %

Für dieses Beispiel sollen nachfolgend die Unterschiede zwischen Nennbetrag und Auszahlungsbetrag, die verschiedenen Darlehensformen und der Zusammenhang von Nominalzins und Effektivzins erklärt werden.

Als erstes ist zu erkennen, dass es im Beispiel einen **Unterschied zwischen Darlehensnennbetrag und Auszahlungsbetrag** gibt:

Darlehensnennbetrag	300 000 €
Auszahlungsbetrag	282 000 €

Dabei wird der Auszahlungsbetrag im Maße des Damnums (4 %) und der Bearbeitungsgebühren (2 %) reduziert.

Das Darlehen kann unterschiedliche Ansätze für den Kapitaldienst haben. Das führt zu **Darlehensformen**. Die wichtigsten Darlehensformen sind

- Blockdarlehen (Festdarlehen),
- Ratendarlehen (Abzahlungsdarlehen) und
- Annuitätendarlehen,

wobei tilgungsfreie Jahre zu einer weiteren Differenzierung führen können.

Nachfolgend wird der Kapitaldienst für die einzelnen Darlehensformen gemäß dem praktischen Vorgehensweg so ermittelt, dass

- sich die Nominalverzinsung stets auf den Darlehensnennbetrag am Periodenanfang (PA) bezieht,
- die Tilgungen die Bemessungsgrundlage der Zinsen reduzieren und
- der Kapitaldienst (Annuität) die Summe aus Zinsen und Tilgung darstellt.

Tabelle 8.1 Kapitaldienstentwicklung beim Blockdarlehen

J	Restschuld PA	Zinsen	Tilgung	Annuität	Restschuld PE
1	300 000,00	24 000,00	0	24 000,00	300 000,00
2	300 000,00	24 000,00	0	24 000,00	300 000,00
3	300 000,00	24 000,00	0	24 000,00	300 000,00
4	300 000,00	24 000,00	300 000,00	324 000,00	300 000,00
Σ		96 000,00	300 000,00	396 000,00	

Charakteristisch für das **Blockdarlehen** sind gleich hohe Zinsen während der Darlehenslaufzeit. Aus der endfälligen Tilgung resultiert eine Auszahlungsspitze. Praktisch kann man Festdarlehen bei Finanzierungen in Kombination mit kapitalbildenden Versicherungen finden. Mit der Ablaufleistung der Versicherung wird das Darlehen getilgt.

Tabelle 8.2 Kapitaldienstentwicklung beim Ratendarlehen

J	Restschuld PA	Zinsen	Tilgung	Annuität	Restschuld PE
1	300 000,00	24 000,00	75 000,00	99 000,00	225 000,00
2	225 000,00	18 000,00	75 000,00	93 000,00	150 000,00
3	150 000,00	12 000,00	75 000,00	87 000,00	75 000,00
4	75 000,00	6 000,00	75 000,00	81 000,00	0
Σ		60 000,00	300 000,00	360 000,00	

Ratendarlehen haben einen gleich bleibenden jährlichen Tilgungsbetrag, Da sich die Zinsen jeweils auf die Restschuld beziehen, reduzieren sich während der Laufzeit die Zinsen und die Annuität.

Tabelle 8.3 Kapitaldienstentwicklung beim Annuitätendarlehen

J	Restschuld PA	Zinsen	Tilgung	Annuität	Restschuld PE
1	300 000,00	24 000,00	66 576,00	90 576,00	233 424,00
2	233 424,00	18 673,92	71 902,08	90 576,00	161 521,92
3	161 521,92	12 921,75	77 654,25	90 576,00	83 867,67
4	83 867,67	6 709,41	83 866,59	90 576,00	1,08
Σ		62 305,08	299 998,92	362 304,00	

Annuitätendarlehen haben während der Laufzeit einen gleich hohen Kapitaldienst. Im Maße der Reduzierung der Zinsen erhöht sich die Tilgung. Die Annuität wird mit dem Annuitätenfaktor (Wiedergewinnungsfaktor) wie folgt ermittelt:

$$\text{Annuität} = \text{Rückzahlungsbetrag} \cdot \frac{(1+i)^t \cdot i}{(1+i)^t - 1}$$

$$\text{Annuität} = 300\,000\,€ \cdot \frac{(1+0{,}08)^4 \cdot 0{,}08}{(1+0{,}08)^4 - 1} = 90\,576{,}24$$

Praktisch wird beim Annuitätendarlehen (wie im Beispiel) der Kapitaldienstbetrag gerundet, wodurch sich eine veränderte Anfangs- oder Schlusszahlung ergibt.

Beachtenswert sind die betriebswirtschaftlichen Auswirkungen unterschiedlicher Darlehensformen, bedingt durch die Höhe und die Struktur des Kapitaldienstes. Die Auswirkungen beziehen sich auf die Entwicklung

- des Gewinnes (Zinsen reduzieren den Gewinn und die Bemessungsgrundlage der Ertragsteuern) und
- die Liquidität.

Der **Zinssatz** kann fest für eine bestimmte Laufzeit oder variabel vereinbart werden. Variabel verzinsliche Darlehen sollten sich an einem Referenzzinssatz orientieren, wie EURIBOR (European Interbank Offered Rate) oder LIBOR (London Interbank Offered Rate). Die Vereinbarung variabler Zinsen erleichtert die Kündigung von Darlehen (vgl. § 489 BGB).

Für den Vergleich unterschiedlicher Darlehensangebote ist die Ermittlung des Effektivzinses erforderlich. Der Ausweis des effektiven Jahreszinses ist für Verbraucherdarlehensverträge gesetzlich vorgeschrieben. In den **Effektivzins** gehen vor allem ein

- der Nominalzins,
- das Damnum/Disagio,
- die Bearbeitungsgebühren und
- Provisionen.

Einfluss haben auch die Darlehensformen, der Rhythmus der Zins- und Tilgungszahlungen und mögliche tilgungsfreie Jahre.

Der Effektivzins entspricht dem internen Zinsfuß der Zahlungsreihe. (Ü3) Vergleichen Sie zur Ermittlung des internen Zinsfußes den Abschnitt 4.5.5.2. Darüber hinaus finden praktisch Näherungsverfahren Anwendung, die

- laufende Aufwendungen (k_l) der Darlehensnutzung zum Nominalzins (i_{nom}) addieren und
- einmalige Aufwendungen (k_e), wie Damnum und Bearbeitungsgebühren, auf die mittlere Laufzeit verteilen.

Die **mittlere Laufzeit** (t_m) bringt (als Fiktion) die Laufzeit der vollen Darlehenssumme zum Ausdruck. Sie entspricht beim Festdarlehen der gesamten Laufzeit (t); beim Ratendarlehen ergibt sich die mittlere Laufzeit mit

$$t_m = \frac{t+1}{2}$$

Als statisches Näherungsverfahren kann folgender Ansatz genutzt werden (nach Wöhe et al. 2013):

$$i_{eff} = \frac{i_{nom} + k_l + \frac{k_e}{t_m}}{100 - k_e}$$

Für den Fall eines Ratendarlehens gilt im obigen Beispiel z.B. eine mittlere Laufzeit von 2,5 Jahren und ein Effektivzins von 11,06 %.

$$i_{eff} = \frac{8 + \frac{6}{2,5}}{100 - 6} = 0,1106$$

Genauere Ergebnisse lassen sich überschlägig dadurch erzielen, dass die einmaligen Aufwendungen finanzmathematisch über den Restwertverteilungsfaktor (*RVF*) verteilt werden (vgl. Jahrmann 2009).

$$i_{eff} = \frac{i_{nom} + k_l + k_e \cdot RVF}{100 - k_e}$$

Der Restwertverteilungsfaktor ergibt sich mit

$$RVF = \frac{i}{(1+i)^t - 1}$$

Für das Beispiel ergibt sich bei einer mittleren Laufzeit von 2,5 Jahren der Restwertverteilungsfaktor mit gerundet 0,377077 und der Effektivzins mit 10,92 %.

$$RVF = \frac{0,08}{(1+0,08)^{2,5} - 1} = 0,377077$$

$$i_{eff} = \frac{8 + 6 \cdot 0,377077}{100 - 6} = 0,1092$$

8

Schuldscheindarlehen

Ein **Schuldscheindarlehen** ist ein langfristiges Großdarlehen, das auf der Basis eines Schuldscheines oder eines Schuldscheindarlehensvertrages ohne Zwischenschaltung des Kapitalmarktes aufgenommen wird. ■

Kapitalgeber sind vor allem Kapitalsammelstellen, wie Versicherungen, Pensionskassen und Bausparkassen, die für „erste Adressen" (Gebietskörperschaften, Kreditinstitute, große Unternehmen) die ihnen anvertrauten Mittel renditeorientiert einsetzen. Bei Versicherungen wird die Bundesanstalt für Finanzdienstleistungsaufsicht (BaFin) wirksam. Die Abwicklung des Darlehens erfolgt analog zum Bankdarlehen (vgl. Wöhe/Bilstein/Ernst/Häcker 2013).

Obligationen

Eine **Obligation** (Schuldverschreibung, Anleihe) ist ein langfristiges Großdarlehen, das durch emissionsfähige Unternehmen über den Kapitalmarkt aufgenommen wird. ■

In der Praxis werden Schuldverschreibungen in Höhe von mehreren 100 Millionen Euro zu handelbaren Nennwerten (Teilschuldverschreibungen) emittiert, um einen breiten Kapitalgeberkreis zu erreichen.

Beispiel:

Die RWE Finance B. V. hat 2009 eine 1 Mrd. €-Anleihe mit einem Kupon von 6,5 % unter der Garantie der RWE AG begeben. Die Laufzeit der Anleihe beträgt 12,5 Jahre, der Ausgabekurs 99,924 %. ■

Die Emissionsbedingungen entsprechen denen der Aktienemission. In Vorbereitung der Emission ist über ein Wertpapierverkaufsprospekt eine hinreichende Information zu den Ausstattungsmerkmalen der Obligation und zum emittierenden Unternehmen zu geben. **Ausstattungsmerkmale** beziehen sich u. a. auf

- den Emissionsbetrag,
- die Stückelung,
- die Verzinsung,
- den Ausgabekurs,
- den Rückzahlungskurs,
- die Laufzeit,
- die Kündigung durch den Emittenten,
- die Tilgung und
- die Sicherheiten des Emittenten.

Besonders in Zeiten niedriger Kapitalmarktzinsen finden sich vielgestaltige Ansätze für die Verzinsung, z. B.

- Anleihen mit einer Schwankungsbreite der Verzinsung (Collared Floater) und
- Anleihen mit einer stufenweisen, ansteigenden Verzinsung (Step-Up-Anleihen).

Auch bestehen **Sonderformen**, bei denen die Gläubigerpapiere mit einem Erwerbsrecht von Aktien ausgestattet werden. Derartige Obligationen sind bekannt als

- Wandelschuldverschreibungen und
- Optionsschuldverschreibungen.

Wandelschuldverschreibungen enthalten neben dem Anspruch auf Zinsen und Tilgung das verbriefte Recht, anstelle der Rückzahlung zu einem festgelegten Wandlungspreis Aktien zu erwerben. Durch die Wandlung wird das ursprüngliche Gläubigerverhältnis zu einem Eigentümerverhältnis. Das Sonderrecht dient dazu, den Zinssatz etwas zu reduzieren und/oder eine vorgesehene Erhöhung des Eigenkapitals vorzubereiten.

Beispiel:

Bei der Begebung einer 4-%-Wandelschuldverschreibung von 1000 € wird für die Wandlung ein Wandlungspreis von 50 € genannt. Zum Zeitpunkt der Wandlung hat die Aktie einen Kurswert von 55 €. Bei vollständiger Wandlung hat der Obligationär neben der bisherigen Verzinsung einen Kursgewinn von 100 €.

Optionsschuldverschreibungen erhalten ebenfalls das verbriefte Recht auf Aktienbezug, allerdings hier als zusätzliches Recht. Die Schuldverschreibung kommt also planmäßig zur Rückzahlung. Der Obligationär hat parallel dazu das Recht auf Aktienbezug zu einem vorher festgelegten Erwerbspreis. Optionsschuldverschreibungen bestehen demnach aus zwei Teilen,

- der Schuldverschreibung und
- dem Optionsschein (Warrant).

8.3.2.4 Kurzfristige Kreditfinanzierung

Bezug nehmend auf die Abbildung 8.3 sind Handelskredite und verschiedene kurzfristige Bankkredite für die Abdeckung eines Kapitalbedarfs innerhalb eines Zeitraumes von 12 Monaten nutzbar.

Lieferantenkredit

Der **Lieferantenkredit** entsteht durch die Gewährung von Zahlungszielen an die Abnehmer von Produkten und Leistungen.

8

Er wird durch Angabe der jeweiligen Zahlungsziele in der Rechnung vereinbart. Der Abnehmer kann mit der bezogenen Ware arbeiten, ohne sofort die Zahlung vornehmen zu müssen.

Beispiel:

Ein Textilunternehmen gewährt seinen Kunden ein Zahlungsziel von 60 Tagen. Bei Zahlung innerhalb von 10 Tagen kann 4 % Skonto in Anspruch genommen werden.

Für den Lieferantenkredit wird kein Zins vereinbart. Dennoch ist der Abnehmer in der Lage, unter Einbeziehung des Zahlungszieles (Z), der Skontofrist (s) und des Skontosatzes (S) die Kosten des Lieferantenkredites in Form eines Zinssatzes (p) auszurechnen. Der Zinssatz resultiert aus der Nichtinanspruchnahme des Skontos bei Nutzung des Zahlungszieles. Es gilt folgende Praktikerformel:

$$p = \frac{S}{Z - s} \cdot 360$$

Der Zusammenhang von Skontosatz, Skontofrist und Zinssatz wird in der Tabelle 8.4 deutlich.

Für das Beispiel gilt:

$$p = \frac{4}{60 - 10} \cdot 360 = 28{,}8\,\%$$

Die Inanspruchnahme des Lieferantenkredites führt demnach zu einem Jahreszins von 28,8 %. Es ist ein Gebot wirtschaftlicher Vernunft, in einem derartigen Falle andere Finanzierungsquellen, z. B. den Kontokorrentkredit, in Anspruch zu nehmen, um den Skontovorteil zu nutzen. (Ü4)

Tabelle 8.4 Kosten des Lieferantenkredites (aus Sicht des Kunden)

	Skontobezugsspanne (in Tagen)							
Skontosatz (%)	10	20	30	40	50	60	70	80
1,0	36,0	18,0	12,0	9,0	7,2	6,0	5,1	4,5
1,5	54,0	27,0	18,0	13,5	10,8	9,0	7,7	6,8
2,0	72,0	36,0	24,0	18,0	14,4	12,0	10,3	9,0
2,5	90,0	45,0	30,0	22,5	18,0	15,0	12,9	11,3
3,0	108,0	54,0	36,0	27,0	21,6	18,0	15,4	13,5
3,5	126,0	63,0	42,0	31,5	25,2	21,0	18,0	15,8
4,0	144,0	72,0	48,0	36,0	28,8	24,0	20,6	18,0
4,5	162,0	81,0	54,0	40,5	32,4	27,0	23,1	20,3
5,0	180,0	90,0	60,0	45,0	36,0	30,0	25,7	22,5

Kundenkredit

Der **Kundenkredit** (Kundenanzahlung, Beschaffungskredit) entsteht durch Vorauszahlung des Kaufpreises oder durch Anzahlungen. ■

Kundenkredite sind üblich in Branchen mit

- langen Produktionszeiten und
- hoher Kapitalbindung.

Beispiele finden sich im Sondermaschinenbau, im Schiffbau, im Anlagenbau und in der Bauwirtschaft.

Beispiel:

Für den Bau einer Sondermaschine von 300 000 € werden folgende Zahlungen vereinbart:

25 % Anzahlung,

25 % Teilzahlung nach 3 Monaten,

25 % Teilzahlung nach Auslieferung und

25 % Abschlusszahlung nach Erprobung.

Für die Anzahlungen sind Bankavale als Sicherheit beizubringen.

Für den Lieferanten sind die Kundenbindung und die Verbesserung der Liquiditätsbedingungen wichtige Motive zur Vereinbarung eines Kundenkredites. Der Abnehmer wird bemüht sein, sich die Anzahlung/Zwischenzahlungen bankseitig abzusichern (vgl. Avale) und seine Finanzierungskosten in der Preisverhandlung geltend zu machen.

Kontokorrentkredit

Der **Kontokorrentkredit** (Betriebskredit, Betriebsmittelkredit) ist ein Kredit auf laufende Rechnung, der dem Kreditnehmer bei Kreditinstituten im Rahmen einer vereinbarten Kreditlinie zur Verfügung steht.

Er dient dem täglichen Ausgleich der betrieblichen Einzahlungen und Auszahlungen und ist deshalb ein hervorragendes Mittel für die Finanzdisposition, auch zur Nutzung von Skonto in Verbindung mit Lieferantenkrediten. Der Kontokorrentkredit ist ein Buchkredit, der

- befristet auf 6 Monate/12 Monate mit laufender Prolongation oder
- für unbestimmte Zeit

auf laufende Rechnung (Kontokorrent) geführt wird. Bei normaler Geschäftslage fallen für den Kontokorrentkredit ausschließlich Zinsen und ggf. Bereitstellungsprovisionen/Gebühren an. Eine Tilgung wird erst bei Kündigung des Kreditvertrages fällig.

Beispiel:

Bei einer vereinbarten Kreditlinie von 300 000 € weist ein Unternehmen folgende Sollstände der Kreditinanspruchnahme auf:

vom 01.04. bis 20.04.	200 000 €
vom 21.04. bis 05.05.	280 000 €
vom 06.05. bis 28.05.	220 000 €
vom 29.05. bis 15.06.	150 000 €
vom 16.06. bis 30.06.	240 000 €

Es wird mit einem Zinssatz von 10 % gerechnet.

Praktisch erfolgt die Zinsberechnung zumeist quartalsweise. Im Beispiel sind demnach die **Sollzinsen** unter Zugrundelegen des Zinssatzes (*p*) für die Zeit (*t*) der Kreditinanspruchnahme (*K*) zu berechnen. Die allgemeine Zinsformel wird dazu in

- Zinszahlen und einen
- Zinsdivisor

zerlegt:

$$Zinszahl = \frac{K \cdot t}{100}$$

$$Zinsdivisor = \frac{365}{p}$$

Die Höhe der Kontokorrentzinsen ergibt sich als Quotient der Zinszahl (195 600) und des Zinsdivisors (36,5) mit 5358,90 €.

Tabelle 8.5 Ermittlung der Zinszahlen

Zeiten	*K*	*t*	*K · t/100*
01.04. - 20.04.	200 000	20	40 000
21.04. - 05.05.	280 000	15	42 000
06.05. - 28.05.	220 000	23	50 600
29.05. - 15.06.	150 000	18	27 000
16.06. - 30.06.	240 000	15	36 000
Summe		91	195 600

Für den Fall der Überziehung der Kreditlinie kommen Überziehungszinsen zusätzlich zu den Sollzinsen zur Anwendung. Meist beträgt der Zuschlag 4 bis 5 %.

Wechselkredit

Der **Wechselkredit** entsteht durch Verbriefung einer kurzfristigen Forderung auf Wechselbasis. ■

Grundlage ist im Allgemeinen ein Lieferantenkredit, der entweder buchmäßig oder auf Wechselbasis entstehen kann. Wechselkredite treten in folgenden Formen auf: als

- **einfacher Wechselkredit**, der nur durch die verbriefte Forderung bestimmt ist,
- **Wechseldiskontkredit**, der dadurch entsteht, dass Geschäftsbanken laufende Wechsel finanziell bevorschussen, und
- **Akzeptkredit**, der dadurch entsteht, dass ein Kunde auf seine Geschäftsbank einen Wechsel zieht und die Bank diesen Wechsel akzeptiert.

Rechtliche Grundlage für Wechselkredite ist das **Wechselgesetz**. Schaffen Sie sich einen Überblick über die rechtlichen und kaufmännischen Bestandteile eines Wechsels (Wechselgesetz, vgl. auch Olfert 2013, 178 ff.).

Entscheidend für die Nutzung des Wechselgeschäftes sind

- die Loslösung der Wechselforderung vom zu Grunde liegenden Grundgeschäft,
- die Möglichkeit der Übertragung des Wechsels durch Indossament und
- die gesamtschuldnerische Haftung aller am Wechselgeschäft Beteiligten.

Die Abbildung 8.4 zeigt die Grundstruktur des Wechselgeschäftes und die mögliche Weiterverwendung des Wechsels als Wechseldiskontkredit.

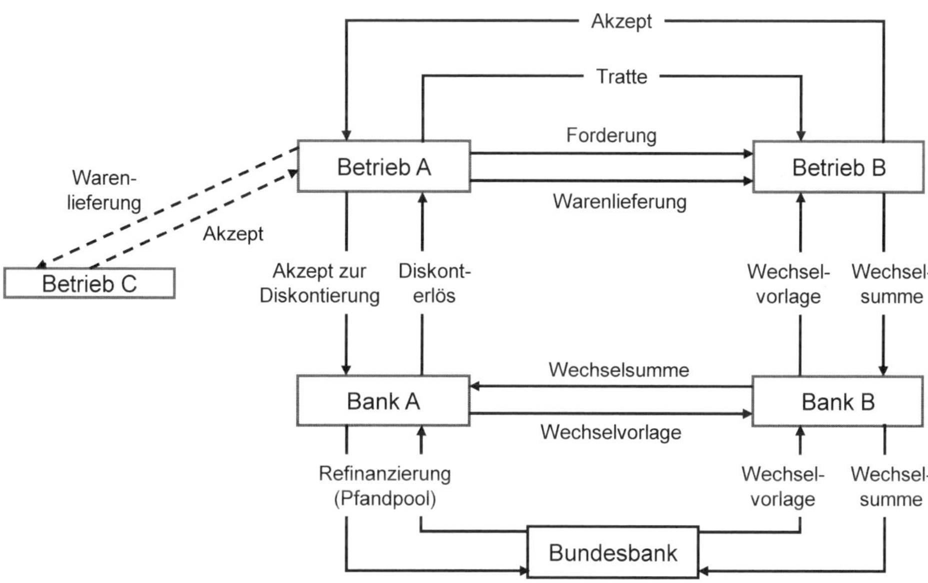

Abbildung 8.4 Grundstruktur des Wechselgeschäftes

Nachfolgende **Zusammenhänge** sind zu beachten:

- Die Betriebe A (Lieferant) und B (Abnehmer) vereinbaren das Wechselgeschäft.
- Der Betrieb A (Aussteller) zieht daraufhin auf B (Bezogener) einen Wechsel, der in dieser Form als Tratte bezeichnet wird.
- Die Tratte wird vom Bezogenen akzeptiert und wird damit zum Akzept.
- Das Akzept kann von A innerhalb der Laufzeit alternativ zur Begleichung eigener Zahlungsverpflichtungen dienen oder zur Diskontierung bei seiner Geschäftsbank eingereicht werden.
- Die Geschäftsbank A wird, sofern das mit dem Betrieb A vereinbart wurde, für „gute“ Handelswechsel die Diskontierung vornehmen. Über die Bank B erfolgt dann die Einlösung des Wechsels.

8

- Gute Handelswechsel (mit 2 guten Unterschriften und einer Restlaufzeit von wenigstens 1 Monat bis höchstens 6 Monaten) können durch die Geschäftsbank bei der Bundesbank refinanziert werden.

Die **Kosten des Wechseldiskontkredites** hängen maßgeblich vom Refinanzierungssatz der Geschäftsbanken ab. Zum Refinanzierungssatz werden durch die Geschäftsbank bis 4 % zugeschlagen. Zumeist kommen zusätzlich Diskontspesen pro Wechsel in Ansatz.

Ein praktisch häufig genutztes Verfahren ist das **Scheck-Wechsel-Verfahren** (Umkehrwechsel), das in der Abbildung 8.5 dargestellt ist.

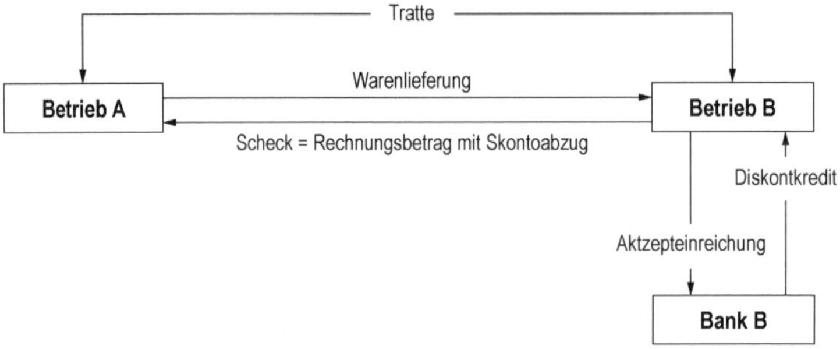

Abbildung 8.5 Scheck-Wechsel-Verfahren

Im Unterschied zum Ablauf der Abbildung 8.4 nutzt hier der Abnehmerbetrieb B seine Marktstärke inklusive seiner Möglichkeit zur Nutzung des Diskontkredites dazu, eine umgehende Zahlung mit Skontoabzug vorzunehmen.

Avalkredit

Ein **Avalkredit** entsteht durch das bedingte Zahlungsversprechen eines Kreditinstitutes zu Gunsten eines Dritten, dass der Kunde eine gegenüber dem Dritten eingegangene Verpflichtung erfüllt. ■

Das Kreditinstitut verbürgt sich für den Kunden und wird im Falle der Nichterfüllung der verbürgten Verpflichtungen in Anspruch genommen. Praktische Anwendungsfälle sind z. B.:

- das **Anzahlungsaval** (vgl. Punkt b); es enthält die Verpflichtung, eine Anzahlung zurückzuerstatten, falls die Leistung nicht erbracht wird,
- das **Bietungsaval** im Bauwesen; das Kreditinstitut verbürgt sich in Höhe von 1 bis 5 % des Angebotswertes, dass ein Bietungsangebot auch zur Realisierung kommt, und
- das **Gewährleistungsaval** im Bauwesen für eine erbrachte Leistung in Höhe von 5 bis 10 % des Objektwertes.

Die Avalprovision beträgt 0,5 bis 2 % p. a. Bezug nehmend auf den verbürgten Betrag und für die verbürgte Zeit.

8.3.3 Sonderformen

8.3.3.1 Leasing

Leasing ist die vertragliche Vermietung oder Verpachtung von Wirtschaftsgütern gegen Entgelt.

Vertragspartner sind der Leasinggeber (Vermieter) und der Leasingnehmer (Mieter). Wesentliche Systematisierungsansätze von Leasing zeigt Tabelle 8.6.

Tabelle 8.6 Gliederung von Leasing (vgl. Busse 2009)

Gliederungskriterien	Leasingformen	Charakteristik
Wirtschaftliche Stellung des Leasinggebers	▪ direktes Leasing	▪ Herstellerleasing
	▪ indirektes Leasing	▪ Leasing durch Dritte
Kündigungsvereinbarung	▪ Operate-Leasing	▪ kurzfristig kündbar
	▪ Finance-Leasing	▪ keine Kündigungsmöglichkeit in Grundmietzeit
Art des Leasinggegenstandes	▪ Konsumgüterleasing	▪ vielfache Nutzbarkeit
	▪ Investitionsgüterleasing	▪ Mobilienleasing
		▪ Immobilienleasing
	▪ Spezialleasing	▪ einseitige Nutzbarkeit
Anzahl bisheriger Nutzer	▪ First-Hand-Leasing	▪ L. neuer Gegenstände
	▪ Second-Hand-Leasing	▪ L. gebrauchter Gegenstände
Umfang der Objekte	▪ Equipment-Leasing	▪ L. einzelner Ausrüstung
	▪ Plant Leasing	▪ L. ganzer Anlagen
Geschäftssitz der Leasingpartner	▪ Cross-Boarder-Leasing	▪ L-Geber und L-Nehmer befinden sich in unterschiedlichen Ländern

Von besonderer Bedeutung ist die Systematisierung nach den Kündigungsmöglichkeiten der Leasingverträge. Sie führt zu

- **Operate-Leasing**, bei dem die Möglichkeit zur kurzfristigen Kündigung besteht, und
- **Finance-Leasing**, bei dem eine unkündbare Grundmietzeit vereinbart wird.

Durch Leasingerlasse besteht in Deutschland ein umfangreiches Regelwerk zur steuerlichen Behandlung der Leasingverträge. Es geht dabei um die Frage, ob die Leasinggüter beim Leasinggeber oder beim Leasingnehmer zu aktivieren sind, verbunden mit der Pflicht auf Abschreibungen. **Leasingverträge** werden zumeist so gestaltet, dass

- beim Leasinggeber die Aktivierung des Gutes erfolgt und
- der Leasingnehmer nur die Leasingraten als Betriebsausgaben ansetzt.

Verschaffen Sie sich im Selbststudium einen Überblick (vgl. Wöhe/Bilstein/Ernst/Häcker 2013, www.leasingverband.de).

8.3.3.2 Factoring

Factoring ist der Verkauf von kurzfristigen Forderungen aus Lieferungen und Leistungen auf vertraglicher Grundlage an ein Finanzierungsinstitut (Factor). ■

Ziele sind

- die Bereitstellung von Liquidität vor Fälligkeit der Forderungen (**Finanzierungsfunktion**),
- der Schutz vor Forderungsausfällen (**Delkrederefunktion**) und
- Einsparungen bei der Debitorenbuchhaltung, im Mahnwesen usw. (**Dienstleistungs- und Servicefunktion**).

Die Grundstruktur des offenen Factorings ist in der Abbildung 8.6 aufgezeigt.

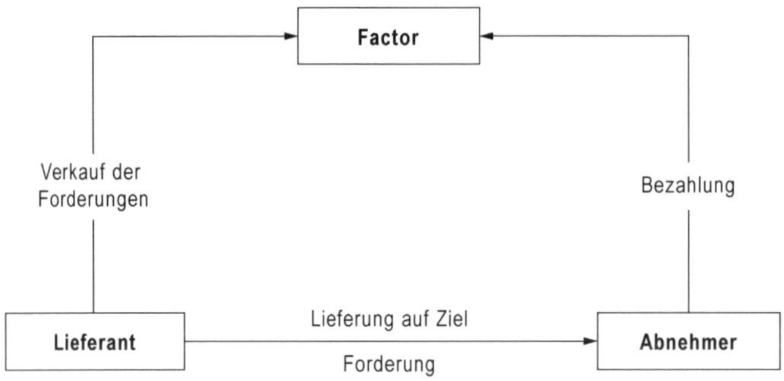

Abbildung 8.6 Grundstruktur des offenen Factorings

Je nach Ausgestaltung der Verträge sind verschiedene Formen des Factorings bekannt:

- das **echte Factoring** bei Vereinbarung der Finanzierungsfunktion und der Delkrederefunktion,
- das **unechte Factoring**, wenn das Ausfallrisiko beim Kunden verbleibt,
- das **offene Factoring**, bei dem der Schuldner Kenntnis vom Verkauf der Forderungen erhält und schuldbefreiend an den Factor zahlt, und
- das **stille Factoring**, bei dem der Schuldner keine Information über den Verkauf der Forderungen erhält.

Beispiel:

Ein Factor unterbreitet für ein mittelständisches Unternehmen mit einem stabilen Abnehmerkreis und einem Jahresumsatz von 5 Mio. € mit durchschnittlichen Rechnungsbeträgen von 300 bis 1000 € folgendes Angebot (bezogen auf den Factorumsatz):

Factoringgebühr	1 %
Servicegebühr	0,8 %
Einbehalt	20 %
Kosten für Schuldnerprüfung	20 € je Kunde

Führung des Kontos als Kontokorrentkonto zum marktüblichen Zinssatz. ■

Das Beispiel verdeutlicht, dass der Factor bevorzugt Betriebe mit einem stabilen Abnehmerkreis begleitet. Der Einbehalt wird auf einem Sperrkonto eingestellt. Er dient ausschließlich dazu, Mängel im Grundgeschäft auszugleichen (z. B. Zahlung mit Skontoabzug). Mit dem Eingang der Zahlungen wird der Sperrbetrag dem Kontokorrentkonto des Kunden gutgeschrieben.

Einen guten Überblick zum Factoring schafft der Internet-Auftritt des Deutschen Factoringverbandes (www.factoring.de).

8.3.3.3 Forfaitierung

Forfaitierung ist der Verkauf von mittel- und langfristigen Exportforderungen aus Lieferungen und Leistungen an ein Finanzierungsinstitut (Forfaiteur) ■

Wie beim Factoring stehen die Finanzierungsfunktion und die Delkrederefunktion im Mittelpunkt des Lieferanteninteresses. Im Unterschied zum Factoring werden einzelne Forderungen mit einer Laufzeit von zumeist 3 bis 5 Jahren ohne Einbehalt verkauft. Dafür werden die zu forfaitierenden Forderungen durch geeignete Instrumente, z. B. durch Bürgschaften und durch Wechsel, abgesichert.

8.4 Innenfinanzierung

8.4.1 Wesen

Die **Innenfinanzierung** kennzeichnet den Mittelzufluss aus betrieblichen Erträgen sowie aus sonstigen Kapitalfreisetzungen.

Die Innenfinanzierung ist nach der Startphase eines Unternehmens maßgebend für die Finanzierungskraft, auch für die Bedienung der Kapitalgeber. Im Cashflow haben Sie im Abschnitt 8.2.4 die entscheidende Maßgröße für die Innenfinanzierungskraft kennen gelernt.

Die Innenfinanzierung hat gegenüber der Außenfinanzierung verschiedene **Vorteile:**

- Die Innenfinanzierung erfordert keinen Kapitaldienst und erhöht damit die Stabilität.
- Die Innenfinanzierung stärkt die Eigenkapitalbasis und damit die Kreditwürdigkeit.
- Das Unternehmen kann über die Mittel frei entscheiden, da keine Zweckbindung vorliegt.
- Durch die Innenfinanzierung bleiben die Herrschaftsverhältnisse im Unternehmen unverändert.

Nachteile können sich infolge der Abkopplung vom Kapitalmarkt ergeben, wenn durch diese Finanzierung weniger renditestarke Investitionen realisiert werden.

8.4.2 Selbstfinanzierung

Selbstfinanzierung entsteht durch Einbehaltung (Thesaurierung) erwirtschafteter Gewinne. ■

Das **Ausmaß der Selbstfinanzierung** hängt ab von

- der Realisierung der Gewinne am Markt,
- bilanz- und steuerpolitischen Maßnahmen und
- den Gewinnverwendungsbeschlüssen der Unternehmen.

Die Selbstfinanzierung kann offen oder verdeckt (still) erfolgen. Entsprechend wird die offene Selbstfinanzierung von der verdeckten (stillen) Selbstfinanzierung unterschieden.

Offene Selbstfinanzierung

Von einer **offenen Selbstfinanzierung** wird gesprochen, wenn die offen ausgewiesenen Gewinne nach Abzug der Ertragsteuern einbehalten (thesauriert) werden. ■

In Abhängigkeit von der Rechtsform ergeben sich unterschiedliche Möglichkeiten.

- Unbeschränkt haftende Unternehmer können durch Nichtentnahme von erwirtschafteten Gewinnen eine offene Selbstfinanzierung vornehmen; für Kommanditisten und stille Gesellschafter sind derartige Möglichkeiten nicht gegeben.
- Für Kapitalgesellschaften bestehen z. T. gesetzliche oder statuarische Zwänge für die Gewinnthesaurierung. Die Thesaurierung führt zu Rücklagen.

Beispiel:

Eine GmbH weist einen Gewinn vor Steuer von 800 000 € aus. Welcher Thesaurierungsbetrag ergibt sich für das Unternehmen, wenn folgende Angaben für die Besteuerung bekannt sind?

Gewerbesteuermesszahl (*M*)	3,5 %
Hebesatz (*H*)	400 %
Körperschaftsteuersatz	15 %

Für die Berechnung der Ertragsteuern einer Kapitalgesellschaft sind verschiedene Zusammenhänge von Bedeutung, besonders

- die Bestimmung des Steuersatzes der Gewerbesteuer durch Multiplikation der gesetzlichen Messzahl mit dem Hebesatz,
- die Einbeziehung eines Viertel der Schuldzinsen in die Bemessungsgrundlage der Gewerbesteuer (Gewerbeertrag). (Für weitere Hinzurechnungen vgl. § 8 GewStG)

Hinweis: Die Abzugsfähigkeit der Gewerbesteuer von der eigenen Bemessungsgrundlage und von der Bemessungsgrundlage der Körperschaftsteuer wurde mit der Unternehmenssteuerreform 2008 aufgehoben.

Der Gewerbesteuer errechnet sich wie folgt:

$$\text{Gewerbesteuer} = \text{Gewerbeertrag} \cdot M \cdot H$$

$$\text{Gewerbesteuer} = 800\,000\text{ €} \cdot 0{,}035 \cdot 4 = 112\,000\text{ €}$$

Der Thesaurierungsbetrag ergibt sich wie folgt:

Gewinn vor Steuer	800 000 €
- Gewerbesteuer	112 000 €
- Körperschaftsteuer	120 000 €
= Thesaurierungsbetrag	568 000 €

Der Thesaurierungsbetrag wird in die **Gewinnrücklagen** des Unternehmens eingestellt.

Stille Selbstfinanzierung

Eine **stille Selbstfinanzierung** entsteht durch Unterbewertung von Vermögen und/oder Überwertung von Verbindlichkeiten. Sie führt zur Minderung des bilanziellen Gewinnausweises.

Beispiele dafür sind bei Anwendung des HGB

- die Bewertung von Vermögenspositionen höchstens zu Anschaffungs- oder Herstellungskosten, was bei steigenden Verkehrswerten im Zeitverlauf zum Abweichen der Verkehrswerte von den Anschaffungskosten führen kann,
- die Nutzung degressiver Abschreibungen oder Sonderabschreibungen (Die degressive Abschreibung ist aber seit 2011 steuerrechtlich nicht mehr zulässig.),
- die Nichtaktivierung von Vermögensgegenständen, z.B. selbst erstellter Forschungs- und Entwicklungsergebnisse, und
- der überhöhte Ansatz von Rückstellungen.

Im Ergebnis entstehen stille Reserven, die den offen ausgewiesenen Gewinn und damit die Steuerlast reduzieren. Eine echte Selbstfinanzierungswirkung tritt erst ein, wenn die stillen Reserven aufgelöst werden. Im Regelfall sind dann aber Steuerzahlungen vorzunehmen.

8.4.3 Finanzierung aus Abschreibungen

Abschreibungen sind Aufwendungen, die nicht zeitgleich zu Auszahlungen führen. Das erklärt ihre mögliche Finanzierungswirkung.

Die Finanzierung aus Abschreibungen (vgl. 4.3.3) ist an folgende **Bedingungen** gebunden (vgl. Perridon et al. 2012):

- Im Maße des Wertverzehrs der eingesetzten Betriebsmittel werden Abschreibungen in die Kosten verrechnet und als Aufwand in die GuV eingestellt.
- Über den Absatzmarkt werden Preise erzielt, die zur vollen Deckung der angesetzten Abschreibungen führen.
- Die Umsatzerlöse fließen in liquider Form zu.

Die Finanzierungswirkung aus Abschreibungen führt zu **Effekten** als

- Kapitalfreisetzungseffekt und/oder
- Kapazitätserweiterungseffekt (Lohmann-Ruchti-Effekt).

Beispiel:

Ein Metall verarbeitender Betrieb investiert aus Eigenkapital im Jahresabstand über 4 Jahre je 1 Maschine zum Preis von 50 000 €. Die Nutzungszeit der Maschinen beträgt 5 Jahre. Es wird unterstellt, dass die Abschreibungen über die Umsatzerlöse realisiert werden.

Die nachfolgende Tabelle zeigt den Zusammenhang.

Tabelle 8.7 Entwicklung der Abschreibungen

	1	2	3	4	5	6
Abschr. 1. Masch.	10 000	10 000	10 000	10 000	10 000	10 000
Abschr. 2. Masch.		10 000	10 000	10 000	10 000	10 000
Abschr. 3. Masch.			10 000	10 000	10 000	10 000
Abschr. 4. Masch.				10 000	10 000	10 000
Σ Abschreibungen jährlich	10 000	20 000	30 000	40 000	40 000	40 000
Σ Abschreibungen kumulativ	10 000	30 000	60 000	100 000	140 000	130 000

Die kumulativen Abschreibungen verdeutlichen die mögliche Kapitalfreisetzung. Bis zum Ende des 5. Jahres stehen den Abschreibungen keine Auszahlungen für den Ersatz der investierten Maschinen gegenüber. Kumulativ entsteht eine Kapitalfreisetzung von bis zu 140 000 € am Ende des 5. Jahres. Danach ist die erste Ersatzinvestition vorzunehmen.

Nach 3 Jahren besteht die Möglichkeit, aus Abschreibungen eine zusätzliche Maschine anzuschaffen, ggf. 1 Jahr später eine weitere Maschine. Das charakterisiert den Kapazitätserweiterungseffekt (auch **Lohmann-Ruchti-Effekt** genannt). ■

8

8.4.4 Finanzierung aus sonstigen Kapitalfreisetzungen

Finanzierungswirkungen sind auch dadurch zu erzielen, dass

- Rationalisierungsmaßnahmen zur Freisetzung von gebundenem Kapital führen bzw.
- durch Liquidation von Vermögenswerten eine Umschichtung von Sachwerten in liquide Mittel erreicht wird.

Rationalisierungsmaßnahmen sind oft darauf gerichtet, betriebliche Verbräuche und damit im Zusammenhang auch betriebliche Bestände an Material, halbfertigen Erzeugnissen und Fertigerzeugnissen zu reduzieren. Es wird angestrebt, mit dem gegebenen Kapitaleinsatz einen höheren Umsatz oder den gegebenen Umsatz mit weniger Kapital zu erreichen. Beides führt über eine höhere Umschlagszahl zu einer stärkeren Selbstfinanzierung. Zu beachten ist allerdings, dass Rationalisierungsmaßnahmen im Regelfall investive Maßnahmen erfordern, also ein Kapitalvorschuss notwendig wird.

Die **Liquidation von Vermögenswerten** mit dem Ziel der Kapitalfreisetzung ist dahingehend problembehaftet, dass infolge der Liquidation von Sachwerten, z. B. durch den Verkauf derzeitig nicht genutzter Produktionsmittel, Störungen im Betriebsgeschehen eintreten können.

8.5 Grundlagen der finanziellen Führung

8.5.1 Aspekte einer integrierten Finanzwirtschaft

In den Unternehmen kommt es darauf an, eine sowohl erfolgs- als auch liquiditätsorientierte betriebliche Finanzwirtschaft zu gestalten. Notwendig dazu sind komplexes Denken und Handeln unter Berücksichtigung aller relevanten **Zusammenhänge**. Das schließt ein:

- die Zusammenhänge zum allgemeinen Managementzyklus (vgl. Kapitel 11),
- die Zusammenhänge zu den internen und externen Determinanten der Finanzwirtschaft,
- die Zusammenhänge zu anderen Teilen des komplexen Betriebsplanes,
- die Zusammenhänge zwischen den unterschiedlichen Zeithorizonten und
- die Zusammenhänge zwischen dem Kapitalbedarf und den Deckungsmöglichkeiten des Kapitalbedarfs.

Die Berücksichtigung und Gestaltung dieser Zusammenhänge wird durch den Begriff **integrierte betriebliche Finanzwirtschaft** zum Ausdruck gebracht.

Die Abbildung 8.7 verdeutlicht wesentliche zu berücksichtigende Interdependenzen.

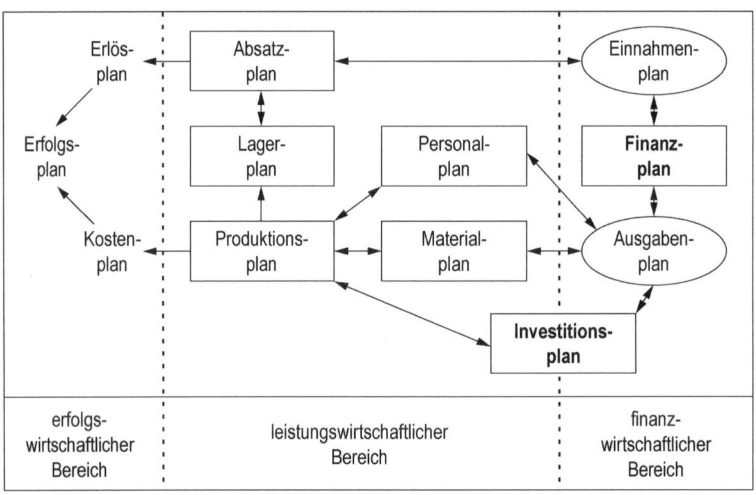

Abbildung 8.7 Interdependenzen des Finanzplanes (nach Olfert 2013)

Erkenntnisse:

- Der Finanzplan ist Kulminationspunkt des komplexen Betriebsplanes.
- Er enthält als Kern den Plan der Einnahmen und Ausgaben und wird besonders stark durch den Investitionsplan beeinflusst.
- Alle leistungswirtschaftlichen Pläne haben finanzielle Voraussetzungen und Wirkungen.
- Die inhaltliche Kopplung zwischen den Planteilen ist durch eine Programmplanung oder eine iterative Planung zu erreichen (vgl. Kapitel 11).

Eine integrierte betriebliche Finanzwirtschaft zeichnet sich besonders dadurch aus, dass die Finanzplanung mit der Bilanzplanung und der Erfolgsplanung verbunden werden. Tabelle 8.8 zeigt den Zusammenhang.

Tabelle 8.8 Verbindung von Finanzplanung, Bilanzplanung und Erfolgsplanung

Finanzplanung		Bilanzplanung		Erfolgsplanung	
Einzahlungen	Auszahlungen	Vermögen	Kapital	Aufwendungen	Erträge
	Liquiditätssaldo		Erfolgssaldo		

Der Integrationsgedanke bezieht sich auch auf die Verbindung unterschiedlicher **Zeithorizonte**. Ein erfolgreiches Finanzmanagement verbindet

- Analysen zur vergangenen Entwicklung mit
- Auswertungen zur gegenwärtigen Entwicklung und mit
- Entwicklungsplänen unterschiedlicher Zeithorizonte.

Wichtige Kenntnisse für Finanzanalysen haben Sie bereits im Abschnitt 8.2.5 kennen gelernt. Die angeführten Kennziffern und Kennziffernrelationen sind auch für Planungszwecke geeignet. Auswertungen zur gegenwärtigen Entwicklung sollten als **SOLL-IST-Vergleich** gestaltet werden.

Als **Instrumente der Finanzplanung** finden Anwendung

- der tägliche Finanzstatus (1 bis 5 Tage Vorausschau),
- der kurzfristige Finanzplan (1 bis 6 Monate Vorausschau),
- der mittelfristige Finanzplan (1 bis 5 Jahre Vorausschau) und
- der langfristige Finanzplan (5 bis 10 Jahre Vorausschau).

In der Tabelle 8.9 wird der Aufbau eines langfristigen Finanzplanes einer Kapitalgesellschaft gezeigt, wie er häufig in der Wirtschaft Anwendung findet.

Tabelle 8.9 Ansatz einer langfristigen Finanzplanung

	1. Jahr	2. Jahr	3. Jahr	4. Jahr	5. Jahr
Umsatzerlöse					
▪ Materialkosten					
Rohertrag					
▪ Personalkosten					
▪ Betriebskosten					
▪ Abschreibungen					
▪ Zinsen					
▪ Nebenkosten für Darlehen					
▪ sonstige Kosten					
Gewinn vor Steuern					
▪ Gewerbesteuer					
▪ Körperschaftsteuer					
Gewinn nach Steuern					
+ Investitionszulage					
+ Abschreibungen					
Brutto-Cashflow					
▪ Tilgung					
Netto-Cashflow **Jährlich** **Kumulativ**					

Kennzeichnendes Merkmal ist die Verbindung des erfolgsbezogenen Grundansatzes mit dem Ausweis der Cashflow-Entwicklung. Entsprechend werden

- zuerst die Umsatzerlöse erfasst,
- davon die Aufwendungen abgezogen, die für die Bemessungsgrundlage der Ertragsteuern relevant sind,
- der Gewinn vor Steuern und nach Steuern explizit ausgewiesen und
- durch Einbeziehung der nicht zahlungswirksamen Aufwendungen und Erträge sowie der erfolgsunabhängigen Einzahlungen und Auszahlungen der Cash-flow ermittelt.

8.5.2 Finanzorganisation

Die Wirksamkeit der Finanzwirtschaft hängt entscheidend von der Aufbau- und Ablauforganisation der Unternehmensführung ab. Aus dem **Liquiditätspostulat** als Ganzheitsanspruch an die Zahlungsfähigkeit des Unternehmens resultiert die Notwendigkeit nach

Zentralisierung des Finanzmanagements. Verbunden damit ist die arbeitsteilige Wahrnehmung der daraus resultierenden Aufgaben.

In großen Kapitalgesellschaften bestehen unterhalb des Finanzvorstandes häufig ein Treasurer- und ein Controllerbereich. Die Abbildung 8.8 zeigt die mögliche Strukturierung der zugeordneten Aufgaben. In Abhängigkeit von der Unternehmensgröße, den anstehenden finanzwirtschaftlichen Aufgaben und den personellen Bedingungen ergeben sich praktisch unterschiedliche Strukturierungen der Instanzen und der zugeordneten finanzwirtschaftlichen Aufgaben.

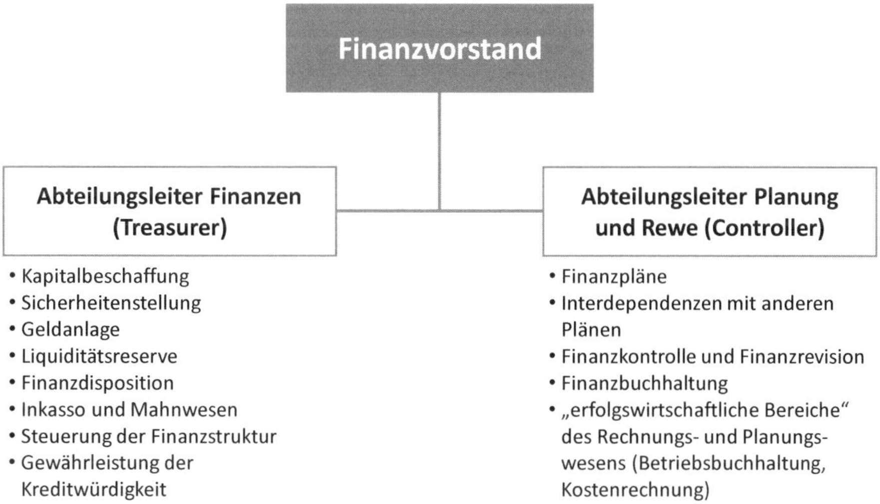

Abbildung 8.8 Finanzorganisation großer Unternehmen (nach Jahrmann 2009)

8.6 Kontrollfragen

1. Erläutern Sie den Zusammenhang der finanzwirtschaftlichen Ziele Liquidität und Rentabilität. (Abschn. 8.2.2)
2. Erläutern Sie die Gemeinsamkeiten und Unterschiede von Außenfinanzierung und Eigenfinanzierung. (Abschn. 8.2.3)
3. Worin besteht der Unterschied zwischen absoluter und relativer Liquidität? (Abschn. 8.2.4)
4. Welche Liquiditätsgrade kommen praktisch zur Anwendung? (Abschn. 8.2.4)
5. Was beinhalten die klassischen Finanzierungsregeln? (Abschn. 8.2.5)
6. Erläutern Sie die Wirkung des Leverageeffektes. (Abschn. 8.2.5)
7. Vergleichen Sie die Potenzen der Einlagen- und Beteiligungsfinanzierung einer OHG, KG und GmbH. (Abschn. 8.3)

8. Welche gesetzlichen finanziellen Rahmenbedingungen bestehen für die Gründung einer GmbH? (Abschn. 8.3.1.3)
9. Wodurch unterscheiden sich Namensaktien, Inhaberaktien, Stammaktien und Vorzugsaktien? (Abschn. 8.3.1)
10. Welche Börsensegmente bestehen in Deutschland? (Abschn. 8.3.1.3)
11. Wodurch unterscheiden sich Blockdarlehen, Ratendarlehen und Annuitätendarlehen? (Abschn. 8.3.2)
12. Wodurch unterscheidet sich der Nominalzins vom Effektivzins eines Darlehens? (Abschn. 8.3.2.3)
13. Was sind Obligationen und welche Finanzierungswirkung haben sie? (Abschn. 8.3.2.3)
14. Wie ermittelt sich der Zinssatz für einen Lieferantenkredit? (Abschn. 8.3.2)
15. Welche Funktion hat der Kontokorrentkredit? (Abschn. 8.3.2)
16. Erläutern Sie das Scheck-Wechsel-Verfahren. (Abschn. 8.3.2)
17. Was sind Kennzeichen von Finance-Leasing? (Abschn. 8.3.3)
18. Erläutern Sie die Funktionen von Factoring. (Abschn. 8.3.3)
19. Welcher Zusammenhang besteht zwischen offener und stiller Selbstfinanzierung? (Abschn. 8.4.2)
20. Erläutern Sie die Finanzierungswirkung aus Abschreibungen. (Abschn. 8.4.3)
21. Was zeichnet eine integrierte Finanzwirtschaft aus? (Abschn. 8.5.1)
22. Was sind Aufgaben eines Treasurers und eines Controllers? (Abschn. 8.5.2)

8.7 Übungsaufgaben

Ü1 Liquidität

a) Ausgangsdaten

Jahresüberschuss	150 000 €
Abschreibungen	200 000 €
Rückstellungsaufwendungen	30 000 €
Zielverkäufe (noch keine Einzahlungen)	120 000 €
Einzahlungen aus Zielverkäufen der Vorperiode	100 000 €

b) Aufgabenstellung

Berechnen Sie den Cashflow.

Ü2 Finanzierungsregeln

a) Ausgangsdaten

Daten des Beispiels im Abschnitt 8.2.4

Von den Vorräten sollen 20 % Mindestvorräte sein.

b) Aufgabenstellung

Ermitteln Sie die Kapitalstrukturregel und die horizontale Finanzierungsregel und schätzen Sie das Ergebnis ein.

Ü3 Langfristige Kreditfinanzierung

a) Ausgangsdaten

Darlehensnennbetrag	200 000 €
Ratendarlehen mit Laufzeit von	5 Jahren
Nominalzins (jährlich nachschüssig zahlbar)	6 % p. a.
Damnum	4 %
Bearbeitungskosten	1,5 %

b) Aufgabenstellung

Ermitteln Sie nach der Methode des internen Zinsfußes den Effektivzins.

Ü4 Kurzfristige Fremdfinanzierung

a) Ausgangsdaten

Zahlungsziel	90 Tage
Skonto	3 %
Skontofrist	10 Tage

b) Aufgabenstellung

Welcher Jahreszins ergibt sich für den Lieferantenkredit?

Wie sollte sich ein Unternehmer entscheiden, wenn er eine freie Kontokorrentlinie zu 10 % Zinsen nutzen kann?

8.8 Literatur- und Quellenverzeichnis

Aktiengesetz: 45. Aufl. München: Deutscher Taschenbuch Verlag, 2014

Becker, H.-P.: Investition und Finanzierung. 6. Aufl., Wiesbaden: Gabler 2013

BGB: 75. Aufl. München: Deutscher Taschenbuch Verlag, 2015

Bleis, Chr.: Grundlagen Investition und Finanzierung. 3. Aufl., München, Wien: Oldenbourg, 2011

Bösch, M.: Finanzwirtschaft. 2. Aufl., München: Vahlen 2013

Busse, F.-J.: Grundlagen der betrieblichen Finanzwirtschaft. 5. Aufl., München, Wien: Oldenbourg, 2009

Coenenberg, A. G./Salfeld, R.: Wertorientierte Unternehmensführung. 2. Aufl., Stuttgart: Schäffer-Poeschel 2007

Däumler, K.-D./Grabe, J.: Betriebliche Finanzwirtschaft. 10. Aufl., Herne: Neue Wirtschafts-Briefe, 2013

Drukarczyk, J.: Finanzierung. 10. Aufl., Stuttgart: Lucius & Lucius, 2008

GmbHG: 45. Aufl. München: Deutscher Taschenbuch Verlag, 2014

HGB: 57. Aufl. München: Deutscher Taschenbuch Verlag, 2015

Jahrmann, F.-U.: Finanzierung. 6. Aufl., Herne, Berlin: Neue Wirtschafts-Briefe, 2009

Kruschwitz, L.: Finanzmathematik. 5. Aufl., München-Wien: Oldenbourg Verlag, 2010

Kruschwitz, L./Husman, S.: Finanzierung und Investition. 7. Aufl., München, Wien: Oldenbourg, 2012

Olfert, K.: Finanzierung. 16. Aufl., Ludwigshafen: Kiehl, 2013

Pape, U.: Grundlagen der Finanzierung und Investition, 3. Aufl., München, Wien: Oldenbourg, 2015

Pellens, B./Fülbier, R. U./Gassen, J.: Internationale Rechnungslegung. 9. Aufl., Stuttgart: Schäffer-Poeschel Verlag, 2014

Perridon, L./Steiner, M./Rathgeber, A.: Finanzwirtschaft der Unternehmung. 16. Aufl., München: Vahlen, 2012

Rappaport, A.: Shareholder Value. 2. Aufl., Stuttgart: Schäffer-Poeschel, 1998

Schäffer, U.: Der Finanzbereich im Fokus. Wiesbaden: Gabler Verlag, 2010

Wechselgesetz: 57. Aufl., München: Deutscher Taschenbuch Verlag, 2015

Wöhe, G./Bilstein, J./Ernst, D./Häcker, J.: Grundzüge der Unternehmensfinanzierung. 11. Aufl., München: Vahlen, 2013

Wöhe, G./Döring, U.: Einführung in die Allgemeine Betriebswirtschaftslehre. 25. Aufl., München: Vahlen, 2013

Wollenberg, K. (Hrsg.): Taschenbuch der Betriebswirtschaft. 2. Aufl., Leipzig: Fachbuchverlag, 2004

9 Recht

9.1 Studienziele

Dieses Kapitel soll dem Leser ermöglichen

- ein Grundverständnis dafür zu erwerben, wie Rechte in der Praxis durchgesetzt werden können,
- die Ausbildung und den Tätigkeitsbereich eines Patentanwalts kennen zu lernen,
- einen Überblick über die wichtigsten wirtschaftsrelevanten Rechtsgebiete zu erhalten,
- bei den im Kapitel „Personalwirtschaft" angesprochenen Themen „Vorstellungsgespräch" und „Befristung" die rechtlichen Rahmenbedingungen zu erfassen,
- die für das Marketing wichtigen Rechtsgebiete „Markenrecht" und „Wettbewerbsrecht" in ihren Grundzügen zu kennen,
- die für die Finanzierung wichtigen Unterschiede zwischen einem Wechsel und einem Scheck zu verstehen,
- die im Auslandsgeschäft auftretenden rechtlichen Risiken einschätzen zu können und
- die Funktionsweise und die Vor- und Nachteile des Streitbeilegungsinstruments „Schiedsgerichtsbarkeit" zu benennen.

9.2 Grundfragen der Rechtsdurchsetzung

9.2.1 Einführung

Mit rechtlichen Sachverhalten wird man täglich konfrontiert: Wenn man einkaufen geht und dabei – was den wenigsten Menschen bewusst ist – Kaufverträge schließt, wenn man im Rahmen eines Arbeitsverhältnisses von Vorgesetzten Anweisungen erhält, ... – die Liste könnte noch lange fortgesetzt werden. Recht ist daher – auch für einen Ingenieur – von großer praktischer Bedeutung.

Recht ist allerdings kompliziert. Zum einen ist es eine komplexe Materie, zum anderen ändern sich Rechtsvorschriften oft – man denke nur an das Steuerrecht –, wie auch die Rechtsprechung. Zwar kann man im Internet auf einer Seite des Bundesministeriums der Justiz alle (Bundes-)Gesetze finden (unter www.gesetze-im-internet.de) und es gibt eine Vielzahl juristischer Bücher, doch angesichts der schwierigen Materie beauftragt man im

Regelfall bei einer Rechtsstreitigkeit und bei schwierigen Rechtsfragen einen **Rechtsanwalt** (oder eine Rechtsanwältin). Zudem besteht bei vielen Gerichten, wie z. B. den Landgerichten, **Anwaltszwang,** d. h. man kann sich nicht selbst vertreten und Anträge stellen, sondern muss durch einen Rechtsanwalt vertreten werden.

Bei einem Blick ins Telefonbuch oder andere Nachschlagewerke stellt man fest, dass viele Anwälte auf Spezialisierungen hinweisen. Sucht man z. B. einen Spezialisten für Mietrecht, findet man dort Anzeigen, in denen ein „Fachanwalt für Miet- und Wohnungseigentumsrecht“ seine Dienste anbietet, andere Anwälte schreiben „Tätigkeitsschwerpunkt Mietrecht“ oder „Interessenschwerpunkt Mietrecht“. Welcher dieser Anwälte ist nun der formal am besten qualifizierte Mietrechtsexperte?

Das ist der **Fachanwalt.** Um Fachanwalt zu werden, muss man Lehrgänge besuchen und erfolgreich Prüfungen ablegen sowie praktische Kenntnisse in dem betreffenden Rechtsgebiet nachweisen. Die Berechtigung, eine Fachanwaltsbezeichnung zu führen, wird von der zuständigen Rechtsanwaltskammer verliehen. Wer mit einem **Tätigkeitsschwerpunkt** wirbt, muss zwar grundsätzlich auch in dem betreffenden Rechtsgebiet theoretische Kenntnisse aufweisen und praktisch tätig gewesen sein, allerdings wird dies nicht durch die Rechtsanwaltskammer überprüft. Wer einen **Interessenschwerpunkt** angibt, sagt lediglich, dass er in dem betreffenden Rechtsgebiet gern Fälle bearbeiten würde. Von einem mit einem Tätigkeitsschwerpunkt Werbung machenden Anwalt kann man also keine besonderen Kenntnisse erwarten.

9.2.2 Kostenfragen

Die Höhe der Gebühren, die ein Anwalt fordern darf, ist gesetzlich im **Rechtsanwaltsvergütungsgesetz** (RVG) geregelt. Im Zivilrecht richtet sich die Höhe der Gebühren nach dem Wert des Gegenstandes, den der Anwalt bearbeiten muss.

Beispiel: Klage auf 5000 Euro = Gegenstandswert 5000 Euro. ■

Ist man sich nicht sicher, ob es aussichtsreich ist, Klage zu erheben, vereinbart man am besten mit dem Anwalt eine so genannte **Erstberatung.** Das Honorar dafür kann man frei aushandeln. Hat man nicht genug Geld für eine solche Beratung, kann man bei der Rechtsantragsstelle des Amtsgerichts einen **Beratungshilfeschein** erhalten und sich dann durch einen Anwalt seiner Wahl beraten lassen. Die Bezahlung der dem Anwalt zustehenden Gebühren für die Beratung übernimmt in diesem Fall nach dem Beratungshilfegesetz (BerHG) die Staatskasse.

Entschließt man sich dann, vor Gericht zu gehen, muss man das **Kostenrisiko** sehen: Außer den Kosten für den eigenen Anwalt fallen Gerichtskosten an. Wenn man gewinnt, wird der Prozessgegner verurteilt, diese Kosten zu ersetzen, verliert man, wird man selbst verurteilt, dem Gegner seine Anwaltskosten zu ersetzen. Einzige Ausnahme: Prozesse vor dem Arbeitsgericht. Dort – in der ersten Instanz – trägt unabhängig vom Prozessausgang nach § 12a Abs. 1 Arbeitsgerichtsgesetz jede Partei ihre eigenen Kosten selbst.

Wenn die Einkommens- und Vermögensverhältnisse einer Prozesspartei es ihr nicht ermöglichen, die Kosten der Prozessführung vollständig aufzubringen, kann sie beim Amtsgericht **Prozesskostenhilfe** (PKH) beantragen. Das Gericht prüft nicht nur die finanzielle Situation des Antragstellers, sondern auch, ob die beabsichtigte Rechtsverfolgung oder Rechtsverteidigung hinreichende Aussicht auf Erfolg bietet. Wird die Prozesskostenhilfe vom Amtsgericht bewilligt, ist der Antragsteller sowohl von der Zahlung der Gerichtskosten als auch von der Bezahlung der Kosten seines Anwalts befreit. Verliert er den Prozess, muss er allerdings die Kosten des Rechtsanwalts der Gegenseite tragen. Zudem muss der Antragsteller in dem Fall, dass sich seine Vermögensverhältnisse innerhalb eines Zeitraums von zehn Jahren nach Bewilligung verbessern, die vom Staat vorgestreckten Beträge zurückzahlen.

9.2.3 Gerichte

Die meisten Gerichtszweige sind dreistufig aufgebaut:

Arbeitsgerichtsbarkeit (zuständig insbesondere für Streitigkeiten zwischen Arbeitnehmern und Arbeitgebern):

Arbeitsgericht – Landesarbeitsgericht – Bundesarbeitsgericht (BAG, Sitz in Erfurt).

Verwaltungsgerichtsbarkeit (zuständig insbesondere für Klagen gegen Verwaltungsakte, z. B. die Ablehnung einer Baugenehmigung):

Verwaltungsgericht – Oberverwaltungsgericht – Bundesverwaltungsgericht (BVerwG, Sitz in Leipzig).

Sozialgerichtsbarkeit (zuständig insbesondere für Streitigkeiten über sozialversicherungsrechtliche Ansprüche, z. B. Klagen gegen Rentenbescheide):

Sozialgericht – Landessozialgericht – Bundessozialgericht (BSG, Sitz in Kassel).

Einen zweistufigen Aufbau hat die **Finanzgerichtsbarkeit** (zuständig insbesondere für Klagen gegen Steuerbescheide):

Finanzgericht – Bundesfinanzhof (BFH, Sitz in München).

Kompliziert ist der Aufbau der **Zivil- und Strafgerichtsbarkeit**. Weil dies die älteste Gerichtsbarkeit ist, spricht man hier auch von der der „ordentlichen Gerichtsbarkeit". Da Strafrecht im Leben eines Ingenieurs im Regelfall keine große Rolle spielt, wird im Folgenden nur die Zivilgerichtsbarkeit behandelt:

Dort gibt es Amtsgerichte (AG), Landgerichte (LG), Oberlandesgerichte (OLG, mit der Besonderheit, dass das OLG in Berlin aus historischen Gründen Kammergericht heißt) und den Bundesgerichtshof (BGH) mit Sitz in Karlsruhe.

Erste Instanz ist, in Abhängigkeit vom Streitwert, entweder das Amtsgericht oder das Landgericht. Bei einem Streitwert bis (einschließlich) 5000 Euro sind die Amtsgerichte als erste Instanz zuständig (§ 23 Gerichtsverfassungsgesetz – GVG); übersteigt der Streitwert diesen Betrag, ist die Klage beim Landgericht zu erheben. Unabhängig vom Streitwert sind für Familiensachen (dazu zählt insbesondere die Scheidung) nach § 23a GVG immer die

Amtsgerichte zuständig. Die Abteilung für Familiensachen beim Amtsgericht wird auch „Familiengericht" genannt (§ 23b GVG).

Ferner gibt es noch ein Spezialgericht für den Bereich des **Gewerblichen Rechtsschutzes** (zu diesem Rechtsgebiet zählt u. a. das Patentrecht und das Markenrecht): Das Bundespatentgericht (BPatG) mit Sitz in München ist ein Gericht ohne Unterbau (es gibt keine Landespatentgerichte o. ä.). Seine Entscheidungen können durch den Bundesgerichtshof überprüft werden.

Eine Sonderrolle nimmt das **Bundesverfassungsgericht** (BVerfG, Sitz in Karlsruhe) ein: Wer meint, dass er durch die öffentliche Gewalt in einem seiner Grundrechte (Art. 1 bis 19 Grundgesetz – GG) verletzt wurde, kann nach § 90 Bundesverfassungsgerichtsgesetz (BVerfGG) das Bundesverfassungsgericht anrufen, allerdings erst, nachdem der Rechtsweg erschöpft ist.

Beispiel: Ein Arbeitgeber weist seine Verkäuferin muslimischen Glaubens an, kein Kopftuch mehr zu tragen. Das Tragen eines Kopftuches aus religiöser Überzeugung fällt in den Schutzbereich des Art. 4 Abs. 1 GG (Glaubensfreiheit). Die Arbeitnehmerin kann die Frage, ob die Weisung gegen Art. 4 GG verstößt, aber nicht unmittelbar durch das Bundesverfassungsgericht klären lassen, sondern sie muss gegen die Weisung vor dem Arbeitsgericht vorgehen. Erst wenn der Rechtszug vor den Arbeitsgerichten erschöpft ist und die Klage vom Bundesarbeitsgericht letztinstanzlich abgewiesen wurde, kann die Arbeitnehmerin sich an das Bundesverfassungsgericht wenden. ■

Falls es Sie nun interessiert, ob eine solche Klage Erfolg hätte, werden Sie eine bei den Juristen oft zu hörende Antwort bekommen: **„Das kommt darauf an"**, in diesem Fall nämlich darauf, ob der Arbeitgeber seinerseits eine Beeinträchtigung eines anderen Grundrechts, nämlich der nach Art. 12 GG geschützten unternehmerischen Betätigung, belegen kann; dann ist eine Güterabwägung vorzunehmen. Sie sehen also: Entscheidend ist immer der Einzelfall, deshalb muss man – in einer Klausur wie auch im wirklichen Leben – immer erst den Sachverhalt mit all seinen Facetten feststellen.

9.2.4 Rechtsmittel

Vereinfacht lassen sich die möglichen Rechtsmittel gegen ein Urteil wie folgt beschreiben: Ist man mit einem Urteil der ersten Instanz nicht einverstanden, kann man **Berufung** einlegen. Ist man dann auch mit dem Urteil der zweiten Instanz nicht einverstanden, kann man **Revision** bei dem zuständigen Bundesgericht einlegen. Bundesgerichte beschäftigen sich nur mit grundsätzlichen Rechtsfragen; die Tatsachen werden abschließend in der zweiten Instanz festgestellt. Vor dem BGH werden daher nie Zeugen vernommen; der BGH beurteilt nur denjenigen Sachverhalt rechtlich, den die Vorinstanz festgestellt hat.

Bei **Zivilrechtsstreitigkeiten** ist die Rechtslage etwas komplizierter: Gegen Urteile des Amtsgerichts ist Berufung beim Landgericht möglich, allerdings nur, wenn der Wert des Beschwerdegegenstandes 600 Euro übersteigt (§ 511 Abs. 2 Nr. 1 Zivilprozessordnung – ZPO) oder das Amtsgericht die Berufung im Urteil zugelassen hat (§ 511 Abs. 2 Nr. 2 ZPO), gegen die erstinstanzlichen Urteile des Landgerichts ist Berufung beim Oberlandesgericht möglich. In der Berufungsinstanz können nicht nur Rechts-, sondern auch Tatsachenfragen behandelt werden; allerdings findet eine Überprüfung des Sachverhalts durch das Berufungsgericht nur hinsichtlich neuer Tatsachen statt und hinsichtlich solcher Tatsachen, bei denen konkrete Anhaltspunkte Zweifel an der Richtigkeit oder Vollständigkeit der vom erstinstanzlichen Gericht getroffenen Feststellungen begründen (§§ 513, 529 ZPO). Gegen Berufungsurteile des Landgerichts und des Oberlandesgerichts ist unter bestimmten Voraussetzungen, die in §§ 542 ff. ZPO aufgeführt sind, die Revision statthaft.

In vielen Fällen ist angesichts des geringen Streitwerts somit bereits gegen das Urteil des Amtsgerichts kein Rechtsmittel gegeben. Aber selbst wenn die erste Instanz das Landgericht war, ist im Regelfall keine Revision zum Bundesgerichtshof möglich. Die Drohung einer Person, „man werde den Rechtsweg bis zur letzten Instanz ausschöpfen", ist also oft eine bloße Floskel.

Bezüglich der **Bindungswirkung von Urteilen** ist zu beachten, dass eine Bindungswirkung von einem Urteil eines höherrangigen Gerichts nur in einem anhängigen Verfahren eintritt.

Beispiel: Der Bundesgerichtshof hebt ein Urteil auf und verweist die Sache zur weiteren Aufklärung des Sachverhalts an das Oberlandesgericht zurück. Das Oberlandesgericht ist in diesem Fall an die Rechtsausführungen des Bundesgerichtshofs gebunden (§ 563 Abs. 2 ZPO). ■

Dagegen haben selbst solche Entscheidungen in anderen Verfahren, die in der Presse als „**Grundsatzurteile**" bezeichnet werden, rechtlich keine Bindungswirkung. De facto beachten die unterinstanzlichen Gerichte allerdings in der Regel die BGH-Entscheidungen; insbesondere bei Verfahren vor den Amtsgerichten ist das aber nicht immer gewährleistet.

9.2.5 Das Recht der Europäischen Union

Das Recht der Europäischen Union (EU) verdrängt das nationale Recht immer mehr. Daher sollte man die Grundstrukturen des EU-Rechts kennen.

Zu den Rechtsgrundlagen der EU mit einem – übertragen auf das nationale Niveau – verfassungsähnlichen Rang zählen: Der „Vertrag über die Europäische Union" (EUV), der nur einige wesentliche Bestimmungen enthält, der „Vertrag über die Arbeitsweise der Europäischen Union" (AEUV), welcher die Regelungen des EUV präzisiert, sowie die „Charta der Grundrechte der Europäischen Union" (GRCh). Im AEUV sind die **Grundfreiheiten der EU** geregelt: Die Warenverkehrsfreiheit (Art. 28 bis 37 AEUV), die Arbeitnehmerfreizügigkeit (Art. 45 bis 48 AEUV), die Niederlassungsfreiheit für Selbständige und Unternehmen (Art. 49 bis 55 AEUV), die Dienstleistungsfreiheit (Art. 56 bis 62 AEUV) sowie die Kapitalverkehrsfreiheit (Art. 63 bis 66 AEUV).

Für die Praxis viel wichtiger sind jedoch die **Richtlinien (RL)** und **Verordnungen (VO)** der Europäischen Union. Die Richtlinien wenden sich an die nationalen Gesetzgeber und müssen zwingend von diesen in das nationale Recht umgesetzt werden.

Beispiel: Es gibt mehrere Anti-Diskriminierungsrichtlinien der EU (z. B. die Richtlinie 2000/43/EG des Rates vom 29. 7. 2000 zur Anwendung des Gleichbehandlungsgrundsatzes ohne Unterschied der Rasse oder der ethnischen Herkunft). Diese wurden vom deutschen Gesetzgeber dadurch umgesetzt, dass er ein entsprechendes Gesetz, das Allgemeine Gleichbehandlungsgesetz (AGG), erlassen hat. ■

Verordnungen der EU wirken dagegen unmittelbar in allen EU-Staaten. Mit anderen Worten, EU-Verordnungen werden nicht durch ein deutsches Gesetz umgesetzt, sondern gelten direkt in der Bundesrepublik Deutschland.

Beispiel: Die „Europäische Aktiengesellschaft (SE)" basiert auf der Verordnung (EG) Nr. 2157/2001 des Rates vom 8. 10. 2001 über das Statut der Europäischen Gesellschaft (SE). Diese Regeln gelten unmittelbar in allen EU-Staaten, weshalb die Europäische Aktiengesellschaft in allen EU-Staaten denselben gesellschaftsrechtlichen Normen unterliegt. ■

Zu den Organen der EU zählen:

- die **Kommission** mit Sitz in Brüssel, die man mit einer Regierung vergleichen kann;
- der **Europäische Rat**, ein politisches Leitungsorgan, das sich aus den Staats- und Regierungschefs der EU-Mitgliedstaaten zusammensetzt;
- der **Rat**, ein Organ, das sich aus den jeweiligen Fachministern der EU-Staaten zusammensetzt und der Gesetzen (d. h. Verordnungen und Richtlinien) der EU zustimmen muss;
- das **Europäische Parlament** mit Sitz in Straßburg;
- der **Europäische Gerichtshof (EuGH)** mit Sitz in Luxemburg.

In der Praxis besonders wichtig ist dabei der EuGH. Immer dann, wenn die Auslegung einer EU-Norm unklar ist, muss der EuGH angerufen werden. Dies geschieht durch das so genannte **Vorabentscheidungsverfahren**. Im Rahmen dieses Verfahrens, das in Art. 267 AEUV geregelt ist, legt ein nationales Gericht eines EU-Mitgliedstaats dem EuGH eine Frage zum EU-Recht vor, die für ein vor dem nationalen Gericht anhängiges Verfahren entscheidungsrelevant ist. Der EuGH nimmt dann nicht zu dem Rechtstreit insgesamt Stellung, sondern beantwortet nur die aufgeworfene Frage. Das nationale Gericht fällt anschließend unter Berücksichtigung der Auffassung des EuGH eine Entscheidung; nur diese Entscheidung des nationalen Gerichts kann von der Partei, die den Rechtsstreit gewonnen hat, vollstreckt werden, nicht jedoch das EuGH-Urteil, das nur ein Zwischenschritt im Prozessablauf darstellt.

In diesem Zusammenhang sind auch die **Generalanwälte beim EuGH** von Interesse. Diese „unterstützen" das Gericht (so der Wortlaut des Art. 252 Abs. 1 AEUV). Sie nehmen bei Prozessen vor dem EuGH in so genannten „Schlussanträgen" zu der aufgeworfenen Rechtsfrage Stellung. Diese Schlussanträge binden das Gericht nicht. In der Praxis folgt allerdings der EuGH in der weit überwiegenden Anzahl der Fälle der Ansicht des Generalanwalts. Wenn Sie in der Zeitung lesen, dass der Generalanwalt in diesem oder jenem Sinne eine von einem deutschen Gericht aufgeworfene Rechtsfrage beantwortet hat, sollten Sie aber daran denken, dass mit der Stellungnahme des Generalanwalts noch nichts entschieden ist.

9.3 Der Patentanwalt

Ein Beruf steht unmittelbar an der Schnittstelle von Ingenieurwissenschaften und Recht: Wer gewerbliche Schutzrechte wie Patente oder Gebrauchsmuster sichern will, arbeitet in der Regel mit einer Patentanwältin/einem Patentanwalt zusammen.

Dabei handelt es sich um Hochschulabsolventen, die nach ihrem Studium der Ingenieur- oder Naturwissenschaft an einer wissenschaftlichen Hochschule (dazu gehören nach Ansicht des Deutschen Patent- und Markenamts - DPMA - nicht die Fachhochschulen; dies gilt selbst dann, wenn der betreffende Absolvent dort einen Master-Studiengang absolviert hat; vgl. Gruber, Zulassung von Fachhochschulabsolventen) eine dreijährige praktische Ausbildung auf dem Gebiet des Gewerblichen Rechtsschutzes durchlaufen und dann eine Prüfung vor einer Kommission des Deutschen Patent- und Markenamts bestanden haben. Der Patentanwalt übt - wie z.B. auch der Rechtsanwalt - einen Freien Beruf aus. Rechtsgrundlage für die Berufsausübung ist die Patentanwaltsordnung (PatAnwO). Bei seiner Vergütung werden die Regelungen des Rechtsanwaltsvergütungsgesetzes (RVG) entsprechend angewandt. Bei Prozessen ist daher der Streitwert entscheidend; die Streitwerte liegen im Gewerblichen Rechtsschutz regelmäßig ziemlich hoch.

Der Patentanwalt ist nicht nur der Berater des Unternehmers, sondern kann ihn auch vor Gerichten vertreten. So kann er vor dem Bundespatentgericht in München und bei bestimmten Verfahren sogar vor dem Bundesgerichtshof (BGH) in Karlsruhe auftreten. Vor dem Gerichtshof der Europäischen Union (EuGH) in Luxemburg sind Patentanwälte allerdings nicht vertretungsbefugt.

9.4 Ausgewählte Probleme des Arbeitsrechts

9.4.1 Auskunftspflichten beim Vorstellungsgespräch

Im Kapitel „Personalwirtschaft" wird die Bedeutung des Vorstellungsgesprächs für die Unternehmen herausgearbeitet (vgl. Abschn. 3.4.2.3). Dabei sind aber rechtliche Grenzen zu beachten, welche der Fragesteller einzuhalten hat. Dem berechtigten Interesse des Arbeitgebers, möglichst viel über den Bewerber zu erfahren, steht nämlich dessen durch **Art. 2 GG** geschütztes **Persönlichkeitsrecht** gegenüber. Zusätzlich gilt es Diskriminierungsverbote zu berücksichtigen (vgl. Gruber, Standardfälle Arbeitsrecht).

Die Stellung unzulässiger Fragen hat vor allem zur Folge, dass der Bewerber eine unzutreffende Antwort geben darf, ohne dass dies für ihn negative rechtliche Folgen hätte. Grundsätzlich kann nach allgemeinem Zivilrecht ein Vertrag angefochten (und damit rückwirkend nichtig gemacht) werden, wenn er durch arglistige Täuschung zustande kam. Dies ist in **§ 123 BGB** geregelt. Voraussetzung für eine solche Anfechtung ist zum einen, dass eine

Täuschung vorlag. Zum anderen muss die Täuschung widerrechtlich erfolgt sein. Widerrechtlich war sie jedoch nicht, wenn der Arbeitgeber die falsch beantwortete Frage gar nicht stellen durfte. Die Rechtsprechung räumt in diesen Fällen den Arbeitnehmern ein **„Recht zur Lüge"** ein.

Folgende Fragen sind in der Praxis problematisch:

- **Schwangerschaft:** Die Frage ist unzulässig, da sie Arbeitnehmerinnen diskriminiert und daher nicht gestellt werden darf. Dies gilt selbst dann, wenn der Arbeitsplatz für Schwangere nicht geeignet ist: Nach Ablauf der Mutterschutzfristen steht die Frau dem Arbeitsgeber ja uneingeschränkt zur Verfügung.
- **Schwerbehinderteneigenschaft:** Die Frage ist wegen **§ 81 Abs. 2 SGB IX** unzulässig.
- **Krankheiten:** Die Frage muss nur beantwortet werden, wenn man aufgrund der Krankheit für die angestrebte Tätigkeit schlechthin ungeeignet ist.
- **Vorstrafen:** Diese Frage muss der Arbeitnehmer nur beantworten, wenn es sich um eine für die angestrebte Tätigkeit einschlägige Vorstrafe handelt.

  Beispiel: Ein wegen Unterschlagung vorbestrafter Kassierer bewirbt sich bei einer Bank. ■

  Unabhängig davon ist zu beachten, dass man nicht mehr als vorbestraft gilt, wenn die entsprechende Strafe im Bundeszentralregister getilgt wurde (**§ 53 BZRG**), und somit im Falle der Tilgung der Vorstrafe bei einer Verneinung der Frage schon gar keine Täuschung vorliegt.
- **Gewerkschaftszugehörigkeit:** Die Frage ist unzulässig, denn Art. 9 Abs. 3 GG erklärt die Entscheidung, einer Gewerkschaft beizutreten oder ihr nicht beizutreten, zur Privatsache.
- **Gehalt** beim vorhergehenden Arbeitgeber: Die Frage ist unzulässig, wenn die bisherige Vergütung für die erstrebte Stelle ohne Aussagekraft ist.

Ist eine zulässige Frage gestellt worden, die vom Bewerber wahrheitswidrig beantwortet wurde, kann der Arbeitgeber den Arbeitsvertrag anfechten, wenn die Täuschung ursächlich für die Einstellung war. Die Anfechtung hat nach **§ 124 BGB** binnen Jahresfrist zu erfolgen. Die Frist beginnt ab dem Zeitpunkt zu laufen, an dem der Anfechtungsberechtigte die Täuschung entdeckt. Laut Gesetz (**§ 142 BGB**) ist der Vertrag dann rückwirkend als nichtig anzusehen, im Arbeitsrecht wird aber im Regelfall von einer Wirkung ex nunc ausgegangen. Für die Dauer der tatsächlich erbrachten Leistung darf der Arbeitnehmer seinen Lohn daher behalten.

9.4.2 Befristung von Arbeitsverträgen

Im Kapitel über „Personalwirtschaft" wird auch der befristete Arbeitsvertrag als Instrument zur Flexibilisierung des Personaleinsatzes erwähnt (vgl. Abschn. 3.5). Dabei ist zu beachten, dass der Gesetzgeber die Befristungsmöglichkeiten stark eingeschränkt hat.

Geregelt ist die Befristung im Gesetz über Teilzeitarbeit und befristete Arbeitsverträge, kurz **Teilzeit- und Befristungsgesetz** (TzBfG). Dessen § 14 regelt die Zulässigkeit der Befristung **(Ü1)**.

Unabhängig von der Art der Befristung muss die Befristungsabrede schriftlich getroffen werden (**§ 14 Abs. 4 TzBfG**). Bezüglich der Voraussetzungen der Befristung ist zu unterscheiden zwischen der Befristung, die durch einen sachlichen Grund gerechtfertigt ist (geregelt in **§ 14 Abs. 1 Satz 1 TzBfG**) und der Befristung ohne Vorliegen eines sachlichen Grundes (geregelt in **§ 14 Abs. 2 TzBfG**).

Beispiele für einen **sachlichen Grund zur Befristung** werden in **§ 14 Abs. 1 Satz 2 TzBfG** aufgezählt. Gründe sind unter anderem ein zeitweilig erhöhter Arbeitskräftebedarf, eine Einstellung als Vertretung für einen anderen Arbeitnehmer und eine Befristung zur Erprobung (allerdings muss die Dauer der Erprobung angemessen sein; dies ist sie im Regelfall nur, wenn sie nicht mehr als sechs Monate dauert). Eine Befristung mit sachlichem Grund ist immer zulässig.

Einschränkungen gibt es dagegen bei der Befristung **ohne sachlichen Grund**. Diese ist nach **§ 14 Abs. 2 TzBfG** nicht zulässig, wenn zuvor ein unbefristetes oder befristetes Arbeitsverhältnis bestanden hat. Nach der Rechtsprechung des Bundesarbeitsgerichts (BAG) liegt eine „Zuvor-Beschäftigung" im Sinne dieser Vorschrift nicht vor, wenn ein früheres Arbeitsverhältnis mehr als drei Jahre zurückliegt. Ferner gibt es eine zeitliche Obergrenze: Im Regelfall ist ein befristetes Arbeitsverhältnis ohne sachlichen Grund nur für die Dauer von **maximal zwei Jahren** zulässig. Innerhalb dieser zwei Jahre ist höchstens eine dreimalige Verlängerung eines befristeten Vertrages zulässig, also sind insgesamt vier befristete Verträge möglich. Bezüglich der Zwei-Jahres-Frist gibt es Ausnahmen:

- Ist der Arbeitgeber ein Existenzgründer, der sein Unternehmen vor maximal vier Jahren gegründet hat, dann beträgt die maximale Befristungsdauer vier Jahre.
- Hat der Arbeitnehmer bei Beginn des befristeten Arbeitsverhältnisses das 52. Lebensjahr vollendet und war er unmittelbar vor Beginn des befristeten Arbeitsverhältnisses mindestens vier Monate beschäftigungslos, bezog Transfer-Kurzarbeitergeld oder nahm er an einer öffentlich geförderten Beschäftigungsmaßnahme teil, dann beträgt die maximale Befristungsdauer fünf Jahre.

War die Befristung unzulässig, dann liegt ein unbefristeter Vertrag vor **(§ 16 TzBfG)**. Der Arbeitnehmer muss allerdings die **Klagefrist** nach **§ 17 TzBfG** beachten: Innerhalb von drei Wochen nach dem vereinbarten Ende des befristeten Arbeitsvertrages muss er Klage beim Arbeitsgericht erheben.

9.5 Markenrecht

9.5.1 Grundlagen des Markenrechts

Das Markenrecht ist im „Gesetz über den Schutz von Marken und sonstigen Kennzeichen – **Markengesetz (MarkenG)**" geregelt, welches seit dem 1.1.1995 das Warenzeichengesetz ersetzt. Wie bereits der Titel des Gesetzes andeutet, geht es in diesem Gesetz nicht nur um

Marken, sondern auch noch um andere Kennzeichen: nämlich um geschäftliche Bezeichnungen und um geographische Bezeichnungen (vgl. Gruber, Gewerblicher Rechtsschutz).

Was Schutzgegenstand bei Marken sein kann, wird in § 3 Abs. 1 MarkenG beispielhaft aufgezählt. Dort heißt es: „Als Marke können alle Zeichen, insbesondere Wörter einschließlich Personennamen, Abbildungen, Buchstaben, Zahlen, Hörzeichen, dreidimensionale Gestaltungen einschließlich der Form einer Ware oder ihrer Verpackung sowie sonstige Aufmachungen einschließlich Farben und Farbzusammenstellungen geschützt werden, die geeignet sind, Waren oder Dienstleistungen eines Unternehmens von denjenigen anderer Unternehmen zu unterscheiden."

Beispiele dafür sind jeweils: Wörter: Puma, Milka; Personennamen: Yves St. Laurent; Abbildungen: Logo bei der Commerzbank; Buchstaben: GTI, HB; Zahlen: 4711; Verpackung: Dimple-Flasche, Cola-Flasche; Hörzeichen: Jingle, das in der Werbung eingesetzt wird; Farben und Farbkombinationen: blau-weiß für ARAL. ■

9.5.2 Die Marke

Es gibt drei Möglichkeiten, wie Markenschutz entstehen kann: Durch Eintragung in ein staatlich verwaltetes Register, durch die große Bekanntheit einer Marke in Deutschland und durch die notorische Bekanntheit einer Marke im Ausland. Im Folgenden werden diese Möglichkeiten näher dargestellt.

9.5.2.1 Markenschutz durch Eintragung der Marke in das Markenregister

Eine Marke kann zum einen dadurch entstehen, dass man ein Zeichen als Marke in das vom **Deutschen Patent- und Markenamt (DPMA)** geführte Markenregister eintragen lässt. Das DPMA ist eine Bundesbehörde mit Sitz in München. Bei der Anmeldung zur Eintragung sind beim DPMA die Wiedergabe der Marke und ein Verzeichnis der Waren und Dienstleistungen, für welche die Eintragung beantragt wird, einzureichen **(§ 32 Abs. 1 MarkenG)**. Zur Klassifizierung der Waren und Dienstleistungen enthält die Verordnung zur Ausführung des MarkenG (Markenverordnung - MarkenV) ein Verzeichnis mit einer Klasseneinteilung.

Beispiele für Warenklassen nach der MarkenV: Klasse 15: Musikinstrumente; Klasse 23: Garne und Fäden für textile Zwecke; Klasse 25: Bekleidungsstücke, Schuhwaren, Kopfbedeckungen. ■

Außerdem ist bei der Anmeldung einer Marke eine Gebühr von 300 Euro zu entrichten (bei elektronischer Anmeldung nur 290 Euro). Für bis zu drei Klassen gilt die Grundgebühr. Für jede weitere Klasse ist eine zusätzliche Gebühr von 100 Euro zu zahlen.

Das DPMA prüft die Anmeldung nur auf formelle Anforderungen (**§ 36 MarkenG**) und auf sog. absolute Schutzhindernisse **(§ 37 MarkenG)** im Sinne der §§ 3, 8 und 10 MarkenG. Ein absolutes Schutzhindernis liegt vor, wenn:

- Die Form durch die Ware selbst bedingt ist (**§ 3 Abs. 2 MarkenG**). Die Darstellung der angemeldeten Marke darf sich also nicht in der Wiedergabe der technischen Gestaltung der Ware selbst erschöpfen, da dann dem Zeichen unternehmenshinweisende Elemente fehlen (Beispiel: Ein Reifenhersteller will einen runden Reifen als Marke schützen lassen).
- Die Form hat den Zweck, eine bestimmte technische Wirkung zu erzielen (Beispiel: Farbiges Glas schützt Inhalt).
- Die Form selbst verleiht der Ware ihren wesentlichen Wert (Beispiel: Kunstwerke, z. B. Vasen, die von berühmten Künstlern entworfen wurden).
- Von der Eintragung ausgeschlossen sind außerdem Zeichen, die sich **nicht grafisch darstellen lassen (§ 8 Abs. 1 MarkenG)**. Bei Hörmarken kann die Darstellung in Notenschrift erfolgen. Problematisch ist dieses Erfordernis daher nur für Geruchs- und Geschmacksmarken, für welche eine Marke nicht erteilt werden kann, da es keine objektiv von Dritten nachvollziehbaren Kriterien zur Beschreibung von Gerüchen und Geschmacksrichtungen gibt.
- Von der Eintragung ausgeschlossen sind auch Marken, denen für die Waren oder Dienstleistungen **jegliche Unterscheidungskraft fehlt (§ 8 Abs. 2 Nr. 1 MarkenG)**. Kann der Wortmarke ein für die fraglichen Waren im Vordergrund stehender Begriffsinhalt zugeordnet werden oder handelt es sich um ein gebräuchliches Wort der deutschen Sprache oder einer bekannten Fremdsprache, das beschreibend verstanden wird (z. B. „Turbo" bei technischen Gegenständen), erfolgt keine Eintragung.

Beispiel: In einem Rechtsstreit ging es um die Frage, ob „Winnetou" eine eingetragene Marke für Druckereierzeugnisse sein kann. Fraglich war, ob dieses Wort unterscheidungskräftig ist, da der Name „Winnetou" angesichts der Bekanntheit der Romanfigur von Karl May sich im allgemeinen Bewusstsein – so die Feststellung des Bundespatentgerichts – zur Bezeichnung eines bestimmten Menschentyps, des edlen Indianerhäuptlings, entwickelt hat. Daher ist dieser Name als Marke für Druckereierzeugnisse nicht unterscheidungskräftig. ■

9

Entscheidend ist bei der Prüfung der Unterscheidungskraft der Gesamteindruck. So hat die Rechtsprechung die Markenfähigkeit des Begriffs „NeW MaN" bejaht, obwohl es sich dabei um eine gewöhnliche Wortkombination in englischer Sprache handelt. Entscheidend für die Rechtsprechung war aber die eigenartige und prägnante Gestaltung, die hier ausnahmsweise eine Markeneintragung möglich macht. Ähnlich verhält es sich bei dem Werbeslogan „Radio von hier, Radio wie wir", der wegen seiner Kürze und Prägnanz für eintragungsfähig gehalten wurde.

- **Nach § 8 Abs. 2 Nr. 2 MarkenG** besteht ein absolutes Eintragungshindernis auch, wenn die Marke ausschließlich aus Zeichen oder Angaben besteht, die im Verkehr zur Bezeichnung der Art, der Beschaffenheit, der Menge, der Bestimmung, des Wertes, der geographischen Herkunft, der Zeit der Herstellung der Waren oder der Erbringung von Dienstleistungen oder zur Bezeichnung sonstiger Merkmale der Waren oder Dienstleistungen dienen können. Man spricht hier vom **Freihaltebedürfnis**, weil die angestrebte Marke den Verkehr behindern würde **(Ü2)**.

Beispiel: Wenn man zulassen würde, dass eine Brauerei den Begriff „Bier“ als Marke erhält, könnte diese Brauerei allen Konkurrenten die Benutzung des Begriffs „Bier“ verbieten.

- Eine Marke wird nicht eingetragen für Begriffe, die geeignet sind, das Publikum insbesondere über die Art, die Beschaffenheit oder die geographische Herkunft der Waren oder Dienstleistungen **zu täuschen**.

Beispiele für eine solche Täuschungsgefahr:

- Die Marke für ein Heilmittel besteht aus einem Personennamen mit akademischem Titel (z. B. Prof. Dr. Dr. Glück). Hier liegt eine Irreführung vor, wenn diese Person zu keinem Zeitpunkt zu den mit der Marke geschützten Waren in irgendeiner Beziehung stand.
- Die Marke besteht aus einer Herkunftsbezeichnung. Hier liegt eine Irreführungsgefahr vor, wenn der Verbraucher eine Ortsbezeichnung für eine Herkunftsangabe halten könnte und das Produkt in Wahrheit nicht aus dem betreffenden Ort stammt. Bezüglich der Bezeichnung „Capri-Sonne“ sah der BGH keine Irreführungsgefahr, da den allermeisten Deutschen klar sei, dass auf Capri keine Fruchtsäfte produziert werden. Unproblematisch wäre daher z. B. die Marke „Alaska-Bananen“.
- Die Marke würde gegen die **öffentliche Ordnung** oder die **guten Sitten** verstoßen. Ein Verstoß gegen die öffentliche Ordnung liegt vor allem bei NS-Symbolen vor, ein Verstoß gegen die guten Sitten vor allem bei sexistischen Begriffen und bei Kennzeichen, die religiöse Empfindungen verletzen.

Beispiele:

- Likörflaschen mit Etikettierungen, auf denen die Bezeichnung „Busengrapscher“ bzw. „Schlüpferstürmer“ mit sexuell anzüglichen Bilddarstellungen von Frauen verbunden sind, verstoßen nach Ansicht des BGH gegen die guten Sitten, weil hierdurch Frauen diskriminiert werden.
- Die Bezeichnung „Dalailama“ als nur unerhebliche Abwandlung von Dalai-Lama, dem religiösen Oberhaupt der Tibeter, wurde als Marke für Parfum für nicht eintragungsfähig erachtet, weil dadurch das religiöse Empfinden verletzt wird. ■

- Die Marke enthält die Staatswappen, Staatsflaggen oder andere **staatliche Hoheitszeichen** oder Wappen eines inländischen Ortes. Dies gilt auch für Nachahmung von Wappen, **§ 8 Abs. 4 MarkenG**.
- Notorisch bekannte Marken können für Dritte nicht eingetragen werden, es sei denn, der Anmelder ist vom Inhaber der notorisch bekannten Marke dazu ermächtigt worden (**§ 10 MarkenG**). Notorisch bekannte Marken sind Marken, die (fast) jeder kennt (z. B. Coca Cola, Mercedes Benz, McDonald’s).

Sofern eine Marke wegen fehlender Unterscheidungskraft, wegen des Freihaltebedürfnisses oder deswegen, weil sie im allgemeinen Sprachgebrauch zur Bezeichnung von Waren oder Dienstleistungen üblich wurde, nach **§ 8 Abs. 2 Nr. 1, 2 oder 3 MarkenG** vom Grundsatz her von der Markeneintragung ausgeschlossen ist, kann man sie nach **§ 8 Abs. 3 MarkenG** ausnahmsweise in das Markenregister eintragen lassen, wenn sich die Marke vor dem Zeitpunkt der Entscheidung über die Eintragung infolge ihrer Benutzung für Waren oder Dienstleistungen, für die sie angemeldet worden ist, in den beteiligten Verkehrskreisen durchgesetzt hat.

Wenn mehr als die Hälfte der angesprochenen Verkehrskreise den an sich schutzunfähigen Begriff einem bestimmten Unternehmen als Marke zuordnen, kann er also trotz der oben genannten Schutzhindernisse als Marke eingetragen werden.

Beispiel: In einem Rechtsstreit ging es um ein Rechteck mit drei Schichten in den Farben braun, weiß, braun, das Ferrero als dreidimensionale Marke für „Dauer- und Feinbackwaren, nämlich Fertigkuchen“ für seine Milchschnitte beansprucht. Einer solchen Marke steht grundsätzlich das Schutzhindernis fehlender Unterscheidungskraft nach § 8 Abs. 2 Nr. 1 MarkenG entgegen. Bei einer Befragung ordneten aber über 60 % der Befragten diese Marke „Ferrero“ zu. Damit liegt Verkehrsdurchsetzung nach § 8 Abs. 3 MarkenG vor. ■

Wenn die Voraussetzungen der Markeneintragung vorliegen, erfolgt die Eintragung in das Markenregister (**§ 41 MarkenG**) und die Veröffentlichung der Marke im Markenblatt.

Gegen die Eintragung der Marke kann Widerspruch beim DPMA eingelegt werden (**§ 42 MarkenG**). Dieser Widerspruch ist allerdings fristgebunden und muss innerhalb von drei Monaten nach Veröffentlichung der Marke eingelegt werden. Der Widerspruch kann darauf gestützt werden, dass man eine angemeldete oder eingetragene Marke mit älterem Zeitrang besitzt oder dass man Inhaber einer nichteingetragenen älteren notorisch bekannten Marke ist.

Der Inhaber der Marke mit jüngerem Zeitrang kann sich gegen den Widerspruch des Inhabers der Marke mit älterem Zeitrang durch den Nachweis zur Wehr setzen, dass die ältere Marke innerhalb der letzten fünf Jahre vor der Veröffentlichung der Eintragung der Marke mit jüngerem Zeitrang nicht genutzt worden ist (**§ 43 Abs. 1 MarkenG**).

Gegen den Beschluss der Markenstelle des DPMA ist Beschwerde beim Bundespatentgericht möglich (**§ 66 MarkenG**). Gegen den Beschluss des Bundespatentgerichts kann Rechtsbeschwerde beim BGH eingelegt werden, sofern die Rechtsbeschwerde vom Bundespatentgericht zugelassen wurde. Da mit dem deutschen MarkenG die EG-Richtlinie „89/104/EWG zur Angleichung der Rechtsvorschriften der Mitgliedstaaten über die Marken“ umgesetzt wurde, können deutsche Gerichte bei Auslegungsfragen, die eine von der Richtlinie erfasste Norm betreffen, den Rechtsstreit dem Gerichtshof der Europäischen Union (EuGH) zur Vorabentscheidung vorlegen.

Als zweites Rechtsmittel neben dem Widerspruch hat der Gesetzgeber die Nichtigkeitsklage vorgesehen (**§ 51 MarkenG**). Diese Klage auf Löschung der Marke kann erhoben werden, wenn der Marke ein Recht im Sinne der §§ 9 bis 13 MarkenG mit älterem Zeitrang entgegensteht. Ein solches Recht ist in erster Linie gegeben bei Identität oder Ähnlichkeit der beiden Marken (**§ 9 Abs. 1 MarkenG**). Die Klage hat vor den Zivilgerichten (den Landgerichten) zu erfolgen (§ 55 MarkenG) und ist gegen den als Inhaber der Marke Eingetragenen zu richten.

9.5.2.2 Schutzdauer und Möglichkeit des Verfalls der Marke

Die Schutzdauer für Marken beträgt jeweils zehn Jahre, der Schutz ist aber unbeschränkt verlängerbar (**§ 47 MarkenG**). Im Markenrecht besteht allerdings die Besonderheit, dass die Marke verfallen kann (**§ 49 MarkenG**). Die Eintragung einer Marke wird nämlich auf Antrag gelöscht, wenn die Marke nach dem Tag der Eintragung innerhalb eines ununterbrochenen Zeitraums von fünf Jahren nach der Eintragung nicht ernsthaft benutzt worden ist. Dieser Löschungsantrag kann von jedem Dritten beim DPMA gestellt werden; ein eigenes Interesse muss nicht nachgewiesen werden (**§§ 49, 53 in Verbindung mit § 43 MarkenG**).

Beispiele zum Begriff der „ernsthaften Benutzung":

1. Bei hochpreisigen Herrenschuhen liegt eine ernsthafte Benutzung schon dann vor, wenn innerhalb des Fünfjahreszeitraums nur ein Gesamtumsatz von 40 000 Euro erreicht wurde, da geringe Umsätze bei der Markteinführung eines Luxusprodukts nicht ungewöhnlich sind.
2. Keine ernsthafte Benutzung einer Marke stellt angesichts der in der Zigarettenindustrie üblichen Umsatzzahlen der Verkauf von 20 000 Zigaretten dar. ■

Die zweite, in der Praxis jedoch nicht so wichtige Löschungsmöglichkeit besteht dann, wenn die Marke infolge des Verhaltens oder der Untätigkeit ihres Inhabers zur Bezeichnung der Waren oder Dienstleistungen üblich geworden ist.

Beispiel: Die Marke „Walkman" von Sony fällt nicht unter diese Norm, da diese zwar mittlerweile zur Gattungsbezeichnung wurde, Sony aber regelmäßig gegen Markenverletzungen vorging und Sony somit nicht Untätigkeit vorgeworfen werden kann. Weitere Beispiele für Marken, die zur Gattungsbezeichnung wurden: Tempo, Uhu, Fön (Marke von AEG). ■

Die Marke wird ferner gelöscht, wenn der Markeninhaber die Gebühr für die Verlängerung der Schutzdauer nicht bezahlt. Diese Gebühr beträgt für jede Verlängerung 750 €.

9.5.2.3 Markenschutz durch Benutzung einer Marke im geschäftlichen Verkehr

Markenschutz entsteht auch ohne Eintragung beim DPMA, soweit das Zeichen innerhalb beteiligter Verkehrskreise als Marke Verkehrsgeltung erworben hat (**§ 4 Nr. 2 MarkenG**).

Beispiel für die Bestimmung der beteiligten Verkehrskreise: Handelt es sich bei der streitigen Marke um ein Produkt zur Reinigung der Dritten Zähne, wird man die Umfrage zur Feststellung der Verkehrsgeltung nicht vor einer Grundschule, sondern vor einem Altenheim machen. ■

Anders als die förmliche Marke, die sich auf die gesamte Bundesrepublik erstreckt, kann die nichteingetragene Marke räumlich auf einen regionalen oder lokalen Bereich begrenzt sein. Dann kann der Inhaber der nichteingetragenen Marke nicht die Löschung einer prioritätsjüngeren eingetragenen Marke verlangen, sondern deren Inhaber lediglich die Benutzung innerhalb der geographischen Grenzen der vorhandenen Verkehrsgeltung untersagen.

Der für die Anerkennung notwendige Durchsetzungsgrad hängt vom Freihaltebedürfnis ab. Je nach Einzelfall fordert die Rechtsprechung einen Bekanntheitsgrad von 20 % bis 60 %. Daher besteht ein großes Risiko für Markeninhaber, ob die Marke anerkannt wird. Die Eintragung ist deswegen die Regel.

9.5.2.4 Markenschutz bei notorisch bekannten Marken

Im Gegensatz zu den oben erwähnten bekannten Marken mit Verkehrsgeltung hängt der Schutz notorisch bekannter Marken nicht von der Benutzung im Inland ab, sondern es genügt eine im Ausland erworbene Bekanntheit (**§ 4 Nr. 3 MarkenG**).

9.5.2.5 Schutzinhalt der Marke

Der Markeninhaber hat das ausschließliche Recht an der Marke (**§ 14 MarkenG**). Ihm stehen daher folgende Ansprüche gegen den Verletzer des Markenrechts zu:

Der Markeninhaber kann nach § 14 MarkenG Dritten untersagen, im geschäftlichen Verkehr ein Zeichen zu benutzen,

- das mit seiner Marke **identisch** ist und für Waren oder Dienstleistungen verwendet wird, die mit denjenigen identisch sind, für die die Marke Schutz genießt (**§ 14 Abs. 2 Nr. 1 MarkenG**). Dies gilt auch bei der Verwendung einer fremden Marke als Metatag.
- das mit seiner Marke identisch oder dieser **ähnlich** ist und für identische oder ähnliche Waren oder Dienstleistungen verwendet wird, für die die Marke Schutz genießt, wenn für das Publikum die **Gefahr von Verwechslungen** besteht, einschließlich der Gefahr, dass das Drittzeichen mit der Marke gedanklich in Verbindung gebracht wird (**§ 14 Abs. 2 Nr. 2 MarkenG**).

Beispiel: Eine Brauerei ist Inhaberin der Marke „Bit“ für Bier. Eine amerikanische Brauerei möchte ihr Bier unter der Bezeichnung „American Bud“ auf den deutschen Markt bringen. Da diese Bezeichnung in ihrem Gesamteindruck durch den Bestandteil „Bud“ geprägt wird, während der Bestandteil „American“ als geographische Bezeichnung die Herkunft des so bezeichneten Biers beschreibt, kann eine markenrechtliche Verwechslungsgefahr infolge der gegebenen klanglichen Ähnlichkeit nicht verneint werden. Bit kann daher dem Konkurrenten die Nutzung der Bezeichnung untersagen. ■

- das mit seiner im Inland **bekannten Marke** identisch ist oder dieser ähnlich ist, falls es nicht für identische oder ähnliche Waren oder Dienstleistungen verwendet wird, wenn durch die Benutzung des Drittzeichens die Unterscheidungskraft (**Verwässerung**) oder Wertschätzung (**Rufausbeutung, Rufbeschädigung**) der Marke ohne rechtfertigenden Grund in unlauterer Weise ausgenutzt oder beeinträchtigt wird, § 14 Abs. 2 Nr. 3 MarkenG. Bekannte Marken sind daher besonders geschützt. Bekannt ist eine Marke, wenn sie einem bedeutenden Teil des Publikums bekannt ist, das von den durch diese Marke erfassten Waren oder Dienstleistungen betroffen ist. Orientierungsgröße ist ein Bekanntheitsgrad von 30 %.

Beispiel für Verwässerung: Ein Taxiunternehmen wirbt für seine zehn Taxen mit der Rufnummer 4711. Der Kölnisch Wasser-Hersteller, dem die Marke 4711 gehört, kann dies untersagen, obwohl keine Branchennähe besteht. Grund für den Untersagungsanspruch: Die überragende und einmalige Bekanntheit der Marke.

Beispiel für Rufbeschädigung: Unter der Domain „scheiss-t-online.de" wurde im Internet ein Diskussionsforum angeboten, in dem unzufriedene Nutzer sich über die Deutsche Telekom AG beschweren konnten. Das LG Düsseldorf gab der Klage der Deutschen Telekom AG auf Unterlassung der Domainnutzung statt, da durch die Verwendung dieser Domain die Wertschätzung einer bekannten Marke in unlauterer Weise beeinträchtigt wurde. ■

Bei einer vorsätzlichen oder fahrlässigen Handlung des Markenverletzers hat der Markeninhaber außerdem einen Anspruch auf **Schadenersatz** (**§ 14 Abs. 6, 7 MarkenG**). Ferner kann er die Vernichtung der widerrechtlich gekennzeichneten Gegenstände verlangen (**§ 18 MarkenG**) und hat einen Anspruch auf Auskunft über die Herkunft und den Vertriebsweg der widerrechtlich gekennzeichneten Waren bzw. Verpackungen **(§ 19 MarkenG).** Sollen ohne Zustimmung des Markeninhabers im Ausland hergestellte Produkte nach Deutschland importiert werden, erfolgt auf Antrag des Markeninhabers eine Beschlagnahme der markenrechtswidrig hergestellten Produkte an der Grenze durch Zollbehörden (**§§ 146 bis 151 MarkenG**).

Ein Unterlassungsanspruch besteht allerdings nicht im Falle der sog. Erschöpfung des Markenrechts. Nach § 24 MarkenG kann der Markeninhaber Dritten nicht untersagen, die Marke für Waren zu benutzen, die unter dieser Kennzeichnung vom Markeninhaber oder mit seiner Zustimmung im Inland, einem der übrigen Mitgliedstaaten der EU oder in einem Vertragsstaat des Abkommens über den Europäischen Wirtschaftsraum in Verkehr gebracht worden sind. Damit können Reimporte von Originalwaren aus anderen EU-Staaten durch den Markeninhaber nicht untersagt werden, wenn er selbst die Waren innerhalb der EU in Verkehr gebracht hat.

■ 9.6 Wettbewerbsrecht

9.6.1 Abgrenzung zum Kartellrecht

Das Wettbewerbsrecht ist im „Gesetz gegen den unlauteren Wettbewerb (**UWG**)" geregelt. Es ist vom Kartellrecht abzugrenzen, welches im „Gesetz gegen Wettbewerbsbeschränkungen (**GWB**)" geregelt ist. Beide Gesetze schützen den Wettbewerb, aber unter unterschiedlichen Aspekten.

Der Unterschied zwischen diesen beiden Gesetzen soll an zwei Beispielen verdeutlicht werden:

Die Mineralölkonzerne stimmen die Preise ab; es gibt daher keinen Wettbewerb. Diese Situation will das GWB verhindern.

Eine Tankstelle lockt Kunden mit irreführender Werbung an; es gibt also einen Wettbewerb, aber ein Wettbewerber arbeitet mit sittenwidrigen Mitteln. Dagegen kämpft das UWG an.

Zwischen diesen beiden Gesetzen gibt es nicht nur inhaltliche, sondern auch strukturelle Unterschiede: Beim GWB wachen Behörden über die Einhaltung des Gesetzes, nämlich das **Bundeskartellamt**, die Wirtschaftministerien der Länder und bezüglich europäischer Kartellrechtsbestimmungen die Europäische Kommission.

Im Anwendungsbereich des UWG gibt es dagegen keine Überwachungsbehörde. Einzige Sanktionsmöglichkeit ist die Klage eines Konkurrenten und von im Gesetz näher bestimmten Verbänden gegen sittenwidrige Wettbewerbshandlung.

9.6.2 Grundlagen

Das UWG wurde mit den Gesetzen vom 3.7.2004 und vom 22.12.2008 grundlegend reformiert. Damit haben sich gegenüber der Altfassung sämtliche Paragraphen geändert. Ältere Bücher und Gerichtsentscheidungen sind daher nur noch bedingt aussagekräftig.

Wichtigste Norm im UWG war früher die **Generalklausel**, die sich nach der Gesetzesänderung von 2004 in § 3 UWG findet. Dort heißt es: „Unlautere geschäftliche Handlungen sind unzulässig, wenn sie geeignet sind, die Interessen von Mitbewerbern, Verbrauchern oder sonstigen Marktteilnehmern spürbar zu beeinträchtigen."

Konkrete Beispiele für Wettbewerbsverstöße werden in den §§ 4 bis 7 UWG aufgezählt. Zum einen wurde diese Liste gegenüber der Altfassung des Gesetzes ausgeweitet, zum anderen wird nun in der Generalklausel gefordert, dass der Wettbewerbsverstoß spürbar sein muss. Damit dürfte die Generalklausel nur noch in wenigen Fällen Bedeutung haben.

9.6.3 Im UWG ausdrücklich genannte Tatbestände

Beispiele für unlautere geschäftliche Handlungen finden sich in den §§ 4 bis 7 UWG und im Anhang zum UWG.

9.6.3.1 Irreführung

Irreführende geschäftliche Handlungen werden in § 5 UWG ausdrücklich aufgeführt. Entscheidend für die Frage, ob eine Irreführung und damit ein Wettbewerbsverstoß vorliegen, ist das Verbraucherleitbild der Rechtsprechung. Bei der Beurteilung, ob eine Irreführung vorliegt oder nicht, stellte der **Bundesgerichtshof (BGH)** früher auf den flüchtigen, oberflächlichen Durchschnittsbetrachter, Durchschnittsleser oder Durchschnittshörer ab, der eine Werbebehauptung unkritisch wahrnimmt. Dies stieß auf Kritik in der Literatur: Der BGH stelle auf den fast schon pathologisch dummen und fahrlässigen Durchschnittsverbraucher ab. Der Europäische Gerichtshof hielt bei der Auslegung der EU-Richtlinien dagegen für entscheidend, wie ein durchschnittlich informierter, aufmerksamer und verständiger Durchschnittsverbraucher diese Angabe wahrscheinlich auffassen wird. Unter dem Einfluss dieser europäischen Rechtsprechung änderte der BGH seine Rechtsprechung und stellt jetzt auf die situationsadäquate Aufmerksamkeit des Durchschnittsverbrauchers ab.

Hinter dieser Formulierung verbirgt sich der Grundsatz, dass vom Käufer teurer, komplizierter Güter erwartet wird, dass er sich vor dem Kauf sorgfältig informiert, während dies vom Käufer eines billigen Alltagsgutes nicht verlangt wird.

Als Irreführungsquote reichen nach der Rechtsprechung des Bundesgerichtshofes 10 bis 15 %! Das heißt, wenn 15 % der Verbraucher eine Warenpräsentation in einer Weise verstehen, dass man eine Irreführung bejahen kann, reicht dies für einen Verstoß gegen das UWG aus.

Beispiel: Die Beklagte ist Inhaberin eines Super-Marktes in Hamburg. Die Klägerin, eine Vereinigung zur Förderung gewerblicher Belange, verlangt von ihr, dass sie es unterlässt, Produkte, bei denen das Mindesthaltbarkeitsdatum abgelaufen ist, in normalen Verkaufsregalen anzubieten. Unstreitig hat es solche Vorgänge bei Kaffee, dessen Haltbarkeitsdatum seit mehreren Wochen abgelaufen war, und bei leicht verderblichen Lebensmitteln im Kühlregal gegeben. ■

Kernfrage des Rechtsstreits ist, ob ein Kunde erwartet, in einem „normalen" Verkaufsregal nur Waren vorzufinden, deren Haltbarkeitsdatum noch nicht abgelaufen ist, und ohne einen klarstellenden Hinweis in seinen Erwartungen getäuscht und irregeführt wird, wenn er dem Regal Waren mit abgelaufenem Haltbarkeitsdatum entnimmt, oder ob die Beklagte dadurch ihrer Aufklärungspflicht nachkam, dass die Packungen das Mindesthaltbarkeitsdatum anzeigten. Ein Argument der Verkäuferin war, dass der verständige Durchschnittsverbraucher wisse, dass trotz aller Kontrollen Fehler möglich seien und er das Datum prüfen müsse. Das Oberlandesgericht (OLG) Frankfurt a. M. kam zum Schluss, dass es nicht auf der Flüchtigkeit des Verbrauchers beruhe, wenn er das Datum nicht prüft, sondern auf der selbstverständlichen Annahme, ihm werde keine Ware angeboten, deren Mindesthaltbarkeitsdatum abgelaufen ist, und er deshalb keinen Anlass hat, die Ware zu prüfen. Es hielt das Verhalten der Verkäuferin daher für wettbewerbswidrig.

9.6.3.2 Vergleichende Werbung

Eine Definition von vergleichender Werbung findet sich in § 6 Abs. 1 UWG: „Vergleichende Werbung ist jede Werbung, die unmittelbar oder mittelbar einen Mitbewerber oder die von einem Mitbewerber angebotenen Waren oder Dienstleistungen erkennbar macht." In Deutschland wurde vergleichende Werbung früher als wettbewerbswidrig angesehen. 1997 trat die EG-Richtlinie 97/55 in Kraft, nach deren Art. 3a Abs. 1 vergleichende Werbung, welche den Mitbewerber oder seine Leistungen erkennbar macht, grundsätzlich zulässig ist. In Deutschland erfolgte die Umsetzung der Richtlinie durch das Gesetz zur vergleichenden Werbung vom 1. 9. 2000, mit welchem § 2 UWG (**jetzt § 6 UWG**) neu gefasst und nun vergleichende Werbung zugelassen wurde.

Unzulässig sind allerdings nach wie vor insbesondere Vergleiche (**§ 6 Abs. 2 UWG**):

- die nicht objektiv auf eine oder mehrere wesentliche, relevante, nachprüfbare und typische Eigenschaften oder den Preis dieser Waren oder Dienstleistungen bezogen sind;
- die Waren, Dienstleistungen, Tätigkeiten oder persönliche oder geschäftliche Verhältnisse eines Mitbewerbers herabsetzen oder verunglimpfen.

9.6.3.3 Unzumutbare Belästigung

Beispiele für wettbewerbswidrige Belästigung (**§ 7 UWG**):

Telefax-Zusendung (§ 7 Abs. 2 Nr. 3 UWG):

Die gewerbliche Anbietung von Diensten per Telefax an Private wie auch an Gewerbetreibende ist wettbewerbswidrig, wenn sich der Adressat nicht mit einer solchen Kontaktaufnahme ausdrücklich oder konkludent (das heißt stillschweigend durch entsprechendes Handeln) einverstanden erklärt hat oder das Einverständnis aufgrund konkreter Umstände vermutet wird. Begründung: Verursachung von Kosten (Toner, Papier, Strom) und Blockierung des Telefaxgerätes.

Telefon-Werbung (§ 7 Abs. 2 Nr. 2 UWG):

Ungebetene Anrufe unter einem privaten Anschluss sind unlauter, da ein unzulässiger Eingriff in die Individualsphäre des Anschlussinhabers vorliegt. Die Wettbewerbswidrigkeit entfällt nicht dadurch, dass der Anruf vorher brieflich angekündigt wurde. Im gewerblichen Bereich sind Anrufe nur zulässig, wenn der Anruf im konkreten Interessenbereich des Angerufenen liegt, wenn also der Anrufer aufgrund konkreter Umstände ein Interesse des Angerufenen vermuten konnte. ■

Durch das Gesetz zur Bekämpfung unlauterer Telefonwerbung vom 29. 7. 2009 wurde der Schutz des Verbrauchers verbessert. Nach dem durch dieses Gesetz neu gefassten und im Jahr 2013 verschärften **§ 20 UWG** ist ein Telefonanruf ohne die vorherige ausdrückliche Einwilligung des Verbrauchers eine Ordnungswidrigkeit, die mit einer Geldbuße von bis zu 300 000 Euro geahndet werden kann.

E-Mail-Werbung (**§ 7 Abs. 3 UWG**):

Wegen der möglichen Überlastung des Speichers ist ungebetene E-Mail-Werbung grundsätzlich unzulässig.

Schockwerbung als unzumutbare Belästigung?

Ein weiterer Problemfall ist die sog. Schockwerbung. Hier kam es in den letzten Jahren zu einem Meinungsumschwung in der Rechtsprechung. Anlass zu einigen Grundsatzentscheidungen des Bundesverfassungsgerichts gab die Benetton-Werbung: Auf den Werbeplakaten sah man die Abbildung eines mit Öl befleckten Vogels, schwer arbeitende Kleinkinder in der Dritten Welt und ein nacktes Gesäß, auf das die Worte „H. I. V. POSITIVE“ aufgestempelt waren. Das Bundesverfassungsgericht hielt die Werbeplakate – im Gegensatz zum BGH, dessen Urteile es verwarf – für zulässig, da sie vom Grundrecht der Meinungsfreiheit nach Art. 5 GG gedeckt seien. Eine Einschränkung dieses Grundrechts setze eine Rechtfertigung durch wichtige Gemeinwohlbelange oder Rechte Dritter voraus. Die Darstellung schweren Leids von Mensch und Tier, die Mitleid erweckt und dieses Gefühl ohne sachliche Veranlassung zu Wettbewerbszwecken ausnutzt, stelle für sich allein noch nicht eine solche Rechtfertigung dar. Anders sei es nur, wenn ekelerregende, furchteinflössende oder jugendgefährdende Bilder gezeigt werden.

9.6.4 Rechtsfolgen eines Wettbewerbsverstoßes

Ein Wettbewerbsverstoß kann drei verschiedene zivilrechtliche Folgen haben:

- einen Unterlassungsanspruch (**§ 8 UWG**): Bei Wiederholungsgefahr kann die Unterlassungsverpflichtung durch eine angemessene Vertragsstrafe gesichert werden;
- einen Anspruch auf Schadenersatz. Dieser Anspruch setzt Verschulden voraus (**§ 9 UWG**);
- Gewinnabschöpfung (**§ 10 UWG**).

Klagebefugt bei Wettbewerbsverstößen sind nach **§ 8 Abs. 3 UWG** nur

- Gewerbetreibende, soweit sie Mitbewerber sind;
- Rechtsfähige Verbände zur Förderung gewerblicher oder selbständiger beruflicher Interessen (Wirtschaftsverbände), sofern ihnen eine erhebliche Zahl von Unternehmern angehören. Klagebefugt ist ein Verband aber nur, wenn er regional betroffen ist;
- Verbraucherverbände;
- Industrie- und Handelskammern und Handwerkskammern.

Nicht klagebefugt ist also der einzelne Verbraucher, auch wenn er unmittelbar von einer unseriösen Werbemaßnahme betroffen ist!

Eine Einschränkung der Klagebefugnis enthält § 8 Abs. 4 UWG: Danach kann der Anspruch auf Unterlassung nicht geltend gemacht werden, wenn die Geltendmachung unter Berücksichtigung der gesamten Umstände **missbräuchlich** ist, insbesondere wenn sie vorwiegend dazu dient, gegen den Zuwiderhandelnden einen Anspruch auf Ersatz von Aufwendungen oder Kosten der Rechtsverfolgung entstehen zu lassen. Diese Vorschrift soll das Tätigwerden der so genannten Abmahnvereine verhindern: Diese finanzieren sich durch Kosten der Abmahnung, die der Abgemahnte zu ersetzen hat (**§§ 683, 677, 670 BGB**). Zu ersetzen sind grundsätzlich die Kosten, die der Abmahnende zur Vermeidung eines Prozesses für erforderlich halten darf; in der Regel wird eine Kostenpauschale verlangt, die durchaus 150 Euro pro Abmahnung übersteigen kann.

Abmahnungskosten können nur klageberechtigte Personen geltend machen, da die Abmahnung zur Vorbereitung des Klageverfahrens dient. Aber auch bei diesen ist Ersatz ausgeschlossen, wenn ein Missbrauch vorliegt. Dies ist der Fall, wenn die Bekämpfung des unlauteren Wettbewerbs nur als Vorwand für eine gewinnbringende Abmahn- und Prozesstätigkeit dient. In der Praxis betrifft dies vor allem die Fälle der **Massenabmahnung**.

Beispiel: Ein Rechtsanwalt in Sachsen mahnt 43 andere Anwälte in Sachsen ab, weil sie im Telefonbuch mit mehr Tätigkeitsschwerpunkten werben als berufsrechtlich zulässig ist. Als Konkurrent dieser 43 Anwälte wäre der Abmahnende zwar nach § 8 Abs. 3 Nr. 1 UWG klagebefugt; da es sich um eine Massenabmahnung handelt, kann er aber nach § 8 Abs. 4 UWG wegen Missbrauchs seine Unkosten von den Abgemahnten nicht einfordern. ■

9.7 Scheckrecht

9.7.1 Grundlagen

Der Scheck beinhaltet eine schriftliche Anweisung an ein Kreditinstitut, aus einem Guthaben bei Vorlage des Schecks einen bestimmten Geldbetrag zu zahlen (Gruber, Handelsrecht, 154). Rechtliche Bestimmungen zum Scheck finden sich im **Scheckgesetz (ScheckG)**. Dort werden in Art. 1 auch die Bestandteile eines Schecks aufgeführt. Der Scheck enthält:

1. die Bezeichnung als Scheck im Texte der Urkunde, und zwar in der Sprache, in der sie ausgestellt ist;
2. die unbedingte Anweisung, eine bestimmte Geldsumme zu zahlen;
3. den Namen dessen, der zahlen soll (Bezogener);
4. die Angabe des Zahlungsortes;
5. die Angabe des Tages und des Ortes der Ausstellung;
6. die Unterschrift des Ausstellers.

Bezogener ist in der Praxis immer ein Kreditinstitut, auch wenn dies keine Voraussetzung für die Wirksamkeit des Schecks ist. Das Kreditinstitut ist nach dem Scheckgesetz dem Scheckinhaber gegenüber nicht verpflichtet, den Scheck einzulösen. Eine solche Verpflichtung des Kreditinstituts ergibt sich allerdings gegenüber dem Aussteller regelmäßig aus dem Vertragsverhältnis zwischen Aussteller und Bank, nach welchem sich die Bank verpflichtet, vom Aussteller ausgestellte Schecks einzulösen, sofern diese durch ein entsprechendes Guthaben des Ausstellers bei der Bank gedeckt sind.

9.7.2 Schecknehmer

9

Möglich, aber nicht erforderlich ist die Angabe des Schecknehmers auf dem Scheck. Der Scheck kann zahlbar gestellt werden an eine bestimmte Person, mit oder ohne den ausdrücklichen Vermerk „an Order"; an eine bestimmte Person, mit dem Vermerk „nicht an Order" oder mit einem gleichbedeutenden Vermerk sowie an den Inhaber. Ist im Scheck eine bestimmte Person mit dem Zusatz „oder Überbringer" oder mit einem gleichbedeutenden Vermerk als Zahlungsempfänger bezeichnet, so gilt der Scheck als auf den Inhaber gestellt. Fehlt eine Angabe des Schecknehmers, gilt der Scheck als zahlbar an den Inhaber (**Art. 5 Abs. 3 ScheckG**). In der Praxis üblich sind Überbringerschecks im Sinne des Art. 5 Abs. 2 ScheckG, bei denen eine bestimmte Person mit dem Zusatz „oder Überbringer" als Zahlungsempfänger genannt wird.

9.7.3 Übertragbarkeit des Schecks

Ob ein Scheck „an Order" oder „nicht an Order" ausgestellt wird, hat Konsequenzen für die Übertragbarkeit. Dies ergibt sich aus Art. 14 ScheckG. Der auf eine bestimmte Person zahlbar gestellte Scheck mit oder ohne den ausdrücklichen Vermerk „an Order" kann nämlich durch **Indossament** übertragen werden. Ein Indossament ist der schriftliche Vermerk des aktuellen Schecknehmers, dass ein anderer die Rechte aus dem Scheck haben soll. Derjenige, der den Scheck per Indossament auf den neuen Schecknehmer überträgt, wird „Indossant“ genannt, der neue Schecknehmer „Indossatar“. Das Indossament ist eine Übertragungserklärung, die meist auf die Rückseite des Schecks geschrieben wird (daher der Begriff, italienisch „in dosso“ = auf dem Rücken) und vom Indossanten unterschrieben wird. So heißt es in Art. 16 Abs. 1 ScheckG: Das Indossament muss auf den Scheck oder ein mit dem Scheck verbundenes Blatt (Anhang) gesetzt werden. Es muss von dem Indossanten unterschrieben werden.

Das Indossament hat eine Transportfunktion (**Art. 17 ScheckG**), eine Garantiefunktion (**Art. 18 ScheckG**) und eine Legitimationsfunktion (**Art. 19 ScheckG**). Von einer Transportfunktion wird deswegen gesprochen, weil das Indossament alle Rechte aus dem Scheck überträgt. Die Transportfunktion des Indossaments wird insbesondere aus Art. 22 ScheckG ersichtlich. Dieser Artikel regelt die Einwendungen des Bezogenen. Wer aus dem Scheck in Anspruch genommen wird, kann danach dem Inhaber keine Einwendungen entgegensetzen, die sich auf seine unmittelbaren Beziehungen zu dem Aussteller oder zu einem früheren Inhaber gründen, es sei denn, dass der Inhaber beim Erwerb des Schecks bewusst zum Nachteil des Schuldners gehandelt hat.

Die Besonderheit dieser Bestimmung wird deutlich, wenn man sie mit der gewöhnlichen Abtretung vergleicht. Diese wird in Art. 14 Abs. 2 ScheckG erwähnt. Danach kann ein Scheck, der auf eine bestimmte Person ausgestellt ist und den Vermerk „nicht an Order“ trägt, nicht durch Indossament, sondern nur in Form der gewöhnlichen Abtretung übertragen werden. Die Abtretung ist in §§ 398 bis 413 BGB geregelt. Die wichtigste Bestimmung ist dabei § 404 BGB. Danach kann der Schuldner dem neuen Gläubiger die Einwendungen entgegensetzen, die zur Zeit der Abtretung der Forderung gegen den bisherigen Gläubiger begründet waren. Vergleicht man das Indossament und die gewöhnliche Abtretung, stellt man fest, dass durch beide die Rechte des bisherigen Gläubigers auf den neuen Gläubiger übertragen werden. Beim Indossament werden aber zusätzlich entgegen § 404 BGB die Einwendungen des Scheckschuldners aus seiner unmittelbaren Rechtsbeziehung zum Indossanten ausgeschlossen. Die Rechtsstellung des Indossatars kann daher eine andere sein als die des Indossanten.

Die Garantiefunktion des Indossaments ergibt sich aus Art. 18 ScheckG. Wurde der Scheck indossiert, haften auch die Indossanten, sofern auf dem Wechsel kein entgegenstehender Vermerk steht.

Die Legitimationsfunktion (auch Ausweisungsfunktion genannt) des Indossaments findet ihren Ausdruck in der Inhabervermutung des Art. 19 ScheckG. Danach gilt derjenige, der einen durch Indossament übertragbaren Scheck in Händen hält, als rechtmäßiger Inhaber, sofern er sein Recht durch eine ununterbrochene Reihe von Indossamenten nachweist.

9.7.4 Verrechnungsscheck

Eine besondere Form des Schecks, die man in der Praxis sehr häufig antrifft, ist der Verrechnungsscheck. Dieser ist in **Art. 39 ScheckG** geregelt. Dort heißt es: Der Aussteller sowie jeder Inhaber eines Schecks kann durch den quer über die Vorderseite gesetzten Vermerk „nur zur Verrechnung“ oder durch einen gleichbedeutenden Vermerk untersagen, dass der Scheck bar bezahlt wird. Der Bezogene darf in diesem Falle den Scheck nur im Wege der Gutschrift einlösen (Verrechnung, Überweisung, Ausgleichung). Die Gutschrift gilt als Zahlung.

Der Verrechnungsscheck ist also ein Scheck, der auf seiner Vorderseite den Vermerk „nur zur Verrechnung" oder einen gleichbedeutenden Vermerk (z. B. „zur Gutschrift") trägt. In diesem Fall darf die Bank den Scheck nicht in bar auszahlen. Das Barzahlungsverbot dient der Sicherheit des Scheckverkehrs: Bei gestohlenen Barschecks kann in der Regel anhand der Scheckeinlösung der Dieb nicht ermittelt werden; bei Verrechnungsschecks lässt sich anhand der Gutschrift feststellen, wohin das Geld geflossen ist.

9.7.5 Vorlegungsfrist

Der Scheck kann nicht als Kreditmittel benutzt werden, da er bei Vorlage eingelöst werden muss. Art. 28 ScheckG sagt ausdrücklich, dass der Scheck bei Sicht zahlbar ist; jede gegenteilige Angabe gilt als nicht geschrieben.

Ferner bestimmt Art. 29 ScheckG zwingend eine sehr kurze Vorlegungsfrist. Ein Scheck, der im Lande der Ausstellung zahlbar ist, muss binnen acht Tagen zur Zahlung vorgelegt werden. Diese Frist beginnt an dem Tage zu laufen, der in dem Scheck als Ausstellungstag angegeben ist. Lässt der Scheckinhaber diese Frist verstreichen, ohne den Scheck dem Bezogenen vorzulegen, verliert der Scheck zwar nicht seine Rechtswirkung. Der Scheck kann in diesem Fall jedoch nach Art. 32 ScheckG widerrufen werden.

Als weitere Rechtsfolge führt das Verstreichenlassen der Vorlegungsfrist dazu, dass der Scheckinhaber seine Rückgriffsrechte für den Fall verliert, dass der Scheck bei Vorlage nicht eingelöst wird.

In Art. 40 ScheckG heißt es diesbezüglich:

„Der Inhaber kann gegen die Indossanten, den Aussteller und die anderen Scheckverpflichteten Rückgriff nehmen, wenn der rechtzeitig vorgelegte Scheck nicht eingelöst und die Verweigerung der Zahlung festgestellt worden ist:

1. durch eine öffentliche Urkunde (Protest) oder
2. durch eine schriftliche, datierte Erklärung des Bezogenen auf dem Scheck, die den Tag der Vorlegung angibt, oder
3. durch eine datierte Erklärung einer Abrechnungsstelle, dass der Scheck rechtzeitig eingeliefert und nicht bezahlt worden ist."

9.7.6 Rückgriffsschuldner

Bei einem ungedeckten Scheck gibt es also drei Kategorien von Rückgriffsschuldnern: den Aussteller, die Indossanten und die Scheckbürgen. Die Indossanten und ihre Haftung aus Art. 18 ScheckG wurden bereits oben behandelt.

Tabelle 9.1 Haftung beim ungedeckten Scheck

Anspruchsgegner des Scheckinhabers	Anspruchsgrundlage
Aussteller	Art. 12, 40 ScheckG
Indossant	Art. 18, 40 ScheckG
Scheckbürge	Art 27, 40 ScheckG

Der wichtigste Rückgriffsschuldner ist der Aussteller. Er haftet für die Zahlung des Schecks. Der Aussteller kann seine Haftung auch nicht ausschließen. Nach Art. 12 ScheckG gilt jeder Vermerk, durch den der Aussteller die Haftung ausschließt, als nicht geschrieben.

Liegt eine Scheckbürgschaft vor, haftet auch der Scheckbürge. Die Scheckbürgschaft ist in den Art. 25 bis 27 ScheckG geregelt. Nach Art. 25 ScheckG kann die Zahlung der Schecksumme ganz oder teilweise durch Scheckbürgschaft gesichert werden. Die Bürgschaftserklärung wird auf den Scheck oder auf einen Anhang gesetzt (**Art. 26 Abs. 1 ScheckG**). Der Scheckbürge haftet in gleicher Weise wie derjenige, für den er sich verbürgt hat.

9.7.7 Protest

Ein Anspruch des Scheckinhabers gegen einen oder mehrere mögliche Rückgriffsschuldner (Aussteller, Indossanten, Scheckbürgen) besteht jedoch nur, wenn die Verweigerung der Zahlung festgestellt worden ist. Nach Art. 40 Nr. 1 ScheckG kann der Nachweis durch Protest erfolgen. Protest ist die Feststellung in einer öffentlichen Urkunde, dass die Zahlung des rechtzeitig vorgelegten Schecks verweigert wurde. Hinsichtlich der Formalien des Protestes verweist das ScheckG in Art. 55 Abs. 3 auf das **Wechselgesetz (WechselG)**. Dort heißt es in Art. 79 bezüglich des Protests: „Jeder Protest muss durch einen Notar oder Gerichtsbeamten aufgenommen werden."

Art. 87 Abs. 1 WechselG regelt den Ort des Protestes. Danach müssen die Vorlegung zur Annahme oder Zahlung, die Protesterhebung, die Abforderung einer Ausfertigung sowie alle sonstigen bei einer bestimmten Person vorzunehmenden Handlungen in deren Geschäftsräumen oder, wenn sich solche nicht ermitteln lassen, in deren Wohnung vorgenommen werden. An einer anderen Stelle, insbesondere an der Börse, kann dies nur mit beiderseitigem Einverständnis geschehen.

In der Praxis wird jedoch meist eine Erklärung der bezogenen Bank vorgelegt. Regelfall ist daher nicht der Protest nach Art. 40 Nr. 1 ScheckG, sondern die Erklärung nach Art. 40 Nr. 2 ScheckG.

Gibt es mehrere Rückgriffsschuldner, haften diese als Gesamtschuldner (**Art. 44 Abs. 1 ScheckG**). Der Inhaber kann jeden einzelnen oder mehrere oder alle zusammen in Anspruch nehmen, ohne an die Reihenfolge gebunden zu sein, in der sie sich verpflichtet haben. Das gleiche Recht steht jedem Scheckverpflichteten zu, der den Scheck eingelöst hat. Durch die Geltendmachung des Anspruchs gegen einen Scheckverpflichteten verliert der Inhaber nicht seine Rechte gegen die anderen Scheckverpflichteten, auch nicht gegen die Nachmänner desjenigen, der zuerst in Anspruch genommen worden ist.

Der Scheckinhaber sollte sich mit der Geltendmachung seines Rückgriffsanspruchs nicht allzu lange Zeit lassen, da dieser Anspruch einer kurzen Verjährungsfrist unterliegt. Die

Rückgriffsansprüche des Inhabers gegen die Indossanten, den Aussteller und die anderen Scheckverpflichteten verjähren nach Art. 52 ScheckG in sechs Monaten vom Ablauf der Vorlegungsfrist.

Die **Zivilprozessordnung (ZPO)** enthält spezielle Vorschriften für den Scheckprozess (**§§ 605 a, 602 ff. ZPO**), die ein zügiges Gerichtsverfahren erlauben, da bei bestrittenen Tatsachen nur der Beweis durch Urkunden zugelassen ist.

9.8 Wechselrecht

Der Wechsel ist in erster Linie ein Mittel zur Kreditbeschaffung (vgl. Abschn. 8.3.2.4). Rechtliche Bestimmungen zum Wechsel finden sich im Wechselgesetz (WechselG). Der Wechsel begründet eine eigene, abstrakte Forderung. Nur diese wertpapierrechtliche Forderung ist in der Wechselurkunde verkörpert. Dem Wechsel liegt jedoch in der Praxis im Regelfall eine Forderung aus einem Rechtsgeschäft zugrunde. Wenn der Gläubiger vom Schuldner einen Wechsel entgegennimmt, geschieht dies im Zweifel aber nur erfüllungshalber. Dies folgt aus § 364 Abs. 2 BGB. Dort heißt es: „Übernimmt der Schuldner zum Zwecke der Befriedigung des Gläubigers diesem gegenüber eine neue Verbindlichkeit, so ist im Zweifel nicht anzunehmen, dass er die Verbindlichkeit an Erfüllungsstatt übernimmt.“ Die ursprüngliche Forderung bleibt daher bestehen und ist bis zur Fälligkeit des Wechsels gestundet, sofern die Parteien nichts anderes vereinbart haben. Der Gläubiger muss daher zunächst Befriedigung aus dem Wechsel suchen.

Die Grundstruktur des Wechsels entspricht derjenigen der Anweisung in § 783 BGB. Dort heißt es: „Händigt jemand eine Urkunde, in der er einen anderen anweist, Geld, Wertpapiere oder andere vertretbare Sachen an einen Dritten zu leisten, dem Dritten aus, so ist dieser ermächtigt, die Leistung bei dem Angewiesenen im eigenen Namen zu erheben; der Angewiesene ist ermächtigt, für Rechnung des Anweisenden an den Anweisungsempfänger zu leisten.“ Im Unterschied zu § 783 BGB kann beim Wechsel aber eine Person zugleich Aussteller und Bezogener sein.

Dies folgt aus Art. 3 WechselG, der folgenden Inhalt hat:

1. Der Wechsel kann an die eigene Order des Ausstellers lauten.
2. Er kann auf den Aussteller selbst gezogen werden.
3. Er kann für Rechnung eines Dritten gezogen werden.

Dieser Wechsel, bei dem der Aussteller sich selbst zur Zahlung der Wechselsumme an den Wechselnehmer verpflichtet, wird als Solawechsel bezeichnet. Dazu finden sich Regelungen in den Art. 75 ff. WechselG. Der Wechsel, bei dem ein Dritter Bezogener ist (**Art. 3 Abs. 3 WechselG**), wird **gezogener Wechsel** oder **Tratte** genannt.

Beispiel: Anton hat Schulden bei Willibald, während Anton seinerseits Forderungen gegen Berthold hat. Anton kann nun einen Wechsel ausstellen, nach welchem Berthold verpflichtet ist, eine bestimmte Summe an Willibald zu bezahlen. Anton ist dann der Aussteller des Wechsels, Berthold der Bezogene und Willibald der Wechselnehmer. ■

Das Wechselrecht schreibt für den Inhalt eines Wechsels bestimmte Bestandteile vor, deren Fehlen den Wechsel unter Umständen nichtig macht.

Die Bestandteile des Wechsels sind in Art. 1 WechselG aufgezählt, wonach der gezogene Wechsel enthält:

1. die Bezeichnung als Wechsel im Texte der Urkunde, und zwar in der Sprache, in der sie ausgestellt ist;
2. die unbedingte Anweisung, eine bestimmte Geldsumme zu zahlen;
3. den Namen dessen, der zahlen soll (Bezogener);
4. die Angabe der Verfallzeit;
5. die Angabe des Zahlungsortes;
6. den Namen dessen, an den oder an dessen Order gezahlt werden soll;
7. die Angabe des Tages und des Ortes der Ausstellung;
8. die Unterschrift des Ausstellers.

Bei einem Solawechsel wird ein Bezogener nicht genannt. Verfallzeit (**Art. 1 Nr. 4 WechselG**) ist der Termin, an dem zu zahlen ist. Fehlt eine Verfallzeit, gilt der Wechsel als Sichtwechsel. Der Sichtwechsel ist nach Art. 34 Abs. 1 Satz 1 bei der Vorlegung fällig.

Als Haftungsschuldner aus dem Wechsel kommen in erster Linie der Aussteller und der Bezogene in Betracht: Der Aussteller haftet für die Annahme und die Zahlung des Wechsels (**Art. 9 WechselG**). Der Bezogene ist dagegen nur dann zur Zahlung an den Wechselnehmer verpflichtet, wenn er den Wechsel angenommen hat (**Art. 28 WechselG**).

Indem der Bezogene seine Annahmeerklärung (Akzept) auf die Wechselurkunde setzt, wird er zum so genannten Akzeptanten und damit zum Hauptschuldner der Wechselverbindlichkeit. In Art. 25 WechselG heißt es zur Annahme des Wechsels:

Die Annahmeerklärung wird auf den Wechsel gesetzt. Sie wird durch das Wort „angenommen" oder ein gleichbedeutendes Wort ausgedrückt; sie ist vom Bezogenen zu unterschreiben. Die bloße Unterschrift des Bezogenen auf der Vorderseite des Wechsels gilt als Annahme.

Da es sich bei der Wechselforderung um eine abstrakte Forderung handelt, kann der Akzeptant sich nicht darauf berufen, dass er zwar den Wechsel angenommen habe, nachher jedoch festgestellt habe, dass dies ohne Rechtsgrund geschah. In Art. 17 WechselG heißt es: „Wer aus dem Wechsel in Anspruch genommen wird, kann dem Inhaber keine Einwendungen entgegensetzen, die sich auf seine unmittelbaren Beziehungen zu dem Aussteller oder zu einem früheren Inhaber gründen, es sei denn, dass der Inhaber bei dem Erwerb des Wechsels bewusst zum Nachteil des Schuldners gehandelt hat." Damit weicht das Wechselrecht von der allgemeinen Bestimmung des § 404 BGB ab, nach welcher der Schuldner dem neuen Gläubiger die Einwendungen entgegensetzen kann, die zur Zeit der Abtretung der Forderung gegen den bisherigen Gläubiger begründet waren.

Die Übertragung des Wechsels erfolgt in der Regel – wie die Übertragung des Schecks – durch Indossament (**Art. 11 WechselG**). Die Voraussetzungen und die Rechtsfolgen der

Übertragung eines Wechsels durch Indossament entsprechen denen der Übertragung eines Schecks durch Indossament. In Art. 13 WechselG ist die Form des Indossaments geregelt. Danach muss das Indossament auf den Wechsel oder auf ein mit dem Wechsel verbundenes Blatt (Anhang) gesetzt werden. Es muss von dem Indossanten unterschrieben werden.

Beispiel: Die übliche Klausel lautet: „Für mich an die Order des ... Ort, Datum, Unterschrift“.

Das Indossament hat beim Wechsel ebenso wie beim Scheck eine Transportfunktion, das heißt es überträgt das verbriefte Recht, denn nach Art. 14 WechselG überträgt das Indossament alle Rechte aus dem Wechsel.

Das Indossament hat auch eine Garantiefunktion, das heißt der Indossant haftet für die Zahlung des Wechsels. Dies folgt aus Art. 15 WechselG. Dort ist festgelegt, dass der Indossant mangels eines entgegenstehenden Vermerks für die Annahme und die Zahlung haftet.

Der Wechsel bietet wie der Scheck bei der gerichtlichen Durchsetzung der Forderung Vorteile. Die ZPO enthält spezielle Vorschriften für den Wechselprozess (**§§ 602 ff., 592 ff. ZPO**), die ein zügiges Gerichtsverfahren erlauben, da bei bestrittenen Tatsachen nur der Beweis durch Urkunden zugelassen ist. Dem Wechselinhaber hilft im Prozess ferner die Legitimitätsvermutung des Art. 16 Abs. 1 WechselG (Legitimationsfunktion des Indossaments). Dort heißt es: „Wer den Wechsel in Händen hat, gilt als rechtmäßiger Inhaber, sofern er sein Recht durch eine ununterbrochene Reihe von Indossamenten nachweist.“

9.9 Rechtliche Risiken und Gestaltungsmöglichkeiten bei Auslandsaktivitäten

Die ausländischen Märkte bieten nicht nur Entwicklungsmöglichkeiten, eine Tätigkeit im Ausland bringt auch große rechtliche Gefahren mit sich (vgl. Abschn. 11.6.2.2). Letztere sollen im Folgenden skizziert werden. Zugleich wird auf die Gestaltungsmöglichkeiten eingegangen, durch welche diese Risiken zwar nicht ausgeschlossen, aber minimiert werden können.

9.9.1 Interessenlage der Parteien bei internationalen Rechtsfragen

Wer mit einem Fall mit Auslandsberührung konfrontiert wird, muss an erster Stelle die – im Vergleich zu einem rein innerstaatlichen Fall viel größeren – Gestaltungsmöglichkeiten prüfen. Ein elementarer Punkt ist: Wo soll im Streitfall der Prozess stattfinden? Bei der Wahl des Gerichtsstandes ist die **Vollstreckbarkeit** eines Urteils ein wichtiger Aspekt. Zuerst ist daher zu prüfen, in welchen Staaten der Vertragspartner über Vermögenswerte verfügt, und in einem zweiten Schritt ist dann ein Land zu suchen, dessen Urteile in dem betreffenden Staat (bzw. gegebenenfalls den Staaten) vollstreckt werden können.

Beispiel: Ein liechtensteinischer Anwalt wird für einen deutschen Mandanten tätig, welcher nur in Deutschland über Vermögenswerte verfügt. Der liechtensteinische Anwalt nimmt in den Anwaltsvertrag eine Klausel auf, wonach für Streitigkeiten aus dem Rechtsverhältnis zwischen Mandant und Anwalt ausschließlich liechtensteinische Gerichte zuständig sind. Der Anwalt erhofft sich dadurch einen „Heimvorteil". Nach Abschluss des Mandats zahlt der deutsche Mandant das Anwaltshonorar nicht. Der Anwalt klagt vor einem liechtensteinischen Gericht sein Honorar ein und gewinnt. Er muss dann aber feststellen, dass liechtensteinische Urteile mangels Verbürgung der Gegenseitigkeit in Deutschland nicht vollstreckt werden können. Er erhebt daraufhin Klage auf sein Honorar vor einem deutschen Gericht. Dieses lehnt sie mangels Zuständigkeit ab, da nach dem Anwaltsvertrag eine ausschließliche Zuständigkeit liechtensteinischer Gerichte begründet wurde. ■

Beim Gerichtsstand sind aber noch weitere Faktoren zu berücksichtigen:

- Ist die Justiz in dem betreffenden Staat wirklich unabhängig? Dies ist bei subsahara-afrikanischen Staaten und in Südamerika oftmals ein Problem.
- Wie sieht es mit dem Kostenrisiko bei einem Prozess aus? Nach der „American Rule of Costs" muss z.B. in den USA jeder unabhängig vom Prozessausgang seine eigenen Anwaltskosten tragen; in Deutschland hat der Prozessgewinner einen Anspruch gegen den Verlierer auf Übernahme der Anwaltskosten. In diesem Zusammenhang ist auch von Interesse, wie in dem betreffenden Land die Anwaltshonorare berechnet werden (abhängig vom Zeitaufwand oder vom Streitwert; Mindesthonorare gesetzlich vorgeschrieben oder Möglichkeit der Vereinbarung von rein erfolgsabhängigen Honoraren).
- Gibt es verfahrensrechtliche Besonderheiten? So ist z.B. Belgien derzeit bekannt für seine überlange Verfahrensdauer bei Zivilprozessen. Ferner ist an Besonderheiten wie das US-amerikanische „Jury"-System zu denken, bei dem Geschworenengerichte auch über zivilrechtliche Ansprüche entscheiden. Eine Jury ist bei Schadenersatzansprüchen in der Regel eher als ein oft mit solchen Vorgängen konfrontierter Berufsrichter bereit, dem Geschädigten sehr hohe Beträge zuzuerkennen.

Bereits im Vorfeld eines Vertragsabschlusses ist an das Problem der **Immunität** zu denken. Staaten genießen grundsätzlich Immunität gegenüber gerichtlichen Erkenntnis- und Vollstreckungsmaßnahmen anderer Staaten, d.h. den einzelnen Staaten ist es verwehrt, über Ansprüche gegen andere Staaten zu entscheiden. Dies ist ein wesentlicher Grundsatz des Völkerrechts. Allerdings genießen Staaten Immunität nur im Hinblick auf hoheitliches Handeln. Keine Befreiung wird jedoch „kommerziellen" Handlungen eingeräumt, wobei die Abgrenzung überwiegend nach der Rechtsauffassung des Staates vorgenommen wird, in dem ein Prozess geführt werden soll.

Beispiel: Ein Staat zahlt für sein angemietetes Botschaftsgebäude (= hoheitlicher Zweck) die geschuldete Miete nicht. Eine Klage hätte keine Aussicht auf Erfolg, da der Staat Immunität genießt. Wenn dieser Staat aber eine Staatskarosse kauft, ist dies kein hoheitliches Handeln. Zumindest nach der Auffassung deutscher Gerichte würde er daher in diesem Fall keine Immunität genießen. ■

9.9.2 Gerichtsstandsvereinbarungen

Unter den eingangs genannten Gesichtspunkten sollte der optimale Gerichtsstand ausgewählt und in dem Vertrag mit dem Geschäftspartner vereinbart werden. Die Möglichkeit, eine Gerichtsstandsvereinbarung abzuschließen, besteht im nationalen Rahmen zwischen Kaufleuten nach § 38 ZPO. Eine ähnliche Regelung wie die ZPO enthält die **Verordnung (EU) Nr. 1215/2012 des Europäischen Parlaments und des Rates vom 12.12.2012 über die gerichtliche Zuständigkeit und die Anerkennung und Vollstreckung von Entscheidungen in Zivil- und Handelssachen (EuGVVO, auch Brüssel Ia-VO genannt)**. Die EuGVVO gilt unmittelbar in allen EU-Staaten mit Ausnahme von Dänemark. Die Sonderstellung des EU-Mitgliedstaats Dänemark ergibt sich aus einer Sondervereinbarung zum Amsterdamer Vertrag vom 2.10.1997. Nach dem „Protokoll über die Position Dänemarks" zu diesem Abkommen beteiligt sich Dänemark wegen verfassungsrechtlicher Bedenken nicht an den in Titel IV des EG-Vertrags genannten Maßnahmen. Titel IV des Vertrags (**Art. 61 bis 69**) betrifft den freien Personenverkehr, wozu nach Art. 61 lit. c auch Maßnahmen im Bereich der justiziellen Zusammenarbeit gehören. Im Interesse der Rechtseinheit soll jedoch zwischen der EU und dem Königreich Dänemark ein Abkommen geschlossen werden, in dem die Regelungen der VO (EU) Nr. 1215/2012 auch im Verhältnis Dänemarks zu den übrigen Staaten der EU für anwendbar erklärt werden.

Art. 25 EuGVVO (Vereinbarung über die Zuständigkeit) lautet:

„(Abs. 1) (Satz 1) Haben die Parteien unabhängig von ihrem Wohnsitz vereinbart, dass ein Gericht oder die Gerichte eines Mitgliedstaats über eine bereits entstandene Rechtsstreitigkeit oder über eine künftige aus einem bestimmten Rechtsverhältnis entspringende Rechtsstreitigkeit entscheiden sollen, so sind dieses Gericht oder die Gerichte dieses Mitgliedstaats zuständig, (...). (Satz 3) Die Gerichtsstandsvereinbarung muss geschlossen werden: a) schriftlich oder mündlich mit schriftlicher Bestätigung, b) in einer Form, welche den Gepflogenheiten entspricht, die zwischen den Parteien entstanden sind, oder c) im internationalen Handel in einer Form, die einem Handelsbrauch entspricht, den die Parteien kannten oder kennen mussten und den Parteien von Verträgen dieser Art in dem betreffenden Geschäftszweig allgemein kennen und regelmäßig beachten."

Bei der schriftlichen Vereinbarung denkt man natürlich an die mit Namensunterschrift unterzeichnete Urkunde im Sinne des § 126 BGB. Art. 25 EuGVVO ist jedoch autonom auszulegen, d. h. für die Auslegung ist nicht das Recht irgendeines der beteiligten Staaten maßgebend, vielmehr müssen hierbei die Zielsetzung und die Systematik des Übereinkommens sowie die allgemeinen Rechtsgrundsätze, die sich aus der Gesamtheit der innerstaatlichen Rechtsordnungen ergeben, herangezogen werden. Nach der autonomen Auslegung kommt man zum Schluss, dass eine von beiden Parteien unterzeichnete Vertragsurkunde nicht erforderlich ist. Dafür spricht insbesondere, dass Art. 25 EuGVVO neben der Schriftform noch andere Möglichkeiten vorsieht, eine solche Vereinbarung zu treffen. Daher können z. B. auch in Internet-Verträgen zwischen Kaufleuten wirksam Gerichtsstandsklauseln vereinbart werden.

9.9.3 Besonderheiten bei der Anwendung ausländischen Rechts im deutschen Zivilprozess

Aber auch bei einem Gerichtsstand in Deutschland gibt es bei Prozessen mit Auslandsberührung Besonderheiten. Von einem deutschen Richter kann man nur verlangen, dass er umfangreiche Kenntnisse des deutschen Rechts hat, nicht jedoch, dass er sich auch in ausländischen Rechtsordnungen auskennt. Dieser Ausgangssituation trägt § 293 ZPO Rechnung. Dort heißt es: „Das in einem anderen Staat geltende Recht, die Gewohnheitsrechte und Statuten bedürfen des Beweises nur insofern, als sie dem Gericht unbekannt sind. Bei der Ermittlung dieser Rechtsnormen ist das Gericht auf die von den Parteien beigebrachten Nachweise nicht beschränkt; es ist befugt, auch andere Erkenntnisquellen zu benutzen und zum Zwecke einer solchen Benutzung das Erforderliche anzuordnen."

Im Gesetz steht zwar, dass das Gericht „befugt" sei, selbst den Inhalt des ausländischen Rechts in Erfahrung zu bringen. Die Rechtsprechung hat aber aus dem „befugt" ein „verpflichtet" gemacht. Das Gericht hat somit nach pflichtgemäßem Ermessen unter Ausschöpfung der ihm zugänglichen Erkenntnisquellen den Inhalt des ausländischen Rechts zu ermitteln. Fremdes Recht ist von ihm so anzuwenden, wie es auch im Ausland angewandt wird. Der deutsche Richter darf sich daher nicht auf den Gesetzeswortlaut beschränken, sondern muss auch – soweit ihm zugänglich – die ausländische Rechtsprechung berücksichtigen.

Und wie sieht es mit der **Haftung des deutschen Anwalts** bei einem Fall mit Auslandsberührung aus? Wenn ein deutscher Anwalt einen Auftrag übernimmt, bei dessen Erledigung ausländisches Recht zur Anwendung kommen könnte, muss er entweder den Mandanten darauf hinweisen, dass er die ausländische Gesetzesmaterie nicht beherrscht und deswegen der Rat eines Fachkundigen eingeholt werden muss, oder er muss sich selbst die notwendigen Kenntnisse aneignen, indem er sich die entsprechenden Erkenntnisquellen im Rahmen des Zumutbaren beschafft. Hält der Anwalt diese Grundsätze nicht ein, haftet er bei Fehlern wie bei jedem reinen Inlandsfall.

9.9.4 Anerkennung und Vollstreckung ausländischer Entscheidungen

Die internationale Urteilsanerkennung innerhalb der EU ist in der EuGVVO geregelt. Nach dieser VO müssen Entscheidungen von Gerichten anderer Vertragsstaaten grundsätzlich anerkannt werden. Die Verordnung gilt allerdings nicht für

- Angelegenheiten, die den Personenstand, die Rechts- oder Handlungsfähigkeit sowie die gesetzliche Vertretung von Personen, die ehelichen Güterstände, das Gebiet des Erbrechts einschließlich des Testamentrechts betreffen,
- Insolvenzverfahren,
- die soziale Sicherheit,
- die Schiedsgerichtsbarkeit.

Fällt ein Urteil nicht unter den Geltungsbereich der EuGVVO, richtet sich die Wirkungserstreckung ausländischer Zivilurteile nach den §§ 328, 722 f. ZPO. § 328 ZPO regelt die Anerkennung, die §§ 722 f. ZPO die Vollstreckbarerklärung. Die in der Praxis wichtigste Anerkennungsvoraussetzung ist die Verbürgung der Gegenseitigkeit nach § 328 Abs. 1 Nr. 5 ZPO. Nur wenn die deutschen Urteile in dem betreffenden Staat anerkannt werden, erkennen wir auch dessen Urteile an. Durch die Anerkennung werden alle Urteilswirkungen (z. B. auch die Wirkung einer Streitverkündung) mit Ausnahme der Vollstreckbarkeit auf das Inland erstreckt. Die Vollstreckbarerklärung erfolgt in einem Zivilprozess. Das deutsche Gericht überprüft dabei nicht die Richtigkeit des ausländischen Urteils, sondern nur die Anerkennungsvoraussetzungen.

Der Frage der Vollstreckung oftmals – aber nicht zwangsläufig – vorgelagert ist die Entscheidung, ob **ausländische Klageschriften** in Deutschland zugestellt werden können. Die Zustellung von Klageschriften richtet sich innerhalb der EU – mit Ausnahme Dänemarks – nach der „VO (EG) Nr. 1348/2000 über die Zustellung gerichtlicher und außergerichtlicher Schriftstücke in Zivil- oder Handelssachen in den Mitgliedstaaten vom 29. 5. 2000“. Die **EG-ZustellungsVO** betrifft gerichtliche wie außergerichtliche Schriftstücke, die von einem EU-Mitgliedstaat in einen anderen Mitgliedstaat zu übermitteln sind. Alle Dokumente, die übermittelt werden, bedürfen weder einer Beglaubigung noch einer anderen gleichwertigen Formalität (**Art. 4 Abs. 4 der VO**). Auch eine Übersetzung in die Sprache des Empfangsstaates ist nicht erforderlich. Der Zustellungsadressat kann jedoch die Annahme des Schriftstückes verweigern, wenn dieses in der Amtssprache des Übermittlungsstaates abgefasst ist und der Empfänger diese nicht versteht (**Art. 8 Abs. 1** der **VO**).

Im Verhältnis zu anderen, nicht unter die EG-ZustellungsVO fallenden Staaten richtet sich die Zustellung von Klagen nach den Vorschriften des „Haager Übereinkommens über die Zustellung gerichtlicher und außergerichtlicher Schriftstücke im Ausland in Zivil- und Handelssachen (HaagZustÜbk) vom 15.11.1965“. Dieses Verfahren ermöglicht die Zustellung von Klageschriften bei einem im Ausland geführten Prozess. Allerdings kennt auch dieses Abkommen einen Ordre-public-Vorbehalt. So heißt es in Art. 13 Abs. 1 Satz 1 und 2 HaagZustÜbk: „Die Erledigung eines Zustellungsantrags nach diesem Übereinkommen kann nur abgelehnt werden, wenn der ersuchte Staat sie für geeignet hält, seine Hoheitsrechte oder seine Sicherheit zu gefährden. Die Erledigung darf nicht allein aus dem Grund abgelehnt werden, dass der ersuchte Staat nach seinem Recht die ausschließliche Zuständigkeit seiner Gerichte für die Sache in Anspruch nimmt oder ein Verfahren nicht kennt, das dem entspricht, für das der Antrag gestellt wird.“

Dieses Abkommen spielt insbesondere im Verhältnis Deutschland-USA eine wichtige Rolle, da bei diesen Streitigkeiten oftmals von Seiten des Klägers bewusst in den USA Klage erhoben wird, weil er sich dadurch prozessuale Vorteile erhofft. Dieser Vorgang wird auch als „**forum shopping**“ bezeichnet, worunter man die Wahl des international günstigsten Gerichtsstands versteht.

Beispiel: Gegen einen Automobilhersteller mit Sitz in Deutschland wurden in den USA **Sammelklagen (class actions)** erhoben, weil er durch kartellrechtswidrige Absprachen das Preisniveau auf dem US-amerikanischen Automobilmarkt künstlich hoch gehalten habe, wodurch die Käufer von Kraftfahrzeugen in den USA finanzielle Schäden erlitten hätten. Das Bundesverfassungsgericht sah keine Grundrechte des deutschen Unternehmens durch den Umstand verletzt, dass diese Sammelklagen durch deutsche Gerichte zugestellt wurden. Es begründet seine Entscheidung im Wesentlichen mit dem Argument, dass hier kein Verstoß gegen unverzichtbare rechtsstaatliche Grundsätze vorliege, denn ein Unternehmer, der grenzüberschreitend am Wirtschaftsleben teilnimmt, habe die Risiken gerichtlicher Entscheidungen, die sich in prozessualer und materieller Hinsicht vom deutschen Recht unterscheiden, grundsätzlich zu tragen. ■

Bei Sammelklagen handeln die Kläger im eigenen Namen und als Repräsentanten für alle anderen von dem streitgegenständlichen Ereignis betroffenen Personen. Diese Gruppenmitglieder sind den Beteiligten weder bekannt, noch müssen sie vor Gericht erscheinen. Gleichwohl ist eine Entscheidung in dem Rechtsstreit oder ein Vergleich auch für sie bindend. Bei den class actions werden zahlreiche potenziell Geschädigte in einer class zusammengefasst. Dadurch ist es etwa bei Kartellrechtsverstößen oder größeren Schadensereignissen möglich, eine Vielzahl von classes zu bilden und so Sammelklagen vor unterschiedlichen Gerichten anhängig zu machen. Für jede dieser class actions kann dann ein **pre-trial discovery-Verfahren** angeordnet werden. Dieses dem eigentlichen Prozess vorgelagerte Verfahren, das der Ermittlung und Sicherung von Beweisen dient, liegt im Wesentlichen in den Händen der Parteien, die umfassend zur Vorlegung von Dokumenten verpflichtet sind. Deshalb ist die pre-trial discovery in größeren Verfahren sehr zeit- und kostenintensiv, weshalb sie von den Beklagten nicht selten als so große Belastung empfunden wird, dass auch bei erheblichen Zweifeln an der Berechtigung von Klageforderungen ein Vergleich einer Fortführung des Verfahrens bis zu einem obsiegenden Urteil vorgezogen wird. Hinzu kommt, dass die obsiegende Partei von der unterliegenden Seite nicht die Erstattung ihrer außergerichtlichen Kosten verlangen kann. Da in den USA die Gerichtskosten gering sind, gibt es dort also kein mit einer unbegründeten oder überhöhten Klageforderung verbundenes Kostenrisiko, das Kläger vor der Erhebung einer unbegründeten Klage abschrecken könnte.

Werden allerdings Verfahren vor staatlichen Gerichten in einer offenkundig missbräuchlichen Art und Weise genutzt, um mit publizistischem Druck und dem Risiko einer Verurteilung einen Marktteilnehmer gefügig zu machen, kann dies deutsches Verfassungsrecht verletzen. Diese Aussage traf das Bundesverfassungsgericht in einem Verfahren, in dem es um die Verfassungsmäßigkeit einer im Wege der Rechtshilfe beantragten Zustellung einer Klage auf Schadensersatz in Höhe von 17 Mrd. US-Dollar ging. Die Klage war vor einem Gericht in New York anhängig, Kläger waren eine Gruppe von Musikautoren und Musikverlagen, Beklagte war die Bertelsmann AG. Gestützt wurde der Anspruch auf den Umstand, dass Bertelsmann Gesellschafter der Napster war, einer Musiktauschbörse in New York. Diese ist insolvent. Die Bertelsmann AG wandte ein, dass die Klageforderung den Umsatz der möglicherweise betroffenen US-amerikanischen Musikindustrie um das Zehnfache übersteige und auch deutlich über ihrem eigenen Eigenkapital im gesamten Konzern liege. Das Bundesverfassungsgericht äußerte sich bislang allerdings nur im Rahmen einer einstweiligen Anordnung; eine abschließende Entscheidung darüber, ob die Zustellung einer solchen Klage von den deutschen Hoheitsträgern von Verfassung wegen abgelehnt werden kann, steht noch aus.

9.10 Schiedsgerichtsbarkeit

9.10.1 Grundlagen

Bei Rechtsstreitigkeiten zwischen Beteiligten aus verschiedenen Staaten stimmt im Regelfall keiner der Beteiligten zu, dass ein staatliches Gericht im Land seines Prozessgegners für die Streitentscheidung zuständig sein soll. Zur Konfliktregelung bei internationalen Handelsstreitigkeiten wird daher häufig auf die Schiedsgerichtsbarkeit zurückgegriffen (vgl. Gruber, Handelsrecht, 147). Diese spielt aber auch bei rein innerstaatlichen (Handels-)Streitigkeiten eine große Rolle (dazu oben 1.6.5). Gesetzlich geregelt ist das schiedsrichterliche Verfahren in den **§§ 1025 bis 1065 ZPO**.

Eine Begriffsbestimmung, was ein **Schiedsverfahren** ist, enthält § 1029 ZPO. Dort heißt es: „Schiedsvereinbarung ist eine Vereinbarung der Parteien, alle oder einzelne Streitigkeiten, die zwischen ihnen in Bezug auf ein bestimmtes Rechtsverhältnis vertraglicher oder nichtvertraglicher Art entstanden sind oder künftig entstehen, der Entscheidung durch ein Schiedsgericht zu unterwerfen."

Oft wird das Schiedsverfahren mit der Tätigkeit der Schiedsämter verwechselt, welche Nachbarrechtsstreitigkeiten einvernehmlich beilegen sollen. Das Schiedsverfahren ist aber ein ganz normales Gerichtsverfahren (wenngleich auch nicht vor einem staatlichen Gericht) und endet – sofern der Rechtsstreit sich nicht auf andere Weise erledigt – mit einem Urteil. Das Schiedsverfahren tritt an die Stelle des Verfahrens vor den staatlichen Gerichten und führt wie dieses zu einer abschließenden (**§ 1055 ZPO**) und vollstreckbaren (**§§ 1060 ff. ZPO**) Entscheidung.

9.10.2 Vollstreckung des Schiedsurteils

Die Zwangsvollstreckung ist allerdings erst möglich, wenn das Schiedsurteil durch das OLG für vollstreckbar erklärt wurde (**§§ 1060, 1061, 1062 ZPO**). Das OLG kann den Antrag auf Vollstreckbarerklärung nach §§ 1060 Abs. 2, 1059 Abs. 2 ZPO aber nur ablehnen, wenn der Antragsgegner z. B. begründet geltend macht, dass

- eine der Parteien, die eine Schiedsvereinbarung nach §§ 1029, 1031 ZPO geschlossen haben, nach dem Recht, das für sie persönlich maßgebend ist, hierzu nicht fähig war, oder dass die Schiedsvereinbarung nach dem Recht, dem die Parteien sie unterstellt haben oder, falls die Parteien hierüber nichts bestimmt haben, nach deutschem Recht ungültig ist; oder
- er von der Bestellung eines Schiedsrichters oder von dem schiedsrichterlichen Verfahren nicht gehörig in Kenntnis gesetzt worden ist oder dass er aus einem anderen Grund seine Angriffs- und Verteidigungsmittel nicht hat geltend machen können; oder

- der Schiedsspruch eine Streitigkeit betrifft, die in der Schiedsabrede nicht erwähnt ist oder nicht unter die Bestimmungen der Schiedsklausel fällt, oder dass er Entscheidungen enthält, welche die Grenzen der Schiedsvereinbarung überschreiten.

Ist das Schiedsurteil schlicht falsch, ist dies kein Grund, die Vollstreckbarerklärung zu verweigern. Im internationalen Bereich wird die Vollstreckung von Schiedsurteilen durch völkerrechtliche Abkommen sogar zusätzlich erleichtert. Das wichtigste Abkommen über die Durchsetzung von Schiedssprüchen in der internationalen Handelsschiedsgerichtsbarkeit ist das UN-Übereinkommen über die Anerkennung und Vollstreckung ausländischer Schiedssprüche vom 10.6.1958. Nach seinem Abschlussort wird das Abkommen oft auch das „New Yorker UN-Übereinkommen zur Schiedsgerichtsbarkeit" genannt. Dieses Übereinkommen, dem über 120 Staaten beigetreten sind, regelt die wechselseitige Wirkungserstreckung von Schiedssprüchen zwischen den Abkommensstaaten. Das Abkommen stellt z. B. an die Formerfordernisse für eine wirksame Schiedsvereinbarung geringere Anforderungen als das interne deutsche Recht, welches insoweit von dem Abkommen verdrängt wird.

9.10.3 Bestellung der Schiedsrichter

Die Schiedsrichter werden durch die Parteien bestellt (**§ 1035 ZPO**). Als Schiedsrichter kann jedermann bestellt werden; der Betreffende muss nicht zwingend Jurist sein. In der Praxis werden meist Hochschullehrer, Rechtsanwälte und (in erster Linie pensionierte) Richter zu Schiedsrichtern ernannt. Die hier gebrauchten männlichen Formen dienen nur der besseren Lesbarkeit; natürlich gibt es auch Frauen, die als Schiedsrichter tätig sind. In der Regel besteht das Schiedsgericht aus einer Person, bei komplexeren Streitigkeiten aus drei Schiedsrichtern.

Die Parteien können sich bereits bei Vertragsschluss auf einen bestimmten Schiedsrichter einigen, sie haben aber auch die Möglichkeit, diese Frage bis zum Streitfall offen zu lassen. Kommt es dann nicht zu einer einvernehmlichen Benennung, ernennt das OLG, in dessen Bezirk der Ort des schiedsrichterlichen Verfahrens liegt, auf Antrag (zumindest) einer Partei den Schiedsrichter (**§§ 1035 Abs. 3 Satz 1, 1062 Abs. 1 Nr. 1 ZPO**).

Um einen solchen Streit über die Person des Schiedsrichters zu vermeiden, wird in vielen Fällen bereits in der Schiedsvereinbarung eine Schiedsgerichtsinstitution bestimmt, welche aus einer bei ihr geführten Schiedsrichterliste einen Schiedsrichter auswählt und ernennt. Bekannte Schiedsgerichtsinstitutionen sind z. B. die **Deutsche Institution für Schiedsgerichtsbarkeit e. V. (DIS)** und – auf internationaler Ebene – der Internationale Schiedsgerichtshof der Internationalen Handelskammer (**ICC-Schiedsgerichtshof**) in Paris.

9.10.4 Vor- und Nachteile der Schiedsgerichtsbarkeit

Welche Vor- und Nachteile hat ein Schiedsgerichtsverfahren im Vergleich zu einem Verfahren vor einem staatlichen Gericht?

Ein Vorteil ist die **Vertraulichkeit**. In Deutschland sind Gerichtsverhandlungen vor den Zivilgerichten öffentlich (**§ 169 Gerichtsverfassungsgesetz – GVG**), das heißt, jeder darf im Zuschauerraum der Verhandlung beiwohnen. Bei Schiedsverfahren ist dies nicht der Fall. In einigen Ländern (z. B. in Frankreich) werden zudem Urteile von staatlichen Gerichten bei der Veröffentlichung nicht anonymisiert, das heißt, man erfährt in den Fachzeitschriften auch den Namen des Klägers und den des Beklagten. Diese Vertraulichkeit ist vor allem dann wichtig, wenn es um Unternehmensinterna geht (z. B. die Gewinnmarge, die in einem Schadensersatzprozess relevant sein kann). Auch bei Streitigkeiten unter Gesellschaftern einer GmbH ist man meist bemüht, diese nicht an die Öffentlichkeit zu tragen, weshalb Gesellschaftsverträge oft Schiedsklauseln enthalten.

Ein weiterer Vorteil ist die **Verfahrensdauer**. Da es gegen das Schiedsurteil kein Rechtsmittel gibt, ist das Schiedsverfahren regelmäßig schneller beendet als ein Verfahren vor einem staatlichen Gericht, das über drei Instanzen (Landgericht, Oberlandesgericht, Bundesgerichtshof) gehen kann. Diese Schnelligkeit hat aber auch eine Kehrseite: Da es kein Rechtsmittel gibt, kann man sich gegen ein fehlerhaftes Schiedsurteil nicht wehren.

Bezüglich der **Kosten** ist zu differenzieren. Es gilt der Grundsatz: Bei kleinen Streitwerten ist ein Schiedsverfahren teurer, bei größeren billiger als ein Verfahren vor einem staatlichen Gericht. Beim Schiedsverfahren müssen die Kosten (Honorar der Schiedsrichter; Miete für Räume, in denen das Schiedsgericht tagt) zu 100 % von den Parteien getragen werden. Ein Verfahren vor einem staatlichen Gericht wird dagegen vom Staat subventioniert; die vom Verlierer zu zahlenden Gerichtskosten decken die Unkosten nicht. In Deutschland orientieren sich die Gerichtskosten an den Streitwerten; bei hohen Streitwerten fallen hohe Gebühren an, obwohl oft der Zeitaufwand für den Richter nicht höher als bei geringen Streitwerten ist. In dem Bereich von Streitwerten ab etwa 100 000 Euro können Schiedsgerichte die staatlichen Gerichte daher „unterbieten“. Hinzu kommt, dass vor den (staatlichen) Landgerichten Anwaltszwang herrscht (**§ 78 Abs. 1 ZPO**), vor den Schiedsgerichten dagegen nicht. Daher können Unternehmen sich vor Schiedsgerichten durch ihre angestellten Juristen vertreten lassen und sparen so die Anwaltskosten ein.

Ferner hat das Schiedsverfahren den Vorteil, dass die Parteien **sprachkundige Schiedsrichter** auswählen können und damit Zeit und Kosten, die in einem Verfahren vor einem staatlichen Gericht für Übersetzungen anfallen würden, eingespart werden können. So heißt es in **§ 1045 Abs. 1 ZPO** hinsichtlich der Verfahrenssprache des Schiedsgerichts: „Die Parteien können die Sprache oder die Sprachen, die im schiedsrichterlichen Verfahren zu verwenden sind, vereinbaren. Fehlt eine solche Vereinbarung, bestimmt darüber das Schiedsgericht.“ Dagegen bestimmt **§ 184 Gerichtsverfassungsgesetz – GVG** für die Verfahrenssprache vor dem staatlichen Gericht: „Die Gerichtssprache ist deutsch“.

Ein weiterer Vorteil liegt darin, dass im Schiedsverfahren **Schiedsrichter aus Drittländern** bestellt werden können, bei denen man davon ausgehen kann, dass die Nationalität der Parteien sie nicht beeinflusst.

Beispiel: Ein Unternehmen mit Sitz in Deutschland liefert Anlagen an einen Staatsbetrieb in Nigeria. Das deutsche Unternehmen wird einen Rechtsstreit nicht vor einem Gericht in Nigeria austragen wollen, da dessen Unparteilichkeit sehr fraglich ist. Das nigerianische Unternehmen wird sich ungern einem (staatlichen) Gericht in einem ihm fremden Kulturkreis unterwerfen. Also vereinbart man ein Schiedsgericht und als Schiedsrichter eine Person aus einem Drittstaat, z. B. der Schweiz oder Frankreich. ■

9.11 Kontrollfragen

1. Begründen Sie die These, wonach Rechtskenntnisse des Ingenieurs in seinem Tätigkeitsbereich zum Grundwissen des Ingenieurs gehören. (Abschn. 9.2.1)
2. Welche Eckpunkte werden im Wirtschaftsleben von der rechtlichen Regelung erfasst? (Abschn. 9.2.4)
3. Muss eine Arbeitnehmerin im Vorstellungsgespräch die Frage, ob sie schwanger sei, wahrheitsgemäß beantworten? (Abschn. 9.4.1)
4. Muss ein Arbeitnehmer im Vorstellungsgespräch die Frage, ob er vorbestraft sei, wahrheitsgemäß beantworten? (Abschn. 9.4.1)
5. Sofern ein sachlicher Grund zur Befristung eines Arbeitsvertrages vorliegt, gibt es dann gesetzliche Einschränkungen bezüglich der Zulässigkeit der Befristung? (Abschn. 9.4.2)
6. Wenn ein Arbeitnehmer bereits einmal in einem Unternehmen gearbeitet hat, kann dann noch anschließend ein befristeter Arbeitsvertrag mit ihm geschlossen werden, wenn kein sachlicher Grund für die Befristung vorliegt? (Abschn. 9.4.7)
7. Bei welcher Behörde kann man beantragen, dass eine Marke in das Markenregister eingetragen wird? (Abschn. 9. 5.2.1)
8. Gibt es im Markenrecht eine gesetzliche Maximaldauer, nach welcher der Markenschutz endet? (Abschn. 9.5.2.1)
9. Ist vergleichende Werbung in Deutschland erlaubt? (Abschn. 9.6.3.2)
10. Welche Personen können bei einem Wettbewerbsverstoß gegen den Verursacher Klage erheben? (Abschn. 9.6.4)
11. Was versteht man unter einem „Indossament“? (Abschn. 9.7.3)
12. Worin besteht die Besonderheit eines Verrechnungsschecks? (Abschn. 9.7.4)
13. Welchem wirtschaftlichen Zweck dient in der Regel ein Wechsel? (Abschn. 9.8)
14. Nennen Sie mindestens zwei Kriterien, die bei der Wahl des Gerichtsstandes in einem Fall mit Auslandsberührung zu berücksichtigen sind. (Abschn. 9.9.1)
15. Können Urteile eines ausländischen Gerichts in Deutschland vollstreckt werden? (Abschn. 9.9.4)
16. Führt ein Schiedsverfahren zu einer abschließenden und vollstreckbaren Entscheidung? (Abschn. 9.10.1)
17. Nennen Sie mindestens drei Vor- und Nachteile eines Schiedsverfahrens im Vergleich zu einem staatlichen Gericht. (Abschn. 9.10.4)

9.12 Übungsaufgaben

Ü1 Fallbeispiel Arbeitsvertrag

Der 21 Jahre alte Willy wird bei der Karl Kalauer KG, einer seit 1970 bestehenden Gesellschaft, mit schriftlichem Vertrag vom 7.4.2014 eingestellt. Angesichts der unsicheren Wirtschaftslage wird der Vertrag zunächst für ein halbes Jahr befristet, und anschließend zu den gleichen Bedingungen noch einmal für ein halbes Jahr. Am 6.2.2015 vereinbaren die Parteien schriftlich mit der gleichen Begründung für die Zeit ab dem 7.4.2015 ein befristetes Arbeitsverhältnis für ein weiteres Jahr. Der dritte Arbeitsvertrag entspricht bis auf einen um 0,95 Euro erhöhten Stundenlohn dem Vertrag vom 7.4.2014. Willy war der einzige Arbeitnehmer des Unternehmens, dessen Lohn erhöht wurde. Da Willy deswegen davon ausging, dass man mit ihm zufrieden ist, ist er enttäuscht, als man ihm sagt, er müsse mit Ablauf des dritten Vertrages das Unternehmen verlassen. Willy erhebt fristgerecht eine Klage vor dem Arbeitsgericht. Wird er Erfolg haben? Bitte begründen Sie Ihr Ergebnis.

Bearbeitungshinweis: Bei der Falllösung ist nur der vom Arbeitgeber genannte Befristungsgrund zu berücksichtigen, nicht noch sonstige, auf welche man die Befristung eventuell auch hätte stützen können.

Ü2 Fallbeispiel DPMA

Wird das DPMA dem Antrag eines Anmelders stattgeben, der eine signalrote Farbe als Marke für Feuerlöscher eingetragen haben will?

9.13 Literatur- und Quellenverzeichnis

Aden, M.: Internationales Privates Wirtschaftsrecht. 2. Aufl., München, Wien: Oldenbourg, 2009

Gernhuber, J./Grunewald, B.: Bürgerliches Recht. 8. Aufl. München: Verlag Beck, 2009

Gruber, J.: Die Auslegung von Normen, Deutsche Verwaltungs-Praxis (DVP) 10/2009, S. 409 - 412

Gruber, J.: Gewerblicher Rechtsschutz und Urheberrecht. 7. Aufl., Altenberge: Niederle Media, 2015

Gruber, J.: Handelsrecht - schnell erfasst. 5. Aufl., Berlin, Heidelberg: Springer, 2006

Gruber, J.: Rechtliche Risiken und Gestaltungsmöglichkeiten bei Auslandsaktivitäten, in: Baier, G./Günther, G./Janke, G./Muschol, H. (Hrsg.), Bewältigung von Unternehmensrisiken. Jahrbuch 2009/2010 des Instituts für Betriebswirtschaft der Westsächsischen Hochschule Zwickau, Frankfurt a.M.: Peter Lang 2010, S. 37 - 52

Gruber, J.: Standardfälle Arbeitsrecht. 8. Aufl., Altenberge: Niederle Media, 2014

Gruber, J.: Wissensgebiet Handelsrecht, in: Häberle, S.G. (Hrsg.), Das neue Lexikon der Betriebswirtschaftslehre. München, Wien: Oldenbourg, 2008

Gruber, J.: Zulassung von Fachhochschulabsolventen zur Patentanwaltschaft, Neue Justiz (NJ) 9/2014, S. 394-397

Müssig, P.: Wirtschaftsprivatrecht. Rechtliche Grundlagen wirtschaftlichen Handelns. 18. Aufl., Heidelberg: C.F. Müller, 2015

Nagel, B.: Wirtschaftsrecht I. München, Wien, Oldenbourg Verlag, 1999

Niedobitek, M.: Europarecht - Grundlagen der Union. Berlin: De Gruyter, 2014

Thiele, A.: Europarecht. 11. Aufl., Altenberge: Niederle Media, 2014

Wörlen, R./Metzler-Müller, K.: BGB AT. Einführung in das Recht und Allgemeiner Teil des BGB. 13. Aufl., München: Vahlen, 2014

Wörlen, R./Kokemoor, A.: Arbeitsrecht. 11. Aufl., München: Vahlen, 2014

Zerres, Th.: Bürgerliches Recht. Eine Einführung in das Zivilrecht und die Grundzüge des Zivilprozessrechts. 7. Aufl., Berlin, Heidelberg: Springer, 2013

www.gesetze-im-internet.de

10 Rechnungswesen

10.1 Studienziele

Dieses Kapitel soll dem Leser ermöglichen

- zu verstehen, welche wesentlichen Aufgaben das Rechnungswesen in einem Unternehmen zu erfüllen hat;
- die Struktur innerhalb des Rechnungswesen kennen zu lernen, um zwischen Buchführung (externes Rechnungswesen) und der Kosten- und Leistungsrechnung (internes Rechnungswesen) unterscheiden zu können;
- die Bedeutung zentraler Begriffe (wie z.B. Aufwand, Ertrag, Gewinn, Kosten, Betriebsergebnis) und Instrumente (wie z.B. Bilanz, Gewinn- und Verlustrechnung, Betriebsabrechnungsbogen) zu erfassen.

10.2 Begriff und Umfang des periodischen Rechnungswesens

Rechnungswesen ist die zahlenmäßige Abbildung allen betrieblichen Seins und Geschehens in Vergangenheit, Gegenwart und Zukunft.

Diese Definition – die in den folgenden Abschnitten teilweise relativiert werden muss – beinhaltet Eigenschaften und Gliederungsmerkmale des Rechnungswesens:

- Es handelt sich offenbar um umfangreiche Zahlenwerke
- mit unterschiedlichen Zeitbezügen
- sowie statischen („Sein“) und dynamischen („Geschehen“) Komponenten.

Allgemeine Ziele des Rechnungswesens sind:

- Dokumentation (nachvollziehbare Aufzeichnung) als Vorstufe von
- Rechenschaftslegung und Kontrolle,
- Information unternehmensexterner Personen und Institutionen,
- Lieferung von Zahlen für unternehmensinterne Entscheidungen.

Das Rechnungswesen lässt sich in periodische (stets wiederkehrende) und fallweise Teile untergliedern. Während zu Letzteren Prognoserechnungen, statistische Untersuchungen und Investitionsrechnungen gehören, umfasst das periodische Rechnungswesen zwei Bereiche:

- Die Erfolgs- und Bestandsrechnung = Buchführung und Jahresabschluss = „Externes Rechnungswesen" (Vergangenheitsbezug, Nachschaurechnung)
- Die Kosten- und Leistungsrechnung = „Internes Rechnungswesen" (überwiegender Gegenwarts- und Zukunftsbezug, Vorschaurechnung)

10.3 Externes Rechnungswesen

10.3.1 Begriff

„Extern" heißt dieser Teil deshalb, weil die Adressaten in erster Linie unternehmensexterne Personen bzw. Institutionen sind. „Erfolgs- und Bestandsrechnung" (kurz „Erfolgsrechnung") wird sie genannt, weil mit ihr Gewinn/Verlust („Erfolg") eines Jahres (Zeitraum; dynamische Komponente) und Vermögen/Kapital („Bestände") zu einem Stichtag (statische Komponente) ausgewiesen werden.

10.3.2 Ziele

An nachfolgendem einfachen Beispiel sollen zunächst Grundzusammenhänge zum externen Rechnungswesen verdeutlicht werden:

Angenommen, eine Person, die über 4 Mio. € Eigenmittel verfügt, hätte 2012 ein Unternehmen gegründet, welches folgende Geldbewegungen nach sich gezogen hätte (Tabelle 10.1).

Tabelle 10.1 Zahlungen und Geldbestand eines Unternehmens

	Geldbestand		Zahlungen		
	Jahres-anfang	Jahres-ende	Einzah-lungen	Auszah-lungen	Zahlungsanlass
Jahr 1:	4 000 000,-			2 500 000,-	Kauf von Grund und Gebäude
				1 500 000,-	Kauf von Maschinen usw.
			2 000 000,-		Kreditaufnahme
				1 000 000,-	Kauf von Rohstoffen
				800 000,-	Lohnzahlung
			800 000,-		Verkaufserlöse
				120 000,-	Kreditzinsen
				300 000,-	Energie
				500 000,-	Kauf von Wertpapieren
		80 000,-			

	Geldbestand		Zahlungen		
	Jahres-anfang	Jahres-ende	Einzah-lungen	Auszah-lungen	Zahlungsanlass
Jahr 2:	80 000,-		3 500 000,-		Verkaufserlöse
			30 000,-		Zinsgutschrift
				1 000 000,-	Kauf von Rohstoffen
				850 000,-	Lohnzahlung
				120 000,-	Kreditzinsen
				320 000,-	Energie
				1 200 000,-	Kauf von Wertpapieren
		120 000,-			
Jahr 3:	120 000,-		3 600 000,-		Verkaufserlöse
			102 000,-		Zinsgutschrift
				1 100 000,-	Kauf von Rohstoffen
				900 000,-	Lohnzahlung
				120 000,-	Kreditzinsen
				300 000,-	Energie
				1 300 000,-	Kauf von Wertpapieren
		102 000,-			
Jahr 4:	102 000,-		2 350 000,-		Verkauf von Grund und Gebäude
			1 200 000,-		Verkauf von Maschinen
			180 000,-		Zinsgutschrift
			3 000 000,-		Verkauf der Wertpapiere
				2 000 000,-	Kredittilgung
		4 832 000,-			

Es sei unterstellt, dass alle Rohstoffe (vgl. Abbildung 5.2) im Jahr der Anschaffung restlos verbraucht werden. Steuern werden vernachlässigt. Die Liquidation (Auflösung, Verkauf) des Unternehmens erfolgt am Anfang des 4. Jahres. Zieht man vom Geldendbestand (4 832 000,–) den Geldanfangsbestand (4 000 000,–) ab, erhält man den Totalgewinn – über die gesamte Lebensdauer des Unternehmens (4 Jahre) berechnet – in Höhe von 832 000,–. Nimmt man an, dass diese Art der Berechnung auch für den Jahresgewinn zutreffend sei, wäre im Jahr 1 ein Verlust von 3 920 000,– zu verzeichnen. Dies kann aber nicht stimmen, weil ja Grund und Gebäude sowie Maschinen noch vorhanden sind, sodass von einem Verlust nicht gesprochen werden kann. Also bedarf es einer anderen Berechnungsmethode.

Bei der Betrachtung der eben genannten Objekte ist festzustellen, dass sie über die Lebensdauer des Unternehmens an Wert verloren haben:

Grund/Gebäude haben 150 000,– (2 350 000,– gegenüber 2 500 000,–), Maschinen haben 300 000,– an Wert verloren (1 200 000,– gegenüber 1 500 000,–).

Verteilt man diesen Wertverlust gleichmäßig auf die drei Geschäftsjahre, addiert ihn zu den (laufenden) Auszahlungen und stellt diese Summe den (laufenden) Einzahlungen gegenüber, erhält man den Jahresgewinn durch Saldierung: (Ü1)

Aufwendungen	Gewinn-/Verlustkonto (1)		Erträge
Wertverlust Grund/Geb.	50 000,-	Verkaufserlöse	800 000,-
Wertverlust Maschinen	100 000,-	Verlust (Saldo)	1 570 000,-
Rohstoffverbrauch	1 000 000,-		
Löhne	800 000,-		
Zinsen	120 000,-		
Energie	300 000,-		
Summe:	2 370 000,-	Summe:	2 370 000,-

Kreditaufnahme ist kein Wertzuwachs, ebenso wenig ist der Kauf von Wertpapieren ein Wertverzehr; beides bleibt ja erhalten.

Aufwendungen	Gewinn-/Verlustkonto (2)		Erträge
Wertverlust Grund/Geb.	50 000,-	Verkaufserlöse	3 500 000,-
Wertverlust Maschinen	100 000,-	Zinsgutschrift	30 000,-
Rohstoffverbrauch	1 000 000,-		
Löhne	850 000,-		
Zinsen	120 000,-		
Energie	320 000,-		
Gewinn (Saldo)	1 090 000,-		
Summe:	3 530 000,-	Summe:	3 530 000,-

Aufwendungen	Gewinn-/Verlustkonto (3)		Erträge
Wertverlust Grund/Geb.	50 000,-	Verkaufserlöse	3 600 000,-
Wertverlust Maschinen	100 000,-	Zinsgutschrift	120 000,-
Rohstoffverbrauch	1 100 000,-		
Löhne	900 000,-		
Zinsen	120 000,-		
Energie	300 000,-		
Gewinn (Saldo)	1 132 000,-		
Summe:	3 702 000,-	Summe:	3 702 000,-

Aufwendungen	Gewinn-/Verlustkonto (4)		Erträge
Gewinn (Saldo)	180 000,-	Zinsgutschrift	180 000,-

Die Verkaufs- und Tilgungsvorgänge im 4. Jahr stellen wiederum weder Wertverzehr noch Wertzuwachs dar; es sind einfache Tauschaktionen (Tilgung: Schuldenwegfall gegen Geld; Verkauf: Tausch von Sachgütern gegen Geld). Addiert man nun die Jahresgewinne, erhält man:

Jahr 1: 1 570 000,-

Jahr 2: + 1 090 000,-

Jahr 3: + 1 132 000,-

Jahr 4: + 180 000,-

Summe: + 832 000,-

Dass diese Methode (Saldierung von Erträgen und Aufwendungen) korrekt ist, zeigt das mit der Totalgewinnermittlung (Tabelle 10.1) übereinstimmende Ergebnis.

Aufwendungen sind Wertverzehr/Wertverlust, **Erträge** sind Wertzuwachs. ■

Bedenkt man, dass Unternehmen gemeinhin auf unbestimmte Zeit gegründet werden, wird die Notwendigkeit einer derartigen periodischen Erfolgsermittlung offensichtlich. Allerdings gibt es dabei ein Problem: Man weiß in aller Regel nicht, wie hoch der jährliche Wertverlust an Anlageobjekten sein wird. In der Praxis treten an die Stelle der hier unterstellten Informationen Fiktionen: angenommene Nutzungsdauer und daraus folgender Abschreibungssatz.

Abschreibung ist der betriebswirtschaftliche Fachausdruck für die buchhalterische Erfassung von Wertverlusten durch Abnutzung oder Wertverfall. ■

Ob diese Beträge eine exakte Abbildung der Realität sind, muss allerdings dahingestellt bleiben; in dieser Hinsicht ist die oben getroffene Definition von „Rechnungswesen“ erstmals zu relativieren.

Vermögen sind Sachen und Rechte; **Kapital** bezeichnet die Mittelherkunft (Eigenmittel und Schulden). ■

Stellt man nun Jahr für Jahr Vermögen (Aktiva) und Kapital (Passiva) gegenüber, lässt sich dies in Gestalt von Bilanzen bewerkstelligen: (Ü2)

Aktiva	Eröffnungsbilanz zum 01. 01. (1)		Passiva
Geldbestand	4 000 000,-	Eigenkapital	4 000 000,-

Aktiva	Schlussbilanz zum 31.12. (1)		Passiva
Grund und Gebäude	2 450 000,-	Fremdkapital (Kredit)	2 000 000,-
Maschinen	1 400 000,-	Eigenkapital am	
Wertpapiere	500 000,-	(01.01.): 4 000 000,-	
Geldbestand	80 000,-	- Verlust (1):	
		1 570 000,-	2 430 000,-
Summe	4 430 000,-	Summe	4 430 000,-

Aktiva	Schlussbilanz zum 31.12. (2)		Passiva
Grund und Gebäude	2 400 000,-	Kredit	2 000 000,-
Maschinen	1 300 000,-	Eigenkapital am	
Wertpapiere	1 700 000,-	(01.01.): 2 430 000,-	
Geldbestand	120 000,-	+ Gewinn (2):	
		1 090 000,-	3 520 000,-
Summe	5 520 000,-	Summe	5 520 000,-

Aktiva	Schlussbilanz zum 31.12. (3)		Passiva
Grund und Gebäude	2 350 000,-	Kredit	2 000 000,-
Maschinen	1 200 000,-	Eigenkapital am	
Wertpapiere	3 000 000,-	(01.01.): 3 520 000,-	
Geldbestand	102 000,-	+ Gewinn (3):	
		1 132 000,-	4 652 000,-
Summe	6 652 000,-	Summe	6 652 000,-

Aktiva	Schlussbilanz zum 31.12. (4)		Passiva
Geldbestand	4 832 000,-	Eigenkapital am	
		(01.01.): 4 652 000,-	
		+ Gewinn (4):	
		180 000,-	4 832 000,-
Summe	4 832 000,-	Summe	4 832 000,-

Da die Eröffnungsbilanz des neuen Jahres mit der Schlussbilanz des Vorjahres identisch sein muss, wurden die Eröffnungsbilanzen der Jahre 2 bis 4 weggelassen. An diesem einfachen Beispiel sollen die Grundprinzipien des externen Rechnungswesens deutlich geworden sein. Elementare Begriffe wie Vermögen und Kapital, Aufwand und Ertrag, Gewinn und Verlust sind in ihrem Wesensgehalt aufgezeigt. Dabei wird deutlich, dass Gewinn/Verlust eine Doppelnatur hat:

Gewinn/Verlust ist die Differenz zwischen Erträgen und Aufwendungen und gleichzeitig Eigenkapitalzuwachs/-abnahme.

Und ganz nebenbei ist das Wesen eines kaufmännischen Kontos ersichtlich: Es hat zwei Seiten, und es wird mit einem Saldo (Unterschiedsbetrag zwischen den beiden Seiten) abgeschlossen (Doppelstrich).

Rechenschaftslegung, Informationsempfänger, Vorschriften

Das externe Rechnungswesen ist in erster Linie eine Rechenschaftslegung der Unternehmensleitung gegenüber externen Adressaten (Gesellschafter, Aktionäre, Gläubiger). Zudem ist es Informationsquelle für Geschäftspartner, wenn der Jahresabschluss publiziert werden muss bzw. dessen Offenlegung als „vertrauensbildende Maßnahme" vertraglich vereinbart wurde bzw. freiwillig erfolgt. Hierbei spricht man vom handelsrechtlichen Jahresabschluss, zu dessen Bestandteilen eine (Handels)Bilanz, eine Gewinn- und Verlustrechnung und bei Kapitalgesellschaften noch ein Anhang gehören. Vorschriften darüber findet man im Handelsgesetzbuch (HGB), im Publizitätsgesetz (PublG) und (rechtsformabhängig) im Aktiengesetz (AktG) bzw. GmbH-Gesetz (GmbHG).

Zudem stellt das externe Rechnungswesen Informationen für die Finanzverwaltung in Gestalt der Besteuerungsgrundlagen (Gewerbeertrag und Gewinn) bereit. Hierbei spricht man vom steuerrechtlichen Jahresabschluss (Aus der Handelsbilanz wird im Falle eines Abweichens von steuerrechtlichen Vorschriften gegenüber den handelsrechtlichen Vorschriften durch Kürzungen bzw. Hinzurechnungen eine Steuerbilanz erstellt.). Relevante Vorschriften:

- Einkommensteuer-Gesetz (EStG), -Durchführungsverordnung (EStDV) und -Richtlinien (EStR);
- Körperschaftsteuer-Gesetz (KStG), -Durchführungsverordnung (KStDV und -Richtlinien (KStR);
- Gewerbesteuer-Gesetz (GewStG), -Durchführungsverordnung (GewStDV) und -Richtlinien (GewStR)

10.3.3 Doppelte kaufmännische Buchführung „Doppik"

10.3.3.1 Kontensystematik, Kontenrahmen

Es gibt neben Eröffnungs- und Schlussbilanzkonto sowie Gewinn- und Verlustkonto die Konten für Buchungen des laufenden Geschäftsjahres. Diese lassen sich unterteilen in

a) Bestandskonten

a1. Aktive Bestandskonten (Inhalt: Vermögenspositionen)

a2. Passive Bestandskonten (Inhalt: Kapitalpositionen)

b) Erfolgskonten

b1. Ertragskonten (Inhalt: Erträge)

b2. Aufwandskonten (Inhalt: Aufwendungen)

Die Buchungen, die man als Buchungsregeln auffassen kann, auf diesen vier Kontenarten sind unterschiedlich, aber ähnlich bzw. spiegelbildlich:

Soll Aktives Bestandskonto	Haben
Anfangsbestand lt. Eröffnungsbilanz	Abgänge des lfd. Jahres
Zugänge des lfd. Jahres	Saldo = Endbestand → Schlussbilanz
Summe Soll =	Summe Haben

Soll Passives Bestandskonto	Haben
Abgänge des lfd. Jahres	Anfangsbestand lt. Eröffnungsbilanz
Saldo = Endbestand → Schlussbilanz	Zugänge des lfd. Jahres
Summe Soll =	Summe Haben

Soll Aufwandskonto	Haben
Aufwendungen des lfd. Jahres	Aufwandsminderungen
	Saldo → G/V-Konto
Summe Soll =	Summe Haben

Soll Ertragskonto	Haben
Ertragsminderungen	Erträge des lfd. Jahres
Saldo → G/V-Konto	
Summe Soll =	Summe Haben

Wie unschwer zu erkennen ist, sind sowohl aktive und passive Bestandskonten als auch Aufwands- und Ertragskonten spiegelbildlich angelegt. Das muss so sein, weil die am Jahresende ermittelten Salden der aktiven Bestandskonten auf der Aktivseite (links), die Salden der passiven Bestandskonten auf der Passivseite der Schlussbilanz (rechts) erscheinen; die Salden der Aufwandskonten auf der linken Seite (Aufwendungen), die Salden der Ertragskonten auf der rechten Seite (Erträge) des Gewinn- und Verlustkontos erscheinen. Diese Buchungen müssen – wie alle Buchungen – so gestaltet sein, dass die gleichen Beträge sowohl links (Soll) als auch rechts (Haben) gebucht werden (Buchung – Gegenbuchung). Diese zweifache Buchung gibt dem Rechnungssystem auch den Namen. Im Laufe der Zeit haben sich für alle Branchen der Wirtschaft sog. **Kontenrahmen** als Konventionen entwickelt. Diese Rahmenvorgaben sind Grundlage für die Erstellung der betriebsindividuellen Kontenpläne. Stellvertretend für die branchenspezifischen Kontenrahmen sei der Industriekontenrahmen IKR genannt. Er unterscheidet 10 Kontenklassen (KKl):

KKl 0, 1, 2: Aktive Bestandskonten
(Immaterielle Vermögensgegenstände: z.B. gewerbliche Schutzrechte; Sach- und Finanzanlagevermögen: z.B. Grundstücke, Gebäude, Maschinen, Betriebs- und Geschäftsausstattung, Wertpapiere;

Umlaufvermögen: Roh-, Hilfs- und Betriebsstoffe, Unfertige und Fertige Erzeugnisse, Forderungen, Zahlungsmittel, Forderungen, Vorsteuer; Aktive Rechnungsabgrenzungsposten)

KKl 3, 4: Passive Bestandskonten
(Eigenkapital und Rückstellungen; Verbindlichkeiten, Umsatzsteuer; Passive Rechnungsabgrenzungsposten)

KKl 5: Ertragskonten
(Umsatzerlöse, andere Erträge)

KKl 6, 7: Aufwandskonten
(Abschreibungen, Material, Personal- und andere Aufwendungen)

KKl 8: Eröffnungs- und Abschlusskonten

KKl 9: Betriebsbuchhaltung
(diese gehört zum Bereich Kosten- und Leistungsrechnung)

10.3.3.2 Definition und Systematik der Geschäftsvorfälle

Geschäftsvorfall ist ein Vorgang, durch den Höhe und/oder Zusammensetzung von Vermögen und/oder Kapital verändert werden. Es gibt erfolgsneutrale und erfolgswirksame Geschäftsvorfälle.

Hierunter befinden sich vier Typen **erfolgsneutraler** Geschäftsvorfälle:

a) **Bilanzverlängerung** = Aktiv-Passiv-Mehrung:

Es gehen Vermögens- und Kapitalbeträge in gleicher Höhe zu. Beispiel: Einkauf von Waren auf Ziel (es wird noch nicht gleich bezahlt): Vermögenswerte nehmen zu, Schulden nehmen zu.

b) **Bilanzverkürzung** = Aktiv-Passiv-Minderung:

Es gehen Vermögens- und Kapitalbeträge in gleicher Höhe ab. Beispiel: Wir begleichen eine Lieferantenrechnung: Schulden gehen ab, Geld geht ab.

c) **Aktiv-Tausch:**

Ein Aktivposten wird gegen einen anderen eingetauscht. Beispiel: Bareinkauf von Waren. Waren gehen zu, Geld geht ab.

d) **Passiv-Tausch:**

Ein Passivposten wird gegen einen anderen eingetauscht. Beispiel: Umschuldung.

Es gibt nur zwei Arten **erfolgswirksamer** Vorfälle:

e) **Ertrag**(sentstehung) mit gleichzeitiger Vermögensmehrung oder Kapitalabnahme

f) **Aufwand**(sentstehung) mit gleichzeitiger Vermögensminderung oder Kapitalzunahme

Zur näheren Erläuterung diene das folgende Beispiel. Ausgehend von der Eröffnungsbilanz, soll von jeder Art von Geschäftsvorfällen je einer gebucht und anschließend ein (unvollständiger) Jahresabschluss (ohne Abschreibungen) erstellt werden.

Aktiva	Eröffnungsbilanz		Passiva
Grundstücke	500 000,-	Eigenkapital	1 600 000,-
Gebäude	3 600 000,-	Langfristige Verbindlichkeiten	5 000 000,-
Maschinen	2 900 000,-		
Rohstoffe	100 000,-	Verbindlichkeiten aus Lief. und Leist.	1 000 000,-
Forderungen	400 000,-		
Flüssige Mittel	100 000,-		
Summe	7 600 000,-	Summe	7 600 000,-

Zunächst erfolgt die Auflösung der Eröffnungsbilanz in Bestandskonten (AB = Anfangsbestand), dann die Geschäftsvorfälle (a) bis (e), wobei die Buchungsregeln des Abschnitts 10.3.3.1 angewandt werden:

Soll	Grundstücke		Haben
AB:	500 000,-	(x4)	500 000,-

Soll	Eigenkapital		Haben
(x3)	3 000,-	AB:	1 600 000,-
(x11)	1 597 000,-		
Summe	1 600 000,-	Summe	1 600 000,-

Soll	Gebäude		Haben
AB:	3 600 000,-	(x5)	3 600 000,-

Soll	Langfr. Verbindlichkeiten		Haben
(x12)	5 100 000,-	AB:	5 000 000,-
		(d)	100 000,-
Summe	5 100 000,-	Summe	5 100 000,-

Soll	Maschinen		Haben
AB:	2 900 000,-	(x6)	2 930 000,-
(a)	30 000,-		
Summe	2 930 000,-	Summe	2 930 000,-

Soll	Verbindlichkeiten a. L. u. L.		Haben
(b)	50 000,-	AB:	1 000 000,-
(d)	100 000,-	(a)	35 700,-
(x13)	885 700,-		
Summe	1 035 700,-	Summe	1 035 700,-

Soll	Rohstoffe		Haben
AB:	100 000,-	(f)	10 000,-
(c)	100,-	(x7)	90 100,-
Summe	100 100,-	Summe	100 100,-

Soll	Zinserträge		Haben
(x2)	7 000,-	(e)	7 000,-

Soll	Forderungen		Haben
AB:	400 000,-	(x8)	400 000,-

Soll	Rohstoffaufwand		Haben
(f)	10 000,-	(x1)	10 000,-

Soll	Flüssige Mittel		Haben
AB:	100 000,-	(b)	50 000,-
(e)	7 000,-	(c)	119,-
		(x9)	56 881,-
Summe	107 000,-	Summe	107 000,-

Soll	Vorsteuer		Haben
(a)	5700,-	(x10)	5719,-
(c)	19,-		
Summe	5719,-	Summe	5719,-

Geschäftsvorfall (a): Aktiv-Passiv-Mehrung. Wir kaufen eine Maschine (30 000,- zuzügl. 19 % Vorsteuer) auf Ziel (wir bezahlen später).

Geschäftsvorfall (b): Aktiv-Passiv-Minderung. Wir begleichen eine Lieferantenverbindlichkeit in Höhe von 50 000,-.

Geschäftsvorfall (c): Aktivtausch. Bareinkauf von Rohstoffen (100,- zuzügl. 19 % USt).

Geschäftsvorfall (d): Passivtausch. Eine kurzfristige Verbindlichkeit wird in eine langfristige umgeschuldet (100 000,-).

Geschäftsvorfall (e): Ertrag. Wir erhalten eine Zinsgutschrift (7000,-)

Geschäftsvorfall (f): Aufwand. Wir verbrauchen Rohstoffe (Lagerentnahme; Wert: 10 000,-).

Sodann werden die benötigten Erfolgskonten über das Gewinn- und Verlust-Konto, dieses über das Eigenkapitalkonto und die bereits bestehenden Bestandskonten über das Schlussbilanzkonto abgeschlossen (die Abschlussbuchungen sind mit „x1 …“ gekennzeichnet).

Aufwendungen	Gewinn und Verluste		Erträge
(x1) Rohstoffaufw.	10 000,-	(x2) Zinserträge	7000,-
		(x3) Verlust	3000,-
Summe	10 000,-	Summe	10 000,-

Aktiva		Schlussbilanz			Passiva
(x4)	Grundstücke	500 000,-	(x11)	Eigenkapital	1 597 000,-
(x5)	Gebäude	3 600 000,-	(x12)	Langfristige Verbindlichkeiten	5 100 000,-
(x6)	Maschinen	2 930 000,-			
(x7)	Rohstoffe	90 100,-	(x13)	Verbindlichkeiten aus Lief. und Leist.	885 700,-
(x8)	Forderungen	400 000,-			
(x9)	Flüssige Mittel	56 881,-			
(x10)	Vorsteuer	5 719,-			
Summe		7 582 700,-	Summe		7 582 700,-

Dieses knapp gefasste Lehrbuch kann die doppelte kaufmännische Buchführung nicht vollständig darstellen. Dies möge bei Bedarf einer persönlichen Weiterbildung vorbehalten bleiben.

10.3.3.3 Organisation der Doppik

Es gibt wohl kaum mehr ein Unternehmen, in dem „mit Hand“ gebucht wird; dafür gibt es zahlreiche Buchhaltungsprogramme. Was früher ein „Buch“ war, ist heute eine „Datei“. Die Organisation der Doppik ist aber gleich geblieben.

Im **Journal** (Journal = Tagebuch, Zeitbuch) bzw. in der **Journaldatei** werden alle Geschäftsvorfälle in chronologischer Reihenfolge mittels Buchungssätzen (Buchungsanweisungen) erfasst. Auf dieser Grundlage erfolgt dann die Buchung der Geschäftsvorfälle auf den Sachkonten des sog. **Hauptbuches**. Durch die doppelte Erfassung ist sowohl eine zeitliche als auch eine sachliche Ordnung der Geschäftsvorfälle gewährleistet.

Darüber hinaus werden zur näheren Erläuterung für einzelne Sachkonten auch sog. Nebenbücher geführt, wie z. B.:

Anlagenbuch (bei manueller Buchführung meist in Karteiform). Für jeden Anlagegegenstand existiert eine Karteikarte (ein Datensatz), in dem Anschaffungsdatum, Anschaffungskosten, Nutzungsdauer, Abschreibungsmethode, aktueller Abschreibungsbetrag und Restbuchwert verzeichnet sind.

Debitoren- und Kreditorenkonten. Für alle Schuldner (Debitoren) und Gläubiger (Kreditoren) gibt es je ein Konto, um Forderungen und Verbindlichkeiten personenbezogen verwalten zu können. Es handelt sich dabei um Unterkonten von „Forderungen" und „Verbindlichkeiten".

Lagerbuchführung. Pro Lagerartikel existiert ein Konto, auf dem alle physischen und wertmäßigen Bewegungen (Zu- und Abgänge) erfasst werden. Es handelt sich um Unterkonten der Roh-, Hilfs- und Betriebsstoffkonten.

Kassen- und Bankbuch. Im Prinzip handelt es sich nur um das Kassen- und Bankguthabenkonto, auf denen alle Zahlungsvorgänge registriert werden. Täglich werden Kassenbestand und Kassenbuchsaldo verglichen, um etwaige Unregelmäßigkeiten sofort erkennen zu können. Das Bankbuch ist oftmals nur ein Ordner mit den Bankauszügen, die mit dem Journal abgeglichen werden.

10.3.3.4 Exkurs: Einfache Buchführung

Kleine Unternehmen und Selbstständige brauchen nicht zu bilanzieren; es genügt für sie die sog. **Einnahmenüberschussrechnung**. Diese lässt sich in Form der einfachen Buchführung bewerkstelligen. „Einfach" heißt: Es erfolgen keine Gegenbuchungen. Die einfache Buchführung wird in Listenform mit folgenden Spalten geführt:

- Nummer, Datum, Buchungstext
- Ausgaben ohne Investitionen einschl. Vorsteuer (brutto)
- Investitionen einschl. Vorsteuer
- Vorsteuer
- Einnahmen einschl. Umsatzsteuer (brutto)
- Umsatzsteuer

Von den Ausgaben werden die Investitionen gesondert abgesetzt, weil sie nicht in die Überschussrechnung eingehen; für sie wird jährlich ein sog. Abschreibungsbogen erstellt. Abschreibungen werden von den Nettobeträgen berechnet. Die Summe der Abschreibungen lt. Abschreibungsbogen stellt alljährlich die letzte Buchung dar; sie zählen zu den Ausgaben. Ausgaben und Einnahmen werden brutto verbucht. Die Spalten „Vorsteuer" und „Umsatzsteuer" benötigt man für die periodischen Umsatzsteuervoranmeldungen.

10.3.4 Jahresabschluss nach Handels- und Steuerrecht (Grundzüge)

10.3.4.1 Vorschriften, Bestandteile

Die handelsrechtlichen Vorschriften finden sich in den §§ 238 – 289 (für die Konzernrechnungslegung, die hier vernachlässigt wird, gelten zusätzlich die §§ 290 – 315) HGB. Die steuerrechtlichen Vorschriften finden sich in den §§ 4 – 7k Einkommensteuergesetz sowie in mehreren Abschnitten der Einkommensteuerrichtlinien. Nach § 242 Abs. HGB gehören zu den Bestandteilen eines Jahresabschlusses die Bilanz und die Gewinn- und Verlustrechnung. Die gesetzlichen Vertreter einer Kapitalgesellschaft müssen den Jahresabschluss um einen Anhang erweitern (§ 264 HGB); der Lagebericht (§ 289 HGB) ist kein Bestandteil des Jahresabschlusses und ist nur für bestimmte Unternehmen Pflicht. Wesentlich für Buchführung und Jahresabschluss sind die sog. Grundsätze ordnungsmäßiger Buchführung (GoB) (§§ 238 Abs. 1 Satz 1 und 243 Abs. 1 HGB und § 5 Abs. 1 EStG). Auf diese soll hier nicht näher eingegangen werden. Es sei lediglich angemerkt, dass es eine Reihe solcher Grundsätze gibt, die im HGB kodifiziert sind. Beispielsweise gehört dazu der im § 252 Abs. 1 Nr. 4 HGB verankerte Grundsatz der Vorsicht (Vorsichtsprinzip). Dieser Grundsatz kann als wesentlicher Leitgrundsatz für die Vermögens- und Schuldenbewertung und für die unterschiedliche bilanzielle Behandlung von Gewinnen und Verlusten im Jahresabschluss bezeichnet werden. Aus ihm folgt, dass sich der Kaufmann im Zweifelsfall (bei Vorliegen mehrerer möglicher Wertansätze) nicht reicher rechnet, als er tatsächlich ist. Der Gesetzgeber trägt damit vor allem dem Schutz der Gläubigerinteressen Rechnung.

10.3.4.2 Inventur, Inventar, Bilanz

Inventur ist die Bestandsaufnahme aller Vermögensgegenstände und Schulden (§ 241 HGB). Das Ergebnis dieses Vorgangs ist das **Inventar** (Def.: § 240 Abs. 1 HGB: „Jeder Kaufmann hat … seine Grundstücke, seine Forderungen und Schulden, den Betrag seines baren Geldes sowie seine sonstigen Vermögensgegenstände genau zu verzeichnen und dabei den Wert der einzelnen Vermögensgegenstände und Schulden anzugeben“). ▪

Das Inventar enthält also Art, Menge und Wert der einzelnen Posten. Aus dem Inventar heraus ist die Bilanz zu entwickeln.

Bilanz-Definition: § 242 Abs. 1 HGB: „Der Kaufmann hat … einen das Verhältnis seines Vermögens und seiner Schulden darstellenden Abschluss … aufzustellen“ ▪

Die Bilanz ist eine zweiseitige Gegenüberstellung von in Werten ausgedrückten Bilanzpositionen. Das gesamte Vermögen (Bruttovermögen) eines Unternehmens ist nach Hauptpositionen zusammengefasst stets auf der linken Seite der Bilanz („Aktiva“) auszuweisen. Dem stehen auf der rechten Seite der Bilanz („Passiva“) die Schulden (Fremdkapital) und (als Saldogröße aus Vermögen und Schulden) das Eigenkapital (eigene Mittel) gegenüber. Insofern kann die rechte Seite einer Bilanz wertmäßig als Finanzierungsquelle für das auf der linken Seite ausgewiesene Vermögen verstanden werden.

10.3.4.3 Maßgeblichkeitsprinzip der Handelsbilanz für die Steuerbilanz

Da es in Form des Handels- und Steuerrechts zwei Maßgaben für die Erstellung des Jahresabschlusses gibt, stellt sich die Frage nach dem Verhältnis zueinander. Der Steuergesetzgeber hat dazu im § 5 Abs. 1 Satz 1 EStG ein sog. Maßgeblichkeitsprinzip verankert. Es besagt, dass grundsätzlich auch für die Steuerbilanz (deren einziger Adressat der Fiskus ist) das Betriebsvermögen anzusetzen ist, das nach den handelsrechtlichen Grundsätzen ordnungsmäßiger Buchführung auszuweisen ist. Wenn es allerdings verbindliche Regelungen im Steuerrecht gibt, die von den entsprechenden verbindlichen handelsrechtlichen Regelungen abweichen, dann führt das dazu, dass es zu einer Abweichung zwischen Handelsbilanz und der Steuerbilanz kommt.

10.3.4.4 Wesen der Bewertung

Kern des Jahresabschlusses ist die Bewertung der Vermögensgegenstände und Schulden zum Bilanzstichtag (i.d.R. 31.12.). § 252 HGB regelt allgemeine Bewertungsgrundsätze und § 253 HGB enthält besondere Bewertungsvorschriften für die Zugangs- und Folgebewertung von Vermögensgegenständen des Anlage- und Umlaufvermögens und div. Schuldpositionen. Bilanzpolitisch interessant wird es für Unternehmen, wenn es für ganz konkrete Fälle **Bewertungswahlrechte** gibt und der Bilanzierende sich zwischen Alternativen entscheiden muss, da diese Entscheidungen immer Einfluss auf die Höhe des Jahreserfolgs (Gewinn- oder Verlusthöhe) haben, wie z.B. die Entscheidung für eine von evtl. mehreren gesetzlich möglichen Bewertungsmethoden (Gruppenbewertung, LiFo, FiFo) oder auch die Entscheidung zum Umfang der einzubeziehenden Wertgrößen bei der Bewertung selbst erstellten Anlagevermögens.

Beispiel:

Nach § 253 Abs. 1 Satz 1 HGB sind Vermögensgegenstände höchstens mit den Anschaffungs- oder Herstellungskosten anzusetzen (Anschaffungswertprinzip).

Zur Bewertung einer selbst hergestellten Fertigungsmaschine, die im eigenen Unternehmen eingesetzt wird und auf dem Aktivkonto „Maschine“ als wertmäßiger Zugang gebucht werden muss, ist der **Wertmaßstab der Herstellungskosten** heranzuziehen. § 255 Abs. 2 HGB regelt die zur Ermittlung der Herstellungskosten einzubeziehenden Pflichtbestandteile (MEK, MGK, FEK, FGK, SEF), darüber hinaus auch noch mögliche Wahlbestandteile (z.B. VwGK) und auch solche, die nicht mit in den Wertansatz einbezogen werden dürfen (Forschungs- und Vertriebskosten). Daraus ergeben sich eine Wertuntergrenze, d.h. mit diesem Wert muss die Maschine mindestens bewertet werden und eine Wertobergrenze, d.h. bis zu diesem Wert darf die Maschine höchstens bewertet werden.

Sollte sich das Unternehmen für die Wertobergrenze entscheiden, dann fällt der Ertrag (Gewinn) in Höhe der Differenz zur Wertuntergrenze höher aus.

Diese Ermittlung der Herstellungskosten nach Handelsrecht entspricht auch der steuerrechtlichen Vorschrift (Abschnitt 33 EStR).

■

10.3.4.5 Phänomen der „stillen Reserven"

Stille Reserven (stille Rücklagen) ergeben sich aus dem Grundsatz zur vorsichtigen Bewertung und der daraus in bestimmten Fällen resultierenden Unterbewertung von Vermögenspositionen bzw. Überbewertung von Schulden. Sie sind insofern „stille" (in der Bilanz nicht sichtbare) Eigenkapitalbestandteile. ■

An einem Beispiel soll das Zustandekommen einer „stillen Reserve" deutlich werden:

Ein Unternehmen erwarb 1959 ein Grundstück zum Anschaffungswert von 80 000,- €. (Hinweis: Wert wurde zwischenzeitlich von damals DM-Betrag in € umgerechnet). Heute (im Jahre 2015) hat dieses Grundstück einen Verkehrswert von 2 000 000,- € (Derartige Wertsteigerungen über so viele Jahre sind für Baugrundstücke nicht selten). Wenn dieses Grundstück nun zum Bilanzstichtag 2015 bewertet werden muss, dann ist es nach § 253 Abs. 1 Satz 1 zwingend weiter mit dem Anschaffungswert zu bewerten. Es darf keine Wertzuschreibung auf den aktuell höheren Verkehrswert erfolgen. Damit wird dem Prinzip der vorsichtigen Bewertung Rechnung getragen, indem noch nicht realisierte Gewinne nicht ausgewiesen werden dürfen (§ 252 Abs. 1 Nr. 4 letzter Satz - Realisationsprinzip). Der Gewinn würde erst dann als realisiert gelten, wenn das Grundstück verkauft worden wäre. Das heißt, in diesem Grundstück sind stille Reserven in Millionenhöhe enthalten (Differenz zwischen Buchwert 80 000,- € und Verkehrswert 2 000 000,- €). Sie werden also erst bei Verkauf aufgedeckt/sichtbar.

10.3.4.6 Bewertung der Aktiva

a) Wertmaßstäbe

Anschaffungskosten „AK" (=Anschaffungswert) sind nach § 255 Abs. 1 HGB „die Aufwendungen, die geleistet werden, um einen Vermögensgegenstand zu erwerben und ihn in einen betriebsbereiten Zustand zu versetzen, soweit sie einzeln zugeordnet werden können." (übereinstimmend mit Steuerrecht)

Dazu gehören

- Anschaffungspreis
- plus Anschaffungsnebenkosten
- minus Anschaffungspreisminderungen (Rabatt, Skonto).

Herstellungskosten „HK" sind der Wertmaßstab für selbst erstellte Vermögensgegenstände (§ 255 Abs. 2, 2a und 3 HGB, übereinstimmend mit Steuerrecht).

(Beachte: Unterschied zu den Herstellkosten im kostenrechnerischen Sinne; vgl. Unterabschnitt 10.4.5.4)

Fortgeführte AK bzw. HK (auch Restbuchwert) ergeben sich für alle abnutzbaren Vermögensgegenstände des Anlagevermögens, indem von den AK/HK die planmäßigen Abschreibungen vorgenommen werden.

10

Tageswert (auch Zeitwert) ist der Wert, der sich aus einem Börsen- oder Marktpreis ergibt.

Beizulegender Wert am Abschlussstichtag (§ 253 Abs. 3 Satz 2 HGB):

Ist nur relevant, wenn kein Börsen- oder Marktpreis festzustellen ist, der Vermögensgegenstand aber an Wert gegenüber den AK/HK verloren hat.

Teilwert ist eine steuerrechtliche Fiktion. Er ist definiert als Wert, den ein Käufer des Unternehmens als Teil des Gesamtkaufpreises bezahlen würde.

b) Anwendungsfälle (Vermögensgruppen; vgl. Abschnitte 4.3.3, 5.3.2):

Nicht abnutzbare Vermögensgegenstände des Anlagevermögens

Grundstücke

- sind nach § 253 Abs. 1 Satz 1 HGB mit den AK anzusetzen.
- Bei sinkenden Grundstückspreisen ist nach § 253 Abs. 3 Satz 3 HGB eine außerplanmäßige Abschreibung vorzunehmen, wenn davon ausgegangen werden muss, dass es sich um eine dauernde Wertminderung handelt; der Wert sich also nicht innerhalb eines Geschäftsjahres erholt. (Wertansatz: mit dem niedrigeren Wert, der am Abschlussstichtag beizulegen ist)
- Sollte sich der Wert in späteren Jahren wieder erholen, dann muss nach § 253 Abs. 5 HGB zugeschrieben werden, aber nur höchstens bis zu den AK. (Wertaufholungsgebot gilt auch nach Steuerrecht.)

Wertpapiere

- nach § 253 Abs. 3 Satz 4 HGB „können außerplanmäßige Abschreibungen auch bei voraussichtlich nicht dauernder Wertminderung vorgenommen werden." (Wahlrecht)
- Wertaufholungsgebot in Handels- und Steuerbilanz bei Werterholung bis höchstens zu den AK
- Abnutzbare Vermögensgegenstände des Anlagevermögens

Gebäude, Maschinen, Fahrzeuge usw.

- sind nach § 253 Abs. 1 Satz 1 HGB mit den AK bzw. HK anzusetzen.
- sind nach § 253 Abs. 3 HGB jährlich planmäßig abzuschreiben (Wertansatz: fortgeführte AK bzw. HK),
- Zulässigkeit der Abschreibungsmethoden (linear, degressiv und Abschreibung nach Leistungsinanspruchnahme – vgl. Abschnitt 4.3.3) ist gesetzlich geregelt und speziell im Steuerrecht gab es dazu in den letzten Jahren eine Vielzahl von Änderungen.
- außerordentliche dauerhafte Wertminderungen bedingen zusätzlich zu den planmäßigen Abschreibungen noch außerplanmäßige Abschreibungen (Wertansatz: niedrigerer Tageswert)

- Erfolgt nach einer außerplanmäßigen Abschreibung eine Werterholung, dann muss zugeschrieben werden, allerdings nur bis zu den fortgeführten AK bzw. HK, die in dem Jahr der Zuschreibungspflicht nach planmäßiger Abschreibung anzusetzen gewesen wären.

Vorratsvermögen

Roh-, Hilfs-, Betriebsstoffe, Unfertige und Fertige Erzeugnisse usw.

- sind nach § 253 Abs. 1 Satz 1 HGB mit den AK bzw. HK anzusetzen.
- Wenn für gleiche oder gleichartige Positionen des Vorratsvermögens die AK pro Lieferung differieren, dann kann vom Grundsatz der Einzelbewertung (§ 252 Abs. 1 Nr. 3 HGB) abgewichen werden und eine Sammel- oder Gruppenbewertung vorgenommen werden. Die AK können mittels Durchschnittsbewertung oder mittels Unterstellung einer bestimmten Verbrauchsfolge ermittelt werden. (vgl. Abschnitt 5.3.2) Diese sind dann mit dem Tageswert zu vergleichen. Ist der Tageswert niedriger als der Anschaffungswert, dann muss nach § 253 Abs. 4 HGB auf den niedrigeren Tageswert abgeschrieben werden, der sich aus einem Börsen- oder Marktpreis am Abschlussstichtag ergibt. (Es gilt ein sog. strenges Niederstwertprinzip bei der Bewertung von Umlaufvermögen.)

Forderungen

Forderungen sind zunächst einzeln zu bewerten. Eine Abwertung hat dann zu erfolgen, wenn sie zweifelhaft oder gar uneinbringlich sind. Darüber hinaus ist eine „Pauschalwertberichtigung" anhand des wahrscheinlichen künftigen Forderungsausfalls (%-Satz) für den gesamten nicht einzeln bewerteten Forderungsbestand vorzunehmen.

Wertpapiere des Umlaufvermögens

Es gelten das Anschaffungswert-, das strenge Niederstwertprinzip und das Wertaufholungsgebot.

Zahlungsmittel

Das Problem ergibt sich nur bei Fremdwährungen; hier ist mit dem Stichtagskurs zu bewerten.

10.3.4.7 Bildung und Bewertung von Passiva

a) **Bewertung der Passiva**

Grundsätzlich sind Schulden mit dem (höheren) Rückzahlungsbetrag (Höchstwertprinzip) zu bewerten (evtl. bei Auslandsschulden). Nach § 253 Abs. Satz 2 HGB sind „Verbindlichkeiten zu ihrem Erfüllungsbetrag und Rückstellungen in Höhe des nach vernünftiger kaufmännischer Beurteilung notwendigen Erfüllungsbetrages anzusetzen." Rückstellungen mit einer Restlaufzeit von mehr als einem Jahr sind nach § 253 Abs. 2 abzuzinsen. Rentenverpflichtungen sind mit dem (finanzmathematischen) Barwert anzusetzen.

b) **Anwendungsfall Rückstellungen**
Rückstellungen sind erfolgswirksam gebildete Passivposten (durch Verbuchung von Aufwand) mit dem Zweck, Aufwendungen, die dem Grunde nach bis zum Bilanzstichtag schon entstanden sind, dem Geschäftsjahr der Verursachung zuzurechnen.

Unterschieden werden nach § 249 Abs. 1 HGB Rückstellungen

- für ungewisse Verbindlichkeiten,
- für drohende Verluste aus schwebenden Geschäften,
- für unterlassene Instandhaltungsaufwendungen, die im folgenden Geschäftsjahr innerhalb von drei Monaten nachgeholt werden und Abraumbeseitigung,
- für Gewährleistungen ohne rechtliche Verpflichtung.

10.3.4.8 Rechnungsabgrenzung

Für den Fall, dass Aufwendungen und Erträge und deren Zeitpunkte der Zahlungen auseinanderfallen, sind diese nach § 252 Abs. 1 Nr. 5 HGB periodengerecht in den Geschäftsjahren abzugrenzen. Beispiele:

a) **Aktive Rechnungsabgrenzung:** Wenn von uns die Januarmiete für das neue Jahr schon im Dezember des alten Jahres gezahlt wird, dann darf dieser Mietaufwand nicht den Gewinn des alten Jahres schmälern. Sie wird durch einen Abgrenzungsposten in der Bilanz von der GuV-Rechnung fern gehalten und geht erst durch Auflösung dieses Postens im neuen Jahr in die Gewinn- und Verlustrechnung ein.

b) **Passive Rechnungsabgrenzung:** Analoges Vorgehen gilt für den Fall, dass wir die Januarmiete schon im Dezember überwiesen bekommen. Dieser Mietervertrag muss durch einen entsprechenden Passivposten in der Bilanz von der GuV-Rechnung des alten Jahres abgegrenzt werden.

10.3.4.9 Jahresabschlussbuchungen

Die sog. „vorbereitenden Jahresabschlussbuchungen“ betreffen alle Bewertungsmaßnahmen und Abgrenzungen (Abschreibungen, Rückstellungen, Abgrenzungsposten). Sie werden anhand sog. interner oder „künstlicher“ Belege (Buchungsanweisungen) vorgenommen. Die Jahresabschlussbuchungen selbst umfassen den Abschluss der Unterkonten über die Hauptkonten und den Abschluss der Hauptkonten über Gewinn- und Verlustkonto bzw. Schlussbilanzkonto.

10.3.4.10 Anhang und Lagebericht

Der Anhang des Jahresabschlusses enthält Angaben über das Zustandekommen einzelner Positionen der Bilanz und Gewinn- und Verlustrechnung.

Der Lagebericht ist kein Bestandteil des Jahresabschlusses; er muss nur von Kapitalgesellschaften und publizitätspflichtigen Großunternehmen anderer Rechtsformen aufgestellt werden. Er wird gleichzeitig mit dem Jahresabschluss erstellt und enthält Angaben zum Geschäftsverlauf, Lage des Unternehmens, besondere Ereignisse und Entwicklungen u. a. (vgl. §§ 284 - 289 HGB).

10.4 Internes Rechnungswesen

10.4.1 Wesen und Ziele

Die Kosten- und Leistungsrechnung (KLR) ist im Gegensatz zur Buchhaltung für Unternehmen **nicht gesetzlich verpflichtend**, aber ein notwendigerweise praktiziertes, kurzfristig und periodisch wiederkehrendes Rechnungssystem. Sie ist eine spezielle Art der Erfolgsrechnung und hat andere Ziele und andere Rechnungsgrößen als das externe Rechnungswesen. Das älteste und elementarste Ziel ist die Kalkulation eines **Angebotspreises für den Absatzmarkt**. Dieses ursprüngliche Ziel ist in den Hintergrund getreten. Heute dominiert das Ziel der **Kostenüberwachung** und -steuerung (Kostencontrolling). Darüber hinaus liefert die Kostenrechnung die notwendigen Informationen/Zahlen für dispositive Zwecke (vgl. Abschn. 10.2), wie Produktions- und Absatzentscheidungen, Make-or-buy-Entscheidungen u. a. Hinzu kommt die Lieferung von Zahlenmaterial für die Finanzbuchhaltung zur Bewertung von Beständen an Unfertigen und Fertigen Erzeugnissen und selbst erstellten Anlagevermögens zu Herstellungskosten (vgl. Abschn. 10.3.4.6.). Ein weiteres Ziel ist die Substanzerhaltung. Auch hierin zeigt sich ein wesentlicher Unterschied zum externen Rechnungswesen: Beim externen herrscht kraft Gesetzgebung das Nominalkapitalerhaltungsprinzip; d. h., es darf nur von Nominalwerten (Anschaffungs- oder Herstellungskosten abgeschrieben werden (buchhalterische Abschreibung). Im internen Rechnungswesen wird bspw. von (höheren) Wiederbeschaffungs(zeit)werten abgeschrieben (kalkulatorische Abschreibungen), wenn davon ausgegangen werden muss, dass die Anschaffungskosten zukünftiger Ersatzinvestitionen für verschlissenes Sachanlagevermögen steigen werden. Werden Abschreibungen als ein zu kalkulierender Preisbestandteil betrachtet, dann muss dieser so bemessen werden, dass, wenn er über die realisierten Umsatzerlöse wieder in das Unternehmen zurück fließt, so viel Geld „verdient“ wird, dass die Ersatzinvestition „aus eigener Kraft“ finanziert werden kann.

10.4.2 Begriffe und Abgrenzungen

Kosten sind (in Geld) bewerteter, periodisierter (= auf einen Zeitraum bezogener) Verzehr an Produktionsfaktoren, der zur Erstellung der betriebstypischen Leistung und zur Aufrechterhaltung der Betriebsbereitschaft dient.

Diese Definition geht auf den wertmäßigen Kostenbegriff zurück, bei dem die Bewertung der Kosten so erfolgt, dass die Produktionsfaktoren hinsichtlich ihrer optimalen Verwendung gelenkt werden. Das führt dazu, dass auch Opportunitätskosten („Was-wäre-wenn-Kosten“) Eingang finden. Ein dazu konkurrierender Kostenbegriff ist der **„pagatorische Kostenbegriff“**, welcher besagt, dass alle Kosten zu irgendeinem Zeitpunkt Zahlungen waren, sind oder sein werden. Diesem Kostenbegriff sind Opportunitätskosten unbekannt. Diese beiden Kostenbegriffe sind die wesentlichen (es gibt noch einige Spielarten davon); der wertmäßige Kostenbegriff ist in der BWL allerdings herrschende Meinung. Gleichgültig, welchen Kostenbegriff man favorisiert, kommt es auf die folgende Kerneigenschaft der Kosten entscheidend an: Kosten sind so zu bemessen, dass mit mindestens ihrer Deckung durch Erlöse mindestens die Finanzierung der Wiederbeschaffung (oder Wiederbezahlung) der verzehrten (der beanspruchten) Produktionsfaktoren gewährleistet ist. Daraus folgt, dass die KLR das erstrangige Finanzierungsinstrument eines Unternehmens ist!

Informationsquellen für die Herleitung der Kosten sind:

a) Die Finanzbuchhaltung; dort werden Aufwendungen gebucht. Soweit es sich um Kosten handelt, werden diese in die Betriebsbuchhaltung übernommen.

b) Die Anlagenbuchhaltung, aus deren Daten vor allem die kalkulatorischen Abschreibungen und Zinsen in einer gesonderten Rechnung ermittelt werden.

Der Zusammenhang von Aufwand und Kosten ist in Abbildung 10.1 dargestellt.

Abbildung 10.1 Abgrenzung der Kosten vom Aufwand

Neutrale Aufwendungen gehen nicht in die Kostenrechnung ein. Diese untergliedern sich in:

- betriebsfremde Aufwendungen (z. B. Spenden),
- periodenfremden Aufwand (Steuernachzahlungen),
- außerordentliche Aufwendungen (nicht versicherte Katastrophenschäden). Diesen und den betriebsfremden Aufwendungen stehen niemals Leistungen gegenüber.

Wenn bestimmte Aufwandsarten, die in der Buchhaltung erfasst wurden, zwar als Kosten in die Kostenrechnung übernommen werden, allerdings in anderer Höhe, dann spricht man von **Anderskosten**. Im Wesentlichen betrifft das Abschreibungen und Zinsen.

Als **Zusatzkosten** werden die Kosten bezeichnet, denen in der Buchhaltung keine Aufwendungen gegenüberstehen. Typische Zusatzkosten sind kalkulatorische Mieten, kalkulatorischer Unternehmerlohn, kalkulatorische Wagnisse.

Der Begriff **Leistung** (= betriebstypische Leistung, Betriebsertrag) ist Bestandteil der Erträge. Letztere enthalten - wie der Aufwand - auch neutrale Erträge (z. B. Zinsen für Wertpapieranlagen), die mit den „ordentlichen“ Erträgen aus dem Verkauf von Leistungen nichts zu tun haben und von denen sie abzugrenzen sind.

10.4.3 Kostenkategorien

Kosten lassen sich nach unterschiedlichen Kriterien einteilen:

nach der Bezugsgröße:

- **Zeitraumkosten** (Kosten pro Abrechnungsperiode)
- **Stückkosten** (Kosten pro Leistungseinheit)
- **Grenzkosten** (Kosten pro zusätzlicher Leistungseinheit)

nach der Zurechenbarkeit:

- **Einzelkosten** (einem Kostenträger oder einer Kostenstelle direkt zurechenbar)
- **Gemeinkosten** (allen Kostenträgern oder mehreren Kostenstellen gemeinsam zuzuordnen und über Schlüssel zurechenbar)

nach der Leistungsmengenabhängigkeit:

- **Fixe Kosten** (leistungsmengenunabhängig)
- **Variable Kosten** (leistungsmengenabhängig)

nach der Ermittlungsmethode:

- **Grundkosten** (aus dem Aufwand der Buchhaltung abgeleitet)
- **Kalkulatorische Kosten** (Anders- oder Zusatzkosten)

nach Produktionsfaktoren:

Kostenarten: Kosten des Produktionsfaktors a, b, c, ...

Die Kostenkategorien „Kostenarten“, „fix“ und „variabel“ sowie „Zeitraumkosten“ und „Stückkosten“ sollen anhand des Beispiels eines Kraftfahrzeugs erläutert werden. Die Kostenarten eines Kfz zeigt Tabelle 10.3.

10

Die Leistung eines Kfz ist die Fahrleistung, gemessen in Kilometern. Die Kosten für TÜV und AU sowie für Kfz-Steuer und Zinsen sind fix (km-unabhängig); die Kosten für Kraftstoff, Reinigung, Wartung und Verschleißreparaturen variabel (km-abhängig). (Ausgaben für Unfallreparaturen sind keine Kosten, weil ihnen der Leistungsbezug fehlt. Diese fallen unter die neutralen Aufwendungen!) Die Kosten der Haftpflichtversicherung sind teils fix, teils variabel, wenn man an die „Wenigfahrerrabatte“ denkt; der Wertverlust (= Abschreibungen) hat eine km-abhängige und eine zeitabhängige Komponente (Wertverlust wegen Veralterung). Die Eigenschaften „fix“ und „variabel“ gehen zuweilen quer durch manche Kostenarten. Unterstellt man nun, dass ein Kfz jährliche Fixkosten in Höhe von 5000,- €, variable Kosten in Höhe von 0,50 € pro km (konstant) verursacht, lässt sich – unter der Voraussetzung proportionalen Kostenverlaufs – Tabelle 10.2 aufstellen.

Dabei gelten folgende Gleichungen: $f + v = g$ (gleichgültig, ob der Index an K oder an k angefügt ist) und $K = k \cdot m$ (gleichgültig, ob als Index f, v oder g angehängt ist). Die Kosten pro Kilometer („Stückkosten“) sind bei einer Leistungsmenge von null nicht definiert (man müsste K durch null dividieren, um zu k zu gelangen).

Tabelle 10.2 Kostentabelle eines Kfz

Leistungsmenge pro Jahr m	Kosten pro Jahr			Kosten pro Kilometer		
	fix	variabel	gesamt	fix	variabel	gesamt
	K_f	K_v	K_g	K_f	K_v	K_g
0	5000	0	5000	-	-	-
5000	5000	2500	7500	1,-	0,50	1,50
10000	5000	5000	10000	0,50	0,50	1,-
15000	5000	7500	12500	0,33	0,50	0,83
20000	5000	10000	15000	0,25	0,50	0,75
25000	5000	12500	17500	0,20	0,50	0,70
30000	5000	15000	20000	0,17	0,50	0,67

Tabelle 10.3 Kostenarten eines Kraftfahrzeugs

Kostenart	fix	variabel
Kraftstoff		X
TÜV, AU	X	
Versicherung	X	X
Steuer	X	
Reinigung		X
Verschleiß		
Reparaturen		X
Wartung	X	
Wertverlust	X	X
Zinsen	X	

Grafisch lassen sich diese Verhältnisse wie folgt darstellen (Abbildung 10.2 und 10.3):

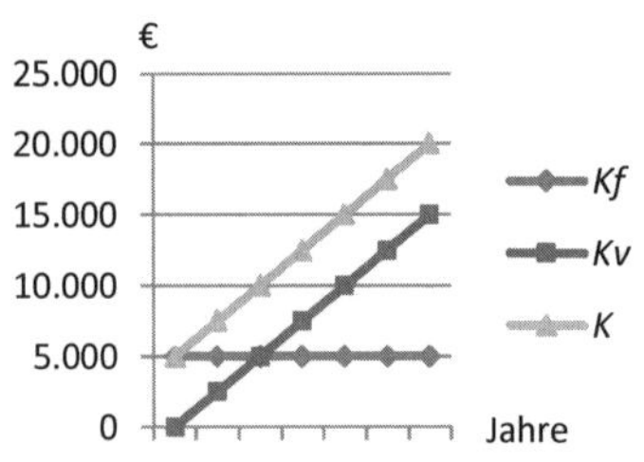

Abbildung 10.2 Verlauf der Kosten pro Jahr

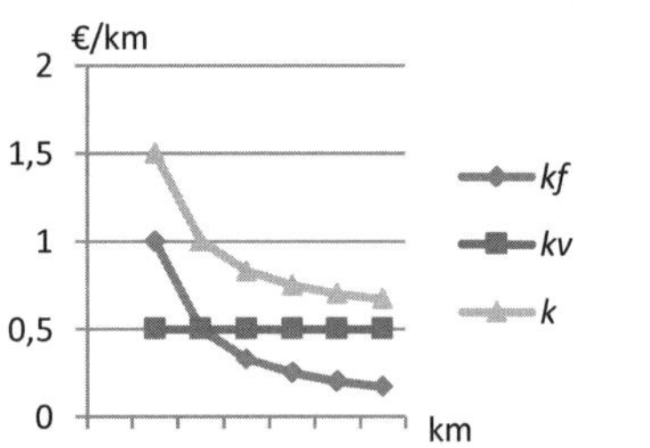

Abbildung 10.3 Stückkostenverlauf

Die Proportionalität des Kostenverlaufs (man spricht auch von linearem Kostenverlauf) ist an der Konstanz der variablen Stückkosten (0,50 €/km) zu erkennen. Das heißt, hier sind auch die Grenzkosten konstant. (Selbstverständlich gibt es auch andere Kostenverläufe, die Funktionen höheren Grades gehorchen: Unter- und überproportionale Kostenverläufe.) Beim hier vorliegenden Kostenverlauf lässt sich eine einfache lineare **Kostenfunktion** (Geradengleichung) aufstellen:

$$K_g = K_f + k_v \cdot m$$

wobei K_f der Achsenabschnitt auf der Kostenachse und k_v der Anstieg (delta Kosten/delta Leistungsmenge) ist.

Man erkennt auch, dass der Fixkostenanteil an den Stückkosten mit zunehmender Leistungsmenge abnimmt, schließlich wird dieser „Block" durch eine immer größer werdende Zahl dividiert (Fixkostendegression). Das heißt, mit steigender Leistung wird die Leistungseinheit „billiger". Auf dieses Phänomen wird im letzten Abschnitt dieses Kapitels eingegangen. Also: Fixkosten sind nur bei den zeitraumbezogenen Kosten fix; bei den Stückkosten verlaufen sie fallend; dagegen sind hier die variablen Kosten konstant.

Wollte man diese Betrachtung auf einen ganzen Betrieb ausweiten, stößt man auf erhebliche Schwierigkeiten. In einem Unternehmen kennt man niemals den gesamten Kostenverlauf, weil man auf dieser Ebene mangels empirischer Kostenermittlung keine umfassenden Kosteninformationen zur Verfügung hat. Mit anderen Worten: Mit einem Unternehmen lässt sich nicht experimentieren! Bekannt ist im Grunde nur ein kleiner Ausschnitt aus der Gesamtkostenfunktion, nämlich im Bereich der aktuellen Kapazitätsauslastung. Empirische Untersuchungen früherer Jahre haben gezeigt, dass in der Industrie lineare Kostenverläufe vorherrschen. Kostenfunktionen höheren Grades aufzustellen ist meistens nur eine theoretische Spielerei, von der hier abgesehen werden soll. Überproportional verlaufende Kosten (steigende Grenzkosten) sind aber real wahrnehmbar z. B. im Bereich erhöhter Überstundenvergütungen, im Bereich verstärkter Wartungsmaßnahmen bei Überstrapazierung von Anlagen; kurz: bei Auslastung des Betriebs an der gewöhnlichen Kapazitätsgrenze oder darüber hinaus.

Anzumerken ist noch, dass, je länger der betrachtete Zeitraum ist, desto geringer die Fixkosten werden. Sehr langfristig gesehen gibt es keine Fixkosten. Bedenkt man, dass vor allem Kapitalkosten (Abschreibungen und Zinsen wegen mangelnden Leistungsmengenbezugs) und Arbeitskosten (wegen kurzfristiger Unkündbarkeit des Personals) bei ausreichend kurzfristiger Betrachtung eindeutig Fixkostencharakter haben, so verlieren sie diesen bei langfristiger Betrachtung, wenn Kapazitätsanpassungen (Ausmusterung von Anlagen, Verkauf von Grundstücken und Gebäuden oder Kapazitätsausweitungen) sowie Entlassungen oder Neueinstellungen stattfinden. Die langfristig variablen Kosten müssen allerdings nicht stetig verlaufen wie in dem hier dargestellten Beispiel; es gibt auch sog. stufen- oder intervallfixe Kosten als Variante variabler Kosten (treppenförmiger Verlauf).

Wichtig ist die Betrachtung der Kostenkategorien deshalb, weil bei der Vollkostenrechnung die K_g und k_g, für die Teilkostenrechnung die K_f und k_v relevant sind. Auf diesen Begriffen baut die KLR mit all ihren methodischen Details schließlich auf.

10.4.4 Prinzipien der KLR

Folgende Prinzipien sind zu berücksichtigen:

a) Das Prinzip der Vollständigkeit (selbsterklärend).

b) Das Prinzip der Einheitlichkeit (Überschneidungsfreiheit).

c) Das Prinzip der Reinheit: Kosten sind unvermischt (artenrein) zu definieren.

d) Das **Verursachungsprinzip**. Es besagt, dass die Kosten (einer Kostenstelle/einem Kostenträger) verursachungsgerecht zuzuordnen sind. Das Verursachungsprinzip hat seine Wurzel zum einen im Kausalitätsprinzip, welches besagt, dass zwischen Kosten und Leistung ein kausaler Zusammenhang besteht; kurz: Ohne Leistungserstellung entstehen keine Kosten; und dort, wo Kosten entstehen, entsteht auch eine Leistung (wechselseitige Betrachtung). Zum anderen ist das Finalitätsprinzip anzuführen, wonach Kosten nur Mittel zum Zweck der Leistungserstellung sind (einseitige Betrachtung). Das Kausalitätsprinzip bezieht sich auf die Einzelkosten und variablen Kosten, das Finalitätsprinzip auch auf die Gemeinkosten und die fixen Kosten.

e) Das **Durchschnittsprinzip findet Anwendung,** wenn das Verursachungsprinzip nicht realisierbar ist (mangels Informationen oder weil eine exakte Kostenerfassung unwirtschaftlich wäre).

f) Das **Kostentragfähigkeitsprinzip** findet Anwendung bei der Kuppelkalkulation; Kosten werden im Verhältnis zu den erzielten Marktpreisen verteilt.

Die Prinzipien a) bis c) sind vor allem für die Kostenartenrechnung, d) bis f) vor allem für die Kostenstellen- und Kostenträgerrechnung relevant.

10.4.5 „Klassische" dreistufige KLR

10.4.5.1 Aufbau

Die drei Stufen der KLR sind:

Kostenartenrechnung (lückenlose und systematische Erfassung aller Kosten nach Arten)

Kostenstellenrechnung

- Verteilung der Kostenarten auf alle Kostenstellen (Primärkostenverteilung)
- Verteilung der Kosten der Vorkostenstellen auf die Endkostenstellen (Sekundärkostenverrechnung)

Kostenträgerrechnung (Zurechnung der Kosten der Kostenstellen auf Kostenträger = Leistungseinheiten)

Diese zunächst grobe Darstellung wird weiter unten verfeinert werden.

10.4.5.2 Kostenartenrechnung

Jeder Produktionsfaktor verursacht bei seinem Einsatz Kosten. Die Kostenartenrechnung erfasst daher die Kosten entsprechend den Arten verbrauchter oder in Anspruch genommener Produktionsfaktoren. Diese lassen sich, grob zusammengefasst, in zwei Kategorien darstellen:

Die **Grundkostenarten** (häufig auch als Betriebskosten oder laufende Kosten bezeichnet) lassen sich nahezu beliebig fein untergliedern. Einige Beispiele für typische Grundkostenarten sind:

- Personalkosten
- Personalnebenkosten
- Materialkosten
- Energiekosten
- Wartungskosten
- Reparaturkosten
- Unterhaltungskosten
- Reinigungskosten
- Kommunikationskosten (Post, Telefon usw.)
- sog. Kostensteuern (Grundsteuer, Gewerbesteuer, Kfz-Steuer, Verbrauchsteuern)

Die **Kalkulatorischen Kostenarten** umfassen:

a) **Kalkulatorische Abschreibungen**

Die kalkulatorischen Abschreibungen berechnet man aus Gründen der Substanzerhaltung so, dass sie dem Ansparen von Geld für eine Ersatzbeschaffung dienen. Dies geschieht, grob gesprochen, durch Abschreibung von den Wiederbeschaffungswerten.

b) **Kalkulatorische Zinsen**

Kalkulatorische Zinsen werden traditionell für das gesamte im betriebsnotwendigen Vermögen gebundene Kapital berechnet, gleichgültig, ob es sich um eigen- oder fremdfinanzierte Vermögensteile handelt. Man begründet die Verzinsung auch eigenfinanzierter Vermögensteile mit dem Opportunitätskostengedanken: Extern angelegtes Eigenkapital brächte externe Erträge; diese entgehen bei interner Investition. Genau genommen dürfte man nur dann eigenfinanzierte Vermögensteile kalkulatorisch verzinsen, wenn die externe Rendite höher ist als die interne, und dann auch nur mit der Differenz zwischen externer und interner Rendite. Damit werden – streng genommen – „Was-wäre-wenn-Gewinne" in Kosten umdefiniert.

c) **Annuitätischer Kapitalkostenansatz**

Dieser Ansatz ist eine Alternative zu a) und b). „Annuität" heißt auf finanzmathematischer Basis ermittelter jährlich gleich bleibender Betrag. Kapitalkosten sind kalkulatorische Abschreibungen und Zinsen. Der annuitätische Ansatz besagt, dass die Kapitalkosten als einheitliche Kostenart so zu bemessen sind, dass mit ihrem Zufluss (als Teil der Erlöse bei mindestens voller Kostendeckung) unter Berücksichtigung ihrer internen Verzinsung (automatische Wiederanlage von Zahlungsüberschüssen und Verzinsung auch der damit erzielten Zinsen; Zinseszinsrechnung) die Finanzierung einer Ersatzbeschaffung gesichert ist.

d) **Kalkulatorische Wagnisse**

Unternehmerisches Handeln unterliegt zahlreichen Einzelrisiken, die durch Versicherungen abgedeckt werden können. Werden sie das nicht, setzt man kalkulatorische Wagnisse (die ihrem Wesensgehalt nach Versicherungsbeiträgen entsprechen) an und erreicht damit eine Eigenversicherung.

e) **Kalkulatorische Mieten**

Nutzt ein Unternehmer private Räume für betriebliche Zwecke, setzt er dafür als Ersatz für entgangene Mieteinnahmen kalkulatorische Miete an. Der Gedanke ist dabei derselbe wie bei der kalkulatorischen Verzinsung eigenfinanzierter Vermögensteile.

f) **Kalkulatorischer Unternehmerlohn**

Einzelunternehmer und Gesellschafter von Personengesellschaften setzen für die eigene Geschäftsführertätigkeit kalkulatorischen Unternehmerlohn an. Diese Unternehmertypen beziehen ja lediglich Gewinn; kostenrechnerisch wird ihnen ein gedachtes Geschäftsführergehalt zugerechnet.

Die Kostenartenrechnung hat im Wesentlichen zwei Aufgaben:

a) Notwendige Vorstufe zur Kostenstellenrechnung

b) Durch Zeitvergleich lassen sich unterschiedliche Kostenentwicklungen feststellen; dadurch sind Informationen gewonnen, die aufzeigen, wo eine Kostenuntersuchung (Kontrollfunktion der KLR) anzusetzen hat.

10.4.5.3 Kostenstellenrechnung

Eine **Kostenstelle** ist eine organisatorische Einheit mit einheitlicher Leistung. ∎

Ein Unternehmen lässt sich (gleichermaßen hierarchisch) untergliedern in

- **Unternehmensbereiche** (Beschaffung, Fertigung, Verwaltung, Vertrieb);
- diese lassen sich weiter in **Kostenstellen** untergliedern (z. B. Gießerei, Schleiferei, Stanzerei, Montage)
- und diese wiederum in **Kostenplätze** (z. B. einzelne Werkbänke).

Auf Kostenplätze wird in diesem Beitrag jedoch nicht weiter eingegangen.

Ein Einproduktunternehmen bräuchte zum Zwecke der Angebotspreiskalkulation keine Kostenstellenrechnung. Es würde genügen, alle Kosten zusammenzuzählen und durch die Anzahl der erzeugten bzw. verkauften Produkte zu teilen, um so die Stückkosten zu errechnen. Die meisten Unternehmen sind aber Mehrproduktunternehmen mit Serienfertigung. Hier ist es nicht möglich, sofort alle angefallenen Kosten direkt auf ein einzelnes Produkt zuordnen zu können. Problemlos können nur die Einzelkosten zugerechnet werden. Die Gemeinkosten nehmen erst „den Umweg über die Kostenstellenrechnung“, um dadurch kalkulationsfähig zu werden. Zudem würde ohne Kostenstellenrechnung eine Kontrollmöglichkeit verloren gehen. Kostenentwicklungen sind aber nicht nur auf der Ebene der

Kostenarten (vertikal), sondern auch auf organisatorischer Ebene (horizontal) von Interesse. Die Leistungen einer Kostenstelle müssen in „Einheiten“ (Stunden, Quadratmeter usw.) gemessen werden können. Das hat den (mathematischen) Zweck, die Kosten einer Kostenstelle durch die Anzahl Leistungseinheiten dividieren zu können, um Stückkosten ermitteln zu können.

Kostenträger ist die Leistungseinheit einer Kostenstelle. Kosten „tragen“ heißt Kosten zuzurechnen, um diese durch Erlöse beim Verkauf oder durch interne Verrechnung im Betriebsabrechnungsbogen (s. u.) erstattet zu bekommen. ■

Jedes Unternehmen hat – in Analogie zu den Kontenplänen – einen Kostenstellenplan, der vernünftigerweise nach Unternehmensbereichen gegliedert ist.

Es gibt im Prinzip zwei Arten von Kostenstellen:

Vorkostenstellen erbringen Leistungen, die nur betriebsintern von anderen Kostenstellen (Vor- und Endkostenstellen) genutzt werden,

Endkostenstellen erbringen (überwiegend) Leistungen, die betriebsextern (am Absatzmarkt) verkauft werden.

Die **Vorkostenstellen** unterscheidet man traditionell in **allgemeine Kostenstellen** (z. B. Fuhrpark, Betriebsfeuerwehr) und **Hilfskostenstellen** für die Fertigung (z. B. Reparaturwerkstätten, Arbeitsvorbereitung, Konstruktionsbüro).

Die **Endkostenstellen** unterscheidet man in **Hauptkostenstellen** (z. B. Fertigung, Verwaltung) und **Nebenkostenstellen**, die Nebenprodukte bearbeiten. **(Ü3)** Nun müssen zwei weitere, oben bereits genannte Kostenkategorien, die einstweilen ausgespart worden sind, betrachtet werden: Einzel- und Gemeinkosten. **Einzelkosten** können einem Bezugsobjekt (z. B. Kostenträger) direkt zugerechnet werden. Alle anderen Kosten, die bspw. dem Bezugsobjekt „Kostenträger“ nicht direkt, sondern nur indirekt mit Hilfe von Zuschlagssätzen zugerechnet werden können, sind **Gemeinkosten**. Die Gemeinkosten, von denen wiederum welche dem Bezugsobjekt Kostenstelle direkt zurechenbar sind, heißen Kostenstellen-Einzelkosten. Kostenstellen-Gemeinkosten sind nur indirekt zurechenbar.

Die Kostenzurechnung erfolgt traditionell in Gestalt des sog. „Betriebsabrechnungsbogens“ BAB. Das Betriebsabrechnungsverfahren ist in Abbildung 10.4 schematisch dargestellt. Der Bereich zwischen den waagerechten gestrichelten Linien umfasst die **Kostenstellenrechnung**.

Es gibt Unternehmen, bei denen es keine Kostenträgereinzelkosten gibt. Das sind Unternehmen, die Massenprodukte herstellen; dort entfällt also der linke Zweig dieser Darstellung. Kostenträgereinzelkosten gibt es im Allgemeinen nur bei Unternehmen mit Einzelfertigung.

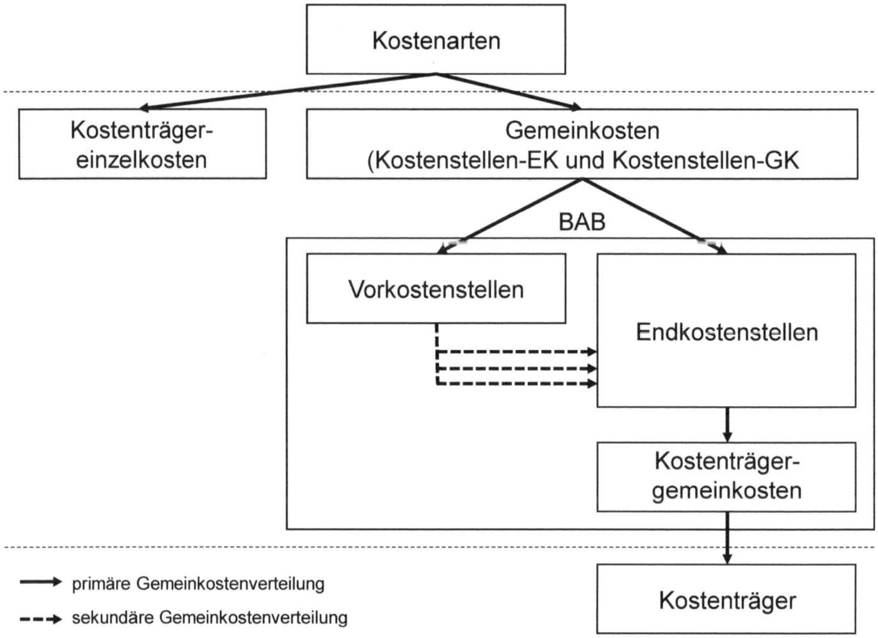

Abbildung 10.4 Schema des Betriebsabrechnungsverfahrens

Um nun die Verfahren der Betriebsabrechnung darzustellen, wird ein Betriebsabrechnungsbogen (Tabelle 10.4) in einfacher Form zu Grunde gelegt. Kostenträgereinzelkosten werden dabei zunächst außer Acht gelassen. V1 bis V3 sind dabei Vorkostenstellen, E1 bis E3 sind Endkostenstellen. Die Summen aller Kostenarten pro Kostenstelle werden als „primäre Kosten“ bezeichnet.

Tabelle 10.4 Betriebsabrechnungsbogen (Teil 1)

Kostenart:	V1: Leitung	V2: Fuhrpark	V3: Lager	E1: Regalbau	E2: Möbelbau	E3: Vertrieb	Summen
Personal	9 995 000,00	1 180 000,00	1 554 000,00	8 271 000,00	16 941 000,00	13 060 000,00	51 001 000,00
Material	2 000,00	8 000,00	1 000,00	1 088 000,00	2 105 000,00	92 500,00	3 296 500,00
Energie	1 000,00	92 000,00	45 000,00	117 000,00	323 000,00	103 000,00	681 000,00
Kapitalk.	2 000,00	220 000,00	400 000,00	524 000,00	631 000,00	1 744 500,00	3 521 500,00
Prim. Kosten	10 000 000,00	1 500 000,00	2 000 000,00	10 000 000,00	20 000 000,00	15 000 000,00	58 500 000,00

Die Kosten vor Verrechnung der Vor- auf die Endkostenstellen nennt man **primäre Kosten**; nach Verrechnung (Umlage) der Kosten aus den Vorkostenstellen spricht man von **sekundären Kosten**; diese beschränken sich somit auf die Endkostenstellen. Die Kostenverrechnung erfolgt hierbei in aller Regel anhand von Leistungsgrößen (Mengen), wobei die zugrunde gelegten Leistungseinheiten teilweise etwas gewaltsam definiert werden, wie z. B. Reparaturstunde, Quadratmeter. Hier liegt eines der schwierigsten Probleme der Kostenrechnung: Definition möglichst verursachungsgerechter Umlageschlüssel. Für die Verteilung der Gemeinkosten existieren mehrere Verrechnungsverfahren:

Im **Stufenverfahren** werden die Kosten der am weitesten links stehenden Vorkostenstelle auf die rechts von ihr angeordneten Kostenstellen verteilt; dann werden die Kosten der zweiten Vorkostenstelle nach rechts verteilt usw. Das Stufenverfahren führt dann zu Verrechnungsfehlern, wenn zwischen Vorkostenstellen ein gegenseitiger Leistungsaustausch stattfindet, weil die „nach links" abgegebenen Leistungen vernachlässigt werden. Es sei von folgenden Leistungsaustauschgrößen ausgegangen (Tabelle 10.5):

Tabelle 10.5 Leistungsaustausch zwischen den Kostenstellen (Mengen)

	V1	V2	V3	E1	E2	E3	Summen
V1 gibt ab an	0	20	50	200	230	300	800
V2 gibt ab an	*50*	0	40	410	750	750	1950
V3 gibt ab an	*30*	*100*	0	170	300	400	870

Die kursiv gedruckten Leistungseinheiten bleiben beim Stufenverfahren (und bei der Summenbildung) außer Betracht; dies ist die Ursache für die Entstehung von Verrechnungsfehlern. Nun werden im BAB die Kosten der Vorkostenstellen auf die Endkostenstellen nacheinander (stufenförmig) nach Maßgabe der Leistungsgrößen verteilt. Dazu seien zunächst die Leistungsgrößen als relative Zahlen (ohne die vernachlässigten Größen) dargestellt (Tabelle 10.6):

Tabelle 10.6 Leistungsabgabe als Relativzahlen

	V1	V2	V3	E1	E2	E3	Summen
V1 gibt ab an	0,0000	0,0250	0,0625	0,2500	0,2875	0,3750	1,0000
V2 gibt ab an		0,0000	0,0205	0,2103	0,3846	0,3846	1,0000
V3 gibt ab an			0,0000	0,1954	0,3448	0,4598	1,0000

Nun seien die primären Kosten zuzüglich der durch die Umlage entstehenden sekundären Kosten der Vorkostenstellen auf die nachgelagerten (rechts angeordneten) Kostenstellen umgelegt (Vervollständigung des BAB von Tabelle 10.4; Tabelle 10.7):

Tabelle 10.7 Betriebsabrechnungsbogen, Teil 2

Kostenart	V1: Leitung	V2: Fuhrpark	V3: Lager	E1: Regalbau	E2: Möbelbau	E3: Vertrieb	Summen
Prim.Ko.	10 000 000,00	1 500 000,00	2 000 000,00	10 000 000,00	20 000 000,00	15 000 000,00	58 500 000,00
Uml. V1:	-10 000 000,00	250 000,00	625 000,00	2 500 000,00	2 875 000,00	3 750 000,00	0,00
Uml. V2:		-1 750 000,00	35 897,44	367 948,72	673 076,92	673 076,92	0,00
Uml. V3:			-2 660 897,44	519 945,48	917 550,84	1 223 401,12	0,00
Sek.Ko.	0,00	0,00	0,00	13 387 894,19	24 465 627,76	20 646 478,04	58 500 000,00

Das **Gleichungsverfahren** ist dagegen mathematisch exakt. Es lassen sich in diesem Falle drei Gleichungen mit drei Unbekannten aufstellen, wobei die Unbekannten a, b und c die Kosten pro Leistungseinheit der Vorkostenstellen V1, V2 und V3 seien. Beispiel: V1 erzeugt insgesamt 800 Leistungseinheiten. Multipliziert mit den Kosten pro Leistungseinheit (hier: a) ergeben sich die gesamten Kosten, die diese Vorkostenstelle primär verursacht. Doch da V1 auch Leistungen von V2 und V3 beansprucht, müssen die dort entstandenen Kosten hinzugezählt werden. Das sind wiederum die Produkte aus Anzahl Leistungseinheiten mal Kosten pro Leistungseinheit (b und c). Die gesamten von V1 verursachten Kosten werden also durch Gleichung (I) dargestellt. (Ü4)

(I) $800a = 10\,000\,000 + 50b + 30c$

(II) $2000b = 1\,500\,000 + 20a + 100c$

(III) $1000c = 2\,000\,000 + 50a + 40b$

Ergebnisse:

a: 12 663,40393

b: 1010,31318

c: 2673,58272

Auf die Darstellung der Lösung wird verzichtet. Die Umlage der Vorkostenstellen auf die Endkostenstellen erfolgt anhand der Produkte Kosten mal Leistungsmengen

(Beispiel: V1 gibt an E1 200 Leistungseinheiten ab; 200 mal 12 663,40393 ergibt 2 532 680,79).

Dieses Ergebnis ist exakt und weicht von dem des Stufenverfahrens ab (Tabelle 10.8).

Tabelle 10.8 BAB (Teil 2) mit exakter Leistungsverrechnung

	V1	V2	V3	E1	E2	E3	Summen
Prim. Kosten	**10 000 000,00**	**1 500 000,00**	**2 000 000,00**	**10 000 000,00**	**20 000 000,00**	**15 000 000,00**	**58 500 000,00**
von V1:		253 268,08	633 170,20				
von V2:	50 515,66		40 412,53				
von V3:	80 207,48	267 358,27					
abgegeben:	-886 438,27	-90 928,19	-347 565,76				
Zwischensu.:	9 244 284,87	1 929 698,16	2 326 016,97				
Umlage V1:	-9 244 284,87			2 532 680,79	2 912 582,90	3 799 021,18	9 244 284,87
Umlage V2:		-1 929 698,16		414 228,40	757 734,88	757 734,88	1 929 698,16
Umlage V3:			-2 326 016,97	454 509,06	802 074,82	1 069 433,09	2 326 016,97
Sek. Kosten:	**0,00**	**0,00**	**0,00**	**13 401 418,25**	**24 472 392,60**	**20 626 189,15**	**58 500 000,00**

Wie man sieht, entstehen Abweichungen zwischen den sekundären Kosten gegenüber dem Stufenverfahren (Tab. 10.7). Im Allgemeinen sind diese aber relativ gering. Die meisten Kostenrechnungsprogramme arbeiten iterativ (schrittweise), wobei jeder Rechenschritt dem Durchlauf einer Programmschleife entspricht. Dabei werden wie beim Stufenverfahren die Kosten der Vorkostenstellen nacheinander verteilt, jedoch auch nach links. Wird dieser Vorgang für den gesamten BAB ausreichend oft wiederholt (Endkriterium ist ein zu verteilender Wert, der kleiner ist als ein halber Cent), erhält man dasselbe Ergebnis wie beim Gleichungsverfahren.

Über das im BAB vollzogene Verrechnungsverfahren hinaus gibt es Fälle, in denen Endkostenstellen untereinander Leistungen austauschen. Es kommt vor, dass nicht nur am Absatzmarkt zu verkaufende Produkte hergestellt werden, sondern selbst erstellte, intern genutzte Anlagen. Daran können mehrere Endkostenstellen beteiligt sein, wobei die eine Endkostenstelle an eine andere Leistungen abgibt. Hierfür gibt es drei Verfahren:

a) **Kostenartenverfahren:** Zwischen den betroffenen Endkostenstellen werden nur Kosten einer bestimmten Kostenart (meistens Lohnkosten) verschoben (Entlastung der einen, Belastung der anderen Kostenstelle).

b) **Kostenstellenausgleichsverfahren:** Zwischen den betroffenen Endkostenstellen werden auch anteilige Gemeinkosten verschoben.

c) **Kostenträgerverfahren:** Wenn mehrere Endkostenstellen bei der Erstellung einer komplexen Leistung („Projekt") beteiligt sind, wird diese Leistung wie ein abzusetzender Kostenträger behandelt und kalkuliert. Das Kostenträgerverfahren ist im Grunde nur eine komplexe Variante des Kostenstellenausgleichsverfahrens.

Das **Verursachungsprinzip** hat in der Kostenstellenrechnung zentrale Bedeutung. Sowohl die Verteilung der Kosten auf die Vor- und Endkostenstellen (primäre Kosten) als auch die Umlage der Kosten der Vor- auf die Endkostenstellen (Gewinnung der sekundären Kosten) hat (möglichst) verursachungsgerecht zu erfolgen. Dies ist aber nicht immer zweckmäßig.

Unterschiedlich hohe Gehälter und Löhne können auf unterschiedliches Lebensalter und unterschiedlichen familiären Status zurückgehen (ein Verheirateter mit vier Kindern verdient im Allgemeinen mehr als ein junger Lediger). Diese Unterschiede sind nicht leistungsbezogen. Daher ist es zweckmäßig, Durchschnittssätze für Vergütungen innerhalb der einzelnen Vergütungsgruppen anzusetzen.

Das Verursachungsprinzip ist oftmals unwirtschaftlich, d.h., nur mit enorm hohem Aufwand zu verwirklichen. Beispiel: Subventionierte Betriebskantine mit Einheitspreisen. Körperlich schwer Arbeitende essen mehr als z.B. Sekretärinnen. Man müsste pro Mitarbeiter(in) und Tag exakt das „gefasste" Essen erfassen, um die Kosten exakt ermitteln zu können. Das wäre aber viel zu teuer. Der Subventionsbetrag ist daher für alle Mitarbeiterinnen und Mitarbeiter gleich, allenfalls nach Fertigungs- und Verwaltungsbereich unterschieden. Auch in solchen Fällen setzt man an die Stelle des Verursachungsprinzips zweckmäßigerweise das Durchschnittsprinzip.

10.4.5.4 Kostenträgerrechnung

In der Kostenträgerrechnung vollzieht man den Schritt von den periodischen Kosten zu den Stückkosten. Kostenträger ist, wie bereits angemerkt, eine Leistungseinheit, und es gibt interne Kostenträger (Leistungseinheiten der Vorkostenstellen), deren Inanspruchnahme im BAB intern verrechnet wird, und externe Kostenträger, die extern verkauft werden. Statt Kostenträgerrechnung verwendet man häufig den Begriff **Kalkulation**.

Die Wahl des Kalkulationsverfahrens folgt dem Produktionsverfahren: Bei Massenproduktion (Erzeugung zahlreicher Kostenträger gleicher Art) werden die Divisionskalkulationsverfahren angewandt, bei Einzelproduktion (kein Kostenträger gleicht dem anderen) wird die Zuschlagskalkulation angewandt. Bei Kuppelproduktion (Erzeugung mehrerer Kostenträger in **einem** Prozess) wird die Kuppelkalkulation angewandt.

Es gibt demnach im Prinzip drei Kalkulationsverfahren:

- Divisionskalkulation mit ihren Varianten (einfache, einstufige, mehrstufige Divisionskalkulation und Äquivalenzziffernkalkulation)
- Zuschlagskalkulation (summarische und differenzierte)
- Kuppelkalkulation (Restwert- oder Tragfähigkeitsrechnung)

Bei der **einfachen Divisionskalkulation** werden die Gesamtkosten pro Abrechnungsperiode durch die Anzahl der in der Abrechnungsperiode erzeugten Leistungseinheiten dividiert. Dieses Verfahren findet in Einprodukt-Unternehmen mit einstufiger Produktion Anwendung.

Die **einstufige Divisionskalkulation** wird bei einstufiger Produktion in Mehrprodukt-Unternehmen angewandt (Division der Kosten einer Endkostenstelle durch die Leistungsmenge); den verschiedenen Produkten gemeinsame Gemeinkosten müssen nach Schlüsseln verteilt werden.

Die **mehrstufige Divisionskalkulation** wird bei mehrstufiger Produktion mit Zwischenlagern angewandt. Existieren Zwischenlager, kann es sein, dass die verschiedenen Produktionsstufen unterschiedliche Mengen verarbeitet haben (die Folgen sind dann Lageraufbau bzw. Lagerabbau).

Beispiel:

An der Herstellung eines Produktes seien drei Endkostenstellen beteiligt:

Kostenstelle	Kosten/Abrechnungsperiode	Leistungsmengen
Materialvorbereitung	60 000,-	1200
Montage	90 000,-	1500
Lackiererei	35 000,-	1400

Die Stückkosten lassen sich wie folgt errechnen:

60 000 : 1200 = 50 €/Stück

90 000 : 1500 = 60 €/Stück

35 000 : 1400 = 25 €/Stück

Gesamte Stückkosten: 135 €/Stück

Die **Äquivalenzziffernkalkulation** findet Anwendung bei Sortenfertigung (Fertigung ähnlicher Produkte). Die einzelnen Produktsorten verursachen dabei Stückkosten in einem längerfristig konstanten Verhältnis, das durch die sog. **Äquivalenzziffern** wiedergegeben wird.

Beispiel:

Die jährlichen Gesamtkosten einer Brauerei betragen 129 000,– €. Die Stückkosten der vier Biersorten (Einheitssorte: Exportbier) werden mithilfe der Äquivalenzziffernkalkulation (Tabelle 10.9) ermittelt.

Tabelle 10.9 Äquivalenzziffernkalkulation

Sorten	Äqu.-Ziff.	×	Mengen (hl) = fiktive Mengen	Stückkosten	Sortenkosten
				(= Mengen × Stückkosten)	
Exportbier	*1,0*	500	500	100,-	50 000,-
Pils	1,2	300	360	120,-	36 000,-
Dunkles	1,3	100	130	130,-	13 000,-
Weizenbier	1,5	200	300	150,-	30 000,-
Summen			1290		129 000,-

Die fiktiven Mengen (Tabelle 10.9) erhält man durch Multiplikation der Mengen mit den Äquivalenzziffern. Fiktive Menge besagt z. B., dass 300 hl Pils dieselben Kosten verursachen wie 360 hl Exportbier.

Die Stückkosten der Einheitssorte Exportbier (Äqu.-Ziff. = 1,0) werden durch Division (einfache Divisionskalkulation!) der jährlichen Gesamtkosten durch die Summe der fiktiven Mengen ermittelt: 129 000 : 1290 hl = 100,– €/hl.

Die Stückkosten der anderen Sorten werden durch Multiplikation der Stückkosten der Einheitssorte mit den Äquivalenzziffern berechnet. (Ü5)

Eine Variante der Äquivalenzziffernkalkulation ist die Differenzierung der Kosten nach Herstellkosten und Vertriebskosten, für die unterschiedliche Äquivalenzziffern zu Grunde gelegt werden. Man könnte hierbei von zweistufiger Äquivalenzziffernkalkulation sprechen.

Die **Zuschlagskalkulation** wird bei Auftragsfertigung angewandt; d. h., es gibt keine einheitlichen Produkte, sondern jeder Auftrag unterscheidet sich vom anderen (z. B. Reparaturbetrieb; Einzelfertigung). Bei derartigen Unternehmen liegen Kostenträgereinzelkosten vor, auf welche die übrigen, zu Kostenträgergemeinkosten konzentrierten Kosten bezogen werden.

Bei der **summarischen Zuschlagskalkulation** werden die gesamten Gemeinkosten als ein Prozentsatz den Kostenträgereinzelkosten zugeschlagen. Den Prozentsatz ermittelt man anhand des Verhältnisses Gemeinkosten/Jahr: Einzelkosten/Jahr und unterstellt dabei, dass das Gemeinkosten-Einzelkosten-Verhältnis für alle Aufträge dasselbe ist wie bei jährlicher Betrachtung. Diese Unterstellung ist gewiss eine Vereinfachung; aber das Gemeinkosten-Einzelkosten-Verhältnis pro Auftrag zu ermitteln wäre sehr kostspielig und liefe wohl in den meisten Fällen dem Wirtschaftlichkeitsprinzip zuwider.

Die **differenzierte Zuschlagskalkulation** ist weitaus komplexer. Bei ihr werden verschiedene Gemeinkostenzuschläge auf verschiedene Einzelkostenarten zugeschlagen. Die Gemeinkostenzuschläge werden mit Hilfe des BAB ermittelt.

In dem Zusammenhang seien noch einmal folgende Begriffe geklärt:

Einzelkosten sind einem Auftrag bzw. Kostenträger direkt (einzeln) zurechenbare Kosten, wie Materialeinzelkosten (tatsächlich verbrauchtes Material) und Lohneinzelkosten (benötigte Arbeitsstunden mal Stundensatz). Dazu kommen häufig sog. Sondereinzelkosten der Fertigung wie z. B. Entwicklungskosten.

Gemeinkosten sind Materialgemeinkosten (Lagerkosten), Fertigungsgemeinkosten (z. B. Reparaturkosten, Abschreibungen auf Fertigungsmaschinen), Verwaltungsgemeinkosten (Kosten der Personalverwaltung, der Buchhaltung, des Rechenzentrums usw.) und Vertriebsgemeinkosten (Kosten der Marktforschung und des Marketings).

Beispiel:

Die Endkostenstelle E1 Regalbau verzeichnet folgende Kostenstelleneinzelkosten (alle Kosten in Euro):

Personalkosten	8 271 000,–	(→ Fertigungsgemeinkosten)
Materialkosten	1 088 000,–	(→ Materialgemeinkosten)
Energiekosten	117 000,–	(→ Fertigungsgemeinkosten)
Kapitalkosten	524 000,–	(je zur Hälfte Material- und Fertigungsgemeinkosten)
Summe bisher:	10 000 000,–	

Dazu kommen an Kostenstellengemeinkosten (aus dem BAB mit den Ergebnissen des Gleichungsverfahrens):

Leitung	2 532 680,79	(je zur Hälfte Fertigungsgemein- und Verwaltungsgemeinkosten)
Fuhrpark	414 228,40	(→ Fertigungsgemeinkosten)
Lager	454 509,06	(→ Materialgemeinkosten)
Summe bisher:	13 401 418,25	

An Kostenträgereinzelkosten (die im BAB ja nicht enthalten sind) seien angenommen:

Materialeinzelkosten (MEK):	40 000 000,–	
Lohneinzelkosten (LEK):	95 000 000,–	

Es seien nun die Gemeinkosten zusammengefasst:

Materialgemeinkosten (MGK):	1 804 509,06	
Fertigungsgemeinkosten (FGK):	10 330 568,40	
Verwaltungsgemeinkosten (VwGK):	1 266 340,39	(Summe: 13 301 417,85)
Vertriebsgemeinkosten (VtrGK):	6 875 396,38	(= 1/3 von 20 626 189,15 für Regalbau)

Anhand dieser aus dem BAB stammenden Kostengrößen lassen sich nun die sog. Zuschlagssätze ermitteln:

Materialgemeinkostenzuschlag = (MGK/MEK) · 100 %

Materialkosten (MK) = MEK + MGK

Fertigungsgemeinkostenzuschlag = (FGK/LEK) · 100 %

Fertigungskosten (FK) = LEK + FGK (+ ggf. Sondereinzelkosten der Fertigung)

Herstellkosten (HK) = MK + FK

Verwaltungsgemeinkostenzuschlag = (VwGK/HK) · 100 %

Vertriebsgemeinkostenzuschlag = (VtrGK/HK) · 100 %

Selbstkosten (SK) = HK + VwGK + VtrGK (+ ggf. Sondereinzelkosten des Vertriebs)

Anhand der eben aufgelisteten Zahlen ergeben sich folgende Zuschlagssätze:

MGK-Zuschlag = 1 804 509,06 / 40 000 000,– = **4,51 %**

MK = 1 804 509,06 + 40 000 000,– = 41 804 509,06

FGK-Zuschlag = 10 330 568,80 / 95 000 000,– = **10,87 %**

FK = 10 330 568,80 + 95 000 000,– = 105 330 568,80

HK = 41 804 509,06 + 105 330 568,80 = 147 135 077,86

VwGK-Zuschlag = 1 266 340,39 / 147 135 077,86 = **0,86 %**

VtrGK-Zuschlag = 6 875 396,38 / 147 135 077,86 = **4,67 %**

Die so aus dem BAB und damit aus den Jahreskosten ermittelten Zuschläge (Zuschlagssätze) werden nun bei jedem Auftrag angewandt.

Beispiel einer Auftragskostenabrechnung:

Materialeinzelkosten lt. Entnahmescheine	5500,-
+ Materialgemeinkostenzuschlag (4,51 %)	248,05
= Materialkosten	5748,05
Lohneinzelkosten lt. Arbeitsbuch	9750,-
+ Fertigungsgemeinkostenzuschlag (10,87 %)	1059,83
= Fertigungskosten	10809,83
Herstellkosten	16557,88
+ Verwaltungsgemeinkostenzuschlag (0,86 %)	142,40
+ Vertriebsgemeinkostenzuschlag (4,67 %)	773,25
= Selbstkosten	17473,53

Diese Kostenberechnung kann nun um Gewinnaufschlag und Umsatzsteuer erweitert werden, womit man zur Forderung (Rechnungsendbetrag) gelangt:

+ 15 % Gewinn	2621,03
= Nettopreis	20094,56
+ 19 % Umsatzsteuer	3817,97
= Forderung	23912,53

Die **Kuppelkalkulation** ist bei Produktionsprozessen anzuwenden, die simultan mehrere Produkte hervorbringen. Das ist häufig in der chemischen Industrie der Fall, aber auch z.B. bei der Energieerzeugung mit Kraft-Wärme-Kopplung. Die Kuppelkalkulation ist ein auf vereinfachenden Annahmen beruhendes Verfahren, von dem es zwei Varianten gibt:

Die **Restwertrechnung** ist anzuwenden, wenn in einem Produktionsprozess ein Haupt- und mehrere Nebenprodukte anfallen. Dieser unbeabsichtigt erzeugten Nebenprodukte möchte man sich „entledigen"; die dafür erzielten Erlöse werden von den Kosten des gesamten Produktionsprozesses abgezogen und die damit ermittelten Restkosten dem Hauptprodukt zugerechnet. Dieses Verfahren ist ein Hilfsverfahren; an die Stelle der unbekannten Kosten für das Nebenprodukt treten Erlöse für dieses Nebenprodukt.

Die **Marktwertrechnung** ist anzuwenden, wenn ein Produktionsprozess mehrere Hauptprodukte hervorbringt. Man teilt die Kosten im Verhältnis der erzielbaren Marktpreise auf die Hauptprodukte auf. Die Unterstellung, dass sich die Kosten wie die Marktpreise verhalten, ist natürlich fragwürdig; aber auf ökonomischer Basis gibt es kein anderes Verfahren, um dieses Problems Herr zu werden. Möglicherweise gelingt in dem einen oder anderen Fall, dass Ingenieure und Kaufleute gemeinsam eine Lösung auf technischer und ökonomischer Basis finden. Einer solchen Lösung wäre dann natürlich der Vorzug zu geben. Solange es eine solche aber nicht gibt, bleiben nur die hier dargestellten (zwangsläufig fehlerhaften) Hilfsverfahren. (Ü6)

10.4.6 Gegenüberstellung Kosten – Leistungen

Stellt man – sei es summarisch, sei es produktbezogen etwa in einem BAB – die Kosten den Leistungen (den erzielten Erlösen) gegenüber, ist es möglich, Aussagen über die Wirtschaftlichkeitssituation des Unternehmens zu treffen. Die Differenz zwischen Erlösen und Kosten wird als Betriebsergebnis bezeichnet. (In der Erfolgsrechnung heißt die Differenz zwischen Erträgen und Aufwendungen **Gewinn**.) Daher ist die KLR ein (kurzfristiges) Instrument der Erfolgsermittlung und Erfolgsplanung. Die folgenden Abschnitte, insbesondere Abschnitt 10.4.7.3, zeigen diese Möglichkeiten der kostenrechnerischen Erfolgsermittlung auf.

10.4.7 Kostenrechnungssysteme

Die nachstehend genannten dreimal drei Systeme stehen nicht beziehungslos nebeneinander, sondern alle Merkmale der drei Systemkategorien sind untereinander kombinierbar.

10.4.7.1 Vor-, Zwischen-, Nachkalkulation

Vorkalkulation ist in die Zukunft gerichtet; die Kosten, mit denen gerechnet wird, sind Prognosedaten. Man spricht von **Normalkosten** oder Sollkosten. Eine Zwischenkalkulation ist dann erforderlich, wenn es sich um langwierige Produktionsprozesse handelt (wie z.B. im Baugewerbe). Zwischenkalkulationen dienen der regelmäßigen Überprüfung der Vorkalkulation.

Nachkalkulation ist in die Vergangenheit gerichtet und dient zum einen der nachträglichen Kontrolle der Vor- und Zwischenkalkulationen, zum anderen einer Endabrechnung (ggf. auch der Preisfindung, wenn keine verbindlichen Angebotspreise vereinbart wurden).

10.4.7.2 Ist-, Normal-, Plan-Kostenrechnung

Es versteht sich von selbst, dass eine Ist-Kosten-Rechnung nur eine Nachschaurechnung (Nachkalkulation) sein kann. Normal-Kosten sind durchschnittliche Ist-Kosten früherer Abrechnungsperioden. Normal-Kosten-Rechnung kann daher nur Vorkalkulation sein. Plan-Kosten sind Vorgaben, die anhand von Verbrauchsstudien, technischen Berechnungen und Prognosen ermittelt werden. Es gibt verfeinerte Plan-Kosten-Rechnungssysteme mit Abweichungsanalysen (Ist-Plan-Abweichungen mit ursachenbezogenen Diagnosemöglichkeiten); es ist wichtig zu wissen, ob Abweichungen z.B. auf Faktorkostenänderungen oder Mengenänderungen bzw. Änderungen des Auslastungsgrades zurückgehen. Die sog. **flexible Grenzplankostenrechnung** (Trennung in fixe und variable Kosten, Anpassung an den Auslastungsgrad) ist ein hoch entwickeltes Instrument der Unternehmensführung.

10.4.7.3 Voll-, Teil-, Prozesskostenrechnung

Da die Fixkosten zumindest kurzfristig nicht beeinflussbar sind, werden sie als entscheidungsirrelevant bezeichnet. Die **Vollkostenrechnung** (Kostenrechnung, die ungeachtet der Leistungsmengenabhängigkeit alle Kosten einbezieht) ist daher für bestimmte Aufgaben ungeeignet. Die Differenzierung zwischen durch Entscheidungen beeinflussbaren (= variablen) und nicht beeinflussbaren (= fixen) Kosten führte zur **Teilkostenrechnung**.

Beispiel:

Ein Autohaus habe auch eine Reparaturwerkstatt. Ein Unternehmen fragt an, ob es eine Großreparatur durchführen wolle. Ersatzteile würden durch den Auftraggeber zur Verfügung gestellt werden; dem Autohaus entstünden keine Materialkosten. Geboten werden 80,– € pro Reparaturstunde. Es wären zur Auftragserledigung 1000 Reparaturstunden erforderlich. Die Kostenstruktur im Reparaturwerkstattbereich sei folgende:

Lohneinzelkosten pro Stunde (variabel):	60,–
Fertigungsgemeinkostenzuschlag:	25 %
Verwaltungsgemeinkostenzuschlag:	10 %
Vertriebsgemeinkostenzuschlag:	5 %

(Alle Gemeinkosten seien als fix angenommen.)

Der Inhaber des Autohauses rechnet:

Lohneinzelkosten:	60,–
+ Fertigungsgemeinkosten:	15,–
= Herstellkosten:	75,–
+ Verwaltungsgemeinkosten:	7,50
+ Vertriebsgemeinkosten:	3,75
= Selbstkosten:	86,25

Er würde also wegen mangelnder Kostendeckung (80,– < 86,25!) das Angebot ablehnen. Die Teilkostenrechnung führt anhand zweier Überlegungen jedoch zu einem anderen Ergebnis:

Die Differenz zwischen dem Erlös (80,–) und den variablen Kosten pro Stunde (60,–) beträgt 20,– €. Damit liegt ein positiver Deckungsbeitrag vor. Es ist zu bedenken, dass sich durch die Annahme des Auftrags die Fixkosten auf mehr Stunden verteilen als bisher, also der Fixkostenanteil an den Stückkosten abnimmt (Fixkostendegression; vgl. Abbildung 10.2). Damit ist gezeigt, dass die Gemeinkostenzuschlagssätze (und Gemeinkosten sind ja zum größten Teil Fixkosten) nur für einen ganz bestimmten Auslastungsgrad gelten; sie verändern sich ständig mit dem Auslastungsgrad. Das heißt, die oben angestellte Überlegung auf Vollkostenbasis ist schlichtweg falsch. Man müsste also auf der Basis eines höheren Auslastungsgrades die Gemeinkostenzuschläge neu berechnen. Das ist aber sehr umständlich. Werden durch erzielte Preise Fixkosten gedeckt, ist das immer ein positiver Effekt für das Unternehmen.

Wie beeinflusst die Annahme dieses Auftrags den Gewinn? Diese Frage sei durch eine kleine Berechnung beantwortet:

1. Erlöse und Kosten des Jahres ohne Annahme des Auftrags:

Erlöse:	25 000 000,-	
Fixkosten:	15 000 000,-	
Variable Kosten:	5 000 000,-	
Vollkosten:	20 000 000,-	
Betriebsergebnis:	5 000 000,-	

2. Erlöse und Kosten des Jahres mit Annahme des Auftrags:

Erlöse:	25 080 000,-	(zusätzl. 1000 Stunden · 80,-)
Fixkosten:	15 000 000,-	
Variable Kosten:	5 060 000,-	(zusätzl. 1000 Stunden · 60,-)
Vollkosten:	20 060 000,-	
Betriebsergebnis:	5 020 000,-	

In der Tat würde das Betriebsergebnis um das Produkt Menge × Deckungsbeitrag steigen! ■

Diese kleine Demonstration zeigt, dass die Vollkostenrechnung als Entscheidungsinstrument untauglich ist; die Teilkostenrechnung in ihrer einfachsten Form der Deckungsbeitragsrechnung, die hier demonstriert wurde, stellt dagegen eine klare Entscheidungshilfe dar: Sobald der Deckungsbeitrag eines zusätzlichen Auftrags positiv ist, ist es erfolgsverbessernd, ihn anzunehmen.

Die Nichtberücksichtigung von Gemein- oder Fixkosten in der Teilkostenrechnung und ihre mehr oder weniger gewaltsame Schlüsselung in der Vollkostenrechnung wurde als unbefriedigend empfunden. Die „gewaltsame Schlüsselung" der Gemeinkosten wird ja in der Tat anhand teils annähernd verursachungsgerechter, teils angenommener und daher nicht willkürfreier Verhältniszahlen vorgenommen. Während mit der Vollkostenrechnung Preise kalkuliert und mit der Teilkostenrechnung Entscheidungen getroffen werden können, schlossen sich beide Systeme hinsichtlich dieser unterschiedlichen Ziele aus. Das heißt, man war (und ist) gezwungen, beide Systeme parallel anzuwenden, was ein klarer Nachteil ist. Gewünscht war ein Kostenrechnungssystem, das sowohl alle Kosten einbezieht als auch als Entscheidungsinstrument zu dienen vermag. Dies führte zur **Prozesskostenrechnung**, dem modernsten System im Bereich der Kostenrechnung. Kurz gesprochen geht es darum, Leistungen (bisher als Kostenträger bezeichnet) als **Prozesse** (im Sinne der Ablauforganisation) aufzufassen, an denen mehrere Kostenstellen beteiligt sind. Wenn man nun anhand sehr genauer organisatorischer Untersuchungen misst, welche Zeit zur Erledigung eines Einzelauftrags auf einer Prozessstufe benötigt wird, kann man diese Zeiten mit der Anzahl der Fälle multiplizieren und erhält damit zum einen den Nenner (Mengenkomponente) für eine Stückkostenberechnung (der Zähler sind die Kosten der betreffenden Kostenstelle), zum anderen einen klaren Indikator für den Auslastungsgrad und damit etwaige freie Kapazitäten einer Kostenstelle. Der Gedanke ist, dass Kosten für unausgelastete Kapazitäten eigentlich keine Kosten sind (etwa neutraler Aufwand) bzw. sein dürfen. Die Prozesskostenrechnung ist damit sowohl eine Methode zur besseren Planung, Steuerung und verursachungsgerechteren Ermittlung von Gemeinkosten als auch ein Instrument zur Aufdeckung und (letztendlich) Beseitigung unausgelasteter Kapazitäten.

10.5 Kontrollfragen

1. Wie ist Rechnungswesen zu definieren? (Abschn. 10.2.)
2. Wer sind die Adressaten des externen Rechnungswesens? (Abschn. 10.3.1; Abschn. 10.3.2.2)
3. Wodurch entstehen einem Unternehmen Aufwendungen? (Abschn. 10.3.2.1)
4. Welchen Grundaufbau und Inhalt hat eine Bilanz? (Abschn. 10.3.2.1; Abschn. 10.3.4.2)
5. Worin besteht die Doppelnatur des Gewinns? (Abschn. 10.3.2.1)
6. Welche Vorschriften gelten für das externe Rechnungswesen? (Abschn. 10.3.2.2)
7. Aus welchen Bestandteilen besteht der Jahresabschluss eines Unternehmens? (Abschn. 10.3.4.1)
8. Was muss ein Unternehmen jährlich bewerten und welche Vorschriften sind dabei zu beachten? (Abschn. 10.3.4.4)
9. Woraus ergeben sich stille Reserven? (Abschn. 10.3.4.5)
10. Sind die Begriffe Herstellungskosten und Herstellkosten identisch? (Abschn. 10.3.4.6)
11. Mit welchem Wert ist ein Grundstück zu bewerten, wenn sowohl der historische Anschaffungswert als auch der zwischenzeitlich gestiegene aktuelle Marktwert bekannt sind? (Abschn. 10.3.4.5)
12. Welche Ziele verfolgt das interne Rechnungswesen? (Abschn. 10.4.1)
13. Was sind Kosten? (Abschn. 10.4.2)
14. Wie ist die klassische Kosten- und Leistungsrechnung aufgebaut? (Abschn. 10.4.5.1)
15. Wofür stehen die Begriffe Kostenstelle und Kostenträger? (Abschn. 10.4.5.3)
16. Was versteht man unter Deckungsbeitrag? (Abschn. 10.4.7.3)
17. Warum ist die Vollkostenrechnung für Entscheidungen über die Annahme von Aufträgen ungeeignet? (Abschn. 10.4.7.3)

10.6 Übungsaufgaben

Ü1 Gewinnermittlung

a) **Ausgangsdaten**

Folgende Aufwendungen und Erträge des eben zu Ende gegangenen Geschäftsjahres liegen vor:

Löhne	2,5 Mio.
Rohstoffverbrauch	1,5 Mio.
Sonst. Aufwand	0,1 Mio.
Umsatzerlöse	6,8 Mio.
Sonst. Erträge	0,2 Mio.

b) **Aufgabenstellung**

Wie gestaltet sich auch unter Zugrundelegung der Daten aus Aufgabe E die Gewinn- und Verlustrechnung?

Ü2 Bilanzierung

a) **Ausgangsdaten**

Ein Unternehmen verfügt über folgende Vermögensgegenstände:

Objekte:	Anschaffungskosten	Nutzungsdauer	Abschreibung
Grundstücke	1,2 Mio.		
Gebäude	4,8 Mio.	50 Jahre; 12. Jahr	linear
Maschinen	2,5 Mio.	20 Jahre; 5. Jahr	linear
Möbel usw.	0,2 Mio.	5 Jahre; 2. Jahr	linear
Rohstoffe	0,1 Mio		
Forderungen	1,5 Mio.		
Zahlungsmittel	0,05 Mio.		
Schulden, langfr.	3,0 Mio.		
Schulden, kurzfr.	0,3 Mio.		

b) **Aufgabenstellung**

Erstellen Sie die Bilanz zum Geschäftsjahresende, wenn die angegebenen Nutzungsjahre (12., 5., 2. Jahr bei Gebäuden, Maschinen, Möbeln) das eben zu Ende gegangene Geschäftsjahr darstellen!

10

Ü3 Kostenstellensystematik

a) Ausgangsdaten

Ein Unternehmen der Kfz-Industrie verfügt über folgende Kostenstellen:

Motorbau, Chassisbau, Karosseriebau, Endmontage, Lackiererei, Endkontrolle, Rechenzentrum, Werkzeuglager, Tankstelle, Betriebsbüro, Instandhaltungsabteilung Fertigungs- und Betriebsmittelplanung.

b) Aufgabenstellung

Teilen Sie diese Kostenstellen in Vor- und Endkostenstellen ein!

Ü4 Betriebsabrechnung

a) Ausgangsdaten

Ein Unternehmen habe zwei Vor- und zwei Endkostenstellen mit folgenden primären Kosten:

V1: 500 T€

V2: 1000 T€

E1: 20 000 T€

E2: 30 000 T€

Der Leistungsaustausch (in Leistungseinheiten) ist in der betrachteten Zeitperiode durch folgende Zahlen gekennzeichnet:

	V1	V2	E1	E2	Summe
V1	0	50	1000	950	2000
V2	100	0	3900	1000	5000

b) Aufgabenstellung

Berechnen Sie die exakten Verrechnungssätze für die Leistungen der Vorkostenstellen und erstellen Sie den BAB!

Ü5 Äquivalenzziffernkalkulation

a) Ausgangsdaten

Ein Textilunternehmen fertigt

Badetücher ohne Muster:	50 000	ÄZ = 1,8
Badetücher mit Muster:	100 000	ÄZ = 2,1
Handtücher ohne Muster:	300 000	ÄZ = 1,0
Handtücher mit Muster:	500 000	ÄZ = 0,8

Die Gesamtkosten der betrachteten Zeitperiode betragen 7 800 000,–.

b) Aufgabenstellung

Berechnen Sie die Stückkosten der einzelnen Produktsorten!

Ü6 Kostentragfähigkeit

a) Ausgangsdaten

Ein Unternehmen der chemischen Industrie erhält aus einem Produktionsprozess pro Zeitperiode vier Produkte in folgenden Mengen und mit folgenden erzielbaren Marktpreisen:

A: 2,5 t; 1800,- €/t

B: 3,5 t; 4500,- €/t

C: 2,5 t; 2000,- €/t

D: 6,0 t; 500,- €/t

b) Aufgabenstellung

Wie hoch sind die Stückkosten für A, B, C, D anzusetzen, wenn die Gesamtkosten des Prozesses 22 600 000,- € betragen?

10.7 Literatur- und Quellenverzeichnis

Auer, B./Schmidt, P.: Grundkurs Buchführung. 4. Aufl., Wiesbaden: Springer Gabler, 2014

Beck-Texte: Handelsgesetzbuch. 57. Aufl., München: Deutscher Taschenbuch Verlag, 2015

Bieg, H./Kußmaul, H.: Externes Rechnungswesen. 6. Aufl., München: Oldenbourg, 2012

Coenenberg, A. G./Fischer, T. M./Günther, T.: Kostenrechnung und Kostenanalyse. 8. Aufl., Stuttgart: Schäffer-Poeschel Verlag, 2012

Däumler, K.-D./Grabe, J.: Kostenrechnung 1 – Grundlagen. 10. Aufl., Herne: Verlag Neue Wirtschaftsbriefe, 2008

Döring, U./Buchholz, R.: Buchhaltung und Jahresabschluss. 13. Aufl., Berlin: Erich Schmidt, 2013

Eisele, W./Knobloch, A. P.: Technik des betrieblichen Rechnungswesens. 8. Aufl., München: Verlag Franz Vahlen, 2011

Falterbaum, H./Bolk, W./Reiß, W./Kirchner, Th.: Buchführung und Bilanz. 21. Aufl., Bonn: Erich Fleischer Verlag, 2010

Haberstock, L.: Kostenrechnung I. 13. Aufl., Berlin: Erich Schmidt Verlag, 2008

Heno, R.: Jahresabschluss nach Handels- und Steuerrecht. 6. Aufl., Heidelberg: Physica-Verlag, 2010

Hommel, M./Berndt, Th.: Kostenrechnung – learning by stories. 3. Aufl., Frankfurt am Main: Verlag Recht und Wirtschaft, 2011

Joos, Th.: Controlling, Kostenrechnung und Kostenmanagement. 5. Aufl., Wiesbaden: Springer Gabler, 2014

Hufnagel, W./Burgfeld-Schächer, B.: Einführung in die Buchführung und Bilanzierung. 7. Aufl., Herne: NWB, 2014

Klein, M.: Die Einnahmen-/Überschussrechnung. München: Verlag Franz Vahlen, 2010

Michel, R./Torspecken, H.-D./Jandt, J.: Neuere Formen der Kostenrechnung mit Prozesskostenrechnung. 5. Aufl., München Wien: Hanser, 2004

Mindermann, T./Brösel, G.: Buchführung und Jahresabschlusserstellung nach HGB. 5. Aufl., Berlin: Schmidt-Verlag, 2014

Muschol, H.: Einführung in das Rechnungswesen: ein betriebswirtschaflicher, handelsrechtlicher und steuerrechtlicher Grundkurs. Plauen: M & S Verlag, 2014

Olfert, K.: Kostenrechnung. 17. Aufl., Herne: Kiehl Verlag, 2013

Preißler, P. R./Preißler, G. J.: Entscheidungsorientierte Kosten- und Leistungsrechnung; 4. Aufl., München [u. a.]: de Gruyter Oldenbourg, 2015

Quick, R./Wurl, H.-J.: Doppelte Buchführung: Grundlagen – Übungsaufgaben – Lösungen. 3. Aufl., Wiesbaden: Gabler Verlag, 2012

Schmidt, A.: Kostenrechnung: Grundlagen der Vollkosten-, Deckungsbeitrags- und Plankostenrechnung sowie des Kostenmanagements. 7. Aufl., Stuttgart: Kohlhammer, 2014

Schmolke, S./Deitermann, M./Rückwart, W. D.: Industrielles Rechnungswesen – IKR. 42. Aufl., Braunschweig: Winklers Verlag, 2013

Schultz, V.: Basiswissen Rechnungswesen: Buchführung, Bilanzierung, Kostenrechnung, Controlling. 7. Aufl., München: Dt. Taschenbuch-Verlag, 2014

Schweitzer, M./Küpper, H.-U.: Systeme der Kosten- und Erlösrechnung. 10. Aufl., München: Verlag Franz Vahlen, 2011

Weber, J./Weissenberger, B. E.: Einführung in das Rechnungswesen. 8. Aufl., Stuttgart: Schäffer-Poeschel, 2010

Wagenhofer, A./Ewert, R.: Externe Unternehmensrechnung. 3. Aufl., Berlin, Heidelberg: Springer Gabler, 2015

Wöhe, G./Kußmaul, H.: Grundzüge der Buchführung und Bilanztechnik. 8. Aufl., München: Verlag Franz Vahlen, 2012

11 Unternehmensführung

11.1 Studienziele

Dieses Kapitel soll dem Leser ermöglichen

- Aufgaben und Probleme der Unternehmensführung kennenzulernen;
- Zusammenhänge und Interdependenzen der im Unternehmen wahrzunehmenden Tätigkeiten zu erkennen;
- einen Einblick in aktuelle Konzepte und Methoden der Unternehmensführung zu bekommen;
- Anforderungen, die Aktivitäten auf internationalen Märkten stellen, kennenzulernen;
- für Erscheinungsformen der Globalisierung vor dem Hintergrund der Chancen und Risiken für Unternehmen sensibilisiert zu werden;
- künftige Tendenzen im Bereich des Managements zu erkennen.

11.2 Unternehmensführung als zentrales Element der Wirtschaft

Unternehmensführung zielt darauf ab, Abläufe, Wirkungen und Probleme der Aktivitäten und Transaktionen in allen Bereichen und auf allen Ebenen von Organisationen positiv zu beeinflussen.

Dabei soll die Aufgabenerfüllung bei der Leitung von Organisationen, d. h. alle auf die Erreichung der Organisationsziele ausgerichteten Handlungen der jeweiligen Verantwortlichen, im Vordergrund stehen. Die zu erreichenden Organisationsziele resultieren vorrangig aus den Intentionen des Eigentümers.

Unternehmensführung ist durchaus im weitesten Sinn des Wortes zu verstehen und umfasst private Unternehmen ebenso wie öffentliche Unternehmen, Genossenschaften, öffentliche Verwaltungen oder Verbände. Trotz der jeweiligen Besonderheiten der verschiedenen Organisationsformen weisen sie hinsichtlich ihrer Führung grundsätzlich ähnliche Bedingungen auf.

11.2.1 „Wirtschaften“ als Zweck moderner Organisationen

Es kann davon ausgegangen werden, dass alle Typen von Organisationen prinzipiell in den Prozess der Wirtschaft, wenngleich in unterschiedlichem Ausmaß, involviert sind. Der Begriff Organisation wird dabei als Sammelbezeichnung für sämtliche auf Ziele ausgerichtete soziale Systeme verstanden. Die Organisation bildet dabei den Rahmen, in dem die Unternehmensführung (Unternehmensführung als Institution) ihre Aufgaben (Unternehmensführung als Funktion) erfüllt. „Wirtschaften“, und zwar in erfolgreicher, die zur Verfügung stehenden Mittel optimierender Weise einzusetzen, steht dabei als wichtigster Zweck im Vordergrund (vgl. Abschnitt 1.5.1).

11.2.2 Ziele, Umfeld und normativer Rahmen von Organisationen

Zur Klassifizierung unterschiedlicher Organisationsformen können folgende **Kriterien** herangezogen werden.

- **Ziele:** Aus der Vielfalt möglicher Ziele von Organisationen wird am besten die Art der Deckung des Bedarfs gewählt. Erfolgt die Deckung des Bedarfs etwa ausschließlich zum Zweck der Erzielung von Profiten, ist sie primär nur Mittel zur Erreichung dieses Zwecks. Im Fall einer profitorientierten Tätigkeit ist der eigentliche Zweck somit nicht die Deckung von Bedarf, sondern die Erzielung von Gewinnen. Als Gegensatz dazu können die Ziele von Organisationen primär auch auf die Deckung von Bedarf ausgerichtet sein. Ziel dabei ist es, vorhandene Bedürfnisse zu decken. So orientiert sich etwa die Tätigkeit öffentlicher Verwaltungen hauptsächlich an Versorgungsüberlegungen.
- **Umfeld:** Das Umfeld von Organisationen ist ein sehr komplexes Phänomen. Im marktwirtschaftlichen System determiniert der „Markt“ die gesamte Umwelt von Organisationen wesentlich. Dadurch entsteht für Organisationen die Notwendigkeit, den Kräften des Marktes, insbesondere Angebot und Nachfrage, Aufmerksamkeit zu widmen. Aufgrund der unterschiedlichen Notwendigkeiten, die Gegebenheiten des Marktes zu beachten, bietet sich als konkrete Unterscheidung in diesem Zusammenhang „marktnah“ und „marktfern“ an. Ist eine Organisation – wie klassischerweise ein privates Unternehmen – nun beispielsweise gezwungen, ihre Leistungen in Konkurrenz zu anderen Organisationen anzubieten, und somit Angebot und Nachfrage ausgesetzt, würde dies typisch marktnahes Verhalten erfordern. Demgegenüber sind etwa öffentliche Verwaltungen ausschließlich an der Erfüllung öffentlicher Aufgaben orientiert, weitgehend konkurrenzlos und damit marktfern.
- **Normativer Rahmen:** In diesem Zusammenhang sind hauptsächlich die Eigentumsverhältnisse wesentlich. Versucht man, nach dem Eigentümer von Organisationen zu polarisieren, bietet sich die Möglichkeit der Unterscheidung in private und öffentliche Eigentümer an. Im Falle öffentlichen Eigentums hält der Staat mindestens 51 % der Anteile an einer Organisation, wobei es diesbezüglich zahlreiche Mischvarianten gibt.

11.3 Aufgaben der Unternehmensführung

Die Aufgaben der Unternehmensführung beinhalten sowohl personenbezogene als auch sachbezogene **Aspekte** (siehe auch Abbildung 11.1).

- Die **personenbezogene Dimension** umfasst die Führung von Mitarbeitern und die Gestaltung zwischenmenschlicher Beziehungen. Sie zielt folglich unmittelbar auf die Beeinflussung menschlichen Verhaltens.
- Die **sachbezogene Dimension** beinhaltet die Initiierung und Lenkung von Entscheidungsprozessen.

Eine derartige Trennung in eine personen- und eine sachbezogene Dimension ist real jedoch nicht möglich, da Führungsfunktionen sowohl personen- als auch sachbezogene Aspekte beinhalten. Ebenso weisen Sachfunktionen personenbezogene Aspekte auf.

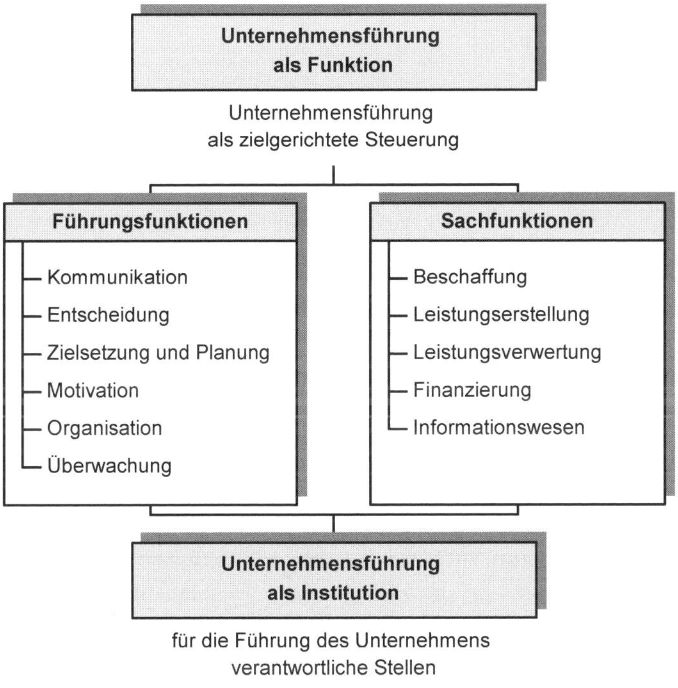

Abbildung 11.1 Dimensionen der Unternehmensführung

Die Führungsfunktionen und Sachfunktionen werden mithilfe bestimmter Techniken des Managements wahrgenommen. Damit sind bestimmte Hilfsmittel bzw. Arbeitstechniken zur Erfüllung der Aufgaben gemeint. Ein prominentes Beispiel dafür ist **Management by Objectives** (MbO) – Führung mit Hilfe von Zielvereinbarungen, wobei dem Mitarbeiter konkrete Vorgaben gesetzt werden, die allerdings tatsächlich auch vereinbart werden.

Nachfolgend soll überblicksartig auf die einzelnen Aufgaben der Unternehmensführung eingegangen werden.

11

11.3.1 Führungsaufgaben

11.3.1.1 Kommunikation

Kommunikation stellt ein Instrument zur Beschaffung und Weitergabe von Informationen dar. Sie kann als zentrales Instrument der Unternehmensführung aufgefasst werden und ist durch starke Wechselbeziehungen zu den anderen Funktionen gekennzeichnet.

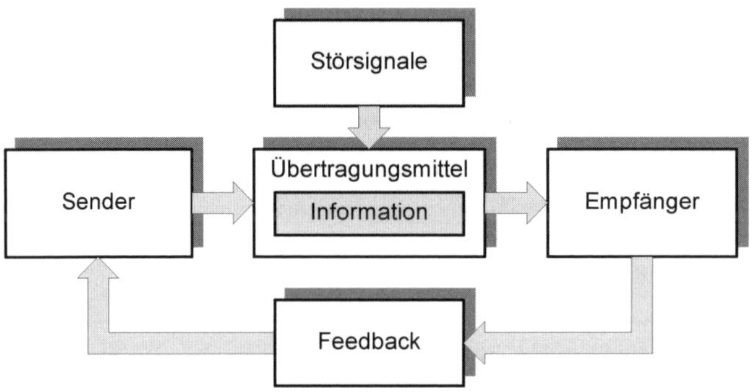

Abbildung 11.2 Kommunikationsprozess

Die Kommunikationspartner, Sender und Empfänger, sind die an der Kommunikation als Handlung beteiligten Personen. Deren meist soziale Beziehung ist von verschiedenen Faktoren abhängig. Derartige Faktoren können die Persönlichkeit der Partner, der Kommunikationstyp und der Verlauf des Kommunikationsprozesses sein. Die vom **Sender** zu übermittelnde Information wird zunächst codiert, um sie in eine für das **Übertragungsmittel** übertragbare Form zu verwandeln. Der **Empfänger** nimmt die verschlüsselte Information auf und decodiert sie. Gelangen Teile der Reaktion des Empfängers zum Sender zurück, bezeichnet man das als **Feedback**. Durch diese Rückkopplung kann der Sender feststellen, ob seine Nachricht vom Empfänger richtig verstanden wurde und wie er darauf reagierte. Die Übertragung von Informationen kann zu jeder Zeit von vielfältigen **Störsignalen** beeinflusst werden, was die Kommunikation an sich problematisch macht (vgl. Abbildung 11.2).

Beispiel zur Kommunikation: Die Gehaltserhöhung

Sachverhalt

Die Abteilung Rechnungswesen und Controlling eines größeren Betriebes bemühte sich schon seit längerer Zeit, geeignete Nachwuchskräfte zu rekrutieren, bislang jedoch ohne erkennbaren Erfolg. Dies mag auch darin begründet sein, dass die branchenüblichen Gehälter etwas über den vom Unternehmen gezahlten Gehältern liegen. Auch unternehmensinterne Fördermaßnahmen konnten zur Beseitigung des bestehenden Personalmangels nur wenig beitragen.

Höhere Positionen wurden bislang nur in seltenen Fällen aus den eigenen Reihen besetzt. Aufstiegs- und Weiterbildungschancen boten sich den Mitarbeitern nur dann, wenn sich ihr Vorgesetzter besonders intensiv für sie einsetzte.

In der Abteilung Rechnungswesen und Controlling waren bislang der Abteilungsleiter Müller und fünf Mitarbeiter tätig. Bedingt durch eine Ausweitung der Produktion und die Neueinstellung zahlreicher Produktionsmitarbeiter waren die Mitarbeiter der Abteilung Rechnungswesen und Controlling der Aufgabenflut nicht mehr gewachsen.

Besonders erfreulich war daher, dass sich die 27-jährige Melanie Schneider, die ausgezeichnete Referenzen vorweisen konnte, um eine Stelle in dieser Abteilung bewarb. Melanie hatte nach dem Abitur eine Ausbildung zur Bankkauffrau absolviert und war danach fünf Jahre lang in ungekündigter Stellung in der Controlling-Abteilung einer Bank tätig gewesen. Den angestrebten Arbeitsplatzwechsel begründete sie mit dem Wunsch, ein breiteres Aufgabenspektrum kennen zu lernen und damit ihren Wissenshorizont zu erweitern. Zudem würden sich in der Bank, in der sie bislang tätig war, auf Grund der dort praktizierten Beförderungspolitik demnächst keine Aufstiegschancen bieten.

Um Melanie für die Abteilung Rechnungswesen und Controlling zu gewinnen, versicherte Abteilungsleiter Müller, dass Melanies Ziele in diesem Unternehmen durchaus zu realisieren seien, und erläuterte die vielfältigen Möglichkeiten der Personalweiterbildung und -entwicklung, die das Unternehmen bieten könnte. Zudem sprach er vom ständig vorhandenen Bedarf an (jungen) Führungskräften.

Nachdem Melanie noch einiges über Produktpalette, Aufbau und Struktur des Unternehmens erfahren hatte, willigte sie angesichts der sich ihr bietenden Möglichkeiten schließlich ein, ihre Arbeit nach Ablauf der Kündigungsfrist in dieser Abteilung aufzunehmen – zu einem Gehalt, das lediglich 70,- € über ihrem bisherigen lag.

Melanie arbeitete sich schnell in ihre neuen Aufgaben ein und ging hoch motiviert und mit Freude ans Werk. Sie überzeugte durch Flexibilität, Selbstständigkeit und Initiative und wurde von ihren Kollegen sehr sympathisch empfunden. Auch der Abteilungsleiter nahm Notiz von dieser Entwicklung, und er wollte Melanie mehrfach mitteilen, wie zufrieden er mit ihrer Arbeit sei. Durch die Hektik des Tagesgeschäfts vergaß er dies aber immer wieder. Abgesehen von sachlichen Informationen haben Müller und Melanie nie ausführlich miteinander gesprochen.

Nach Ablauf der Probezeit bemühte sich Müller, in der Personalabteilung eine Gehaltserhöhung für Melanie zu bewirken, wurde jedoch auf Grund der derzeit geführten, anstrengenden Tarifverhandlungen abgewiesen. Diese führten etwa zwei Monate später zu einer überdurchschnittlichen Gehaltserhöhung für die Belegschaft, womit Müller die Angelegenheit als erledigt betrachtete.

Umso erstaunter war er, als Melanies Motivation und Einsatzbereitschaft sichtbar nachließen, sie Termine nicht mehr einhielt oder gar ganz der Arbeit fernblieb. Auch die Kollegen der Abteilung hatten sich schon mehrmals Melanies Missmut ausgeliefert gefühlt. Müller war völlig unklar, wie es zu dieser Wandlung kommen konnte, nahm aber an, dass es sich nur um ein vorübergehendes Problem handelte.

Wenige Wochen später kam Melanie recht aufgebracht in Müllers Büro und erklärte, sie werde kündigen, falls ihr nicht sofort und verbindlich die bei Abschluss der Arbeitsvertrages zugesicherte Gehaltserhöhung, auf die sie schon seit einem Jahr vergeblich wartet, zugesagt werde.

Aufgabenstellung

Wie konnte es zu dieser Situation kommen, wie kann das Problem gelöst werden? Beantworten Sie dazu folgende Fragen!

1. Was sind Melanies Ziele?
2. Beschreiben Sie Melanies und Müllers Verhalten!
3. Wie schätzen Sie den Kommunikationsprozess ein?
4. Wie kann Müller zur Lösung des Konfliktes beitragen?

Lösung

1. Melanie versprach sich vom neuen Arbeitsverhältnis die Möglichkeit der Selbstverwirklichung, Anerkennung und ein angenehmes Betriebsklima. Weniger wichtig waren zunächst die Arbeitsplatzsicherheit und das Arbeitsentgelt. Sie rechnete aber fest damit, dass ihre Leistungen im Laufe der Zeit entsprechend honoriert werden.
2. Melanie ist frustriert, weil sie momentan keine Perspektiven sieht. Ihre Leistungen lassen sichtbar nach, sie wird unpünktlich, unzuverlässig und versucht auf diese Weise die Aufmerksamkeit des Abteilungsleiters auf sich zu ziehen. Müller hat, um Melanie für die Abteilung zu gewinnen, wahrscheinlich zu viel versprochen, hat aber die angekündigte Gehaltserhöhung nicht durchgesetzt. Er lobt nicht und gibt kein Feedback. Zudem hat er Melanies „Signale" nicht erkannt.
3. Miteinander gesprochen haben Müller und Melanie nur, wenn es um sachliche Dinge ging. Müller hat kein einziges Mal nachgefragt, wie Melanie mit ihren neuen Aufgaben zurechtkommt, ob die Arbeit ihren Vorstellungen entspricht. Aber auch Melanie hat sich Müller gegenüber nie direkt zu ihren Erwartungen geäußert. Lediglich indirekt, d.h. über fehlende Motivation, nachlassende Leistungen, lässt sie erkennen, dass nicht alles so verläuft, wie sie es sich vorgestellt hätte. Sowohl Müller als auch Melanie hätten viel früher das Gespräch suchen müssen.
4. Lösen kann Müller den Konflikt nur durch ein schon lange notwendiges, ausführliches Gespräch. Er sollte sich zunächst Melanies Probleme anhören, eigene Fehler eingestehen und sich auch entschuldigen. Die angekündigte Gehaltserhöhung sollte jetzt endlich verwirklicht werden. Um Melanie halten zu können, sollte Müller Perspektiven aufzeigen, Weiterbildungsmaßnahmen und interessante Projekte anbieten – dabei muss stets deren Verwirklichung sichergestellt sein. ■

11.3.1.2 Entscheidung

Entscheidung dient der Strukturierung von Problemen des Managements. Einerseits umfasst die Funktion Entscheidung die Strukturierung von individuellen Entscheidungen und andererseits die Steuerung von Entscheidungen innerhalb eines hierarchischen Systems von Entscheidungsträgern.

Ein Grundproblem des Entscheidens besteht darin, verschiedene Möglichkeiten des Handelns mit **ungewissen Konsequenzen** abzuwägen und auf Grund dessen Entscheidungen zu treffen. Entscheidungen sind dabei zu verstehen als Auswahl optimaler **Alternativen des Handelns** aus einer bestimmten Anzahl von Möglichkeiten. Zur Lösung des Entscheidungsproblems wird in der Regel eine Alternative möglichen Handelns gewählt.

Der **Prozess der Entscheidung** besteht in der Regel aus folgenden Schritten: Formulierung des Problems, Präzisierung der Ziele, Erforschung der Alternativen des Handelns, Ermittlung der Restriktionen für mögliche Alternativen, Prognose der Ergebnisse und Auswahl einer Alternative.

Wertvolle Instrumente im Rahmen des Prozesses der Entscheidung sind insbesondere die Auswahl einer Strategie zur Suche nach Alternativen und die Heranziehung eines Konzepts zur Bewertung von Informationen.

Im Gegensatz zu individuellen Entscheidungen besteht die Steuerung von Entscheidungen in Hierarchien in der Lenkung von Entscheidungsprozessen, in die zahlreiche Personen involviert sind. Dabei werden komplexe Aufgaben in Teilprobleme zerlegt und gemäß der Hierarchie delegiert. In einem derart hierarchisch gegliederten System von Entscheidungsträgern tragen alle getroffenen Entscheidungen zur Erreichung des gesamten Zieles bei. Auf Grund der einzelnen Ziele werden die Entscheidungsprozesse der nachgeordneten Mitarbeiter vom jeweils vorgesetzten Mitarbeiter gesteuert, überwacht und aufeinander abgestimmt.

Beispiel: Das Entscheidungsmodell von Vroom und Yetton

Ausgehend von der Annahme, dass es einen „Allround-Führungsstil", der sich in jeder Situation erfolgreich einsetzen lässt, nicht gibt, entwickelten Vroom und Yetton ein Entscheidungsmodell, aus dem für jede Entscheidungssituation ein angemessener Führungsstil abgeleitet werden kann. Dabei wird von fünf grundsätzlich möglichen Entscheidungsstrategien ausgegangen:

- **AI – Autoritäre Entscheidung**

  Die Führungskraft löst das Problem allein und trifft die Entscheidung auf Grundlage der im Moment verfügbaren Informationen.

- **AII – Autoritäre Entscheidung nach Einholung von Informationen bei Mitarbeitern**

  Die Führungskraft verschafft sich die für die Entscheidung notwendigen Informationen und entscheidet dann selbst über die Lösung des Problems. Aufgabe der Mitarbeiter ist dabei lediglich die Informationsbeschaffung.

- **BI – Konsultative Entscheidung, alleinige Entscheidung nach individueller Beratung durch Mitarbeiter**

  Die Führungskraft bespricht das Problem mit einzelnen Mitarbeitern, jedoch nicht in der Gruppe. Sie informiert sich über Ideen und Vorschläge und trifft danach selbst die Entscheidung. Dabei kann die Entscheidung Ideen der Mitarbeiter enthalten, muss aber nicht.

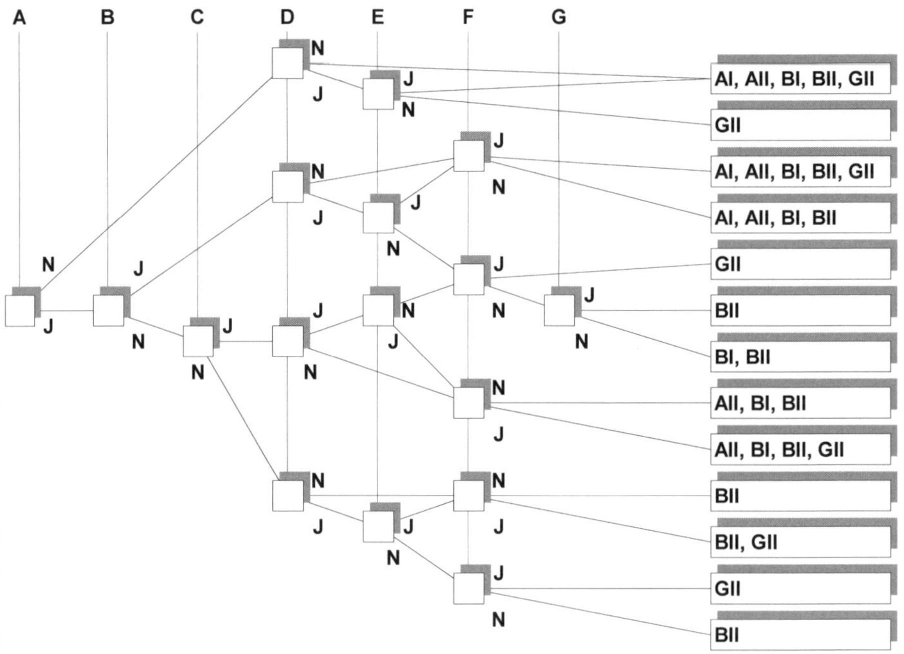

Fragen zur Strukturierung des Entscheidungsproblems

A Gibt es ein Qualitätserfordernis: Ist vermutlich eine Lösung rationaler als eine andere (spielen juristische, technische oder wirtschaftliche Sachverhalte eine Rolle)?

B Habe ich genügend Informationen, um eine qualitativ hochwertige Entscheidung zu treffen (sind die benötigten Informationen beschaffbar)?

C Ist das Problem strukturiert (weiß ich, wie ich vorgehen muß)?

D Ist die Akzeptierung der Entscheidung durch die Mitarbeiter für die effektive Ausführung und deren Folgen wichtig?

E Wenn ich die Entscheidung selbst treffen würde, würde sie dann von Mitarbeitern akzeptiert werden?

F Teilen die Mitarbeiter die Organisationsziele, die durch die Lösung des Problems erreicht werden sollen?

G Werden die bevorzugten Lösungen vermutlich zu Konflikten unter den Mitarbeitern führen?

- **BII – Konsultative Entscheidung, alleinige Entscheidung nach Beratung mit der Gruppe**

  Die Führungskraft diskutiert das Problem mit den Mitarbeitern im Rahmen einer Gruppenbesprechung und trifft danach selbst die Entscheidung, die auch Ideen der Mitarbeiter enthalten kann, aber nicht muss.

- **GII – Gruppenentscheidung**

  Die Führungskraft diskutiert das Problem zusammen mit den Mitarbeitern in einer Gruppendiskussion. Die Beteiligten entwickeln gemeinsam Lösungsmöglichkeiten und versuchen zu einer Übereinstimmung zu kommen. Die Führungskraft nimmt dabei die Rolle eines Moderators ein. Sie ist zur Annahme und Verantwortung jeder Entscheidung bereit, die von der Mitarbeitergruppe gewünscht und unterstützt wird.

Den Kern des Entscheidungsmodells von Vroom und Yetton stellt der „Entscheidungsbaum" (vgl. Kasper/Mayrhofer 2002) dar. Durch Beantwortung verschiedener Fragen gelangt man mit Hilfe des Entscheidungsbaums zu(r) für die jeweilige Situation geeigneten Entscheidungsstrategie(n). ■

Beispiel zur Entscheidung: Das Büro

Sachverhalt

Peter Stiegler ist vor wenigen Tagen zum Marketingleiter eines Konsumgüterherstellers befördert worden. Demnächst steht der Umzug der Administration des Unternehmens in ein neues Bürogebäude bevor, das gerade am Stadtrand errichtet wird.

Peters Marketing-Team besteht aus sieben Mitarbeitern, die sehr engagiert und motiviert arbeiten und sich jetzt im Besonderen den Problemen und Fragen widmen, die mit dem baldigen Umzug in Zusammenhang stehen.

Heute Vormittag hat Peter zum ersten Mal einen Blick auf die Baupläne werfen können, wobei ihm aufgefallen ist, dass dem Marketing-Team nur fünf Büros zugedacht sind, zwei mit Blick auf „Wald und Wiese", drei mit Blick auf einen Lichthof.

Da jeder der Marketing-Mitarbeiter durch Beförderung ins Team gekommen ist, erwartet jeder ein eigenes Büro. Zudem waren Büros ohne „inspirierenden Ausblick" schon im alten Bürogebäude äußerst unbeliebt.

Peters Aufgabe ist es nun, eine Entscheidung zu treffen, die die (bisher gute) Zusammenarbeit im Team nicht gefährdet.

Lösung

Dieses Beispiel ist ein typischer Fall für eine Gruppenentscheidung. Wird die Entscheidung von Peter allein getroffen, ist die Chance, dass sie von allen akzeptiert wird, eher gering.

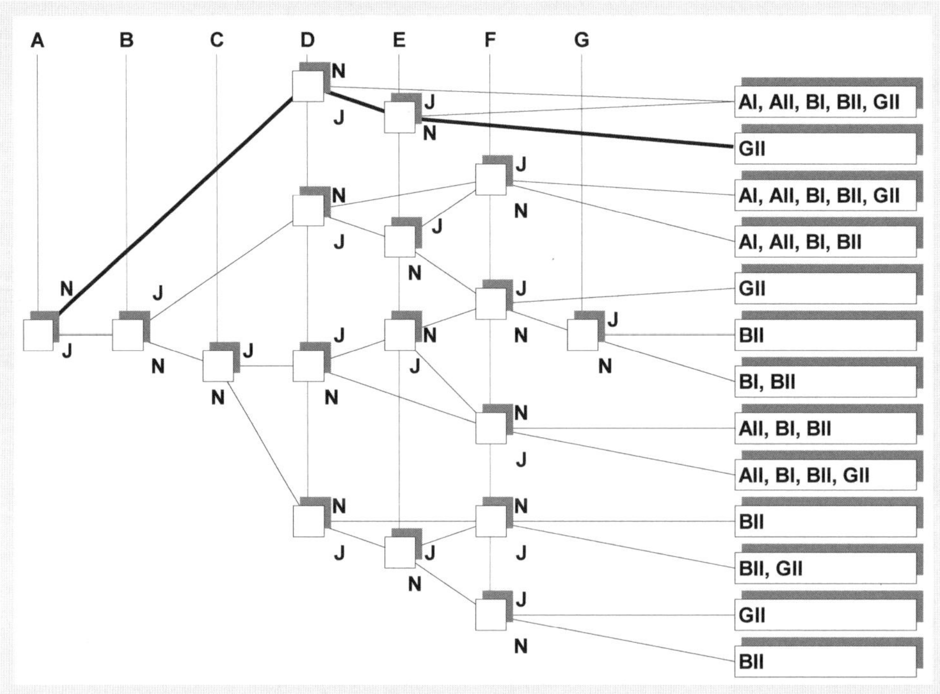

11.3.1.3 Zielsetzung und Planung

Die Funktionen **Zielsetzung** und **Planung** gehören zu den gestalterischen Aufgaben im Rahmen einer Organisation und dienen der Erstellung klarer Grundlinien für die Tätigkeit des Unternehmens.

Die Gestaltung der Organisation erfolgt auf der Grundlage eines Leitbildes bzw. einer gewählten Philosophie. Folgende Aufgaben werden im Allgemeinen als wesentlich im Hinblick auf eine bewusste und systematische Gestaltung des Systems Organisation aufgefasst: nachhaltige Absicherung des Erfolgs, rechtzeitiges Erkennen von Risiken, Erhöhung der Flexibilität, Reduktion der Komplexität sowie die Ausnützung von Synergiepotenzialen.

Planung erfolgt auf der Grundlage gewählter oder vorgegebener Ziele. Sie sollte strategische, organisatorische und operative Aspekte enthalten. Ebenso ist die Fristigkeit der Planung zu berücksichtigen. Dabei wird langfristige, mittelfristige und kurzfristige Planung unterschieden. Mit **strategischer Planung** werden grundsätzliche Tatbestände auf Basis der gewählten Ziele und bestimmter Größen zur Orientierung vorausschauend festgelegt. Demgegenüber besteht die **operative Planung**, abgeleitet aus der strategischen Planung, in deren Umsetzung in Pläne einzelner Funktionsbereiche. Als Teilbereiche der operativen Planung werden – jeweils bezogen auf die einzelnen Funktionen – Zielplanung, Ressourcenplanung und Maßnahmenplanung unterschieden.

Als **Prozess der Planung** wird die Summe der einzelnen Schritte der Planung, die zur vollständigen Lösung eines Planungsproblems zu vollziehen sind, verstanden (vgl. Abbildung 11.3). Wesentlich sind dabei inhaltliche und zeitliche Aspekte. Der Prozess der Planung gliedert sich in die Phasen Analyse, Entwicklung von grundsätzlichen Strategien sowie Planung in Bezug auf Umsetzung und Kontrolle. Eine entsprechende Kontrolle der Planung erfolgt nach bestimmten messbaren Kriterien. Derartige Kriterien wären etwa die Fragen, wer wofür in welchem Zeitraum verantwortlich war, oder mit welchen Kosten welches Ergebnis erzielt werden konnte.

Beispiel: Unternehmensziele von Hewlett-Packard

Die Unternehmensziele von Hewlett-Packard wurden erstmals vor rund 40 Jahren veröffentlicht und sind – mit geringen Modifikationen – heute noch gültig.

- **Gewinn:** Wir wollen einen Gewinn erzielen, der ausreicht, das Wachstum unseres Unternehmens zu finanzieren und die Mittel bereitstellt, die wir zur Verwirklichung der anderen Unternehmensziele benötigen.
- **Kunden:** Unsere Produkte und Dienstleistungen sollen den hohen Ansprüchen unserer Kunden an Qualität und Nutzen voll gerecht werden. Nur dadurch können wir die Anerkennung sowie das Vertrauen der Kunden gewinnen und erhalten.
- **Betätigungsgebiet:** Wir wollen uns auf den Gebieten betätigen, in denen wir auf unseren Technologien und Kompetenzen und auf den Interessen unserer Kunden aufbauen, die uns Möglichkeiten für ein kontinuierliches Wachstum bieten, und auf denen wir einen gewünschten und Gewinn bringenden Beitrag leisten können.
- **Wachstum:** Unser Wachstum soll nur durch unseren Gewinn und durch unsere Fähigkeit begrenzt sein, innovative Produkte zu entwickeln und herzustellen, die den tatsächlichen Bedürfnissen der Kunden entsprechen.
- **Mitarbeiter:** Alle HP-Mitarbeiter sollen am Unternehmenserfolg, den sie mit erwirtschaften, Teil haben. Ihre Beschäftigung soll ihnen auf Grund ihrer Leistungen sicher sein. Gemeinsam mit ihnen soll eine sichere, angenehme und umfassende Arbeitsumgebung geschaffen werden, die die Vielfalt der Mitarbeiter würdigt und ihre individuellen Leistungen anerkennt. Darüber hinaus wollen wir die Voraussetzungen schaffen, die die persönliche Zufriedenheit mit den Arbeitsinhalten und Arbeitsergebnissen fördert.
- **Führungsstil:** Wir wollen die Initiative und die Kreativität unserer Mitarbeiter fördern, indem wir dem Einzelnen einen weiten Handlungsspielraum beim Erreichen klar definierter Ziele lassen.
- **Gesellschaftliche Verantwortung:** Wir wollen unsere Verpflichtung gegenüber der Gesellschaft in jedem Land und jedem Gemeinwesen, in welchem wir tätig sind, erfüllen, indem wir wirtschaftliche, kulturelle und soziale Beiträge leisten. (Hewlett-Packard unter: www.hp.com)

■

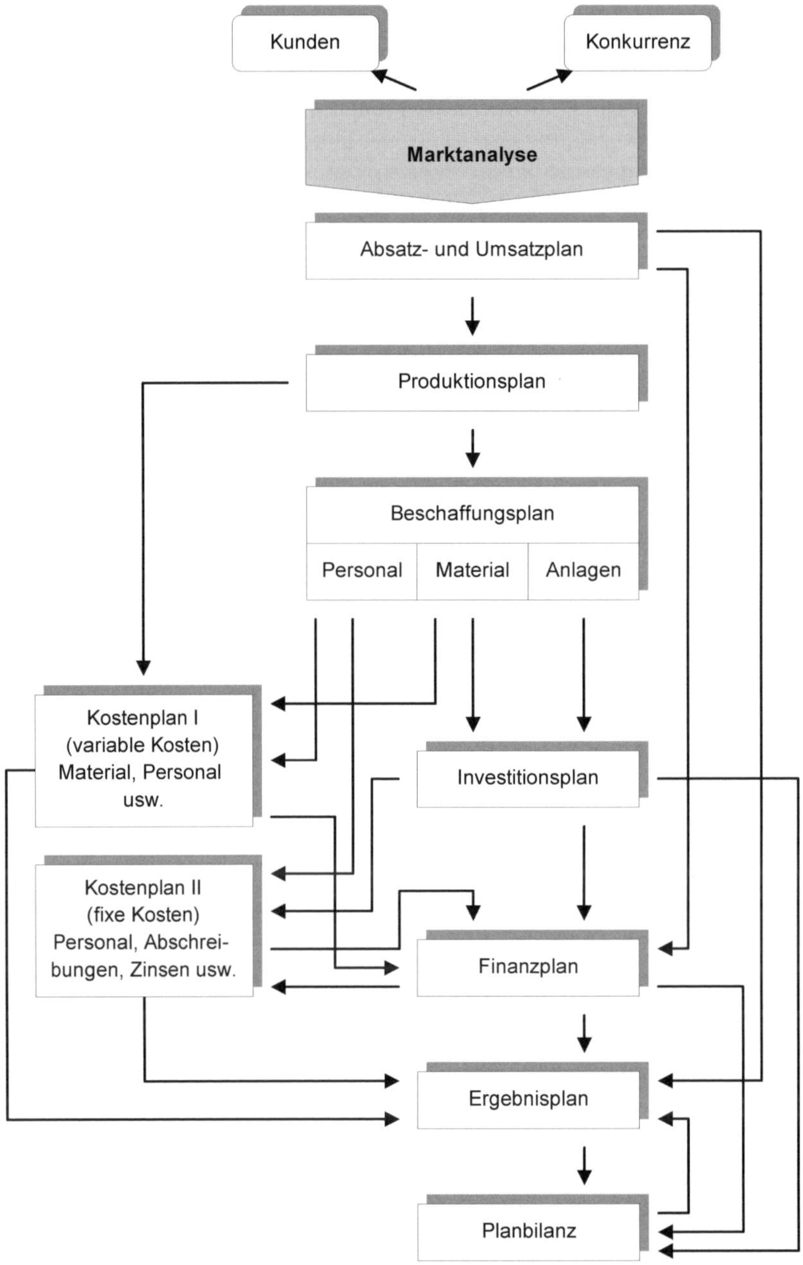

Abbildung 11.3 Elemente der Unternehmensplanung

11.3.1.4 Motivation

Motivation kann als Grund für ein bestimmtes menschliches Verhalten verstanden werden. Eine Person wird in einer bestimmten Art und Intensität sowie in einer bestimmten Situation auf ein Ziel hin aktiviert. Diese Aktivierung erfolgt unter den Bedingungen menschlichen Verhaltens. ■

Als Bedingungen menschlichen Verhaltens werden **situative Ermöglichung** (äußere Gegebenheiten), **soziales Dürfen** (vgl. soziale Normen), **individuelles Können** (Fähigkeiten und Kompetenzen) sowie **persönliches Wollen** verstanden.

Motivation kann letztlich als Resultat der ständigen Interaktion von Person und Situation gesehen werden. Motiviertes Handeln verfolgt einen zielorientierten Abschluss.

Letztlich bilden bereits die **Personalauswahl** sowie die **Aus- und Weiterbildung** des Personals wichtige Grundlagen für gelingende Motivation. In diesem Zusammenhang ist auch die Gestaltung menschlicher Arbeitsbedingungen in Organisationen von wesentlicher Bedeutung. Im Zentrum des Interesses steht dabei die Formulierung der **Anreize** und Leistungserfordernisse in Bezug auf die Mitarbeiter. Damit verbunden sind vor allem auch Fragen menschlicher Arbeitsbedingungen im engeren Sinn (z. B. Aufbau- und Ablauforganisation, Kommunikation zwischen hierarchischen Ebenen).

Der Bereich Motivation ist insofern besonders komplex, da die Motivation von der erfolgreichen Ausübung der übrigen Aufgaben der Unternehmensführung besonders abhängt. Der häufigste Grund für mangelnde Motivation scheint auf Grund starrer Strukturen und zu komplizierte Prozesse innerhalb der Organisationen gegeben.

Beispiel: Der Einsteiger

Sachverhalt

Die Verkaufsabteilung eines größeren Unternehmens ist seit Monaten durch Personalmangel gekennzeichnet. Die Aufgabenflut war nur noch durch Überstunden zu bewältigen. Trotz der ständigen Bemühungen des Abteilungsleiters Willert und der Personalabteilung war es bis jetzt nicht gelungen, einen fähigen und erfahrenen Mitarbeiter zu rekrutieren.

Für Willert erschien es daher wie ein Wunder, als sich Stefan Weber, der einen sehr guten Eindruck machte und zudem hervorragende Zeugnisse und Referenzen vorlegen konnte, an einer Stelle im Verkaufsteam interessiert zeigte. Willert wollte Herrn Weber unbedingt halten, allerdings erschienen ihm Webers Gehaltsforderungen unverhältnismäßig hoch. Auch die Personalabteilung lehnte derartige Gehaltsforderungen ab. Mit geschickter Argumentation, in der er beispielsweise auf das an sich unterdurchschnittliche Gehaltsniveau des Unternehmens hinwies, gelang es Willert schließlich, zusammen mit der Personalabteilung einen Kompromiss auszuhandeln. Dabei wurde zwar nicht völlig auf Webers Forderungen eingegangen, sein zukünftiges Gehalt lag aber doch wesentlich über dem seiner Kollegen. Angesichts der Aussicht, die Notwendigkeit von Überstunden durch die Neueinstellung wesentlich zu verringern, stimmte schließlich auch der Betriebsrat zu, wenngleich mit Bedenken. Weber wurde gebeten, hinsichtlich seines Gehalts Stillschweigen zu bewahren.

Stefan Weber arbeitete sich gut in die Abteilung ein. Jedoch konnte Willert nach einiger Zeit Unstimmigkeiten und Lustlosigkeit unter den Mitarbeitern ausmachen, wofür er keine Erklärung hatte - schließlich gingen doch seit der Neueinstellung Webers die Überstunden gegen null.

Des Rätsels Lösung bekam Willert durch ein Gespräch mit einem älteren, als sehr ehrlich und vertrauenswürdig bekannten Mitarbeiter Meier. Dieser erzählte ihm, er und seine Kollegen hätten über einen befreundeten Kollegen der Lohnbuchhaltung Webers Gehalt erfahren und verstünden nun nicht, dass er als Neueinsteiger ein Gehalt bekommt, für das andere jahrelang hart arbeiten müssten. Willert entgegnete, dass man sich nicht über derartige Gerüchte aufregen sollte. Es stimmte wohl, dass ein sehr hohes Einstiegsgehalt gefordert wurde. Jedoch entspricht das nun tatsächlich gezahlte Gehalt dem Durchschnitt. Meier möchte dies doch bitte seinen Kollegen mitteilen. Für Meier reichte diese Antwort aber nicht aus. Er wollte nun genaue Angaben zu Webers Gehalt. Mit der Begründung, er würde auch über Meiers Gehalt nicht mit Dritten sprechen, beendete Willert das Gespräch.

Im Nachhinein konnte sich Willert jedoch des Gedankens nicht erwehren, durch dieses Gespräch die Situation nicht entspannt, sondern eher verschärft zu haben.

Aufgabenstellung

1. Wie würden Sie die Gehaltspolitik des Unternehmens beschreiben?
2. Wie hätte Abteilungsleiter Willert das Gespräch führen sollen?
3. Wie soll nun weiter vorgegangen werden?

Lösung

1. Die Arbeitszufriedenheit hängt auch mit der Gehaltshöhe zusammen. Dabei ist nicht nur das Gehalt an sich entscheidend, sondern auch das Gehalt in Relation zu den anderen in der Abteilung und im Unternehmen bzw. in der Branche gezahlten Gehältern. Stefan Weber, der lediglich gute Zeugnisse, aber noch keinerlei Erfahrung im Unternehmen aufweist, stellt überhöhte Gehaltsansprüche. Darauf hätten Willert und die Personalabteilung nicht eingehen dürfen. Sinnvoll wäre beispielsweise gewesen, dem Neueinsteiger zunächst ein niedrigeres Anfangsgehalt zu gewähren, das aber entsprechend seiner Leistungen sukzessive angehoben wird. Gleichzeitig hätten auch die Leistungen der erfahrenen Mitarbeiter anerkannt und entsprechend honoriert werden müssen.

2. Willert ist unklug im Gespräch mit Meier vorgegangen. Irgendwann werden Gehaltshöhen in der Abteilung bekannt. Zudem hat Willert erfahrene Mitarbeiter ausgespielt, indem er um Stillschweigen über seinen Lohn gebeten hat. Dies erzeugt früher oder später Missstimmung und Konkurrenzverhalten innerhalb der Abteilung. Da Willert die Höhe von Webers Anfangsgehalt nicht entsprechend begründet, wirkt dies, als sei er unsicher und habe hinsichtlich der Gehaltshöhe einen Fehler begangen. Willert sollte seinen Mitarbeitern erklären, dass er sie mit der Neueinstellung entlasten und nicht demotivieren wollte.

3. Im vorliegenden Fall wird wahrscheinlich erst dann wieder Ruhe unter den Mitarbeitern einziehen, wenn die krassen Lohnunterschiede ausgeglichen, d.h. der Lohn aller Mitarbeiter auf das Durchschnittsniveau angehoben wurde. Zukünftig sollte die Entlohnung leistungsgerecht gestaltet sein. Willert muss nun das Vertrauen seiner Mitarbeiter neu gewinnen. Zudem sollte er seinen Fehler eingestehen und sich bei seinen Mitarbeitern entschuldigen. Darüber hinaus sollte die Lohnbuchhaltung zu mehr Diskretion angehalten werden, da Lohn- und Gehaltsangelegenheiten vertraulich zu behandeln sind. ■

11.3.1.5 Organisation

Organisation als Tätigkeit kann als Summe aller auf bestimmte Zwecke ausgerichteten Regelungen verstanden werden, die sich auf die Gestaltung der Strukturen und Prozesse in Organisationen (als Institutionen) beziehen. Dabei steht die Analyse und Zuordnung von Aufgaben innerhalb einzelner Stellen, deren Zusammenfassung zu einer hierarchisch mehrstufigen Struktur sowie die Gestaltung der Beziehungen zwischen verschiedenen Stellen und Ebenen im Zentrum des Interesses. ■

Die **Aufbauorganisation** legt die institutionellen Beziehungen innerhalb einer Organisation fest. Die **Ablauforganisation** bildet den Rahmen für die Gestaltung der Prozesse in Organisationen. Dabei geht es insbesondere um die Festlegung der Abfolge der Tätigkeiten, die zur Erfüllung spezifischer Aufgaben notwendig sind.

Im Zusammenhang mit der Funktion Organisation ist gegenwärtig insbesondere die intensive Auseinandersetzung mit neuartigen Strukturen und Prozessen in Organisationen wesentlich. Diese sollen dabei die hohen Anforderungen an Koordination und Kooperation in komplexen Organisationen besonders berücksichtigen (siehe auch das Demonstrationsbeispiel zur Organisationsstruktur der Wasser & Gas GmbH, Abschnitt 11.4.3.1).

11.3.1.6 Überwachung

Überwachung umfasst alle Maßnahmen zur Beurteilung tatsächlichen Verhaltens und der erreichten Ergebnisse im Unternehmen. Dieses Verhalten wird mit den entsprechenden Erwartungen verglichen. Letztlich werden die Vorstellungen über angestrebte Zustände **(Soll)** den realisierten Zuständen **(Ist)** gegenübergestellt. Dabei werden Abweichungen untersucht und entsprechende Verantwortlichkeiten festgelegt. ■

Überwachung dient der Gewährleistung ordnungsgemäßen Handelns (Funktion der Gewährleistung). Im Rahmen der Überwachung sollen eventuelle Verstöße gegen die gesetzte Ordnung entdeckt werden. Ebenso ist es Ziel der Überwachung, **Abweichungen** vorzubeugen.

Der Prozess der Überwachung ist nicht als in sich abgeschlossen zu betrachten. Vielmehr ist Überwachung als **„Feedback"-Funktion** zu betrachten. Sie hat die Aufgabe, rückgekoppelt zu allen anderen Aufgaben systemstabilisierend zu wirken.

Versucht man Faktoren eines Überwachungssystems zu definieren, stellen sich folgende Fragen:

- Wer überwacht? (z. B. interne und externe Überwachung)
- Was wird überwacht? (z. B. organisatorische Einheiten)
- Inwieweit ist die Überwachung in den Prozess innerhalb der Organisation eingebunden?
- Nach welchen Prinzipien wird überwacht? (z. B. Ordnungsmäßigkeit, Wirtschaftlichkeit)
- Wer veranlasst Überwachung? (interne oder externe Veranlassung)
- Wann wird überwacht? (vorausschauende Überwachung, nachträgliche Überwachung, begleitende Überwachung)
- Wie intensiv wird überwacht? (lückenlos, nach Stichproben)
- Wie oft wird überwacht? (regelmäßig, fallweise)
- Wie wirkungsvoll wird überwacht? (geschlossene und offene Systeme der Überwachung).

Beispiel: Umsatzentwicklung – Abweichungsanalyse

Nachfolgende Tabelle gibt die Umsatzplanung und die tatsächliche Entwicklung des Umsatzes eines Geschäftsjahres wieder. Aus den Soll- und den Ist-Werten wurden

- die Abweichungen der Ist-Werte des laufenden Geschäftsjahres zu den Planungswerten (Soll-Ist-Vergleich) sowie
- die Abweichungen der Ist-Werte des laufenden Geschäftsjahres zu den Ist-Werten des Vorjahres (Ist-Ist-Vergleich) ermittelt (Angaben jeweils in Geldeinheiten GE).

Umsatz	Soll	Ist	Abweichung	Soll/Ist-Abw. %	Vorjahr	Ist/Ist-Abw. %
Januar	12.000	10.517	1.483	-12,4	11.050	-4,8
Februar	12.000	11.025	975	-8,1	11.921	-7,5
März	15.000	13.909	1.091	-7,3	12.833	8,4
April	15.000	14.220	780	-5,2	14.003	1,5
Mai	17.000	17.031	-31	0,2	16.908	0,7
Juni	17.000	17.935	-935	5,5	17.202	4,3
Juli	17.000	18.011	-1.011	5,9	17.530	2,7
August	17.000	17.203	-203	1,2	17.005	1,2
September	15.000	15.937	-937	6,2	16.432	-3,0
Oktober	15.000	14.550	450	-3,0	15.799	-7,9
November	12.000	12.022	-22	0,2	13.010	-7,6
Dezember	12.000	11.973	27	-0,2	11.838	1,1
Gesamt	176.000	174.333	1.667	-0,9	175.531	-0,7

Die Abweichungsanalyse zeigt einerseits eine relativ genaue Planung für das laufende Geschäftsjahr, ebenso wie eine konstante Geschäftsentwicklung gegenüber dem Vorjahr. Tiefergreifende Steuerungsmaßnahmen sind aufgrund dieser Werte nicht notwendig.

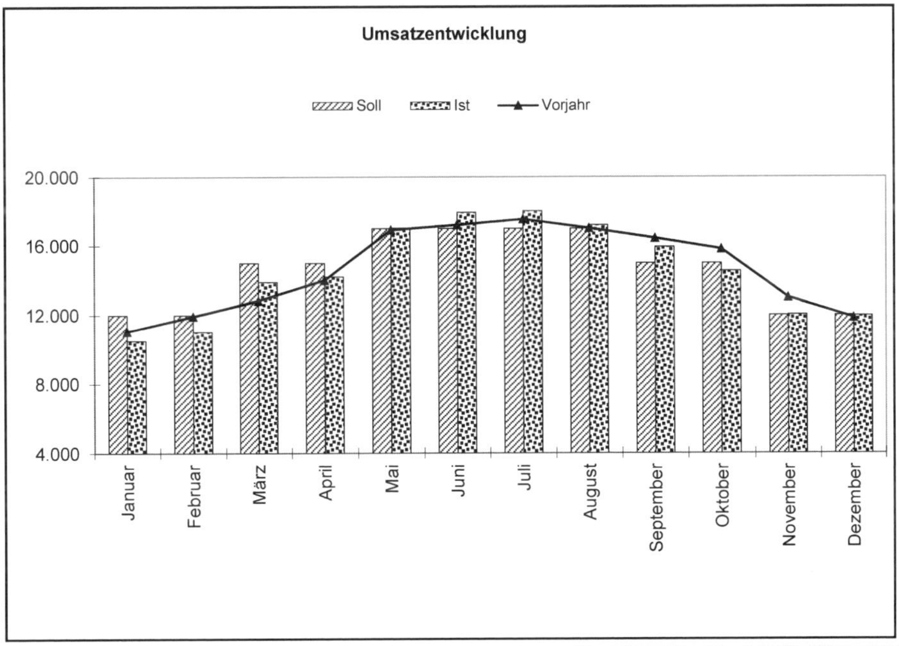

Derartige ebenso wie weiterführende Analysen können für alle betrieblichen Kennzahlen durchgeführt werden bzw. bis zu einem kompletten Management-Informationssystem (MIS) ausgebaut werden (vgl. Abschn. 11.3.2.5). ■

11.3.2 Sachaufgaben

Die nachfolgenden Sachfunktionen werden nur in aller Kürze genannt, wobei für ausführlichere Betrachtungen auf die anderen Kapitel des Buches verwiesen sei.

11.3.2.1 Beschaffung

Aufgabe der Beschaffung ist die **optimale Bereitstellung** der zur Herstellung von Waren bzw. Erbringung von Dienstleistungen notwendigen Güter. Im Vordergrund stehen dabei die Qualität der Güter, deren Menge sowie Ort und Zeit der Bereitstellung dieser Güter. Im Zusammenhang damit sind vor allem Entscheidungen in Bezug auf die Optimierung der Bestellmenge sowie Entscheidungen in bezug auf die Alternativen eigene Herstellung oder Fremdbezug wesentlich.

11.3.2.2 Leistungserstellung

Unter Leistungserstellung versteht man die **Hervorbringung** (Gewinnung oder Erzeugung) **von Gütern und Dienstleistungen** sowie den Handel mit Gütern. Die Leistungserstellung im Dienstleistungsbereich ist durch die Hervorbringung von Leistungen bestimmter Art gekennzeichnet. Diese Dienstleistungen können auch monetären Charakter haben. Als Beispiele dafür wären etwa die Gewährung von Sozialleistungen und Subventionen –

etwa seitens des Staates – zu nennen. Die Leistungserstellung in Unternehmen erfolgt auf technischem und bürokratischem Weg, im Dienstleistungsbereich weitgehend auf bürokratischem Weg.

11.3.2.3 Leistungsverwertung

Betrachtet man die Leistungsverwertung von Gütern und Dienstleistungen, zeigen sich gewisse Unterschiede. Diese liegen darin begründet, dass Dienstleistungen aufgrund ihres Charakters mehr Erklärung bedürfen. Auf Grund dessen ergeben sich bei der Verwertung von Dienstleistungen gegenüber jener von Gütern besondere Anforderungen. Die Aufgabe der Leistungsverwertung ist es, die hervorgebrachten **Güter und Dienstleistungen in optimaler Form abzugeben**. Dabei stehen Art und Qualität, Menge sowie Ort und Zeit der Abgabe im Vordergrund.

11.3.2.4 Finanzierung

Die Finanzierung umfasst alle Instrumente, die der **Bereitstellung des** für betriebliche Zwecke **nötigen Kapitals** dienen. Versucht man, einen Überblick über die Finanzierung von Unternehmen zu geben, bietet sich dies zunächst anhand der Zahlungsströme an. Darüber hinaus ist es sinnvoll, Finanzierung und Investition zu trennen und gleichzeitig deren Zusammenhänge aufzuzeigen. **Investition** umfasst alle Instrumente zur Optimierung der betrieblichen Ressourcen, insbesondere im Zusammenhang mit dem Anlagevermögen.

11.3.2.5 Informationswesen

Das **Rechnungswesen** umfasst Verfahren zur systematischen Erfassung und Auswertung aller quantifizierbaren Beziehungen und Vorgänge in Organisationen zum Zweck der Gewinnung von Information. Intern dient das Rechnungswesen Zwecken der **Dokumentation und Kontrolle**. Extern besteht die Notwendigkeit zur Rechenschaftslegung und unter bestimmten Bedingungen zur Information der Öffentlichkeit.

Controlling umfasst – im Gegensatz zum traditionellen Rechnungswesen – insbesondere die **Planung und Steuerung** des Geschehens in Organisationen sowie die diesbezügliche Berichterstattung. Planung im Rahmen von Controlling beinhaltet die Erstellung und Koordinierung von Plänen in Bezug auf Gewinn, Kosten, Produktion, Absatz, Beschaffung und Investition sowie die Unterstützung bei der Durchführung dieser Pläne. Ein wesentlicher Schwerpunkt dabei ist die Integration der einzelnen Teilpläne.

Kontrollergebnisse beruhen oft auf Vergangenheitswerten, z. B. der Buchhaltung und des Rechnungswesens. Bevor korrigierend eingegriffen werden kann, ist bereits wertvolle Zeit vergangen. Damit kommt der Anwendung eines der Unternehmensgröße angemessenen Controllings als Führungsinstrument eine besondere Bedeutung zu. Als Ziel steht hierbei im Weiteren, sich abzeichnende Abweichungen vom Sollverlauf ehestmöglich zu erfassen und Korrekturmaßnahmen kurzfristig einzuleiten.

11.4 Steuerungsebenen im Unternehmen

11.4.1 Individuum

11.4.1.1 Werte, Einstellungen und Arbeitszufriedenheit

Ob im Privatleben oder bei der Arbeit – Meinungen und Einstellungen werden ständig geäußert. Es bedarf also nicht erst komplizierter Untersuchungen, um Meinungen von Menschen zu ermitteln: „Das Management kümmert sich zu wenig um die Belange der Arbeiter." „Diese Tätigkeit wird nicht entsprechend ihren Anforderungen bezahlt." Wichtig ist, dass die einzelnen Meinungen Beachtung finden und nicht als bedeutungslos betrachtet werden. Häufig lässt sich eine bestimmte Verhaltensweise von einer Meinung ableiten und erklären.

Werte sind Grundüberzeugungen und beinhalten, was ein Individuum als gut und richtig oder falsch und abzulehnend empfindet. Werte haben eine Zufriedenheits- und eine Intensitätskomponente. Erstere drückt aus, was wichtig ist, Letztere, wie wichtig etwas für das Individuum ist. ■

Ordnet man die Werte eines Individuums nach Intensitäten, so erhält man eine Wertehierarchie. Die Wertehierarchien aller Individuen zusammengenommen ergeben das Wertesystem einer Gesellschaft, das ausdrückt, welche Bedeutung Werten wie etwa Freiheit, Gleichheit, Ehrlichkeit, Selbstachtung oder Freizeit und Vergnügen zukommt.

Werte beeinflussen die Wahrnehmung des Menschen, tragen zur Bildung von Einstellungen bei und beeinflussen die Motivation. Wenn ein Individuum in eine Organisation eintritt, hat es bereits Ideen und Vorstellungen über diese Organisation und darüber, welche Handlungen erwünscht und welche unerwünscht sind. Unabhängig davon, ob diese Vorstellungen der Realität entsprechen, werden sie sich auf das Verhalten des Individuums auswirken.

Grundlegende Werte werden bereits in der Kindheit, vor allem durch Eltern, Lehrer und Freunde, vermittelt. Deshalb stimmen diese Werte zunächst größtenteils mit denen der Eltern überein. Beim Heranwachsen wird der Mensch mit anderen Wertesystemen konfrontiert und muss sich damit auseinander setzen. Jedoch sind Werte im Allgemeinen relativ beständig. Werden die eigenen Werte von anderen Personen angezweifelt, muss dies nicht unbedingt zu einem Umdenken und zu einer Veränderung führen. Viel häufiger werden dadurch die eigenen Werte noch bekräftigt.

Einstellungen sind (positive oder negative) Einschätzungen von Personen, Objekten oder Ereignissen, die ausdrücken, wie sich eine Person bezogen auf etwas fühlt. Einstellungen setzen sich aus einer kognitiven, einer affektiven und einer verhaltensbezogenen Komponente zusammen. ■

Die **kognitive** Komponente stellt einen Wert dar, z. B., dass Männer und Frauen gleichberechtigte Chancen bei der Arbeitsplatzsuche haben sollten. Dies bildet die Grundlage für die **affektive** Komponente, den emotionalen und dominierenden Bestandteil der Einstellung, z. B., dass man einen bestimmten Menschen nicht mag, da er gegen diese Gleichberechtigung ist. Eine Konsequenz daraus wäre, diesen Menschen auf Grund seiner anderen Einstellung zu meiden. Dies stellt die **verhaltensbezogene** Komponente der Einstellung dar.

Einstellungen weisen jedoch eine geringere Stabilität als Werte auf. Der Grund dafür ist, dass Menschen nach Übereinstimmung zwischen ihren Einstellungen und ihrem Verhalten suchen. Sollten sich Widersprüche zwischen Verhalten und Einstellungen ergeben, wird der Mensch bemüht sein, einen ausgeglichenen Zustand wiederherzustellen. Dies kann entweder durch Verhaltensänderung oder durch Einstellungsänderung geschehen, oder auch dadurch, dass man lernt, mit den Widersprüchen umzugehen.

Für das organisationale Verhalten haben Einstellungen deshalb eine große Bedeutung, weil sie das Arbeitsverhalten beeinflussen. Durch Kenntnis der Einstellungen, z. B. zu Vorgesetzten, Arbeitskollegen oder der Arbeit an sich, können spezifische Verhaltensweisen erklärt werden.

11.4.1.2 Probleme der Führung

Im Prozess der Unternehmensführung kommt es üblicherweise auch zum Auftreten von – teilweise oft sogar erheblichen – Problemen, sog. Syndrome. Diese meist menschlichen Probleme können sich jedenfalls negativ auf die Zielerreichung auswirken. Derartige **Syndrome**, sowohl im positiven als auch im negativen Sinn, können etwa sein:

- Rationalität und Irrationalität,
- Kreativität,
- Konflikt,
- Stress,
- Krise,
- Geschlechtsspezifika,
- Kulturspezifika usw.

Die genannten Syndrome sind natürlich nur Beispiele, viele weitere Erscheinungen sind denkbar. In der Bewältigung solcher Probleme liegt letztlich der Schlüssel zur erfolgreichen Managementtätigkeit.

11.4.2 Gruppe

11.4.2.1 Verhalten von Arbeitsgruppen

Nicht alle Arbeitsgruppen arbeiten gleichermaßen effektiv und erfolgreich. Die Ursachen für diesbezügliche Unterschiede können bei den Mitgliedern, in der Gruppenstruktur, dem internen Druck und Konfliktniveau, aber auch in den von außen einwirkenden Einflüssen gesucht werden. Schließlich wirkt sich die Art der zu bewältigenden Arbeitsaufgabe in nicht unbedeutendem Maße auf die Leistung und Zufriedenheit innerhalb der Gruppe aus.

Da jede Arbeitsgruppe gleichzeitig einen Teil einer Organisation darstellt, sollten derartige Gruppen stets im Zusammenhang mit ihrer Arbeitsumwelt betrachtet werden. Diesbezügliche **Einflussfaktoren** stellen sich wie folgt dar:

- **Unternehmensstrategie:** Mit der Strategie werden die Ziele des Unternehmens sowie die Wege, auf denen diese Ziele realisiert werden sollen, festgelegt. Je nach aktueller strategischer Ausrichtung werden Angst und Konfliktbereitschaft unter den Gruppenmitgliedern steigen und die beeinflussende Macht der Arbeitsgruppen abnehmen, da üblicherweise niemand etwas riskieren will.
- **Hierarchische Strukturen:** In jeder Organisation gibt es Strukturen, die festlegen, wer wem zur Rechenschaft verpflichtet ist und wer welche Entscheidungen treffen darf. Diese als Autoritätsstrukturen bezeichneten Regelungen legen fest, welche Position eine Arbeitsgruppe innerhalb der Organisation einnimmt, in welcher Beziehung sie zu anderen Gruppen in der Organisation steht und wer die Gruppe formell – oder aber auch informell – führt.
- **Formelle Regeln:** Organisationen stellen im Allgemeinen zahlreiche Regeln und Vorschriften auf, durch die sie das Verhalten ihrer Mitglieder lenken und beeinflussen wollen. Je stärker die Arbeitsabläufe von formellen Regulierungen bestimmt werden, umso geringer sind die individuelle Verfügungs- und Entscheidungsfreiheit der Mitglieder.
- **Organisationale Ressourcen:** Nicht jede Organisation ist mit den gleichen Ressourcen ausgestattet. Der Ausstattungsgrad einer Organisation wirkt sich jedenfalls auf die Arbeitsgruppen aus, denn die Leistungsfähigkeit einer Arbeitsgruppe wird wesentlich durch die bereitgestellten Ressourcen wie Kapital, Rohmaterial oder technische Anlagen bestimmt.
- **Personalauswahlprozess:** Die Kriterien, die eine Organisation ihrem Personalauswahlprozess zu Grunde legt, und die Auswahlverfahren, die ein erfolgreicher Kandidat zu durchlaufen hat, bestimmen folglich, welche Individuen in die Organisation und damit in die jeweiligen Arbeitsgruppen aufgenommen werden.
- **Leistungsbewertungs- und Entlohnungssystem:** Das Verhalten der Gruppenmitglieder wird darüber hinaus durch das Leistungsbewertungs- und Entlohnungssystem der Organisation beeinflusst werden. In Abhängigkeit davon, ob die Organisation die individuelle oder die gemeinschaftliche Erfüllung von Zielen fördert und belohnt, werden die Mitglieder ihre Bereitschaft zur Gruppenarbeit verändern.
- **Organisationskultur:** In jeder Organisation gelten eine Reihe ungeschriebener Gesetze (die Organisationskultur), welche akzeptables und inakzeptables Verhalten festlegen. Im Laufe ihrer Zugehörigkeit machen sich alle Mitglieder mit dieser Kultur vertraut und beachten sie (mehr oder weniger). Sie wissen, welches Verhalten von ihnen erwartet wird, welche Fehltritte sie sich ohne größere Konsequenzen leisten können und wann sie mit härteren Strafen rechnen müssen.
- **Physische Arbeitsumwelt:** Auch die physische Arbeitsumwelt, d.h. die architektonische Gestaltung des Arbeitsplatzes, die Anordnung der Maschinen und Anlagen, Lichtverhältnisse, Lärmpegel und die Nähe zu anderen Mitarbeitern, kann das Gruppenverhalten nachhaltig beeinflussen.

11.4.2.2 Interaktion und Konflikte in Gruppen

Die Existenz von Konflikten ist an deren Wahrnehmung durch die betroffenen Parteien gebunden. Wenn Gründe für einen Konflikt zwischen zwei Parteien gegeben sind, aber keiner der beiden Parteien bewusst sind, wird der Konflikt - zumindest zu diesem Zeitpunkt - nicht ausbrechen, jedoch bereits latent bestehen. Auslöser eines Konfliktes ist die Wahrnehmung einer Partei, dass etwas, das für sie von Bedeutung ist, negativ durch eine andere Partei beeinflusst wurde bzw. wird. Diese sehr allgemein angelegte Definition umfasst jegliche Art von Konflikten, angefangen bei Meinungsverschiedenheiten bis hin zu offenen Angriffen, die auf unterschiedlichen Erwartungen, Fehlinterpretationen oder auch auf der Unvereinbarkeit von Zielen basieren können.

Konflikte können nicht generell als gut oder schlecht bezeichnet werden. Es hängt vielmehr von der Art und Intensität des Konfliktes sowie von der Situation und vom Zeitpunkt seines Auftretens ab, ob er sich destruktiv und funktionsstörend oder konstruktiv und leistungsfördernd auswirkt.

Zu den zahlreichen Gründen für die **Entstehung von Konflikten** zählen beispielsweise sprachliche Missverständnisse, unterschiedliche Interessen und Ziele, eine unklare Definition der Arbeitsaufgaben, unklare Kompetenzbereiche, als unangemessen empfundene Entlohnungs- und Aufstiegssysteme, Abhängigkeit oder auch persönliche Merkmale, wie das persönliche Wertesystem.

Wesentlich für die Konfliktbewältigung sind die Absichten der Konfliktparteien, die nicht immer aus deren Verhalten deutlich werden. Es können fünf grundlegende Absichten der Konfliktbewältigung unterschieden werden: Konkurrenz (zielt auf Erfüllung der eigenen Interessen), Zusammenarbeit (Lösung zu Gunsten beider Parteien), Vermeidung (Unterdrückung des Konflikts), Anpassung (Zurückstellen eigener Interessen), Kompromiss (ein Teil der Ziele wird zugunsten der Interessen des Gegners geopfert).

Durch die **Austragung von Konflikten** werden häufig Probleme zur Sprache gebracht, deren Lösung zu Spannungsabbau innerhalb der Gruppe und zur Schaffung einer Änderung gegenüber offenen Umgebungen führt. Zu den destruktiven Auswirkungen von Konflikten gehören eine wachsende Unzufriedenheit, die zu einer Zerstörung des allgemeinen Zusammenhalts beiträgt, eine erschwerte Kommunikation und die Vernachlässigung der Gruppenziele auf Grund der Priorität der Meinungsverschiedenheiten zwischen den einzelnen Mitgliedern. Besonders schwer wiegende Konflikte können schließlich zu einer nachhaltigen Beeinträchtigung des Funktionsablaufs in der Gruppe führen und damit die Existenz der Gruppe in Frage stellen.

11.4.2.3 Macht und Politik

Unter **Macht** versteht man die Fähigkeit eines Individuums A, ein anderes Individuum B so zu beeinflussen, dass B etwas tut, was es freiwillig nicht getan hätte. ■

Voraussetzungen für die Ausübung von Macht sind

- ein **Machtpotenzial**,

- eine **Abhängigkeitsbeziehung** zwischen A und B, die besonders hoch ist, wenn die kontrollierten Ressourcen wichtig, knapp und nicht ersetzbar sind, sowie
- eine gewisse **Verfügungsfreiheit** von Seiten Bs, über das eigene Verhalten zu entscheiden.

Die **Grundlagen der Macht** beschreiben, was der Machtinhaber kontrollieren und womit er folglich andere beeinflussen kann. Hierbei werden vier Formen unterschieden:

- **Zwangsmacht** beruht auf Angst. Aus Angst vor negativen Folgen reagieren Individuen auf diese Art von Macht.
- **Belohnungsmacht** ist hingegen, wenn ein Individuum in der Lage ist, von anderen begehrte Belohnungen (z. B. Lohnerhöhungen, Beförderungen) zu verteilen.
- **Überzeugungsmacht** resultiert aus der Möglichkeit, symbolische Werte, wie z. B. Statuswerte oder Gruppennormen, manipulieren und verteilen zu können.
- **Wissensmacht** basiert auf besonderen Erfahrungen, Kenntnissen oder Informationen, die für eine Organisation besonders wertvoll sind. Kann ein Individuum diese Informationen kontrollieren, kann es eine wissensbezogene Macht ausüben.

Quellen der Macht beziehen sich darauf, wodurch einem Individuum Macht verschafft wird. Sie erklären, wie jemand die Kontrolle über Machtgrundlagen erlangt.

- **Positionsmacht** entsteht, wenn ein Individuum durch seine Stellung die Möglichkeit erhält, wichtige Ressourcen oder Informationen zu kontrollieren.
- **Persönlichkeitsmacht** beruht auf Persönlichkeitsmerkmalen eines Individuums. Ein dominantes, autoritäres, selbstsicheres Individuum kann andere Personen leichter manipulieren als ein eher schüchternes Individuum.
- **Expertenmacht** basiert auf der Möglichkeit, eigene Erfahrungen und Kenntnisse zur Manipulation anderer Individuen zu benutzen.
- **Gelegenheitsmacht** entsteht, wenn ein Individuum „zur richtigen Zeit am richtigen Ort“ ist. Dann kann auch ein Individuum ohne eine einflussreiche Position oder spezifisches Wissen Macht ausüben.

11.4.3 Gesamte Organisation

11.4.3.1 Organisationsstrukturen

Die **Organisationsstruktur** bestimmt, wie Arbeitsaufgaben und Tätigkeiten formal getrennt, gruppiert und koordiniert werden. ■

Nachfolgend werden die verbreitetsten Organisationsstrukturen vorgestellt (Abbildung 11.4).

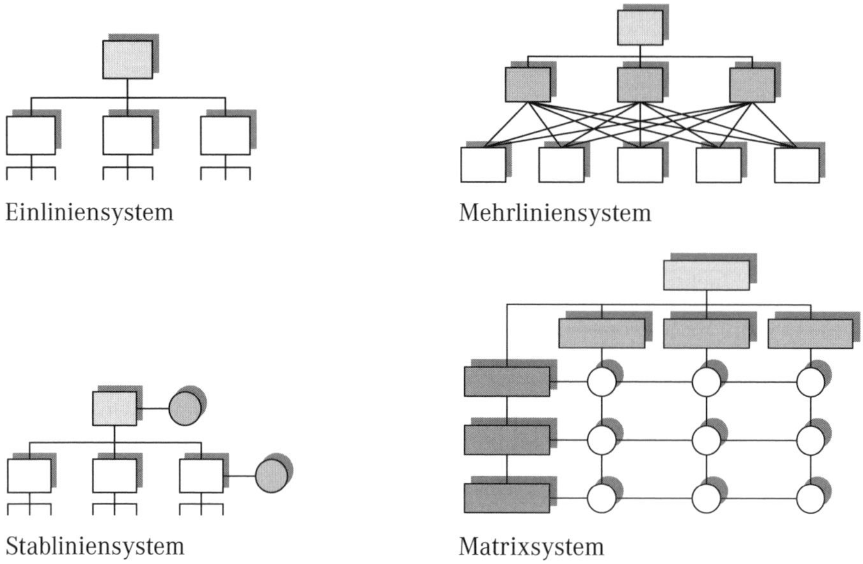

Abbildung 11.4 Organisationsstrukturen

Das **Einliniensystem** ermöglicht eine klare, übersichtliche Struktur und gewährleistet eine relativ reibungslose Erledigung fest umschriebener und spezialisierter Aufgaben. Jeder Mitarbeiter hat nur einen Vorgesetzten, dieser wiederum im Idealfall 5 bis 7 Mitarbeiter (= „Kontrollspanne"). Nachteilig wirken sich eine gewisse Starrheit des Systems sowie relativ lange Kommunikationswege aus.

Das **Mehrliniensystem** bietet demgegenüber eine flexiblere Struktur, die es ermöglicht, insbesondere auf das Know-how und die Kapazität auch anderer Stellen zuzugreifen. Nachteilig wirkt sich eine möglicherweise auftretende Unübersichtlichkeit aus.

Das **Stabliniensystem** ist als ein durch Stabsstellen ergänztes Einliniensystem. Aufgabe der Stäbe ist es, die Linie zu entlasten und bei Aufgaben zu unterstützen, die nicht unmittelbar in den Kompetenzbereich der Linie fallen. Beispiele für Stabsstellen sind etwa Sekretariat, Rechtsabteilung, Controlling etc. Stabsstellen haben üblicherweise keine Entscheidungskompetenz, sondern bereiten ihre Aufgaben für die Entscheidung in der Linie vor. Das Stabliniensystem ist relativ weit verbreitet.

Das einigermaßen aufwendige **Matrixsystem** wird immer dann angewendet, wenn verschiedenartige Aufgaben gleichzeitig wahrzunehmen sind. Die traditionelle, nach Funktionen (z.B. Beschaffung, Produktion, Absatz) gegliederte Organisationsstruktur (vertikale Linien) wird hier von einer produkt- oder projektorientierten Struktur (horizontale Linien) überlagert. Auf diese Weise entstehen Stellen, die sich etwa mit der Beschaffung der Komponenten für ein bestimmtes Produkt befassen und diesbezüglich auch über entsprechendes Spezialwissen verfügen. Häufig – aber nicht nur – wird die Matrixorganisation von internationalen Konzernen (z.B. Markenartikelunternehmen) angewendet, die ihre Produkte weltweit vertreiben, dabei jedoch gleichzeitig überall recht spezifische Ländermärkte zu bearbeiten haben und dafür in den einzelnen Ländern entsprechende Produktspezialisten brauchen, die auch in der Lage sind, die einheitlichen Konzepte umzusetzen.

Die genannten Modelle lassen sich nach Bedarf jeweils auch stärker produktorientiert, kundenorientiert, geografisch orientiert, prozessorientiert oder funktionsorientiert gestalten bzw. ausformen. (Ü1)

Beispiel: Wasser & Gas GmbH

Sachverhalt

Die Wasser & Gas GmbH ist ein mittelständisches Unternehmen der Branche Sanitär-, Heizungs- und Klimatechnik, in dem derzeit rund 70 Mitarbeiter beschäftigt sind. Zum Tätigkeitsbereich des Unternehmens gehören die Ausführung von Wasser- und Gasinstallationen, der Handel mit Sanitärprodukten und seit knapp zwei Jahren auch die Installation von Klimaanlagen. Bislang ein Betrieb der Wohnungsbaugenossenschaft, wurde die Wasser & Gas GmbH im Zuge der Verwaltungsmodernisierung aus deren Bereich ausgegliedert. Die Firma ist nunmehr zunehmend gezwungen, ihre Aufträge auf dem freien Markt zu akquirieren.

Die – längst nicht mehr optimale – Organisation des Unternehmens gestaltet sich derzeit wie folgt:

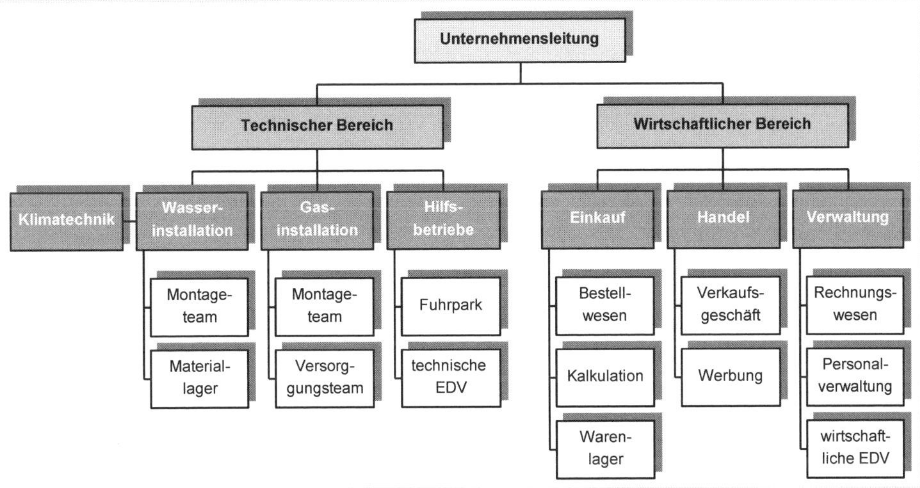

Aufgabenstellung

1. Welche Probleme sind aus der gegebenen Struktur erkennbar?
2. Wie könnte eine funktionsfähige, moderne Organisationsstruktur aussehen?

11

Lösung

1. Die vorliegende Struktur weist unklare Kompetenz- und Entscheidungsstrukturen auf. In Verbindung mit Bereichsdenken, Abteilungsblindheit und nicht ausreichender Kommunikation ist dadurch eine adäquate Marktbearbeitung nicht möglich. Der kürzlich neu hinzu gekommene Klimatechnik-Bereich wurde in die bestehende Struktur nicht integriert. Zudem ist keine Controlling-Funktion vorhanden; Marketing-Aufgaben werden nicht wirklich wahrgenommen.
2. Eine moderne Organisation könnte folgende Merkmale aufweisen:
   - Matrix Projcktorganisation im technischen Bereich, die projektbezogen zum Einsatz kommt, Profit-Center-Prinzip
   - Einrichtung von Marketing als zentrale Stabsstelle
   - Implementierung eines Controllers, der auch die Verwaltung leitet

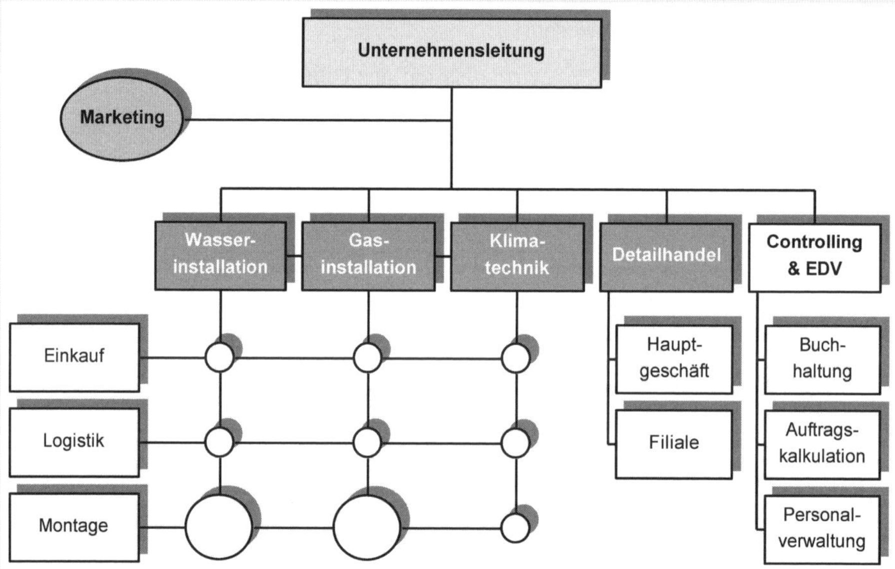

11.4.3.2 Organisationsprozesse

Organisationsprozesse legen fest, wie sich die Zusammenarbeit der einzelnen Mitarbeiter bei der Wahrnehmung ihrer Aufgaben gestaltet. Grundlage dafür ist die Organisationsstruktur.

Die meisten Unternehmen sehen sich zum Teil stark ändernden Umweltbedingungen ausgesetzt, an die sie sich – wenn sie überleben wollen – bei der Gestaltung ihrer Strukturen, insbesondere aber auch ihrer Prozesse bzw. Abläufe anpassen müssen. In diesem Zusammenhang wichtige **Faktoren** sind:

- **Humanressourcen:** Die zunehmende Zahl ausländischer Arbeitskräfte (z. B. durch den EU-Binnenmarkt) führt dazu, dass sich immer mehr Unternehmen mit anderen Kulturen auseinander setzen müssen. Ferner ist im gegenwärtigen Arbeitsmarkt ein steigender Ausbildungsgrad und eine entsprechende Nachfrage nach Spezialisten zu verzeichnen.
- **Technologie:** Die technologische Weiterentwicklung führt zu einer Veränderung der Arbeitsbedingungen und der Arbeitsumwelt. Der verstärkte Einsatz von Computern, Robotern, Telekommunikationssystemen usw. wirkt sich stark auf die Unternehmen aus, in der solche Technologien genutzt werden. Die Arbeit mit modernster Technologie erfordert spezielle Kenntnisse und Fertigkeiten bei den Mitarbeitern, sodass Unternehmen verstärkt in Training und Weiterbildung investieren müssen. Der Einsatz computergestützter Überwachungssysteme ermöglicht eine Ausdehnung der Kontrollspanne und eine Reduzierung der Hierarchieebenen. Des Weiteren erhöhen moderne Technologien tendenziell auch die Flexibilität einer Organisation.
- **Soziale Trends:** Steigende Studentenzahlen, die zunehmende Zahl von Single-Haushalten und sinkende Geburtenraten charakterisieren den sozialen Trend des letzten Jahrzehnts. Auswirkungen zeigen diese Trends z. B. in der Lebensmittelindustrie in Form steigender Nachfrage nach Ein-Personen-Packungen oder auch in der Möbel- und Immobilienbranche bei der Gestaltung und Größe von Wohnraum. Derartige Entwicklungen verlangen stets eine Anpassung auch der Prozesse, um den veränderten Anforderungen optimal gerecht werden zu können.
- **Wettbewerb:** Die Globalisierung des Wettbewerbs hat dazu geführt, dass sich viele Unternehmen nunmehr nicht nur gegenüber einheimischen Konkurrenten, sondern auch weltweit behaupten müssen. Erfolgreiche Organisationen zeichnen sich dadurch aus, dass sie flexibel auf die Erfordernisse des Wettbewerbs reagieren können. Im Einzelnen heißt das, möglichst flexibel und reaktionsschnell das Weltmarktgeschehen genau zu beobachten, neue Produkte schnell zur Marktreife zu bringen, sich auf kurze Produktlebenszyklen einzustellen und kontinuierlich in die Entwicklung neuer Erzeugnisse zu investieren.

11.4.3.3 Entwicklung von Organisationen

Was kann innerhalb einer Organisation verändert werden?

- **Strukturen und Prozesse:** Im Zuge struktureller Veränderungen können einzelne Elemente oder auch die gesamte Struktur modifiziert werden. Oft werden z. B. Abteilungen zusammengelegt, Hierarchieebenen „beseitigt“ oder Kontrollspannen erweitert. Die Einführung neuer Regeln trägt zu einer Verstärkung der Standardisierung, die Aufteilung der Entscheidungskompetenzen zur Beschleunigung der Entscheidungsprozesse bei.
- **Technologie:** Die Notwendigkeit technologischer Veränderungen ergibt sich aus einer Vielzahl von Innovationen auf diesem Gebiet und verschärftem Wettbewerb. Technologische Veränderungen schließen meist häufig eine Automatisierung der Produktionsprozesse ein. Die offensichtlichsten technologischen Veränderungen fanden zuletzt durch den verstärkten Einsatz von Computernetzwerken und Informationssystemen statt.

- **Arbeitsplatz:** Motivations- und Leistungssteigerung können auch durch eine ansprechende Gestaltung des Arbeitsumfeldes (vgl. Ergonomie) erzielt werden. Das Arbeitsplatzlayout und die Raumeinteilung tragen wesentlich zur Befriedigung physischer und sozialer Bedürfnisse der Mitarbeiter bei. Die Kommunikation und die Herstellung von Kontakten zu anderen Mitarbeitern werden erleichtert, wenn sich keine störenden Wände zwischen den Arbeitsplätzen befinden. Durch eine angemessene Beleuchtung und Temperatur, einen niedrigen Lärmpegel, ein ansprechendes Design der Büromöbel und moderne Ausrüstungsgegenstände können die Arbeitsbedingungen attraktiv gestaltet werden. Oft stellen sich gerade diese Aspekte als einigermaßen suboptimal dar.
- **Mitarbeiter:** Zur Verbesserung der Zusammenarbeit kann schließlich versucht werden, die Einstellungen, Fähigkeiten, Erwartungen, Wahrnehmungen und das Verhalten der Organisationsmitglieder zu verändern. Dies kann geschehen durch eine Modifizierung der Kommunikationsprozesse, eine Einbeziehung in die Problemlösung und Entscheidungsfindung oder die Übertragung von Verantwortung. Diesbezüglich nachhaltige Veränderungen zu erreichen ist - das muss hier angemerkt werden - im Gegensatz zu den zuerst genannten Faktoren stets nur längerfristig möglich.

Mit welchen Widerständen ist häufig zu rechnen?

Im Zuge von Veränderungsprozessen kommt es meist zu Widerständen verschiedenster Art. Das Management kann Widerstand gegen Veränderungen am besten entgegnen, wenn dieser direkt und unmittelbar deutlich wird, d. h., wenn sich die Mitarbeiter unmittelbar nach der Bekanntgabe einer geplanten Veränderung beschweren, mit Streik drohen usw. Schleichendem und indirekt geäußertem Widerstand - z. B. in Form von mit der Zeit nachlassender Loyalität oder sinkender Motivation - ist weitaus schwieriger zu begegnen.

- **Individueller Widerstand:** Individueller Widerstand erwächst aus der persönlichen Wahrnehmung, den Charaktermerkmalen und persönlichen Bedürfnissen der Betroffenen.
- **Organisationaler Widerstand:** Organisationen sind im Allgemeinen konservativ, mit viel Beharrungsvermögen behaftet und zeigen sich wenig aufgeschlossen gegenüber Veränderungen.

Am besten kann Widerstand durch Kommunikation, Partizipation, Unterstützung der Betroffenen und Verhandlungen begegnet werden.

11.5 Aktuelle Konzepte und Methoden der Unternehmensführung

11.5.1 Anpassung an neue Anforderungen

Erkannte Probleme führen vielfach zu neuen Lösungen. Die Notwendigkeit zur Steigerung der Wettbewerbsfähigkeit eines Landes oder auch von Unternehmen führen zu gesamt- oder auch einzelwirtschaftlichen Überlegungen, was wie und durch wen besser zu machen ist. Wettbewerbsvorteile erzielt bekanntlich nur der Schnellere und Bessere. Aufholen genügt vielfach nicht, entscheidende Verbesserungen („Sprünge“) sind notwendig, um zur Spitze vorzudringen bzw. sie selbst einzunehmen.

Damit gewinnen Konzepte und Methoden an Bedeutung, die in ihrer Anwendung Erfolg erwarten lassen. Aber hierfür gibt es keinen „Stein des Weisen“. Methoden können somit immer nur zu partiellen Lösungen beitragen. Zum Teil besinnt man sich auf früher bereits erfolgreich angewandte, jedoch in Vergessenheit geratene Vorgehensweisen. Diese werden dann fallweise mit neuem Namen versehen, gegebenenfalls modifiziert und weiterentwickelt, wieder ins Blickfeld gerückt. Derartiges erinnert oft an den berühmten „alten Wein in neuen Schläuchen“.

In der folgenden Übersicht werden **Managementmöglichkeiten und -methoden** zusammengefasst, die derzeit in der Wirtschaft von besonderer Aktualität sind bzw. von denen dies erwartet werden darf. Diese beeinflussen nachhaltig auch die Unternehmensorganisation. Auf ausgewählte Konzepte wird in den folgenden Abschnitten dann näher eingegangen.

Tabelle 11.1 Aktuelle Managementkonzepte und Methoden in der Wirtschaft

Aktuelle Konzepte und Methoden der Unternehmensführung		Ziel	Anforderungen an das Management
Benchmarking	▪ Gezielter Unternehmensvergleich mit den Marktführern (national und möglichst international) ▪ Methode, um Bester unter den Besten zu sein	▪ Erschließen von Wettbewerbsvorteilen ▪ Erreichen außergewöhnlicher Ergebnisse ▪ Permanente Optimierung von Leistungen, Produkten, Verfahren und Prozessen ▪ Lernen von Fehlern anderer	▪ Positive Haltung von Führungskräften gegenüber Veränderungen ▪ Begeisterungsfähigkeit für Benchmarking ▪ Anerkennung herausragender Leistungen durch angemessene ideelle/materielle Stimulierung ▪ Offenheit und Ehrlichkeit zu aufgeworfenen Fragen
Business Reengineering	▪ Fundamentales Überdenken und radikales Umgestalten von Unternehmen bzw. wesentlicher Unternehmensprozesse	▪ Neugestalten von Geschäftsabläufen ▪ Abkehr von konventionellen Vorstellungen (Erfahrungen, Wissen) ▪ Prozessorientierte Veränderungen hoher Bedeutsamkeit ▪ Konsequente Bedürfnisbefriedigung der Kunden ▪ Erreichen langfristig gesicherter Wettbewerbsfähigkeit	▪ Bereitschaft zu Verhaltensänderung ▪ Induktive Denkweise ▪ direkte und persönliche Mitwirkung der Führungskräfte, insbesondere der 1. Leitungsebene am Veränderungsprozess ▪ hohe Ansprüche an Führungs- und strategische Kompetenz

Tabelle 11.1 *(Fortsetzung)*

Aktuelle Konzepte und Methoden der Unternehmensführung		Ziel	Anforderungen an das Management
Fraktales Unternehmen	▪ Integrierter Ansatz mit den Unternehmenspotentialen Mitarbeiterqualifikation/Motivation, Technik und Organisation ▪ Fraktale als relativ autonome operative Einheiten	▪ Entwicklung des Mitarbeiters zum „Unternehmer", der stark an Verbesserungen seiner Leistung interessiert ist	▪ Optimierung der Prozessergebnisse durch ständigen Anpassungsprozess (Zielfindungsprozess) ▪ Optimierung der internen Abläufe durch Navigation und Steuerung (Prozessstabilisierung)
Global Sourcing	▪ Systematisches Einkaufsmarketing und Beschaffungsmanagement auf internationalen Märkten	▪ Erhöhung der Wettbewerbsfähigkeit durch Einbinden des weltweiten Fortschritts und Know-how der Lieferanten ▪ Nutzung der Kostenvorteile auf internationalen Beschaffungsmärkten ▪ Ausgleich fehlender Ressourcen	▪ Organisatorische Trennung von Einkauf und Beschaffung ▪ Schaffung der technisch-organisatorischen Voraussetzungen für internationale Zusammenarbeit ▪ Befähigung der Mitarbeiter (z. B. Sprachkenntnisse, kommunikative Fähigkeiten, Verständnis für Kulturkreise)
Kaizen	▪ Ständige Verbesserung von Produkten, Verfahren und Prozessen ▪ Kunden- und mitarbeiterorientierte Verbesserungsstrategie	▪ Veränderung in kleinen Schritten ▪ Kontinuierliche Verbesserung um der Verbesserung willen ▪ Beseitigung von Verschwendung ▪ Maximale Kundenzufriedenheit	▪ prozessorientiertes Denken ▪ ganzheitliche und vorurteilsfreie Sichtweise ▪ Einbeziehen geeigneter Mitarbeiter in die Problemlösungs- und Entscheidungsprozesse auf Grundlage von Zielvereinbarungen ▪ Entwicklung eines betrieblichen Klimas gegenseitigen Vertrauens und Verständnisses ▪ Konsequentes und sofortiges Umsetzen erkannter Verbesserungen

Tabelle 11.1 *(Fortsetzung)*

	Aktuelle Konzepte und Methoden der Unternehmensführung	Ziel	Anforderungen an das Management
Lean Management	▪ Pragmatisches, einheitliches integratives Konzept der Unternehmensführung, das sich auf humanistischen Ansätzen stützt	▪ Erschließen neuer Produktivitätsquellen ▪ strikte Ausrichtung auf Kundenzufriedenheit, Marktnähe und Zeiterfordernisse ▪ Gewinnsicherung über Optimierung von Sachkriterien, u. a. Produktivität, Kosten ▪ Existenzsicherung über wirtschaftliche Gestaltung ablaufender Prozesse ▪ Entwicklung umfassender Flexibilität im Unternehmen ▪ hohe Innovationsgeschwindigkeit	▪ systemorientiertes Denken und Handeln ▪ hohe Ansprüche an soziale Kompetenz ▪ Entwicklung von Teamgeist und -fähigkeit ▪ Kommunikations- und Konflikthandhabungsfähigkeit ▪ Kenntnisse in der Steuerung gruppendynamischer Prozesse ▪ Flexibilität und Kreativität ▪ fachübergreifende Methodenkompetenz ▪ Konzentration auf Wertschöpfungsprozess
Out- bzw. Insourcing	▪ Konzentration auf das Kerngeschäft ▪ Vergabe von Dienstleistungen ohne strategische Bedeutung nach außen	▪ Erhöhung von Effektivität und Effizienz ▪ Anpassung von Personalkapazität	▪ Definition der Kernkompetenzen
Quality Function Deployment	▪ Zusammenführen der Qualitätsforderungen im Unternehmen	▪ Umsetzung der Kundenforderungen in technische Forderungen an das Produkt unter Beachtung ökonomischer und ökologischer Aspekte	▪ Entwicklung von Teamarbeit und interdisziplinärer Zusammenarbeit, intern und extern
Simultaneous Engineering	▪ Parallelisieren, Standardisieren und Integrieren von Prozessen in der Produktentstehung	▪ Verkürzung von Produktentwicklungs- und Lieferzeiten ▪ Kostensenkung ▪ Qualitätsverbesserung	▪ Wahrnehmung erhöhter Entscheidungskomplexität ▪ Entwicklung von Teamarbeit und interdisziplinärer Zusammenarbeit ▪ Sicherung innovativer, individueller Produkte bei zunehmender Variantenvielfalt ▪ Förderung des Einsatzes rechnergestützter Methoden zur schnellen Modellierung und Simulation von Prozessen

11

Tabelle 11.1 *(Fortsetzung)*

Aktuelle Konzepte und Methoden der Unternehmensführung		Ziel	Anforderungen an das Management
Total Quality Management (TQM)	▪ Wahrnehmung einer umfassenden Qualitätsverantwortung Produktqualität Prozessqualität Qualität der Arbeit Qualität des Unternehmens	▪ Entwicklung qualitätsbewusster Verhaltensweisen und positiver Einstellung der Mitarbeiter zur Qualität ▪ Umfassende Ausrichtung von Geschäftsprozessen an Kundenbedürfnissen	▪ Wahrnehmung der Qualitätsverantwortung ▪ ganzheitliche Denkweise ▪ Auswahl der richtigen Methoden für das Unternehmen und deren Anpassung an spezifische Bedingungen ▪ Erläuterung der Gründe und Zusammenhänge für Methodenauswahl gegenüber Mitarbeitern ▪ Belohnung und Anerkennung qualitätsverbessernder Aktivitäten
Virtuelles Unternehmen	▪ Logische aber nicht physikalisch vorhandenes Gebilde ▪ Nutzen und Zweck sind bestimmende Merkmale ▪ Optimal organisierter Problemlösungsprozess von Kundenproblemen	▪ Initiierung logistischer Strukturen zur optimalen Lösung von Kundenproblemen ▪ Überwindung räumlicher und zeitlicher Begrenzungen	▪ Effiziente Koordinierung komplexer Geschäftsprozesse und flexibler organisatorischer Modelle

11.5.2 Unternehmensvergleich – Benchmarking

Benchmarking orientiert auf

- das Erkennen von Schwachstellen im Unternehmen mittels Wettbewerbs-, funktionalem und Overhead-Benchmarking,
- das Herausbilden von Verbesserungspotenzialen,
- das Entwickeln klar definierter Abläufe (Aktionspläne) zur Veränderung.

Im Rahmen des **Wettbewerbs-Benchmarking** sind die Schwachstellen in der Kosten- und Leistungsstruktur der Produkte und bei Dienstleistungen zu ermitteln.

Aufgabe des **funktionalen Benchmarkings** ist es, Schwachstellen in der Kostenstruktur einzelner Funktionen, aber auch der Arbeitsabläufe zu identifizieren. Die Bewertung der Gemeinkostenstruktur des Unternehmens ist Sache des **Overhead-Benchmarkings**.

Benchmarking wird genutzt für:

- den innerbetrieblichen Leistungsvergleich („internes Benchmarking"), vor allem in Konzernen und großen Unternehmen. So vergleicht z. B. die Volkswagen AG regelmäßig Ergebnisse ihrer Werke im In- und Ausland und damit der Marken Audi, Seat, Škoda, Volkswagen mit dem Ziel der Effizienzverbesserung;
- den Vergleich mit anderen Unternehmen der Branche („wettbewerbs- bzw. branchenorientiertes Benchmarking");
- den Vergleich mit den Besten in einer bestimmten Hinsicht („funktionales Benchmarking mit Dritten"). Das kann sich z. B. beziehen auf die Konstruktion, den Einkauf, die Fertigung, die Logistik oder die Präsenz im Internet.

Mit Benchmarking soll die Philosophie des kontinuierlichen Verbesserungsprozesses (Kaizen) durch Vergleich der eigenen Leistung mit den Besten ins Unternehmen getragen werden. Dabei ist der Unternehmensvergleich weltweit zu führen. Das gelingt Großunternehmen auf Grund ihrer Potenziale im Allgemeinen besser als KMUs.

11.5.3 Gestaltung schlanker Prozesse – Lean Management

Lean Management/Lean Production ist keine technische Produktionsmethode, sondern eine Unternehmensphilosophie, deren Ziel im Erschließen neuer Produktivitätsquellen liegt. ■

Als ökonomisches Ziel steht die Verringerung des Einsatzes aller Produktionsfaktoren im Vergleich zur Massenproduktion. Das bezieht sich auf die Anzahl der Beschäftigten, die Größe der Produktions- und Lagerflächen, den Lagerbestand, den Umfang der Ausrüstungen und die Entwicklungszeiten für neue Produkte und Verfahren. Zusätzlich stehen die Ziele einer Null-Fehler-Produktion in Verbindung mit Qualitätszirkeln und einer kundenorientierten Produktvielfalt.

Lean Management beruht auf dem Prinzip gegenseitiger Verantwortung und gegenseitigen Vertrauens. **Schlank gestaltete Unternehmen** benötigen eine Atmosphäre des Teamgeistes und der Kooperationsbereitschaft, in der die Führungskräfte, Mitarbeiter, Kunden, Lieferanten u. a. Behörden zum Erreichen gemeinsamer Ziele, z. B. Umweltschutz, zusammenarbeiten. Die Einsicht, gemeinsam am Unternehmenserfolg zu wirken, motiviert zu aktiver Beteiligung und permanenter Verbesserung der ablaufenden Prozesse (Kaizen). Der Humanressource Mensch wird hierbei, speziell im Sinne der Eigenverantwortung, besondere Bedeutung beigemessen.

Wesentliche Elemente dieser in **Japan** entstandenen Methode lassen sich auch in Europa erfolgreich umsetzen, wie eine Reihe von Firmen bisher nachgewiesen haben. Zu beachten ist jedoch: Nicht alles, was in Japan funktioniert, ist in europäischen Unternehmen unbesehen nutzbar. Schon auf Grund der unterschiedlichen Kulturkreise ist es empfehlenswert, eine Symbiose zwischen bewährten europäischen und fernöstlichen Management- und Fertigungsmethoden zu finden. Jedes Unternehmen muss seinen spezifischen, eigenen Weg gestalten. Das erfordert jedoch zwingend und ohne Vorbehalte bewährte Methoden anderer sachlich und nüchtern auf ihre Eignung und Anwendungsmöglichkeit zu prüfen. Erfahrungsaustausch ist nach wie vor die preiswerteste Investition. Es gilt somit auch immer wieder, die eigene Leistung mit den Besten zu vergleichen (vgl. Benchmarking). Das trifft für den Einzelnen genauso wie für ein Unternehmen in seiner Gesamtheit zu und kann im letzteren Fall alle Geschäftsprozesse betreffen.

11.5.4 Ständige Verbesserung von Produkten – Kaizen

Der Schlüssel des japanischen wirtschaftlichen Erfolges liegt mit im System der ständigen Verbesserung unter Einbeziehung aller Mitarbeiter des Unternehmens. Mit der Entwicklung der als **Kaizen** bezeichneten Methode wurde schon vor längerer Zeit begonnen. Sie ist neben **Just-in-time** und **Kanban** eines der erfolgreichsten japanischen Konzepte der Unternehmensführung. Sie zeichnet sich durch eine prozessorientierte Art des Denkens gegenüber einem in Europa bisher vordergründigen innovations- und ergebnisorientierten Denken aus.

Kaizen kann nicht gegen Innovation gestellt werden. Beide sind für das Festigen der Position eines Unternehmens notwendig. Unter Kaizen wird eine Veränderung in kleinen Schritten und unter Innovation eine gravierende Veränderung verstanden. Das ständige Verbessern geht von der Erkenntnis aus, dass in jedem Unternehmen Probleme auftreten, deren Lösung der Zusammenarbeit über Struktur- und Funktionsgrenzen hinweg bedürfen. Als typisches Beispiel sei der Prozess der Produktentwicklung benannt.

Kaizen als permanente, **kundenorientierte Verbesserungsstrategie** zielt auf erhöhte Kundenzufriedenheit durch immer bessere Produkte und Dienstleistungen zu niedrigeren Preisen ab. Durch diese Methode sind alle Führungskräfte und weiteren Mitarbeiter gefordert, ständig nach Möglichkeiten zur Verbesserung von Systemen und Abläufen zu suchen und neue Erkenntnisse kurzfristig praxisreif umzusetzen. ■

Die Anwendung dieser Methode setzt Unterstützung und Anerkennung der prozessorientierten Bemühungen der Mitarbeiter durch die Unternehmensleitung voraus. Honorierung darf damit nicht nur streng nach den Ergebnissen, sondern sollte auch nach deren Bemühen vorgenommen werden.

Unter **Just-in-time-System** wird eine bestandsminimale Fertigung bzw. Zulieferung von Teilen, z. B. für Montageprozesse, verstanden. ■

Hiermit lässt sich insbesondere die Kapitalbindung reduzieren. Dieses verbrauchsorientierte Fertigungssteuerungssystem basiert auf spezifischen Ge-staltungsformen der Werkstatt- und Materialflussstrukturen. Es wurde bei **Toyota** entwickelt und schrittweise unter dem Begriff Kanban umgesetzt.

11.5.5 Zeitgemäßer Einkauf – Global Sourcing

Der Zwang zu Kostensenkung und hoher Qualität führte auf zwei Wege der Sicherung des Materials und der Zulieferteile:

- Nutzung der Möglichkeiten eines weltweiten Einkaufs – **Global Sourcing**
- Einbeziehung von Lieferanten in die Produktentwicklung und den Wertschöpfungsprozess bei Ausrichtung auf einen bzw. wenige leistungsfähige Partner – **Single Sourcing**

Die Unternehmen müssen immer stärker versuchen, durch eine Mischung aus in- und ausländischer Fertigung betriebswirtschaftlich vernünftige Erlöse zu erwirtschaften. Vor allem der zweite Weg, aber auch die Verknüpfung beider Wege eröffnet neue Möglichkeiten zur Spezialisierung und Konzentration, Innovationskooperation oder fallweise auch zum Aufbau gemeinsamer Vertriebswege. Es hat sich vor allem in der Automobilindustrie gezeigt, dass die Auslagerung (**Outsourcing**) eines erheblichen Anteils der Komponentenentwicklung und -fertigung in vergleichsweise wenige Zulieferbetriebe ein entscheidender Faktor der Produktivitätssteigerung beim Endhersteller ist. Hieraus folgte eine **Neustrukturierung der Zulieferkette** in „Lieferanten der ersten Reihe", „Lieferanten der zweiten Reihe" und weitere „Unterlieferanten für die zweite Reihe". Grundlegendes Ziel ist und bleibt dabei immer, noch bessere Lieferanten in Qualität, Preis und Service zu finden.

Nicht zu übersehen ist der Tatbestand, dass einerseits der Druck auf die Zulieferer und andererseits die Abhängigkeit des Endherstellers vom Zulieferer zunimmt. Prinzipiell ist eine neue Qualität in den Beziehungen notwendig, die auf konstruktiver und fairer Art beruht und ein enges Zusammenwirken bei Entwicklungen, auf dem Gebiet TQM und der Gestaltung von Just-in-time einschließt.

Zur Vereinfachung der logistischen Kette praktizieren größere Unternehmen teilweise die Eingliederung von Lieferanten im eigenen Betriebsgelände (strategisches **Insourcing**) und verbinden damit die Vorteile von Kostenreduzierungen und gegenseitiger Unterstützung bis zum Personaltransfer.

Ohne auf die einzelnen Einkaufsstrategien näher einzugehen, gibt die Abbildung 11.5 die Sachverhalte Make-or-Buy und Out-/Insourcing wieder. Der Begriff des Sourcing ist in diesem Zusammenhang nicht nur als Beschaffungsstruktur (Single oder Global Sourcing) zu interpretieren, sondern auch als Gestaltungsmöglichkeit des betrieblichen Leistungsumfanges.

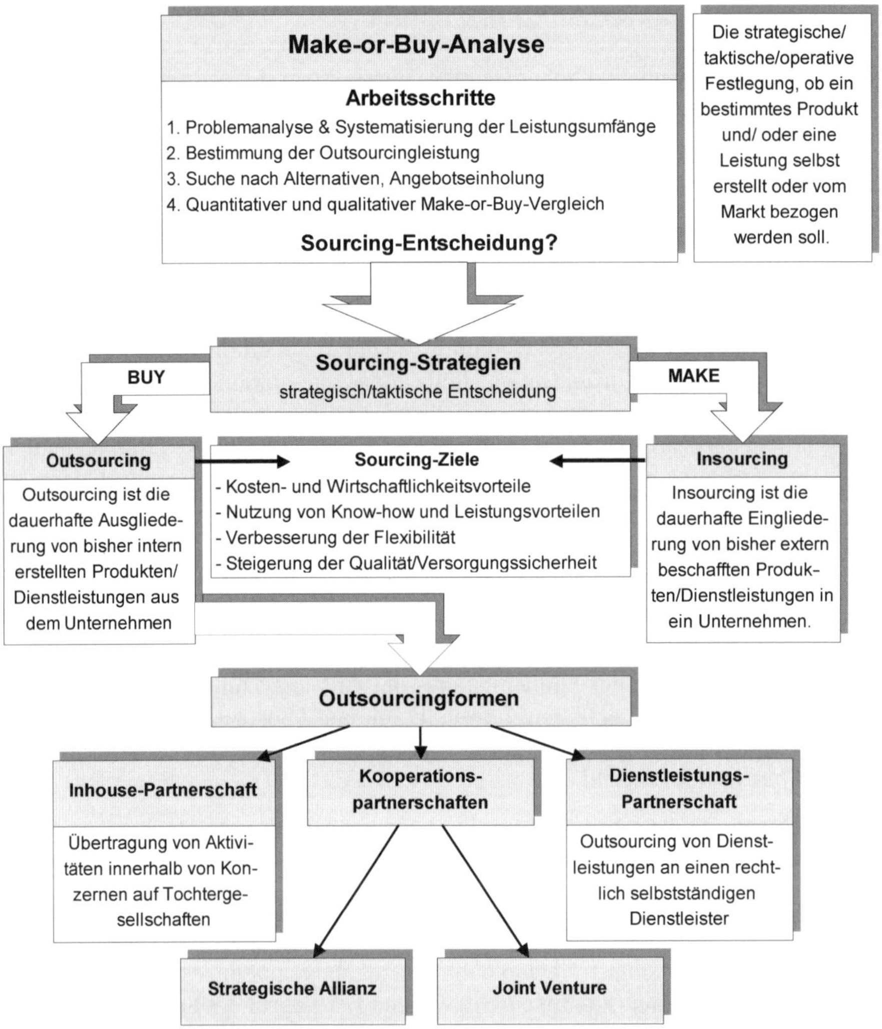

Abbildung 11.5 Gestaltungsmöglichkeit des betrieblichen Leistungsumfanges (vgl. Härdler 2000)

11.5.6 Vorrang für die Qualität – TQM

Der heutzutage immer stärker werdende Wettbewerb und die ständig steigenden Kundenanforderungen erfordern ein Qualitätsmanagement, dass alle Unternehmensbereiche mit einbezieht. Die Qualität hat sich in den letzten Jahren zu einem bedeutenden strategischen Wirtschafts- und Wettbewerbsfaktor entwickelt.

Total Quality Management (TQM) ist ein japanisches Managementkonzept, welches die auf dem Markt erforderlichen Qualitätsanforderungen in Bezug auf Produkte, Herstellungsprozesse, Arbeitsleistungen und das Unternehmen an sich gewährleisten soll. ■

Ziel ist die **Entwicklung qualitätsbewusster Verhaltensweisen**, einer positiven Einstellung der Mitarbeiter zur Qualität sowie die umfassende **Ausrichtung aller Geschäftsprozesse an den Kundenbedürfnissen**. Hauptbereiche dieses Managementkonzepts sind z.B. die Erfüllung der Kundenwünsche, die Einhaltung von Zusagen in Bezug auf Lieferkonditionen und Preise, das Anbieten verschiedenster Serviceleistungen sowie die schnelle, reibungslose Abwicklung von Bestellungen, Rückfragen und Reklamationen.

Die Vorteile des TQM liegen u.a. in der verstärkten Einbeziehung und Nutzung des Mitarbeiterpotenzials und in der Steigerung von Motivation und Leistungsfähigkeit der Mitarbeiter, was letztlich zu einer stärkeren Kundenorientierung und gleichzeitig Bindung der Mitarbeiter an das Unternehmen führt. Als Nachteil ist die nur langfristige Realisierung der angestrebten Qualitätsziele anzuführen. Sogenannte „schnelle Erfolge" sind bei diesem Managementkonzept demzufolge nicht zu erreichen.

TQM erfordert vom Management zum einen eine ganzheitliche Denkweise, die Auswahl der geeigneten Maßnahmen und Methoden zur Realisierung der aufgestellten Qualitätsziele und deren Anpassung an die spezifischen Gegebenheiten des Unternehmens. Zum anderen ist es erforderlich, die ausgewählten Maßnahmen, deren Gründe und Zusammenhänge gegenüber den Mitarbeitern wiederholt zu erläutern sowie qualitätsverbessernde Aktivitäten ihrerseits anzuerkennen und gegebenenfalls entsprechend zu belohnen.

11.5.7 Mitarbeiter als größtes Kapital – soziale Kompetenz

Aus Mitarbeitern sollen Mitdenker und Mitgestalter werden, die kontinuierlich an der Verbesserung ablaufender Prozesse mitwirken. Es kann davon ausgegangen werden, dass der Mensch durch seine Qualifikation, Motivation und Kooperationsfähigkeit für den Unternehmenserfolg um ein Mehrfaches wichtiger ist als die im Unternehmen vorhandenen physischen Voraussetzungen (Technologien, Ausrüstungen, Materialien). Führungskräfte haben somit die Aufgabe, derartige Fähigkeiten zu fördern.

In besonderer Weise gilt dies, wenn es um das häufige und mitunter heikle Problem der Entsendung von Angehörigen des Stammhauses ins Ausland geht. Diese wichtige Entscheidung ist stark von der Eignung der zur Diskussion stehenden Personen und bestimmten **Auswahlkriterien** abhängig.

Über die Fachqualifikation hinaus ist die internationale Tätigkeit mit Aufgaben verbunden, die eine besonders hohe „soziale Kompetenz" erfordern. Diese schließt zunächst eine Auseinandersetzung mit fremden Kulturen und Menschen und letztlich eine entsprechende Anpassung des Verhaltens mit ein. Daraus resultieren hohe Anforderungen an die **persönlichen Eigenschaften** wie etwa physische und psychische Belastbarkeit, Geduld, Improvisationsgabe, Vorurteilsfreiheit bzw. Toleranz und schließlich allgemein Mobilität, d.h. auch die Bereitschaft zu längeren Auslandsaufenthalten. Darüber hinaus sind spezielle **interkulturelle Fähigkeiten** gefordert, so z.B. die Kenntnis fremder Kulturen, Sensibilität und Einfühlungsvermögen auf eine andersartige Umwelt, Anpassungswille und -fähigkeit, Sprachkenntnisse sowie Kommunikationsfähigkeit.

Angesichts der hohen Anforderungen kommt der **Personalentwicklung** insgesamt ein bedeutender Stellenwert zu. Wichtigster Ansatzpunkt ist hier die permanente Förderung der Fähigkeit zur Anpassung des Verhaltens an fremde bzw. ungewohnte Gegebenheiten im Allgemeinen. Spezielles interkulturelles **Training** zielt darüber hinaus auch noch auf die Entwicklung der Sensibilität für fremde Mentalitäten und deren Kenntnis sowie eine bessere Integrationsfähigkeit international tätiger Mitarbeiter ab. Eine wirkungsvolle, praktikable und auch häufig angewendete Maßnahme ist in diesem Zusammenhang **Jobrotation**. Dabei ist vorgesehen, dass eine (künftige) Führungskraft innerhalb des Unternehmens verschiedene Funktionen, Bereiche und Länder kennenlernt.

11.5.8 „Subtile" Steuerungsinstrumente – Unternehmenskultur

Jede Organisation weist eine bestimmte Organisationskultur auf, die in Abhängigkeit von ihrer Art und Ausprägung einen entscheidenden Einfluss auf das Verhalten und die Einstellungen der Organisationsmitglieder haben kann.

Organisationskultur kann definiert werden als ein System von Wertvorstellungen, Verhaltensnormen, Denk- und Handlungsweisen, die von den Organisationsmitgliedern erlernt und akzeptiert wurden. ■

Sie bewirkt, dass sich eine Gruppe von Individuen von einer anderen unterscheidet. Organisationskultur kann gezielt als Steuerungs- und Führungsinstrument gestaltet und eingesetzt werden. Jede Organisationskultur ist von konkreten Schlüsselmerkmalen bestimmt:

- **Innovations- und Risikofreudigkeit:** Ausmaß, zu dem Individuen zu Innovationen bzw. zum Eingehen von Risiken angeregt werden und auch bereit dazu sind;
- **Bedeutung von Details:** Ausmaß, zu dem von Individuen Präzision und Korrektheit erwartet wird;
- **Ergebnisorientierung:** Ausmaß, zu dem das Management die Erzielung von Ergebnissen über die Mittel und Wege, wie diese Ergebnisse erreicht werden, stellt;
- **Menschenorientierung:** Ausmaß, zu dem das Management die Auswirkungen seiner Entscheidungen auf die Individuen der Organisation berücksichtigt;
- **Teamorientierung:** Ausmaß, zu dem Tätigkeiten und Aufgaben in Teams organisiert werden;
- **Aggressivität:** Ausmaß, zu dem Individuen aggressiv sind und miteinander konkurrieren;
- **Stabilität:** Ausmaß, zu dem organisationale Aktivitäten die Beibehaltung gegenwärtiger Bedingungen Wachstum und Veränderung vorziehen.

Innerhalb einer Organisation erfüllt eine Kultur verschiedene **Aufgaben:**

- Sie grenzt eine Organisation gegen eine andere ab;
- sie ermöglicht den Mitgliedern die Identifikation mit der Organisation;
- sie verstärkt die Bindung an die Organisation und die Verpflichtung ihr gegenüber;
- sie stabilisiert die Organisation als soziales System;

- sie reduziert die Unsicherheit unter den Organisationsmitgliedern, indem sie allgemeine Standards, wie bestimmte Dinge zu tun sind, vorgibt;
- sie formt und lenkt die Einstellungen und das Verhalten der Mitglieder.

Eine bestimmte Organisationskultur kann den Mitarbeitern durch verschiedene **Praktiken und Verhaltensweisen** vermittelt werden:

- **Geschichten, Anekdoten** (von ungewöhnlichen Ereignissen, Erlebnissen mit Gründern oder Vorgesetzten, Reaktionen auf Regelbrüche usw.),
- **Sprache** (eigener Sprachjargon, anhand dessen die Zugehörigkeit eines Individuums zu einer Gruppe bestimmt werden kann),
- **Rituale** (z. B. Auszeichnungsveranstaltungen, die Würdigung besonderer Leistungen durch Prämien und Geschenke bzw. auch bestimmte Auswahlverfahren, die alle Bewerber zu durchlaufen haben),
- **Zeremonien** (z. B. Betriebsausflüge, Weihnachts- oder Faschingsfeiern),
- **Materielle Symbole** (große, helle, luxuriös eingerichtete Büros, Dienstwagen, eigene Parkplätze usw.).

Beispiel: Unternehmenskultur bei Hewlett-Packard, „The HP Way“

Beständige Werte im Wandel der Zeit

Die Entwicklung des „HP Way“ begann in den Gründerjahren des Unternehmens HP. Bill Hewlett und Dave Packard, zwei an der Stanford-Universität ausgebildete Ingenieure, verbanden ihre Produktideen mit einem kooperativen Führungsstil und einer arbeitsteiligen Partnerschaft.

Nach einer Vielfalt erfolgreicher Produkte und in einem schnell wachsenden Unternehmen formulierten die beiden Firmengründer gemeinsam mit ihren Führungskräften im Jahre 1957 die Unternehmensziele. Diese Ziele, mit den ihnen zu Grunde liegenden Werten, bilden die Grundlage für den HP Way.

Dauerhafte Werte – die Grundlage der Unternehmenskultur von Hewlett-Packard

Unsere Grundwerte und Unternehmensziele haben ein enormes Firmenwachstum und einen außergewöhnlichen weltweiten Wandel getragen. Sie haben sich als eine Kraft erwiesen, die über alle Ländergrenzen hinweg verbindet, und bilden eine Leitlinie, die geholfen hat, HP zu einem der erfolgreichsten Unternehmen der Welt zu machen. Aus den drei Elementen:

- Grundwerte
- Unternehmensziele
- Strategien und Praktiken

besteht der HP Way. Kernelement sind dabei die Grundwerte – in guten und schlechten Zeiten.

Die HP-Grundwerte

- Wir haben Vertrauen in unsere Mitarbeiter sowie Achtung und Respekt vor ihrer Persönlichkeit.
- Wir legen besonderen Wert auf das hohe Niveau unserer Leistungen und Beiträge.
- Wir legen unserem Tun kompromisslose Integrität zu Grunde.
- Wir erreichen unsere Unternehmensziele im Team.
- Wir fordern und fördern Flexibilität und Innovation.

Die Umsetzung des HP Way's

Offene Kommunikation

- Effiziente Teamarbeit
- Hohes Niveau der Leistungen
- Stabile Kundenbeziehungen
- Meinungsvielfalt

Führung durch Zielvereinbarung

- Innovation
- Risikobereitschaft
- Flexibilität
- Engagement

Persönliche Verantwortung und Eigeninitiative

- Schnelle Entscheidungen
- Freude an der Arbeit
- Permanente Weiterentwicklung
- Hohe Wettbewerbsfähigkeit

Respekt und Vertrauen

- Keine Stechuhren
- Übertragung von Verantwortung
- Möglichkeiten zur Selbstverwirklichung
- Fehler machen dürfen

Teamgeist

- Verzicht auf Statussymbole
- Großraumbüro („open door policy")
- Anrede mit Vornamen
- Breites Netz an Informationsmedien
- Informeller Umgang und offene Kommunikation
- Gegenseitiges Helfen
- Management by „wandering around"

Flexibilität und Innovation

- Breites Angebot an Weiterbildungsmaßnahmen
- Führen durch Zielvereinbarung
- Übersichtliche Bereiche durch Dezentralisierung
- Flexibles Arbeitszeitmodell

Hohes Niveau der Leistungen

- Beteiligung der Mitarbeiter am Unternehmenserfolg
- Qualitätsphilosophie TQC

Kompromisslose Integrität

- Allgemein verbindliche Geschäftsgrundsätze
- Wachstumsfinanzierung aus Eigenmitteln

(Hewlett-Packard: www.hp.com)

Das Bewusstsein über die Bedeutung einer im Sinne des Unternehmens effektiv gestalteten Organisationskultur als Instrument der Unternehmensführung hat sich in jüngster Zeit allerorts erheblich geschärft.

11.5.9 Flexible Organisationsformen – virtuelle Unternehmen, fraktale Fabriken

Grundsätzlich stellt sich die Frage, ob mit den bisherigen Ansätzen zur Strukturierung und Arbeitsweise in den Unternehmen die Aufgaben und Anforderungen der Zukunft bewältigt werden können. Dies ist offensichtlich nicht der Fall. Seit Anfang der 90er-Jahre finden wir im Zusammenhang mit Fragen der Unternehmensführung neue Begriffe wie „vitales Unternehmen", „fraktale Fabrik", „atmendes Unternehmen", „selbstlernendes Unternehmen", „flexible Fertigung". Alle Überlegungen zu diesen Begriffen gehen von der Erkenntnis aus, dass mit starren Unternehmensstrukturen, die nur langsam auf Veränderungen reagieren, den dynamischen Veränderungen am Markt nicht begegnet werden kann. Benötigt werden Vorgehensweisen, die kurzfristig und flexibel auf Veränderungen der Kundennachfragen, der Leistung, der Qualität, der Menge, der Kosten und der Termine reagieren können.

Vom **virtuellen Unternehmen** wird gesprochen, wenn es nur vorübergehend eine feste Struktur und Organisation aufweist. Die Organisation wird bedarfsorientiert mit variablen, zielgerichteten Produktionsstrukturen gestaltet. Damit ändert sich ihre Struktur fortwährend und in kürzesten Zeiten. ■

Hieraus verspricht man sich, den Bedarf an Ressourcen kurzfristig veränderbar gestalten zu können und die fixen Kosten entscheidend zu senken.

Ein virtuelles Unternehmen zeichnet sich durch die hohe Eigenständigkeit seiner einzelnen Elemente und deren Einbindung in die Abwicklung einzelner Aufträge aus. Auftragsabhängig forcieren sich teamorientierte Arbeitsgruppen immer wieder neu.

Mit der Prägung des Begriffes **fraktale Organisation** bzw. **fraktales Unternehmen** zielt man darauf ab, bestimmte Erscheinungen und Überlegungen in Wissenschaft und Wirtschaft auf einen gemeinsamen Nenner zu bringen. Ein fraktales Unternehmen ist durch selbstständig handelnde Unternehmenseinheiten (Fraktale; lat. „fractus", das Gebrochene) gekennzeichnet, die in ihrer Gesamtheit ein dynamisches System bilden.

11.5.10 Revolution der Informationsflüsse – Internet und E-Commerce

Die Nutzung des Internets ist heute ein fester Bestandteil im Unternehmen – und längst nicht mehr nur dort – geworden. Unternehmen nutzen seit einiger Zeit die Vorteile, die ihnen das elektronische Netz bietet, für vielfältigste Zwecke. Es hilft z. B. den weltweit preiswertesten Lieferanten zu finden und gibt Einblicke in die betrieblichen Abläufe von Partnern und Konkurrenten. Durch die **weltweite Vernetzung** haben Unternehmen zudem die Möglichkeit, in kurzer Zeit Informationen auszutauschen, Produkte anzubieten, Leistungen einzukaufen und Finanzgeschäfte abzuwickeln. Es bedarf nicht mehr allzu vieler Phantasie, sich das Internet im Zusammenhang mit jeglichen betrieblichen Aufgaben vorzustellen.

Wollen Unternehmen heutzutage im sich ständig verschärfenden, internationalen Wettbewerb bestehen, sind sie – zumindest mittelfristig – gezwungen, ins Internet zu gehen. Dadurch bieten sich ihnen primär vielfältige Möglichkeiten und Chancen. Unternehmen, die es verstehen, ihre Stärken gezielt auch im Internet einzusetzen, verschaffen sich in kürzester Zeit einen großen **Wettbewerbsvorteil**.

Durch die immer stärker werdende Nutzung der globalen Datennetze entstehen laufend auch neue Geschäftsmodelle, wie derzeit z. B. Online-Marktplätze und elektronische Mehrwertdienste.

Online-Marktplätze eröffnen Anbietern und Interessenten aller Wirtschaftszweige innerhalb kürzester Zeit die Möglichkeit, miteinander in Kontakt zu treten. Für diese Form der Kommunikation ist nur eine einzige Transaktion notwendig. Es müssen nicht mehr Tage damit verbracht werden, um den geeignetsten Lieferanten zu finden; ständig eröffnen neue Branchenmärkte. Durch diese Art des Einkaufs können beachtliche Effektivitätssteigerungen in allen Unternehmensbereichen erzielt werden. Auch stellt die Nutzung von Online-Marktplätzen eine Chance dar, auf die ständig steigenden Herausforderungen insbesondere im Beschaffungsbereich zu reagieren.

Elektronische Mehrwertdienste zeigen Anbietern vielfältige Möglichkeiten, sich gegenüber ihren Konkurrenten hervorzuheben. Man ist damit in der Lage, einen ganz auf die individuellen Wünsche der Kunden abgestimmten Service anzubieten. Der Verkauf von Produkten per Internet ermöglicht, Bestellungen vielfältigster Art erheblich schneller und problemloser zu bearbeiten.

11.6 Unternehmensführung im globalen Kontext

11.6.1 Globalisierung der Märkte und des unternehmerischen Handelns

11.6.1.1 Vorbemerkungen

Globalisierung ist nichts Neues, aber die heutige Ära unterscheidet sich deutlich von früheren. Sie lässt Zeit und Raum schrumpfen und Grenzen wegfallen, daher werden Verbindungen zwischen den Menschen enger, intensiver und direkter als je zuvor:

- Die Globalisierung eröffnet den Menschen den Zugang zur Kultur mit all ihrer Kreativität und zu einem Austausch von Ideen und Wissen.
- Globale technische Durchbrüche bieten die Möglichkeit, menschlichen Fortschritt zu beschleunigen und möglicherweise auch langfristig Armut zu überwinden.
- Neue Informations- und Kommunikationstechniken treiben die Globalisierung voran und werden auch entsprechend genützt.

Globalisierung bietet tatsächlich enorme **Chancen** für menschlichen Fortschritt, aber nicht nur. Globalisierung schafft auch neue **Bedrohungen** für:

- wirtschaftliche, insbesondere finanzielle Stabilität,
- Arbeit und Einkommen,
- den kulturellen Bereich,
- den Umweltbereich,
- Politik und Soziales.

Chancen und Bedrohungen verlangen gleichermaßen nach **Schutzmaßnahmen** bzw. nach Instrumenten, mit deren Hilfe künftig sinnvoll mit den Erscheinungsformen der Globalisierung umgegangen werden kann.

11.6.1.2 Umgang mit Globalisierungstendenzen

Globalisierung muss – so der Stand derzeitiger Erkenntnis – geprägt sein durch:

- **Moral:** weniger Verletzung von Menschenrechten, nicht mehr.
- **Gerechtigkeit:** weniger Disparitäten innerhalb und zwischen Staaten, nicht mehr.
- **Einbeziehung:** weniger Marginalisierung von Menschen und Ländern, nicht mehr.
- **Menschliche Sicherheit:** weniger Instabilität in Gesellschaften und weniger Verletzbarkeit der Menschen, nicht mehr.
- **Entwicklung:** weniger Armut und Entbehrungen, nicht mehr.

11.6.1.3 Chancen für Unternehmen

Die Beweggründe für eine globale Tätigkeit von Unternehmen ergeben sich – über die oben genannten allgemeinen Vorteile der Globalisierung hinaus – konkret in Form von **Gewinnchancen** und den **Ausweichmöglichkeiten**, die sich durch eine **Tätigkeit auf fremden Märkten** stets bieten. Entscheidet sich ein Unternehmen, eine internationale Tätigkeit aufzunehmen, ist zunächst jedenfalls eine detaillierte Betrachtung der unternehmensexternen Umwelt und des unternehmensinternen Kontexts vorzunehmen.

Dabei umfasst die **unternehmensexterne Umwelt** die politischen, rechtlichen, technologischen, soziokulturellen und ökonomischen Gegebenheiten im In- und relevanten Ausland.

Der **unternehmerische Kontext** umfasst Faktoren wie Unternehmensziele, Ressourcen, Wettbewerbsvorteile, Produkt/Markt-Kombinationen, Unternehmensgröße, Produktlebenszyklen und Organisationsstruktur. Darüber hinaus gehören dazu so genannte Entscheidervariablen wie Werte und Einstellungen, psychische Distanz zu Auslandsmärkten, strategische Grundhaltungen usw.

11.6.2 Strategien zur Nutzung weltweiter Potenziale

11.6.2.1 Auswahl und Bearbeitung von Märkten

Als Kriterien für die Auswahl und erfolgreiche Bearbeitung globaler Märkte sind neben verschiedenen unternehmensbezogenen Merkmalen (z. B. Leistungsprogramm, Kostenstruktur) und konkurrenzbezogenen Merkmalen vor allem die Länder- und Abnehmermerkmale von Bedeutung. Ländermerkmale umfassen insbesondere politisch-rechtliche, sozioökonomische, geografische, soziokulturelle sowie wirtschaftliche Gegebenheiten. Darüber hinaus sind Fragen der Infrastruktur und die spezifischen Länderrisiken von Bedeutung. Die Abnehmermerkmale geben Auskunft über industrielle Abnehmer (z. B. Unternehmensgröße, Leistungsprogramm, Nachfrageverhalten) und Konsumenten.

Für die Marktsegmentierung in ähnlicher Weise bedeutsam sind die üblicherweise zur Anwendung kommenden **Auswahlfaktoren für Märkte:**

- Waren- und firmenspezifisches Marktpotenzial,
- Räumliche und kulturelle Distanz des Marktes zum Zielland unter besonderer Berücksichtigung der Transportverhältnisse und der Zugänglichkeit zu Informationen,

- Politische Risiken,
- Gesetzliche Reglementierungen des Zielmarktes,
- Verfügbarkeit von Institutionen außerhalb des Landes zur Realisierung einer akzeptablen Marktpolitik (Transport, Werbung, Marktforschung),
- Zur Verfügung stehende Absatzwege und Partner vor Ort (direkter Export, indirekter Export - z. B. über Händler, Lizenzvergabe, Joint Venture, Niederlassung oder Tochtergesellschaft im Ausland).

Zusammengefasst sind folgende **Kriterien** wesentlich, um geeignete Märkte auszuwählen:

- Beachtung der allgemeinen Rahmenbedingungen,
- Absatzbedingungen,
- Spezifische Produktanforderungen,
- Kosten-Nutzen-Optimierung.

11.6.2.2 Hindernisse und Risiken

Bei der Umsetzung von Internationalisierungsstrategien sind Unternehmen häufig mit diversen **Barrieren und Hindernissen** konfrontiert:

Institutionelle Markteintrittsbarrieren

- Tarifäre Handelshemmnisse (insbesondere Zölle)
- Nichttarifäre Barrieren (z. B. Importbehinderung, Behinderung von Lizenzierungen und Direktinvestitionen)

Verhaltensbedingte Markteintrittsbarrieren

- Marktseitige Barrieren (ergeben sich aus dem faktischen Verhalten von Geschäftsleuten oder Verbrauchern am Markt)
- Unternehmensseitige Barrieren (z. B. unzulängliche Marktinformationen, psychische Barrieren)

In der Praxis des internationalen Geschäfts haben sich zur Überwindung der verschiedenen Barrieren und Hindernisse im Laufe der Zeit diverse Strategien und Techniken, wenngleich mit unterschiedlichem Wirkungsgrad, herausgebildet.

Die oft guten Chancen von Unternehmen im globalen Geschäft sind regelmäßig auch von zahlreichen wie unterschiedlichen **Risiken** begleitet. Die wesentlichen Risiken stellen sich wie folgt dar:

Tabelle 11.2 Gegenüberstellung der wichtigsten Risiken von Unternehmen

Ökonomische Risiken	Politische Risiken
▪ Marktrisiko (ungeeignetes Sortiment) ▪ Preisrisiko (Preisänderungen bei Absatz- und Beschaffungsgütern) ▪ Kreditrisiko (Zahlungsunfähigkeit des Importeurs) ▪ Lieferungs- und Abnahmerisiko (Importeur erteilt Mängelrüge) ▪ Kursrisiko (Veränderung der Austauschrelationen zwischen Währungen) ▪ Transportrisiko (Beschädigung oder Verlust der Ware beim Transport)	▪ Politisches Risiko im engeren Sinn (Krieg, Blockade, Boykott, Streik) ▪ Zahlungsverbots- und Moratoriumsrisiko (Zahlung wird von staatlicher Seite verboten oder verzögert) ▪ Transfer- und Konvertierungsrisiko (Zahlungsbilanz- und Devisenprobleme)

Darüber hinaus können **spezifische Risiken des Auslandsgeschäfts**, jeweils in den verschiedenen Phasen, auftreten:

1. **Angebotsphase** (Risiken in dieser Phase ist relativ schwer zu begegnen, allenfalls durch den Abschluss eines „letter of intent“);
2. **Vertragsabschluss** (vgl. ausländisches Recht, Produkthaftung, individuelles Schuldnerrisiko, Länderrisiko, Währungsrisiko, Preis- und Kostenrisiken);
3. **Auftragsabwicklung** (vgl. Transportrisiko, administrative und handelspolitische Risiken, Montagerisiko, Steuer- und Abgabenrisiko, Verzugsrisiko, Gewährleistungsrisiko).

Die **Kosten der Absicherung** der verschiedenen Risiken stellen einen wichtigen Kostenfaktor im Exportgeschäft dar und schränken zusammen mit den häufig nicht unerheblichen Selbstkosten der Anbahnung von Geschäften sowie den Kosten der Distribution, Kommunikation und Verwaltung den preispolitischen Spielraum erheblich ein. Diese Faktoren stellen sich somit auch als wesentliche Determinanten der Preispolitik dar.

11.6.3 Erfolgreiche Gestaltung von Geschäftsmöglichkeiten

11.6.3.1 Marktattraktivität

Die Attraktivität eines Marktes wird durch die Wettbewerbssituation, Risikosituation und Wachstumsdynamik bestimmt. Um sich für einen Erfolg versprechenden Zielmarkt entscheiden zu können, sollte ein Unternehmen über möglichst detaillierte Informationen zu folgenden **Kriterien** verfügen:

- Marktgröße, Marktwachstum,
- Marktqualität (Rentabilität, Stellung im Markt, Möglichkeiten der Preispolitik, Know-how-Schutz, Verhalten der etablierten Unternehmen, Anzahl und
- Struktur bestehender und potenzieller Abnehmer, Eintrittsbarrieren, Wettbewerbsklima),
- Ertragspotenzial,

- Verfügbarkeit von Ressourcen (natürliche, personelle, finanzielle oder technologische Ressourcen),
- Konkurrenzsituation (Verhalten der Branche) und
- Umweltsituation (Konjunkturabhängigkeit, Gesetzgebung, Risiko staatlicher Eingriffe, staatliche Investitionsanreize wie Bereitstellung von Fördermitteln, Steuervergünstigungen, Hilfe bei der Anbahnung von Geschäftskontakten, Hilfe bei der Abwicklung, Finanzierung und Absicherung von Exportgeschäften).

Soll ein neuer internationaler (Teil-)Markt erschlossen werden bzw. beabsichtigt ein Unternehmen, sich auf eine Marktnische zu spezialisieren, muss zuallererst untersucht werden, ob der betreffende Markt überhaupt ein ausreichend großes Absatzpotenzial und Gewinnchancen bietet.

11.6.3.2 Wettbewerbsvorteile

Um sich am Markt behaupten zu können, muss ein Unternehmen einen gewissen Vorsprung gegenüber seinen Konkurrenten aufweisen. Ein Unternehmen sollte vor allem in jenen Bereichen Stärken aufweisen, die dem Kunden von Bedeutung sind. Liegen die Stärken des Unternehmens gemessen am Branchenniveau deutlich höher, dann hat des Unternehmen definitiv Wettbewerbsvorteile, die aus folgenden **Quellen** resultieren können:

- **Marktposition** (Marktanteil, Rentabilität, Risiko, Marketingpotenzial, Quellen der Wettbewerbsvorteile, z. B. Differenzierung, Kostenführerschaft),
- **Produktionspotenzial** (Wirtschaftlichkeit und Potenzial der Produktionsprozesse, Zugang zu Rohstoffen und Energieträgern),
- **Forschungs- und Entwicklungspotenzial** (Stand der Forschung, Innovationspotenzial und Innovationskontinuität),
- **Qualifikation** der Führungskräfte und Mitarbeiter (Professionalität, Innovationsklima, Führungssysteme).

Um Wettbewerbsvorteile feststellen, schaffen und ausnutzen zu können, sollte ein Unternehmen seine Stärken und Schwächen definieren, wobei alle Geschäftseinheiten berücksichtigt werden müssen.

11.7 Entwicklungstendenzen

Gerade die Veränderungsdynamik des letzten Jahrzehnts hat uns gelehrt, heute noch konsequent vom Prinzip der Unberechenbarkeit künftiger Entwicklungen auszugehen. Dies schafft die paradoxe Situation, sich verstärkt mit Zukunftsfragen beschäftigen zu müssen und gleichzeitig die Gewissheit zu haben, daraus keine wirklich sicherheitsspendenden Orientierungen im Sinne eines „Genau so wird es kommen“ zu haben. In diesem Zusammenhang stellt sich eine wesentliche Frage: Welche permanenten Herausforderungen sind durch Führung zu gestalten, um die Überlebensfähigkeit einer Organisation dauerhaft zu sichern?

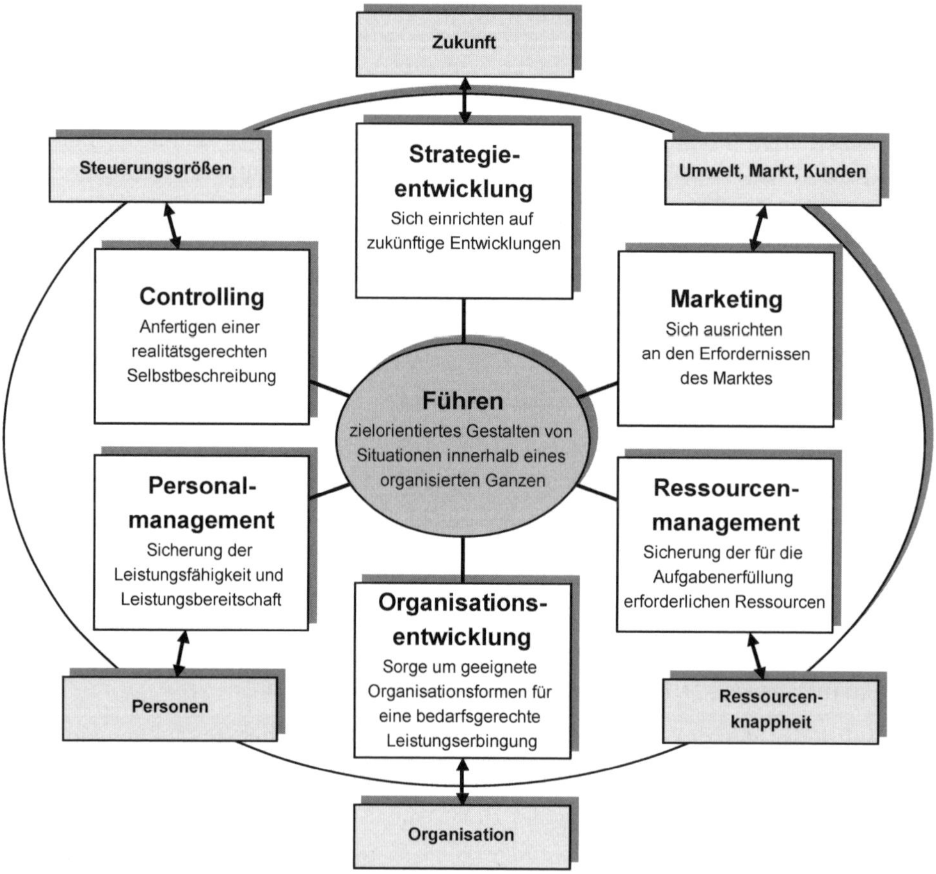

Abbildung 11.6 Künftige Aufgabenfelder von Führung

Die **Wahrnehmung von Führungsaufgaben** scheint künftig insbesondere von folgenden Eckpunkten bestimmt zu werden:

- Agieren in einem drastisch veränderten organisatorischen Führungsumfeld
- Erhöhte Eigenverantwortung der teilautonomen Systeme und zunehmende Flexibilisierung
- Prozessoptimierung als bleibende Herausforderung
- Transformation von der Industrie- zu einer Wissensgesellschaft
- Bewältigung von Widersprüchen

Insgesamt gilt es, bewährte Methoden der Unternehmensführung, unabhängig davon, wo sie entwickelt wurden, vorurteilsfrei auf ihre Nutzung zu prüfen. Vielfach ist eine Symbiose zwischen eigenen Erfahrungen und denen anderer ein Weg nach vorn. Als Ziel steht jedenfalls, dass man künftig permanent mit hoher Konsequenz auch weiterhin versucht, das technische, organisatorische und wirtschaftliche Optimum zu erreichen. Unternehmen müssen sich dabei als lernende Organisationen erweisen und unter Nutzung aller Mitarbeiterpotenziale, auch mit einem professionellen Wissensmanagement, zu ständiger Strukturanpassung fähig sein. Dafür tragen die Unternehmensleitungen die Verantwortung.

11.8 Kontrollfragen

1. Welche grundsätzlichen Rahmenbedingungen stellen sich bei der Führung eines Unternehmens? (Abschn. 11.2)
2. Was versteht man unter „Management als Institution" und „Management als Funktion"? (Abschn. 11.3)
3. Nennen und beschreiben Sie die einzelnen Führungsfunktionen! (Abschn. 11.3.1)
4. Nennen und beschreiben Sie die einzelnen Sachfunktionen! (Abschn. 11.3.2)
5. Welche Probleme ergeben sich im Unternehmen im Zusammenhang mit den Führungs- und Sachaufgaben? (Abschn. 11.3.1/2)
6. Beschreiben Sie die Steuerungsebenen im Unternehmen? (Abschn. 11.4)
7. Welche Stichwörter können Sie zum Thema aktuelle Konzepte und Methoden der Unternehmensführung nennen? (Abschn. 11.5.1)
8. Erklären Sie den Begriff Benchmarking ausführlich! (Abschn. 11.5.2)
9. Erklären Sie die Begriffe Lean Management/Lean Production ausführlich! (Abschn. 11.5.3)
10. Erklären Sie den Begriff Kaizen ausführlich. Gehen Sie dabei auch auf Just-in-time und Kanban ein! (Abschn. 11.5.4)
11. Welche Vorteile bringt Global Sourcing für ein Unternehmen? (Abschn. 11.5.5)
12. Welche Bedeutung hat das Konzept des Total Quality Managements? (Abschn. 11.5.6)
13. Warum ist soziale Kompetenz heute so wichtig? (Abschn. 11.5.7)
14. Erklären Sie die Möglichkeiten und Grenzen, Unternehmenskultur als Steuerungs- und Führungsinstrument einzusetzen! (Abschn. 11.5.8)
15. Welche flexiblen Organisationsformen kennen Sie? (Abschn. 11.5.9)
16. Welche Möglichkeiten bieten Internet und E-Commerce für Unternehmen? (Abschn. 11.5.10)
17. Welche Chancen und Risiken bringt die Globalisierung mit sich? (Abschn. 11.6.1)
18. Wie soll man mit Globalisierungstendenzen umgehen? (Abschn. 11.6.1)
19. Nennen und erklären Sie Hindernisse, Barrieren und Risiken, die sich Unternehmen bei ihrer Tätigkeit auf internationalen Märkten entgegenstellen können! (Abschn. 11.6.2)

20. Warum müssen sich Unternehmen unter den aktuellen Wirtschaftsmodalitäten als permanent lernende Organisationen verstehen? (Abschn. 11.7)

21. Wie stellen Sie sich Unternehmensführung künftig vor? (Abschn. 11.7)

11.9 Übungsaufgabe

Ü1 Die Prima-Lock GmbH

a) Ausgangsdaten

Ende 2006 wurde die Prima-Lock GmbH als Familienunternehmen durch Martin Pritz, der zugleich Firmeninhaber und Geschäftsführer ist, gegründet. Die Geschäftstätigkeit beschränkte sich zunächst auf die Herstellung und den Vertrieb von Sicherheitsschlössern und Türbeschlägen. Im Laufe der Zeit kamen Fenstersicherungssysteme und Feuerschutztüren dazu, sodass Prima-Lock heute Komplettlösungen für den Bereich der Sicherheitsschließsysteme anbieten kann.

Nachdem anfangs neben Pritz und seiner Frau nur fünf Mitarbeiter beschäftigt waren, ist die Beschäftigtenzahl mittlerweile auf 32 Mitarbeiter angestiegen. Pritz erwartet von seinen Mitarbeitern Einsatzbereitschaft und Selbstständigkeit. Großer Wert wird auch auf die Fähigkeit, im Team arbeiten zu können, gelegt. Da Pritz ein sehr direkter und offener Mensch ist, pflegt er auch im Umgang mit seinen Mitarbeitern ein solches Verhältnis. Hierarchiestufen sind so gut wie gar nicht ausgeprägt. Die Bürotüren aller Mitarbeiter stehen jederzeit für jedermann offen, auch die Tür des Geschäftsführers. Wichtige Entscheidungen werden von allen Betroffenen gemeinsam besprochen, wobei das letzte Wort nach wie vor beim Geschäftsführer liegt. Obwohl Pritz grundsätzlich Vertrauen zu all seinen Mitarbeitern hat, ist das Vertrauen in letzter Konsequenz doch nicht so groß, dass er einen Stellvertreter ernannt hätte. So bleiben, wenn Pritz abwesend oder auf irgendeine andere Art verhindert ist, wichtige Entscheidungen liegen.

Ein dokumentiertes Organigramm des Unternehmens existiert nicht. Ebenso wenig gibt es Ablauf- oder Stellenbeschreibungen. Leitende Funktionen im Unternehmen werden derzeit von folgenden Personen ausgeübt, die dem Geschäftsführer Martin Pritz direkt unterstellt sind:

- Gundula Pritz – Verwaltung/Sekretariat
- Sabine Heller – Rechnungswesen/EDV
- Elke Michel – Werbung/PR
- Tobias Markardt – Verkauf
- Gabriele Gebauer – Einkauf
- Eberhard Müller – Konstruktion
- Alfred Sommer – Produktgruppe Sicherheitsschlösser und Türbeschläge
- Dirk Schulze – Produktgruppe Fenstersicherungssysteme

- Wolfgang Bachmann – Produktgruppe Feuerschutztüren
- Sommer, Schulze, Bachmann – Qualitätssicherung

Martin Pritz, Maschinenbau-Ingenieur, interessiert sich auch heute noch mehr für Technik als für die anfallenden Verwaltungsarbeiten. So kommt es vor, dass er sich tagelang begeistert mit einem neuen Schließmechanismus beschäftigt, während sich auf seinem Schreibtisch unerledigte Akten türmen.

Seit rund zwei Jahren ist Prima-Lock auch in Polen und Tschechien aktiv. Nach der erfolgreichen Einrichtung zweier Verkaufsniederlassungen ist nun die Errichtung einer Produktionsstätte in Polen geplant. Zunächst soll dort – wie auch in Deutschland – mit der Herstellung von Sicherheitsschlössern und Türbeschlägen begonnen werden. Eine Ausweitung der Produktion auf andere Bereiche ist mittelfristig ins Auge gefasst. Alfred Sommer, der schon seit der Unternehmensgründung bei Prima-Lock tätig ist, war zunächst als Leiter der polnischen Produktionsniederlassung vorgesehen, lehnte aber aus Altersgründen ab. Er vertritt die Meinung, dass ein jüngerer Mitarbeiter diese Chance zur persönlichen Weiterentwicklung bekommen sollte. Auch die beiden anderen Produktionsleiter zeigten sich bislang an einer Versetzung nach Polen wenig interessiert. Sie äußerten sich zwar nicht offen dazu, machten aber deutlich, dass sie einer Entsendung nach Polen nur bei Gewährung entsprechender Anreize zustimmen würden.

b) Aufgabenstellung

- Welche innerbetrieblichen Probleme können Sie bei Prima-Lock identifizieren?
- Welche Organisationsstruktur wäre Ihrer Meinung nach für dieses Unternehmen sinnvoll? Erstellen Sie ein Organigramm, das den aktuellen Anforderungen gerecht wird!
- Welche Probleme können in Zusammenhang mit dem Aufbau der polnischen Produktionsniederlassung auftreten?

11.10 Literatur- und Quellenverzeichnis

Abrams, R.: Business Plan – Secrets & Strategies. London: John Wiley & Sons, 2010

Bea, F. X./Göbel, E.: Organisation – Theorie und Gestaltung. 4. Aufl., Stuttgart: UTB-Verlag, 2010

Breunig, A./Zimmerling, R./Strunz, H.: Achtung Kultur! – Ein kleiner „Knigge" zum Verhalten im Ausland. Plauen: M & S-Verlag, 2009

Dillerup, R./Stoi, R.: Unternehmensführung. 3. Aufl., München: Verlag Vahlen, 2011

Dorsch, M.: Abenteuer Wirtschaft. 40 Fallstudien mit Lösungen. München, Wien: Oldenbourg, 2009

Gläß, M./Karbach, R./Sadowski, U./Strunz; H. (Hrsg.): Was heißt und zu welchem Ende studiert man ... Management?. Plauen: M & S-Verlag, 2010

Handelsblatt (Hrsg.): Handelsblatt Management Bibliothek. 12 Bände. Frankfurt/M., New York: Campus, 2005

Härdler, J.: Studienmaterial Materialwirtschaft. Zwickau: Westsächsische Hochschule Zwickau, 2000

Hungenberg, H./Wulf, T.: Grundlagen der Unternehmensführung. 4. Aufl., Berlin-Heidelberg: Springer-Verlag, 2011

Kasper, H./Mayrhofer, W. (Hrsg.): Personalmanagement, Führung, Organisation. 4. Aufl., Wien: Linde, 2009

Olfert, K./Pischulti, H.: Kompakt-Training Unternehmensführung. 5. Aufl., Ludwigshafen/Rhein: Kiehl Verlag, 2011

Robbins, S. P.; Judge, T. A.: Organizational Behavior, Pearson: Boston u. a., 2013

Sperber, H.: Wirtschaft verstehen. 3. Aufl., Stuttgart: Schäffer-Poeschel Verlag, 2009

Strunz, H./Dorsch, M.: Management im internationalen Kontext. München, Wien: Oldenbourg, 2009

Strunz, H.: Tagebuch der Weltwirtschaft 2000 - 2010 - Kommentare, Kritik, Reflexionen. Plauen: M & S-Verlag, 2011

Varner, I./Beamer, L.: Intercultural Communication in the Global Workplace. New York: McGraw Hill, 2010

Wöhe, G.: Einführung in die Allgemeine Betriebswirtschaftslehre. 24. Aufl., München: Verlag Vahlen, 2010

12 Betriebliche Informationssysteme

12.1 Studienziele

Dieses Kapitel soll dem Leser ermöglichen zu verstehen,

- was betriebliche Informationssysteme sind und wie sie aufgebaut sind;
- welche betrieblichen Informationssysteme von besonderer Bedeutung für produzierende Unternehmen sind;
- welchen Aufgaben betriebliche Informationssysteme erfüllen und welche Funktionen sie bereitstellen;
- wie betriebliche Informationssysteme in der betrieblichen IT-Landschaft zusammenspielen.

12.2 Überblick über betriebliche Informationssysteme

Um Unternehmen erfolgreich zu betreiben und zu managen, müssen fortlaufend und auf allen Ebenen Entscheidungen getroffen werden, die auf Informationen über das Unternehmen selbst, seine Lieferanten, seine Kunden und sein sonstiges Umfeld beruhen. Die Qualität dieser Entscheidungen hängt wesentlich von Umfang und Qualität der verfügbaren Informationen sowie von der Fähigkeit ab, diese Informationen effizient auszuwerten. Zur Speicherung und Verarbeitung unternehmensrelevanter Informationen werden heute üblicherweise **betriebliche Informationssysteme** eingesetzt. Diese Systeme sind heute ein wichtiger Wettbewerbsfaktor, der unmittelbar zu Profitabilität und Erfolg eines Unternehmens beiträgt (vgl. Carnelly/Dorr 2007).

Elektronische Rechner werden seit den 1960er Jahren zur Unterstützung betrieblicher Funktionen eingesetzt. Mit zunehmender Leistungsfähigkeit der verfügbaren Rechnersysteme haben sich seitdem parallel zwei Entwicklungen vollzogen:

- Zum einen wurden immer mehr Anwendungsfälle erschlossen, so dass es heute kaum noch eine betriebliche Funktion gibt, für die keine Rechnerunterstützung zur Verfügung steht. Das umfasst so verschiedene Dinge wie Online-Shops, über die Kunden die Produkte des Unternehmens bestellen können, das Management von Stücklisten aus Konstruktions-, Produktions- und logistischer Sicht oder die Erfassung der Arbeitszeiten von Mitarbeitern mittels Betriebsdaten- bzw. Personalzeiterfassung.

- Zum anderen gab es in den letzten Jahrzehnten den Trend, ursprünglich voneinander unabhängige betriebliche Informationssysteme zu integrieren, so dass aktuelle Informationssysteme oft über tausende Einzelfunktionen verfügen und über sehr großen und komplexen Datenbanken operieren.

Je nach Unternehmensgröße kann die Anzahl produktiv eingesetzter Informationssysteme ohne weiteres im dreistelligen Bereich liegen. Viele von ihnen dienen Spezialaufgaben und sind nur für diese relevant. Es gibt aber auch Informationssysteme mit übergreifender Bedeutung, von denen vier in diesem Kapitel vorgestellt werden.

Unter einem **betrieblichen Informationssystem** versteht man die Anwendungssoftware und die Daten zur Unterstützung der betrieblichen Aufgaben in einem konkreten betrieblichen Anwendungsgebiet.

Die Gesamtheit aller Informationssysteme eines Unternehmens einschließlich ihrer Beziehungen untereinander wird als IT-Landschaft des Unternehmens bezeichnet. ■

Abbildung 12.1 gibt einen Überblick über die Grundstruktur der IT-Landschaft (Ü1) produzierender Unternehmen. Aus Nutzersicht werden je nach betrieblicher Rolle im Wertschöpfungsprozess und in der Unternehmenshierarchie unterschiedliche Funktionen der Informationssysteme benötigt: Anwender der Fachebene setzen vorrangig administrative und dispositive Funktionen ein, mit denen sie operative Aufgaben lösen. Beispiele dafür sind das Verbuchen eines Wareneingangs in der Lagerverwaltung und das Erstellen einer Rechnung in der Debitorenbuchhaltung. Anwender der Führungsebene nutzen in erster Linie Planungs- und Kontrollfunktionen, zum Beispiel zur mittelfristigen Termin- und Kapazitätsplanung oder zum Überwachen der betrieblichen Zielerreichung.

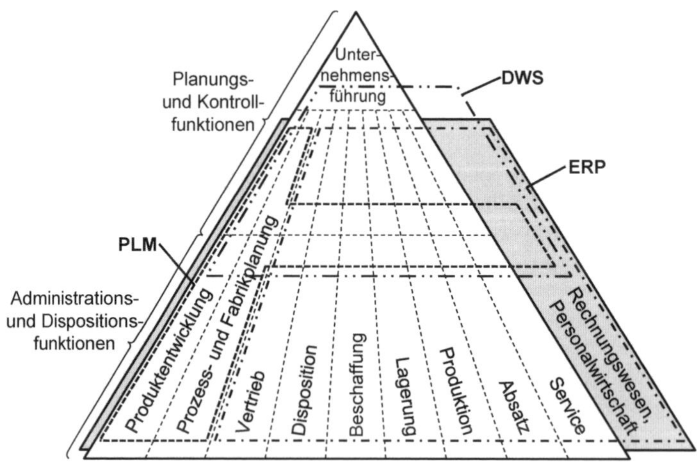

Abbildung 12.1 Überblick über die betriebliche IT-Landschaft (modifiziert nach Mertens 2009,1,8)

Produzierende Unternehmen gehen permanent zwei wesentliche Hauptaktivitäten nach: Die erste besteht darin, das **Unternehmen operativ zu betreiben**, das heißt Produkte herzustellen und abzusetzen. Dabei wird die Wertschöpfungskette vom Vertrieb über Disposition, Beschaffung, Lagerung, Produktion und Absatz bis hin zum Service durchlaufen (vgl. Porter 2010). Die ganzheitliche Planung und Steuerung dieses Prozesses wird als Enterprise Resource Planning (ERP) bezeichnet (vgl. Gronau 2013). ERP-Systeme sind eine Art betrieblicher Informationssysteme, die ERP dienen. Sie bilden nicht nur die Prozessschritte der Wertschöpfungskette ab, sondern auch betriebliche Unterstützungs- und Querschnittsfunktionen, zu denen insbesondere Rechnungswesen und Personalwirtschaft gehören. Abschnitt 12.3 befasst sich ausführlich mit ERP-Systemen.

Die zweite Hauptaktivität eines produzierenden Unternehmens besteht im **Weiterentwickeln seiner Produktpalette und seines Produktionssystems**. Die damit verbundenen Aufgaben werden im Rahmen des Product-Lifecycle-Managements (PLM) adressiert (vgl. Eigner/Stelzer 2009). PLM-Systeme, eine weitere Art betrieblicher Informationssysteme, und über ihnen operierende Konstruktions-, Planungs- und Simulationssysteme stellen Funktionen zur Unterstützung von Produktentwicklung sowie Produktionsprozess- und Fabrikplanung bereit. Darüber hinaus umfasst PLM das Management von Produkten über ihren gesamten weiteren Lebenszyklus von Produktion bis hin zu Service und Entsorgung, wobei sich PLM mit ERP überschneidet.

Die Datenstrukturen und Funktionen von ERP- und PLM-Systemen sind darauf ausgelegt, vergleichsweise granulare operative Tätigkeiten zu unterstützen und die entstehenden Daten möglichst redundanzfrei und konsistent abzulegen. Für übergreifende und strategische Analysen, die insbesondere auf der Führungsebene des Unternehmens benötigt werden, haben sich diese Systeme als unzweckmäßig erwiesen. Um den speziellen Anforderungen schneller und umfassender Datenanalysen für Berichtswesen und Entscheidungsunterstützung zu genügen, wird deshalb eine dritte Art betrieblicher Informationssysteme eingesetzt, die Data-Warehouse-Systeme (DWS, vgl. Bauer/Günzel 2013). DWS führen Daten aus verschiedenen internen und externen Quellen zusammen, transformieren sie und füllen sie in Strukturen, die ein schnelles Lesen sehr großer Datenmengen erlauben. DWS stellen leistungsfähige Datenanalysefunktionen zur Verfügung. Sie werden in Abschnitt 12.4.2 diskutiert.

Im Zuge der betrieblichen Leistungserstellung werden **Geschäftsprozesse** durchlaufen, deren Schritte mit Funktionen betrieblicher Informationssysteme korrespondieren. In vielen Fällen verteilt sich die Zuständigkeit für einen Geschäftsprozesses nicht nur auf mehrere Rollen, sondern auch auf mehrere Personen im Unternehmen: Vertriebsmitarbeiter erfassen Kundenaufträge, Disponenten ermitteln daraufhin den Materialbedarf und erstellen Produktionsaufträge für eigengefertigte Teile sowie Beschaffungsaufträge für fremdbezogene Teile usw. Ähnliches gilt für Geschäftsprozesse im Rahmen von Produktentwicklung und Fabrikplanung sowie für viele andere Geschäftsprozesse. Für die effiziente Ausführung von Geschäftsprozessen ist es wichtig, dass bei der Übergabe der Arbeitsinhalte von einer Person an eine andere kein Zeit- und Informationsverlust auftritt.

Für das geregelte Weiterreichen von Arbeitspaketen und der zugehörigen Informationen innerhalb des Unternehmens und auch über Unternehmensgrenzen hinweg wurden spezielle betriebliche Informationssysteme entwickelt, die Workflow-Management-Systeme (WFMS). Da WFMSe in allen Bereichen des Unternehmens und auf allen Hierarchieebenen eingesetzt werden und außerdem oft integraler Bestandteil moderner ERP- und PLM-Systeme sind, werden sie in Abbildung 12.1 nicht explizit dargestellt. Abschnitt12.4.2. erläutert WFMS näher.

Neben den genannten vier Arten betrieblicher Informationssysteme existieren zahlreiche weitere, insbesondere solche, die die Anbindung an das physische Produktionssystem realisieren. Da diese Systeme jedoch eher produktionstechnisch als betriebswirtschaftlich ausgerichtet sind, werden sie im Rahmen dieses Buches nicht behandelt. Die aktuellen Diskussionen unter dem Schlagwort „Industrie 4.0“ über die Weiterentwicklung von Produktionsunternehmen zu „Smart Factories“ weisen darauf hin, dass die Bedeutung betrieblicher Informationssysteme in den kommenden Jahren noch einmal deutlich steigen wird (vgl. Kagermann u. a. 2013).

12.3 Enterprise Resource Planning

12.3.1 ERP-Konzept

Für den Begriff **Enterprise Resource Planning** (ERP) finden sich in der Fachliteratur verschiedene Definitionen. Einen Überblick über die verschiedenen Sichtweisen geben Hesseler/Görtz 2008. Im Rahmen dieses Beitrags soll folgende Definition gelten:

Enterprise Resource Planning ist der mehrstufige Planungs- und Optimierungsprozess (Planning), der festlegt, wie der vorliegende oder zu prognostizierende Bedarf an komplexen Produkten oder Dienstleistungen eines einzelnen oder mehrerer verbundener Unternehmen (Enterprise) möglichst termin-, mengen- und qualitätsgerecht zu befriedigen ist durch den effizienten Einsatz des vorliegenden Angebotes an Ressourcen (Resource) des Unternehmens, wie z. B. Arbeitskraft, Material, Maschinen, Werkzeugen oder Geld.

Aufgrund der Komplexität der Produkte und Dienstleistungen, der Komplexität der zu ihrer Bereitstellung notwendigen Liefer- und Produktionsprozesse, der Komplexität der Ressourcen und der Komplexität der Planung ist ERP nur mit Hilfe betrieblicher Informationssysteme, sogenannter **ERP-Systeme**, möglich.

Betriebliche Informationssysteme werden gemeinhin in sogenannte **Administrations- und Dispositionssysteme** einerseits und in sogenannte **Planungs- und Kontrollsysteme** andererseits unterschieden:

Administrationssysteme unterstützen oder automatisieren einfache, häufig wiederkehrende Aufgaben. Dispositionssysteme unterstützen einfache, häufig wiederkehrende Entscheidungen.

Ein Beispiel für eine einfache, wiederkehrende Aufgabe ist das Einlagern von Material in einem Festplatzlager, wobei jedem Material genau ein vorab definierter Lagerplatz zugewiesen ist, so dass das Administrationssystem das Material nur an genau diesem Lagerplatz einlagern kann und keinerlei Entscheidungsspielraum hat.

Ein Beispiel für eine einfache, wiederkehrende Entscheidung ist das Einlagern eines Materials in einem chaotischen Lager: Das Dispositionssystem entscheidet fallweise, auf welchem der alternativen Lagerplätze das Material abgelegt wird, so dass das Ein- und spätere Auslagern möglichst effizient vorgenommen werden kann.

Planungssysteme führen die Planung im Sinne des ERP aus, wobei sukzessiv mehrere Planungsschritte ausgeführt werden.

Die Zerlegung der Gesamtplanung in mehrere Teilschritte dient der Reduktion der Komplexität. Dabei werden wechselseitige Abhängigkeiten bewusst vernachlässigt: Beispielsweise werden Produktionsaufträge zunächst ohne Berücksichtigung der Auslastungssituation des Unternehmens terminiert (siehe Abschnitt 12.3.3.2), obwohl die Auslastung die Durchlaufzeit von Aufträgen wesentlich beeinflusst. Ansätze zur Simultanplanung sind erst in neueren **Advanced Planning Systems** (vgl. Stadtler/Kilger 2008) realisiert, die heute aber noch von ERP-Systemen getrennt sind.

Während Planungssysteme festlegen, was in der Zukunft geschehen soll, prüfen Kontrollsysteme, ob die geplante Zukunft tatsächlich eintritt:

Kontrollsysteme überwachen den geplanten Ablauf des operativen Geschäftsbetriebs, informieren über aufgetretene und zu erwartende Soll-Ist-Abweichungen und unterstützen die Auswahl regulierender Maßnahmen.

Kontrollsysteme liegen in mehreren Ausbaustufen vor: Die einfachsten Kontrollsysteme prüfen, ob der Plan eingehalten wird, und warnen, falls das nicht der Fall sein sollte. Sogenannte **Frühwarnsysteme** prognostizieren, ob der Plan voraussichtlich eingehalten werden kann, und warnen bereits, bevor eine wesentliche Soll-Ist-Abweichung eintritt. Wenn der Plan nicht eingehalten wird, schlagen fortgeschrittene Kontrollsysteme zusätzlich regulierende Gegenmaßnahmen vor und prognostizieren die Wirksamkeit der Maßnahmen über der Zeit. Kann der Plan auch durch regulierende Maßnahmen nicht mehr eingehalten werden, wird erneut geplant. Obwohl ihr Name nur Planung suggeriert, umfassen ERP-Systeme die Funktionalität von Adminstrations-, Dispositions-, Planungs- und Kontrollsystemen.

Praxistipp: Um aus den Funktionen eines ERP-Systems Nutzen zu ziehen, ist es wichtig, dass anfallende Daten (z.B. eingehende Kundenaufträge, gestellte Rechnungen, Wareneingänge, Produktionsmengen, Maschinenausfälle usw.), zeitnah und korrekt im ERP-System erfasst werden. „Zeitnah" bedeutet dabei bis spätestens zum Ende des Tages oder der Schicht bzw. vor der nächsten Planung. Die Planung basiert auf diesen Daten, und nur wenn sie korrekt und vollständig vorliegen, führt die Planung zu einem realistischen Plan.

Praxistipp: Sollten bei der Dateneingabe Fehler begangen worden sein, so müssen diese ebenfalls zeitnah identifiziert und korrigiert werden. Das erfordert explizite Stornierungsbuchungen, die entsprechende Belege erzeugen. Stornierung und erneute und dann korrekte Eingabe müssen mindestens innerhalb der aktuellen Buchungsperiode erfolgen, damit keine Fehler in der Periodenabrechnung auftreten.

12.3.2 Fachliche Architektur von ERP-Systemen

Fachlich bestehen ERP-Systeme aus sogenannten **Modulen**, die sich an den Bereichen eines (produzierenden) Unternehmens orientieren. Die meisten ERP-Systeme unterscheiden zumindest folgende Module:

- Vertrieb,
- Planung (und Kontrolle),
- Beschaffung bzw. Einkauf,
- Lager(wirtschaft),
- Produktion und
- Rechnungswesen.

Oft kommen Personalwirtschaft und Service hinzu, und der Versand ist zumeist einem anderen Modul, z.B. der Lagerwirtschaft oder dem Vertrieb, untergeordnet. Abbildung 12.2 illustriert das Zusammenspiel zwischen den Bereichen eines Unternehmens, einem Kunden und einem Lieferanten. Die Pfeile verdeutlichen die Informations- bzw. Belegflüsse für den Fall einer kundenauftragsorientierten Produktion von Standardprodukten (vgl. Schuh/Schmidt 2014). Bei anderen Fertigungstypen und -arten können natürlich punktuell Abweichungen im Ablauf auftreten.

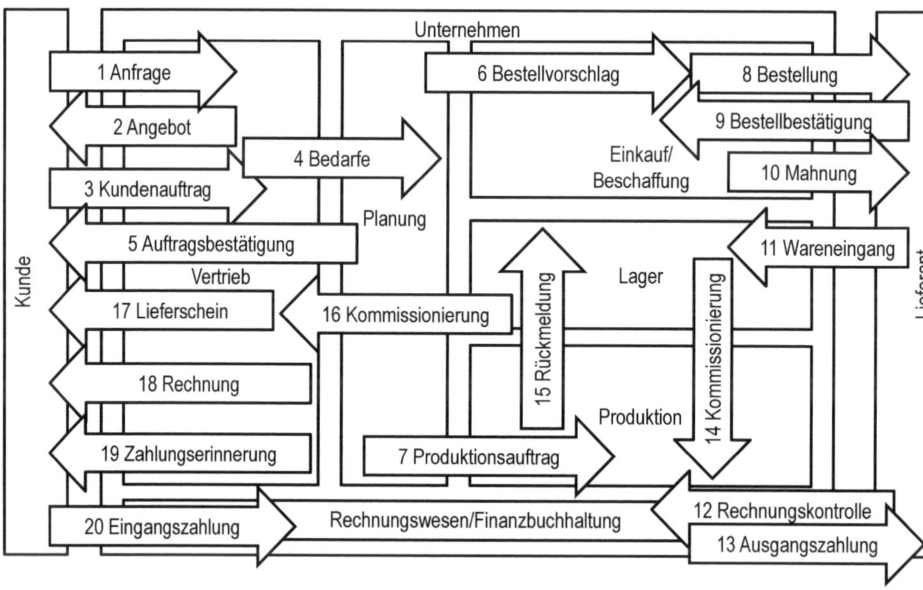

Abbildung 12.2 Fachliche Aufbau- und Ablaufarchitektur von ERP-Systemen

Ist ein potentieller Kunde an Produkten des Unternehmens interessiert, richtet er als Interessent eine **Anfrage** (1) an die Vertriebsabteilung des Unternehmens und diese unterbreitet ihm daraufhin ein **Angebot** (2). Möchte der Interessent das Angebot annehmen, so erteilt er dem Vertrieb einen **Kundenauftrag** (3) und wird damit zum Kunden. Aus allen Kundenaufträgen resultieren **Primärbedarfe** (4) an Produkten. Die Planung ermittelt Liefertermine, und der Vertrieb bestätigt dem Kunden den Auftrag (5).

Ausgehend vom Primärbedarf, der Produktstruktur und dem verfügbaren Lagerbestand ermittelt die Planung **Bestellvorschläge** (6) für extern zu beschaffende Rohstoffe und Kaufteile sowie **Produktionsaufträge** (7) für selbst zu fertigende Teile, Baugruppen und Produkte (siehe Abschnitt 12.3.3.2). Bestellvorschläge und Produktionsaufträge spezifizieren dabei sowohl die erforderlichen Mengen als auch die Bereitstellungstermine.

Der Einkauf wandelt die Bestellvorschläge meist halbautomatisch in **Bestellungen** (8) um und sendet sie an den Lieferanten. Spätestens in diesem Schritt erfolgt die Lieferantenauswahl. Der Lieferant sendet eine **Bestellbestätigung** (9) und liefert nach einer gewissen Zeit Kaufteile und Rohstoffe. Sollte der Lieferant die Bestellung nicht rechtzeitig bestätigen oder liefern, erhält er eine **Mahnung** (10).

Bei Eingang der Lieferung erfasst das Lager einen **Wareneingang** (11), und der Bestand am Lager steigt. Der Lieferant stellt dem Unternehmen eine Rechnung, die vom Rechnungswesen als **Rechnungskontrollbeleg** (12) zunächst geprüft und anschließend beglichen wird (13).

Ist der geplante Starttermin der Produktion erreicht, so werden die benötigten Materialien im Lager kommissioniert (14) und als **Materialentnahme** verbucht. Die Produktion stellt Halbfabrikate und Produkte her und meldet produzierte Mengen und zur Produktion benötigte Zeiten mittels **Rückmeldungen** (15) an das Lager (und an das Rechnungswesen).

Rechtzeitig vor dem Liefertermin kommissioniert das Lager die Produkte zum Versand (16). Der Vertrieb erstellt den **Lieferschein** (17), löst den Versand aus und erstellt die **Rechnung** an den Kunden (18). Begleicht der Kunde die Rechnung nicht fristgemäß, erhält er eine **Zahlungserinnerung** (19). Als letzten Schritt begleicht der Kunde die Rechnung, und das Rechnungswesen verbucht die eingehende **Zahlung** (20).

Der beschriebene Geschäftsprozess wird in den folgenden Abschnitten untersetzt.

12.3.3 Ausgewählte Geschäftsprozesse in ERP-Systemen

12.3.3.1 Vertrieb – von der Anfrage bis zum Kundenauftrag

Nachdem der Vertrieb erfolgreich Kontakt zum (potenziellen) Kunden hergestellt hat, stellt der Kunde idealerweise eine Anfrage an das Unternehmen bzw. an den Vertrieb, die oftmals informal und nicht oder nur schwer maschinell zu verarbeiten ist, aber bereits Mengen, grobe Produktbeschreibungen und Wunschtermine beinhaltet. Sofern der Kunde nicht bereits bei der Kontaktaufnahme (als Interessent) angelegt worden ist, legt ihn der Vertrieb im ERP-System an, und als Antwort auf die Anfrage unterbreitet der Vertrieb dem Kunden ein **Angebot**, das Produkte, Mengen, Termine, Preise und sonstige Konditionen beinhaltet. Das Angebot wird mit Bezug zum Kunden im ERP-System angelegt, ausgegeben und dem Kunden gesendet.

Praxistipp: Werden komplexe Produkte produziert und verkauft, sollte das Angebot Spezifikationen und Abbildungen dieser Produkte enthalten. Das ERP-System muss es somit ermöglichen, Produktspezifikation und -abbildungen zu speichern, in das Angebot einzubinden und in das Angebot integriert auszugeben. ■

Das Angebot – und in manchen ERP-Systemen bereits die Anfrage – ist der erste einer Reihe aufeinanderfolgender **Belege** aus der Logistik, die immer dieselbe grundlegende Struktur aufweisen, wie sie Abbildung 12.3 darstellt. Das Konzept des Belegs ist nicht spezifisch für den Vertrieb, sondern wird auch in allen anderen betrieblichen Funktionsbereichen genutzt.

Ein **Beleg** ist ein Dokument, das ein (unter Umständen buchungsrelevantes) Ereignis in einem Geschäftsprozess nachvollziehbar dokumentiert. Belege bilden die Grundlage der Logistik und des Rechnungswesens. ■

Neben Angebot und Anfrage sind im operativen Geschäftsbetrieb insbesondere folgende Belege von Bedeutung:

Kundenauftrag	Auftragsbestätigung	Bestellanforderung
Bestellung	Bestellbestätigung	Lieferabruf
Lieferavis	Lieferschein	Rechnung
Rechnungskontrolle	Zahlung	Mahnung/Zahlungserinnerung

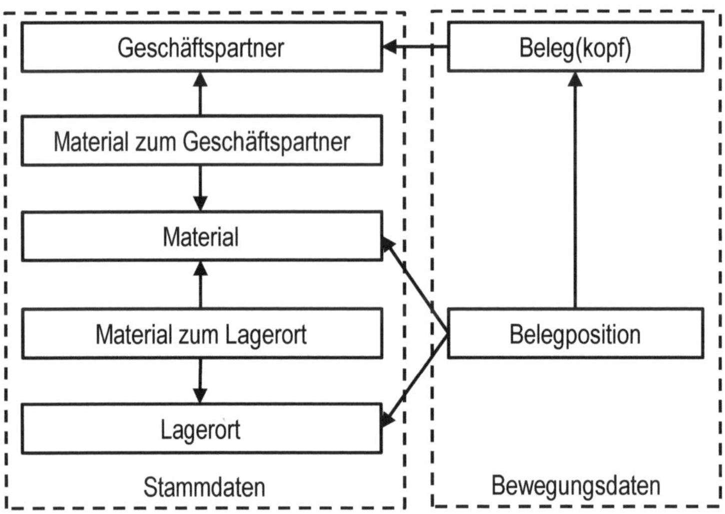

Abbildung 12.3 Generalisierte Belegdatenstrukturen

Jeder **Beleg** besteht aus dem Belegkopf und einer oder mehreren Belegpositionen. Der **Belegkopf** verweist auf höchstens einen Geschäftspartner und enthält eine **Belegnummer** sowie übergreifende Termine und Konditionen. Außerdem nennt der Belegkopf die Art des betrieblichen Ereignisses bzw. Vorgangs, die er dokumentiert (z.B. Angebot oder Auftragsbestätigung). Einem Geschäftspartner können mehrere Belege zugeordnet sein.

Zu einem Beleg können mehrere **Belegpositionen** vorliegen, wobei jede Belegposition zu genau einem Beleg gehört. Die Belegposition verweist auf höchstens ein Material und enthält insbesondere eine Menge und einen Preis für das Material. Zudem verweist die Belegposition auf höchstens einen Lagerort, von dem bzw. auf den das Material geliefert werden soll. An der Beziehung des Materials zum Geschäftspartner sind die Konditionen (insbesondere Preise) und Materialnummern vermerkt, zu denen dieser Geschäftspartner das Material (ver)kauft. Die Konditionen werden aus dieser Beziehung in die Belegposition übernommen. Die Beziehung vom Material zum Lagerort sagt aus, dass ein Material an diesen bzw. von diesem Lagerort geliefert werden kann. Zusätzlich enthält diese Beziehung noch den Bestand des Materials am Lagerort und verschiedene Planungsparameter (siehe Abschnitt 12.3.3.2).

Abbildung 12.4 zeigt den schematisierten Ausdruck eines Belegs. Je nach Art des Belegs können Informationen weggelassen werden, z.B. der Lagerort, oder hinzukommen, z.B. ein positionsspezifischer Steuersatz.

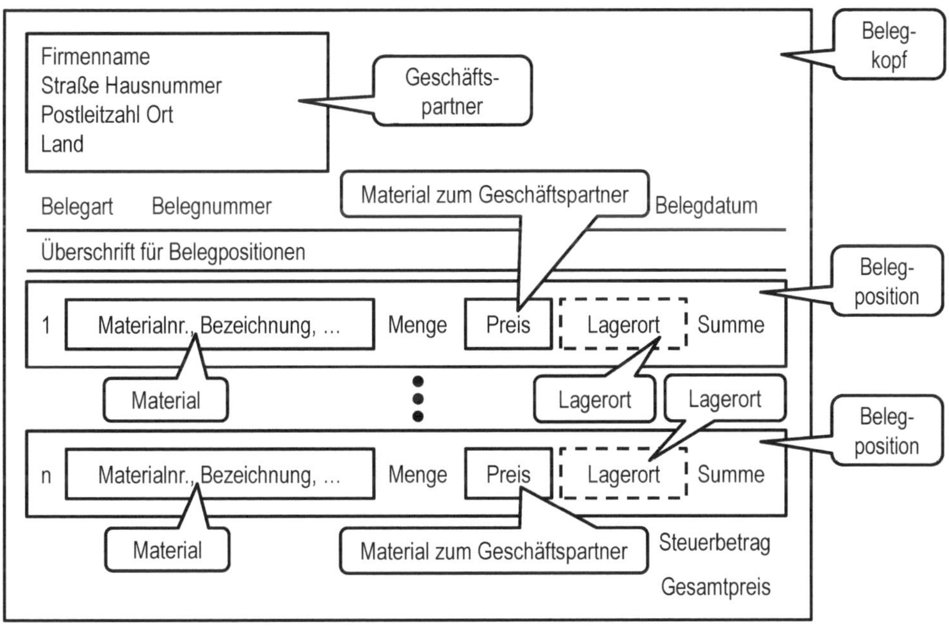

Abbildung 12.4 Schematisierter Ausdruck eines generalisierten Belegs

Auf Angebote folgt oftmals keine unmittelbare Reaktion. ERP-Systeme überwachen den Gültigkeitszeitraum offener Angebote, so dass ein Vertriebsmitarbeiter kurz vor Ende dieses Zeitraums erneut Kontakt mit dem Kunden aufnehmen kann. Insbesondere bei komplexen und hochwertigen Produkten kommt es regelmäßig vor, dass der Kunde aufgrund eines Angebotes eine erneute, geänderte Anfrage stellt oder Änderungen am Angebot wünscht, woraufhin ihm das Unternehmen ein weiteres Angebot sendet.

Praxistipp: Um die Historie der Angebotsverhandlungen leichter nachvollziehen zu können, sollten alle Angebote eines Verhandlungsprozesses so nummeriert werden, dass aus den Angebotsnummern erkennbar ist, welche Angebote zu diesem Geschäftsvorfall gehören und in welcher Reihenfolge sie abgegeben wurden. Alle Angebote sollten revisionssicher archiviert werden. ■

ERP-Systeme automatisieren die Kalkulation von Angebotspreisen, die sehr komplex ist, wenn mehrere, sich übersteuernde Konditionen mit überlappenden Gültigkeitsräumen vorliegen.

Wenn der Kunde das Angebot endgültig ablehnt, endet der Geschäftsprozess. Andernfalls erteilt der Kunde dem Unternehmen auf Basis des Angebots einen sogenannten **Kundenauftrag**, der wiederum die bereits dargestellte Belegstruktur aufweist.

Praxistipp: Wenn Abschläge gewährt oder Zuschläge erhoben werden, so sollten nicht direkt die Preise für Produkte oder Dienstleistungen in der Kundenauftragsposition geändert werden, sondern die Preisänderungen indirekt durch Ab- und Zuschläge an der Auftragsposition erfolgen. So können Ab- und Zuschläge jederzeit nachvollzogen und Produkten, Dienstleistungen, Kunden, Regionen und Vertriebsmitarbeitern zugeordnet werden. ■

Durch das Anlegen eines Kundenauftrags entsteht sogenannter **Auftragseingang**, der dem Gesamtpreis der Kundenaufträge einer Periode entspricht und bei dem es sich um eine wichtige Kennzahl handelt: Aufgrund des Auftragseingangs kann das Management die Auslastung des Unternehmens sowie Kosten, Erlöse und Zahlungen prognostizieren.

Aus den Kundenaufträgen resultiert der Bruttoprimärbedarf an Endprodukten und Dienstleistungen (siehe Abschnitt 5.4.2.1), der die wesentliche Eingangsgröße für die nachfolgende Planung ist.

12.3.3.2 Planung – von Bedarf zu Bestellvorschlag und Produktionsauftrag

Die Planung in einem ERP-System entspricht im Wesentlichen der Planung in einem PPS-System (siehe Abschnitt 6.5 und Abbildung 6.10). Der in diesem Abschnitt beschriebene Planungsprozess bezieht sich größtenteils auf die Fertigungsart „Kundeneinzel- oder Kleinserienfertigung" und das Fertigungsprinzip „Werkstattfertigung" (siehe Abschnitt 6.3.4.1), welcher für andere Kombinationen aus Fertigungsart und -prinzip vereinfacht werden kann.

Abbildung 12.5 stellt die Stammdaten dar, welche die Planung und später auch die Produktion benötigen.

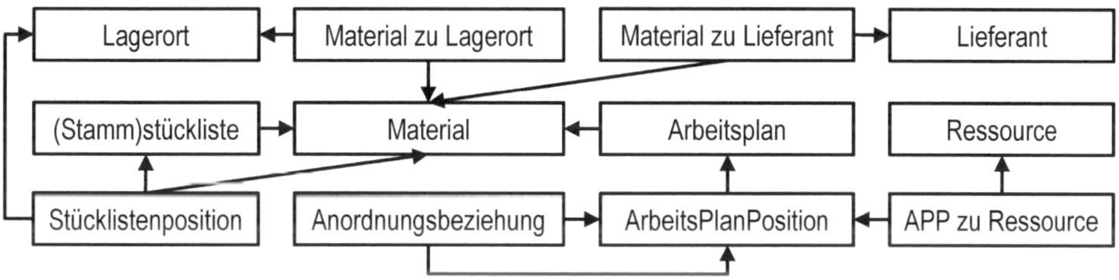

Abbildung 12.5 Stammdaten für Planung und Produktion

Material (oder auch Artikel oder Teil) ist der Sammelbegriff für alle Rohstoffe, Kaufteile, Baugruppen, Fertigerzeugnisse bzw. Produkte. Es wird durch eine Materialnummer identifiziert und durch eine Reihe von Attributen beschrieben, wie z.B. Bezeichnung, Mengeneinheit, Abmessungen, Gewicht, interne Preise usw.

Sofern das Material fremdbeschafft wird, ist die „Material zu Lieferant"-Relation gepflegt (vgl. Abbildung 12.3 und Abbildung 12.5). Sie sagt aus, welcher Lieferant das Material zu welchen Konditionen in welchem Zeitraum liefert. Da ein Material an mehreren Lagerorten liegen und ein Lagerort mehrere Materialien führen kann, steht an der „Material zu Lagerort"-Relation (vgl. Abbildung 12.3 und Abbildung 12.5), welche Menge eines Materials an einem Lagerort zur Verfügung steht. Weitere Stammdaten sind **Ressourcen**, ein Oberbegriff für Personal, Maschinen, Werkzeuge, Transportmittel usw. Ressourcen weisen ein Kapazitätsangebot über der Zeit auf.

Stücklisten zu einem Material enthalten Stücklistenpositionen, die darüber Auskunft geben, aus welchen (anderen) Materialien in welchen Mengen sich das Material zusammensetzt.

Arbeitspläne zu einem Material enthalten die Arbeitsplanpositionen, die aussagen in welchen Arbeitsschritten ein Material produziert wird, wobei für jede **Arbeitsplanposition** (APP) angegeben wird,

- wie lange sie dauert,
- wo (an welchem Arbeitsplatz) sie ausgeführt wird und
- welche Ressourcen zu ihrer Ausführung benötigt werden.

Die **Dauer einer Arbeitsplanposition** setzt sich unter anderem aus einer mittleren Übergangszeit, einer Rüstzeit und einer Bearbeitungszeit (pro Mengeneinheit) zusammen. Arbeitsplanpositionen können sequentiell, parallel oder alternativ angeordnet sein, worüber sogenannte Anordnungsbeziehungen entscheiden, die jeweils zwei Arbeitsplanpositionen miteinander verbinden. Da eine Ressource mehreren Arbeitsschritten zugeordnet werden kann und ein Arbeitsschritt mehrere Ressourcen benötigen kann, wird die Zuordnung zwischen beiden über eine „Arbeitsplanposition (APP) zu Ressource"-Relation hergestellt (vgl. Abbildung 12.5).

Die beschriebenen Stammdaten bilden die Grundlage der Planung (Ü2), deren Ablauf Abbildung 12.6 darstellt und die dem in Abschnitt 6.5 beschriebenen Vorgehen entspricht.

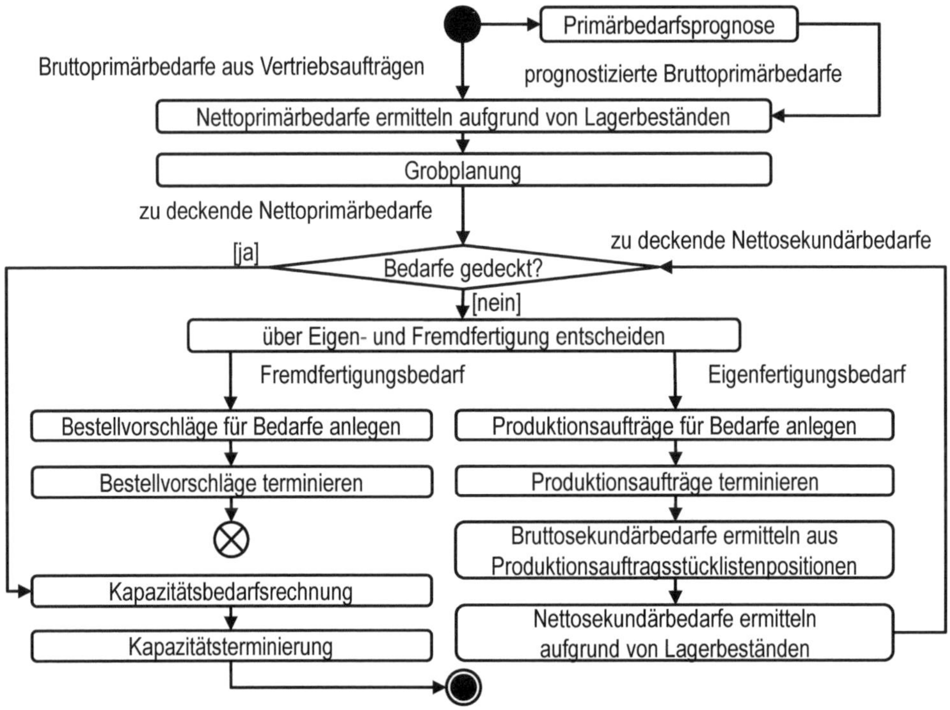

Abbildung 12.6 Vereinfachter Ablauf der Produktionsplanung

Im ersten Planungsschritt wird der **Primärbedarf** auf der Grundlage eingegangener Kundenaufträge sowie von Absatzprognosen des Vertriebs bestimmt. Der **Bruttoprimärbedarf** entspricht der Menge an Endprodukten, die innerhalb der betrachteten Planungsperiode abgesetzt werden sollen bzw. könnten. Er wird um verfügbare Lagerbestände korrigiert, um den **Nettoprimärbedarf** zu erhalten. Die Grobplanung entscheidet, welche der Nettoprimärbedarfe an Endprodukten zu welchen Anteilen befriedigt werden können. Ergebnis der Grobplanung ist der zu deckende Nettoprimärbedarf.

Abhängig davon, ob die Nettobedarfe im Unternehmen gefertigt oder bei Lieferanten eingekauft werden, werden nun **Produktionsaufträge** (siehe Abschnitt 12.3.3.5) oder **Bestellvorschläge** (siehe Abschnitt 12.3.3.3) angelegt. Dabei werden die Mengen der zu produzierenden oder zu bestellenden Materialien in Lose aufgeteilt oder zu ihnen zusammengefasst. Die in Abbildung 12.6 nicht explizit dargestellte **Losbildung** ist entweder aus technischen Gründen erforderlich oder dient der Kostenminimierung. Wirtschaftliche Losgrößen werden vorab festgelegt oder von ERP-Systemen dynamisch berechnet (siehe Abschnitt 5.4.2.3 und 6.5).

Für jeden Produktionsauftrag wird aus der auftragsneutralen Standardstückliste des herzustellenden Materials eine **auftragsspezifische Stückliste** generiert. Analog wird auf Basis des auftragsneutralen Arbeitsplans des herzustellenden Materials ein **auftragsspezifischer Arbeitsplan** erzeugt. Die Positionen des auftragsspezifischen Arbeitsplanes werden auch als Arbeitsgänge bezeichnet. Die Positionen der auftragsspezifischen Stückliste und des auftragsspezifischen Arbeitsplans können bei Bedarf modifiziert werden, ohne dass die Stammdaten davon betroffen wären.

Die **Durchlaufterminierung** terminiert die Bestellvorschläge und die Produktionsaufträge ohne Beachtung der verfügbaren Kapazitäten, um späteste Bestellzeitpunkte und späteste Startzeitpunkte für die Produktionsaufträge zu bestimmen. Die Lieferzeit für die Bestellung stammt aus der „Material zu Lieferanten"-Relation, und die Dauern für die Produktionsaufträge entsprechen der Summe der Dauern der Arbeitsgänge des jeweiligen Produktionsauftrages. Wie bereits erwähnt, enthält die Dauer eines Arbeitsganges bereits eine mittlere Übergangszeit, so dass die Plandurchlaufzeit eines Produktionsauftrags erheblich über der technologisch bedingten Mindestdurchlaufzeit liegen kann.

Die in den Auftragsstücklisten aufgeführten Materialien bestimmen die Höhe des **Bruttosekundärbedarfs** an Rohstoffen, Teilen und Baugruppen, der zur Deckung des Primärbedarfs erforderlich ist. Die Korrektur des Bruttosekundärbedarfs um verfügbare Bestände führt zum **Nettosekundärbedarf** (siehe Abschnitt 6.5). Für den Nettosekundärbedarf beginnt die Planung von neuem: Es wird entschieden, welche Bedarfe durch Eigen- oder Fremdfertigung gedeckt werden sollen, es werden entsprechende Produktionsaufträge und entsprechende Bestellungen in sinnvollen Losgrößen angelegt usw.

Sind für alle zukünftigen Bedarfe Produktionsaufträge oder Bestellvorschläge erzeugt bzw. Lagerbestände reserviert worden, erfolgt die **Kapazitätsbedarfsrechnung**. Sie ermittelt den zum Ausführen der Produktionsaufträge erforderlichen Kapazitätsbedarf an Ressourcen über der Zeit. Kapazitätsbedarf und Kapazitätsangebot werden dann – sofern möglich – abgeglichen. Die anschließende **Kapazitätsterminierung** plant die Arbeitsgänge der Produktionsaufträge unter Berücksichtigung der von ihnen benötigten Ressourcen und Materialien terminlich ein, wobei das Kapazitätsangebot der Ressourcen nicht überschritten werden darf.

Die terminierten Bestellvorschläge und die kapazitiv terminierten Produktionsaufträge sind das Ergebnis der Produktionsplanung, die der Beschaffung (siehe Abschnitt 12.3.3.3) und der Produktion (siehe Abschnitt 12.3.3.5) als Eingabe dienen.

12.3.3.3 Beschaffung – vom Bestellvorschlag bis zum Wareneingang

Um die Aufträge der Kunden zu erfüllen, müssen Rohmaterialien und Kaufteile von Lieferanten beschafft werden. Dabei wird zwischen plangesteuerter und verbrauchsgesteuerter Beschaffung unterschieden. Die **plangesteuerte Beschaffung** basiert auf den Bestellvorschlägen aus der Planung (siehe Abschnitt 12.3.3.2) und setzt diese lediglich halbautomatisch um. Sie bietet sich insbesondere bei wertvollen oder unregelmäßig benötigten Materialien an, kann aber prinzipiell für alle Materialien angewandt werden.

Die **verbrauchsgesteuerte Beschaffung** geht davon aus, dass der Materialbedarf stochastischen Schwankungen unterliegt. Im Gegensatz zur plangesteuerten Beschaffung wird der Bedarf auf der Basis von Verbrauchswerten aus der Vergangenheit vorhergesagt. Auf der Basis dieser Erwartungen werden dann Bestellungen ausgelöst. Dies geschieht beispielsweise mit Bestellpunkt- und Bestellrhythmusverfahren (vgl. Lödding 2005, 147 ff.), die vor allem für geringwertige Materialien geeignet sind, deren Bedarf keinem Trend und keiner saisonalen Schwankung unterliegt. Sind diese Anwendungsbedingungen nicht gegeben, müssen komplexere Bestellverfahren angewandt werden (siehe z. B. Gudehus 2006).

Voraussetzung für verbrauchsgesteuerte Beschaffung ist, dass der Lagerbestand im ERP-System aktuell ist (dem physischen Lagerbestand entspricht). Physische Lagerabgänge und Lagerzugänge sollten deshalb im ERP-System mindestens tagesaktuell verbucht werden

ERP-Systeme unterstützen sowohl plangesteuerte als auch verbrauchsgesteuerte Beschaffung. In den Stammdaten muss zu jeder Kombination aus Material und Lagerort hinterlegt werden, welches Bestellverfahren angewandt werden soll und welche Werte die verfahrensspezifischen Steuerparameter besitzen (z. B. Meldebestand, Bestelllosgröße und Bestellintervall).

Praxistipp: Die Zuordnung der Materialien zu Bestellverfahren und die Werte der Verfahrensparameter sollten regelmäßig, am besten jährlichen, überprüft und aktualisiert werden. Für die Verfahrensauswahl in Abhängigkeit von den Eigenschaften der Materialien und Bedarfsmuster finden sich in der Literatur Empfehlungen (siehe z. B. Dittrich u. a. 2009). ■

Letztlich führen allen Beschaffungsverfahren im ERP-System zu Bestellvorschlägen, die halbautomatisch in Bestellungen umgewandelt werden. Eine Bestellung weist wiederum die Belegstruktur aus Abbildung 12.3 auf, wobei der Lieferant der Geschäftspartner ist und die Bestellposition der Belegposition entspricht. Sollte es zu einem Bestellvorschlag mehrere mögliche Lieferanten geben, so wird der (preis-)günstigste ausgewählt. Sollte noch kein Lieferant bekannt sein, so müssen potentielle Lieferanten identifiziert und Bestellanfragen an sie gerichtet werden, die von den Lieferanten mit Angeboten beantwortet werden. Der Lieferant mit dem besten Angebot erhält dann eine entsprechende Bestellung.

Sollte der Lieferant dem Unternehmen innerhalb einer geforderten Frist keine **Bestellbestätigung** senden, so kann die Bestellbestätigung gemahnt werden. Sollte der Lieferant nicht zum bestätigten Liefertermin liefern, wird die Lieferung gemahnt. Die Mahnung der Bestellbestätigung und die Mahnung der Lieferung stellen wiederum Belege dar, die das ERP-System automatisch vorschlagen, erstellen und ausgeben kann. Bleibt die Lieferung aus und reichen der Sicherheitsbestand am Lager und ein zeitlicher Puffer nicht aus, können zusätzliche Eilbestellungen bei anderen Lieferanten ausgelöst werden.

Sofern mit dem Lieferanten ein Rahmenvertrag geschlossen worden ist und die technischen Voraussetzungen für einen elektronischen Datenaustausch geschaffen worden sind, kann der gesamte Geschäftsprozess von der Bedarfsermittlung über den Bestellabruf bis hin zur Prüfung der Lieferantenrechnung automatisiert werden. Seitens des Disponenten sind im operativen Geschäftsbetrieb dann keine manuellen Eingriffe mehr erforderlich.

An dieser Stelle ist anzumerken, dass Beschaffung nicht nur den operativen Einkauf von direkten Gütern umfasst, sondern auch strategische und taktische Aufgaben, wie z. B. die Beschaffung von Investitionsgütern, das Lieferantenmanagement sowie die Standardisierung und Automatisierung des Beschaffungsprozesses. Dabei spielen betriebliche Informationssysteme eine immer wichtigere Rolle (siehe z. B. Appelfeller/Buchholz 2011).

12.3.3.4 Lagerwirtschaft – Bestandsführung, Inventur und Bestandsbewertung

Unternehmen besitzen in der Regel mehrere **Lagerorte**, wie z. B. Zentrallager, Schwerlastteilelager oder Fertigwarenlager. Das ERP-System verwaltet die Information, welche Menge welchen Materials an welchem Lagerort vorrätig ist. Um Ein- und Auslagerungen ohne Suche im Lager zielgerichtet vorzunehmen, muss das Material nicht nur dem Lagerort (der üblicherweise einem gesamten physischen Lager entspricht) zugeordnet werden, sondern einem konkreten **Lagerplatz** innerhalb eines Lagerortes.

Für die Zuordnung zwischen Material und Lagerplatz sind in ERP-Systemen zwei Fälle zu unterscheiden (vgl. z. B. Bleiber 2014, 152 f.):

- Im **Festplatzlager** hat jedes Material seinen festen Lagerplatz und darf nur an diesem Platz lagern.
- Im **chaotischen Lager** wird der Lagerplatz erst beim Einlagern durch das ERP-System oder ein spezielles Lagerverwaltungssystem ausgewählt, und Mengen desselben Materials dürfen an verschiedenen Lagerplätzen lagern.

Festplatzläger bieten sich unter anderem an bei kleinem und stabilem Sortiment, konstantem Lagerbestand und stark heterogenen Materialien. Die Lagerplatzvergabe muss für jedes Material manuell vorgenommen und die Angemessenheit der Zuordnung von Materialien zu Lagerplätzen in größeren Abständen überprüft werden. Chaotische Läger ermöglichen eine höhere Ausnutzung der Lagerfläche und organisieren sich selbst, erfordern aber zwingend den Einsatz betrieblicher Informationssysteme zur Lagerverwaltung.

Zur **Bestandsführung** kommen im Lager hauptsächlich drei Operationen vor: Einlagern, Umlagern und Auslagern. Das Ein- und Auslagern in einem Festplatzlager ist einfach, da ein Material nur an einem Lagerplatz liegen darf, und das Umlagern kann bei Festplatzlägern nur von einem Lagerort zu einem anderen erfolgt. Das Ein- und Auslagern in einem chaotischen Lager erfolgt nach Ein- und Auslagerungsstrategien, die darauf abzielen, Zugriffszeiten und -aufwand zu optimieren. Derartige Strategien können komplex sein, werden aber von ERP-Systemen vollständig unterstützt. Eine Sonderform des Auslagerns ist das **Kommissionieren** (vgl. z. B. Gudehus 2010, 59 ff.), bei der nicht ganze Lagereinheiten eines Materials, sondern bedarfsgerechte Teilmengen verschiedener Materialien entnommen werden.

Praxistipp: Ein-, Aus- und Umlagern sollten in einem ERP-System immer mit einem Beleg dokumentiert werden, weil sonst das Lagern und sein Zweck nur schwer nachvollzogen werden können. ■

Praxistipp: Sollten beim Umlagern weite Strecken zurückgelegt werden müssen oder besteht die Gefahr, dass das Umlagern unterbrochen wird, so empfiehlt es sich, den Umweg über ein sogenanntes Transitlager einzuschlagen: physisches Auslagern aus dem Quelllagerplatz, logisches Umlagern vom Quelllagerplatz ans Transitlager, Transport vom Quelllagerplatz zum Ziellagerplatz, logisches Umlagern vom Transitlager an den Ziellagerplatz, physisches Einlagern am Ziellagerplatz. Das Umlagern via Transitlager wird von bestimmten (Tranport)belegen im ERP-System unterstützt und automatisiert. ■

Ein im ERP-System korrekt geführter und aktueller mengen- und wertmäßiger Bestand ist wichtig, da die (Produktions)planung (siehe Abschnitt 12.3.3.2) andernfalls den Nettosekundärbedarf falsch kalkuliert, was entweder zu Produktionsunterbrechungen, längeren Lieferzeiten und geringerer Termintreue oder zu überhöhten Lagerbeständen und zu hoher Kapitalbindung führt.

Da meist nicht sichergestellt werden kann, dass der physische Bestand im Lager mit dem logischen Bestand im ERP-System vollständig übereinstimmt, schreibt § 240 HGB (Hefermehl 2015) vor, dass mindestens einmal im Jahr eine **Inventur** erfolgen muss, bei der die Bestände im Unternehmen zu erfassen sind. Die Inventur stellt sicher, dass der physische Bestand im Lager dem logischen Bestand im ERP-System mengen- und wertmäßig entspricht. Es gibt zwei grundlegende Arten der Inventur (vgl. z. B. Weber 2013, 93 f.):

- Bei der **Stichtagsinventur** werden innerhalb eines bestimmten Zeitraumes (dem Stichtag) sämtliche physischen Bestände im Lager erfasst, mit den logische Beständen im ERP-System abgeglichen, und Differenzen durch Korrekturbuchungen berichtigt. Um den Aufwand zu reduzieren, kann die Stichtagsinventur auch in Form einer **Stichprobeninventur** erfolgen.
- Bei der **permanenten Inventur** muss lediglich sichergestellt werden, dass alle Lagerbewegungen vollständig im ERP-System erfasst werden und die physische Bestandsaufnahme für jedes Material mindestens einmal pro Jahr erfolgt.

Beide Arten der Inventur weisen Vor- und Nachteile auf: Die Stichtagsinventur ist mit einem hohen, zeitlich konzentrierten Aufwand verbunden. Oft wird das Lager während der Inventur geschlossen, so dass keine Aus- und Einlagerungsvorgänge stattfinden können. Demgegenüber hat die permanente Inventur den Vorteil, dass Bestandsaufnahme dann erfolgen kann, wenn Personalkapazität frei ist. Allerdings erfordert die permanente Inventur eine zuverlässige Lagerbuchhaltung, die sich am besten durch die elektronische Erfassung von Warenbewegungen (z. B. mittels Barcode-Scannern) realisieren lässt. ERP-Systeme unterstützen die permanente Inventur und unterbreiten Vorschläge, wann Bestand für welches Material erfasst werden sollte – nämlich vorzugsweise dann, wenn der Bestand niedrig ist, weil dann die Erfassung weniger Aufwand bereitet.

Aufgrund der (mengenmäßigen) Bestandsführung und der Inventur ergeben sich korrekte mengenmäßige Bestände, die für Logistik, Produktion und Vertrieb von ausschlaggebender Bedeutung sind. Darüber hinaus erfordern Finanzbuchhaltung, Controlling und Wirtschaftsprüfung die **Bewertung der Bestände** (vgl. z. B. Eichner 1995, 60 ff., und siehe auch Abschnitt 5.3.2). Da der Preis für ein Material im Zeitverlauf nicht konstant bleibt, muss entschieden werden, mit welchem Preis das gelagerte Material bewertet wird. Generell erfordert der Grundsatz der kaufmännischen Vorsicht die Anwendung des Niederstwertprinzips. ERP-Systeme unterstützen gemeinhin mehrere Bewertungsstrategien: Das Material kann zu einem einmal festgelegten fixen Preis bewertet oder zum (gleitenden) Durchschnittspreis, der sich aus dem Preis für den Einkauf oder aus der (Nach)kalkulation der Produktion ergibt. Beim Auslagern (aus einem chaotischen Lager) ist es möglich, den ältesten oder jüngsten Preis des Materials zu verwenden. Bewertung entsprechend des Durchschnittspreises ist zwar realitätsnah, kann aber zu stark schwankenden Preisen und Kalkulationsergebnissen führen.

12.3.3.5 Produktion – von der Freigabe bis zur Rückmeldung

Zum geplanten Starttermin eines Produktionsauftrags stellt das ERP-System im Rahmen einer **Verfügbarkeitsprüfung** fest, ob das Material und sämtliche für den Produktionsauftrag benötigten Ressourcen zur Verfügung stehen. Ist das der Fall, erfolgt die **Freigabe** des Produktionsauftrags: Mit seiner Bearbeitung kann begonnen werden. Die Verfügbarkeitsprüfung kann vorausschauend erfolgen, da nicht alle Materialien und Ressourcen sofort zu Beginn des Produktionsauftrages benötigt werden. Nach Freigabe und Start des Produktionsauftrags werden das benötigte Material und die benötigten Werkzeuge ausgelagert und für den Produktionsauftrag bzw. den jeweiligen Arbeitsgang bereitgestellt. Die Freigabe und das logische Kommissionieren erfolgt durch das ERP-System. Das physische Kommissionieren und der Transport in die Produktion nehmen gemeinhin Mitarbeiter aus Lager oder Produktion vor. Beim Auslagern aus dem Lager verringert das ERP-System den Bestand an Material mengen- und wertmäßig. Damit die Materialmengen und vor allem ihr Wert buchmäßig nicht verlorengehen, werden sie - meist an der jeweiligen Position der Auftragsstückliste – als sogenannter **Work-in-Progress** (WIP) geführt.

Die Produktion fertigt nun Baugruppen und Endprodukte aus den Materialien unter Nutzung der Ressourcen. Während und nach der Produktion erfolgen über die **Betriebsdatenerfassung** Mengen- und Zeitmeldungen an das ERP-System. Das ERP-System verwendet diese Eingaben für die weitere Planung (siehe Abschnitt 12.3.3.2). Zeit- und Mengenmeldungen (sowohl Gut- als auch Ausschussmengen) werden im ERP-System für die (Nach) kalkulation der Baugruppen und Produkte verwendet. Zudem dienen die mit Stundensätzen bewerteten Bearbeitungszeiten dem ERP-System zur Aktualisierung des WIP. Ist der Produktionsauftrag vollständig abgearbeitet worden, wird er fertiggemeldet. Die produzierten Endprodukte werden im **Fertigwarenlager** eingelagert. Der WIP sinkt um den nachkalkulierten Wert der Produkte, und der Lagerbestand steigt um die Menge und den entsprechenden Wert.

Mit Produktionsaufträgen über **Halbfabrikate** kann analog verfahren werden. Im allgemeinen Falle einer mehrstufigen Produktion kann die Fertigstellung von Produktionsaufträgen über Halbfabrikate die Freigabe von Produktionsaufträgen über Endprodukte auslösen und der beschriebene Ablauf beginnt von neuem.

Praxistipp: Sollten Halbfabrikate umgehend als Material für andere Produktionsaufträge dienen, so bietet es sich an, sie nicht einzulagern, sondern in der Produktion zu belassen, wobei sie dort zumindest logisch auf einem Lagerort geführt werden sollten. ■

Im Falle moderat bis stark ausgelasteter Produktion oder im Falle von Engpässen konkurrieren Produktionsaufträge um Kapazitätseinheiten (Maschinen und Personal). Das heißt, dass sich vor den Kapazitätseinheiten **Warteschlangen** von Produktionsaufträgen bilden. Schließt eine Kapazitätseinheit die Bearbeitung eines Produktionsauftrags ab, muss entschieden werden, welcher der wartenden Produktionsaufträge als nächster bearbeitet werden soll. Die entsprechende Entscheidung ist keineswegs einfach, da sie oft schwer zu überblickende Konsequenzen für Liefertermintreue, Durchlaufzeit, Kapazitätsauslastung und Lagerbestände hat. Die Reihenfolgeplanung bildet das zentrale Problem der **Produktionssteuerung**, die einige ERP-Systeme unterstützen.

Es existieren verschiedene Ansätze zur Reihenfolgeplanung. Beispielsweise kann sie dem Ermessen des Werkers oder des Meisters überlassen werden. Zur Unterstützung können dem Meister grafische **Plantafeln** dienen, die entweder konventionell mit Steckkarten realisiert sind oder als elektronische Plantafeln Bestandteil elektronischer **Leitstände** sind. Grafische Plantafeln visualisieren u. a. die Reihenfolge der Arbeitsgänge auf den Kapazitätseinheiten und die Dringlichkeit der Produktionsaufträge.

Zum Einsatz kommen auch **Prioritätsregeln**, die aufgrund der Eigenschaften des Produktionsauftrages oder des Arbeitsganges den nächsten zu bearbeitenden auswählen (siehe Schuh/Schmidt 2014, 215 ff.). Typische Prioritätsregeln sind z. B.: die Regel der kürzesten Operationszeit, bei der der Produktionsauftrag zuerst bearbeitet wird, dessen nächster Arbeitsgang die geringste Zeit beansprucht, die Schlupfzeitregel, die den Produktionsauftrag auswählt, bei dem die Differenz aus der Zeit bis zum geplanten Endtermin und der Restbearbeitungszeit am geringsten ist, sowie die Rüstzeitregel, bei der der Produktionsauftrag als nächster bearbeitet wird, der den geringsten Umrüstaufwand verursacht.

Die Entscheidung, welcher Produktionsauftrag als nächster zu bearbeiten ist, wird auch mittels **Optimierungsverfahren** getroffen, wobei Optimierung aufgrund unvollständiger und unsicherer Daten sowie sich ständig ändernder Randbedingungen fraglich ist (vgl. Hanssmann 1962).

Eine effiziente Reihenfolgeplanung erfordert detaillierte Kenntnis der Spezifika des zu steuernden Produktionssystems und kann durch fertigungstechnische Restriktionen, wie beispielsweise reihenfolgeabhängige Rüstzeiten oder maximal zulässige Liegezeiten, weiter erschwert werden. Aus diesem Grund setzen viele Unternehmen spezialisierte betriebliche Informationssysteme, sogenannte **Manufacturing Execution Systems** (MES), ein, die das ERP-System um Funktionalität zur Produktionssteuerung ergänzen.

12.3.3.6 Versand und Vertrieb – Kommissionieren, Liefern, Fakturieren und Mahnen

Nach erfolgter Produktion müssen die Fertigprodukte rechtzeitig zum Liefertermin ausgeliefert werden. Dazu erstellt das ERP-System sowohl einen Kommissionier- als auch einen Transportauftrag. Der **Kommissionierauftrag** definiert, welche Materialien bzw. Endprodukte in welcher Menge von welchen Lagerorten und Plätzen zu entnehmen sind, um den Kunden zu beliefern. Der Kommissionierauftrag wird von Mitarbeitern aus dem Lager oder dem Versand abgearbeitet. Diese Mitarbeiter erhalten den Auftrag entweder in Form einer gedruckten **Kommissionierliste** oder sie werden mittels mobiler Endgeräte elektronisch geführt.

Nach Abschluss der Kommissionierung erstellt der Versand oder der Vertrieb den **Lieferschein**. Der Bestand im Lager wird mengen- und wertmäßig durch den Lieferschein oder explizit durch einen zur Lieferung gehörenden Warenausgang reduziert. Zur Ausführung der Lieferung wird ein **Transportauftrag** erstellt, der entweder mit unternehmenseigenen Ressourcen ausgeführt oder einer Spedition erteilt wird. Der Lieferschein weist wieder die in Abschnitt 12.3.3.1 und Abbildung 12.3 dargestellte Belegstruktur auf.

Praxistipp: Falls sich die Waren bis zur Übergabe an den Kunden noch in Besitz des Unternehmens und die Transportdauer lang ist, sollten die Waren im ERP-System für die Dauer des Transports auf ein logisches Transitlager umgelagert werden. ■

Praxistipp: Ein Kundenauftrag kann mehrere Transporte erfordern. In diesem Fall gibt es zu einem Kundenauftrag mehrere Kommissionier- und Transportaufträge und Lieferscheine. Ob Kundenaufträge oder ihre Positionen in Teilmengen geliefert werden dürfen, kann im ERP-System am Kunden, am Material oder an der Zuordnung zwischen beiden hinterlegt, in den Kundenauftrag übernommen und dort übersteuert werden. ■

Der Vertrieb stellt dem Kunden meist im Zuge der Lieferung eine **Rechnung**, wobei Rechnungen auch vorab, nachträglich oder mehrere Anzahlungs- und eine Schlussrechnung gestellt werden können. Rechnungen weisen ebenfalls eine Belegstruktur auf (siehe Abschnitt 12.3.3.1 und Abbildung 12.3). Die Rechnung bezieht sich auf den Kundenauftrag oder auf den Lieferschein und sollte im ERP-System auch immer mit Bezug auf ihn angelegt werden, wobei im Allgemeinen eine Rechnung für mehrere Lieferscheine/Kundenaufträge gestellt werden kann und auch mehrere Rechnungen für einen Lieferschein/Kundenauftrag gestellt werden können.

Das Stellen der Rechnung ist meist nicht Aufgabe des Rechnungswesens, sondern des Vertriebs, weil letzterer die Schnittstelle zum Kunden bildet und einen Überblick über aktuell offene Angebote, verspätete Lieferungen und kundenseitige Reklamationen hat. Mit Erstellen der Rechnung entsteht in der Finanzbuchhaltung ein sogenannter **offener Posten**, eine Forderung aus Lieferungen und Leistungen gegenüber dem Kunden.

Rechnungen enthalten Zahlungsbedingungen, die im ERP-System am Kunden hinterlegt und über den Kundenauftrag in die Rechnung übertragen worden sind, in den Belegen aber übersteuert werden können. Eine Zahlungsbedingung könnte z.B: lauten „zahlbar innerhalb von 15 Tagen mit 3% Skonto, innerhalb von 30 Tagen mit 2% Skonto und innerhalb von 60 Tagen netto“, wobei als Basisdatum oft das Rechnungsdatum dient. Das ERP-System berechnet und gewährt somit bei entsprechenden Zahlungseingängen automatisch Skonti. Sollte der Kunde die Zahlungsfrist überschreiten und eine zentral oder am Kunden hinterlegte Karenzzeit verstrichen sein, erstellt der Vertrieb (oder das Rechnungswesen) mit Hilfe des ERP-Systems und basierend auf der Rechnung eine **Zahlungserinnerung** und sendet sie an den Kunden, wobei oft Mahnstufen unterschieden werden. Letztlich geht eine Zahlung vom Kunden ein, die im ERP-System verbucht wird und den offenen Posten ausgleicht, den das Erstellen der Rechnung an den Kunden erzeugt hat.

Wie auch Kommissionierlisten, können Lieferscheine, Rechnungen und Mahnungen vom ERP-System automatisch erstellt und ausgegeben werden, wenn bestimmte Bedingungen erfüllt sind.

12.3.3.7 Kundendienst – Instandhaltung und Reparatur

Der **Kundendienst** (auch als After Sales Service bezeichnet) umfasst alle Leistungen, die nach dem Verkauf eines Produktes erbracht werden (vgl. Winkelmann 2010). Dazu gehören insbesondere Wartungsarbeiten und Reparaturen. Ein erfolgreicher Kundendienst setzt voraus, dass ausreichende Informationen über den aktuellen Zustand der Produkte vorliegen, die sich im Besitz der Kunden befinden. Handelt es sich um komplexe Produkte, bei denen Teile ausgetauscht werden, z.B. um Flugzeuge oder Werkzeugmaschinen, so muss zu jeder Einheit des Produktes auf der Ebene von Serien- oder Chargennummern dokumentiert werden, wann welches Teil durch welches andere ausgetauscht worden ist. Das ist eine Kernaufgabe von PLM-Systemen.

Demgegenüber fällt das Management von **Serviceaufträgen** für Instandhaltung und Reparaturen in den Funktionsbereich von ERP-Systemen. Diese Aufträge werden entweder

- nach festen Wartungsintervallen,
- nach dem Verschleißzustand von Bauteilen, der entweder regelmäßig durch die Mitarbeiter geprüft oder von „smarten" Produkten selbständig überwacht wird, oder
- im ungeplanten Störungsfall

ausgelöst. In allen Fällen wird im ERP-System ein Geschäftsprozess zur Auftragsbearbeitung ausgelöst. Der Auftrag wird erfasst und – unter Umständen über mehrere Stufen – zur Bearbeitung an die Kundendienstmitarbeiter oder die Mitarbeiter einer Fachabteilung weitergeleitet. Die Erfüllung des Auftrags kann unter Umständen Dienstreisen erfordern, die über den entsprechenden Workflow (siehe Abschnitt 12.4.2) im ERP-System abgerechnet werden. Ein etwaiger Ersatzteilbedarf wird entweder direkt aus dem Lager kommissioniert (siehe Abschnitt 12.3.3.4) oder bei Vorlieferanten beschafft (siehe Abschnitt 12.3.3.3). In Abhängigkeit davon, ob es sich um einen Fall von Gewährleistung oder Kulanz handelt, wird dem Kunden eine Rechnung gestellt (siehe Abschnitt 12.3.3.1).

Serviceaufträge sind komplizierter als Kundenaufträge. Muss der Kundendienst den Kunden zur Problemlösung aufsuchen, so ist der Einsatz zu terminieren, und es sind Ersatzteile zum Kunden mitzuführen, die nur zu berechnen sind, wenn sie benötigt werden, und sonst wieder zurückzuführen sind. Die Auswahl der Ersatzteile basiert auf den Daten aus dem PLM-System (siehe Abschnitt 12.4.1) und vorab übermittelten und erfassten Problembeschreibungen.

Sollte das Produkt zur Problemlösung an den Hersteller zurückgesendet werden, wird es reklamiert oder ausgetauscht, entstehen viele Fragen:

- Wie und mit welchem Beleg gelangt das Material an den Hersteller zurück?
- Wem gehört in welchem Fall das Material, wenn es sich beim Hersteller befindet, und wo wird es logisch gelagert, wenn es dem Hersteller nicht gehört?
- Wie bzw. mit welchem Beleg gelangt das reparierte oder ersetzte Produkt wieder zum Kunden zurück?
- Wie wird das Material bewertet, wenn es in den Besitz des Unternehmens zurückkehrt?
- Handelt es sich im ERP-System noch um dasselbe Material?
- Wird der Durchschnittspreis verfälscht, wenn man dasselbe Material verwendet, es aber geringer bewertet?
- Wozu kann das Material verwendet werden; ist es neu(wertig)?

Derzeit unterstützen nur wenige ERP-Systeme die Geschäftsprozesse des Kundendienstes in allen Aspekten; und ERP-Systeme geben nicht auf alle gestellten Fragen automatisch eine Antwort. Das Zerlegen von alten Maschinen und Anlagen und das Wiederverwenden gebrauchter Bestandteile werden logistisch und kostenrechnerisch ebenfalls nicht durchgängig unterstützt, obwohl beides immer mehr an Relevanz gewinnt.

Ist das Problem mit dem Produkt gelöst worden, sind das Problem und seine Lösung im PDM-System (siehe Abschnitt 12.4.1.1) einzuordnen und zu dokumentieren, so dass auf die Lösung zurückgegriffen werden kann, falls ein ähnliches Problem noch einmal auftreten sollte.

12.3.3.8 Rechnungswesen – Erfassen der Werteströme

Das Rechnungswesen gliedert sich in externes und internes Rechnungswesen, wobei das externe die Finanzbuchhaltung umfasst (siehe Abschnitt 10.3) und das interne im Wesentlichen die Kosten- und Leistungsrechnung (siehe Abschnitt 10.4), aber auch die Planungsrechnung und die Statistik (vgl. Mumm 2012, 2). Sowohl das externe als auch das interne Rechnungswesen wird von guten ERP-Systemen vollständig unterstützt. Im ERP-System eines Unternehmens liegen sämtliche für das Rechnungswesen relevanten Stammdaten vor bzw. werden dort abgebildet, wie z. B. Grundbücher, Hauptbücher, Nebenbücher, sämtliche Konten, Kostenarten, Kostenstellen, Kosten- und Ergebnisträger sowie die Beziehungen zwischen diesen Stammdaten. Die Stammdaten des Rechnungswesens werden entsprechend der Anforderungen des Unternehmens konfiguriert und können flexibel kombiniert werden, so dass z. B. mehrere verschiedene und alternative Kostenstellen- und -trägerhierarchien möglich sind.

Im Rahmen der **Finanzbuchhaltung** nehmen ERP-Systeme das Auflösen der Eröffnungsbilanz auf die Konten und das Zusammenfassen der Konten zur Schlussbilanz, Perioden- und Jahresabschlüsse sowie die Gewinn- und Verlustrechnung vor. ERP-Systeme unterstützen auch die Buchungen in der Finanzbuchhaltung, wobei bei Buchungen in Reinform immer noch Konten, Soll oder Haben und Beträge angegeben werden müssen und das ERP-System nur prüft, ob der Saldo null ergibt ob auf die Konten in dieser Kombination gebucht werden darf. Die Regeln zur Prüfung der Zulässigkeit von Buchungen sind unternehmensspezifisch konfigurierbar. Zudem folgen ERP-Systeme dem Grundsatz „keine Buchung ohne Beleg“, indem sie zu jeder Buchung einen Beleg dauerhaft speichern und aufbewahren. Einmal gebuchte Belege dürfen nicht mehr verändert oder gelöscht, sondern nur durch andere Belege storniert werden.

Der Finanzbuchhaltung vorgelagert ist die **(Lieferanten)rechnungskontrolle**, bei der eingehende Rechnungen im ERP-System dahingehend geprüft werden, ob sie mengen- und wertmäßig Bestellungen und Wareneingängen entsprechen. Wenn dem so ist, erfolgt die entsprechende Ausgangszahlung, welche die Verbindlichkeiten aus Lieferungen und Leistungen ausgleicht und im ERP-System gebucht wird.

Eine besondere Unterstützung bei Buchungen im Rechnungswesen bieten ERP-Systeme, wenn in der Logistik (Vertrieb, Beschaffung, Lagerwirtschaft, Produktion, Versand und Kundendienst, siehe Abschnitt 12.3.3.1 bis 12.3.3.7) Belege erstellt und gebucht werden, die sich auf das Rechnungswesen im Allgemeinen und die Finanzbuchhaltung im Speziellen auswirken: Für Belegarten kann z. B. in Abhängigkeit von Kunden, Lieferanten, Materialien und Kombinationen aus ihnen (vor)eingestellt werden, auf welche Konten in welcher Kombination gebucht werden soll, und wie Beträge auf welche Konten aufzuteilen sind, wenn z. B. Umsatzsteuer und Skonti gebucht werden. Das betrifft z. B. eingehende und ausgehende Rechnungen und das Bilden der entsprechenden offenen Posten (Forderungen und Verbindlichkeiten aus Lieferungen und Leistungen). Aufgrund der Buchung eines Beleges in der Logistik erfolgen dann automatische Buchungen mit entsprechenden Beträgen im Rechnungswesen, wobei die Möglichkeit besteht, die Belege im Rechnungswesen zu prüfen, bevor sie gebucht werden. Besagte Buchungsunterstützung bedarf einer sehr sorgfältigen Konfiguration des ERP-Systems, reduziert aber den Aufwand für Buchungen in der Finanzbuchhaltung auf nahe null und senkt die Fehlerrate beim Buchen beträchtlich.

Die in den meisten ERP-Systemen abgebildete **Kosten- und Leistungsrechnung** plant Kosten und Ergebnisse (Leistungen), erfasst Kosten und Ergebnisse entsprechend ihrer Arten auf Kostenstellen und Kostenträgern und legt sie auf Kostenstellen und Kostenträger um. Diese Vorgehensweise dient primär der (Vor)kalkulation von (Angebots)preisen für Produkte (oder Dienstleistungen) des Unternehmens und der (Zwischen- oder Nach)kalkulation der tatsächlich für die Produkte angefallenen Kosten und somit sekundär der Kostenüberwachung und -steuerung. Die Vorkalkulation ermittelt die Materialkosten auf der Basis von Stücklistenpositionen und Kostensätzen aus dem Materialstamm. Personal- und Betriebsmittelkosten beruhen auf Zeiten aus Arbeitsplanpositionen und Personal- bzw. Maschinenkostensätzen (siehe Abschnitt 12.3.3.5 und 12.3.3.9). Zwischen- und Nachkalkulation fußen auf den mittels Betriebsdaten-, Maschinendaten- oder Personalzeiterfassung rückgemeldeten Mengen und Zeiten und ihrer Bewertung mit entsprechenden Kosten.

Im Rahmen der Kosten- und Leistungsrechnung erlauben ERP-Systeme das manuelle Be- und Entlasten von Kostenstellen, Kostenträgern und Ergebnisträgern mittels entsprechender Buchungen, wobei in mehrgipfligen Kostenstellen- und Kostenträgerhierarchien oft nur das Buchen auf Basiskostenstellen und -trägern zulässig ist, die sich auf unterster Hierarchieebene befinden, und die Kosten automatisch auf Verdichtungsstellen und -trägern aggregiert werden, die in höheren Hierarchieebenen angesiedelt sind. Das Buchen auf Kostenstellen und Kostenträger aufgrund von Logistikbelegen, z. B. in Produktion und Einkauf, kann analog zum Buchen auf Konten der Finanzbuchhaltung automatisiert werden - mit gleichem Aufwand und gleich hohem Nutzen.

Stellt man den durch die **Fakturierung** der Produkte und Dienstleistungen getätigten Umsatz den angefallenen Kosten gegenüber, ergibt sich das Betriebsergebnis – in ERP-Systemen idealerweise strukturiert, wie z. B. nach Kunden- und Produktgruppen, Regionen und Zeiträumen.

12.3.3.9 Personalwirtschaft – Management des Humankapitals

Personalwirtschaft umfasst die in Abschnitt 3.3.1 und Tabelle 3.1 dargestellten Aufgaben. ERP-Systeme weisen oft Module zur Personalwirtschaft auf, die diese Aufgaben unterstützen. Grundlage dafür ist eine umfassende Datenbasis über alle Mitarbeiter des Unternehmens, ihre jeweilige Qualifikation sowie ihre Zuordnung zu den Planstellen und Organisationseinheiten des Unternehmens.

Die taktisch-strategische **Personalbedarfsplanung** ermittelt den zukünftigen Bedarf an Personal. ERP-Systeme können diese Planung unterstützen, indem sie prognostizieren, wann welcher Mitarbeiter mit welcher Qualifikation aus Altersgründen oder aufgrund eines befristeten Arbeitsvertrags das Unternehmen verlassen wird. Außerdem stellen ERP-

Systeme auf dem Weg über Data-Warehouse-Systeme (siehe Abschnitt 12.4.2) die Datengrundlage für Fluktuationsanalysen (vgl. z. B. Jonas 2009, 89 ff.) bereit.

Die **Personalbeschaffung** baut auf der Personalbedarfsplanung auf und befasst sich mit der Suche und der Einstellung neuer Mitarbeiter. ERP-Systeme ermöglichen die flexible Eingabe von Qualifikationen zu Stellen. Aus diesen Daten können Ausschreibungen generiert und automatisch über Schnittstellen an elektronische Stellenbörsen oder das Arbeitsamt übermittelt und dort veröffentlicht werden. (vgl. Mertens 2009, 245) Idealerweise werden die Daten der Bewerber auch automatisch in die ERP-Systeme geladen, was aber aufgrund fehlender Standarddatenaustauschformate bisher nur teilweise möglich ist, so dass meist eine manuelle Eingabe erfolgt. Es ist allerdings bereits möglich, Bewerbungen durch Textanalyse und Profilvergleiche auszuwählen oder zu verwerfen. (Meyer 2013, 14 ff.) Die Bewertung und letztendlich die Auswahl von Bewerbern unterstützen Workflows (siehe Abschnitt 12.4.2), die z. T. auch in ERP-Systeme integriert worden sind.

Die **Personaleinsatzplanung** ordnet die Mitarbeiter den Planstellen und den zu erfüllenden Aufgaben zu. Anhand der Qualifikationsprofile der Mitarbeiter (Qualifikationsangebot) und der Qualifikationsprofile der Stellen (Qualifikationsnachfrage) unterstützen ERP-Systeme und andere BISe die Zuordnung von Mitarbeitern zu Planstellen und Aufgabenbereichen, so dass das Qualifikationsangebot die Qualifikationsnachfrage deckt. Operative Personaleinsatzplanung wird im Allgemeinen im Rahmen der (Produktions)planung (siehe Abschnitt 12.3.3.2), im Kundendienst (siehe Abschnitt 12.3.3.7) und im Projektmanagement in ERP-Systemen vorgenommen, wobei die Verfügbarkeit des Personals im System gepflegt sein muss.

Erfolgreiche **Personalentwicklung** führt dazu, dass die Mitarbeiter eines Unternehmens ihre Qualifikation entsprechend der Ansprüche des Unternehmens erweitern. Gute gepflegte ERP- und Personalwirtschaftssysteme kennen oder prognostizieren den Qualifikationsbedarf des Unternehmens, kennen das aktuelle Qualifikationsangebot der Mitarbeiter, erkennen gegebenenfalls einen Bedarfsüberhang und können somit Vorschläge unterbreiten, welche Mitarbeiter ihre Qualifikation erhöhen könnten und sollten. Die Vorschläge müssen allerdings manuell abgeglichen und ausgewählt werden – idealerweise durch den Mitarbeiter selbst. Sind auch potenzielle Weiterbildungsmaßnahmen im System gepflegt, so können sogar konkrete Maßnahmen vorgeschlagen werden. Nach erfolgreicher Weiterbildung wird die Qualifikation des entsprechenden Mitarbeiters im System aktualisiert. Unter Personalentwicklung rangiert auch **Personalpflege**: Das ERP-System kann u. a. medizinische Vorsorgeuntersuchungen, Beförderungen, Gehaltserhöhungen, Firmenfeiern und -ausflüge, Prämien und Sonderzahlungen für die Mitarbeiter vorschlagen. Personalführung, welche die Mitarbeiter und deren Zusammenarbeit so steuern soll, dass gesetzte Ziele erreicht werden, wird von ERP- und Personalwirtschaftssystemen meist nicht direkt unterstützt. Lediglich die erwähnten Maßnahmen zur Erhöhung des objektiven oder subjektiven Wohlbefindens der Mitarbeiter lassen sich in den Systemen abbilden und verwalten.

Hinsichtlich der Entgeltgestaltung unterstützen ERP-Systeme die klassischen **Lohnformen** Zeitlohn, Stück- oder Akkordlohn und Prämienlohn sowie Kombinationen dieser Lohnformen. Die Entgelte werden aus gepflegten Tarifen und aus Meldungen aus der Betriebsdaten- und Personalzeiterfassung errechnet, die ebenfalls im ERP-System zusammenlaufen. ERP-Systeme ermitteln auch Steuern und Abgaben entsprechend der am Mitarbeiterdatensatz gepflegten Merkmale und sind in der Lage, sie an die öffentliche Verwaltung, wie z. B. an Finanzämter oder die Sozialversicherung, zu melden, wobei häufige Änderungen gesetzlicher und anderer Regelungen zu einem hohen Anpassungsaufwand bei den ERP-Systemen führen.

12.4 Weitere betriebliche Informationssysteme

12.4.1 Product-Lifecycle-Management

12.4.1.1 Das PLM-Konzept

Der Betriebszweck produzierender Unternehmen besteht darin, Sachgüter bzw. Produkte herzustellen und zu vertreiben, die einen Lebenszyklus durchlaufen: Vor der Produktion werden sie geplant, entwickelt und getestet werden; nachdem sie produziert und ausgeliefert worden sind, werden sie gewartet, mit Ersatzteilen versorgt und am Ende der Nutzungsdauer entsorgt oder recycelt (siehe Abbildung 12.7). Im Verlauf dieses Lebenszyklus' entstehen produktbezogene Informationen, die im Produktmodell abgebildet werden.

Das **Produktmodell** besteht aus mehreren Teilmodellen für unterschiedliche technische Anwendungsgebiete und für die verschiedenen Phasen des **Produktlebenszyklus**. Es enthält Produktstammsätze, Produktstrukturen, Dokumente und Dokumentstrukturen (vgl. Eigner/Stelzer 2009, 28). Produktstammsätze beschreiben die Eigenschaften von Teilen bzw. Baugruppen. Produktstrukturen geben an, aus welchen Komponenten eine Baugruppe oder ein Produkt besteht (Stückliste) bzw. in welchen Baugruppen ein Bauteil oder eine Baugruppe verwendet wird (Verwendungsnachweis). Dokumente enthalten alle Informationen, die zweckmäßigerweise nicht in relationalen Datenbanken, sondern in un- oder semistrukturierter Form als Dateien gespeichert werden. Dazu gehören insbesondere die CAD-Modelle zur Beschreibung der geometrischen Form der Bauteile, aber auch andere Daten, wie beispielsweise Simulationsmodelle zur Produktabsicherung.

Die verschiedenen Bestandteile des Produktmodells befinden sich zu jedem Zeitpunkt in einem bestimmten Status (z. B. „in Arbeit" oder „freigegeben") und sind hinsichtlich **Version** und **Gültigkeit** des Teilmodells spezifiziert. Dabei bezeichnet die Version einen Entwicklungsstand und die Gültigkeit spezifiziert die Verwendung: Beispielsweise enthalte ein Produkt ein Teil mit der Sachnummer 12345. Dieses Teil wird im Laufe des Produktlebenszyklus geändert, so dass auf die erste Version 12345/A eine zweite Version 12345/B folgt. Bezüglich der tatsächlichen Verwendung der Teileversionen muss die Gültigkeit festgelegt werden. Beispielsweise könnte die Teileversion 12345/A bis zum 31.12.2015 gültig sein (Entfalldatum) und die Teileversion 12345/B ab dem 1.1.2016 (Einsatzdatum).

Die Art und Weise, wie Modellbestandteile (also Teile und Baugruppen) ihren Status ändern, wird durch ein (Geschäfts-)**Prozessmodell** beschrieben. Das Prozessmodell beschreibt beispielsweise, welche betrieblichen Rollen welche Aktionen in welcher Reihenfolge ausführen müssen, um ein geändertes Bauteil aus dem Status „in Arbeit" in den Status „freigegeben" zu überführen. Beispielsweise muss die Teileänderung von einem Fertigungsingenieur (der die Baubarkeit absichert), einem Logistiker (der für die Beschaffung verantwortlich ist) und einem Controller (der die Änderungskosten ermittelt) freigegeben werden.

Das durchgängige Management des Produkt- und Prozessmodells ermöglicht die lückenlose Rekonfiguration beliebiger Konstruktions- und Fertigungsstände über den gesamten Produktlebenszyklus und wird als **Produktdatenmanagement** (PDM) bezeichnet (vgl. Eigner/Stelzer 2009, 34):

Produktdatenmanagement ist das Management des Produkt- und Prozessmodells mit dem Ziel, eindeutige und reproduzierbare Produktkonfigurationen zu erzeugen. ■

Die gezielte Rekonfiguration früherer Versionen der Stückliste wird beispielsweise benötigt, wenn nachträglich Mängel an bereits verbauten Teilen erkannt werden: Dann kann mit ihrer Hilfe ermittelt werden, welche Einheiten des Produktes von einem eventuell notwendigen Austausch betroffen sind. Öffentlich bekannt werden solche Fälle insbesondere in der Automobilindustrie, in der es mehrmals im Jahr zu Rückrufaktionen kommt.

Der Fokus des Produktdatenmanagements lag ursprünglich auf der Entwicklungs- und Konstruktionsphase innerhalb des Produktlebenszyklus. Aber auch in den weiteren Phasen des Lebenszyklus müssen Produktinformationen gemanagt werden, wie das Beispiel der Automobil-Rückrufe zeigt. Auch für weniger gravierende Anwendungsfälle ist das Wissen über den aktuellen Zustand von Produkten wichtig, also wann welche Teile ausgetauscht worden sind: Es ermöglicht beispielsweise bei komplexen und langlebigen Produkten eine präventive Instandhaltung.

Die Erweiterung des Betrachtungszeitraums über die Produktentstehungsphase hinaus führt zum Begriff **Product-Lifecycle-Management** (PLM) (vgl. Arnold u.a. 2011, 10):

Product-Lifecycle-Management ist ein integrierendes Konzept zur IT-gestützten Organisation und Verwaltung aller Informationen über Produkte und deren Entstehungs- und Veränderungsprozesse über den gesamten Produktlebenszyklus hinweg, sodass die richtige Information zum richtigen Zeitpunkt in der richtigen Form an der richtigen Stelle zur Verfügung steht. ■

In konsequenter Fortsetzung des Gedankens der Durchgängigkeit gehören zu den Informationen, die im Rahmen des PLM verwaltet werden müssen, auch umfassende Angaben über die Produktionsprozesse und -ressourcen, die zur Herstellung und Wartung der Produkte genutzt werden. Der Produktlebenszyklus ist also eng mit dem **Fabriklebenszyklus** und dem **Technologielebenszyklus** verbunden (siehe Abbildung 12.7). Aufgrund der starken Abhängigkeiten zwischen diesen drei Lebenszyklen und der Tatsache, dass zum Informationsmanagement jeweils ähnliche Funktionen benötigt werden, erhebt PLM heute den Anspruch, neben dem Produktlebenszyklus auch die anderen beiden Lebenszyklen abzudecken. Das Management des Lebenszyklus von (Kunden)aufträgen ist hingegen Gegenstand des Enterprise Resource Planning, siehe Abschnitt 12.3.

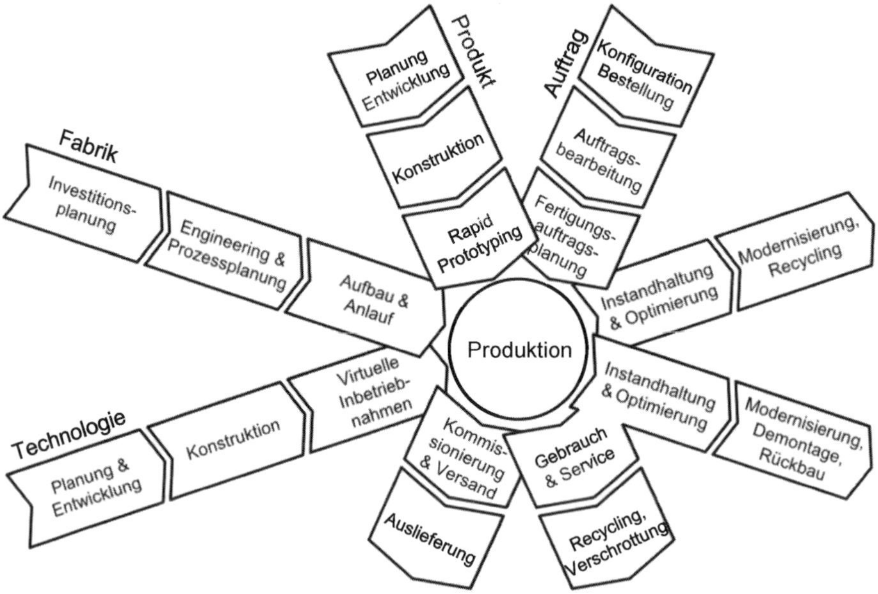

Abbildung 12.7 Lebenszyklen in der Fabrik (in Anlehnung an Baurnhansl 2014, 25)

Aus informationstechnischer Sicht erfordern PDM und PLM insbesondere leistungsfähige Funktionen zum Dokumentenmanagement und zum Workflow-Management (siehe Abschnitt 12.4.2). Um das Grundkonzept des PLM zu verstehen, bietet es sich an, die im Laufe des Lebenszyklus entstehenden Informationen als **miteinander vernetzte und konfigurierbare Modelle** aufzufassen (siehe Abbildung 12.8). Ein solches Modell ist beispielsweise die **Konstruktionsstückliste**: Die Konstruktionsstückliste beschreibt die Produktstruktur aus Sicht des Produktentwicklers und ist in der Regel nach funktionalen Gesichtspunkten strukturiert. Soll ein Teil geändert werden, so wird über einen Geschäftsprozess aus der freigegebenen Version des Teils eine neue Version abgeleitet, die sich zunächst im Status „in Arbeit" befindet. Nachdem die konstruktiven Änderungen vorgenommen worden sind, wird die neue Version des Teils über einen formalen Geschäftsprozess freigegeben. Beide Versionen des Teils besitzen eine unterschiedliche Gültigkeit. Je nach gewählter Konfiguration des Produktmodells kann die Konstruktionsstückliste mit einer der beiden Versionen des Teils angezeigt werden.

Die Konstruktionsstückliste als Teilmodell entwickelt sich im Laufe des Produktentstehungsprozesses nachvollziehbar weiter. Die Fähigkeit zur gezielten Konfiguration der Konstruktionsstückliste ist von grundlegender Bedeutung für die nachfolgenden Planungsprozesse, da sich die Produktänderung nicht nur auf die konstruktive Änderung eines Bauteils erstreckt, sondern weitreichende Folgen haben kann: Fertigungsstückliste und Arbeitspläne sind anzupassen, die Änderungen sind mit dem Teilelieferanten abzustimmen, eventuell müssen Vorrichtungen geändert werden, was wiederrum mit dem Anlagenlieferanten abzustimmen ist, bei mechatronischen Produkten sind unter Umständen Softwareanpassungen erforderlich usw. Gleichzeitig muss noch auf die ursprüngliche Version der Konstruktionsstückliste zugegriffen werden, um beispielsweise im Bau befindliche

Prototypen fertigzustellen. Im Unternehmen muss also mit beiden Stücklistenversionen parallel gearbeitet werden.

Ein weiteres Teilmodell im Kontext des PLM ist die **Fertigungsstückliste**. Die Fertigungsstückliste wird aus der Konstruktionsstückliste abgeleitet und beschreibt die Produktstruktur aus Fertigungssicht. Sie ist deshalb nicht funktional gegliedert, sondern nach dem Gesichtspunkt des Zusammenbaus. Konstruktions- und Fertigungsstückliste existieren parallel. Ändert sich die Konstruktionsstückliste, muss die Fertigungsstückliste angepasst werden, sie hängt also von der Konstruktionsstückliste ab. Der Anpassungsprozess wird wiederum durch einen Geschäftsprozess gesteuert, kann aber nicht komplett automatisiert werden, weil ingenieurtechnische Entscheidungen notwendig sind.

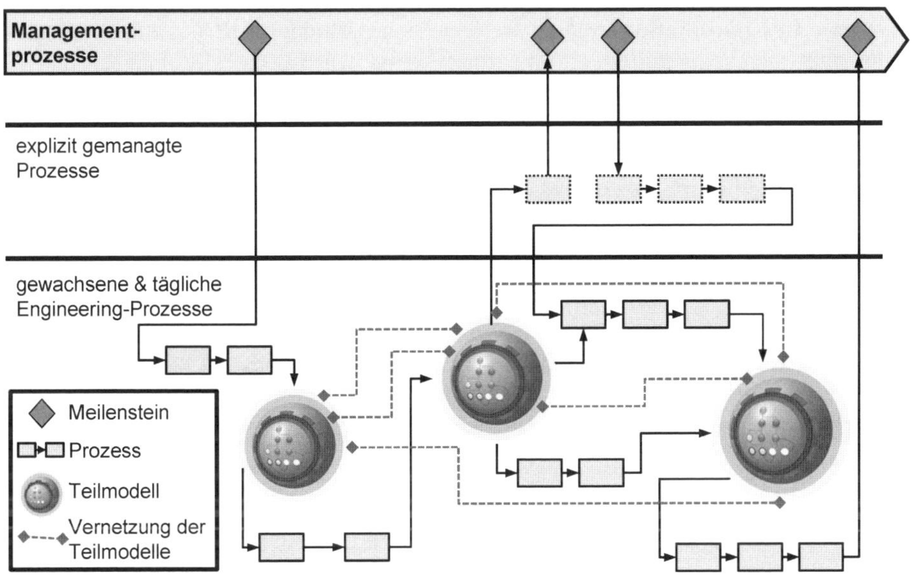

Abbildung 12.8 Im Lebenszyklus vernetzte Produkt- und Fabrikmodelle (vgl. Fischer 2015)

Über die Produktsicht hinaus gibt es Teilmodelle, die den Produktionsprozess (also den auftragsunabhängigen Arbeitsplan) und die verwendeten Ressourcen beschreiben. Die Planung des Produktionsprozesses erfolgt heute bereits parallel zur Produktentwicklung. Es kommt vor, dass sich aus der Prozessplanung Anforderungen an die Produktentwicklung ergeben. Dadurch entstehen komplexe **wechselseitige Abhängigkeiten** zwischen Stücklisten, Arbeitsplänen, Anlagenplänen und anderen PLM-Teilmodellen, die nur dann beherrschbar sind, wenn sie aktiv gemanagt werden.

12

Konsequenterweise besteht eine zentrale Aufgabe des PLM darin, die im Laufe des Produkt- und Fabriklebenszyklus entstehenden Modelle zu verwalten und ihren Entwicklungsfortschritt sowie ihre wechselseitigen Abhängigkeiten zu beherrschen. Der Prozessgedanke ist deshalb von zentraler Bedeutung (siehe Abbildung 12.8): Auf oberster Ebene stehen langfristig stabile und unternehmensweit wohldefinierte **Managementprozesse**, die durch **Meilensteine** voneinander abgegrenzt werden. Solche Managementprozesse im

Rahmen des Produktentstehungsprozesses sind beispielsweise „Konzeptentwicklung“, „Serienentwicklung“, „Serienvorbereitung“ und „Serienbetreuung“. Die Managementprozesse werden durch Geschäftsprozesse detailliert, deren Abwicklung üblicherweise mittels rechnergestütztem Workflow-Management (siehe Abschnitt 12.4.2) unterstützt wird. Solche Geschäftsprozesse betreffen beispielsweise Teilefreigaben und Chargenverwaltung. Der Prozess der eigentlichen Modellbearbeitung wird üblicherweise nicht verwaltet. Im Rahmen des PLM stehen für die Modellbearbeitung aber leistungsfähige Autorenwerkzeuge zur Verfügung. Das folgende Abschnitt geht auf die Informationssysteme im Kontext des PLM näher ein.

12.4.1.2 Architektur von PLM-Lösungen

Im Gegensatz zum ERP müssen zum PLM typischerweise mehrere **verschiedene Softwaresysteme in Kombination** genutzt werden (siehe Abbildung 12.9): Zum Bearbeiten der Teilmodelle dienen **spezialisierte Autorensysteme**, wie z. B. CAD-Systeme zur mechanischen Konstruktion und zum Entwickeln elektronischer Schaltpläne, Software-Entwicklungsumgebungen oder Simulatoren. Viele dieser Autorensysteme sind heute bereits auf Gruppenarbeit ausgelegt und eng mit herstellerspezifischen Datenverwaltungskomponenten verknüpft (vgl. Eigner/Stelzer 2009, 44). Auf der Ebene der **Team-Data-Management-Systeme** werden die mit den jeweiligen Autorensystemen erstellten Teilmodelle verwaltet und gespeichert – mit allen für den Modellzweck relevanten Informationen und im nativen Datenformat des jeweiligen Autorensystems.

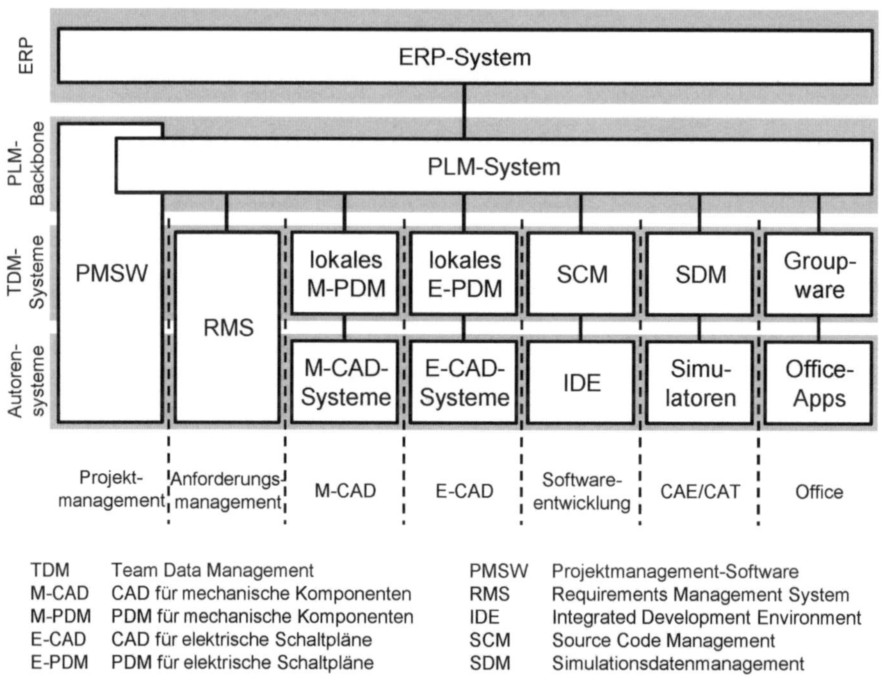

Abbildung 12.9 Architektur von PLM-Lösungen (in Anlehnung an Eigner/Stelzer 2009, 43)

Das PLM-System dient dem unternehmensweiten Datenaustausch über alle Fachdisziplinen und Lebenszyklusphasen. In ihm werden weitgehend harmonisierte Produkt- und Fabrikmodelle verwaltet. Die Modelle im PLM-System sind damit zu den Teilmodellen auf TDM-Ebene zumindest teilweise redundant. Um den Austausch zwischen verschiedenen Softwarewerkzeugen, Unternehmensstandorten sowie mit Kunden und Lieferanten zu ermöglichen, kommen auf PLM-Ebene bevorzugt standardisierte Datenformate (z.B. JT-Dateien für Geometriedaten) zum Einsatz. Das PLM-Backbone steuert die wichtigsten Geschäftsprozesse im Zusammenhang mit dem Produktlebenszyklus (insbesondere Freigabe- und Änderungsprozesse) und ist die zentrale Plattform für Konfigurationsmanagement und Langzeit-Archivierung (vgl. Eigner/Stelzer 2009, 44).

Die Beziehung zwischen Produkt- und Fabriklebenszyklus einerseits und Auftragslebenszyklus andererseits (siehe Abbildung 12.7) schlägt sich in einer Schnittstelle zwischen PLM-System und ERP-System nieder. Über diese Schnittstelle werden vorrangig Produktstammsätze, Produktstrukturen (Standardstücklisten) sowie auftragsunabhängige Arbeitspläne ausgetauscht. Damit liefert das PLM-System die grundlegenden Eingangsdaten, für zentrale ERP-Funktionen, wie z.B. Produktkonfiguration zur Erfüllung von Kundenwünschen, Sekundärbedarfsplanung, Produktionsplanung und -steuerung, Kostenkalkulation und Kundenservice.

Abbildung 12.9 stellt eine idealtypische IT-Landschaft (siehe Abschnitt 12.2) dar: Viele der aktuell verfügbaren PLM-Systeme sind Weiterentwicklungen von PDM-Systemen und deshalb direkt zum Management von CAD-Daten geeignet. Einige besitzen auch eigene Komponenten zum Projektmanagement, Anforderungsmanagement und zur Simulationsdatenverwaltung. Es ist deshalb prinzipiell möglich, die beschriebenen Funktionen auch mit einer geringeren Anzahl verschiedener Softwarewerkzeuge zu realisieren als dargestellt. Die Erfahrung lehrt jedoch, dass betriebliche IT-Landschaften historisch gewachsen und weitaus komplexer sind als hier beschrieben. So ist es heute durchaus noch üblich, auf ein zentrales PLM-System als PLM-Backbone zu verzichten und die benötigten Funktionen auf verschiedene Softwarewerkzeuge zu verteilen.

12.4.2 Workflow-Management-Systeme

12.4.2.1 Konzept des Workflow-Managements

In Unternehmen laufen zu jeder Zeit **Geschäftsprozesse** ab, also Folgen von Aktivitäten, mit denen ein betrieblicher Zweck erfüllt werden soll. An der Abarbeitung von Geschäftsprozessen sind oft mehrere Mitarbeiter aus verschiedenen Organisationseinheiten beteiligt, die Arbeitspakete und die mit ihnen verbundenen Informationen untereinander weiterreichen. Um Geschäftsprozesse möglichst effizient abzuwickeln, wurde das Konzept des Workflow-Managements (Ü3) entwickelt:

12

Workflow-Management (WFM) umfasst die Analyse, Modellierung, Simulation, Einführung, Abwicklung, Protokollierung, Steuerung, Umgestaltung und Verbesserung von Geschäftsprozessen bzw. Workflows. ■

Die Begriffe Geschäftsprozess und Workflow werden hier synonym verwendet, obwohl Workflow im Allgemeinen eher für technische Abläufe steht, die betriebliche Informationssysteme einbeziehen, und Geschäftsprozesse eher für betriebswirtschaftliche Abläufe, die auch rein manuelle Tätigkeiten umfassen.

Workflow-Management bezieht die an den Geschäftsprozessen beteiligten Mitarbeiter ein und verwendet eine bestimmte Art betrieblicher Informationssysteme, sogenannte **Workflow-Management-Systeme** (WFMSe). Workflow-Management stammt ursprünglich aus Versicherungen und öffentlichen Verwaltungen, hat aber auch in ERP- und PLM-Systeme Einzug gehalten und dient in erster Linie dazu, die Tätigkeiten einer großen Anzahl von Mitarbeitern abzustimmen, die räumlich und zeitlich verteilt Teilaufgaben komplexer Geschäftsprozesse bearbeiten. Workflow-Management sorgt aber auch dafür, dass festgelegte Arbeitsweisen operativ eingehalten werden, indem das WFMS die Ausführung der Geschäftsprozesse überwacht und auftretende Probleme meldet, wie z. B. Verzögerungen oder Überlastungen der Mitarbeiter, so dass regelnd in die Geschäftsprozesse eingegriffen werden kann.

Im Normalfall protokollieren WFMSe den Beginn und das Ende sowie den Bearbeiter jeder Aktivität im Workflow, so dass die betrieblichen Abläufe nachvollziehbar werden. Die über die Geschäftsprozesse gesammelten Daten können beispielsweise analysiert werden, um auf Ineffizienzen und systematische Probleme in den Geschäftsprozessen zu schließen. Diese Daten sind die Grundlage einer fortlaufenden **Geschäftsprozessoptimierung**.

Es werden verschiedene Arten von Workflows unterschieden:

- **Production Workflows** (auch als Transactional Workflows bezeichnet) sind streng standardisiert und die Folge ihrer Aktivitäten ist detailliert vorgeschrieben. Eine Folgeaktivität wird nur dann begonnen, wenn festgelegte Bedingungen erfüllt worden sind. So müssen z. B. vorgelagerte Aktivitäten abgeschlossen oder eine festgelegte Zeitspanne verstrichen sein.
- **Administrative Workflows** sind nur noch teilweise strukturiert. Sie lassen dem Bearbeiter mehr Spielraum, weil er die auf eine Aktivität folgende Aktivität und auch den Bearbeiter für diese Aktivität selbst auswählen kann - eventuell in einem vom WFMS begrenzten Rahmen. Natürlich kann nur ein Mitarbeiter, der den Geschäftsprozess inhaltlich und organisatorisch überblickt, eine Folgeaktivität und ihren Bearbeiter korrekt auswählen.
- In **Ad-hoc-Workflows** sind Aktivitäten nicht mehr zueinander in Beziehung gesetzt: Bearbeiter entscheiden selbst über Folgeaktivitäten und senden sie an nachfolgende Bearbeiter. Das WFMS dient im Falle von Ad-Hoc-Workflows nur noch dem Versenden und Protokollieren der Aktivitäten.

Workflow-Management und WFMSe bringen einer Reihe von Vorteilen mit sich, die ihren Einsatz in den meisten Unternehmen sinnvoll erscheinen lassen: Beim Abarbeiten standardisierter Workflows treten weniger Fehler auf, es werden weniger überflüssige Aktivitäten ausgeführt und weniger Aktivitäten ausgelassen oder wiederholt, was zu einer besseren **Geschäftsprozessqualität** und einer besseren Qualität der Resultate der Geschäftsprozesse führt. Weil ein WFMS nachfolgende Bearbeiter immer sofort informiert, verkürzen sich Übergangszeiten zwischen Aktivitäten. Die kontinuierliche Verbesserung der Workflows führt zu geringeren Bearbeitungs- und Wartezeiten, was die Geschäftsprozesskosten senkt. Die **Standardisierung** und **Dokumentation** der Geschäftsprozesse führt zur Routine bei ihrer Abarbeitung und erleichtert die Einarbeitung neuer Mitarbeiter. Administrative und Ad-hoc-Workflows erlauben trotz der Standardisierung im Bedarfsfall eine hohe Flexibilität. Nicht zuletzt fördern WFMS die **Transparenz** über den aktuellen Bearbeitungsstand von Geschäftsprozessen und die Effizienz des betrieblichen Geschehens.

12.4.2.2 Aufbau von und Ablauf in Workflow-Management-Systemen

Workflow-Management wird durch WFMSe unterstützt. Da Workflow-Management sowohl im Produktentstehungsprozess als auch im operativen Geschäft eine wichtige Rolle spielt, verfügen praktisch alle PDM- und die meisten ERP-Systeme über integrierte WFMS. Dennoch betreiben manche Unternehmen eigenständige WFMS.

Wie Abbildung 12.10 zeigt, besteht ein WFMS aus drei wesentlichen Komponenten:

- der Workflow-Modellierungskomponente,
- der Workflow-Laufzeitumgebung und
- dem Aktivitätenmonitor.

Jeder Mitarbeiter, der an der Abarbeitung der Workflows beteiligt ist, verfügt über seinen eigenen **Aktivitätenmonitor**, der ihm die Aktivitäten zeigt, die er bearbeiten darf bzw. soll.

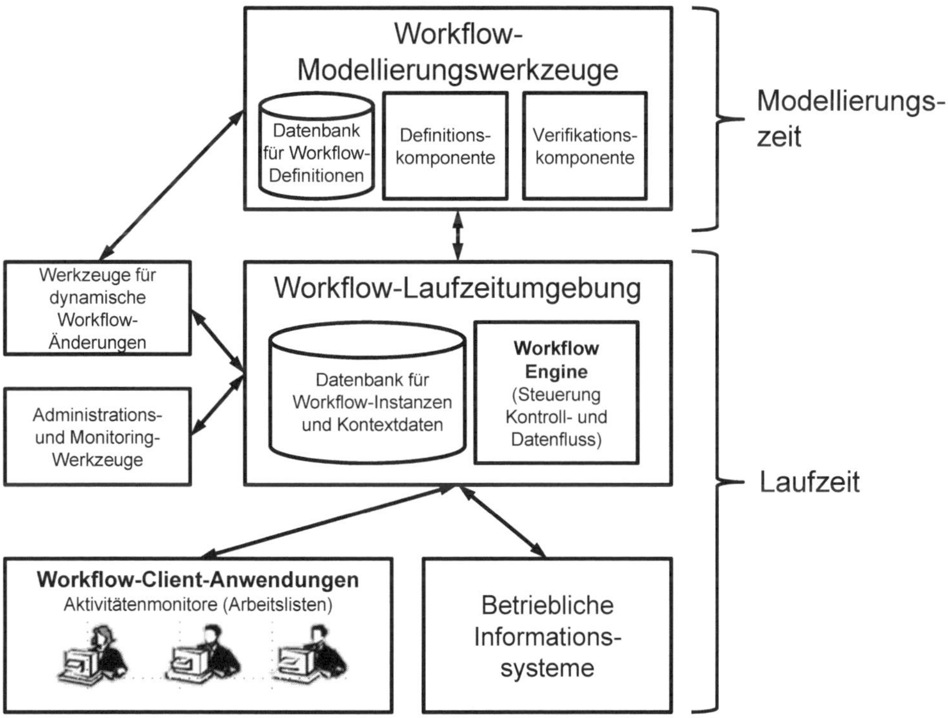

Abbildung 12.10 Architektur eines Workflow-Management-Systems (vgl. Rahm u. a. 2003)

Mit der **Workflow-Modellierungskomponente** wird der Workflow definiert, wozu oft ein grafischer Editor bereitgestellt wird. Außerdem wird der Workflow im Hinblick auf syntaktische und zum Teil auch auf semantische Korrektheit verifiziert. Die Workflow-Modellierungskomponente speichert die Workflow-Definition zudem dauerhaft.

Auf Basis der Workflow-Definition instanziiert die **Workflow-Laufzeitumgebung** einen Workflow sobald ein Startereignis für den Workflow eintritt und beginnt die Abarbeitung, indem sie die ersten Aktivitäten an die Aktivitätenmonitore derjenigen Mitarbeiter sendet, die diese Aktivitäten abarbeiten dürfen bzw. sollen. Beginnt einer der Mitarbeiter die Bearbeitung einer Aktivität, so sperrt die Laufzeitumgebung diese Aktivität für die Bearbeitung durch andere berechtigte Mitarbeiter. Meldet der Mitarbeiter der Laufzeitumgebung die Fertigstellung einer Aktivität im Aktivitätenmonitor, so verschwindet sie aus den Aktivitätenmonitoren aller Mitarbeiter, die sie alternativ hätten bearbeiten können.

Nach Fertigmeldung einer Aktivität prüft die Laufzeitumgebung in der Workflow-Instanz, ob Folgeaktivitäten freigegeben werden können. Wenn das der Fall ist, arbeitet die Laufzeitumgebung die Workflow-Instanz weiter ab, indem sie die betreffenden Aktivitäten an die Aktivitätenmonitore derjenigen sendet, die diese Aktivitäten abarbeiten dürfen bzw. sollen. Sind alle Aktivitäten der Workflow-Instanz abgearbeitet, wird die Workflow-Instanz abgeschlossen und archiviert.

Wie bereits dargestellt, werden Start- und Endzeitpunkte sowie die Bearbeiter der Aktivitäten protokolliert, um die Ausführung des Geschäftsprozesses später nachvollziehen zu können. Sind an den Aktivitäten Vorgabezeiten oder Soll-Termine vermerkt, meldet die Laufzeitumgebung etwaige Terminüberschreitungen an die **Administrations- und Monitoring-Werkzeuge** (siehe Abbildung 12.10), so dass erforderlichenfalls operative Maßnahmen ergriffen werden können.

Es stellt sich die Frage, was passiert wenn eine Workflow-Definition, von der noch aktive Workflow-Instanzen existieren, in der Modellierungskomponente geändert wird. Im einfachen Falle können die existierenden Workflow-Instanzen entsprechend der vorherigen und nun veralteten WF-Definition bis zu ihrem Ende abgearbeitet werden. Mitunter ist es jedoch erforderlich, laufende Workflow-Instanzen an die neue Workflow-Definition anzupassen. Diesem Zweck dienen die **Werkzeuge für dynamische Workflow-Änderungen** (siehe Abbildung 12.10).

Sofern vom WFMS nicht nur rein manuell auszuführende Aktivitäten ausgelöst werden, sondern auch IT-gestützte Aktivitäten, kann eine Schnittstelle zwischen dem WFMS mit dem entsprechenden betrieblichen Informationssystem (siehe Abbildung 12.10) implementiert werden: So kann dem Bearbeiter gemeinsam mit der Aktivität auch der Einstieg in die entsprechende Bearbeitungsmaske des Informationssystems angeboten werden, und die Rückmeldung über die Fertigstellung der Aktivität an das WFMS kann automatisiert erfolgen.

Die Abarbeitung eines Geschäftsprozesses mit Hilfe eines WFMS soll noch einmal anhand eines Beispiels verdeutlicht werden: Abbildung 12.11 stellt einen (gegenüber der Realität stark vereinfachten) Workflow in Form einer **ereignisgesteuerten Prozesskette** dar.

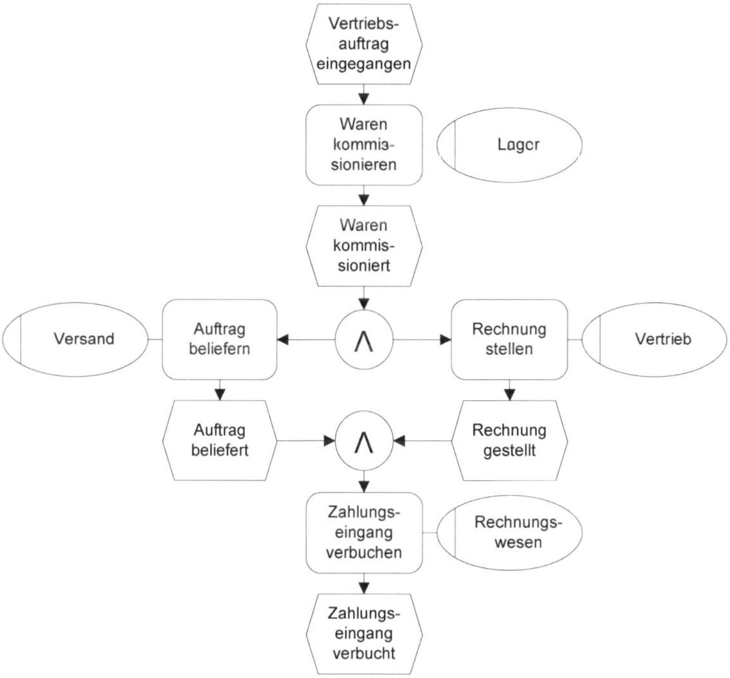

Abbildung 12.11 Beispiel eines Workflows

Der Workflow-Laufzeitumgebung wird manuell oder vom ERP-System mitgeteilt, dass ein „Kundenauftrag eingegangen" ist. Daraufhin erstellt sie aus der abgebildeten Workflow-Definition eine Workflow-Instanz, startet sie und sendet an die Aktivitätenmonitore aller Mitarbeiter, welche die Rolle „Lager" innehaben, die Aktivität „Waren kommissionieren". Einer der Mitarbeiter startet die Aktivität aus seinem Aktivitätenmonitor und informiert damit auch die Laufzeitumgebung, die diese Aktivität nun aus den Aktivitätenmonitoren der anderen Mitarbeiter entfernt. Der Mitarbeiter, der die Ausführung der Aktivität übernommen hat, wird vom Aktivitätenmonitor zum Kommissionierauftrag im ERP-System geleitet. Er kommissioniert die Waren und bestätigt dann die Kommissionierung im ERP-System, das die Fertigmeldung an die Workflow-Laufzeitumgebung weiterleitet. Die Laufzeitumgebung stellt nun anhand der Workflow-Instanz fest, welche Aktivitäten im Anschluss an das Kommissionieren der Waren ausgeführt werden sollen und sendet die Aktivitäten „Auftrag beliefern" und (∧) „Rechnung stellen" an die Aktivitätenmonitore der Mitarbeiter des Versands respektive des Vertriebs. Jeweils ein Mitarbeiter führt die Aktivität aus, und das ERP-System sowie die Workflow-Laufzeitumgebung reagieren entsprechend. Die Laufzeitumgebung wartet gemäß der Workflow-Instanz, bis die Aktivitäten „Auftrag beliefern" und „Rechnung stellen" abgeschlossen sind, und sendet dann die Aktivität „Zahlungseingang verbuchen" an alle Mitarbeiter, welche die Rolle „Rechnungswesen" innehaben. Einer der Mitarbeiter führt die Aktivität im ERP-System aus und sie wird implizit an die Laufzeitumgebung als fertig gemeldet. Die Laufzeitumgebung stellt fest, dass die Workflow-Instanz vollständig abgearbeitet wurde, und archiviert sie.

12

In einem Workflow darf nicht jeder Mitarbeiter jede Aktivität ausführen, beispielsweise dürfen Bestellungen ab einem gewissen Wert nur durch Mitarbeiter der Einkaufsleitung genehmigt werden. Wer in einem Workflow welche Aktivität ausführen darf, ist an den Aktivitäten vermerkt, die auf betriebliche Rollen verweisen. Im WFMS ist hinterlegt, welche Mitarbeiter welche Rolle innehaben. Da Rollen üblicherweise mit der betrieblichen Organisation verknüpft sind, kann das WFMS diese Information (bei Vorhandensein einer entsprechenden Schnittstelle) auch dem ERP-System entnehmen.

12.4.3 Data-Warehousing

12.4.3.1 Konzept des Data-Warehousing

Aus betriebswirtschaftlicher Sicht sind vor allem die in Abschnitt 12.3 behandelten ERP-Systeme von zentraler Bedeutung für die operativen Aufgaben des Tagesgeschäfts. ERP-Systeme sind darauf optimiert, häufig anfallende betriebliche Transaktionen in Echtzeit effizient abzuwickeln. IT-Fachleute bezeichnen das als **Online Transaction Processing** (OLTP). Neben der Echtzeitforderung sind für OLTP-Anwendungsfälle vor allem zwei Eigenschaften charakteristisch: Zum einen ist die in einer einzelnen Transaktion bearbeitete Datenmenge meist relativ klein und zum anderen werden die Daten in ihrem höchsten Detaillierungsgrad erfasst und ausgewertet; es wird also auf Belegebene gearbeitet (siehe Abschnitt 12.3.3.1).

Verglichen mit dem operativen Tagesgeschäft, stellen Aufgaben des taktischen und strategischen Managements andere Anforderungen an die Informationsbereitstellung und -verarbeitung. In der Literatur finden sich verschiedene Zusammenstellungen derartiger Anforderungen (vgl. z.B. Pendse/Creeth 1995). Hier sollen nur die wichtigsten genannt werden: Da sich Managementaufgaben weniger gut standardisieren lassen als operative Geschäftsprozesse, müssen die Daten zur Entscheidungsunterstützung flexibel und mehrdimensional dargestellt und ausgewertet werden können. Außerdem sind in der Regel große Datenmengen zu aggregieren. Teilweise müssen anspruchsvolle Analysemethoden angewandt werden. Überdies sollten die relevanten Daten gebündelt in einer einzigen Datenbank vorliegen. In der Realität sind sie aber über mehrere Informationssysteme verstreut. Da es auch auf Managementebene der Wunsch nach einer schnellen Informationsbereitstellung besteht, hat sich der Begriff **Online Analytical Processing** (OLAP) als Komplement zu OLTP etabliert (vgl. Abts/Mülder 2013, 279).

Die heute in Unternehmen verfügbare Informationstechnik ist in der Regel nicht in der Lage, die Anforderungen von OLTP und OLAP gleichzeitig durch ein einziges Softwaresystem auf der Grundlage einer konsistenten und redundanzfreien Datenbank zu erfüllen. Die Verbindung von OLTP und OLAP unter dem Schlagwort Hybrid Transaction/Analytical Processing (vgl. Pezzini u.a. 2014) ist deshalb noch keine betriebliche Realität. In der Praxis werden stattdessen Daten aus verschiedenen OLTP-Systemen des Unternehmens (insbesondere ERP-Systemen) sowie aus externen Informationsquellen in einer eigenständigen Datenbasis zusammengeführt, konsolidiert und in einer Form gespeichert, die OLAP ermöglicht. Diese Datenbasis wird als **Data-Warehouse** bezeichnet. Informationssysteme zum Erstellen, Pflegen und Verwalten von Data Warehouses heißen **Data-Warehouse-Systeme** (DWS).

Aus Sicht des Anwenders stellen DWS die für die jeweilige Fragestellung relevanten Daten in Form mehrdimensionaler Datenwürfel, sogenannter **Data-Marts**, bereit (vgl. Abts/

Mülder 2013, 279 ff.). Die Elemente eines Datenwürfels entsprechen betriebswirtschaftlichen Kennzahlen, die Kanten entsprechen Auswertungsdimensionen. Abbildung 12.12 illustriert dies an einem Beispiel: Der Datenwürfel Umsatz enthält die von einem Unternehmen erzielten Umsätze. Jedes Element des Datenwürfels entspricht dem Umsatz, der für einen bestimmten Artikel, in einer Stadt und einem bestimmten Monat realisiert wurde. Jede der drei Dimensionen „Produkt", „Ort" und „Zeit" ist in mehrere Hierarchieebenen gegliedert: Artikel bilden Artikelgruppen, während Städte zu Regionen und Regionen zu Ländern zusammengefasst werden, und schließlich bilden jeweils drei Monate ein Quartal und vier Quartale ein Jahr. Neben diesen drei Dimensionen finden sich in der Praxis auch weitere, z. B. Szenario (Soll, Plan, Ist), Maßeinheiten (z. B. verschiedene Währungen), Unternehmensstruktur (Abteilungen, Geschäftsbereiche), Kundenstruktur (Branche, Größe) usw.

Die Informationen, die ein Datenwürfel enthält, stammen in der Regel aus operativen betrieblichen Informationssystemen, insbesondere ERP-Systemen. Sie werden im Zuge der Erstellung des Datenwürfels aufbereitet, bereinigt und aggregiert. Beispielsweise speichert ein ERP-System die Belege jeder einzelnen Geschäftstransaktion, verwaltet also die Umsätze des laufenden Geschäftsjahres auf der untersten Detaillierungsebene. Die Belege vergangener Geschäftsjahre werden unter Umständen bei der Jahresumstellung aus der Datenbank des ERP-Systems entfernt. Der Datenwürfel aus Abbildung 12.12 enthält demgegenüber aggregierte Umsatzzahlen – diese allerdings auch für vergangene Geschäftsjahre.

DWS stellen dem Anwender eine Reihe von Operationen zur Verfügung, mit denen er einen Datenwürfel auswerten kann. Dazu gehören insbesondere folgende (vgl. Appelfeller/Buchholz 2011, 39 ff.):

- **Drill-Down** und **Roll-Up** bezeichnet das Wechseln der Betrachtungsebene zwischen verschiedenen Hierarchieebenen einer oder verschiedener Dimension. Betrachtet der Anwender beispielsweise die Umsätze auf Regionsebene, kann er als Nächstes entweder eine Region auswählen und die Umsätze der einzelnen Städte dieser Region analysieren (Drill-Down) oder er aggregiert die Regionalumsätzen zu Länderumsätzen, um einen internationalen Vergleich durchzuführen (Roll-Up).
- Unter einer **Slice**-Operation versteht man das Selektieren einer Teilmenge des Datenwürfels durch Festlegen einer Dimension auf einen bestimmten Wert. Beispielsweise ist für einen Produktmanager nur der Artikel relevant, für den er zuständig ist, während ein Regionalvertriebsleiter die Umsätze der von ihm verantworteten Region analysieren möchte, und ein Controller könnte sich für die Umsätze interessieren, die in einem bestimmten Monat erzielt wurden (siehe Abbildung 12.12).
- Als **Dice** bezeichnet man die Selektion eines Teilwürfels durch das Einschränken von mehreren Dimensionen des Datenwürfels auf die zu analysieren Ausprägungen. Beispielsweise kann der Fokus der Analyse auf eine bestimmte Artikelgruppe, ein Geschäftsjahr und mehrere Regionen gesetzt werden (siehe Abbildung 12.12).
- Die **Pivot**-Operation dreht den Datenwürfel in eine andere Ansicht. Da Daten eines Datenwürfels üblicherweise in tabellarischer Form angezeigt werden, können über diese Operation die Reihenfolge von Spalten und Zeilen festgelegt sowie Zeilen und Spalten vertauscht werden.

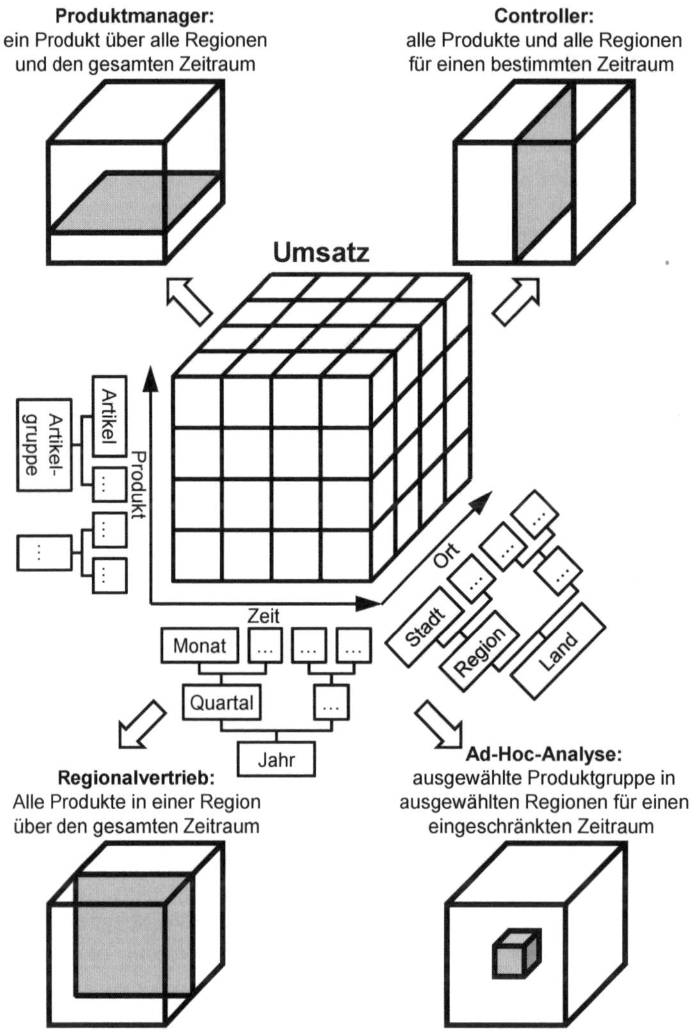

Abbildung 12.12
Datenwürfel und OLAP-Operationen

12.4.3.2 Architektur von Data-Warehouse-Systemen

Abbildung 12.13 zeigt die grundlegende Architektur eines Data-Warehouse-Systems und verdeutlicht das Zusammenspiel der Komponenten im sogenannten **ETL-Prozess** (Extrahieren-Transformieren-Laden): Das DWS extrahiert Daten aus operativen Vorsystemen und externen Datenquellen, transformiert diese Daten in eine geeignete Form und lädt sie in Datenwürfel. Analysewerkzeuge greifen mittels der im vorangegangenen Abschnitt beschriebenen OLAP-Operationen auf die Datenwürfel zu (vgl. Appelfeller/Buchholz 2011, 34 ff.).

Typische unternehmensinterne Quellsysteme von DWS sind ERP-, SCM- und PLM-Systeme. Externe Datenquellen können beispielsweise elektronische Kataloge von Lieferanten oder Informationsquellen zu Rohstoffpreisen, Wechselkursen und Demographie-Daten sein. In der Regel sind interne Datenquellen bedeutender als externe Datenquellen. Die Datenquellen und deren Verwaltungssysteme sind nicht Bestandteil des DWS.

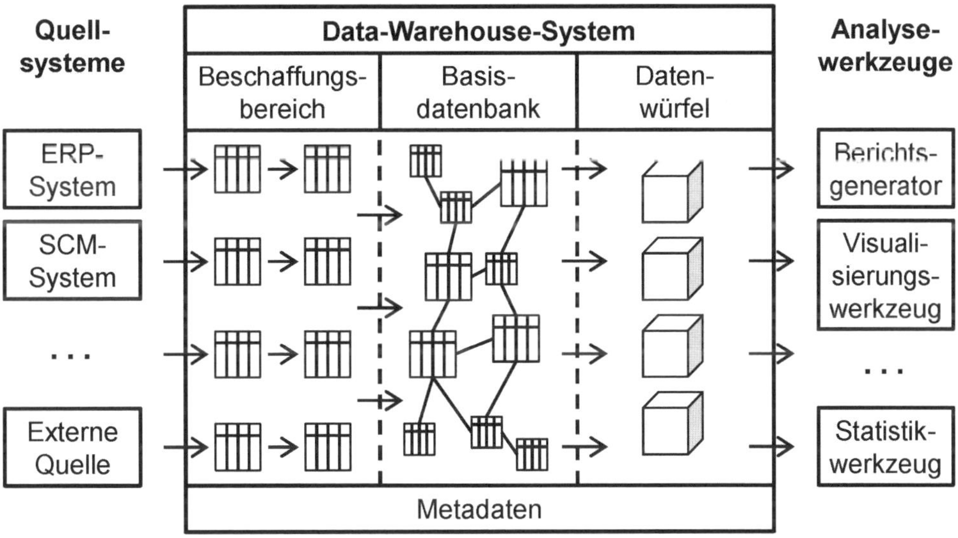

Abbildung 12.13 Architektur eines Data-Warehouse-Systems

Üblicherweise werden die Daten über geeignete Schnittstellen aus den Vorsystemen extrahiert und zunächst unverändert in den Beschaffungsbereich des DWS übertragen. Dadurch kann die Belastung der Quellsysteme auf ein notwendiges Minimum reduziert werden. Die **Extraktion** erfolgt wahlweise periodisch, ereignisgesteuert oder auf explizite Anfrage eines DWS-Anwenders.

Da die Daten aus verschiedenen Quellen stammen, deren Datenmodelle sich technisch und semantischen voneinander unterscheiden, müssen sie zunächst harmonisiert und in ein gemeinsames Datenmodell **transformiert** werden. Die Harmonisierung betrifft zunächst die Vereinheitlichung der technischen Datenformate (z. B. Schreibweise von Zeitangaben oder Feldlängen für Bezeichnungen). Darüber hinaus müssen auch unterschiedliche Einheiten für Mengenangaben und unterschiedliche Schlüssel (beispielsweise verschiedene Artikelnummern für denselben Artikel) aneinander angeglichen werden. Die größte Herausforderung bei der Harmonisierung ist der Umgang mit semantischen Unterschieden in den verschiedenen Datenmodellen: So können z. B. Regionen in unterschiedlichen Quellsystemen gleich benannt worden sein, aber unterschiedliche bzw. überlappende geografische Gebiete umfassen. Im Zuge der Transformation werden die Daten auf Plausibilität und Konsistenz geprüft, erkannte Datenfehler bereinigt sowie fehlende Werte behandelt. Die Korrektur systematischer Fehler in den Daten wird idealerweise taktisch in den Quellsystemen durchführt, was deren Datenqualität rückwirkend erhöht. Jeder Datensatz wird mit einem Zeitstempel versehen.

Nach der Transformation werden die Daten in die Basisdatenbank des DWS **geladen**. Die Basisdatenbank enthält die harmonisierten und bereinigten Daten auf Belegebene. Sie ist damit die in sich konsistente Informationsquelle für alle Datenanalysen.

Die Datenwürfel des Data Warehouse werden aus den Daten der Basisdatenbank generiert. Dabei werden aggregierte **Kennzahlen** (z. B. Umsätze auf Monatsebene) berechnet und gespeichert. Die Definition der Dimensionen und der Granularität eines Datenwürfels ergibt sich aus den Anforderungen des betrieblichen Anwendungsfeldes. Generell sollte für jedes Anwendungsfeld ein separater, maßgeschneiderter Datenwürfel erzeugt werden. Die Aktualisierungsfrequenz der Datenwürfel leitet sich wiederum aus den jeweiligen Nutzeranforderungen ab.

Auf den Datenwürfeln operieren **Analysewerkzeuge**, die ebenso wie die Quellsysteme meist nicht zum eigentlichen DWS gerechnet werden. Zu den wichtigen Analysewerkzeugen gehören Berichtsgeneratoren, die sowohl wiederkehrende Standardberichte als auch Ad-Hoc-Auswertungen in meist tabellarischer Form erzeugen. Außerdem sind in vielen Unternehmen grafische Benutzeroberflächen (oft als „Management Cockpits" bezeichnet) im Einsatz, mit denen einfach und flexibel Auswertungen in Diagrammform erzeugt werden können. Die Grenze zwischen beiden Werkzeugklassen ist fließend. Eine dritte Gruppe von Analysewerkzeugen widmet sich der statistischen Datenanalyse und stellt unter anderem Funktionen zur Korrelations-, Regressions- und Zeitreihenanalyse bis hin zu Verfahren des Data-Mining und des maschinellen Lernens bereit.

12.5 Kontrollfragen

1. Was ist ein betriebliches Informationssystem? (Abschn. 12.2)
2. Nennen Sie vier wesentliche Informationssysteme produzierender Unternehmen und erklären Sie deren jeweilige Rolle in der betrieblichen IT-Landschaft! (Abschn. 12.2)
3. Was bedeuten die Begriffe „Enterprise", „Resource" und „Planning" im Kontext von ERP-Systemen, und wie spielen sie zusammen? (Abschn. 12.3.1)
4. Was sind die abstrakten Aufgaben von Administrations-, Dispositions-, Planungs- und Kontrollsystemen, und worin unterscheiden sich diese Systeme voneinander? (Abschn. 12.3.1)
5. Welche Module weisen ERP-Systemen gemeinhin auf, und wie interagieren diese Module im Rahmen des betrieblichen Ablaufs miteinander? (Abschn. 12.3.2)
6. Wie sind Anfragen, Angebote und Kundenaufträge aufgebaut, und inwiefern handelt es sich bei ihnen um Belege? (Abschn. 12.3.3.1)
7. Beschreiben Sie den vereinfachten Ablauf der Produktionsplanung sowie die für ihn notwendigen und aus ihm resultierenden Daten. (Abschn. 12.3.3.2)
8. Worum handelt es sich bei plangesteuerter und verbrauchsgesteuerter Beschaffung, und in welchem Objekt werden die Art der Beschaffung und ihrer Parameter gespeichert? (Abschn. 12.3.3.3)
9. Welche Vor- und Nachteile weisen Festplatzlager und chaotisches Lager auf, und wann sollte man welche der beiden Lagerarten einsetzen? (Abschn. 12.3.3.4)
10. Welche Vorteile und Nachteile weist eine permanente Inventur gegenüber einer Stichtagsinventur auf? (Abschn. 12.3.3.4)
11. Wozu dient der Work-in-Progress und wodurch wird er erhöht oder verringert? (Abschn. 12.3.3.5)

12. Wozu dient ein Transitlager, und wie wird es verwendet? (Abschn. 12.3.3.6)
13. An welchen betrieblichen Objekten kann spezifiziert werden, ob Teillieferungen zulässig sind? (Abschn. 12.3.3.6)
14. Wodurch werden Serviceaufträge ausgelöst? (Abschn. 12.3.3.7)
15. Erläutern Sie einige Probleme, die bei der Rücksendung von Produkten an den Hersteller beim Hersteller in ERP-Systemen auftreten. (Abschn. 12.3.3.7)
16. Erläutern Sie anhand mindestens dreier Beispiele, wie ERP-Systeme die Durchführung des Rechnungswesens vereinfachen. (Abschn. 12.3.3.8)
17. Welche Bereiche der Personalwirtschaft unterstützen ERP-Systeme, und wie gehen sie dabei vor? (Abschn. 12.3.3.9)
18. Welche Arten von Workflows gibt es, welche Vor- und Nachteile weisen sie auf, und wann sollten sie eingesetzt bzw. nicht eingesetzt werden? (Abschn. 12.4.2.1)
19. Beschreiben Sie die Arbeitsweise eines WFMS anhand der Abarbeitung eines einfachen, aber selbst entworfenen Workflows. (Abschn. 12.4.2.2)
20. Was beschreibt das Produktmodell und was sind seine Bestandteile? (Abschn. 12.4.1.1)
21. Was versteht man unter Produktdatenmanagement und Product-Lifecycle-Management? (Abschn. 12.4.1.1)
22. Welche anderen Lebenszyklen außer dem Produktlebenszyklus muss ein produzierendes Unternehmen managen? (Abschn. 12.4.1.1)
23. Beschreiben Sie die typische Architektur von PLM-Lösungen? (Abschn. 12.4.1.2)
24. Welche Anforderungen werden an Informationssysteme im Kontext von OLTP einerseits und OLAP andererseits gestellt? (Abschn. 12.4.3.1)
25. Nennen Sie typische Dimensionen zur Strukturierung betriebswirtschaftlicher Daten in Data Marts! (Abschn. 12.4.3.1)
26. Welche Operationen können auf Data Marts ausgeführt werden? (Abschn. 12.4.3.1)
27. Erläutern Sie die grundlegende Architektur eines DWS! (Abschn. 12.4.3.2)
28. Beschreiben Sie Ziel und Ablauf des ETL-Prozesses! (Abschn. 12.4.3.2)

12.6 Übungsaufgaben

Ü1 Entwurf einer IT-Landschaft

a) Ausgangsdaten

Sie werden in einem eigentümergeführten, mittelständischen Maschinenbau-Unternehmen als Assistent der Geschäftsführung eingestellt und erhalten den Auftrag, „die betriebliche IT auf Vordermann zu bringen“. Konkret sollen Sie eine Vorgehensweise zur Entwicklung eines Generalbebauungsplans der IT-Landschaft vorschlagen. Ein Gespräch mit Vertretern der Fachabteilungen ergibt folgendes Bild: Zur Produktentwicklung wird ein High-End-CAD-System eingesetzt. Die Produktdatenverwaltung erfolgt mit einem PDM-System, das der Anbieter des CAD-Systems mitgeliefert hat. Für Auftragsverwaltung, Materialwirtschaft, Finanzbuchhaltung und Personalverwaltung wird Standard-Software eingesetzt. Lagerverwaltung und Produktionsplanung erfolgen mit eigenentwickelter Software auf der Basis von Microsoft Access.

b) Aufgabenstellung

- Wie würden Sie vorgehen, um eine IT-Strategie für die nächsten zehn Jahre zu entwickeln?

Um die die vorstehende Frage zu beantworten, sollten Sie vorab folgende Detailfragen beantworten:

- Welche Teile der Pyramide betrieblicher Informationssysteme sind bereits abgedeckt?
- Welche Teile dieser Pyramide sollten für das besagte Unternehmen mit hoher Wahrscheinlichkeit noch mit welchen weiteren betrieblichen Informationssystemen abgedeckt werden?
- Wo liegt vermutlich der größte Handlungsbedarf?
- Welche der vorhandenen Systeme können vermutlich beibehalten werden, und welche sind voraussichtlich zu ersetzen?
- In welcher Reihenfolge sollten und können diese Systeme eingeführt werden?
- Was müsste getan werden, um die Vermutungen der vorangegangenen Punkte zu prüfen?

Ü2 Durchführung einer Produktionsplanung

a) Ausgangsdaten

Sie produzieren Tische. Ein Tisch wird aus einer Tischplatte, vier Beinen und 16 Schrauben montiert. Eine Tischplatte wird aus einer Kantholzplatte zugeschnitten. Ein Tischbein wird aus einem Rundholz gedrechselt. Sie montieren die Tische selbst, schneiden die Kantholzplatten selbst zu und drechseln auch die Tischbeine selbst. Für das Montieren der Tische fallen zwei Tage Wartezeit, vier Stunden Rüstzeit und eine Stunde Zeit für die Montage an, wobei die Zeit für die Montage pro Stück (Tisch) benötigt wird. Für das Drechseln der Tischbeine fallen drei Tage Wartezeit, sechs Stunden

Rüstzeit und zwei Stunden Zeit für das eigentliche Drechseln an, wobei die Zeit für das Drechseln pro Stück (Tischbein) benötigt wird. Das Zuschneiden der Tischplatten umfasst zwei Tage Wartezeit, zwei Stunden Rüstzeit und eine Stunde Zeit für das eigentliche Zuschneiden, wobei die Zeit für das Zuschneiden pro Stück (Tischplatte) anfällt. Sie kaufen die Rundhölzer, die Kanthölzer und die Schrauben zu. Der Fremdbezug der Rundhölzer dauert zwei Tage, der des Kantholzes drei Tage und der der Schrauben einen Tag. Sie arbeiten rund um die Uhr an sieben Tagen in der Woche, und eine Lieferung/ein Transport zum Kunden wird nicht durch Wochenenden oder Feiertage verzögert. Ein Kunde erteilt Ihnen einen Auftrag über 100 Tische, die Sie in 40 Tagen auf einmal liefern sollen (keine Teillieferung). Die Lieferung zum Kunden (der Transport) dauert zwei Tage. In Ihrem Lager befinden sich frei verfügbar noch 17 Tische, zwölf Tischplatten, 37 Tischbeine, 23 Kanthölzer und 19 Rundhölzer.

b) Aufgabenstellung

- Erstellen Sie Standardstücklisten und Arbeitspläne für Tisch, Tischplatte und Tischbein.
- Bestimmen Sie den Brutto- und den Nettobedarf aller Materialien.
- Legen Sie Bestellungen für die Kaufteile und Produktionsaufträge für die Materialen an, die Sie selbst fertigen.
- Terminieren Sie die Produktionsaufträge und die Bestellungen sowohl rückwärts als auch vorwärts. Vergessen Sie nicht die Zeit für den Transport zum Kunden.
- Welche Mengen an Kanthölzern, Rundhölzern und Schrauben müssen Sie wann bestellen, und wann treffen Sie bei Ihnen ein?
- Wann beginnen und enden Sie mit dem Fertigen der Tischplatten, Tischbeine und Tische?
- Können Sie den Wunschliefertermin bzw. die Wunschlieferzeit des Kunden einhalten?
- Wann könnten Sie den Kunden frühestens beliefern?

Vereinfachende Annahmen:

- Zu produzierende Mengen werden nicht in Lose aufgeteilt.
- Andere Zeiten als die angegebenen fallen nicht an.
- Die Fertigung der Tischplatten und Tischbeine erfolgt parallel, darf die Fertigung der Tische aber nicht überlappen.
- Zeitbestandteile der Arbeitsplanpositionen/Arbeitsgänge überlappen sich nicht.
- Kapazitäten der Ressourcen werden nicht explizit berücksichtigt.

Ü3 Modellierung eines Workflows

a) Ausgangsdaten

Ein mittelständisches Maschinenbau-Unternehmen möchte den Prozess der Auftragsabwicklung durch Workflow Management unterstützen. Sie erhalten den Auftrag, den Geschäftsprozess zu modellieren, so dass er in einem WFMS abgebildet werden kann. Durch Befragen der mit der Auftragsabwicklung befassten Abteilungen ermitteln Sie folgenden Ablauf:

Wenn ein Kundenauftrag über eine Maschine eingeht, prüft der Vertrieb die Kreditwürdigkeit des Kunden. Ist die Kreditwürdigkeit nicht gegeben, lehnt der Vertrieb den Kundenauftrag ab. Ist sie hingegen gegeben, ermittelt die Produktionsplanung den zur Auftragserfüllung benötigten Bedarf an Zukaufteilen und anschließend einen voraussichtlichen Liefertermin. Im Anschluss sendet der Vertrieb dem Kunden eine Auftragsbestätigung, in welcher der prognostizierte Liefertermin angegeben worden ist. Nachdem die Auftragsbestätigung gesendet worden ist, erfolgt dreierlei parallel: Erstens legt die Produktionsplanung im ERP-System Bestellvorschläge für die Beschaffung der notwendigen Zukaufteilen an. Zweitens legt die Produktionsplanung im ERP-System einen Produktionsauftrag an. Drittens prüft der Kundenservice, ob der vereinbarte Liefertermin erreicht worden ist. Der Einkauf wandelt die Bestellvorschläge in Bestellungen für die Lieferanten um, und danach verbucht das Lager die entsprechenden Wareneingänge, die vom Lieferanten eingegangen sind. Nach der Anlage des Produktionsauftrages prüft die Produktion, ob der Eckstarttermin des Produktionsauftrages erreicht worden ist. Sind der Eckstarttermin des Produktionsauftrags erreicht und die benötigten Zukaufteile von den Lieferanten geliefert worden (sind also die Wareneingänge erfolgt), produziert die Produktion die Maschine unter Nutzung der gelieferten Zukaufteile. Nach Abschluss der Produktion und dem Erreichen des vereinbarten Liefertermins wird die produzierte Maschine vom Kundenservice ausgeliefert und in Betrieb genommen. Nach der Inbetriebnahme lässt der Kundenservice die Maschine vom Kunden abnehmen, und der Vertrieb stellt dem Kunden im Anschluss die Rechnung.

b) Aufgabenstellung

- Wählen Sie eine geeignete Notation, und stellen Sie den beschriebenen Prozess grafisch dar.

Hinweis: Als Notation sind Ablaufdiagramme nach DIN 66001, Ereignisgesteuerte Prozessketten (EPK), Business-Process-Model-and-Notation-Diagramme (BPMN) oder Aktivitätsdiagramme der UML geeignet.

12.7 Literatur- und Quellenverzeichnis

Abts, D./Mülder, W.: Grundkurs Wirtschaftsinformatik. 8. Aufl., Springer, Wiesbaden, 2013

Appelfeller, W./Buchholz, W.: Supplier Relationship Management. 2. Aufl., Gabler, Wiesbaden, 2011

Arnold, V./Dettmering, H./Engel, T./Karcher, A.: Product Lifecycle Management beherrschen. 2. Aufl., Springer, Heidelberg, 2011

Bauer, A./Günzel, H.: Data Warehouse Systeme: Architektur, Entwicklung, Anwendung. 4. Aufl., dpunkt. verlag, Heidelberg, 2013

Bauernhansl, T.: Die Vierte Industrielle Revolution – Der Weg in ein wertschaffendes Produktionsparadigma. In: Bauernhansl, T./ten Hompel, M./Vogel-Heuser, B.: Industrie 4.0 in Produktion, Automatisierung und Logistik: Anwendungen, Technologien, Migration. Springer, Wiesbaden, 2014, S. 1–48

Bleiber, R.: Kaufmännisches Wissen für Selbstständige, inkl. Arbeitshilfen. Haufe Gruppe, Freiburg, 2014

Carnelly, P./Dorr, E.: ROI in Technology: The Key to World-Class Performance. Hackett Group, 2007

Dittrich, J./Mertens, P./Hau, M./Hufgard, A.: Dispositionsparameter in der Produktionsplanung mit SAP, 5. Aufl., Vieweg, Wiesbaden, 2009

Eichner, W.: Lagerwirtschaft: Lagerstufen, Lagerarten, Lagereinrichtungen, Materialeingang, Lagersteuerung, Lagerverwaltung, Lagerkosten, Lagerpolitik. Gabler, Wiesbaden, 1995

Eigner, M./Stelzer, R.: Product Lifecycle Management: Ein Leitfaden für Product Development und Life Cycle Management. 2. Aufl., Springer, Heidelberg, 2009

Fischer, J. W.: Licht ins Dunkle – PLM verstehen heißt Lebenszykluseffekte (er)kennen. ZWF 01-02/2015, S. 3639

Hessler, M., Görtz, M.: Basiswissen ERP-Systeme: Auswahl, Einführung & Einsatz betriebswirtschaftlicher Standardsoftware. W3L-Verlag, Herdecke, 2008

Gudehus, T.: Dynamische Disposition: Strategien zur optimalen Auftrags- und Bestandsdisposition. 2. Aufl., Springer, Berlin, 2006

Gudehus, T.: Logistik: Grundlagen – Strategien – Anwendungen. Springer, Berlin, 2010

Gronau, N.: Enterprise Resource Planning: Architektur, Funktionen und Management von ERP-Systemen. 3. Aufl., Oldenbourg, München, 2013

Hanssmann, F.: Operations Research in Production and Inventory Control, Wiley, New York, 1962

Hefermehl, W.: Handelsgesetzbuch HGB: ohne Seehandelsrecht, mit Wechselgesetz und Scheckgesetz und Publizitätsgesetz. 57., überarbeitete Auflage, Beck, München, 2015

Jonas, R.: Erfolg durch praxisnahe Personalarbeit: Grundlagen und Anwendungen für Mitarbeiter im Personalwesen. 2., aktualisierte Aufl., Expert-Verlag, Renningen, 2009

Kagermann, H./Wahlster, W./Hellbig, J.: Umsetzungsempfehlungen für das Zukunftsprojekt Industrie 4.0: Abschlussbericht des Arbeitskreises Industrie 4.0. April 2013

Lödding, H.: Verfahren der Fertigungssteuerung: Grundlagen, Beschreibung, Konfiguration. Springer, Berlin, 2005

Mertens, P.: Integrierte Informationsverarbeitung 1: Operative Systeme in der Industrie, 17., überarbeitete Aufl., Gabler, Wiesbaden, 2009

Mertens, P.: Integrierte Informationsverarbeitung 2: Planungs- und Kontrollsysteme in der Industrie, 10., vollständig überarbeitete Aufl., Gabler, Wiesbaden, 2009

Meyer, R.: Praxishandbuch zur Online-Personalarbeit: Die Möglichkeiten und Chancen des Internets im Personalmanagement vom E-Recruiting über Social Media und das Employer Branding bis zur Personalentwicklung voll ausschöpfen, Praxium-Verlag, Zürich, 2013

Mumm, M.: Einführung in das betriebliche Rechnungswesen: Buchführung für Industrie- und Handelsbetriebe, 2. aktualisierte und erweiterte Aufl., Springer, Berlin, 2012

Pendse, N., Creeth, R.: The OLAP Report. In: Business Intelligence. 1995

Pezzini, M./Feinberg, D./Rayner, N./Edjlali, R.: Hybrid Transaction/Analytical Processing Will Foster Opportunities for Dramatic Business Innovation. Gartner. Jan. 28, 2014

Porter, M. E.: Wettbewerbsvorteile: Spitzenleistungen erreichen und behaupten. 7. Auflage, Campus Verlag, Frankfurt, 2010

Rahm, E./Müller, R.: Workflow-Management-Systeme. Leipzig, 2003

Schuh, G./Schmidt, C.: Produktionsmanagement: Handbuch Produktion und Management 5. 2. Aufl., Springer, Berlin, 2014

Stadtler, H./Kilger, Ch.: Supply Chain Management and Advanced Planning: Concepts, Models, Software, and Case Studies, Springer, Berlin, 2008

Weber, R.: Lageroptimierung: Bestände, Abläufe, Organisation, Datenqualität, Stellplätze. 2., neu bearb. Aufl., Expert-Verlag, Renningen, 2013

Winkelmann, P.: Marketing und Vertrieb: Fundamente für die Marktorientierte Unternehmensführung, 7. Aufl., Oldenbourg, München, 2010

13 Controlling

13.1 Grundlagen des Controllings

Controlling ist heutzutage als betriebswirtschaftliche Fachdisziplin unbestritten anerkannt. Im Laufe der Zeit haben sich verschiedene Sichtweisen beziehungsweise Schulen des Controllings etabliert. Hauptsächlich unterscheidet man die gewinnzielorientierte Konzeption, die führungsprozessbezogene Konzeption, welche vor allem durch Weber und Schäffer geprägt wurde und die koordinationsorientierte Konzeption (Küpper 2013, 19). Im Interesse einer praxisorientierten Einführung in das Controlling soll mit diesem Beitrag jedoch mehr Wert auf Gemeinsamkeiten als auf Unterschiede gelegt werden. In dieser Hinsicht lässt sich gewissermaßen als kleinster gemeinsamer Nenner festhalten, dass maßgebliche Fachvertreter sich zumindest darin einig sind, dass unter Controlling mit einem Wort immer „Steuerung“ zu verstehen ist. Anders ausgedrückt kann man auch sagen, dass Objekte unter Kontrolle gehalten werden müssen, was wiederum Steuerung erfordert. Da es sich hier um eine Diskussion im Bereich der Betriebswirtschaftslehre handelt, lässt sich Controlling in diesem Sinne trefflich als „Betriebssteuerung“ definieren. Klammert man hierbei öffentliche Betriebe – wie etwa Hochschulen oder Theater – für eine Einführung zunächst aus, dann verbleibt als ebenfalls geläufiger Fachbegriff (neben „Controlling“) der Terminus **Unternehmenssteuerung**. Dieses Grundverständnis sei den folgenden Ausführungen zugrunde gelegt. Nun ist es zwar unmittelbar einleuchtend, gleichwohl aber von größter Bedeutung, dass Planung ohne Kontrolle sinnlos, Kontrolle ohne Planung aber unmöglich ist (Wild 1982, 44; Horváth, 2011, 150). Folgt man dieser Grundüberlegung konsequent weiter, ergibt sich logisch, dass Controlling auf verschiedenen Ebenen letztlich immer die **Basisfunktionen Planung, Kontrolle, Analyse und Steuerung** (i. e. S.) umfassen muss. Da alle anderen Funktionen außer der Steuerung im engeren Sinne Voraussetzungen beziehungsweise wieder Folgen der Steuerungen sind, spricht man von diesem gesamten Regelkreis auch als Steuerung im weiteren Sinne. Bezeichnenderweise wird Controllern daher oftmals auch die Aufgabe eines Navigators, Lotsen oder insbesondere Steuermanns zugeschrieben (Küpper 1990, 282; Exner 2003, 44). Ebenso eindrücklich wird diese Logik auch im altgriechischen Begriff des „Kybernétes“ semantisch deutlich, womit in der griechischen Mythologie der Steuermann eines Schiffes bezeichnet wird. Um im Bild zu bleiben, lässt sich die Funktion des Managers anhand des Kapitäns eines Schiffes veranschaulichen. Insofern leuchtet schnell ein, dass Manager typischerweise Umsetzungs-, Ergebnis- und Projektverantwortung haben, während Controller für Methodik und Transparenz verantwortlich zeichnen. Die Grundfunktion des Controllings wird dabei letztlich in der Schnittmenge von Managern und Controllern ausgeübt (vgl. Abbildung 13.1).

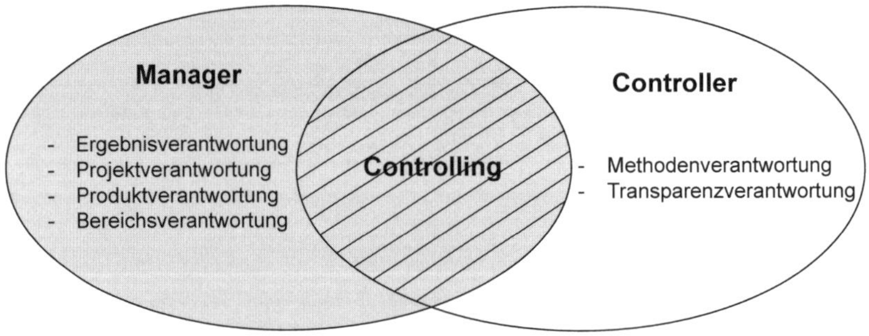

Abbildung 13.1 Controlling als Schnittmenge zwischen Manager und Controller

Typischerweise bereiten dann Controller Entscheidungen vor und begleiten den Entscheidungsprozess durchgängig durch die **Bereitstellung entscheidungsrelevanter Informationen**. Auf dieser Basis und mit dieser Beratung (bevor man von Controllern sprach, hatten oftmals sogenannte „betriebswirtschaftliche Berater" die heutige Controller-Funktion inne) sind es dann typischerweise Manager, die Entscheidungen treffen und letztlich Prozesse veranlassen. Pointiert formuliert lässt sich diese klassische Arbeitsteilung zwischen Managern und Controllern auch wie folgt auf den Punkt bringen: der Controller macht üblicherweise kein Control!

Im Folgenden wird auf die einzelnen Phasen des Regelkreises differenziert eingegangen. In Lehrbüchern zum Management (Führungslehre) und zum Controlling findet sich immer wieder die folgende Definition für Planung:

Planung ist die geistige Vorwegnahme zukünftigen Tathandelns (Kreutzer 2013, 66). ■

Diese sicherlich zielführende Begriffsexplikation ist für ein praktisches Controllingverständnis indes noch recht abstrakt. Im Controlling findet die Planungsphase konkret ihren Niederschlag im Setzen von Zielen. Dabei gilt, dass die vielschichtigen Unternehmensziele in einen Beziehungszusammenhang gebracht werden müssen. Mithin sind Zielbeziehungen zu identifizieren und etwa durch Gewichtungen zu berücksichtigen. Konkret sind hier neben neutralen Zielbeziehungen insbesondere komplementäre Ziele (z. B. Qualität und Kundenzufriedenheit) und konfligierende Ziele (z. B. **Rentabilität und Liquidität**) relevant. Zudem gilt, dass Ziele für Controllingzwecke quantifiziert werden sollten. Dies kommt im Zitat „what gets measured gets done" (Kaplan, zitiert in Stephan 2005, 375) zum Ausdruck, zu Deutsch: „ein Ziel wird dadurch vollständig, dass man ihm eine Maßgröße zuordnet". Des Weiteren lässt sich als Grundsatz für die Zieldefinition trefflich nach der Devise „set targets out of reach but not out of sight" agieren. Man sollte also Ziele durchaus außer Reichweite festlegen, so dass immer Potential zum Wachstum bleibt und Aufbruchsstimmung bereits im Anreizsystem verankert ist. Gleichwohl ist begrenzend darauf zu achten, dass überambitionierte Zielstellungen („out of sight") regelmäßig nur noch demotivierende Wirkungen entfalten werden.

Infolge der sich den Planungsprozessen anschließenden Umsetzungen kommt es zu Istzuständen und Istwerten, die in der Kontrollphase festgestellt werden. Nun kommt es über das komplexe betriebliche Zielsystem im Zeitverlauf letztlich immer zu Abweichungen der Istzustände von den Planzuständen und – für das Controlling besonders wichtig – der Istwerte von den Planwerten.

Damit wird die Analyse als nächste Phase eingeleitet.

Unter **Analyse** versteht man, Abweichungen auf ihre Ursachen hin zu hinterfragen. ▪

Neben der Planungsphase handelt es sich hierbei um das Herzstück des Controllings. Was so mit nur wenigen Worten grundsätzlich ausgedrückt werden kann, beinhaltet praktisch regelmäßig umfangreiche Arithmetik und durchaus komplexe, nur zum Teil standardisierbare Sonderauswertungen.

Sind auf diese Weise aggregierte Abweichungen auf ihre Ursachen zurückgeführt, können Steuerungsprozesse i. e. S. angestoßen werden.

Der Systemtheorie folgend versteht man unter einem **Steuerungsprozess** eine Anweisung an ein System, sich in einer gewissen Art und Weise zu verhalten. ▪

Für die Controllingpraxis ist dabei entscheidend, dass es sich hierbei grundlegend um zwei Sachverhalte handeln kann. Erstens – und das ist in der Praxis oftmals naheliegend – werden Prozesse und Strukturen beeinflusst, um künftige Istwerte näher an die Planwerte zu bringen. Zweitens – und das wird in der Praxis viel zu oft sträflich vernachlässigt – sollte die entstandene Lücke auch ggf. dadurch geschlossen werden, dass Pläne angepasst werden. Man spricht dann auch von **Planrevision** oder Prämissenkontrolle. Hiermit werden Verletzungen der oben genannten Forderung, Ziele eben nicht außer Sichtweite zu definieren, geheilt. Gerade etwa Beispiele aus dem Projektgeschäft belegen, dass solche Planrevisionen oftmals regelrecht als Sakrileg gehandhabt werden, mit dem Ergebnis, dass ursprünglichen Projektplanwerten schlussendlich ein Vielfaches an Projektistwerten undifferenziert gegenübersteht (Schreckeneder 2010, 15). Mit einem wirkungsvollen Controlling haben solche Phänomene wenig zu tun.

Zu den vorstehend erörterten Phasen des Controlling-Regelkreises gehört grundlegend und durchgehend die sogenannte **Informationsfunktion**. Danach muss idealtypisch gelten, dass entlang des gesamten Regelkreises die richtigen Informationen zum richtigen Zeitpunkt in der richtigen Detaillierung beim richtigen Empfänger bereitgestellt werden müssen. Bei dieser Referenz spricht man auch vom sogenannten informationslogistischen Optimum. Es sei angemerkt, dass Controller und Ingenieure oftmals unterschiedliche Vorstellungen eines Regelkreises haben. Die Aufgabe der Regelung ist in der ingenieurwissenschaftlichen Literatur i. d. R., Störgrößen zu bekämpfen und so dafür zu sorgen, dass die vorgegebenen Werte eingehalten werden, wobei dies unabhängig von Personal geschehen soll (Kindler 1972, 69). Im Gegensatz hierzu steht in diesem Kontext die Steuerung: hierbei fehlt die Rückkopplung, es wird also nicht auf Einflüsse reagiert (Svaricek 2013, 25).

Es wurde postuliert, dass Zielen Maßgrößen zuzuordnen sind. Normativ differenzierend ist dies in einer allgemeinen Einführung zum Controlling nicht möglich. Wohl aber können die verschiedenen Kategorien an Maßgrößen systematisiert werden, die im Controlling von Bedeutung sind. Es handelt sich hierbei zum einen um Ausprägungen von **Formalzielen**, die insbesondere dem **operativen Controlling** zuzuordnen sind. Zum anderen sind Erreichungsgrade von **Sachzielen** abzubilden, die insbesondere dem **strategischen Controlling** zuzuordnen sind. Bei Letzteren spricht man auch von Erfolgspotentialen, wie etwa Qualitätsniveaus oder Kundenzufriedenheitsgraden. Sie werden in diesem Beitrag in einem eigenen Abschnitt zum strategischen Controlling ausgiebig erörtert. Formalziele wiederum sind primär monetär orientiert. Es handelt sich dabei zum einen um den Komplex des finanzwirtschaftlichen Ziels, was sich praxisorientiert mit einem Wort als Liquiditätsziel ausdrücken lässt.

Liquidität ist die Fähigkeit des soziotechnischen Handlungssystems Unternehmen, seinen Zahlungsverpflichtungen in vollem Umfang zu jedem Zeitpunkt nachkommen zu können. ■

Im Rahmen der vorliegenden Einführung in das Controlling soll auf differenzierte Liquiditätskennzahlen nicht weiter eingegangen werden. Zum anderen ist bei den Formalzielen auf den Komplex des betrieblichen Rentabilitätsziels abzustellen.

Man spricht allgemein von **Rentabilität**, wenn eine Ergebnisgröße auf eine sie maßgeblich bestimmende Einflussgröße bezogen wird. ■

Das wiederum lässt sich praxisorientiert mit zwei Worten ausdrücken, demzufolge ist Rentabilität nichts anderes als relativiertes Ergebnis. Diese dominierende Ausrichtung auf die monetären Zielgrößen Rentabilität und Liquidität zieht sich durch die betriebswirtschaftliche Literatur. Ein anschauliches Beispiel hierfür liefert das RL (Rentabilitäts/Liquiditäts)-Kennzahlensystem der Fachexperten Reichmann und Lachnit (Reichmann 1976, 710). Für alle auch nur monetär geprägten Zwecke reicht ein rein rentabilitäts- (und liquiditäts-) orientiertes Kennzahlensystem jedoch nicht aus. Insbesondere kapitalmarktbezogene Erfordernisse legen es oftmals nahe, Rentabilitätsinformationen um Kapitalkostensätze zu ergänzen. In verschiedenen Spielarten gelangt man dann zu Ansätzen eines **Unternehmenswertorientierten Controllings** (Baum 2007, 284).

Das vorstehend herausgearbeitete praxisbezogene Controlling-Gesamtverständnis wird in Abbildung 13.2 illustriert. Nachfolgend wird nun differenziert das operative Controlling erörtert, bevor auf dieser Basis dann Kernaspekte des strategischen Controllings erläutert werden.

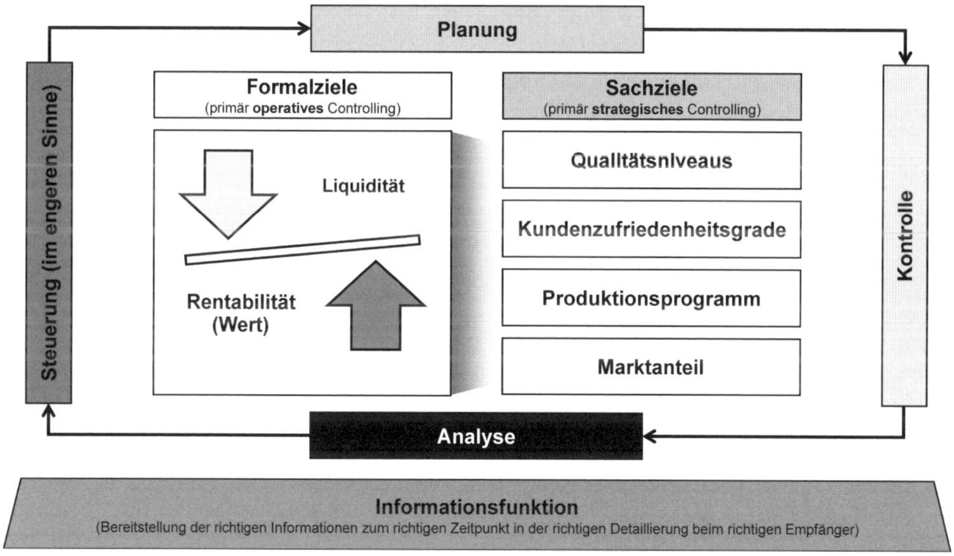

Abbildung 13.2 Regelkreisbasiertes Controlling-Gesamtverständnis

13.2 Operatives Controlling

Im **operativen Controlling** geht es also primär um die Steuerung der Rentabilität und der Liquidität.

Die Liquidität sei in dieser Einführung ausgeklammert, damit stellen die Ausführungen zunächst auf die Steuerung relativierter Ergebnisbeiträge ab. Wie aus den vorstehenden Ausführungen nun in Übertragung auf den Ergebnisbereich deutlich wird, lassen sich Ergebnisabweichungen aus der Gegenüberstellung von Plan- und Istwerten nur steuern, wenn man die Ursachen für die Abweichungen kennt. Fragt man nun nach den Ursachen einer Ergebnisabweichung (diese ist als Teilmenge schließlich auch eine Ergebnisgröße) fragt man letztlich nach den Ursachen der Ergebnisentstehung selbst. Diese Ursachen bezeichnet man auch als **Ergebnisdeterminanten**. Es handelt sich im Einzelnen dabei um:

- Menge (Beschäftigung)
- Variable Kosten
- Fixe Kosten
- Preisniveau
- Erlösschmälerungen
- Sales-Mix-Verschiebungen

Diese Ergebnisdeterminanten werden ebenso ersichtlich, wenn man darstellt, wie Erfolg in der Logik der Deckungsbeitragsrechnung entsteht, nämlich als Kumulation von Deckungsbeiträgen über Fixkosten hinweg. Dies sei anhand der Ergebnisformel aus didaktischen Gründen zunächst für ein Einproduktunternehmen (keine Sales-Mix-Verschiebung) illustriert.

$$\begin{aligned}
\text{Gewinn} &= \text{Erlös} - \text{Kosten}\\
\text{Gewinn} &= \text{Preis} \cdot \text{Menge} - \text{variable Stückkosten} \cdot \text{Menge} - \text{fixe Kosten}\\
\text{Gewinn} &= \text{Menge} \cdot \left(\text{Preis} - \text{variable Stückkosten}\right) - \text{fixe Kosten}\\
\text{Gewinn} &= \text{Menge} \cdot \text{Deckungsbeitrag pro Stück} - \text{fixe Kosten}\\
\text{Gewinn} &= \text{kumulierter Deckungsbeitrag} - \text{fixe Kosten}
\end{aligned} \tag{13.1}$$

Ein entsprechend konzipiertes Ergebniscontrolling stellt also auf die Steuerung aus festgestellten und analysierten Ergebnisabweichungen ab. Es handelt sich dabei typischerweise um die in Abbildung 13.3 dargestellten **Ergebnisabweichungen**, die den innerbetrieblichen Rechenwerken folgend nach Kostenarten-, Kostenstellen-, Kostenträger- und Ergebnisrechnung differenziert dargestellt werden.

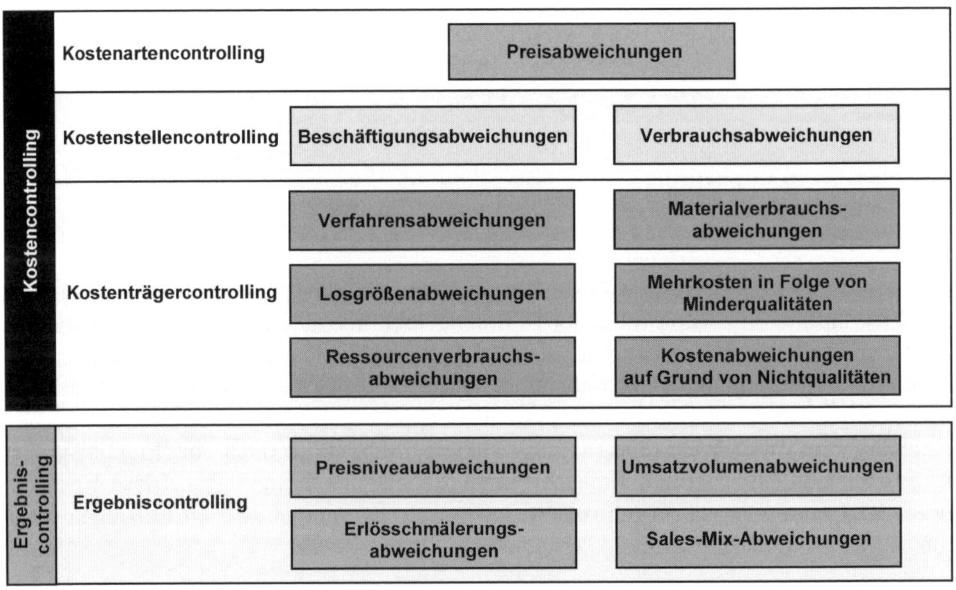

Abbildung 13.3 Controllingrelevante Kosten- und Erfolgsabweichungen

Es ist unschwer zu erkennen, dass es sich letztlich wieder um die vorstehend erläuterten sechs Ergebnisdeterminanten handelt, die aufgrund der Zuordnung zu Rechenwerken nun zum einen in ihrer Wirkung zwingend mehrfach auftreten (Beschäftigungsabweichung/Umsatzvolumenabweichung) und zum anderen in Unterabweichungen aufgespaltet werden (Differenzierung der Verbrauchsabweichung in spezifische Einzelabweichungen auf Kostenträgerebene).

In den folgenden drei Unterabschnitten wird nun auf die Steuerung des variablen Kostengüterverbrauchs, auf das Controlling der Fixkosten sowie auf das Ergebniscontrolling eingegangen, wie es auch die vorstehende Formel deutlich macht. Im vierten Unterabschnitt wird noch die Relativierung der so erklärten Ergebnisbeiträge diskutiert, es werden also Ansatzpunkte des Rentabilitätsorientierten Controllings aufgezeigt. Im letzten Unterabschnitt wird diese Sichtweise noch um einen Abgleich mit Kapitalkostensätzen ergänzt, um damit ein Grundverständnis des Unternehmenswertorientierten Controllings aufzuzeigen.

13.2.1 Steuerung des variablen Kostengüterverbrauchs

Die Steuerung des variablen Kostengüterverbrauchs ist als **konventionelles Kostencontrolling** zu verstehen, wie es insbesondere durch den Unternehmensberater Dr. h. c. Hans-Georg Plaut und die von ihm bereits 1946 gegründete Beratungsgruppe Plaut sowie durch den Wirtschaftswissenschaftler Prof. Dr. Wolfgang Kilger geprägt wurde. Streng am aufgezeigten Regelkreis orientiert, geht es darum, den variablen Kostengüterverbrauch zu steuern, den die Leitungsorgane einzelner Kostenstellen zu verantworten haben. (Ü1) In Abbildung 13.4 sind **Preisabweichungen** der Kostengüter im Bereich der Kostenartenrechnung angeführt.

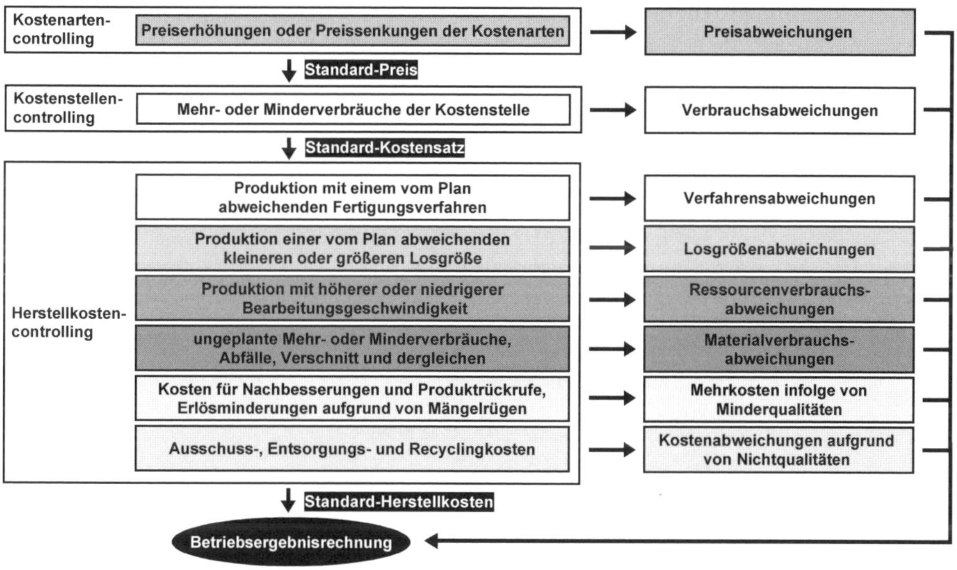

Abbildung 13.4 Kostenabweichungen im Gesamtzusammenhang der Kostenrechnung

Diese Zuordnung der Preisabweichung liegt darin begründet, dass gemäß der erörterten Informationsfunktion Verantwortungsträger immer nur mit solchen Größen konfrontiert werden dürfen, die sie beeinflussen können und eben gerade deswegen zu verantworten haben („... die richtigen Informationen beim richtigen Empfänger...“). Kostengüterpreisabweichungen können aber allenfalls vom Einkauf (oder wie man heute sagt von „Supply Chain Managern“) beeinflusst werden, nicht jedoch in nachgelagerten Kostenstellen, wie etwa der Fertigung oder der Montage. Diese Preisabweichungen müssen also im Vorfeld abgespalten werden, sonst würden Kostenstellenleiter mit preisbeeinflussten Informationen konfrontiert und gegebenenfalls belastet werden, die sie selbst nicht beeinflussen können. Zudem will man mit diesem Rechen- und Analyseschritt vermeiden, dass schwankende Kostengüterpreise auf kalkulierte Angebotspreise durchschlagen. Mithin geht es darum, Preisabweichungen von der Kostenstellen- und Kostenträgerrechnung fernzuhalten. **Kostengüterpreisabweichungen** ergeben sich nach der Formel (13.2).

$$\text{Kostengüterpreisabweichungen} = \text{Istkosten zu Istpreisen} - \text{Istkosten zu Planpreisen} \quad (13.2)$$

Nach dieser Separierung von Preisabweichungen lassen sich die einzelnen Kostenarten auf Ebene der Kostenstellen hinsichtlich der jeweiligen Plankosten und Istkosten zielführend vergleichen.

$$\begin{aligned}\text{Gesamtabweichung} &= \text{Istkosten zu Planpreisen} - \text{Plankosten zu Planpreisen}\\ \text{Gesamtabweichung} &= \text{Planpreise} \cdot (\text{Istkosten} - \text{Plankosten})\end{aligned} \quad (13.3)$$

Auf Kostenstellenebene werden neben den eigentlich interessierenden **Verbrauchsabweichungen** jedoch auch **Beschäftigungsabweichungen** relevant. Nun können aber Kostenstellenleiter typischerweise auch keinen Einfluss auf die Beschäftigungslage in ihren Kostenstellen nehmen. Diese ist maßgeblich durch die Marktbedingungen mit Konjunkturschwankungen etc. determiniert. Wenn also überhaupt auf die Beschäftigung Einfluss genommen werden kann, dann sicher nicht durch die Leiter von etwa Fertigungskostenstellen, sondern allenfalls etwa durch das zentrale Management oder das Marketing. Beschäftigungsabweichungen sind daher konsequent von Verbrauchsabweichungen zu separieren. Abbildung 13.5 illustriert diese Vorgehensweise grafisch.

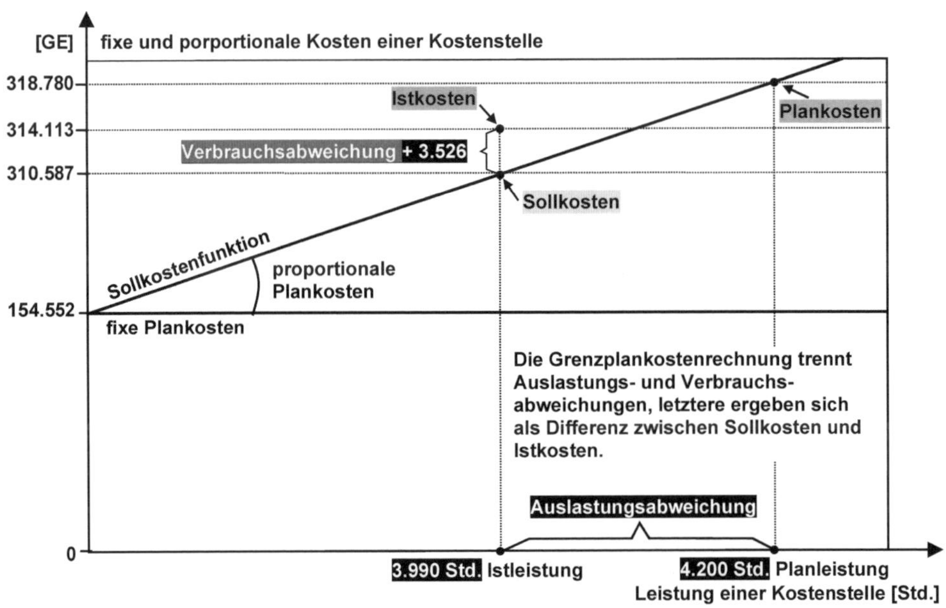

Abbildung 13.5 Abweichungsanalyse auf Kostenstellenebene

Man erreicht die Abspaltung der Beschäftigungsabweichung, indem man die Plankosten der einzelnen Kostenarten von der Planbeschäftigung auf die Istbeschäftigung umrechnet.

Sollkosten sind die Kosten, die gemäß der Planung für die jeweilige Istbeschäftigung hätten anfallen sollen. ■

Dementsprechend werden sie trefflich als **Sollkosten** (Plankosten der Istbeschäftigung) bezeichnet. Die Phasen der Planung (Plankosten der Planbeschäftigung) und der Kontrolle (Ermittlung der Istkosten der Istbeschäftigung und Vergleich mit den Plankosten) sind nun abgeschlossen. Die notwendige Separierung von bei Beschäftigungsänderungen fixen und variablen Kosten (Kostenspaltung) und die darauf aufbauende Ermittlung von Sollkosten lassen sich bereits als Analyseschritte klassifizieren. Die Analyse kulminiert nun in einer Gegenüberstellung von Istkosten und Sollkosten.

$$\text{Verbrauchsabweichung} = \text{Istkosten} - \text{Sollkosten} \tag{13.4}$$

Die so ermittelten Verbrauchsabweichungen pro Kostenart und Kostenstelle indizieren einen Mehr- oder Minderverbrauch an variablen Kostengütern, der aufgrund der eliminierten Beschäftigungsabweichungen nun ausschließlich durch Kostenstellenleiter zu verantworten ist.

Abbildung 13.6 illustriert die Vorgehensweise an einem konkreten Fall einer Fertigungskostenstelle.

Zeile	01 Abweichungen / Plankosten / Istkosten Kostenarten	02 Kostenplanung: Planleistung 2.000 Maschinenstunden proportionale Plankosten	03 fixe Plankosten	04 Plankosten insgesamt	05 Abweichungsanalyse: Istleistung 1.600 Maschinenstunden Sollkosten	06 Istkosten	07 Verbrauchsabweichung
01	Gehälter		20.500	20.500	20.500	20.500	
02	Akkordlöhne	90.000		90.000	72.000	81.200	+ 9.200
03	Hilfslöhne		87.500	87.500	87.500	87.500	
04	**Personalkosten**	**90.000**	**108.000**	**198.000**	**180.000**	**189.200**	+ 9.200
05	Hilfsstoffkosten	1.500		1.500	1.200	1.550	+ 350
06	Betriebsstoffkosten	1.300		1.300	1.040	1.195	+ 155
07	sonstige Materialkosten	2.200	900	3.100	2.660	2.610	- 50
08	**Materialkosten**	**5.000**	**900**	**5.900**	**4.900**	**5.355**	+ 455
09	**Werkzeugkosten**	**3.200**		**3.200**	**2.560**	**2.305**	- 255
10	**Energiekosten**	**8.800**	**2.100**	**10.900**	**9.140**	**8.340**	- 800
11	**Versicherungsprämien**		**500**	**500**	**500**	**500**	
12	**Abschreibungen**		**38.200**	**38.200**	**38.200**	**38.200**	
13	**Zinskosten**		**7.500**	**7.500**	**7.500**	**7.500**	
14	**Gesamtkosten**	**107.000**	**157.200**	**264.200**	**242.800**	**251.400**	**+ 8.600**

Abbildung 13.6 Ermittlung kostenstellenbezogener Verbrauchsabweichungen

Zeigt nun eine **Verbrauchsabweichung**, dass Istkosten über den Sollkosten (Plankosten der Istbeschäftigung) liegen, so haben die verantwortlichen Kostenstellenleiter Mehrverbräuche zu vertreten, die sich negativ auf das Ergebnis auswirken. Der umgekehrte Fall leuchtet unmittelbar ein. Für den Fall des Mehrverbrauchs bedeutet Steuerung nun zum einen, so auf den Kostenstellenleiter anreizorientiert einzuwirken, dass er Prozessveränderungen anstößt, die geeignet sind, die gegenüber dem Plan gestiegenen variablen Kostengüterverbräuche wieder auf das Niveau des Plans zu bringen. Hier kommen Maßnahmen wie etwa Verschnittoptimierung, Reihenfolgeplanung oder Optimierung der Bearbeitungsintensitäten in Betracht. Steuerung kann jedoch auch heißen, dass gegebenenfalls der Plan revidiert werden muss. Weisen also Bereichsverantwortliche nach, dass die Planprämissen (zum Beispiel Bearbeitungsintensitäten im Sinne der Bearbeitungsgeschwindigkeit maschineller Anlagen) überambitioniert waren, dann kann Steuerung auch bedeuten, dass eine Anpassung des Planes erfolgen muss.

13.2.2 Steuerung der Fixkosten im ressourcenorientierten Leistungscontrolling

Im Zuge von Megatrends, wie Technisierung, Mechanisierung, Automatisierung und Roboterisierung sowie einer Zunahme der Verwaltungs- und Vertriebs- sowie insbesondere Dienstleistungsintensitäten, verschieben sich Kostenstrukturen.

Vor allem steigt die **Fixkostenintensität**, während variable Kostengüterverbräuche im Volumen abnehmen. Hier liegen Substitutionseffekte vor, etwa dergestalt, dass Akkordlöhne (variable Kosten) durch eher dispositive Entlohnungsformen oder eben maschinelle Produktionsfaktoren (Fixkosten) ersetzt werden. Die Ergebnisauswirkungen solcher Kostenstrukturverschiebungen lassen sich anschaulich in Gewinnschwellenanalysen nach dem Umsatz-Gesamtkosten-Modell illustrieren. Wie Abbildung 13.7 zeigt, verändert sich mit der Fixkostenintensität auch die so genannte Ergebnisreagibilität.

Somit werden sich Beschäftigungsschwankungen bei fixkostenintensiven Unternehmen vergleichsweise stärker in Ergebnisveränderungen niederschlagen als bei Unternehmen mit niedrigen Fixkostenintensitäten. Dieses Phänomen wird in der Literatur auch unter dem Begriff und mit der Kennzahl **Operating Leverage** erörtert (Ewert 2008, 195).

Für die **Fixkostensteuerung** hat dies zur Konsequenz, dass mit steigender Fixkostenintensität umso mehr gilt, dass betriebliche Ressourcen im Zeitablauf bestmöglich ausgelastet werden müssen. ■

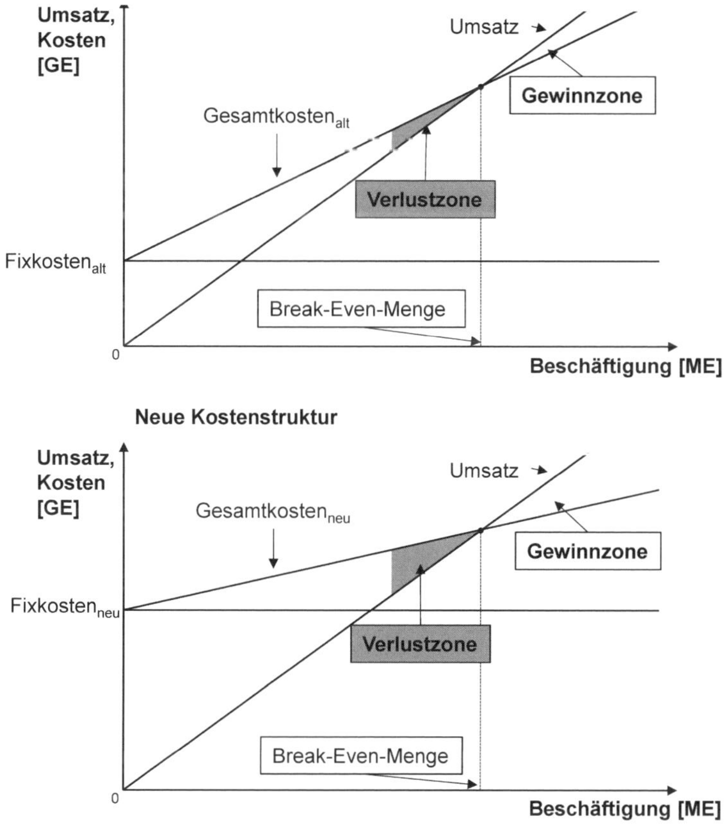

Abbildung 13.7 Ergebniseffekte veränderter Kostenstrukturen

Anders ausgedrückt gilt, dass das Controlling dafür Sorge zu tragen hat, dass Kapazitätsangebot und -nachfrage im Zeitablauf bestmöglich aufeinander abgestimmt werden. Im Folgenden werden geeignete Instrumente dafür aufgezeigt. Zunächst kann in der Fixkostensteuerung zielführend auf jede Methodik einer **leistungsorientierten Kostenrechnung** zurückgegriffen werden. Damit sind alle jene Methoden gemeint, die bei der Gemeinkostenverrechnung nicht mit wertorientierten Bezugsgrößen (z. B. Fertigungsgemeinkosten auf Basis der Fertigungseinzelkosten), sondern mit leistungsorientierten Verrechnungen operieren. Es ist also hier nicht lediglich die Prozesskostenrechnung im engeren Sinne gemeint, sondern auch deren methodische Vorstufen, wie etwa Maschinenstundensatzrechnung, Personalstundensatzrechnung oder Systemstundensatzrechnung. Dabei besteht der hauptsächliche Unterschied zu wertorientierten Gemeinkostenverrechnungen darin, dass zwischen Kostenträgern und Ressourcen konsequent Prozesse abgebildet werden, die gleichzeitig als Kostentreiber und zur Leistungsmessung fungieren (vgl. Abbildung 13.8).

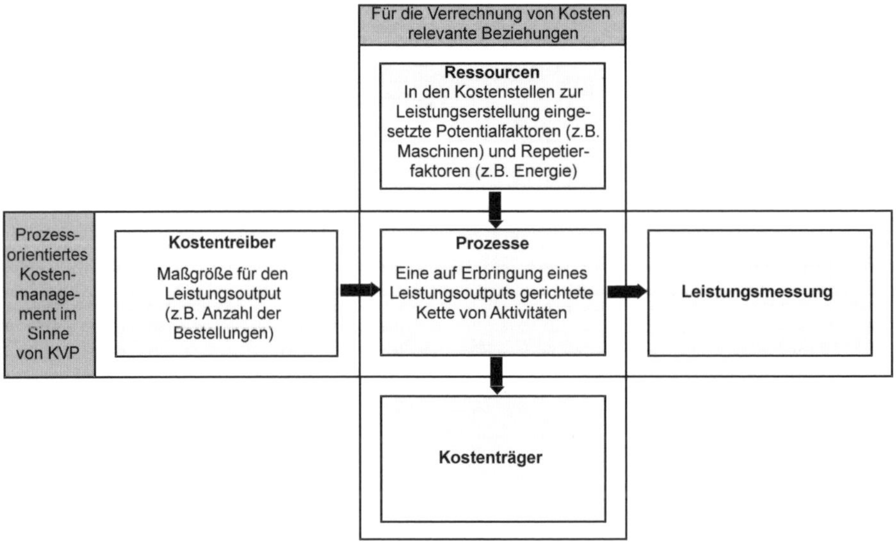

Abbildung 13.8 Prozesse als Bindeglied von Ressourcen und Kostenträgern

Diese Methoden haben den großen Vorteil, dass sie aufgrund ihres ursprünglichen Rechnungszwecks – der Verbesserung der Produktkostenkalkulation – heutzutage in vielen Unternehmen bereits implementiert sind. Neben dieser Funktion, die in Abbildung 13.9 im rechten Teil dargestellt ist, lässt sich eine prozessorientierte Kostenrechnung zielführend für die Fixkostensteuerung im **ressourcenorientierten Leistungscontrolling** bzw. **Kostenmanagement** nutzen. Das Anliegen der Verbesserung der Produktkostenkalkulation war zugleich der originäre Entwicklungsgrund der Prozesskostenrechnung (Johnson 1987, 22).

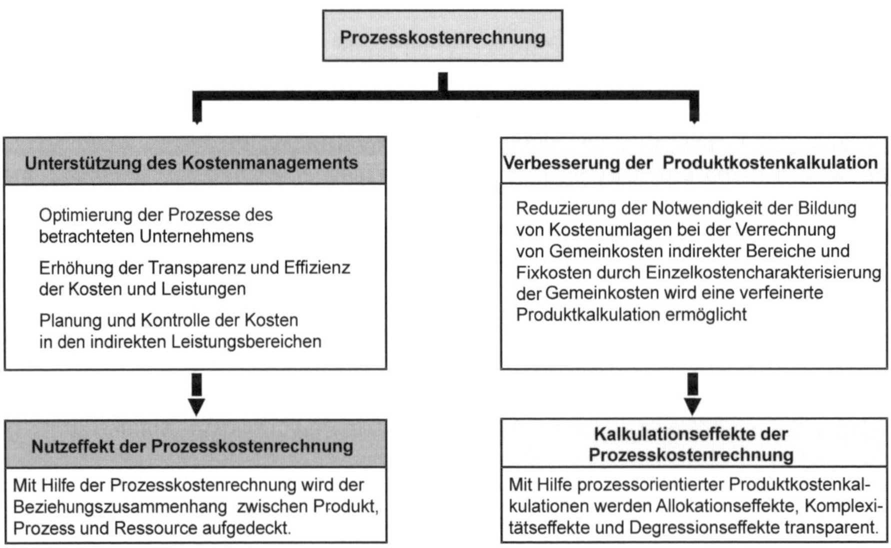

Abbildung 13.9 Anwendungsnutzen der Prozesskostenrechnung

Dieser im linken Teil von Abbildung 13.9 dargestellte Nutzeffekt stellt auf **Prozesskostensätze als Effizienzmaßstäbe** ab.

Prozesskostensätze sind kostentreiberspezifische reziproke Effizienzkennzahlen (Coenenberg 2012, 170; Zirkler 1999, 353).

$$\text{Prozesskostensatz} = \frac{\text{Prozesskosten}}{\text{Prozessmenge}}$$

$$\text{Prozesskostensatz} = \frac{\text{Input}}{\text{Output}} \tag{13.5}$$

$$\text{Prozesskostensatz} = \frac{1}{\text{Effizienz}}$$

Einfacher ausgedrückt, handelt es sich um das Phänomen, dass mit abnehmender Auslastung Prozessmengen im Verhältnis zu Prozesskosten abnehmen und Prozesskostensätze einhergehend mit Ergebnisverschlechterungen ansteigen. So lassen sich etwa im ressourcenorientierten Leistungscontrolling Prozesskostensätze im Zeitablauf abbilden, um bei steigenden Trends Rückschlüsse auf Leer- beziehungsweise Brachkapazität ziehen zu können. Schon hier erkennt der geschulte Controller, dass nicht genutzte Kapazität letztlich entgehenden Deckungsbeitrag bedeutet. Man muss den monetären Niederschlag noch nicht genau kennen, um abschätzen zu können, welche teilweise dramatischen Ergebniseffekte dies bei hohem Fixkostenvolumen nach sich zieht.

Eine bessere Einschätzung ist indes möglich, wenn man etwa infolge gestiegener Prozesskostensätze weitere Konzepte heranzieht. So lassen sich die Konsequenzen von Kapazitätsverlusten oder schlicht Verschwendung möglicher Nutzzeiten differenziert in **Gewinnschwellenanalysen**, hier in zielführender Weise nach dem Deckungsbeitragsmodell, darstellen (vgl. Abbildung 13.10).

13

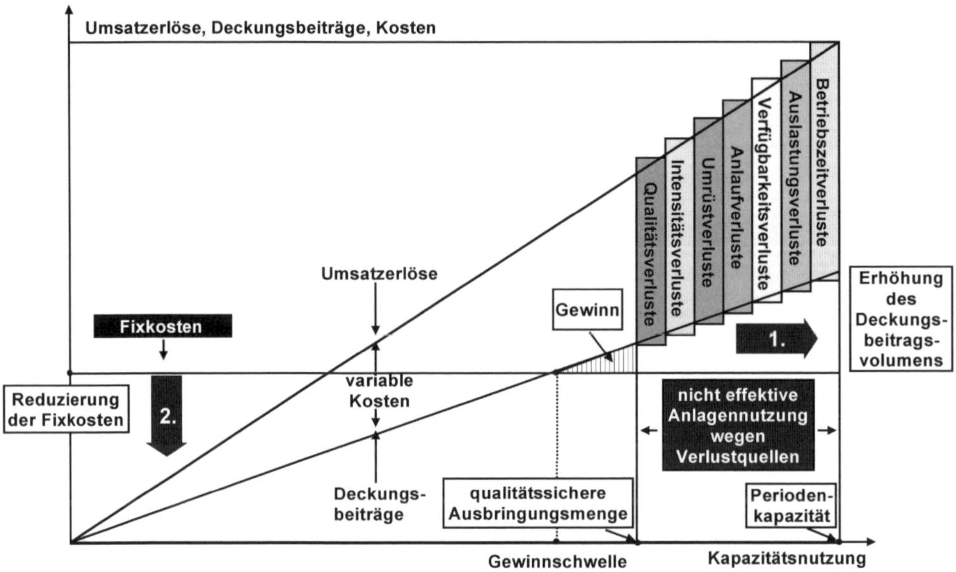

Abbildung 13.10 Kapazitätsverluste im Gewinnschwellenmodell

Hier wird auch der primäre Ansatz der **Fixkostensteuerung** deutlich, nämlich durch die Vermeidung **kapazitiver Verlustquellen** produktive Nutzzeiten, -mengen und -qualitäten und damit letztlich Deckungsbeitragsvolumen und somit Profitabilität zu erhöhen. Ist diese Option beschränkt und es verbleiben weiterhin Indizien für Leerkosten, so sollten die Fixkosten entsprechend gesenkt werden, denn entgehende Kapazitätsnutzung bedeutet letztlich entgehenden Deckungsbeitrag. Entsprechende Ansätze sollten die Controller mit den betrieblichen Logistikern abstimmen, die mit Konzepten zur Fundierung der Wahl zwischen Eigenfertigung und Fremdbezug vertraut sind (Outsourcing, Offshoring, Nearsourcing, Crowdsourcing, etc.). Der aus Abbildung 13.10 ebenso ersichtliche Ansatz, auf eine steilere Deckungsbeitragsfunktion hin zu wirken, bedeutet letztlich eine Senkung variabler Kosten, gegebenenfalls auch eine Reduzierung von Erlösschmälerungen. Der Ansatz zur Senkung des variablen Kostengüterverbrauchs wurde ja bereits im vorherigen Abschnitt behandelt. In der Abbildung werden sieben sehr typische Verlustquellen dargestellt. Sie orientieren sich stark an ursprünglich japanischen Konzepten, die man etwa im Toyota-Produktionssystem und der OEE (Overall Equipment Effectiveness) erörtert hat (Nakajima 1998, 25). Man greift in diesem Zusammenhang gerne auch auf das so genannte **Sankey-Diagramm** zurück (vgl. Abbildung 13.11).

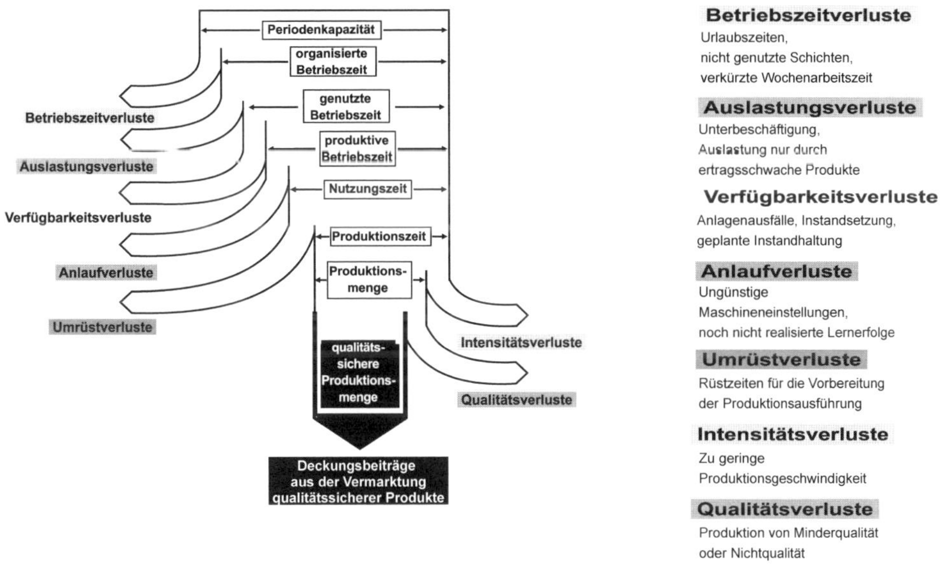

Abbildung 13.11 Sankey-Diagramm als Instrument des Leistungscontrollings

Die nach dem irischen Ingenieur Matthew Sankey benannte Methode dient generell zur Darstellung von Flüssen an Energie, Leistung oder Information durch ein System. Dabei wird zwischen systemkonformem und nicht systemkonformem Throughput und Output unterschieden. Letzterer führt nicht zu Nutzzeit, Ausbringungsmenge und -qualität und letztlich Deckungsbeitrag und sollte daher vermieden werden. Die rechts in der Abbildung dargestellten Maßnahmen zeigen Ansatzpunkte zur Vermeidung bzw. Verminderung dieser Kapazitätsverluste auf. An der prinzipiell verfügbaren Periodenkapazität ansetzend geht es etwa um Schichtmodelle, das Verhältnis von Betriebszeit und Nutzzeit optimiert man etwa durch die Optimierung von Rüstprozessen im Sinne des hauptzeitparallelen Rüstens. Qualitätsverluste kann man im Rahmen umfassender Qualitätssicherungskonzepte (TQM = **Total Quality Management**) vermindern, wenn nicht gar vermeiden. Insbesondere geht es darum, nicht wertschöpfende Prozesse zu vermeiden, wobei das grundlegende Kriterium für einen wertschöpfenden Prozess immer die Frage sein muss, ob ein Kunde letztlich bereit ist, für einen Prozess einen Preis zu vergüten. Gerade der Rüstprozess illustriert das als nicht wertschöpfender Prozess im Umkehrschluss besonders plastisch. Abbildung 13.12 illustriert die anzustrebende Durchgängigkeit dieser Vorgehensweise.

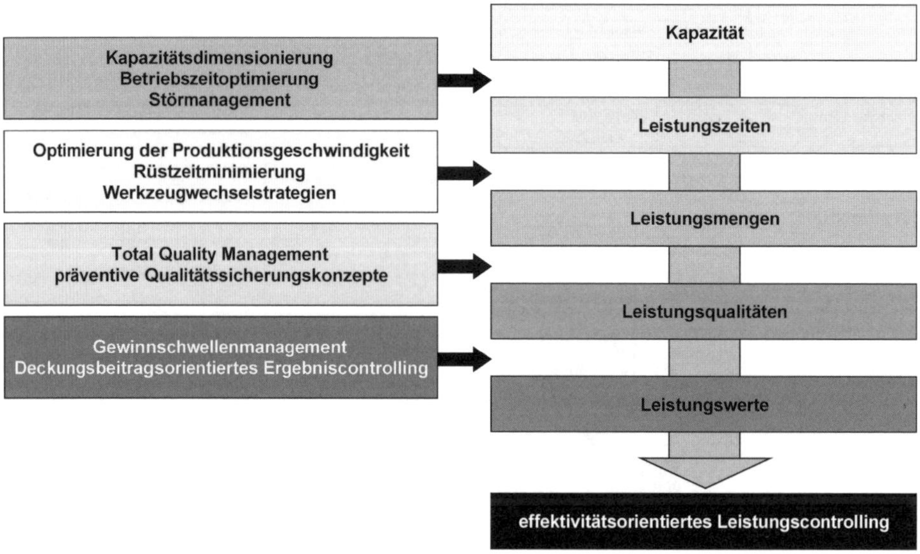

Abbildung 13.12 Ebenen des effektivitätsorientierten Leistungscontrollings

Im Sinne von Peter Drucker geht es eben nicht nur darum, Dinge isoliert richtig zu tun (**Effizienz**), sondern die richtigen Dinge integriert miteinander richtig zu tun (**Effektivität**) (Drucker 1963, 53). Entsprechend ist bei einer durchgängigen Ausrichtung auf die Vermeidung von Kapazitätsverlusten auf allen Ebenen der Begriff des **effektivitätsorientierten Leistungscontrollings** angebracht. Nach den oben genannten Prinzipien, dass Zielen konsequent Maßgrößen zuzuordnen sind, sei abschließend ein pragmatischer aber zielführender Ansatz aufgezeigt, Kapazitätsverluste zu quantifizieren. Hierbei geht es zunächst darum, Kostenstellen konsequent zu Leistungsstellen auszubauen. Abbildung 13.13 illustriert diesen Ansatz.

Zeile	01	02	03	04	05	06
01	bereitgestellte Kapazität				150,0 Std.	100,00%
02	./. nicht genutzte Kapazität	Ausfallzeiten, Brachzeiten und dergleichen			12,0 Std.	8,00%
03		organisatorisch oder technisch bedingte Störzeiten			8,0 Std.	5,33%
04	= ∑ zur Produktion nutzbare Kapazität				130,0 Std.	86,67%
05		Prozesstyp	Anzahl der Prozesse	Prozess-dauer	Gesamtzeit	%
06	nicht wertschöpfende Prozesse	Maschineneinstellung	30	4 min	2,0 Std.	1,33%
07		Maschinenreinigung	21	10 min	3,5 Std.	2,33%
08		Umrüsten	40	15 min	10,0 Std.	6,67%
09		Werkzeugwechsel	30	21 min	10,5 Std.	7,00%
10		planmäßige Instandhaltung	12	30 min	6,0 Std.	4,00%
11	wertschöpfende Produktion				98,0 Std.	65,33%

Abbildung 13.13 Leistungsrechnung als Instrument des Leistungscontrollings

Über mehrere Stufen hinweg wird hier für eine Leistungsstelle allein in Zeiteinheiten aufgezeigt, welcher Teil der Kapazität entweder gar nicht oder zumindest nicht wertschöpfend genutzt wird. Dieser Anteil entgehender Nutzzeit führt letztlich zu entgehendem Deckungsbeitrag. Die Bedeutung der rund 65 % wertschöpfenden Nutzung im Beispiel bedeuten im Umkehrschluss, dass aus rund 35 % der Kapazität nie Deckungsbeitrag werden kann, seien die differenzierenden Ergebnisrechnungen, die nun erörtert werden sollen, auch noch so ausgeklügelt.

13.2.3 Ergebniscontrolling mithilfe der Deckungsbeitragsrechnung

Die betriebliche Ergebnissteuerung setzt nun konsequent an den zu Beginn aufgezeigten sechs Ergebnisdeterminanten an. Die bislang im Vordergrund stehenden variablen Kosten, fixen Kosten und Mengenvolumina werden in der Betrachtung nun um Preisniveaus, Erlösschmälerungen und Sales-Mix-Verschiebungen ergänzt. Man erklärt die Ergebnisentstehung also konsequent als Kumulation von Deckungsbeiträgen über Fixkostenblöcke hinweg. Entsprechend wird ganz rechts in Abbildung 13.14 auf diesen Rechenzweck Bezug genommen.

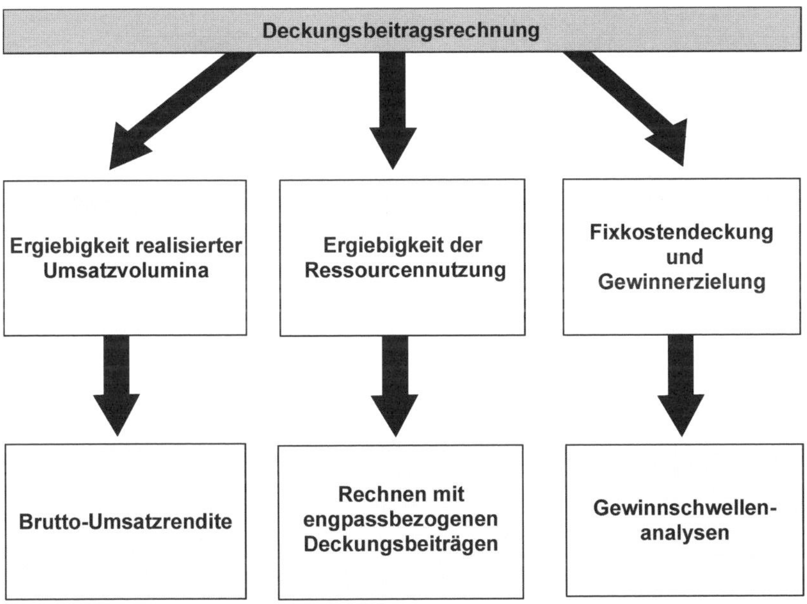

Abbildung 13.14 Die Deckungsbeitragsrechnung als Instrument des Ergebniscontrollings

Es leuchtet unmittelbar ein, dass die Kumulation der Deckungsbeiträge zunächst den Fixkostenblock abdeckt, darüber hinaus führt jedes weitere Stück oder jeder weitere Auftrag mit dem jeweils zusätzlichen Deckungsbeitrag zur Entstehung von Gewinn. Abbildung 13.14 macht zudem im Mittelteil deutlich, dass in **Engpasssituationen** nicht mehr primär der Markt erfolgskritisch ist, sondern vielmehr die Nutzung der knappen **Engpassres-**

sourcen zum Erfolgsfaktor wird. Entsprechend arbeitet man dann mit engpassbezogenen Deckungsbeiträgen. Schließlich wird in Abbildung 13.14 ganz links aufgezeigt, dass Brutto-Umsatzrenditen verwendet werden, um zu zeigen, welcher Teil realisierter Umsatzvolumina schließlich als Deckungsbeitrag verbleibt. Diese Größe ist in Mehrproduktunternehmen besonders bedeutsam, denn dort kann kein **Break-Even-Absatz** mehr ermittelt werden, sondern lediglich ein **Break-Even-Umsatz** als Gewinnschwelle. (Ü3)

$$\text{Break}-\text{Even}-\text{Umsatz}=\frac{\text{Fixkosten}}{\text{Bruttoumsatz}-\text{Rentabilität}} \tag{13.6}$$

Nun ist der Break-Even-Umsatz an sich noch nicht besonders aussagekräftig, er informiert im Wesentlichen über das leistungswirtschaftliche Risiko, also ob ein Unternehmen früher oder später in die Gewinnzone eintritt. Prof. Robert S. Kaplan hat diesen Sachverhalt prägnant wie folgt ausgedrückt: „There is nothing particularly significant about just breaking even"! (Kaplan 1989, 31). Vielmehr geht es doch um den Beziehungszusammenhang der aufgezeigten Ergebnisdeterminanten und dem Betriebsergebnis. Abbildung 13.15 zeigt diese Grundausrichtung zunächst für ein Einproduktunternehmen auf.

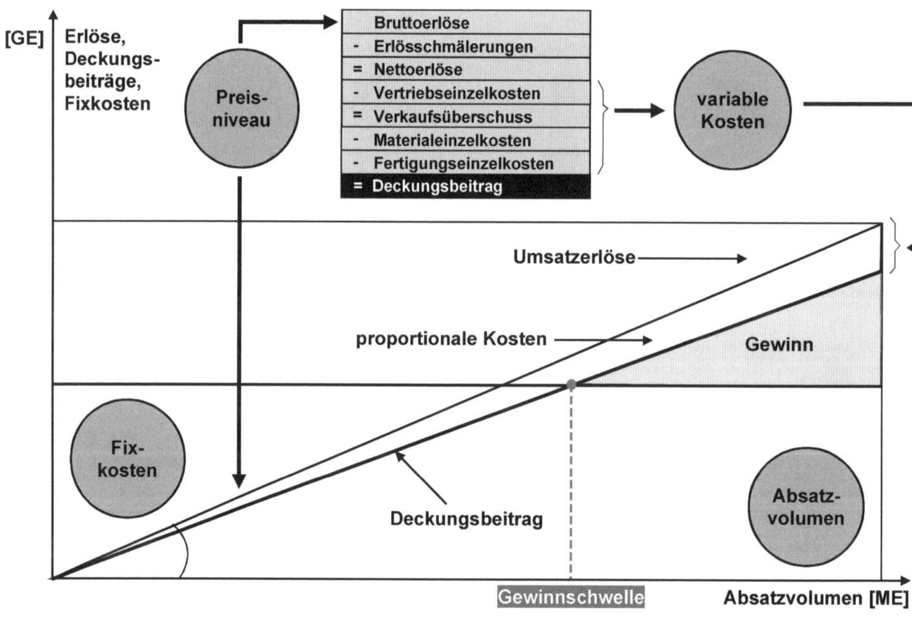

Abbildung 13.15 Für Einproduktbetriebe bedeutsame Erfolgsdeterminanten

Nun ist heutzutage jedoch die große Mehrheit von Unternehmen als Mehrproduktunternehmen zu klassifizieren. In diesem Kontext geht es nun insbesondere darum, für die Ergebnissteuerung zielführende **Bezugsobjekthierarchien** herauszuarbeiten. Diese sollten - der Vielschichtigkeit der relevanten Auswertungszwecke geschuldet - jedoch nicht eindimensional, sondern mehrdimensional hierarchisieren. In der Informationstechnologie bezeichnet man solche Systeme als relationale Datenbanken. Abbildung 13.16 zeigt diese Logik für die zentralen Auswertungsebenen Produktbereich, Marktspektrum und Vertriebskanäle auf.

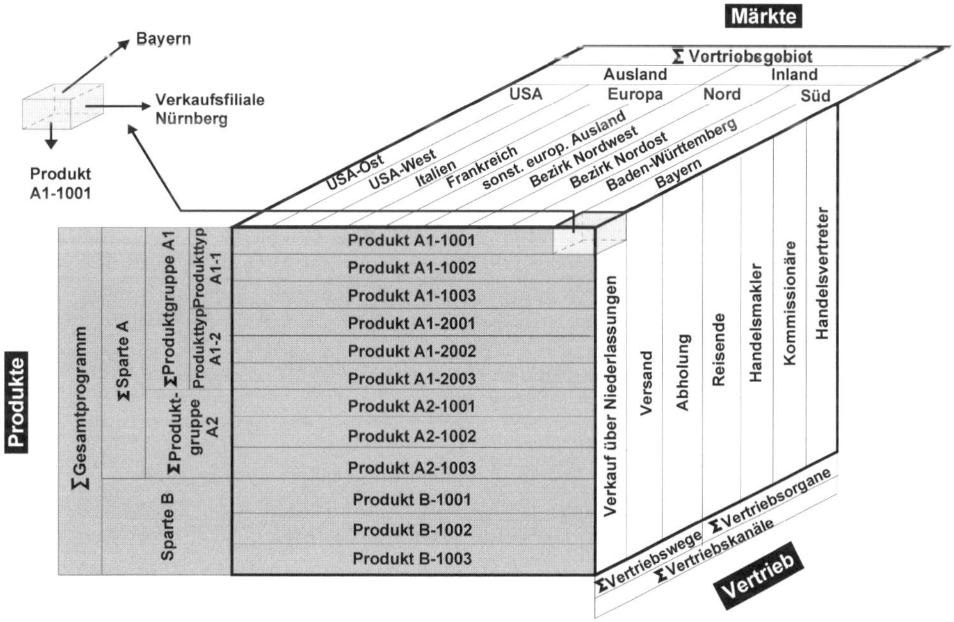

Abbildung 13.16 Mehrdimensionale Verknüpfung von Bezugsobjekthierarchien

Entscheidend ist nun, dass für die einzelnen Leistungssegmente innerhalb der aufgezeigten Ebenen jeweils spezifische Deckungsbeiträge anfallen, ihnen aber auch regelmäßig eindeutig zurechenbare, weil für das jeweilige Leistungssegment disponierbare, Fixkosten gegenüberstehen. Die Leistungsfähigkeit einer derart differenzierenden Ergebnissteuerung und Deckungsbeitragsrechnung wird also im Wesentlichen durch die Zuordnung der Fixkostenblöcke zu den verschiedenen Bereichen und Dimensionen des Leistungs- und Ressourcenspektrums bestimmt. Man findet diesen Ansatz bereits in den grundlegenden aber nach wie vor bedeutsamen Arbeiten von Prof. Dr. Paul Riebel zur relativen Einzelkosten- und Deckungsbeitragsrechnung. Sie sind gleichwohl heute die Basis für anspruchsvolle Data-Warehouse-Konzepte. Abbildung 13.17 illustriert die daraus hervorgehenden mehrstufigen Ergebnisrechnungen zunächst nur für den Produktbereich.

Zeile	Gesamtunternehmen / Produktsparten / Produktarten	Gesamtprogramm: Sparte A: A1	A2	A3	Σ	Sparte B: B1	B2	Σ	Σ
01	Basiserlöse	53.460	42.075	36.790	132.325	21.500	11.024	32.524	164.849
02	+ Zuschläge		1.815	2.054	3.869		666	666	4.535
03	Bruttoerlöse	53.460	43.890	38.844	136.194	21.500	11.690	33.190	169.384
04	./. Erlösschmälerungen	5.500	5.225	5.850	16.575	1.700	966	2.666	19.241
05	Nettoerlöse	47.960	38.665	32.994	119.619	19.800	10.724	30.524	150.143
06	Vertriebseinzelkosten	5.195	3.700	2.097	10.992	1.221	355	1.576	12.568
07	proportionale Vertriebsgemeinkosten	4.425	2.873	2.505	9.803	1.046	908	1.954	11.757
08	./. proportionale Vertriebskosten	9.620	6.573	4.602	20.795	2.267	1.263	3.530	24.325
09	Verwertungsüberschüsse	38.340	32.092	28.392	98.824	17.533	9.461	26.994	125.818
10	Materialkosten	6.240	5.835	3.585	15.660	3.115	1.680	4.795	20.455
11	proportionale Fertigungskosten	8.360	5.440	4.875	18.675	3.945	2.420	6.365	25.040
12	./. proportionale Herstellkosten	14.600	11.275	8.460	34.335	7.060	4.100	11.160	45.495
13	Deckungsbeitrag I der Produktarten	23.740	20.817	19.932	64.489	10.473	5.361	15.834	80.323
14	./. produktartenbezogene Fixkosten	3.100	530	2.800	6.430	2.000	1.550	3.550	9.980
15	Deckungsbeitrag II der Produktarten	20.640	20.287	17.132	58.059	8.473	3.811	12.284	70.343
16	./. produktspartenbezogene Fixkosten				10.900			2.000	12.900
17	Deckungsbeiträge der Produktsparten				47.159			10.284	57.443
18	./. gesamtunternehmensbezogene Fixkosten								13.250
19	Nettoergebnis des Unternehmens								44.193

Abbildung 13.17 Nach Produktarten differenzierende Deckungsbeitragsrechnung

Es werden also jeweils produktartspezifische Deckungsbeiträge spartenspezifisch kumuliert, um vom Ergebnis wiederum spartenspezifische Fixkosten in Abzug zu bringen. Die so sich ergebenden Spartenbeiträge informieren über den Beitrag der einzelnen Leistungssparten zum Gesamtergebnis. Man wird mithin in die Lage versetzt, „das **Ergebnisgebirge** auf verschiedenen Wegen zu erklimmen“ (Riebel 1994, 46). Wie oben aufgezeigt, liegt die Stärke des methodischen Vorgehens insbesondere in der Mehrdimensionalität. Entsprechend zeigt Abbildung 13.18 eine Ergebnissteuerung, die analog zur vorherigen Abbildung aufgebaut ist, nun aber nach Produktarten, Vertriebsbezirken, Gebieten und Märkten differenziert.

Zeile	Gesamtunternehmen / Verkaufsgebiet / Verkaufsbezirk / Produktart	Absatzmarkt insgesamt: Inland: Norddeutschland: A1	...	Σ	Süddeutschland: A1	...	Σ	Σ (Inland)	Ausland	Σ
01	Basiserlöse	231.000	662.800	893.800	297.000	394.521	691.521	1.585.321	396.330	1.981.651
02	+ Zuschläge		29.315	29.315		13.615	13.615	42.930	10.732	53.662
03	Bruttoerlöse	231.000	692.115	923.115	297.000	408.136	705.136	1.628.251	407.062	2.035.313
04	./. Erlösschmälerungen	26.488	42.631	69.119	26.730	87.773	114.503	183.622	45.383	229.005
05	Nettoerlöse	204.512	649.484	853.996	270.270	320.363	590.633	1.444.629	361.679	1.806.308
06	Vertriebseinzelkosten	21.082	48.731	69.813	26.064	22.703	48.767	118.580	30.835	149.415
07	proportionale Vertriebsgemeinkosten	17.960	44.984	62.944	27.128	21.813	48.941	111.885	25.229	137.114
08	./. proportionale Vertriebskosten	39.042	93.715	132.757	53.192	44.516	97.708	230.465	56.064	286.529
09	Verwertungsüberschüsse	165.470	555.769	721.239	217.078	275.847	492.925	1.214.164	305.615	1.519.779
10	Materialkosten	32.047	127.119	159.166	41.204	33.626	74.830	233.996	55.914	289.910
11	proportionale Fertigungskosten	29.583	108.287	137.870	38.036	28.646	66.682	204.552	53.723	258.275
12	./. proportionale Herstellkosten	61.630	235.406	297.036	79.240	62.272	141.512	438.548	109.637	548.185
13	Deckungsbeitrag I	103.840	320.363	424.203	137.838	213.575	351.413	775.616	195.978	971.594
14	./. verkaufsbezirksbezogene Fixkosten			25.106			18.382	43.488		43.488
15	Verkaufsbezirksbeitrag			399.097			333.031	732.128	195.978	928.106
16	./. verkaufsgebietsbezogene Fixkosten							5.719	10.072	15.791
17	Verkaufsgebietsbeitrag							726.409	185.906	912.315
18	./. absatzmarktbezogene Fixkosten									750.971
19	Nettoergebnis des Unternehmens									161.344

Abbildung 13.18 Nach Märkten differenzierende Deckungsbeitragsrechnung

Man kann nun auch simulativ die verschiedenen Ergebnisdeterminanten mit möglichen Veränderungen berücksichtigen. Insofern ist in einer entsprechenden mehrdimensionalen Planung jede korrespondierende Parametervariation denkbar. In der Kontrollphase ist analog jede Ergebnisdeterminante mit ihren Istwerten feststellbar. Die Analysephase geht nun noch über die im Kapitel 13.2.1 und 13.2.2 gezeigten Ansatzpunkte hinaus und berücksichtigt zudem mögliche Ursachen von Veränderungen des Preisniveaus, von Erlösschmälerungen und des Sales-Mix. Auch Steuerungsmaßnahmen können hinsichtlich jeden Parameters vorgenommen werden. Neben den Kostenkategorien, deren Steuerung in den vorhergehenden Abschnitten erläutert wurde, können etwa das Preisniveau und der Sales-Mix anhand der Bestandteile des Marketing-Mix beeinflusst werden. Diese Instrumente werden üblicherweise nach den Kategorien Produkt, Preis, Distribution und Kommunikation systematisiert und sind mit den Verantwortlichen der Bereiche Absatzwirtschaft/Marketing zu koordinieren.

Abschließend sei bei der Ergebnissteuerung darauf hingewiesen, dass nicht nur das Aufnahmepotenzial des Marktes sich als knapp erweisen kann. Viel mehr können oftmals maximal mögliche Absatzvolumina deshalb nicht realisiert werden, weil sich innerbetriebliche Leistungsbereiche als Engpass erweisen. Wenn kurzfristig keine **Kapazitätserweiterungen** realisierbar sind, greift man in solchen Fällen auf engpassbezogene Deckungsbeitragsinformationen zurück. Abbildung 13.19 illustriert diese Vorgehensweise.

Ermittlung der absetzbaren Produktarten und möglichen Absatzmengen

01	absetzbare Endproduktarten	M	N
02	mögliche Absatzmengen [ME]	650	830

Ermittlung der Stückbeiträge [GE/ME]

03	Nettoerlös	276,00	308,00
04	./. proportionale Vertriebskosten	36,95	24,25
05	Verwertungsüberschuss	239,05	283,75
06	./. proportionale Herstellkosten	118,02	159,58
07	Deckungsbeitrag je Leistungseinheit (Stückbeitrag)	121,03	124,17
	Beide Produktarten bringen einen positiven Deckungsbeitrag.		

Kapazitätsanalyse [Std.]

	Kapazität		Kapazitätsbedarf		Σ
08	Stelle I	1.000	234	581	815
09	Stelle II Engpass (1.500 < 1.574)	1.500	910	664	1.574
	Die Kapazität der Stelle II ist zu knapp bemessen. Lässt sie sich nicht erweitern, können nicht alle Absatzmöglichkeiten genutzt werden.				

Ermittlung der engpassbezogenen Deckungsbeiträge

10	Bedarf an Engpassstunden (Stelle II) [Std./ME]	1,4	0,8
11	engpassbezogener Deckungsbeitrag (Zeile 7 / Zeile 10) [GE/Std.]	86,45	155,21

Ermittlung der Produktrangfolge

12	Rangfolge für die Aufnahme in das Produktionsprogramm	2.	1.

Abbildung 13.19 Produktionsprogrammoptimierung eines Unternehmens mit zwei Produktarten und einem Engpass (Ü2)

Es ist nun nicht mehr primär der Markt erfolgskritisch, sondern die Nutzung der knappen **Engpassressource** wird zum Erfolgsfaktor. Praktisch ausgedrückt sind dann nicht mehr Euro pro Stück oder pro Einheit einer Dienstleistung maßgeblich, sondern regelmäßig Euro pro Stunde der Nutzung der **Engpasskapazität**.

13.2.4 Rentabilitätsorientiertes Controlling

Wenngleich viele Lehrbücher die Gewinnmaximierung auch in der Unternehmenssteuerung als finales Ziel darstellen, so leuchtet doch schnell ein, dass bestimmte Rechenzwecke nicht nur absolute Ergebnisgrößen erfordern, sondern dass Relativierungen der Ergebnisse notwendig werden. Praxisorientiert sei hier nur darauf verwiesen, dass gerade die Analysephase im Controlling regelmäßig auf Vergleiche abstellt. Die Literatur unterscheidet hierfür im Wesentlichen Zeitvergleiche, Betriebs- bzw. Branchenvergleiche und Plan-Soll-Ist-Vergleiche (Wöhe 2008, 169). Man stelle sich nur vor, dass im Rahmen eines unternehmensübergreifenden Benchmarkingkonzeptes zwei Unternehmen mit ähnlichem Leistungsspektrum aber gänzlich unterschiedlicher Größe verglichen werden sollen. Ein Vergleich absoluter Ergebnisgrößen erscheint hier regelrecht paradox. Sicherlich würde man mit einem Maß relativieren, welches die Unternehmensgröße zum Ausdruck bringt, wie zum Beispiel der Bilanzsumme, die weitestgehend dem Gesamtkapital entspricht. Genau das ist der grundsätzliche Ansatz einer Rentabilitätsermittlung. Es handelt sich bei **Rentabilitäten** um relativierte Ergebnisse. Für das Controlling ist hierbei bedeutsam, dass Ergebnisse anhand von Umsatzmaßen oder Kapitalgrößen relativiert werden. Abbildung 13.20 stellt die sich daraus ergebende Systematik von Rentabilitätsmaßen dar.

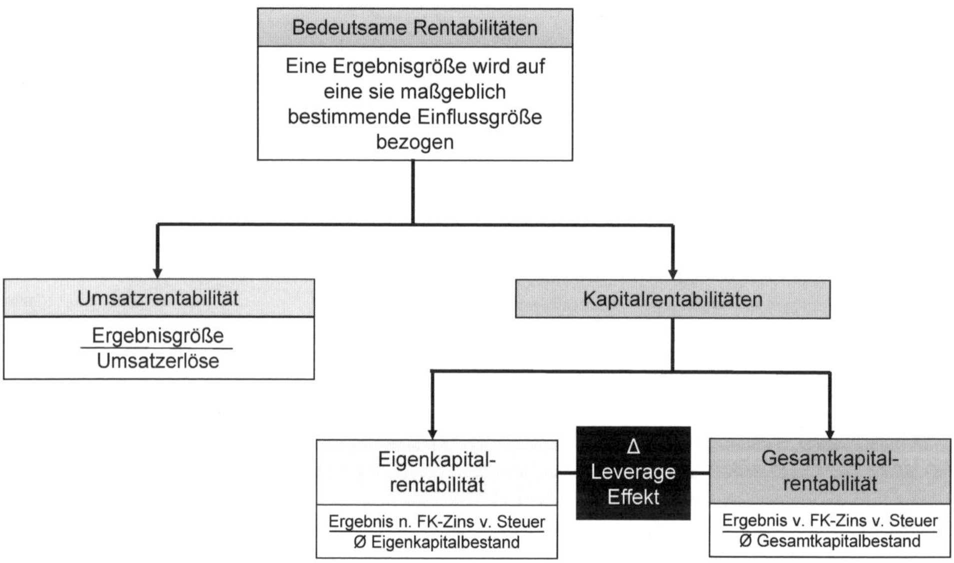

Abbildung 13.20 Systematik bedeutsamer Rentabilitätskennzahlen

Dabei gibt die **Umsatzrentabilität** an, welcher Teil des Umsatzes als Ergebnis verbleibt. Anders ausgedrückt wird dargestellt, wie viel Cent von einem Euro Umsatz als Ergebnis verbleiben. Bei den **Kapitalrentabilitäten** lassen sich – für das Controlling bedeutsam – insbesondere **Gesamtkapitalrenditen** und **Eigenkapitalrenditen** unterscheiden. Entscheidend hierbei ist das sogenannte Entsprechungsprinzip. Die Ergebnisgröße muss also sachlogisch zu der jeweiligen Kapitalgröße passen. Daraus folgt, dass die Ergebnisgröße bei Eigenkapitalrentabilitäten regelmäßig nach Fremdkapitalzinsen und die Ergebnisgröße bei Gesamtkapitalrentabilitäten regelmäßig vor Fremdkapitalzinsen quantifiziert werden. Im praktischen Einsatz im Controlling ist das von grundlegender Bedeutung, da ein Großteil der Steuerungsanliegen und der entsprechenden Kennzahlen unterhalb der Gesamtunternehmensebene angesiedelt ist. Da jedoch die sogenannte **Finanzierungsautonomie** erst auf Unternehmensebene ansetzt, lässt sich darunter auch nicht beantworten, welcher Kapitalanteil auf Fremdquellen und welcher auf Eigenfinanzierung zurückzuführen ist. Entsprechend lassen sich auch die jeweils korrespondierenden Zinskosten nicht exakt zurechnen. Man operiert also unterhalb der Unternehmensebene im Controlling regelmäßig mit Gesamtkapitalrentabilitäten, die die ergebnisbezogene Ergiebigkeit des für den jeweiligen Leistungsbereich budgetierten betriebsnotwendigen Kapitals ungeachtet seiner Herkunft (und die Frage hiernach ist regelmäßig nicht zu beantworten!) zum Ausdruck bringt. Erst auf Unternehmensebene können dann Eigenkapitalrentabilitäten ermittelt werden, bei deren Ermittlung der Preis für die Bereitstellung und auch Hebelwirkung des Fremdkapitals – der Fremdkapitalzins – berücksichtigt wird. Unterschiede zwischen beiden Größen sind zum einen auf die grundsätzliche Abzugsfähigkeit der Fremdkapitalzinsen bei der Gewinnermittlung zurückzuführen. Hierfür operiert man im Controlling aus Praktikabilitätsgründen üblicherweise mit einem einheitlichen, integrierten Ertragsteuersatz (Watrin 2013 zur weiteren Differenzierung). Zum anderen liegen Differenzen der beiden Kapitalrenditen im **Financial Leverage-Effekt** begründet. Demzufolge erhöht eine weitere Verschuldung immer dann, wenn die Gesamtkapitalrentabilität über dem Fremdkapitalkostensatz liegt, die Eigenkapitalrentabilität. Diese Bedingungsgleichung bezeichnet man auch als **Leverage-Chance**. Im umgekehrten Fall, dem **Leverage-Risiko**, lässt sich die Eigenkapitalrentabilität durch eine weitere Verschuldung nach unten hebeln. Abbildung 13.21 zeigt eine entsprechende Ermittlung der beiden Kapitalrentabilitäten auf Unternehmensebene auf, deren Differenz auch die beiden Effekte deutlich macht.

Gesamtkapitalansatz (entity approach)	[GE]
Umsatzerlöse	64.242.607
Vertriebskosten	3.543.948
Herstellungskosten	35.595.383
allgemeine Verwaltungskosten	11.046.852
sonstige betriebliche Aufwendungen	10.257.028
Betriebsergebnis vor Zinsen und vor Steuern	3.799.396
rechnerische Ertragsteuern (40,0%)	1.519.758
Betriebsergebnis nach rechnerischen Steuern	2.279.638

Eigenkapitalansatz (equity approach)	[GE]
Umsatzerlöse	64.242.607
Vertriebskosten	3.543.948
Herstellungskosten	35.595.383
allgemeine Verwaltungskosten	11.046.852
sonstige betriebliche Aufwendungen	10.257.028
Fremdkapitalzinsen (6,76% von 23.293.303)	1.574.111
Geschäftsergebnis nach Zinsen und vor Steuern	2.225.285
faktische Ertragsteuern (40,0%)	890.114
Geschäftsergebnis nach Steuern	1.335.171

Betriebsergebnis nach rechnerischen Steuern	2.279.638
durchschnittlicher Gesamtkapitalbestand	31.057.738
Return on Investment (ROI)	7,34%
Geschäftsergebnis nach Steuern	1.335.171
durchschnittlicher Eigenkapitalbestand	7.764.435
Return on Equity (ROE)	17,20%

Abbildung 13.21 Ermittlung von Gesamt- und Eigenkapitalrentabilität

Es verbleibt die Herausforderung, dass für den Regelkreis des Controllings auf verschiedenen Entscheidungsebenen im Unternehmen die aufgezeigten Größen oftmals viel zu aggregiert sind. Es drängt sich der Vergleich mit einer formalzielorientierten Vorgabe im Militärwesen auf, als würde ein Feldherr vor seinem Heer den Schlachtruf „Sieg" ausrufen, ohne zu operationalisieren, mit welchen Teilmaßstäben dieses Meta-Ziel dann erreicht werden soll. Es geht also nicht nur um letztendliche Rentabilität, sondern auch um deren Treiber. Man spricht dann auch von **Rentabilitätstreibersystemen**. Abbildung 13.22 zeigt ein entsprechendes Instrumentarium für die sogenannte **Betriebsrentabilität ROCE** (Return on Capital Employed) auf. (Ü4)

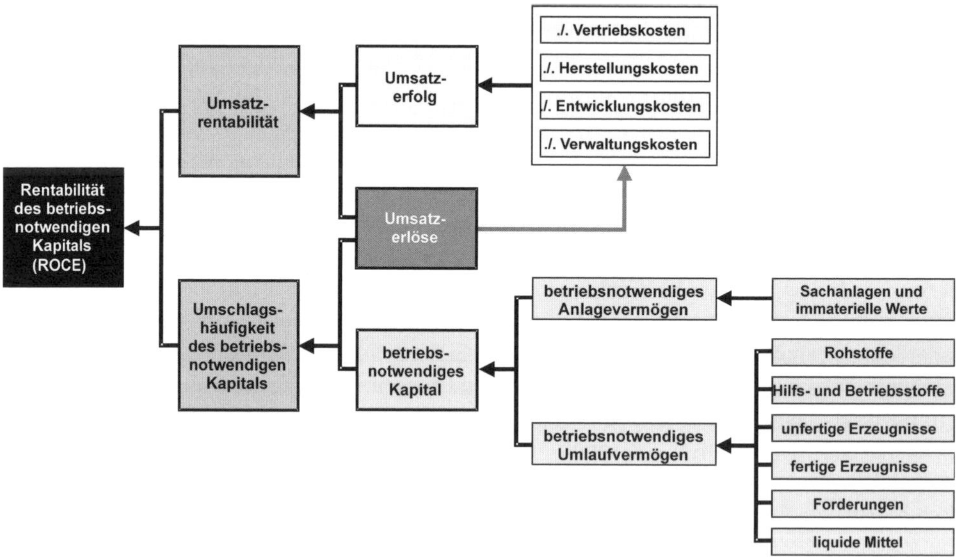

Abbildung 13.22 Determinanten der Betriebsrentabilität (ROCE)

Der **Betriebsrentabilität** kommt im Controlling eine exponierte Stellung zu, da sie mit Zähler und Nennergröße nur auf den eigentlichen Betriebszweck abstellt, was systemkonform ist. Es wird hier auch deutlich, auf welch vielschichtigen Ebenen nun Planung, Kontrolle, Analyse und Steuerung angesiedelt sind. Für die Kosten als Bestandteil des Betriebsergebnisses wurde die Regelkreislogik vorstehend noch durchgehend abgebildet. Es leuchtet ein, dass eine Kybernetik, die auf jede der dargestellten Teilgrößen konsequent eingeht, den Rahmen dieses Beitrags sprengen würde. Man kann jedoch knapp die wesentlichsten Aktionsfelder aufzeigen, die nun neben dem Kostencontrolling auf Erlös- und Ergebniscontrolling und relativierend auf den Einsatz des betriebsnotwendigen Kapitals abstellen. Hierbei ist ein **Fixed-Asset-Controlling** auf das Anlagevermögen und dabei wiederum primär die wertschöpfende Auslastung der verfügbaren Kapazität ausgerichtet. Auf das zinspflichtige Umlaufvermögen stellt man hingegen mit dem sogenannten **Working-Capital-Management** und -Controlling ab. Eine Steuerung der Bestände des Vorratsvermögens etwa setzt typischerweise an Planvorgaben zur Reduzierung der Lagervolumina an und mündet in der Erfassung der Erfolgswirkungen, die insbesondere durch Maßnahmen der Logistik und des Supply Chain Managements (Just in Time, Kanban, etc.) bewirkt werden.

Bedeutsame **Kritikpunkte** an rein rentabilitätsorientierten Konzepten sind jedoch zum einen deren Abhängigkeit vom betrieblichen Reinvestitionsverhalten (Altersstruktur der Anlagen). Ist der betriebliche Anlagenpark überaltert, stehen kleinen Kapitalbasen (Anlagen sind etwa zum Erinnerungsbuchwert von 1 € bilanziert) hohe Ergebnisse gegenüber, die maßgeblich durch die dann ausbleibenden Abschreibungen bedingt sind. Dies führt zu einer zu positiven Einschätzung der Rentabilitätssituation und wirkt investitions- und innovationshemmend. Dynamische Rentabilitätskennzahlen vermeiden dieses Problem durch die Verwendung von (gleitenden) Durchschnittswerten. Zum anderen mangelt es rein rentabilitätsorientierten Konzepten am konsequenten Einbezug von Kapitalkosten. Lediglich die kontrahierten Fremdkapitalkosten, nicht aber die auf Residualansprüchen basierenden Eigenkapitalkosten, welche in Abhängigkeit der Gewinnverwendungsbeschlüsse nur erwartungsgemäß anfallen (sollen), werden üblicherweise in rentabilitätsorientierten Kennzahlen berücksichtigt (Günther 2010, 51).

Wertorientierte Konzepte weisen deshalb neben dem konsequenten Einbezug von sämtlichen Kapitalkosten (also auch der Eigenkapitalkosten) eine durchgängige Zukunftsorientierung auf.

13.2.5 Wertorientiertes Controlling

Es war insbesondere eine massive Zunahme von Unternehmensübernahmen und Fusionen (Mergers & Acquisitions, M & A) etwa seit den 1990er Jahren, die als Wegbereiter einer primär unternehmenswertorientierten Steuerung diente (Baum 2007, 273). Im Überlebenskampf auf dem Kapitalmarkt wurde es essenziell, das eigene Wertpotenzial zu ermitteln und zu kommunizieren, um nicht Opfer feindlicher Übernahmen zu werden. In diesem Sinne bezeichnet auch Prof. Dr. Rolf Bühner den **Shareholder Value** (Marktwert des Eigenkapitals) schlicht aber prägnant als „Tue Gutes für den Anteilseigner und sprich darüber". Nun werden also Plankalküle im Unternehmen benötigt, die geeignet sind, Unternehmenswerte zu ermitteln, die sich mit der beobachtbaren Börsenkapitalisierung („Ist") abgleichen lassen, um anhand der sich anschließenden Analysen so zu steuern, dass eben nicht wiederum andere Kapitalmarktakteure mit ähnlichen Kalkülen Wertpotenzial identifizieren, um sodann Übernahmeprozesse einzuleiten. Die Börsenkapitalisierung drückt den Marktwert des Eigenkapitals aus, der sich aufgrund der Einschätzung der Kapitalmarktteilnehmer als Ergebnis von Kapitalangebots- und Kapitalnachfrageentscheidungen ergibt. Insofern liegt hier auch für ein Unternehmenswert- oder eben nur kurz „Wertorientiertes" Controlling-Konzept ein probater Kontrollmaßstab auf der Hand.

Als **Wertlücke** bezeichnet man die Differenz der Börsenkapitalisierung zu einem alternativ ermittelten Wertpotenzial (Günther 2010, 10). ■

Die Analysen erstrecken sich dann neben allen bereits bei einer rentabilitätsorientierten Steuerung relevanten und vorstehend erörterten Größen auch auf Kapitalkostensätze. Steuerungsmaßnahmen, die letztlich auf Wertsteigerungen im Sinne der Schließung von Wertlücken abstellen, folgen genau Bühners Postulat. „Tue Gutes" steht dann für eine Gestaltung der betrieblichen Wertschöpfungskette, die das Erfolgspotential maximiert. „Sprich darüber" zielt darauf ab, dass Wertsteigerungen aber nur dann realisiert werden, wenn sich die Entscheidungen der Kapitalmarktakteure auch nach dem erkannten und anerkannten Wertpotenzial richten. Steuerung ist hier also auch Information bzw. Kommunikation, wie bereits in der eingangs dargestellten Controlling-Definition verankert.

Eine entsprechend zielgerichtete unternehmenswertorientierte Unternehmenspublizität bezeichnet man auch als **Value Reporting** (Müller 1998, 124; Fischer 2005, 5). Es geht darum, durch zielgerichtete Informationen über die Unternehmensperformance Informationsasymmetrien abzubauen und damit Investitionsrisiken für die Anleger zu reduzieren, folglich Kapitalkostensätze zu senken und über die niedrigere Diskontierung von Überschüssen Unternehmenswerte zu steigern.

Die Grundlogik einer regelkreisbasierten wertorientierten Steuerung wird in Abbildung 13.23 illustriert.

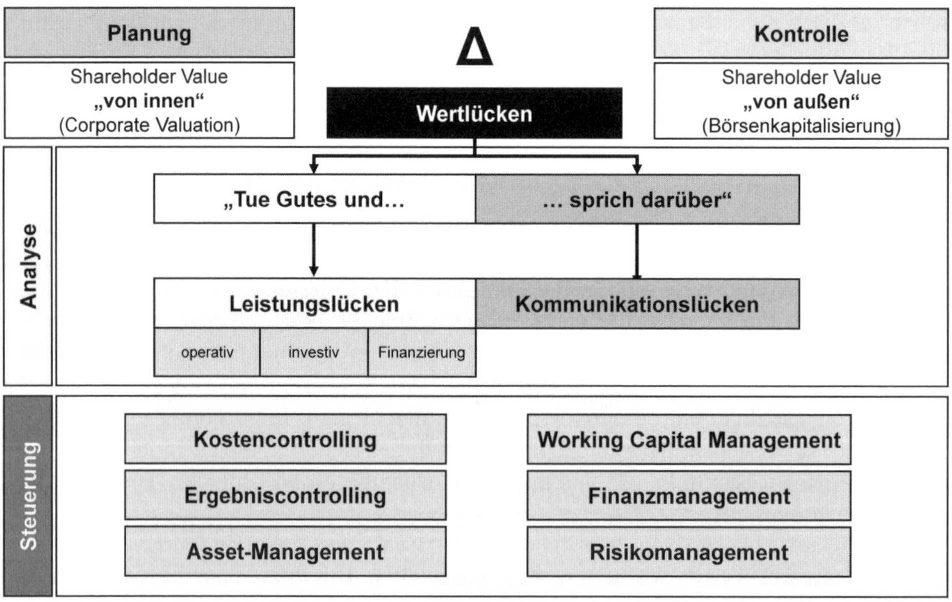

Abbildung 13.23 Regelkreisbasierte wertorientierte Steuerung

Zur Umsetzung der wertorientierten Steuerung stehen prinzipiell zwei grundsätzliche methodische Ansätze zur Verfügung. Es handelt sich dabei zum einen um Ansätze, die so genannte freie Cashflows diskontieren: **Free-Cash-Flow- bzw. Discounted-Cash-Flow-Ansatz**. Zum anderen operiert man mit sogenannten **Residualgewinn-Ansätzen**, die im Kern darauf abstellen, dass nicht nur Fremdkapitalkosten berücksichtigt werden, sondern dass auch dem Verzinsungsanspruch von Eigenkapitalgebern risikoadjustiert Rechnung getragen wird. Der wohl prominenteste Vertreter dieser Methodenklasse ist der **Economic Value Added® (EVA)**. Dessen Determinanten sind das versteuerte Betriebsergebnis (NOPAT - net operating profit after taxes), das betriebsnotwendige Kapital (NOA - net operating assets) und der gewichtete Gesamtkapitalkostensatz (WACC - weighted average cost of capital). Abbildung 13.24 zeigt die grundlegende Berechnungslogik des EVA-Ansatzes.

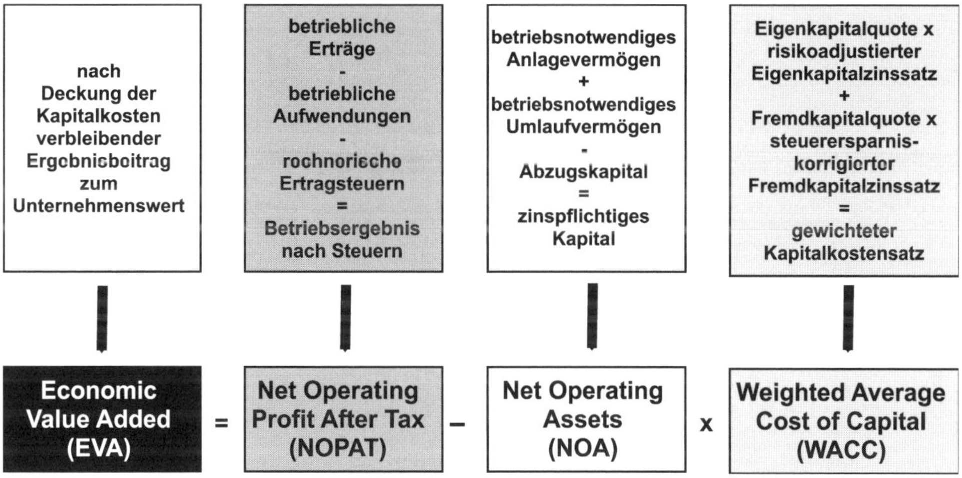

Abbildung 13.24 Grundkonzeption des Economic Value Added® (EVA)

Es handelt sich also beim EVA um den Teil des versteuerten Betriebsergebnisses, der nach Abzug der gesamten Kapitalkosten verbleibt. Dabei ist zu beachten, dass im Gegensatz zu den konventionellen Methoden des externen Rechnungswesens eine Ergebnisgröße nicht nur nach Deckung der Eigenkapitalkosten, sondern auch der Fremdkapitalkosten ermittelt wird. Zudem ist bedeutsam, dass der Fremdkapitalkostensatz steueradjustiert und der Eigenkapitalkostensatz risikoadjustiert wird. Man berücksichtigt also zum einen die grundsätzliche Abzugsfähigkeit der Ertragssteuern bei der Gewinnermittlung als Steuerbemessungsgrundlage. Zum anderen berücksichtigt man, dass die Eigenkapitalgeber im Gegensatz zu den kontrahierten Ansprüchen der Fremdkapitalgeber Risiko tragen. Man quantifiziert dieses Risiko anhand des so genannten Beta-Faktors. Dieses Volatilitätsmaß gibt an, ob die Rendite eines betrachteten Unternehmens stärker oder schwächer schwankt als die durchschnittliche Rendite eines repräsentativen Kapitalmarktsegments (Lang 2007, 140). Beim Grundansatz der Methodik betrachtet man den EVA allerdings nur im Rahmen einer einperiodischen Kontrollrechnung. Eine Dynamisierung erfolgt, wenn zukünftige EVAs geplant werden. Diesen Ansatz illustriert Abbildung 13.25.

Zeile	Perioden (t)	Start (t_0)	t_1	t_2	t_3	t_4	t_5 t
01	**Umsatzerlöse**		4.000,0	4.250,0	4.500,0	4.750,0	5.000,0
02	**Betriebsergebnis vor Steuern**		388,7	413	437,3	461,5	485,8
03	rechnerische Ertragsteuern (40%)		155,5	165,2	174,9	184,6	194,3
04	**Betriebsergebnis nach Steuern**		233,2	247,8	262,4	276,9	291,5
05	Gesamtkapital (GK)	2.400,0	2.400,0	2.400,0	2.400,0	2.400,0	2.400,0
06	*Eigenkapitalquote der Vorperiode*		50,0%	50,0%	50,0%	50,0%	50,0%
07	**WACC-Kapitalkostensatz**		6,80%	6,80%	6,80%	6,80%	6,80%
08	**WACC-Kapitalkosten**		163,2	163,2	163,2	163,2	163,2
09	Eigenkapitalverzinsung 10% (Gewinnausschüttung)		120,0	120,0	120,0	120,0	120,0
10	Fremdkapitalzinsen 6%		72,0	72,0	72,0	72,0	72,0
11	Ertragsteuerersparnis (40%)		28,8	28,8	28,8	28,8	28,8
12	Fremdkapitalzinsen nach Steuern 3,6%		43,2	43,2	43,2	43,2	43,2
13	ausschüttbarer Economic Value Added (EVA)		70,0	84,6	99,2	113,7	128,3
14	Abzinsungsfaktoren 10%		1/1,1	$1/1{,}1^2$	$1/1{,}1^3$	$1/1{,}1^4$	1/0,1
15	Basiswert des EVA der Rentenphase zu t_4					1.283	
16	**Basiswert des EVA der Rentenphase zu t_0**	876,3					
17	Basiswert des EVA der Periode 4	63,6					
18	Basiswert des EVA der Periode 3	69,9					
19	Basiswert des EVA der Periode 2	74,5					
20	Basiswert des EVA der Periode 1	77,7					
21	**Basiswert der Planungsphase zu t_0**	284,7					
22	Market Value Added (MVA)	1.161,0					
23	Gesamtkapital (GK)	2.400,0	2.400,0	2.400,0	2.400,0	2.400,0	2.400,0
24	**Eigenkapital (EK)**	1.200,0	1.200,0	1.200,0	1.200,0	1.200,0	1.200,0
25	**Fremdkapital (FK)**	1.200,0	1.200,0	1.200,0	1.200,0	1.200,0	1.200,0

Abbildung 13.25 Berechnung des EVA und des MVA bis zum Shareholder Value

Es geht grundlegend darum, zu einem Planungszeitpunkt sämtliche EVAs bis zur theoretischen Unendlichkeit zu quantifizieren. Dazu geht man zweistufig vor. Im Rahmen der **Planungsphase**, die oftmals fünf Jahre umfasst, erfolgt eine differenzierte Planung der EVAs. In der **Rentenphase** verwendet man die finanzmathematische Formel einer ewigen Rente. Es wird somit ein als konstant bis zur Unendlichkeit angenommener EVA einmal durch den Kapitalkostensatz geteilt. Das Ergebnis stellt den Wert der Rentenphase zum Beginn derselben oder mit anderen Worten zum Ende der Planungsphase dar. Man muss also diesen Wert noch einmal über die Planungsphase diskontieren. Neben den zukünftig erwarteten Überschüssen wird weiterhin die Vermögens- und Kapitalstruktur des Unternehmens als konstant betrachtet (Merzig 2012, 237). Zusätzlich muss ein möglichst für die Ewigkeit repräsentativer Inflationszuschlag bzw. -abschlag ermittelt werden (Peemöller 2012, 42). Insbesondere diese Annahmen und Defizite in der Prognostizierbarkeit sind kritisch zu prüfen, da der Wert der Rentenphase bis zu 80% des gesamten Unternehmenswertes ausmachen kann (Bausch 2005, 474). Die Barwerte der Planungs- und Rentenphase ergeben zusammen den sogenannten **Market Value Added (MVA)**. Da es sich um den Barwert der künftigen EVAs – also mithin von Überschüssen, die bereits die gesamten Kapitalkosten berücksichtigen – handelt, kann dieser Wertbeitrag nur als Goodwill interpretiert werden. Ergänzt man ihn um das betriebsnotwendige Kapital (NOA) erhält man den Marktwert des Gesamtkapitals. Wird hiervon noch der Marktwert des Fremdkapitals abgezogen, so erhält man den Marktwert des Eigenkapitals, den **Shareholder-Value**. Nun kann man den Controlling-Regelkreis umsetzen. Den gerade erörterten Shareholder-Value verwendet man als Planwert. Ihm wird die beobachtbare Börsenkapitalisierung als Istwert gegenübergestellt. Es handelt sich um einen „Istwert" von besonderem Charakter, gehen doch in ihn auch vielfältige Plankalküle der Kapitalmarktakteure ein. Letztlich geht es darum, die Selbsteinschätzung bezüglich des betrieblichen Wertpotenzials mit den eingepreisten Kauf- und Verkaufsentscheidungen der Anleger abzugleichen. Als Ergebnis dieses Plan-Ist-Vergleichs ergeben sich regelmäßig Wertlücken. Gerade für den Fall der Unterbewertung ist planmäßiges Handeln geboten. In der Analysephase ist zu hinterfragen, welche(r) Bereich(e) der Wertkette – operative Geschäftstätigkeit, Investition und/oder Finanzierung – die Ursache(n) für dieses Werturteil in den Anlageentscheidungen primär darstellt bzw. darstellen. Entsprechend ließe sich eine operative, investive oder finanzierungsbezogene **Leistungslücke** identifizieren. Neben den Leistungslücken sind in dieser Analyse insbesondere auch **Kommunikationslücken** möglich. Ganz im Sinne von Bühners Postulat „Tue Gutes und sprich darüber" müssen dann sämtliche wertrelevanten Performance-Aspekte auch über die Unternehmenspublizität an die Kapitalmarktteilnehmer kommuniziert werden. Steuerung heißt nun im Wertorientierten Controlling aus der Analyse heraus wertsteigernde Maßnahmen im operativen, investiven und/oder finanzierungsbezogenen Bereich zu initiieren und diese über die Geschäftsberichte auch zu kommunizieren. Abbildung 13.26 illustriert den korrespondierenden **Werttreiberbaum** zu diesen Maßnahmen.

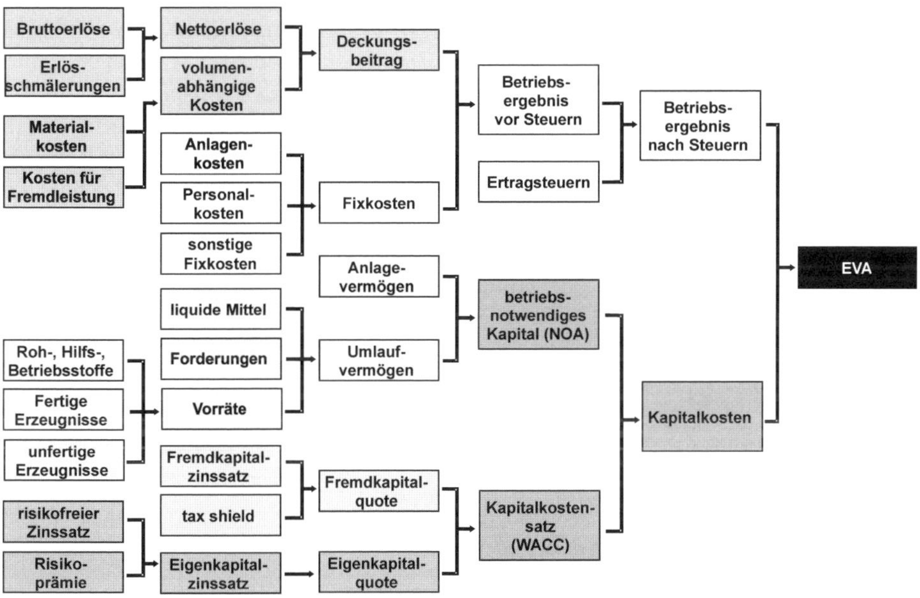

Abbildung 13.26 Auf den EVA ausgerichtete Werttreibersystematik

Die Ansatzpunkte erstrecken sich nun über die vorstehend ausgeführten Maßnahmen des Erlöscontrollings, Kostencontrollings, der Einflussnahme auf das betriebsnotwendige Kapital (Fixed-Asset-, Working Capital-Management) und darüber hinaus auf Maßnahmen des Finanzierungsmanagements. Hierbei sind zum einen verschiedene Maßnahmen des Investors Relations-Management relevant. Zum anderen handelt es sich bezüglich des **Tax Shield** beim Fremdkapitalzinssatz um Steuercontrolling, was beispielsweise über die regional unterschiedlichen Hebesätze bei der Gewerbesteuer auch Standortmanagement bedeuten kann. Beim Eigenkapitalkostensatz wird insbesondere eine risikoorientierte Steuerung relevant. Entsprechende Maßnahmen, die letztlich auf eine Senkung der Volatilität von Ergebnissen und Renditen abstellen, sind beispielsweise Versicherungen, Hedging und insbesondere auch Diversifikation.

13.3 Strategisches Controlling

Im Folgenden werden bedeutsame Grundlagen des strategischen Controllings erörtert. Dabei wird zunächst grundlegend auf den Strategiebegriff eingegangen. Daran ansetzend wird das Verhältnis von strategischem Management und strategischem Controlling erörtert sowie konzeptionelle Grundlagen des strategischen Controllings dargelegt.

13.3.1 Strategiebegriff, strategisches Management und konzeptionelle Grundlagen des strategischen Controllings

Der Terminus **Strategie** leitet sich aus den altgriechischen Wörtern „Stratos“ (das Heer) und „Agein“ (führen) ab. Diese „oberste Heeresführung“, wie sie in der strategischen Kriegslehre verankert ist, findet sich in der betriebswirtschaftlichen Literatur erst zum Anfang der 1940er Jahre, insbesondere in den spieltheoretischen Ansätzen von John von Neumann und Oskar Morgenstern (Baum 2007, 1). Praxisbezogen lässt sich festhalten, dass sich konkrete Unternehmensstrategien letztlich aus der betriebsspezifischen Definition von Stärken, Schwächen, Chancen und Risiken ergeben. Dementsprechend werden Unternehmensstrategien anhand von so genannten **SWOT-Analysen** (Strengths, Weaknesses, Opportunities, Threats) erarbeitet, die man auch als System-Umfeld-Analysen bezeichnet. Mittlerweile hat sich die folgende Definition einer Unternehmensstrategie etabliert: „eine Beschreibung der Ziele, Wege und Ressourcen, die notwendig sind, um die existenzsichernden Erfolgspotentiale eines Unternehmens zu erschließen oder neue Erfolgspotentiale zu entwickeln“. Abbildung 13.27 illustriert dieses klassische Verständnis von Strategie.

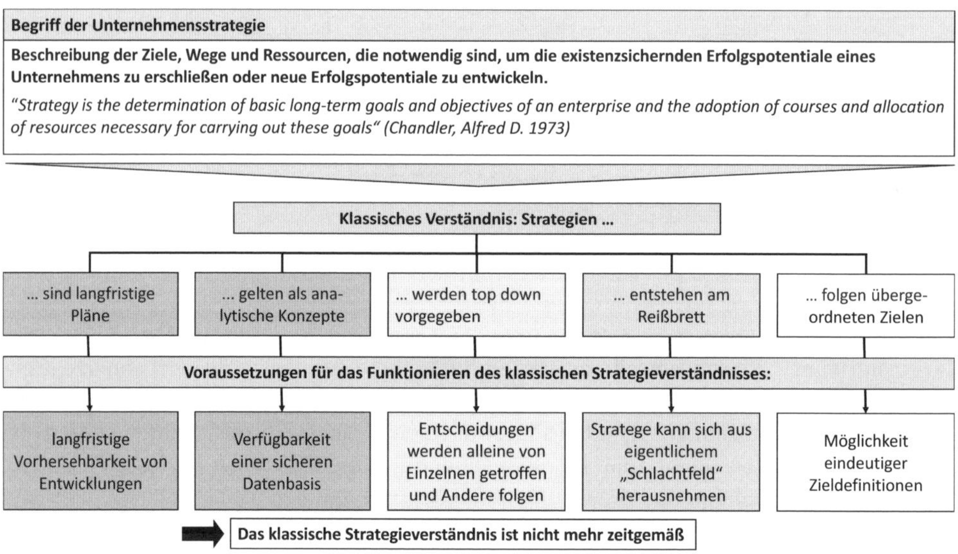

Abbildung 13.27 Strategiebegriff und klassisches Strategieverständnis

Idealtypisch erörtert die Fachliteratur insbesondere die sogenannten **generischen Wettbewerbsstrategien** der Kostenführerschaft, Differenzierung und die Nischenstrategie (Porter 1995, 62). Diese grundlegenden generischen Wettbewerbsstrategien werden dann unternehmensspezifisch konkretisiert. Beispielsweise könnte eine Differenzierungsstrategie anhand der Operationalisierung überlegener Prozess- und Produkttechnologien als Technologieführerschaftsstrategie umgesetzt werden. Allerdings ergeben sich aufgrund der zunehmenden Umweltdynamik und -komplexität verschiedene Problembereiche bei einem solchen klassischen Strategieverständnis. Dementsprechend zeigt Abbildung 13.28 zentrale Anforderungen an das Management von Strategieprozessen für das strategische Bild Management und Controlling auf.

Abbildung 13.28 Anforderungen an ein zeitgemäßes strategisches Management

Nachdem nun Merkmale von Unternehmensstrategien aufgezeigt wurden und eine Definition vorgenommen wurde, lässt sich auf dieser Basis auch das Aufgabenfeld des strategischen Managements und in Beziehung dazu das Aufgabenfeld des strategischen Controllings definieren.

> Unter **strategischem Management** versteht man alle Prozesse, in deren Mittelpunkt die Entwicklung und Umsetzung von Strategien im Unternehmen steht. ■

Die Informationsversorgung, die auf das entsprechende Erschließen und Entwickeln von Erfolgspotentialen ausgerichtet ist, ist Gegenstand des strategischen Controllings. Dementsprechend definiert man strategisches Controlling als Versorgung der Unternehmensleitung mit **entscheidungsrelevanten Informationen** und **Koordination** verschiedener strategischer sowie operativer Subsysteme des Unternehmens zur Gewährleistung einer nachhaltigen Existenzsicherung. Diese Definitionen zum Strategiebegriff, zum strategischen Management und strategischen Controlling sind in Abbildung 13.29 zusammengefasst.

Merkmale von Strategien:

- Strategien bestehen aus einer Reihe miteinander verbundener Einzelentscheidungen.
- Strategien treffen Aussagen zur Position des Unternehmens.
- Strategien treffen Aussagen zur Ressourcenverteilung.

Definition Strategie:

Grundsätzliche, langfristige Verhaltensweise (Maßnahmenkombinationen) des Unternehmens und relevanter Teilbereiche gegenüber dem Umfeld zur Verwirklichung der langfristigen Ziele.

Definition Strategisches Management:

Prozesse, in deren Mittelpunkt die Entwicklung und Umsetzung von Strategien im Unternehmen steht.

Definition Strategisches Controlling:

Versorgung der Unternehmensleitung mit entscheidungsrelevanten Informationen und Koordination verschiedener strategischer sowie operativer Subsysteme des Unternehmens zur Gewährleistung einer nachhaltigen Existenzsicherung.

Abbildung 13.29 Definition des Strategiebegriffs

Es ist wichtig, hierbei klar zu unterscheiden, dass Maßnahmen der Strategieentwicklung immer zum strategischen Management zählen, wohingegen das strategische Controlling sich „nur" mit der notwendigen Informationsversorgung zur Strategieentwicklung und insbesondere -umsetzung befasst. Wie sich oftmals in der Unternehmenspraxis zeigt, liegen Defizite weniger darin, dass Strategien nicht klar formuliert sind, sondern dass durch tägliches Handeln nicht zu ihrer Umsetzung beigetragen wird. Darauf soll sich auch der vorliegende Beitrag konzentrieren. Abbildung 13.30 zeigt auf, wie dementsprechend strategisches und operatives Controlling im Beziehungszusammenhang zueinander stehen.

Strategisches Controlling lässt sich als Instrument der weitsichtigen Vorsteuerung gegenüber dem operativen Controlling verstehen. ▪

Anhand der Quantifizierung von Zielerreichungsgraden als Kennzahlen fungiert das operative Controlling demgegenüber laufend als Kontrolle der Strategieumsetzung.

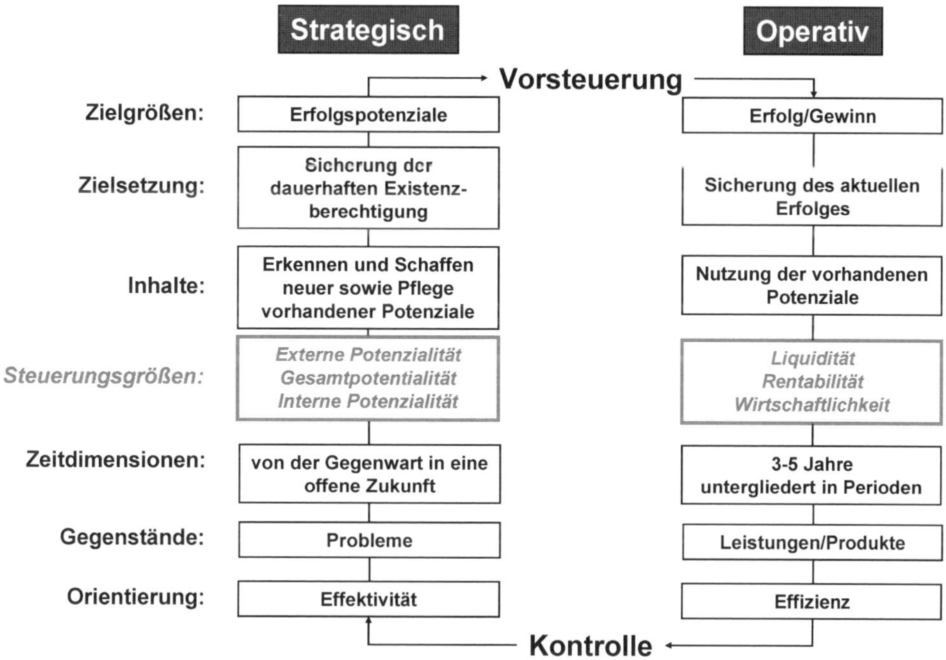

Abbildung 13.30 Strategische versus operative Steuerung

13.3.2 Prozessablauf und Instrumentarium des strategischen Controllings

In den vorstehenden Ausführungen wurde bereits knapp auf die wesentlichsten Grundlagen bis zur Strategieentwicklung eingegangen. Dabei unterstützt das strategische Controlling das Management informierend und koordinierend bei der Ausgangsanalyse (SWOT), Zielformulierung, Festlegung des Wachstumskonzeptes (Kostenführerschaft/Differenzierung/Nische) und schließlich auf dieser Basis der konkreten Strategieentwicklung. Als Instrumente des strategischen Controllings kommen hierbei **Potentialanalysen**, Unternehmensleitbilder sowie **Szenario-Analysen** zum Einsatz. Neben diesen grundlegenden Methoden, die gleichermaßen für alle strategischen Geschäftseinheiten verwandt werden können, gilt es auf Gesamtunternehmensebene – insbesondere bei großen multidimensionalen Konzernen – das wertmaximale Portfolio an Geschäftsfeldern aufzubauen und zu erhalten. Man setzt hierfür verschiedene Portfolio-Ansätze ein, deren grundlegender konzeptioneller Ansatz in Abbildung 13.31 veranschaulicht wird.

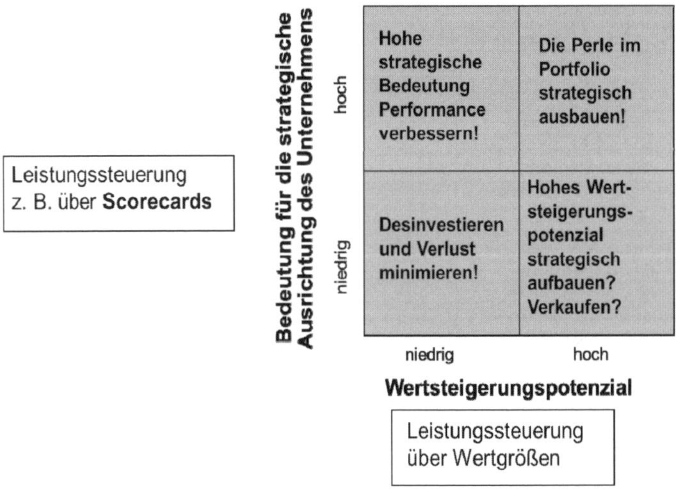

Abbildung 13.31 Strategisches Controlling auf Gesamtunternehmensebene mithilfe wertorientierter Portfolio-Ansätze

Für die differenzierte Darstellung verschiedener Portfolio-Konzepte zur gesamtunternehmensbezogenen Steuerung strategischer Geschäftseinheiten sei auf die einschlägige Literatur verwiesen (Baum 2007, 180). Auf der Basis des bislang dargestellten Prozessablaufs des strategischen Controllings erfolgt nun die Unterstützung bei der Strategiebewertung und -operationalisierung. Entsprechenden Methoden der Strategieimplementierung und -umsetzung kommt im Rahmen des strategischen Controllings eine Schlüsselrolle zu. Die **Balanced Scorecard** wird den methodischen Anforderungen in diesem Bereich im besonderen Maße gerecht. Daher soll der Prozess der Strategiebewertung und -operationalisierung nachfolgend durchgängig auf Basis der Balanced Scorecard erörtert werden. Abbildung 13.32 stellt den gesamten Prozessablauf und das Instrumentarium des strategischen Controllings nochmals zusammenfassend dar.

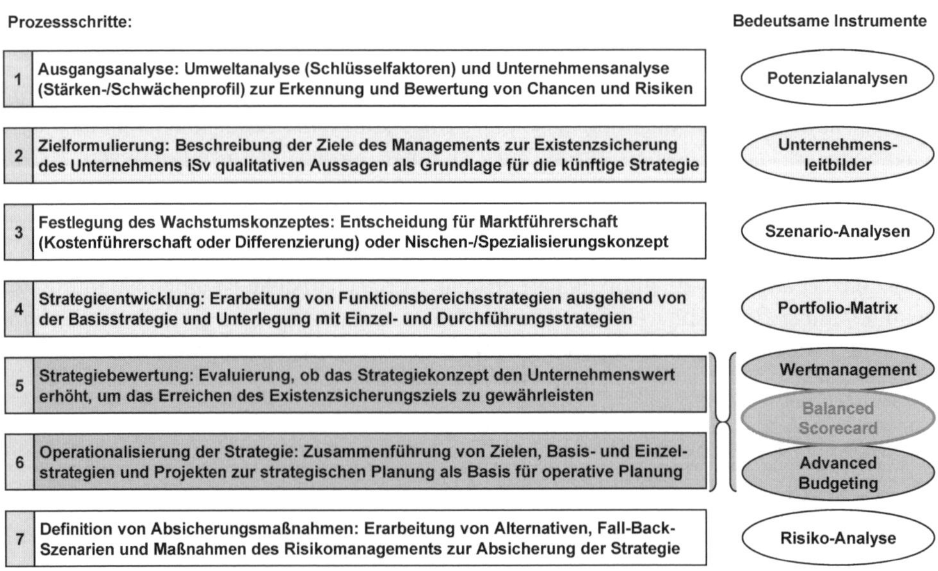

Abbildung 13.32 Prozessablauf und Instrumentarium des strategischen Controllings

13.3.3 Strategiebewertung und -operationalisierung auf Basis der Balanced Scorecard

Es wurde bereits aufgezeigt, dass die Defizite in der strategischen Steuerung oftmals nicht primär in der mangelnden Strategiedefinition liegen. Vielmehr mangelt es oftmals an einer zielführenden Kommunikation zwischen strategischem und operativem Controlling. Ohne Bindeglied zwischen strategischer, qualitativ langfristiger Kommunikation und operativer, quantitativ kurzfristiger Informationsbereitstellung kann weder das strategische Controlling seiner Vorsteuerungsfunktion noch das operative Controlling seiner Kontrollfunktion gerecht werden (vgl. nochmals Abbildung 13.33). Ist etwa in der Strategiewelt von Spitzenpositionen in Ökologie, Sozialem und Produkttechnologie die Rede; hingegen aber im operativen Bereich von Umsätzen, variablen Kosten und Deckungsbeiträgen, so fühlt man sich unwillkürlich an das Postulat des Philosophen Wittgenstein erinnert: „die Grenzen meiner Sprache bedeuten die Grenzen meiner Welt“ (Wittgenstein 1921). Diese Barriere als Hemmschuh einer integrierten Steuerung wird plastisch als Mauer zwischen **strategischer und operativer Steuerung** in Abbildung 13.33 illustriert.

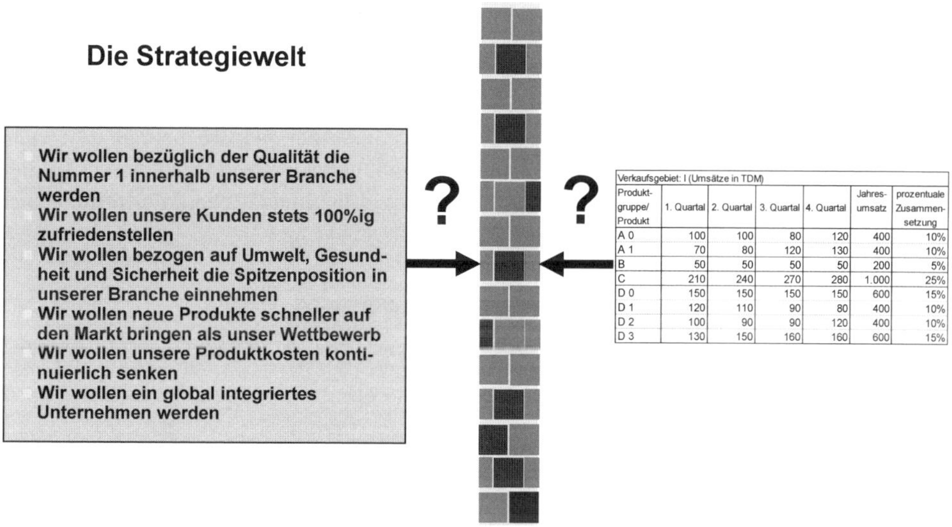

Verkaufsgebiet: I (Umsätze in TDM)						
Produkt-gruppe/ Produkt	1. Quartal	2. Quartal	3. Quartal	4. Quartal	Jahres-umsatz	prozentuale Zusammen-setzung
A 0	100	100	80	120	400	10%
A 1	70	80	120	130	400	10%
B	50	50	50	50	200	5%
C	210	240	270	280	1.000	25%
D 0	150	150	150	150	600	15%
D 1	120	110	90	80	400	10%
D 2	100	90	90	120	400	10%
D 3	130	150	160	160	600	15%

Abbildung 13.33 Ansatzpunkt der Balanced Scorecard

Anhand der von Prof. Robert S. Kaplan und David P. Norton konzeptionierten Balanced Scorecard soll genau diese Kluft überwunden werden, indem der Ansatz anhand einer ausgewogenen Mischung aus monetären und nicht monetären, unternehmensexternen und unternehmensinternen, Spät-und Frühindikatoren, sowie langfristigen und kurzfristigen Werttreibern operiert (Kaplan 1996, 2). Diese Dimensionen des Aspekts „Balanced“ illustriert das Abbildung 13.34.

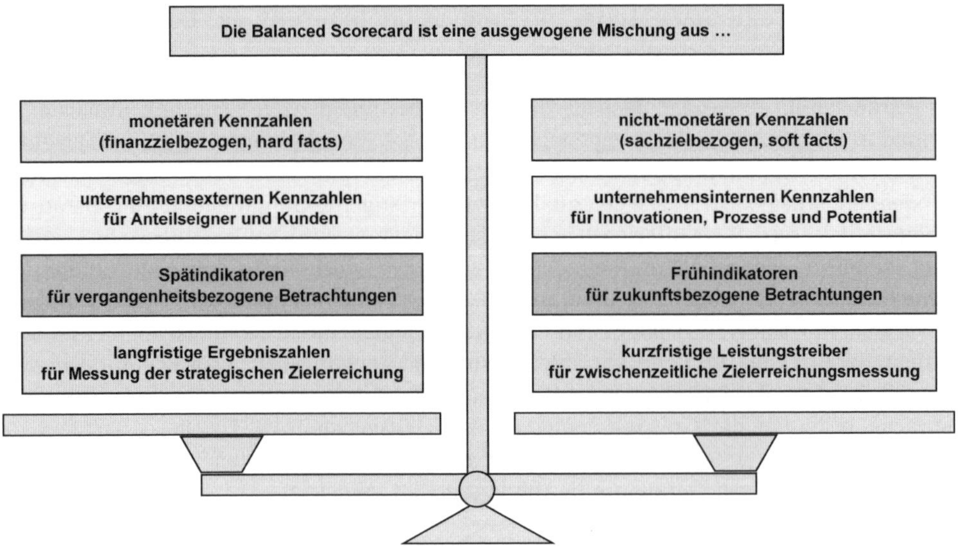

Abbildung 13.34 Bedeutsame Aspekte für die Ausbalancierung von Kennzahlen

Eine Balanced Scorecard ist idealtypisch in vier Perspektiven gegliedert. Während in der Potentialperspektive, Prozessperspektive und der Kundenperspektive primär der Sachgüterstrom abgebildet wird, erfasst man in der Finanzperspektive den Niederschlag der gegenläufigen Geldströme anhand monetärer Werttreiber und Spitzenkennzahlen (vgl. Abbildung 13.35).

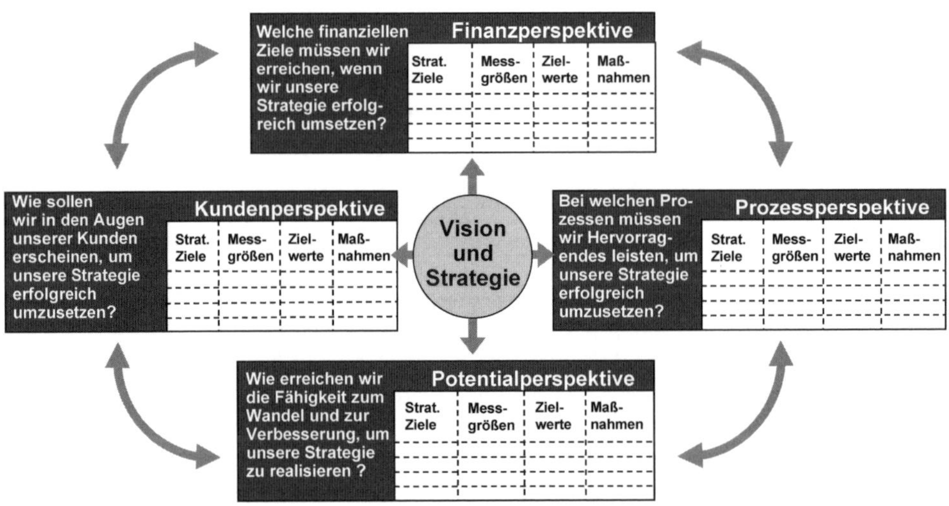

Abbildung 13.35 Die vier Perspektiven der Balanced Scorecard

Da die Wertschaffung ex definitione immer Hauptziel unternehmerischen Handelns sein muss, gilt die Finanzperspektive auch als „primus inter pares". Für jede der Perspektiven werden nun strategische Ziele, Messgrößen, periodische Zielwerte und korrespondierende Maßnahmen definiert. Anschließend gilt es, die Wirkungsbeziehungen zwischen den Perspektiven durch Ursache-Wirkungsketten abzubilden. Diese Prozesse der strategischen Zieldefinition, Metrisierung, Kennzahlenvorgabe und Zuordnung operativer Prozesse sowie die Verknüpfung zwischen den Perspektiven zwingen regelrecht zur Verbindung der strategischen und operativen Welt. Exemplarisch zeigt Abbildung 13.36 in einer Ursache-Wirkungskette auf, wie ausgehend vom strategischen Ziel der Qualifikation und Motivation der Mitarbeiter über ein höheres Maß an Prozessbeherrschung und Produktqualität letztlich höhere Kundenzufriedenheit, Zahlungsbereitschaft, Umsatz und Wertsteigerung generiert wird.

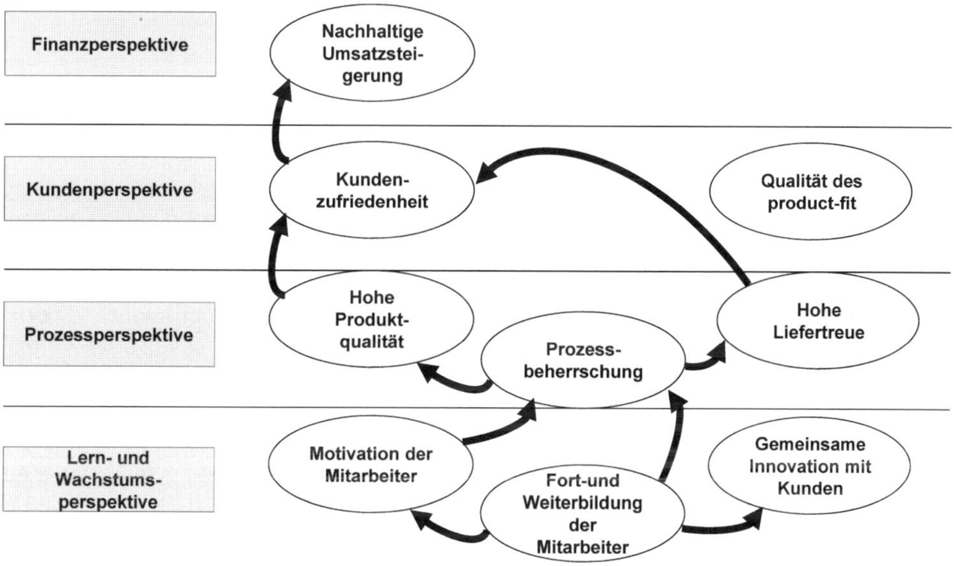

Abbildung 13.36 Ursache-Wirkungsbeziehungen zur Kommunikation und Umsetzung von Strategien

Es leuchtet unmittelbar ein, dass das Leistungspotential des Konzepts maßgeblich durch die Auswahl geeigneter Indikatoren bestimmt wird. Der betrieblichen Wertschöpfungskette folgend, wird hier für die **Potentialperspektive** in Abbildung 13.37 eine Systematisierung vorgeschlagen.

13

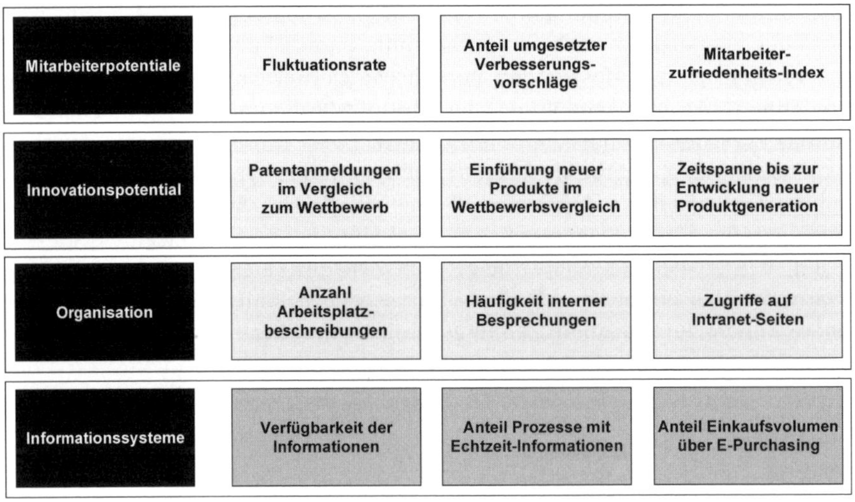

Abbildung 13.37 Indikatoren der Potentialperspektive

Dabei gilt selbstverständlich, dass die Kennzahlenauswahl immer betriebsindividuell erfolgen und mit geeigneten Konzepten verbunden werden muss. Entsprechend eignen sich bei der Potentialebene insbesondere alle Konzepte, die im operativen Controlling bereits im Rahmen des ressourcenorientierten Leistungscontrollings erörtert wurden. Eine wertorientierte Balanced Scorecard ist mithin gerade nicht darauf ausgelegt, über komplexe Beziehungsketten erst spät und final Wertbeiträge aufzudecken. Vielmehr muss es dem Postulat der Wertsteigerung folgend immer darum gehen, welcher Wertbeitrag erzielt wird. D.h. in der Potentialperspektive etwa anhand eines Sankey-Diagramms aufzuzeigen, wie aus prinzipiell verfügbarer Periodenkapazität letztlich ein Maximum an Nutzungszeit, Output und Deckungsbeitrag generiert wird (siehe Kapitel 2.2). Diese Ausführungen gelten analog für die **Prozessperspektive**. Auch hier soll mit Abbildung 13.38 exemplarisch ein Vorschlag zur Systematisierung geeigneter Kenngrößen unterbreitet werden.

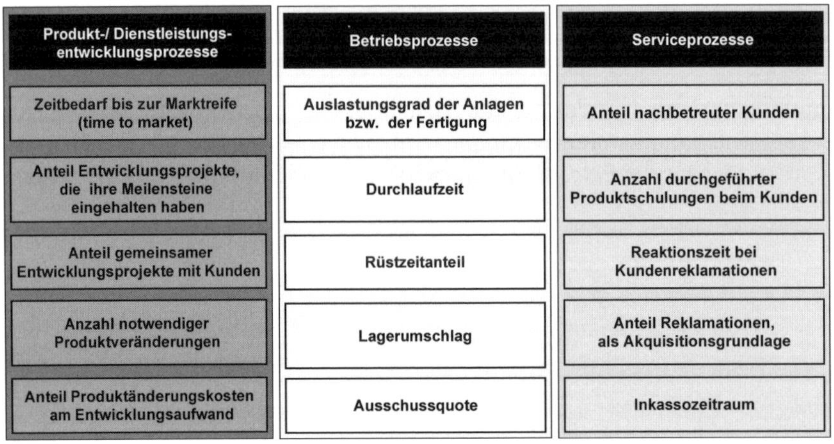

Abbildung 13.38 Indikatoren der Prozessperspektive

Analog gilt auch hier wieder, dass erst eine Verbindung mit den entsprechenden Controllinginstrumenten zum gewünschten Verknüpfungseffekt zwischen Strategie und Operativem – Sachgüterstrom und monetärem Wertbeitrag – führt. So führt etwa der Einsatz der Prozesskostenrechnung in der Prozessperspektive zur Generierung von Prozesskostensätzen, die als kostentreiberspezifische reziproke Effizienzkennzahlen in monetärer Form über die Prozesswirtschaftlichkeit informieren (siehe Kapitel 13.2.2). Gerade die Prozesskostenrechnung kann hier als idealtypisches Beispiel angesehen werden, da zu den bereits angeführten Aspekten noch dazu kommt, dass Prozesskostensätze wieder eine direkte Verbindung zur Potentialperspektive herstellen, da sie über die Effizienz der Ressourcenauslastung informieren. Abbildung 13.39 zeigt schließlich exemplarisch eine Systematisierung der kunden- und marktspezifischen Kennzahlen **(Kunden-/Marktperspektive)**.

	einzelkundenbezogene Kennzahlen		
Kundenakquisition	Anteil Neukundenumsätze	Steigerungsrate Neukundenabschlüsse	Internetzugriffe auf Webseiten
Kundenbeziehung	Dauer Kundenbeziehung	Anzahl Serviceverträge	Bestellhäufigkeit
Kundenzufriedenheit	Kundenzufriedenheits-Index	Anzahl Kundenbeschwerden	Reparaturquote
Kundentreue	Wiederkaufrate	Anteil Kundenanfragen mit Auftragsabschluss	Anzahl Käufe von Upgrades
Kundenerfolg	Umsatz Schlüsselkunde	Deckungsbeitrag Schlüsselkunde	Kundenrentabilität
Image	Neukunden-Gewinnungsrate	Steigerungsrate Werbeetat	Besucherzahl bei öffentlichen Events
	kundenstrukturspezifische Kennzahlen		
Kundenstruktur	Abwanderungsrate	Umsatzanteil Stammkunden	Deckungsbeitrag einer Kundengruppe

Abbildung 13.39 Indikatoren der Kunden-/Marktperspektive

Bezüglich der Instrumente liegt auf der Hand, dass eine Verknüpfung mit Gewinnschwellenanalysen und differenzierenden Deckungsbeitragsrechnungen geboten ist (siehe Kapitel 13.2.3). Schließlich kulminieren die Wirkungen der bislang beschriebenen Sachgüterströme der drei Perspektiven in monetären Wertgrößen in der **Finanzperspektive**. Analog der vorstehenden Beispiele wird mit Abbildung 13.40 wieder eine exemplarische Systematisierung aufgezeigt.

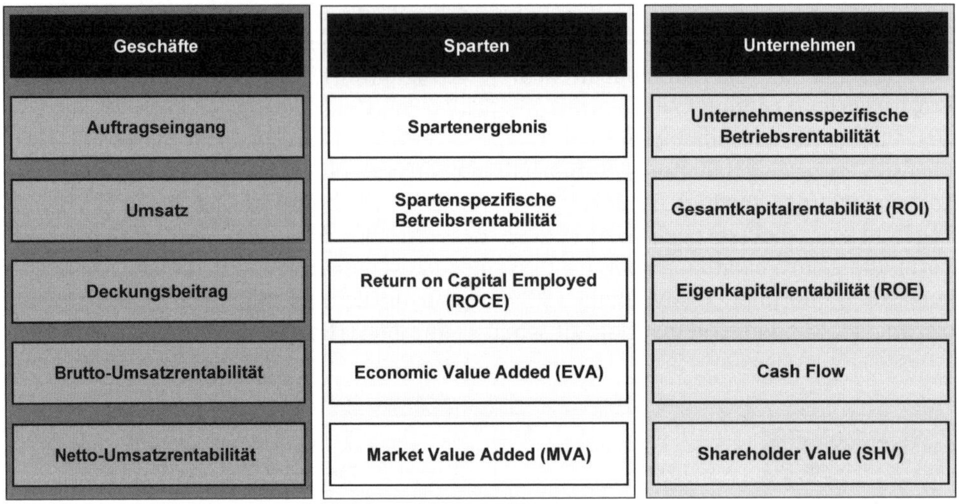

Abbildung 13.40 Indikatoren der Finanzperspektive

Methodisch können insbesondere Konzepte des Wertorientierten Controllings herangezogen werden, wie etwa der Economic Value Added® (siehe Kapitel 13.2.5). Anhand des entsprechenden Werttreiberbaums kann nun differenziert aufgezeigt werden, wie das Zusammenwirken von Ressourcen, Prozessen, Kunden und Märkten schließlich zur Wertsteigerung führt.

13.4 Zusammenfassung und Ausblick

Die Ausführungen haben gezeigt, wie mit operativem und strategischem Controlling betriebliche Prozesse effizient und effektiv gesteuert werden können. Ausgehend von einem kybernetischen Controllingverständnis anhand der Funktionen Planung, Kontrolle, Analyse, Steuerung und Informationsversorgung wurde aufgezeigt, wie alle Determinanten monetärer Wertebeiträge gesteuert werden können. Die Ausführungen begannen mit dem Kostencontrolling und reichten vom Ergebniscontrolling über das Rentabilitätsorientierte Controlling hin zu einer unternehmenswertorientierten Steuerung. Mit den Ausführungen zum strategischen Controlling wurde gezeigt, dass die Vorsteuerungsfunktion einer strategischen Steuerung insbesondere einer Strategiebewertung und -operationalisierung bedarf. Dies wurde idealtypisch anhand des Konzepts der Balanced Scorecard aufgezeigt und es wurden die Verbindungen zum operativen Controlling hergestellt. Ein entsprechend verstandenes Controlling sichert simultan aktuelle Erfolge sowie die dauerhafte Existenzberechtigung, gewährleistet die Nutzung der vorhandenen Potentiale sowie die Erschließung zukünftiger Erfolgspotentiale oder mit Peter Drucker: die richtigen Dinge werden richtig getan (Drucker 1963, 53). Spannend bleibt schließlich die aktuelle Frage, ob sich die **Rollenverständnisse** von Controllern und Führungskräften gewandelt haben und ob und wie weit dieser Prozess sich fortsetzt. So sieht man Controller zunehmend als sogenannte **„Business Partner“**, die auf Augenhöhe mit dem Management in Führungsentscheidungen eingebunden sind. Überlappen sich die Rollenverständnisse jedoch zu stark, so wird es fraglich, wer neben Managementfunktionen noch die Rolle des ökonomischen Gewissens übernimmt (Weber 2014). Es bleibt also spannend zu beobachten, was künftig zu den Aufgaben eines Controllers gehören wird.

13.5 Kontrollfragen

1. Was versteht man unter einem kybernetischen Controllingansatz? (Abschn. 13.1)
2. Skizzieren Sie Funktionen und Verantwortungen von Controlling und Management und gehen Sie insbesondere auf die Schnittmenge ein. (Abschn. 13.1)
3. Grenzen Sie Formalziele von Sachzielen ab und nennen Sie Beispiele. (Abschn. 13.1)
4. Definieren Sie Rentabilität und Liquidität. (Abschn. 13.1)
5. Worin besteht der inhärente Zielkonflikt zwischen Rentabilität und Liquidität? (Abschn. 13.1)
6. Welche sind die 5 Ergebnisdeterminanten eines Einproduktunternehmens? (Abschn. 13.2)
7. Was versteht man unter Sollkosten und wozu dienen sie? (Abschn. 13.2.1)
8. Wie ist der Operating Leverage definiert und welche Aussagekraft hat er im Kontext des ressourcenorientierten Leistungscontrollings? (Abschn. 13.2.2)
9. Was versteht man unter Prozesskostensätzen und inwiefern geben Sie unter anderem Aufschluss über die Kapazitätsauslastung? (Abschn. 13.2.2)
10. Wie ist Deckungsbeitrag definiert und wie erklärt man auf dieser Basis die Ergebnisentstehung? (Abschn. 13.2.3)
11. Unter welchen Bedingungen sind engpassbezogene Deckungsbeitragsinformation den (monetär bewerteten) Stückdeckungsbeiträgen vorzuziehen? (Abschn. 13.2.3)
12. Wie ist der (financial) Leverage-Effekt definiert und wann liegen Leverage-Chance bzw. Leverage-Risiko vor? (Abschn. 13.2.4)
13. Worin liegen wesentlichen Kritikpunkte an rein rentabilitätsorientierten Controllingkonzeptionen begründet? (Abschn. 13.2.4)
14. Wie sind Wertlücken im Rahmen des wertorientierten Controllings definiert? (Abschn. 13.2.5)
15. Was versteht man unter Value Reporting und welchem Zweck dient es in letzter Konsequenz? (Abschn. 13.2.5)
16. Erörtern Sie die Bedeutung der Rentenphase für den Unternehmenswert im Kontext des EVA®-Konzeptes. (Abschn. 13.2.5)
17. Was sind die sogenannten generischen Wettbewerbsstrategien nach Porter? (Abschn. 13.3.1)

18. Definieren Sie strategisches Controlling und grenzen Sie es hinsichtlich der spezifischen Aufgabenfelder vom strategischen Management ab. (Abschn. 13.3.1)
19. Warum ist die von Kaplan/Norton entwickelte „Balanced Scorecard“ im besonderen Maße zur Operationalisierung von Strategien geeignet? (Abschn. 13.3.3)
20. Wie hat sich das Rollenverständnis des Controllers in den letzten Jahrzehnten geändert? (Abschn. 13.4)

13.6 Übungsaufgaben

Ü1 Plankostenrechnung

a) Ausgangsdaten

Der Leiter einer Kostenstelle ermittelt im Rahmen der Kostenplanung für die nächste Periode bei einer geplanten Beschäftigung von 5000 Stück folgende Kosten:

Rohstoffkosten	58 340 €
Akkordlöhne	104 400 €
Gebäudemiete	14 800 €
leistungsabhängige Abschreibungen	22 660 €
Gehalt des Kostenstellenleiters	10 200 €
lineare Abschreibungen	16 000 €
leistungsabhängige Energiekosten	22 100 €

Am Ende der Periode ergeben sich bei einer tatsächlichen Beschäftigung von 4400 Stück gesamte Ist-Kosten in Höhe von 263 600 €.

b) Aufgabenstellungen

Wie hoch sind die fixen Kosten der Kostenstelle und die proportionalen Plankosten der Abrechnungsperiode?

Ermitteln Sie die proportionalen Sollkosten sowie die Verbrauchsabweichung der Kostenstelle für die betrachtete Periode!

Interpretieren Sie die Aussage der ermittelten Verbrauchsabweichung!

Ü2 Produktionsprogrammoptimierung

a) Ausgangsdaten

Ein Unternehmen stellt die drei Produktarten A, B und C her und strebt dabei ein gewinnmaximales Produktionsprogramm an. Die drei Produktarten müssen zwingend zwei Fertigungsstellen durchlaufen. Fertigungsstelle I hat eine Periodenkapazität von 9660 Stunden, Fertigungsstelle II hat eine Periodenkapazität von 5840 Stunden. Es liegen folgende weitere Daten vor:

	Kapazitätsbedarf je Stück (Std./Stück)		Max. Absatzmenge (in Stück)	Stückdeckungsbeitrag (in €/Stück)
	Fertigungsstelle I	Fertigungsstelle II		
Produkt A	2,8	1,8	1200	1540
Produkt B	3,6	1,4	1500	1728
Produkt C	3,2	1,2	900	1640

b) Aufgabenstellungen

Führen Sie eine Kapazitätsanalyse durch und bearbeiten Sie die folgenden Aufgaben:

Ermitteln Sie für die Fertigungsstelle, die den Engpass in der Periode darstellt, den engpassbezogenen Stückdeckungsbeitrag je Produktart!

Mit welchen Mengen gehen die Produktarten A, B und C jeweils in das gewinnmaximale Produktions- und Absatzprogramm ein?

Wie hoch ist der maximal erreichbare Periodenerfolg, wenn im Unternehmen Fixkosten in Höhe von 4 500 000 € anfallen?

Würde sich zur Überwindung (Beseitigung) des Engpasses eine Kapazitätserweiterung lohnen, wenn hierfür zusätzliche Fixkosten in Höhe von 750 000 € pro Periode anfallen? Begründen Sie Ihre Antwort mit wenigen Worten!

Ü3 Gewinnschwellenanalyse

a) Ausgangsdaten

Für ein Stück eines Produktes setzt ein Unternehmen einen Bruttoerlös von 180 € an. Die Standarderlösschmälerungen werden in Höhe von 10 % vom Bruttoerlös angesetzt. Die variablen Stückkosten betragen 111 €. In der Periode fallen Fixkosten in Höhe von 270 300 € an.

b) Aufgabenstellungen

Ermitteln Sie die Gewinnschwelle des Unternehmens!

Wie hoch ist das Periodenergebnis, wenn in der Periode 10 200 Stück abgesetzt werden?

Wie viel Stück müssen zusätzlich abgesetzt werden, damit das Unternehmen einen Plangewinn von 339 915 € erwirtschaftet?

Welche zusätzliche Absatzmenge muss realisiert werden, damit bei einer Senkung des Bruttoerlöses um 10 %, einer Erhöhung der variablen Stückkosten um 9,30 € und einer Erhöhung der Fixkosten um 5610 € der Plangewinn von 339 915 € mindestens erhalten bleibt?

13

Ü4 Rentabilitätsorientiertes Controlling

a) Ausgangsdaten

Im Rahmen einer rentabilitätsorientierten Unternehmensrechnung stehen für eine Sparte folgende Ausgangsdaten (T€) zur Verfügung:

Umsatzerlöse	65 183
Vertriebskosten	4261
Verwaltungskosten	11 137
Spenden an politische Gruppierungen	5000
Herstellungskosten	34 180
sonstige betriebliche Aufwendungen	8105
Fremdkapitalzinsen	3500
Ø Gesamtkapitalbestand	45 000
Ø Eigenkapitalbestand	30 000

Das Unternehmen operiert mit einem integrierten Ertragsteuersatz von 30 %.

b) Aufgabenstellungen

Ermitteln Sie die Gesamtkapitalrentabilität (ROCE) und die Eigenkapitalrentabilität (ROE) der Sparte!

Nennen Sie, worauf die Differenz der beiden Rentabilitäten zurückzuführen ist!

13.7 Literatur- und Quellenverzeichnis

Baum, H.-G.; Coenenberg, A. G.; Günther, T.: Strategisches Controlling, 5. Aufl., Schäffer-Poeschel Verlag, Stuttgart, 2013

Bausch, A.; Pape, U.: Ermittlung von Restwerten - eine vergleichende Gegenüberstellung von Ausstiegs- und Fortführungswerten, in: Finanz Betrieb, Heft 7/8, 7. Jg., 2005, S. 474 - 484

Coenenberg, A. G.: Fischer, Thomas M.; Günther, Thomas, Kostenrechnung und Kostenanalyse, 8. Aufl., Schäffer-Poeschel Verlag, Stuttgart, 2012

Drucker, P. F.: Managing for Business Effectiveness, in: https://hbr.org/1963/05/managing-for-business-effectiveness/ar/1 (Zugriff am 27. 02. 2015), 1963

Ewert, R.; Wagenhofer, A.: Interne Unternehmensrechnung, 7. Aufl., Springer-Verlag, Berlin, 2008

Exner, K.: Controlling in der New Economy: Herausforderungen, Aufgaben, Instrumente, 1. Aufl., Deutscher Universitäts-Verlag/GWV Fachverlage GmbH, Wiesbaden, 2003

Fischer, T. M.; Wenzel, J.: Value Reporting - Ergebnisse einer empirischen Studie von börsennotierten deutschen Unternehmen, In: http://www.controlling.wiso.uni-erlangen.de/Dateien_Downloads/Forschungsberichte/Fischer_Wenzel_Value-Reporting_Auswertungsbericht.pdf (Zugriff am 27. 02. 2015), 2005

Günther, T.: Unternehmenswertorientiertes Controlling, Verlag Franz Vahlen GmbH, München 2010

Günther, T.; Gonschorek, T.: Wert(e)orientierte Unternehmensführung im Mittelstand, Dresdner Beiträge zur Betriebswirtschaftslehre, Nr. 114/06, Dresden, 2006

Horváth, P.: Controlling, 12. Aufl., Verlag Franz Vahlen GmbH, München, 2011

Johnson, H. T.; Kaplan, R. S.: The Rise and Fall of Management Accounting, in: Management Accounting, Vol. 68, No. 7, 1987, S. 22 - 30.

Kaplan, Robert S.; Atkinson, Anthony A., Advanced Management Accounting, 2. Auflage, Englewood Cliffs, 1989

Kaplan, R. S.; Norton, D. P.: The balanced scorecard: translating strategy into action, Eighth Impression, Harvard Business Review Press, 1996

Kindler, H.: Der Regelkreis - Eine Einführung. Wissenschaftliche Taschenbücher; Bd. 106: Reihe Mathematik und Physik. Akademie-Verlag Berlin, Pergamon Press Oxford, Vieweg-Verlag, Braunschweig, 1972

Kreutzer, R.: Praxisorientiertes Marketing: Grundlagen - Instrumente - Fallbeispiele, 4. Aufl., Springer Verlag, Wiesbaden 2013

Küpper, H.-U.; Friedl, G.; Hofmann, C.; Hofmann Y.; Pedell B.: Controlling, 6. Auflage, Schäffer-Poeschel Verlag, Stuttgart, 2013

Küpper, H.-U.; Weber, J.; Zünd, A.: Zum Verständnis und Selbstverständnis des Controlling, in: Zeitschrift der Betriebswirtschaft, 60. Jg., 1990, S. 281 - 293

Lang, F.: Ausschüttungsbeschränkungen, in: Kranebitter (Hrsg.): Unternehmensbewertung für Praktiker, 2. Aufl., Linde Verlag Wien Ges.m.b.H., Wien, 2007, S. 134 - 149

Merzig, H.-J. E.: Modulgesteuerte Businessplanung als Instrument der Unternehmensbewertung, In: Peemöller (Hrsg.): Praxishandbuch der Unternehmensbewertung, 5. Aufl., NWB Verlag GmbH & Co. KG, Herne, 2012, S. 219 - 242

Müller, M.: Shareholder Value Reporting - ein Konzept wertorientierter Kapitalmarktinformation, In: Müller, Michael; Leven, Franz J. (Hrsg.): Shareholder Value Reporting: veränderte Anforderungen an die Berichterstattung börsennotierter Unternehmen, Wien, 1998, S. 123 - 144

Nakajima, S.: Introduction to TPM, Cambridge, Mass., 1998, S. 25

Peemöller, V. H.: Grundsätze ordnungsmäßiger Unternehmensbewertung, In: Peemöller (Hrsg.): Praxishandbuch der Unternehmensbewertung, 5. Aufl., NWB Verlag GmbH & Co. KG, Herne, 2012, S. 29 - 48

Porter, M. E.: Wettbewerbsstrategie: Methoden zur Analyse von Branchen und Konkurrenten, 8. Aufl., Frankfurt a. M., 1995

Reichmann, T.; Lachnit, L.: Planung, Steuerung und Kontrolle mit Hilfe von Kennzahlen, in: Schmalenbachs Zeitschrift für betriebswirtschaftliche Forschung: Zfbf., Heft 28, 10/11, 1976, S. 705 - 723

Riebel, P.: Einzelkosten- und Deckungsbeitragsrechnung: Grundlagen einer markt- und entscheidungsorientierten Unternehmensrechnung, 7. Aufl., Dr. Th. Gabler Verlag, Wiesbaden, 1994

Schreckeneder, B. C.: Projektcontrolling, 3. Aufl., Haufe-Lexware GmbH & Co. KG, Freiburg, 2010

Stephan, M. B.: Das Management der Strategieimplementierung - Initiativen- Management über Organisationsstufen hinweg, in: Praxishandbuch Controlling, Betriebswirtschaftler Verlag Doktor Theodor Gabler, Wiesbaden, 2005, S. 369 - 387

Svaricek, F.: Zuverlässige numerische Analyse linearer Regelungssysteme, Springer Gabler-Verlag, Berlin, 2013

Watrin, C.; Rose, G.: Ertragsteuern: Einkommensteuer, Körperschaftsteuer, Gewerbesteuer, 20., völlig neu bearbeitete und erweiterte Aufl., Erich Schmidt Verlag GmbH & Co, Berlin, 2013

Weber, J.; Schäffer, U.: Die Reise vom Navigator zum Business Partner, E-Publikation in: http://www.whu.edu/fakultaet-forschung/management-group/institut-fuer-management-und-controlling/top-thema/journey-to-business-partner (Zugriff am 27. 02. 2015), 2014

Wild, J.: Grundlagen der Unternehmensplanung, 4. Aufl., VS Verlag für Sozialwissenschaften, Opladen, 1982

Wittgenstein, L.: Tractatus logico-philosophicus, 1921. Satz 5.6

Wöhe, G.; Döring, U.: Einführung in die Allgemeine Betriebswirtschaftslehre, 23., vollständig neu bearbeitete Aufl., Verlag Franz Vahlen GmbH, München, 2008

Zirkler, B.: Kostentreiberanalysen für die Prozeßkostenrechnung, in: Kostenrechnungspraxis (krp), Heft 6, 43. Jg., 1999, S. 352 - 355

14 Lösungen zu den Übungsaufgaben

1 Grundlagen der Betriebswirtschaftslehre

Ü1 Methoden der betriebswirtschaftlichen Erkenntnisgewinnung

zu 1.

- genetische Methode
- deskriptive Methode
- induktive Methode
- axiomatisch-deduktive Methode

zu 2.

- Die axiomatisch-deduktive Methode entfällt, da Axiome keines Beweises bedürfen.

Ü2 Kennzahlen betrieblichen Wirtschaftens (Produktivität)

zu 1.

- Arbeitsproduktivität

Betrieb A

$$\textit{Arbeitsproduktivität} = \frac{1440 \text{ Stück}}{200 \text{ Mitarbeiter}} = 7{,}2 \text{ Stück / MA.}$$

Betrieb B

$$\textit{Arbeitsproduktivität} = \frac{1800 \text{ Stück}}{250 \text{ Mitarbeiter}} = 7{,}2 \text{ Stück / MA.}$$

- Kapitalproduktivität

Betrieb A

$$\textit{Kapitalproduktivität} = \frac{1440 \text{ Stück}}{32\,000 \text{ €}} = 0{,}045 \text{ Stück / €}$$

Betrieb B

$$\textit{Kapitalproduktivität} = \frac{1800 \text{ Stück}}{36\,000 \text{ €}} = 0{,}05 \text{ Stück / €}$$

zu 2.

$$\text{Wirtschaftlichkeit} = \frac{1440\ \text{Stück} \cdot 19{,}20\ €/\text{Stück}}{32\,000\ €} = 0{,}864$$

zu 3.

$$0{,}85 = \frac{1800\ \text{Stück} \cdot x}{36\,000\ €}$$

$$x = 17\ €/\text{Stück}$$

Ü3 Kennzahlen betrieblichen Wirtschaftens (Rentabilität)

$$\text{Eigenkapitalrentabilität} = \frac{14\,400\ € \cdot 100\ \%}{120\,000\ €} = 12\ \%$$

$$\text{Gesamtkapitalrentabilität} = \frac{(14\,400\ € + 7200\ €) \cdot 100\ \%}{120\,000\ € + 150\,000\ €} = 8\ \%$$

Das Unternehmen erreicht eine gute Verzinsung seines Kapitals.

Ü4 Kennzahlen betrieblichen Wirtschaftens (Liquidität)

$$\textit{Liquidität 1. Grades} = \frac{(2000 + 4000 + 6000)\ €}{8000\ €} = 1{,}5$$

$$\textit{Liquidität 2. Grades} = \frac{(2000 + 4000 + 6000 + 1200)\ €}{8000\ €} = 1{,}65$$

2 Betrieb und Unternehmung als Erkenntnisobjekte der Betriebswirtschaftslehre

Ü1 Gewinn- und Verlustbeteiligung an einer OHG

zu 1.

Berechnung der Gewinn- und der neuen Kapitalanteile

Gesellschafter	Kapitalanteil	Vordividende	Arbeitsanteil	Restgewinn	Gesamtgewinn	Kapitalanteil (neu)
A	760 000 –50 000 710 000	30 400 –583 29 817	–	178 341,5	208 158,5	918 158,5
B	520 000 –60 000 +10 000 470 000	20 800 –2 700 +300 18 400	15 100	178 341,5	211 841,5	681 841,5
A + B	1 180 000	48 217	15 100	356 683	420 000	1 600 000

Nebenrechnung:

Gesellschafter A:

- Aus der Privatentnahme von 50 000 € zum 20.10. ergibt sich ein abzuziehender Wert von

$$50000\text{ €} \cdot 0,06 = 3000\text{ €}, \quad 3000\text{ €} \cdot \frac{70}{360} = \underline{\underline{583,33\text{ €}}}$$

Gesellschafter B:

- Aus der Privatentnahme von 60 000 € zum 30.03. ergibt sich ein abzuziehender Wert von

$$60000\text{ €} \cdot 0,06 = 3600\text{ €}, \quad 3600\text{ €} \cdot \frac{270}{360} = \underline{\underline{2700\text{ €}}}$$

- Aus der Privateinlage von 10 000 € am 30.06. ergibt sich ein hinzuzufügender Wert von

$$10000\text{ €} \cdot 0,06 = 600\text{ €}, \quad 600\text{ €} \cdot \frac{180}{360} = \underline{\underline{300\text{ €}}}$$

zu 2.

Berechnung der neuen Eigenkapitalrentabilitäten

Gesellschafter A: $R_{EK} = \frac{208158,5}{710000} \cdot 100\,\% = \underline{\underline{29,31\,\%}}$

Gesellschafter B: $R_{EK} = \frac{211841,5}{470000} \cdot 100\,\% = \underline{\underline{45,07\,\%}}$

zu 3.

S	Gewinn- und Verlustrechnung		H
*		*	
*		*	
*		*	
Gewinnanteil A	208 158,5		
Gewinnanteil B	211 841,5		

S	Privatkonto A		H
Entnahme	50 000	Kap. A	50 000
	50 000		50 000

S	Kapitalkonto A		H
Privat	50 000	AB	760 000
SB	918 158,5	Zugang	208 158,5
	968 158,5		968 158,5

S	Privatkonto B		H
Entnahme	60 000	Einlage	10 000
		Kap. B	50 000
	60 000		60 000

S	Kapitalkonto B		H
Privat	50 000	AB	520 000
SB	681 841,5	Zugang	211 841,5
	731 841,5		731 841,5

zu 4.

Buchungssatz 1 per GuV an Kapitalkonto A 208 158,5 €

Buchungssatz 2 per Kapitalkonto B an Privatkonto B 50 000 €

Ü2 Gewinn- und Verlustbeteiligung an einer KG

1. Berechnung der Gewinn- und der neuen Kapitalanteile

Gesellschafter	Kapitalanteil	Vordividende	Arbeitsanteil	Restgewinn	Gesamtgewinn	Kapitalanteil (neu)
A	760 000	30 400				
	– 50 000	– 583	15 100	267 512,25	312 429,25	1 022 429,2
	710 000	29 817				
B	520 000	20 800				
	– 60 000	– 2 700	-	89 170,75	107 570,75	470 000
	+ 10 000	+ 300				
	470 000	18 400				
A + B	1 180 000	48 217	15 100	356 683	420 000	1 492 429,2

2. Berechnung der Eigenkapitalrentabilitäten

Komplementär: $R_{EK} = \frac{312\,429{,}25}{710\,000} \cdot 100\,\% = \underline{\underline{44\,\%}}$

Kommanditist: $R_{EK} = \frac{107\,570{,}75}{470\,000} \cdot 100\,\% = \underline{\underline{22{,}88\,\%}}$

zu 3.

A	Bilanz der KG		P
		01.01.XX	31.12.XX
Anlagevermögen	Kapital A	710 000	1 022 429,2
Umlaufvermögen	Kapital B	470 000	470 000
	sonstige Verbindlichkeiten		107 570,75

Ü3 Rechtspersönlichkeit und Mindestkapital einer GmbH

zu 1.

Ja, eine Gründung ist prinzipiell möglich, denn einerseits erbringt jeder Gesellschafter die im § 5 Absatz 1 GmbHG geforderte **Mindeststammeinlage** von **100 €** und andererseits wird auch der im gleichen Paragraphen fixierte **Mindestbetrag** des Stammkapitals von **25 000 €** erreicht (**Istwert**: 25 000 €).

zu 3.

Ja, auch eine Anmeldung im Handelsregister ist laut **§7 Absatz 2 GmbHG** möglich, denn der geforderte Gesamtbetrag von **12 500 €** wird auch bei einer ¼-Einzahlung der Geldeinlagen insgesamt erreicht. Damit ergibt sich aus den vollzogenen Modalitäten ein Gesamtbetrag von

$$\left(\frac{6000}{4}+\frac{4000}{4}+\frac{2000}{4}+9000+4000\right)€=\underline{\underline{16000\,€}}$$

zu 4.

Eintragungskonsequenz:

Wird dem unter 2. geforderten Gesamtbetrag von **12 500 €** nicht entsprochen, so erfolgt auch **keine Anmeldung** im Handelsregister. Als logische Konsequenz ergibt sich laut **§ 11 GmbHG** eine **persönliche und solidarische Haftung** aller Gesellschafter der „Personenvereinigung eigener Art“:

Ü4 Öffentlich-rechtliche Betriebe

These 1: Richtig.

Ein weiteres Unterscheidungsmerkmal liegt in der vorrangigen Integration des öffentlichen Rechts gegenüber dem Privatrecht begründet.

These 2: Falsch.

Richtigstellung: Auch öffentlich-rechtliche Betriebe können in privatrechtlicher Form, vorrangig als öffentliche Kapitalgesellschaften und Genossenschaften geführt werden.

These 3: Richtig.

These 4: Falsch.

Richtigstellung: Die genannte Medienanstalt verkörpert eine öffentlich-rechtliche Anstalt; Körperschaften sind rechtsfähige Verwaltungseinheiten mit Mitgliedern.

These 5: Falsch.

Richtigstellung: Die genannten Verwaltungseinheiten dokumentieren öffentlich-rechtliche Körperschaften. Eine Anstalt dagegen ist eine durch Gesetz errichtete Institution, allerdings ohne Mitglieder.

These 6: Richtig.

3 Personalwirtschaft

Ü1 Bestimmung des Personalbedarfs

zu 1.

t_0 = 01.04.2015 t_x = 01.07.2015

Bruttopersonalbedarf in t_x: 83 MA

Personalbestand in t_0: 93 MA

Nettopersonalbedarf = 83 MA – 93 MA + (7 MA + 2 MA + 3 MA) – 1 MA
= 1 MA

zu 2.

Voraussetzung für die Neubesetzung einer Stelle sind Informationen über die Anforderungen, die an den künftigen Mitarbeiter gestellt werden. Auf der Basis eines geeigneten Kriterienkataloges, z.B. dem Genfer Schema und dessen Erweiterungen, sollte für diese Stelle ein Anforderungsprofil erstellt werden. Dieses Anforderungsprofil beinhaltet Informationen, ob und in welchem Ausmaß solche Aspekte wie Kenntnisse, Geschicklichkeit, Verantwortung, Belastung sowie Umgebungseinflüsse an diesem Arbeitsplatz für einen Stelleninhaber relevant sind.

Ü2 Berechnung des Personalbedarfs mit Hilfe der Kennzahlenmethode

Geplante Wertschöpfung: 1,1 Mio. €

Geplante Arbeitsproduktivität: 2,3 + 0,184 = $\underline{\underline{2{,}484}}$

(= 2,3 + 8 %)

$$\text{Arbeitsproduktivität} = \frac{\text{Wertschöpfung}}{\text{Arbeitsstunden}}$$

$$\text{Arbeitsproduktivität} = \frac{\text{Wertschöpfung}}{\text{Arbeitsstunden}} = \frac{1{,}1\ \text{Mio.€}}{2{,}484} = 442834$$

Erforderliche Stundenzahl im Jahr 2015: 442 834

Ü3 Fallstudie zur Personalentwicklung

Denkanstöße zur Fallstudie

zu 1.

- Die Meldung über einen vermuteten Entwicklungsbedarf erfolgte viel zu spät.
- Der Gruppenleiter hätte eher informieren müssen.
- Für die Planung von Qualifizierungsmaßnahmen ist es viel zu spät.

zu 2.

- Sie als Verantwortlicher für Aus- und Weiterbildung müssen über geplante Änderungen und Investitionen immer auf dem Laufenden sein.
- Sie haben keine aktive Informationsbeschaffung betrieben.

zu 3.

- Es sollte ein Anforderungsprofil für die Bedienung der neuen Maschine erstellt werden.
- Anhand des Anforderungsprofils muss festgestellt werden, welche Mitarbeiter evtl. besser geeignet sind, die neue Maschine zu bedienen, als die von dem Gruppenleiter vorgeschlagenen.
- Überlegen, ob über andere Maßnahmen der Personalbeschaffung kurzfristig der entstandene Personalbedarf gedeckt werden kann (z.B. über Personalleasing).
- Qualifizierungsmaßnahmen planen, um zumindest in absehbarer Zeit geeignete Mitarbeiter im Unternehmen zu haben, die in der Lage sind, die neuen Maschinen zu bedienen.

Ü4 Entlohnung

zu 1.

Akkordrichtsatz = 17,50 €/h + 10 % = 17,50 €/h

+ 1,75 €/h = 19,25 €/h

Minutenfaktor = 19,25 €/h : 60 = 0,32 €/min

Geldfaktor = 3 min/Stück × 0,32 €/min = 0,96 €/Stück

Zeitakkord = 23 Stück/h × 3 min/Stück × 0,32 €/min

= 22,08 €/h

Geldakkord = 23 Stück/h × 0,96 €/Stück = 22,08 €/h

Zeitakkord und Geldakkord betragen jeweils 22,08 €/h.

zu 2.

Zeitakkord = 19 Stück/h × 3 min/Stück × 0,32 €/min

= 18,24 €/h

Geldakkord = 19 Stück/h × 0,96 €/Stück = 18,24 €/h

zu 3.

Folgende Voraussetzungen müssen erfüllt sein, wenn die Lohnform Akkordlohn eingesetzt werden soll: Die Arbeiten müssen akkordfähig sein, d. h., die anzuwendenden Arbeitsmethoden müssen im Voraus bekannt und das Arbeitsergebnis mengenmäßig erfassbar sein. Gleichzeitig muss eine Arbeit akkordreif sein, d. h., der Arbeitsplatz, der Arbeitsvorgang und der Arbeitsablauf müssen so gestaltet sein, dass ein ausreichend geeigneter und eingearbeiteter Mitarbeiter die Arbeit störungsfrei durchführen kann.

4 Anlagenwirtschaft

Ü1 Methoden der planmäßigen Abschreibung

zu 1.

	lineare Abschreibung	arithmetisch-degressive Abschreibung	geometrisch-degressive Abschreibung
Anschaffungswert	42 000	42 000	42 000,00
- 1. AfA	7000	12 000	7914,37
1. Restbuchwert	35 000	30 000	34 085,63
- 2. AfA	7000	10 000	6423,00
2. Restbuchwert	28 000	20 000	27 662,63
- 3. AfA	7000	8000	5212,67
3. Restbuchwert	21 000	12 000	22 449,95
- 4. AfA	7000	6000	4230,41

4. Restbuchwert	14000	6000	18219,53
– 5. AfA	7000	4000	3433,24
5. Restbuchwert	7000	2000	14786,28
– 6. AfA	7000	2000	2786,28
Restwert	0	0	12000,00

$$i = n - \frac{100}{p} + 1 = 6 - \frac{100}{18{,}84374} + 1 = 1{,}69$$

Im zweiten Jahr sollte von der geometrisch-degressiven Abschreibung in die lineare Abschreibungsform gewechselt werden, da sich dort ein AfA-Wert von 6817 € ergibt.

Ü2 Berechnung der Bedarfsarten eines Anlagengutes

zu 1.

$$q_{AT} = ES \cdot (A \cdot S) \cdot AP = 8{,}0 \frac{\text{h}}{\text{Schicht} \cdot \text{A}} \cdot \frac{60\ \text{min}}{\text{h}} \cdot 2 \frac{\text{Schichten}}{\text{d}} \cdot 21 \frac{\text{d}}{\text{Mon.}} = \underline{\underline{20160 \frac{\text{min}}{\text{Mon.} \cdot \text{A}}}}$$

$$q_{AR} = q_{AT} \cdot p_A^* = 20160 \frac{\text{min}}{\text{Mon.} \cdot \text{A}} \cdot 0{,}852 = \underline{\underline{17176{,}32 \frac{\text{min}}{\text{Mon.} \cdot \text{A}}}}$$

NR.:

$$p_A^* = \left(1 - \frac{G_{A\,Aus}^*}{100\,\%}\right) \cdot \left(1 - \frac{G_{A\,Ubr}^*}{100\,\%}\right) = \left(1 - \frac{7{,}2\,\%}{100\,\%}\right) \cdot \left(1 - \frac{8{,}1\,\%}{100\,\%}\right) = \underline{\underline{0{,}852}}$$

zu 2.

$$C_{BA} = \sum_{i=1}^{n} T_{bA_i} = T_{bA_1} + T_{bA_2} + T_{bA_3} + T_{bA_4}$$

NR.: $T_{bA} = t_{rA} + m \cdot t_{eA}$

$$T_{bA_1} = 81 \frac{\text{min}}{\text{Auftrag}} + 410 \frac{\text{Stck.}}{\text{Auftrag}} \cdot 38 \frac{\text{min}}{\text{Stck.}} = \underline{\underline{15661 \frac{\text{min}}{\text{Auftrag}}}}$$

$$T_{bA_2} = 73 \frac{\text{min}}{\text{Auftrag}} + 390 \frac{\text{Stck.}}{\text{Auftrag}} \cdot 44 \frac{\text{min}}{\text{Stck.}} = \underline{\underline{17233 \frac{\text{min}}{\text{Auftrag}}}}$$

$$T_{bA_3} = 62 \frac{\text{min}}{\text{Auftrag}} + 190 \frac{\text{Stck.}}{\text{Auftrag}} \cdot 36 \frac{\text{min}}{\text{Stck.}} = \underline{\underline{6907 \frac{\text{min}}{\text{Auftrag}}}}$$

$$T_{bA_4} = 57\,\frac{\text{min}}{\text{Auftrag}} + 330\,\frac{\text{Stck.}}{\text{Auftrag}} \cdot 57\,\frac{\text{min}}{\text{Stck.}} = \underline{\underline{16887\,\frac{\text{min}}{\text{Auftrag}}}}$$

$$\underline{\underline{C_{BA} = 56683\,\frac{\text{min}}{\text{Mon.}}}}$$

$$C_{BZ} = C_{BA} \cdot \frac{Z^*_{AZ}}{100\,\%} = 56683\,\frac{\text{min}}{\text{Mon.}} \cdot 6{,}6\,\% = \underline{\underline{3741\,\frac{\text{min}}{\text{Mon.}}}}$$

zu 3.

$$C_{BE} = C_{BA} + C_{BZ} = 56683\,\frac{\text{min}}{\text{Mon.}} + 3741\,\frac{\text{min}}{\text{Mon.}} = \underline{\underline{60424\,\frac{\text{min}}{\text{Mon.}}}}$$

$$n_{BE} = \frac{C_{BE}}{q_{AT} \cdot \frac{ZG^*_A\,\%}{100\,\%}} = \frac{60424\,\frac{\text{min}}{\text{Mon.}}}{20160\,\frac{\text{min}}{\text{Mon.} \cdot \text{A}} \cdot \frac{121\,\%}{100\,\%}} = \underline{\underline{2{,}47 \text{ Anlagengüter} \approx 3}}$$

$$C_{BV} = \frac{C_{BE}}{\left(1 - \frac{G^*_{A\,Ubr}\,\%}{100\,\%}\right)} = \frac{60424\,\frac{\text{min}}{\text{Mon.}}}{\left(1 - \frac{8{,}1\,\%}{100\,\%}\right)} = \underline{\underline{65749\,\frac{\text{min}}{\text{Mon.}}}}$$

$$n_{BV} = \frac{C_{BV}}{q_{AT} \cdot \frac{ZG^*_A\,\%}{100\,\%}} = \frac{65749\,\frac{\text{min}}{\text{Mon.}}}{\left(20160\,\frac{\text{min}}{\text{Mon.}} \cdot \frac{121\,\%}{100\,\%}\right)} = \underline{\underline{2{,}69 \text{ Anlagengüter} \approx 3}}$$

zu 4.

$$n_{B\,\text{Res}} = n_{BE} \cdot \left(\frac{1}{p^*_A} - 1\right) = 2{,}47\ \text{A} \cdot \left(\frac{1}{0{,}852} - 1\right) = \underline{\underline{0{,}429 \text{ Anlagengüter} \approx 1}}$$

$$n_{BBr} = \frac{C_{BE}}{\left(q_{AR} \cdot \frac{ZG^*_A\,\%}{100\,\%}\right)} = \frac{60424\,\frac{\text{min}}{\text{Mon.}}}{\left(17176{,}23\,\frac{\text{min}}{\text{Mon.} \cdot \text{A}} \cdot \frac{121\,\%}{100\,\%}\right)} = \underline{\underline{2{,}907 \text{ Anlagengüter} \approx 3}}$$

Ü3 Investitionsrechnung mittels der internen Zinsfußmethode

zu 1.

Definition interner Zinsfuß:

Der interne Zinsfuß ist der Zinssatz, bei dem der Kapitalwert einer Investition gleich null ist.

Grundansatz:

- Maßstab für die Darstellung der Vorteilhaftigkeit einer Investition ist der interne Zinsfuß(satz), das heißt, die Effektivverzinsung des in einer Investition gebundenen Kapitals.

Formel nach Olfert 2012:

$$0 = \frac{e_1 - a_1}{(1+i)} + \frac{e_2 - a_2}{(1+i)^2} + \cdots + \frac{e_n - a_n}{(1+i)^n} + \frac{L}{q^n} - a_0$$ i = Kalkulationszinssatz (%)

Arbeitsschritte der Näherungslösung

1. Arbeitsschritt

- Berechnung des Kapitalwertes mit einem beliebigen Zinssatz
- Ergibt sich im Ergebnis ein positiver Kapitalwert, so ist der interne Zinssatz größer als der integrierte Zinssatz. Bei negativem Kapitalwert gilt die umgekehrte Feststellung.

2. Arbeitsschritt

In einem zweiten Schritt ist dann der Kapitalwert mit einem entsprechend höheren Kalkulationszinssatz zu berechnen, wenn die Berechnung zu 1. einen positiven Kapitalwert ergab. Dieser Kalkulationszinssatz sollte so gewählt werden, dass der Kapitalwert negativ wird. Andernfalls ist umgekehrt zu verfahren.

3. Arbeitsschritt

Im dritten Schritt wird der gesuchte interne Zins durch Interpolation rechnerisch oder grafisch ermittelt. Logischerweise muss sich im Ergebnis der interne Zinssatz zwischen dem zuerst gewählten niedrigen Kalkulationszinssatz mit positivem Kapitalwert und dem dann höheren Kalkulationszinssatz mit negativem Kapitalwert befinden.

zu 2.

Entscheidungsregel bei Einzelentscheidung: $r = \geq r_{\min}$

- Ergebnisse zum 1. Arbeitsschritt

Versuchszinssätze		I = 0,07		i = 0,30	
Jahr	Überschüsse	Abzinsungsfaktor	Barwert	Abzinsungsfaktor	Barwert
1	50000	0,935	46750	0,769	38450
2	50000	0,873	43650	0,592	29600
3	300000	0,816	244800	0,455	136500
4	100000	0,763	76300	0,350	35000
5	200000	0,713	142600	0,269	53800
+ L	20000	0,713	14260	0,269	5380
=	Summe		568360		298730
–	Anschaffungswert		300000		300000
= Kapitalwert			+ 268360		- 1270

Ergebnis zum 3. Arbeitsschritt

- Rechnerische Interpolation

Formelansatz nach Olfert 2012: $r = i_1 - C_{O_1} \cdot \frac{i_2 - i_1}{C_{O_1} - C_{O_2}}$

r = interner Zinsfuß

r_{min} = vom Unternehmen festgelegte Mindestverzinsung

$$r = 0{,}07 - 268360 \cdot \frac{0{,}30 - 0{,}07}{-1270 - 268360} = 29{,}89\,\%$$

Die Investition wäre vorteilhaft, da der interne Zinsfuß 13,89 % über dem Mindestverzinsungsanspruch von 16 % liegt.

Grafische Interpolation:

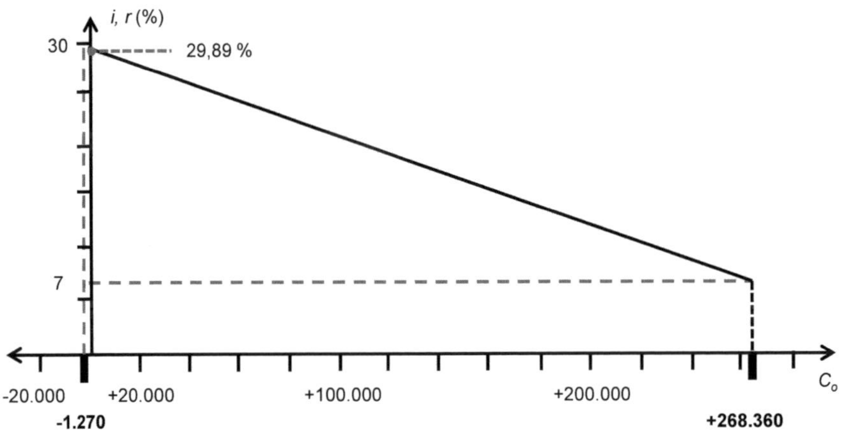

Ü4 Investitionsrechnung mittels der Annuitätenmethode

zu 1.

Definition Annuität:

Annuität ist eine regelmäßige, stets gleich bleibende Jahresleistung zur Verzinsung und Tilgung einer Schuld.

Formelansatz nach Olfert 2012: $d = C_0 \cdot \frac{q^n (q-1)}{q^n - 1}$

d = Annuität (€/a)

$\frac{q^n (q-1)}{q^n - 1}$ = Kapitalwiedergewinnungsfaktor

Lösungsweg:

- Zunächst werden die über den Investitionszeitraum anfallenden Aus- und Einzahlungen unter Anwendung eines Kapitalwiedergewinnungsfaktors in durchschnittliche, gleich bleibende jährliche Zahlungsströme umgerechnet.
- Der Kapitalwiedergewinnungsfaktor bestimmt sich vorrangig durch die Höhe des Kalkulationszinssatzes und die Investitionsdauer.

Entscheidungsregel bei Einzelentscheidung: d ≥ 0

Ergebnisse zum Lösungsweg:

Summe der Barwerte:	568 360
– Anschaffungswert:	300 000
= Kapitalwert	268 360

$$d = C_0 \cdot \frac{q^n (q-1)}{q^n - 1} = 268360 \cdot 0{,}2439 \text{ €}/a = 65453 \text{ €}/a$$

Die Investition ist vorteilhaft, da die Annuität positiv ist, also eine Gewinnannuität vorliegt.

5 Materialwirtschaft

Ü1 ABC-Analyse

zu 1.

Rang	Materialposition	Jahresbedarf (€)	%-Anteil vom Gesamtwert	%-Anteil kumulativ	Wertgruppe
1	6	60 000	40 %		A
2	9	45 000	30 %	70 %	A
3	1	22 500	15 %	85 %	B
4	3	7500	5 %	90 %	B
5	5	7500	5 %	95 %	B

Rang	Materialposition	Jahresbedarf (€)	%-Anteil vom Gesamtwert	%-Anteil kumulativ	Wertgruppe
6	2	1500	1%	96%	C
7	4	1500	1%	97%	C
8	7	1500	1%	98%	C
9	8	1500	1%	99%	C
10	10	1500	1%	100%	C
Summe		150000	100%		

zu 2.

Materialwirtschaftliche Aktivität	gilt für Wertgruppe
Anwendung von Markt-, Preis- und Kostenstrukturanalysen	A
Festlegung kleiner Bestellmengen	A
Großzügige Festlegung von Sicherheitsbeständen	C
Anwendung exakter Dispositionsverfahren	A

Ü2 Materialbedarfsrechnung

zu 1.

Mengenbedarf an BT 2 = 3 + 18 + 3 + 6 + 1 = 31 ME

	8	9	10	11	12	13	14	15	16	17	18	19
Primärbedarf E1					19	17	15	12	8	6	14	16
Sekundärbedarf BT 2					589	527	465	372	248	186	434	496
Vorlaufverschiebung		589	527	465	372	248	186	434	496			
+ Zusatzbedarf		30	50		80							
= Bruttobedarf		619	577	465	452	248	186					
– Lagerbestand		800	181	0	35		48					
+ Vormerkbestand			40									
– Bestellbestand				500								
– Werkstattbestand						200						
= Nettobedarf		– 181	+ 436	– 35	+ 417	+ 48	+ 138					

zu 2.

Es sind vier Bestellungen, und zwar in der 10., 12., 13. und 14. Periode auszulösen.

zu 3.

699 + 10 + 10 + 10 − 5 = 724

Die erste Bestellung muss am 724. Fabriktag ausgelöst werden.

Ü3 Strategieformen

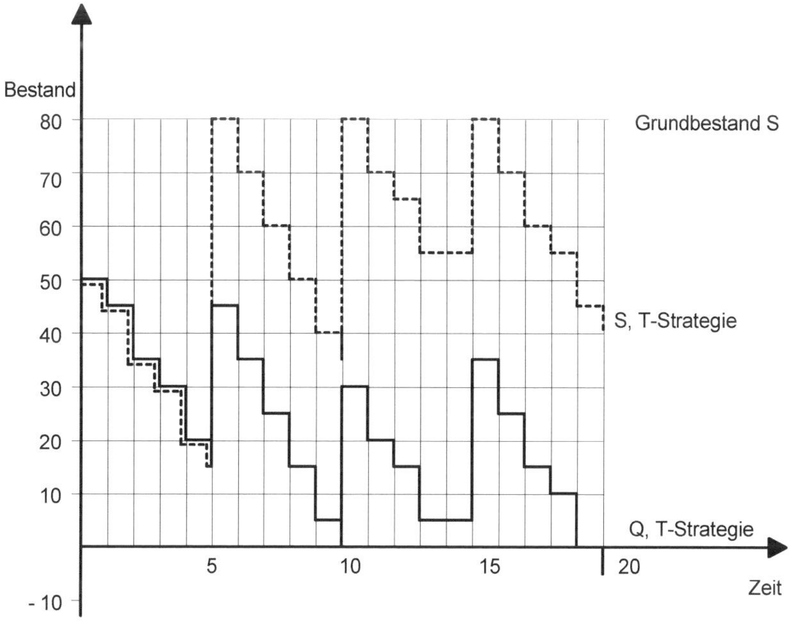

Auswertung:

- Bei der Q, T-Strategie wird Anfangsbestand nicht mehr erreicht
- Bestandsabbau führt nach der 4. Periode zu einem Minuswert, d.h., der „eiserne Bestand“ muss angegriffen werden
- Wenn keine eiserne Reserve vorhanden, dann entstehen Fehlmengenkosten mit allen sich daraus ergebenen Konsequenzen
- Vorteil: geringe Kapitalbindung
- Bei S, T-Strategie wird immer bis auf den Grundbestand aufgefüllt
- Nachteile:
  - hohe Kapitalbindung (Eiserne Reserve + Überschuss an lfd. Bestand)
  - hohe Lagerhaltungskosten
- Vorteile:
  - Gewährleistung der Realisierung hoher Servicegradanforderungen
  - mögliche Inanspruchnahme von Rabattkonditionen

Ü5 Lager- und Transportkennzahlen

$\varnothing$ Lagerbestand $= 20000$ (in 1000 €)

$$\varnothing \text{ Eindecktage} = \frac{20000 \cdot 1000\,€ \cdot \text{Tag}}{25000 \cdot 1000\,€} = 8 \text{ Tage}$$

$$\text{Sicherheitskoeffizient} = \frac{6000 \cdot 100\,\%}{20000} = 30\,\%$$

$$\text{Einsatzgrad Tm} = \frac{14}{20} = 0{,}7$$

6 Produktionswirtschaft

Ü1 Grundlegende Eigenschaften von Produktionssystemen Kapazität

zu 1.

$$\text{Kapazitätsauslastungsgrad} = \frac{\text{Kapazitätsbedarf}}{\text{Kapazitätsangebot}} \cdot 100\,\%$$

Für KW 25 gilt: $= \frac{4900\text{ h}}{4000\text{ h}} \cdot 100\,\% = 122{,}50\,\%$

Es besteht eine Kapazitätsüberlast für die KW 25.

Für den gesamten Planungszeitraum von 13 KW ergibt sich durch summierte Werte für Kapazitätsbedarf und -nachfrage folgender Kapazitätsauslastungsgrad:

$$\text{Kapazitätsauslastungsgrad} = \frac{50100\text{ h}}{52000\text{ h}} \cdot 100\,\% = 96{,}35\,\%$$

zu 2.

Zur Beseitigung der Kapazitätsspitze in KW 25 sollte die kurzfristige Durchführbarkeit folgender Maßnahmen geprüft werden:

- zeitliche Verschiebung von Fertigungsaufträgen auf frühere oder spätere Termine
- zeitweilige Vergabe von Fertigungsaufträgen an externe Dienstleister
- Überstundenarbeit, kurzfristiger Einsatz zusätzlicher Arbeitskräfte und/oder Betriebsmittel

zu 3.

Die dargestellte Situation charakterisiert einen längerfristig bestehenden Kapazitätsengpass. Zur Beseitigung dieses Engpasses sind unter Wahrung des Wirtschaftlichkeitsprinzips Investitionen in Betriebsmittel, die Einstellung von Arbeitskräften und/oder die Vergabe von Fremdleistungen als mögliche Entscheidungsalternativen zu prüfen.

Ü2 Produktionstypen

Entsprechend den skizzierten Produktionsbedingungen ist die Gruppenfertigung ein geeigneter Produktionstyp.

Gemeinsame geometrische Formelemente in Verbindung mit ähnlichen technologischen Produktionsabläufen können als Grundlage für die Gruppenbildung der Getriebewellen genutzt werden. Für die nach diesen Aspekten gruppierten Werkstücke ist eine Fließfertigung mit variablen Prozessfolgen zu organisieren. Unter Nutzung der Vorteile der Fließfertigung ist dennoch eine flexible, auf hohe Produktvielfalt orientierte Fertigung in Serien möglich.

Welches konkrete Produktionskonzept (z. B. Fertigungszellen, flexible Fertigungssysteme, flexible Fertigungsinseln) konkret anzuwenden ist, bleibt jedoch weiteren Untersuchungen vorbehalten.

7 Marketing

Ü1 Produktinnovation

Berechnung des Gewinnschwellenwertes x_B:

$$x_B = \frac{\text{Fixkosten } (K)}{\text{Preis } (p) - \text{variable Kosten } (k_v)}$$

$$x_B = \frac{150\,000 \text{ €}}{30 \text{ €/St.} - 14 \text{ €/St.}}$$

$$\underline{\underline{x_B = 9375 \text{ Stück}}}$$

Da die erwartete Absatzmenge (15 000 Stück) deutlich über dem Gewinnschwellenwert (9375 Stück) liegt, kann das Projekt weiter verfolgt werden.

8 Finanzwirtschaft

Ü1 Liquidität

Der Cashflow ergibt sich wie folgt:

Jahresüberschuss	150 000 €
+ Abschreibungen	200 000 €
+ Rückstellungsaufwendungen	30 000 €
− Zielverkäufe	120 000 €
+ Einzahlungen aus Zielverkäufen	100 000 €
= Cashflow	360 000 €

Ü2 Finanzierungsregeln

Die horizontale Bilanzregel führt zu folgenden Relationen:

- in t = 0

$$\text{Goldene Bilanzregel} = \frac{800 + 60}{500 + 600} \cdot 100\,\% = 78{,}18\ \%$$

- in t = 1

$$\text{Goldene Bilanzregel} = \frac{1000 + 50}{550 + 750} \cdot 100\,\% = 80{,}77\ \%$$

Die Regelanforderung wird damit eingehalten.

Die vertikale Kapitalstrukturregel führt zu folgenden Relationen

- in t = 0

$$V = \frac{200 + 600 + 200}{500} = 2$$

- in t = 1

$$V = \frac{300 + 750 + 150}{550} = 2{,}18$$

Die (gemilderte) Regelanforderung wird nur knapp erfüllt.

Ü3 Langfristige Kreditfinanzierung

Einzahlung: 189 000 €

Auszahlungen: Kapitaldienst (Annuität)

J	Restschuld PA	Zinsen	Tilgung	Annuität	Restschuld PE
1	200 000,00	12 000,00	40 000,00	52 000,00	160 000,00
2	160 000,00	9600,00	40 000,00	49 600,00	120 000,00
3	120 000,00	7200,00	40 000,00	47 200,00	80 000,00
4	80 000,00	4800,00	40 000,00	44 800,00	40 000,00
5	40 000,00	2400,00	40 000,00	42 400,00	0

Der Effektivzins entspricht dem internen Zinsfuß der Zahlungsreihe (= Zinssatz, der zu einem Kapitalwert von 0 führt). Es gilt (in €):

$$189\,000 - 52\,000 \cdot 1{,}06^{-1} - 49\,600 \cdot 1{,}06^{-2} - 47\,200 \cdot 1{,}06^{-3}$$
$$- 44\,800 \cdot 1{,}06^{-4} - 42\,400 \cdot 1{,}06^{-5}$$

Die Ermittlung des gesuchten Zinssatzes erfolgt über wenigstens 2 Versuchszinssätze und Interpolation der Ergebnisse mit der Regula falsi.

Zahlungen	$i = 7\,\%$	Kapitalwert	$i = 9\,\%$	Kapitalwert
189 000,00	1	189 000,00	1	189 000,00
- 52 000,00	0,9346	- 48 599,20	0,9174	- 47 704,80
- 49 600,00	0,8734	- 43 320,64	0,8417	- 41 748,32
- 47 200,00	0,8163	- 38 529,36	0,7722	- 36 447,84
- 44 800,00	0,7629	- 34 177,92	0,7084	- 31 736,32
- 42 400,00	0,7130	- 30 231,20	0,6499	- 27 555,76
Summe		**- 5858,32**		**3806,96**

$$i_{eff} = i_1 - K_1 \cdot \frac{i_2 - i_1}{K_2 - K_1}$$

$$i_{eff} = 0{,}07 + 5858{,}32 \cdot \frac{0{,}09 - 0{,}07}{3806{,}96 + 5858{,}32} = 0{,}0821$$

Der Effektivzins liegt bei 8,21 %. Eine höhere Genauigkeit ist zu erreichen, wenn weitere Versuchszinssätze verwendet werden.

Ü4 Kurzfristige Fremdfinanzierung

Der Jahreszins ergibt sich mit

$$p = \frac{3\,\%}{90 - 10} \cdot 360 = 13{,}50\,\%$$

Falls der Unternehmer eine freie Kontokorrentlinie zu 10 % Zinsen hat, empfiehlt sich die Zahlung nach 10 Tagen unter Abzug von Skonto.

9 Recht

Ü1 Fallbeispiel Arbeitsvertrag

Willy könnte einen unbefristeten Arbeitsvertrag nach § 16 Abs. 1 Teilzeit- und Befristungsgesetz (TzBfG) haben. § 16 Abs. 1 TzBfG setzt voraus, dass die Befristung rechtsunwirksam ist. Die Zulässigkeit und Wirksamkeit der Befristung ist in § 14 TzBfG geregelt. Diese Norm unterscheidet zwischen der Befristung eines Arbeitsvertrags, die durch einen sachlichen Grund gerechtfertigt ist (§ 14 Abs. 1 TzBfG), und der Befristung ohne sachlichen Grund (§ 14 Abs. 2 TzBfG). Für alle Verträge gab das Unternehmen die „unsichere Wirtschaftslage" als Befristungsgrund an. Eine beispielhafte, nicht abschließende Aufzählung von Gründen, die eine Befristung rechtfertigen, enthält § 14 Abs. 1 Satz 2 TzBfG. Aus dieser Aufzählung ist ersichtlich, dass der Gesetzgeber nur gravierende, in der speziellen Situation des Arbeitgebers oder des Arbeitnehmers liegende Gründe für eine Befristung ausreichen lässt. Das allgemeine Kriterium der unsicheren Wirtschaftslage rechtfertigt eine Befristung daher nicht.

Die Befristung eines Arbeitsvertrags ohne Vorliegen eines sachlichen Grundes ist bis zur Dauer von zwei Jahren zulässig (§ 14 Abs. 2 Satz 1 TzBfG). Diese Frist wird hier nicht überschritten. Der dritte Arbeitsvertrag sieht allerdings ein erhöhtes Gehalt vor. Damit liegt keine Verlängerung der Befristung, sondern ein neuer Vertrag vor. Wenn mit demselben Arbeitgeber bereits ein Arbeitsverhältnis bestanden hat, ist eine Befristung ohne sachlichen Grund nach § 14 Abs. 2 Satz 2 TzBfG nicht mehr zulässig. Willy würde mit seiner Klage daher Erfolg haben.

Ü2 Fallbeispiel DPMA

Farbenmarken können zwar grundsätzlich in das Markenregister eingetragen werden, denn sie werden in § 3 Abs. 1 MarkenG ausdrücklich erwähnt. Da Farben nach einem Farbklassifizierungssystem, dem RAL (Reichsausschuss für Lieferbedingungen; das RAL-System wurde 1911 eingeführt) klassifiziert sind, lassen sie sich dauerhaft graphisch darstellen, so dass § 8 Abs. 1 MarkenG keine Probleme bereitet.

Hier soll aber eine Farbe eingetragen werden, die eine typische Farbe für Feuerlöschgeräte ist und daher beschreibenden Charakter hat. Das Freihaltebedürfnis nach § 8 Abs. 2 Nr. 2 MarkenG steht somit einer Markeneintragung entgegen.

10 Rechnungswesen

Ü1 Gewinnermittlung

Aufwendungen	Gewinn- und Verlustrechnung		Erträge
Löhne	2 500 000,-	Umsatzerlöse	6 800 000,-
Rohstoffaufwand	1 500 000,-	Sonst. Erträge	200 000,-
Sonst. Aufwand	100 000,-		
Abschreibungen (1)	386 000,-		
Gewinn (2)	2 514 000,-		
Summe	7 000 000,-	Summe:	7 000 000,-

Anmerkung:

1. Die Summe der jährlichen Abschreibungen (vgl. Fall 2, Anm. (2) bis (4)) beträgt 96 000,- € + 250 000,- € + 40 000,- € = 386 000,- €
2. Saldo aus Erträgen minus Aufwendungen.

Ü2 Bilanzierung

Aktiva	Schlussbilanz		Passiva
Grundstück	1 200 000,-	Langfr. Schulden	3 000 000,-
(1)		Kurzfr. Schulden	300 000,-
Gebäude	3 648 000,-	Eigenkapital	4 528 000,-
(2)		- davon Gewinn:	2 514 000,-
Maschinen	1 250 000,-	(5)	
(3)			
Möbel usw.	80 000,-		
(4)			
Rohstoffe	100 000,-		
Forderungen	1 500 000,-		
Zahlungsmittel	50 000,-		
Summe	7 828 000,-	Summe	7 828 000,-

Anmerkungen:

1. Grundstücke sind nicht abnutzbar, daher keine Abschreibung.
2. Jährliche Abschreibung = 4,8 Mio. € : 50 Jahre = 96 000,- €. Bis zum 12. Jahr der Nutzung sind also 12-mal 96 000,- € = 1 152 000,- € abgeschrieben. Der Restbuchwert beläuft sich damit auf 3 648 000,- €.
3. Jährliche Abschreibung = 2,5 Mio. € : 10 Jahre = 250 000,- €. Bis zum 5. Jahr der Nutzung sind also 5-mal 250 000,- € = 1 250 000,- € abgeschrieben. Der Restbuchwert beläuft sich damit auf 1 250 000,- €.
4. Jährliche Abschreibung = 200 000,- € : 5 Jahre = 40 000,- €. Bis zum 3. Jahr der Nutzung sind also 3-mal 40 000,- € = 120 000,- € abgeschrieben. Der Restbuchwert beläuft sich damit auf 80 000,- €.

Ü3 Kostenstellensystematik

Vorkostenstellen sind: Rechenzentrum, Werkzeuglager, Betriebsbüro, Fertigungs- und Betriebsmittelplanung, Instandhaltungsabteilung, Tankstelle.

Alle anderen Kostenstellen sind Endkostenstellen, weil sie mit der Fertigung der zu verkaufenden Produkte befasst sind und ihre Kosten unmittelbar den Kostenträgern (Automobile) zuzurechnen sind.

Ü4 Betriebsabrechnung

Die beiden Gleichungen lauten:

(I) Primäre Kosten von V1 + 100 Leistungseinheiten von V2 an V1 = Gesamtmenge der von V1 abgegebenen Leistungseinheiten

$500 + 100b = 2000a$

(II) 1000 + 50a = 5000b

wobei a und b die Verrechnungssätze der Vorkostenstellen V1 und V2 sind.

Umformung:

(I) 2000a - 100b = 500

(II) 50a - 5000b = -1000 |· 40

(IIa) 2000a − 200 000b = −40 000

(I - IIa) 199 900b = 40 500

b = 0,2026013

In (I) eingesetzt:

a = 0,2601301

Vervollständigter BAB:

Kostenstelle:	E1	E2	Summe
Primäre Kosten:	20 000,-	30 000,-	50 000,-
Verrechnung V1:	260,13	247,12	507,25
Verrechnung V2:	790,15	202,60	992,75
Sekundäre Kosten:	21 050,28	30 449,72	51 500,-

Ü5 Äquivalenzziffernkalkulation

Sorte:	Menge	ÄZ	Menge · ÄZ	Stückkosten
Bt.o.M.	50 000	1,8	90 000	14,04
Bt.m.M.	100 000	2,1	210 000	16,38
Ht.o.M.	300 000	1,0	300 000	7,80
Ht.m.M.	500 000	0,8	400 000	6,24
		Summe:	1 000 000	

Gesamtkosten durch „fiktive Menge“: 7 800 000/1 000 000 = 7,80

Ü6 Kostentragfähigkeit

Marktwertverfahren. Die Stückkosten sind im Verhältnis der Marktpreise zu ermitteln. Zunächst sind die Erlöse pro Produktart zu berechnen:

A: 4500,- (= 2,5 t · € 1800,-/t)

B: 15 750,- (= 3,5 t · € 4500,-/t)

C: 5000,- (= 2,5 t · € 2000,-/t)

D: 3000,- (= 6,0 t · € 500,-/t)

Summe: 28 250,-

Verhältnis Kosten : Erlöse = 22 600 : 28 250 = 0,8;

Damit sind die Stückkosten das 0,8fache der Erlöse:

A: 1440,-

B: 3600,-

C: 1600,-

D: 400,-

11 Unternehmensführung

Ü1 Die Prima-Lock GmbH

Innerbetriebliche Probleme:

- unklarer Führungsstil: einerseits Selbstständigkeit gefordert, andererseits trifft Geschäftsführer letztendlich Entscheidungen selbst
- fehlende Regelung der Stellvertretung – ein längerer Ausfall des Geschäftsführers kann zum Stillstand des Unternehmens führen
- fehlendes Interesse des Geschäftsführers für administrative Aufgaben
- fehlende Stellenbeschreibungen
- fehlende schriftlich fixierte Organisationsstruktur

Mögliche Organisationsstruktur:

- Stabliniensystem – Stabsstellen können die Linien bei den Aufgaben entlasten, die nicht unmittelbar in den Kompetenzbereich der Linie fallen; Stabsstellen haben keine unmittelbare Entscheidungskompetenz, dienen eher der Entscheidungsvorbereitung;
- Vorteile – Mitarbeiter können in ihren bisherigen Tätigkeitsfeldern weiterarbeiten; Entlastung des Geschäftsführers durch neue Hierarchiestufe (Leiter Konstruktion, Leiter Produktion, Leiter Marketing); wichtige Entscheidungen, z. B. strategische Entscheidungen oder F & E-Entscheidungen, bleiben nach wie vor beim Geschäftsführer

Das Organigramm der Prima-Lock GmbH könnte wie folgt aussehen:

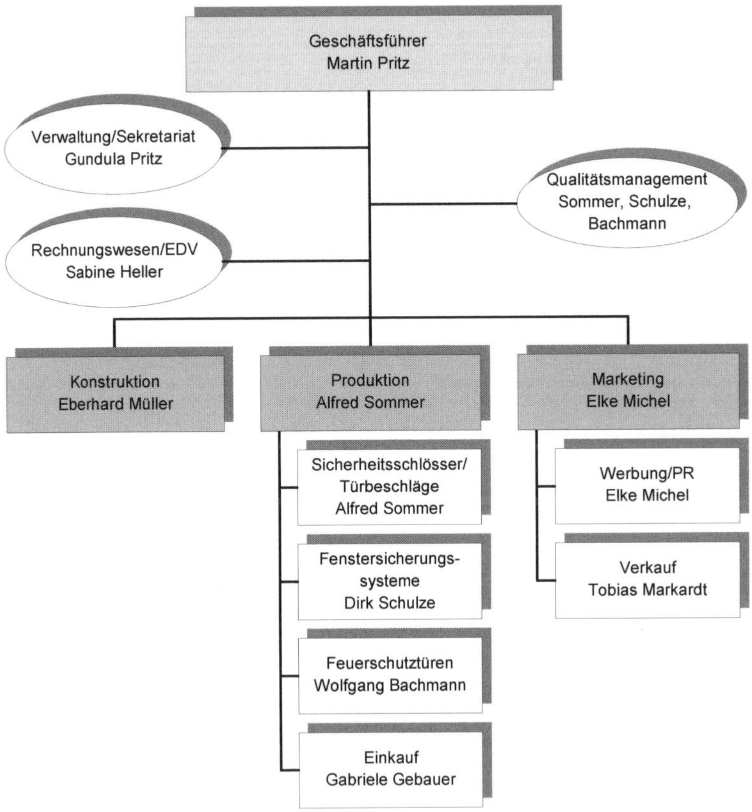

Probleme bei Direktinvestition:

- Personalrekrutierung: fehlende Stellenbeschreibung; zur Auswahl geeigneter Mitarbeiter sollten zunächst Stellenbeschreibungen erstellt werden;
- interne Personalbeschaffung: Vorteile – Mitarbeiter kennen das Unternehmen, Produktionsprozesse, Geschäftsführer weiß, was er von den Mitarbeitern erwarten kann; Nachteil – evtl. Betriebsblindheit, Versetzung nur durch entsprechende Motivationsmaßnahmen und Anreizsysteme möglich;
- externe Personalbeschaffung: Vorteile – lokales Know-how, neue Inputs; Nachteile – kennen Unternehmen nicht, Unternehmen kennt sie nicht;
- Finanzierung: Gefahr der Unterschätzung des Finanzierungsbedarfs, Wechselkursschwankungen, Preisschwankungen usw.
- Umfeld: institutionelle Barrieren – z. B. Behinderung von Direktinvestitionen; verhaltensbedingte Barrieren – marktseitige Barrieren, die sich aus dem Verhalten der Wettbewerber bzw. Abnehmer ergeben (z. B. Zulieferboykott), unternehmensseitige Barrieren, die sich auf Grund ungenügender Information oder psychischer Barrieren ergeben (z. B. ungenügende Marktforschung).

12 Betriebliche Informationssysteme

Ü1 Entwurf einer IT-Landschaft

Generelles Vorgehen:

- Zunächst wird eine Ist-Analyse der wesentlichen Geschäftsprozesse durchgeführt, die unterstützt werden sollen. Dazu wird eine Prozesslandkarte mit den wichtigsten Geschäftsprozessen erstellt. (Neben dem Auftragsabwicklungs- und dem Produktentwicklungsprozess enthält sie auch unterstützende Prozesse, wie z. B. Marketing sowie Personalakquisition und -entwicklung.) Die Prozesslandkarte wird hinsichtlich der Abläufe und Funktionen mit den vorhandenen Informationssystemen abgeglichen. Der Abgleich und die Landkarte bilden die Grundlage für eine Schwachstellen- und eine Anforderungsanalyse, aus denen hervorgeht, was die betrieblichen Informationssysteme in Zukunft (mehr) leisten sollen.
- Auf Basis der Anforderungsanalyse wird ein Soll-Konzept für die künftige Gestalt der Geschäftsprozesse entworfen (Business Process Reeingineering). Aus dem Soll-Konzept geht insbesondere hervor, welche Prozesse künftig mit welchem betrieblichen Informationssystem unterstützt werden sollen. (Die Zuordnung von Geschäftsprozessen zu Informationssystemen ist in manchen Fällen nicht eindeutig, z. B. im Grenzbereich zwischen PLM und ERP.) Hauptergebnis des Soll-Konzepts ist eine Beschreibung der künftigen IT-Landschaft des Unternehmens. Das Soll-Konzept gibt also darüber Auskunft, welche Informationssysteme beizubehalten, zu erweitern, zu aktualisieren oder zu ersetzen sind.
- Nun werden die anzuschaffenden, zu erweiternden bzw. zu aktualisierenden Informationssysteme priorisiert und ein Portfolio von entsprechenden BPR- und IT-Projekten definiert.
- Im letzten Schritt werden die definierten Projekte abgearbeitet, das heißt, es erfolgen Systemauswahl und -einführung, verbunden mit einem Geschäftsprozess-Reeingineering.

Die folgende Abbildung zeigt, welche Bereiche der Pyramide betrieblicher Informationssysteme abgedeckt sind und welche nicht:

- Vertrieb, Disposition, Beschaffung, Absatz sowie Rechnungswesen und Personalwirtschaft sind wahrscheinlich gut abgedeckt. Dasselbe gilt für das Produktdatenmanagement.
- Die Qualität der Access-basierten Lösungen ist zu prüfen. Derartige Systeme sind zwar prinzipiell exakt auf die Bedürfnisse des Unternehmens zugeschnitten. Sie weisen meist aber Defizite im Datenmanagement (und damit auch in der Datenqualität) auf. Außerdem bilden solche Eigenentwicklungen oft nur den ursprünglichen, papierbasierten Geschäftsprozess nach und lassen Spielräume zur Geschäftsprozessoptimierung ungenutzt.

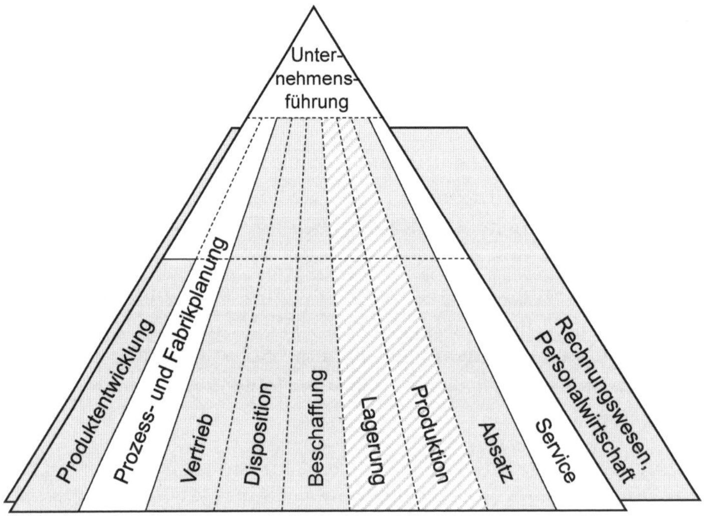

Nach den gegebenen Informationen sind einige Teile der Pyramide nicht abgedeckt:

- Im Bereich der Produktentwicklung erfolgt wahrscheinlich nur eine Verwaltung der Produktdaten, während PLM-bezogene insbesondere Managementfunktionalität fehlt oder nicht genutzt wird.
- Funktionalität zur Prozess- und Fabrikplanung wurde in der Aufgabenstellung nicht erwähnt. In einem Maschinenbau-Unternehmen muss jedoch die CAD-CAM-Kette in irgendeiner Form realisiert sein. Im Rahmen der Ist-Analyse muss geklärt werden, ob diesbezüglich Handlungsbedarf besteht.
- Inwiefern der Kundenservice durch das eingesetzte ERP-System unterstützt wird, ist ebenfalls zu klären.
- Ein Data-Warehouse-System ist offenbar nicht im Einsatz.
- Workflow Management wird wahrscheinlich nur im Rahmen des Produktdatenmanagements betrieben.

Der größte Handlungsbedarf liegt wahrscheinlich im Bereich Produktionsplanung. Dort wird aktuell eine Eigenentwicklung auf Basis einer Office-Software genutzt. Die Wahl dieser Plattform für ein operativ wichtiges Informationssystem deutet darauf hin, dass die Software nicht professionell entworfen worden ist. Da Produktionsplanung und -steuerung im Maschinenbau eine sehr anspruchsvolle Aufgabe ist, liegt die Vermutung nahe, dass die existierende Lösung noch erhebliches Optimierungspotential aufweist.

Bezüglich der vorhandenen Informationssysteme können folgende Arbeitshypothesen aufgestellt werden:

- Die Eigenentwicklungen im Bereich Produktionsplanung und Lagerwirtschaft sollten abgelöst und durch Standardsoftware werden.
- Die eingesetzte betriebswirtschaftliche Standardsoftware (vermutlich ein Mid-Range-ERP-System) sollte evaluiert werden. Wenn es als zukunftsfähig eingestuft wird, kann

es beibehalten werden. Insbesondere ist zu prüfen, ob es geeignet ist, auch Produktionsplanung und Lagermanagement abzudecken. Darüber hinaus sind auch andere, bisher nicht genutzte Funktionen zu betrachten. Eventuell ist ein Releasewechsel auf die neueste Softwareversion erforderlich. Es kann jedoch auch sein, dass auf Basis der Evaluation ein Wechsel zu einem anderen ERP-System beschlossen wird.

- Das PDM-System kann mit hoher Wahrscheinlichkeit beibehalten werden.
- Eine eventuelle vorhandene Data-Warehouse-Funktionalität des ERP-Systems wäre zu evaluieren. Andernfalls kann ein DWS von einem Drittanbieter beschafft und mit dem ERP-System gekoppelt werden.
- Die Anschaffung eines eigenständigen WFMS ist wahrscheinlich nicht erforderlich: Zumindest das PDM-System (eventuell auch das ERP-System) stellen die benötigten Funktionen bereit.

Beim Aufbau der künftigen IT-Landschaft sollten operative Systeme Vorrang vor taktisch-strategischen Systemen haben. Demzufolge hätte die Aktualisierung des ERP-Systems die höchste, die Einführung eines DWS die niedrigste Priorität. Durch die Entwicklung eines übergreifenden Soll-Konzepts für die künftige IT-Landschaft werden aber bereits zu Beginn die Weichen für künftige Ausbaustufen gestellt.

Grundlage für die Entwicklung der IT-Landschaft ist eine Geschäftsprozess- und Informationsbedarfsanalyse. Diese sollte zunächst inhouse erfolgen. Wenn ein größerer Handlungsbedarf erkannt wird, können auch externe Berater hinzugezogen werden.

Ü2 Durchführung einer Produktionsplanung

Standardstücklisten und Arbeitspläne:

Material	Komponente	Menge	Mengeneinheit
Tisch	Platte	1	Stück
	Bein	4	Stück
	Schraube	16	Stück
Platte	Kantholz	1	Stück
Bein	Rundholz	1	Stück

In der Aufgabe umfasst jeder Arbeitsplan nur eine Arbeitsplanposition, sodass hier nur die drei Arbeitsplanpositionen der drei Arbeitspläne angegeben werden:

Material	Zeitart	Dauer	Einheit	Mengenabhängigkeit
Tisch	Wartezeit	2	d	fix
	Rüstzeit	4	h	fix
	Montage	1	h	variabel (pro ME)
Platte	Wartezeit	2	d	fix
	Rüstzeit	2	h	fix
	Zuschneiden	1	h	variabel (pro ME)

Material	Zeitart	Dauer	Einheit	Mengenabhängigkeit
Bein	Wartezeit	3	d	fix
	Rüstzeit	6	h	fix
	Drechseln	2	h	variabel (pro ME)

Brutto- und Nettobedarfe:

Material	Menge pro Tisch	Menge Tische	Bruttobedarf	frei verfügbarer Bestand	Nettobedarf
Tisch	1	100	100	17	83
Platte	1	100	100	12	88
Bein	4	100	400	37	363
Schraube	16	100	1600	387	1213
Kantholz	4	100	400	23	377
Rundholz	4	100	400	19	381

Bestellungen und Produktionsaufträge:

In der Aufgabe ist nicht angegeben worden, bei welchem Lieferanten welche Kaufteile zu welchem Preis bestellt werden, sodass hier nur die Bestellpositionen ohne Preise aufgeführt werden:

Material	Zeitart	Dauer	Einheit	Mengenabhängigkeit	Nettobedarf
Rundholz	Wiederbeschaffung	2	d	fix	381
Kantholz	Wiederbeschaffung	3	d	fix	77
Schraube	Wiederbeschaffung	1	d	fix	1213

In der Aufgabe umfasst jeder Produktionsauftrag nur einen Arbeitsgang, sodass hier nur die drei Arbeitsgänge der drei Produktionsaufträge angegeben werden:

Material	Zeitart	Dauer	Einheit	Mengenabhängigkeit	Nettobedarf
Tisch	Wartezeit	2	d	fix	83
	Rüstzeit	4	h	fix	
	Montage	1	h	variabel (pro Stück)	
Platte	Wartezeit	2	d	fix	88
	Rüstzeit	2	h	fix	
	Zuschneiden	1	h	variabel (pro Stück)	
Bein	Wartezeit	3	d	fix	363
	Rüstzeit	6	h	fix	
	Drechseln	2	h	variabel (pro/Stück)	

Rückwärts- und Vorwärtsterminierung:

Die Rückwärtsterminierung (RT) rechnet vom Wunschliefertermin (40 Tage in der Zukunft) rückwärts, die Vorwärtsterminierung von heute (Tag 0) vorwärts:

Material	Zeitart	Dauer	Mengenabhängigkeit	Nettobedarf	Zeitbedarf in d	RT: Ende	RT: Start	VT: Start	VT: Ende
Tisch	Wartezeit	2 d	fix	83	2,000	36,375	34,375	35,500	37,500
	Rüstzeit	4 h	fix	83	0,167	36,542	36,375	37,500	37,667
	Montage	1 h	variabel (pro Stück)	83	3,458	**40,000**	36,542	37,667	*41,125*
Platte	Wartezeit	2 d	fix	88	2,000	30,625	28,625	3,000	5,000
	Rüstzeit	2 h	fix	88	0,083	30,708	30,625	5,000	5,083
	Zuschneiden	1 h	variabel (pro Stück)	88	3,667	34,375	30,708	5,083	8,750
Bein	Wartezeit	3 d	fix	363	3,000	3,875	0,875	2,000	5,000
	Rüstzeit	6 h	fix	363	0,250	4,125	3,875	5,000	5,250
	Drechseln	2 h	variabel (pro Stück)	363	30,250	34,375	4,125	5,250	35,500
Rundholz	Wiederbeschaffung	2 d	fix	381	2,000	0,875	*-1,125*	**0,000**	2,000
Kantholz	Wiederbeschaffung	3 d	fix	77	3,000	28,625	25,625	**0,000**	3,000
Schraube	Wiederbeschaffung	1 d	fix	1213	1,000	34,375	33,375	**0,000**	1,000

Bestell- und Liefertermine für Kaufteile:

Die Bestell- und Liefertermine können den letzten drei Zeilen der Lösung zu Teilaufgabe 0 entnommen werden (Vorwärtsterminierung), wobei die Schrauben und das Kantholz später beschafft werden könnten, da sie erst später benötigt werden.

Produktionsauftragsstart- und -endtermine:

Die Produktionsauftragsstart- und endtermine können den Zeilen zwei bis zehn der Lösung zu Teilaufgabe 0 entnommen werden (Vorwärtsterminierung), wobei die Tischplatten später produziert werden könnten, da sie erst später benötigt werden.

Wunschliefertermin/-zeit einhaltbar:

Der Wunschliefertermin bzw. die Wunschlieferzeit von 40 Tagen können nicht eingehalten werden, sondern würden um einen Tag und drei Stunden überschritten.

Frühester Liefertermin Kundenauftrag:

Die 100 Tische können frühestens nach 41 Tagen und drei Stunden geliefert werden.

Ü3 Modellierung eines Workflows

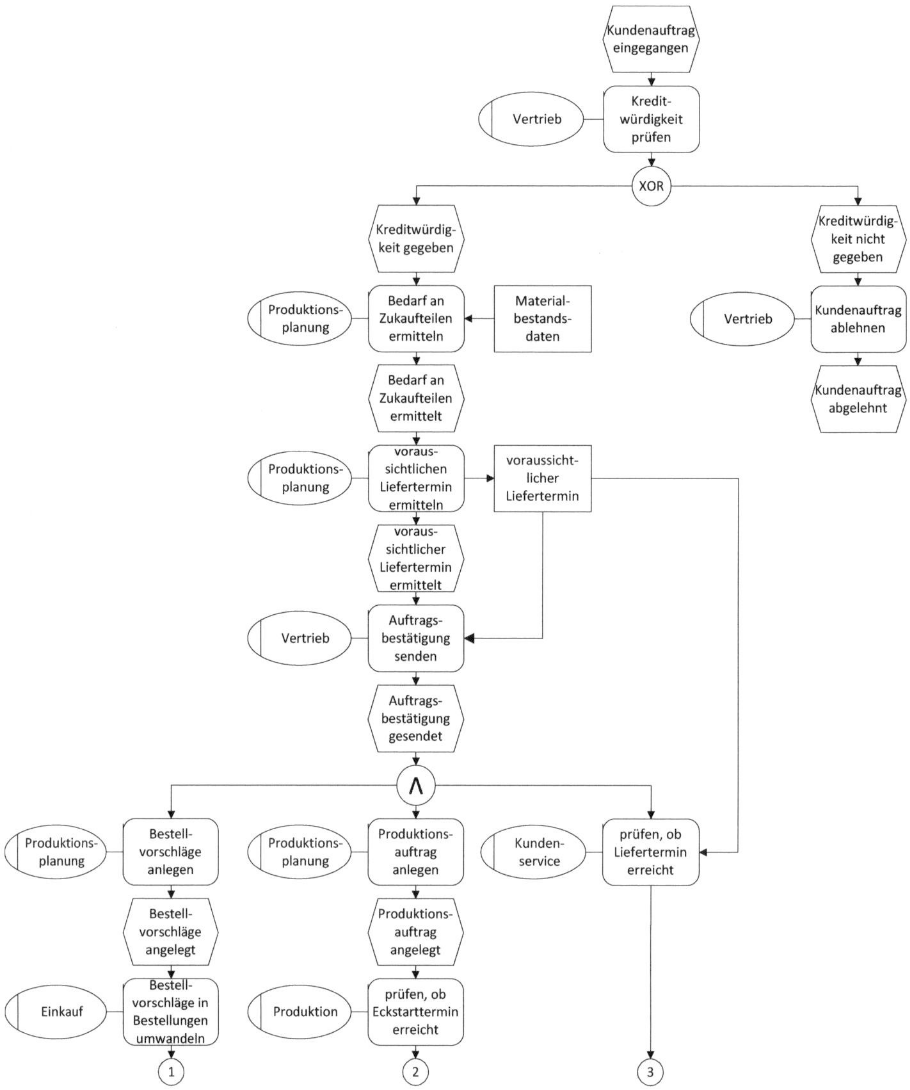

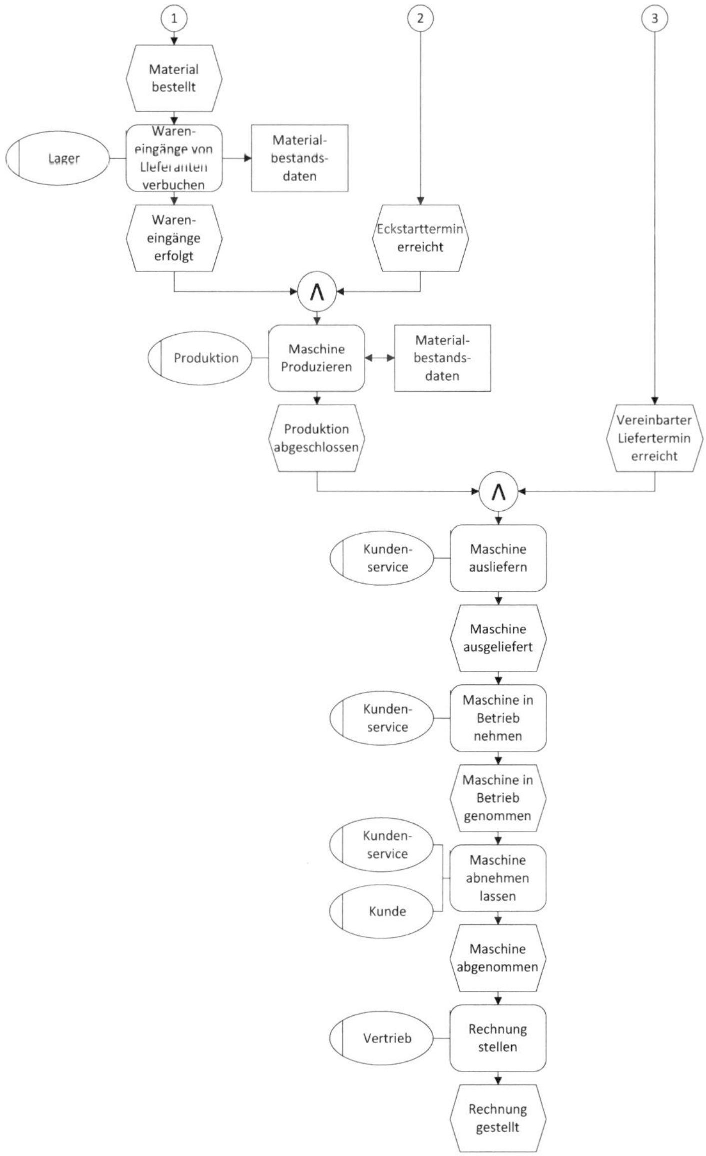
1
2
3
Material bestellt
Lager
Waren-eingänge von Lieferanten verbuchen
Material-bestands-daten
Eckstarttermin erreicht
Waren-eingänge erfolgt
Λ
Produktion
Maschine Produzieren
Material-bestands-daten
Produktion abgeschlossen
Vereinbarter Liefertermin erreicht
Λ
Kunden-service
Maschine ausliefern
Maschine ausgeliefert
Kunden-service
Maschine in Betrieb nehmen
Maschine in Betrieb genommen
Kunden-service
Kunde
Maschine abnehmen lassen
Maschine abgenommen
Vertrieb
Rechnung stellen
Rechnung gestellt

13 Controlling

Ü1 Plankostenrechung

- fixe Kosten der Kostenstelle: 41 000 €
- proportionale Plankosten: 41,50 €/Stk (207 500 €)
- proportionale Sollkosten: 182 600 €
- Verbauchsabweichung: 40 000 €

Ü2 Produktionsprogrammoptimierung

- Engpassbezogener Deckungsbeitrag A: 550 €/h
- Engpassbezogener Deckungsbeitrag B: 480 €/h
- Engpassbezogener Deckungsbeitrag C: 512,50 €/h
- Produktionsmenge A: 1200 Stück
- Produktionsmenge B: 950 Stück
- Produktionsmenge C: 900 Stück
- Maximal erreichbarer Periodenerfolg: 465 600 €

Ü3 Gewinnschwellenanalyse

- Gewinnschwelle: 5300 Stück
- Periodenergebnis: 249 900 €
- Absatzmenge: 1765 Stück
- zusätzliche Absatzmenge: 12 185 Stück

Ü4 Rentabilitätsorientiertes Controlling

- Gesamtkapitalrentabilität (ROCE) und Eigenkapitalrentabilität (ROE):
  - ROCE = 10 %
  - ROE = 8 %
- Grund für Differenz der beiden Rentabilitäten:
  - Leverage-Effekt in der Ausprägung des Leverage-Risikos. Immer dann, wenn die FKZ über dem ROCE liegt verschlechtert eine weitere Verschuldung die ROE.

Sachwortverzeichnis

A

B

Q

R

S

T

U

V

W

X

Z